U0395443

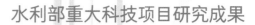

水利部重大科技项目研究成果

国家出版基金项目
NATIONAL PUBLICATION FOUNDATION

# 数字孪生
# 智能泵站技术
# 研究与应用

方国材 等 ◎ 著

STATION TECHNOLOGY RESEARCH AND APPLICATION

DIGITAL TWIN INTELLIGENT PUMPING

河海大学出版社
HOHAI UNIVERSITY PRESS
·南京·

**图书在版编目(CIP)数据**

数字孪生智能泵站技术研究与应用 / 方国材等著.
南京：河海大学出版社，2024. 9. -- ISBN 978-7-5630-
9325-0

Ⅰ. TV675-39

中国国家版本馆 CIP 数据核字第 2024ML4183 号

| | |
|---|---|
| 书　　名 | 数字孪生智能泵站技术研究与应用 |
| | SHUZI LUANSHENG ZHINENG BENGZHAN JISHU YANJIU YU YINGYONG |
| 书　　号 | ISBN 978-7-5630-9325-0 |
| 策划编辑 | 朱婵玲　成　微 |
| 责任编辑 | 成　微 |
| 特约校对 | 徐梅芝　余　波　朱　麻 |
| 装帧设计 |  |
| 出版发行 | 河海大学出版社 |
| 地　　址 | 南京市西康路 1 号(邮编:210098) |
| 电　　话 | (025)83737852(总编室)　(025)83722833(营销部) |
| 经　　销 | 江苏省新华发行集团有限公司 |
| 排　　版 | 南京布克文化发展有限公司 |
| 印　　刷 | 南京工大印务有限公司 |
| 开　　本 | 880 毫米×1230 毫米　1/16 |
| 印　　张 | 47.75 |
| 字　　数 | 1346 千字 |
| 版　　次 | 2024 年 9 月第 1 版 |
| 印　　次 | 2024 年 9 月第 1 次印刷 |
| 定　　价 | 320.00 元 |

# 《数字孪生智能泵站技术研究与应用》撰写委员会

组织撰写单位:中水淮河规划设计研究有限公司

中水三立数据技术股份有限公司

河海大学

南京南瑞水利水电科技有限公司

中国南水北调集团东线有限公司

苏州辰安信息技术有限公司

江苏省江都水利工程管理处

北京前锋科技有限公司

常州凯悦科技有限公司

欣皓创展信息技术有限公司

天津环宇科技有限公司

安徽港产机电工程有限公司

江苏省水利机械制造有限公司

参与研究单位:水利部水利水电规划设计总院

安徽省引江济淮集团有限公司

苏州科技大学

杭州海康威视数字技术股份有限公司

江苏航天水力设备有限公司

上海电气集团上海电机厂有限公司

深圳市恩莱吉能源科技有限公司

山东曲阜恒威机械厂

天津永泰华信科技发展有限公司

# 序言
## PREFACE

在现代水利设施中,智能泵站以其高效、稳定、经济、智能的运行特性,成为保障国家水网、引调水工程、供水工程、排涝、灌溉及水资源配置和优化的关键所在。随着信息技术的迅猛发展,数字孪生技术以其独特的优势,为智能泵站的建设与管理带来了革命性的变革。

数字孪生智能泵站,简而言之,就是通过数字化技术建立与物理泵站相对应的虚拟模型,以自动化、数字化、信息化为基础,以数字孪生平台和通用支撑平台为支撑,具有自感知、自学习、自决策、自执行、自适应能力,实现安全、稳定、高效、绿色环保运行的泵站。

数字孪生智能泵站实现了泵站全生命周期的数字化映射和智能控制、智能监测与诊断评估、智能运维和智能管理。这种技术不仅具备运维有预报、风险有预警、故障有诊断、处置有预案等功能,还能通过数据分析预测设备维护需求,降低运维成本,实现泵站的规范化、标准化、精细化和智慧化管理,有效提升泵站运行的效能和运维管理水平。

《数字孪生智能泵站技术研究与应用》一书是水利部重大科技项目《智能泵站关键技术研究与应用》的重要成果之一,是由中水淮河规划设计研究有限公司原副总工程师、河海大学客座教授方国材先生牵头全国 20 多家高校、科研机构以及设计、信息化、智能化等泵站相关专业领域的国内一流单位组成的智能泵站技术科研团队经过 8 年奋战,对泵站工程涉及的 16 个专题进行深入持续研究,在取得的丰硕科研成果基础上凝练而成的一部专著。该专著以其理论与实践融合创新成果入选了 2024 年度国家出版基金项目,是泵站工程领域数字孪生技术与数字化、信息化和智能化等技术相融合的一种探索和实践,也是数字孪生工程在泵站工程涉及各专业领域的深化研究与应用的成果。

本专著深入探讨了数字孪生智能泵站的关键核心技术、系统集成和实际应用案例;详细阐述了数字孪生智能泵站的内涵、总体架构、业务结构、智能泵站数字孪生平台、基础设施、智能一体化应用平台、安全技术体系、保障体系、集成方法及实践案例。尤其是对智能泵站数字孪生平台的专业模型、智能模型、仿真模型；知识平台的设备运维库、专家经验库、处置预案库、三维仿真检修培训库；孪生引擎的仿真引擎、知识引擎、数据引擎；智能一体化应用平台的智能控制、智能监测与诊断评估、智能运维、智能管理及 40 多个智能终端应用模块等方面进行了深入研究与实践，取得了一批创新性科研成果并制定了多项技术标准；研究了数字孪生智能泵站的系统集成方法，探讨了如何将数字孪生技术与现有泵站管理系统相结合，形成更加完善、高效的智能泵站管理体系。最后，通过具体的案例分析，展示了数字孪生智能泵站在实际应用中的优势和效果。

该书既有理论创新，又有数字孪生智能泵站工程实际应用实践，是迄今为止国内著述数字孪生智能泵站领域中体系结构最完整、内容最全面、知识最丰富、创新成果最多且编制多项智能泵站技术标准支撑的具有理论与实践应用价值的专著。

展望未来，数字化技术在智能泵站优化设计和运行管理中的应用将具有更加广阔的前景。通过数字孪生技术，我们可以实现对泵站运行状态的实时监测和精准预测，为泵站的运行管理提供科学的决策支持；同时，我们还可以通过数字孪生模型对泵站进行虚拟仿真和模拟，优化泵站的运行方案，提高泵站的运行效率和能源利用率。这不仅有助于提高水资源利用效率，降低运维成本，还有助于保障泵站工程的安全性和稳定性，具有重要的社会和经济价值。

综上所述，数字孪生智能泵站技术是水利泵站工程智能化升级的重要方向之一。它通过数字化技术实现泵站的全生命周期管理和优化运行，为水资源利用和优化提供了有力保障。因此，希望有志于从事数字孪生智能泵站的科研、设计、信息化、智能化的主要设备制造单位、技术人员继续加强对该领域核心技术的研发力度，推动数字孪生智能泵站技术的不断创新和应用，为国家智慧水利发展做出积极的贡献。

《数字孪生智能泵站技术研究与应用》是一部兼具理论与实践应用创新的重要参考书。我坚信，该书的出版发行一定能在指导大中型数字孪生智能泵站的教学、培训、规划、设计、运行管理和建设等方面发挥重要作用。

中国工程院院士

# 前言
## PREFACE

　　在科技日新月异的今天,数字化、智能化已经深入各个行业,智慧水利建设也被提升至前所未有的高度,迎来了历史性的重大机遇。作为国家基础设施的重要组成部分,水利行业的信息化、智能化更是受到广泛关注。泵站在国家水网建设、引调水工程、供水工程、排涝、灌溉等重大水利基础工程设施中发挥着重要作用。如何运用先进的技术手段提升其运行效率、安全性和智能化水平,成为行业内外共同关注的热点问题。根据水利部提出的"需求牵引、应用至上、数字赋能、提升能力"的总体方针,智能泵站关键技术研究与应用已被列为水利部重大科技项目,以深入研究和解决相关问题。为此,中水淮河规划设计研究有限公司牵头,联合全国20多家在泵站设计、信息化、智能化各个专业领域处于领先地位的科研机构、单位及主要泵站设备制造商,共同成立了数字孪生智能泵站技术联盟。经过八年的深入研究和刻苦攻关,团队取得了丰富的科研成果和应用进展,本书是其重要成果之一。

　　本专著旨在深入探讨数字孪生智能泵站技术的相关理论和实践应用。书中介绍了数字孪生智能泵站的发展历程、基本原理和发展趋势,以及数字孪生智能泵站的定义、特征,详细阐述了数字孪生智能泵站的架构、业务分区结构和技术体系,详细介绍了泵站信息化基础设施、数字孪生平台、通用平台,以及泵站智能一体化应用平台。数字孪生智能泵站应用由智能监控、智能监测与诊断评估、智能运维和智能管理等四个子系统,共40多个智能终端模块组成,用户可以根据泵站规模、重要程度和需求,自行选择所需的智能应用模块,为智能泵站建设提供适应泵站需求的自助选择性的远程及站控智能应用模式,真正实现了泵站智慧管理。此外,本书还详细阐述了数字孪生智能泵站安全标准体系和保障体系,以及数字孪生智能泵站的系统集成方法。数字孪生智能泵站成果已在国家重大水利工程安徽省引江济淮工程西淝河北站和浙江省姚江西排枢纽工程中得到应用,取得了非常好的效果。同时,通过结合实际应用案例的分析,本书不仅展示了数字孪生智能泵站的应用成效,还揭示了其面临的挑战,并展望了未来的发展趋势。

除此之外,作为 2022 年度水利部重大科技项目,智能泵站关键技术研究成果丰硕,由中水淮河规划设计研究有限公司牵头的智能泵站技术联盟取得 23 项发明专利、45 项实用新型专利、75 项软件著作权,并编写了《泵站机组状态在线监测与诊断评估系统技术导则》(T/CWHIDA 0027—2023)团体标准,《智能泵站技术导则》标准正在送审和修改过程中;数字孪生泵站机组全生命周期监测与健康诊断评估技术研究与应用荣获水利部淮河水利委员会 2022 年度科学技术一等奖,入选 2022 年度水利部先进实用技术重点推广指导目录。

本专著以其独特的创新性和丰硕的原创成果入选了 2024 年度国家出版基金项目。专著的编写得到了智能泵站技术联盟众多专家学者和工程技术人员的支持和指导。在编写过程中,我们进行了大量的调研分析,广泛搜集了国内外的相关资料和文献,借鉴了最新的研究成果和实践经验,力求使本书内容全面、系统、准确、实用。同时,我们也真诚地感谢智能泵站技术联盟的所有成员单位的大力支持和辛勤付出,感谢所有为本专著编写提供支持和帮助的人员和单位。

最后,希望本专著的出版,能够为推动数字孪生智能泵站技术的研究与应用提供有益的参考和借鉴,为水利行业的信息化、智能化发展贡献一份力量。同时,我们也期待与广大读者共同探讨和交流,共同推动数字孪生智能泵站在水利行业中的深入应用和发展。

# 目 录
## CATALOGUE

**1 概述** ........................................................... 2

**1.1** 新时代水利信息化发展历程 .................................... 2

**1.2** 泵站信息化现状 ............................................. 3

**1.3** 数字孪生智能泵站发展趋势 .................................... 4

**2 数字孪生智能泵站内涵** ........................................... 8

**2.1** 数字孪生概念 ............................................... 8

**2.2** 数字孪生智能泵站定义 ....................................... 9

**2.3** 数字孪生智能泵站特征 ....................................... 9

    2.3.1 信息数字化 ............................................ 9

    2.3.2 通信网络化 ............................................ 9

    2.3.3 应用智能化 ........................................... 10

    2.3.4 调节智联化 ........................................... 10

    2.3.5 运管一体化 ........................................... 10

    2.3.6 业务互动化 ........................................... 11

    2.3.7 运行最优化 ........................................... 11

    2.3.8 管理精细化 ........................................... 11

    2.3.9 决策精准化 ........................................... 11

2.3.10　集成标准化 ......................................................... 12

**2.4　数字孪生智能泵站总体架构** ..................................... 12

2.4.1　信息化基础设施 ..................................................... 13

2.4.2　通用支撑平台 ......................................................... 13

2.4.3　数字孪生平台 ......................................................... 13

2.4.4　业务应用 ................................................................. 15

2.4.5　安全体系 ................................................................. 16

2.4.6　保障体系 ................................................................. 16

**2.5　数字孪生智能泵站业务结构** ..................................... 16

2.5.1　层结构 ..................................................................... 17

2.5.2　区结构 ..................................................................... 17

**2.6　数字孪生智能泵站技术体系** ..................................... 19

2.6.1　自动化技术 ............................................................. 19

2.6.2　信息化技术 ............................................................. 21

2.6.3　数字化技术 ............................................................. 21

2.6.4　智能化技术 ............................................................. 25

**2.7　数字孪生智能泵站保障体系** ..................................... 29

2.7.1　标准规范体系 ......................................................... 29

2.7.2　评价指标体系 ......................................................... 30

**2.8　数字孪生智能泵站分级** ............................................. 31


**3　通用支撑平台** ................................................................. 36

**3.1　通用支撑平台结构** ..................................................... 36

**3.2　公共基础服务** ............................................................. 37

**3.3　应用服务** ..................................................................... 38

**3.4　信息服务** ..................................................................... 41

**3.5　通用支撑平台对接接口标准** ..................................... 43


**4　智能泵站数字孪生平台** ................................................. 46

**4.1　概述** ............................................................................. 46

**4.2　数据底板** ..................................................................... 46

4.2.1　数据资源 ................................................................. 47

4.2.2　数据引擎 ................................................................. 51

**4.3　模型平台** ..................................................................... 56

4.3.1　专业模型 ................................................................. 56

4.3.2　智能模型 ................................................................. 60

4.3.3　可视化模型 ............................................................. 60

数字孪生智能泵站技术研究与应用

4.3.4 模拟仿真引擎 ·············································· 61

4.4 知识平台 ···················································· 61

　4.4.1 知识库 ················································ 62

　4.4.2 知识引擎 ·············································· 62

4.5 数字孪生模型 ················································ 64

　4.5.1 数字孪生发展现状 ······································ 64

　4.5.2 数字孪生核心能力 ······································ 65

　4.5.3 数字孪生技术 ·········································· 66

　4.5.4 数字模型创建 ·········································· 72

　4.5.5 数字孪生标准体系 ······································ 84

## 5 智能一体化平台 88

5.1 基本概念 ···················································· 88

　5.1.1 概述 ·················································· 88

　5.1.2 基本特征 ·············································· 89

5.2 平台结构 ···················································· 90

　5.2.1 平台体系 ·············································· 90

　5.2.2 总体结构 ·············································· 91

　5.2.3 软件结构 ·············································· 92

　5.2.4 平台关键技术 ·········································· 92

5.3 基础服务 ··················································· 101

　5.3.1 数据采集与处理 ········································ 101

　5.3.2 人机界面 ············································· 102

　5.3.3 告警服务 ············································· 102

　5.3.4 图表组件 ············································· 102

　5.3.5 权限服务 ············································· 103

　5.3.6 实时数据管理与服务 ···································· 104

　5.3.7 历史数据管理与服务 ···································· 105

　5.3.8 日志管理 ············································· 105

　5.3.9 对外信息发布 ········································· 105

　5.3.10 全生命周期管理 ······································· 105

　5.3.11 GIS 服务 ············································· 106

　5.3.12 工作流引擎 ··········································· 109

　5.3.13 三维渲染服务 ········································· 110

5.4 平台组成与功能 ············································· 110

　5.4.1 智能监控 ············································· 111

　5.4.2 智能诊断与评估 ········································ 112

　5.4.3 智能运维 ············································· 113

5.4.4　智能管理 ……………………………………………………………… 115

# 6　智能监控 …………………………………………………………………… 118

## 6.1　基本概况 ……………………………………………………………… 118
## 6.2　系统结构及组成 ………………………………………………………… 118
6.2.1　以站级智能监控为主的系统结构及组成 ……………………… 118
6.2.2　以远程集中智能监控为主的系统结构及组成 ………………… 119
## 6.3　控制流程 ………………………………………………………………… 120
6.3.1　标准 PLC 程序结构 …………………………………………… 120
6.3.2　开机流程 ………………………………………………………… 120
6.3.3　停机流程 ………………………………………………………… 123
6.3.4　事故紧急停机流程 ……………………………………………… 124
6.3.5　渗漏排水流程 …………………………………………………… 126
6.3.6　压缩空气流程 …………………………………………………… 127
## 6.4　智能主机组监控系统 …………………………………………………… 128
6.4.1　需求分析 ………………………………………………………… 128
6.4.2　机组一键启停 …………………………………………………… 130
6.4.3　机组辅机系统 …………………………………………………… 130
6.4.4　泵站公用系统 …………………………………………………… 131
## 6.5　智能叶片调节系统 ……………………………………………………… 131
6.5.1　概述 ……………………………………………………………… 132
6.5.2　全调节水泵叶片角度智能优化子系统 ………………………… 132
6.5.3　全调节水泵叶片角度高油压执行子系统 ……………………… 136
## 6.6　智能闸门控制系统 ……………………………………………………… 138
6.6.1　闸门及启闭机控制现状和存在问题 …………………………… 138
6.6.2　闸门及启闭机智能化功能 ……………………………………… 139
6.6.3　运行控制系统 …………………………………………………… 139
## 6.7　智能技术供水系统 ……………………………………………………… 141
6.7.1　技术供水装置智能控制 ………………………………………… 141
6.7.2　自动运行总体要求 ……………………………………………… 141
## 6.8　智能渗漏排水控制系统 ………………………………………………… 142
## 6.9　智能清污机控制系统 …………………………………………………… 143
6.9.1　清污机控制现状和存在问题 …………………………………… 143
6.9.2　清污机智能化 …………………………………………………… 143
## 6.10　智能变配电控制系统 ………………………………………………… 145
6.10.1　变配电系统的现状 …………………………………………… 145
6.10.2　变配电系统的智能化关键技术 ……………………………… 146
## 6.11　智能消防控制系统 …………………………………………………… 154

6. 11. 1　概述 ·················································· 154

6. 11. 2　泵站消防系统特点 ·············· 155

6. 11. 3　泵站消防智能化 ···················· 155

6. 11. 4　泵站消防智能化巡检措施及系统构架 ·············· 159

**6. 12　智能照明控制系统** ················································ 162

6. 12. 1　概述 ·················································· 162

6. 12. 2　泵站智能照明研究内容 ············ 163

6. 12. 3　智能照明系统控制 ·················· 166

6. 12. 4　泵站典型场所智能照明布置实例 ·············· 168

**6. 13　智能通风空调控制系统** ·········································· 174

6. 13. 1　需求分析 ·········································· 174

6. 13. 2　控制系统设计内容及原则 ·········· 174

6. 13. 3　控制系统的可扩展模块 ············ 175

6. 13. 4　集中监测控制内容 ·················· 175

**6. 14　智能励磁控制系统** ················································ 177

6. 14. 1　概况 ·················································· 177

6. 14. 2　原理框图 ·········································· 177

6. 14. 3　监测对象 ·········································· 177

6. 14. 4　工程实际运行故障经验 ············ 178

6. 14. 5　励磁主要器件寿命分析 ············ 178

**6. 15　智能除湿控制系统** ················································ 179

6. 15. 1　需求分析 ·········································· 179

6. 15. 2　除湿系统设计内容 ·················· 179

6. 15. 3　系统可扩展模块 ···················· 180

6. 15. 4　智能除湿控制 ······················ 180

**6. 16　水力量测** ·························································· 180

6. 16. 1　系统设计 ·········································· 180

6. 16. 2　水位监测 ·········································· 181

6. 16. 3　流量监测 ·········································· 184

6. 16. 4　水泵装置效率实时测量 ············ 191

**6. 17　各子系统智能协联** ················································ 198

6. 17. 1　生产控制子系统的智能化监控及协同 ·············· 198

6. 17. 2　其他子系统的智能化监控及协同 ·············· 199

6. 17. 3　智能告警与多系统联动 ············ 200

6. 17. 4　监测控制联动 ······················ 201

6. 17. 5　安防联动 ·········································· 202

**7　智能诊断与评估** ·························································· 206

**7. 1　水工安全监测分析诊断与评估** ···································· 206

7.1.1　工程监测与安全评估的发展概况 ································ 206

7.1.2　泵房及附属建筑物监测布置及常见监测仪器 ·············· 209

7.1.3　泵房及附属建筑物监测自动化系统 ························· 213

7.1.4　监测资料整理整编及安全评估 ····························· 219

7.1.5　智能泵站水工安全综合评估系统 ··························· 224

7.1.6　数字孪生在水工安全监测与安全评估中的应用 ··········· 230

7.2　主机组及辅机全生命周期监测与诊断评估 ······················ 234

7.2.1　主机组状态监测与诊断评估技术概述 ····················· 234

7.2.2　机组状态监测对象及监测内容 ····························· 236

7.2.3　机组状态监测测点布置 ···································· 238

7.2.4　机组状态监测与诊断评估模块组成 ······················· 243

7.2.5　机组状态监测与诊断评估关键技术 ······················· 257

7.3　金属结构状态监测与诊断评估 ·································· 279

7.3.1　金属结构状态监测与诊断评估技术概述 ··················· 279

7.3.2　金属结构状态监测对象与监测内容 ······················· 280

7.3.3　金属结构状态监测测点布置 ································ 282

7.3.4　金属结构状态监测与诊断评估模块组成 ··················· 284

7.3.5　金属结构状态监测与诊断评估关键技术 ··················· 287

7.4　变配电设备状态监测与诊断评估 ································ 290

7.4.1　变配电设备状态在线监测技术现状 ······················· 290

7.4.2　变配电设备在线监测对象及内容 ··························· 291

7.4.3　变配电设备在线监测系统组成 ····························· 291

7.4.4　变配电设备健康诊断与评估 ································ 294

7.5　泵站工程健康评估 ············································ 306

7.5.1　泵站工程健康评估的原则 ·································· 306

7.5.2　泵站工程健康评估的方法 ·································· 307

7.5.3　泵站工程健康综合评估 ···································· 309

# 8　智能运维 ························································ 316

8.1　调度指令管理 ················································ 316

8.1.1　概述 ···················································· 316

8.1.2　功能模块 ················································ 319

8.2　经济运行管理 ················································ 320

8.2.1　概述 ···················································· 320

8.2.2　功能模块 ················································ 340

8.3　智能作业管理 ················································ 343

8.3.1　概述 ···················································· 343

8.3.2　安全监测 ················································ 343

8.3.3　事故处理 ……………………………… 344

8.3.4　安全鉴定 ……………………………… 345

8.3.5　功能模块 ……………………………… 345

**8.4　智能巡检** …………………………………… 346

8.4.1　概述 …………………………………… 346

8.4.2　功能模块 ……………………………… 351

**8.5　智能综合数据分析** ………………………… 354

8.5.1　概述 …………………………………… 354

8.5.2　功能模块 ……………………………… 354

**8.6　视频与安防管理** …………………………… 355

**8.7　智能维修管理** ……………………………… 355

8.7.1　概述 …………………………………… 355

8.7.2　功能模块 ……………………………… 356

**8.8　事故应急预案仿真演练** …………………… 358

8.8.1　概述 …………………………………… 358

8.8.2　仿真演练 ……………………………… 359

8.8.3　仿真演练系统架构 …………………… 359

8.8.4　关键技术研究 ………………………… 361

8.8.5　仿真演练发展趋势 …………………… 368

**8.9　三维检修模拟仿真与培训模块** …………… 368

# 9　智能管理 ……………………………………… 372

**9.1　管理目标和任务** …………………………… 373

9.1.1　管理目标 ……………………………… 373

9.1.2　管理任务 ……………………………… 373

**9.2　综合管理** …………………………………… 373

9.2.1　综合管理系统 ………………………… 374

9.2.2　综合管理维护 ………………………… 376

**9.3　工程档案管理** ……………………………… 377

9.3.1　工程档案管理总体要求 ……………… 377

9.3.2　数字化档案管理 ……………………… 381

9.3.3　技术档案管理制度 …………………… 385

**9.4　设备管理** …………………………………… 386

9.4.1　设备运行管理 ………………………… 386

9.4.2　巡视检查 ……………………………… 396

9.4.3　管理设施设备 ………………………… 400

9.4.4　设备维护与检修管理 ………………… 401

9.4.5　调度管理 ……………………………… 406

　　　9.4.6　生产及技术管理 ·························································· 408
　　　9.4.7　泵站设备管理与维护 ·················································· 408
　　　9.4.8　备品备件 ································································ 409
　9.5　建筑物管理 ···································································· 409
　　　9.5.1　总体要求 ································································ 409
　　　9.5.2　水工建筑物 ····························································· 411
　　　9.5.3　混凝土建筑物 ·························································· 411
　　　9.5.4　厂房 ········································································ 411
　9.6　信息管理 ········································································ 411
　　　9.6.1　硬件设备 ································································ 411
　　　9.6.2　软件资料 ································································ 412
　　　9.6.3　现代化建设及新技术应用 ············································ 412
　　　9.6.4　信息化平台建设 ······················································ 412
　9.7　安全管理 ········································································ 414
　　　9.7.1　一般规定 ································································ 415
　　　9.7.2　安全运行管理 ·························································· 417
　　　9.7.3　安全设施管理 ·························································· 424
　　　9.7.4　安全监测 ································································ 430
　　　9.7.5　安全生产管理 ·························································· 431
　　　9.7.6　工程管理范围及保护范围的管理 ····································· 431
　　　9.7.7　工程隐患排查和安全鉴定 ············································ 432
　9.8　岗位管理 ········································································ 432
　　　9.8.1　管理体制和运行机制 ·················································· 432
　　　9.8.2　制度建设及执行 ······················································ 432
　　　9.8.3　人才队伍建设 ·························································· 432
　　　9.8.4　精神文明与宣传教育 ·················································· 432
　　　9.8.5　管理人员 ································································ 432
　　　9.8.6　管理制度 ································································ 434
　　　9.8.7　教育培训 ································································ 434
　　　9.8.8　岗位工作标准 ·························································· 434
　9.9　制度管理 ········································································ 437
　　　9.9.1　管理细则 ································································ 437
　　　9.9.2　规章制度 ································································ 437
　　　9.9.3　执行措施 ································································ 438
　　　9.9.4　泵站制度汇编 ·························································· 438
　9.10　标准管理 ······································································ 439
　　　9.10.1　管理标准 ······························································ 439
　　　9.10.2　流程管理 ······························································ 445
　9.11　考核管理 ······································································ 452

9.11.1　单位效能考核 ……………………………………………………………… 452

9.11.2　精细化管理考核标准 ……………………………………………………… 453

9.11.3　标准化管理考核标准 ……………………………………………………… 461

# 10　智能视频监视与安防 …………………………………………………… 472

## 10.1　系统组成及技术路线 ………………………………………………………… 472

10.1.1　系统组成 ……………………………………………………………………… 472

10.1.2　技术路线 ……………………………………………………………………… 472

## 10.2　智能视频监控系统 ……………………………………………………………… 473

10.2.1　视频布置原则 ………………………………………………………………… 474

10.2.2　视频监视 ……………………………………………………………………… 474

## 10.3　智能安防监控系统 ……………………………………………………………… 477

10.3.1　周界防范系统 ………………………………………………………………… 477

10.3.2　移动巡查子系统 ……………………………………………………………… 479

10.3.3　出入口管理子系统 …………………………………………………………… 480

10.3.4　入侵报警子系统 ……………………………………………………………… 484

10.3.5　门禁管理子系统 ……………………………………………………………… 485

10.3.6　动力环境监测子系统 ………………………………………………………… 486

## 10.4　智能可视化监视中心 …………………………………………………………… 487

10.4.1　综合管理系统 ………………………………………………………………… 487

10.4.2　存储子系统 …………………………………………………………………… 493

10.4.3　解码拼接控制子系统 ………………………………………………………… 498

10.4.4　显示子系统 …………………………………………………………………… 499

10.4.5　服务器管理系统 ……………………………………………………………… 499

10.4.6　其他关键服务技术 …………………………………………………………… 500

## 10.5　智能可视化协联 ………………………………………………………………… 504

10.5.1　指令、报警、故障事故与视频协联 ………………………………………… 504

10.5.2　与清污机的协联 ……………………………………………………………… 504

10.5.3　与预警广播的协联 …………………………………………………………… 504

10.5.4　与火灾报警系统的协联 ……………………………………………………… 504

# 11　通信与计算机网络 ……………………………………………………… 508

## 11.1　概述 ………………………………………………………………………………… 508

11.1.1　计算机网络的定义 …………………………………………………………… 508

11.1.2　计算机网络与通信网络的关系 ……………………………………………… 509

11.1.3　通信技术的现状 ……………………………………………………………… 509

11.1.4　泵站的网络通信技术发展趋势 ……………………………………………… 511

**11.2 网络系统总体设计** ············································· 512

    11.2.1 网络需求 ············································· 512

    11.2.2 系统总体结构 ············································· 513

**11.3 控制专网数据通信** ············································· 513

    11.3.1 信息流向和流量 ············································· 513

    11.3.2 网络拓扑结构 ············································· 513

    11.3.3 路由协议 ············································· 514

    11.3.4 MPLS VPN 部署方案 ············································· 515

    11.3.5 QoS 策略 ············································· 516

**11.4 业务内网数据通信** ············································· 517

    11.4.1 信息流向和流量 ············································· 517

    11.4.2 网络拓扑结构 ············································· 518

    11.4.3 路由协议 ············································· 518

    11.4.4 MPLS VPN 部署方案 ············································· 519

    11.4.5 QoS 策略 ············································· 520

    11.4.6 视频监控网络传输设计 ············································· 521

**11.5 业务外网数据通信** ············································· 522

    11.5.1 网络结构 ············································· 522

    11.5.2 出口带宽 ············································· 523

    11.5.3 路由协议 ············································· 523

    11.5.4 QoS 策略 ············································· 523

    11.5.4 QoS 部署策略 ············································· 523

**11.6 系统数据通信协议** ············································· 524

    11.6.1 通信技术的分类 ············································· 524

    11.6.2 研究目的 ············································· 526

    11.6.3 智能泵站系统通信实现 ············································· 526

## 12 数据存储与管理 ············································· 536

**12.1 数据存储管理及处理系统架构** ············································· 536

    12.1.1 数据存储建设思路 ············································· 536

    12.1.2 数据中心总体框架 ············································· 537

    12.1.3 数据存储管理系统架构 ············································· 538

**12.2 信息分类编码与标准化体系** ············································· 546

    12.2.1 引用标准 ············································· 546

    12.2.2 泵站信息编码 ············································· 546

    12.2.3 泵站制图符号 ············································· 551

    12.2.4 数据接口规范 ············································· 551

**12.3 系统数据模型** ············································· 555

数字孪生智能泵站技术研究与应用

**12.4** 数据存储安全性与故障维护 ⋯⋯⋯⋯⋯⋯⋯⋯⋯ 556

**12.5** 跨安全区的数据同步技术 ⋯⋯⋯⋯⋯⋯⋯⋯⋯ 558

**12.6** 数据库性能优化 ⋯⋯⋯⋯⋯⋯⋯⋯⋯⋯⋯⋯⋯⋯ 559

　12.6.1 数据库设计优化 ⋯⋯⋯⋯⋯⋯⋯⋯⋯⋯⋯⋯ 560

　12.6.2 应用程序设计优化 ⋯⋯⋯⋯⋯⋯⋯⋯⋯⋯⋯ 561

　12.6.3 操作系统及相关硬件优化 ⋯⋯⋯⋯⋯⋯⋯⋯ 561

**13 仿真培训与考核** ⋯⋯⋯⋯⋯⋯⋯⋯⋯⋯⋯⋯⋯ 566

**13.1** 引言 ⋯⋯⋯⋯⋯⋯⋯⋯⋯⋯⋯⋯⋯⋯⋯⋯⋯⋯ 566

**13.2** 水利工程培训概述 ⋯⋯⋯⋯⋯⋯⋯⋯⋯⋯⋯⋯⋯ 567

　13.2.1 常规培训 ⋯⋯⋯⋯⋯⋯⋯⋯⋯⋯⋯⋯⋯⋯ 567

　13.2.2 计算机平面仿真培训 ⋯⋯⋯⋯⋯⋯⋯⋯⋯⋯ 567

　13.2.3 计算机三维可视化仿真培训 ⋯⋯⋯⋯⋯⋯⋯ 568

**13.3** 泵站水泵结构 ⋯⋯⋯⋯⋯⋯⋯⋯⋯⋯⋯⋯⋯⋯⋯ 568

　13.3.1 水泵主要技术参数 ⋯⋯⋯⋯⋯⋯⋯⋯⋯⋯⋯ 568

　13.3.2 水泵结构型式 ⋯⋯⋯⋯⋯⋯⋯⋯⋯⋯⋯⋯⋯ 569

**13.4** 泵站电动机结构 ⋯⋯⋯⋯⋯⋯⋯⋯⋯⋯⋯⋯⋯⋯ 572

　13.4.1 电动机主要技术参数 ⋯⋯⋯⋯⋯⋯⋯⋯⋯⋯ 573

　13.4.2 主要部件 ⋯⋯⋯⋯⋯⋯⋯⋯⋯⋯⋯⋯⋯⋯ 573

**13.5** 虚拟仿真原理及其主要技术指标 ⋯⋯⋯⋯⋯⋯⋯ 576

　13.5.1 虚拟仿真技术国内外发展情况 ⋯⋯⋯⋯⋯⋯ 576

　13.5.2 虚拟仿真技术原理 ⋯⋯⋯⋯⋯⋯⋯⋯⋯⋯⋯ 577

　13.5.3 研究方法 ⋯⋯⋯⋯⋯⋯⋯⋯⋯⋯⋯⋯⋯⋯ 578

　13.5.4 研究技术路线 ⋯⋯⋯⋯⋯⋯⋯⋯⋯⋯⋯⋯⋯ 578

　13.5.5 主要技术指标 ⋯⋯⋯⋯⋯⋯⋯⋯⋯⋯⋯⋯⋯ 578

**13.6** 三维建模方法与动画制作 ⋯⋯⋯⋯⋯⋯⋯⋯⋯⋯ 580

　13.6.1 建模软件 ⋯⋯⋯⋯⋯⋯⋯⋯⋯⋯⋯⋯⋯⋯ 580

　13.6.2 动画制作 ⋯⋯⋯⋯⋯⋯⋯⋯⋯⋯⋯⋯⋯⋯ 582

**13.7** 三维可视化检修仿真 ⋯⋯⋯⋯⋯⋯⋯⋯⋯⋯⋯⋯ 583

　13.7.1 三维建模 ⋯⋯⋯⋯⋯⋯⋯⋯⋯⋯⋯⋯⋯⋯ 584

　13.7.2 三维可视化检修仿真内容 ⋯⋯⋯⋯⋯⋯⋯⋯ 584

　13.7.3 三维可视化检修仿真动画制作 ⋯⋯⋯⋯⋯⋯ 587

**13.8** 交互式虚拟检修仿真 ⋯⋯⋯⋯⋯⋯⋯⋯⋯⋯⋯⋯ 589

　13.8.1 概述 ⋯⋯⋯⋯⋯⋯⋯⋯⋯⋯⋯⋯⋯⋯⋯⋯ 589

　13.8.2 开发工具 ⋯⋯⋯⋯⋯⋯⋯⋯⋯⋯⋯⋯⋯⋯ 589

　13.8.3 开发流程 ⋯⋯⋯⋯⋯⋯⋯⋯⋯⋯⋯⋯⋯⋯ 589

　13.8.4 交互式虚拟检修仿真应用 ⋯⋯⋯⋯⋯⋯⋯⋯ 590

　13.8.5 交互式虚拟仿真开发 ⋯⋯⋯⋯⋯⋯⋯⋯⋯⋯ 590

13.8.6 大型水泵机组交互式虚拟仿真开发 ……………………………… 592

13.9 培训考核模块 …………………………………………………………… 593

13.9.1 理论考试 ………………………………………………………… 593

13.9.2 实操考试 ………………………………………………………… 597

13.9.3 智能泵站培训考核试题 ………………………………………… 597

13.10 系统集成 ………………………………………………………………… 601

13.10.1 仿真培训系统架构 ……………………………………………… 601

13.10.2 客户端/服务端系统管理程序 …………………………………… 601

13.10.3 基于工业互联网平台应用 ……………………………………… 608

13.11 关键技术及特点 ………………………………………………………… 609

13.11.1 关键技术 ………………………………………………………… 609

13.11.2 主要技术创新点 ………………………………………………… 610

13.11.3 仿真培训研究成果意义 ………………………………………… 610

14 技术标准与网络安全 ………………………………………………………… 614

14.1 技术标准 ………………………………………………………………… 614

14.1.1 技术标准体系 …………………………………………………… 614

14.1.2 技术标准构建 …………………………………………………… 616

14.2 网络安全 ………………………………………………………………… 623

14.2.1 网络安全保护等级 ……………………………………………… 623

14.2.2 等级保护对象及定级 …………………………………………… 624

14.2.3 数字孪生智能泵站网络安全建设目标及策略 ………………… 625

14.2.4 第二级安全防护 ………………………………………………… 626

14.2.5 第三级安全防护 ………………………………………………… 631

14.2.6 网络安全部署 …………………………………………………… 634

15 智能泵站系统集成 …………………………………………………………… 640

15.1 集成架构 ………………………………………………………………… 640

15.2 应用集成 ………………………………………………………………… 641

15.2.1 新建应用系统集成 ……………………………………………… 641

15.2.2 已有应用系统集成 ……………………………………………… 642

15.2.3 集成架构模式 …………………………………………………… 643

15.2.4 集成步骤 ………………………………………………………… 646

15.3 数据集成 ………………………………………………………………… 648

15.3.1 集成框架 ………………………………………………………… 648

15.3.2 集成内容 ………………………………………………………… 648

15.3.3 集成方法 ………………………………………………………… 650

15.4 网络集成 ……………………………………………………………… 652
15.4.1 网络建设基础程序 ………………………………………… 652
15.4.2 智能泵站业务网主干网网际互联 ………………………… 653
15.4.3 局域网建设 ………………………………………………… 655
15.5 信息安全集成 …………………………………………………………… 658
15.6 设备集成 ………………………………………………………………… 661
15.6.1 智能清污装置的集成 ……………………………………… 661
15.6.2 采暖通风及除湿装置的集成 ……………………………… 662
15.6.3 测温制动及自动顶转子装置的集成 ……………………… 662
15.6.4 油、气、水辅助设备的集成 ……………………………… 662
15.7 集成设计 ………………………………………………………………… 662
15.7.1 泵站前端数据采集的集成 ………………………………… 662
15.7.2 通信系统的集成 …………………………………………… 663
15.7.3 泵站计算机网络系统的集成 ……………………………… 663
15.7.4 监视控制系统的集成 ……………………………………… 664
15.7.5 数据资源的集成 …………………………………………… 664
15.7.6 与其他系统的集成 ………………………………………… 664

16 数字孪生智能泵站应用案例 ………………………………………… 668

16.1 引江济淮工程西淝河北站智能泵站实施案例 ………………………… 668
16.1.1 工程概况 …………………………………………………… 668
16.1.2 建设目标 …………………………………………………… 670
16.1.3 建设内容 …………………………………………………… 670
16.1.4 西淝河北站智能泵站框架体系 …………………………… 670
16.1.5 智能一体化平台的组成、内容及功能 …………………… 673
16.1.6 应用亮点 …………………………………………………… 710
16.1.7 推广价值 …………………………………………………… 717
16.2 浙江姚江西排泵站枢纽实施案例 ……………………………………… 717
16.2.1 工程概况 …………………………………………………… 717
16.2.2 建设目标 …………………………………………………… 718
16.2.3 建设内容 …………………………………………………… 718
16.2.4 姚江西排智能泵站框架体系 ……………………………… 718
16.2.5 工程数字化平台的组成、内容及功能 …………………… 720
16.2.6 应用亮点 …………………………………………………… 740
16.2.7 推广价值 …………………………………………………… 740

参考文献 ………………………………………………………………………… 741

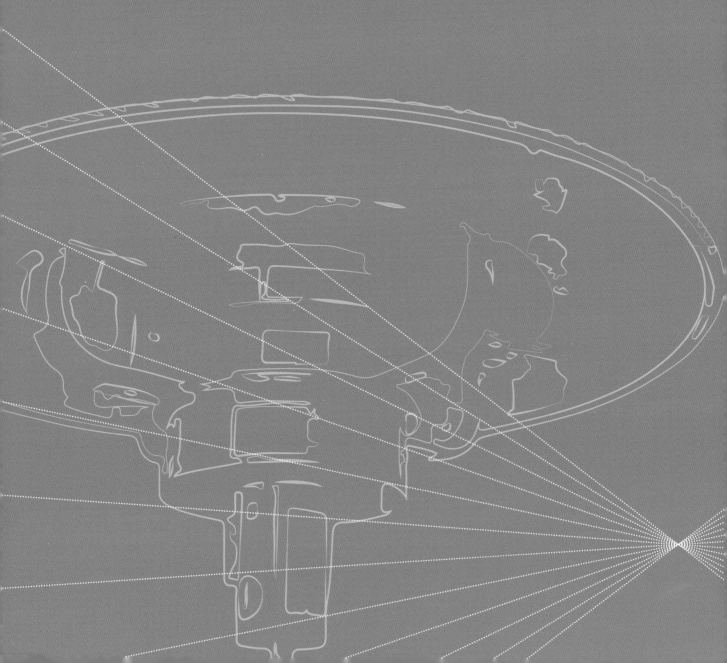

# 1

# 概 述

1.1 新时代水利信息化发展历程

1.2 泵站信息化现状

1.3 数字孪生智能泵站发展趋势

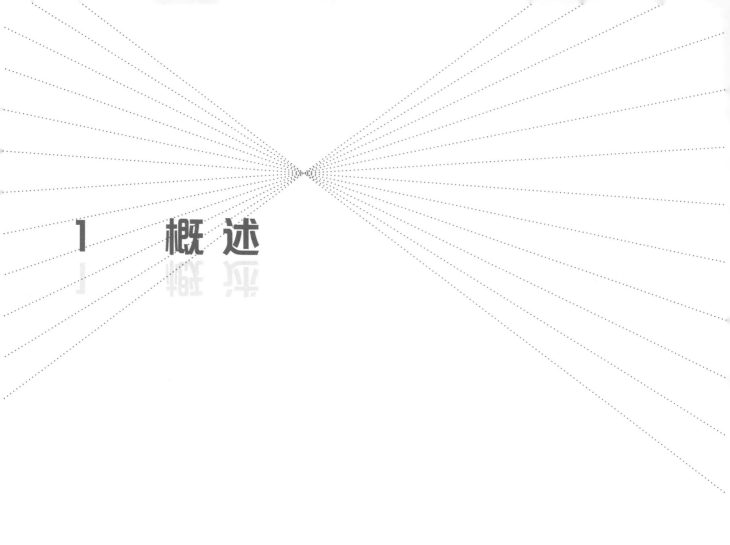

# 1　概　述

## 1.1　新时代水利信息化发展历程

习近平总书记 2014 年 3 月 14 日在中央财经领导小组第五次会议上就保障水安全发表重要讲话,站在党和国家事业发展全局的战略高度,精辟论述了治水对民族发展和国家兴盛的重要意义,准确把握了当前水安全新老问题相互交织的严峻形势,深刻回答了我国水治理中的重大理论和现实问题,提出"节水优先、空间均衡、系统治理、两手发力"的新时代治水思路,具有鲜明的时代特征,具有很强的思想性、理论性和实践性,是我们做好水利工作的科学指南和根本遵循。

2019 年 1 月 15—16 日,全国水利工作会议在北京召开。会议指出中国特色社会主义进入新时代,水利事业发展也进入了新时代。党的十八大以来,习近平总书记多次就治水发表重要讲话、作出重要指示,深刻指出随着我国经济社会不断发展,水安全中的老问题仍有待解决,新问题越来越突出、越来越紧迫,明确提出了"节水优先、空间均衡、系统治理、两手发力"的治水思路,要深刻理解和牢牢把握"从改变自然、征服自然转向调整人的行为、纠正人的错误行为"这一总纲。这是习近平总书记深刻洞察我国国情水情、针对我国水安全严峻形势提出的治本之策,是习近平新时代中国特色社会主义思想在治水领域的集中体现。党的十九大作出我国社会主要矛盾已经转化为人民日益增长的美好生活需要和不平衡不充分的发展之间的矛盾的重大论断,把坚持人与自然和谐共生纳入新时代坚持和发展中国特色社会主义的基本方略,对实施国家节水行动、统筹山水林田湖草沙系统治理、加强水利基础设施建设等提出明确要求,进一步深化了水利工作内涵,指明了水利发展方向。

党的十九届五中全会提出要"坚定不移建设制造强国、质量强国、网络强国、数字中国""加强数字社会、数字政府建设,提升公共服务、社会治理等数字化智能化水平"。《中华人民共和国国民经济和社会发展第十四个五年规划和二〇三五年远景目标纲要》提出"构建智慧水利体系,以流域为单元提升水情测报和智能调度能力"。为让江河湖泊更好造福人民,必须跟上数字时代的步伐,充分利用数字化、网络化、智能化,赋能水利和河湖保护治理。

2021年3月,水利部党组提出将智慧水利作为水利高质量发展的显著标志大力推进,李国英部长对智慧水利和数字流域建设多次提出有关思路和要求,为加快推进智慧水利建设指明了方向。李国英部长在水利部"三对标、一规划"专项行动总结大会上指出,要按照"需求牵引、应用至上、数字赋能、提升能力"要求,以数字化、网络化、智能化为主线,以数字化场景、智慧化模拟、精准化决策为路径,全面推进算据、算法、算力建设,加快构建具有预报、预警、预演、预案功能的智慧水利体系。根据水利部智慧水利建设顶层设计及"十四五"智慧水利建设实施方案,"十四五"期间要重点突破具有重要防洪任务河流的数字流场、数字孪生流域建设,流域防洪、水资源管理与调配智能业务应用取得初步成效。

推进新时代水利改革发展,必须坚持以习近平新时代中国特色社会主义思想为指导,全面贯彻党的二十大精神,积极践行"节水优先、空间均衡、系统治理、两手发力"的治水思路,准确把握当前水利改革发展所处的历史方位,清醒认识治水主要矛盾的深刻变化,加快转变治水思路和方式。这是当前和今后一个时期水利改革发展的总基调。

目前,水利建设与管理工作还存在诸多与现代化要求不相适应、不相协调的问题,一些地方工作理念比较落后,建管方式较为粗放,水利工程老化失修,水利信息化步伐较慢。必须准确把握现代水利的规律和方向,着力建设现代化的工程体系,着力实施科学化的工程调度,着力完善系统化的法规标准,着力推进规范化的工程管理,着力提高建设与管理信息化水平,推动水利建设与管理工作再上新台阶。要完成大规模的水利建设任务,必须践行可持续发展治水思路,紧紧围绕民生水利,着力构建水利建设与管理四大体系。具体包括:

(1) 着力构建以骨干枢纽工程为龙头、蓄引提调拦滞排功能齐全、大中小微工程配套,建设达标、质量可靠、运行安全、效益持久的现代水利工程设施体系。

(2) 着力构建职能清晰、权责明确、人员精干、技术先进、科学规范、安全高效的现代化水利工程管理体系。

(3) 着力构建制度健全、措施完善、监督有力、协调高效的水利工程质量与安全监管体系。

(4) 着力构建法律完备、机制完善、规划科学、监督有效、水源可靠、丰枯相济的河湖健康保障体系。

# 1.2　泵站信息化现状

目前泵站信息化现状存在下列问题。

(1) 泵站自动化发展并未能达到预期的设计水平。有时候我们盲目追求技术的先进性,依赖于技术而忽视了这一技术是否适合泵站自动化设计的初衷,导致建设资源出现过剩现象。

(2) 泵站一体化尚未实现。测量、控制和管理三者之间衔接得还不够,处于各自发展、缺乏有效集中管理的状态,存在工作效率欠佳的问题。

(3) 缺乏完善的机组及其辅助设备、金属结构、变配电系统、水工建筑物等的自诊断、自分析、智能决策系统。人机协作水平欠缺,很多泵站在出现故障时需要浪费大量人力去分析解决问题,不能满足自诊断、自愈的自动化要求。

（4）信息实时化能力有待提高。在实时监控、图像接收、数据信息传输等多平台共享采集数据的效率较低，数据库存储量有限且保存时间不够，泵站管理者对于数据库的管理维护能力不足。

（5）缺乏泵站装置效率实时智能监测和机组叶片智能调节功能。泵站要在性能曲线的高效率区运行，需进行人工干预，应根据上、下水位及扬程情况，参照水泵性能曲线判别并调节水泵叶片角度，人工将其调整到高效区运行。

（6）前端设备智能化、集成化程度低。目前前端设备单元分散，各自为一独立单元，集成程度低，设备占地范围大，而且不够美观。

（7）泵站的自动化主要集中在主机组、泵站进出口闸门及辅助设备。水工安全自动监测、采暖、通风、消防、照明等设备一般没有纳入监控。

（8）对主机组及附属设备等缺乏设备全生命周期管理，对设备运行、维护、保养、检修、使用寿命等缺乏有效监测和管理。

（9）目前对大型泵站专用变电站的设计能以高速网络通信平台为信息传输基础，使其自动完成信息采集、测量、控制、保护、计量和监测等基本功能。但在一次设备智能化、二次设备网络化、信息交换标准化、系统高度集成化、运行控制自动化、保护控制协同化、分析决策在线化方面的技术还非常薄弱，有些方面甚至处于空白状态。

（10）虽然现行泵站自动化系统站控级的技术水平处于"无人值班，少人值守"层次，但是缺乏运行、维护、经济、安全等方面的综合决策支持系统。

（11）泵站自动化程度不断提高后，产生了信息安全问题，而水利工程本身的特点会把这些信息安全问题转化为运行管理安全问题，从而带来巨大隐患。

（12）水利工程分期建设周期较长，而自动化技术、标准发展进步速度很快，这种不同步带来了难以解决的技术标准不统一问题。

（13）视频监视与计算机监控并存，但相互之间缺乏有机联系，如视频监视观察到的事故或危险信号没有反馈给计算机监控系统，使二者之间没有智能联动起来。

（14）计算机监控系统显示画面是二维的，不够直观。尤其是对泵站整体结构、流道、闸门、主机组内埋设的传感器及数据显示等均用二维展示，可视化程度较低。

（15）缺乏主机组装卸虚拟三维动画演示、培训和考核内容。

（16）量测设施仅对具体测量装置个体进行测量和监视，缺乏量测技术与经济运行相结合的综合运用。

为了解决以上问题，数字孪生智能泵站技术研究与应用应运而生。

## 1.3 数字孪生智能泵站发展趋势

新中国成立以来，我国兴建了一大批大中型泵站工程，初步形成了防洪、排涝、灌溉、供水的灌溉排水调水工程体系。但是，受计划经济和"重建轻管"思想的影响，泵站管理一直是我国水利工作的薄弱环节，泵站管理中存在的问题日趋突出。主要表现在：一是管理单位性质定位不清，管理经费无稳定来源；二是供排水价格形成机制不合理，水费难以计收，工程运行管理经费不足；三是泵站管理设施落后，人满为患，职工生活水平严重偏低；四是自动化水平不高，服务水平跟不上时代发展的步伐。这些问题导致了泵站工程得不到正常维修养护，效益严重衰减，给国民经济和人民生命财产安全带来了隐患。

经历近五十年的发展，我国泵站自动化发展完成了"三步走"，从发展较为缓慢的初级阶段到逐步改进的完善阶段,再到飞速发展的全面自动化应用阶段。自 20 世纪 60 年代,随着计算机技术逐步发展,我国泵站自动化技术也逐渐有了基本应用。1972 年江都泵站首次运用远程集中监控,将各个闸门的最终控制汇聚到总控制室,实现了远程遥控,虽然这种集中的有线监控存在着诸多问题,例如元件质量不过关等,但这也标志着我国泵站自动化技术迈开了第一步,为以后的发展奠定了基础。20 世纪 80 年代我国自动化技术进一步普及,泵站自动化技术也再一次得到了提高,淮阴泵站将之前有线监控改进为无线传送遥控,实现了动态就地监测与控制。进入 20 世纪 90 年代,伴随着计算机技术的发展和迅速普及,泵站自动化技术也在全国范围内开始广泛应用。如由扬州大学水利学院电气系引进的新型集散控制系统,成功在江苏淮安和泗阳两地的泵站投入使用,这种系统将自动化技术、通信技术、故障诊断技术等合为一体,使泵站的数据采集及控制更为简单灵活。随着社会的不断进步,科技发展成果越发广泛地应用于实际,泵站自动化技术水平也随之更新,现如今通过对曾经需要工程人员现场启停控制的半自动化泵站的改造升级,一种一体化全自动新型泵站正逐步得到推广。

根据水利部审议并通过的《全国水利信息化"十三五"规划》的要求,全自动化泵站应集数据信息采集、传输、存储、管理、控制为一体,根据数字化、网络化、智能化的新理念,在保障水安全的基础下,完善泵站一体化管理要求,实行最优控制管理,最终达到"无人值守,少人值班"的高自动化泵站水准。现阶段泵站自动化技术存在着各种各样的问题。在设计上最突出的是自动化覆盖范围不够全面,包括对象覆盖不够全面和单个对象功能不全。在建设施工上,首先是被监控对象的实际生产标准与自动化系统建设的需求不能完全匹配,自动化系统的某些功能难以达到预期目标;其次是缺乏统一的数据采集平台来整合不同标准、设备产生的信息数据。在运行维护管理上,一是现有自动化系统采集的数据没有得到充分的挖掘分析利用;二是泵站的运行维护管理大部分依赖人工决策。

数字孪生智能泵站主要用于解决泵站管理困难、能源利用率低等问题。数字孪生智能泵站是将物联网与自动化设备有机结合,利用智能装备、智能传感器、通信技术、大数据采集分析、视频监控、自动控制等软硬件技术,通过对泵站现有设备进行视频监控和自动化控制管理,实时掌握泵站各类信息及数据,解决城市和农村泵站信息不对称、排涝不及时、管理难度大、能源浪费多、运维成本高等痛点,实现智能控制开启电源、减少设备空载运行、降低维修等待时间、强化管理成本控制、提高整体调度水平等目的,确保泵站高效、可靠、节能、安全地运行。

随着泵站改造升级建设的不断推进,其市场规模快速扩张。泵站作为承担着农田灌溉、城市供水、防洪排涝等多项重要任务的平台,与其规模发展不相匹配的是目前泵站仍然还较多地存在高能耗、高成本、使用率低、空载运行等问题。同时,由于较多规模的中小型排灌泵站地处偏僻,分布星散,装机容量小,难以进行有效的检修维护与管理,造成大量的电力浪费,因此搭建起一套适合中小型泵站的综合智能化管理平台是现代泵站建设的一项重要任务。

泵站智能运维管理平台的出现,恰恰能够有效解决目前泵站管理存在的问题,基于综合管理服务平台,通过监控摄像头、智能传感器等设备,实现泵站所在区域的气象、水位和在线数据 24 小时实时监控,可实现在泵站监控中心远程监测泵站电力设备的运行状况,支持泵启动设备手动控制、自动控制,远程控制泵组的启停,极大程度上精简泵站的控制和管理,帮助政府及企业在保障设备安全的同时有效节约成本,创造更大的经济效益。

# 2

# 数字孪生智能泵站内涵

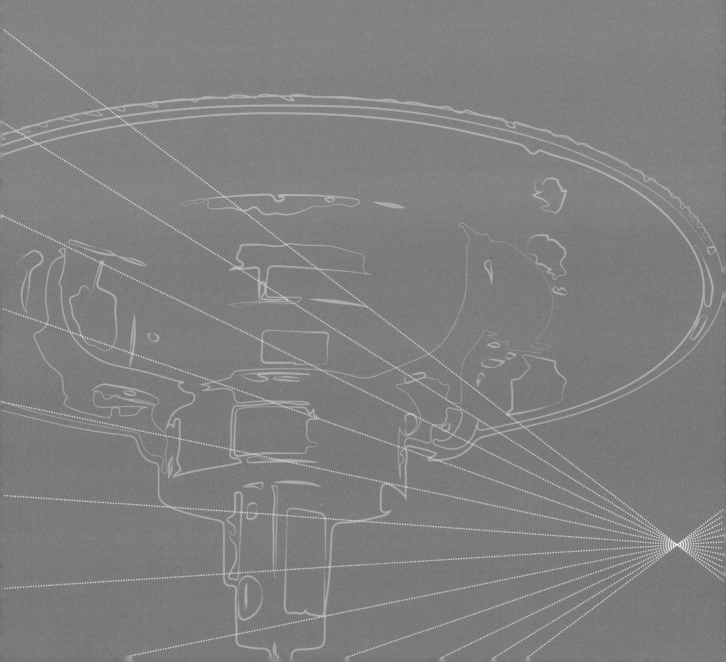

2.1 数字孪生概念

2.2 数字孪生智能泵站定义

2.3 数字孪生智能泵站特征

2.4 数字孪生智能泵站总体架构

2.5 数字孪生智能泵站业务结构

2.6 数字孪生智能泵站技术体系

2.7 数字孪生智能泵站保障体系

2.8 数字孪生智能泵站分级

# 2 数字孪生智能泵站内涵

## 2.1 数字孪生概念

数字孪生技术是新一代七大创新引领性技术之一,同大数据、人工智能、云计算、5G、物联网和区块链技术并列,是实施国家"数字中国"战略部署的重要技术组成部分。

数字孪生技术,又称作数字映射或数字镜像,主要是对物理现实进行数字克隆,利用各种传感器与数字克隆体精准映射,根据各种运行数据同步完成对物理实体多物理量、多维度、多概率的仿真模拟,并可根据历史运行数据进行信息反馈,预测物理实体变化趋势,对物理实体的发展起指导作用。

数字孪生概念最早起源于美国航空航天、工业领域。2009 年,在美国国防高级研究计划局(DARPA)举办的未来制造研讨会上,美国国家航空航天局(NASA)提出原子孪生(Atomic Twin)的概念,进而启发提出"数字孪生体"(Digital Twin)的概念。而后美国空军研究实验室启动飞机机身数字孪生项目,通用电气等公司参与并提交了相互验证报告。从此,数字孪生技术在工业制造、智慧城市、基础建设等领域逐渐流行,概念内涵逐渐得到丰富,应用广度和深度逐步拓展。

对于水利行业来说,数字孪生技术主要是采用 3S、物联网、BIM 等技术,构建数字水利场景,通过天地空一体化感知网获取数据,水利信息网负责数据传输,与物理水利实时动态交互,通过水利专业模型、可视化模型和数学模拟仿真引擎等模型,对物理水利数字化映射、智能化模拟,实现数字孪生水利与物理水利同步仿真运行,虚实交互、迭代优化。

## 2.2　数字孪生智能泵站定义

数字孪生智能泵站以现代信息技术、通信技术、计算机技术、自动化技术、数字孪生技术及智能终端设备为基础,以信息数字化、通信网络化、集成标准化、设备可视化为基本特征,具有调节智联化、运管一体化、业务互动化、应用可视化、运行最优化、决策智能化等特征,采用智能电子装置及智能设备,自动完成采集、测量、控制、保护等基本功能,具备基于智能一体化平台的经济运行、设备全生命周期监测管理与健康诊断评估、安全防护多系统联动、数据联动的三维展示、三维仿真动画培训及考核等智能应用组件,实现生产运行安全可靠、经济高效、友好互动和绿色环保的目标。

数字孪生智能泵站是以自动化、数字化、信息化为基础,以数字孪生平台和通用支撑平台为支撑,具有自感知、自学习、自决策、自执行、自适应能力,实现安全、稳定、高效、绿色环保运行的泵站。

## 2.3　数字孪生智能泵站特征

数字孪生智能泵站主要包含信息数字化、通信网络化、应用智能化、调节智联化、运管一体化、业务互动化、运行最优化(运维最优化)、管理精细化、决策精准化、集成标准化等十个方面的特征。

### 2.3.1　信息数字化

数字孪生智能泵站在主水泵上集成数字化采集装置,从而实现水泵的轴瓦、油位、轴承等温度的直接数字化显示,以及水泵的振动、摆度、位移等直接数字化显示;在主电机上集成数字化采集装置,从而实现对主电机的绕组温度、气隙大小、振动等直接数字化显示;在主变压器(简称"主变")上集成数字化采集装置,从而实现主变压器的油位、油压、电流、电压等直接数字化显示;在其他设备上也根据实际需求集成相应的数字化采集装置,从而实现相关状态的数字化显示。

数字化采集装置上可设置温度、摆度、位移等状态量的安全阈值,当超过该值时可以预警,同时数字化采集装置可实现数据的存储、分析、上传及与其他相关设备进行交互等。

### 2.3.2　通信网络化

随着测控技术的不断发展和信息技术的不断完善,泵站工程管理信息化、智能化已成为泵站现代化建设的趋势。计算机网络通信是实现信息化、智能化管理的基础。计算机网络系统作为基础设施之一,为各种业务系统数据信息传递提供承载服务,如采集数据、监控信息数据、视频监控数据、通信系统网络数据、应用系统数据等。

数字孪生智能泵站的通信网络服务于整个泵站运行的信息传输,基于开放标准协议,智能一体化通过以太网连接所有二次设备,部署全厂网络环境,实现数据可靠传输。它改变了现地层的电缆和硬接点采集的传统方式,解决了信号容易受电磁干扰和一次设备传输过电压的问题;基于标准的数据通信协议实现各监控系统及应用系统间的信息交互;通过网络结构和区域划分结合网络安全设备,将不同安全区域的系统进行物理规划,保证系统和数据信息的安全,为建设一个标准、安全的泵站智能化系统提供保障。

### 2.3.3　应用智能化

数字孪生智能泵站智能应用是由智能监控系统、智能监测与诊断评估系统、智能运维系统、智能管理系统形成的综合智能一体化平台,下设41个智能模块,数字孪生智能泵站分为初级、中级、高级三个智能等级,用户可根据需求自助选择智能模块。

智能监控系统由16个智能模块组成,分别是智能主机组监控模块、智能叶片角度调节模块、智能闸门控制模块、智能励磁控制模块、智能技术供水控制模块、智能排水控制模块、智能变配电控制模块、智能清污机控制模块、智能照明控制模块、智能采暖通风控制模块、智能除湿控制模块、智能消防控制模块、智能气系统控制模块、智能辅机控制模块、水力量测模块、主机组装置效率实时监测模块等。

智能监测与诊断评估系统由6个智能模块组成,分别是机组监测与诊断评估模块、电气设备监测与诊断评估模块、电气设备监测与诊断评估模块、水工安全监测与诊断评估模块、监控装置监测与诊断评估模块、泵站健康评估模块等。

智能运维系统由9个智能模块组成,分别是调度指令管理模块、经济运行管理模块、智能作业管理模块、智能巡检模块、智能综合数据分析模块、视频与安防管理模块、智能维修管理模块、事故应急预案仿真演练模块、三维检修模拟与仿真培训模块等。

智能管理系统由10个模块组成,分别是综合应用管理模块、设备管理模块、建筑物管理模块、安全管理模块、岗位管理模块、信息管理模块、标准管理模块、制度管理模块、工程档案管理模块、考核管理模块等。

数字孪生智能泵站可运用三维模型可视化技术、视频监视可视化技术及二维系统图与三维可视化联动技术,实现可视化的开停机流程、可视化的运行作业、可视化的运行操作仿真、可视化的故障诊断、可视化的培训与考核等可视化应用。

### 2.3.4　调节智联化

数字孪生智能泵站在设备数字化的基础上形成多个现地控制单元进行协调运行,每个现地单元可以根据自己的状态及指令进行自动调节。数字孪生智能泵站的清污现地控制单元能根据污物在拦污栅前堆积的高度和堆积的体积来控制清污系统的运行,确保污物的堆积对泵站的运行不产生影响。叶片调节单元能根据上下游水位及流量大小自动调节叶片角度以便于主水泵运行在高效区。技术供水系统能根据泵站主机组的开机台数、主机组温升及现场环境温度来自动调节技术供水的流量,确保主机组的温度在设定的范围内。

数字孪生智能泵站中央控制室能根据上级的调度指令生成相应的自动运行控制方案,如开机台数、叶片角度、运行时间等,根据运行控制方案对各现地控制单元下发控制指令及控制目标,各现地控制单元根据中央控制室下达的指令自动运行,并把运行状态上传至中央控制室,从而实现数字孪生智能泵站的运行控制自动化。

### 2.3.5　运管一体化

数字孪生智能泵站具备对监控设备进行集中监测与管理的功能,根据现场实际需要提供设备远程控制功能,能对报警信息进行等级分类,设置报警联动机制,集成视频监控平台,通过现场报警和无线报警方式,通知相关维护人员对报警事件进行及时处理。

数字孪生智能泵站融合运维管理信息系统,将日常维护信息(如实时监测的设备信息、运维人员的日程计划、运维人员的设备检查和状况确认等)和报警信息(如报警处理、运维人员通知、现场处理意见等)进行统一的系统管理,提高运维管理的工作水平和工作效率。

### 2.3.6　业务互动化

数字孪生智能泵站在集成标准化的基础上,提供统一的数据存储、访问、监视和预警平台,实现泵站全景数据监视,为抽水、调水、排涝等各类业务提供基础应用服务组件管理与发布服务,实现不同业务之间的友好互动,对外提供标准化的二次开发接口,实现与第三方模型及业务系统的相互接入与有效协同,为不同安全区内的各类自动化系统提供统一的软件运行平台。

数字孪生智能泵站采用开放性模块化组件式的设计思路,数据存储支持实时数据库、结构型以及非结构型数据库,支持业务应用系统包括与移动端应用的无缝对接,通过连接设备、获取数据、分析数据、开发应用,实现平台即服务的目标。

### 2.3.7　运行最优化

数字孪生智能泵站将计算机网络技术应用到泵站运行内容的智能化设备上,并通过互联网络,实现泵站内的数据共享。结合大量的历史运行数据和泵站机组特性曲线,通过数据挖掘和人工智能算法模拟出最优调度模型,在实际运行过程中,结合实际情况,对泵站自动化系统的运行参数、状态进行综合分析和智能运算,实现运行过程的智能化,调度模型能够合理调整各泵站开停泵水位,并自动进行机组和辅助设备的调节,从而减少开泵频次和开泵台时,充分利用水泵运行高效区,降低水泵扬程,减小运行电流,从而达到数字孪生智能泵站的运行最优化。

### 2.3.8　管理精细化

数字孪生智能泵站开发应用泵站工程管理信息系统,通过对运行管理、设备管理、工程检查、维修养护、工程观测、安全生产、技术档案、综合办公等实现数字化、网络化、智能化,进而实现工程管理全过程中信息的存储、管理、统计、检索、查询与发布,实现泵站的精细化、标准化、智能化管理。

### 2.3.9　决策精准化

数字孪生智能泵站将泵站设备监控、视频监控、报警系统、消防系统和泵站的动力环境监控通过平台进行统一管理,执行警情处理、数据报表分析、远程管理、集中存储等任务。数字孪生智能泵站还建设了工程建设、运行管理全过程的业务应用系统,包括运行维护管理系统及三维模拟仿真和培训系统等。

这些系统在联网监控后,可实现数据共享,方便管理人员查询,为泵站工程设施的运行管理与调度决策提供了方便,保证了调度的实时性,促进了管理水平的提高,为管理工作提供了极大的便捷,实现了数字孪生智能泵站的精准化决策。

### 2.3.10　集成标准化

集成标准化是数字孪生智能泵站系统集成的基本要求,为了实现资源共享,避免重复建设、减少重复开发,需要在信息采集、汇集、交换、存储、处理和服务等环节采用或制定相关技术标准。

1. 协议标准化

在信息采集、汇集、交换环节,数字孪生智能泵站使用标准化的通信协议,主要以 Modbus RTU(远程终端单元)协议、TCP/IP(传输控制/网际)协议、OPC(用于过程控制的对象连接和嵌入)协议为主。

2. 数据标准化

在信息存储、处理、服务环节,数字孪生智能泵站使用标准化的数据,主要应用的数据标准化方法有数据中心化、离差标准化、数据规范化。

## 2.4　数字孪生智能泵站总体架构

数字孪生智能泵站总体架构参照《数字孪生水利工程建设技术导则(试行)》中系统体系架构进行设计。总体架构逻辑分为"三纵三横",包括信息化基础设施、通用支撑平台、数字孪生平台(数据底板、模型平台、知识平台)、业务应用、安全体系和保障体系,总体架构如图 2.4-1 所示。

图 2.4-1　数字孪生智能泵站总体架构

### 2.4.1　信息化基础设施

信息化基础设施包括服务于整个系统运行的智能监测感知设备、通信与网络设备、计算与存储设备以及系统运行的实体环境。

1. 智能监测感知设备

智能监测感知设备包括泵站水情监测、水工安全监测、主机组及辅助设备监测、金属结构设备监测、变配电设备监测等前端智能监测感知设备。如监测上下游水位、流量的传感器，监测水工建筑物的渗压、位移、变形等传感器，监测主机组运行状态的振动、摆度、压力、流量等传感器，监测闸门及启闭机的荷重、开度、应变等传感器，监测变配电设备的局部放电、绝缘、电容、温度等传感器，以及数据采集装置、现地监测屏等设备。

除上述常规监测设备外，还可采用智能摄像头、无人机、水下机器人、卫星遥感等新型监测手段。

2. 通信与网络设备

通信与网络设备包括组建语音通信、控制专网、业务内网、业务外网所需的网络通信设备。如 IP 电话、交换机、路由器，以及防火墙、网闸、上网行为管理等网络安全设备。

3. 计算与存储设备

计算与存储设备是数字孪生智能泵站的算力支撑，主要包括数据存储服务器、业务应用服务器等设备。计算与存储设备宜在当前需求基础上预留冗余和发展空间，满足后续功能扩展升级需要。

4. 实体环境

实体环境是保障系统运行和管理人员办公所需的物理空间，主要包括机房、调度中心配套的装修、空调、照明、供电等设备设施。

### 2.4.2　通用支撑平台

通用支撑平台中的组件应采用跨平台技术进行开发，便于各类系统的集成、复用、互操作和迁移。通用支撑平台是数字孪生智能泵站应用建设的基础，其作用是汇聚与管理资源以及支持应用。支撑平台通过组件的应用为各类业务应用系统提供统一的支撑服务，提高开发和调用效率。

通用支撑平台具体包括公共基础服务、应用服务和信息服务。其中公共基础服务包括统一用户管理、消息服务及分类检索引擎；应用服务包括 GIS 服务、图形报表服务、日志服务、告警服务；信息服务包括服务注册、服务管理、服务发布。

### 2.4.3　数字孪生平台

数字孪生平台作为数字孪生的核心支撑，由数据底板、模型平台、知识平台组成，是为泵站各类数据、模型、知识等资源提供管理、表达，以及驱动这些资源的服务平台，提供在网络空间虚拟再现泵站运行的能力，为工程智能分析、预警报警、智能调度等应用提供支撑。

1. 数据底板

数据底板由泵站基础数据、监测数据、地理空间数据、业务管理数据、共享数据以及数据引擎构成，是数字孪生智能泵站进行模拟、计算、分析等的算据基础。

基础数据主要是存储的自然水利对象信息、人工水利对象信息、组织管理数据等信息。

监测数据主要包括水利监测数据、主机组状态监测数据、变配电状态监测数据、闸门及启闭机状态监测数据及水工建(构)筑物安全监测数据等。

地理空间数据包含数字高程模型(DEM)、正射影像图(DOM)、倾斜摄影模型、水下地形模型、建筑信息模型(BIM)等。按照精度和范围,地理空间数据可划分为 $L_1$、$L_2$、$L_3$ 三级。

业务管理数据主要是泵站生产运行所产生的有关数据,主要包括预报调度、工程安全运行、日常巡检、保养维护、会商决策、生产运营等业务数据。业务管理数据可根据业务需要同步更新。

共享数据是从外部系统或部门接入的第三方数据,主要涉及气象、雨水情、生态环境、上下级调度指令、航运,以及突发事件应急响应等数据。

数据引擎提供多源数据收集、管理、治理等服务能力,主要包括数据集成、数据标准、数据质量、数据资产、数据服务、数据安全等功能,帮助用户快速构建从数据接入到数据分析的端到端智能数据系统,消除数据孤岛,提升数据价值,实现数字化转型。

2. 模型平台

模型平台为数字孪生智能泵站提供算法支撑,包括专业模型、智能模型、可视化模型和模拟仿真引擎。平台通过构建标准统一、接口规范、敏捷复用的水利学专业模型和实时渲染、空间虚实交互的数字场景可视化模型,并通过数学模拟仿真引擎,将水利专业模型模拟成果在数字化场景上进行多维展示分析,实现数据模拟与展示的实时交互。

专业模型涉及泵站机组优化运行、主机组及辅助设备的健康诊断等模型算法。主要包括机组装置效率监测模型、诊断模型、评估模型、设备健康模型、经济运行模型等。

智能模型基于机器学习、人工智能等技术,从视频、图像、遥感、语音等数据中挖掘有效信息,实现泵站控制、运行对象特征的自动识别、扩展感知,满足泵站管理工作智能化的需要。主要包括智能控制模型、智能调节模型、智能识别模型、智能语音模型、智能协联模型、智能跟踪模型、智能巡检模型等。

可视化模型为泵站运行模拟仿真提供实时渲染和可视化呈现,主要基于业务过程和决策支撑的仿真模拟需求,建设自然背景、泵站建筑物、水利机电设备、运行过程等可视化模型。主要包括构建工程周边自然背景(如不同季节白天黑夜、不同量级风雨雪雾、日照变化、光影、水体等背景)可视化渲染模型、工程上下游流场动态可视化拟态模型(如渠道、泵站等重点区域)、机电设备操控运行模型(如机组开启、关闭、停机状态)等,其能够基于真实数据,实现对机组、闸门、流道的真实可视化仿真模拟。

模拟仿真引擎以数据底板为基础,通过驱动虚拟对象的系统化运转,结合静态数据、动态数据和模型进行物理驱动、实时渲染、动态视觉特效等,进而精准、快速表达专业模型和智能模型的结果,实现数字孪生工程与物理工程的历史数据及事件重现、实时同步仿真运行,以及模型算法预测结果的模拟。模拟仿真引擎主要功能包括模型管理、场景配置、模拟仿真等。

3. 知识平台

知识平台为数字孪生智能泵站提供知识,主要是建成结构化、自优化、自学习的知识库和知识引擎,通过对泵站运行资料、历史档案等数据进行挖掘分析,形成工程知识图谱,为泵站工程运行管理、决策分析场景提供知识依据。

知识库主要包括设备运维库、精细化管理库、处置预案库、专家经验库、三维仿真检修培训库等,能够为泵站运行、维护、管理、检修、应急、调度决策等提供相应的知识方法。

知识引擎通过知识收集、知识加工、知识生产、模型训练等功能工具,开发服务化、标准化、引擎化技术,形成知识平台的调用、转移、审计、查询等相关应用工具。通过知识标注、知识分类、知识关联、知识评价、知识规划和知识供应,将分散在各部门乃至各位员工及专家脑中的知识、技能、诀窍、规则、经验等各类信息组合成一个体现专业特点的知识产品,实现调度决策全流程智能化、精准化,为实时业务应用提供支撑。

### 2.4.4　业务应用

数字孪生智能泵站业务应用主要指智能泵站一体化平台,该平台由智能监测与诊断评估、智能监控、智能运维、智能管理等四个子系统组成。

1. 智能泵站一体化平台

智能泵站一体化平台是集数据采集、基础服务、一体化应用为一体的综合管控平台,数字孪生智能泵站以智能泵站一体化平台为核心构建泵站各类自动化控制系统和信息管理系统,从而实现各种应用系统之间标准统一、数据共享、综合决策的目标。

平台遵循面向服务的软件体系架构,采用分布式的服务组件模式,提供统一的服务管理,具有良好的开放性,能较好地满足系统集成和应用不断发展的需要;采用层次化的功能设计,能够有效对数据及软件功能模块进行良好的组织,为开发和运行提供理想环境;针对系统和应用运行维护需求开发的公共应用支持和管理功能,能为应用系统的运行管理提供全面的支持。

平台能够对泵站所涉及的监测、控制、运行维护、管理等信息化系统及应用进行统一数据建模,存储在安全Ⅰ区、Ⅱ区、Ⅲ区的数据,都需要将数据按照标准规约传输存储于智能泵站一体化平台。平台统一进行数据同步、数据交换、对外通信、模型管理等,对数据集中进行备份,有利于提高数据质量,进而保证应用功能高效、稳定运行。

2. 智能监测与诊断评估系统

智能监测与诊断评估系统是基于智能监测设备采集的泵站各类生产运行数据,利用数据挖掘、深度学习、人工神经网络、回归模拟等算法,实时分析机组的装置效率、机组健康状态、金属结构设备状态、电气设备状态、建筑物安全状态,为机组和整个泵站的安全运行提供指导和决策。包括泵站水工安全监测分析诊断与评估、主机组及辅机全生命周期监测与诊断评估、金属结构设备状态监测与诊断评估、电气设备状态监测与诊断评估和泵站工程健康评估等。

3. 智能监控系统

智能监控系统实现对泵站主机组设备、辅助设备、公用设备的实时监控与运行管理,具备主机组智能一键自动开机停机和紧急停机、叶片智能调节、视频联动等功能,并将设备运行数据和泵站三维模型融合,更加逼真、立体、形象地展示泵站设备运行流程,使泵站运行和管理人员更清晰地了解设备信息,更准确地掌握设备情况。包括智能主机组监控系统、智能叶片角度调节系统、智能闸门控制系统、智能励磁控制系统、智能排水控制系统、智能技术供水控制系统、智能清污机控制系统、智能照明控制系统、智能采暖通风控制系统、智能除湿控制系统、智能变配电控制系统、智能消防控制系统等。

4. 智能运维系统

智能运维系统主要针对泵站的日常运行和维修养护等泵站运维过程,按照标准运行、高效运行、智能运行的要求,从泵站设备到水工建筑物,从基本运行到优化运行,从标准化到智能化,针对性地从技术和功能上全面开展建设。系统包括标准化运行、标准化维护、数字化运行、数字化维护管理、智慧运维等系统。

5. 智能管理系统

智能管理系统是根据有关规定制订泵站运行、维护检修、调度以及安全等规程及规章制度,并按照泵站技术经济指标考核泵站技术管理。系统包括技术管理、运行管理、安全管理、制度管理、岗位管理、考核管理、综合应用管理等系统。

### 2.4.5　安全体系

安全体系包括网络安全组织管理体系、安全技术体系、安全运营体系等,主要由安全物理环境、安全通信网络、安全区域边界、安全计算环境和安全管理中心组成。

安全组织管理体系包括工程网络安全管理机构和人员,具体负责网络安全保护工作。

安全技术体系通过纵深防御、监测预警、数据安全、应急响应等技术手段,保障系统安全和数据安全。

安全运营体系是对各类安全资源进行有效的管理控制,从威胁预防、威胁防护、安全监测、响应处置等方面,建立闭环的安全运行体系。

安全物理环境是针对物理机房提出的安全控制要求,主要对象为物理环境、物理设备和物理设施等;涉及的安全控制点包括物理位置的选择、物理访问控制、防盗窃和防破坏、防雷击、防火、防水和防潮、防静电、温湿度控制、电力供应和电磁防护。泵站工程还需要考虑泵站管理范围内出入口、周界、站区、主厂房、副厂房及附属构筑物等的安全。

安全通信网络是针对通信网络提出的安全控制要求,主要对象为泵站工程中的监控网、业务网和广域网等。涉及的安全控制点主要包括网络架构、通信传输和可信验证。如果建设内容较简单或规模较小或系统监控对象较少,此时监控系统可在满足安全需求下,简化网络结构,合理且经济地配置相应网络安全防护设备。

安全区域边界是针对网络边界提出的安全控制要求,主要对象是泵站监控网、业务内网及广域网的系统边界和区域边界等的防护。涉及的安全控制点包括边界防护、访问控制、入侵防范、恶意代码防范、安全审计和可信验证。重要泵站信息系统的网络边界相对低级别系统的网络边界强化了高强度隔离和非法接入阻断等方面的要求。

安全计算环境是针对边界内部提出的安全控制要求,主要对象为边界内部的所有对象,包括网络设备、安全设备、服务器设备、终端设备、应用系统、数据对象和其他设备等。涉及的安全控制点包括身份鉴别、访问控制、安全审计、入侵防范、恶意代码防范、可信验证、数据完整性、数据保密性、数据备份与恢复、剩余信息保护和个人信息保护。

安全管理中心是针对整个系统提出的安全管理方面的技术控制要求,通过技术手段实现集中管理。涉及的安全控制点包括系统管理、审计管理、安全管理和集中管控。

### 2.4.6　保障体系

保障体系是围绕数字孪生智能泵站业务应用,衔接实体工程、信息化基础设施、数字孪生平台、网络安全体系的相关组织机构、人员,建立的数据、设施、运维、应用等方面的标准规范和管理制度。

## 2.5　数字孪生智能泵站业务结构

数字孪生智能泵站业务结构划分为三层四区。

横向上分为控制区(安全Ⅰ区)、生产管理区(安全Ⅱ区)、管理信息区(安全Ⅲ区)、外网连接区(安全Ⅳ区),纵向上分为现地设备层、现地控制层、站级控制层。整个系统在横向上按安全等级的不同分为内网和外网两个独立的网络,通过物理隔离装置进行内外网间的隔离和数据通信。根据不同的业务应用将内网进一步划分为控制区和生产管理区,外网主要为管理信息区和外网连接区。内网控制区内分布的是泵站测控类的相关应用系统,生产管理区内分布的是泵站生产管理类的相关应用系统,前者的安全级别高于后者。因此,控制区与生产管理区之间通过防火墙进行访问控制,可根据需要进行正向和反向传输配置,以避免低安全区系统影响高安全区系统的正常运行。外网是独立于内网的网络系统,可提供互联网的接入。内外网之间通过物理隔离装置进行安全控制。数字孪生智能泵站总体系统结构框架图如图2.5-1所示。

### 2.5.1　层结构

整个系统在纵向上由低到高分为现地设备层、现地控制层、站级控制层三个层次。

1. 现地设备层

现地设备层主要包括现场各单元设备、智能终端、信号采集设备、仪表,实现现地机电设备的数据信息采集。包括:主机组设备智能终端、智能供水智能终端、智能渗漏排水智能终端、温度监测巡检智能终端、励磁设备、智能变配电设备、闸门设备、叶片智能调节终端;智能清污设备、智能照明设备、智能通风设备、智能除湿设备、智能消防设备;液压设备、工程安全监测设备、工情测报设备、水情测报设备、主机在线监测设备、辅机在线监测设备、视频及安防设备。

2. 现地控制层

现地控制层是各类智能化的现地监测、控制和保护设备的集中,实现与现地设备层各机电设备间的通信。包括:主机组现地控制柜、技术供水现地控制柜、励磁控制柜、电气设备控制柜、闸门现地控制柜、排水现地控制柜、叶片调节现地控制柜;智能清污机控制单元、智能照明控制单元、智能通风控制单元、智能除湿控制单元、智能消防控制单元;液压设备控制单元、工程安全监测单元、工情监测单元、水情监测单元、主机在线监测单元、辅机在线监测单元、水力量测单元、视频及安防监测单元。

3. 站级控制层

站级控制层是各类计算机、网络通信设备、安全防护设备、数据库系统、智能监控平台和智能应用平台的集中,完成厂站级运行监视、自动控制、优化调度、预测预报、智能分析、故障预警、在线诊断等功能。包括:泵站实时监控系统、智能协调系统;智能清污机控制系统、智能照明控制系统、智能通风控制系统、智能除湿控制系统、智能消防控制系统、泵站经济运行系统、安全监测与智能分析系统;泵站建设管理系统、工程安全监测系统、水量调度系统、工情监测系统、水情监测系统、综合会商系统、主机全生命周期监测管理与健康评估现地设备系统、辅机状态监测与智能分析系统、工业电视监视与智能分析系统、泵站运行及维护智能化系统、三维模拟仿真与培训系统;门户网站。

### 2.5.2　区结构

整个系统在横向上按照安全等级的不同分为控制区、生产管理区、管理信息区、外网连接区四个区域。控制区、生产管理区与管理信息区之间通过物理隔离装置进行安全隔离,外网连接区与整个系统通过防火墙进行安全控制。

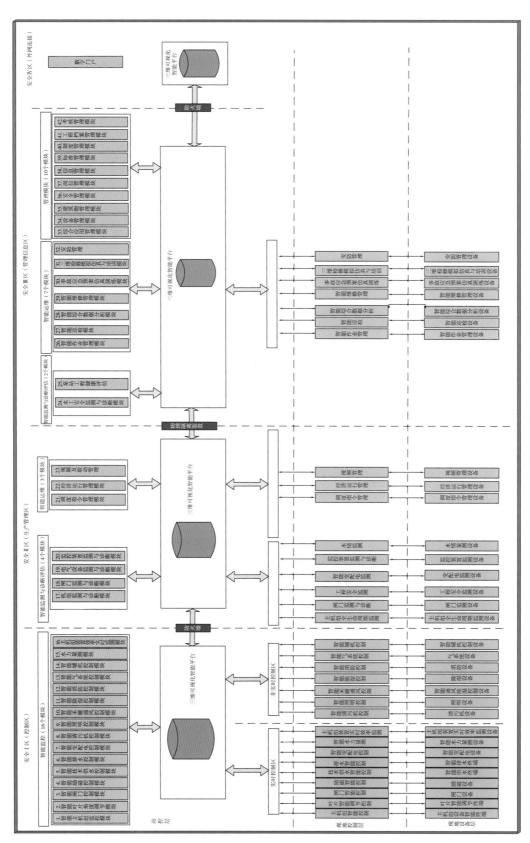

图 2.5-1 数字孪生智能泵站总体系统结构框架图

1. 控制区

控制区是指具有实时监控功能、纵向连接使用泵站控制专网或专用通道的各业务系统所构成的安全区域。其主要作用是对泵站主机和关键技术的监视与控制,该区域包括的系统有:泵站实时监控系统、智能协调系统;主机组现地控制柜、技术供水现地控制柜、励磁控制柜、电气设备控制柜、闸门现地控制柜、排水现地控制柜、叶片调节现地控制柜;主机组设备智能终端、智能供水终端、励磁设备、智能变配电设备、闸门设备、智能排水终端、水力量测设备、叶片智能调节终端。

2. 生产管理区

生产管理区为泵站建设管理、运行调度、检修维护、故障诊断等提供相关的信息。包括的系统主要有:机组监测与诊断评估模块、闸门监测与诊断评估模块、电气设备监测与诊断评估模块、监控装置监测与诊断评估模块、调度指令管理模块、经济运行管理模块、视频及联动管理模块。

3. 管理信息区

管理信息区是泵站办公应用的管理区域并与外部网络进行通信,包括:水工安全监测与诊断模块、泵站工程健康评估模块、智能作业管理模块、智能巡检模块、智能综合数据分析模块、智能维修管理模块、事故应急预案仿真演练模块、三维检修模拟仿真与培训模块、安防管理模块、综合应用管理模块、设备管理模块、建筑物管理模块、安全管理模块、岗位管理模块、信息管理模块、标准管理模块、制度管理模块、工程档案管理模块、考核管理模块。

4. 外网连接区

外网连接区通过门户网站进行信息的统一发布。

# 2.6　数字孪生智能泵站技术体系

要实现智能泵站信息数字化、通信网络化、集成标准化、应用智能化、调节智联化、运管一体化、运行最优化、业务互动化、决策精准化、管理精细化的特征,必须借鉴各智能化行业经验并根据水利专业的特点,利用、研发和整合自动化技术、信息化技术和数字化技术,结合泵站运行和检修经验等专家知识的积累,以及智能诊断分析技术、辅助决策技术、智能化电气设备等,建立智能泵站的标准规范体系和评价指标体系。

## 2.6.1　自动化技术

泵站自动化系统建立在计算机监控系统基础上,主要实现的功能包括机组启、停控制,工况监视;辅助、公用设备的启、停控制,工况监视;负荷的分配,并能准确地与上一级调度部门进行实时数据通信等全方位自动监测。

根据计算机在泵站监控系统中的作用及其与常规监控设备的关系,泵站自动化监控系统一般有三种模式,主要包括:以常规控制设备为主,计算机为辅;以计算机为主,常规控制设备为辅;取消常规控制设备的全计算机监控系统。

泵站自动化系统关键技术主要有可编程控制器及其相关技术、可编程自动化控制器及其相关技术、以太网可编程自动化控制器及其相关技术、传感器及其相关技术等。

1. 可编程控制器及其相关技术

可编程控制器(Programmable Logic Controller,PLC)是一个以微处理器为核心的数字运算操作的电子系统装置,专为工业现场应用而设计,PLC是微机技术与传统继电接触控制技术相结合的产物,它克服了继电接触控制系统机械触点接线复杂、通用性和灵活性差的缺点,充分利用了微处理器的优点。PLC编程不需要专门的计算机语言,而是采用了一套以继电器梯形图为基础的简单指令形式,使用户程序编制形象、直观、方便易学,便于调试与查错。

2. 可编程自动化控制器及其相关技术

可编程自动化控制器(Programmable Automation Controller,PAC)是控制引擎的集中,涵盖PLC用户的多种需要,以及制造业厂商对信息的需求。PAC包括PLC的主要功能和扩大的控制能力,以及PC-based控制中基于对象的、开放数据格式和网络连接等功能。

1996年施耐德公司将MODICON公司收入旗下,2014年发布了Modicon M580,使PLC发展至PAC,又将PAC发展至革新性的以太网可编程自动化控制器(Ethernet Programmable Automation Controller,ePAC)。通过将标准的以太网嵌入自动化控制器,从底层实现工业以太网连接和通信,使工厂的设计、实施以及运行具有前所未有的灵活性、透明化和安全性特征。Modicon M580的核心在于通过最先进的ARM(进阶精简指令集机器)架构微处理器将标准的以太网嵌入自动化控制器,并将它应用到现场总线、控制总线和内部的背板总线等所有的通信,以及所有的设备和模块中,从而形成一个完整的真正意义上的开放网络,实现无缝连接和通信。将过程管理和能源管理融合到同一个系统中,用户可以管理流程、仪器仪表,实时了解能源数据,提高工厂的运营效率,同时减少能耗。这种简便、高效的过程控制和能源管理解决方案扩大了过程行业终端用户的选择。

3. 以太网可编程自动化控制器及其相关技术

以太网可编程自动化控制器(ePAC)是致力于提供高效的自动化处理、可无缝集成基于透明就绪网络的分布式智能化设备。它通过深度集成标准化、开放的以太网和Web标准,为商务应用、网络集成、网络安全、工具互用、设备通信等提供了最优化的解决方案。ePAC完全基于以太网架构设计,利用远程设备、分布式设备、控制器核心处理器,实现了在开放的以太网主干中管理所有的通信设备、控制网络和现场网络。ePAC允许各个层面的修改,包括对应用程序、配置和架构体系的修改等,无需停机。它利用路由功能,突破了网络透明的局限性。架构的灵活性和可用性已经完全超越了传统PLC系统,甚至优于部分DCS(分散控制)系统。

ePAC具有相当大程度的开放性,保证用户原有的设备也可以集成到ePAC系统中,一定程度地保证了升级改造的平滑性,并有效地降低了投资成本。ePAC的编程,支持符合IEC 61131的技术标准的5种编程语言,并提供丰富的扩展模块,包括I/O通信、专家模块等,同时还有足够的处理能力去管理复杂的目标过程。就应用范围来讲,ePAC的应用已经不仅局限在传统的PAC市场,它还能应用于更偏向于过程控制的领域(如传统的DCS领域)或者先进制造领域。

4. 传感器及其相关技术

传感器是指能感受规定的被测量并按照一定的规律转换成可用输出信号的器件装置,通常由敏感元件和转换元件组成。敏感元件是指传感器中能直接感受或响应被测量的部分;转换元件是指传感器中能将敏感元件感受或响应的被测量转换成适于传输或测量的电信号的部分。压电晶体、热电偶、热敏电阻、光电器件等是敏感元件与转换元件两者合二为一的传感器。传感器转换能量的理论基础都是利用物理学、化学、生物学现象和效应来进行能量形式的变换。被测量和它们之间能量的相互转换方式是各种各样的。

传感器技术利用的就是这些转换的方法和手段,具体涉及传感器能量转换原理、传感器材料选取与制造、传感器器件设计、传感器开发和应用等多项综合技术。

传感器按被测输入量的不同可分为温度传感器、湿度传感器、压力传感器、位移传感器、流量传感器、液位传感器、力传感器、加速度传感器、转矩传感器等;按传感器工作原理的不同可分为电学式传感器、磁学式传感器、光电式传感器、电势型传感器、电荷传感器、半导体传感器、谐振式传感器、电化学式传感器等;按能量关系的不同可分为有源传感器和无源传感器;按输出信号性质的不同可分为模拟式传感器和数字式传感器;新型传感器技术包括生物传感器、微波传感器、超声波传感器、机器人传感器、智能传感器。

传感器网络是由分布式数据采集系统组成的,可以实施数据远程采集,并进行分类存储和应用;传感器网络上的多个用户可同时对同一过程进行监控;凭借智能化软硬件,可灵活调用网上各种计算机、仪器仪表和传感器各自的资源特性和潜力;区别不同的时空条件和仪器仪表、传感器的类别特征,测出临界值,做出不同的特征响应,可完成各种形式、各种要求的任务。在分布式传感器网络系统中,一个网络节点应包括传感器(或执行器)、本地硬件和网络接口。传感器用一个并行总线将数据包在不同的发送者与不同的接收者间传送。一个高水平的传感器网络使用 OSI 模型(开放式系统互联通信参考模型)中的第一层到第三层,提供更多的信息并简化用户系统的设计及维护。

## 2.6.2　信息化技术

信息化技术(Information Technology ,IT)是获取、传递、处理和利用信息的技术。信息化技术的飞跃式发展为智能泵站建设提供了可能性,是泵站实现数字化、智能化的前提和基础。

1. 信息获取技术

信息获取技术包括各种信息测量、存储、感知和采集技术,特别是直接获取自然信息的技术。信息测量包括电与非电测量;比较典型的信息存储方式有磁存储与光存储;信息感知包括文字、图像、声音识别以及自然语言理解等;信息采集涉及自然信息、机器信息和社会信息的采集。

2. 信息传递技术

信息传递技术包括各种信息的发送、传输、交接、显示、记录技术,特别是"人-机"信息交换技术。这门技术的主体是通信技术,包括有线电通信、无线电通信、声通信和光通信等。

3. 信息处理技术

信息处理技术包括各种信息的变换、加工、放大、增殖、滤波、提取、压缩技术,特别是数值信息处理技术与知识信息处理技术。这门技术的主体是计算机技术,包括计算机系统技术、硬件技术和软件技术。

4. 信息利用技术

信息利用技术包括各种利用信息进行控制、操纵、指挥、管理、决策的技术,特别是"人-机"协调的智能控制与智能管理技术。计算机技术广泛地与多种专业、学科、技术结合,产生出功能各异的信息利用技术和系统,如电子政务、电子商务、CAD(计算机辅助设计)/CAM(计算机辅助制造)/CAE(计算机辅助工程)、虚拟现实等。

5. 信息技术的支撑技术

信息技术的支撑技术是指信息技术的实现手段所涉及的技术。当前信息技术的支撑技术主要是电子技术,特别是微电子技术。因此从某种意义上可以将当前的信息技术称为电子信息技术。确切地说,电子信息技术是信息技术的一个分支。信息技术的支撑技术还有激光技术、生物技术、精密机械等工程技术。

## 2.6.3　数字化技术

狭义的数字化,是指利用信息系统、各类传感器、机器视觉等信息通信技术,将物理世界中复杂多变的数据、信息、知识转变为一系列二进制代码,引入计算机内部,形成可识别、可存储、可计算的数字、数据,再以这些数字、数据建立起相关的数据模型,进行统一处理、分析、应用,这就是数字化的基本过程。

广义的数字化,则是利用互联网、大数据、人工智能、区块链、人工智能等新一代信息技术,对企业、政府等各类主体的战略、架构、运营、管理、生产、营销等各个层面进行系统性的、全面的变革,强调的是数字技术对整个组织的重塑,数字技术能力不再只是单纯地解决降本增效问题,而是成为赋能模式创新和业务突破的核心力量。

1. 云计算技术

云计算(Cloud Computing)是分布式计算技术的一种,它通过网络将庞大的计算处理程序自动分拆成无数个较小的子程序,再交由多部服务器所组成的庞大系统经搜寻、计算分析之后将处理结果回传给用户。稍早之前的大规模分布式计算技术即为"云计算"的概念起源。

通过这项技术,网络服务提供者可以在数秒内处理数以千万计甚至亿计的信息,达到和"超级计算机"同样强大效能的网络服务。最简单的云计算技术在网络服务中已经随处可见,例如搜寻引擎、网络信箱等,使用者只要输入简单指令即能得到大量信息。

云计算最重要的创新是将软件、硬件和服务共同纳入资源池,三者紧密地结合起来,融合为一个不可分割的整体,并通过网络向用户提供恰当的服务。网络带宽的提高为这种资源融合的应用方式提供了可能。

云计算的关键技术包括虚拟机技术、数据存储技术、数据管理技术、分布式编程与计算、虚拟资源的管理与调度、云计算业务接口等。

2. 物联网技术

物联网技术的核心和基础是"计算机互联网技术",是在计算机互联网技术基础上延伸和扩展的一种网络技术。物联网技术是指通过射频识别(RFID)、红外感应器、全球定位系统、激光扫描器等信息传感设备,按约定的协议,将任何物品与互联网相连接并进行信息交换和通信,以实现智能化识别、定位、追踪、监控和管理的一种网络技术。

物联网是物与物、人与物之间的信息传递与控制。物联网应用中的关键技术包括传感器技术。传感器把模拟信号转换成数字信号,计算机才能处理。RFID也是一种传感器技术,它是融合了无线射频技术和嵌入式技术的综合技术,RFID在自动识别、物品物流管理方面有着广阔的应用前景。

3. 大数据技术

大数据(Big Data),指无法在一定时间范围内用常规软件工具进行捕捉、管理和处理的数据集合,是需要新处理模式才能具有更强的决策力、洞察发现力和流程优化能力的海量、高增长率和多样化的信息资产。

从技术上看,大数据与云计算的关系就像一枚硬币的正反面一样密不可分。大数据必然无法用单台计算机进行处理,必须采用分布式架构。它的特点在于对海量数据进行分布式数据挖掘,其必须依托云计算的分布式处理、分布式数据库和云存储、虚拟化技术。

大数据需要特殊的技术,以有效地处理大量的容忍经过时间内的数据。适用于大数据的技术,包括大规模并行处理(MPP)数据库、数据挖掘、分布式文件系统、分布式数据库、云计算平台、互联网和可扩展的存储系统。

4. 建筑信息模型(BIM)技术

建筑信息模型(Building Information Modeling,BIM)是以建筑工程项目的各项相关信息数据作为模型的基础,进行建筑模型的建立,通过数字信息仿真模拟建筑物所具有的真实信息。它具有可视化、协调性、模拟性、优化性等特点,具体如下。

(1) 三维渲染,宣传展示。三维渲染动画给人以真实感和直接的视觉冲击。建好的BIM模型可以作为二次渲染开发的模型基础,大大提高了三维渲染效果的精度与效率,给人更为直观的宣传介绍。

(2) 快速算量,精度提升。BIM数据库的创建,通过建立5D关联数据库,可以准确快速计算工程量,提升施工预算的精度与效率。由于BIM数据库的数据粒度达到构件级,它可以快速提供支撑项目管理所需的数据信息,有效提升施工管理效率。BIM技术能自动计算工程实物量,拥有较传统的算量软件的功能。

(3) 精确计划,减少浪费。施工企业精细化管理很难实现的根本原因在于工程数据海量,无法快速准确获取数据以支持资源计划,致使经验主义盛行。而BIM的出现可以让相关管理人员快速准确地获得工程基础数据,为施工企业制订精确人才计划提供有效支撑,大大减少了资源、物流和仓储环节的浪费,为实现限额领料、消耗控制提供技术支撑。

(4) 多算对比,有效管控。管理的支撑是数据,项目管理的基础就是工程基础数据的管理,及时、准确地获取相关工程数据就是项目管理的核心竞争力。BIM数据库可以实现任一时点上工程基础信息的快速获取,通过合同、计划与实际施工的消耗量、分项单价、分项合价等数据的多算对比,可以有效了解项目运营是盈是亏,消耗量有无超标,进货分包单价有无失控等问题,实现对项目成本风险的有效管控。

(5) 虚拟施工,有效协同。利用三维可视化功能再加上时间维度,可以进行虚拟施工,随时随地直观快速地将施工计划与实际进展进行对比,同时进行有效协同,施工方、监理方甚至非工程行业出身的业主领导都能对工程项目的各种问题和情况了如指掌。将BIM技术与施工方案、施工模拟和现场视频监测结合,可大大减少建筑质量问题、安全问题,减少返工和整改。

(6) 碰撞检查,减少返工。BIM最直观的特点在于三维可视化,利用BIM的三维技术在前期可以进行碰撞检查,优化工程设计,减少在建筑施工阶段可能存在的错误损失和返工的可能性,而且能优化净空、优化管线排布方案。最后施工人员可以利用碰撞优化后的三维管线方案,进行施工交底、施工模拟,提高施工质量,同时也提高了与业主沟通的能力。

(7) 冲突调用,决策支持。BIM数据库中的数据具有可计量的特点,大量工程相关的信息可以为工程提供巨大的数据后台支撑。BIM中的项目基础数据可以在各管理部门进行协同和共享,工程量信息可以根据时空维度、构件类型等进行汇总、拆分、对比分析等,保证及时、准确地提供工程基础数据,为决策者制订工程造价项目群管理、进度款管理等方面的决策提供依据。

5. 虚拟仿真技术

仿真技术是以相似原理、系统技术、信息技术以及仿真应用领域的有关专业技术为基础,以计算机系统、与应用有关的物理效应设备及仿真器为工具,利用模型对系统(已有的或设想的)进行研究的一门多学科综合性技术。

利用三维软件对物理实体建模,结合Fusion、After Effect软件调、校色,完成零部件动画后,再运用Java语言和Dreamweaver等软件,对虚拟设备部件等进行集成,形成完整的大型泵站轴流式泵站机电设备虚拟检修仿真系统。

1) 面向水泵机组全模式检修、全流程再现的虚拟现实技术

以泵组大修/小修检修全模式的检修规程、检修文件包、检修作业指导书等为基础,构建以水泵、电动机主设备核心部件的工作原理,结构特点,拆卸、装配顺序为主,重点突出电动机全分解/全安装、水泵的全分解/全安装以及检修要点等内容的检修再现全流程虚拟仿真技术。要真实再现全流程检修,必须熟悉水泵机组检修流程、工艺要求,再进行仿真还原。由于现有大中型水泵机组的检修规程、检修文件包等基础

资料的缺失,各泵站检修缺乏统一的行业规范,由此导致检修仿真还原具有较大的技术难度。

2) 面向可调目标、成本控制目标的自学习智能评价技术

涵盖水泵、电动机等主设备的检修虚拟仿真(均由各自单列的动画构成);既可集中培训,也可让培训人员利用空余时间自行学习,且可根据自身需要,有选择地学习部分科目。仿真测试模块涵盖可自行扩充的、多种类型的试题题库,具备自行组卷、自动判卷的学习效果检验方式。利用大数据分析,可进行专项练习、常见错误练习以及模拟测试,进一步增强培训效果。后续开发的基于UE4虚拟交互技术的典型事故、典型故障仿真处理等科目内容,可用于实操培训及技能鉴定考试。所有开发的检修仿真科目,既要有行业典型水泵共性特征,又要结合具体泵站图纸进行针对性研判,同时还要分析不同人员培训基础及其需求,构建优化算法,以期实现智能化培训评价体系,这些内容的梳理也存在一定的难度。

3) 设备及零部件复杂曲面建模与特征化技术

转轮叶片是典型的空间扭曲形状,属于复杂曲面,而轴流转桨式水泵的转轮室几何形状包含球面与平面过渡形成的圆角,转轮轮毂也是由球面与圆柱面所形成的相关体。而导叶几何形状包含两种过渡圆角:一种为由两弧面过渡形成的圆角,另一种为弧面与平面过渡形成的特殊圆角。诸如螺杆泵等类似复杂曲面的成型与渲染会给计算机运算带来巨大的负担。利用LOD(Level of Detail)细节层次技术、圆角特征技术等优化技术,在复杂曲面不失真的前提下,能有效减轻计算机成型与渲染所带来的计算负担。这些复杂曲面优化建模技术的研究是业内公认的技术难点。

特征化技术就是虚拟模型与真实物体特性的匹配,针对设备需重现的特性特征,在虚拟环境下匹配复现。如操作架活塞等运行过程存在的锈斑,转轮叶片、导叶等存在的气蚀,利用法线贴图技术可真实还原锈斑、气蚀的具体部位、面积、深度等细节,为检修积累三维技术资料,以提供技术支持。

4) 碰撞检测、干涉校验及关联运动

在机组设备虚拟装配、虚拟环境构建中,碰撞检测和干涉校验显得尤为重要。准确、快速地碰撞检测是正确表现虚拟场景中物体运动规律和相互关系的前提与关键所在,对于增强虚拟场景的真实感和沉浸感至关重要。所谓碰撞检测是检测虚拟场景中不同对象之间是否发生了碰撞。如水泵、电动机全分解及全安装虚拟仿真中所涉及的设备及零部件数量众多,不同对象之间也需要有不同的检测深度,既有精确检测碰撞,也有粗略检测碰撞,均需动态跟踪。目前尚无解决碰撞检测的完整性和唯一性问题的高效算法,采用混合包围盒的碰撞检测算法解决复杂虚拟场景的碰撞检测问题,仍需进一步做技术深层次研究。

5) 虚拟场景关卡设置技术

虚拟仿真最重要的一个环节是对虚拟场景进行关卡设置,这也是业内公认的技术难点。

项目所涉及的虚拟检修仿真内容中,场景切换是人机交互的核心,这既有场景切换的需要,也有空间限制,均需逐一设置关卡,只有在熟悉掌握轴流式泵组检修流程、检修工艺要求、检修质量标准的基础上,才能进行关卡设置。

6. 数字化变电站技术

数字化变电站由智能化一次设备(电子式互感器、智能化开关等)和网络化二次设备分层(过程层、间隔层、站控层)构建,建立在IEC 61850标准和通信规范基础上,能够实现变电站电气设备间信息共享和互操作。主要特点如下。

1) 遵循以IEC 61850为标准的变电站通信规约,实现泵站智能变配电系统分层结构

根据国际通用的以IEC 61850为标准的变配电工程结构体系,智能变配电系统通常采用3层结构,具体分为站控层、间隔层和过程层。其中过程层主要承担一次设备数字化的重要功能,它是泵站智能变配电系统二次系统和一次系统重要的结合层;间隔层主要用来完成数据的处理和控制等功能,其主要由测控、

计量、保护等间隔层 IED(智能电子设备)构成;站控层具备典型的 SCADA(数据采集与监视控制)和 EMS (能量管理系统)功能,基本能实现转发泵站实时运行工况数据到调度中心并按照调度中心特定调控命令完成相应的调节和控制的目标。

2)采用新型的电子式互感器设备和智能自动化设备,完成一次设备运行数据的数字化采集

电子式互感器能够直接完成数字化测量等数字化采集工作,并且具有无饱和、无铁磁谐振等优点,因此在智能变配电系统的规划和设计过程中得到了广泛应用。针对泵站智能变配电系统的保护与电子式互感器等二次设备的接口,为更好地发挥电子式互感器在智能变配电系统保护中的作用,国际电工委员会专门制定了 IEC 60044 - 7 和 IEC 61850 - 9 - I 标准,并且基于此定义了合并单元,它是这一接口的重要组成部分。合并单元的主要功能是采集多路数字信号,实现数据共享,这一功能的具体实现程序是:①同步采集多路电子互感器输出的数字信号;②将标准信号按照标准规定的格式发送给保护、测控设备;③在数据传输过程中用光纤代替传统的电缆,用总线方式代替传统的点对点接线,实现数据的共享。

3)基于最先进的高速工业以太网技术实现过程总线和站级总线高效数据传输

考虑到在实际运行过程中,泵站智能变配电系统的各个 IED 之间通过站级总线、过程层总线传输数据信息并且需要交换大量数据,各泵站智能变配电系统站级总线、过程层总线在不同电压等级、不同规模的变电站下,其拓扑结构也存在区别,目前站级总线常采用 10 MB/100 MB 以太网,而过程总线通常选用 100 MB/1 000 MB 以太网。

4)采用全站的统一授时系统

泵站智能变配电系统在运行过程中,其大量的信息交换完全依赖通信,因此所有 IED 都应该带有时标信息。有了统一精确的时间,变配电系统运行中事故的原因及过程可以通过各断路器动作、调整的先后顺序及准确时间来分析确定。

## 2.6.4　智能化技术

智能泵站充分利用模型技术、专家知识和大数据、机器学习、知识图谱等技术,研发和建立生产运行安全可靠、经济高效、友好互动和绿色环保的泵站。

1. 机器学习

机器学习是一门涉及统计学、系统辨识、逼近理论、神经网络、优化理论、计算机科学、脑科学等诸多领域的交叉学科,主要研究计算机怎样模拟或实现人类的学习行为,以获取新的知识或技能,再重新组织已有的知识结构,使之不断改善自身的性能,其也是人工智能技术的核心。

基于数据的机器学习是现代智能技术的重要方法之一,研究从观测数据(样本)出发寻找规律,利用这些规律对未来数据或无法观测的数据进行预测。根据学习模式、学习方法以及算法的不同,机器学习存在不同的分类方法。根据学习模式将机器学习分为监督学习、无监督学习和强化学习等。根据学习方法可以将机器学习分为传统机器学习和深度学习。

2. 知识图谱

知识图谱本质上是结构化的语义知识库,是一种由节点和边组成的图数据结构,以符号形式描述物理世界中的概念及其相互关系,其基本组成单位是"实体-关系-实体"三元组,以及实体及其相关"属性-值"对。不同实体之间通过关系相互联结,构成网状的知识结构。在知识图谱中,每个节点表示现实世界的"实体",每条边为实体与实体之间的"关系"。通俗地讲,知识图谱就是把所有不同种类的信息连接在一起而得到的一个关系网络,提供了从"关系"的角度去分析问题的能力。

知识图谱可用于反欺诈、不一致性验证等公共安全保障领域,需要用到异常分析、静态分析、动态分析等数据挖掘方法。特别地,知识图谱在搜索引擎、可视化展示和精准营销方面有很大的优势,已成为业界的热门工具。但是,知识图谱的发展还面临很大的挑战,如存在数据的噪声问题,即数据本身有错误或者数据存在冗余。随着知识图谱应用的不断深入,还有一系列关键技术需要突破。

### 3. 泵站经济运行技术

泵站的优化调度主要是寻求泵站内各机组的优化技术及决策,在泵站内部优化运行基础上,对组成梯级泵站输水系统的各级泵站间的水力优化组合问题进行研究,寻求最优分配方案。泵站系统经济运行模型主要由单级泵站站内流量机组优化分配模型和梯级泵站系统扬程优化分配模型组成,二者相互联系,建模技术路线如图2.6-1所示,对这两个模型的建立和求解按以下思路展开。

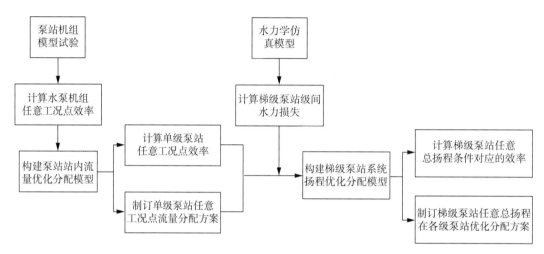

图2.6-1　建模技术路线

1）各级泵站可运行流量区间分析

首先,根据各级泵站机组特性曲线和各级泵站设计扬程范围,推算出各级泵站单机组可运行流量区间,进而初步确定各级泵站不同台数机组投入运行时各泵站的可运行流量范围,并进行"流量-扬程可行域"分析。

2）各级泵站可运行工况点确定

将上述各级泵站设计扬程范围和对应各级泵站可运行流量范围进行离散,确定出各泵站实际可运行的所有工况点(流量、扬程组合)。

3）单级泵站站内优化计算

将各个泵站单台水泵机组在离散的流量和扬程工况点下的效率作为单级泵站流量优化分配模型的输入,计算单级泵站在所有工况点下的优化效率和站内流量优化分配。

4）梯级泵站级间水力损失计算

分别对各级泵站的进水侧水位按一定步长进行相应离散,利用第3章所述水力学仿真计算模型,以离散后的各级泵站进水侧水位为下游边界条件,分别计算各泵站对应的上游渠段的水面线以及渠段的水力损失。

5）梯级泵站输水系统扬程优化分配计算

将单级泵站在各工况点下的优化效率和在所有流量工况点下各渠段(泵站和泵站之间的渠道为一个渠段)的损失作为梯级泵站系统扬程优化分配模型的输入,计算梯级泵站系统在各工况点下的最优效率,以及各级泵站的优化扬程分配。

4. 智能诊断与评估技术

1）水工安全监测分析诊断与评估技术

20世纪70年代初,我国开始对工程安全监测资料进行分析、反分析及评估。从20世纪80年代起,尤其是90年代,随着大批超越现行技术标准的大型工程的兴建,许多关键技术问题需要根据安全监测成果对其进行实践验证和反演反馈分析;部分已建工程随着时间的延长,逐渐出现危及工程安全的局部问题,需要根据安全监测成果进行深入综合分析和评判;工程安全定期检查需要对监测资料进行长系列分析。随着计算机技术的迅速发展,工程安全分析评估工作得到了快速的发展。

（1）监测资料分析数学模型

单点数学模型包括统计模型、混合模型和确定性模型,目前仍然是监测资料分析及安全监控中所采用的主要模型。对于统计模型,其经历了从最初的多元回归模型到逐步回归模型阶段,还发展了消元（差值）回归方法、最小二乘回归方法等,进一步引进了主成分分析法、岭回归分析法等,直到20世纪末又出现了偏最小二乘回归法。针对单点模型的局限性,国内提出了"分布数学模型"的概念,以处理同一监测量多个测点的监测信息,这一模型方法得到了较系统、深入的研究,目前已得到了较广泛的应用。除多测点模型外,国内对传统监控模型的完善和改进进行了多方面的研究。例如,对监测量影响因素进一步描述,包括考虑材料蠕变特性的时效分量的因子设置、考虑温度滞后作用的瑞利分布函数的应用、考虑渗流滞后影响因素的渗流分析模型等。此外,还包括时间序列分析方法、回归与时序结合的分析方法、数字滤波方法、非线性动力系统方法等,以及灰色系统法、神经网络法和模糊数学法等新的理论及方法。

（2）综合分析评价方法

将现代数学理论、信息处理技术应用于综合分析评价是近些年的一个发展趋势,现在主要有层次分析法和综合分析推理法。此外,国内学者还从多个角度、多种途径对监测性态的综合分析方法进行了研究,包括模糊评判与层次分析相结合的方法、模糊模式识别方法、模糊积分评判方法、多级灰色关联方法、突变理论方法、属性识别理论方法等,这些研究方法中应用了现代数学领域的系统工程方法,得到了一批有价值的研究成果。这些方法的应用有助于从多方面解决复杂的工程监测性态综合分析评价问题。

（3）反分析方法

传统单点混合模型、确定性模型的建立中已包含反分析的内容。目前,国内在变形的反分析中已经较普遍地采用多测点的混合或确定性模型。除去基于监测数据测值序列、通过传统回归分析方法进行变形反分析之外,还提出利用变形测值的"差状态",通过刚度矩阵分解法、改进和优化方法等对位移场进行反分析的方法。

（4）监控指标拟定方法

目前国内拟定运行期监控指标的主要方法有:通过监测量的数学模型并考虑一定的置信区间所构成的数学表达式来确定;根据数学模型代入可能的最不利原因量组合并计入误差因素推求极限值,以极限值作为监控指标;通过符合稳定及强度条件的临界安全度或可靠度来反算出监测量的允许值,作为监控指标;针对实际工程问题,确定级别及计算物理模型,通过实测变形资料的反分析调整力学参数,最后确定具体的变形监控指标。

2）泵站主机组健康诊断与评估技术

（1）机组健康诊断

机组健康诊断,即是对机组设备的运行状态进行判断。为了保证机组设备的安全运行,需要在事故发生之前对设备运行状态进行故障诊断,尽早查明故障并予以消除。在基于振动测量的间接性故障诊断过程中,诊断对象的状态信息经历复杂的传递路径到达传感器,诊断信息的不确定性将有可能造成误诊。由于误诊造成的过度维修或错误维修将直接导致维修成本浪费,甚至引发安全事故。

机组故障诊断过程包括故障机理、振动信号的采集、振动信号处理与特征提取、状态识别及诊断决策。当机组测点发生报警时,系统启动健康诊断模块,通过内置的故障诊断知识库规则对机组运行时的振动、摆度、转速数据进行筛选,并提取特征信息,将特征信息与规则进行匹配和模式识别,判断出最有可能的故障类型,给出结果和建议的处理措施。

在设计设备参数,包括结构、材料等参数,功能需求、使用工况、传感器布置等的基础上,利用理论建模方法研究故障机理与故障征兆,以此作为故障诊断决策标准;在设备运行过程中,通过振动传感器采集振动信号,利用各种信号处理方法对振动信号进行信号处理与特征提取;将理论分析得到的故障征兆与实测振动信号特征进行比对,以比对结果作为识别设备运行状态的依据,将诊断结果反馈给维护人员或设备设计人员,为设备的维护、维修或设计优化等工作提供参考。在实际工程中设备结构参数与传感器布置已经确定的情况下,设备维护人员将以设备设计资料和采集到的振动信号作为故障诊断的基础参数。故障机理、振动信号处理与特征提取、状态识别及诊断决策是振动故障诊断的主要内容。

(2) 机组健康评估

水泵机组的综合评价,从实际应用来看,主要有以下几种方式:

①采用定期检修方式处理机组运行过程中出现的故障或异常征兆,或者根据预定的设备检修周期需要进行检修,来判断机组运行状态的好坏。

②对所有机组的关键设备采用扣分制或加分制进行分类评分,通过评分机制得出机组局部和整体的运行状态,通过水泵机组运行数据(监测数据、巡检数据、试验数据等)的统计分析,来评价机组综合运行情况。

为了实现对机组综合状态准确高效的评估,首先应科学合理地选择各项评估指标,建立可靠、有效的状态评估指标体系。可以从三个方面对水泵机组运行状态特性进行研究,包括竖井贯流泵和立式泵机组的基本结构和运行原理、运行故障以及可监测的参数,建立符合工程实际的水泵机组运行状态多重指标体系,为水泵机组综合状态评估算法模型奠定指标基础和评估框架。

水泵机组综合状态评估算法模型建立的流程以模糊综合评估法流程为框架。模糊综合评估是使用模糊数学原理的综合评估方法,根据模糊数学的隶属度理论,通过一些方法把定性评价转化为定量评价,即用模糊数学对受到多种因素制约的事物或对象做出一个总体的评价。模型通过使用劣化度的概念,将各底层指标优劣程度量化,并结合隶属度函数,确定底层指标隶属度,建立模糊关系矩阵。通过将熵权法和层次分析法组合,得到可靠的权重向量,与模糊关系矩阵结合,得到综合状态评估的结果。

3) 金属结构设备状态监测与诊断评估技术

金属结构设备在线状态监测系统对金属结构设备进行实时自动监测、监控,实时采集金属结构设备的运行数据,实现金属结构设备主要构件的应力应变、振动、运行姿态、钢丝绳断丝、开度荷重、闸门运行偏差、卡阻、缺陷等参数实时在线监测,建立金属结构设备安全评价体系,实时监测金属结构设备系统安全运行状态并进行故障诊断分析,确保其能可靠安全运行。

另外,金属结构设备的结构变化、异常或设备失效,将影响金属结构设备的正常运行,从而影响到对应水泵机组的可用性及整个泵站的运行。因此在布置监测点时,根据工程设备的结构特点、故障征兆及金属结构设备运行性能选择合理的测量位置,保证监测到设备的运行状态而且有利于分析设备运行状态的发展趋势和评估设备的健康状态,并进一步诊断故障和提供决策。

4) 电气设备状态检修决策技术

基于设备可靠性检修技术、设备全寿命周期资产管理思想,构筑设备状态主题数据中心,打造设备状态健康履历;搭建状态分析平台,构建灵活开放的状态量模型、专家规则库和算法模型库,充分运用大数据技术、机器学习、深度学习、人工智能算法、专家系统等实现设备的状态诊断、状态评估、故障诊断及状态预测;采用状态检修辅助决策模式,构筑闭环的状态监视、评估分析、预警和检修建议机制和体系。

状态检修决策支持系统由在线监测分析诊断模块、状态检修辅助决策支持系统模块和专家系统组成,旨在通过对监测数据的综合分析,判定设备的运行状态,对设备的运行状况进行诊断,提出相应的维护检修建议。利用电力设备故障诊断算法对设备故障进行诊断,对设备状态进行评估分析,并结合运行方式和检修计划,合理进行故障设备的检修管理。

5) 泵站工程健康诊断评估技术

泵站工程健康诊断评估系统以工程安全监测、泵组设备在线监测、金属结构在线监测、电气设备在线监测为基石,按照泵站应用场景进行系统整合,建立一个自动化、信息化、智能化、数字孪生化的泵站工程健康诊断评估平台。

泵站工程健康诊断评估系统按泵站主要构成和安全影响要素划分为:泵组设备、水工建筑物、金属结构、电气设备 4 个评价单元。每个评价单元可划分为若干个子评价单元。每个子评价单元可划分为若干个基本评价单元。

泵站工程安全评价需要符合现行行业标准,根据工程特点及建筑物不同部分的安全风险,确定重点基本评价单元和一般基本评价单元,评定各子评价单元的安全等级。

对于重点基本评价单元,应按工作条件、荷载及运行工况进行定性、定量复核与评价;对于一般基本评价单元,可根据现场情况定性评价。

泵站工程健康综合评价应依据各基本评价单元检测结果,进行综合评定。

(1) 泵站工程安全综合评价可分三层逐层评定:

①根据各基本评价单元的安全等级分类结果,综合评价其所属子评价单元的安全性。

②根据各子评价单元的安全等级分类结果,综合评价其所属评价单元的安全性。

③根据各评价单元的安全等级分类结果,综合评价该泵站的安全性。

各子评价单元的安全性级别,应根据下一级基本评价单元的安全性级别评价分类。各评价单元及泵站的安全性级别应逐级类推。

(2) 泵站健康安全分类应根据各评价单元安全性分类结果确定。分为三类:

①A 类泵站,安全可靠;

②B 类泵站,基本安全,存在缺陷;

③C 类泵站,不安全。

# 2.7 数字孪生智能泵站保障体系

## 2.7.1 标准规范体系

数字孪生智能泵站技术所需标准应根据实际需求,按急用先行的原则进行制定,避免盲目性和与实际脱节,并在建设实践中不断完善和修订。标准的制定既要考虑到目前的信息技术水平,也要对未来信息技术的发展有所预见,使标准体系能适应各项应用技术的发展。标准化体系建设是一个长期复杂的过程,主要按以下过程进行建设。

①制定标准化体系建设的目标；

②确定标准化体系建设的范围；

③查清现状，提出待建体系；

④分清层次，制作标准体系表；

⑤制定暂行标准，修改发布。

数字孪生智能泵站技术标准化体系建设需要熟悉业务和信息化技术，做好调查研究，在国际、国内范围内摸清标准的现状和发展趋向，保证标准的先进性；在广泛听取专家意见的基础上，反复修改；同时，还要立足基层，纳入日常工作，制订标准更新计划。标准规范体系建设具体从总体标准规范、技术标准规范、业务标准、管理标准及运维标准等多个方面开展，从而全方位、全生命周期地保证项目的顺利进行，具体标准规范建设内容如表 2.7-1 所示。

表 2.7-1　标准规范建设内容

| 序列 | 标准分类 | | | 标准名称 |
|---|---|---|---|---|
| 1 | 总体标准规范 | | | 《数字孪生智能泵站标准规范》 |
| 2 | 技术标准规范 | 数据标准 | 信息采集规范 | 《数字孪生智能泵站信息采集技术标准编制规定》 |
| | | | 信息传输与交换 | 《数字孪生智能泵站信息交换格式》 |
| | | | 信息分类与编码 | 《数字孪生智能泵站数据库表结构编制准则》 |
| | | | 信息共享 | 《数字孪生智能泵站资源目录标准规范》 |
| | | 应用标准 | 开发标准 | 《数字孪生智能泵站系统应用开发规范》 |
| | | | 信息服务 | 《数字孪生智能泵站应用系统界面集成规范》 |
| | | 安全标准 | | 《数字孪生智能泵站信息安全建设规范》 |
| 3 | 业务标准 | | | 《数字孪生智能泵站业务标准编制规定》 |
| 4 | 管理标准 | | | 《数字孪生智能泵站项目建设管理办法》 |
| | | | | 《数字孪生智能泵站验收标准》 |
| 5 | 运维标准 | | | 《数字孪生智能泵站运维标准规范体系》 |

## 2.7.2　评价指标体系

数字孪生智能泵站技术评价指标体系旨在结合实际情况，找到衡量数字孪生智能健康运行的指标项，构建指导评价指标体系。同时，对评价体系各个部分进行量化，对泵站各部分内容进行量化评价，从而指导数字孪生智能泵站的建设。

本书的评价指标体系建设按照模块进行划分，主要包括智能一体化平台评价、智能监控评价、智能诊断与评估评价、智能运维评价、智能视频监视与安防评价、通信与计算机网络评价。智能一体化平台评价主要包括平台响应速度、各功能模块上线率，各功能模块功能实现率评价；智能监控评价主要包括监控响应速度、监控可靠性评价；智能诊断与评估评价主要包括诊断的准确率、评估的效率评价；智能运维评价主要包括运维平台的统计分析能力、运行监测能力、知识库的全面性及可靠性等指标评价；智能视频监视与安防评价主要包括视频的上线率、智能可视化联动的可靠性等指标评价；通信与计算机网络评价主要包括通信速率、信息流量等指标评价。

## 2.8 数字孪生智能泵站分级

数字孪生智能泵可站从总体特征、技术特征和能力要求三个方面划分为初级、中级和高级三个等级。具体划分见表2.8-1。

表2.8-1 智能泵站分级

| 要求 | | 初级 | 中级 | 高级 |
|---|---|---|---|---|
| 总体特征 | | 完善自动化监测与控制能力，实现不同业务之间的信息互动，提高系统决策支持能力，实现基于人机协同的运行控制和系统优化，提升泵站的安全运行水平及工作效率。 | 采用智能电子装置和统一信息模型实现设备智能化，具有智能监控、泵站部分智能监测与诊断及基本的智能运维和智能管理等功能，建立数字孪生平台和数据底板，实现机器为主的运行控制和系统优化，具备无人值守技术条件，极端情况下人工干预。 | 采用智能设备、数字孪生平台和数据底板，具有全面的智能监控、智能监测与诊断、智能运维和智能管理等功能，实现设备及系统的自感知、自学习、自决策、自执行、自适应能力，生产优化运行及系统维护完全由系统自动完成。 |
| 技术特征和能力要求 | 自感知 | 技术特征：<br>初步网络互连。<br>能力要求：<br>(1) 实现泵站运行相关的主要表计自动测量；<br>(2) 实现泵站水力、水工安全等信息自动测量；<br>(3) 实现主设备重要状态量的在线监测；<br>(4) 采用视频监控或机器人取代人员进行巡检；<br>(5) 实现各类自动化业务数据的汇聚。 | 技术特征：<br>广泛网络互连、初步信息建模。<br>能力要求：<br>(1) 广泛采用智能电子装置，通过网络实现互操作；<br>(2) 实现较全面的主设备状态量在线监测；<br>(3) 具有水工、主机组、智能监测与诊断评估功能；<br>(4) 采用视频监控、机器人等新技术手段取代80%以上区域人工巡检工作；<br>(5) 基于统一三维信息模型实现各类自动化业务数据汇聚和融合应用。 | 技术特征：<br>广泛网络互连、全面业务建模。<br>能力要求：<br>(1) 广泛采用智能设备，通过网络实现互操作；<br>(2) 全面感知设备、环境、物资、人员等要素的多维信息；<br>(3) 具有水工、主机组、金结、变配电设备智能监测与诊断评估功能；<br>(4) 所有区域均采用视频监控、机器人等新技术手段取代人员进行巡检；<br>(5) 建立数字孪生泵站、云端泵站，增强现实，实现云端管理。 |
| | 自学习 | 技术特征：<br>模型、参数人机协同优化。<br>能力要求：<br>(1) 具备开关量统计分析，模拟量时间序列分析及多元回归分析能力；<br>(2) 提供业务模型组态功能，结合行业专家经验建立业务模型；<br>(3) 提供模型参数辅助调优功能，能够根据历史数据优化模型参数。 | 技术特征：<br>模型、参数自动优化。<br>能力要求：<br>(1) 采用人工智能、大数据等新技术手段，对历史数据进行分析挖掘；<br>(2) 能够依据历史数据、人工标记的样本实现模型参数自动寻优；<br>(3) 具有泵站模型库、知识库及相应的引擎。 | 技术特征：<br>模型、参数智能调优。<br>能力要求：<br>(1) 设备内置数字仿真模型，自动根据实时运行数据在线优化模型；<br>(2) 建立模型接口标准，实现不同厂商设备数字仿真模型的自动化集成；<br>(3) 建立在线专家知识库，构建协同学习机制并自主更新；<br>(4) 具有泵站数字孪生平台及孪生引擎。 |
| | 自决策 | 技术特征：<br>人工为主、机器为辅。<br>能力要求：<br>(1) 具备泵站机电设备故障初步诊断功能；<br>(2) 具备经济运行、调水决策支持、主设备检修决策支持等功能；<br>(3) 能够自动分析各类设备、设施运行状态及趋势是否正常；<br>(4) 设备异常时能够按概率给出可能的原因，以及相应的处置建议。 | 技术特征：<br>机器为主、人工为辅。<br>能力要求：<br>(1) 设备运行状态评价的准确率大于70%，设备故障诊断的准确率大于60%；<br>(2) 能够自动编制优化的运行计划、设备检修计划等；<br>(3) 设备、部件或元件异常时能够推理出受影响的设备以及造成的后果，准确率达到50%以上；<br>(4) 能够自动给出各类故障和应急事件的处置指导；<br>(5) 具有智能控制、水工及主机组智能监测与诊断评估、智能运维的功能。 | 技术特征：<br>机器智能自主决策。<br>能力要求：<br>(1) 设备运行状态评价、故障诊断的准确率大于95%；<br>(2) 系统自主分析决策水平高于行业专家；<br>(3) 设备、部件或元件异常时能够推理出受影响的设备以及造成的后果，准确率达到95%以上；<br>(4) 具有智能控制、智能监测与诊断评估、智能运维、智能管理的功能。 |

| 要求 | | 初级 | 中级 | 高级 |
|---|---|---|---|---|
| 技术特征和能力要求 | 自执行 | 技术特征：<br>人机监督、人工干预。<br>能力要求：<br>(1) 各类现地设备实现自动优化控制，冗余设备故障时自动无扰切换；<br>(2) 实现故障报警、视频监视、安全防范多系统联动等功能；<br>(3) 实现一键开停机、紧急停机操作功能；<br>(4) 发生重大异常情况时，系统能够自动采取措施，确保影响最小化。 | 技术特征：<br>机器监督、人工干预。<br>能力要求：<br>(1) 重大及一般异常情况时，系统均能够自动采取措施，确保影响最小化；<br>(2) 具备设备及设施重要异常的提前识别能力，自动采取措施避免异常情况发生；<br>(3) 初步具备各类运行风险量化分析和变化趋势的识别能力，并能够对风险进行预控，确保风险在可控范围内；<br>(4) 具有多种工况及应急预案智能协联功能。 | 技术特征：<br>机器监督、机器处置。<br>能力要求：<br>(1) 具备设备及设施重要及一般异常的提前识别能力，自动采取措施避免异常情况发生；<br>(2) 具备各类运行风险量化分析和变化趋势的识别能力，并能够对风险进行预控，确保风险在可控范围内；<br>(3) 具有多种工况及应急预案智能协联功能。 |
| | 自适应 | 技术特征：<br>人工生成规则、简单适应。<br>能力要求：<br>(1) 设备、软件及系统能够依据人工预先设定的规则以及实时运行情况，自动调整自身运行状态；<br>(2) 设备、软件及系统提供默认的自适应规则，并提供规则的编辑功能；<br>(3) 设备、软件具备自诊断和自恢复等能力。 | 技术特征：<br>人工生成规则、前馈适应。<br>能力要求：<br>(1) 能够识别规则之间的关系，对人工预先设定的规则进行合理性、协调性校验；<br>(2) 能够根据人工设定的规则和实时运行情况进行前馈控制，使得系统在不同规则中的切换次数最小；<br>(3) 系统具备自愈能力；<br>(4) 具有经济运行智能调节、智能适应功能。 | 技术特征：<br>机器生成规则、自主适应。<br>能力要求：<br>(1) 根据泵站运行机理及各设备、设施数字仿真模型，自动推理出自适应规则；<br>(2) 自动全面识别设备性能劣化、设备更换等相关影响因素，自主完成自适应规则的修正；<br>(3) 具有经济运行智能调节、智能适应功能。 |

# 3

## 通用支撑平台

3.1　通用支撑平台结构

3.2　公共基础服务

3.3　应用服务

3.4　信息服务

3.5　通用支撑平台对接接口标准

# 3 通用支撑平台

## 3.1 通用支撑平台结构

通用支撑平台是本工程业务应用建设的基础,其作用是汇聚与管理资源以及支撑应用。支撑平台通过组件的应用为各类业务应用系统提供统一的支撑服务,提高开发和调用效率。

通用支撑平台具体包括公共基础服务、应用服务和信息服务。其中公共基础服务包括单点登录、消息服务及分类检索服务;应用服务包括 GIS 服务、图形报表服务、日志服务、告警服务;信息服务主要包括服务注册、服务管理、服务发布。具体如图 3.1-1 所示。

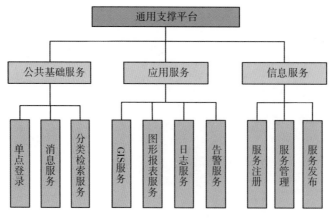

图 3.1-1　通用支撑平台结构图

通用支撑平台的建设实现了如下几个目标。

(1) 为各项业务应用提供单点登录功能,实现统一用户管理和身份验证。

(2) 为各项业务应用提供服务注册、服务管理以及服务发布功能,提高接入服务和管控服务的能力。

(3) 为各类业务系统提供中台业务服务能力。业务系统需要通用的业务服务组件支持,这样可以提高开发和调用效率,将统一用户管理、消息服务、分类检索服务、GIS 服务、图形报表服务、日志服务、告警服务注册到通用支撑平台,为业务系统提供基础服务支撑。

## 3.2 公共基础服务

公共基础服务主要通过单点登录、消息服务及分类检索服务等组件的应用,为业务应用系统提供动力和桥梁。

1. 单点登录

单点登录主要通过统一用户管理、身份验证,为业务应用系统提供有效的身份验证和状态保持。

(1) 统一用户管理

提供身份认证和权限管理功能,可以管理用户账号,并且可以控制这些用户对资源的操作权限。具体包括部门/分支机构设置、角色设置、用户设置、权限资源设置、部门/分支机构的导入/导出及信息同步等内容。

(2) 身份验证

共享身份验证:多个系统共享一个身份验证系统,用户只需要在一个系统中进行身份验证,就可以访问所有系统。这种方式需要建立一个共享的身份验证系统,这样可以保证用户信息的安全性。

代理身份验证:一个系统代表其他系统进行身份验证,用户在登录时输入用户名和密码,然后其他系统会对用户进行身份验证。这种方式需要建立一个代理系统,这样可以保证用户信息的安全性。

基于令牌的身份验证:用户在登录后,会获得一个令牌,这个令牌可以在多个系统上进行身份验证。这种方式需要建立一个令牌管理机制,这样可以保证用户信息的安全性。

2. 消息服务

消息服务为业务应用系统提供稳定可靠、可弹性伸缩的在线消息队列服务,实现消息的创建、发布、订阅和监控。服务支持多种不同规格的集群模式,提供包含消息传递、监控、账号管理、策略管理等的全面消息队列能力。消息内容可包括账号操作、告警通知、操作异常等信息。同时,可根据实际需要设定发送范围,也可以设置通过短信、彩信、电子邮件、Web 端或应用程序的弹窗等方式发送消息。

(1) 发布订阅

消息中间件提供发布/订阅的功能,通过发布/订阅,为应用提供了一种透明的信息发布和信息消费的框架。消息的发布者只负责发布信息的收集,并通过一个公共"主题"来表示这个消息,消息的订阅则通过公共主题来订阅需要的消息,当有订阅"主题"的消息发布时,消息自动发送给订阅者。

发布订阅功能,可以实现消息的广播,当一个发布者发布某个主题信息时,消息中间件会将此主题信息广播给所有订阅了此主题的订阅者,如图 3.2-1 所示。

(2) 账户控制

消息中间件实现基于客户端账户身份的消息权限管控机制,消息服务系统在其基础上,实现应用账户注册、账户权限分配等功能,设置读、写、操作权限,从而完成对应用发布订阅权限的管控。

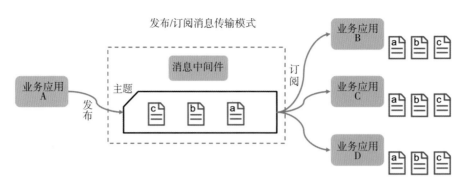

图 3.2-1　发布订阅

（3）消息管理

消息服务系统具有消息模板、消息自定义接口，允许应用将账号操作、告警通知、操作异常等信息转换为统一的消息格式用于发布。同时，实现消息发送范围定义接口，可根据实际业务需求，指定相关的订阅主题，进行消息发布。

（4）发送方式

消息服务系统实现短信、彩信、电子邮件、Web 端或应用程序的弹窗等的消息发布接口，定义信息标准格式，将信息转换为统一的消息格式并与消息中间件对接，实现以上发送形式的消息发送能力。

3. 分类检索服务

分类检索提供海量、精准、高效的检索功能。检索的时候与百度、Google 相似，只需输入检索词，就能将相关的结果快速地显示出来。同时还提供高级检索、检索偏好、相似检索提示、检索历史、检索订阅、Tag 检索等众多的人性化服务功能。在内网系统中，将根据用户的需要定制全文检索服务，可以在内网主页中提供全局的检索服务，也可以在各业务系统或部门范围内提供局部的检索功能。

分类检索服务主要包含多维分类管理和全文检索引擎两个模块。

多维分类管理允许根据业务需求自主定义多个分类维度，每个分类维度都是树状结构。通过多维分类管理，可以将检索目标按照多种分类体系进行归类。常见的分类维度有：组织机构、业务领域、行业、地域、关键词等，均可以通过多维分类管理的定制能力，快速扩展定义。基于多维分类体系，系统提供了检索目标快速映射分类的功能，通过打标签、分目录等手段快速完成目标的分类归档。

全文检索引擎基于成熟的全文检索算法和索引管理体系，自动提取检索目标关键词并进行分词、构建索引，最终支持类似百度、谷歌的快速检索能力。全文检索引擎既支持常见的电子文档格式的自动抽取关键词，也支持通过定制方式实现对各种业务数据的全文检索。

## 3.3　应用服务

应用服务包括 GIS 服务、图形报表服务、日志服务、告警服务等内容。

1. GIS 服务

GIS 后台服务与发布为系统提供 GIS 前端功能所需的各类基础、业务功能后台地图服务、空间数据分析与查询，为全景监控、综合信息展示提供 GIS 后台服务。

GIS 服务通过对各应用系统使用通用工具进行梳理，整合一套支撑各业务应用的系统软件，具备如

GIS数据存储管理、应用服务器套件、地理信息服务、数据分析与展示工具等功能,满足各业务应用的需要。GIS后台服务与发布组件应满足以下要求:

- 提供通用的框架,在企业内部建立和分发 GIS 应用;
- 提供操作简单、易于配置的 Web 应用;
- 提供广泛的基于 Web 的空间数据获取功能;
- 提供通用的 GIS 数据管理框架;
- 支持在线的空间数据编辑和专业分析;
- 支持二维、三维地图可视化;
- 集成类型丰富的 GIS 服务;
- 支持天地图等在线地图服务叠加;
- 支持标准的 WMS(网络地图服务)、WFS(网络要素服务)、WCS(网络覆盖服务)、WMTS(网络地图瓦片服务)和 WPS(网页处理服务);
- 提供配置、发布和优化 GIS 服务器的管理工具;
- 地图服务支持时空特性;
- 提供动态图层服务;
- 提供预配置的缓存服务、发布服务、统计报表服务、地图打印服务、几何服务、搜索服务以及一个地图服务实例;
- 提供客户端 Web APIs、JavaScript API、SilverLight API、Flex API;
- 提供 .NET 和 Java 软件开发工具包;
- 为移动客户提供应用开发框架;
- 产品支持跨平台,支持各种主流的硬件平台和操作系统,如 Solaris、AIX、HP-UX、Windows 等;
- 支持在多种主流 DBMS 平台上提供高级的、高性能的 GIS 数据管理接口,如 Oracle、SQL Server、PostgreSQL 等;
- 为任意客户端应用提供一个在 DBMS 中存储、管理和使用各类空间数据的通道;
- 支持 TB 级海量数据数据库管理和任意数量的用户;
- 提供版本管理机制,允许版本和非版本编辑,支持数据维护的长事务管理;
- 支持历史数据管理;
- 支持基于增量的分布式异构空间数据库复制功能,支持多级树状结构的复制,支持 checkin/checkout、one way、two way 三种复制方式;
- 支持数据跨平台及异构的数据库迁移;
- 支持空间数据库导出为 XML 格式,用于数据交换和共享;
- 支持对空间数据元数据的管理;
- 支持对多源多类型空间数据的管理,包括矢量、栅格、影像、栅格目录、三维地表、文本注记、网络等数据类型;
- 支持影像数据金字塔以及金字塔的部分更新;
- 保证在 DBMS 中存储矢量数据的空间几何完整性,支持属性域、子类,支持定义空间数据之间的规则,包括关系规则、连接规则、拓扑规则等;
- 提供行业数据模型,支持标准 UML 建模语言,通过 CASE 工具创建自定义的数据模型,并导入空间数据库中;

· 针对空间矢量数据的高效空间索引建立和更新服务机制,以支持按照空间几何范围、属性条件 SQL 以及两者混合而构成的检索方式;

· 提供对空间数据库的备份、恢复功能,并能够支持备份策略设置和备份/恢复操作日志管理;

· 支持 Query Layers,支持通过 SQL 语句创建地理图层;

· 提供对 Oracle、PostgreSQL 和 SQL Server 的 Native XML 列的支持;

· 提供对 SQL Server 的 Varbinary(max)和 datetime2 数据类型的支持;

· 空间数据库支持多种拓扑规则。

2. 图形报表服务

报表组件分为报表模板组态环境和报表模板运行环境两部分。其中报表模板组态环境必须在客户端安装以后运行。报表模板运行环境分为 Client/Server(客户机/服务器,简写为 C/S)浏览模式和 Browser/Server(浏览器/服务器,简写为 B/S)浏览模式,C/S 浏览器运行在本机环境,主要运行在生产控制区,B/S 浏览器基于 Internet 浏览器进行报表展示,主要运行在业务管理区。

画面编辑器用于制作系统运行的画面。在画面编辑器中可编辑制作各种类型的图元,常用的图元包括:基本形状、常用图标、通用图元、实时监控和调度计划等,同时还支持用户自定义扩展图元。画面支持多图层、多视图显示,画面可在编辑态和运行态之间自由切换。画面编辑器主要功能应包括:设置背景图、设置运行态工具栏组态;添加、删除图元,编辑图元属性;设置当前编辑的图层、画面保存、画面编辑态与运行态切换。

3. 日志服务

系统支持强大的日志管理功能,系统日志不仅记录业务应用或数据底板等系统运行情况及重大事件或故障,还包括对通用支撑平台本身的运行情况的监控,以供及时发现问题、排除故障、认定责任,并对非法访问信息进行追踪、查询,为信息的安全处理和责任辨认提供有力的仲裁依据。可以对系统日志执行浏览、导入、导出、编辑操作,并且可以设置每页显示记录数及颜色标记等。

系统支持统计出的数据按照不同类别以不同颜色显示出来,包括:日期、日志类型、用户名、站点、摘要、交互类型,并且点击相应的记录可以弹出一个更详细的页面,来显示该操作涉及的具体内容。日志记录数据量较大,需要设置日志存储周期。

日志服务具体功能模块如下。

1) 日志监控

提供日志监控能力,实现对数据库、中间件、业务应用等软件资源,服务器、网络设备、安全设备等硬件资源的日志的采集及展示功能。支持将日志信息按照配置的采集规则进行过滤、存储,支持对日志信息进行统计、查询、告警以及告警通知等功能,从而实现对目标资源的监控运维以及相关问题的定位跟踪。

2) 日志采集

提供全面的日志采集能力:提供 Syslog、Agent 等多种日志采集方式,支持 Windows/Linux 服务器及主机日志、数据库日志、中间件日志、虚拟化平台日志、安全设备日志、网络设备日志、应用日志以及自定义日志等日志信息的采集。支持日志采集、分析以及检索查询。

3) 日志存储

提供原始日志、范式化日志的存储,可自定义存储周期,支持数据库及网络文件共享存储等多种存储扩展方式。

4) 日志检索

提供丰富灵活的日志查询方式,支持全文检索、正则表达式检索、模糊检索等检索方式,提供便捷的日志检索操作。

5）日志分析

提供丰富的智能算法,提供字段、正则、数据、逻辑运算符等多种查询条件,支持便捷的日志分析操作,提供全方位的日志统计分析。

6）日志转发

支持自定义配置原始日志、范式化日志转发,方便备份存储。

7）日志事件告警

提供丰富的单源、多源事件关联分析规则,支持自定义事件规则,可按照日志、字段布尔逻辑关系等自定义规则;支持时间的查询、查询结果统计以及统计结果的展示等;支持对告警规则的自定义,可设置针对事件的各种筛选规则、告警等级等。

8）日志报表管理

支持丰富的内置报表以及灵活的自定义日志报表模式,支持实时报表、定时报表、周期性任务报表等方式。

4. 告警服务

根据预先定制的规则产生实际业务或通用支撑平台运行中的报警信息。报警信息可以通过开发的应用系统实时显示,也可通过短信、传真、电子邮件的形式发送给相关责任人。其报警信息主要有:雨量、水位及流量超限报警;局域网工作站和计算机设备故障报警;服务器故障声光报警;中心站工作异常报警;通用支撑平台登录或访问异常、系统请求超时、服务器宕机报警等。

告警服务功能的输入为需要告警的信息参数配置文件,配置文件中需要包含触发告警的指标阈值,输出是告警信息的具体数据。该项服务的配置文件可通过应用程序进行定制,告警服务通过对配置文件进行解析,对信息进行监控,监控结果可通过消息服务或其他方式通知应用系统,由应用系统对监控的结果进行反解析和处理。

# 3.4　信息服务

信息服务类组件包括服务注册、服务管理、服务发布、内容检索服务等内容。

1. 服务注册

泵站工程水利专业模型及人工智能模型的注册管理功能主要由模型注册模块提供,通过该模块相关Web 接口,模型可以将模型基本信息、部署情况、可用性情况注册到该模块,供后台管理模块进行展示与管理。

服务注册的主要功能是将每个待注册的服务的信息注册到注册中心,以供其他应用和服务查询发现并调用,服务注册模块支持如下两种方式:

· 自动注册,待注册服务可以通过调用服务注册模块提供的应用程序接口(API)来实现服务注册。

· 人工注册,用户通过服务注册模块管理界面可以添加待注册的服务信息,完成对服务的人工注册。

服务注册模块支持集群部署,多个服务注册模块实例采用分布式缓存或者数据库共享服务注册信息,一个服务实例宕机,不会影响业务的连续性。

服务注册模块提供了健康检测功能,服务注册模块定时轮询已注册的服务,将超出可用阈值的服务置为不可用状态,将恢复的服务置为可用状态,可以对每个服务或者一组服务设置轮询间隔和可用阈值。服务状态发生变化时,通过告警服务发出相应的通知。

服务注册模块支持第三方注册中心的接入,通过第三方注册中心的接口实时获取服务信息,并同步到服务注册模块,供业务系统使用,需支持的注册中心包括 Eureka 和 Nacos,对其他注册中心可自定义进行扩展。

服务注册的信息主要包括服务名称、服务版本、服务地址、可用性以及扩展元数据信息,其中扩展元数据为个性化数据,可根据需要填写相应的信息。

2. 服务管理

服务管理功能主要由后台管理模块提供,该模块提供 Web 页面,可以分级别查看注册的信息,查看服务可用性,进行使用情况统计、调用情况上下线处理。

1) 服务信息管理

对注册服务、接口信息的管理是服务管理的一个重要功能,服务信息主要包括服务名称、服务版本、服务地址、可用性以及扩展元数据信息,接口信息主要包括接口方法、接口地址、接口输入参数以及接口输出参数,可生成接口文档(如符合 OpenAPI 规范的 Swagger 接口格式),并支持接口文档的导入导出,提供在线测试接口的功能。

服务分类管理也是服务管理的一个重要功能,注册的服务比较多的时候,查看服务往往不太方便,通过服务分类管理可以将不同的服务聚合在一起,方便分类查看。

2) 服务编排

服务编排是服务管理里通过重复利用多个已有的服务进行组合而生成新的服务的功能,可以开放给其他业务系统使用。在实际业务服务、系统建设过程中,单个服务往往并不能满足客户端调用的需要,需要调用多个服务才能满足业务需求,但这样会增加客户端的调用复杂性,而服务编排功能可以将多个已有服务组合成一个服务,客户端只需调用这一个服务就可以满足要求,从而大大降低了客户端调用的复杂度。

3) 安全审计

服务安全主要采用证书方式实现,支持 SSL(Secure Socket Layer, 安全套接层)和 TLS(Transport Layer Security, 传输层安全),服务管理提供对证书的管理,能够实现证书的上传、下载。

服务管理支持服务访问日志,能够根据服务名称、日志级别、时间段等查询条件对访问日志进行查询。

统计报表,包括对服务调用情况、故障情况的周报、月报、年报的统计,同时支持自定义时间段内的调用及故障详情的查询。包括高频服务、低频服务、故障服务、服务数量统计。

3. 服务发布

服务发布模块为模型与业务应用建立联系,主要通过反向代理注册到平台,为 Web 应用系统提供模型调用服务。

通用支撑平台作为业务应用、知识平台、模型平台与数据底板/数据库的中间件,用户在模型平台或业务应用等平台发送调用请求,经过通用支撑平台后传送至数据底板/数据库,数据底板/数据库接收请求后再经过通用支撑平台反馈至相应业务平台。通用支撑平台会记录请求和反馈的信息。

用户在发送请求后,通用支撑平台会通过统一用户管理对用户权限进行校验,如果该请求不在用户权限范围内或可能有违规操作,则在通用支撑平台校验后直接反馈给用户拒绝及警告信息。

服务发布位于 Web 应用系统与模型服务器之间,但是对于用户而言,反向代理服务器就相当于目标服务器,即用户直接访问反向代理服务器就可以获得目标服务器的资源。同时,用户不需要知道目标服务器的地址,也无须在用户端做任何设定。反向代理服务器通常可用来作为 Web 加速,即使用反向代理作为 Web 服务器的前置机来降低网络和服务器的负载,提高访问效率。

1) 环境分类管理

服务发布支持按照环境分类进行发布,如环境可分为开发、测试、生产等环境,待发布的服务可以根据情况选择相应的环境进行发布。开发好的业务服务通常是先发布到开发环境,供客户端开发、调试使用,之后再发布到测试环境,进行系统联合测试,通过后,才会发布到生产环境使用。

2) 服务审批管理

服务发布支持审批管理,服务发布人员提交服务发布申请后,经服务发布审批人审批通过该发布申请后,服务才能正式发布。服务发布是一项重要的操作,稍有不慎就会出现线上故障,影响业务的进行,发布前审批是防止该故障的一个重要手段,只有审批通过的发布申请才能正式发布,这大大降低了故障发生的概率。

3) 发布版本管理

服务发布支持发布版本的管理,能够对每次发布的服务记录发布历史版本,可根据需要进行发布版本回滚,回滚到指定发布版本。在服务发布后,当出现问题时,可以回退到上一发布版本进行恢复,降低因服务发布误操作造成的影响。

## 3.5 通用支撑平台对接接口标准

通用支撑平台采用统一的技术规范作为外部、内部的数据接口访问标准。目前业界的重要标准之一是 Web Services。Web Services 将 XML/JSON 作为数据格式,将标准 HTTP 协议作为传输协议,以此方式将现有应用集成到企业中。与其他方法(如 CORBA 或消息传送)相比,这种方法的侵入性不强,因而是与现有系统集成的最佳方法。

微服务架构应用主要采用轻量级通信协议通信,如 RESTful 等,RESTful 用于 Web 数据接口的设计,传输协议采用 HTTP 协议,报文格式采用 JSON 格式,是一种比较方便使用的接口协议。通用支撑平台需支持 RESTful 等协议应对微服务应用的接入。

MQTT 是基于 TCP/IP 协议构建的异步通信消息协议,是一种轻量级的发布、订阅信息传输协议,可作为接入物联网设备的标准协议。

服务接口文档也是通用支撑平台的接入标准的重要支撑,业界的服务接口文档规范主要是 OpenAPI 规范,OpenAPI 的实现协议主要是 Swagger,Swagger 是目前使用最为广泛的文档协议,可作为接入服务的标准文档协议。

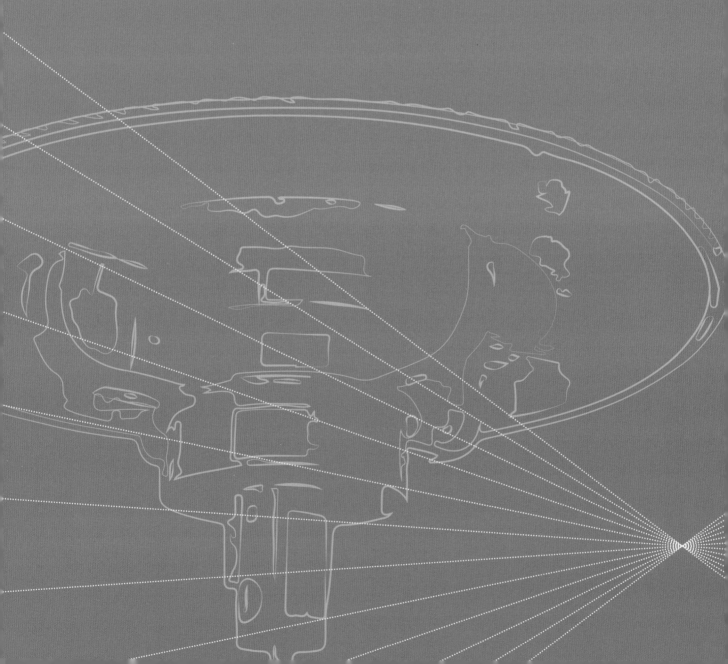

# 4

# 智能泵站数字孪生平台

4.1　概述

4.2　数据底板

4.3　模型平台

4.4　知识平台

4.5　数字孪生模型

# 4 智能泵站数字孪生平台

## 4.1 概述

前文介绍了数字孪生概念以及相关技术的发展,本章重点介绍构建智能泵站数字孪生平台的相关内容。数字孪生平台基于监测感知设备、智能控制设备等基础设施采集的泵站实时数据,加上地理空间数据、业务管理数据等5类数据,融合机组诊断、经济运行、装置效率计算等专业模型、智能模型,在数字化的场景下实现物理工程的复刻和模拟仿真、分析计算,然后通过各类知识库构建知识图谱,支撑泵站监测、控制、运维、管理等业务应用。数字孪生平台总体结构如图2.4-1所示。

## 4.2 数据底板

数据底板是构建数字孪生智能泵站工程的算据,是保障数字孪生泵站正常运行的基础,也是"四预"智能应用的关键。数据底板建设在对数据资源分析的基础上,对数据资源进行规划,完善数据标准体系和资源目录体系,对分散在不同系统的多源异构数据进行治理,通过汇聚、清洗、融合等治理操作后,面向泵站优化调度、设备运行维护、监测等业务需求,设计数据库模型,完成地理空间数据库的建设,同步建立数据的更新、发布、共享等机制与功能,丰富数据内容、提升数据质量,为实现数据资源的集中管理和数据查询、多维度分析、可视化应用搭建数据基础。

## 4.2.1 数据资源

数据资源由泵站基础数据、监测数据、地理空间数据、业务管理数据、共享数据 5 类数据构成,是数字孪生智能泵站进行模拟、计算、分析等的算据基础。

1. 基础数据

基础数据主要针对泵站各类建(构)筑物、机电设备等水利工程类对象,工程运行管理机构等工程管理类对象。构建泵站基础数据时可参照表 4.2-1 所示内容,也可参照《水利对象基础数据库表结构及标识符》(SL/T 809—2021)中规定字段设计表结构。

表 4.2-1  泵站工程基础数据表结构

| 字段名称 | 英文名称 | 数据类型 | 字段描述 |
| --- | --- | --- | --- |
| 泵站名称 | PUST_NAME | varchar | 泵站名称 |
| 工程代码 | CON_PRO_CODE | varchar | 工程代码 |
| 管理层级 | MAN_LEV | varchar | 管理层级(1:省;2:市;3:县;4:乡镇) |
| 所在地 | LOC | varchar | 所在地 |
| 行政区划编码 | ADCD | varchar | 行政区划编码 |
| 地理位置经度坐标 | PUST_LONG | decimal | 地理位置经度坐标 |
| 地理位置纬度坐标 | PUST_LAT | decimal | 地理位置纬度坐标 |
| 所在河流水系 | BASIN_NAME | varchar | 所在河流(水系) |
| 工程任务 | PROJECT_TASK | varchar | 工程任务 |
| 工程等别 | PROJECT_LEVEL | varchar | 工程等别 |
| 工程规模 | PROJECT_SCALES | varchar | 工程规模[1:大(1)型;2:大(2)型;3:中型;4:小(1)型;5:小(2)型;6:规模以下] |
| 主要建筑物级别 | MAIN_BUILD_GRAD | varchar | 主要建筑物级别 |
| 泵站类型 | PUMP_STATION_TYPE | varchar | 泵站类型 |
| 水泵数量 | PUMP_NUM | int | 水泵数量 |
| 装机流量 | PUMP_INSTALLED_FLOW | decimal | 装机流量 |
| 装机功率 | INS_POW | int | 装机功率 |
| 设计扬程 | DES_HEAD | decimal | 设计扬程 |
| 参照水位站名称 | PUMP_REFERENCE_WL_STATION_NAME | varchar | 参照水位站名称 |
| 参照水位站名称代码 | PUMP_REFERENCE_WL_STATION_CODE | int | 参照水位站名称代码 |
| 参照水位站警戒水位 | PUMP_REFERENCE_WL_STATION_WARNING_LEVEL | decimal | 参照水位站警戒水位 |

| 字段名称 | 英文名称 | 数据类型 | 字段描述 |
|---|---|---|---|
| 参照水位站危急水位 | PUMP_REFERENCE_WL_STATION_CRITICAL_LEVEL | decimal | 参照水位站危急水位 |
| 内河常水位 | RIVER_WATER_LEVEL | decimal | 内河常水位 |
| 年度灌溉引水水量 | IRRIGATION_WATER_VOLUME | int | 年度灌溉引水水量 |
| 年度防洪排涝水量 | DRAINAGE_WATER_VOLUME | int | 年度防洪排涝水量 |

2. 监测数据

监测数据为各类感知设备采集的信息,主要包括对泵站水情、水工建(构)筑物、主机组、变配电设备、闸门及启闭机等设施设备静态和运行状态的监测数据以及视频监视信息。数据监测以满足泵站防洪排涝、水资源调配、工程安全运行等需求为目标,构建工程立体感知体系,为数据底板、调度决策提供准确翔实的算据,实现及时的预报、预警。

可利用遥感、传感、定位、视频、人工填报等手段观测、记录产生的全要素监测数据,从时空维度描述工程不同尺度或不同维度的变化。监测数据可以按水情、工情、灾情、气象、遥感等数据集进行管理,包括但不限于工程安全监测数据、泵站运行数据、工程水雨情监测数据等。

3. 地理空间数据

地理空间数据(包括基础地理信息、工程 BIM 模型、精细化模型以及与模型相关联的属性等)利用数字高程数据(DEM)、实景模型及正射影像(DOM)数据构建智能泵站大场景空间数据集,相关数据主要通过无人机采集或采购获取,部分可利用已有数据整合或从水利部共享数据中获取。工程 BIM 模型主要用于构建泵站主要建筑物、主机组、电气设备等三维可视化模型数据。

对于涉及的水工建筑物、枢纽周边地形及电气设备、金属结构设施、监测设备设施等,按照统一的编码体系和要求精度进行 BIM 建模,集成工程的几何信息和属性信息。

将工程 BIM 模型和大场景地理空间数据集按统一的时空基准有机融合,形成数据底板,在此基础上通过汇集和治理各类监测感知数据、业务数据和其他数据,对不同类型和精度的空间数据(二维数据、三维数据、模型数据、BIM 数据、地形数据、影像数据、倾斜摄影数据)及业务数据(监测数据、多媒体数据、施工图纸数据、业务流数据)等按应用要求及统一规范进行多维多尺度数据融合,构建与实体一致的数字孪生泵站场景。建模内容可参照表 4.2-2。

表 4.2-2　建模内容

| 序号 | 项目名称 |
|---|---|
| 1 | 主泵房 |
| 2 | 进水池及前池 |
| 3 | 出水池 |
| 4 | 上下游连接段 |
| 5 | 主、副厂房 |
| 6 | 安装间、变压器房 |
| 7 | 进出水渠 |

续表

| 序号 | 项目名称 |
|---|---|
| 8 | 清污机 |
| 9 | 闸门及启闭机 |
| 10 | 主水泵及其附属设备 |
| 11 | 油系统设备 |
| 12 | 压缩空气系统设备 |
| 13 | 水系统设备(包括集成供水系统、检修排水和渗漏排水) |
| 14 | 电动机 |
| 15 | 励磁装置 |
| 16 | 主变压器 |
| 17 | 站用变压器 |
| 18 | 开关柜 |
| 19 | 动力柜 |
| 20 | 控制柜 |

模型精细度应满足所有基础应用和业务应用。在满足应用需求的前提下,宜采用较低的模型精细度。参照《水利水电工程设计信息模型交付标准》(T/CWHIDA 0006—2019),模型精细度等级不低于 LOD3.0,部分重要设备模型精细度等级不低于 LOD4.0。建筑物模型精细度要求具体见表 4.2-3。

表 4.2-3　建筑物模型建模精细度等级

| 模型精细度 | | 等级要求 | 应用范围 |
|---|---|---|---|
| G3 | N3 | 满足空间占位准确、几何尺寸准确、材料分区准确,满足建造安装流程、采购等精细化要求。<br>包含实体系统关系、组成、材质、性能、生产信息、安装信息 | 主要包括土建结构,机电设备中主要油、气、水管路,电力线路,消防管路等 |
| G4 | N4 | 满足空间占位准确、几何尺寸准确,满足高精度渲染、产品管理、制造加工等需求。<br>包含实体系统关系、组成、材质、性能、生产信息、安装信息、资产信息和维护信息 | 主要包括各类水泵、电机、闸门、拦污栅、启闭设备、主变、开关柜等机电设备 |

模型属性信息应满足应用开发的需要,主要展示内容包括(但不限于)以下。

基础信息:显示建筑物和设备的名称、大小、材质等静态信息;

泵站信息:显示位置、站名、运行时间、运行机组等信息;

机组信息:显示水位、流量、叶片角度、运行状态、转速等信息;

水闸信息:显示闸门位置、站名、开启状态、闸门开度等信息;

闸门信息:显示闸门开关状态、闸门开度等信息;

安全监测信息:显示设备安全运行状态信息;

巡查信息:显示巡查人员名称、时间等信息;

视频信息:显示视频点位置、调取视频信息;

设备安装信息:显示生产厂家、安装日期等;

设备维修养护信息:显示维修信息、推荐维修日期及内容等;

土建竣工信息：显示建筑物竣工时间、竣工图等竣工资料信息；

施工厂家信息：显示施工厂家名称、联系方式等信息。

4. 业务管理数据

业务管理数据主要是从泵站生产运行管理过程中获取的有关数据，主要包括工程优化调度运行、统计分析、调度评价、工程运行维护、工程运行安全等业务成果及业务加工数据。业务管理数据应根据业务需要同步更新。业务管理数据可参照表 4.2-4。

表 4.2-4　业务管理数据

| 业务名称 | 数据资源 | | |
|---|---|---|---|
| | | 分类 | 主要内容 |
| 工程调度 | 调度预案 | 调度规则 | 包括调度规则、应急调度等各类方案规则数据 |
| | | 调度计划 | 各年、月调度计划 |
| | | 调度实施方案 | 各年、月调度实施方案 |
| | | 调度总结报告 | 各年、月调度总结报告 |
| | 调度指令 | 指令批次 | 包括批次编号、时间、人员、指令数量、指令完成情况等数据 |
| | | 调度指令 | 包括发令时间、指令类型、指令内容、节点信息、分调信息、指令状态等数据 |
| | | 调度指令统计数据 | 指令执行情况统计汇总数据，包括指令下达时间、操作门次、成功门次、失败门次、远程/现地、记录人等 |
| | 优化调度 | 实时调度优化 | 实时优化调度方案 |
| | | 调度指令跟踪 | 调度跟踪、查询、统计 |
| 运行管理 | 值班考勤 | 值班签到 | 值班人员、职务、签入签出等数据 |
| | | 考勤统计 | 值班人员、值班部门、值班日期、白班、夜班、节假日等统计数据 |
| | | 值班日志 | 值班日期、值班人员、值班班次、值班工作情况记录等数据 |
| | | 交接班数据 | 值班部门、值班日期、值班班次（白班或晚班）、当前运行情况信息、选择主要事项内容（工作日志、电话指令、调度监控记录、文件存档、卫生情况或自动化调度系统）、未完成事项、其他注意事项、交班信息（包括值班长与值班员姓名信息）及接班信息（包括值班长与值班员姓名信息）等数据 |
| | 日常管理 | 办公管理 | 办公管理信息统计、发布、流转 |
| | | 考勤管理 | 考勤管理信息统计、发布、流转 |
| | | 报表管理 | 报表管理信息统计、发布、流转 |
| | | 公告管理 | 公告管理信息统计、发布、流转 |
| | | 计划管理 | 计划管理信息统计、发布、流转 |
| | 运行管理 | 运行操作管理 | 操作人员信息、执行时间、工况信息等 |
| | | 运行指标管理 | 工况实时信息统计分析 |
| | | 运行巡查管理 | 巡检人员、时间、问题记录、反馈信息等 |
| | | 运行报表管理 | 设备名称、运行工况、记录时间等 |
| | | 运行总结 | 总结名称、编制时间、文本内容等 |
| | 工程维护管理 | 工程问题清单 | 所属工程、所属设备、发生发现时间、问题描述、责任人等 |
| | | 工程维修 | 维修责任人、维修时间、具体内容、维修照片等 |
| | | 工程养护 | 养护责任人、养护时间、养护对象、具体内容、养护照片等 |
| | | 备品备件 | 备品备件名称、入库时间、厂家名称等 |
| | | 维护台账 | 时间、地点、维护对象、维护人员、问题记录等 |

| 业务名称 | 数据资源 | |
| --- | --- | --- |
| | 分类 | 主要内容 |
| 工程运行安全管理 | 动态数据管理 | 安全监测统计信息 |
| | | 水雨情监测统计信息 |
| | 工程安全分析 | 工程安全统计分析及超标预警 |
| | 在线预警 | 安全监测超标预警信息 |
| | | 防汛超标预警信息 |
| | 工单管理 | 工单名称、责任人、时间、任务等 |
| | 防汛物资管理 | 物资名称、储备位置、购置时间、数量等 |

5. 共享数据

共享数据是从外部系统或部门接入的第三方数据,包括来源于气象局的气象数据、来源于生态环境部门的水生态环境信息、来源于自然资源部门的自然资源信息、来源于交通部门的交通运输信息、来源于农业部门的农业农村信息、来源于统计部门的社会经济数据等。

气象数据:降雨量、风速、温度、卫星云图、降雨预报等数据;

水生态环境信息:水质、水生物种类及数量等数据;

自然资源信息:各类地理空间信息、用地区划信息等;

交通运输信息:交通网络信息;

农业农村信息:农业用地信息(种植类型、种植面积、种植空间地理分布位置等)等;

社会经济数据:人口、房屋、私有财产、耕地、经济产值、农作物产量、工矿企业、水利设施、交通设施、供电设施、通信设施、公共设施等信息。

## 4.2.2 数据引擎

数据引擎提供多源数据收集、管理、治理等服务能力。主要包括数据汇集、数据标准、数据质量、数据资产、数据服务、数据安全等功能,帮助用户快速构建从数据接入到数据分析的端到端智能数据系统,消除数据孤岛,提升数据价值,实现数字化转型。

### 4.2.2.1 数据汇集

数据汇集是按照数据资源目录和数据管理标准,根据业务和综合决策需要,对各类结构化与非结构化数据、实时与历史数据进行汇集,实现数据资源汇集调度的统一管控。数据汇集平台可融合泵站监控系统数据、业务数据、视频数据及管理数据,在"一数一源,一源多用"的指导思想下,经数据整编后在可视化平台上展示,以服务调度为核心、设备安全健康运行为宗旨,融合调度与运行维护,联动视频与控制,为数字孪生泵站提供全方位的服务。

可通过 ETL(Extract-Transform-Load)工具、各类接口及标准协议,在不同的层级进行抽取、转换、编码、关联与标签等操作,实现多源数据的对接与交换,构建标准元数据及主题库,系统整体架构设计预留人工录入/导入方式及对第三方系统数据库的接入。数据汇集是数据治理的基础支撑,其整体架构如图4.2-1所示。

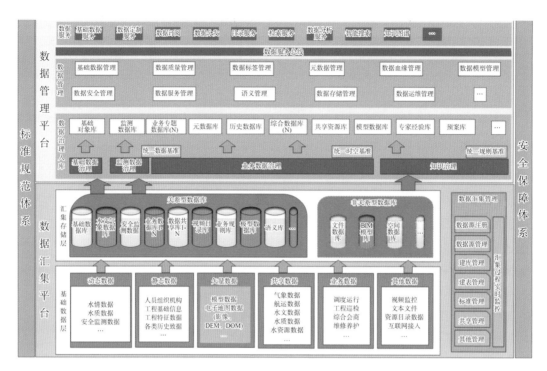

图 4.2-1　数据汇集架构图

1. 监测数据汇集

监测数据汇集管理是对感知数据等进行统一集中管理,包括感知基础信息管理、到报管理和数据运维管理等。

(1) 感知基础信息管理。以汇集的感知基础数据为基础,对其进行审核整理和编辑,对感知基础信息进行集中统一动态管理。

(2) 到报管理。以站点基础数据和监测频次相关规定为依据,确定监测信息是否汇集到平台,对未到报站点进行特殊显示,并根据相关规定向有关人员短信告警。

(3) 数据运维管理。实现自动采集设备状态监控、网络设备监控、异常数据报警、时效统计等。

2. 视频数据汇集

主要包含视频源管理、视频在线情况管理、视频目录管理。

(1) 视频源管理。视频源管理模块以视频监控平台功能为基础,实现视频源的接入、切出、列表、查询、片段截取保存等。

(2) 视频在线情况管理。检测视频在线情况,结合地图进行在线、掉线状态分级显示,对掉线视频提供提醒。

(3) 视频目录管理。视频目录管理模块对视频片段的元数据进行管理,形成视频片段目录,供用户进行查询和调用。

3. 数据入库管理

主要包括自动入库支持、数据集管理。

(1) 自动入库支持允许一次添加若干个文件或是数据库中的数据集,支持一次添加若干文件夹,进行批量导入。包括常用格式数据、传感器原始数据、表格目录和数据服务等。如果数据重复入库,可以选择不同的处理方式:重复、更新或拒绝。

（2）数据集管理提供数据集属性（来源、级别等）管理功能；能够定义并创建整个数据集的概视图。

#### 4.2.2.2　数据治理

数据治理是对汇聚后的多源数据进行统一、规范管理，完成业务的全要素数据治理，形成全要素大数据支撑能力，提升数据的规范性、可用性，从数据底层保障数据安全。基于基础数据库、监测数据库、空间数据库以及业务数据库，结合统一数据资源管理、统一数据目录管理，提供数据标准管理、数据血缘管理、数据清洗、数据比对、异常数据处理等功能。

1. 数据标准管理

数据标准管理按照水利行业数据标准规范进行数据库库表结构设计，基于数据库软件统一存储和管理各类数据资源，为业务应用提供数据支撑。

基于泵站管理的业务内容，参照《水利对象基础数据库表结构及标识符》《水利数据目录服务规范》（SL/T 799—2020）等标准规范，实现对元数据管理、数据标准管理及数据目录管理、数据存储管理的建设。

2. 数据血缘管理

数据血缘管理可全面反映数据的来源、数据处理过程、数据服务情况。通过血缘关系可视化，可清晰展示数据来源节点和转换过程，快速定位数据问题，分析异常数据产生原因。通过提供检索逻辑数据实体的数据血缘图，可展示逻辑数据实体所属的业务流程和上游系统。

3. 数据清洗

数据清洗过程主要是对各类源数据中不符合标准规范或者无效的数据进行过滤操作。在进行数据整合之前先定义数据的清洗规则，并对符合清洗规则的数据进行错误级别设置。数据清洗通过特征一致性校验、识别唯一性校验、数据完整性校验等内容，保证多源头数据的一致性、准确性。

4. 数据比对

数据比对提供数据比对和结构比对功能，辅助识别指定数据库间数据和库对象的差异，并选择对差异数据或库对象进行同步，解决大规模数据难以高效准确对比和差异修复的问题，具体包括数据稽核、数据变化更新等内容。

5. 异常数据处理

异常数据包括缺失数据、离群数据、重复数据及不一致数据等，通过缺失值检验、数据去重、数据不一致判断，实现每个变量的缺失值数量显示、缺失值检验处理及异常数据一致性更新。

#### 4.2.2.3　数据安全服务

数据安全从数据全生命周期管理角度出发，重点聚焦于数据应用、数据存储、数据共享等阶段的安全要求，为应用系统提供安全能力和安全监控，实现"可防、可视、可控"的安全目标。

1. 应用管理

外部应用（系统）使用数据安全平台的能力时，需要通过应用管理模块进行注册。注册应用时，需要填写应用名称、责任人、联系方式以及应用描述等。支持查看已注册应用的主密钥信息、数据密钥信息、数据脱敏信息以及数字水印信息等。

2. 数据密钥

数据加密和解密算法的操作通常都是在一组密钥的控制下进行的，分别称为加密密钥（Encryption Key）和解密密钥（Decryption Key）。平台提供的数据密钥算法包括对称密钥算法和非对称密钥算法。对称加密是使用同一个密钥对数据进行加密和解密；非对称加解密过程需要两个不同的密钥。数据密钥的管理功能，可将内置的各种数据密钥算法授权给各应用（系统），用户可根据应用场景，选择相应的算法。

3. 数据脱敏

数据脱敏是在保留数据原始特征的条件下,对某些敏感信息按照脱敏规则进行数据的变形,实现敏感隐私数据的保护。通过定义脱敏策略,可针对不同的使用单位和不同类型的数据进行脱敏。

根据不同数据特征,平台内置了丰富高效的脱敏算法,可对常见数据如姓名、证件号、银行账户、金额、日期、电话号码等敏感数据进行脱敏,内置脱敏算法如下。

(1) 替换:将数据替换成一个常量,对内部人员可以完全保持信息完整性。

(2) 重排:按照一定的顺序进行打乱,很像"替换",可以在需要时方便还原信息。

(3) 截断:舍弃必要信息来保证数据的模糊性,是比较常用的脱敏方法。

(4) 掩码:保留了部分信息,并且保证了信息的长度不变性,信息持有者更易辨别。

(5) 日期偏移取整:舍弃精度来保证原始数据的安全性,一般此种方法可以保护数据的时间分布密度。

平台提供脱敏规则的管理功能,可将内置的各种脱敏规则授权给各应用(系统),用户可根据应用场景,选择相应的脱敏规则。脱敏方案确定后,可被重复利用于该场景下不同批次数据的脱敏。

4. 安全监控

安全监控是对平台的安全能力使用过程中产生的日志和数据进行记录的过程。主要包括安全处理数据量和日志详情两部分内容。

安全处理数据量是记录外部应用(系统)使用安全能力处理的数据量。

日志详情是记录外部应用(系统)使用安全能力产生的日志信息,包括基本信息和运行信息。基本信息主要是对象名称、对象类型、能力名称、能力类型、应用平台、用途等;运行信息主要是运行时间、运行时长、数据量、成功数据量、异常数据量等。

#### 4.2.2.4 数据质量管理

数据质量是保证数据应用的基础,为解决现有数据质量低、业务数据标准和格式不一致等问题,数据质量评价体系定义数据质量检核规则,制订数据质量检查方案,对各类业务数据进行绩效评分,并对问题数据进行整改,使进入治理库的数据质量得以提升。

根据数据质量评价指标体系《信息技术 数据质量评价指标》(GB/T 36344—2018),用五维指标进行数据质量评价。

规范性:指的是数据符合数据标准、数据模型、业务规则、元数据或权威参考数据、安全规范的程度。例如《个人基本信息分类与代码 第 1 部分:人的性别代码》(GB/T 2261.1—2003)中定义的性别代码标准是 0 表示未知的性别,1 表示男性,2 表示女性,9 表示未说明的性别。

完整性:指的是按照数据规则要求,数据元素被赋予数值的程度。数据的完整性需考虑数据的存在约束、非空约束、关联性约束。

准确性:表示在数据内容正确性、格式合规性、数据重复率、数据唯一性、脏数据出现率等指标上,用于准确表示实体对象真实值的程度。例如监测的水位、流量等数值的精度,数据是否唯一。

一致性:指的是相同数据的一致性和关联数据的一致性程度(同一数据在不同位置存储或被不同应用使用时数据的一致性;数据发生变化时,不同位置的同一数据是否被同步修改)。例如检查数值单位的一致性、编码一致性、位置一致性等。

时效性:指的是数据在时间段的正确性程度,时间点的及时性、时序性等指标。例如监测数据按标准要求对序列数据、时间点数据、时间段数据的记录。

#### 4.2.2.5 数据共享服务

通过数据共享服务模块实现数据服务统一管理,确保各类数据服务能方便快捷地被调用。遵循相关共享标准与规范,实现基础数据、监测数据、业务管理数据、地理空间数据等的上报、下发与同步;实现与其他行业之间跨网络、跨行业、跨层级的数据共享。

数据共享服务体系提供了数据资源目录服务(服务分类、服务注册、服务发布、服务统计)、数据共享服务(服务申请、服务审核、服务应用)和数据管控服务(服务监控)等功能。

1. 数据目录

构建数据资源目录服务体系,由管理者根据服务所属业务、所属系统等要素,建立数据资源服务目录,服务分类以目录树的形式展示,并可进行新增、排序、修改、删除等。

2. 服务注册

系统提供服务注册的功能,管理员将数据服务注册于服务管理平台,注册后的服务经服务发布后可被使用。服务信息包括服务名称、服务地址、来源系统、开发单位、服务参数、服务调用方式等。

3. 服务发布

服务发布是管理员对已注册的服务进行校验,验证通过后再进行发布的过程,经发布的服务可被其他应用调用,未被发布的服务不对外提供访问权限。

发布的服务在被其他业务调用前,需经使用者进行申请,管理员审批通过后方可使用,且在使用数据服务时,增设数据服务验证保护,保障数据服务的安全性。

4. 服务浏览

用户可以查询数据服务的详细信息,对服务详细信息进行编辑,包括数据服务的名称、方法名称、所属分类、是否发布、服务的接口形式。

5. 服务统计

数据服务统计,是以柱状图的形式显示数据服务总数、服务使用量、服务正常量、服务异常量等信息;可按服务提供方、使用方等进行数据服务的分类及占比展示;可按日、周、月统计分析展示服务的使用趋势、使用排序等信息。

6. 服务监控

服务监控是通过上层应用对使用数据服务的日志记录,充分了解上层应用及数据服务运转的正常情况、异常情况、服务使用率、稳定率等,可快速定位出现问题的服务,以及时通知运维人员解决问题,保障上层应用稳定性。

7. 服务申请

服务申请是使用者基于数据服务平台进行数据服务使用申请的过程。申请者须在平台进行注册,平台对注册者进行验证后,申请者方可进行数据服务使用申请。服务申请需提供申请者的单位名称、单位简称、单位联系人、申请的数据服务、数据范围、使用期限等信息。

8. 服务审核

服务审核是管理员对使用者所发起的申请进行审核的过程。服务审核包括了同意和驳回功能。

申请驳回,是对服务申请者申请的数据服务、数据范围、数据期限不认可操作。

申请同意,是同意申请者的使用请求,通过审核的数据服务申请者方可使用。

9. 服务应用

服务应用是对上层业务的应用,提供了基于服务申请者服务收藏、服务通知的功能。

服务通知是系统提供的消息推送功能,包括系统消息、审核消息、服务运行异常消息。系统消息是指系统给用户发送的消息,审核消息包括应用审核结果通知和服务审核结果通知,服务运行异常消息是指服务调用过程中出现异常的消息。

## 4.3  模型平台

模型平台为数字孪生智能泵站提供算法支撑,包括专业模型、智能模型、可视化模型和模拟仿真引擎。平台通过构建标准统一、接口规范、敏捷复用的水利学专业模型和实时渲染、空间虚实交互的数字场景可视化模型,并通过数学模拟仿真引擎,将水利专业模型模拟成果在数字化场景上进行多维展示分析,实现数据模拟与展示的实时交互。模型平台需具备良好的可扩展能力和模型管理能力,通过人机交互实现相关模型的构建、调用、管理及升级完善,以便新增、修改、删除算法模型。模型建立与管理功能将应用系统涉及的模型按照统一标准进行建立和管理,实现应用系统的协同工作,支撑应用系统的正常运行。

### 4.3.1  专业模型

针对数字孪生智能泵站运行和维护"四预"应用需求,专业模型涉及泵站机组优化运行、主机组及辅助设备的健康诊断等模型算法。主要包括机组装置效率监测模型、诊断模型、评估模型、设备健康模型、经济运行模型等。

#### 4.3.1.1  机组装置效率监测模型

机组装置效率监测模型是将扬程、流量、叶片角度与水泵效率等参数的关系用函数描述出来,通过采集的泵站流量、水位、功率等参数对主机组装置效率进行实时监测计算。

当对抽水流量无特别要求时,可让运行水泵在装置效率最高处运行,泵装置最优效率线模型为:

$$\beta_{opt} = \{\beta_{iopt}(H_i; S, \beta_{min}, \beta_{max})\} \quad H_i \in H$$

$$\text{s. t.} \begin{cases} \max \eta_z(H_i; S) = \eta_b(H_b; Q_i)\eta_g(Q_i; S) \\ h_L = SQ_i^2 \\ H_b = H_i + h_L \\ \eta_g(H_i; Q_i) = I - \dfrac{h_L}{H_b} \\ Q_{min}(H_i; \beta_{min}) \leqslant Q_i \leqslant Q_{max}(H_i; \beta_{max}) \\ H_{min} \leqslant H_i \leqslant H_{max} \end{cases}$$

式中:$\beta_{opt}$ 为最优叶片角度;$\beta_{iopt}$ 为在 $i$ 点的最优叶片角度;$\beta_{min}$ 为最小叶片角度;$\beta_{max}$ 为最大叶片角度;$H$ 为泵装置净扬程的范围;$H_{max}$ 为泵装置最大净扬程;$H_{min}$ 为泵装置最小净扬程;$H_i$ 为泵装置净扬程;$H_b$ 为泵扬程;$h_L$ 为管道水头损失;$Q$ 为泵提水流量;$Q_i$ 为在 $i$ 点的泵提水流量;$Q_{max}$ 为泵最大提水流量;$Q_{min}$ 为泵最小提水流量;$\eta_b$ 为泵效率;$\eta_g$ 为管道效率;$\eta_z$ 泵装置效率;$S$ 为管道阻力系数。

泵装置最优效率线的计算框图如图 4.3-1 所示。

#### 4.3.1.2  诊断模型

诊断模型主要用于对泵站建筑物、主机组等设施设备的状态进行诊断分析,根据泵站实际需求,结合泵站主要机电设备的实际配置及监测数据情况,并考虑泵站机电设备的运行规律、检修安排、可靠性等要求,依托对机组运行过程中性能变化情况的量化评估结果,为泵站设备的状态检修提供数据支撑,实现预测性维护。诊断模型包含设备状态评估、趋势预测分析与故障诊断等子模型。

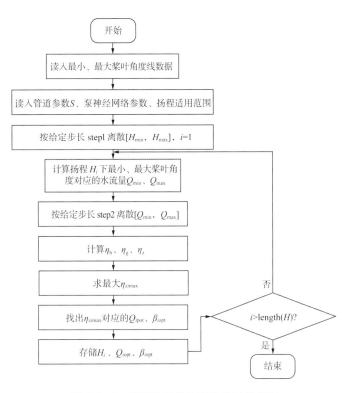

图 4.3-1 泵装置最优效率线的计算框图

**1. 设备状态评估模型**

设备状态评估模型依据设备结构层次、水泵机组运行特点,对水泵、电机等重要机电设备构建基于多源数据的健康评价指标体系,全面反映评价对象状态,并结合专家经验与泵站设备状态监测数据、检修维护记录等,为机组等关键设备的状态检修提供技术支撑。

**2. 趋势预测分析模型**

基于机组运行特点和状态变化规律及历史运行数据,构建预测指标分析模型,并结合设定的预测阈值对机组未来的异常状态进行及时预警。

**3. 故障诊断模型**

依据专家知识与现场实际数据情况,建立泵站水泵、电机、变压器等重要机电设备故障诊断知识库。故障诊断模型包含了大量的专家知识和经验,通过计算模拟人类专家进行故障诊断。首先需要与专家进行交流,获取该领域解决特定问题的知识,其次用形式化的表达方式,例如用逻辑表示和知识图谱表示等,将获取的知识表达出来,最后进行知识推理,基于知识的表达对问题进行求解。

对于泵站、机组组成复杂的系统,从抽象层面上来看,可以作出这样的假设:假设系统常见的故障现象(故障参数)有 $V$ 个,系统故障特征模型、结构和数据逻辑等分别有 $N$、$P$、$W$ 个,这些特征集合和故障现象集合之间的关系可以用如图 4.3-2 所示的网状图来表示。

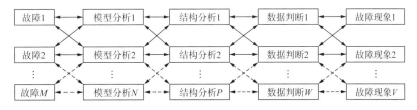

图 4.3-2 诊断原理框图

模型通过推理机模拟专家的思维过程,控制并执行对故障问题进行求解。如定子绕组温度过高,利用测量到的参数和提取的特征参数驱动控制策略,当策略检测到某个目标条件满足时,可推理得到该项故障可能的原因,并通过知识库获取处置方案。

### 4.3.1.3 评估模型

评估模型主要是对水泵、电机的健康状态进行评价,采用"设备→部件→指标"的"自底向上"层次结构分析,选取包括温度、振动、摆度等指标,依据评价标准对设备进行评价,如图4.3-3所示。

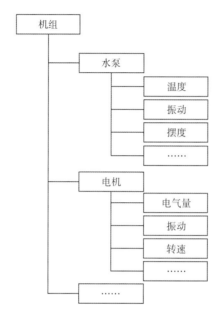

图4.3-3 状态评估模型

结合故障诊断结果,按优先级的比较,得出设备健康状态评价结果。将机组健康状态分为正常状态、注意状态、异常状态和危险状态四个等级,前端展示按颜色进行区分,将设备状态分为"正常(绿色)、注意(黄色)、异常(橙色)和严重(红色)"四个等级,实时监测设备的运行状态,时刻掌握设备的状况,当设备出现"异常""严重"时,系统会及时发出警报,对设备健康状态进行评估,给出明确的健康状况结论与风险评估结论,并生成状态评价报告,提示故障位置、故障类型、严重程度等。

结合专家经验、设备检修记录、机组状态评价结果和故障诊断结论,按照状态优先级定义,分析得出设备的健康状态评价结果。状态优先级定义:危险>异常>注意>正常。评价方法如下:

①当设备部件状态所有参数的实时状态数据未超过标准限值,且不存在三级以上等级的缺陷时,视为"正常状态";

②当设备特征参数存在接近标准限值或发展的趋势,但不存在二级以上的缺陷时,视为"注意状态";

③当任一特征参数超越标准限值且存在二级缺陷,或短时间内频繁出现三级缺陷时,视为"异常状态";

④当存在三个及以上特征参数超越标准限值,或出现一级缺陷时,视为"危险状态"。

### 4.3.1.4 经济运行模型

经济运行模型是通过利用计算机技术建立泵站对象的数学模型和泵站效率的实时计算来实现的,根据确定的调度准则(以泵站效率最高、以泵站能耗最低、以泵站水费成本最低、以泵站流量最大等为准则)和约束条件,采用相应的算法实现调度目标,使泵站发挥其最大的功能。

在抽水流量和装置扬程一定的情况下,以泵站主机组的运行电费最少为优化目标,其优化模型为:

$$F = \min \sum_i N_i t p$$

$$\text{s. t.} \begin{cases} N_i = \dfrac{\rho g Q_i H_{\text{b}i}}{1\,000 \eta_{\text{z}i}} \\[2mm] N_i \leqslant N_{i\max} \\[2mm] \sum_i Q_i \mu_i = Q_{\text{d}} \\[2mm] \mu_i = \begin{cases} 0 \\ 1 \end{cases} \\[2mm] Q_{i\min} \leqslant Q_i \leqslant Q_{i\max} \\[2mm] \beta_{i\min} \leqslant \beta_i \leqslant \beta_{i\max} \end{cases}$$

式中：$F$ 为电费，元；$p$ 为电价，元/(kW·h)；$\rho$ 为水体密度，kg/m³；$g$ 为重力加速度，m/s²；$\eta_{\text{z}i}$ 为泵装置效率，由扬程 $H_{\text{b}i}$、流量 $Q_i$ 决定；$H_{\text{b}i}$ 为扬程，m；$N_i$ 为泵轴功率，kW；$N_{i\max}$ 为最大泵轴功率，kW；$Q_i$ 为上水流量，m³/s；$Q_{i\max}$、$Q_{i\min}$ 分别为最大、最小上水流量；$Q_{\text{d}}$ 为需要抽水流量，m³/s；$\beta_i$ 为叶片角度；$\beta_{i\max}$、$\beta_{i\min}$ 分别为最大、最小叶片角度；$\mu_i$ 为状态因子，$\mu_i = 1$ 表示第 $i$ 台泵投入运行，$\mu_i = 0$ 表示第 $i$ 台泵未投入运行；下标 $i$ 表示第 $i$ 台泵；$t$ 为时间。

在抽水总量(体积)一定的情况下，若以泵站主机组运行电费最少为优化目标，考虑扬程变化和分时电价，其优化模型为：

$$F = \min \sum_j \sum_i N_{ij} t_j p_j$$

$$\text{s. t.} \begin{cases} N_{ij} = \dfrac{\rho g Q_{ij} H_{ij}}{1\,000 \eta_{\text{z}ij}} \\[2mm] N_{ij} \leqslant N_{ij\max} \\[2mm] \sum_j \sum_i Q_{ij} \mu_{ij} t_j = V_{\text{提}} \\[2mm] \mu_{ij} = \begin{cases} 0 \\ 1 \end{cases} \\[2mm] Q_{ij\min} \leqslant Q_{ij} \leqslant Q_{ij\max} \\[2mm] \beta_{ij\min} \leqslant \beta_{ij} \leqslant \beta_{ij\max} \end{cases}$$

式中：$j$ 为时段序号；$V_{\text{提}}$ 为总提水体积，m³；其他符号含义同上。

在抽水总量(体积)一定的情况下，考虑辅助设备和变电设施等，以整个泵站系统总运行电费最少为目标，考虑扬程变化和分时电价，其优化模型为：

$$F = \min \Big[ \sum_j \sum_i (N_{ij} + P_{\text{zn}ij} + \Delta P_{\text{tel}ij}) + \sum_k \Delta P_{\text{b}k} + \Delta P_{\text{tel}j} \Big] t_j p_j$$

$$\text{s. t.} \begin{cases} N_{ij} = \dfrac{\rho g Q_{ij} H_{ij}}{1\,000 \eta_{\text{z}ij}} \\[2mm] N_{ij} \leqslant N_{ij\max} \\[2mm] \sum_j \sum_i Q_{ij} \mu_{ij} t_j = V_{\text{提}} \\[2mm] \mu_{ij} = \begin{cases} 0 \\ 1 \end{cases} \\[2mm] Q_{ij\min} \leqslant Q_{ij} \leqslant Q_{ij\max} \\[2mm] \beta_{ij\min} \leqslant \beta_{ij} \leqslant \beta_{ij\max} \end{cases}$$

式中：$P_{znij}$ 为站用电能耗，kW；$\Delta P_{telij}$ 为主变压器低压侧输电损耗，kW；$\Delta P_{bk}$ 为主变压器负载损耗，kW；$k$ 为主变压器序号；$\Delta P_{telj}$ 为主变压器高压侧输电损耗，kW；其他符号含义同上。

### 4.3.2　智能模型

智能模型基于机器学习、人工智能等技术，从视频、图像、遥感、语音等数据中挖掘有效信息，实现泵站控制、运行对象特征的自动识别，扩展感知能力，满足泵站管理工作智能化的需要。主要包括智能控制模型、智能调节模型、智能识别模型、智能语音模型、智能协联模型、智能跟踪模型、智能巡检模型等。

### 4.3.3　可视化模型

可视化模型为泵站运行模拟仿真提供实时渲染和可视化呈现功能，主要指基于业务过程和决策支撑的仿真模拟需求，建设自然背景、泵站建筑物、机电设备、运行过程等可视化模型。主要包括构建工程周边自然背景（如不同季节白天黑夜、不同量级风雨雪雾、日照变化、光影、水体等背景）可视化渲染模型、工程上下游流场动态可视化拟态模型（如渠道、泵站等重点区域）、机电设备操控运行模型（如机组开启、关闭、停机状态）等，能够基于真实数据，实现对机组、闸门、流道的真实可视化仿真模拟。

可视化模型的整体要求包括：

具有区域级仿真能力。通过对接上级系统，调用区域数据，对工程上下游的实时状态进行大场景可视化展示，满足在调度运用、防洪、调水等方面的运用需求。

具有无缝融合的细节表现能力。可视化模型既可以渲染工程开阔的流域场景，又可以展示闸站设备零部件的局部细节，而所有级别的要素均应可在同一个场景下进行表现，即整个工程仅包含一个数字孪生环境，所有的模拟仿真均在这一个环境下进行。通过运用多层次实时渲染技术，实现从流域全貌大场景到设备细节的无缝融合渲染。

具有真实感的水体表现能力。构建多数据因子联合驱动的水体可视化模型，精确控制水体关键位置的流速、流向、水位、色彩、透明度等属性，并构建相应的逼真渲染算法，实现数据驱动的逼真水体渲染。

具有物理特性的材质模型。通过构建基于物理的材质着色模型，对闸站工程、机电设备等物理实体，根据其几何形状、颜色、纹理、材质等本体属性，以及光照、温度、湿度等环境属性，进行光照计算，逼真模拟出物体的视觉特征。

1. 自然背景可视化模型

通过融合地形影像、数字高程、地形制图、倾斜摄影、激光点云等多源数据，实现水空间全要素、多尺度数据的仿真可视化表达，实现宏观大场景数据的全息展现，形成数字孪生场景中的自然背景。

2. 流场动态可视化模型

将模型计算结果准确地表现为流场的流态情况，是数字孪生平台中模型计算后处理的重要组成部分。利用计算机三维可视化技术可将数学模型计算成果转换为具有二阶精度的流场，以动画的形式显示出来并能进行交互处理，直观地反映整个流场流态随时间变化的过程，准确地模拟各种工况下流场的局部细节，为决策者和一般的工程技术人员提供了决策和设计的依据。

3. 水利工程可视化模型

基于 GIS＋BIM，借助于成熟的建模及渲染软件，通过自动生成、手动生成、自动轻量化、人工精修等过程，打造不同精度等级的场景底板，实现水利工程的可视化模型。通过构建基于物理的材质着色模型，对工程、机电设备等物理实体,根据其几何形状、颜色、纹理、材质等本体属性,以及光照、温度、湿度等环境属性,进行光照计算,逼真模拟出物体的视觉特征。

4. 抽象信息可视化

对实体属性、概要信息等抽象数据,应根据其数据特点,实现直观数据可视化,应支持点、线、面等基础矢量元素可视化,动态图标、动态流场线等动态效果可视化。

5. 业务场景可视化

针对业务应用场景,实现相应的可视化仿真。例如,针对工程安全场景,根据监测数据及相关数学模型计算结果,实现工程安全分析过程的模拟仿真;针对泵站运行调度场景,通过对水下环境进行可视化仿真,模拟真实的水流运动,实现不同工况情景下的泵站运行流态过程仿真等。

### 4.3.4 模拟仿真引擎

模拟仿真引擎以数据底板为基础,通过驱动虚拟对象的系统化运转,结合静态数据、动态数据和模型进行物理驱动、实时渲染等,进而精准、快速表达专业模型和智能模型的结果,实现数字孪生工程与物理工程的历史数据及事件重现、实时同步仿真运行,以及模型算法预测结果的模拟。模拟仿真引擎主要功能包括模型管理、场景配置、模拟仿真等,通过驱动各类模型协同高效运算与提供交互工具,实现空间分析。

1. 模型管理

基于微服务技术架构,构建模型注册发布业务流程,对模型算法进行注册发布,支持模型新增、调用、修改、删除、升级完善、使用权限的定义与配置,实现水利专业模型和智能算法的动态化管理。

2. 场景配置

以二、三维数据底板为基础,以物联感知数据为驱动,以虚拟现实(Virtual Reality,VR)、增强现实(Augmented Reality,AR)和混合现实(Mixed Reality,MR)为支撑,构建业务展示内容自定义编排及自由组态的功能,解决业务设计工具和可视化开发工具链之间断裂的问题,实现水利场景可视化的快速配置,提升开发效率。

3. 模拟仿真

能够通过对物理流域或工程进行实时渲染,达到真正意义上的将现实世界孪生仿真到虚拟世界的目的。渲染效果包括但不限于天气效果、日照变化、材质体现、光影效果、水位变化等。

4. 交互工具

需要实现面板搭建、视频融合、数据驱动、仿真表达、决策体现等功能;通过图形用户界面和接口程序应用,支持点击和展示关键信息,包括数显表、曲线图、饼状图、柱状图等形式,以及视频融合、动画特效、热力值渲染等形式,从而对数据以及算法仿真结果进行表达展示。

5. 空间分析表达

实现基于 GIS 引擎分析的结果(如路径分析、叠加分析、淹没分析、缓冲区分析、空间统计、水面面积计算、断面分析等水利行业相关的分析计算结果等)在平台进行渲染以达到可视化的目的,为工程水量调度、工程维护、救援路径计算、数据分析、数据统计等提供辅助决策支撑。

## 4.4 知识平台

知识平台为数字孪生智能泵站提供知识,主要是建成结构化、自优化、自学习的知识库和知识引擎,通过对泵站运行资料、历史档案等数据进行挖掘分析,形成工程知识图谱,为泵站工程运行管理、决策分析场景提供知识依据。

### 4.4.1 知识库

知识库主要包括设备运维库、精细化管理库、处置预案库、专家经验库、三维仿真检修培训库等,能够为泵站运行、维护、管理、检修、应急、调度决策等提供相应的知识方法。

1. 设备运维库

设备运维库提供设备维护信息,包括水泵、电机、励磁系统、变压器、GIS等多个设备的运行监测数据、检修数据、维护数据、历史运行数据等。设备运维库包括设备名称、设备类型、设备编号、监测数据、厂家、无故障运行时间、检修数据、维护数据、历史运行数据等。其中检修数据、维护数据、历史运行数据可展开下一级,检修数据具体包括检修时间、检修人员、检修单等,维护数据包括维护时间、维护人员、日常维护单等,历史运行数据包括无故障运行时间、检修次数、历史时刻监测数据等。可在设备运维库中查看所有设备信息,通过查询"设备名称""设备编号",调阅出符合条件的具体设备信息。点击具体设备信息,数字孪生场景跳转至该设备,同时可弹窗显示该设备的视频监视画面。

2. 处置预案库

处置预案库根据泵站工程调度方案和规则,提出逻辑化、数字化表达和存储方式,提取各工程调度规则,包括特征水位-调度指令对应表、站上站下水位差-调度指令对应表、运行情况-调度指令对应表等,为工程全线调度决策指令下达提供依据。

分析工程历史调度运行数据、调度计划、实时工程调度指令等历史资料,提取工程调度运行的一般规则形式,构建工程调度规则的一般描述方法,并据此构建工程调度规则引擎,以实现任意工程调度规则的配置与验证。

3. 专家经验库

专家经验库是集成专家经验决策的历史过程,通过文字、公式、图形图像等形式实体化专家经验,形成专家经验主导下的知识,实现专家调度经验的有效复用和持续积累,促进个人经验普及化、隐性经验显性化,达到应用专家经验驱动的模式学习与探索,为自动诊断分析及复杂情境下的决策提供专家经验支撑。

4. 三维仿真检修培训库

三维仿真检修培训库主要是存储机组检修培训的知识、考题等,主要包括设备基础知识库、专业检修知识库以及故障维修知识库等。

### 4.4.2 知识引擎

知识引擎通过知识收集、知识加工、知识生产、模型训练等功能工具,开发服务化、标准化、引擎化技术,形成知识平台的调用、转移、审计、查询等相关应用工具。通过知识标注、知识分类、知识关联、知识评价、知识规划和知识供应,将分散在各部门乃至各位员工及专家脑海中的知识、技能、诀窍、规则、经验等各类信息组合成一个体现专业特点的知识产品,实现调度决策全流程智能化、精准化,为实时业务应用提供支撑。

1. 知识标注

在知识管理的实践中,大多数时间在回答这样的问题:"知识怎么来","如何自动获取知识"。知识有两个主要来源,一个是专家的头脑,另一个是蕴含知识的文档和三维模型。专家头脑中的知识,利用知识模板整理成工程经验,收集在知识库中;蕴含在文档和模型中的知识,利用水利行业术语以及术语之间的关系进行标注,并且将标注结果形成知识片段,知识片段经过专家的评估,被提升为水利工程知识。在这个过程中,自动获取知识的手段不可或缺。

知识标注是利用水利行业术语及术语关系对工程知识进行自动化的标记。水利专业术语提供了水利行业专业视角下的关注重点。利用术语进行标注能够揭示专业视角下文档的语义。在水利行业中,知识标注的主要对象是文档和模型。

2. 知识分类

知识分类是根据行业术语的标准或者词典,把全部知识按照相同、相异、相关等行业术语意群划分成不同类别的知识体系,以此显示知识在知识体系中的位置和相互关系。

在知识引擎中,知识分类是以知识标注为基础的。在知识标注生成的标识文件中,标识了行业术语之间的关联关系,使知识按照术语意群分类成为可能。知识引擎在进行知识分类时,参照术语的意群划分,按照水利行业术语关联关系完成知识分类。

3. 知识关联

知识关联是知识与知识之间以术语、应用场景为纽带,建立起来的具备参考价值的关联关系;也是行业术语标识的文献知识载体、行业术语之间存在的各种关系的总和。

在知识引擎中,关键词关联基于知识分类,以知识内容中的水利行业术语为关联纽带,对含有相同术语的知识建立关联关系。场景关联以知识评价为基础,通过对知识使用者的行为记录进行分析,发现用户行为之间的关联性、连续性,从而推测出用户所运用的知识间的关联性。

4. 知识评价

用户使用知识的行为是用户寻找知识解决工程问题的轨迹记录,充分体现用户的知识需求,所以用户行为数据也属于一种知识,是与业务知识并存的另一类知识,记录用户行为也属于知识管理的范畴。评价通常是指对一件事或人物进行判断、分析后得出指导性的结论。知识评价是指对用户行为进行记录、分析、综合后,形成关于知识项价值大小的结论,同时也形成对用户知识需求的预测性结论。基本方法是通过多个方面,选择多个指标,并根据各个指标的不同权重,进行综合评价。

在知识引擎中,知识评价要实现用户行为数据记录、分析和综合,也要实现业务系统日志数据同步、筛选、补充、分析和综合。在业务系统日志记录的基础上,通过知识引擎的评价算法筛选、补充、分析和综合,定时增量处理数据,生成知识、人员的评价指标数值。这些指标数值是知识规划的依据。

5. 知识规划

知识规划是一条连接输入条件与输出结果的知识路径,利用一套策略贯穿从输入到输出的水利知识,并且参照知识、人员的评价指标,给出一套或者多套符合工作场景的参考知识和评价数据,供知识使用者选择使用。

在知识引擎中,知识规划把知识使用者的兴趣需求信息和知识的特征信息匹配,同时使用相应的规划算法进行计算筛选,找到知识使用者可能感兴趣的知识对象。知识规划从工作场景中获取上下文信息,确定输入条件与输出结果;根据预先设定的策略,建立输入与输出之间的路径;以预置的工作场景知识为基础,叠加根据预设逻辑自动从知识仓库中筛选的相关知识;再参考知识和知识使用者的评价指标,对工作场景的关联知识筛选过滤,挑选出知识规划方案,与评价数据整合缓存到数据库中。

6. 知识供应

知识供应是以满足知识使用者的需求为导向,为知识使用者提供知识化产品的过程。知识使用者在任何时间、任何地方能够得到所需要的任何知识化产品(或者知识包)。

在知识引擎中,知识供应是将知识规划的知识点和知识使用者的匹配信息封装为知识产品,供应给知识使用者,满足知识使用者的需求,解决他们面临的问题。知识产品是知识使用者日常工作中比较熟悉的知识载体,例如规则、标准、案例等。

## 4.5　数字孪生模型

### 4.5.1　数字孪生发展现状

#### 4.5.1.1　宏观政策

近年来,国家高度重视数字孪生技术的发展,为鼓励该技术应用推广,相继出台了一系列指导文件。

2020 年 4 月,国家发展改革委、中央网信办印发《关于推进"上云用数赋智"行动　培育新经济发展实施方案》,提出"开展数字孪生创新计划。鼓励研究机构、产业联盟举办形式多样的创新活动,围绕解决企业数字化转型所面临数字基础设施、通用软件和应用场景等难题,聚焦数字孪生体专业化分工中的难点和痛点,引导各方参与提出数字孪生的解决方案"。

2020 年 5 月,国家发展改革委发布《数字化转型伙伴行动倡议》,提出"探索大数据、人工智能、数字孪生、5G、工业互联网、物联网和区块链等数字技术应用和集成创新,形成更多有创新性的共性技术解决方案及标准"。

2021 年 5 月,住房和城乡建设部印发的《城市市政基础设施普查和综合管理信息平台建设工作指导手册》指出"依托城市信息模型(CIM)基础平台,建立可感知、实时动态、虚实交互的城市地下基础设施数字孪生融合应用"。

2021 年 8 月,自然资源部发布《实景三维中国建设技术大纲(2021 版)》,指出"调动各级自然资源主管部门和社会力量,构建'分布存储、逻辑集中、时序更新、共享应用'的实景三维中国,为数字中国建设提供统一的空间基底"。

2021 年 9 月,工业和信息化部等发布《物联网新型基础设施建设三年行动计划(2021—2023 年)》,提出"到 2023 年底,在国内主要城市初步建成物联网新型基础设施"。

2021 年 12 月,中央网络安全和信息化委员会印发《"十四五"国家信息化规划》,提出"稳步推进城市数据资源体系和数据大脑建设,打造互联、开放、赋能的智慧中枢,完善城市信息模型平台和运行管理服务平台,探索建设数字孪生城市"。

2022 年 1 月,国家发展改革委、水利部印发《"十四五"水安全保障规划》,提出"推动数字孪生流域建设。集成耦合水文、水力学、泥沙动力学、水资源、水工程等专业模型和可视化模型,推进集防洪调度、水资源管理与调配、水生态过程调节等功能为一体的数字孪生流域模拟仿真能力建设。推动构建水安全全要素预报、预警、预演、预案的模拟分析模型,强化洪水演进等可视化场景仿真能力。选择淮河、海河流域重点防洪区域,开展数字孪生流域试点建设"。

2022 年 1 月,水利部印发《关于大力推进智慧水利建设的指导意见》以及《"十四五"期间推进智慧水利建设实施方案》,明确了建设数字孪生流域,包括建设数字孪生平台、完善信息基础设施,推进智慧水利建设的主要任务。

### 4.5.1.2　水利行业发展现状

水利行业数字孪生技术应用总体上还处于探索阶段,应用范围和建设技术都有待进一步提高。

近年来,水利部先后印发《关于大力推进智慧水利建设的指导意见》《智慧水利建设顶层设计》《"十四五"智慧水利建设规划》《"十四五"期间推进智慧水利建设实施方案》等相关文件。按照需求牵引、应用至上、数字赋能、提升能力的总要求,以数字化、网络化、智能化为主线,长江、黄河、淮河、珠江、海河、松花江、太湖等流域已全面加快推进数字孪生流域建设。小浪底、丹江口、岳城、尼尔基、三峡、南水北调、南四湖二级坝、大藤峡等重大水利数字孪生工程亦已全面步入实施。

《数字孪生流域建设技术大纲(试行)》《数字孪生流域共建共享管理办法(试行)》《水利业务"四预"功能基本技术要求(试行)》《数字孪生水利工程建设技术导则(试行)》等规范技术文件也相继出台。

### 4.5.1.3　发展趋势

智慧水利建设已被水利部明确作为推动新阶段水利高质量发展六条实施路径之一,是水利高质量发展的重要体现。数字孪生技术作为智慧水利建设的最核心关键技术,必将随着智慧水利建设进程的加快、先行先试数字孪生流域以及重大水利数字孪生工程的实施落地得到全面应用,迎来高速发展期。

数字孪生技术为水利构建虚实共生的数字基础设施提供了技术支撑。随着BIM、GIS、物联网、可视化呈现等技术加速融合应用,万物互联、虚实映射、实时交互的水利数字孪生必将成为水利行业质量、效率、动力改革的核心抓手。

水利数字孪生建设是一项复杂系统工程,涉及多维度、多学科、多领域。数据融合、技术融合和业务融合已成为必然趋势,多行业必将协作共生,共同建设水利数字孪生生态。

## 4.5.2　数字孪生核心能力

### 4.5.2.1　物联感知操控能力

物联感知操控能力主要利用各种信息传感器、RFID(射频识别)、雷达、遥感、激光扫描、GPS、北斗卫星等设备和技术来感知现实中的物理水利工程,在物理水利和数字水利之间建立精确映射,实现对水利工程以及水利治理活动的智能化感知、识别、管理和控制,满足各种水利应用业务对海量运行数据的需求。

(1)全息感知。利用天空地一体化水利感知系统,对从事水利活动的地理空间、水质、水量、雨情、水情、工情、工况、气象、水事件、社会经济数据进行全方位监测感知,形成智能感知信息采集综合体系,增强信息的准确性、真实性和时效性,满足水利行业对业务实施精细化管理的要求。

(2)远程操控。对数字水利实施控制的同时,通过物联网设备,完成对物理水利工程的远程同步控制,实现智能化介入具有操作处理能力的设备以及装置。

(3)态势感知。多制式设备协同工作,对海量的物联网数据进行汇聚分析、物理规律与机制分析;基于海量数据积累,深度融合云计算、深度学习等技术,对不同管理要素在水利环境中的变化规律进行演绎,实现对水利工程进一步发展态势的预测。

### 4.5.2.2　数字融合供给能力

数据融合供给能力包括数据的集成、融合和供给三个方面。

(1)数据关联集成能力。以水利业务应用对象为关联标识,将水资源、水文、实时水雨情、水质、水量、工程监控、视频监控、社会经济、气象、业务、工程、洪涝灾情、实时工情、地理空间等多方面水利数据在数字空间进行集成叠加,通过对水利业务对象的各种属性信息、业务状态信息进行多维度关联,实现水利工程数据关联、业务集成。

(2) 数据模型融合能力。水利工程数据融合是以基础地理数据、水利专题空间数据、水利对象基本属性数据为基础，以水利业务应用数据为骨干，以社会其他行业数据为补充，构建全空间、全要素、全过程、一体化的多层次数据融合体系。基于水利业务应用模型，通过节点(实体模型对象)与节点之间的逻辑关系，构建物理实体之间的关联关系、指标关系、空间关系等，主要包括水利对象属性特征数据、应用运行数据，以及相互之间的逻辑关系数据等，从而形成统一的水利数据模型，并与相关数据资源进行融合互通。

(3) 数据服务供给能力。数据供给是指面对水利治理管理活动所产生的各种海量数据，以数据流的方式供给水利专业模型、可视化模型和模拟仿真模型，在保证数据实时性和准确性要求的前提下，使数字孪生更精确、更全面地展现和表达。基于统一规范的水利工程数据服务目录，对数据接口进行快速定义、发布以及权限控制，实现快速组装各类数据接口，以满足水利业务应用的不同需要。

### 4.5.2.3 可视化呈现能力

可视化呈现能力是指基于图形引擎，多层次实时渲染呈现数字孪生水利各种应用场景、空间分析、仿真结果的能力。可视化呈现不仅能对流域场景进行渲染，还能呈现单个水利工程设备，实现宏观和微观细节的流畅切换，以及多层次的渲染实时监控。在网页端、手机端、大屏端等多终端真实展现水利区域自然地理、干支流、水利工程实时运行等各种应用场景，实现场景可看、可控、可交互、可预测，满足不同水利业务应用需求。

动态可视是指水利数字孪生通过感知的多源数据进行数字化建模和可视化渲染，实现全空间信息动态展示和水利实时运行态势呈现，提供全要素、全范围、全精度的真实渲染效果。

水利数字可视化具有突出的动态特征，能够将水位、流量、闸门开度、水泵叶片角度、监控视频等实时水利运行信息与数字模型紧密融合，可视化对象状态变化实时动态展现，物理水利工程真实运行状态准确反映，使人们观察数字水利更加直观便捷。

### 4.5.2.4 模拟仿真能力

模拟仿真是针对水利防洪、水资源配置调度、规划建设、管理等应用，在数字水利中通过数据建模、事态拟合等方式进行计算、评估、推演，提供细化、量化、变化、直观化的分析与评估结果，协同推进物理水利事件的过程。

### 4.5.2.5 虚实互动能力

虚实互动能力主要为通过物联网、人机交互等先进技术的协同融合，实现物理水利和数字水利之间实时、动态、自动、互动控制与反馈的能力。

虚实互动是将感知系统实时采集的物理水利数据，传输并精准映射至数字水利，实现对物理水利的仿真和模拟。该过程在数字水利中进行超大数据量的计算、预测和演练，依据结果对水利规划、建设、治理等提出可能的发展态势以及解决方案，指导物理水利管理；在物理水利执行完成后，将相应实施结果再作用到数字水利，同时更新数字水利信息，实现物理水利与数字水利的双向闭环互动。

## 4.5.3 数字孪生技术

### 4.5.3.1 感知互联

建立面向水利对象的全域全时物联感知系统，多维度、多层次精准监控水利运行态势，是实现数字孪生水利的关键基础。同时以感知信息为基础，为互联设备之间提供协同控制，实现万物互联、虚实交互。其主要技术有智能感知技术、标识与解析技术、协同控制技术、实时监控技术等。

智能感知技术分为采集控制、感知数据处理,主要设备及技术包括传感器、条形码、RFID、智能设备接口、多媒体信息采集、位置信息采集等。

标识是数字水利中各个物理水利对象以及各个感知设备的身份号码,在水利信息模型平台上是唯一的。通过水利对象标识,可以快速索引、定位及关联加载数字孪生水利资产数据库的信息。标识分析技术是将物联网对象映射到通信标识和应用标识上,通过标识获取地址、物品、空间位置等属性信息。

协同控制技术是指绑定对象和与之连接的数据采集器、控制器,识别对象属性数据,协同控制操作对象。

实时监控技术通过制定覆盖物理链路层、传输网络层及应用层的协议,提供实时动态的感知数据采集、处理和分析技术,实现感知信息的高效传递。

泵站工程感知互联系统主要用于工程建筑物以及设备运行安全的监测、操控等。

(1) 视频监视系统。在业务系统发出遥控指令后,视频监视系统自动显示该设备的所有现场图像信息,以及该设备所在区域的工业环境信息,供工作人员全面分析和判断设备的操作过程及实时状态,保证遥控操作的可靠性。系统与遥控操作、设备操控、火灾报警等系统互联互通,能自动联动操作设备附近相关的摄像机进行拍摄,在监控中心画面上弹出相应监视画面,供操作人员实时观察设备运行情况;能联动报警器附近的摄像机实时查看现场火情。

(2) 工程安全监测系统。对泵站安全监测以及其他相关信息进行准确、及时、可靠、安全地感知,以科学合理的方式自动处理、存储和展示所有数据。该系统通常与计算机监控系统互联互通,进行监测数据交互。

(3) 计算机监控系统。由现地级和站控级协作完成。现地控制单元(LCU)测量和监视泵站主机组、公用及辅机、高低压配电等设备,向监控主机发送各种数据和信息。同时接受监控主机发来的控制命令和参数,完成控制逻辑的实施。站控级主要完成全站的运行监视、事件报警、数据统计和记录、与上级系统通信等。计算机监控系统与励磁系统、叶片调节系统、微机保护系统、直流系统、交流采样设备、机组在线监测装置等进行互联。

(4) 设备运行综合监测系统。主要包括水力量测系统、主机组装置效率实时监测系统、主机组全生命周期监测系统、智能技术供水监测系统、智能渗漏排水监测系统、智能暖通监测系统等。

### 4.5.3.2　精准映射

实体映射是指建立多层次、多维度的实体与虚拟实体的映射关系。基于基础测绘和数字化标识等技术和手段,水利数字孪生通过地理位置、几何结构、运行状态等多维度的特征提取、属性关联、对象管理、状态查询等服务,实现物理空间与数字空间在不同维度的精准对应。

在虚拟空间实体映射时,状态指标负责提供标准属性模板和关键指标记录,实时更新和持续动态维护管理实体之间的连接和关系,实现数据资源在虚拟空间的有效管理和利用。

属性关联以及特征提取技术通过叠加时空大数据,构建包含天、空、地等时空基础数据的底座,帮助水利数字孪生获取完整性好、精准度高的全域全要素数据,保证水利全息数据的完整采集及关联。

精准高效映射是完成虚实交互的基础,主要根据实体对象的作用功能,对虚拟对象按最小单位颗粒度进行拆分,并进行分类标记,利用一些特定的符号简化表达的信息。简单来说,人为编制代码,即给虚拟对象设定身份号码,也称分类编码,使实体对象与虚拟对象一一对应,进而实现信息的存储、检索和调用等。

虚拟对象分类方法有线分法、面分法和混合分法。线分法又称树状结构分类法,它将分类的对象(被划分的事情或概念)按其所选择的若干个属性或特征,按最稳定本质属性逐次地分成相应的若干层类目,并排列成一个树状的逐级展开的分类体系。

面分类法是将所选定的分类对象的若干属性或特征视为"面",每个"面"中可分成彼此独立的若干个类目,将其排列成一个或若干个"面"构成的平行分类体系。

混合分类法是前两种分类的组合。

编码要求具有唯一的识别标志(代码/编码,名称,特征描述等),用以明确区分业务对象、业务范围和业务具体细节,一旦赋予则永久有效,不因其代表的数据信息的变化而变更,不随其代表的数据信息完结而赋予其他数据信息,以确保其永久性。编码要具有良好的扩展性,预留容量需满足项目各类数据信息的发展变化,并要保证编码的关键特征在不同应用、不同系统中的高度一致。

主流分类编码有两种。一种主要参考美国的总分类码(OmniClass)编制,并根据国内工程实情进行本土化调整,其数据结构和分类方法基本与 OmniClass 一致,仅具体分类编码编号有所不同。该种编码结构采用混合分类法,先对信息模型采用面分法进行分类,形成分类表,每张表为一个相对独立的分类体系。每张表的内部再采用线分法分层。这样既可以单独使用一个分类表表达项目特定方面的信息,也可将不同的分类表组合使用以表达更为复杂的信息。

水利行业颁布的《水利水电工程信息模型分类和编码标准》(T/CWHIDA 0007—2020)中,模型信息分类包括 23 张表,每张表代表工程信息的一个方面。该标准不仅对模型构件进行了分类,还对涉及的人和行为进行分类处理,并对每张分类表中常用项进行枚举编码。

信息模型编码结构可参考图 4.5-1。

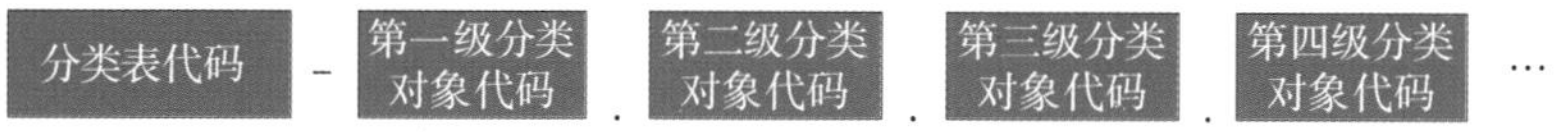

图 4.5-1　信息模型编码结构

在描述复杂对象时,将逻辑符联合多个编码一起使用。逻辑符采用"+""/""<"">"符号表示。

"+"号用于将同一表格或不同表格中的编码联合在一起,用来表示两个或两个以上编码含义的集合。例如:58-30.10.00+10-30.10.10.10 表示"水工建筑物等级为 1 级的大坝"。

"/"用于将单个表格中的编码联合在一起,定义一个表内的连续编码段落,以表示适合对象的分类区间。例如:54-10.10.00/54-10.11.00 表示"土方明挖到石方明挖所有相关工项"。

"<"">"用于将不同分类表中的编码联合在一起,以表示两个或两个以上编码对象的从属或主次关系,开口背对是开口正对编码所表示对象的一部分。例如:11-31.10.11>53-10.25.20 表示"坝后厂房的柱",在概念上强调柱属于坝后厂房,坝后厂房是主概念。

编码的信息分类表可以根据实际需求进行扩展,原则如下:

(1) 新增分类对象应符合科学性、系统性、可扩延性、兼容性和综合实用性原则;

(2) 新增分类和编码时,标准中已规定的类目和编码应保持不变;

(3) 增加的对象应扩展至分类表中适当位置,编码依照流水号依次递增;

(4) 扩展对象编码的最高层级应在 90~99 之间取值;

(5) 由专人统一管理及扩展信息分类表。

泵站模型编码可根据需要增加项目代码、项目划分码、楼层号、标高、房间号、轴网号和桩号等数据,扩充编码体系。表代号可以使用预留编码或对表进行扩充;项目代码可由项目名称拼音首字母组成,如朱集泵站:ZJBZ;项目划分代码可根据项目拆分进行编码。

除上述编码结构外,还存在一种自定义的模型构件编码结构,主要由项目代码、专业系统代码、项目划分代码、位置代码和构件类型代码组成。除位置代码、构件类型代码采用数字表示外,其余代码均采用名称拼音首字母大写表示。

例如,泵站站身段第 1 联安装层顶板、隔板砼的编码如下。

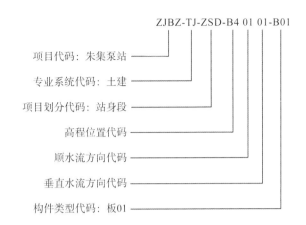

该种编码引入项目代码、项目划分代码,清晰直观,便于索引,适合人为操作,但通用性和灵活性不足。

### 4.5.3.3 多维模型融合

数据和模型是水利数字孪生实现的驱动和支撑,是水利数字孪生的基础。多维模型是物理对象时空数字化还原的载体,基于水利不同层面的数据,综合计算机图形学、人工智能、系统动力学等学科,数据资源价值得到释放,数字水利精准还原物理水利得以实现。

多维建模技术主要有时空建模技术、事件建模技术、语义建模技术等。时空建模技术融合 BIM 数据、GIS 数据、倾斜摄影数据、激光点云数据等多源时空数据,构建全要素场景,真实再现物理水利空间几何建模。事件建模技术通过分析现实中水利管理活动流程、运行条件,识别出其运行规律,进行建模,构建数字孪生的事件模型。语义建模技术是对物理实体的属性和关系进行建模,主要利用资源描述框架描述水利物理实体的空间信息、时间信息、属性信息、组成成分、物理状态(水流速度、流向)和实体关系,便于机器理解和计算。

根据业务应用需要,泵站工程多维模型主要包括地理空间数据模型、水利专业模型和智能识别模型。一般以地理空间数据模型为载体,融合水利专业模型和智能识别模型,构建泵站数字孪生模型。

(1)地理空间数据模型。融合 BIM 数据、GIS 数据、倾斜摄影数据,构建泵站虚拟实体,具备精细、准确、逼真特性,是所有可视化应用管理的基础。

BIM 数据、GIS 数据、倾斜摄影数据融合见图 4.5-2。

图 4.5-2 BIM 数据、GIS 数据、倾斜摄影数据融合

(2) 水利专业模型。根据供水效率,构建泵装置最优效率模型、机组运行调度模型等。基于监测数据统计分析,构建数据驱动的设备健康评估模型、工程安全评估模型、故障诊断模型、安全预警模型、系统数据模型;构建水文水资源预测预报、安全监测数据异常识别、工程安全预测预警、工程安全状态评估、机电设备故障诊断分析等数理统计模型。

(3) 智能识别模型。利用机器学习等方法从遥感、视频、音频等数据中自动识别漂浮物、地质灾害、违规入侵、水体颜色、闸门启闭、设备运行异常等,构建遥感识别、视频识别、音频识别等智能识别模型。

### 4.5.3.4　仿真演进

仿真演进是数字水利根据物理水利实时运行数据,进行事情态势的推演,并反馈推演结果,智能或人为地对物理水利进行干预,协同推进物理水利进程的过程。仿真演进不仅是"仿真"的,更是"协同演进"的,是物理水利与数字水利在各种边界条件相互作用下的演进关系。在运行、数据、技术、机制等方面,物理水利与数字水利长期协同推进,相互反馈,相互影响,促进物理水利和数字水利两个领域协调发展与进步。

仿真演进以数据为基础,以算法为驱动,在数字空间中对物理空间进行实时仿真计算,为水利管理活动提供决策建议。模型算法集成是实现仿真推演的首要任务,可大幅缩短水利应用场景还原时间,通过建立水利场景数字学习的模型库,利用图像识别、人工智能等手段,快速搭建各种场景。

例如,泵站工程为追求装置的更高效率,在优选水泵和电机的同时,通常会借助 CFD(计算流体动力学)仿真模拟手段对泵站进出水流道数字化分析比较,获取最优方案。以质量守恒方程、动量守恒方程、能量守恒方程为控制,采用直接数值模拟(DNS)、大涡模拟(LES)、雷诺时均法(RANS)等模拟方法,对泵站进出水流道进行水力仿真计算。

泵站水力仿真计算相关成果见图 4.5-3～图 4.5-8。

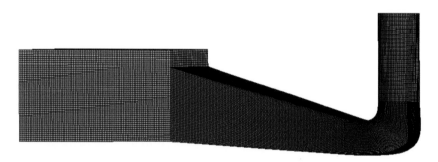

图 4.5-3　进水流道网格划分

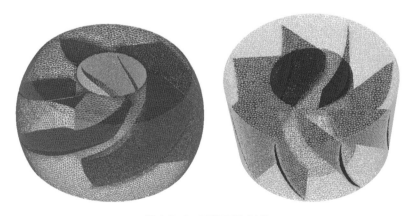

图 4.5-4　泵段网格划分

图 4.5-5　出水流道网格划分

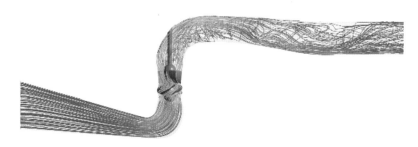

图 4.5-6　泵装置全局流场

图 4.5-7　全局纵截面速度云图

图 4.5-8　全局纵截面压力云图

数字孪生仿真模型引擎技术是模型开发和推演的核心,通过优化引擎架构,形成快速构模、高效稳定、人机融合、智能嵌入的仿真推演系统,在水利运行中持续完善,不断提高水利场景模拟能力,使模拟任务结果可控、模拟分析评估结果更加可靠。

### 4.5.3.5　虚实交互

虚实交互技术通过融合数字图像处理、计算机图形学、多媒体、混合现实、增强现实等多种技术,以沉浸式、交互式的方式,实现数字水利与物理水利中的物、人、事之间的双向互动;通过水利数字孪生不同子系统之间的数据交换和共享、与外部系统的对接和联通、与外部设备的交互和控制等交互能力,实现数字水利与物理水利的资源共享、动态交互、干预控制等。

基于传统的门户、接口、第三方服务,采用应用组件方式,打造全新人机交互界面、全息感知水利三维空间与实景,物理水利与数字水利空间融合、交互操作、服务调用,以及跨终端、多模态的交互方式。

目前,随着科技发展,泵站工程人机交互方式也呈现出多样性。

(1) 机械按键交互。主要通过操控鼠标、键盘、手柄等设备,在操作系统内完成与虚拟对象的交互。这种方法最为传统,操作简单,但需外部输入设备的支持,交互体验较差。

(2) 语音交互。主要利用语音识别技术、理解技术对语音进行识别,将其转化成指令,通过协议传输给相对应的控制系统,执行相应的控制操作。用户发出语音命令,语音命令通过麦克风输入,经过智能语音识别控制系统中语音识别、语义理解等核心引擎处理,语音命令转换为文字指令,再通过接口协议的对接,传输到业务系统。业务系统对指令做出处理,并对目标信息进行操作。语言交互信息量大,效率高,可定制语音命令,配置多个意图和多种说法。同时可以配置快速语音唤醒、高精度语音识别和语义命令解析等多个服务。

(3) 触控交互。随着智能移动设备的普及,触控交互技术也得到大量应用。这种方式主要由人手完成输入,较传统的键盘鼠标输入更为人性化,越来越被认可。触控交互包括单点、多点触控,可以实现多用户交互。

(4) 动作识别交互。通过感知摄像头捕获动作,传输至人体识别技术模块进行计算和处理,分析出用户的动作行为并将其转化为输入指令,实现交互。这类交互方式自然、直观,成本低,更符合人类的自然习惯,也是目前人机交互领域关注的热点。

### 4.5.4 数字模型创建

#### 4.5.4.1 建模技术

泵站数字模型是泵站智能化业务应用的基础载体,能够较全面准确映射出泵站各种运行状态。数字模型建设质量直接关系智能化应用的可视化效果、信息准确性的表达。数字模型创建技术主要包括 BIM 技术和倾斜摄影技术。BIM 技术主要用于工程实体模型创建,倾斜摄影技术多用于泵站周围环境的建模。

1. BIM 技术

BIM 全称为 Building Information Modeling,是集成工程全生命周期信息的三维数字模型,可数字化表达工程实体与功能特性。

1975 年,美国"BIM 之父"Chuck Eastman 提出"建筑描述系统"概念,这是 BIM 技术的雏形。2020 年,Autodesk 公司在 BIM 白皮书中提出该技术,之后该技术逐渐在全球范围内被业界广泛认可,并得到快速推广与应用。

BIM 技术具有可视化、协调性、模拟性、优化性、信息化等特点。BIM 技术的出现,改变了工程单一交流模式,使信息传递方式更多元化,促进了各个行业的发展。

BIM 技术的发展分为三个阶段。BIM 1.0 主要以创建模型为主,用于工程外观、功能的可视化展示;BIM 2.0 主要开展 BIM 与信息领域新技术的融合,实现 BIM 综合应用;BIM 3.0 主要开展技术与管理的深度融合,集成工程全生命周期信息于模型内,项目各参与方基于 BIM 协同工作,提高工作效率、节省资源、降低成本、实现可持续发展。

目前,互联网、云计算、大数据、VR/AR 技术以及 GIS 等新技术快速发展,与 BIM 技术不断融合,发展出 BIM+云计算、BIM+物联网、BIM+GIS、BIM+VR 等技术,实现了工程智能建造、数字孪生、智慧运行等应用。

2. 倾斜摄影技术

倾斜摄影技术作为一门新兴的建模技术,近十几年发展迅速。相比于传统无人机摄影测量技术,倾斜摄影技术要素更全面,精确性更高,能真实还原地物的实际情况。倾斜摄影技术常采用无人机搭载多个影像传感器,从垂直、倾斜等多个角度同时采集影像数据,获取更为完整的地面物体信息。利用倾斜摄影技术创建的三维实景模型,能够更加直观地展现地物与地貌,效果立体逼真。

倾斜摄影技术具有以下特点:

(1) 真实客观。和传统正摄影技术相比,倾斜摄影技术搭载多个采集镜头,从不同角度对地面信息进行全方位颜色和纹理采集,输出的三维实景模型能够高精度、高清晰度地反映地物实际情况,产生让人身临其境的视觉效果。

(2) 建模效率高。倾斜摄影技术采用无人机直接批量采集,计算机软件完成建模输出,相对传统建模方式,效率和成本都大幅降低。对于泵站工程,一般工程区域面积为 $2\sim3\ km^2$,从无人机采集到后期软件制作、模型输出,仅需十几天。对于大面积区域建模优势更加明显。

(3) 输出成果丰富。倾斜摄影技术输出成果包括实景模型(图 4.5-9)、正射影像图(DOM)、数字表面模型(DSM)等产品,能直接提取点云、三角网格等信息,为后期模型应用提供数据基础。

图 4.5-9　倾斜摄影实景模型

目前,倾斜摄影无人机分为固定翼无人机和多旋翼无人机,搭载多镜头摄像机或者单镜头摄像机,飞行续航时间 $20\sim30\ min$,内置 GPS 定位系统,支持 RTK(实时动态)测量技术。

倾斜摄影数据处理常用软件主要包括 ContextCapture、Pix4Dmapper、PhotoScan 等,可输出三维点云、三维模型、真正射影像(TDOM)、数字表面模型(DSM)等多种形式的成果。

### 4.5.4.2 BIM 技术建模

1. 建模软件

泵站数字模型选用主流建模软件平台进行创建。欧特克(Autodesk)、奔特力(Bentley)和达索(CATIA)为目前国内水利水电行业选用最多的设计平台,业内称之为"A、B、C"设计平台,均由国外软件厂商发布。三大平台在行业所需功能领域的应用有着各自的优势。

Autodesk 平台在建筑领域应用广泛,性价比高,易学易用,易部署,能与二维设计图纸完美交互,参数化建模功能强大,但三维地质和配筋功能较弱。

Bentley 平台主要应用于土木工程领域,具有优秀的模型处理能力、齐全的专业解决方案、强大的协同设计平台、良好的扩展性。但参数化建模功能弱,软件本地化不够。目前,Bentley 公司联合华东勘测设计研究院有限公司成立了"ECIDI-Bentley 中国工程设计软件研究中心",加快推进软件本土化进程。

CATIA 平台是高端的机械设计制造软件,在航空、航天、汽车等领域具有近乎垄断的市场地位,它具有强大的参数化建模技术、云端协同功能以及业内最强的人机工程模拟平台。但该平台针对水利水电工程的解决方案不够完善,软件使用费昂贵。

三维建模软件国产化进程也在稳步推进,北京理正岩土建模软件、鲁班建模算量软件和一些自主研发的三维设计应用软件都具有不俗的建模能力。

2. 建模流程

泵站数字模型创建流程主要包括资料准备、初步模型建立、细化模型、模型轻量化、质量控制等。具体流程见图 4.5-10。

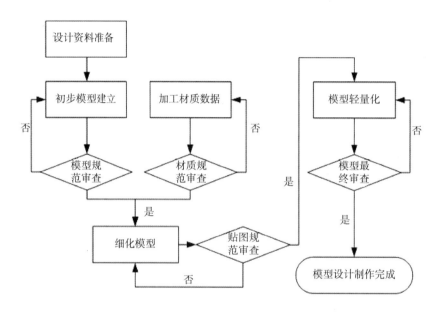

图 4.5-10　泵站建模流程图

泵站数字模型创建可在 BIM 协同平台上分专业开展。所有建模人员均在同一平台上工作,所有专业信息均开放共享、实时更新,真正做到专业之间实时交互,减少各专业之间由于沟通不畅或不及时而导致的错、漏、碰、缺,真正实现所有图纸信息元的单一性。

3. 建模基准

为保证泵站数字模型拼装对齐、对正,建模需采用统一基准,主要包括坐标系、原点、标高、轴网和度量单位等。

坐标系统一般采用 2000 国家大地坐标系,高程系统为 1985 国家高程基准系统。

基点为项目在用户坐标系中测量定位的相对参考坐标原点,需要根据项目特点确定此点的合理位置,多以建筑物轴线交点设定。基点应在模型创建前设置完成,确定后不应任意更改。泵站建模可采用机组轴线的交点为基点。

泵站建模时可使用相对标高,以±0.000 点为 Z 轴原点,各分部工程使用相应的相对标高,模型创建完成后,将模型移至绝对标高,确保与实际情况一致。

模型创建度量单位一般采用毫米。模型一般以"正北"方向先期创建,后期根据项目坐标系与正北的偏转角,即测量图纸与数据确定的项目地理位置和朝向,进行旋转操作,以达到与实际情况一致。

4. 建模范围及深度

泵站数字模型在不同应用阶段,涉及的专业、建模深度、建模范围有所不同。

泵站工程可行性研究设计阶段,数字模型创建涉及的专业一般包括勘测、水工、水机、电气、金属结构等,主要建立地形模型、水工建筑物模型、主要机电设备及系统模型、主要金属结构设备模型等。各专业建模深度一般应满足下列要求:

(1) 地形模型与实际地形地貌一致。

(2) 水工建筑物模型能真实、准确地反映出水工建筑物型式、布置、高程和主要结构尺寸,以及各类建筑物数量、主要特征指标。

(3) 水力机械模型可反映水泵型式、数量、安装高程。

(4) 电气设备模型可反映主要电气设备型式、规格、数量和布置方式。

(5) 金属结构模型可反映主要闸门、拦污栅等金属结构及启闭设备的型式、尺寸、数量和布置方式。

泵站工程初步设计阶段,数字模型创建涉及的专业包括测绘、地质、水工、建筑、水机、电气、金属结构、暖通、给排水、消防、施工、监测、景观等,主要建立地形模型、地质模型、水工建筑物模型、机电模型等工程所涉及的全专业模型。各专业建模深度应满足下列要求:

(1) 地形模型与实际地形地貌一致,准确反映工程场地、河流、山地等,一般根据测图比例为1∶1 000～1∶2 000的测绘成果建立地形三角网模型。

(2) 地质模型能真实、较准确地反映地层分布情况,地层应包含主要岩土体物理力学参数和水文地质参数信息。

(3) 水工建筑物模型能真实、准确地反映出建(构)筑物等主要建筑物轴线、工程总布置、控制高程、结构型式和结构尺寸。建筑物材料属性及质量要求信息应准确完整。

(4) 水力机械模型能真实、准确地反映主要设备型式、数量、单机流量、电动机功率及机组布置控制性尺寸等信息。

(5) 电气模型能真实、准确地反映接入电力系统方式、电气主接线方案,反映主要电气设备及启动设备的型式、规格、主要技术参数和数量,反映输电线路的长度、杆塔型式、导线截面等参数。

(6) 金属结构模型能真实、准确地反映出主要金属结构设备的布置方案、型式、数量、容量、主要尺寸和技术参数,设备属性宜包含制造、运输、安装、检修条件以及防止腐蚀、冰冻等措施。

(7) 暖通模型能真实、准确地反映出主要设备的型式、数量和布置。

(8) 消防模型能真实、准确地反映出灭火设施及主要消防设备的型式、数量及布置,反映消防供水系统管道布置方案。

(9) 监测模型能反映真实的地理位置,模型外部轮廓宜与实际基本一致。

(10) 景观模型能反映真实的植物类型,满足实际占位。

泵站工程施工图设计阶段,数字模型创建建模深度除满足初步设计阶段要求外,还需满足下列要求:

(1) 地形模型根据测图比例为1∶500～1∶1 000的测绘成果建立地形三角网模型。

(2) 水力机械专业模型能反映水泵特征扬程、型式、数量、单机流量、电动机功率及机组布置控制性尺寸等信息,反映起重设备型式、数量及主要技术参数,反映油、气、水及水力监测系统设备和管道的型式、数量、主要技术参数及布置。

泵站数字模型创建具体范围可参考表4.5-1～表4.5-9。

表 4.5-1　测绘 BIM 模型创建范围

| 序号 | 子项 | 可行性研究阶段 | 初步设计阶段 | 施工图设计阶段 |
|---|---|---|---|---|
| 1 | 高程点 | √ | √ | √ |
| 2 | 等高线 | √ | √ | √ |
| 3 | 地形 | √ | √ | √ |

表 4.5-2　地质 BIM 模型创建范围

| 序号 | 项目 | 可行性研究阶段 | 初步设计阶段 | 施工图设计阶段 |
|---|---|---|---|---|
| 1 | 钻孔 | √ | √ | √ |
| 2 | 坑槽 | √ | √ | √ |
| 3 | 勘探线 | √ | √ | √ |
| 4 | 地层界面 | √ | √ | √ |
| 5 | 地层 | √ | √ | √ |
| 6 | 断层 | √ | √ | √ |
| 7 | 褶皱 | √ | √ | √ |
| 8 | 透镜体 | √ | √ | √ |
| 9 | 其他不良质体 | √ | √ | √ |

表 4.5-3　水工建筑物 BIM 模型创建范围

| 序号 | 项目 | 可行性研究阶段 | 初步设计阶段 | 施工图设计阶段 |
|---|---|---|---|---|
| 1 | 进水口 | √ | √ | √ |
| 2 | 进水池 | √ | √ | √ |
| 3 | 引水箱涵 | √ | √ | √ |
| 4 | 主泵房 | √ | √ | √ |
| 5 | 安装间 | √ | √ | √ |
| 6 | 主厂房 | √ | √ | √ |
| 7 | 副厂房 | √ | √ | √ |
| 8 | 出水压力箱 | √ | √ | √ |
| 9 | 管理用房 | √ | √ | √ |
| 10 | 变电站 | √ | √ | √ |
| 11 | 排水设施 | √ | √ | √ |
| 12 | 基础处理 | √ | √ | √ |
| 13 | 调压塔 | √ | √ | √ |

表 4.5-4　水机 BIM 模型创建范围

| 序号 | 项目 | 可行性研究阶段 | 初步设计阶段 | 施工图设计阶段 |
|---|---|---|---|---|
| 1 | 主泵及附属设备 | √ | √ | √ |
| 2 | 技术供水系统 | √ | √ | √ |
| 3 | 排水系统 | √ | √ | √ |
| 4 | 气系统 | √ | √ | √ |
| 5 | 油系统 | √ | √ | √ |
| 6 | 测量监视系统 | √ | √ | √ |
| 7 | 检修设备 | √ | √ | √ |
| 8 | 压力水箱 | √ | √ | √ |
| 9 | 检修排水设备 | √ | √ | √ |
| 10 | 检修排水阀 | √ | √ | √ |
| 11 | 进排气阀 | √ | √ | √ |
| 12 | 起重设备 | √ | √ | √ |

表 4.5-5　电气 BIM 模型创建范围

| 序号 | 项目 | 可行性研究阶段 | 初步设计阶段 | 施工图设计阶段 |
|---|---|---|---|---|
| 1 | 电动机 | √ | √ | √ |
| 2 | 供电设备 | √ | √ | √ |
| 3 | 接地 | | √ | √ |
| 4 | 照明 | | √ | √ |
| 5 | 电缆及桥架 | √ | √ | √ |
| 6 | 计算机监控系统 | | √ | √ |
| 7 | 继电保护系统 | | √ | √ |
| 8 | 电气设备在线监测系统 | | √ | √ |
| 9 | 厂用电计量系统 | | √ | √ |
| 10 | 励磁系统 | | √ | √ |
| 11 | 控制电源系统 | | √ | √ |
| 12 | 通信系统 | | √ | √ |
| 13 | 光缆 | | √ | √ |

表 4.5-6　金属结构 BIM 模型创建范围

| 序号 | 项目 | 可行性研究阶段 | 初步设计阶段 | 施工图设计阶段 |
|---|---|---|---|---|
| 1 | 闸门 | √ | √ | √ |

| 序号 | 项目 | 可行性研究阶段 | 初步设计阶段 | 施工图设计阶段 |
|---|---|---|---|---|
| 2 | 拦污栅 | √ | √ | √ |
| 3 | 埋件 | | √ | √ |
| 4 | 启闭机 | √ | √ | √ |
| 5 | 电动葫芦 | | √ | √ |
| 6 | 清污机 | √ | √ | √ |

表 4.5-7　给排水 BIM 模型创建范围

| 序号 | 项目 | 可行性研究阶段 | 初步设计阶段 | 施工图设计阶段 |
|---|---|---|---|---|
| 1 | 管道及管件 | √ | √ | √ |
| 2 | 阀门仪表 | | √ | √ |
| 3 | 消火栓箱 | √ | √ | √ |
| 4 | 水泵 | √ | √ | √ |
| 5 | 水箱 | √ | √ | √ |
| 6 | 太阳能板 | | √ | √ |
| 7 | 卫生器具 | | √ | √ |
| 8 | 其他设备 | | √ | √ |
| 9 | 其他附件 | | √ | √ |

表 4.5-8　暖通 BIM 模型创建范围

| 序号 | 项目 | 可行性研究阶段 | 初步设计阶段 | 施工图设计阶段 |
|---|---|---|---|---|
| 1 | 通风设备 | | √ | √ |
| 2 | 采暖空调设备 | | √ | √ |
| 3 | 水系统设备 | | √ | √ |
| 4 | 风系统辅件 | | √ | √ |
| 5 | 水系统辅件 | | √ | √ |

表 4.5-9　监测 BIM 模型创建范围

| 序号 | 项目 | 可行性研究阶段 | 初步设计阶段 | 施工图设计阶段 |
|---|---|---|---|---|
| 1 | 变形观测仪器设备 | | √ | √ |
| 2 | 渗流观测仪器设备 | | √ | √ |
| 3 | 应力、应变及温度观测仪器设备 | | √ | √ |
| 4 | 环境量观测仪器设备 | | √ | √ |
| 5 | 位移观测控制网 | | √ | √ |
| 6 | 水准观测基点 | | √ | √ |

5. 建模精度

泵站数字模型单元分级建立,划分为项目级、功能级、构件级和零件级四个级别。项目级模型单元可描述项目整体和局部;功能级模型单元由多种构配件或产品组成;构件级模型单元可描述墙体、梁、电梯、配电柜等单一的构配件或产品,多个相同构件级模型单元也可成组设置;零件级模型单元可描述钢筋、螺钉、电梯导轨、设备接口等不独立承担使用功能的零件或组件。模型单元会随着工程的发展逐渐趋于细微。模型单元可具有嵌套关系,低级别的模型单元可组合成高级别模型单元。根据不同的应用需求,创建不同精细度的模型单元。模型单元精细度等级见表 4.5-10。

模型精细度为模型中所容纳的模型单元丰富程度的衡量指标,反映了模型的几何准确性、几何细节完善程度和模型信息的全面性、细致程度。

泵站工程设计阶段中,可行性研究阶段的模型精细度等级不宜低于 LOD 1.0;初步设计阶段的模型精细度等级不宜低于 LOD 2.0;施工图设计阶段的模型精细度等级不宜低于 LOD 3.0;具有加工要求的模型单元精细度不宜低于 LOD 4.0。

泵站工程运维阶段中,在满足所有基础应用和业务应用的前提下,宜采用较低的模型精细度。智能泵站土建模型、机电模型(电机、水泵除外)、安全监测设备模型以及闸门启闭设备等精细度等级均为 LOD 2.0,闸门模型、电机模型、水泵模型精细度为 LOD 3.0。

表 4.5-10　模型单元精细度等级

| 模型单元分级 | 精细度等级 | 模型单元用途 |
| --- | --- | --- |
| 项目级模型单元 | LOD 1.0 | 承载项目、子项目或局部建筑信息,可描述项目整体和局部 |
| 功能级模型单元 | LOD 2.0 | 承载完整功能的模块或空间信息,由多种构配件或产品组成 |
| 构件级模型单元 | LOD 3.0 | 承载单一的构配件或产品信息,可描述单一的构配件或产品,多个相同构件级模型单元也可成组设置,但仍属于构件级模型单元 |
| 零件级模型单元 | LOD 4.0 | 承载从属于构配件或产品的组成零件或安装零件信息,模型单元会随着工程的发展逐渐趋于细微 |

模型精细度主要由几何表达精度和信息深度控制。几何表达精度采用两种方式来衡量,一是反映对象真实几何外形、内部构造及空间定位的精确程度;二是采用简化或符号化方式表达其设计含义的准确性。在满足应用需求的前提下,选取较低等级的几何精度,避免发生过度建模,有利于控制模型文件大小,提高运算效率。信息深度是衡量模型单元承载属性信息详细程度的指标,遵循"适度"的原则。泵站数字模型可根据功能、专业、区域的应用需求,选择不同的几何表达精度和信息深度等级,具体可参照表 4.5-11 和表 4.5-12。

表 4.5-11　几何表达精度等级划分表

| 等级 | 英文名 | 代号 | 要求 |
| --- | --- | --- | --- |
| 1 级几何表达精度 | level 1 of geometric detail | G1 | 满足二维化或符号化识别需求的几何表达精度 |
| 2 级几何表达精度 | level 2 of geometric detail | G2 | 满足空间占位、主要颜色等粗略识别需求的几何表达精度 |
| 3 级几何表达精度 | level 3 of geometric detail | G3 | 满足建造安装流程、采购等精细识别需求的几何表达精度 |
| 4 级几何表达精度 | level 4 of geometric detail | G4 | 满足高精度渲染展示、产品管理、制造加工准备等高精度识别需求的几何表达精度 |

表 4.5-12　信息深度等级划分表

| 等级 | 英文名 | 代号 | 要求 |
|---|---|---|---|
| 1级信息深度 | level 1 of information detail | N1 | 宜包含模型单元的身份描述、项目信息、组织角色等信息 |
| 2级信息深度 | level 2 of information detail | N2 | 宜包含和补充 N1 等级信息,增加实体组成及材质、性能或属性等信息 |
| 3级信息深度 | level 3 of information detail | N3 | 宜包含和补充 N2 等级信息,增加生产信息、安装信息 |
| 4级信息深度 | level 4 of information detail | N4 | 宜包含和补充 N3 等级信息,增加资产信息、维护信息 |

泵站数字模型在可行性研究、初步设计、施工图阶段几何表达精度与信息深度一般满足表 4.5-13～4.5-21 的要求。

表 4.5-13　测绘 BIM 模型精细度要求

| 序号 | 子项 | 可行性研究阶段 | 初步设计阶段 | 施工图设计阶段 |
|---|---|---|---|---|
| 1 | 高程点 | G1/N1 | G2/N2 | G3/N3 |
| 2 | 等高线 | G1/N1 | G2/N2 | G3/N3 |
| 3 | 地形 | G1/N1 | G2/N2 | G3/N3 |

表 4.5-14　地质 BIM 模型精细度要求

| 序号 | 项目 | 可行性研究阶段 | 初步设计阶段 | 施工图设计阶段 |
|---|---|---|---|---|
| 1 | 钻孔 | G2/N2 | G2/N2 | G3/N3 |
| 2 | 坑槽 | G2/N2 | G2/N2 | G3/N3 |
| 3 | 勘探线 | G2/N2 | G2/N2 | G3/N3 |
| 4 | 地层界面 | G2/N2 | G2/N2 | G3/N3 |
| 5 | 地层 | G2/N2 | G2/N2 | G3/N3 |
| 6 | 断层 | G2/N2 | G2/N2 | G3/N3 |
| 7 | 褶皱 | G2/N2 | G2/N2 | G3/N3 |
| 8 | 透镜体 | G2/N2 | G2/N2 | G3/N3 |
| 9 | 其他不良质体 | G2/N2 | G2/N2 | G3/N3 |

表 4.5-15　水工建筑物 BIM 模型精细度要求

| 序号 | 项目 | 可行性研究阶段 | 初步设计阶段 | 施工图设计阶段 |
|---|---|---|---|---|
| 1 | 进水口 | G2/N2 | G2/N2 | G3/N3 |
| 2 | 进水池 | G2/N2 | G2/N2 | G3/N3 |
| 3 | 引水箱涵 | G2/N2 | G2/N2 | G3/N3 |
| 4 | 主泵房 | G2/N2 | G2/N2 | G3/N3 |
| 5 | 安装间 | G2/N2 | G2/N2 | G3/N3 |

| 序号 | 项目 | 可行性研究阶段 | 初步设计阶段 | 施工图设计阶段 |
|---|---|---|---|---|
| 6 | 主厂房 | G2/N2 | G2/N2 | G3/N3 |
| 7 | 副厂房 | G2/N2 | G2/N2 | G3/N3 |
| 8 | 出水压力箱 | G2/N2 | G2/N2 | G3/N3 |
| 9 | 管理用房 | G2/N2 | G2/N2 | G3/N3 |
| 10 | 变电站 | G2/N2 | G2/N2 | G3/N3 |
| 11 | 排水设施 | G2/N2 | G2/N2 | G3/N3 |
| 12 | 基础处理 | G2/N2 | G2/N2 | G3/N3 |
| 13 | 调压塔 | G2/N2 | G2/N2 | G3/N3 |

表 4.5-16　水机 BIM 模型精细度要求

| 序号 | 项目 | 可行性研究阶段 | 初步设计阶段 | 施工图设计阶段 |
|---|---|---|---|---|
| 1 | 主泵及附属设备 | G2/N2 | G2/N2 | G3/N3 |
| 2 | 技术供水系统 | G2/N2 | G2/N2 | G3/N3 |
| 3 | 排水系统 | G2/N2 | G2/N2 | G3/N3 |
| 4 | 气系统 | G2/N2 | G2/N2 | G3/N3 |
| 5 | 油系统 | G2/N2 | G2/N2 | G3/N3 |
| 6 | 测量监视系统 | G2/N2 | G2/N2 | G3/N3 |
| 7 | 检修设备 | G2/N2 | G2/N2 | G3/N3 |
| 8 | 压力水箱 | G2/N2 | G2/N2 | G3/N3 |
| 9 | 检修排水设备 | G2/N2 | G2/N2 | G3/N3 |
| 10 | 检修排水阀 | G2/N2 | G2/N2 | G3/N3 |
| 11 | 进排气阀 | G2/N2 | G2/N2 | G3/N3 |
| 12 | 起重设备 | G2/N2 | G2/N2 | G3/N3 |

表 4.5-17　电气 BIM 模型精细度要求

| 序号 | 项目 | 可行性研究阶段 | 初步设计阶段 | 施工图设计阶段 |
|---|---|---|---|---|
| 1 | 电动机 | G1/N1 | G1/N1 | G3/N3 |
| 2 | 供电设备 | G1/N1 | G1/N1 | G3/N3 |
| 3 | 接地 | | G1/N1 | G3/N3 |
| 4 | 照明 | | G1/N1 | G3/N3 |
| 5 | 电缆及桥架 | G1/N1 | G1/N1 | G3/N3 |
| 6 | 计算机监控系统 | | G1/N1 | G3/N3 |
| 7 | 继电保护系统 | | G1/N1 | G3/N3 |

| 序号 | 项目 | 可行性研究阶段 | 初步设计阶段 | 施工图设计阶段 |
|------|------|----------------|--------------|----------------|
| 8 | 电气设备在线监测系统 | | G1/N1 | G3/N3 |
| 9 | 厂用电计量系统 | | G1/N1 | G3/N3 |
| 10 | 励磁系统 | | G1/N1 | G3/N3 |
| 11 | 控制电源系统 | | G1/N1 | G3/N3 |
| 12 | 通信系统 | | G1/N1 | G3/N3 |
| 13 | 光缆 | | G1/N1 | G3/N3 |

表 4.5-18　金属结构 BIM 模型精细度要求

| 序号 | 项目 | 可行性研究阶段 | 初步设计阶段 | 施工图设计阶段 |
|------|------|----------------|--------------|----------------|
| 1 | 闸门 | G2/N2 | G2/N2 | G3/N3 |
| 2 | 拦污栅 | G2/N2 | G2/N2 | G3/N3 |
| 3 | 埋件 | | G2/N2 | G3/N3 |
| 4 | 启闭机 | G2/N2 | G2/N2 | G3/N3 |
| 5 | 电动葫芦 | | G2/N2 | G3/N3 |
| 6 | 清污机 | G2/N2 | G2/N2 | G3/N3 |

表 4.5-19　给排水 BIM 模型精细度要求

| 序号 | 项目 | 可行性研究阶段 | 初步设计阶段 | 施工图设计阶段 |
|------|------|----------------|--------------|----------------|
| 1 | 管道及管件 | G2/N2 | G2/N2 | G3/N3 |
| 2 | 阀门仪表 | | G2/N2 | G3/N3 |
| 3 | 消火栓箱 | G2/N2 | G2/N2 | G3/N3 |
| 4 | 水泵 | G2/N2 | G2/N2 | G3/N3 |
| 5 | 水箱 | G2/N2 | G2/N2 | G3/N3 |
| 6 | 太阳能板 | | G2/N2 | G3/N3 |
| 7 | 卫生器具 | | G2/N2 | G3/N3 |
| 8 | 其他设备 | | G2/N2 | G3/N3 |
| 9 | 其他附件 | | G2/N2 | G3/N3 |

表 4.5-20　暖通 BIM 模型精细度要求

| 序号 | 项目 | 可行性研究阶段 | 初步设计阶段 | 施工图设计阶段 |
|------|------|----------------|--------------|----------------|
| 1 | 通风设备 | | G1/N1 | G3/N3 |
| 2 | 采暖空调设备 | | G1/N1 | G3/N3 |
| 3 | 水系统设备 | | G1/N1 | G3/N3 |

| 序号 | 项目 | 可行性研究阶段 | 初步设计阶段 | 施工图设计阶段 |
|---|---|---|---|---|
| 4 | 风系统辅件 | | G1/N1 | G3/N3 |
| 5 | 水系统辅件 | | G1/N1 | G3/N3 |

表 4.5-21　监测 BIM 模型精细度要求

| 序号 | 项目 | 可行性研究阶段 | 初步设计阶段 | 施工图设计阶段 |
|---|---|---|---|---|
| 1 | 变形观测仪器设备 | | G1/N1 | G3/N3 |
| 2 | 渗流观测仪器设备 | | G1/N1 | G3/N3 |
| 3 | 应力、应变及温度观测仪器设备 | | G1/N1 | G3/N3 |
| 4 | 环境量观测仪器设备 | | G1/N1 | G3/N3 |
| 5 | 位移观测控制网 | | G1/N1 | G3/N3 |
| 6 | 水准观测基点 | | G1/N1 | G3/N3 |

#### 4.5.4.3　倾斜摄影技术建模

(1) 准备工作。了解建模区域内的地物地形条件、交通、天气、限飞、禁飞等情况,收集地形图、控制点等测绘资料。在空域管理区域,应先进行飞行许可申请,获得批复后方可飞行。

(2) 控制点布设。根据测区内的资料情况布置像控点。一般采用区域网布点法布控,以单景影像为基本布点单元,在每景影像上布设 4 个像控点。区域网四角应各布设一对像控点,作为可靠的备选选点。像控点布设选点应确保清晰易判,可减少后期相片刺点误差。

(3) 数据采集。根据测区情况规划无人机飞行的高度以及航线,确保作业的安全性以及可行性,将路径文件导入倾斜摄影软件,或者现场手动绘制飞行区域。无人机飞行速度通常在 $100\sim200$ km/h,飞行高度通常在 $100\sim1\,000$ m 之间,具体高度取决于所需的影像分辨率、摄影设备的性能以及地形的起伏情况,一般不低于区域内最高建筑物 100 m。泵站工程区一般地形地物高差较小,无高层建筑,航向重叠率一般设置为 80%,旁向重叠率为 70%。倾斜摄影单个镜头像素不低于 2 000 万像素。

(4) 数据处理。野外数据采集结束后,统一对影像成果进行预处理,包括影像质量检查、POS (Position)数据检查、像控点质量检查等,检查无误后,将影像成果导入处理软件中。软件自动对影像进行空三(空中三角形测量的简称)加密、三维重建等处理。人工进行像控点刺点、模型格式和输出成果质量设置等,最后输出模型质量报告。

(5) 模型范围及精度。对于泵站这种单体工程,倾斜摄影模型范围一般不小于工程管理范围外100 m。工程管理和保护范围地面分辨率一般优于 10 cm,水工建(构)筑物地面分辨率一般优于 3 cm。

#### 4.5.4.4　模型融合

BIM 模型与倾斜摄影模型的集成一般借助第三方软件完成,将 BIM 模型和倾斜摄影模型载入软件,空间对齐,确保几何形状匹配,处理遮挡和重叠的几何体,以确保模型的完整性,调整材质和纹理,确保模型视觉的真实性。

BIM 模型与倾斜摄影模型的集成需要考虑数据格式兼容、精细度匹配、空间对准、属性信息集成、可视化呈现等多个方面。

(1) 数据格式兼容。BIM 模型和倾斜摄影模型的数据格式要满足集成软件的要求。通常,倾斜摄影模型的数据格式为 OSGB 格式,BIM 模型的数据格式较多,常用的包括 RVT、DGN、SKP、DWG、IFC、OBJ、FBX 等。集成时,一般转换为集成软件支持度较好的数据格式,提高数据兼容性。

(2)精细度匹配。BIM 模型和倾斜摄影模型在精细度上存在差异,需要进行匹配。一般来说,BIM 模型的精细度较高,而倾斜摄影模型的精细度相对较低。因此,在进行集成时,需要对倾斜摄影模型进行精细化处理,以便与 BIM 模型进行匹配。

(3)空间对准。BIM 模型和倾斜摄影模型需要进行空间对准,以便在同一坐标系下进行集成。BIM 模型是基于建筑坐标系进行建模的,而倾斜摄影模型是基于地理坐标系进行建模的。集成时,需要进行坐标转换和配准,使坐标系对齐。通常选择 BIM 模型和倾斜摄影模型中的共同点作为基准点,使用坐标转换工具,将 BIM 模型的坐标转换为与倾斜摄影模型相同的坐标系,即可完成对准。

(4)属性信息集成。BIM 模型和倾斜摄影模型需要进行属性信息集成,以便将建筑信息和地物信息进行关联。一般来说,BIM 模型包含大量的建筑信息等,而倾斜摄影模型则包含了地物的外观和形状等信息。因此,在进行集成时,需要将这些信息进行关联和整合,以便进行后续的分析和应用。

(5)可视化呈现。BIM 模型和倾斜摄影模型需要进行可视化呈现,以便直观地展示和分析。一般来说,可视化呈现需要考虑到光照、颜色、纹理等因素,以便提高模型的逼真度和可视化效果。此外,还需要考虑用户的交互需求,以便提供多种交互方式,如旋转、缩放、平移等。

### 4.5.5　数字孪生标准体系

#### 4.5.5.1　标准体系框架

水利数字孪生标准体系框架应在认识数字孪生内涵、关键技术等系统的基础上,在国家信息化标准体系、国家水利信息化标准体系框架内制定,需体现通用性和专用性。

水利数字孪生标准体系由规划设计标准、数据类标准、技术与平台类标准、安全类标准、管理应用类标准等标准体系组成。

#### 4.5.5.2　数据类标准

数据类标准是针对水利数字孪生数据的表达、处理、应用、服务进行一致约定,包括数据资源、数据融合、数据管理及数据服务标准。

数据资源标准:主要用于规范水利数字孪生的数据资源规划、交换、数据描述、质量要求等,保证数据资源的可用性。

数据融合标准:主要用于规范水利数字孪生中不同场景下时间、空间、语义等数据融合模式,保障水利一体化数据流通性。

数据管理标准:主要用于规范水利数字孪生所涉及的元数据、主数据、基础数据及业务数据的加工、处理、检索、管理等要求。

数据服务标准:主要用于规范水利数字孪生数据服务接口、交互协议、能力开放等,明确数据服务的形式、内容、质量等。

#### 4.5.5.3　技术与平台类标准

技术与平台类标准包括感知互联、实体映射、多维建模、仿真推演、可视化、虚实交互、其他 7 个子类标准。

感知互联标准:主要用于规范水利智能感知、标识解析、实时监测、协同控制等相关技术与平台。

实体映射标准:主要用于规范将现实物理水利映射到数字孪生水利的要求,从而实现物理空间、社会空间与数字空间全要素连接。

多维建模标准:主要用于规范水利数字孪生模型构建过程和结果,统一水利数字孪生时空信息、事件信息、语义信息、规则信息等多维度信息的数字化表达。

仿真推演标准:主要用于规范数字孪生仿真推演模型构建与优化、仿真任务管控、仿真推演结果验证、仿真推演体系建设要求,以确保仿真推演成效与水利数字孪生运行规律的一致性。

可视化标准:主要用于规范水利数字孪生数据资源、模型资源、业务场景的可视化表达要求,满足业务应用的多样性展示需求。

虚实交互标准:主要用于规范水利数字孪生物理空间、社会空间与数字空间的交互,实现人机物虚实交互,满足水利数字孪生交互作用需求。

其他标准:主要用于规范水利数字孪生依托的基础网络、5G、大数据、人工智能、云计算、区块链等其他相关的共性支撑技术要求。

### 4.5.5.4  安全类标准

安全类标准是保障水利数字孪生数据、技术与平台、运维、应用的安全性和可靠性的重要基础。安全类标准包括数据安全与隐私保护、技术与平台安全、信息安全管理、基础安全防护、服务安全 5 个子类标准。

数据安全与隐私保护标准:主要用于规范水利数字孪生涉及的个人信息数据、重要工程数据、国家安全数据等的采集、传输、使用、管理、评估方面的安全要求。

技术与平台安全标准:主要用于规范水利数字孪生依托的技术与平台的安全防护、测试评价、信息备份、恢复等。

信息安全管理标准:主要用于规范水利数字孪生信息安全全生命周期管理活动中的安全等级保护、安全管理、信息共享、风险管理等。

基础安全防护标准:主要用于规范水利数字孪生安全体系框架、信息安全保障等,用于确保水利数字孪生技术应用安全。

服务安全标准:主要针对水利数字孪生服务过程中所涉及的角色、产品、活动等要素,用于规范服务提供的基本安全、安全监管、服务安全能力、服务交易安全要求与评估等。

### 4.5.5.5  管理应用类标准

管理应用类标准包括水利规划、水利建设、水利治理、水利公共服务、水利监管 5 个子类标准,用于规范水利数字孪生应用技术在规划、建设、管理与服务过程中的相关要求。

# 5

## 智能一体化平台

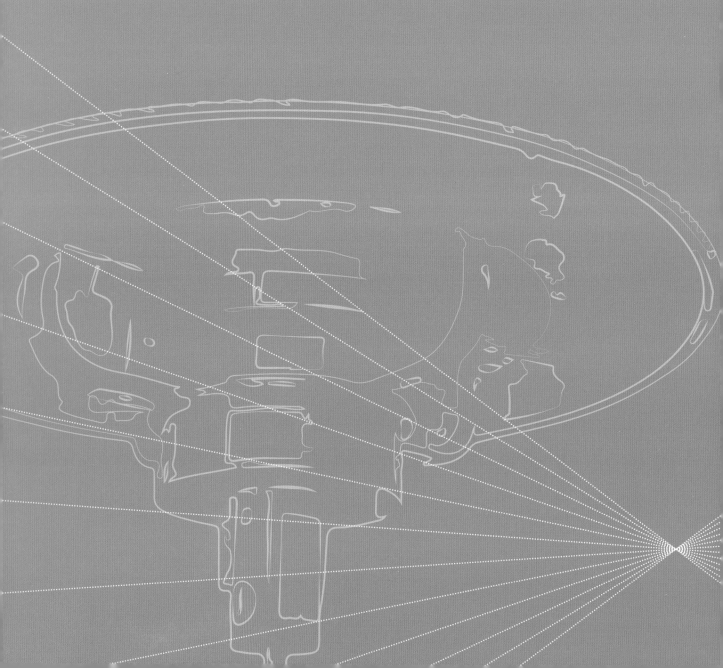

5.1　基本概念
5.2　平台结构
5.3　基础服务
5.4　平台组成与功能

# 5　智能一体化平台

## 5.1　基本概念

### 5.1.1　概述

　　智能泵站一体化平台针对控制、维护和技术管理彼此分离、缺乏信息交换的现状,以现场智能执行单元和智能传感器为基础,借助计算机软硬件和网络,综合运用自动化技术、三维可视化技术、数字信息技术、多源信息融合技术等,将控制、维护和技术管理有机集成到平台中,实现智能感知、泛在连通、精准控制、数字建模、自动学习、实时分析和迭代优化。

　　智能泵站一体化平台遵循面向服务的软件体系架构,采用分布式的服务组件模式,提供统一的服务容器管理,具有良好的开放性,能较好地满足系统集成和应用不断发展的需要;层次化的功能设计,能有效对数据及软件功能模块进行良好的组织,为应用开发和运行提供理想环境;针对系统和应用运行维护需求开发的公共应用支持和管理功能,能为应用系统的运行管理提供全面的支持。通过智能一体化平台,实现泵站设备实时数据采集与监视、调度与控制、生产运行与管理、数据分析与决策等所有系统进行统一数据建模,存储于安全Ⅰ区、Ⅱ区、Ⅲ区的数据,均按照标准规约传输并存储于智能一体化平台的数据汇聚中心,智能一体化平台提供系统管理、数据分析、图形分析等功能支持。智能一体化平台对数据同步、数据交换、对外通信、模型管理等进行统一管理,集中进行备份、审计、日志管理,以提高数据质量,进而保障应用功能高效、稳定运行。智能一体化平台利用不同管理区的数据汇聚中心与实时数据总线实现各类数据源共享,在此基础之上实现信息互动、综合监控、智能决策等应用,共同在数据集中、模型集中、信息集中的基础上,通过各个环节、各个专业的专家对产生的历史数据和实时数据进行分析处理,利用分析模型、数据挖掘等先进技术,提供设备信息管理、多系统联动、智能报警等智能高级应用,为生产运行提供辅助决策。

### 5.1.2 基本特征

1. 统一平台综合应用

以泵站业务流程为主线,安全、科学调配水资源为目的,通过数学模型、虚拟仿真、自动控制、地理信息系统等技术手段,结合信息化系统实际需求,建设服务于泵闸监控、水情监测、全生命周期监测与健康评估、工程安全监测、视频监视等各类生产业务的综合监视与远程控制平台,建设以工程管理、办公自动化等为手段的管理自动化平台,在此基础上实现泵闸监控、机组监测、工程安全监测、工程维护管理等各类专业业务的综合应用,以及智能安防分析、智能运维管理、三维虚拟仿真系统等应用,为工程泵站运行提供决策支持;充分发挥工程建设效益,提升泵站整体信息化和智能化水平,全面提高水量调度、工程管理等各项业务的处理能力。

2. 智能监测、诊断、控制、管理、维护的无缝集成

智能泵站一体化管理平台能够在测量控制泵站内关键设备的同时,集成泵站业务各个环节,对信号采集、设备控制、远程监控、调度优化、运行管理、故障诊断、检修维护等环节进行一体化管理。

智能泵站一体化平台综合集成工程的监控、机组状态监测、视频监控、工程安全监测等信息,并能与视频监视系统联动,实现设备的远程控制及工程运行的安全监视,达到多部门业务、多系统一体化监控的目标,大幅提升工程管理效率。

3. 智能控制与调节

智能控制是自动控制发展的一个新阶段,主要用来解决传统方法难以解决的复杂、非线性和不确定的系统控制问题。智能控制是智能泵站控制系统的关键技术,通过模糊控制、神经网络控制、专家控制等先进的技术手段来实现泵站控制系统的智能化、智能故障诊断和自愈控制,是实现泵站设备控制、调度优化、自动调节、经济安全运行的基础。如机组叶片调节机构能够在模糊控制算法下沿外部条件推荐的经济运行的扬程流量曲线运行;技术供水泵可根据运行中机组的轴温、瓦温而自行选择是否需要开启备用供水泵;励磁系统可根据数学模型、计算公式运行在最优励磁运行方式下。

智能化的控制系统是泵站运行控制管理的发展方向,能使泵站保持运行在全自动高效安全状态下,对提高泵站管理效率、改善水资源调度模式具有非常重要的意义。

4. 基于图像识别的监控分析

图像识别是利用计算机对图像进行处理、分析和理解,以识别各种不同模式的目标和对象的技术。计算机图像识别与处理技术是通过智能化手段将图像类型的信号转化为数字类型的信号,将数字图像灰度化、数字图像二值化,进行数字图像的平滑处理、数字图像形态学处理等。

当前多数泵站现场都安装有远程数字视频监控系统,可实时监控现场及运行设备,但仅仅具备视频监控功能,而不能对视频图像加以识别。将图像识别技术引入泵站监控系统,能够对现场情况做进一步分析,从而更好地解决问题。图像识别与处理可作为被监控对象自动识别与分析的手段,进行泵站运行智能化的应用,如水位的自动识别、水面漂浮物识别、变压器油液位识别、污染扩散范围识别、闸门运动轨迹识别等。

5. 基于物联网的多源数据融合

物联感知体系是泵站综合业务应用的基石,智能泵站建设需要在现有信息采集设施基础上,针对采集站点种类、空间密度、时间频度、数据精度等方面进行全面的提升。目前主流的物联网数据采集技术中,数

据传导首先通过现场的基础传感器网络和传感器节点对现场复杂的数据进行规范采集,完成数据采集后将数据发送至汇聚节点进行传输。在智能泵站数据传输网中,需要传送的数据量大,在数据集中传输时易发生汇聚节点资源缺乏的情况,并且在数据传输时,各类数据结构和数据类型不同,因此通过上述方式传输信息时,由于汇聚节点的限制,传输信息的效率会降低,同时会消耗大量通信带宽和传输供能。

为更好地优化传感器网络的通信效率,避免信息传输滞纳情况的出现,在传感器网络传输过程中采用了新的数据融合技术。数据融合技术是物联网数据采集采用的关键技术之一,是对多源异构数据进行综合处理获取确定性信息的过程,这种技术的优点是对不同种类的数据进行整合和处理,经过信息组合后,网络中的传输数据更加适合用户的需求。数据融合技术通过一定算法抽取精确的、具有超高价值的、效果显著的数据。同时,数据融合技术优化了网络数据传输的通信总量,在一定程度上降低了网络数据拥堵的概率,从而全面提高了数据在网络中传输的效率。

另外,充分地融合丰富的信息源,可以实时监控泵站运行的状态,从而实现对泵站的多模态控制,使其主机和辅机设备能够根据系统运行状态而不断变化控制策略,使泵站始终运行在最优工况下,为泵站智慧应用提供基本支撑,提高工程调度执行的效率,实现工程智能化、精细化运行。

6. 具有"四预"功能的泵站主机组全生命周期监测系统与监控系统数据联动

监控系统提供接口与状态分析和诊断系统进行通信,向现地与远程状态分析和诊断系统传送实时数据,并接受现地状态分析和诊断系统下发的事故停机指令。当机组运行状态的数据达到事故预警阈值时,或者对机组运行将造成危害时,将发出事故停机信号,并触发监控系统的事故或紧急停机命令,来避免对机组造成损失。

7. 视频监视与监控系统联动

当监控系统对某个设备发出远程控制指令或某个设备出现报警信息时,系统自动显示该设备所有的现场图像信息,以及该设备所在区域的环境信息,管理人员可以对该设备的操作过程及实时状态进行全面分析和判断,保证远程操作的可靠性。视频控制联动在调度中心实现,控制区的通信服务器与管理区视频服务器通过通信进行连接,通信服务器将监控应用相关的故障信息或启动操作等信号发送给视频服务器,视频服务器收到此信号后,根据约定的配置信息,让视频系统突出显示某个位置的视频图像,主要包括闸门开启、关闭,主机组开启、关闭,清污机开启、关闭等。

8. 系统安全防护

系统采取全面的安全保护和认证措施,具有防病毒感染、防黑客攻击和人为破坏方面的防护措施,具有高度的安全性和保密性。对接入系统的设备和用户,进行严格的接入认证,以保证接入的安全性。系统支持对关键设备、关键数据、关键程序模块采取备份、冗余措施,有较强的容错和系统恢复能力,确保系统长期正常运行。

## 5.2 平台结构

### 5.2.1 平台体系

智能一体化平台严格遵循公开的国际标准,构建基于物联网技术的数据采集与通信系统,实现面向设备对象、具备数据自描述能力的信息建模,提供统一的数据存储、访问、监视和预警平台,实现泵站全景数据监视,为泵站运行管理的各类业务提供基础应用服务与发布服务,并实现不同业务之间的协同互动,对外提供标准开发接口,实现第三方数据及业务系统的接入与有效协同,为不同安全区的各类自动化系统提供统一的运行平台。智能一体化平台体系如图 5.2-1 所示。

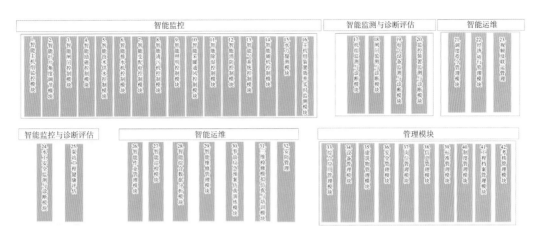

图 5.2-1　智能一体化平台体系

智能一体化平台是智能泵站整个系统的数据存储中心、模型管理中心、基础支持中心、智能应用与决策支持中心和对外信息发布中心,为泵站各安全区所涉及的现地、调度控制、生产运行管理等自动化系统及应用提供统一的平台环境。

## 5.2.2　总体结构

智能一体化平台总体分为四层:

第一层是生产过程,任何生产过程都可归结为一系列物质流和能量流的运动与转化过程,而对生产过程的控制与管理可归结为对生产过程及其环境有关信息的处理和转换过程。

第二层是一个基于现场总线的分布式执行系统,由若干智能传感器组成,直接与生产过程相连,并通过现场总线与上层系统交换信息。其一方面对生产过程中的数据加以采集,并经过适当处理后送到总线上,以便向控制站、维护站和技术管理站提供一致有效的信息,另一方面对从现场总线上取得的操作指令加以处理并执行。由于采用了现场总线,信号的传输实现了数字化,从而减少了在控制现场的信号线路,提高了数据传输的精度和抗干扰能力,大大减少了现场安装和维护的工作量。

第三层是与现场总线和业务网同时相连的负责实现控制、维护和技术管理的工作站,从现场总线获取生产过程中的数据,通过现场总线和业务网彼此交换信息和发出指令,并为运行管理人员提供良好的人机界面。

第四层是最上层,是整个业务的管理层。平台通过局域网向整个管理层提供必要的信息,并获得指令,因而管理层是整个综合自动化系统的重要组成部分之一。从其构成可以看出,在智能泵站三维可视化综合管控平台中,只存在数据流和信息流,因而可以将其理解为一种工业自动化领域的信息集成技术。

### 5.2.3　软件结构

智能泵站一体化平台以智能感知、智能运行、智能可视、智能调节、智能交互、智能协联、智能诊断、智能预报、智能预警、智能评估、智能决策等应用为目标,将泵站各应用系统高度融合,为集中管控奠定了基础,保证了设备运行稳定可靠,打破了各专业系统间的界限,实现智能泵站的数据采集与分析、调度与控制、故障诊断与评估、检修指导与培训、科学决策与分析等综合应用。智能泵站三维综合智能一体化平台结构如图 5.2-2 所示。

1. 智能监控

智能监控平台与计算机监控系统充分集成,实现对泵站主机组设备、辅助设备、公用设备的实时监控与运行管理,具备主机组智能一键自动开机停机和紧急停机、叶片智能调节、视频联动等功能,并将设备运行数据和泵站三维模型融合,更加逼真、立体、形象地展示泵站设备运行流程,使泵站运行和管理人员更清晰地了解设备信息,更准确地掌握设备情况。

2. 智能监测与诊断

智能监测与诊断平台实现与泵站各监测子系统的数据集成并对相关数据进行统计分析,通过对机组流量、工况、水位、运行状态、建筑物特征等监测数据进行归纳分析,利用数据挖掘、深度学习、人工神经网络、回归模拟等算法,实时分析机组的装置效率、机组健康状态、建筑物安全状态,为机组和整个泵站的安全运行提供指导和决策。

3. 智能运维

智能运维平台结合泵站日常的运行维护管理任务,从泵站的作业管理、维修管理等到泵站的巡检、检修指导等全方位全业务覆盖,实现可视化智能巡检、可视化三维作业指导、可视化三维培训与考核等创新应用,以提高运维管理的工作水平和效率。

4. 管理模块

管理模块综合了泵站设备管理、作业管理、安全管理、标准管理等,将以往孤立的系统有机协同起来,降低管理成本,有效地规范日常管理行为,创新符合水利现代化建设要求的泵站工程精细化管理方式。

### 5.2.4　平台关键技术

#### 5.2.4.1　基于物联网的数据采集技术

随着"互联网+"的推广,物联网作用逐渐显现,IT(信息)技术与 OT(运营)技术的不断融合,使物联网连接应用越来越普及。尤其在工业领域,监控设备均需联网,进而实现数据采集、分析和运用。物联网是通过各种信息传感设备及系统,如传感器网络、射频识别(RFID)、红外感应器、条码与二维码、全球定位系统、激光扫描器等,和其他基于物物通信模式的短距离无线传感器网络,按约定的协议,把任何物体通过各种接入网与互联网连接起来所形成的一个巨大的智能网络。通过这一网络可以进行信息交换、传递和通信,以实现对物体的智能化识别、定位、跟踪、监控和管理。

物联网是一个由感知层、传输层和应用层构成的系统。物联网三层架构如图 5.2-3 所示。

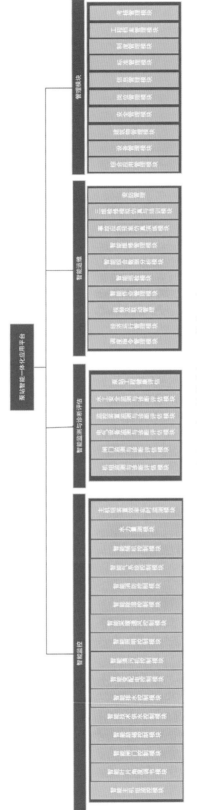

图 5.2-2 智能泵站三维综合智能一体化平台

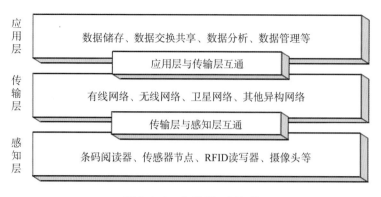

图 5.2-3　物联网三层架构

感知层是物理世界和信息世界的桥梁,通过传感器、摄像头、智能仪表等方式完成各类物理量、标识、音频、视频等数据信息采集和信号处理工作,并通过通信模块与传输层相连接。

传输层直接依靠互联网、广域网或是局域网,对来自感知层的信息进行接入和传输,是感知层与应用层之间的信息通道。

应用层包括各类用户界面显示设备以及其他管理设备,是物联网系统结构的最高层,负责系统中的数据汇集、共享、分析、处理等功能。应用层以云计算技术、嵌入式系统、人工智能技术、数据库与数据挖掘技术等作为支撑,更好地服务于智能泵站的应用系统。

数据信息采集在物联网系统中充当着十分重要的角色,通过 I/O 模块可把各种底层设备连接起来,打通设备与上层服务的连接。工业物联网消除了设备与人、数据之间的隔阂,通过远程模块采集数据,再通过各种算法模型进行分析预测,为相关工作人员提供了实时设备监测、预测性维护、运行管理等多项服务,通过洞察设备背后的数据秘密,进一步释放机器的潜在价值。

### 5.2.4.2　智能控制、管理、维护的无缝集成

智能泵站一体化管理平台能够在测量控制泵站内关键设备的同时,还对泵站运行维护、优化调度管理等方面进行整体管控,集成泵站业务各个环节,将信号采集、设备控制、远程监控、调度优化、运行管理、故障诊断、检修维护等方面一体化管理。

智能泵站一体化管理平台综合集成工程的监控、机组状态监测、视频监控、工程安全监测等信息,并能与视频监视系统联动,实现设备的远程控制、工程运行的安全监视,达到多部门业务、多系统一体化监控的目标,大幅提升工程管理效率。

### 5.2.4.3　数据联动的三维展示

三维可视化系统能够与智能一体化平台兼容,利用各种三维模型实现泵站现场的再现,结合仿真虚拟场景、人机交互技术实现与现场设备的交互,如通过键盘、鼠标,实现场景的漫游、对象的拾取等,从而达到三维动态的交互浏览、工程运行状态的三维展示、数据的展示与查询,并能集成监控系统的数据及视频监视的信息。同时,根据泵站的各种故障、报警等信息可以实现数据联动的三维可视化展示。

### 5.2.4.4　数据标准化技术

智能泵站建设采用统一设计、统一规划的思路,综合智能一体化平台是其中重要的软件平台。该平台对泵站涉及的数据采集与监视、调度与控制、生产运行与管理、数据分析与决策等系统进行统一数据建模,存储于安全Ⅰ区、Ⅱ区、Ⅲ区、Ⅳ区的数据都需要按照标准协议传输存储于综合智能一体化平台,由综合智能一体化平台提供系统管理、数据分析、图形分析等功能支持。

数据存储与管理系统以标准体系建设为基础,运用数据库、网络存储、数据备份等技术,设计并建设各类基

础数据库和专业数据库,建成服务于各应用系统的数据中心,建立协调的运行机制和科学的管理模式,形成智能泵站系统数据存储管理体系,为通用支撑平台建设及各业务应用系统数据交换和共享访问提供数据支撑。

### 5.2.4.5 智能控制技术

智能控制是自动控制发展的一个新阶段,主要用来解决传统方法难以解决的复杂、非线性和不确定的系统控制问题。通过总结人类思维规律,并结合计算机技术模拟人在控制过程中所表现的思维、判断和决策行为,从而诞生了具有人类智慧能力的控制理论及控制系统。例如,模拟人的逻辑思维及推理功能的模糊控制;模拟人的大脑神经网络的结构和功能的人工神经网络控制;模拟控制领域专家控制功能的专家控制;模拟人类通过学习获得知识的学习控制等。

智能控制系统具有以下几个特点:

学习和联想记忆能力。对一个过程或未知环境所提供的信息,系统能进行识别、记忆、学习,并利用积累的经验进一步改善系统的性能和能力。

较强的自适应能力。具有适应被控对象动力学特性变化、环境特性变化和运行条件变化的能力;对外界环境变化及不确定性的出现,系统具有修正或重构自身结构和参数的能力。具有自学习、自适应、自组织能力,能从系统的功能和整体优化的角度来分析系统,以实现预期的控制目标。

较强的容错能力。系统对各类故障具有自诊断、屏蔽和自恢复能力;对非线性、快时变、具有复杂多变量和环境扰动等的复杂系统能进行有效的全局控制,并具有较强的容错能力。

较强的鲁棒性。系统能对环境干扰和不确定性因素不敏感。

较强的组织协调能力。对于复杂任务和分散的传感信息具有自组织和协调功能,使系统具有主动性和灵活性。

实时性好。系统具有较强的在线实时响应能力。

人机协作性能好。系统具有友好的人机界面,以保证人机通信、人机互助和人机协同工作。

具有变结构和非线性的特点,其核心在高层控制,即组织级。

采用并行分布处理方法,使得快速进行大量运算成为可能。

智能控制是智能泵站控制系统的核心技术,其主要作用是优化泵站的控制系统,通过模糊控制、神经网络控制、专家控制等先进的技术手段来实现泵站控制系统的智能化、智能故障诊断和自愈控制,是实现泵站设备控制、调度优化、自动调节、经济安全运行的基础。主要应用表现如下:

系统运行过程智能化。如机组叶片调节机构能够在模糊控制算法下沿外部条件推荐的经济运行的扬程流量曲线运行;技术供水泵可根据运行中机组的轴温、瓦温而自行选择是否需要开启备用供水泵;励磁系统可根据数学模型、计算公式运行在最优励磁运行方式下。

调度决策智能化。利用专家控制方法,根据水文自动监测系统的运行扬程水位要求来推荐运行预备方案;还可以根据水质监测情况、潮位时间来推荐引水闸引水方案。

运行管理智能化。根据神经网络、遗传算法等技术,结合机组运行在线状态监测系统来分析泵站优化调度与机组运行状态的关系,根据振动、摆度、瓦温、变压器油温等参数数据来分析机组性能,推荐开机机组性能列队。

因此,智能化的控制系统是泵站运行控制管理的发展方向,其可使泵站保持运行在全自动高效安全状态下,对提高泵站管理效率,改善水资源调度模式具有非常重要的意义。

### 5.2.4.6 信息安全防御技术

1. 网络访问控制

访问控制是泵站网络系统安全防范和保护的主要策略之一,主要任务是保证系统资源不被非法占用,是信息系统安全、网络资源安全保障的重要手段。安全访问控制须建立合理的安全域,根据不同访问控制需求建立不同的域。

泵站的实时控制区和非实时控制区以及管理区之间采用防火墙＋准入控制的方式,实现安全准入管理。Ⅰ区、Ⅱ区、Ⅲ区和Ⅳ区之间通过物理装置进行隔离。各业务之间采用 VLAN 进行网络划分,以实现隔离。

2. 网络安全审计

网络安全审计系统主要用于审计记录网络中的各类网络、应用协议与数据库业务操作流量,监控系统中存在的潜在威胁,综合分析安全事件,包括区域间和区域内事件。主要技术措施有:

(1) 安全审计系统对网络中的数据库行为、业务操作、网络协议、应用协议等进行审计记录。

(2) 审计记录包括事件的日期和时间、用户、事件类型、事件是否成功及其他与审计相关的信息。

(3) 根据记录数据进行分析,并生成审计报表。

3. 数据加密

监控监测数据在系统内进行传输时采用安全加密技术,采用高强度的加密算法(三重数据加密算法3DES、高级加密标准 AES 等),实现对数据保密性的要求,其他类应用系统根据具体情况来考虑。

4. 通信保密性

通信保密性主要由应用系统完成。在通信双方建立连接之前,应用系统利用密码技术进行会话初始化验证,并对通信过程中的敏感信息字段进行加密。具体采用的技术措施如下:

(1) 对于信息传输的通信保密性应由传输加密系统完成,针对移动办公等应用,通过部署 VPN 系统保证远程数据传输的数据机密性。

(2) 对于重点应用系统,传输关键、敏感数据时采用传输加密技术,实现数据保密性要求。

(3) B/S 架构的应用系统,使用 SSL 加密和 HTTPS 方式进行浏览访问;C/S 架构的应用系统使用标准加密规范进行数据加密传输。

5. 通信完整性

信息的完整性包括信息传输的完整性校验以及信息存储的完整性校验。具体采用的技术措施有:

(1) 信息传输和存储的完整性校验可以采用的技术包括校验码、消息鉴别码、密码校验函数、散列函数、数字签名等。

(2) 信息传输的完整性校验由传输加密系统完成。通过部署 VPN 系统保证远程数据传输的数据完整性。信息存储的完整性校验应由应用系统和数据库系统完成。

(3) 对于重点应用系统,应保证数据的完整性,针对应用系统信息的重要程度,可以采用不同的数据完整性验证手段。不以明文在网络上传输数据。

### 5.2.4.7 动态预警技术

通过建立动态预警系统,泵站工作人员可以根据泵站运行的现场经验,结合相关历史数据信息,对泵站运行中电流、电压、循环水水温、电机定子绕组温度、泵机组振动等的报警值进行动态设置。泵站机组长期连续运行时,可按照规范要求随时调整动态预警值,系统一旦发现某项参数达到预警值,该系统自动通过以太网将报警位置、当前数据值、阈值数值、设计规划值等重要数据传达至泵站中控室电脑显示屏上,并通过音响语音报警,数据库软件要完整地记录这一信息。报警值的动态设置使机组运行的各项参数波动都可以被系统及时发现,从而排除隐患,最大限度保障机组安全运行。建立泵站运行动态预警系统的方法主要有:

1. 确定预警对象和范围

大型泵站系统组成复杂,设备众多,在建立安全预警系统的时候要考虑到具体的预警对象。一般来说，预警对象要包括水泵装置、电机设备、辅机设备、技术供水设备等，另外，还应该对网络运行状态监控预警。只有确立了预警的对象和范围，才可以更好地建立泵站安全预警模型。

2. 收集预警信息

预警信息的收集属于计算机模型的输入系统，动态安全预警系统需要对采集的信息进行数据收集和整理，其过程大致可以分为两个步骤：一是对泵站抽水全过程进行实时监控，了解它的工作状况以及外部环境信息；二是对数据的预处理，各传感器的数据可能存在随机误差、粗大误差等，为得到较为准确的数据，需要对采集的数据进行预处理，去除噪声。因此需根据实际情况收集信息，并对信息进行预处理，以供给预警模型进行分析处理。

3. 预警模型的分析，处理预警信息

对预警信息的整理过程是建立预警系统最重要的步骤，它需要对不合理和无用的数据进行删除，并根据自己所了解的情况补充不足的内容。将收集到的指标因素，按照其对泵站安全运行影响的严重程度和优劣状态，分析哪些是可能造成严重后果或者需要立即进行处理解决的，哪些是重复发生的隐患，等等。在实际应用过程中，对发现的不适宜预警评估计算指标进行剔除和替换，使预警指标体系不断完善且能准确地进行预警。同时，还应全方位、多角度地对其进行相关因素的监察和评判，找出泵站运行过程中的薄弱环节，重点防护和改进，达到从根源削减事故发生的概率，甚至消除不安全状态出现的效果。

4. 预警分级

预警等级是用来区分泵站机组在不同工况下所处的安全水平情况。根据现有泵站运行研究和运行经验，结合泵站运行的实际情况，一般将预警等级设置成 4 个级别，并用不同的颜色表示不同的安全状态，即一级（安全，用绿色表示）、二级（注意，用蓝色表示）、三级（警告，用黄色表示）、四级（危险，用红色表示）。不同等级之间的界限用预警阈值来表示，不同区间的预警阈值的确定可根据系统化的评价方法或者数理统计的结果界定，也可以通过泵站管理单位对自身风险的接受度、过往事故的发生报告、历史预警指数值等因素来界定。

### 5.2.4.8 基于机器学习的预测维护技术

机器学习（Machine Learning，ML）是一门涉及多领域的交叉学科，主要涉及概率论、统计学、逼近论、凸分析、算法复杂度理论等多门学科。它专门研究计算机怎样模拟或实现人类的学习行为，以获取新的知识或技能，再重新组织已有的知识结构使之不断改善自身的性能。

它是人工智能的核心，该技术是使计算机具有智能的根本途径，其应用遍及人工智能的各个领域，它主要使用归纳、综合而不是演绎。

机器学习已经有了十分广泛的应用，例如：数据挖掘、计算机视觉、自然语言处理、生物特征识别、搜索引擎、医学诊断、检测信用卡欺诈、证券市场分析、DNA 序列测序等。机器学习帮助我们自动驾驶汽车、进行语音识别和网络搜索，并极大地提高了对人类基因组的认识。机器学习在当今非常普遍。

预测性维护技术是指在系统发生故障之前，利用日常检查、状态监测数据分析、设备故障诊断等获得的信息，对设备进行劣化趋势预测和健康状态的评估，判断设备的恶化程度。对于泵站机组设备，目前多采用定期维护、事后维修的方法，这种维护方法的主要目的就是为了去除设备当前遇到的故障，但并不能排除设备潜在的故障，泵站机组可能在维护之后仍然处于亚健康的运行状态下，造成不必要的经济损失，因此已经不能满足当前的维护需求。

传统泵站设备维护遵循固定的检修时间表进行或者当设备出现故障而不能正常运行工作时才进行维护检修，这种根据人为经验来检修的方式有时会导致资源的浪费或者被动的工作。目前，我国正在进行大规模的大中型泵站升级与改造工作，BP（Back Propagation）神经网络、模糊运算、机器学习、频谱分析、状态检修、多信息融合等技术将不断被应用于泵站故障诊断领域。

设备全生命周期的监测与自诊断使得机组从周期性检修过渡到机组在线状态检修变成可能,在泵站设备的健康诊断与检修维护时植入智慧的"大脑"将有助于泵站安全可靠的运行和工作效率的提升,提高泵站自动化的人机协作水平,推动泵站管理系统向自动化和智能化方向发展,从简单的状态监测向故障诊断、智能分析、专家诊断等更深层次应用转变。

设备预测性维护通过对泵站数据的状态监测,如振动监测、噪声监测、温度监测、压力监测、油液分析监测、声发射监测等,运用常用的预测方法,如时序模型预测法、灰色模型预测法和神经网络预测法等,同时结合机器学习技术,预测设备未来的状态,判断设备未来是否会发生故障,并将预测结果发布给相应的决策人员,决策人员可依此安排维护时间表,从而提高设备运维的效率,也可避免资源的浪费。

设备预测性维护包括:设备生命周期预测、设备故障预测、维护周期预测、备品备件的仓储预测等。

基于机器学习的预测维护是利用相关智能算法,对泵站机组设备建立的预测模型进行分析、求解,得到相关特征量的变化趋势,判断机组设备近期是否会发生故障。为了实现预测性维护,首先需要向系统中加入传感器以用于监测和记录系统运行数据。预测性维护所需要的数据是时间序列数据,数据包括时间戳、设备编号以及状态值,根据这些数据构建预测维护模型。

泵站机组设备不同于一般的旋转机械设备,它是涉及机械、电气、水力等的复杂系统,状态特征量的变化往往不是某一单个部件所引起的,因此异常状态特征值与故障原因并不是一一对应的线性关系。采用预测维护技术可以实现故障预测,即预测机组工作状态的发展趋势,提供设备性能退化评估和寿命预测,为制定合理的检修决策提供技术保障,使维修更具有目的性、科学性、快速性和经济性。

### 5.2.4.9 图像识别处理技术

图像识别,是指利用计算机对图像进行处理、分析和理解,以识别各种不同模式的目标和对象的技术。计算机图像识别与处理技术是通过智能化手段将图像类型的信号转化为数字类型的信号,将数字图像灰度化、二值化及进行平滑处理、形态学处理等。以前,数字视频监控技术和图像识别技术各自独立,随着计算机、通信技术的进步,两者开始结合,图像识别和分析处理的技术和算法已经非常成熟,在医学、军事、交通、安防、检测等领域都发挥着重要作用。

当前,多数泵站现场都安装有远程数字视频监控系统,可实时监控现场及运行设备,但其仅仅具备视频监控功能,而不能对视频图像加以识别。所以,将图像识别技术引入泵站监控系统,能够对现场情况做进一步分析,从而更好地解决问题。图像识别与处理可作为被监控对象自动识别与分析的手段,其在泵站运行智能化中的应用,适用场景有以下几个方面。

1. 水位的自动识别

利用摄像头监控泵站上下游水尺的实时图像,通过计算机软件进行图片比对和灰度处理,对水位液面在水尺的刻度位置进行识别,通过与模型库中水尺刻度图片进行比对和分析计算,可识别出当前水尺测量水位的实际刻度,并将得到的结果反馈到计算机监控系统的监测画面中显示。当水位传感器出现故障时,可通过此技术自动判断水位的变化情况,也可以减少水位传感器的使用,降低运行维护的成本。

2. 水面漂浮物识别

水面漂浮物识别主要是用于对泵站进水侧的水面情况进行识别,以此判断清污机启动的条件。通过摄像头实时监测的图像信号进行水面监控,当泵站进水侧的漂浮物的数量或覆盖面积达到一定边界值时,视频信号会触发设定好的预警信号,并将信号上传到计算机监控系统,通过控制程序进行清污机的远程自动启停,可减少运行人员的投入或降低运行人员的工作强度。

3. 变压器油液位识别

变压器油液位识别用于变电站运行情况的自动检测。当变压器内部的温度升高时,其油液面也会随之升高。一般来说,有专用的温度表负责变压器温度的检测及结果的传输。之所以采用图像识别技术,是因为温度表不能直接反映变压器内油液面升高的位置。而且在长期运行后,变压器性能会有所下降,如密封材料老化、金属被腐蚀等引起漏油。通过图像识别,则能够准确地判断变压器油液面的位置。

4. 污染扩散范围识别

通过获取视频监控水域范围的视频和图像,进行图像的三色处理,来判断该水域水质污染的情况,并产生相应的报警信号,告知计算机监控系统和运行人员,以便及时发现并处理水域的污染问题。

5. 闸门运动轨迹识别

闸门运动轨迹识别是利用视频系统摄像头监控移动目标来进行识别跟踪,利用图像直方图处理、边缘检测、色彩识别等技术将图像中感兴趣的区域提取出来,然后准确定位目标在视频图像中的位置和范围。此外,可通过计算机设定闸门运动范围的预警值,联动报警输出,可以通过网络传输视频信号,实现对监控区域的远程实时监控、图像抓拍、录像以及录像回放等功能。

#### 5.2.4.10　三维展示技术

1. 三维建模

三维建模是利用专业的绘图软件,如 3ds Max、SolidWorks 等,绘制水泵、电动机、辅助设备、泵站建筑物等实体的三维模型,并通过格式处理实现三维模型的动态效果展示,如闸门的运动、水泵旋转部位的运动轨迹等。

利用 BIM 建模数据,通过 Revit(BIM)建模软件,建立泵站 BIM 模型,将平面的二维图纸矢量化后转变为立体的三维模型,精准直观地反映泵站土建、电气、水机、金属结构等部分的几何和非几何信息,创建该泵站工程的信息载体。

泵站 BIM 模型的创建主要是通过对施工图纸的分析和整理,分别确定建筑、结构和机电三个专业各自模型的具体创建范围,了解工程相关信息,利用 Revit 建模软件建立泵站工程三维综合模型,形成参数化的族库,在工程中完成各部分模型装配。通过 BIM 协同平台,实现专业间及专业内部协同设计,借助三维建模的优势,利用 Navisworks 软件进行碰撞检测,优化三维模型,具体包括基于族库的泵站工程 BIM 参数化模型构建、泵站工程多专业 BIM 协同设计、泵站工程结构关键部位碰撞检测、数字交付、属性信息集成等多个方面。

2. 倾斜摄影

倾斜摄影测量技术是国际测绘领域近年来发展起来的一项高新技术。它颠覆了以往正射影像只能从垂直角度拍摄的局限,通过在同一飞行平台上搭载多台传感器,同时从垂直、前方、后方、左侧、右侧五个不同的角度采集影像,将用户引入了符合人眼视觉感受的真实直观世界。

倾斜建模基于摄影测量原理,可以将多种源数据、分辨率和任意数据量的照片转化为高分辨率的、带有图像纹理的三维网格模型。具体来说,它通过对获得的倾斜影像、场景数据、拍摄照片等不同数据源数据采取同名点选取、多视匹配、三角网(TIN)构建、自动赋予纹理等步骤,最终得到三维模型。该过程仅依靠简单连续的二维图像,就能还原出最真实的真三维模型,完全无需人工干预便可完成海量城市模型的批量构建。通过倾斜摄影获取多个视角影像,全方位获取地物信息,再通过专业的数据处理软件能够快速生成三维模型。

倾斜摄影自动批量建模软件可以基于标准的二维图像,如倾斜航空照片、场景采集照片、普通相机拍摄的照片,实现批量、自动、快速建模,真实还原现实世界。它是基于图形运算单元(GPU)快速三维模型的建模软件。

3. 360°全景

360°全景摄影是指利用相机环拍360°得到一组照片,再通过专业软件无缝处理拼接得到一张全景图像,通常采用 Flash 技术制作 SWF 格式的图像。该图像可以用鼠标随意上下、左右、前后拖动观看,亦可以通过鼠标滚轮放大、缩小场景。图像内部可安放热点,点击可以实现场景的来回切换。除此之外还可以插入语音解说、图片及文字说明。

利用360°全景技术可以在三维展示平台上构建泵站生产区外景以及生产区内部的系列全景,用户在平台上进行360°全景观察,并且可以通过交互操作进行放大缩小,各个方向移动观看场景,实现自由浏览,体验三维的 VR 视觉世界。此外,可以搭配语音展示系统,在浏览的同时体验语音的讲解和图片文字的说明。该技术也可作为培训的重要手段之一。

### 5.2.4.11 三维可视化检修培训技术

随着我国水利工程的建设,中大型泵站机组相继投入生产运行,急需一大批有经验的检修运行及管理人员,而水泵站大多地处偏僻,尤其是机电设备检修往往受时空等限制,传统的授课、师傅带徒弟的人员培养模式已难以适应现代泵站高速发展的生产需要。另外,每个泵站有着自身独特的布置方式、结构型式,其检修流程、方法也不尽相同。因此,将现代计算机仿真技术与传统泵站机组有机结合,符合现代泵站仿真培训的发展趋势。随着人机交互界面的不断发展,用户在追求数字界面功能实用性的同时,对界面的视觉审美和交互体验提出了更高的要求,由此二维信息界面的局限性也凸显出来。因此,探索三维信息界面的显示交互技术是现在及未来的发展趋势。

智能泵站三维可视化检修培训系统的应用研究除了借鉴水电行业的一些成功应用外,从泵站本身特点和业务流程特点出发,结合先进的计算机建模技术进行了一定的技术改进和创新,主要表现有:

(1) 现代泵站高效培训模式的应用创新。采用机组虚拟检修仿真,形象直观清晰,视听并用,多感官互动,培训效率高,且培训周期短,节省成本。

(2) 该系统将常规水泵站主要设备(水泵、电动机、主变、高压断路器、隔离开关等)、辅助设备(检修排水泵、渗漏排水泵、高低压气机、滤水器、厂用变压器、压油槽、高低压储气罐等)、启闭设备及金属结构(进水口工作及检修闸门、拦污栅、固定式卷扬机、泄洪液压启闭机、泄洪闸门、移动式门机、检修闸门等)以及电气主接线、油水风系统用三维可视化技术进行建模,以文字、声音、灯光、色彩等配合,渲染合成,具有与实物一致的全景三维立体外形,并能根据需要进行局部结构解剖,为泵站检修人员、运行人员以及管理人员提供全方位、多层次的仿真培训。

(3) 虚拟现实技术与仿真培训技术的融合集成创新,既可实时驱动虚拟设备,实现机组动态仿真;也可利用交互设备,形成交互式虚拟检修仿真培训系统。

(4) 设备及零部件复杂曲面建模技术创新,利用 LOD 细节层次技术、圆角特征技术等优化技术,有效减轻成型与渲染计算负担。利用法线贴图技术可真实还原锈斑、气蚀的具体部位、面积、深度等细节。

(5) 虚拟场景与实际场合的层次化映射技术创新,把检修阶梯式渐进过程,分阶段映射到仿真系统中,形成层次化应用、阶段性检验仿真效果。

综上所述,三维仿真技术在泵站检修培训过程中起到了关键性的支持与指导作用,在水泵站运行检修领域实现了技术创新、管理模式创新,打破了泵站传统的检修模式,突破了设备检修时空限制,实现了逼真的设备拆装、故障维修等操作,适应检修运行及管理人员全方位、多层次的培训要求。三维仿真技术强化了泵站人员的理论知识,结合国内外先进技术,大大拓展了相关人员的行业视野,有利于全面提升学员们的工作效率,强化安全保障。

### 5.2.4.12 泵站经济优化运行技术

泵站的经济优化运行,主要是研究泵站的科学管理优化调度技术。根据系统设计理念,对一个大的系统(例如包括所有泵站的一个完整排灌系统)或者一个小的系统(例如单独泵站内部的一个机组运行系统)进行综合性的对比以及分析研究,最终达到泵站运行工况最经济的目的,即在符合所有限制条件的前提下,在一定的时间范围内,遵循确定的泵站优化运行的最优准则,使得泵站优化的目标函数达到一个极值。

传统的泵站优化运行系统多采用以模型驱动为核心的系统结构和数值分析方法,如动态规划法、混沌算法、等微增率法、神经网络算法、遗传算法等,随着计算维度的增加和计算精度的要求提升,以及在问题比较复杂或水泵性能曲线非常规时,仅采用单一的数学算法生成的最优方案的应用范围受到很大限制。尤其是对那些不确定性问题,用数值分析的方法很难解决,再加上缺少与决策有关的知识及相应的推理机制,使得系统不具备思维推理能力且不能对高层决策提供有效支持。

近年来随着人工智能技术的不断发展,智能决策支持方法体系和智能化程度都得到了显著的提高,并且逐步应用于生产和社会生活的各个方面,辅助决策者做出满意选择。我国泵站不仅在电能消耗中占比较大,而且更是一个动态复杂的系统,要面对很多复杂多变的因素,如果能将智能决策方法应用于该领域,将会产生很大的实用价值。针对泵站运行中的能耗、机组效率等问题,智能泵站依托智能运行调度系统,基于超融合架构的数据采集平台,以日常业务处理系统的数据为基础,利用数学和智能方法,采用模拟技术体系、调度技术体系、控制技术体系,结合智能决策支持方法进行创新应用,并对业务数据进行综合、分析,预测未来业务的变化趋势,在泵站调度、开机策略等问题上进行优化,达到泵站经济运行的要求。

## 5.3 基础服务

### 5.3.1 数据采集与处理

平台能与现地采集单元和第三方系统进行数据通信,支持各类工业通信协议和采集方式,通过边缘物联网平台,一方面实现泵站高实时采集数据、高性能分析数据、存储数据、断网续传等功能,另一方面支持业务统一,实现数据管理以及物模型交互,完成智能泵站各应用系统数据的传输及跨区数据同步,支持大数据预测建模分析后模型和调优参数的执行。数据处理主要是指对采集来的各种不同类型的数据依据应用要求进行自动加工处理,用于支持系统完成监测、控制、报警、查询、分析和记录功能;能够对时序数据和过程数据进行处理。

(1) 采集工业控制模拟量、状态量、事件信息等数据并转换成标准物模型。

(2) 基于物模型与监控中心交互,为其提供数据基础。

(3) 存储工业控制模拟量、状态量、事件信息等各类数据,为现地站提供数据基础。

(4) 接收各类自动化系统采集数据,存储实时数据,进行诊断分析,将诊断分析结果输出给现地站工程监控应用系统。

(5) 将各类数据同步到后端,进行大数据可预测维护分析,在现地站检测到断网后缓存数据,并在网络恢复后将缓存数据传送到后端。

(6) 具备友好的界面工具,实现采集信息的控制、监视及定制功能。

(7) 对采集的数据进行有效性和正确性检查。

(8) 生成各类事故报警记录,并启动综合报警服务。

### 5.3.2 人机界面

智能一体化平台提供了各类功能组件定制、发布与应用的综合人机界面,利用三维模型实现泵站现场的再现,结合仿真虚拟场景、人机交互技术实现与现场设备的交互,并能集成计算机监控、机组状态监测、视频监视等系统信息,通过轻量化的三维引擎实现机组控制、机组状态监测、设备检修等三维数字可视化,从而达到三维动态的交互浏览、工程运行状态的三维展示、数据的展示与查询,同时根据泵站的各种故障、报警等信息实现数据联动的三维可视化展示。

### 5.3.3 告警服务

告警服务是系统平台提供的一个公共服务,它统一处理不同应用的各种事件/报警,并根据定义以某种具体方式发出告警信息,如推画面、声光报警、短信通知等。同时告警服务提供统一的事件/报警记录、保存、打印、检索、分析等服务。应用系统层的不同应用均可调用该服务,以实现不同应用中的事件/报警处理功能。

报警数据来源于各领域的专业自动化系统或应用组件,如泵站监控、机组监测、水情监测、工程安全监测、闸门监控、消防系统等,为监测数据和设备状况提供支撑。

告警服务负责定义、管理和处理系统的各类事件和报警。在满足事件/报警定义条件时触发系统告警服务,快速启动相应的报告或报警信号,完成应用的告警处理功能。

支持报警综合处理与人机交互。

支持根据机组状态或其他因素,定制报警策略、优先级,根据不同业务需求发送报警,报警策略、优先级可查询与修改。

支持报警信息的走马灯显示、锚定显示、类型过滤显示和确认操作,并可记录操作信息。

支持多种报警模式,包括短信、手机、声光、邮件及软件界面。

支持各安全区域的数据综合报警。

### 5.3.4 图表组件

图形界面既可展示实时动态数据、图形,又可以图形、列表形式对历史数据进行综合分析比较,各图元集都基于统一平台,具有统一的人机界面,而且具有强大的扩展性和灵活性。图形组件要求支持基本的缩放、平移、导航等窗口操作,画面能够支持多屏显示,窗口数、窗口尺寸方位可灵活自定义,可根据自己的需要在多层透明画面上自由组合,生成丰富多彩的画面等。

智能报表提供报表计算功能和编辑功能,实现对报表的调度、打印和管理。报表的数据来源于实时数据、历史数据、应用数据、人工输入及其他报表输出,与数据库连接。数据库中数据的改变自动反映在报表中,生成新的报表,每次生成的报表均可以保存。报表能够全面支持主流的 B/S 架构,部署方式简单灵活。智能报表支持用户自编辑报表,无需编程;支持多窗口多文档方式;支持多张报表同时显示调用,具有导出、打印等功能;编辑界面灵活友好;支持面向业务的计算和统计等功能。

通过智能一体化平台图表组件,可根据需要绘制各种接线图、过程线等;可进行时间函数、算数计算,满足泵站生产运行的流量、水情、扬程、功率、电量、机组状态等各类报表制作要求。绘制生成的文件可以通过浏览器进行浏览,并支持编辑、下载、打印。

### 5.3.5　权限服务

权限服务是系统安全稳定运行的重要保证,权限服务作为公共服务,为各应用提供权限管理服务公共组件,使各个应用可以方便地使用平台的权限管理功能。

权限服务提供用户、角色管理功能,并能够提供全方位多粒度的权限控制,包括菜单、应用、类型、属性、数据、流程等方面的权限控制。

权限服务支持数据访问权限控制,数据访问权限是登录用户能够查询或操纵数据的权限。数据权限粒度需要达到记录级,可以限制用户访问某些区域、某些设备数据,授权需要支持包含法和排除法。

权限服务的设定由管理人员自定义数型结构,一般会设定系统级、模块级、子模块级、操作级、数据级等。

1. 权限的分布式管理

由于系统涉及的业务子系统、功能模块和用户较多,如果采用集中式的权限管理,负责权限管理的系统管理员需要熟悉各人员的职能权限,还需要应付不断变化的权限需求。采用分级权限管理的模式,由系统管理员下放权限给各部门管理员,各部门管理员负责本部门的人员权限分配,能实现权限的分布式管理,加强权限管理的可控性。

2. 系统级权限设置

此部分权限主要是控制用户能使用哪些信息系统、不能使用哪些信息系统,只有当某个部门、角色、用户拥有某个信息系统的权限后,才能对这个信息系统底下的所有权限资源进行权限分配。

3. 模块级权限设置

模块级权限设置针对的是系统级的下一级权限单元,主要是某个功能或者某个界面。在权限设置中,当对某个部门、角色、用户授予某个信息系统的权限后,管理人员就可以对此信息系统下面的模块级权限资源进行权限设定。

4. 操作级权限设置

操作级权限设置是指对某个界面或者其他使用对象的操作权限(包括新增、编辑、删除、浏览等)的定义。同上,必须先拥有系统级权限,再拥有某个模块级权限,就可以对其进行操作级权限设置了。

5. 字段、数据级权限设置

字段、数据级权限是指对某些数据记录集或数据字段的操作权限,也就是说,不同的部门、角色、用户可以看到同一个数据表的不同数据、不同字段。

6. 数据备份

用户可以定期或随时对这些权限数据进行备份,备份一般采用 XML 文件格式。

各业务应用子系统的权限均通过子系统统一管理。子系统的权限管理力度分为系统级和功能(数据)级。对采用成熟商业产品配置(二次开发)形成的业务系统,如通用办公系统,平台对其权限管理达到系统级,即控制该用户是否能够访问该应用系统(用户进入该系统后的权限由该应用系统控制);对于本项目开发形成的业务子系统,平台对其权限管理达到功能(数据)级,即通过平台统一配置用户的数据权限、功能权限,管理员可通过平台对所有业务系统开展一站式的权限管理。

1) 面向系统管理员

系统对管理员提供管理用户权限的功能。用户的权限是由角色体现的。因此可以依据岗位职责体系设置系统中的角色,角色设置功能只由系统管理员一个角色完成,不允许其他角色人员进行角色设置。

系统对管理员提供设置、收回、修改用户角色的功能,可以通过角色管理来设置角色。如果角色发生变更,则用户权限自动随之变化,不用再做其他配置。

角色的修改操作权限不依赖权限管理,而是强制校验操作用户。

系统上线之初、增加人员和日常人员调动时都将给指定用户分配岗位。

在系统扩展功能时需要给指定功能(权限)分配用户,如果指定权限可以分配给已有角色时,则拥有该角色的人员可以自动获取指定权限;如果指定权限需要新增角色时,就需要将指定角色分配给用户。

权限控制分为两个层次,一是在展现相关功能资源(菜单和按钮)时,需要根据当前用户权限展现能够操作的页面资源;二是在每一个业务操作本身执行时还需要校验当前用户权限。

支持审核权限和审批权限用于工作流的处理。支持权限分级管理功能。权限要按业务类型进行分类编码。提供新建和修改菜单夹功能。提供删除菜单夹功能,但只能删除空菜单夹。提供方便用户的菜单位置调整功能。

提供职员从一个机关调动到另外一个机关的功能,人员调动时,人员的角色需要重新分配。

2) 面向业务用户

系统提供用户查看自己的角色和权限的功能。

3) 面向业务应用系统

系统提供查询用户拥有的权限和角色的接口。

### 5.3.6　实时数据管理与服务

实时数据库可在线采集、存储每个监测设备提供的实时数据,并提供清晰、精确的数据分析结果,便于用户浏览当前生产状况,对现场进行及时的反馈调节。实时数据库不仅能够按采样周期采集存储泵站运行的实时数据,还能够按照时间序列连续存储监测类数据,如机组的振动、摆度等监测数据。针对实时海量、高频采集数据的要求,实时数据库有很高的存储速度、查询检索效率以及数据压缩比,能满足更多的应用需求。实时数据库的主要特点有:

(1) 实时性。实时数据库管理系统中的数据和事务都有显示时间限制,能够反映外部环境的当前状态。系统的正确性不仅依赖于事务的逻辑结果,而且依赖于该逻辑结果产生的时间。

(2) 逻辑整体性。实时数据库管理系统中的全部数据在逻辑上构成一个整体,系统所有用户共享,并由实时数据库管理系统进行统一管理。

(3) 站点自治性。各站点上的数据由本地的实时数据库管理,具有自治处理能力,能够完成本地任务。

(4) 稳定性和可靠性。实时数据库管理系统多应用于分布式环境中,与多个数据源连接,能够承担突发数据流量的冲击以保证系统的实时性和稳定性。

(5) 可预测性。实时数据库管理系统中的实时事务具有时间限制,能够提前预测各事务的资源需求和运行时间,以进行合理的调度安排。

### 5.3.7　历史数据管理与服务

智能一体化平台数据库中存储着海量历史数据,采用集群技术、数据分区技术、透明的应用失效转移技术、高效的数据备份中心最大限度保障系统的可用性。

历史数据管理与服务提供应用数据对象和数据存储之间的转换,实现数据录入、数据存储、数据整编、冗余备份等功能,提供统一、规范、通用的数据访问接口。系统自动在多个数据库之间进行数据同步,确保多个数据库的数据一致性。历史数据库的数据存储具备本地缓存功能,以保障当历史数据库服务器短时退出运行后不丢失历史数据。

历史数据库需具备丰富的数据类型定义能力,包括基本的数值型数据、字符型数据、日期型数据、多媒体数据,声音、图形和二进制数据等,支持将若干基本数据类型进行组合,形成用户自定义数据类型;具备数据的海量存储能力,可以有效地支持大规模数据存储与处理;具备完善的日志和审计能力,可以记录数据库运行时发生的各种事件,以及对数据更新进行审计,便于了解数据库的运行状态和库中数据的更改情况。

### 5.3.8　日志管理

日志是记录系统中各种问题信息的关键,也是一种常见的海量数据。日志平台为项目所有业务系统提供日志采集、消费、分析、存储、索引和查询的一站式日志服务。日志管理的主要目的是为了解决日志分散不方便查看、日志搜索操作复杂且效率低、业务异常无法及时发现等问题。

系统日志包含应用程序日志、安全日志、Web 日志。

应用程序日志记录各应用程序的运行信息。可以根据不同的应用查看该应用系统的运行日志信息。

安全日志记录计算机启停、网络状态、用户登录退出、用户操作等信息。

Web 日志记录发布到 Web 页面上的运行信息,包含各类应用程序发布到 Web 上的运行信息及单独配置的 Web 页面信息。

### 5.3.9　对外信息发布

智能一体化平台对外信息发布功能是 Web 门户与对外信息中心的载体。针对泵站运行实时过程和生产管理与决策分析等不同层面的实际需要,提供多种方式的数据展现、报表、分析和维护,以及进一步数据挖掘功能,为生产运行各个环节以及决策制定提供可靠支持。

### 5.3.10　全生命周期管理

通过对泵站各系统建模,参照设备设施的使用寿命标准,对设备设施进行全生命周期管理。建立以安全生产管理为基础、资产管理为手段的全面覆盖企业生产、管理各个方面的管控系统,可以实现泵站从设计、制造、施工到安装、调试、运营的资产全生命周期管理。以信息数字化、通信网络化、集成标准化、运管一体化、运行最优化、决策智能化、资源共享化、协同服务化、集中管理化为特征,采用智能电子装置及智能设备对泵站设备规划、采购、仓储、安装、调试、运行、维护、改造直到报废的整个过程,自动完成数据实时采集、测量、报警、自诊断等基本功能,实现泵站从投产到运营、报废的全过程管控。

### 5.3.11　GIS 服务

平台提供 GIS 服务,具备地图浏览、图层管理、实时信息监视、地图属性查询、等值线面分析、站网数据维护等功能,为泵站运行调度、防汛决策提供直观可视化的基础平台。此外,平台支持通过共享数据库、共享文件、实时数据通信、标准通信接口为第三方 GIS 应用提供全面的业务数据服务。

GIS 服务所包含的功能主要有:

1. 基本功能

基本功能是专门针对 GIS 服务器和服务的管理功能,包括日志服务、服务管理、服务安全、监控与统计、备份与恢复、计划任务等方面。

1）日志服务

服务从启动到关闭的过程中会按照指定的级别生成日志信息,用来表达目前服务所处的状态,协助管理员更方便地进行运维管理。

2）服务管理

服务管理是配置和管理平台提供的 GIS 服务。包括:创建/删除/配置服务,服务授权,设置工作空间路径,查看代理节点及节点的访问统计信息,以及按区域定时分发缓存,为不同网段的客户端分别配置等。

3）多进程

配置启用多进程后,单机的 GIS 服务器就可以变成多个 iServer 进程的 GIS 系统,所有 GIS 服务被自动划分、部署在互相隔离的进程中,服务更可靠。

启用多进程后,平台会自动监控和管理这些进程。同时,所有进程的 GIS 服务也像以前使用单个服务那样,可以通过统一的入口来访问、管理和监控。

多进程模式下支持设置服务实例个数,可将一个 GIS 服务拆分为多个服务实例。每个服务实例占用一个独立进程(独立端口),彼此相互隔离,提供完整 GIS 功能,可独立响应服务请求。可依据服务负载高低,动态调整服务实例数量,从而更合理地分配资源。开启多实例后,服务性能可得到明显提升。同时,各实例之间互为备份,可有效提高服务的可靠性。

4）服务安全

安全模块提供了全方位的系统安全保障措施,包括:

在 GIS 服务器系统安全层面,支持常规的服务器保护措施,支持防火墙、固定端口、HTTPS 加密通信等。

在数据安全方面,支持工作空间数据加密,并可将加密后的数据发布为服务,支持服务的缓存数据加密,支持三维服务数据加密,支持设置是否允许拷贝。

在服务安全方面,支持基于角色的访问控制,且支持用户组,支持 Token(令牌)机制,支持设置前 $n$ 次密码不可重复使用,支持设置密码错误次数保护以防密码被暴力破解。

支持将认证和授权信息存储在数据库中,且支持扩展,便于管理员统一管理认证和授权信息。

支持集中式会话,多个服务共享会话信息,支持单点登录。

在整个 GIS 系统的安全方面,支持基于中央认证服务(CAS)的单点登录(SSO),支持轻量级目录访问协议(LDAP)账户登录,支持 OAuth 2 账户登录,支持 Java 中间件内置安全方案,支持其他基于 Java 的安全框架/解决方案、第三方认证服务器。

此外,平台还提供了接口,支持安全认证的快速扩展。

5) 监控与统计

监控与统计服务是为管理员提供的平台服务器监控工具,使用此工具,服务器的管理工作将会更加便捷、高效。监控与统计服务可以做到:监控服务器的运行状态、并发访问、热点服务;监控并统计服务器的当前负载、集群系统内部各节点的负载状况;按照用户、时间或日期统计服务访问历史;在系统出现错误或警告信息时通过发送邮件通知管理员;支持集成 HawtIO 等第三方硬件监测工具。

6) 备份与恢复

通过备份和恢复配置文件,实现对系统和服务配置信息的备份和恢复。在服务器的运行过程中,可以通过此功能将服务器某些重要时间节点的配置信息备份保存,需要使用的时候可以方便地恢复到所需的时间节点。

7) 计划任务

计划任务功能支持定时完成系统管理的任务,如资源定时回收,可以设定临时资源的回收时间点和回收周期。

2. 服务来源

平台可以将多种来源的数据发布为服务,包括工作空间数据、远程的 Web 服务、地图瓦片包等。

1) 工作空间数据

支持发布 UDB 格式的文件型数据,支持发布存储于大型数据库管理系统(DBMS)的空间数据,包括 Oracle、SQL Server 等。

2) 远程 Web 服务

支持发布远程 Web 服务,能够发布开放地理空间信息联盟(OGC)标准的服务、互联网地图,以及第三方平台的地图服务。

3) 瓦片数据

支持将已有的二维瓦片直接发布为地图服务,包括发布分布式存储的瓦片,发布标准地图瓦片包,以及其他本地存储的瓦片包。

此外,支持将二、三维瓦片直接发布为三维服务,包括数据库 MongoDB 中存储的二维地图瓦片、三维的影像/地形/OSGB(Open Scene Graph Binary)模型瓦片。

3. 地图服务

平台提供地图服务,包括常用的地图操作、距离/面积量算、动态投影、动态专题图制作、空间查询、属性查询、动态缓存等功能。

4. 空间数据编辑服务

平台提供空间数据编辑服务,包括对数据集的管理、空间要素和属性的编辑、数据查询、统计分析等功能。

数据集管理,包括获取数据源和数据集信息,在线增加、修改或删除数据集。

数据在线编辑,在线对空间要素及其属性信息进行添加、编辑、删除。

数据查询,根据指定条件,对点、线、面等要素数据进行属性查询、空间查询、缓冲区查询等。

统计分析,包括计算最大值、最小值、平均值、方差、标准差及求和。

5. 智能集群

平台提供智能集群服务,可将多个地图服务注册到集群服务器中,并提供单一客户视图的服务。

6. Web 服务

平台提供服务发布功能,支持发布全功能的 GIS 服务,如地图、数据、空间分析、网络分析、三维服务等。

7. 服务聚合

平台提供服务聚合功能,通过服务聚合可以将各处的 GIS 服务聚合为一个服务供用户访问,实现资源整合。服务聚合功能包括:

1) GIS 服务端地图聚合

服务端的地图服务聚合,可以将相同坐标系的地图直接按照地理范围叠加,叠加后的地图可作为一个地图服务供客户端访问,而服务端原始数据并没有更改。支持聚合已有的在线地图服务、使用地图瓦片包发布的服务和第三方地图服务,支持将不同类型、不同来源的地图聚合成一幅地图展现给客户端。

2) GIS 服务端数据聚合

在 GIS 服务层支持聚合已有的数据服务和第三方数据服务,将不同类型、不同来源的数据聚合成统一的空间数据展现给客户端,实现数据整合。

3) 客户端 WMS 聚合

使用客户端 API(应用程序编程接口)在客户端聚合 WMS(Web Map Service)服务。

4) 客户端 WFS 聚合

使用客户端 API 在客户端聚合 WFS(Web Feature Service)服务。

5) 客户端第三方在线服务聚合

客户端服务聚合支持主流的多种地图服务,包括支持多种在线地图和第三方库。

8. 地址匹配服务

地址匹配服务支持通过地点描述、城市范围获取对应的地理坐标和结构化的地址详细描述,支持中文模糊匹配;支持通过输入的地址坐标获取对应的地址描述。

9. 数据目录服务

内置的数据目录服务提供了对多种来源、多种类型的空间数据进行一体化管理和统一访问的能力。

10. 空间处理服务

平台提供空间处理服务,主要提供与空间处理建模相关的服务,包括工程管理、空间处理建模、任务管理服务、流程监控和影像建库等。

空间处理服务使用时需要相应的平台扩展模块的许可,例如:空间处理服务中使用空间分析功能,则需要提供空间分析模块的许可。

11. 分布式切图服务

平台提供分布式切图服务,该服务可添加位于不同机器的多个切图节点,从而实现并行切图,大幅提升海量空间数据的切图工作效率。

12. 三维服务

三维服务包含以下三维场景数据发布功能:地形数据、影像数据、KML(Keyhole Markup Language)数据、模型数据、矢量数据、二维地图,以及 B/S 的三维场景浏览、三维数据管理、三维缓存数据获取、三维符号获取等,且在三维场景中可同时发布和浏览二维地图。

13. 空间分析服务

空间分析服务主要提供对空间要素和数据的分析功能,包括对数据集和几何对象的缓冲区分析、叠加分析、表面分析、插值分析等。

### 5.3.12　工作流引擎

工作流引擎可实现项目中业务流程的定义、运行、监控和管理。将系统中动态变化、相互依赖的活动、资源、任务、工作流、约束、授权等要素有效组合起来,并分角色来访问,使得业务操作和管理工作标准化、规范化,消除人为因素的影响。工作流引擎为用户提供了一个简单易用、高效稳定的工作流系统,以实现系统中需要人工处理或干预才能完成的各业务环节和文书流转功能。

工作流引擎能够支持流程定义语言进行描述和执行,提供可视化的模拟与测试业务流程,以便业务人员和开发人员可以尽早发现流程的瓶颈和缺陷,支持流程引擎嵌入业务系统中,提供独立的流程建模与设计工具。

根据上述内容要求,可以将工作流管理的功能划分为以下模块:

1. 流程设计

可视化流程设计(图形方式),过程元素丰富,支持拖拽式设计;

支持过程元素复制、粘贴、删除;

支持图形分层显示;

能建立流程设计模板,方便用户进行新的流程设计;

支持流程模板复制;

能进行流程逻辑校验及合法性检查,提供流程仿真功能;

能暂存正在设计的流程,只有发布后的流程才能为用户使用;

能定义流程优先级、密级;

支持动态流程,可通过变量设置流程参与者,支持角色参与;可通过变量设置表单,提供表单设计工具,并可与流程节点匹配;

支持流程导入、导出,方便流程部署和故障恢复。

2. 流程控制

支持顺序、并行、循环、同步、异步、竞争等业务流程;

支持流程嵌套、支持子流程设计;

可由用户进行权限托管和权限回收;

具备流程超时控制能力,并可强制流程下行;

支持事件模型;

支持流程回退、限时、取回处理;

支持可视化流程监控,可以动态调试流程;

支持 JMS(Java Message Service)消息调用流程。

3. 流程管理

具备对流程状态进行可视化监控管理和流程跟踪能力;

能实现流程的挂起、恢复、手动启动、删除;

根据流程密级,自动控制流程在管理界面上的显示和隐藏;

支持流程模型集中保存;

支持管理控制台集中配置系统参数维护;

支持流程引擎系统性能监控功能。

4. 接口能力

提供相关接口过程和函数,便于用户二次开发;

可由应用程序实现对流程的控制(启动、挂起、停止、恢复、删除、跳转);

支持任务重新指派功能;

可实现用户表单的简单挂接,用户表单可以是 XML、JSP、第三方插件表单;

提供组织机构、用户、角色、权限功能,开放相关的接口协议,并能同应用系统的机构、用户、角色、权限功能等无缝连接;

提供组织机构建模工具。

5. 消息和提醒

能在用户界面按流程优先级显示待办事宜;

以消息框、蜂鸣、手机短信、电子邮件等多种方式提醒用户。

6. 部署和分发

支持双 CPU、双机热备、服务器群集;

提供流程迁移和发布工具,能实现流程在多服务器上的同时部署、分发、更新;

支持跨服务器流程(大流程),一个流程可以由多服务器共同完成,支持分布式应用,分布式应用时,可通过消息方式传递用户自定义的变量;

支持多服务器流程接续,在本地流程执行过程中,通过消息机制或其他触发器启动远程服务器流程;

支持跨服务器子流程调用。

### 5.3.13 三维渲染服务

WebGL(Web Graphics Library)三维渲染技术的出现,将浏览器端需安装插件的问题完美解决,但 WebGL 仍只是一个底层的绘图 API,在绘制三维图形的过程中,必须手动设置顶点定位、颜色、大小信息和缓冲区对象,设定图形纹理,进行矩阵变换、编写着色器等操作,既费时又费力。因此,一些对 WebGL 进行封装的三维引擎应运而生,避免了每次开发都需从底层编写的繁复性,削减了开发成本,缩短了时间周期。目前,常见的三维引擎有 Three.js、OpenWebGlobe、WebGL Earth 和 Cesium。

Cesium 是一个三维地球虚拟平台,无需安装插件即可在浏览器端运行,支持 GPU 加速,可对二维、三维 GIS 要素进行渲染,具有极强的 GIS 数据动态展示能力。Cesium 能接入符合 OGC 标准的任何 TMS(瓦片地图服务)、WMS、WMTS(Web Map Tile Service)地图服务,可加载 Bing Maps、MapBox、OpenStreetMap 等网络地图,支持三维瓦片地图服务,与此同时,它提供的 3D Tiles 技术在解决三维模型服务中的一些难题上表现突出。Cesium 使用 Apache 协议,是一款免费、开源、跨平台的 Web GIS 地图引擎。

## 5.4　平台组成与功能

智能泵站一体化平台包括四大模块,分别是智能监控、智能诊断与评估、智能运维和智能管理。

### 5.4.1　智能监控

1. 智能主机组监控系统

智能主机组监控系统通过智能采集数据、自适应闭环控制、神经网络控制、视频联动等先进的技术手段实现泵站控制系统的智能化、智能故障诊断和自愈控制,可根据运行参数和调度需要自动完成实时控制、智能调节,是实现泵站设备自动控制、自动调节、经济安全运行的基础。智能主机组监控系统具有一键启停功能,能够自动或根据运行人员的命令实现对泵站机电设备的控制,包括对主机组、调节机构、技术供水、闸门、励磁系统、变配电系统、排水系统等进行联合控制,支持远方对生产设备进行监视,通过三维建模和可视化人机界面实时查看泵站主要系统的运行状态,相关运行设备参数,主要设备的操作流程,事故、故障报警信号及有关参数和画面。

2. 智能叶片角度调节系统

综合智能一体化平台可与叶片角度调节系统间进行数据和功能集成,主要是用数学模型将扬程、流量、叶片角度与水泵效率等参数的关系用函数描述出来;另外根据泵站运行的情况,包括实时工况所需扬程、流量,利用第一个功能所建立的函数关系对其进行过程优化。

3. 智能闸门控制系统

综合智能一体化平台可与闸门控制系统间进行数据和功能集成,系统能实时控制闸门启闭机工作,并可实时监测闸门开度、液压站的状态等,可实现闸门开度实时纠偏功能、闸门下滑恢复功能。

4. 智能励磁控制系统

综合智能一体化平台可与智能励磁控制系统间进行数据和功能集成,实时监测励磁装置运行状态并对其寿命进行分析,根据励磁装置不同元件的使用规律和故障特性,基于大量的工程实际数据和专家系统分析进而给出励磁装置的寿命分析。在电机内部出现故障时,进行灭磁,以降低故障损失程度。

5. 智能排水控制系统

综合智能一体化平台可与智能排水系统间进行数据和功能集成,系统可以自动识别泵站机组运行使用的冷却水、过水部件的渗漏水等监测点的水位,当水位达到起排水位时,控制系统自动启动排水工作泵进行抽排,直到监测点水位下降至停泵水位时,控制系统自动停止排水工作泵运行。排水工作泵工作时,泵的启停状态信号将上传到综合智能一体化平台。当工作泵故障、水位超高或工作泵运行累计时长超过一定阈值时,系统都可自动切换至备用泵进行排水。

6. 智能技术供水控制系统

综合智能一体化平台可与智能技术供水控制系统间进行数据和功能集成,实现根据机组开机台数、机组温度自动调节技术供水的流量,从而使机组运行过程中工作温度稳定,并实现技术供水的循环使用。

7. 智能清污机控制系统

综合智能一体化平台可与智能清污系统间进行数据和功能集成,实现对清污机工况的实时控制、监测和保护管理。系统可根据前、后水位压差、水面漂浮物堆积情况,智能控制系统清污,保证水面过流能力,避免泵站因过流能力达不到而停机。

8. 智能照明控制系统

综合智能一体化平台可与智能照明系统间进行数据和功能集成,照明子系统同系统控制协同,在泵站设备控制时结合视频,实现自动控制照明设备。智能照明控制系统通过采集端口获取光线传感器和人车传感器等设备的数据,根据系统定制的照明策略,通过灯光控制器控制照明灯的开和关,同时根据光线强弱进行灯光亮度的调节,同时自动检测各个设备的状态来判断设备是否出现故障,实现有人值班、无人值班不同场景下的不同策略的照明控制。

9. 智能通风控制系统

综合智能一体化平台可与智能通风控制系统间进行数据和功能集成,可以实现对通风设备的实时监测、实时控制、联动控制、负荷控制、运行时间控制等;可以查询暖通设备的历史运行记录(图表或运行曲线)、历史能耗、操作记录、报警记录。

10. 智能除湿控制系统

综合智能一体化平台可与智能除湿控制系统间进行数据和功能集成,确定仪表的监测功能,监测泵站各层工业除湿机的运行、故障以及手自动等信号;具有启、停控制功能。

11. 智能变配电控制系统

综合智能一体化平台可与智能变配电系统间进行数据和功能集成,平台支持 IEC 61850 标准信息模型,可与智能变电站系统设备的监测数据进行无缝对接。平台具有人机界面操作控制、在线监测、告警报警、故障分析等功能。

12. 智能消防控制系统

综合智能一体化平台接收消防系统的报警信号及火灾模式信息,并进行对应模式的火灾联动。发生火灾时,平台通过工业电视监控系统、广播系统、信息系统对工作人员进行安全疏散引导;联动门禁系统进行相应的操作,便于人员尽快逃生;接收火灾报警系统的报警信号及火灾模式信号,并下发区间火灾联动模式指令。

### 5.4.2　智能诊断与评估

综合智能一体化平台可与主机组全生命周期监测系统进行数据和功能集成,对泵站主机组设备的状态监测量、过程量参数以及相应的工况参数进行实时监测,并对监测数据进行存储、管理、综合分析,能反映机组长期运行状态的变化趋势,以数值、图形、表格和文字等形式进行显示和描述,并对机组设备异常状态进行预警和报警。

通过对机组的振动、摆度及相关的过程量参数进行实时、并行、整周期采样,并进行相应的处理、计算和特征提取,以机组结构示意图、棒图、数据表格、曲线等形式实时动态显示所监测的数据和状态;提供时域波形分析、频域分析、轴心轨迹图、空间轴线图、瀑布图、趋势分析等多种专业方式分析机组稳态数据,评价机组在稳态运行时的状态;提供相关性分析、瀑布图分析、连续波形等专业分析工具,用于分析和评价机组在启停机暂态过程的状态。

通过监测各过流部件的压力脉动,平台可实时显示压力脉动的波形和频谱;分析压力脉动的频率成分以及压力脉动随工况的变化情况;分析各压力脉动及其频域特性与不同扬程下的关系。主要功能有:

1. 机组状态实时监测

实时监测是指对机组当前的运行状态进行同步监视和显示的功能,它以数值、曲线、图表等各种形式,将机组的各种状态分析数据,通过多个不同的画面展现给用户。

实时监测系统同时会将各通道的报警状态在监测终端同步显示,泵站运行人员可以根据这些状态判定是否需要检修维护人员参与机组检查调整。

2. 数据分析功能

数据分析功能指系统将已经存储的历史数据,经过某些特定算法的加工,以曲线、表格、文字的形式提供给分析人员,以帮助用户分析机组的运行状况以及发现故障。系统提供表 5.4-1 所示的分析工具。

表 5.4-1 数据分析工具

| 序号 | 数据分析工具 | 序号 | 数据分析工具 |
|---|---|---|---|
| 1 | 时域信号图 | 7 | 功率谱图 |
| 2 | 阶次比分析图 | 8 | 相位分析图 |
| 3 | 轴心轨迹图 | 9 | 多轴心轨迹图 |
| 4 | 空间轴线图 | 10 | 时间趋势分析图 |
| 5 | 多工况相关趋势分析 | 11 | 数值列表分析 |
| 6 | 瀑布图 | 12 | 全工况瀑布图 |

3. 报警保护功能和预警功能

1) 报警保护功能

报警保护功能是监测机组是否安全、稳定运行不可或缺的手段。系统具备支持多点组合、不同工况判断与选择、保护输出延时等多种报警保护模式和策略。在线监测系统能自动采集、记录报警前后 20 min 的原始数据,分辨率小于 2 ms;并可以通过分析诊断软件调出报警保护发生前后 20 min 之内的连续数据以供事后分析。

2) 趋势预警功能

当机组振动、摆度、局部放电量等关键参数未达到报警级别,但是由于机组缺陷导致上述参数存在趋势变化时,可以使用趋势预警功能及早发现该问题。趋势预警是发现早期缺陷的关键手段之一。

3) 预报警/保护输出

当有满足条件的越限报警或预警事件发生时,软件系统自动记录预警事件和报警发生时参量特征值,并记录报警事件发生时刻前后 20 min 的全部相关数据以供分析诊断使用;该报警事件可以在各终端分析、诊断软件的事件日志中浏览查询和分析。

4. 设备运行状态报告

设备运行状态报告内容如表 5.4-2 所示。

表 5.4-2 设备运行状态报告内容

| 序号 | 报告内容 | 报告内容简介 |
|---|---|---|
| 1 | 设备实时运行状态评价报告 | 设备最新实时状态中的实时值以及报警状态、趋势预警状态等 |
| 2 | 开停机过程状态评价报告 | 对开停机过程的振动等状态参数做分析和评价,检测开停机过程振动等状态有无报警 |
| 3 | 报警、趋势检测及自动分析诊断事件统计报告 | 统计当日、当周、当月等发生的报警事件、趋势检测事件并自动分析诊断结果 |

### 5.4.3 智能运维

1. 智能工作台管理

该模块用于个人工作查看、处理及管理。主要包括待办审批、已办审批、待办工作、已办工作、我的消息。

待办审批:是指针对审批模块,需要本人处理且未处理完成的各类审批工作。

已办审批:是指针对审批模块,需要本人处理并已处理的各类审批工作。

待办工作:是指针对巡查模块中定时任务管理子模块,需要本人处理且未处理完成的任务。

已办工作:是指针对巡查模块中定时任务管理子模块,需要本人处理且已处理的任务。

我的消息:即消息提醒,包括审批模块抄送给本人的信息,巡查时发现问题并上报给本人的信息,监测预警自动发送给本人的信息等。

2. 智能作业管理

智能作业管理包括对交接班、巡检、工程检查、排班计划、工作票等进行管理,以及对相关设施的使用和针对所发现问题的上报进行流程化管理等,从传统的线下管理转变为线上管理,并提供查看设备台账、备品备件库存及两票流程监管等功能。

1) 工程检查

针对工程检查所产生的各类报表,以及上级单位来访检查所产生的纪要信息,统一在该模块进行管理。系统支持报表的信息管理、导出、打印等功能。同时,根据管理所需,自动在系统中生成统计报表,很大程度上节约了站点做表的时间,同时也方便上级管理部门及时查看到站点的总体情况。

2) 工程观测

该模块用于管理工程观测产生的各类报表。系统支持报表的信息管理、导出、打印等功能。同时,也可将自动生成的统计报表,通过平台发送至上级管理部门;上级管理部门也可通过平台直接看到各站点观测情况、相关统计报表。

3) 工程评级

根据工程评级范围和办法并结合实际情况,对各类工程进行全面检查和评级管理。

4) 排班计划

排班计划的主要功能是管理企业的班次信息、在线编辑个人的值班表。该模块可减少人员配置过量的情况,最大程度降低管理成本和控制人工成本;减少因排班复杂,排班人员易出错的问题。

5) 交接班管理

交接班管理分为交班和接班管理功能。交班时系统会获取该交班人值班期间所负责区域的维修记录、巡检记录等,录入指定接班班组后,被指定接班班组的成员可以在线进行接班,同时生成交接班记录。该模块很大程度上减少了交接班填写报表的时间,明确了值班的责任人。

6) 巡检管理

巡检管理的主要功能是巡检路线的配置、为巡检对象配置巡检的内容、巡检任务的发起和任务记录的生成。该模块有效解决了巡检人员漏检和不巡检的问题;取代了传统的签到本形式,采用更为科学、高效和直观的方式对巡检人员进行统一管理并可形成报表文件;督促工作人员按时检查设备,确保设备各项功能运转正常,排除生产质量隐患。

3. 三维模拟仿真与培训

三维检修培训系统是用先进的计算机技术,通过三维建模、虚拟现实、三维仿真等技术的综合运用,建立的三维可视化智能系统。该模块将常规泵站主要设备(水泵、电动机、主变压器、高压断路器、隔离开关等)、辅助设备(检修排水泵、渗漏排水泵、高低压气机、滤水器、厂用变压器、压油槽、高低压储气罐等)、启闭设备及金属结构(进水口工作及检修闸门、拦污栅、固定式卷扬机、液压启闭机、闸门、移动式门机、检修闸门等)以及电气主接线、油水风系统用三维可视化技术进行建模,以文字、声音、灯光、色彩等配合,渲染合成,具有与实物一致的全景三维立体外形,并能根据需要进行局部结构解剖。三维检修培训系统包括泵站整体结构和各子系统的三维可视化、工艺流程可视化、运行操作三维仿真、作业指导可视化培训和考核等功能。

4. 智能设备管理系统

通过设备管理,泵站的管理人员通过网络实现在线工作、在线查询等,使决策的高效化、统一化、制度化得到有力的保障,这样既可以实时了解资产、设备分布状况,又可以实时监控资产、设备使用情况,为泵站管理层提供了全面、客观、准确的资产、设备管理的数据源;能快速、便捷完成对设备(固定资产)及备品备件计算机信息化管理,消除信息孤岛,实现数据信息共享,构建出一个协同作业的操作平台,使设备管理工作规范化、流程化,为设备(固定资产)的物、卡、账相符提供了保障;通过授予不同操作人员的数据读、写、打印、输出等操作权限,保证了系统的安全性,机密数据的保护得到加强;相关业务模块流程化操作管理,为实现设备管理的无纸化业务管理提供了保障。系统具有以下功能:

1) 设备台账

设备台账主要针对各工程设备基础信息进行管理,包括设备添加、修改、删除等维护功能和查询功能。设备维护信息包括基本信息、设备技术参数。基础信息包括设备编号、设备名称、设备类型、设备分类、供应商、联系方式、安装时间、购买时间、质保期、使用寿命等信息;设备技术参数需根据不同设备类型进行信息维护。

2) 备品备件管理

备品备件管理主要完成设备的备品备件的库存信息管理,包括备品备件的出入库记录、使用情况记录、现有库存数据统计。

3) 设备评级

设备评级包括设备等级的设置、设备类型等级标准的制定以及设备的等级记录。

5. 智能综合数据分析系统

智能综合数据分析系统是将水利工程设备运行自动化监控数据及基础水情数据集中在一个业务系统中,在一体化平台上自动显示各类信息,并结合图形、表格和实时动态信息框等形式来展示监测数据的变化情况,并提供监测预警告警管理及提醒。

智能综合数据分析系统将收集处理的水利工程监控数据写入数据库,同时从数据资源管理平台中获取相关应用数据,提供水利工程运行工况情况,为运行监测数据挖掘提供服务。具体功能包括数据接收、数据处理、数据入库、数据管理。

## 5.4.4  智能管理

泵站工程主要由主机泵,高、低压电气设备,输变电线路,油、气、水辅机设备,直流装置,保护装置,金属结构件,自动化监控系统,进出水建筑物等组成,涉及多门学科知识,组成结构复杂,运行操作繁琐,日常维护保养工作量较大,对工程管理人员业务素质和技术水平要求也较高。在当前传统水利加快向现代水利转变的进程中,必须将工程管理工作放在更加突出的位置,实现由过去的粗放型管理向集约化管理的转变,由传统的经验管理向科学化管理的转变。

对泵站工程管理单位而言,引入和践行精细化管理是必须和迫切的。在当前全面推进水利现代化建设的进程中,必须把工程精细化、标准化管理作为解决当前存在的诸多问题、强化工程管理的突破口、切入点和发力点。

基于泵站工程管理性质和特点,根据单位的实际需求,重在贯彻精细化管理的理念,借鉴其科学的方法,构建更加科学高效的管理体系。把精细化管理作为水利工程规范化管理的"升级版"、水利工程安全运行的"总阀"、水利工程管理的更高目标追求,探索符合水利现代化要求的精细化管理模式,构建更加科学高效的工程管理体系,促进水利工程管理由粗放到规范、由规范向精细、由传统经验型向现代科学型转变,加快推进水利工程管理现代化进程。

# 6

## 智能监控

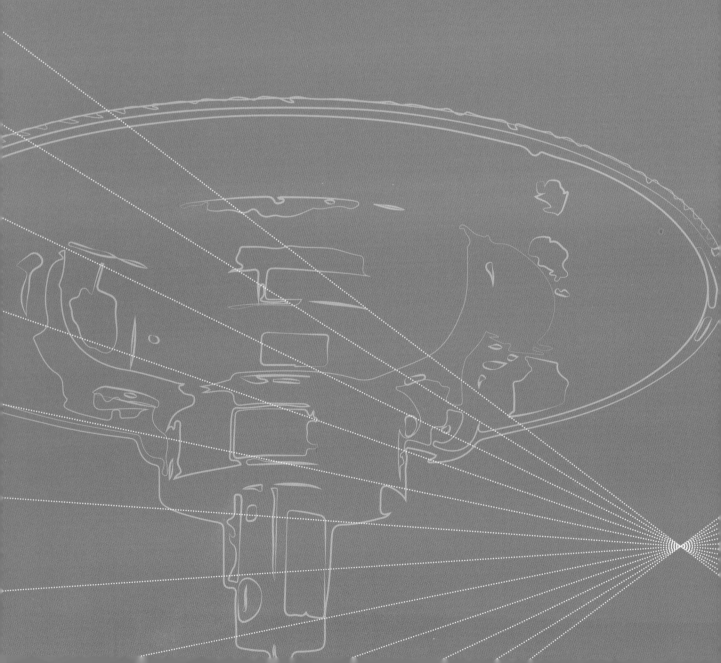

6.1　基本概况

6.2　系统结构及组成

6.3　控制流程

6.4　智能主机组监控系统

6.5　智能叶片调节系统

6.6　智能闸门控制系统

6.7　智能技术供水系统

6.8　智能渗漏排水控制系统

6.9　智能清污机控制系统

6.10　智能变配电控制系统

6.11　智能消防控制系统

6.12　智能照明控制系统

6.13　智能通风空调控制系统

6.14　智能励磁控制系统

6.15　智能除湿控制系统

6.16　水力量测

6.17　各子系统智能协联

# 6 智能监控

## 6.1 基本概况

智能泵站的控制系统是泵站自动化、智能化运行的关键和核心。为实现智能泵站"无人值班、少人值守"的目标,其控制系统需具有功能全面、实时高效、智能调节、智能联动、智能监测、智能运维、智能管理、智能诊断自修复等智能化的功能。

智能泵站的控制系统需包括泵站主机、辅机和其他具有控制功能的设备,包括:主机组控制系统、变配电控制系统、励磁系统、技术供水系统、闸门控制系统、视频监控系统、排水系统、叶片调节系统、清污机系统、除湿系统、消防系统、采暖系统、通风系统、照明系统等智能控制单元。

智能控制系统在控制技术方面需采用人工神经网络、遗传算法、专家控制等先进的控制技术,实现整个泵站自适应闭环控制和各系统间的联动。

泵站智能监控系统关键技术主要有可编程自动化控制器相关技术、以太网可编程自动化控制器相关技术、传感器技术等。

## 6.2 系统结构及组成

### 6.2.1 以站级智能监控为主的系统结构及组成

以站级智能监控为主的系统结构在纵向上由低到高分为现地设备层、现地控制层、站级控制层三个层次。

**1. 现地设备层**

现地设备层与智能监控相关的设备主要包括现场各单元设备、智能终端、信号采集设备、仪表,实现现地机电设备的数据信息采集。包括:主机组设备智能终端、智能供水终端、励磁设备、智能变配电设备、闸门设备、智能排水终端、叶片智能调节终端;智能清污机设备、智能照明设备、智能通风设备、智能除湿设备、智能消防设备、智能液压设备等。

**2. 现地控制层**

现地控制层是各类智能化的现地监测、控制和保护设备的集中,实现与现地设备层各机电设备间的通信。与智能监控相关的设备主要包括:主机组现地控制柜、技术供水现地控制柜、励磁控制柜、电气设备控制柜、闸门现地控制柜、排水现地控制柜、叶片调节现地控制柜、智能清污机控制单元、智能照明控制单元、智能通风控制单元、智能除湿控制单元、智能消防控制单元、液压设备控制单元、水力量测单元等。

**3. 站级控制层**

站级控制层是各类计算机、网络通信设备、安全防护设备、数据库系统、智能监控平台和智能应用平台的集中,完成厂站级运行监视、自动控制、优化调度、预测预报、智能分析、故障预警、在线诊断等功能。与智能监控相关的设备主要包括:泵站实时监控系统、智能协调系统、智能清污机控制系统、智能照明控制系统、智能通风控制系统、智能除湿控制系统、智能消防控制系统、泵站经济运行系统、综合会商系统、语音通信系统等。

## 6.2.2 以远程集中智能监控为主的系统结构及组成

以远程集中智能监控为主的系统结构在纵向上由低到高分为现地设备层、现地控制层、站级控制层、远程集中控制层四个层次。

**1. 现地设备层**

现地设备层与以站级智能监控为主的系统一致。对于某些关键数据的传感器、仪表或智能单元,可采用冗余配置。

**2. 现地控制层**

现地控制层除了包含与以站级智能监控为主的系统一致的主要设备之外,还包含远动屏,远动屏可实现对泵站智能监控系统数据的接入并转发至远程集中控制中心。对于现地控制层的核心控制设备 PLC、核心网络设备交换机,可采用冗余配置。

**3. 站级控制层**

站级控制层与以站级智能监控为主的系统一致。其综合会商系统、语音通信系统还应能与远程集中控制中心实现会商和通话的功能。

**4. 远程集中控制层**

远程集中控制层是面向所管控区域内多个泵站的综合控制调度中心,与站级控制层通信,负责接收各个泵站的现地设备运行信息,向站控层发送各种控制、调节等命令。远程集中控制层汇集了区域内多个泵站的主要信息,具有对海量实时/历史数据进行挖掘分析的功能,可从全局角度对泵站的运行进行优化调度,为泵站群梯级调度提供指导性建议。

## 6.3 控制流程

### 6.3.1 标准 PLC 程序结构

#### 6.3.1.1 标准数据处理程序结构

为便于对 PLC 所处理的输入、输出数据进行统一处理,通过归纳处理,将所有输入、输出信号主要归类为 DI、DO、AI、AO 共四类,分别为其定义一种数据结构类型,通过专门的 DI、DO、AI、AO 处理程序对这些信号进行处理,并从实际应用需要,对其增加部分实用功能,如:取反、延时、事件记录、死区等,这些功能和信号处理所需要的参数和结果都存储于数据结构类型中。

这四种类型信号的数据来源有:模件、串口通信、以太网通信和内部处理结果。

#### 6.3.1.2 上传数据结构

为统一数据存储,将 PLC 所有需要上传数据的存储区归类为 Bool、Int 和 Real 共三类,分别存储到 HMI_B[♯]、HMI_I[♯]、HMI_R[♯]中。

#### 6.3.1.3 单步控制程序结构

对于自动控制程序,基本要求"有控制,必有反馈",基于此要求,单步控制分以下三步:①条件判断;②命令输出;③结果反馈。四种信号:允许条件;输出信号;状态反馈;故障报警。

#### 6.3.1.4 自检程序结构

(1)静态条件下的自检,提供各自检状态信息于控制中心,控制中心可通过关联状态码描述并给出问题处理建议。

(2)动态条件下的自检,在满足静态条件下,泵站机组联动启动过程中,对于每一控制流程控制的设备,除了自身的主状态检测与判断,为提高系统的容错性,还需通过关联分析辅助信号及其他设备关联信号来规避非事故性状态。

#### 6.3.1.5 标准流程程序结构

将机组控制的所有设备抽象成一个对象和条件、输出、反馈、超时四种属性,按工艺流程进行串联,并记录实时流程执行过程,以利于事后问题定位和分析。

#### 6.3.1.6 安全控制区程序结构

将传统的控制中心 DO 控制指令设计成标准控制字(整形)和参数字(整形、浮点),对所有有效数据区进行是否可读写规划,只读数据区实时覆盖刷新,避免外部篡改数据;可读写区只有控制字和参数字几个数据,并可通过增加简易加密方式提高安全可靠性,另对接收到的控制字和参数字按约定的规则进行解析和判断,同样避免外部篡改数据,进一步提高安全可靠性。

#### 6.3.1.7 在线模拟培训程序结构

将所有外部信号抽象分类为 DI、DO、AI、AO 四类数据,并进行内部映射,屏蔽外部输出,通过标志位可自动切换在线运行和在线模拟模式。

### 6.3.2 开机流程

#### 6.3.2.1 流程

典型开机流程如图 6.3-1 所示。

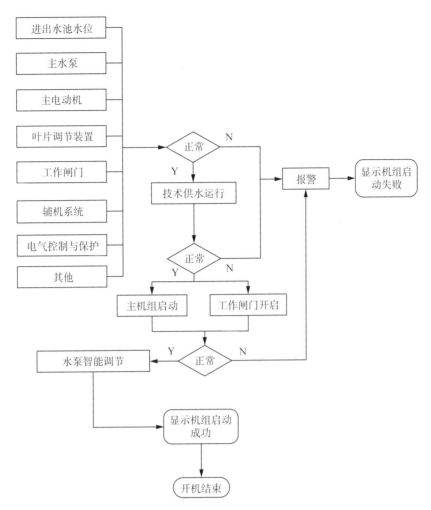

图 6.3-1　典型开机流程图

### 6.3.2.2　流程说明

1. 开机条件检查

泵站机组在开机运行前须先检验其开机条件,包括进出水池水位、主水泵、主电动机、叶片调节装置、工作闸门、辅机系统、电气控制与保护系统等的信号(见表 6.3-1),系统能自动判断出每个开机条件的满足情况并能实时显示。开机条件都满足要求时将会执行技术供水运行流程,若开机条件不满足,系统会产生报警信号,并将故障原因反馈到监控系统界面,显示机组启动失败。

表 6.3-1　开机条件检查表

| 序号 | 检查项 |
| --- | --- |
| 1 | 进、出池水位是否满足水泵机组的进水和出水条件 |
| 2 | 进出水闸门控制系统是否正常 |
| 3 | 主机上下油缸油位、油色是否正常 |
| 4 | 供水泵运行是否正常,所有供水管路是否畅通,压力指示是否正确 |
| 5 | 主机油系统运行是否正常 |

| 序号 | 检查项 |
|---|---|
| 6 | 主电动机管道通风机是否正常 |
| 7 | 叶片调节器内油缸油位、油温、油质是否正常 |
| 8 | 叶片调节装置行程是否符合要求 |
| 9 | 主电动机保护联动试验是否正常 |
| 10 | 主电动机空气间隙是否正常、绝缘是否正常 |
| 11 | 泵站出口工作闸门、事故闸门及防洪闸门是否正常 |
| 12 | 清污机是否正常 |
| 13 | 高低压设备温度是否正常 |
| 14 | 高低压电气设备电压、电流是否正常 |
| 15 | 高低压开关柜仪表指示是否正常 |
| 16 | 直流母线电压是否正常(控制电源母线电压210~230 V) |
| 17 | 直流系统正、负母线对地是否绝缘 |
| 18 | 励磁装置调试是否正常、冷却风机运行是否正常 |
| 19 | 直流电源、交流电源是否投入和处于带电状态 |
| 20 | 可控硅温度是否正常 |
| 21 | 励磁风机手动、自动切换开关是否置于"自动"位置 |
| 22 | 空压机运行是否正常、安全阀是否可靠 |
| 23 | 微机保护电源是否正常 |
| 24 | 其他 |

2. 技术供水运行

当上述系统工况全都满足开机条件时,系统会将开机指令下发到技术供水控制单元,并启动技术供水装置。技术供水泵启动正常后,将开启进出水工作闸门,并启动主机组。若技术供水设备运行不正常或者失败,系统会产生故障报警信息,并将故障原因反馈到监控系统界面,显示机组启动失败。

3. 开启工作闸门

当技术供水系统运行后,控制系统将自动开启相应的进出水工作闸门,做好开机准备。若闸门开启失败或不满足开机条件,系统会产生故障报警信息,并将故障原因反馈到监控系统界面,显示机组启动失败。

4. 启动主机组

当进出水工作闸门开启并满足水泵主机组启动的条件后,控制系统将执行主机组启动的控制程序,启动主机组。机组启动正常后,系统进入水泵智能优化调节过程。若机组启动失败或故障,系统会产生故障报警信息,并将故障原因反馈到监控系统界面,显示机组启动失败。

5. 水泵智能调节

当机组启动并运行正常后,系统将进入智能优化调节过程,根据上下游水位、压力、闸门开度、机组流量、叶片角度、扬程、机组运行状态等信号,依照智能控制系统的机组运行模型来进行水泵的优化调节,机组运行稳定后,系统提示机组启动成功。

6. 开机流程结束

上述开机流程执行完成并成功后,机组进入自动运行状态,开机过程结束。

离心泵和蜗壳式混流泵一般为闭阀启动,待机组转速达到额定值后,即可打开真空表和压力表上的闸阀,此时,压力表的读数应保持在水泵流量为零时的最大值,这时逐渐开启出水管路上的闸阀。此时真空表的读数会逐渐增加,压力表读数逐渐下降,电动机电流逐渐增大。闭阀运行的时间一般不超过 5 min,如时间过长,泵内液体发热,可能造成事故。

立式轴流泵和导叶式混流泵一般为开阀启动。一边充水润滑导轴承,一边启动电动机,待机组转速达到额定值后,停止充水润滑。

## 6.3.3　停机流程

### 6.3.3.1　流程

典型停机流程如图 6.3-2 所示。

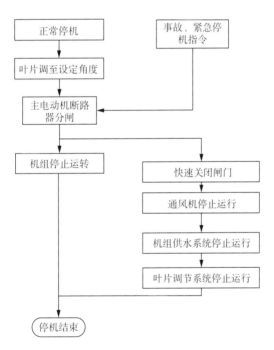

图 6.3-2　典型停机流程图

### 6.3.3.2　流程说明

1. 调节叶片角度

当需要停止水泵运行时,系统将自动调节叶轮的叶片角度至设计规定的角度。

2. 主电动机断路器分闸

停机继电器动作并自保持,由继电器接点引出,跳电动机断路器,联动励磁装置逆变灭磁。

3. 停机过程

当上述工作完成后,并且机组转速下降到规定范围内(一般为额定转速的 35%),制动装置自动投入工作进行制动(对于水头较低的泵站,也可不设制动装置)。同时根据系统自动程序内的正常停机数学模型,关闭供水闸门至全关,停止风机系统运行,停止供水系统运行,停止叶片调节系统运行。

4. 停机结束

机组停止运行完成后,及时放空水泵及管路中的余水,清理水泵和电动机油污,可根据情况投入加热器进行加热,并复位制动。出水管路上装有闸阀的水泵,停机前应逐渐关闭出水管路上的闸阀,采用闭阀停机。

### 6.3.4 事故紧急停机流程

1. 判断故障信号

当发生下列情况之一时机组产生故障报警信号:

(1) 冷却水中断;

(2) 机组风机故障;

(3) 定子温度升高;

(4) 推力轴承温度升高;

(5) 上导轴承温度升高;

(6) 下导轴承温度升高;

(7) 轴承油温升高;

(8) 机组自动控制电源消失。

故障报警流程如图 6.3-3 所示。

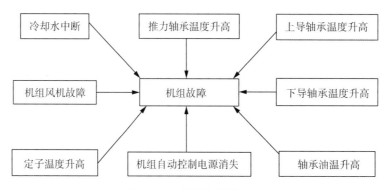

图 6.3-3 故障报警流程图

2. 紧急停机指令

当发生下列情况之一时,系统自动执行紧急停机指令:

(1) 电气事故;

(2) 电动机电流速断或差动保护动作;

(3) 电动机过负荷保护动作;

(4) 电动机低电压保护动作;

(5) 电动机接地保护动作;

(6) 励磁装置事故保护动作(失步保护、失磁保护);

(7) 推力轴承温度过高接点动作;

(8) 上导轴承温度过高接点动作;

(9) 下导轴承温度过高接点动作;

(10) 主机组振动或摆度超过阈值；

(11) 主机组转速超过阈值；

(12) 主机组发生火灾等紧急情况。

紧急停机流程如图 6.3-4 所示。

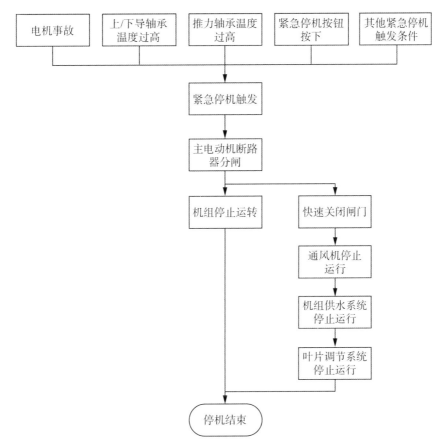

图 6.3-4　紧急停机流程图

3. 事故停机指令

当发生下列情况时,应做事故停机处理:

(1) 主电动机自断路器合闸算起 15 s 内不能牵入同步而没有自动跳闸；

(2) 定子铁心温度超过事故温升值而无法降低；

(3) 同步电机失步运行时,其保护装置拒绝动作；

(4) 电机滑环与碳刷间产生较大火花又无法消除；

(5) 励磁电流明显上升或下降,又无法恢复正常；

(6) 机组发生强烈振动；

(7) 机组的转动部分与固定部分有明显的碰击声；

(8) 主电动机及电气设备发生火灾或者人身事故；

(9) 进水池水位低于停机水位。

4. 主电动机断路器分闸

停机继电器动作并自保持,由继电器接点引出,跳电动机断路器,联动励磁装置逆变灭磁。

**5. 停机过程**

当上述工作完成后,根据系统自动程序内的控制逻辑,关闭供水闸门至全关,停止风机系统运行,停止供水系统运行,停止叶片调节系统运行。

**6. 停机结束**

机组停止运行完成后,及时放空水泵及管路中的余水,清理水泵和电动机油污,可根据情况投入加热器进行加热,并复位制动。

### 6.3.5　渗漏排水流程

#### 6.3.5.1　流程

渗漏排水流程如图 6.3-5 所示。

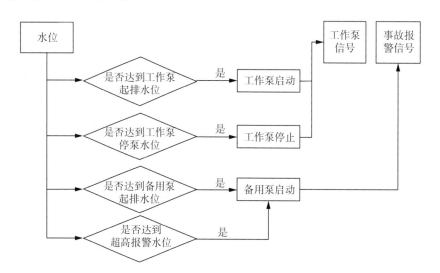

图 6.3-5　泵站渗漏排水流程图

工作泵与备用泵轮换工作控制流程如图 6.3-6 所示。

#### 6.3.5.2　流程说明

**1. 排水对象**

1)生产用水的排放

生产用水的排水量较大,排水对象位置较高,通常能自流排出,具体排水对象为:大型同步电动机空气冷却器及导轴承油冷却器的冷却水、稀油润滑的主泵导轴承油冷却器的冷却水、主泵填料漏水、滤水器冲洗污水、气水分离器及储气罐废水、其他设备及管路法兰漏水。

2)泵站渗漏排水和清扫回水

此类排水量不大,排水对象位置较低,不能自流排出,具体排水对象为:泵房水下土建部分漏水、主泵油轴承密封漏水、主泵填料漏水、滤水器冲洗污水、气水分离器及储气罐废水、其他设备及管路法兰漏水。

根据上述排水特征,应采用集水井或排水廊道将水汇集起来,然后用排水泵排出。

3)检修和调相排水

此类排水量很大,高程最低,而且要求在很短的时间内排出,具体排水对象为:在检修运行时,进水流道和泵室内的水、闸门漏水。

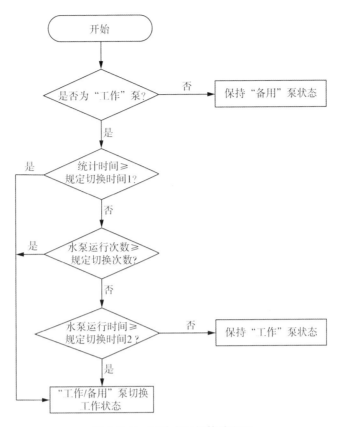

图 6.3-6　泵站水泵切换流程图

**2. 正常水位排水**

系统可以自动识别到上述渗漏排水监测点的水位,当水位达到起排水位时,控制系统自动启动排水工作泵进行抽排,直到监测点水位下降至停泵水位时,控制系统自动停止排水工作水泵运行。排水工作泵工作时,泵的启停状态信号将上传到监控系统。

**3. 备用泵排水**

当排水工作泵运行且无法满足排水要求,监测点水位达到一定位置或超高水位时,控制系统将自动启动备用排水泵进行排水,直至水位下降到安全水位,此时,会产生事故报警信号并上传控制系统。

### 6.3.6　压缩空气流程

#### 6.3.6.1　流程
压缩空气流程如图 6.3-7 所示。

#### 6.3.6.2　流程说明
**1. 启动前准备工作**

检查动力电源系统是否正常,各联锁、保护报警、程序控制装置、测量装置等工作是否正常,检查上次停机时冷凝水是否排除,检查空气压缩机油箱油位、油压是否正常,检查各动力设备冷却水循环系统是否正常,水压、水温是否正常,检查储气罐、管道及过滤组阀门位置是否正常。

**2. 正常工作流程**

当上述系统工况满足空气压缩机开机条件时,系统下达指令启动空气压缩机,并反馈空气压缩机运行

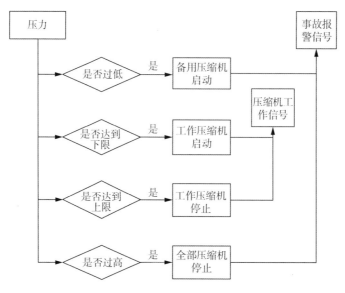

图 6.3-7　泵站压缩空气流程图

工作信号,同时监测系统出气压力。当压力大于允许压力上限时,系统下达停机指令,关闭空气压缩机。当压力小于工作压力下限时,重新检查开机条件,启动空气压缩机。根据出气压力,实时控制空气压缩机的启停,并向控制系统反馈压缩机的工作信号。

3. 事故处理流程

当空气压缩机运行一段时间后,若出气压力始终达不到工作压力下限时,即启动备用压缩机。并将事故报警信号反馈给监控系统。如果压缩空气压力过高,立即停止所有主、备压缩机,并向监控系统反馈报警信号,显示压缩空气系统故障。

# 6.4　智能主机组监控系统

## 6.4.1　需求分析

泵站主机组主要是由水泵、电动机、叶片调节装置等组成,是泵站最关键、最核心的组成部分,也是智能泵站研究的重要内容。通过对国内外已建和在建的大型泵站进行调研、查阅资料,结合对智能泵站的认识和思考,认为主机组智能化研究主要包含以下几个方面:

1) 主机组全生命周期监测管理与健康诊断评估系统

开发适合泵站主机组的全生命周期监测管理系统并研究主机组健康状态诊断关键技术。基于设备实际工况,根据其在正常运行下各种特性参数的变化,通过应用包括机器学习、大数据分析等先进智能技术来确定设备是否需要检修并能够根据设备运行状态参数对设备健康状态进行评估,掌握设备的完好情况,及时消除设备隐患,从而提高设备的完好率和泵站运行效率。通过大数据和云计算平台技术、组态监控技术、仿真技术等实现多个系统和多种技术之间的资源共享,能够进行设备远程监控、设备健康状态诊断、故障预警、运行优化调节、预防性维护、能效管理。

2) 叶片智能调节关键技术

根据泵站的水位、调水规模及需要调节叶片,满足泵站经济、高效及节能运行的要求。

3) 推力轴瓦瓦振及主机组荷载量测与分析

通过对推力轴瓦瓦振、轴瓦温度及主机组荷载量测与分析,提前对主机组运行的安全性、稳定性和可靠性进行预警。

4) 泵站装置效率量测

通过进、出水流道流态,流量及电动机输出轴功率等监测装置,根据流道型线和流态,经量测及公式修正后,能实时展示泵站装置效率,为泵站经济运行提供科学依据。

5) 基于三维可视化的恒压恒温技术供水集成装置

一般电气控制屏上配置有触摸屏,可以显示各设备的运行状态、各仪表运行参数、报警记录等,还可以在触摸屏上进行控制操作和参数设置。如果系统需要三维可视化,电气控制屏也可以配置工业控制计算机。三维建模软件可以对泵站的各个集成设备建立三维模型,能在工控机中三维动态显示各设备结构、任意的模型剖切及旋转,使得复杂的大型工程结构一目了然,解决了传统二维管线空间布局不清楚、显现不直观等问题。同时还可以监控主要设备监测点的温度、压力、液位、流量等数据。三维可视化模型使设备更直观、立体,为项目后续的运行、维护、宣传提供了更多帮助。

利用闭环反馈控制原理,能恒压恒温给电机冷却器、轴承冷却器、水泵主轴密封、水导轴承润滑等提供技术供水,保证机组安全可靠稳定运行,延长机组使用寿命。

在电气控制方面采用变频闭环反馈控制,根据泵站机组侧用水设备的压力、温度、流量的模拟量信号变化自动调整水泵的运行状态,进而达到恒温恒压的要求。

6) 创建变频可调节的泵站节能技术供水高度智能集成系统

一年四季,气候随季节变化,泵站内外温度变化较大,泵站室内温度也不一样,进而电机冷却器、轴承冷却器、水泵主轴密封、水导轴承润滑所需要的供水温度也需要调整。因此须在机组供水系统的各个重要监测点布置高精度温度信号变送器,将温度信号实时反馈到电气控制屏,电气控制屏能根据接收到的温度信号变频控制技术供水泵,以达到节能效果。

根据现场的工况需求,泵站内机组投入运行的数量会有变化,因此对机组供水系统的供水量会有所增减。变频可调节的节能技术供水集成系统可以根据机组投入运行的信号实时变频调节技术供水泵的运行状态和运行数量,以满足泵站内机组投入运行所需要的用水流量、用水压力、用水温度等,达到智能控制、节能环保的效果。

整个供水系统采用模块化集成设计,分为集成滤水器系统、集成水箱系统、集成水泵系统、集成冷却器系统;各个子系统可以灵活匹配,分别配备必要的监测元件,达到高度智能化控制的要求;模块化的设计方便在现场调试和安装设备,减轻了运维人员的劳动强度。

在各个集成子系统上布置有监测元件,对各设备的温度、压力、液位、流量等数据进行实时监测和显示,并通过RS485通信将信号送至中控室,方便运行人员监控。

7) 泵站智能清污技术

建立可视化清污机运行管理系统,构建分布式控制管理系统,实现中央设备控制与远程自动控制,根据风险警示提醒发出操作指令,从而实现对清污机的远程智能化控制。

系统实现远程智能自动清污,根据拦污栅水位差、智能视频监视和运行工况定时实现。

可以实现智能识别、清污、传送、自动打包、自动存放或装车"一条龙"作业。

8）创建泵站主电动机智能变频闭环控制通风技术

采用变频闭环控制技术实现主电动机机坑内温度始终处于适宜电动机运行状态的基本恒定温度,延长主电动机的寿命,达到机组运行时通风系统的节能效果。

在春、夏、秋、冬四季不同环境温度时,能根据外部环境温度的不同调节变频风机运行,达到节能效果。

在不同工况、主电动机不同功率运行情况下,能根据不同功率发热量调节变频风机运行,达到节能效果。

9）其他智能照明、智能视频及安防、智能监控协联技术等

### 6.4.2　机组一键启停

机组一键启停是基于泵站纵剖面三维模型展示机组正常开停机流程,包括主机组、技术供水、工作闸门的运行动画展示。

1. 展示数据

系统原型数据展示内容:主机组、技术供水、工作闸门、励磁系统的运行数据及运行状态。实时展示泵站装置效率,为经济运行提供技术支撑。

1）主机组

运行状态、机组流量、上游水位、下游水位、叶片角度、转速。

2）技术供水

(1) 供水泵:远方、运行、故障。

(2) 出水阀:远方、开到位、关到位。

3）工作闸门

(1) 模拟量:闸门开度、荷重。

(2) 开关量:远控、闸门全开、闸门全闭、上升、下降、油温过高、油泵运行状态。

4）励磁系统

(1) 模拟量:励磁电流、励磁电压、功率因数、有功功率、无功功率。

(2) 开关量:励磁就绪、励磁状态、励磁报警、空气开关状态、交流电源报警、直流电源报警。

2. 主要操作

(1) 一键启停命令下发。

(2) 机组切换。

3. 三维展示

设备材质、水流粒子效果逼真,设备动画流畅。

### 6.4.3　机组辅机系统

基于机组辅机系统的三维模型,对设备进行控制操作,包括:叶片智能调节系统、技术供水系统、进出口闸门、渗漏排水系统。以叶片智能调节系统为例,应实现以下功能。

1. 展示数据

(1) 系统原型数据展示内容:以叶片智能调节系统为例,展示相关数据。

(2) 叶片智能调节:上游水位、下游水位、转速、当前角度。

（3）叶片手动调节：设定角度、当前角度、远方控制、叶片最大角、叶片故障。

（4）油温、油压、油位。

2．主要操作

（1）根据进、出水池水位及流量智能调节叶片，使水泵处于最高效率运行。

（2）手动调节叶片角度设定。

3．三维展示

模拟叶轮、主轴旋转，叶片转动调节。

### 6.4.4　泵站公用系统

基于泵站公用系统三维模型，对设备进行控制操作，包括：清污机系统、采暖通风系统、除湿系统、变配电系统、照明系统等。以清污机系统为例，应实现以下功能。

1．展示数据

系统原型数据展示内容：以清污机系统为例，展示相关数据。

2．主要操作

清污机启停控制。

3．三维展示

基于三维模型实现清污机运行动画。

## 6.5　智能叶片调节系统

节能减排作为我国的基本国策贯穿于社会经济的发展历程中，而我国水泵行业节能技术的发展与应用，对国民经济有着重大的影响。例如，南水北调东线工程梯级泵站设计年运行时间超过 5 000 h，年运行费用达数十亿元。同时，国家要求在输水过程中不造成水体的污染，泵站运行也不对环境造成不良影响，由此看来，泵站经济环保运行方式的研究、水泵绿色节能产品的开发与应用，有着特殊的实际意义。

水泵是水利工程中泵站的核心部件，它决定了泵站的实际运行效率。但我国许多泵机仍然存在不合理的结构型式，影响正常使用。另外，某些关键部件可靠性差，故障频繁发生，运维成本高，个别泵站甚至建成后数年一直不能正常运行。

轴流泵及导叶式混流泵作为一种高比转数叶片泵，具有流量大、扬程低的特点，在实际工程中应用较为广泛。对于一般的轴流泵及导叶式混流泵，为保证其在不同工况下的运行效率，通常叶片都是做成可调的。根据叶片调节方式的不同，轴流泵及导叶式混流泵可分为全调节式或半调节式。全调节式泵可在水泵运行中或停机后不拆卸叶片的条件下实现叶片角度的调节，因此目前通常作为效率最优的选择。机械式叶片调节装置最早设置在电动机轴与水泵轴之间，后来上移至电动机顶部。其在运行中，很容易发生漏油、滚动轴承损坏等故障，可靠性较差。而传统全调节水泵叶片的液压系统，包括压力油罐、操作油管等体积较大，构造较为复杂，密封较为困难，在实际运行中容易造成操作油泄漏的现象。并且此类传统装置占地面积大，维护维修较为困难。此外，由于没有自动调节功能，许多泵站都主要关注流量而忽视效率，导致叶片调节闲置不用，能源浪费较为严重。因此，解决这些问题具有显著的经济、环境和社会意义。通过开发新技术使全调节水泵运用范围更广、效率更高、运行更加安全可靠已经成为业内比较关注的研究领域。

### 6.5.1 概述

为了克服全调节水泵操作油泄漏、维修维护困难、油压设备体积较大等制约条件,智能泵站技术联盟成员单位联合试制了全调节水泵叶片高油压智能调节控制系统[Intelligent High-pressure Blade-Angle Control system (IHBAC) for Fully-adjustable Water Pump],用于全调节水泵叶片最优角度的实时自动精准定位。

IHBAC 不仅实现了水泵效率的实时全自动优化,并且简化了执行器(液压水泵叶片调节装置)的结构,改善了密封性能,实现了无/少人运行,少/免维护的目标。IHBAC 同时还克服了传统液压式全调节水泵的诸多运维问题。其基本工作原理如图 6.5-1 所示,装置可以根据实时扬程、流量要求,通过计算机计算求解优化开机台数、单机流量以及叶片角度等变量,然后同步反馈到执行系统,进行全自动的水泵调度和叶片角度的精准定位(效率优化)。

图 6.5-1　全调节水泵叶片高油压智能调节装置工作原理框架图

IHBAC 主要由两个子系统组成:

1. 全调节水泵叶片角度智能优化子系统

全调节水泵叶片角度智能优化子系统(Intelligent Blade-Angle System for Optimization, iBAS-O)能根据泵站要求的实时扬程和流量,以水泵装置效率最优、总耗电量最少(包括站用电)作为目标函数,通过智能化寻优算法,求得水泵叶片的最优角度;通过 D/A 转换后用可编程控制器 PLC 及 PID 算法驱动执行器定位叶片。

2. 全调节水泵叶片角度高油压执行子系统

全调节水泵叶片角度高油压执行子系统(Intelligent Blade-Angle System for Beta-execution, iBAS-B),简称为 Beta 执行器,为叶片角度液压定位系统。它根据 iBAS-O 的输出信号与指令,通过 PLC 及 PID 闭环调节,驱使高油压(16 MPa)传动装置将叶片角度精准定位在相应的最优角度上。

其详细逻辑结构如图 6.5-2 所示,实时数据通过传感器、数模转换等步骤录入算法程序中,然后输出为控制信号。信号指令再控制油压装置的受油器、接力器等机械部件实现桨叶角度的调节。与传统液压调节机构相比,此系统融合了神经网络、遗传算法等技术的软件平台进行实时优化调度,同时,结合 16 MPa 的操作油压,简化了液压结构,改善了密封结构,在生产智能化、节能减排、经济性、灵活性、稳定性和可靠性上都取得了较大的改进。

### 6.5.2　全调节水泵叶片角度智能优化子系统

全调节水泵叶片角度智能优化子系统(iBAS-O)主要实现的是两个功能,一个是数据导入与建模,一个是实时调度过程优化。第一个功能主要是用数学模型将扬程、流量、叶片角度与水泵效率等参数的关系用函数描述出来;第二个功能则是根据泵站运行的情况,包括实时工况所需扬程、流量,利用第一个功能所建立的函数关系进行过程优化。

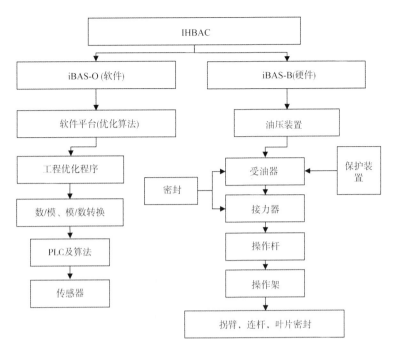

图 6.5-2  全调节水泵叶片角度智能优化子系统结构逻辑图

### 6.5.2.1  扬程、流量与效率数据导入与建模

水泵不同工况下的扬程、流量、叶片角度与效率的关系通常没有现成的数学模型来描述,在实际应用中通常是根据水泵的综合特性曲线进行查找决定,如图 6.5-3 所示。

这种描述方式在实际操作中通常需要人工读取来确定参数,对计算机的调用造成了一定的障碍;而且其效率特征范围有限,只有在效率曲线上的点较为准确,许多工况点无法得到准确的读数。iBAS-O 则采用了神经网络(ANN)技术,根据曲线上的点所得到的较为准确的数据,通过计算机的自我学习,建立一套全范围的扬程、流量、叶片角度和效率的模型,使优化算法能够获取数字化的矢量数据,提升了计算精度,并且扩大了预测范围。该模块从工作流程上可划分为数据采集、数据处理两个部分。

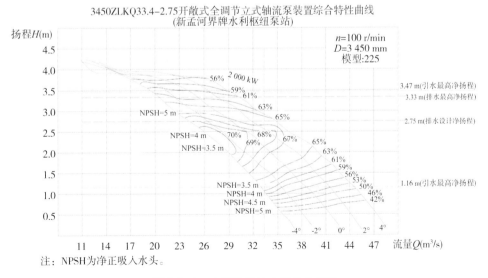

注:NPSH为净正吸入水头。

图 6.5-3  水泵装置综合特性曲线图

#### 6.5.2.2　数据采集

数据采集模块主要是从现有的特性曲线图片中抓取数字化、矢量化的数据。考虑到水泵综合特性曲线图坐标系 $x'O'y'$ 与逻辑坐标系 $xOy$ 不平行的情形,用鼠标分别在特性坐标系的横、纵坐标网格上选取任意 4 点 $A$、$B$ 和 $C$、$D$,可自动获得它们的逻辑坐标值 $(x_A, y_A)$,$(x_B, y_B)$,$(x_C, y_C)$ 和 $(x_D, y_D)$,并给出它们所对应的特性坐标值 $(x'_A, y'_A)$,$(x'_B, y'_B)$,$(x'_C, y'_C)$ 和 $(x'_D, y'_D)$,即可得出以下特性坐标与逻辑坐标的换算关系:

$$\begin{cases} x'_P = x'_O + (x'_B - x'_A)\sqrt{\dfrac{(y_P - y_O)^2 + (x_P - x_O)^2}{(y_B - y_A)^2 + (x_B - x_A)^2}}\cos\phi \\[4mm] y'_P = y'_O + (y'_B - y'_A)\sqrt{\dfrac{(y_P - y_O)^2 + (x_P - x_O)^2}{(y_D - y_C)^2 + (x_D - x_C)^2}}\sin\phi \end{cases}$$

$$\phi = \arctan\left(\frac{y_P - y_O}{x_P - x_O}\right) - \alpha$$

式中: $x'_P$ 和 $y'_P$ 为采集点 $P$ 的特性坐标;$(x'_O, y'_O)$ 为 $AB$ 和 $CD$ 的交点特性坐标;$(x_O, y_O)$ 为 $AB$ 和 $CD$ 的交点逻辑坐标;$\alpha$ 为特性坐标系的横坐标相对于逻辑坐标系的横坐标沿逆时针方向的偏转角,由此将特性曲线数字化和矢量化,方便计算机读取和调用。

#### 6.5.2.3　数据处理

数据处理模块是采用 BP 神经网络对水泵效率综合特性曲线进行数据处理。BP 神经网络的学习训练采用 Levenberg-Marquardt 学习算法(简称 LM 算法)。它是一种利用标准的数值优化技术的快速算法,是梯度下降法与高斯-牛顿法的结合。下面对 LM 算法做简要阐述:

设误差指标函数为:

$$E(\boldsymbol{w}) = \frac{1}{2}\sum_{i=1}^{P}\|\boldsymbol{Y}_i - \boldsymbol{Y}'_i\|^2 = \frac{1}{2}\sum_{i=1}^{P}e_i^2(\boldsymbol{w})$$

式中: $\boldsymbol{Y}_i$ 为期望的网络输出向量;$\boldsymbol{Y}'_i$ 为实际的网络输出向量;$P$ 为样本数目;$\boldsymbol{w}$ 为网络权值和阈值所组成的向量;$e_i(\boldsymbol{w})$ 为误差。

设 $\boldsymbol{w}^k$ 表示第 $k$ 次迭代的权值和阈值所组成的向量,新的权值和阈值所组成的向量 $\boldsymbol{w}^{k+1}$ 为 $\boldsymbol{w}^{k+1} = \boldsymbol{w}^k + \Delta\boldsymbol{w}$。在 LM 方法中,权值增量 $\Delta\boldsymbol{w}$ 的计算公式如下:

$$\Delta\boldsymbol{w} = [\boldsymbol{J}^{\mathrm{T}}(\boldsymbol{w})\boldsymbol{J}(\boldsymbol{w}) + \mu\boldsymbol{I}]^{-1} + \boldsymbol{J}^{\mathrm{T}}(\boldsymbol{w})e(\boldsymbol{w})$$

式中: $\boldsymbol{I}$ 为单位矩阵;$\mu$ 为用户定义的学习率;$\boldsymbol{J}$ 为 Jacobian 矩阵,即:

$$\boldsymbol{J}(\boldsymbol{w}) = \begin{bmatrix} \dfrac{\partial e_1(\boldsymbol{w})}{\partial w_1} & \dfrac{\partial e_1(\boldsymbol{w})}{\partial w_2} & \cdots & \dfrac{\partial e_1(\boldsymbol{w})}{\partial w_n} \\[4mm] \dfrac{\partial e_2(\boldsymbol{w})}{\partial w_1} & \dfrac{\partial e_2(\boldsymbol{w})}{\partial w_2} & \cdots & \dfrac{\partial e_2(\boldsymbol{w})}{\partial w_n} \\[2mm] \vdots & \vdots & & \vdots \\[2mm] \dfrac{\partial e_N(\boldsymbol{w})}{\partial w_1} & \dfrac{\partial e_N(\boldsymbol{w})}{\partial w_2} & \cdots & \dfrac{\partial e_N(\boldsymbol{w})}{\partial w_n} \end{bmatrix}$$

LM 算法的计算步骤描述如下:

(1) 给出训练误差允许值 $\varepsilon$,常数 $\mu_0$ 和 $\beta(0 < \beta < 1)$,并初始化权值和阈值向量,令 $k = 0, \mu = \mu_0$;

(2) 计算网络输出及误差指标函数 $E(w^k)$；

(3) 计算 Jacobian 矩阵 $\boldsymbol{J}(w^k)$；

(4) 计算 $\Delta w$；

(5) 若 $E(w^k)<\varepsilon$，转到(7)；

(6) 以 $w^{k+1}=w^k+\Delta w$ 为权值和阈值向量，计算误差指标函数 $E(w^{k+1})$，若 $e(w^{k+1})<e(w^k)$，则令 $K=k+1,\mu=\mu\beta$，转到(2)，否则 $\mu=\mu/\beta$，转到(4)；

(7) 算法结束。

综合特性曲线 BP 神经网络结构图如图 6.5-4 所示。网络的输入为扬程和流量，输出为叶片角度和水泵效率。在此网络中代入从特性效率曲线所采集来的扬程、流量、角度和水泵效率数据，经过运算，可以得到效率与扬程、流量和叶片角度的关系函数(模拟模型)。同时，在实际运行过程中，通过采集现场实际数据可进行自我校正，从而使其在实际运行中能够不断深度自我学习，进行模型改进，做出更加符合实际情况的准确判断。

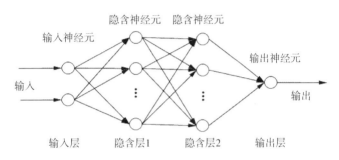

图 6.5-4　综合特性曲线 BP 神经网络结构图

#### 6.5.2.4　优化运算

优化运算模块可根据泵站进出口水位差(净扬程)的变化，在保证泵站抽提流量的前提下，根据水泵变角经济运行模型输出结果，自动控制转轮叶片角度和开机台数，使泵站总耗电量最小或装置效率最优，基本框架如图 6.5-5 所示。

图 6.5-5　iBAS-O 优化计算的基本架构

#### 6.5.2.5　全局优化求解算法

总耗电量最小模型是一个单一阶段优化模型。对于一个具有 $M$ 台机组的泵站，其优化问题就是一个 $M$ 阶段决策过程的优化问题，iBAS-O 一般情况下采用动态规划法解决这一问题。当 $M$ 较大时，可结合遗传算法求相对最优解或次优解。

动态规划的基本思想是：

(1) 将多阶段决策过程划分阶段，恰当地选取状态变量、决策变量以定义最优指标函数，把问题化成一族同类型的子问题，然后逐个求解。

(2) 求解时从边界开始，逆序过程行进方向，逐段递推寻优。在每一个子问题求解时，都要使用它前面已求出的子问题的最优结果，最后一个子问题的最优解，就是整个问题的最优解。

动态规划基本方程为:

$$\begin{cases} f_k(S_k)=opt\{g_k(v_k(S_k,u_k(S_k)),f_{k+1}(S_{k+1}))\mid u_k\in D_k(S_k)\} \\ S_{k+1}=T_k(S_k,u_k),k=M,M-1,\cdots,1 \\ f_{m+1}(S_{m+1})=0 \end{cases}$$

式中:$opt$ 根据模型取 min;$k$ 表示阶段变量,即第 $k$ 台水泵;$S_k$ 表示 $k$ 阶段的状态变量,即 $k$ 阶段剩余抽水流量;$f_k(S_k)$ 表示第 $k$ 阶段的初始状态 $S_k$ 从 $k$ 阶段到 $M$ 阶段所得到的函数最小值;$u_k(S_k)$ 表示第 $k$ 阶段处于状态 $S_k$ 时的决策变量,即第 $k$ 台水泵的抽水流量;$T_k(S_k,u_k)$ 表示状态转移方程;$v_k$ 表示第 $k$ 阶段的阶段指标,即第 $k$ 台水泵的轴功率;$D_k(S_k)$ 是由状态 $S_k$ 所确定的第 $k$ 阶段的允许决策集合。

对任意的泵站的实际扬程和需要抽水流量,根据上述模型算法,iBAS-O 子系统会自动求出最优的开机提水方案,使得泵站总耗电量最小。

### 6.5.3　全调节水泵叶片角度高油压执行子系统

全调节水泵叶片角度高油压执行子系统(iBAS-B),如图 6.5-6 所示,主要包含受油器、接力器、操作杆、角度-位移传感器、机械电气保护装置以及一些辅助设备,如液压装置、电控系统、操作架等。其工作时,同步电动机转子带动主轴旋转,与主轴连接的执行器的主接力器、操作杆及操作架随主轴一起旋转,当水泵智能调节系统 iBAS-O 发出叶片调节指令时,位移传感器接收指令,调节器打开比例阀,使操作油由固定油管经受油器进入接力器。经过 PID 闭环调节,叶片的角位移与指令相吻合时,停止调节。此时,叶片精准定位在指定的角度上。

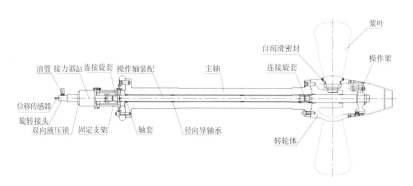

图 6.5-6　iBAS-B 总装图

#### 6.5.3.1　受油器

iBAS-B 的核心(液压)部件结构如图 6.5-7 所示,受油器位于接力器前端,将固定油管的压力油输送到

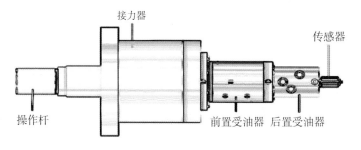

图 6.5-7　液压部件结构示意图

接力器缸内。受油器缸与其内的浮动转轴采用特殊材料密封,同时,浮动转轴材料与密封材料间的摩擦系数极低,以保证油的温升和泄漏量符合要求。浮动转轴的槽口与固定油管的油口在轴向位置是对应的,这样固定油管的压力油就进入了浮动转轴的槽口,最后转化为轴向油流,以驱动接力器活塞产生位移,从而调节叶片角度。受油器额定压力一般为 16 MPa,最高工作压力通常为 20 MPa,主罐体缸体则由符合《冷拔或冷轧精密无缝钢管》(GB/T 3639—2021)的优质 45 号钢铸件组成,其余部件均采用该材质或强度更高的锻件和铸件,以保证设备的安全性、稳定性和适用性。

### 6.5.3.2　接力器

接力器通常为二通路内管旋转式旋转接头,操作油压一般为 16 MPa。由于其体积较小,通常置于电机顶端。接力器及其活塞采用锻钢制造,由于接力器与操作轴皆与主轴同步旋转,所以,其密封基本上属于静密封,因此不会产生泄漏。操作轴一般则用 45 号钢或其他更优质的钢材做成,操作轴与主轴之间用装有自润滑材料制成的限位环,限制操作杆的径向位移,保证了操作杆拉压时的稳定性。

与其相连的压力油管最大流量通常为 300 L/min;其最高运转速度在 1 500 r/min 左右,应用环境温度为 −40～90℃,适用范围较广。在转速 200 r/min 时油温不超过 50℃,可靠性较强。与受油器相对应,其最高工作油压也为 20 MPa,因此适用性、安全性和稳定性较高。同时,其密封原理为间隙式主密封加接触式柱面保护密封,介质为高分子合成材料聚醚醚酮(如表 6.5-1 所示)。金属材料则采用航空铝合金或含钼的特种钢材。这些材料保证了其在高操作油压和高压强下能够安全可靠稳定地运行,不产生油泄漏。

表 6.5-1　接力器主要材料

| 壳体 | 外管 | 主间隙密封 | 密封环 | 密封圈 |
|---|---|---|---|---|
| 航空铝合金<br>6061-T651 | 特钢<br>C12MoV | 聚醚醚酮<br>PEEK | 聚醚醚酮<br>PEEK | 聚醚醚酮<br>PEEK |

### 6.5.3.3　位移传感器

iBAS-B 的传感器有两种形式:一种是磁致伸缩传感器,属于内置式,它是将磁环套在活塞杆内,通过磁感应杆将活塞位移(也即叶片角度)实时转为相应的电信号,接入控制系统,此类传感器安全性较高,不容易受到周围工作环境的影响,但是容易被电机磁场所影响,导致位移检测出现偏差;另一种是激光传感器,属于外置式,它是在与接力器活塞随动杆件的合适位置,嵌一金属激光反射盘,激光发射到激光反射盘上,根据盘的位置不同,产生不同的反射信号,接收装置将之转换为电信号,接入控制系统,此类装置不易受到干扰,可靠性得到较大的增强,但对现场工作环境有一定要求。实际应用中工程设计人员应根据实地情况进行选择。

### 6.5.3.4　保护装置

保护装置由机械和电气两套组成。当出现前置受油器浮动滚轴旋转受阻(如液压油污染)时,有缺口的止转杆会折断,使前置受油器随转轴一起旋转,位置光电传感器状态改变,电信号传输到控制中心,立即报警或切断油路,说明受油器出现故障。这种情况出现之后,后置受油器可维持调节装置正常运转,但只能维持 1 000 h 左右,可以通过人工停机或人工监测让机组继续运行。

### 6.5.3.5　操作架及连杆

操作架为整体铸造结构,材料为铸钢 ZG20SiMn。操作架与操作杆通过卡环及限位环固定在一起,为防止操作架与轮毂体相对转动,在它们之间设置了导向键。操作架上还设有均布的耳柄孔,用于安装耳柄。耳柄及连杆为整体锻造或铸造结构,材料为 45 号锻钢或铸钢 ZG20SiMn。耳柄通过连接螺母固定在操作架上,而连杆两端通过销分别连接在耳柄和拐臂上。拐臂为整体铸造结构,材料为铸钢 ZG35CrMo,拐臂固定在叶片枢轴上。操作架将来自操作杆的上、下移动传递给耳柄及连杆,连杆再带着拐臂及叶片一起转动,从而达到调整叶片角度的目的。

#### 6.5.3.6 油压装置

油压装置由电动油泵、集油箱、压力油罐、安全阀及各种阀门、双向滤网、自动控制元件等构成。压力油罐内采用气囊储能。自动控制装置具有对压力油罐中油压力自动检测控制的功能。同时油压自动装置在泵站自动控制系统故障或失电时,具有保持油压装置继续提供正常油压以进行叶片角度操作的功能。

1. 性能指标及特点

(1) 每台油压装置配置 2 台相同的油泵,一台工作泵,一台备用泵。油泵应为电动机驱动,能向系统提供平顺的压力油,且油泵电动机组在系统最大压力时能连续平顺工作。油泵电动机组的最大噪音在距噪声源 1.0 m 处应低于 80 dB。

(2) 每台油泵配有卸荷阀、减载阀、卸载阀、油过滤器、电磁阀、截止阀、止回阀和安全阀,安全阀应由专业厂家生产、经技术监督部门论证,并可方便拆卸送检。当压力大于最大正常工作油压时,卸荷阀动作旁泄。油过滤器设计为不停机就可方便地清理。

(3) 当压力油罐的油压降到正常工作油压下限时启动油泵,而压力升到正常工作油压上限时关闭油泵,启动油泵电动机的磁力起动器或开关应适合于频繁操作。两台油泵能单独运行又能联合运行。在联合运行时油泵应能自动交替工作,同时能手动选定工作泵。

当油压低于工作泵工作压力下限时自动启动备用油泵。任一台油泵应能与油系统脱离进行检修,不影响系统其他部分正常工作。

2. 技术特点

IHBAC 全调节水泵叶片(高油压智能调节控制系统)将 16 MPa 高油压调速器引进水泵叶片调节控制系统,显著减小了调节器的体积,实现了智能化与机械化的控制,填补了国内相关领域的空白,也与欧美等发达国家相应技术发展趋势一致。同时,其 iBAS-O 子系统建立了优化调节的数学模型与算法,并通过模块化控制硬件实现实时在线自动控制,使其具备了成为网络+智能+控制的工业 4.0 产品的条件。iBAS-B 子系统则实现了叶片角度调节的自动化、水泵轮毂无油化,杜绝了轮毂漏油对河流的污染现象。

整体来说,该装置借用军民融合技术相关产品的结构和材料,采用模块化组合受油器,具有可靠性高、安装简单的特点。而接力器外置,可减小轮毂直径,从而减小轮毂比,提高叶轮的过流能力和能量指标,并且使全调节式水泵的应用范围向高扬程、小直径方向发展。综上所述,该装置克服了目前全调节水泵实际运用过程中的一些主要问题,并向智能化和工业 4.0 升级做出了坚实的探索,具备较好的发展和应用前景,达到国际领先的技术水平。

## 6.6 智能闸门控制系统

### 6.6.1 闸门及启闭机控制现状和存在问题

泵站闸门基本采用钢闸门,出口闸门大多采用液压启闭机控制,中小型泵站主要由人工手动操作,缺少计算机监控,大中型泵站一般以 PLC 控制为主。PLC 控制系统在泵站闸门远程控制中的应用,能够实现水利工程的实时监控,进而实现水利工程的现代化管理,发挥水利工程的综合效用。实现泵站闸门的自动化管理能够建立准确的信息收集器,保证相关人员及时掌握信息,为水利工程安全提供保障。

闸门启闭机控制的方式,主要有手动控制和自动控制两种,能实现数据的收集与检测,完成对泵站工程的监管和控制,进行数据分析和诊断。计算机监控系统能够实现数据的采集与处理,掌控各设备的机械运行状况。

随着社会发展,控制系统不断完善,智能控制得到长足的发展,根据泵站金属结构智能化运行需求,除对设备运行过程进行实时监控外,对闸门和启闭机安全评价也提出了更高的要求,目前大多依靠《水闸安全鉴定管理办法》(水建管〔2008〕214 号)的规定进行安全鉴定或按《水利水电工程金属结构报废标准》(SL 226—1998)进行复核,了解闸门启闭机运行情况。

### 6.6.2　闸门及启闭机智能化功能

系统对泵站闸门及启闭机运行状况进行实时监测,并实现对闸门和启闭机的远程控制。远程自动控制的指令通过网络与 PLC 系统相连,将信号发送到闸室的电气控制柜中,通过它来控制电机及执行机构动作,控制闸门启闭。可远程对闸门进行启门(上升)、闭门(下降)、停止、紧急停机控制,可设置闸门开度,自动控制闸门运行到设定开度。

闸门监控子系统在具备传统的闸门上升、下降、停止基本功能的基础上,为提高其智能化性能,还需具备以下功能:

(1) 运动过程中若闸门开度不变化则报警或停止;

(2) 静态纠偏(液压启闭机);

(3) 电气动态纠偏;

(4) 下滑复位;

(5) 过程统计参数的计算(运行时间、启闭次数等)。

### 6.6.3　运行控制系统

运行控制系统具体由泵站中控室、监控终端站、传感器和电缆等构成。它为管理人员提供了人机操作界面,实现数据存储及报表输出,实时显示闸门启闭机等金属设备的工况,实时显示闸门的开度,操作人员可通过工控机的人机界面远程控制闸门启闭;保证实时监控和在线的数据修改,工作人员通过 PLC 系统对系统的各设备运行情况进行了解,并对参数进行修改。对于监控系统出现的崩溃状态,要及时发现并维修,进行报警处理。一旦系统出现报警情况,主操作人员要确认报警点和报警相关信息,进而对趋势进行合理分析,制订科学的解决方案。此外,系统能够自动记录运行的数据,对数据进行合理分析,还能对所有监控的对象进行记录,形成记录报告。

泵站出口闸门控制液压系统的原理如图 6.6-1 所示。

(1) 开启闸门:空载启动一台液压泵电动机组,延时 10 s 左右,电磁铁 YV1、YV2. * 通电,压力油经 3.3. * 插装阀进入液压缸有杆腔开启闸门,无杆腔油液经流回补油箱。闸门提升至全开时,电磁铁 YV1、YV2. * 失电。

(2) 快速关闭闸门:电磁铁 YV3. * 得电,液压缸有杆腔油液经插装阀流向无杆腔形成差动回路,同时补油箱中的油液向液压缸无杆腔补油,闸门快速关闭,闭门速度根据抽水泵组特性决定(一般 20～30 s 全关),由插装阀盖板上的行程调节螺杆调整。正常工作时,工作闸门关闭时如因杂物卡组无法关闭到底(可以从油缸的开度值来判读),则控制系统 2 s 后自动启动事故闸门程序,保证关闭流道。

(3) 闸门自动复位:闸门开启到预定的工作开度时,系统应能自动监控闸门的实际开度;当闸门因系统泄漏引起闸门自开启工作位置下滑达 100 mm 时,控制系统应自动指令液压泵电动机组启动,将闸门提升恢复原位。若闸门继续下滑至 150 mm 时,控制系统应自动指令备用液压泵电动机组启动,将闸门提升恢复原位,同时发出报警信号。

(4) 手动快速关闭闸门:手动打开截止阀。

(5) 闸门同步控制:在闸门启闭过程中,闸门开度(行程)装置全程连续检测两只液压缸的行程偏差,当偏差值≥15 mm 时,自动调整(旁路泄油)进出流量实现同步纠偏。当双缸同步偏差值≤10 mm 时,纠偏调节停止。当两只液压缸的行程偏差值≥20 mm 时,液压系统自动停机并发出报警信号。

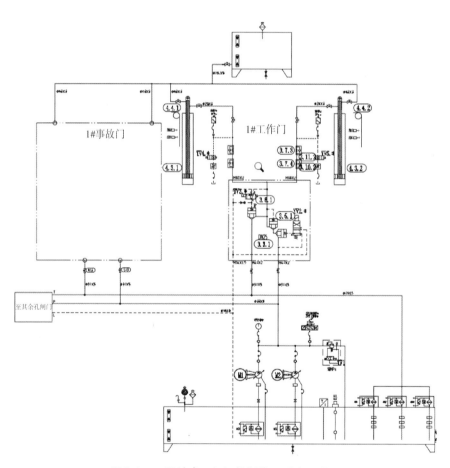

图 6.6-1　泵站出口闸门控制液压系统原理图

# 6.7 智能技术供水系统

## 6.7.1 技术供水装置智能控制

泵站供水主要包括技术供水、消防供水和生活供水等。其中技术供水主要是供给主机组和某些辅助设备的冷却润滑水,如电动机冷却器冷却水、推力轴承和上下导轴承的油冷却用水、水泵油导轴承的密封润滑水和水泵导轴承润滑用水,以及真空泵工作用水和水冷式空气压缩机冷却用水等。

技术供水系统的组成应包括水源、水的净化及冷却装置、供水泵、管网、阀件、监控及保护装置等。

技术供水系统主要用于电动机冷却器、轴承冷却器、水泵主轴密封、水导轴承润滑等泵站内所有用水设备的用水部位。

泵站采用循环供水方式,水源取自站区深井并留市政自来水接口,其工作原理如图6.7-1所示。

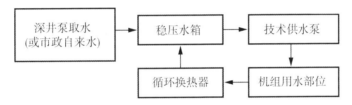

图 6.7-1 泵站技术供水工作原理图

为保证供水系统的稳定性,供水系统水源采用地下水或自来水,水源井中设置2台深井泵,深井泵工作方式为1用1备。从深井泵抽取的地下水通过滤水器过滤后进入稳压罐;稳压罐中的水一部分送至储水罐,通过技术供水泵加压后送至机组用水部位,另一部分水送至泵站其他用水部位,可利用水流回至稳压水箱后循环利用。当稳压水箱水位降至补水水位时自动从深井或市政自来水接口补水。

稳压罐、储水箱、变频调速技术供水泵等设备布置于水泵层,循环换热器布置在泵站出水侧翼墙处,技术供水系统应满足泵站全部机组运行时的技术用水需求。

## 6.7.2 自动运行总体要求

(1) 泵站技术供水水源取自站区深井或市政自来水。

(2) 技术供水泵与滤水器应能自动运行和停止,每台水泵具有现地手动/自动控制方式,水泵设置"手动/自动/切除"切换开关,泵切换开关置于"手动"位置时,运行人员可通过手动启/停开关跨越PLC,实现对泵的启停。其中滤水器为一体化全自动滤水器并应随厂配置现场电动控制箱,实现滤水器的自动运行和操作。滤水器应与泵站自动化系统相连接,在中央控制室能实现在线运行远程控制和监测。

(3) 机组技术供水系统设电动阀门和压力、温度等传感器与仪表,应能根据主机组的运行要求自动运行;机组每一用水管路上均设有示流信号器,示流信号器应能在线监测技术供水管路的水流状态,实现技术供水量不足及中断等故障的报警。电动阀门、示流信号器和压力、温度传感器应与泵站自动化系统相连,能在中央控制室实现远程控制和监测。

(4) 电动阀门的电动操作机构应采用一体化结构形式,满足泵站自动化运行要求。

(5) 供水系统应配设备现地控制柜。现地控制柜满足控制和自动化设计要求。

(6) 可实现根据机组开机台数、机组温度自动调节技术供水的流量,从而使机组运行过程中上下导轴承油箱油温基本恒定,保证主机组运行稳定,延长机组寿命,并实现技术供水的循环使用。

技术供水系统如图 6.7-2 所示。

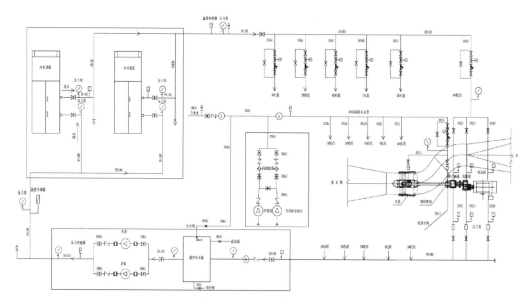

图 6.7-2　技术供水系统图

# 6.8　智能渗漏排水控制系统

泵站在运行和检修过程中,需要及时排除泵房内各种积水,其中一部分可自流排出泵房外,一部分汇入排水廊道中,然后用渗漏排水泵排至站外。一般在泵站排水廊道内设置液位传感器,自动控制排水泵将水及时排至站外。其中,水位传感器作为主导控制信号。当水位传感器发生故障而浮子水位计工作正常时,以浮子水位计作为主要控制信号。当两者都出现故障时,集控工作站下发前三天统计数据的平均值进行水泵的启停控制。控制方式可设置为现地手动方式、现地自动方式和远方控制方式三种。

泵站机组检修时,需将进出水流道内的水排到站外,排水量大、扬程低,并要求在短时间内将水排出,该情况频率低,一般采用人工操作与控制。

排水系统配设备现地控制柜,现地控制柜满足控制和自动化设计要求。

可在渗漏排水管上装设流量计,计量在一年四季不同时间段,厂房渗漏水量大小,供水工管理人员分析之用。

## 6.9 智能清污机控制系统

### 6.9.1 清污机控制现状和存在问题

据统计,目前我国灌排泵站有 50 多万座,其中 90% 左右是中小型泵站,它们大多采用人工清污,自动化程度很低。受计划经济和"重建轻管"思想的影响,泵站管理也是我国水利工作的薄弱环节,特别在中小型泵站管理中,工程运行管理经费不足,管理人员水平低,导致清污设备长期不使用和维护不到位,很难做到自动控制。

在近 20 多年的泵站建设过程中,大中型泵站特别是城市防洪泵站和调水泵站广泛采用清污机清污,经历了现地手动人工操作、集控台二次操作和计算机监控操作的发展历程。在清污机实际使用过程中,操作方式为两人组合协调配合,一人操作、一人监护,目前仍然没有达到"无人值守,少人值班"的智能化水平。

针对泵站的运行和管理特点,大多数泵站年均运行时间较短,清污机一年中大概有 80% 的时间处于闲置状态,导致污物积累太多,一旦泵站开机运行,清污机不能保证正常工作,紧急的清污工作就只能采用人工进行,或者采用汽车吊捞和船捞两种清污方式。清污机拦污栅的示意图如图 6.9-1 所示。

图 6.9-1　清污机拦污栅

通过对清污机运行情况的分析,其存在的主要问题包括:运行管理经费不足,清污机使用不当,缺少完善的监控系统,缺乏完善的自诊断、自分析、智能决策系统。

### 6.9.2 清污机智能化

通过计算机网络技术、自动化监控监测技术实现对清污机工况的实时监控、监测和管理,建成后的清污机控制系统能基本达到无人或少人值守的要求,有效保证其安全性和可靠性。

1. 普通控制系统

普通控制系统的主要控制功能有:现地控制功能、远程控制功能、遥控控制功能;主要保护功能有:机械过载保护功能、电气自动保护功能、机械与电气配合保护功能、压力传感器自动保护功能。清污机控制柜如图 6.9-2 所示。

图 6.9-2　清污机控制柜

1) 远程控制功能

回转式清污机远程控制功能分为两种模式:第一种是清污机控制柜(如图 6.9-2 所示)中功能手柄转到远程模式,清污机受远程控制,实现远程开机和关机功能。第二种是清污机控制柜中自带 PLC 模块,受上位机控制,可实现多种自动控制功能。

2) 遥控控制功能

遥控控制功能可实现一个遥控器无线控制 0~99 台清污机工作。清污机工作时由于受水流流速、污物多少、污物体积大小、污物与栅体结合力大小等因素影响,往往会发生清污机过载、污物缠绕在齿耙上等不可控事件,因此,清污机实现遥控控制功能非常适用,工作人员可一边巡视清污机工作一边遥控,对于清污机工作时发生的不可预测事件能够及时加以处理,确保每一台清污机工作状态都处于正常水平。

2. 智能控制系统

智能控制系统实现远程智能自动清污,根据拦污栅水位差、智能视频监视和运行工况定时实现。主要控制功能有:液位差自动控制功能;智能视频监视功能;运行工况定时控制功能。

1) 液位差自动控制功能

液位差自动控制功能是通过测量清污机上下游水位差实现清污机自动控制,当栅前污物较多时,清污机栅体过水能力下降,下游水位降低,自动启动清污机,开始清污。液位差计有浸入式(图 6.9-3)和超声波非浸入式(图 6.9-4)两种。

图 6.9-3　浸入式液位差计　　　　　图 6.9-4　超声波液位仪

2) 智能视频监视功能

智能视频监视功能能实时拍摄现场图片,与储存的海量图片对比,实现清污机智能控制,进行自动清理。

水面漂浮物识别主要是用于对泵站进水侧的水面情况进行识别,以此来判断清污机是否满足启动的条件。通过摄像头实时监测的图像信号进行水面的监控,当泵站进水侧的漂浮物的数量或覆盖面积达到一定边界值时,视频信号会触发设定好的预警信号,并将信号上传到计算机监控系统,通过控制程序进行清污机的远程自动启停,可减少运行人员的投入或降低运行人员的工作强度。

3) 运行工况定时控制功能

定时控制功能用来确定清污机工作时间与待机时间。清污机连续工作时间的长短,主要依据污物量多少及水流中含沙量多少而定,以不形成栅前栅后水位差为准。清污机具备连续工作能力,当污物较多时,特别是发生雨季洪水时,清污机应选择手动连续工作。当污物不多时,清污机可选择自动定时工作,清污机最长待机时间不宜大于 120 min,最短工作时间不宜少于 15 min。

## 6.10　智能变配电控制系统

### 6.10.1　变配电系统的现状

泵站变配电系统的电压等级一般为 110 kV 及以下,主要设备包括主变压器、GIS、高压开关柜、低压开关柜、现地动力柜等,并在泵站内设置专用变配电室,以便布置变配电设备。

目前,泵站变配电系统由于建站初期设计没有统一模板,存在监控、保护、远动和计量等多个网络,设备兼容性较差。变配电系统通过电磁型电流互感器和电压互感器完成信息采集工作,系统内部各装置之间相对独立,功能较分散,缺乏整体性,难以实现信息共享。

系统保护控制设备采用集中式 LCU(现地控制单元),布置在控制室内,通过电缆集中接入各个配电柜的电气量、开关量和控制回路,对配电设备进行协同控制。LCU 通过协议转换接入系统网络,由站控层的水利自动化系统集中监控。

变配电设备状态检修还处在初级阶段,缺乏实践经验,状态的判据还不充分。没有对变配电系统一次设备的状态进行综合分析,不能准确地反映变配电系统设备的运行状态,让变配电系统维护人员也很难把握变配电系统的运行状态。

## 6.10.2 变配电系统的智能化关键技术

### 6.10.2.1 一次设备智能化

1. 变压器智能化

变压器可能发生的故障类型十分多样,如绕组短路故障、出口短路故障、保护误动故障、油质劣化故障等,变压器内部电气设备的老化和缺陷的发展也将表现为变压器内部电气、物理、化学等特性参量的变化,因此在智能变压器中,需要通过安装传感器来进行信息采集和信号处理,从而对设备的可靠性做出判断。

从外形上看,智能变压器与传统的变压器并无太大差别,只是基于其智能化后要达到的目的,在对外界环境及内部设备的控制、测量、保护及报警所需的附件上做了一定的智能化处理,同时增加了一些相应元件来更好地实现智能化。

集成智能组件的变压器(图6.10-1)主要由变压器本体和智能控制柜构成,智能控制柜又含有变压器本体智能组件和状态监测智能组件,用于对变压器内各物理量(如中性点电流、油温、负荷状态及色谱微水状态等)进行测量、采集和检测。变压器状态检测的物理量主要有:油色谱监测、变压器油温检测、绕组温度检测、铁心接地电流检测、变压器局部放电监测等。

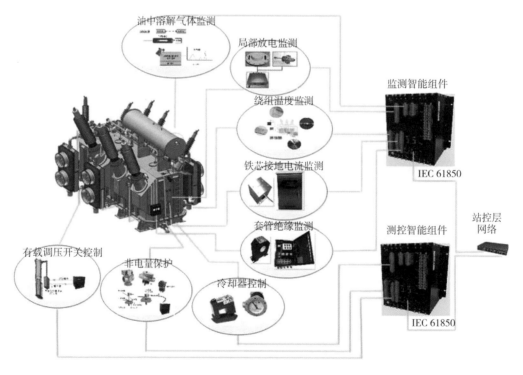

图6.10-1 集成智能组件的变压器

2. 智能化高压开关设备

高压开关设备在高压电力系统中用于电力系统的控制和保护,以及根据电网需求使部分电力设备或线路投入或退出运行,也可在电力设备或线路发生故障时将故障部分从电网快速切除,从而保证电网中无故障部分的正常运行及设备、运行维修人员的安全。与变压器类似,高压开关设备同样是变电站中最重要的电气设备之一,其最大的功能是具有完善的灭弧能力。当系统正常运行时,高压开关设备用于切换系统运行方式、导通和切断负荷及负荷电流;一旦系统发生故障,则用于快速切断故障线路,对故障电流进行灭弧,从而达到保护系统的目的。

高压开关设备包括断路器、隔离开关、接地开关、负荷开关、接触器、熔断器以及熔断器组合电器、接触器和熔断器组合电器、隔离负荷开关、熔断器式开关、敞开式组合电器等,也可以将上述元件及其组合与其他电气产品(诸如变压器、电流互感器、电压互感器、电容器、电抗器、避雷器、母线、进出线套管、电缆终端和二次元件等)进行合理配置,有机地组合于金属封闭外壳内,形成具有相对完整使用功能的产品,如金属封闭开关设备(开关柜)、气体绝缘金属封闭开关设备(GIS)等。

气体绝缘金属封闭开关设备(GIS)是以六氟化硫($SF_6$)气体作为绝缘及灭弧介质,将断路器、隔离开关、接地开关、母线、互感器、避雷器等主要元件装入密封的金属容器内的电力设备。由于其不受外界环境的影响、可靠性高、占地面积小,且顺应城市供电集成化、自动化、地下化和小型化的发展趋势,GIS在电力系统得到了广泛应用。目前智能变电站应用的智能断路器的主要实现方法是将智能组件与GIS集成,构成智能化开关设备,装置内包含的智能组件有电子式电流互感器和电子式电压互感器,以及外置的状态监测传感器,用于监测$SF_6$气体密度、微水状态、局部放电及机械特性。

相较于传统的开关设备,理想的智能化开关设备应具备在线监测、控制及操纵功能,具体体现在可实时检测跳合闸电流、$SF_6$气体密度、压力、温度、开关寿命、机构动作速度、小信号监测等;同时可自动实现功能开关本体保护、分合闸脉冲控制、基于网络通信的联锁功能以及开关柜内环境的智能控制、顺序控制及最佳开断时刻的计算和选择。操动机构的电子化主要体现在变机械储能为电容储能、变机械传动为变频器通过电机直接驱动,使得机械运动部件减少到一个,机械系统的可靠性显著提高。

但纵观国内外,至今还没有这样的断路器,目前仍是通过智能控制柜来完成保护、测控装置的网络通信与一次断路器开入开出硬接点的驱动之间的转换。

3. 电子式互感器

电压互感器(Potential Transformer, PT)和电流互感器(Current Transformer, CT)是电力系统中不可缺少的电压及电流检测工具,互感器的精度决定了测量数据的精度,从而决定了系统继电保护装置动作的准确性。然而传统的互感器通过电感耦合来实现电压电流的测量,相当于一小型的变压器,它会产生互感器铁心饱和等问题。

为了解决传统铁磁互感器存在的问题,智能变电站均采用电子式电压/电流互感器进行物理量的测量,电子式电流互感器标准IEC 60044-8对电子式互感器的定义为:一种装置,由连接到传输系统和二次转换器的一个或多个电流或电压传感器组成,用于传输正比于被测量的量,供给测量仪器、仪表和继电保护装置或控制装置。与传统的互感器比较而言,电子式互感器不仅不受铁心电磁特性的影响,不存在饱和现象,还具有体积小、重量轻、频带响应宽、无油化结构、绝缘可靠,便于向数字化、微机化发展等诸多优点,因此在智能化变电站中得到了广泛应用。

### 6.10.2.2 系统结构

智能变配电系统采用分布式系统架构,对配电系统中的各设备配置单独的保护控制设备,分散式地安装在各个配电设备柜或主变控制柜中,通过光纤网络接入安装在各小室中的现地控制层网络交换机,各控制设备直接与水利自动化系统通过变电站通信网络进行标准IEC 61850通信。

高压进线、低压站用变压器间隔采用保护、测控集成多功能装置,集成间隔内保护测控功能,采用电缆采样、电缆跳闸,靠近一次设备,嵌入式安装于配电设备柜中。

高压母线间隔配置一套分布式母线保护。高压侧、低压侧各台母线 PT 分别配置母线设备测控装置,嵌入式安装于配电设备柜中。

变压器间隔配置保护装置、测控装置和各侧合并单元智能终端装置,变压器保护、测控装置通过光纤点对点直接连接合并单元和智能终端装置。

合并单元装置用于汇集/合并多个互感器的数据,取得电力系统电流和电压瞬时值,并以确定的数据品质传输到主变压器继电保护设备;其每个数据通道可以承载一台/多台电流/电压互感器的采样值数据。智能终端具有断路器操作功能,可接收保护的跳闸、合闸、重合闸、遥控分合等 GOOSE(面向通用对象的变电站事件)命令。主变本体配置本体智能终端,完成本体信号采集和非电量保护功能。

合并单元智能终端装置布置在配电设备柜中,本体智能终端安装在主变本体附近,变压器保护装置安装在室内的主变控制屏。

0.4 kV 动力电各支路集中于动力配电柜中,采用测控装置接入其位置信号和支路采样数据,测控装置集中布置于控制柜。

站控层水利自动化系统与现地控制层保护测控等设备通信采用 IEC 61850 - 8 - 1 协议,现地控制层与合并单元通信采用 IEC 61850 - 9 - 2 协议,现地控制层与智能终端通信采用 GOOSE 协议。

分布式安装监视主设备的二次保护、测控、监测装置等的方式由远距离主设备比较远的控制室集中安装改为在开关场或与一次主设备集成安装。分布式安装的二次保护、测控、监测装置利用光缆或者 RJ45 网线等方式通过交换机将实时数据上传给监控主机、远动通信设备。就地化安装取代传统的集中屏柜式安装模式,可有利于减少二次电(光)缆长度、优化二次回路设计、减少用地和建筑面积,还可减少放二次电缆的人工成本,缩短施工工期,降低工程造价,节省投资。

变配电系统的结构如图 6.10-2 所示。

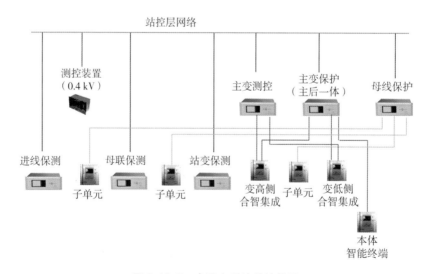

图 6.10-2　变配电系统的结构图

### 6.10.2.3　IEC 61850

IEC 61850 是国际电工委员会(IEC)第 57 技术委员会(TC57)制定的变电站内设备通信的规范,于 2003 年开始陆续发布;IEC 61850 从开始制定到正式颁布,前后花了近 10 年时间。IEC 61850 标准融合了业界先进的通信和软件技术,在深入剖析变电站功能的基础上,将变电站通信的信息从具体的实现中抽象出来,体现了变电站设备通信的本质,可以说是变电站通信规约发展的集大成者。

在 IEC 61850 颁布之前,变电站内的通信规约林林总总,有设备制造商制定的、针对特定硬件接口的规约,如 Modbus、ProfiBus、CAN 等规约,也有 IEC 颁布的基于串口的 60870-5-103 规约,还有国内制造商制定的各种扩展网络 103 规约。这些规约都具有相同的特点:①依赖特定接口;②规约内容与通信码流绑定,可扩展性差;③通信规约与设备功能关联性强,不利于规约的发展。

在传统变电站中,装置的功能与信息是相对固定的,他们是面向过程的,这些信息对外以信息点表的方式呈现,通信程序负责将这些信息点在装置之间进行交换,通信规约是面向信息点表的,所有信息都汇集到监控后台进行功能集成,监控后台是全站的信息集成中心,包括变电站自动化系统中的监控主机、工程师站、操作员工作站等。监控后台的集成工作实际上是将各分散装置的信息配置到相关功能模型的数据库中,相当于信息建模的工作。

这种方式下监控后台集成的工作量很大,因为其相关功能的实现(如断路器控制)建立在装置信息点的基础之上,所以需要通信上进行信息对点工作;同时当变电站功能需要扩展时,经常会遇到通信规约无法适应的问题,需要扩展通信规约,修改通信程序。

IEC 61850 在制定中采用了面向对象的抽象方法。首先对变电站功能进行了抽象与归类,以功能为基本单元分析其通信需求,在其基础上抽象出具有普遍性的抽象通信服务接口;针对不同的通信接口与通信实现要求,制定了特定通信服务的映射。为了使功能自由分配给智能电子设备,由不同制造商提供的设备功能之间应具有互操作性,功能分成由不同智能电子设备实现的许多部分,这些部分之间彼此通信(分布式功能),并和其他功能部分之间通信,由这些基本功能单元(逻辑节点)实现了通信的互操作性,将变电站功能划分成一个个逻辑节点,这些逻辑节点代表了最小的功能单元,分布于各个装置之中;整个变电站集成时,只需将这些功能集中起来,并不需要对其进行信息建模(即数据库配置)。所以 IEC 61850 具备了扩展性强、互操作性好等特点。

### 6.10.2.4 保护测控集成设备

进线、所变、分段等间隔采用多功能保护测控装置,具有保护、测控功能,如电压切换、互感器接入、保护计算及逻辑判断、模拟量计算、同期、防误闭锁、开入开出、直流量采集、操作回路、事件顺序记录(SOE)生成和站控层通信等。采用电缆接入常规保护测量电流电压,接入本间隔一次设备状态,并发送跳闸命令至断路器分合线圈;MMS(制造报文规范)网络接口接入站控层网络。

在不增加网络布线的情况下,实现测量控制、保护跳合闸功能;在统一安装尺寸内实现了保护、测控、非关口计量、状态检测等多功能合一。

采用封闭、加强型抗振动单元机箱,多层屏蔽抗强干扰设计,适应于各种恶劣环境,可分散安装于开关柜上运行。采用大屏幕液晶显示,菜单界面友好,信息直观详细,操作调试简单。

### 6.10.2.5 主后一体变压器保护

变压器间隔配置主后一体主变保护装置。装置包含差动保护和完整的各侧后备保护于一体。具备纵差保护、分相差动、分侧差动、零序差动、小区差动等主保护功能;具备阻抗保护、过励磁保护、复压闭锁(方向)过流保护、零序(方向)过流保护、过负荷告警、过负荷启动风冷、过负荷闭锁调压等后备保护功能。

主保护与后备保护使用同一套采样和输出环节,提高主保护与后备保护的协同性能,降低回路复杂性,减少设备数量,便于维护。利用高性能的硬件设计平台,中央处理器 CPU 加数字信号处理器 DSP 的模块化设计,实现高速采样、实时并行计算。主保护动作速度快,差动速断动作时间不大于 15 ms,纵差保护动作时间不大于 25 ms。

可以充分利用故障电流与励磁涌流波形特征的区别,综合利用波形的谐波含量情况、波形间断情况以及波形对称情况来识别励磁涌流和故障电流。采用加零序电流分量的样本电流识别励磁涌流,各相涌流充分解耦,更真实地反映了本相励磁电流,实现分相涌流制动。依据波形是否关于正负半周对称,利用比幅判据,准确地识别励磁涌流。利用变压器空投时励磁涌流和区外故障 CT 饱和的电流波形间断的共同特征,采用波形间断技术识别励磁涌流、区外故障 CT 饱和。采用特有的 CT 饱和判据,综合利用时差法、线性区以及差流波形间断的特性,准确识别各种区内外 CT 饱和状态,并实现区内故障 CT 饱和时能可靠动作、区外故障 CT 饱和时可靠不动,变压器保护装置通过光纤点对点直接连接合智一体装置。

交流电流和交流电压数字量经合并单元(MU)直接接入保护装置,数字量输入接口协议支持 IEC 61850-9-2,接口数量满足与多个 MU 直接连接的需要。装置跳合闸命令和其他信号采用 GOOSE 方式输出给智能终端。

#### 6.10.2.6　数字化采集终端

主变各侧均配备合并单元智能终端集成的数字化采集终端装置。合智集成装置为由微机实现的用于智能变电站的合并单元与智能终端装置。其可以采集发送一个间隔的电气量数据(典型值为:三相电流、三相电压等),模拟量数据采样后可进行多接口发送;具有两个跳闸出口和一个合闸出口,以及 4 把隔刀、3 把地刀的分合出口,可与三相操作的断路器配合使用,接收保护的三跳、重合闸等 GOOSE 命令;具有电流保持功能;具有跳合闸回路监视功能;具有跳合闸压力监视与闭锁功能;具有各种位置和状态信号的合成功能,保护装置或其他设备可通过其对一次开关设备进行分合操作。

根据不同的插件配置,可提供多路遥信输入,能够采集包括断路器位置、刀闸位置、断路器本体信号(含压力低闭锁重合闸等)在内的开关量信号。

接收测控的遥分、遥合等 GOOSE 命令,根据不同的插件配置,可提供多路遥控输出,能够实现隔离刀闸、接地刀闸等的控制。可选温、湿度传感器,能够测量装置所处环境的温度和湿度。

#### 6.10.2.7　分布式母线保护

分布式母线保护装置由一台主单元和若干台子单元组成,子单元的数量等于线路间隔数量+变压器间隔数量+母联/分段间隔数量+电压间隔,其中电压间隔是可选间隔。子单元装置负责模拟量采样和开关量采集,并通过光纤方式上送给主单元装置,主单元实现母线差动保护和失灵保护逻辑判断,并将判断结果下送至子单元装置,由子单元装置实现最终的跳闸。分布式母线保护装置的组成示意图如图 6.10-3 所示。

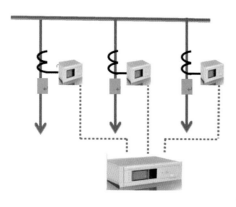

图 6.10-3　分布式母线保护装置组成图

分布式母线保护装置的优点在于实现了母线保护的功能,子单元还具备间隔后备保护功能,以 35 kV 母线安装分布式母线保护为例,该装置具备母线差动保护功能,子单元还具备过流保护、失灵保护、死区保护等后备功能,相比较 35 kV 变电站常规保护配置,除增加了 35 kV 母线保护功能外,当母线发生故障时能在 30 ms 内切除故障,如采用集中式保护方案,当母线发生故障时,需由间隔保护动作,动作时间至少 500 ms;还增加了 35 kV 主变间隔和进线间隔保护冗余后备保护功能,即当主变间隔或进线间隔保护故障、检修时,由母线保护子单元实现间隔后备保护功能。

母线保护子单元实现间隔就地安装,大大节省了电缆线,各子单元以光纤方式与主单元通信,间隔保护的启失灵就近接至母线保护子单元,再由子单元以光纤方式上送失灵信号至母线保护主单元,大大简化间隔启失灵回路接线。主单元与各子单元同步,不依赖于外部时钟,进一步提高了保护的可靠性。

智能变电站监控系统除完成常规变电站监控与数据采集即 SCADA(Supervisory Control And Data Acquisition)功能外,还将视频、环境监测、在线监测等各种子系统的数据进行有机的融合,并在此基础之上满足电网实时在线分析和控制决策以及运行状态可视化的要求。智能变电站监控系统不仅是变电站智能化实现的关键,也是调度(调控)中心和生产管理等主站系统实现各项高级应用的基础。

### 6.10.2.8 图形展示与管理

图形展示与管理功能完成图元编辑、图形制作和显示功能,导入/导出满足《电力系统图形描述规范》(DL/T 1230—2016)(CIM/G)语言格式的文件,与实时数据库相关联,可动态显示系统采集的开关量和模拟量、系统计算量和设备技术参数。图形展示与管理功能可以变化图元形式直观反映实时数据变化,实时跟踪一次设备状态,动态展示实时量测值,能够提供棒图、曲线、报表、饼图等丰富的可视化展示手段。

### 6.10.2.9 人机界面操作控制

人机交互界面为变电站操作人员对设备的选择、控制、取消、监护、修改、置数等控制操作提供界面。控制操作界面一般依附于变电站图形界面,简洁、直观、便于操作。控制操作功能同时能提供对外接口,能够为高度自动化的控制操作应用提供支持,实现远方调度控制、无功优化控制、顺序控制等功能。

### 6.10.2.10 防误操作与闭锁

防误闭锁功能在监控系统误操作时发生作用,防止造成损失和人员伤害,一般也称之为"五防"功能。闭锁功能在误操作时生效,禁止遥控操作。防误闭锁功能实现全站性逻辑闭锁功能,除了站控层设备满足全站性逻辑闭锁外,还有间隔测控装置判断的本间隔的闭锁及间隔间装置的相关闭锁。防误闭锁功能一般集成在监控系统中。

### 6.10.2.11 智能告警

智能告警实现变电站正常及事故情况下告警信息的分类,并基于信号重要性进行分级(如图 6.10-4 所示)。智能告警采用不同颜色、不同页面的方式对告警信息自动分级筛选过滤,并分类存放,便于运行人员快速调用,提高了运行值班异常处理的效率。

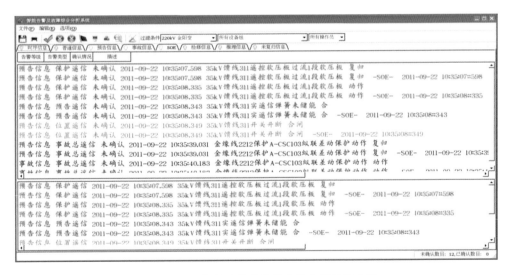

图 6.10-4　智能告警的信号分类分级展示功能

智能变电站在电网或设备发生故障时将会产生大量繁杂的告警信息,通过人机界面,运行人员难以确定关键的告警信息及进行故障定位。为解决该问题,智能告警提出在对全站设备对象信息建立标准模型的基础上,研究告警信息信号的分类、筛选、过滤,研究信号的过滤及报警显示方案,研究告警信号之间的逻辑关联,基于多事件关联筛选机制,结合预设的智能告警逻辑库,利用推理机技术对"短时间"内信号进行关联推理,得出该时段内故障信息,获取故障定位,并调用相应的专家系统知识库,获得辅助决策。图6.10-5为智能告警推理决策示意原理图。

智能告警及分析决策技术为智能变电站的典型特征之一,它能有效解决故障发生时,变电站监控后台信息堵塞和无法快速定位故障的问题,并能弥补运行人员因经验不足难以进行事故处理决策的缺陷。

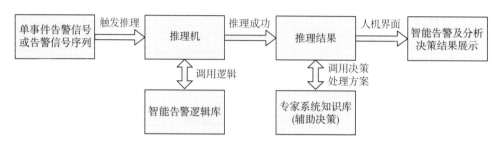

图 6.10-5　智能告警推理决策示意图

### 6.10.2.12　故障信息综合分析

故障信息综合分析决策功能可以自动为值班运行人员提供一个事故分析报告并给出事故处理预案,便于迅速确定事故原因和应采取的措施,而且可以为事后分析事故原因提供相关数据信息。

该功能通过对故障录波、保护装置、事件顺序记录(SOE)等相关事件信息进行综合分析和处理,得出事故分析结果,为泵站专用变电站运行提供辅助决策,并在后台以简明的界面可视化综合展示。分析决策及事故处理信息上传主站并定向发布,实现变电站故障分析结果的远传。

通过对开关信息、保护、录波、设备运行状态等在线实时分析等,实现事故及异常处理指导及辅助决策,并通过梳理各种告警信号之间的逻辑关联,确定变电站故障情况下的最终告警和显示方案,为上级系统提供事故分析决策支持等。即通过各类实测信息、自动分析、逻辑推理自动给出故障处理决策,指导和帮助上级调度(或集控中心监控人员)快速处理故障。

通过内嵌的基于故障模型的逻辑分析,结合故障发生时的 SOE 事件记录、事件发生的时间间隔、相关间隔的动作次序及故障录波文件,通过综合分析,给出事故判断,并展示故障详细信息,包括相关事件记录、相关保护动作事件记录、故障相别、故障测距及故障电流等。

### 6.10.2.13　二次设备状态监测

状态监测信息是与装置运行可靠性紧密相关的一些状态量,通过这些信息可以对装置的健康状况进行评价,必要时及时给出告警信息,指导检修人员进行相应的处理。

状态监测信息可分为两大类:数值型状态量和开关型状态量。数值型状态量可在一定范围内变化,如温度、湿度、功率、电压、电流等。开关型状态量是指状态只可能为 0 或 1 的量,一般是装置自检产生的一些告警状态量。

二次状态监测信息应包含如下信息:

(1) 保护装置和测控装置应实现基本状态监测功能,监测的状态量应包括装置温度、电源电压、光纤接口光强。

(2) 保护装置的状态信息上送至动态记录装置(故障录波器);动态记录装置实现对保护装置状态信息的接收、存储、分类、诊断等功能,并将诊断结果报送至综合应用服务器。

(3) 网络交换机的网络状态信息通过 SNMP(简单网络管理协议)报送至动态记录装置。

二次设备及回路状态监测功能应在全站二次设备及回路可视化的基础上,具备显示实时数据的功能,界面分两层:物理回路状态监测和逻辑回路状态监测,宜采用自动成图的方式展现全站二次设备和二次回路。

二次设备及回路状态监测应能实时反映保护装置状态,应通过点击二次设备可显示关键告警信息(装置异常、装置告警、装置失电、保护动作、重合闸出口等),可图形化显示该装置光口强度、装置温度、电源电压、装置差流等关键信息,并具有历史数据查询、历史曲线分析功能和变化趋势预警、越限告警功能。

物理回路状态监测应能图形化展示全站所有保护设备和实际光纤回路,全站物理回路宜集成在同一画面中,规模较大的智能变电站可按网络结构、电压等级分图展示。

(1) 应能实时展示物理光纤链路状态,以颜色和闪烁反映物理光纤链路的通断状态。

(2) 应能实时展示交换机物理端口状态,以颜色和闪烁反映物理端口的通断状态。

(3) 当二次设备和回路发生异常时,应能在画面中实现故障精确定位。

(4) 宜能查看光纤物理链路的设计编号。

### 6.10.2.14　子站功能

通过标准的通信协议从就地监测单元、其他装置获取离线数据、非格式化数据等,获取变配电设备的状态监测量及检修、遗传参数,并且能从第三方设备获取智能分析的非相关数据。

1. 在线监测装置数据失真判别

能对安装的在线监测装置数据失真进行人工智能分析判别、数据重构,减少现场误报,降低现场检修工作强度。

2. 状态评估预测分析

系统具备多项量、多参数的相关性大数据分析能力、各原始数据人工智能失真处理功能,提供专业的数据分析模型,并根据监测参量、检修数据、环境数据、负荷数据、家族遗传数据,预测设备运行状态的发展趋势,并以分析报告等形式提供趋势分析预测功能。具备数据导入、导出和离线分析功能。

3. 变压器状态评估预测分析

系统能分析评估预测变压器铁心类故障、绕组类故障、套管类故障等。

系统能分析变压器老化速率及变压器寿命损耗。

系统具备变压器故障诊断评估和多种趋势分析、大数据中各非关联数据的关联性分析、原始谱图人工智能失真判断识别、人工智能机器学习功能。

系统根据各种不同的监测类别,通过人工智能的方式对变压器进行综合诊断,给出正确的诊断结果,避免误诊误判。

4. 断路器/GIS状态评估预测分析

系统能分析评估预测GIS内部绝缘故障、外部液压故障、套管类故障、雷电故障等。

系统能够提供断路器及绝缘的故障诊断评估和多种趋势分析、大数据中各非关联数据的关联性分析、原始谱图人工智能失真判断识别、人工智能机器学习功能。

系统根据各种不同的监测类别,通过人工智能的方式对断路器/GIS进行综合诊断,给出正确的诊断结果,避免误诊误判。

5. 电容型设备状态评估预测分析

系统能通过各类监测数据综合分析电容型设备的绝缘状态。

系统根据负荷电流、环境、检修记录、红外温度等,通过人工智能的方式对电容型设备进行综合诊断,给出正确的诊断结果,避免误诊误判。

6. 金属氧化物避雷器状态评估预测分析

系统能监测金属氧化物避雷器的全电流、阻性电流、放电次数及谐波电压等工况参数。

系统根据负荷电流、环境、检修记录、红外温度等，通过人工智能的方式对金属氧化物避雷器进行综合诊断，给出正确的诊断结果，避免误诊误判。

7. 设备运行状态评估预测报警

系统提供报警功能，报警级别值可根据设备特性和运行工况设定。出现报警时，系统推出报警画面。

系统能通过人工智能进行自学习，不断提高报警的准确度和精准度，降低误报的可能性。

8. 评估预测运行状态报告

系统提供设备运行状态报告，报告应反映稳态、暂态过程中各运行状态的数值和设备故障发展变化趋势，对设备运行状态提出评价，并附有相关的图形和图表。报告采用与 Excel、Word 等兼容的文件格式。状态报告具有根据需要定制的功能。

9. 自诊断

系统具有自诊断功能，自行诊断包括设备、网络、软件模块、软件接口等的运行状态。

#### 6.10.2.15　主站功能

主站系统面向管理，能够对泵站变配电设备运行状态进行评估、统计分析并形成辅助决策的依据。作为一个智能型管理系统，主站以各子站的大数据平台为依托，为状态检修方案的制定提供数据模型支撑。

1. 设备台账、运维管理

配置泵站主要设备信息，统一建立所有主要设备的检修台账、监测装置台账、通信设备台账等。针对不同的管理层面，提供不同的访问支持，能够实现管理层面的、设备运行生命周期内的全日志管理。

2. 运行状态报表管理

能够根据各个电站变配电设备运行状态的统计信息生成不同设备健康水平评价评估报表。

3. 故障统计分析

能够对电站变配电设备状态进行统计和故障率分析，对各电站相同设备的运行状态对比统计，查找故障设备的隐性关联条件，预防设备的家族共性缺陷等。

4. 状态评估

能够对泵站主要设备运行状态进行评估预测，针对每个时间节点的设备运行状态进行评估，并能提出相应设备的维修策略。

5. 辅助决策，对比对标分析

系统能够通过不断积累海量故障类型知识库，经大数据分析，为管理层和决策层提供可靠的决策建议；能够直接服务于状态检修决策，相关指标直接与目前的计划检修等级标准相匹配；能够建立下属各个泵站的对标对比分析体系，对于各个子站的设备管理效率做出对标性评估。

# 6.11　智能消防控制系统

## 6.11.1　概述

泵站是机电设备与建筑设施的综合体。机电设备主要由水泵、电机及变配电设备组成，辅助设备包括充水、技术供水、排水、通风、压缩空气、供油、起重、照明和消防等设备;泵站的建筑设施主要由主、副厂房构成。泵站的消防智能化,就是要将先进的火灾监控技术与计算机控制技术结合,在火灾判定和之后的灭火措施中做到信息全面的互联共享;在日常工作中,有效利用传感器技术,做到消防设备的自动巡检,保障消防设施的可靠运行与维护工作。

## 6.11.2 泵站消防系统特点

泵站的消防系统尤其重要,关系泵站从建设到运行过程全生命周期的安全。

泵站消防系统根据其自身特点,与普通的工业与民用建筑消防系统存在以下几点不同之处:

(1) 与普通工业与民用建筑标准层高不同,泵站的建筑结构特征是高大空间与窄小空间并存,主厂房空间较高,火灾时产生的烟气难以被一般的感烟探测器所探测;而电缆夹层、电缆沟等窄小空间的烟气很难散去,一旦发生火灾,将会造成较大影响。

(2) 泵站内机电设备较多,电机、变压器等设备产生的电磁干扰较大,对消防报警系统产生不利影响。

(3) 泵站内消防水池多建于地面层以下部分,湿度较大,消防水泵等设施长期不工作容易受潮损坏。主变室及油处理室等火灾危险环境可能会有油污,消防设备工作环境较差。

(4) 普通工业与民用建筑人员较为密集,消防系统主要以保护人的生命安全为主;泵站内值班人员较少,发生火情时采取灭火措施主要以保护设备安全为主。

(5) 泵站建设地点偏离城市,发生火灾以自救为主,外部消防队很难及时赶到。

## 6.11.3 泵站消防智能化

### 6.11.3.1 消防供电负荷要求

根据《水利工程设计防火规范》(GB 50987—2014)、《火灾自动报警系统设计规范》(GB 50116—2013)要求,泵站消防用电设备应按不低于二级负荷、采用独立的双回路末端自动切换供电。消防用电设备包含泵站中的消防水泵,消防电梯,防烟排烟设备,火灾自动报警、自动灭火装置,火灾事故照明,疏散指示标志,电动防火门、防火卷帘及电动阀门等。

### 6.11.3.2 火灾探测器的选用

根据规范要求,主要生产场所或部位需要布置火灾探测器,典型场所的火灾探测器选型如表 6.11-1 所示。

表 6.11-1　泵站主要生产场所或部位布置火灾探测器类型

| 序号 | 主要生产场所 | 火灾探测器类型 |
| --- | --- | --- |
| 1 | 额定容量为 10 MW 及以上的电动机风罩内 | 缆式线型感温+点型感烟或点型感烟+点型感温 |
| 2 | 电动机层 | 红外光束感烟 |
| 3 | 水泵层及以下各层 | 点型感烟或点型感温 |
| 4 | 电缆隧道、电缆室、电缆竖井 | 缆式线型感温+点型感烟 |
| 5 | 油浸式变压器室、油浸式电抗器室、油浸式消弧线圈室 | 缆式线型感温+点型感烟或点型感温+红外光束感烟 |

| 序号 | 主要生产场所 | 火灾探测器类型 |
|---|---|---|
| 6 | 控制室、继电保护屏室、通信室 | |
| 7 | 计算机室、直流屏室、配电装置室 | 点型感烟或点型感温 |
| 8 | 蓄电池室 | |
| 9 | GIS室、SF₆贮气罐室 | 点型感烟或点型感温或红外光束感烟 |
| 10 | 油罐室及油处理室 | |
| 11 | 柴油发电机室及储油间 | 点型感烟或点型感温(防爆型) |
| 12 | 疏散走道、楼梯间、电梯机房 | |
| 13 | 空气压缩机及其贮气罐室 | 点型感烟或点型感温 |
| 14 | 消防水泵室 | |

电机层主厂房高度较高,烟雾上升将被严重稀释,产生分层现象,只有明火时期的烟雾才能上升到天花板的感烟探测器处,而此时设备已经损坏严重,故不适宜安装点型感烟探测器。线型红外光束感烟探测器受安装及环境因素影响较大,易受泵站内电机及吊车的振动影响产生误报,对于泵站智能化消防火灾判定会产生不利影响。故规范中所列的火灾探测器在实际应用中都存在不同程度的局限性和不适应性。本次研究中高大空间场所选用吸气式感烟探测器,采用主动吸取空气样本进行探测的方式,可以突破气流、气层屏障,不受监测环境的高度或广度所限制,且灵敏度高,安装简单,维护方便,在大空间场所具有很大优势。

泵站内电磁环境负载,电磁干扰大。故所选用的一般火灾探测器应具有电磁防护装置。

对于潮湿环境,所选用的火灾探测器应具有相应的 IP(Ingress Protection)防护等级;对于火灾危险环境,选用防爆型探测器。

根据泵站内工作人员较少、消防系统以保护设备安全为主的特点,选用的主动吸气式火灾探测器要求灵敏度高、可靠性高、误报少,在火灾初期能够主动检测到异常气体并进行报警。同时要求能在火灾发生初期、温度异常阶段,通过红外视频监测系统、火焰探测器等设备,对设备的温度进行监视并对异常温度报警。

### 6.11.3.3 泵站消防智能化火灾判定方法

根据规范要求,需要火灾自动报警系统联动所控制的消防设备,其联动触发信号应采用两个独立的报警触发装置报警信号的"与"逻辑组合。下面根据泵站的两种不同工作情况对火灾判定方法进行说明:

(1)无人值班或值守情况:根据不同探测器的不同采样信号及报警灵敏度,采用两个不同采样信号的独立报警器的报警信号的"与"逻辑组合判定火灾发生情况;根据现场主要场所设置的红外测温成像及视频监控装置,在远程消防控制中心进行分析及采取处理措施;同时运用大数据分析,对火灾发生前期的异常数据进行登记并报警。

(2)有人值班的情况:由两个独立的火灾探测器报警信号或一只火灾探测器报警信号及现场人员的手动报警信号组成"与"逻辑组合,判定火灾发生情况。将火灾发生前期的异常数据与正常值进行比对,在有人值班的中控室发出报警信号。

### 6.11.3.4 泵站消防智能化应急疏散照明系统

选用带地址编码的总线式应急照明灯具,由专用的应急疏散照明系统主机控制,接入消防系统。根据火情自动确定合理的疏散方向,保障泵站工作人员的生命安全。系统组成如图 6.11-1 所示。

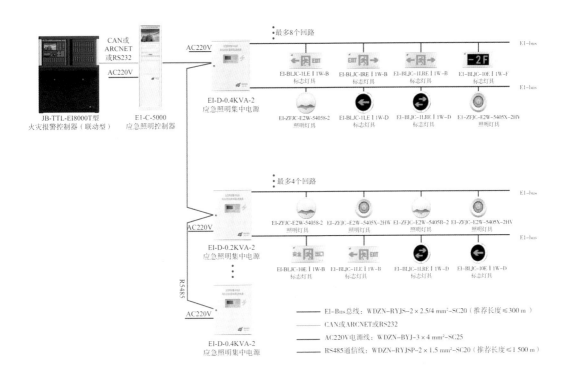

图 6.11-1　消防应急照明及疏散指示系统示意图

### 6.11.3.5　泵站消防智能化灭火措施

在有人值班的一般情况下,根据规范要求设置消火栓系统、自动喷水灭火系统、雨淋系统、气体灭火系统及防排烟系统等,由人工或系统联动操作,采取灭火措施。下面重点介绍无人值守情况下,通过可视化灭火辅助决策系统智能化灭火的措施。

系统采用自动跟踪定位射流灭火系统。利用红外线、数字图像或其他火灾探测组件对火、温度等的探测,进行早期火灾的自动跟踪定位,并自动控制各种室内外固定射流灭火系统。系统由探测组件及自动控制部分的灭火装置和消防供液组成。系统组成构件如图 6.11-2 所示。

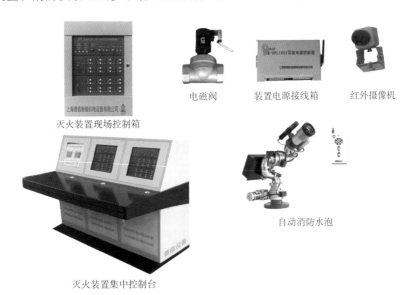

图 6.11-2　自动跟踪定位射流灭火系统结构图

1. 自动消防水炮灭火系统

基于红紫外(或双波段)复合探测技术的自动消防水炮是通过单片机内部的算法程序对火焰传感器拾取到且经过运算放大处理的值进行分析、识别以及步进驱动控制,从而实现自动跟踪定位、喷水灭火及联动报警。基于红紫外(或双波段)复合探测技术的自动消防水炮是目前国内的主流产品,其探火定位稳定性较高。

2. 消防机器人

泵站由于地理位置特点,普通消防队难以快速到达,在有条件的大型泵站,可设置消防机器人。消防机器人作为特种机器人的一种,是具备一般编程能力和操作能力的应用于消防作战活动的运动机器人,在灭火和抢险救援中能发挥举足轻重的作用。消防机器人能代替消防救援人员进入易燃易爆、有毒、缺氧、浓烟等危险灾害事故现场,并运用 GPS、移动互联网、GIS 等技术进行数据采集、处理、反馈,有效地解决消防人员在上述场所面临的人身安全、数据信息采集不足等问题。现场远程指挥人员可以根据其反馈结果,及时对灾情做出科学判断,并对灾害事故现场工作做出正确、合理的决策。

从功能角度对智能消防机器人进行划分,主要包括消防灭火机器人、消防救援机器人、消防排爆机器人、消防破拆机器人、消防侦察机器人及多功能消防机器人这六种智能消防机器人。

1) 消防灭火机器人

消防灭火机器人是一种能够接近火场进行灭火活动的消防机器人,也是目前应用最广的消防机器人。消防灭火机器人一般由移动载体、消防水炮、遥控装置、摄像装置及自保护机构组成。其主要的灭火功能依赖于它的消防水炮来实现,消防水炮能根据不同的角度及高度向火源喷洒大量的水或灭火剂。

2) 消防救援机器人

消防救援机器人是能够进入火场搜寻被困人员并通过其独特的救援设施将被困人员运输出火场的消防机器人。消防救援机器人是众多消防机器人中任务难度较大的消防机器人,在救援过程中受到受灾人员位置、体形、体势及周围环境等不确定因素的影响,如何安全、准确、迅速地完成救援任务是消防救援机器人在发展过程中的一大难题。

3) 消防排爆机器人

消防排爆机器人是基于火灾爆炸等危险事故而研发的消防机器人。消防排爆机器人可搭载 X 光仪、各种传感器、机械手及多自由度云台等多种执行工具,从而实现毫米级抓取功能。它可以代替消防员在突发涉爆事件中进行实地勘探,快速地寻找、排除、搬运、销毁各种危险可疑物品,保障消防员安全地执行消防任务,为广大群众及消防员的生命安全保驾护航。

4) 消防破拆机器人

消防破拆机器人一般是用于受灾现场的清障及救援工作,主要包括拆除、销毁存在潜在危险的可疑物品,清理建筑倒塌等产生的垃圾,搬运物资等。破拆消防机器人一般由机器本体、机械臂、破拆工具、行走机构、遥控系统等部分组成。因为其应用场所一般比较复杂,所以消防破拆机器人比其他消防机器人在动力、续航能力、越野能力和自主运动能力等方面都要强,这样才能为受灾现场提供强有力的支援。

5) 消防侦察机器人

消防侦察机器人诞生于 1991 年,它的出现为消防救援活动开辟了新的世界。消防侦察机器人主要是用于高温、浓烟、易燃易爆、地形复杂、障碍物多等消防员不易靠近的恶劣场所进行现场侦察、化学品探测、火场信息收集及反馈等消防活动。消防侦察机器人可以进入火灾现场或是在火场上空通过高清摄像头观测几平方公里范围的现场情况,透过浓烟寻找火源,然后利用红外图像、气体浓度测试、热分布指示等途径来进行火场信息的采集及实时监控。在一线的火场信息采集之后,将其通过有线或无线的方式传输到消防员手中,以便于消防员快速准确地对火场做出判断及采取救援措施。

6) 多功能消防机器人

多功能消防机器人是综合了两种及以上功能的综合性消防机器人,如灭火侦察消防机器人、排爆救援消防机器人等。多功能消防机器人根据其功能分配的不同,一般会包含多个独立的模块,这些独立模块可以根据火灾救援需求的不同进行单个或组合救援,使得救援工作更加便捷。而且,随着我国火灾形势及环境复杂度的进一步发展,单一功能的消防机器人往往已经不能满足消防救援的需求。相比之下,多功能消防机器人功能更加丰富,适用范围更广,多功能化已经成为消防机器人的一大发展趋势。

消防机器人如图 6.11-3 所示。

图 6.11-3  消防机器人

## 6.11.4  泵站消防智能化巡检措施及系统构架

### 6.11.4.1  泵站消防智能化巡检措施

泵站消防的智能化巡检,首先要完善消防设备巡检制度,利用大数据、云平台等技术手段,建立消防智能化巡检平台。消防智能化巡检平台有以下组成部分。

1. 数字智能消防巡检柜

该装置接到系统的巡检指令后会依次对消防水泵进行低速无压巡检。巡检时电机转速较低,系统不产生水压。整个巡检过程中如设备接到消防命令,智能巡检控制器会立即发出停止巡检的指令,瞬时启动消防泵完成消防任务。如巡检过程中动作异常,控制器会记录发生故障的支路号及故障类别,并发出声光报警。同时由数字智能巡检界面储存并记录故障信息,以备查阅;并完成故障的上传(可传至消防中控室),通知有关值班人员进行检修,确保消防设备万无一失。

2. 电气火灾监控装置

电气火灾监控装置安装在高低压配电系统中,用于监测系统中的剩余电流、温度等有关电气火灾隐患的电气参数,当被保护线路中监控装置参数超过报警设定值时,能发生报警和控制信号,以便消除剩余电流引起的电气火灾隐患。电气火灾监控装置应与电机设备的绝缘监测装置在泵站系统中协同发挥作用。

3. 室内消火栓水压监测系统

室内消火栓水压监测系统采用尖端物联网技术和无线通信技术对消火栓水压进行远程、实时监控，并通过基于蜂窝的窄带物联网（NB-IoT）实时发送给云端管理平台。系统构成如图 6.11-4 所示。

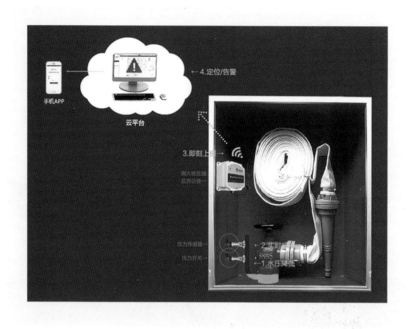

图 6.11-4　室内消火栓水压监测系统

### 6.11.4.2　泵站消防智能化系统构架

实现泵站消防智能化的核心就是构建泵站消防智能化系统。针对泵站特点，消防智能化系统具有以下特点：

- 电磁兼容性；
- 权限层级化；
- 通用性；
- 可靠性；
- 系统兼容性；
- 安全性；
- 实用性；
- 可维护性；
- 可扩展性。

泵站智能化建设的基础就是广泛的信息感知网络，通过各种传感器设备，全面采集不同属性、不同形态、不同密度的信息。在此基础上通过宽带互联网、移动数据网络，实现本地网络与远程数据中心的全面互联共享，最后通过大数据的计算，对采集到的信息进行智能化处理，使泵站消防系统的判定和灭火措施更为科学有效。

泵站智能消防系统的技术构架,自下而上主要包括感知层、传输层、服务层和应用层四个层面。系统技术构架图如图 6.11-5 所示。

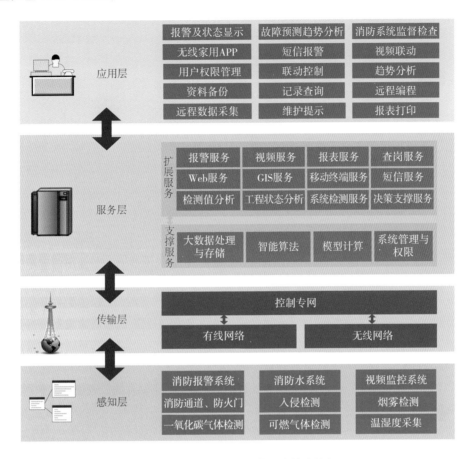

图 6.11-5 泵站智能化系统技术构架

### 1. 感知层

通过感知识别技术自动采集消防系统中各类数据信息,是综合安全物联网区别于其他网络最独特的地方。感知层位于综合安全物联网四层模型的最底端,是所有上层结构的基础。

消防物联网的感知层主要为消防报警各类传感器网络、视频监控系统、无线探测器。

消防火灾报警系统通过设备的 RS232/485 等数据接口采集数据,通过有线或无线方式与数据管理中心进行数据交互,实时提取控制器发出的探测器报警、设备故障、设备动作、屏蔽等状态信息。

### 2. 传输层

传输层将感知层获取到的信息传递到服务层。作为物联网重要的基础设施,传输层包括所有有线和无线、长距离和短距离通信系统。

### 3. 服务层

服务层处理传输层传递的数据信息,并对外部用户提供应用服务,服务层在结合云计算的技术后为用户提供更加高效便捷的服务。

### 4. 应用层

应用层作为物联网技术与消防行业专业技术的深度融合,结合行业需求实现了消防行业的智能化,消防物联网应用层利用分析处理后的感知数据,为用户提供丰富的特定服务。

# 6.12 智能照明控制系统

## 6.12.1 概述

### 6.12.1.1 智能照明的定义

智能照明技术被业界公认为未来重要的发展方向,不过目前智能照明技术仍然处于发展的初期阶段。关于智能照明权威的定义尚在探讨之中,国际上国际电工委员会(IEC)下属的 TC34(照明技术委员会)、国际标准化组织(ISO)及国际照明委员会(CIE)并没有给出关于智能照明明确的定义,但给出初步定义:智能照明是以提供照明为基础的系统,包括自然光系统、人工照明系统以及二者相结合的系统,该系统可利用控制技术、网络通信及传感技术等,以光源、灯具及相关器件组合,满足各种多样性照明应用需求,如人体舒适性、安全、环境友好和节能。

### 6.12.1.2 泵站智能照明系统

目前智能照明的应用场景主要包括智慧城市(室外智能路灯及夜景照明)和智能家居(室内智能照明),在水利工程尤其是泵站中应用较少。泵站的智能照明系统要结合泵站的环境特点,采用先进的光源、灯具及控制技术,满足"少人值守"乃至"无人值班"的需求,达到"绿色照明"的需要,做到以人为本,有利于生产工作,提高照明质量。

结合国际照明委员会(CIE)的要求,及国家有关规范,泵站智能照明系统应遵循以下原则:

(1) 根据视觉工作需要确定合理照度水平;

(2) 得到所需照度的节能照明设计;

(3) 在满足显色性和相宜色调基础上采用高光效光源;

(4) 采用不产生炫光的高效率灯具;

(5) 设置按需要能关灯和控制情景的可变照明装置;

(6) 人工照明同天然采光综合利用;

(7) 监视照明设备运行情况,定期清洁照明器具,建立换灯和维修制度,达到泵站照明系统全生命周期的维护。

### 6.12.1.3 传统照明系统的局限性

目前,照明系统一般仍沿用传统的方法设计,比较先进的就是在某些照明回路中串联由智能照明系统控制的触点,通过控制这些触点可以实现诸如区域控制、定时开关、中央监控等功能。传统照明的局限性在于:

(1) 传统照明采用手动开关,方式单一;

(2) 管理不便,需要人工逐层开关;

(3) 对于节能不便于统一管理。

### 6.12.1.4 智能照明系统的优越性

1. 智能化的控制方式

采用智能照明控制系统,可以使照明系统处于全自动状态,系统将按预先设定的若干工作场景进行工作,这些状态会按预先设定的时间相互自动切换。例如,当一个工作日结束后,系统将自动进入晚上的工作状态,自动打开或者关闭各区域的灯光,同时系统的移动探测功能也将自动生效,将无人区域的灯自动关闭,并当人员离开区域超过一定时间后,自动关闭该区域的灯关。

此外,还可以通过编程随意改变面板控制的开关回路数量,以适应各种场合的不同场景要求。

2. 改善工作环境,提高工作效率

传统照明系统中,需要人工开关面板,工作效率较低。而智能照明系统可根据设定的时间、场景定时开关灯具,在为人们提供健康、舒适环境的同时,也提高了工作效率。

3. 提高管理水平,减少维护费用及人为浪费

通过配套集成软件的智能化管理,不仅使建筑的管理者能将其高素质的管理意识运用于照明控制系统,而且将大大减少建筑的运行维护费用,并带来较大的投资回报。

4. 安装便捷,节省线缆

智能照明系统建议采用两芯屏蔽双绞线控制,灯具的回路火线引到配电箱内,通过智能控制设备控制,开关模块设备安装在配电箱内,便于维护。

5. 延长灯具寿命

灯具损坏的致命原因是电网过电压,只要能控制过电压,就可以延长灯具的寿命。智能照明控制系统采用延时的方式,能控制电网冲击电压和浪涌电压,使灯丝免受热冲击,灯具寿命得到延长。通常能使灯具寿命延长 2～4 倍,大大减少了更换灯具的工作量,有效地降低了照明系统的运行费用,对于大量使用灯具和灯具安装困难的区域具有特殊的意义。

## 6.12.2　泵站智能照明研究内容

泵站一般由主厂房,副厂房,水泵层,联轴器层,电机层,高低压配电室,中控室,安装间,室外进出水池,室外园区及道路,变压器室,办公、后勤及其他附属用房,各类户外装置,站,场,道路组成。泵站照明设计范围包括室内照明、户外照明、道路照明、值班照明等,重点在于主、副厂房的室内照明设计。

### 6.12.2.1　光源选择

传统光源,一度是主流照明光源的气体放电光源,可控性能差,开关次数越多寿命越短,大范围的调光不可控,功率因数不理想,启动时间长,并不能适应与发挥智能照明控制系统的优势。而 LED 发光二极管光源,具有寿命长、响应时间快、调光可控、发光效率高等优势,可广泛应用于工业照明场所。因此,采用 LED 光源是配合智能照明控制系统进行设计的关键所在。

### 6.12.2.2　灯具选择

泵站内各场所环境复杂,主厂房分为电机层、联轴器层、水泵层和流道层;副厂房包含有各种功能的房间。泵站灯具选择首先要根据灯具在厂房内的安装高度,按室形指数($RI$)选取不同配光的灯具,见表 6.12-1。

表 6.12-1　灯具配光曲线选择表

| 室形指数($RI$) | 灯具配光选择 | 最大允许距高比($L/H$) |
| --- | --- | --- |
| 0.5～0.8 | 窄配光 | $0.5 \leqslant L/H < 0.8$ |
| 0.8～1.65 | 中配光 | $0.8 \leqslant L/H < 1.2$ |
| 1.65～5.0 | 宽配光 | $1.2 \leqslant L/H \leqslant 1.6$ |

然后需按照环境条件,包括温度、湿度、振动、污秽、尘埃、腐蚀、有爆炸危险区域、洁净生产环境等情况来选择灯具。根据照明场所的环境条件,分别选用下列灯具:

(1) 在潮湿的场所,应采用相应防护等级的灯具或带防水灯头的开敞式灯具。

(2) 在有腐蚀性气体或蒸汽的场所,宜采用防腐蚀密闭式灯具。

(3) 在高温场所,应采用散热性能好、耐高温的灯具。

(4) 在有尘埃的场所,应按防尘的相应防护等级选择适宜的灯具。

(5) 在振动、摆动较大的场所,应使用有防振和防脱落措施的灯具。

(6) 在易受机械损伤、光源及其他部件自行脱落可能造成人员伤害或财务损失的场所,应使用有防护措施的灯具。

(7) 在有爆炸危险的场所,应使用符合《爆炸性环境》系列标准(GB/T 3836)相关要求的灯具。

(8) 在有洁净要求的场所,应采用不易积尘、易于擦拭的洁净灯具。

(9) 一般场所宜选用Ⅰ类灯具,人经常能触摸到的灯具应选用Ⅱ类灯具,移动式和手提式灯具应采用Ⅲ类灯具。

室内作业房间或场所照明标准值见表6.12-2。

表6.12-2 泵站各部位照度要求

| 序号 | 房间或场所 | 照度/lx | 统一眩光值UGR | 显色指数 | 备注 |
|---|---|---|---|---|---|
| 1 | 一般控制室 | 300 | 22 | 80 | 防光幕反射 |
| 2 | 主控制室 | 500 | 19 | 80 | 防光幕反射 |
| 3 | 继电保护室 | 300 | 22 | 80 | |
| 4 | 计算机室 | 500 | 19 | 80 | |
| 5 | 通信室 | 300 | 19 | 80 | |
| 6 | 风机室、空调机室 | 100 | — | 60 | |
| 7 | 蓄电池室、充电机室 | 100 | — | 60 | |
| 8 | 油处理室、压气机室、技术供水室 | 150 | — | 60 | |
| 9 | 消防水泵室、排水泵房 | 100 | — | 60 | |
| 10 | 主变压器室 | 100 | — | 60 | |
| 11 | 高低压配电装置室 | 200 | 25 | 60 | |
| 12 | 气体绝缘金属封闭开关设备(GIS)室 | 200 | 25 | 60 | |
| 13 | 柴油发电机房、电源设备室 | 200 | 25 | 60 | |
| 14 | 电容器、电抗器室、母线廊道 | 100 | — | 60 | |
| 15 | 电缆夹层 | 50 | — | 60 | |
| 16 | 泵站主机室 | 200 | — | 60 | 可另加局部照明 |
| 17 | 泵站安装间 | 200 | — | 60 | 可另加局部照明 |
| 18 | 泵站电动机层 | 200 | — | 60 | |
| 19 | 泵站水泵层 | 100 | — | 60 | |

### 6.12.2.3 智能照明控制系统

智能照明控制系统有几种常见类型,常见的有建筑设备监控系统(BA系统)、总线回路控制系统、数字可寻址照明接口(DALI控制)系统、DMX512协议控制系统、基于TCP/IP的网络控制系统和无线控制系统。

智能照明常用控制方式一般有场景控制、恒照度控制、定时控制、红外线控制、就地手动控制、群组组合控制、远程控制、图示化监控、日程计划安排等。本次泵站智能照明研究,需要结合不同使用环境和场景,结合多种控制方式,以满足各种照明需求。

从目前的应用情况来看,基于 CAN 协议的总线回路控制系统得到了较为广泛的应用,市场产品较为成熟,通用性、开放性以及扩展性较好。本次研究的泵站智能照明采用了就地控制、远程控制和无线控制的方式,并预留了与上级设备通信的接口。

本次研究所使用的分布式无线照明控制系统采用了先进的数字化、模块化、分布式、无线控制的系统架构,可实现对各种照明灯更专业、更灵活的开关控制或调光控制,是实现舒适照明的有效手段,也是节能的有效措施。智能照明控制系统有效利用了以太网、CAN 现场总线、RF 无线通信等技术,在沿用传统使用习惯的基础上,做到了建设时安装方便、节省电缆、降低造价,使用时可靠、灵活、方便,管理上分散控制、自动控制与集中管理相结合,能够提高管理水平、降低能耗。

智能照明控制系统由 CPU 控制模块、开关驱动模块、调光驱动模块、信号检测模块、无线信号接收模块、无线控制面板、扩展通信模块、房间控制模块、智能传感器、系统编程软件和计算机监控软件等部件组成,系统构成见图 6.12-1。

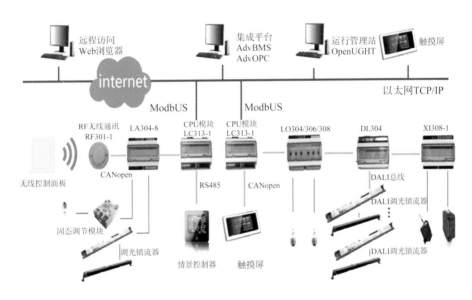

图 6.12-1　泵站智能照明系统拓扑图

根据不同场所的照明特点,采用不同的智能控制方案,以实现分散式智能照明控制。我们按设计需求,根据工程照明设计的情况,把建筑按照功能的不同分成若干区域,各个功能区域的照明具有不同的特点,应当分别对待,采用不同的系统以达到效果的最优化。

1. 公共区域

公共区域是人员流动最集中的区域,且照明时间性非常的强,在白天人流量较大,夜晚则相对人员稀少。一般公共区域的最佳照度为 150~300 lx,灯光控制结合季节、时间、天气等不断变化的条件,随时调用预先设计的场景满足实际的需求。我们采用灯光回路的开关及探测器控制模式,结合远程的面板操作,快速有效地变化场景以迎合不同的环境。

公共区域还可以采用定时控制的方式对灯光进行自动控制,上班时间定时开启,下班时间自动关闭

70％的灯光,只保持基本照度,便于管理、节能。

公共通道考虑采用现场智能面板开关控制、定时控制及中控计算机集中控制相配合的方式,非使用期间保证只有30％的灯光常亮,保持基本照度,走道灯在使用期间可手动或自动全部打开,控制灵活、方便,同时便于集中管理,节约管理成本。各出入口处有手动控制开关,可根据需要手动控制灯具的开关。

2. 主、副厂房

主、副厂房是泵站的主要设备工作区域,对该区域的灯光控制,主要通过智能面板以及平台软件控制。

3. 控制楼

控制楼人员流动较多,办公人员进出次数也多,对此区域的灯光可通过面板控制、平台控制、感应控制,感应控制通过区域明暗和感应有效等多种逻辑控制回路。

定时场景控制,可分为上班模式、工作模式、下班模式、夜晚模式等。

### 6.12.3 智能照明系统控制

智能照明系统通过智慧化管理和控制,使泵站的照明有效、节能,维护和检修更加方便快捷,该系统的投入使用将为整个场区带来更好的经济效益和良好的社会效应。

#### 6.12.3.1 技术要求

系统支持灯光的远程监控和可视化操作,每个灯杆对应一个单灯控制器,单灯控制器可以把经纬度传给后台,由照明管理系统根据经纬度把各个路灯展示在 GIS 地图上。相关管理人员可以在电子地图上选择任意一盏、一路或任意自定义组的灯具进行开关控制、光照度调整等操作。

单灯出现故障会自动报警,并把故障信息上传给管理系统,管理系统对故障信息进行分析处理,并在电子地图上动态闪烁显示。系统可在电子地图上对故障设备进行详细定位,方便运维人员快速确定故障原因和地点,提高运维人员的工作效率。

照明管理系统通过单灯控制器配合光照度采集器和集中控制器来管理场区路灯,具备来车来人检测、智慧调光、主动报警、设备信息维护、系统管理等功能。系统管理功能包含照明区域管理、灯杆管理、照明策略管理、灯具实时监控、报表管理。

控制系统应记忆预设灯光场景,不因断电而丢失;可任意设置断电后的灯光状态。

控制系统向系统集成提供接口,包括:RS232、RS485、以太网口以及预留开关量输出等接口。

控制器具有故障自动切换功能。光照度传感器波长测量范围:380～730 nm;照度测量范围:0～200 000 lx;输出形式:二线制 4～20 mA 电流输出。系统运行环境温度:－40～＋70℃。

#### 6.12.3.2 设计原则

智能照明控制系统作为泵站智能化系统的一个有机组成部分,应根据建筑物的规模、使用功能、使用对象和管理要求等因素综合考虑,做出合理的、适应特定工程使用和管理需要的针对性设计,以创造更优的环境、更高的使用功效以及更高的节能效率。

在设计中我们本着"设备先进、技术完备、功能齐全、配置合理、节约资金"的原则进行系统设计。

1. 实用性和先进性

按照智能建筑设计标准进行设计,设备全部采用目前的主流技术和系统产品,保证前期所选型的系统与今后系统性能提升在技术先进性方面的可延续性。

2. 标准化和结构化

智能照明系统设计除依照国家有关的标准外,还应根据系统的功能要求,做到系统的标准化和结构化,综合体现当今的先进技术。集成系统是一个完全开放性的系统,通过编制相关分控制系统的接口软件,解决不同系统和产品间接口协议的"标准化",以使它们之间具备"互操作性"。

3. 集成性和可扩展性

系统设计遵循全面规划的原则,并有充分的余量,以适应将来发展的需要。所提供的系统应用软件,严格遵循模块化的结构方式进行开发;系统软件功能模块完全根据用户的实际需要和控制逻辑来编制。

4. 可靠性

智能照明系统担负着整个泵站照明设备正常运行的责任,应是一个可靠性和容错性极高的系统,使系统能不间断正常运行,以确保在发生意外故障和突发事件时,系统能保持正常运行。

5. 经济性

在保证先进性和适用性的前提下,力争以最小的经济代价获得最大的经济效益和社会效益。

6. 开放性

开放系统对用户有极大的好处,尤其在系统的整个生命周期中,降低了维修和管理费用,系统重新配置和技术升级换代变得更加容易。

7. 综合节能管理的合理性

智能照明系统通过友好的图形化接口进行管理和系统维护,采用合理的算法来统计及分析泵站的能源消耗,以达到节能管理的目的。

### 6.12.3.3 系统组成

智能照明系统由智能照明系统服务器、物联网平台、集中控制器、单灯控制器、光照传感器、人车检测传感器、边缘网关等构成。

1. 集中控制器

集中控制器对所有单灯控制器进行统一管理。集中控制器统一接入边缘网关,平台对边缘网关进行驱动部署和点位部署,通过集中控制器和单灯控制器进行交互,实现灯具状态的数据采集以及对灯具的开关控制和亮度调节。

2. 单灯控制器

单灯控制器对单独一个灯进行开关控制和灯光的强弱控制,同时采集灯的电压、电流和功率数据并回传到集中控制器。

3. 光照传感器

光照传感器用于检测环境光照度,根据光照度是否达到行人出行和车辆出行的要求进行灯具的开关控制。

4. 人车检测传感器

人车检测传感器主要检测行人和车辆是否存在,把是否存在人车的信息传输给边缘网关,再由边缘网关传输给平台。边缘网关主要进行数据采集、转发及反控等工作。

目前常用的人车检测传感器为 24 G 雷达或 79 G 雷达人车检测传感器,人车检测传感器能有效区分人车、检测精度高、安装便捷、调试简单、使用寿命长等特点。

5. 边缘网关

边缘网关用于把集中控制器、单灯控制器、人车检测传感器、光照度传感器等设备数据传输给物联网平台,并把平台的策略下发到边缘网关。

### 6.12.3.4 系统软件

通过电脑实时监测系统运行状态,可以利用鼠标或键盘远程改变回路状态、设置参数等,实现远程集中控制的功能。系统软件界面示意图如图 6.12-2 所示。

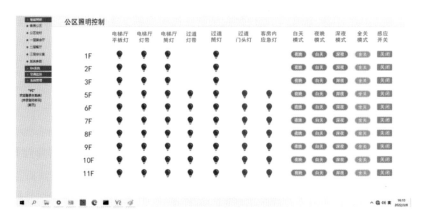

图 6.12-2　软件界面示意图

系统的安全可靠性是良好运行的保证,智能照明控制系统分为安全和授权两部分。

安全:用户必须通过登录验证,需要正确输入用户名和密码才能进入系统。

授权:系统管理员可以分配给用户/组以下 4 种权限中的一种权限。

(1) 用户 user(Read);

(2) 操作管理员 operation manager(Read/Write);

(3) 编程管理员 program manager(Change);

(4) 系统管理员 system manager(Full Control)。

### 6.12.4　泵站典型场所智能照明布置实例

#### 6.12.4.1　泵房

主泵房属于高大空间场所,生产环境按一般性工业厂房划分。厂房顶部布置大功率深照型(窄配光)LED 高天棚灯作为主照明,柱上壁装 LED 投光灯作为局部照明及值班照明。照明灯具可由现场的情景控制面板就地控制,车间内装设的光照度传感器根据光照强度自动控制开启的回路以及控制室内的照明控制主机进行远程控制。其平面图如图 6.12-3 所示。

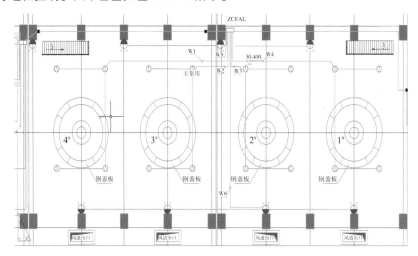

图 6.12-3　主泵房照明平面图

### 6.12.4.2 电缆廊道及油泵室

电缆廊道根据环境被划分为火灾危险环境,灯具替换为 LED 三防灯。灯具的防护等级选择 IP65,并且灯具上有防护罩,防止外力损害光源及光源脱落。

火灾危险环境内的照明配电线路应采用 YJV 电缆(交联聚乙烯绝缘聚乙烯护套电力电缆)穿钢管配线,并且导线的绝缘电压不应小于 450/750 V,配电线路不能有中间接头。控制照明灯具的情景控制器应装设在火灾危险环境之外。

### 6.12.4.3 副厂房

变配电室、主变室灯具采用普通 LED 日光灯,对于油浸式主变压器室,装设防爆型灯具,根据空间高度及设备摆放布置照明灯具,采用情景控制器就地控制照明灯具。

门厅、走廊等公共区域照明灯具采用 LED 日光灯及 LED 吸顶灯,公共区域装设光照度传感器及人体运动传感器,由照明控制器控制光源的开启和关闭;公共区域易于操作的位置设置情景控制器,方便管理人员手动控制。

办公室、会议室等场所在门口设置情景控制面板及无线控制单元,室内照明灯具回路根据不同情景划分,由情景控制器或无线遥控器予以控制。

### 6.12.4.4 软硬件配置

软硬件配置见表 6.12-3。

表 6.12-3　软硬件配置表

| 序号 | 设备名称 | 备注 |
|------|----------|------|
| 1 | 智能照明系统软件 | 智能照明软件 |
| 2 | 集控器 | 网口版 |
| 3 | 单灯控制器 | 控制灯箱用 |
| 4 | 单灯控制器 | 控制灯杆用 |
| 5 | 雷达传感器 | |
| 6 | 电源模块 | 雷达用 |
| 7 | 电源模块 | 带 12 V 输出 |
| 8 | 光照传感器 | |
| 9 | 边缘网关 | 含电源适配器 |
| 10 | 485 中继器 | |
| 11 | 空气断路器 | |
| 12 | 电柜箱 | |
| 13 | RS485 信号专用线 | 按照实际长度调整 |
| 14 | 集控器电源线 | |
| 15 | 光照度/雷达传感器引线 | |

### 6.12.4.5 系统拓扑图

后端管理设备及前端设备拓扑图如图 6.12-4 和图 6.12-5 所示。

220 V 交流电通过集中控制器传输给交流接触器,再由交流接触器传递给单灯控制器,单灯控制器把

220 V 交流电传递给 AC-DC 电源,最后把 DC 电源供给 LED 灯,其中单灯控制器可以通过 1～10 V 可调电源对 AC 转 DC 电源 LED 灯进行亮度调节。

集中控制器通过网线接入边缘网关,边缘网关把集中控制器的数据通过网络传到平台。光照传感器把接收到的光照数据传递给边缘网关,由边缘网关把数据送到平台。

多个人车检测传感器进行并联,并联后的人车检测传感器数据通过边缘网关把数据送到平台。人车检测传感器到网关的 485 接口最多只能同时接入 30 个,且 485 线的最长距离不能超过 1 000 m(超过 1 000 m 的设备需要额外增加 485 信号中继器)。

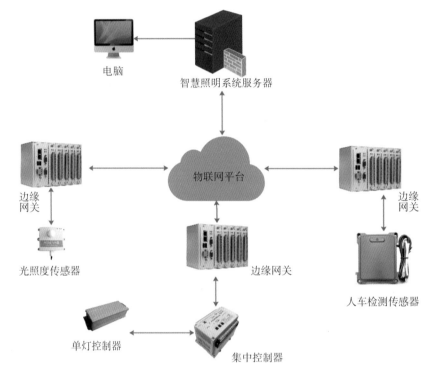

图 6.12-4　后端管理设备拓扑图

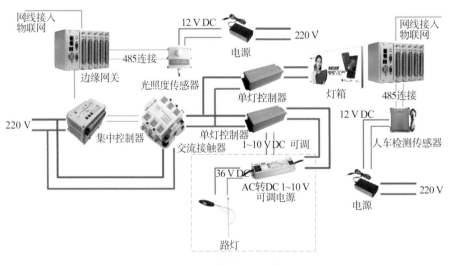

图 6.12-5　前端设备拓扑图

　数字孪生智能泵站技术研究与应用

多个人车检测传感器并联的示意图如图 6.12-6 所示。

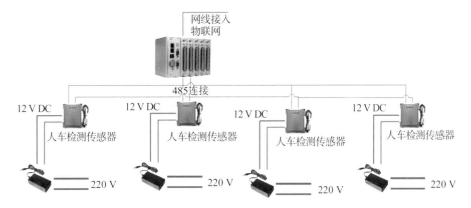

图 6.12-6  多个人车检测传感器并联图

#### 6.12.4.6  部署设计

交流接触器、灯杆和灯以及灯箱都是用原来已经有的设备,集中控制器和单灯控制器需要更换,光照度传感器、人车雷达网关等是新增加的设备。

1. 灯箱控制

由于摄像头、灯箱等设备需要在电线杆取电,因此为了控制灯箱白天关闭,晚上正常点亮,需要在灯箱的引电位置加装一个单灯控制器来控制灯箱的供电。

2. 灯杆方案

由于 AC 转 DC 电源模块和 LED 灯头是一体的,因此灯杆侧的单灯控制器把 AC 电源给到 AC 转 DC 电源模块的同时把 1～10 V 可调信号也给到 AC 转 DC 电源模块。

钠灯采用"隔一亮一"的模式、LED 灯采用人车路过时亮灯等照明方案,兼容对原有广告牌的照明需求(钠灯、LED 灯的开关不影响其供电)。灯杆安装示意图如图 6.12-7 所示。

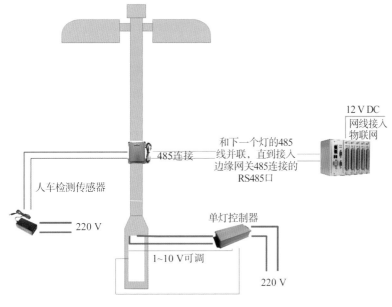

图 6.12-7  灯杆安装示意图

当使用有线网络实施时,每个电柜箱接入 220 V 电源、网线,雷达的 485 接口通过 485 转网口模块接入网络,在网络的另外一端由边缘网关采集各个雷达传感器的数据上报给物联网平台,应用平台从物联网平台上接收到数据后,进行运算,根据业务场景,把指令发送给边缘网关,通过边缘网关把指令下发给集中控制器,再由集中控制器对当前灯和后续灯的单灯控制器进行控制,实现当前灯及后续灯的亮灯和灭灯。

### 6.12.4.7　软件设计

智能照明系统通过采集端口获取光线传感器和人车传感器等设备的数据,根据系统定制的照明策略,通过灯光控制器控制路灯的开和关,同时根据光线强弱进行灯光亮度的调节,并能自动检测各个设备的状态来判断设备是否出现故障。

### 6.12.4.8　功能设计

智能照明系统主要包括如下功能模块:设备管理、照明策略、照明方案、驱动管理、数据管理、分组管理、维护管理、故障管理、用户管理,如图 6.12-8 所示。

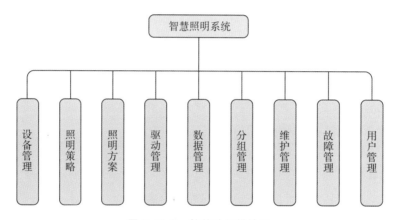

图 6.12-8　软件功能模块图

1. 设备管理

设备管理是将灯具、光线传感器、灯光控制器、人车检测传感器等设备接入平台,对这些设备的基本数据、采集参数和控制参数进行配置。基本数据包括分布位置、名称、类型等参数。采集参数和控制参数为每种类型设备独有的参数,比如光线传感器的采集参数为光线亮度,但没有控制参数;而灯光控制器能采集灯是否开关,也可以控制灯的开关,既有采集参数也有控制参数。

2. 照明策略

照明策略是制订什么情况下亮灯,什么情况下灭灯,怎么亮灯以及怎么灭灯的一系列亮灯灭灯策略,可以是固定的策略,也可以是场景联动策略,或者是这些策略的组合。

这些照明策略可以按照设置的时间自动或人工对分区、分线路进行断电或供电,节能的同时延长了灯具的使用寿命,也可以通过光线传感器获取的数据对灯光进行调节,或者是间隔灯杆亮、重点地段亮、按照需要亮等,可进行灵活配置。

3. 照明方案

照明方案是根据照明策略生成的照明方案,系统将根据照明方案进行亮灯和灭灯策略的控制,同时生成照明方案执行日志。当多个方案冲突时,系统将进行报警处理,同时默认执行排名最前的方案,若人为指定了其他方案则系统自动执行指定的方案。用户也可以自行设定各个方案的优先级。

### 4. 驱动管理

驱动管理是对不同设备进行数据采集和对设备控制进行驱动管理,不同的设备数据通过边缘网关的驱动程序把数据采集到平台。设置驱动管理的目的是使得有通信能力的设备能进行无缝接入,实现后续其他厂家设备的接入使用。

### 5. 数据管理

数据管理是把设备驱动采集上来的数据进行数据展示,这些数据可以通过电子地图方式把对应的路灯、各类传感器、边缘网关等设备的状态进行实时展示,让维修人员和维护人员能一目了然地看到实际的设备使用情况,也可以通过实时报表或图表的方式把数据展示出来。

### 6. 分组管理

分组管理是对各个路段的路灯进行分组管理,方便对各个区域的路灯进行统一管控,也可以按照客户自己的需求对灯具进行分组管理。在照明策略中可以选择单个灯具也可以选择分组灯具进行操作。

### 7. 维护管理

维护管理是对灯具进行巡检、保养等方面的管理,系统自动生成巡检清单以及维护清单,由维护工程师进行现场巡检和维护保养工作。

### 8. 故障管理

故障管理是指系统检测到设备故障时,自动生成维修工单,维修工单中需说明故障地点位置和设备,人工在巡检过程中发现问题也可以进行人工录入,维修人员根据维修工单进行设备的维修工作,设备维修完成后,系统自动检测到设备已经恢复正常,则根据设置情况自动关闭维修流程,实现维修闭环。

### 9. 用户管理

用户管理是对登录到系统的用户进行组织、角色和权限等方面的管理,对用户角色和权限进行管控。

### 10. 效果图

智能照明系统软件界面示意图如图 6.12-9 所示。

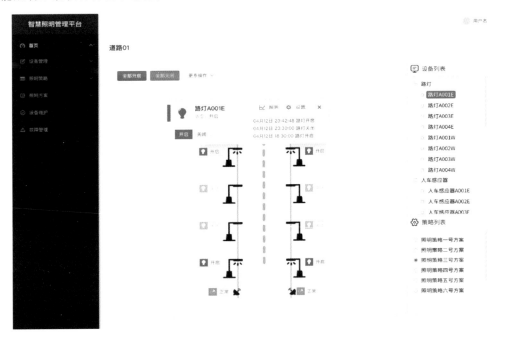

图 6.12-9　智能照明系统软件界面示意图

# 6.13 智能通风空调控制系统

## 6.13.1 需求分析

### 6.13.1.1 控制系统现状

根据对国内已建成且在运行的典型水利工程泵站的调研,其中设置的采暖通风与空气调节(以下统称暖通)设备及控制系统现状为:主、副厂房内通常未设置有组织的通风系统;副厂房通常仅在中控室、值班室等有人值守房间安装了分体空调;主、副厂房未设置暖通自动控制系统。

### 6.13.1.2 控制系统设置的必要性

泵站作为重要的水利工程建筑物,按规范规定需为水机、电气等主要机电设备长期稳定的运行创造适宜的温湿度环境,并为中控室、值班室等经常有人值守的房间中的工作人员提供舒适的工作环境。泵站主厂房出水流道层、水泵层等地下空间通常没有直接对外开窗,无法实现和室外新鲜空气自然对流,久而久之造成空气质量较差,某些有害气体有可能超标,无法满足工作人员进入工作时所要求的工作环境,严重时会危及工作人员的生命安全;副厂房中电气设备用房如变压器室、变配电室等,电气设备发热量较大,尤其是在夏季时室内温度较高,影响电气设备正常工作。因此泵站中需设置通风、空调等暖通设备及相应的自动控制系统,把泵站中不同的工作地点温湿度、空气质量等参数控制在规范规定的范围内,以达到工作人员和机电设备的工作环境要求。

### 6.13.1.3 控制系统特点

"互联网+"时代已经到来,基于"互联网+"的暖通智能化控制系统能与互联网、云计算、大数据无缝整合,采用全智能组态配置,可自行配置和调制系统,能自动监测、自动测量各设备的运行状态、运行参数,自动控制设备按规定的模式运行,对暖通设备进行全生命周期管理,发挥暖通设备最高效率以节约能源,减轻人员的工作强度或实现无需人员值守,延长设备的使用寿命并降低运营成本,实现设备自动管理、能源自动控制、室内环境舒适且节能低耗。

## 6.13.2 控制系统设计内容及原则

### 6.13.2.1 设计内容

(1) 编制监控点表;

(2) 中央管理站选型及布置;

(3) 传感器、执行器的型号、数量、安装部位;

(4) 控制器(包括I/O模块)的型号、数量、安装部位;

(5) 网络设备的型号、数量、安装部位;

(6) 组态软件选型与配置;

(7) 电源线、信号线、控制线、通信电缆选型;

(8) 管路线缆敷设方式及路由设计。

#### 6.13.2.2 设计原则

1. 实用性

系统的设计应以实用为第一原则。在符合需要的前提下,合理平衡系统的经济性与超前性,以避免片面追求超前性而脱离实际,或片面追求经济性而损害智能性。

2. 可靠性

系统必须保证能支持长期连续工作。应做到子系统故障不影响其他部分运行,也不影响集成系统除该子系统之外的其他功能的运行。

3. 易维护性

基于泵站的特点(远离城市),系统必须具有高度的安全性和易维护性,做到所需维护人员少、维护工作量小、维护强度低、维护费用低。

4. 开放可扩展性

系统必须采用开放性技术标准,符合国家和国际标准及规范,兼容不同厂商、不同协议的设备和系统的信号传输,各子系统可方便加入系统中。

5. 应用配置灵活性

系统应具有全智能组态模块配置,用户可自行选择配置所需的模块。

6. 操作方便、简单易学

系统应具有友好的图形化操作界面,操作方便、简单易学。

### 6.13.3　控制系统的可扩展模块

智能化暖通系统采用 B/S 架构,编程软件基于 IEC 61131 - 3 等语言直观编程,可视化软件有丰富的 OPC、Modbus、DDE、API 等接口,其平台的功能包括:监测功能、控制功能、保护功能、集中管理功能。为实现以上功能,系统平台应具有以下可扩展模块。

(1) 实时监控模块:包含实时监测、实时控制、联动控制、负荷控制、运行时间控制等;

(2) 记录查询模块:可以查询暖通设备的历史运行记录(图表或运行曲线)、历史能耗、操作记录、报警记录等;

(3) 设备运行维修管理模块:设备电子台账、维修登记管理、维修查询管理、设备报废管理、设备更换管理、设备 APP 巡检等;

(4) 用户管理模块:密码管理、用户职能权限管理、扩展功能管理等;

(5) 数据管理:数据升级、数据迁移、数据备份、数据还原等。

### 6.13.4　集中监测控制内容

水利泵站一般远离城市,交通不便且经常无人值班,维修管理不便;泵站中设置的暖通设备通常规模较小且分散,工作环境恶劣,因此暖通设备的选择应采取可靠性优先的原则,其配置的监测控制系统也应选择具有防盐雾腐蚀能力、抗震动冲击能力、宽温工作能力、抗电磁干扰能力、异常环境报警能力等的传感器、执行器、控制器,确保暖通设备能够安全、稳定、可靠的运行,简化运维流程,降低运维成本。

#### 6.13.4.1 全热新风系统

(1) 泵站中通常在副厂房中控室、值班室等有人值守房间设置全热新风系统,为工作人员提供所需的新风量,且可以充分利用室内排风的冷、热量,达到节能减排的要求。

(2)确定仪表的监测功能。对于采集机组控制柜提供的信号,通过直接数字控制(DDC)和中心计算机的处理实现对送排风机状态监测和对风机的启停控制,保障送排风系统运行正常。

(3)监控点位。监测点:监测送排风机运行、风机故障、风机手动和自动状态;控制点:控制送排风机启停。

(4)选择合适的传感器、执行器及控制器。

(5)绘制系统的控制原理图及监控要求,包括工况转换分析及边界条件、控制点设计参数值等。

### 6.13.4.2 空调系统

(1)泵站中需要设置空调的位置通常为中控室、值班室、会议室等经常有人值守的房间及高低压配电室、励磁室等发热量较大的电气设备用房。工程规模较大的泵站空调通常采用多联式空调(热泵)系统。

(2)确定仪表的监测功能。以空调机组送风温、湿度以及回风温、湿度作为调节参数,把温、湿度传感器的测量值送入DDC控制器并与给定值比较,产生偏差则由DDC按PID闭环规律调节冷媒管冷媒流量,以确保房间温度满足人员舒适性要求、电气设备用房正常工作要求,同时要求空调设备厂商提供接口与通信板卡。

(3)监控点位。监测点:监测空调机运行、空调机故障、空调机手动和自动状态;控制点:控制空调机启停。

(4)选择合适的传感器、执行器及控制器。

(5)绘制系统的控制原理图及监控要求,包括工况转换分析及边界条件、控制点设计参数值等。

### 6.13.4.3 送排风系统

(1)泵站中设置的送排风系统通常有:

①配电室等电气设备用房,在过渡季采用机械通风的方式降温,夏季当通风系统无法满足室内温度控制要求时,开启空调。

②油浸式变压器室、液压油泵室、油罐及油处理室、大型电缆室等设备间的平时通风系统兼作事故通风系统。

③消防水泵房、空压机室、机组供排水泵室等设备间的机械通风系统。

④主厂房水泵层、电机层、联轴层、检修层等各层的机械通风系统。

(2)确定仪表的监测功能。对泵站各层的送排风机监测其运行、故障以及手动、自动等信号;启停控制功能。

(3)监控点位。监测点:监测风机运行、风机故障、风机手动和自动状态;控制点:控制风机启停。

(4)选择合适的传感器、执行器及控制器。

(5)绘制系统的控制原理图及监控要求,包括工况转换分析及边界条件、控制点设计参数值等。

图6.13-1为送排风控制系统原理图。

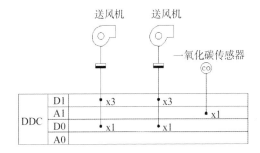

| 监测主要功能表 | |
|---|---|
| 监测内容 | 控制方法 |
| 1.自动控制 | 废气浓度过高时自动启动,正常时停机 |
| 2.设备启停控制 | 自动统计设备工作时间,提示定时维修,根据每台设备运行时间,自动确定运行与备用设备 |
| 3.运行状态监测 | 配电箱反馈 |
| 4.故障监测 | 配电箱反馈 |
| 5.手自动监测 | 配电箱反馈 |

图6.13-1 送排风控制系统原理图

# 6.14　智能励磁控制系统

## 6.14.1　概况

近年来,随着泵站自动化程度的逐渐提高,站内各类电子设备的自动化逐步普及,对智能化管理的要求也随之提高。同时,现代电力电子技术及计算机控制技术的迅速发展促进了电气传动的技术革命,计算机数字控制取代模拟控制已成为发展趋势。

数字式励磁调节器已成为当今泵站主流励磁装置,作为提高产品质量以及改进适应更多运行环境、满足自动化和智能化要求的一种主要手段,其因优异的数据采集和控制特性被国内外公认为最先进的励磁调节器。随着半导体器件的发展,数字式励磁调节装置在工业上得到了飞速的发展与应用,而今国内最早一批泵站所用数字式励磁装置已使用有十余年,存在巨大的隐患。本书的研究方案欲从专业角度对励磁装置全生命周期进行分析,给出工程实际运行工况的合理阐述并提出有效的方案来解决客户在使用中遇到的疑惑。

励磁装置的使用寿命并不等同于设计寿命,在不同的工业环境下,励磁装置的实际使用年限并不相同,它是根据故障率而判定的。寿命达到6~8年后,故障率是平稳期随机故障率的15倍左右,并且伴随着较多器件损坏的重大故障,极易造成设备的故障扩大及人员安全事故,且不可恢复。

## 6.14.2　原理框图

生命周期分析仪是根据实时监测励磁装置运行状态及其寿命分析而设计的,在设计时考虑励磁装置不同元件的使用规律和故障特性,经过大量的工程实际经验和专家系统分析进而给出励磁装置的寿命分析。本设计方案原理框图如图6.14-1所示。

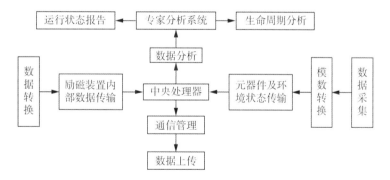

图6.14-1　励磁装置生命周期分析仪原理框图

## 6.14.3　监测对象

励磁装置生命周期分析仪数据分别来源于数字式励磁调机器内部和分析仪本身自带的数据采集接口,主要监测对象如下:

(1) 可控硅温度监测;

(2) 风机监测;

(3) 变压器温度监测;

(4) 母排接头温度监测;

(5) 开入、开出(按钮、继电器)动作次数监测;

(6) 励磁柜内外温度监测;

(7) 累计运行时间监测;

(8) 电机启动次数/启动时间监测;

(9) 电机运行记录;

(10) 直流输出绝缘监测;

(11) 励磁相关电量记录;

(12) 转子温度监测;

(13) 励磁故障。

## 6.14.4　工程实际运行故障经验

考虑使用环境及操作习惯的影响,励磁装置一般使用寿命在 6～10 年,主要是由于使用的过程中元器件的老化和绝缘水平降低导致其无法使用。

早期故障发生期:在励磁装置使用中,早期故障发生期(0～2 年)的故障率稍高于平稳偶发故障期,早期故障原因主要是由人员操作及新建现场其他机械及电气设备造成,另外一部分原因是现场前期设计阶段布置及散热考虑不合理造成。此阶段故障为可控型故障,在现场设计及操作方面进行适当的指导可降低其故障(常见故障为过温、通信)发生率。

平稳偶发故障期:随着使用时间的增长,由于现场配合改动、人员操作的熟悉及定期的除尘处理,故障率进入平稳期。偶发性故障会发生,此阶段故障多集中在分散性元器件故障(由于设备内元器件种类多达几千种,元器件性能的不稳定会造成偶发性故障)方面,但故障不会造成重大影响,2～6 年平稳期也为备件消耗期,偶发的故障可以及时维护(损坏件可维修性较高)或进行备件替换。

老化故障期:此阶段集中在装置使用 6～8 年及以后,由于器件的老化及绝缘程度的降低,故障率会有大幅的增高,备件替换频繁。且由于多为器件本身老化问题,此类故障不可修复,并具有一定的危险性,需着重注意,以免故障修复时间长或不可修复造成生产中断,给泵站运行带来不必要的损失。

## 6.14.5　励磁主要器件寿命分析

### 6.14.5.1　风机

以某知名品牌为例,其风机轴承设计寿命正常为 50 000～60 000 h,相当于连续使用 5.7～6.8 年,在粉尘及湿度较高的应用场所寿命会有所降低。

### 6.14.5.2　励磁调节器

此类器件若非外力、强干扰或漏电流,在前期及平稳期故障率较低,但在老化期故障会凸显。

### 6.14.5.3 可控硅

此设备寿命较长,但需考虑长期运行下的压降增大导致元件发热而失效。

### 6.14.5.4 柜内外温度

大量研究及实际考察表明,励磁装置的故障率随温度升高而成指数上升,使用寿命随温度升高而成指数下降,环境温度升高10℃,励磁装置使用寿命将减半,这也是设备在夏季运行时平均故障率要高于其他季节的原因。

以上几点简要列出了主要器件的寿命影响因素,励磁装置作为泵站重要的控制设备,不仅需要定期的维护及检修,还需要及时分析运行状态,对其寿命周期进行科学的分析预测,这样才能满足智能泵站的要求。

## 6.15 智能除湿控制系统

### 6.15.1 需求分析

#### 6.15.1.1 系统现状

根据对国内已建成且在运行的典型水利工程泵站的调研,其中设置的除湿设备现状为:部分泵站在主厂房水泵层安装了移动式除湿机;部分泵站未设置任何一种除湿设备;部分除湿设备未设置自动控制系统。

#### 6.15.1.2 系统设置的必要性

泵站作为重要的水利工程建筑物,按规范规定需为水机、电气等主要机电设备长期稳定的运行创造适宜的温、湿度环境。主厂房地下层部分空间位于运行水位以下,混凝土结构外墙不可避免地会有不同程度的渗水凝水,排水沟、排水廊道中的水也会不断挥发,又无自然通风消除余湿,造成厂房内空气湿度较大,影响机电设备的正常启动运行。因此泵站中需设置除湿系统及相应的自动控制系统,把泵站中不同工作地点的湿度等参数控制在规范规定的范围内,以达到机电设备的工作环境要求。

### 6.15.2 除湿系统设计内容

(1) 监控点表的编制;

(2) 中央管理站选型及布置;

(3) 传感器、执行器的型号、数量、安装部位;

(4) 控制器(包括I/O模块)的型号、数量、安装部位;

(5) 网络设备的型号、数量、安装部位;

(6) 组态软件选型与配置;

(7) 电源线、信号线、控制线、通信电缆选型;

(8) 管路线缆敷设方式及路由设计。

### 6.15.3 系统可扩展模块

智能化除湿系统采用 B/S 架构,编程软件基于 IEC 6113 - 3 等语言直观编程,可视化软件有丰富的 OPC、Modbus、DDE、API 等接口,其平台的功能包括:监测功能、控制功能、保护功能、集中管理功能。为实现以上功能,系统平台应具有以下可扩展模块。

(1) 实时监控模块:包含实时监测、实时控制、联动控制、负荷控制、运行时间控制等;

(2) 记录查询模块:可以查询除湿设备的历史运行记录(图表或运行曲线)、历史能耗、操作记录、报警记录等;

(3) 设备运行维修管理模块:设备电子台账、维修登记管理、维修查询管理、设备报废管理、设备更换管理等,设备 APP 巡检;

(4) 用户管理模块:密码管理、用户职能权限管理、扩展功能管理等;

(5) 数据管理:数据升级、数据迁移、数据备份、数据还原等。

### 6.15.4 智能除湿控制

(1) 泵站副厂房为电气设备用房及中控室等管理用房,通常不需要除湿系统。主厂房水泵层、电机层、联轴层、检修层通常位于运行水位以下,没有自然通风,空气湿度非常大。特别是在夏季时,当机械通风系统开启后,外界相对高温潮湿的热空气送入地下水工设备层,与表面温度相对较低的维护结构及水工设备接触后产生大量凝结水滴,严重影响水工设备的正常使用,因此必须设置除湿设施。泵站中需要除湿的地点较为分散且规模不大,因此通常配备可以自动运行且方便布置的工业除湿机。

(2) 确定仪表的监测功能。对泵站各层工业除湿机监测其运行、故障以及手动、自动等信号;启停控制功能。

(3) 监控点位。监测点:监测除湿机运行、除湿机故障、除湿机手自动;控制点:控制除湿机启停。

(4) 选择合适的传感器、执行器、控制器。

(5) 绘制系统的控制原理图及监控要求,包括工况转换分析及边界条件、控制点设计参数值等。

## 6.16　水力量测

### 6.16.1　系统设计

我国水能资源丰富,但水资源短缺,人均水资源量约 2 100 $m^3$,仅为世界人均水平的 28%,且空间分布不均衡,从全国范围看,"三江水富,四河紧缺",长江、珠江、松花江三江的年均径流总量 13 880 亿 $m^3$,四河(辽河、海河、淮河、黄河)的年均径流量为 1 720 亿 $m^3$;三江的年均径流总量约为四河的 8 倍,黄、淮、海及东北诸河流域耕地占全国耕地的 60%,水资源仅为全国总量的 1/7。近年来,水体污染、水环境恶化造成的水质性缺水也加剧了部分地区水资源短缺的矛盾。随着工业化进程不断加快,水资源短缺形势将更加严峻。水资源短缺和区域经济发展之间的不平衡性已成为制约社会经济快速增长的一个重要因素,甚至已危及人畜饮水和生态用水安全。科学合理配置水资源的有效途径之一是兴建以大型泵站为主体的跨流域调水工程,我国南水北调东线工程(一期)就是利用梯级泵站群逐级提升江水实现北调,从国家战略层面解决京、津、冀、鲁地区和淮河流域水资源短缺的重大跨流域调水工程。另外,随着我国流域性排涝标准和城市防洪标准的提高,在太湖、洞庭湖、鄱阳湖等流域陆续新建了一批大型排涝泵站。

泵站工作原理是将电能转化为机械能,再转化为水的势能和动能,实现提水和输水。泵站的水泵机组装置系统包括动力机(电动机等)、传动装置、水泵及进出水流道,主要技术参数包括流量、扬程、功率、效率、转速等,其中水泵装置效率是指水泵装置的有效水功率与泵轴输入功率之比,是泵站能源高效利用的关键性技术参数,也是泵站工程设计和制造水平的集中体现。水泵装置效率是一个综合性指标,它与水泵装置扬程、水泵流量、水泵轴功率有关。水泵装置效率、动力机(电动机)效率、传动效率三者相乘即为水泵机组装置效率。

大型泵站水泵装置效率或水泵机组装置效率的现场测试一直以来都是技术难题,难点在于水泵流量和水泵轴功率测试,目前大型泵站主要还是依据模型相似换算结果来估算效率。然而原型泵装置与模型泵装置存在相似近似性,主要体现为:①几何相似的近似性,原、模型泵叶片与轮毂间隙不满足几何尺度比尺。②糙率相似的近似性,轴流(混流)模型泵叶轮材质一般为青铜,原型现广泛为数控加工的不锈钢,原、模型糙率相近,不满足糙率相似;进、出水流道沿程阻力也很难严格相似,但对于进、出水流道不是太长,局部阻力远大于沿程阻力时,糙率比尺应允许有所偏离。③泵装置机械约束边界条件不相似,模型泵轴承常采用滚动轴承,而原型多采用橡胶轴承或油轴承;模型泵的填料与原型泵的填料不能模拟等。④缩尺模型泵装置的雷诺数远小于原型。⑤模型泵装置效率试验结果不包括机械摩擦损失,也不包括电机损失。原型与模型的水泵装置效率或水泵机组装置效率存在差异,为此需要修正模型试验结果,国内外修正公式达二十多个,且修正值各不相同,差别较大。如何实时准确地测得大型泵站的水泵装置效率或水泵机组装置效率已成为现代泵站信息化、智能化监测亟待解决的课题。

为了解决大型泵站水泵装置效率或水泵装置效率试验中所涉及的关键技术参数测量问题,本书的研究结合国内外最新研究成果,提出一些可行的方案,对我国大型泵站现场监测测量具有重要指导意义。

## 6.16.2 水位监测

### 6.16.2.1 概述

水位监测适用于地下水水位监测、河道水位监测、水库水位监测、水池水位监测等。目前应用的水位计主要有:浮子式水位计、压力式水位计、超声波水位计(非接触式)、超声波水位计(接触式)、雷达水位计、磁伸缩水位计、水尺(人工读数)等。

浮子式水位计应用比较多,主要特点是可靠性与稳定性好、精度也高,缺点是需要较大的安装井,机械式的为格雷编码,需十几根数据线。

压力式水位计安装简单且随着其稳定性的提高,近几年有着较广泛的发展应用。

雷达水位计在测量大量程方面有着独特的优势,但过去价格一直偏高,影响了其普及,近几年随着价格的大幅下降,在大量程领域发展很快。

超声波水位计(非接触式)适用于江河、湖泊、水库、河口、渠道、船闸及各种水工建筑物水位测量。因此可用作水位数据采集系统和水文自动测报系统的传感器。特别适用于岸边无垂直面且水位变幅不大的水体水位观测。

超声波水位计(接触式)市场上一般产品很少,价格也很高,在实验室偶见使用。

磁伸缩水位计由于其绝对精度很高,抗干扰性能好且价格也适中,普及也很快。

水尺主要是人工辅助读数,不能实现远程自动监测。

上述水位计各性能特点比较如表 6.16-1 所示。

表 6.16-1 水位计比较表

| 序号 | 种类 | 可靠性 | 稳定性 | 使用寿命 | 精度 | 价格 | 安装难易(辅助建筑物) | 功耗 | 缺点 | 备注 |
|---|---|---|---|---|---|---|---|---|---|---|
| 1 | 浮子式水位计 | 高 | 高 | 长 | 高(绝对精度) | 中 | 较大的水位井 | 机械式不用电 | 机械式的为格雷编码,需17根数据线;电子式的断电后零点需重新设定 | |
| 2 | 压力式水位计 | 高 | 高 | 中 | 高(相对精度) | 低 | 安装简单 | 低 | 有零点漂移,每年需校准 | |
| 3 | 超声波水位计(非接触式) | 差 | 差 | 中 | 低(相对精度) | 低 | 安装简单 | 低 | 不加套管安装时易受环境影响 | |
| 4 | 雷达水位计 | 中 | 中 | 中 | 中(相对精度) | 高 | 安装简单 | 高 | 设备较大,野外安全保护难度较大 | |
| 5 | 磁伸缩水位计 | 中 | 中 | 中 | 高(绝对精度) | 中 | 安装难度大 | 低 | 安装时必须有套管,大量程时安装困难 | |
| 6 | 超声波水位计(接触式) | 差 | 高 | 短 | 高(相对精度) | 高 | 安装难度大 | 低 | 易受水中沉积物影响 | |
| 7 | 水尺(人工读数) | 高 | 高 | 长 | 低(绝对精度) | 很低 | 安装简单 | 不需电 | 不能实现自动监测 | 人工读数 |

### 6.16.2.2 常用水位计

1. 压力式水位计

应用范围:地表水或地下水水位测量,当水体含沙量不大于 5 kg/m³ 时都可应用该传感器精确测量。

功能特点:安装简单、维护方便、受现场环境干扰少。

技术指标:传感器精度 0.05%F.S.,量程 0~100 m 可选,输出 4~20 mA,传感器 IP68 防护。

上位机(数据采集器):RS485(Modbus-RTU),4~20 mA,HART 通信协议。

压力式水位计实物及安装图如图 6.16-1 所示。

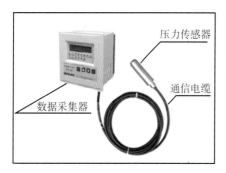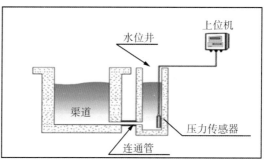

图 6.16-1 压力式水位计实物及安装图

2. 气泡式压力式水位计

应用范围:适用于需要连续精确测量水位的环境,可实现对水文站水位、水库水位、大坝测压管以及上下游水位的监测,因不需要建水位井,气泡式水位计是最理想的水位监测仪器之一。

功能特点:安装维护方便、操作灵活、运行稳定可靠、精度高。

技术指标:量程0～10 m,0～20 m,0～40 m,0～80 m(量程可选);精度±0.05%(0～10 m量程);分辨率1 mm / 0.1 mbar(1 bar=100 kPa)。

上位机(数据采集器):RS485(Modbus-RTU)、4～20 mA。

存储容量:15万条(循环记录),存储时间不小于10年。

气泡式压力式水位计实物及安装图如图6.16-2所示。

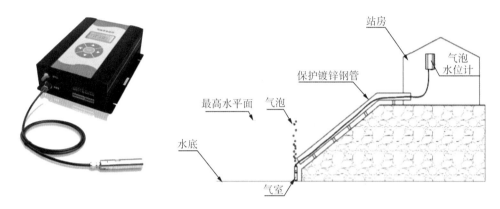

图6.16-2 气泡式压力式水位计实物及安装图

3. 超声波水位计(非接触式)

应用范围:地表水或地下水水位测量,不受水质及含沙量影响。

功能特点:安装简单、维护方便、不受水质影响。

技术指标:传感器测量精度0.5%F.S.,量程0～20 m,输出4～20 mA。

上位机(数据采集器):RS485(Modbus-RTU),4～20 mA,HART通信协议。

超声波水位计实物及安装图如图6.16-3所示。

4. 浮子式水位计

应用范围:地表水或地下水水位测量,不受水质及含沙量影响。

功能特点:运行可靠、维护方便、能适用于各种水质。

技术指标:传感器测量精度为±(2 cm±0.2%F.S),量程0～100 m可选,输出4～20 mA。

上位机(数据采集器):RS485(Modbus-RTU),4～20 mA,HART通信协议。

浮子式水位计实物及安装图如图6.16-4所示。

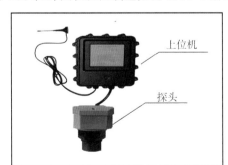
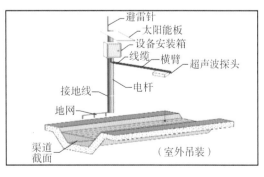

图6.16-3 超声波水位计实物及安装图

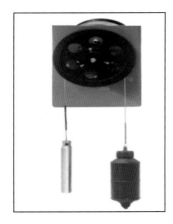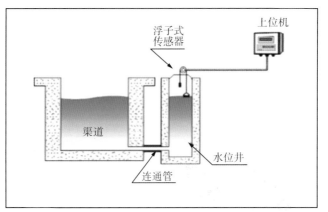

图 6.16-4　浮子式水位计实物及安装图

5. 雷达水位计

应用范围：适用于湖泊、河道、水库、明渠、潮汐水位等水位监测，不受水质及含沙量影响。

功能特点：精度高，抗干扰能力强，不受温度、湿度及风力影响，安装、调试简单且功耗低。

技术指标：传感器测量精度±3 mm，量程 0～70 m，输出 4～20 mA。

上位机（数据采集器）：RS485（Modbus-RTU），4～20 mA，HART 通信协议。

雷达水位计实物及安装图如图 6.16-5 所示。

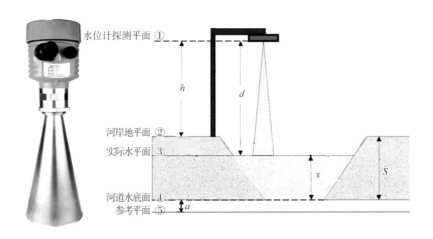

$a$—河底至参考平面高度；$x$—水深；$h$—水位计安装高度；$d$—水位计至水面高度；$S$—河岸至河底高度。

图 6.16-5　雷达水位计实物及安装图

### 6.16.3　流量监测

国家强化最严格水资源管理制度，要求对调水工程的输水量和分配量准确测量。目前与大流量有关的工程大多数是国民经济的骨干项目，如南水北调中线工程、南水北调东线工程以及各省市的跨流域引调水工程等。我国水资源匮乏，节约水资源成为基本国策，国家法制计量也不断完善，全社会对水计量的要求也越来越高，流量监测的准确性与经济利益和社会效益的关系越来越密切。大流量测量在这些方面都发挥着重要的作用，这就需要对流量进行准确测量和有效监控。引调水工程管理单位更是希望能用到更高精度和稳定性的测量设备。

目前,有压管道流量测量主要设备有时差法多声道超声波流量计和电磁流量计;明渠测流方式主要有时差法多声道超声波流量计、多普勒超声波流速仪等;箱涵、涵洞有压、无压测流主要设备主要是以时差法多声道超声波流量计和多普勒式流速仪为主。

### 6.16.3.1　时差法多声道超声波流量计

1. 测量原理

有压管道流量测量原理见图 6.16-6。

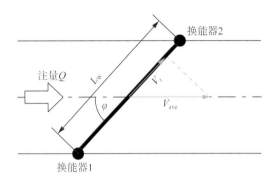

$V_t$—声速;$V_{ave}$—平均流速;$\varphi$—声路角;$L_w$—声路长。

图 6.16-6　时差法超声波流量计原理图

超声波流速换能器壳体为不锈钢材质,声信号发射面为压电陶瓷,压电陶瓷具有声信号和电信号互相转换的特性,超声波信号采集传输单元发送一个电信号给流速换能器 1,流速换能器 1 把电信号转换为超声波信号在测量介质中传播,流速换能器 2 接收到超声波信号时,它能立即产生一个电信号送到超声波信号采集处理单元,信号采集处理单元便可测出超声波的顺流传播时间 $t_{12}$;同理,当流速换能器 2 发射超声波信号时,流速换能器 1 接收,可计测出超声波的逆流传播时间 $t_{21}$。

当流速换能器 1 向流速换能器 2 发射超声波信号时(顺流),超声波在顺流中的速度 $V_1$ 为超声波在静态水中的传播速度加上水流速度分量 $V_{ave}\cos\varphi$,即 $V_1 = C + V_{ave}\cos\varphi$,当流速换能器 2 向流速换能器 1 发射超声波信号时(逆流),超声波在逆流中的速度 $V_2$ 为超声波在静态水中的传播速度减去水流速度的分量 $V_{ave}\cos\varphi$,即 $V_2 = C - \overline{V}_{ave}\cos\varphi$;根据超声波信号在介质中传播的声路长 $L_w$,便可计算出超声波信号顺水流传播时间 $t_{12} = L_w/V_1$ 和超声波信号逆水流传播时间 $t_{21} = L_w/V_2$。

根据超声波信号在顺流和逆流的传播时间,超声波流量处理单元就可计算出水流的平均流速 $V_{ave}$。在单声道(一组流速换能器)测量中,使用面流速方法,流量 $Q(\text{m}^3/\text{s})$ 可通过公式 $Q = V_{ave} \cdot A$ 计算得出。其中 $V_{ave}(\text{m/s})$ 代表面平均流速,$A(\text{m}^2)$ 代表过水断面横截面积。为了获得通过整个断面的平均流速 $V_{ave}$,可通过超声波流量计测得给定深度处的声道流速,但这个流速并不等于平均流速,它必须通过一个水力校正系数 $K$ 进行修正,因此根据关系式 $V'_{ave} = K \cdot V_{ave}$ 可算出平均流速。通常,系数 $K$ 反映水平和垂向流速剖面的影响,它主要取决于水位、断面形状和边界粗糙度,从而求得整个断面过水流量 $Q$,即 $Q = V'_{ave} \cdot A$。

有压管道流量计算方法如图 6.16-7 所示,流量 $Q = K_{shape} \cdot \dfrac{D}{2} \cdot \sum\limits_{i=1}^{N}(\omega_i \cdot V_{avei} \cdot L_{wi} \cdot \sin\alpha_i)$,其中,$K_{shape}$ 表示形状系数;$D$ 为管道直径;$L_{wi}$ 为每一层声路长;$\alpha_i$ 为声路角;$\omega_i$ 为 $i$ 声路权重。

对于规则断面渠道或半天然河道,河道中不同高程处的流速分布是不均匀的,为了提高测量精度,一般结合运行水位变幅范围采用多声道(多层)布置方式,多声道布置如图 6.16-8 所示。

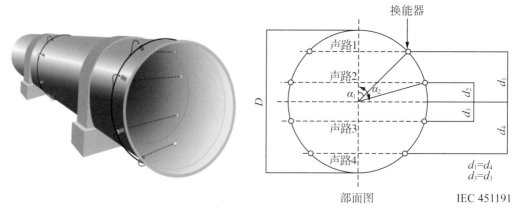

换能器

声路1

声路2

$\alpha_1$ $\alpha_2$

声路3

声路4

$D$

$d_1$

$d_2$

$d_3$

$d_4$

$d_1 = d_4$

$d_3 = d_3$

剖面图 IEC 451191

$\alpha_1/\alpha_2$—换能器声路角;$d_1/d_2/d_3/d_4$—换能器安装位置距管道水平中心线的垂直距离,其中 $d_1 = d_4$,$d_2 = d_3$。

图 6.16-7 有压管道测量原理图

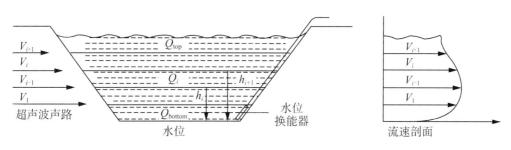

$V_{i+1}$

$V_i$

$V_{i-1}$

$V_1$

$Q_{top}$

$Q_i$

$h_{i+1}$

$h_i$

$Q_{bottom}$

超声波声路

水位

水位换能器

$V_{i+1}$

$V_i$

$V_{i-1}$

$V_1$

流速剖面

图 6.16-8 多声道布置图

在测量各层线平均流速的同时还需要测量过水断面水位,然后用测得的各层线平均流速对各层有效断面进行积分求和,即可得到通过测量断面的流量。

$$Q_{tot} = Q_{bottom} + Q_m + Q_{top}$$

式中:$Q_{tot}$ 为河道断面总流量;$Q_{bottom}$ 为河道底层流量;$Q_{top}$ 为河道顶层流量;$Q_m$ 为河道中间各层流量总和,即 $\sum_{i=1}^{n} \left\{ \left( \frac{V_i + V_{i+1}}{2} \right) \cdot \left[ A(Z_{i+1}) - A(Z_i) \right] \right\}$。

通过河道的水流量可以采用一组(单层)或多组(多层)时差法超声波流量计来计算求得。在单层声道配置中为了能使渠底以上高程 $Z$ 处的单一的流速 $V_z$ 达到精确的读数,必须特别注意应确定平均声道垂向流速的分布。此外,在多层声道配置中线平均流速将被很好地描述,但在这种情况下应特别注意计算所采用积分方法的合理性,以适用于根据当前声道读数来确定流量。

2. 时差法超声波流量计技术特点

时差法超声波流量计具备灵活的安装方式(可以固定安装/临时安装/便携式安装);流速范围广,流速从 0.02 m/s 到 20 m/s 都可测,并满足测量精度的要求;适用于 DN350 到 DN15 000 以下的管道,性价比较高;可测双向流,具有温度测量功能,可对流速进行标定,具有自诊断功能;可在线不停水安装、维护、检定,维护简单,不影响生产;安装管段前后无需安装阀门和伸缩节,安装简单,节省资金;准确度为 0.5 级,经实验室标定后可达 0.25 级。

#### 6.16.3.2 有压管道电磁流量计

**1. 电磁流量计测量原理**

电磁流量计是根据法拉第电磁感应定律进行流量测量的流量计。当导体在磁场中作切割磁力线运动时,在导体中会产生感应电势,感应电势的大小与导体在磁场中的有效长度及导体在磁场中做垂直于磁场方向运动的速度成正比。同理,导电流体在磁场中作垂直方向流动而切割磁感应力线时,也会在管道两边的电极上产生感应电势,传感器将感应电势作为流量信号,传送到转换器,经放大、变换滤波等信号处理后,得到瞬时流量、累积流量、平均流速等。

**2. 电磁流量计特点**

设备优点:测量稳定、可靠、不产生压力损失、口径可做到 DN3000,广泛适用于市政管网流量计量点。

设备缺点:出现故障不能正常工作;测量偏差过大;更换流量计时,需要停水施工,成本高、周期长。

电磁流量计的输出只与被测介质的流速成正比。

电磁流量计容易受到电磁干扰,有零点漂移,需要 2 年标定一次。

电磁流量计安装复杂,配套设备需要伸缩节和检修阀,随着管径的增大,投资成本较高。

**3. 有压管道电磁流量计和多声道超声波流量计综合比较**

选择流量计时,不仅要比较流量计本体价格,还要比较配套设备,综合投资,这样才能得到一个科学的结论,做出正确的选择。如对于 DN3000 的管道,电磁流量计平均比超声波流量计多配置 1 个蝶阀、一个伸缩节、两个法兰、一个较大的流量计室,安装需要有吊车,配套费用的投资远远大于电磁流量计本体的投资。超声波流量计直接安装在供水管线上,可以在线安装,配套费用很少,总投资几乎等同于超声波流量计本体费用。电磁流量计和多声道超声波流量计综合投资比较见表 6.16-2。

表 6.16-2　电磁流量计与超声波流量计投资对比　　　　　　　　　　单位:万元

| 管径 | 电磁流量计 | | | | 超声波流量计 |
|---|---|---|---|---|---|
| | 流量计本体 | 安装费 | 伸缩节、检修阀及螺栓 | 总费用 | 本体＋安装(总费用) |
| DN800 以下 | 6.8 | 0.68 | 3.5 | 10.98 | 12 |
| DN1000～N1200 | 12 | 1.2 | 7 | 20.2 | 18 |
| DN1200～N1800 | 18 | 1.5 | 15 | 34.5 | 30 |
| DN1800～N2200 | 30 | 3 | 20 | 53 | 45 |
| DN2200～N2800 | 38 | 3.8 | 30 | 71.8 | 45 |
| DN2800～N3000 | 50 | 5 | 50 | 105 | 45 |

由表 6.16-2 中两种流量计投资费用的初步比较可知,管径在 DN1000 以下时建议采用电磁流量计,管径在 DN1200 以上时建议采用超声波流量计。

#### 6.16.3.3 明渠流量测量方法

明渠(人工标准渠道、半天然河道、天然河道)流量测量的方法有:①缆道法(流速仪);②超声波时差法;③超声波多普勒侧视法(HADCP);④超声波走航法(ADCP);⑤水工建筑物测流法;⑥水位-流量关系法。其中,较常用的流量在线监测方法主要有声学多普勒横向流量测验、声学多普勒垂线法流量测验、时差法超声波流量测验等。

**1. 超声波多普勒测流原理**

多普勒探头固定安装在水面下某一水深处使用,换能器向对岸发射固定频率的声波短脉冲,声波遇到水中和水一起流动的浮游物、泥沙时会产生散射,被散射回的声波被多普勒探头所接收,且散射回来的声波频率随流速的大小而发生变化,根据频率大小可计算出本层水流某一段上各点的二维矢量流速;只要测验范围达到断面主流区,就能建立稳定的层流速与断面平均流速的关系。另一束超声波则向上发射,通过遇到水面反射来测得仪器到水面的距离,根据距离和仪器安装高程算出水位,由"水位-过水面积关系表"得到过水面积。控制器或电脑利用多普勒探头提供的流速数据及水位数据采用"指标流速法"实时计算流量。测流原理如图6.16-9所示。

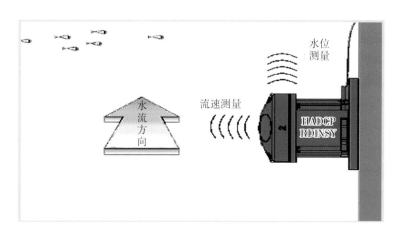

图 6.16-9  超声波多普勒流量计测流原理

2. 超声波多普勒测流安装要求

通常超声波多普勒探头被安装在所测断面渠壁上(侧装式)、被测介质水深的中间,当水位高于探头并达到工作门限时,可以正常测流工作;当水位低于探头工作门限时,甚至露出水面时则无法测量,使测量中断或失败。遇到这种工况时可选择渠底安装方法,即将多普勒探头安装在渠底,这种方法也称为垂线法测流。但是安装在渠底很容易被淤泥和杂物覆盖,导致测量中断,因此,选择超声波多普测流装置时应综合考虑运行工况,选择最佳安装方法。推荐方案安装如图6.16-10所示。

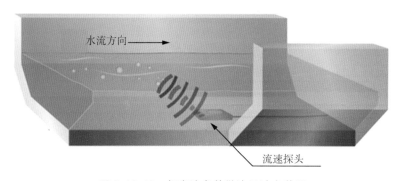

图 6.16-10  超声波多普勒流量计安装图

3. 超声波多普勒测量优势与不足

超声波多普勒法测流由于安装简单,主要应用于天然河流如长江、黄河等大江大河的测量,由于受河道形状、安装条件等限制,此类方法是目前技术条件下较好的选择。超声波多普勒法对流速的测量精度是比较高的,流量测量的准确度主要取决于流量计算模型,流量计算模型是通过现场率定来确定的,率定工具自身测量精度低,率定过程中存在流速不同步、现场工况复杂、现场率定技术人员水平参差不齐等情况,导致流量计算模型建立非常困难。

### 6.16.3.4　明渠式超声波时差法与超声波多普勒法测流比较

从理论上讲,两种方法测得的各自测流范围的流速精度应该都是很高的。对于流量精度,超声波时差法在1%以内;超声波多普勒法在5%以内,超声波多普勒法误差关键来源是由介质点流速换算为断面整体平均流速时,其计算模型会产生误差,因此这两种流量计算方法的实际断面流量测量精度主要受换算模型及公式的精度及校准精度影响。从上述测量原理图中可以看出超声波时差法(多声道法)实际测量的是各层水深的线平均流速,超声波多普勒法实际测量的是由点流速推导的面流速,比较如图6.16-11所示。

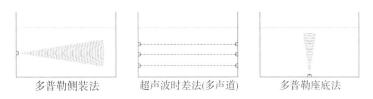

多普勒侧装法　　　　超声波时差法(多声道)　　　　多普勒座底法

图6.16-11　超声波多普勒法与超声波时差法多声道测量示意图

从上述测量范围可以看出,超声波时差法(多声道法)的测量范围完全包含了不同水层的线平均流速,因此相应的测量精度肯定会比超声波多普勒法高。

超声波时差法(多声道法)与超声波多普勒法的测量精度及优缺点比较如表6.16-3。

表6.16-3　超声波时差法与超声波多普勒法综合比较

| 流量计类型 | 介质要求 | 安装维护 | 价格 | 可靠性 | 测量精度 | | | 备注 |
| --- | --- | --- | --- | --- | --- | --- | --- | --- |
| | | | | | 宽浅渠道 | 中等渠道 | 大渠道 | |
| 超声波时差法(多声道法) | 原水、河水 | 难 | 中 | 高 | 一般 | 高 | 很高 | |
| 超声波多普勒法 | 原水、河水 | 一般 | 一般 | 一般 | 高 | 一般 | 一般 | |

### 6.16.3.5　适用工程案例分析

1. 渐变断面测流

超声波流量计的换能器布置位置处要求流态相对稳定,无紊流现象。若水泵出水侧流态紊乱,气泡含量较高,一般无法满足测流条件要求,因此流量测量点选择在机组进水流道。

流道上游压力相对稳定,流道内为有压测流方式,流态相对平稳,但中间有隔墩,且为渐变断面,根据CFD数字仿真流态分析判断,流道内的水流速会有轻微偏流(与流道中心线不平行),如图6.16-12所示。

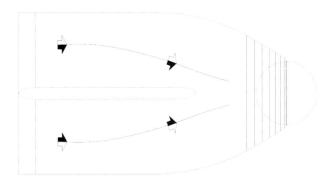

图6.16-12　肘形进水流道水流示意图

多声道超声波流量计以其测量范围宽、测量精度高、适应条件广等特点,在远距离输水、泵站等工程大流量测量中得到广泛运用。

1) 参考标准

《非实流法校准 DN1 000～DN15 000 液体超声流量计校准规范》(JJF 1358—2012)、《封闭管道中流体流量的测量 渡越时间法液体超声流量计》(Measurement of fluid flow in closed conduits—Ultrasonic transit-time meters for liquid)(GB/T 35138—2017/ISO 12242:2012)、《测定水轮机、蓄能泵和水泵-水轮机水力性能的现场验收试验》(IEC 60041:1991)、《水轮机和水泵水轮机》(ASME PTC 18‐2011)、《水轮机、蓄能泵和水泵水轮机流量的测量 超声传播时间法》(GB/Z 35717—2017)和《水轮机、蓄能泵和水泵水轮机水力性能现场验收试验规程》(GB/T 20043—2005)将多声道超声波流量计作为水轮机、水泵机组验收试验流量测量的方法之一。

2) CFD 数字仿真论证

近年来,我国在超声波流量计测流方面开展了相关研究,借助 CFD 数字仿真得出的各层线平均流速结合多声道超声波测流装置积分公式进行验证,结果表明如果在进水流道中能找到符合特定条件的测流断面,并确定各测点探头坐标,则可使用超声波流量计针对水泵进水流道进行流量测量,并具有较高测量精度(±1%)。

3) 变断面流道流量计实验

为了验证超声波流量计在变断面短流道测量的准确性,山东南水北调工程建设管理局于 2006 年 9 月在开封国家水大流量计量站,南水北调东线江苏水源有限责任公司于 2007 年 1 月份在江苏省水利动力工程重点实验室对相关厂家的超声波流量计进行了模型检测。结果表明,时差法超声波测量装置不仅在标准断面有最高的测量精度,即使在变断面流态紊乱的情况下也能得到较高的测量精度。

4) 机组效率装置试验论证

参考 2007 年南水北调工程宝应站水泵装置模型试验、2006 年国家水大流量计量站关于渐变断面静态容积法水流量标准装置 S800‐1600 试验、2018 年江苏大学镇江流体工程装备技术研究院关于肘形流道装置模型的试验,结果表明时差法超声波测量装置适合安装于水泵进水流道,且试验测量精度均达到±1%,满足设计要求。

时差法超声波测量装置能够反映出机组在不同叶片角度、不同工况下的流量变化趋势,对泵站机组进行精准的在线测量,通过与水泵性能曲线趋势比较,实现对机组效率的监测。

2. 换能器布置定位依据及声道配置

水泵进水流道侧平直段长度较短,条件有限,流场中存在偏流现象,所以选择换能器的布置方式至关重要,规范规程指出采用交叉 4 声道(即 8 声道)布置,可消除偏流的影响从而提高测量精准度。

参考《水轮机、蓄能泵和水泵水轮机流量的测量 超声传播时间法》(GB/Z 35717—2017)中"6.1.2 声道配置"的规定,单面 4 声道配置是满足该规范要求的最低配置;当无法满足该条件时,应采用交叉声道双断面配置,每个声道面至少采用 4 个声道,推荐采用更多的声道以提高复杂流场条件下的流速代表性。

典型的测流装置声道配置为交叉 4 声道(8 声道),矩形管道和明渠换能器的布置分别如图 6.16‐13 和图 6.16‐14 所示。

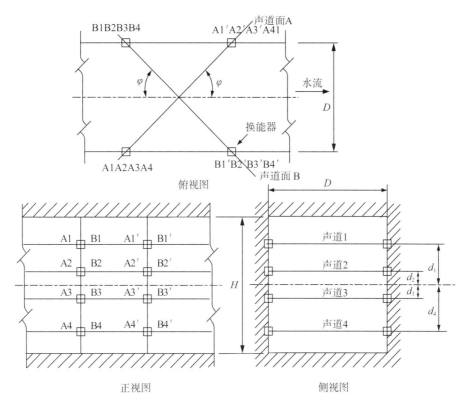

$H$—矩形管道高度；$D$—矩形管道宽度；$d_1/d_2/d_3/d_4$—换能器安装位置距管道水平中心线的垂直距离，其中 $d_1=d_4$，$d_2=d_3$；
A1/A2/A3/A4/B1/B2/B3/B4/A1'/A2'/A3'/A4'/B1'/B2'/B3'/B4'—换能器编号。

图 6.16-13　矩形管道交叉 4 声道布置

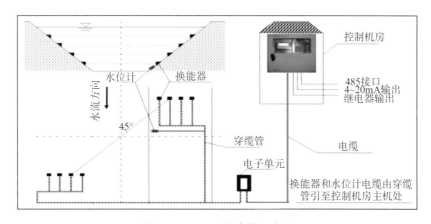

图 6.16-14　明渠安装示意图

## 6.16.4　水泵装置效率实时测量

### 6.16.4.1　流量测量

研究表明,通过对大型低扬程泵站进水流道进行三维紊流数值模拟来确定换能器的安装,能有效提高流量测试精度,从而为大型低扬程泵站提供一种简便可靠且具有较高精度的流量测试方法。

通过上述方法测得的流量在进行装置效率计算时用"$Q$"表示。

### 6.16.4.2 扬程测量

泵站扬程即泵站净扬程,为泵站上下游水位之差。水位的测量方法一般有水尺直接测量、水柱压差计测量、立式数字水位传感器测量。水位传感器测量原理是通过探头将水的静压力转换成为电信号,显示器接收电信号并且以数字形式显示。

进水池和出水池设浮子式水位计和水位标尺,通过测量上下游水位,计算得泵站净扬程。

通过上述方法测得的扬程在进行装置效率计算时用"$H$"表示。

### 6.16.4.3 水泵轴功率

水泵轴功率测定是从泵站总效率中获取电动机效率和水泵装置效率的基础条件,是业界的难题。根据大型泵站的特点和现场条件,水泵轴功率获取方式主要有采用振弦式扭矩仪和电阻应变式扭矩测量的直接法,也可采用根据电动机功率与效率曲线计算的间接法。

1. 振弦式扭矩仪测量方法

振弦式扭矩仪测量的基本原理:选择一段水泵轴,将扭矩发送器的套筒体1、2(图6.16-15)分别卡在被测泵轴的两个相邻截面上,两个钢弦(传感器)分别安装在套筒 1A、2A 和 1B、2B 的凸台上。当被测轴按图6.16-15所示方向转动承受扭矩时,就产生扭转变形,两相邻截面就扭转一个角度,两只套筒之间也随之转过一个角度;这时安装在 1A、2A 上的传感器钢弦受到拉应力作用,安装在 1B、2B 上的传感器钢弦受到压应力作用。在被测轴的弹性变形范围内,轴的扭转角与外加扭矩成正比,因而传感器的振弦伸缩变形也与外加的扭矩成正比,而振弦的振动频率的平方与其两端所受张力成正比。所以通过测量弦的振动频率来测量轴所受的扭矩。

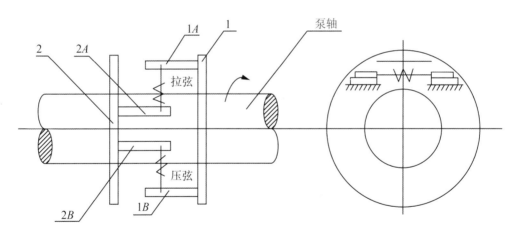

图 6.16-15　钢弦扭矩测量装置

振弦频率可表达为:

$$f_0 = \frac{1}{2L}\sqrt{\frac{T}{\rho}} \tag{6.16-1}$$

$$f_1 = \frac{1}{2L}\sqrt{\frac{T \pm \Delta T}{\rho}} \tag{6.16-2}$$

式中:$L$ 为振弦的有效长度,m;$\rho$ 为单位长度振弦的质量,kg/m;$T$ 为振弦初始张力,N;$\Delta T$ 为增加的张力,N,拉弦为正,压弦为负。

对式(6.16-2)进行泰勒展开,则有:

拉弦: $f_1 = f_0 \left[ 1 + \frac{1}{2} \frac{\Delta T}{T} + \frac{1}{8} \left( \frac{\Delta T}{T} \right)^2 + \frac{1}{16} \left( \frac{\Delta T}{T} \right)^3 + \cdots \right]$

压弦: $f_1 = f_0 \left[ 1 - \frac{1}{2} \frac{\Delta T}{T} + \frac{1}{8} \left( \frac{\Delta T}{T} \right)^2 - \frac{1}{16} \left( \frac{\Delta T}{T} \right)^3 + \cdots \right]$

上两式相减,并忽略高阶无穷小量,得频率的变化量为:

$$\Delta f = \frac{\Delta T}{T} f_0 \qquad (6.16\text{-}3)$$

实际上仅有式(6.16-3)还不够,还需要将 $\Delta T$ 转化为变形,这可以采用信号比较来实现。然后再根据材料力学中的扭转变形基本公式即可得到扭矩 $M_k$:

$$M_k = \frac{G I_P}{R L} \cdot \frac{C_1 \Delta S_1 + C_2 \Delta S_2}{2} \qquad (6.16\text{-}4)$$

式中: $G$ 为水泵轴的弹性模量,N/m²; $I_P$ 为水泵轴的扭转截面模量,m³; $R$ 为传感器钢弦中心到泵轴中心的距离,m; $L$ 为套筒内两只卡环间的距离,m; $C_1$、$C_2$ 为分别为拉、压弦传感器系数,m/格; $\Delta S_1$、$\Delta S_2$ 为分别为拉、压弦传感器钢弦受力变形后相应仪表刻度上的读数与"零值"的差数(格差)。

水泵轴功率 $P_k$:

$$P_k = M_k \frac{2\pi n}{60} \qquad (6.16\text{-}5)$$

式中: $n$ 为水泵转速,r/min。

2. 电阻应变式扭矩测量方法

1) 应变电测基本原理

水泵轴截面的切向应力无法直接测量。但是,根据材料力学,水泵轴扭转时,轴表面主应力方向与轴母线呈 45°,主应力的数值等于表面(最大)切应力:

$$\sigma_1 = \sigma_2 = -\tau_{max} \qquad (6.16\text{-}6)$$

在测大型泵站轴功率时,可在施测的一段泵轴上沿与轴母线呈 45°粘贴电阻应变片 $R_1$,用以量测主应力 $\sigma_1$ 的应变 $\varepsilon_1$。由材料力学知:

$$\varepsilon_1 = (\sigma_1 - \mu \sigma_2)/E = (1 + \mu) \sigma_1 / E \qquad (6.16\text{-}7)$$

式中: $E$ 和 $\mu$ 分别为材料的纵向弹性模数和泊松比。

在材料性能一定的条件下,若测得应变 $\varepsilon_1$,由式(6.16-7)可计算出 $\sigma_1$,再由式(6.16-8)计算得到扭矩 $M_k$:

$$M_k = \frac{1}{16} \pi D^3 \tau_{max} = \frac{1}{16} \pi D^3 \sigma_1 = \frac{1}{16} \pi D^3 \frac{E \varepsilon_1}{1 + \mu} \qquad (6.16\text{-}8)$$

如果同时测得轴的转速 $n(\text{r/min})$,则轴功率 $P_k(\text{kW})$ 为:

$$P_k = M_k \frac{2\pi n}{60} \qquad (6.16\text{-}9)$$

根据应变电测原理,泵轴沿 45°方向粘贴四片金属箔式应变片,接成全桥电路作为信号输出(图

6.16-16）。为能消除轴向荷载及可能存在的弯矩的影响，具有异变特性的两组电阻（$R_1$ 和 $R_2$，$R_3$ 和 $R_4$）分别贴于轴 180°等高点位置，如图 6.16-16(b)、图 6.16-16(c)所示。

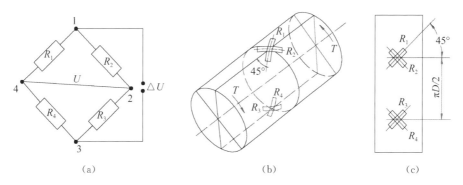

（a）　　　　　　　　　　（b）　　　　　　　　　　（c）

图 6.16-16　应变片全桥电路及粘贴方案

2）应变电测信号传输及显示

信号的输出可采用滑环或无线传输技术。其中无线传输需要配套以下设备：①微型锂电池；②微型数据处理器模块及微型单片机；③微型信号发射器；④微型信号接收器；⑤LED 数显仪表。

应变全桥感受轴扭矩的变化，其变化信号经直流放大后作 A/D 转换及数据处理，以得到轴扭矩数据。该数据由信号发送器发送；信号接收器接收到信号后送处理接收数据的单片机，实现直接显示或远传。图 6.16-17 是扭矩测定及发送、接收框图。图 6.16-18 为扬州大学研制的无线数据发射和接收装置。

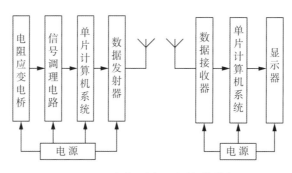

图 6.16-17　扭矩测定及发送、接收框图

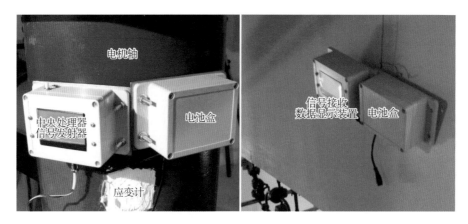

图 6.16-18　CPU 及信号发射器、电池盒、信号接收显示器

3）应变电测标定

为消除式(6.16-7)材料性能不确定性影响,对应变仪做现场标定,保证测试结果的可信度和准确性。具体做法是:在应变片粘贴部位上、下各装专设的卡环,卡环上水平伸出一定长度的臂杆,杆端连钢丝绳;经特制滑轮架的转向滑轮定位、定向后,用弹簧测力机拉力器测定绳端的拉力及泵轴的扭矩;对照应变仪输出值,给出扭矩与桥路不平衡电压确定的函数关系。图 6.16-19 为扭矩现场标定架。

图 6.16-19　扭矩现场标定架

4）无线电阻应变仪布设和运用

无线电阻应变仪接收端就近安装于泵站联轴器层。实际运用中,既可读取接收端数据,也能观察信号发射端工作状况。图 6.16-20、图 6.16-21 分别为某泵站遥测应变仪布设现场和运用中随电机轴旋转运动的信号发射端器件。

图 6.16-20　遥测应变仪安装现场　　　　图 6.16-21　遥测应变仪运用中

5）无线电阻应变仪现场安装程序与注意点

（1）安装程序包括:

①在机组旋转轴选择合适位置刮开保护漆,清理表面,把应变片按规定角度用高强度黏合剂粘贴在转轴表面。

②应变片粘贴工序结束后,连接电阻形成应变电桥并检验电路。

③把电阻应变桥与仪表内的调理电路及单片机系统连接,并利用卡环、支架进行现场标定。

④标定成功后,调校好相关参数,用钢质卡箍将仪表紧固在转轴上。

⑤选择在合适位置安装主机，安装完成后检验无线电阻应变仪信号传输是否正常。

（2）注意事项包括：

①刮开保护漆后必须用化学试剂对表面进行清洗，擦干后才能粘贴应变片，以免影响精度。

②应变片粘贴时角度控制应准确，并且按照现场所选用黏合剂的特性严格执行粘贴工序。

③标定时应以仪表显示稳定后的数值为准，多次测量，确保准确度。

④标定时卡环安装、拆卸时注意避开应变片粘贴区域，以免对应变片产生影响。

3. 水泵轴功率计算方法

当水泵与电动机直接传动时，可测得电动机输入功率，将其与效率的积作为电动机的输出功率；当水泵与电动机间采用齿轮箱传动时，则应考虑齿轮箱的传动效率。

电动机额定功率，用"$Ne$"表示。电动机输入功率，用"$N$"表示；此时电动机的效率可由同步电动机效率曲线图中查得，电动机效率用"$\eta_M$"表示；图 6.16-22 为某大型同步电动机效率曲线，电机的功率采用无因次参数表示。

齿轮箱传动效率用"$\eta_G$"表示。

电动机输出功率即为水泵轴功率，用"$P$"表示，则当电动机与水泵直联时，$P = N \times \eta_M$；当电动机与水泵采用齿轮箱连接传动时，$P = N \times \eta_M \times \eta_G$。

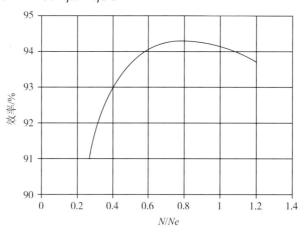

图 6.16-22　电动机功率-效率曲线示意图

### 6.16.4.4　装置效率

1. 装置效率数学模型

泵站将电能转化为机械能，再转化为水能，泵站的能量传递转换关系如图 6.16-23 所示。泵站效率总体而言可分为三部分，即电能输送和供应利用率 $\eta_e$、电能-机械能-水能转换利用率 $\eta_{emw}$ 及水能输送和利用率 $\eta_w$。泵站综合能源利用率 $\eta_z$ 为：

$$\eta_z = \eta_e \eta_{emw} \eta_w \tag{6.16-10}$$

泵站效率 $\eta$：

$$\eta = \eta_{sy} \eta_{int} \eta_{mot} \eta_{po} = \frac{\rho g Q H_e}{\sqrt{3} U I \cos\varphi} \tag{6.16-11}$$

式中：$\eta_{sy}$ 为水泵装置效率；$\eta_{int}$ 为电机与水泵之间传动效率；$\eta_{po}$ 为水池输水效率；$\eta_{mot}$ 为电动机效率；$H_e$ 为泵站有效扬程，m；$\rho$ 为水的密度，kg/m³；$g$ 为重力加速度，m/s²。

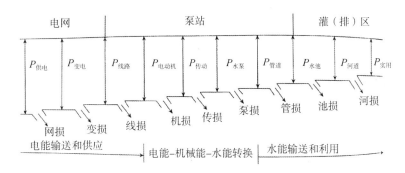

图 6.16-23 泵站能量传递转换关系图

水泵装置效率 $\eta_{sy}$：

$$\eta_{sy} = \eta_p \eta_{pi} = \frac{\rho g Q H_{sy}}{P_k} \tag{6.16-12}$$

式中：$\eta_p$ 为水泵效率；$\eta_{pi}$ 为管道（流道）效率；$\rho$ 为水的密度，$kg/m^3$；$g$ 为重力加速度，$m/s^2$；$Q$ 为水泵流量，$m^3/s$；$H_{sy}$ 为泵站净扬程，即上下游水位差，m；$P_k$ 为水泵轴功率，m。

**2. 装置效率计算理论与方法**

在测得水泵流量、电动机输出功率及泵站扬程后，按式(6.16-13)计算泵站效率，装置效率用 $\eta_y$ 表示，计算框图如图 6.16-24 所示。

$$\eta_y = \frac{\rho g Q H}{P} \tag{6.16-13}$$

式中：$\eta_y$ 为装置效率，%；$\rho$ 为水的密度，$kg/m^3$；$g$ 为重力加速度，$m/s^2$；$Q$ 为水泵流量，$m^3/s$；$H$ 为泵站净扬程，m；$P$ 为水泵轴功率，W。

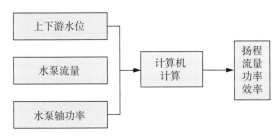

图 6.16-24 装置效率计算框图

**3. 效率误差分析**

1）推荐测试方案误差

在综合分析各种扬程、流量和轴功率的测试方法基础上，本书推荐以下适用于大型泵站的测试方案。

扬程测试：①压力（压差）传感器精度 $0.1\%\sim0.5\%$；②超声波水位计分辨率 $1$ mm，精度 $\pm3$ mm 或 $0.2\%$。

流量测试：①超声波流量计，精度 $\pm1.60\%\sim\pm0.5\%$（不同流道、不同位置、不同型号的超声波流量计有差异）；②流道压差测流精度 $\pm0.5\%\sim\pm1.5\%$；③对称机翼绕流流量计，精度 $\pm1.5\%\sim\pm2.0\%$；④绕流管流量计，精度 $\pm1.5\%\sim\pm2.0\%$。

水泵轴功率测试：①振弦式扭矩仪，精度 $\pm1.0\%\sim\pm1.5\%$；②电阻应变扭矩测试，精度 $\pm1.2\%\sim\pm1.5\%$。

2）水泵装置综合误差

水泵装置效率测试系统误差 $\delta_{\eta_{sy}}$ 由上述扬程 $\delta_H$、流量 $\delta_Q$、轴功率 $\delta_{P_k}$ 误差合成：

$$\delta_{\eta_{sy}} = \sqrt{\delta_H^2 + \delta_Q^2 + \delta_{P_k}^2} \tag{6.16-14}$$

因不同测量组合的误差存在差异,此综合若取 $\delta_H = \pm0.5\%$,$\delta_Q = \pm1.5\%$,$\delta_{P_k} = 1.2\%$,则:

$$\delta_{\eta_{sy}} = \sqrt{\delta_H^2 + \delta_Q^2 + \delta_{P_k}^2} \approx \pm2.0\%$$

# 6.17 各子系统智能协联

## 6.17.1 生产控制子系统的智能化监控及协同

1. 主机组状态在线监测与诊断评估子系统的智能化监控及协同

主机组状态在线监测与诊断评估系统主要为泵站主机组系统控制提供温度、水泵压力脉动、振动、摆度等参数;为了提高系统的容错性和稳定性,自动控制系统除了对这些参数进行计算外,还需具备以下功能:

①数据有效性判断;

②数据突变过滤;

③数据关联性判断;

④数据品质状态记录。

2. 闸门监控子系统的智能化监控及协同

闸门监控子系统在具备上升、下降、停止等传统基本功能的基础上,为提高其智能化性能,还需具备以下功能:

①运动过程中开度不变化报警或停止;

②静态纠偏(液压启闭机);

③下滑复位;

④过程统计参数的计算(运行时间、启闭次数等)。

3. 辅机设备监控子系统的智能化监控及协同

泵站辅机设备监控子系统一般主要有油、气、水三大系统,主要起润滑、冷却、密封等作用;为提高其参与系统控制的可靠性和容错性,对于主控设备提供辅助的传感器,如压力、流量、示流、温度、电流等参数,通过关联分析可综合判断其状态进行预警提示,而不用频繁启停机组。

4. 变配电子系统的智能化监控及协同

泵站传统变配电系统主要向系统提供其开关状态和回路电力参数,为提高其参与系统控制的可靠性、容错性、预见性并便于进行事后分析,变配电系统还需实现以下功能:

①开关动作次数的统计和记录;

②状态和参数的关联性分析;

③状态动作时间记录。

5. 量测子系统的智能化监控及协同

量测子系统通过检测水位、流量,对泵站运行最终结果进行测量;为了提高泵站运行效率和实现真正的闭环控制,通过过程实时记录,并联分析机组调节系统、电力参数,自我优化效率、流量、水位、叶片角度和功率参数之间的关系,以达到在给定流量目标或水位目标的情况下,可自我平滑地闭环调节。

6. 清污机监控子系统的智能化监控及协同

通常在污物较多的水库或河道上,为保证泵站等水利设施能安全、正常地运行,常需设置清污机,以便在不停机和停水的情况下进行清污。

清污机监控子系统能根据前、后水位压差和水面漂浮物堆积情况,智能控制系统清污,保证水面过流能力,避免泵站因过流能力达不到而停机。

智能化功能要求:

①具有多种水面污物检测手段,能向系统控制提供不同过流能力的状态的预警和报警;

②在保证过流能力的情况下,可进行清污机系统安全状态的预警和报警;

③能够提供各设备开关动作次数的统计和记录,前后水位、水位差、驱动电流等参数的实时记录。

## 6.17.2　其他子系统的智能化监控及协同

1. 直流子系统的智能化监控及协同

直流子系统是保障供电系统的重要设备,其电池对环境温度的要求高,通过实时检测电池柜温度、关联通风空调系统进行实时温度调节;为保证电池使用寿命,可在机组非运行时间自动实现系统放电活化。

2. 视频监视子系统的智能化监控及协同

通过视频监视子系统能直观地、可视化地看到设备检测不到的状态和现象,为了使其能更好地参与系统控制,需具备和实现以下功能:

①泵站机组流程控制过程中,视频系统可自动跟踪和显示当前正在运行的关键设备和重要部位;

②关键设备和重要部位故障和事故的自动定位、抓拍和录像;

③可对关键发热体进行温度自动识别;

④可辅助对渠道水尺进行水位识别。

3. 安全监测子系统的智能化监控及协同

安全监测子系统是对泵站建筑物的安全进行保障,除了传统的数据采集和分析功能之外,还需要结合泵站分布自动子系统采集到的对建筑有影响的设备参数状态进行影响分析、诊断、预警、报警、评估等。

4. 采暖通风子系统的智能化监控及协同

泵站现场的采暖通风子系统主要在副厂房、办公区域,其系统控制应与泵站监控系统协同运行。

5. 照明子系统的智能化监控及协同

照明子系统的系统控制应与泵站监控系统协同运行,在泵站设备控制时结合视频、照明,实现有人、无人值班两种运行模式的泵站控制室与远程集中自动控制照明方式。

6. 消防子系统的智能化监控及协同

消防子系统的系统控制应与泵站监控系统协同运行,在消防系统出现报警时结合视频、照明,实现报警区域的视频在控制中心自动弹出及显示,可以直观看到报警区域,同时结合消防区域对应设备及安全要求,同步对系统设备控制进行联动,以保证不扩大设备及人员损失。

在站内控制主机设置一套后台系统,采用通信协议实现各辅助生产子系统内部及相互之间的协调联动,方法如下:①建立各传感器的编号及各预置位与代表 GOOSE(Generic Object Oriented Substation Event) 事件内容的变量列表成员之间的映射关系;②站内控制主机捕获并解析报文;③根据映射关系找到与事件相关的传感器,通过多传感器协同感知及图像复核确认该事件;④调用该事件相关控制函数,实现切换视频通道、启动或闭锁终端设备(风机空调及排水泵等)、完成数据储存、发送事件报告及采用软件编程实现报警等一系列协调联动功能及采用软件编程实现各种事件的控制函数,当多种事件同时发生时,按照程序预先设定的优先级自动处理。协调联动程序框架图如图6.17-1所示。

图6.17-1 协调联动程序框架图

## 6.17.3 智能告警与多系统联动

智能报警功能以一体化软件平台的实时数据、历史数据为基础,实现智能报警和APP交互等功能,解决人工无法从海量报警中寻找重要信息的问题,提升工程的自动化管理水平及预防性维护决策能力,保障工程安全稳定运行。

智能报警可根据功能测点信息自动识别到设备对象,标识关键属性,根据对象类型、关键属性和预定义的专家库自动生效报警判断逻辑,同时提供人工脚本功能,允许用户根据工程特殊性,添加判断逻辑。判断逻辑能够以不同工况下数据的历史统计信息为基础进行判断。相关报警可以通过各类终端进行推送和确认。

在系统重要调度操作执行过程中,自动化资源应能相互协同,同时完成相关安全防护预警与视频等应用联动,从而协同完成调度过程的运行与监视,及时发现问题、处理问题。

智能告警与多系统联动包括趋势报警、过滤报警、条件报警、自定义报警、语音报警、监测控制联动、安防联动等功能。

### 6.17.3.1 趋势报警

设备状态预警系统充分利用历史数据,根据设备长期运行的特征数据和相关运行经验,建立报警模型,实现趋势报警。

(1)设备变化趋势预警。在数据点还未达到报警值时,计算数据点的变化趋势值,监测数据变化趋势,当数据变化趋势与历史稳定值有较大差异时,产生预警信息,提前告知运行人员设备有趋于故障报警的趋势。

(2) 偏离经验数据、特征数据报警。长期监测某些能够直接代表设备工况是否良好的数据点,判断当前数据是否偏离经验值,若偏离则产生报警信息。

(3) 设备启停频率分析报警。应能记录周期启动设备的启停周期和运行时间,并与历史稳定运行值比较,若存在较大差异,则产生报警。

(4) 多数据综合计算分析报警。通过多个数据的分析,得到具有一定实际意义的综合数据,如通过集水井水位变化计算漏水量等,将计算后的综合数据与历史稳定运行时的数据比较,若差值大于报警限值,则产生报警信息。

#### 6.17.3.2 过滤报警

目前监控系统采集的单点报警信息直接反映了现地传感器的状态,能对部分频繁接触不良或频繁模拟量越限值有效过滤。设备状态预警系统能够通过延时判断、设备状态判断、数据综合计算等屏蔽无任何作用的单点重复刷屏报警信息,实现单点报警信息过滤。

#### 6.17.3.3 条件报警

设备状态预警系统提供关联工况的条件报警图形化组态功能,使用户能够编写报警条件逻辑屏蔽报警或生成报警,设备工况包括设备操作过程、特定报警条件、设备状态等。

#### 6.17.3.4 自定义报警

预警系统提供图形化的操作界面,用户可根据设备层级关系,编辑报警逻辑关系和相关性数据,组态界面应支持编辑数据测点,以减少手动输入可能导致的错误。

预警系统提供图形化的操作界面,用户应能根据需要编制生产数据显示画面或报警报表,用于运行人员浏览、巡视,并在这些画面上实时进行历史数据纵向查询和相关数据横向对比、参照。

预警系统提供图形化的编辑、操作界面,支持用户自定义报警,用户能够对实时数据、历史数据进行报警分析计算,产生用户自定义报警;该功能必须支持用户根据应用需求自行进行添加、扩充报警定义,并确保系统长久运行效率,满足实时性要求。

#### 6.17.3.5 语音报警

设备状态预警系统提供智能语音报警功能,具备以下功能:

(1) 能根据报警组态配置,当报警条件满足时,通过报警工作站发出播报语音,语音应能支持自动生成或提前录入语音文件。

(2) 根据组态配置,报警发出后没有得到用户响应时,应能通过延时再次播报、加大音量或提高频率等多种方式提醒用户进行响应。

(3) 当多个语音报警同时发生时,应能区分重要程度,优先播报高级别报警。

### 6.17.4 监测控制联动

监测控制联动是控制过程与视频监控的综合联动,当现场某一站点设备操作时,视频监控系统能自动推出该站点现场的实时视频画面。

监测控制联动在调度中心实现,控制区的通信服务器与管理区视频服务器通过通信进行连接,通信服务器将监控应用相关的故障信息或闸门启动操作等信号发送给视频服务器,视频服务器收到此信号后,根据约定的配置信息,让视频系统突出显示某个位置的视频图像。

### 6.17.5 安防联动

安防系统包括视频监控子系统、门禁控制子系统、综合报警与周界防范子系统、电子地图导航子系统等。安防联动建立以门禁系统、视频监控系统及报警三位一体的综合系统,安防联动示意图如图6.17-2所示,系统的联动主要包括:

(1) 报警与视频的联动。视频监控子系统需要和各类报警子系统具备联动功能,一旦发生报警,具备声光警示、报警点图像电视墙显示、进行图像抓拍、启动录像存储、大屏显示报警信息功能。

(2) 门禁与视频的联动。视频监控子系统需要和门禁子系统联动,自动拍摄现场视频,实现存储录像,将所有人员出入的信息记录、保存,并针对出入门禁的每一条信息保存实时视频、图像材料。发生非法入侵事件时,门禁系统的报警信息触发监控系统设置与其他系统的一系列相关动作。

(3) 智能监控与视频的联动。可在监控画面中设置警戒区域,其形状设置没有约束,可以为区域(警戒区),也可以是一条线(警戒线)。只要有非常规物体进入警戒区域或跨过警戒线,则会发出报警声音,然后自动和视频监控子系统联动。

(4) 电子地图与视频的联动。电子地图可以和监控、门禁、报警等子系统联动,可以在电子地图上实现信息的直观显示,并进行相关的查询、定位和管理操作。有报警信息出现后也可以和电子地图联动,触发电子地图自动定位报警源的功能,将地点信息发送给工作人员,提醒工作人员进行相关的操作。

图 6.17-2 安防联动

# 7

# 智能诊断与评估

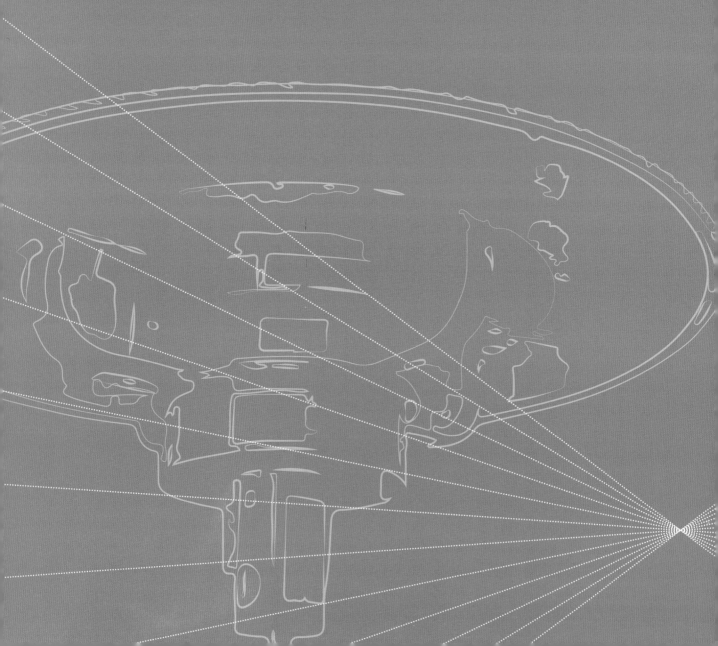

7.1 水工安全监测分析诊断与评估

7.2 主机组及辅机全生命周期监测与诊断评估

7.3 金属结构状态监测与诊断评估

7.4 变配电设备状态监测与诊断评估

7.5 泵站工程健康评估

# 7 智能诊断与评估

## 7.1 水工安全监测分析诊断与评估

泵站作为重要的水利工程设施,在水资源的合理调度和管理中起着不可代替的作用,在区域性的防洪、除涝、灌溉、调水和抗旱减灾,以及工农业用水和城乡居民生活供水等方面发挥着重要作用。泵站的安全关系到水利工程的正常运行及整个水利工程的效益,因此,泵站的安全管理尤为重要。工程安全监测是泵站工程管理的一个重要手段,布设完善、先进的安全监测系统对结构物进行监测,并对监测成果进行及时分析和反馈,在泵站建设期和运行期的安全管理中具有举足轻重的作用。我们应研究并建立泵站工程安全监测分析诊断与评估系统,实时分析泵站工程安全性态,准确、快速、全方位地掌握工程的运行状况,以便采取相应的预防和补救措施确保泵站工程安全运行。

### 7.1.1 工程监测与安全评估的发展概况

#### 7.1.1.1 工程监测发展概况

工程安全监测工作经过了原型观测、安全监测、安全监控等三个发展阶段。

原型观测阶段,始于 20 世纪 20 年代,主要采用大地测量方法观测工程的变形,20 世纪 30 年代初,美国利用卡尔逊式(国内称差动电阻式)仪器开展了工程的内部观测,当时原型观测的主要目的是研究工程的实际变形、温度和应力状态,其重点在于验证设计,改进理论。

20 世纪 30~70 年代,为工程安全监测阶段,世界各国均致力于安全监测技术的研究和开发,各类新型的监测仪器设备和数据处理方法大量涌现,使得工程安全监测的理论和方法得到不断完善。由于当时计算机和信息化技术还不发达,虽然理念上已经完成了从原型观测到安全监测的转变,但实际上还不能做到及时、动态、远程反馈和监控,仅停留在测得数据、事后了解和评价建筑物运行性态的阶段。

20 世纪 80 年代以后,进入工程安全监控阶段。随着科技进步以及工程实践经验的不断积累,监测仪器设备的改进和完善,安全监测工作中存在的影响可靠性、稳定性、耐久性的问题得到了逐步解决。同时,监测设计和监测资料分析反馈方法的不断改进、计算机和信息化技术的应用,使得及时分析反馈监测信息、及时了解建筑物运行性态、及时对发现的问题采取防范措施等成为可能,也使得动态监控安全成为可能,进一步实现了从工程安全监测到工程安全监控的观念转变。

我国安全监测工作始于 20 世纪 50 年代中期。20 世纪 60 年代,水利部与有关主管部门就着手编制水工建筑物观测工作暂行办法草案以及有关技术规范初稿。70 年代,监测项目的确定、仪器选型、仪器布置、仪器埋设、观测方法、监测资料整理分析、信息反馈等方面的研究工作取得了一定的成果。但是,由于当时安全监测经验不足和认识水平的限制,在监测设计的项目选择和仪器布置上,只注重内部监测仪器的布置。随着人们认识的不断提高,对工程的"原型观测"由原先主要为设计、施工、科研等技术服务,进而发展成为监控工程安全运行这个关系到社会公共安全的、不容忽视的重要工作上来,因而改名为"安全监测"。

20 世纪 80 年代以来,随着科技攻关不断深入以及工程实践经验的不断积累,安全监测工作中存在的问题得到了逐步解决,监测设计和监测资料分析反馈方法不断改进,一些安全监测设计规范、仪器标准、资料整编规程相继颁布实施,我国工程安全监测领域有关技术标准逐步健全。

经过几十年,特别是近十余年的不断努力,工程安全监测仪器也得到了飞速发展,仪器原理、类型、性能和自动化程度等方面均取得了很大进展,总体上可以满足实际工程安全监测的需要。目前已有差动电阻式、钢弦式、电容式、电阻应变片式、电感式、电磁式、光电式等多种监测仪器在水工建筑物安全监测中被广泛应用。进入 20 世纪 90 年代中期以后,随着电子技术、计算机技术、通信技术的发展,国外先进设备的引进和成功应用,广大科技工作者的不断努力和攻关,多种型号的安全监测数据自动采集系统被研制出来,使工程安全监测自动化的可靠性和实用性显著提高。20 世纪 80～90 年代计算机逐渐普及,逐步实现了监测数据的数字化,研究者们建立了专门的监测数据库,并基于局域网搭建客户端和服务器的工程安全监测信息管理系统,对监测数据进行统一管理和整编分析,更加便捷地绘制过程线、统计特征值,该系统大大提高了工作效率,为及时了解工程运行性态发挥了重要作用。

#### 7.1.1.2　工程安全分析评估发展概况

20 世纪 70 年代初,我国开始对工程安全监测资料进行分析、反分析及评估。尽管起步较晚,但是从 20 世纪 80 年代起,尤其是 90 年代,随着大批超越现行技术标准的大型工程的兴建,许多关键技术问题需要根据安全监测成果对其进行实践验证和反演反馈分析;部分已建工程随着时间的推移,逐渐出现危及工程安全的局部问题,需要根据安全监测成果进行深入综合分析和评判;工程安全定期检查需要对监测资料进行长系列分析。随着计算机技术的迅速发展,工程安全分析评估工作得到了快速的发展。

1. 监测资料分析数学模型

单点数学模型包括统计模型、混合模型和确定性模型,目前仍然是监测资料分析及安全监控中所采用的主要模型。统计模型经历了从最初的多元回归模型到逐步回归模型的过程,还发展了消元(差值)回归方法、最小二乘回归方法等,后续进一步引进了主成分分析法、岭回归分析法等,直到 20 世纪末又出现偏最小二乘回归法。针对单点模型的局限性,国内提出了"分布数学模型"的概念,以处理同一监测量多个测点的监测信息,这一模型方法得到了较系统、深入的研究,目前已得到了较广泛的应用。除多测点模型外,国内对传统监控模型的完善和改进进行了多方面的研究。例如,对监测量影响因素的进一步描述,包括考虑材料蠕变特性的时效分量的因子设置、考虑温度滞后作用的瑞利分布函数的应用、考虑渗流滞后影响因素的渗流分析模型等。此外,其他监测资料分析数学模型还包括时间序列分析、回归与时序结合的分析方法、数字滤波方法、非线性动力系统方法等,以及灰色系统法、神经网络法和模糊数学法等新的理论及方法。

2. 综合分析评价方法

将现代数学理论、信息处理技术应用于综合分析评价是近几年的一个发展趋势,现在主要有层次分析法和综合分析推理法。此外,国内学者还从多个角度、多种途径对监测性态的综合分析方法进行了研究,包括模糊评判与层次分析相结合的方法、模糊模式识别方法、模糊积分评判方法、多级灰色关联方法、突变理论方法、属性识别理论方法等,这些研究方法中应用了现代数学领域的系统工程方法,得到了一批有价值的研究成果。这些方法的应用有助于从多方面解决复杂的工程监测性态综合分析评价问题。

3. 反分析方法

传统单点混合模型、确定性模型中已包含反分析的内容。目前,国内学者在变形的反分析中已经较普遍地采用多测点的混合或确定性模型。除去基于监测数据测值序列、通过传统回归分析方法进行变形反分析之外,学者们还提出利用变形测值的“差状态”,通过刚度矩阵分解法、改进和优化方法等对位移场进行反分析的方法。

4. 监控指标拟定方法

目前国内拟定运行期监控指标的主要方法有:通过监测量的数学模型并考虑一定的置信区间所构成的数学表达式来确定;根据数学模型代入可能的最不利原因量组合并计入误差因素推求极限值,以极限值作为监控指标;通过符合稳定及强度条件的临界安全度或可靠度来反算出监测量的允许值作为监控指标;针对实际工程问题,确定级别及计算物理模型,通过实测变形资料的反分析调整力学参数,最后确定具体的监控指标。

5. 安全监测信息管理系统

国内开展工程安全监测信息管理系统的研制开发工作始于 20 世纪 80 年代,随着计算机技术的进步,以及信息管理系统(MIS)、决策支持系统(DSS)开发的基本理论方法及工程监测技术的不断发展,该类系统的开发也有了较大的进展。在工程安全监控的数据共享中,用于安全分析评价的信息量巨大,且为多用户的远程信息通信,因此既要考虑工程的特点、信息的安全性和使用权,又要考虑逐级管理和上一级对下一级的调控,这就要求必须采用稳定可靠的网络控制。C/S (Client/Server, 客户机/服务器)模型是许多网络通信的基础。传统的两层 C/S 体系在工程范围的应用被证明是非常有效的,但对于较大规模网络或广域网上的应用,两层结构遇到了诸多问题,主要表现在服务器的负荷过重、可扩展性差、系统维护不便和客户端效率低下等。近年来被提出的三层 C/S 结构是对传统的 C/S 结构的一种改进,它将应用功能分成表示层、功能层和数据层三部分。在三层 C/S 结构中,数据计算和数据处理集中在中间层部件,因而三层结构系统能够实现分布计算功能。

许多新的实用技术或新的理论方法不断地被引进或吸收。例如,在综合分析评价中采用神经网络方法,采用数据仓库、数据挖掘的理论方法对监测信息进行处理分析,利用网络技术进行工程监测信息的通信管理等。这些研究进一步提高了工程安全监测信息处理的技术水平。

综观国内外工程安全监控领域的现状,工程安全资料分析大致可分为信息管理系统、信息分析系统、专家决策支持系统和综合评价专家系统等四个层次。其中,综合评价专家系统由人工智能的概念发展而来,是在某个特定领域内运用人类专家的丰富知识进行推理求解的计算机程序系统。它是基于知识的智能系统,主要包括知识库、综合数据库、推理机制、解释机制、人机接口和知识获取等功能模块。专家系统采用了计算机技术实现应用知识的推理过程,与传统的程序有着本质的区别。作为人工智能的重要组成部分,专家系统近年来在许多领域得到了卓有成效的应用。近年来兴起的工程安全综合评价专家系统就是在专家决策支持系统的基础上,加上综合推理机,形成"一机四库"的完整体系。它着重应用人类专家的启发性知识,用计算机模拟专家对工程的安全评估作为综合评价(分析、解释、评判和决策)的推理过程。国内外专家系统目前都还处于起步阶段,有待进一步完善。

## 7.1.2 泵房及附属建筑物监测布置及常见监测仪器

泵站安全监测的目的是监视泵站施工和运行期间建筑物变形、渗流、水位、应力、泥沙淤积以及振动等情况。当出现不正常情况时,应及时分析原因,采取措施,保证工程安全运行。对监视建筑物安全运行的主要监测项目和测点,宜采用自动化监测设施,同时应具备人工监测的条件。

### 7.1.2.1 结构特点及监测重点

泵站多数位于江、海、湖、河附近,其基础经常会遇到土质均匀性差、承载力低、压缩性大的淤泥、粉砂、流沙及软土等,因此泵站的基础变形和扬压力是工程安全监测的重点。泵房是装设主机组、电气及其他辅助设备的建筑物,是整个泵站工程的主体,因而泵房又是泵站工程的监测重点或关键部位。

### 7.1.2.2 监测项目

泵站工程监测主要包括垂直位移、水平位移、扬压力、应力应变、进出水池水位等监测项目。详见表7.1-1。

表 7.1-1 泵站监测项目测点布置一览表

| 监测项目 | 监测设备 | 测点布置 | 埋设方法 |
|---|---|---|---|
| 垂直位移 | 水准点 | 泵房各分块的四个角、挡土墙顶、泵房两岸的结合部位等 | 预留孔或钻孔 |
| | 沉降计 | 典型机组四个角 | 打孔埋设 |
| 倾斜或水平位移 | 测斜管 | 出水池挡土墙、典型机组 | 打孔埋设 |
| | 视准线 | 泵房各分块 | 混凝土墩埋强制对中基座 |
| | 三角网 | 泵房各分块 | |
| 扬压力 | 渗压计 | 板桩前后、底板中部、排水孔处、防渗板下、两岸结合部位 | 挖坑填砂 |
| | 测压管 | 板桩前后、底板中部、排水孔处 | 挖坑填砂 |
| 进、出水池水位 | 水尺、水位计 | 进水池段、出水池后 | 绘制或成品安装 |
| 应力应变 | 应变计、钢筋计、测缝计、位错计、无应力计、土压力计、温度计 | 应力集中部位、拉应力区、结构分缝处、建基面、挡土墙受力面、桩基上、不良地质区等 | 结合钢筋混凝土的施工进行预埋 |
| 泥沙淤积 | 探测仪、全站仪 | 前池进水口区域或更大范围 | 固定断面 |
| 振动 | 速度计、加速度计 | 典型机组典型部位 | 粘贴或预埋 |

直接从天然水源取水的泵站,特别是低洼地区的排水泵站,大部分建在土基上。由于基础变形,常引起建筑物发生沉降和位移。因此,变形监测是必不可少的监测项目。垂直位移监测常通过埋设在建筑物上的水准标点进行水准测量,其起测基点应埋设在泵站两岸,不受建筑物沉降影响的岩基或坚实土基上,也可布置在人工基础上。

水平位移监测是以平行于建筑物轴线的铅直面为基准面,采用视准线、交会法测量建筑物的位移值。

工作基点和校核基点的设置,要求不受建筑物和地基变形的影响。

扬压力是指在泵站建基面上从泵站底部垂直向上作用的水压力,扬压力过大会危及泵站的稳定,因此扬压力也是泵站工程监测的重点。目前使用的扬压力监测设备多为测压管装置或渗压计。

对泥沙的处理是多泥沙水源泵站设计和运行中的一个重要问题。目前,泥沙对泵站的危害仍然相当严重。对水流含沙量及淤积情况进行监测,以便在管理上采取保护水泵和改善流态的措施。同时也可为研究泥沙问题积累资料。

对于建筑在软基上的大型泵站,或采用新型结构、新型机组的泵站,为了监测结构应力、地基应力和机组运行引起的振动,应考虑安装相应测量仪器的要求,预埋必要部件或预留适宜位置。观测应力或振动的目的是检查工程质量,对工程的安全采取必要的预防措施,并为总结设计经验积累资料。

### 7.1.2.3 监测设施布置

1. 垂直位移

泵站垂直位移通常采用水准点与沉降计相结合的方式进行监测。水准点一般布置在以下部位:泵房各分块的四个角、出水池挡土墙顶各结构分缝两侧、主要镇墩的墩顶、泵房两岸的结合部位或土堤上等。

以上泵房各水准点尽量在施工初期埋设在底板的四个角,以便施工期随时观测,待工程快完工时转接到电动机层或便于继续观测的上部结构。垂直位移工作基点至少布置一组,一般布置在距泵站较远、不受工程沉降和位移影响、安全可靠,并便于观测的基岩或坚实的土基上,每组工作基点由三个固定点组成。沉降计一般布置在泵房典型机组部位(典型机组部位视机组台数而定)的四个角,应在泵房钢筋混凝土底板浇筑前钻孔埋设。

2. 倾斜或水平位移

泵站倾斜或水平位移通常采用测斜仪法与水准法、视准线法或交会法相结合,或利用其中某一种方式,或其他方式进行监测。

测斜管通常布置在泵房典型机组部位和出水池挡土墙的典型部位,其管底应深入到基础稳定的地层内。在以上典型部位利用成对布置的水准点亦可监测该部位水工建筑物的倾斜。

水平位移也可结合工程实际情况采用视准线法或交会法进行监测,视准线原则上使布置在泵房各分块的测点与两岸工作基点形成一条直线,采用小角度法或活动觇标法进行测量;交会法除在泵房上部结构合适的位置布置测点外,需在泵房进水口或出水口附近可靠稳定的位置布置若干工作基点,采用测角交会法、测边交会法或边角交会法等进行观测。

3. 扬压力

扬压力监测的重点是修建在江河湖泊堤防上和松软地基上的挡水泵站,应根据泵站地基的防渗排水设施,如钢筋混凝土防渗铺盖、齿墙、板桩(或截水墙、截水槽)、灌浆帷幕、排水孔(或排水减压井)、反滤层等的具体布置来布置渗压计或测压管。一般对渗透性较好的地基采用测压管,对渗透性较差的地基采用渗压计。通常在所选泵房典型机组部位板桩前后、建筑物中部、排水孔处的建基面附近各布置一个扬压力测点,必要时在泵房左右岸结合部位各布置一个扬压力测点。

4. 进、出水池水位

通常在泵站进水池段和出水池段水流相对较平稳的位置布设水尺;若需要实现自动化监测,则在水尺附近布设自记水位计。

5. 应力应变及振动

对于建筑在软基上的大型泵站或采取新型结构、新型机组的泵站,可以考虑设置或部分设置泵房基底压力、钢筋混凝土结构应力应变、桩基的受力、机组运行所引起的振动等监测项目。各监测项目仪器的具体布置应根据结构的特点和实际需要,少而精地进行测点布置。

6. 泥沙淤积

泥沙淤积一般用人工巡视检查方法进行监测,对于大型或河流含沙量很大的泵站,按需要可以在泵站前池进水口区域或更大范围布置 2～3 条水下地形固定监测断面,用不小于 1:500 的比例进行施测。

#### 7.1.2.4　常见监测仪器

1. 变形监测仪器

泵站变形监测常用的监测仪器有经纬仪、水准仪、电磁测距仪、全站仪、GPS、测斜仪等。经纬仪、水准仪、电磁测距仪、全站仪主要是应用大地测量方法测得泵站表面的相对变形、绝对变形,自动化水平较低,工作量较大。随着电子和计算机技术的进步,以测量机器人和 GNSS 等为代表的新型大地测量自动化仪器不断呈现,为大地测量自动化提供了条件。

2. 渗流监测仪器

扬压力是指在泵站建基面上从泵站底部垂直向上作用的水压力,扬压力多采用测压管进行监测,通过观测管内水面高度,可以了解相应测点(管底,扬压力测压管底部多在建基面以下 0.5～1 m)的水压力。正常情况下如果管内无水,则相应测点没有水压力。还有一种在管内放置压力传感器的方法,把管口全部密封,只要测读仪器读数,再转换成压力值即可。压力传感器可以接入自动化系统进行自动化观测。测压管的最终测值往往需要表示成水位高程,因此无论采用哪种方法监测测压管压力,管底部和管口高程都是重要的参数,埋设测压管时应认真记录。当放置压力传感器时,还必须记录仪器所在的高程(压力传感器位置应尽量低,以免当压力减小水位降低至仪器以下时,无法观测)。常用传感器为渗压计,见图 7.1-1。

图 7.1-1　渗压计

3. 进、出水池水位监测仪器

水位的监测比较简单,一般采用水尺或水位计,水位计可以接入自动化观测系统。水位观测应至少保证每天一个测次,特殊时期还需加密。水位监测成果以海拔高程表示,单位为米(m)。

4. 应力应变监测仪器

1) 钢筋计监测钢筋应力

钢筋应力的方向沿钢筋杆轴向,大小可以直接被钢筋计测得(图 7.1-2)。钢筋计通过感应两端标距的变化,测知钢筋应变,同时兼测温度。由于钢筋的线胀系数和弹模都是已知常数,钢筋的无应力应变又等同于温度应变(钢材不像混凝土那样会发生自生体积变形,也不会干缩或湿胀),所以将钢筋应变直接减去温度应变(即线胀系数乘以温度变化量)就可得到应力应变(即荷载应变),再乘以钢材的弹模就可得到钢筋应力。这一系列换算过程可以体现在仪器的最终换算公式和参数中,将测读的读数套用换算公式进行计算,直接得到钢筋应力。钢筋计焊接在钢筋上后即开始工作,此时的测值就可作为基准值。

　　2) 应变计组配无应力计监测混凝土应力

　　混凝土应力的监测比钢筋应力复杂得多,混凝土应力的监测采用多向应变计组配合无应力计的方法:在观测部位布置沿多个不同方向的应变计(图7.1-3),构成应变计组(图7.1-4),观测这些方向上混凝土的总应变量(应力应变和无应力应变的总和),同时在附近布置一支无应力计,观测混凝土的无应力应变,以便能从总应变中扣除无应力应变而获得应力应变,继而推求混凝土应力。由于整个过程需要所有成员仪器协同工作,因此在观测时要求所有仪器同步观测。

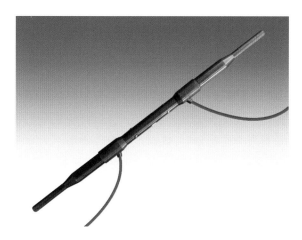

图 7.1-2　钢筋计

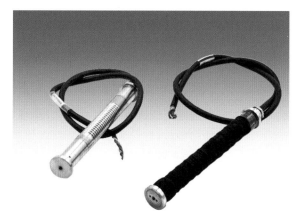

图 7.1-3　应变计

　　由此可见,无应力计是混凝土应力观测中不可缺少的一支仪器。无应力计实际上就是把一支普通的应变计放进一个特殊的半隔离装置——无应力计桶中改装而成的,无应力计桶的半隔离作用体现在:隔离桶内混凝土和周围混凝土之间的应力联系,使周围的应力无法传递至桶内,桶内混凝土没有应力,同时又保持桶内混凝土和周围混凝土之间的构成和温湿度条件的一致性。这样,只要桶内混凝土和周围混凝土同时浇筑,桶内的应变就能代表周围混凝土的无应力应变。这也解释了为什么无应力计必须和它所配套的应变计组埋设在同一个浇筑块且与上下游表面等距的环境中。

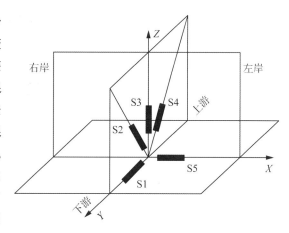

图 7.1-4　应变计组布置示例(五向)

　　3) 钢板计监测钢板应力

　　钢板是二维板状构件,由于材料和钢筋一样同属钢材,所以应力的监测也较为简单,略微复杂一些的有时需要监测钢板平面内互相垂直的两个方向的应力(在同一个位置布置互相垂直的两支钢板计),且必须把两个方向之间的相互影响计入。由于这种影响是线性的,所以将其计入也不复杂,很容易能够得到钢板应力的最终换算公式和参数。钢板计通常用于钢管外表面上,但钢管曲率半径不宜过小。

### 7.1.3　泵房及附属建筑物监测自动化系统

工程安全监测自动化系统是利用电子计算机实现工程监测数据的自动采集和自动处理,对工程性态正常与否做出初步判断和分级报警的系统。工程安全监测自动系统的作用是能从观测数据及时察觉监测系统或工程性态的异常,便于及时采取措施加以处理;观测成果准确可靠,系统具有自校、检验和误差修正功能,对超限测值可以剔除并报警。因其在测量和数据处理过程中人工干预极少,保证了观测成果的可靠性,能够大量节省用于观测、绘图、计算、维护所需要的人工费用,自动化监测系统在保证工程安全运行方面与人工观测相比,具有十分显著的优越性。

根据泵站安全监测布置情况构建泵站安全监测自动化系统,宜采用分布式智能节点控制开放型的网络结构,现场数据采集单元可按设定时间自动进行巡测、选测、存储数据,并向远方的管理处报送数据。

#### 7.1.3.1　泵房及附属建筑物监测自动化系统组成

自动化系统由监测仪器系统、监测数据自动采集系统、计算机网络系统和安全监测信息管理系统四部分组成。

监测仪器系统由分布在各个建筑物的监测仪器组成,包括环境量监测仪器、变形监测仪器、渗压及渗流监测仪器、应力应变及温度监测仪器等。接入自动化系统的监测仪器应以对建筑物的强度、刚度、稳定等安全要素起控制性作用的关键断面、控制断面的测点为主,并考虑其他不利条件、结构物特别复杂等不利因素。自动化系统的最终规模,应根据工程环境、建筑物规模及特点、技术经济条件等因素综合考虑。

监测数据自动采集系统的主要装置是测控单元,它在计算机网络支持下通过自动采集和 A/D(模拟量到数字量)转换对现场模拟信号或数字信号进行采集、转换和存储,并通过计算机网络系统进行传输。

计算机网络系统包括计算机系统及内外通信网络系统,该系统可以是单个监测站,也可分为中心站和监测分站,站中配有计算机及其附属设备,计算机配置专用的采集及通信管理软件,其主要功能是在计算机与测控单元之间形成双向通信,上传存储数据、下达指令以及进行物理量计算等。

安全监测信息管理系统主要功能是对所有观测数据、文件、设计和施工资料,以数据库为基础进行管理,整编及综合分析形成各种通用报表,并对结构物的安全状态进行初步分析和报警,并与相关系统进行数据交换、共享和信息发布。

#### 7.1.3.2　泵房及附属建筑物监测自动化系统功能

1. 采集功能

采集功能包括对各类传感器的数据采集功能和信号越限报警功能。采集系统的运行方式如下:

(1) 中央控制方式(应答式)。由后方监控管理中心监控主机(工控机)或联网计算机命令所有数据采集装置同时巡测或指定单台单点测量(选测),测量完毕将数据存于计算机中。

(2) 自动控制方式(自报式)。由各台数据采集装置自动按设定时间进行巡测、存储,并将所测数据按监控主机的要求送到后方监控管理中心的监控主机。监测数据的采集方式分为:常规巡测、检查巡测、定时巡测、常规选测、检查选测、人工测量等。

2. 显示功能

此功能可显示建筑物及监测系统的总貌、各监测子系统概貌、监测布置图、数据过程曲线、监控图、报警状态窗口等。

3. 操作功能

在现场监控主机或管理计算机上可实现监视操作、输入/输出、显示打印、报告测值状态、调用历史数据、评估运行状态;根据程序执行状况或系统工作状况发出相应的声响;整个系统的运行管理(包括系统调度、过程信息文件的形成、进库、通信等一系列管理功能,调度各级显示画面及修改相应的参数等);进行系统配置、测试、维护等。

4. 数据检验功能

监测站和数据采集单元应具有数据检验功能,具体如下:

(1) 测值自校。在数据采集单元内具有自校设备,以保证测量精确度。

(2) 超差自检。可以输入并储存检验标准,对每一监测仪器的每次测值自动进行检验,超过检验标准的数据能自动加以标记、显示报警信息以及通过网络进行信息发布。

5. 数据通信功能

此功能包括现场级和管理级的数据通信,现场级通信为测控单元之间或数据采集装置与监控管理中心监控主机之间的双向数据通信;管理级通信为监控管理中心内部及其同上级主管部门计算机之间的双向数据通信。

6. 数据管理功能

经换算的数据自动存入数据库,可供浏览、插入、删除、查询及转存等,并具有绘制过程线、分布图、相关图和进行一定分析处理的能力。

7. 综合信息管理功能

可实现在线监测、工程工作性态的离线分析,预测预报、图表制作、数据库管理及安全评估等。

8. 硬件自检功能

系统具有硬件自检功能,能在管理主机上显示故障部位及类型,为及时维修提供方便。

9. 人工接口功能

自动化监测系统备有与便携式检测仪表连接的接口,能够使用便携式监测仪表采集监测数据,录入监测信息管理系统,并可防止资料中断。

### 7.1.3.3 数据采集及通信网络

工程安全监测普遍存在点多、面广、监测数据量大的特点。为了实现自动化采集系统实时、高效、准确地反馈工程安全监测信息,及时发现水工建筑物的异常状况,在项目开始前要严格按照规范及相关技术标准的要求,运用系统学的思想对安全监测系统的网络进行优化设计,合理布设各通信线路,确保监测信息传输通畅。

1. 网络设计

工程安全监测自动化系统网络设计包括系统配置、设备选型及维护、系统可扩充性、数据采集、数据存储、数据处理分析等内容。目前数据采集网络通常选用分布式系统,整个系统可分为监测中心站、现地监测站两级结构,自动化系统网络结构如图7.1-5所示。

根据数据采集装置的布置规划监测站的数量布局。监测站与相关的数据采集装置组成相对独立的网络系统,这样有利于安全监测自动化分阶段实施。

数据采集单元层网络主体通常采用光缆通信介质,当情况特殊时,可视具体情况采用电缆或无线通信介质。网络拓扑结构有总线型、星型、环型和树型等,可根据每个监测站及所属数据采集装置的位置特点,选择一种或多种结构混合的拓扑结构。

监测中心层网络的特点是:传输距离较远;网络覆盖区域大;数据流量大,对数据传输的安全性与可靠性要求高。

监测中心站局域网是整个网络的交汇传输枢纽,又是信息的汇聚中心,信息传输量大。同时,监测中

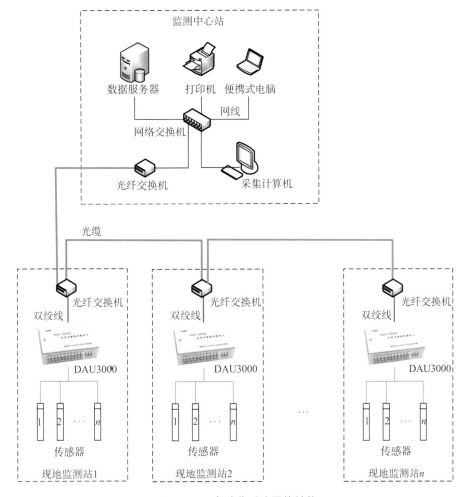

图 7.1-5  自动化系统网络结构

心站还要对采集的数据进行分析、评价等,可靠性要求很高。另外,监测中心站需要不断发展和完善,因而要求有良好的可扩展性。为避免信息量大造成的网络拥堵,可将监测中心站局域网划分为主干网和分支网两个网络层次。主服务器设置在主干网上,客户机放在分支网上,充分利用服务器和主干网的资源。

2. 信号传输与系统通信

信号传输与系统通信包含两个层面的内容,即传感器到数据采集装置的信号传输和数据采集装置到监控主机的通信。前者传输的一般为模拟信号或频率信号,对于模拟信号一般要求传输线路不宜过长;后者通信介质中传输的一般是数字信号,可以采用有线或无线模式,传输距离相对灵活,一般根据监测站与监测管理站、监测中心站的距离以及数据采集装置的通信协议等选择不同的通信方式。随着监测技术的发展,智能传感器增加了通信模块,从而实现测量控制装置到监控中心的网络级通信。目前在工程安全监测系统中,测量控制装置到数据采集计算机之间广泛使用的通信方式主要有双绞线、光缆以及无线通信等。

1) 双绞线

计算机与计算机或计算机与终端之间的数据传输有串行通信和并行通信两种传输方式。串行通信方式由于使用线路少、成本低,特别是在远程传输时,避免了多条线路特性的不一致而被广泛采用。在串行通信时,要求通信双方都采用一个标准接口,使不同的设备可以方便地连接起来进行通信。

2）光缆

当监测站与监测中心的信号传输距离大于 1 km 时，采用双绞线通信方式就会出现明显的信号衰减。对此，人们想到了更好的传输介质——光缆。光缆具有传输频带宽、容量大、损耗低、抗干扰能力强、保真度高、质量轻、传输距离长等优点，目前被广泛用于解决长距离传输问题，是现场通信总线或环形线理想的通信介质。

3）无线通信

无线通信是利用无线电波进行信息传送的一种通信方式，主要包括有 4G、LoRa（远距离无线电）、Zig-Bee（蜂舞协议）以及卫星通信等。与有线通信相比，无线通信具有建站周期短、通信距离远、适应性强、扩展性好和组网容易等优点。特别对于规模较大的工程，由于安全监测项目覆盖点多、面广，测点较为分散，采用有线通信将各部位的监测数据连接到监控中心站，通信布线规模较大，需要线缆数量较多，工程造价自然较高；而采用无线通信不仅解决了通信距离远、测点分散的问题，还可节约成本，缩短工程工期。国内安全监测工作中常用的无线通信方式主要有 4G、LoRa 以及卫星通信，目前针对现场自动化控制数据传输而研发的 ZigBee 技术逐渐得到推广应用，相比传统的通信方式，ZigBee 具有低功耗、低成本、支持多节点以及安全性高等优点，当安全监测现场存在点多、施工难度大、GNSS（全球导航卫星系统）效果差，以及有移动通信盲区等不利条件时，想获得高可靠性、高安全性的安全监测数据，采用 ZigBee 网络具有无可比拟的优势。

#### 7.1.3.4　自动化系统防雷

泵站工程安全监测自动化系统的监测测点、数据采集装置、通信线路等分布范围大，且大部分位于外露区域，导致自动监测系统易遭雷击而损坏。雷击包括直击雷和感应雷。专业统计分析表明，有 90%的雷击损害是由感应雷电流沿通信电缆、电源电缆进入系统损毁设备，因此，研究工程防雷措施应从构建覆盖整套系统的屏蔽防护体系，建造良好下泄通道、最大限度输导雷电流等方面入手。监测系统防雷主要从接地网和避雷防护网、监测站、电源系统、通信系统几方面开展。

1. 接地网

不管是感应雷还是直击雷，其强电流最终都会泄流至大地上，因此，布设合理和性能良好的接地网才能达到理想的防雷效果。监测系统一般可就近接入接地网中，也可建立专门的接地网。为防止接地网中的过高电压反击，其接地电阻越小越好。为有效建立等电位连接，各监测站应采用接地扁铁连接。接地扁铁搭接处，焊接长度应为扁铁宽度的两倍，扁铁外层应刷两层环氧绝缘漆，并每隔一段距离安装垂直接地体，将扁铁与垂直接地体焊接。各监测站内采用不小于 6 mm 铜导线将数据采集装置与接地扁铁间连接牢固。

2. 通信防雷

RS485 现场通信方式是现有泵站安全监测中应用最广泛的一种方式，但在运行过程中容易被干扰，影响线路整体通信。多年研究分析表明，干扰包括差模干扰与共模干扰。差模干扰在两根信号线之间传输，属于对称性干扰。消除差模干扰的方法是在电路中增加一个 100 Ω 的偏值电阻，并采用双绞线。共模干扰是在信号线与地之间传输的非对称性干扰。消除共模干扰的方法包括：①采用屏蔽双绞线并有效接地；②强电场的地方还要考虑采用镀锌管屏蔽；③布线时远离高压线，更不能将高压电源线和信号线捆在一起走线。

通信和传感器引线接口采用通信防雷器，传感器经信号避雷器接入采集箱接地柱，通过接线柱将Φ6 mm 及以上单股铜芯线接入现场接地装置，可靠连接防雷模块。各现场采集观测站通信的进线端均先接入通信防雷器进线端，再由防雷器出线端接至现场测控单元通信端口，下一级通信出线也经通信防雷器后引出,通信防雷器以串联方式连接在通信线路上。

采用抗雷击强的光纤通信增强抗雷击能力。

采用无线传输可以避免通信线路受雷击的影响,且单个采集测控单元故障或通信传输故障时,不至于影响系统内其他设备,每个现场观测站的通信传输均是独立的。

3. 电源防雷

监测系统的电源应采用专用电源供电,不可直接采用现场照明电。系统电源应有稳定的电压及过电压保护措施。监测系统电源要求为不间断双路电源,当一路电源中断时,另一路常备电源自动通过继电器切换投入运行。

在系统建设和线路敷设时,尽量避免使用架空线方式,应采用镀锌钢管保护并地埋敷设或设在专用电缆桥架内,合理利用泵站整体接地网。所有设备采用单端接地方式,使观测设备接地电阻小于 10 Ω,避免由于电位差引入干扰。

在电源电缆两端加装浪涌识别防雷设备,切断雷电流传输通道。设计安装电源稳压系统,有效避免直击雷、感应雷和电压浪涌波动对系统的破坏和影响。分布于现场的每个观测站均并联接入电源防雷器,在每条支线前端或每间隔几个观测站的电源输入端加入稳压变压器。

4. 综合防雷

监测系统的监控机房为监测系统核心部分,应做好有效防雷。监测机房的防雷主要从雷电波入侵、等电位连接、电涌保护、直击雷防护等方面进行。监测机房电源出口应接入隔离变压器,电源入口应接稳定压、不间断 UPS 电源;必要时可接入不间断双路电源,当一路电源中断时,另一路常备电源自动通过继电器切换投入运行。

监控机房应根据现场条件,尽可能布设于泵站内部。当监控机房布设于泵站外部时,应做好中心站建筑物的防雷,安装避雷器和接地网,自动化监测系统应接地,有条件的应接入工程的接地网,单独接地时,接地电阻不应大于 10 Ω。监测管理站、监测管理中心站接地电阻不宜大于 4 Ω。

### 7.1.3.5　安全监测自动化系统软件

1. 系统拓扑

系统可以通过互联网或局域网进行拓扑,并集中在监控中心进行管控。

2. 系统组成

工程安全信息管理系统由客户端应用平台(C/S)、工程安全管理网站(B/S,浏览器/服务器)两部分组成。客户端应用平台(C/S)主要功能包括数据采集、整编计算、图表定制、建模分析、安全评估等,可为用户提供专业的数据分析和展示方式。工程安全管理网站(B/S)包括工程信息管理网站和监测数据分析管理网站,工程信息管理网站用于工程信息资料管理,监测数据分析管理网站用于数据查询、成果展示等。

3. 系统功能

1) 数据采集

C/S 架构的客户端应用平台能采集本工程布置监测仪器的数据信息,同时还能够记录巡视检查、工程处理、工作日志等相关信息。

系统提供自动数据采集和人工数据录入等工作模式。自动采集的运行方式包括应答式和自报式,根据需要可定制打包成自动任务,并实现异地远程数据采集。除了自动采集的数据自动入库外,系统需同时提供人工采集以及其他环境量、第三方数据等各类监测数据和资料的导入功能,并能够在系统中对其进行统一的管理与维护。

系统应具备多种采集方式和测量控制方式。

①数据采集方式应有选点测量、选箱测量、巡回测量、定时检测,并可在测量控制单元上进行人工测读。

②测量控制方式应有应答式和自报式两种,并能够对每支传感器设置其警戒值,当测值超过警戒值,系统能够进行自动报警。

应答式:由采集机或联网计算机发出命令,测控单元接收命令、完成规定的测量,测量完毕将数据暂存,并根据命令要求将测量的数据传输至计算机中。

自报式:由各台测控单元自动按设定的时间和方式进行数据采集,并将所测的数据暂存,同时传送至采集机。

2) 数据转换

系统应能自动将各传感器原始数据进行计算,并转换为观测的位移、开度、渗压等物理量,并将成果存放在成果数据库内,同一测点计算支持多套不同时段应用公式,计算公式包括固定换算公式、自定义公式、查表计算、相关点计算等。

计算过程应提供自动计算和手动计算两种方式:自动计算根据设定时间周期,自动将未计算的数据进行计算处理;手动计算可以选取任意时段、测点范围或数据类型的测值进行计算。

3) 数据管理功能

数据管理功能包括数据查询、修改、删除和新增功能,同时可以根据数据评判规则(上限、下限、变幅等),对数据进行评判分析和粗差异常分析,另外还应具有以下功能。

①支持以表格形式查询、展示数据,数据查询包括测点数据查询和测值组合查询。测点数据查询是指以单个测点为单位进行的数据查询。测值组合查询是指同一时刻的多个测值显示在同一行中进行比较查询。查询条件包括时间段、测点、测值类型等,且表格具有排序过滤功能。

②支持数据对比分析。

③支持多种数据导入格式(Excel、Txt),可对人工观测数据和导入的第三方数据进行处理。

4) 报表制作功能

①报表组件可以定制各种不同类型的报表,包括年报、月报、日报等,也可以制作时段报表,进行实时数据报表展示等。

②提供报表编辑器,用户可自定义任意格式的报表,并可通过模板进行管理。

③报表组件的编辑模式与运行模式可以在权限许可的情况下,灵活地进行切换。

④支持图表插入。

⑤支持基本的数学统计计算。

⑥支持 Excel 文件导入、导出。

⑦支持二次开发。

5) 图形制作功能

系统可以定制并生成各种需要的图形,包括多测点布置图、系统状态图、过程线图、分布图、相关图等。

①布置图:可使用工程图纸文件作为背景图,在各监测部位放置相关测点图元,监测和展示各部位的数据状态。

②系统状态图:能够将多种类型的图形文件作为布置图背景,在布置图上放置测点、模块、采集单元作为操作的热点对象,实时观察采集到的最新数据及最新通信状态。利用右键功能菜单,可以获取测点的过程线、历史数据和属性,可以对图中的模块和测点进行监测控制(提取时钟、单检、选测)。

③过程线图：以棒、折线和平滑线的形式显示多图、多坐标轴和多测值数据的画面，图形样式参数、输出测值参数均可自定义设置，同时具有数据缩放查看、跟踪查看、统计分析和数据表格联动功能。

④分布图：用于展示多个分布测点在某时间点的测值变化。可同时绘制多个时刻测值、特征值的分布图。

⑤相关图：以曲线、散点形式展示两个测点数据（如位移与环境量）的相关性画面，可以选择多种趋势分析方法（指数、线性、多项式等），并显示公式参数和相关系数。

6）报警功能

系统可提供超量程、超变幅、采集模块异常状态、缺数等内容的报警服务。各项报警信息按照用户的报警策略进行解析，按照指定方式发送给指定的报警接收者，报警方式有语音报警、短信报警、邮件报警、短信查询等。用户可以自定义报警源和报警策略。

7）系统管理及资料管理功能

①系统配置及测点维护，系统运行管理。

②系统用户及权限管理。

③系统数据备份及恢复。

④提供文档管理器，可对各种格式的文件进行查询检索等管理。

⑤可对工程资料、仪器考证资料及工程安全信息资料进行管理。

8）画面组态及图像热点

系统包括系统资源、业务画面、报表、报警信息等所有应用功能的可组态，如对布置图、过程线图、分布图、相关性图、采集模块状态图、数据查询表格进行画面组态。系统在画面组态工具提供各种类型的图元，常用的图元包括：基本形状、常用图标、测点图元、采集模块图元、过程线、相关图、实时监控等，同时还支持用户自定义扩展图元。画面支持多图层、多视图显示，可在编辑态和运行态之间自由切换。系统可建立图像热点，把每个热点链接到不同的网页或相应页面。

9）格式化文档

对于办公中经常使用到的报告类型文档，可以实现简单的一键替换，而无须经传统的手工查询数据后制作报告，达到提高办公自动化水平、提升工作效率、降低文档制作工作量的目的。

格式化文档的主要功能分为编辑功能和数据替换功能。编辑功能可以实现从资源文件的数据来源处对一个 Word 文档在需要插入可变数据的位置生成标记并保存。数据替换功能可以实现从资源文件处对已生成标记的 Word 文档获取查询数据，并替换至 Word 文档中标记的部分。

10）Web 应用

工程安全管理网站是在网页上实现泵站监测数据的可视化展示、数据查询与统计、资料文件管理、工程安全信息维护等功能的系统平台，主要提供实时监控、安全监测管理、水工技术监督管理、规程规范管理等功能。

## 7.1.4　监测资料整理整编及安全评估

监测资料的整理整编及安全评估是整个工程安全监测过程中一个关键环节，也是工程建设和运行管理中的一项重要工作。工程安全监测过程包括从设计布置、安装埋设安全监测仪器和设备，到观测取得大量的监测资料，最终通过对监测资料的整理分析，发现和挖掘监测资料所包含的工程信息，判断工程建筑物的运行状况，从而进行工程安全监控，指导工程施工，优化设计方案，改进设计方法。

### 7.1.4.1 监测资料整理整编

资料整理整编的目的是及时发现建筑物安全隐患,为监测资料的分析和反馈提供前期准备,便于监测资料的归档、保存、取用和传播。

1. 资料整理的内容及要求

每次观测完成后,应随即对原始记录的准确性、可靠性、完整性进行检查和检验,将原始读数换算成监测物理量。监测仪器发生更换的,要做好物理量衔接工作,并判断测值有无异常。对于漏测的数据及时补测,对于异常的数据及时复测,对于误读的数据及时更正。

原始监测数据检查检验的主要内容有:作业方法是否符合规定;监测记录是否正确、完整、清晰;监测结果是否超限(量程范围、监控指标、设计允许值等),是否有粗差和系统误差等。

将监测数据录入电脑,绘制图形,进行初步分析。发现异常及时分析原因,排除监测系统故障和计算错误等原因后,对异常监测结果及时上报。

每次巡视检查后,对检查记录及时进行整理。

2. 资料整编的内容及要求

1) 整编周期

运行期监测资料整编通常一年一次,每年汛前将上一年度的监测资料整编完毕,并刊印成册。

2) 整编内容

刊印成册的整编资料主要内容及编排顺序一般为:

①封面;

②目录;

③整编说明;

④基本资料;

⑤监测项目汇总表;

⑥监测资料初步分析成果;

⑦监测资料整编图表;

⑧封底。

封面内容包括工程名称、整编时段、编号、整编单位、刊印日期等。

整编说明包括本时段内工程变化及运行概况,监测设施维护及更新改造情况,巡视检查和监测工作概况,监测资料精度和可信程度,监测工作中发现的问题及其分析、处理情况,对工程运行管理的意见和建议等。

基本资料包括工程基本资料和监测设施及仪器设备基本资料。

监测项目汇总表中内容包括监测部位、监测项目、监测方法、测量周期、测点数量、仪器设备型号等。

监测资料初步分析成果应综合叙述本整编周期内监测资料的初步分析结果,包括分析内容、方法、结论和建议。

监测资料整编图表包括巡视检查记录表、测值统计表、过程线图、分布图和相关图等。对自动化系统采集的数据可按某一周期(如每周一次,尽量选同时刻)选取数据形成统计表格,但绘制过程线时应使用所有测值,特殊工况下(如高水位、特大暴雨等)或工程出现异常时加密观测的数据也应整编入内。

对重要监测量(如变形、扬压、环境量等)应绘制过程线图、分布图等。

### 7.1.4.2 资料分析与安全评估

监测资料分析及安全评估是整个安全监测工作的收尾环节,也是充分发挥安全监测作用、体现安全监测根本目的和意义的关键环节。可以说,在监测资料及时整理、规范整编的基础上进行的全面深入的分析和安全评估,是整个监测系统的完美收官之作。

1. 资料分析与安全评估的基本目标

(1) 对监测资料的质量做出评价;

(2) 对监测资料所反映的建筑物总体状态及基本规律予以勾勒和描述;

(3) 对建筑物性态变化的主要影响因素及其影响程度予以揭示;

(4) 对监测资料所反映的建筑物异常现象给予特别指明,并提出合理建议;

(5) 对建筑物的安全稳定性给予总体评价;

(6) 对工程运行管理单位特别关心的问题,或设计、施工以及运行以来曾出现的一些历史问题,从监测的角度做出适当的回答;

(7) 对于特殊目的的专题资料分析,重点回答运行管理单位所关心的特定问题。

2. 资料分析及安全评估的原则

1) 明确目的原则

监测布置实际上都体现了特定的监测目的,这里面既有常规性目的(主要依据规范设置常规监测项目),也会有特殊性目的(依据工程特有的问题设置重点监测项目)。

对于一个具体的工程而言,业主、设计单位、上级主管单位,甚至整个业界(特别是一些有影响的大型工程)最为关注的往往是那些特殊性目的。

为了达到这些目的,布局合理、针对性强的监测设计创造了良好的开端,优质可靠、精心安装的监测仪器提供了宝贵的数据,稳定连续、实时高效的自动化系统保证了监测的及时和顺利,然而,唯有资料分析时提炼出的翔实证据、得出的正确判断、给出的合理建议,才能使上述目的最终真正达成。因此,明确目的是监测资料分析必须首先解决的问题,即开始工作之前、撰写资料分析报告之前,必须弄清楚目的是什么。

2) 查根摸底原则

"资料分析"这一提法中,"资料"主要是指安全监测数据。但这绝不意味着仅仅是对着数据做表面文章,数据背后隐藏的地质条件、结构特性、监测布置、材料特性、施工工艺、运行工况、环境作用、历史事件等,都是在对数据进行分析之前以及分析过程之中需要不断查摸清楚的。监测数据之所以是这样的而不是那样的,其根本原因往往就隐藏在上述这些背景里面,缺少对它们的了解,资料分析势必流于表面,想深入都不可能,往往造成对一些现象难以给出合理解释、分析评价结论无法得出或难获认可、不能真正解决工程实际问题等结果。

资料分析之前一般都需要搜集大量的工程档案资料,而不是只要拿到数据就能开工,原因就在这里。

3) 关联思维原则

安全监测项目众多,水平位移、垂直位移、倾斜、应力应变、温度、基础扬压、接缝变形等等诸多项目可以齐聚一个部位。它们虽然分属不同的监测项目,但是由于都是监测同一个部位,它们之间就建立了必然的内在联系。监测项目之间如此,测点之间更是如此。同项目的不同测点,不同项目的测点,它们的监测成果之间存在着千丝万缕的联系,它们的过去、现在和将来之间也存在很多必然联系。而这些联系是资料分析必须要关注和寻找的。孤立的监测量只能向我们展示一些症状,监测量之间或简单或复杂的关联性却能揭示原因,展现本质,帮助我们深入了解所监测的物体。

4) 筛选提炼原则

遵循筛选提炼原则,一方面是抓住关键、洞悉本质、得出正确结论的必要保证,另一方面也是资料分析工作的重要技巧。面对纷繁的海量数据，如果不关注重点，机械地对所有监测量均采用一刀切的处理方式，不仅耗费大量劳动，而且难以找出真正有价值的东西，最终往往是在花费了很多时间以后还难以达成高质量的分析结果。对所有数据均同等关注更应该是资料整理和整编的任务，其目的是为后续资料分析提供正确、翔实的资料依据。

3. 资料分析及安全评估的方法

资料分析及安全评估常用的方法有特征值统计法、作图法、比较法、数学模型法等，在资料分析和评估的时候往往各种方法相互交叉使用。

(1) 特征值法从数量变化方面考察监测量的合理性及其相互之间的一致性。特征值主要包括各监测物理量历年的最大值和最小值(含出现的时间)、变幅、周期、年(月)平均值及变化率等。通过对这些特征值的统计和分析，考察各监测物理量之间在数值变化方面是否具有一致性和合理性，以及重现性和稳定性等。

(2) 作图法可获得关于监测量变化规律、趋势及其原因的直观认识，并及时发现异常。通过绘制监测物理量的过程线图、相关图、分布图等，直观地了解和分析监测物理量的变化大小及其规律，以及影响监测物理量的原因量和其影响程度，判断监测物理量有无异常等。

过程线分析应根据工程各监测物理量的变化过程以及空间分布规律，结合相应环境量的变化过程和结构条件因素，分析监测物理量的变化过程是否符合正常规律、量值是否在正常的变化范围内、分布规律是否与结构状况相对应等。

(3) 比较法是指将各监测物理量相比较，主要包括：监测成果与理论的或试验的成果(或曲线)相对照，监测物理量与设计警戒值、监控指标等相比较，监测数据与外表各种异常现象的变化和发展趋势比较。将相同部位(或相同条件)的监测物理量做相互对比，相关联的同类监测物理量相互对比，以查明各自的变化量大小、变化规律和趋势是否具有一致性和合理性。将监测成果与理论的或试验的成果相对照，比较其规律是否具有一致性和合理性。通过现场巡视检查，比较各种异常现象的变化和发展趋势，并结合仪器监测数据，评价工程异常有无发展或是否稳定等。

(4) 数学模型法是指建立效应量(如变形、渗流量等)与原因量(如水位、气温、时效等)之间的数学关系式，分离各种原因量的影响，了解各原因量对效应量的影响程度和规律，揭示可能潜在的不安全因素及发展趋势。常用数学模型有三种：统计模型、确定性模型和混合模型。

4. 资料分析及安全评估报告的一般内容及要求

1) 工程概况

工程概况介绍的内容是需要关注其安全稳定性的建筑物(群)及其周边环境，包括建筑物(群)的工程特征、总体布置、型式等级、规模尺寸、建筑材料、气候条件、地质特征，以及施工质量、运行工况、除险加固等情况。

工程概况原则上只需予以简略描述，但和资料分析结论关联性较大的内容则需着重交代。

2) 监测概况

监测概况介绍的内容是提供分析数据的监测系统，包括监测目的、监测项目、断面布置、监测方法和设备等，其中监测设施的更换改造情况也应予以说明。

3) 环境量分析

环境因素对建筑物的变形、应力应变和渗流状况会产生很大影响，因此在安全监测资料分析时，首先须对环境量进行分析，以掌握建筑物运行的外部环境。

对环境量监测数据的质量给予评价，以明确监测成果的可用性。

绘制环境量过程线,统计特征值(极值、平均值、变幅等)并列表。

通过对过程线、特征值的观察、对比、分析,描述环境量的基本特征,如:水位升降周期、幅度,气温的平均水平、季节性温差,降雨量的平均水平、雨季的时间区段等。

对多年罕见的特高水位、极低气温及暴雨等极端环境情况的出现应予以特别描述。

4)监测成果检查处理及评价

定性分析之前须对涉及的监测数据进行检查、处理和评价。快捷而有效的一种检查办法是观察过程线。检查处理的内容一般包括:测值大小、变幅是否合理,是否存在粗大误差,是否存在大量足以干扰正常规律的不稳定跳变,是否存在发生突变后持续不恢复的现象,检查是否存在由于渐变性系统误差造成的趋势性变化。检查以后即可对监测数据的质量给出评价:可用(有效)、不可用(失效)、仅作参考。

5)监测成果定性分析

对监测数据有效可用的各种监测量的时空变化规律、相关特性、趋势性、典型特征量等进行对比、统计、分析、提炼,对异常现象(测值或变幅过大、趋势不收敛、规律不符合常规等)应进行确认。

报告中的叙述主要为归纳性描述,应做到条理清楚、重点突出。对于正常稳定的情况,简单几句概括即可;针对异常、疑点或值得关注的情况,应借助于必要的图表予以描述,并说明其发生部位。

6)监测成果定量分析(模型分析)

根据实际需要,对部分或全部监测量进一步进行模型分析,定量解析各种影响因素及其影响程度。

应借助于模型方程一览表、分量过程线图等图表展现模型分析成果,利用文字描述对普遍遵循的共性规律进行归纳总结。

对特殊性态加以特别表述,指出其发生部位,并对其与众不同的原因给予解释或推断。

特别需要关注代表趋势性变化的时效分量,对其后续发展趋势做出估计。

7)各部位小结和评价

在上述各阶段分析的基础上,对各部位分析成果进行小结,综合评价各部位的监测系统工作状况以及工程建筑施工质量、运行性态和安全稳定性。

指出监测系统存在的主要问题,给出适当的维护或更新建议。

指出相应部位存在的安全隐患,并针对运行工况调整、补强加固措施等给出适当建议。

8)总结和总体评价

综合所有分析结果,对照资料分析应达到的基本目标,抓住关键问题,给出最终分析评价结论(总结),包括:

评价监测系统总体运行状况,如何加强维护,是否需要更新改造或补充;

分析建筑物安全状况,是否存在不利于安全运行的因素;

指出安全隐患的根源及部位,是否需要调整工况或补强加固等。

### 7.1.4.3 泵站工程资料分析及评估的重点

泵站工程应重点分析泵站的稳定性及结构安全性。

(1)泵站稳定性。通过基础扬压力、渗流量及渗透压力监测资料,分析评价基础、泵站所受渗压及防渗设施的效果,并结合泵站水平位移、垂直位移及接触缝和结构缝监测资料,分析泵站结构及基础的变形情况,评价泵站的稳定性。

(2)结构安全性。通过应力应变监测资料,分析结构受力情况,结合巡视检查结果,评价泵站的结构安全性。另外,还应根据水力学、变形等监测资料,结合巡视检查结果,分析过流部位的冲刷、汽蚀、磨蚀情况,评价其抗冲刷、抗汽蚀、抗磨蚀安全性。

### 7.1.5 智能泵站水工安全综合评估系统

智能泵站安全综合评估系统借助于计算机信息处理技术,实现对泵站安全监测数据的大规模自动化处理、分析、统计、比较、判断,进而对泵站安全状况进行综合评估,使安全监测成果及时发挥应有的作用,为工程运行管理单位提供决策支持。

#### 7.1.5.1 系统结构

智能泵站安全综合评估系统数据主要来源于处于同一水工监测局域网的自动化监测系统数据库、数据采集记录簿和水情系统中的环境量。按每种不同系统使用的数据结构读取数据,再经过一定方法进行预处理后保存到中心数据库。中心数据库中集成了所有系统的观测数据,统一的数据库平台为系统的高级应用提供数据支撑。

软件结构分为三个层次:用户界面层、中间业务逻辑层和数据访问层。用户界面层直接和用户见面,主要承担展示、交互操作等任务。中间业务逻辑层用来实现所有信息处理、计算、比较等业务逻辑任务。数据访问层专门承担对数据库的操作任务,实现数据信息的读取和存储。各层次之间关系见图 7.1-6。

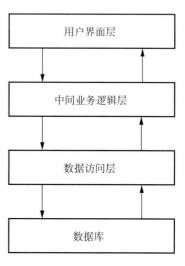

图 7.1-6　软件分层结构

#### 7.1.5.2 系统组件

基于面向对象的程序设计思想,构造一系列组件,为整个系统的搭建提供基础。

基础类组件:可以用在各层中;

数据访问类组件:为业务逻辑层提供数据服务;

业务逻辑类组件:用于业务逻辑层;

输入输出组件:用于用户界面层;

图形类组件:用于用户界面层。

系统数据组成包括:工程安全和工程荷载两类监测数据及异常判据,建筑物局部断面或部位异常判据,整个工程安全评价判据,局部异常原因集,针对异常原因的处理措施(方案)集。

分析建模模块和安全评估模块共享工程安全监测数据和工程荷载数据。由分析建模模块得到的监测量模型是安全评估模块所需的判据。系统功能见图 7.1-7。

#### 7.1.5.3 软件功能

系统主要由分析建模和安全评估两大功能模块群构成。每个模块单独运行,分析建模是基础,安全评估需要分析建模的支持。此外,系统还包括预测预报功能,也是需要分析建模的支持。

1. 分析建模

分析建模模块的基本任务是:对工程运行一段时间以来的安全监测成果进行定性分析,在初步了解各监测量变化的大小、规律、趋势、影响因素的基础上,进一步通过回归计算建立监测量物理模型,以定量描述各不同影响因素对监测量变化的影响。

分析建模模块的主要功能包括:

(1) 工程安全监测数据和工程荷载监测数据的粗差检验和处理(图 7.1-8)。

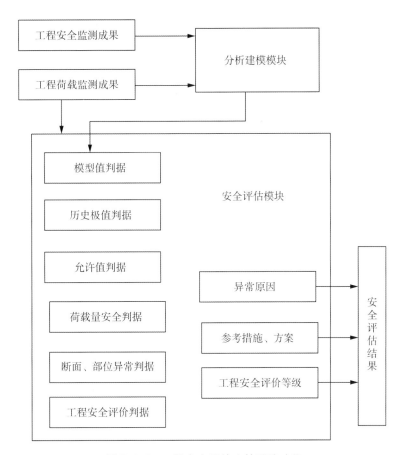

图 7.1-7 工程安全评估支持系统功能

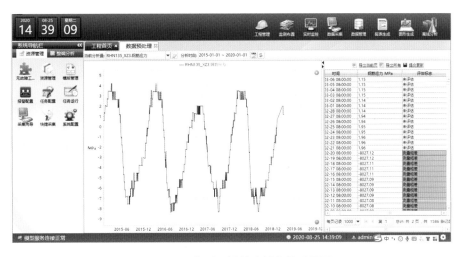

图 7.1-8 监测量粗差分析和处理界面

(2) 以丰富的图表为初步定性分析提供支持(图7.1-9)。

图7.1-9 监测量特征值统计表

(3) 监测量影响因子的确定和数据生成。

(4) 回归计算和监测量模型方程的建立(图7.1-10)。

图7.1-10 建模参数设置

(5) 在模型方程的基础上对监测量进行定量分析(图7.1-11)。

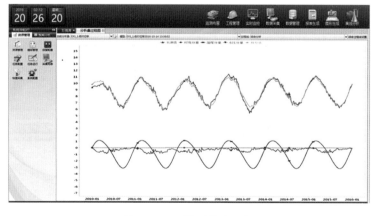

图7.1-11 模型综合分析

分析建模模块总体功能如图7.1-12所示。

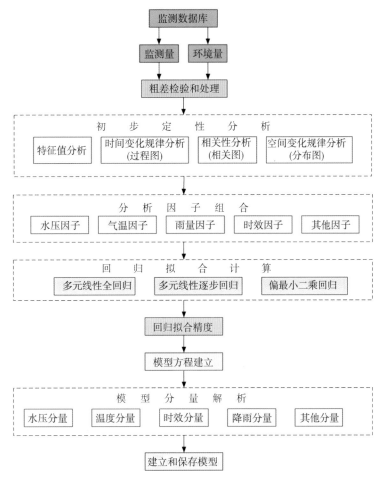

图 7.1-12　建模总体功能

分析建模模块的基本功能是以工程安全监测数据和环境量监测数据为基础,对各种监测数据进行定性分析,初步认识其变化规律、主要影响因素之后,针对需建模的监测量,选择合适的时间区段,拟定合适的模型因子,采用合适的回归计算方法,建立监测量的物理模型。

2. 安全评估

安全评估模块的基本任务是:根据既定的标准,对安全监测成果进行检验评判,识别异常监测量。根据异常监测量的数量和分布情况,识别建筑物异常断面或部位,并提示可能的原因,给出可供参考的处理措施和方案。根据异常断面或部位的数量和分布,对整个工程安全状况做出分级评价。

安全评估模块的主要功能包括:

(1) 根据预设参数对监测量进行评判,及时识别异常情况并进行报警(图7.1-13、图7.1-14)。

(2) 识别异常监测断面或部位。

(3) 在断面、部位监测成果的基础上,将上述成果进行汇总形成工程安全监测的综合成果(图7.1-15)。

(4) 展现可能的异常原因以供进一步检查确认。

(5) 针对异常原因,展现参考处理措施或方案以提供决策支持。

安全评估模块的总体功能如图7.1-16所示。

● 所有　○ 已配置　○ 未配置　□ 原始值　□ 中间值　☑ 最终值　　复制　　粘贴　　删除　　设置上下限　　设置变化速率　　保存　　Excel导出

| 测点测值项 | 历史极值 | | | | 监控指标 | | | | | 模型管限控制 | 模型 |
| --- | --- | --- | --- | --- | --- | --- | --- | --- | --- | --- | --- |
| | 历史上限控制 | 历史下限控制 | 观测中误差 | 历史极值权重 | 监控指标上... | 监控指标下... | 监控指标上限 | 监控指标下限 | 监控指标权重 | | |
| IP1.位移X | ☑ | ☑ | 0.1 | 2 | ☑ | ☑ | 12.87 | -2.986 | 3 | ☑ | |
| IP1.位移Y | ☑ | ☑ | 0.1 | 2.0 | ☑ | ☑ | 7.274 | -11.358 | 3.0 | ☑ | |
| IP1(B).位移Y | ☑ | ☑ | 0.1 | 2.0 | ☑ | ☑ | 1.136 | -2.88 | 3.0 | ☑ | |
| IP1(B).位移X | ☑ | ☑ | 0.1 | 2.0 | ☑ | ☑ | 0.533 | -1 | 3.0 | ☑ | |
| IP2.位移X | ☑ | ☑ | 0.1 | 2.0 | ☑ | ☑ | 10.446 | -7.011 | 3.0 | ☑ | |
| IP2.位移Y | ☑ | ☑ | 0.1 | 2.0 | ☑ | ☑ | 10.468 | -7.78 | 3.0 | ☑ | |
| IP2(B).位移Y | ☑ | ☑ | 0.1 | 2.0 | ☑ | ☑ | 20.585 | -0.72 | 3.0 | ☑ | |
| IP2(B).位移X | ☑ | ☑ | 0.1 | 2.0 | ☑ | ☑ | 45.2 | -0.81 | 3.0 | ☑ | |
| IP3.位移X | ☑ | ☑ | 0.1 | 2.0 | ☑ | ☑ | 1.516 | -8.86 | 3.0 | ☑ | |
| IP3.位移Y | ☑ | ☑ | 0.1 | 2.0 | ☑ | ☑ | 5.35 | -2.74 | 3.0 | ☑ | |
| IP3(B).位移Y | ☑ | ☑ | 0.1 | 2.0 | ☑ | ☑ | 35.125 | 29.36 | 3.0 | ☑ | |
| IP3(B).位移X | ☑ | ☑ | 0.1 | 2.0 | ☑ | ☑ | 24.472 | 21.6 | 3.0 | ☑ | |
| PL1.位移X | ☑ | ☑ | 0.1 | 2.0 | ☑ | ☑ | 1.12 | -28.788 | 3.0 | ☑ | |
| PL1.位移Y | ☑ | ☑ | 0.1 | 2.0 | ☑ | ☑ | 23.221 | -4.131 | 3.0 | ☑ | |
| PL1(B).位移Y | ☑ | ☑ | 0.1 | 2.0 | ☑ | ☑ | 65.87 | 64.37 | 3.0 | ☑ | |
| PL1(B).位移X | ☑ | ☑ | 0.1 | 2.0 | ☑ | ☑ | 48.703 | 38.198 | 3.0 | ☑ | |

图 7.1-13　监测量参数设置窗口

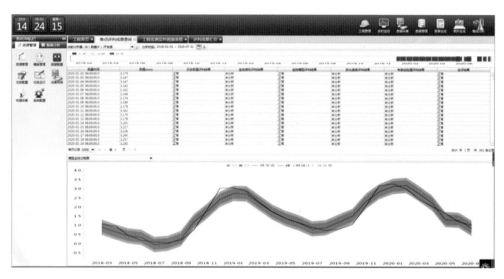

图 7.1-14　模型评判界面

图 7.1-15　工程安全评价综合成果

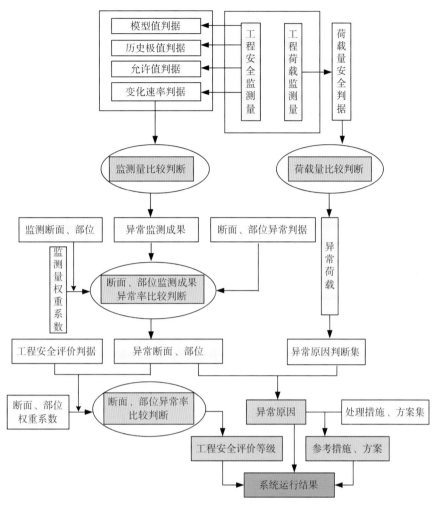

图 7.1-16　安全评估模块的总体功能

3. 预测预报

预测预报功能是在监测量分析建模的基础上设置必要的工况参数,利用模型计算监测量的模型值作为预报值。这里需要注意的是,监测量需要建模,还需提供模型的因子参数,即工况。测值预报界面如 7.1-17 所示。

图 7.1-17　测值预报界面

### 7.1.6 数字孪生在水工安全监测与安全评估中的应用

#### 7.1.6.1 概述

水工安全监测是保障水利工程正常运行的重要前提,利用安全监测仪器对水工建筑物各监测项目进行观测是安全监测中的重要组成部分。当前大型水利工程已构建了各自的安全监测自动化体系,为研究水利工程安全稳定状态和预警预测提供了重要的数据支撑,也为构建安全监测数字孪生体系提供了可能。

传统的泵站安全监测信息管理系统的信息查询与展示以二维图形为主,缺少对整个工程的直观展示,而且各类工程及建筑物结构、巡视检查部位及记录、监测仪器信息以及工程文档无法和实际的空间位置进行关联查询,不利于工程安全分析和评价。

为了从当前水工安全监测自动化系统收集到的海量监测数据中提炼出更多关键信息,进一步服务于安全监测智慧化,本研究基于数字孪生技术的概念,利用现有三维 GIS 可视化技术手段,结合时空数据模式,构建三维可视化水工安全监测系统,直观展示数字三维地理空间中的地形、地貌、安全监测相关模型信息和扩展的分析、查询数据结果,并使用这些数据进行一定的三维数据仿真可视化效果表达。

#### 7.1.6.2 总体构想

以云计算、大数据、物联网、移动互联网、人工智能等新一代信息技术为基本手段,高度融合安全监测和管理技术,以全面感知、智能处理和智慧决策为基本运行方式,建立动态精细化的可感知、可分析、可控制的泵站安全监测体系,从而产生一种全新的、具备自动预判、智慧管理能力的泵站安全管理模式。

基于数字孪生和三维可视化技术,构建以安全监测水工建筑物为基础的数字孪生三维可视化模型,直观展示数字三维空间中的安全监测相关模型信息和数据结果,对数字孪生体上附加的监测信息进行综合分析和预测,从而对结构物安全性态做出更加准确及时的预报、预警、预诊、预案。具体技术路线见图 7.1-18。

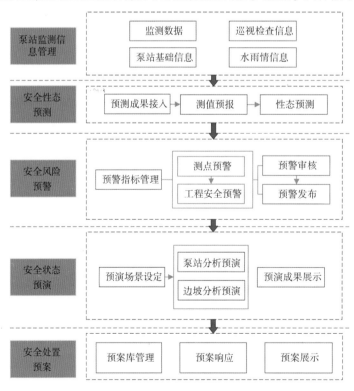

图 7.1-18 技术路线

### 7.1.6.3 主要功能

1. 三维模型展示

1) 交互式浏览

三维虚拟仿真模块提供针对鼠标和键盘操作的支持。系统对鼠标、键盘的常用功能操作进行预设,用户通过鼠标拖动、键盘操作可以方便地进行泵站工程的三维浏览,实现用户与图形场景的交互操作。

2) 场景漫游

三维虚拟仿真模块支持飞行路线、飞行参数设置以及飞行效果浏览。飞行模块可以可视化定义飞行路线和编辑节点,可以控制飞行轨迹和站点名称是否显示,飞行路线可由多个飞行线段、定向观察点和旋转点嵌套构成,可按节点或分段设置飞行参数,支持车、船、飞机等沿线飞行,提供第一人称、第三人称、跟随和自由四种飞行模式,飞行过程中可用鼠标或键盘进行交互控制。该模块为用户实时漫游提供导航操作功能,并实现按指定路径飞行演示的功能。

3) 地理信息标注

三维虚拟仿真模块可实现数据的展示和符号化显示功能,并可实时更新数据,即地理信息标注功能。该功能支持多种标注与标签符号,包括 bmp、jpg、png、gif,支持编辑标注符号,并可对标注与标签进行实时更新。

4) 自然环境渲染

三维虚拟仿真模块支持全球范围动态波浪海水渲染、全球动态纯色地形渲染,支持晴天、多云、阴天、雨、雪、冰雹等多种天气动态切换,并可逼真模拟全天 24 小时光照变化。

5) 基本信息总览

三维虚拟仿真模块可实现在三维场景中对泵站、左右岸边坡等区域的信息查询,包括建筑物基本信息和监测系统信息等。

2. 监测测点信息浏览查询

在三维场景中,所有安全监测测点及监测仪器以模型或地标的方式展现其空间分布,并可通过鼠标交互进行模型查看(图 7.1-19)。

图 7.1-19　监测测点信息浏览查询界面

1）测点定位

通过输入测点编号,在三维场景中自动定位到测点所在部位。

2）测点信息展示

通过在三维场景中点击相应测点,以弹框列表形式展示测点的身份信息,如测点编号、安装位置、设备状态、最新测值等。

3）测点选测

实现在三维场景中选择测点进行测量,并将测值存入数据库。

4）测值查询

通过在三维场景中双击相应测点,用户输入指定时段后,以弹出窗口形式给出测点的历史数据过程线图及数据表格,图表放在一个展示界面。

5）进入二维布置图

实现在三维场景中通过点击测点进入所在断面的二维布置图。

3. 监测自动化系统信息查询

1）采集模块定位

通过输入采集模块编号,在三维场景中自动定位到采集模块位置(图7.1-20)。

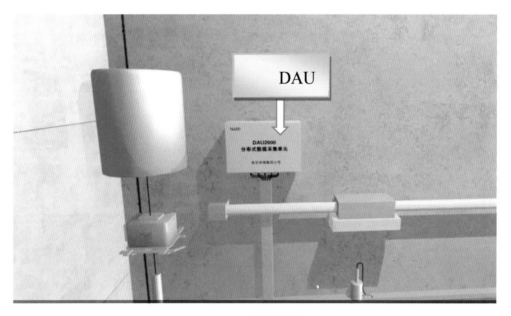

图 7.1-20　采集模块定位界面

2）采集模块信息

在三维场景中,点击模块查看基础资料,包括采集模块身份信息、所在部位、模块类型、接入仪器、显示模块状态等。

3）电缆走向三维展示

在三维场景中展示电缆布置、走向。

4. 异常报警

1）测值异常报警

当出现测值异常如超限、缺数等情况,通过测点闪动方式提示用户检查相关部位,并根据预设可能原因模拟检查路线,指导用户进行相关处理(图7.1-21)。

图 7.1-21    测值异常报警界面

2) 自动化系统故障异常报警

当出现线路故障、通信中断等异常情况,通过异常部位闪烁提示用户进行检查,并根据预设可能原因模拟检查路线,指导用户进行相关处理(图7.1-22)。

图 7.1-22    自动化系统故障异常报警界面

3) 报警信息发布

可通过弹窗、短信方式向用户发布报警信息。

5. 监测成果三维展示

1) 变形成果三维展示

将变形监测成果放大一定比例(比例可由用户输入)加载到三维模型上,生成泵站变形的三维展示效果图。

2) 渗流成果展示

将渗流渗压监测成果加载到三维模型中,展示不同高程渗压水头分布图等,同时可通过单击各高程查看二维分布图、单击各测点查看最新测值。

3）应力应变成果展示

将应力应变监测成果加载到三维模型中，显示各测点沿切向、径向、垂直向的应力，单击各测点可显示最新测值。

6. 安全监测与巡检信息综合三维展示

基于工程三维可视化模型，立体展示安全监测仪器布置和监测自动化系统以及巡检系统等的组成，动态模拟变形、渗流、应力、温度等监测量的智能感知过程，通过场景漫游浏览确定工程巡检线路并与实际结果匹配校验，实现管理人员与三维现场场景的互动操作。全景展示监测系统及工程结构物的安全运行状态，实时反馈各类物理量变化规律，实现二、三维监测数据图形的可视化查阅和输出，空间定位故障设备及疑似异常部位，对工程施工、运行期的安全监测进行全过程多维度监控，保障工程长期安全稳定。

7. 水工安全诊断与评估"四预"

根据泵站工程运行管理的有关规定，重点聚焦汛期、强降雨等特殊时期工程安全，针对泵站工程结构特点、安全隐患与薄弱环节，构建安全性态预测、安全风险预警、安全状态预演、安全处置预案等"四预"功能，实现工程安全智能分析预警，守住泵站工程安全底线。

（1）调用泵站工程安全监测分析相关模型，如统计模型、混合模型、确定性模型等，对泵站工程安全监测数据进行综合分析、挖掘，根据事先选定的预测模型预测泵站工程变形、渗流、应力应变等重要监测物理量所表征的泵站工程安全性态及其演化趋势，及时发现安全隐患。

（2）调用泵站工程安全预警相关模型，结合泵站工程安全实时监测、预测数据，依据泵站工程安全运行预警指标体系和泵站工程安全知识库，通过历史极值、监控指标、变化速率、专家经验、典型小概率法、置信区间法等对单个测点进行评判及分级预警，再通过层次分析法对监测项目、监测部位及泵站工程整体进行评判，并对泵站工程险情、安全隐患进行分级预警。

（3）统一管理泵站工程安全监测分析预测信息、工程设计相关信息、工程安全评价信息、工程安全薄弱环节、工程安全知识库等，为泵站工程安全风险状况研判提供基础；预设历史典型洪水、超标准洪水、特殊工况等不同场景，预测泵站重要测点的变形、渗流等，从而对泵站工程安全状态进行评估和推演，超前发现潜在风险。

（4）根据泵站工程安全风险研判结果，依据事先制定好的工程安全应急预案、工程应急调度、人员防灾避险等应对措施，调用应急响应策略和监测实时感知信息，实现应急预案与实景情境的同步反馈，辅助开展泵站工程安全会商决策。

# 7.2　主机组及辅机全生命周期监测与诊断评估

## 7.2.1　主机组状态监测与诊断评估技术概述

1. 现状简介

我国各大中城市的给水泵站、调水泵站、雨水泵站、排污泵站、排涝泵站、灌溉泵站等主要分散在城市的城区、近郊区以及远郊区，其生产运行主要采用现场人员值守方式。目前，泵站数量在不断增加，如何使水泵机组最大限度地发挥功效，延长水泵机组使用寿命，降低事后的维修、保养费用，成为迫切需要解决的问题。要解决以上问题就必须想办法提高设备的可靠性,在设备管理上下功夫。设备只有管理得当,设备可靠性才会提高,才可能最大限度地发挥其功效,最大限度地延长其使用寿命,从而降低成本。

水泵机组是一个水力、机械、电气三者耦合的高度复杂的非线性旋转机械设备系统,受诸多因素的影响,其产生的故障往往具有复杂性、相关性、延时性以及不确定性等特点。复杂的结构及组成部件高度的集成化使得机组运行过程中的故障率高,故障类型也复杂。实际生产中发生的故障也是多种多样的,故障的表现形式不尽相同,信号采集、降噪处理、特征提取以及故障模式识别等任何一个环节都对其状态监测和故障诊断结果产生至关重要的影响。所以,有效判别机组的故障类型并及时处理故障是当今水利领域关注的重点,机组状态监测与故障诊断也一直是水利行业关注的热点。当下,我国的泵站机组远程监测与诊断技术研究、开发和实施正在快速发展中。

传统的泵站是从制造加工设备的厂方把设备卖给用户企业开始管理(即对设备的运行和维护进行管理)的。现场机组运行人员通常是通过 4 种传统的日常检查方法来判断机组工作状态:

望——用眼睛看机组表面有无异常,如渗漏、晃动大等;

闻——用鼻子闻现场设备有无异常气味,如烧焦气味等;

摸——用手感知设备的温度和振动等,并与以往情况进行比较;

听——用耳朵听设备有无异常响声。

传统的泵站机组管理存在如下缺点:

(1) 设备初期的设计缺陷、生产过程中发生的错误、运输途中的磕碰等信息资料缺失,这些问题都将会影响设备以后运行的可靠性。

(2) 采用传统的日常检查方法发现的设备故障通常已经处于晚期,且需要有经验的工作人员才能发现,局限性大。

(3) 传统的检修方式是定期检查、更换、维修,存在维修不到位或维修过剩的情况,即存在故障、需要维修的设备没有检修完全,而不需要维修更换的设备反而进行了维修更换,导致生产成本的增加。

现阶段泵站机组监测技术存在着各种各样的问题。在设计上,最突出的是监测覆盖范围不够全面,包括对象覆盖不够全面和单个对象功能不全。在建设施工上,首先是被监控对象的实际生产标准与监测系统建设的需求不能完全匹配,监测系统的某些功能难以达到预期目标;其次是缺乏统一的数据采集平台来整合不同标准、设备下产生的信息数据。在运行维护管理上,一是现有监测系统采集的数据没有得到充分的挖掘、分析和利用;二是泵站的运行维护管理大部分依赖人工决策。

以上几点反映到具体的工程应用中,体现为下列各个具体问题。

(1) 泵站监测发展中并未能达到预期的设计水平,有时候盲目追求技术的先进性,依赖于技术,而忽视了这一技术是否适合泵站监测设计的初衷,导致建设资源出现过剩现象。

(2) 泵站一体化尚未实现,在测量、控制和管理三者之间衔接得还不够,处于各自发展、缺乏有效集中的管理,工作效率欠佳。

(3) 缺乏完善的自诊断、自分析、智能决策系统,我国泵站监测技术不断推广,泵站技术不断改造升级,但仍存在人机协作水平欠缺的情况,很多泵站在出现故障时需要浪费大量人力去分析解决问题,不能满足自诊断、自愈的监测要求。

(4) 信息实时化能力有待提高,实时监控、数据信息传输等多平台共享采集效率较低,数据库存储量有限且保存时间不够,泵站管理者对于数据库的管理维护能力不足。

(5) 水泵要在性能曲线的高效率区运行,需进行人工干预,即根据上、下水位及扬程情况,在水泵性能曲线上判别并调节水泵叶片角度,人工调整到高效运行。

（6）前端设备智能化、集成化程度低。目前前端设备单元分散，各自为独立单元，集成程度低，占地范围大，而且不够美观。

（7）对主机组及附属设备等缺乏设备全生命周期管理，对设备运行、维护、保养、检修、使用寿命等缺乏有效监测和管理。

（8）虽然现行泵站监测系统站控级技术水平处于"无人值班，少人值守"层次，但是缺乏运行、维护、经济、安全等方面的综合决策支持系统。

（9）泵站监测程度不断提高后，产生了信息安全问题。而水利工程本身的特点会把这些信息安全问题转化为运行管理安全问题，存在巨大隐患。

（10）泵站监测只是停留在对泵站机组运行过程中的监测，不能对泵站机组进行全生命周期监测。

随着智能制造、云计算、大数据、物联网、"互联网＋"等革命性技术的发展，以及《国务院关于积极推进"互联网＋"行动的指导意见》(国发〔2015〕40号)等文件的出台，泵站正朝着信息化、数字化、智能化的方向发展，水泵机组等水利设备作为泵站的核心设备也在朝着大型化、精密化、自动化、集成化、复杂化等方向发展。为确保水泵机组的安全稳定运行、保障人员的安全、增加效益，必须对机组进行合理的维护和检修；从长远来看，对机组设备特别是对水泵、动力机等设备进行远程在线运营维护是智能泵站机组全生命周期管理的必由之路。

2. 研究目标

针对泵站机组的特点设计研发出一套泵站机组全生命周期监测管理与健康诊断评估系统，通过该系统从规划、采购、安装、调试、运行、维护、改造直到报废的整个过程中对设备实施全面的、必要的、合理的监测和管理。真正做到抓好设备全生命周期的每个环节，最大限度地发挥设备功效，降低生产成本。系统根据监测的数据做细化分析，提前发现设备的潜在故障，并根据故障的严重程度及时提醒用户停机维修或继续运行至下次有维修时间窗口时进行维修，避免因设备故障导致设备的破坏性损害和人员伤亡，为机组正常运转保驾护航。

泵站机组全生命周期监测管理与健康诊断评估系统需具备以下功能：

（1）具备对水泵机组运行状态进行实时监测的功能；

（2）具备对水泵机组进行故障分析的功能；

（3）具备对水泵机组进行自动故障诊断的功能，当设备存在故障时，系统能及时显示出故障位置、故障严重程度、故障类型及建议处理措施等；

（4）具备对水泵机组的故障进行预报预警和对部件维护保养进行预报的功能；

（5）具备对水泵机组进行健康评估的功能；

（6）具备对水泵机组的全生命周期管理的功能，包括各部件的出厂、安装、调试、运行、拆换等进行数据记录和监测管理；

（7）具备完善的数据报表功能，能统计分析天、周、月、季度的数据；

（8）具备完整的信息交互功能，能与其他系统进行互联互通，预留未来扩展和升级的可能性。

### 7.2.2　机组状态监测对象及监测内容

1. 主机组及辅机

泵站的主要设备为水泵机组，包括水泵、齿轮箱（有的机组没有）和电动机。除此之外，为了保证主要设备的正常启动、安全运行并发挥出应有的作用，还必须设置提供油、水、气等的辅助系统以及通风和起重等辅助设备。

要使机组长期保持良好的性能和精度,确保正常运转,延长使用寿命,减少修理次数和费用,提高产品质量,保证生产顺利进行,就必须注重维护工作。

2. 全生命周期监测

针对传统水利设备管理存在的问题,数字孪生智能泵站提出一套全新的水利设备全生命周期监测与评估理念:应该在设备的采购、设计、制造、物流、安装、运行直到报废的整个过程中对设备实施全面的、必要的、合理的监测和管理。真正做到抓好设备全生命周期的每个环节,最大限度地发挥设备功效,降低生产成本。这样一个以设备为核心,管理由设备采购计划开始直到设备报废的整个过程中产生的所有数据的过程被称为设备全生命周期监测管理。

机组的全生命周期监测管理是指:以信息数字化、通信网络化、集成标准化、运管一体化、运行最优化、决策智能化、资源共享化、协同服务化、集中管理化为特征,采用智能电子装置及智能设备对机组进行采购、设计、制造、物流、安装、运行直到报废的整个过程,自动完成数据实时采集、测量、报警、自诊断等基本功能,具备机组从"生"到"死"数据查询、数据实时在线监测、机组故障自诊断、机组故障预警报警等应用组件,实现生产运行安全可靠、经济高效,最终实现最大限度地降低企业生产成本。

根据工程项目的建设经验,以及目前广泛应用的机电工程建设体系,归纳出泵站机组全生命周期包括以下各主要阶段,见图7.2-1。

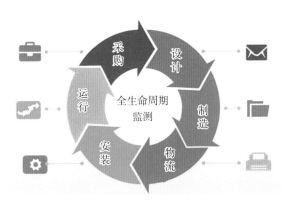

图 7.2-1 水利设备全生命周期

①采购:根据所属项目的科研设计、机电设备子系统的招标设计审查成果,开展主机组采购的立项、招标工作。

②设计:由设备制造厂商按照采购合同的技术要求和规范,进行专项设计。设计中,通过设计联络会、专题研究等方式进行阶段性管理控制。

③制造:制造厂根据设计方案进行设备制造。重点设备的制造过程委托第三方进行驻厂监造,控制质量和进度。

④物流:设备完成制造、通过出厂验收后,由制造厂承担运输工作。设备到货后,进行开箱验收,确认设备交付是否合格,随后进行仓储管理。

⑤安装:设备由安装单位办理调拨出库,现场分多个单元工程进行安装调试,各分系统完成后进行联合调试,最终进行主机组的有水调试。

⑥运行:主机组调试运行后,交接给业主运行管理,管理手段包括日常的检查、监测、诊断等。主机组每年利用停歇期进行年度的检修工作,包括消缺处理、技术改造等。对于部分可修复设备,定期进行轮换和离线修复保养,然后继续服役。当设备的生命周期到期时,故障频发,影响其可靠性,且维修成本已超出设备采购费用,此时应对设备进行报废。

泵站运行管理单位需要从泵站设计建造开始了解泵站的发展趋势与现状,并结合泵站的具体特点以及运维经验,将机组设备的维护与管理放在重要位置,这样才能保证设备的健康运行。

设备管理是一项长期的工作,各个环节相辅相成,密切相关,各个时期的管理都将影响泵站的运行。泵站机组的全生命周期管理不仅是现代化企业经营管理与发展的要求,也是设备管理技术不断发展完善的表现。降低企业总成本,获得最佳效益,是企业管理的永恒主题。企业的主要经营者和设备管理人员应高度重视设备一生的管理,抓好设备全生命周期的每个环节,保证工程的顺利进行,以最经济的手段实现设备的高效运转,企业必将取得良好的经济效益与长足的发展。

### 7.2.3 机组状态监测测点布置

**1. 主轴转速监测**

通过转速传感器可以对主轴转速进行测量,用以监测机组的运行与否及转速的变化情况。通常通过在主轴上设置凹槽或凸键(即键相)来测量转速,该键相信号也同时作为振动、摆度等参数的参考相位信号。如表 7.2-1 所示。

表 7.2-1 键相测点配置

| 测点名称 | 测点数<br>立式/卧式/斜式机组 | 备注 |
| --- | --- | --- |
| 键相转速 | 2 | 在水泵主轴或法兰面等易于安装的位置设置 2 个键相转速传感器,互成 90°径向布置,监测机组正转和反转 |

**2. 振动监测**

系统应对机组主要部件(如电机、齿轮箱、水泵等)的振动进行实时监测并自动分析,系统宜对机组的重要部件(如定子铁心、推力轴承轴瓦、水导轴承等)进行振动监测。

振动测点应根据不同机组类型的特点进行布置。

(1) 立式机组(立式轴流泵/立式混流泵/立式蜗壳离心泵)振动测点宜采用表 7.2-2 所示配置。

表 7.2-2 立式机组振动测点配置

| 测点名称 | 测点数 | | | 备注 |
| --- | --- | --- | --- | --- |
| | 立式<br>轴流泵 | 立式<br>混流泵 | 立式蜗壳<br>离心泵 | |
| 上机架水平径向振动 | 2 | 2 | 2 | 2 个水平径向振动测点应互成 90°径向布置 |
| 电动机上导轴承径向振动 | 2 | 2 | 2 | 2 个水平径向振动测点应互成 90°径向布置 |
| 下机架水平径向振动 | 2 | 2 | 2 | 2 个水平径向振动测点应互成 90°径向布置 |
| 下机架垂直轴向振动 | 1 | 1 | 1 | 垂直振动测点尽量靠近机组中心位置,非承重机架可不设垂直振动测点 |
| 定子铁心水平径向振动 | 1 | 1 | 1 | 水平径向振动测点布置在定子铁心外缘中部 |
| 定子铁心垂直轴向振动 | 1 | 1 | 1 | 垂直轴向振动测点布置在定子铁心上部 |
| 推力轴承瓦振 | 4 | 4 | 4 | 推力轴承瓦振测点可布置在推力瓦架上,靠近推力瓦,垂直方向 |
| 顶盖水平径向振动 | 2 | 2 | 2 | 如果水泵出水流道上带有顶盖结构则设置,2 个水平径向振动测点应互成 90°径向布置 |
| 顶盖垂直轴向振动 | 1 | 1 | 1 | 如果水泵出水流道上带有顶盖结构则设置,尽量靠近机组中心位置 |
| 水泵壳体水平振动 | 2 | 2 | 2 | 如果水泵为金属弯管出水则设置,在泵轴轴伸(填料函)处水泵壳体适当位置,设置 2 个互成 90°的水平振动测点 |
| 水泵壳体垂直振动 | 1 | 1 | 1 | 如果水泵为金属弯管出水则设置,在泵轴轴伸(填料函)处水泵壳体适当位置,设置 1 个垂直振动测点 |

| 测点名称 | 测点数 | | | 备注 |
|---|---|---|---|---|
| | 立式轴流泵 | 立式混流泵 | 立式蜗壳离心泵 | |
| 水泵叶轮外壳水平径向振动 | 2 | 2 | 2 | 在水泵叶轮外壳壳体适当位置设置2个互成90°的水平径向振动测点 |
| 水泵叶轮外壳垂直振动 | 1 | 1 | 1 | 在水泵叶轮外壳壳体适当位置设置1个垂直振动测点 |

(2) 卧式机组(竖井贯流泵/平面S形泵、卧式离心泵)振动测点宜采用表7.2-3所示配置。

表7.2-3 卧式机组振动测点配置

| 测点名称 | 测点数 | | 备注 |
|---|---|---|---|
| | 竖井贯流泵/平面S形泵 | 卧式离心泵 | |
| 电动机非驱动端轴承振动 | 3 | 3 | 2个径向振动测点应互成90°径向布置;1个轴向振动测点 |
| 电动机驱动端轴承振动 | 3 | 3 | 2个径向振动测点应互成90°径向布置;1个轴向振动测点 |
| 齿轮箱输入端轴承振动 | 2 | — | 2个径向振动测点应互成90°径向布置 |
| 齿轮箱输出端轴承振动 | 2 | — | 2个径向振动测点应互成90°径向布置 |
| 齿轮箱箱体振动 | 2 | — | 齿轮箱外壳设置2个互相垂直的径向振动测点 |
| 水泵组合轴承振动 | 3 | — | 在轴承座设置2个径向振动测点,互成90°径向布置;1个轴向振动测点 |
| 水导轴承振动 | 3 | — | 在轴承座设置2个径向振动测点,互成90°径向布置;1个轴向振动测点 |
| 水泵驱动端轴承振动 | — | 3 | 2个径向振动测点应互成90°径向布置;1个轴向振动测点 |
| 水泵非驱动端轴承振动 | — | 3 | 2个径向振动测点应互成90°径向布置;1个轴向振动测点 |
| 水泵叶轮外壳水平径向振动 | 1 | 1 | 在水泵叶轮外壳壳体适当位置设置1个水平径向振动测点 |
| 水泵叶轮外壳垂直径向振动 | 1 | 1 | 在水泵叶轮外壳壳体适当位置设置1个垂直径向振动测点 |

注:灯泡贯流泵、潜水贯流泵可参照执行。

(3) 斜式机组(斜轴泵)振动测点宜采用表7.2-4所示配置。

表7.2-4 斜式机组振动测点配置

| 测点名称 | 测点数 | 备注 |
|---|---|---|
| 电动机非驱动端轴承振动 | 3 | 2个径向振动测点应互成90°径向布置;1个轴向振动测点 |
| 电动机驱动端轴承振动 | 3 | 2个径向振动测点应互成90°径向布置;1个轴向振动测点 |
| 齿轮箱输入端轴承振动 | 2 | 2个径向振动测点应互成90°径向布置 |
| 齿轮箱输出端轴承振动 | 2 | 2个径向振动测点应互成90°径向布置 |
| 齿轮箱箱体振动 | 2 | 齿轮箱外壳设置2个互相垂直的径向振动测点 |
| 水泵组合轴承振动 | 3 | 在轴承座设置2个径向振动测点,互成90°径向布置;1个轴向振动测点 |
| 水导轴承振动 | 3 | 在轴承座设置2个径向振动测点,互成90°径向布置;1个轴向振动测点 |
| 水泵叶轮外壳水平径向振动 | 1 | 在水泵叶轮外壳壳体适当位置设置1个水平径向振动测点 |
| 水泵叶轮外壳垂直径向振动 | 1 | 在水泵叶轮外壳壳体适当位置设置1个垂直径向振动测点 |

### 3. 摆度监测

通过摆度传感器对机组的主轴运行摆度进行实时监测并自动分析。

摆度测点应根据不同机组类型的特点进行布置。

(1) 立式机组(立式轴流泵/立式混流泵/立式蜗壳离心泵)振动测点宜采用表7.2-5所示配置。

表 7.2-5 立式机组摆度测点配置

| 测点名称 | 测点数 | | | 备注 |
|---|---|---|---|---|
| | 立式轴流泵 | 立式混流泵 | 立式蜗壳离心泵 | |
| 电动机轴摆度 | 2 | 2 | 2 | 在电动机与水泵连接法兰处上方电动机轴上径向设置2个互成90°的摆度测点 |
| 水泵轴摆度 | 2 | 2 | 2 | 在水泵与电动机连接法兰处下方水泵轴上径向设置2个互成90°的摆度测点 |

(2) 卧式机组(竖井贯流泵/平面S形泵、灯泡贯流泵、潜水贯流泵、卧式离心泵)振动测点宜采用表7.2-6所示配置。

表 7.2-6 卧式机组摆度测点配置

| 测点名称 | 测点数 | | | | 备注 |
|---|---|---|---|---|---|
| | 竖井贯流泵/平面S形泵 | 灯泡贯流泵 | 潜水贯流泵 | 卧式离心泵 | |
| 水泵轴摆度 | 2 | — | — | 2 | 应在水泵主轴轴伸处或与齿轮箱连接法兰处径向设置2个互成90°的摆度测点 |
| 电动机轴摆度 | 2 | — | — | — | 可在电动机轴与齿轮箱连接法兰处径向设置2个互成90°的摆度测点 |

(3) 斜式机组(斜轴泵)振动测点宜采用表7.2-7所示配置。

表 7.2-7 斜式机组摆度测点配置

| 测点名称 | 测点数 | 备注 |
|---|---|---|
| 水泵轴摆度 | 2 | 应在水泵与齿轮箱连接法兰处设置2个互成90°的摆度测点;如联轴器在壳体中则不设置 |
| 电动机轴摆度 | 2 | 可在电动机轴与齿轮箱连接法兰处径向设置2个互成90°的摆度测点 |

### 4. 轴向位移监测

机组的主轴轴向位移应保持在允许范围内,否则会引起动静部分发生摩擦碰撞。系统可对机组的大轴轴向位移进行实时监测并自动分析。测点宜采用表7.2-8所示配置。

表 7.2-8 轴向位移测点配置

| 测点名称 | 测点数 | 备注 |
|---|---|---|
| | 立式/卧式/斜式机组 | |
| 轴向位移 | 1 | 宜在水泵主轴轴肩或法兰面等易于安装的位置设置1个轴向位移测点 |

### 5. 压力脉动监测

系统可自动对水泵机组流道内的压力脉动进行测量和分析。测点宜采用表7.2-9所示配置。

表 7.2-9　压力脉动测点配置

| 测点名称 | 测点数 | | 备注 |
|---|---|---|---|
| | 立式轴流泵/立式混流泵/竖井贯流泵/平面 S 型泵/灯泡贯流泵/潜水贯流泵/斜轴泵 | 立式蜗壳离心泵/卧式离心泵 | |
| 叶轮进口 | 2～4 | — | 尽可能与模型试验点相对应,通常可在叶轮进口、叶轮出口、导叶出口等位置各设置2～4个压力脉动测点 |
| 叶轮出口 | 2～4 | — | |
| 导叶出口 | 2～4 | — | |
| 水泵进水口 | — | 2～4 | 对于离心泵,压力脉动测点可设置在水泵进水口和水泵出水口处,各设置2～4个压力脉动测点 |
| 水泵出水口 | — | 2～4 | |

### 6. 噪声监测

系统可自动对机组重要部件的噪声,如水泵转轮室、电机和齿轮箱的噪声进行测量和分析。测点宜采用表 7.2-10 所示配置。

表 7.2-10　噪声测点配置

| 测点名称 | 测点数 | | | 备注 |
|---|---|---|---|---|
| | 立式轴流泵/立式混流泵/立式蜗壳离心泵 | 竖井贯流泵/平面 S 型泵/灯泡贯流泵/卧式离心泵/斜轴泵 | 潜水贯流泵 | |
| 电动机噪声 | 1 | 1 | — | 立式机组设置在电动机室,距离电动机定子外壳水平距离1 m处;卧式机组/斜轴泵设置在距电动机外壳水平距离1 m处,其中灯泡贯流泵设置在距离电动机转子水平距离1 m处 |
| 水泵噪声 | 1 | 1 | 1 | 可设置在距离水泵叶轮外壳水平距离1 m处 |

### 7. 空气间隙监测

系统可自动对电动机定子、转子之间的空气间隙进行监测分析,自动计算定子、转子圆度,定子、转子中心相对偏移量和偏移方位,定子、转子气隙(最大值、最小值和平均值)及气隙最大值和最小值对应的磁极号等特征量,分析机组气隙的变化趋势。测点宜采用表 7.2-11 所示配置。

表 7.2-11　空气间隙测点配置

| 测点名称 | 测点数 | | 备注 |
|---|---|---|---|
| | 立式轴流泵/立式混流泵/立式蜗壳离心泵 | 灯泡贯流泵 | |
| A 层气隙 | 4 或 8 | 4 或 8 | 对于大型同步电动机,空气间隙测点的数量和布置应根据电动机的容量、尺寸和定子铁心高度等参数决定。定子铁心内径小于7.5 m时应设置4个,大于及等于7.5 m时应设置8个,定子铁心高度大于2.75 m时测点可在轴向分AB两层均匀布置。气隙传感器(4个或8个)沿轴向均匀布置,粘贴在定子铁心内壁上或内嵌在定子槽楔中 |
| B 层气隙 | 4 或 8 | 4 或 8 | |

### 8. 磁通密度监测

系统可自动对电动机定子、转子之间的磁通密度进行监测分析,计算各磁极的磁通密度等特征参数,并能提供一定运行时间的磁通密度长期变化趋势分析,用以辅助分析转子匝间短路和磁极松动等故障。测点宜采用表 7.2-12 所示配置。

表 7.2-12　磁通密度测点配置

| 测点名称 | 测点数 | | 备注 |
| --- | --- | --- | --- |
| | 立式轴流泵/立式混流泵/立式蜗壳离心泵 | 灯泡贯流泵 | |
| 磁通密度 | 1 | 1 | 对于大型同步电动机,可设置一个磁通密度测点,磁通密度传感器粘贴在定子铁心内壁上或内嵌在定子槽楔中 |

9. 局部放电监测

系统可自动监测电动机在运行状态下定子绕组的局部放电脉冲信号,给出局部放电脉冲的各相局放值 $Q_m$ 和局放量 $NQN$,提供一定运行时间的局部放电长期趋势分析,分析判断局部放电的大致发生部位。测点宜采用表 7.2-13 所示配置。

表 7.2-13　局部放电测点配置

| 测点名称 | 测点数 | 备注 |
| --- | --- | --- |
| | 立式/卧式/斜式机组 | |
| 高压端局放测点 | 3 或 6 | 对于大型同步电动机,可设置局部放电测点。电动机定子三相绕组每相设置 1 或 2 个测点。测点可布置在电动机绕组进线端、定子绕组母线汇流排附近或其他适当位置 |

10. 机组荷重监测

系统可对立式水泵机组荷重进行实时监测并自动分析,用以分析机组轴向力的变化情况。测点宜采用表 7.2-14 所示配置。

表 7.2-14　机组荷重测点配置

| 测点名称 | 测点数 | 备注 |
| --- | --- | --- |
| | 立式机组 | |
| 机组荷重测点 | 4 | 对于立式机组,荷重测点可设置在电动机上机架或推力承轴,或机组生产厂商推荐的其他位置,用于监测水泵机组轴向力及水推力轴向载荷 |

11. 开机前绝缘监测

系统可对水泵机组电动机的绝缘性能进行实时监测并自动分析,保证电动机符合开机条件,免去维护人员在电动机开机前人工用摇表进行绝缘电阻监测,避免因绝缘失效导致电机投入使用时出现事故。测点宜采用表 7.2-15 所示配置。

表 7.2-15　开机前绝缘监测测点配置

| 测点名称 | 测点数 | 备注 |
| --- | --- | --- |
| | 立式/卧式/斜式机组 | |
| 开机前绝缘监测测点 | 1 | 接电动机回路任意一相,绝缘监测仪与电动机断路器辅助触点连锁控制,电动机回路通电时绝缘监测仪退出监测,与电网分离,线路断电时绝缘监测仪自动开始对线路进行绝缘监测 |

12. 过程量及工况参数监测

系统可对反映机组部件温度变化的过程量和表征机组运行工况的参数进行监测。

系统可通过通信方式从其他系统获取机组定子绕组温度、定子铁心温度、推力轴承瓦温、各部分轴承油温和油位,以及冷却水进出水温度等过程量,对它们进行实时监测并自动分析,用以分析机组各部件温度的变化情况。

系统可通过通信方式从其他系统获取机组扬程、流量、叶片角度、有功功率、无功功率、励磁电流、励磁电压、定子电流、定子电压、上下游水位、冷却水投入退出状态、冷却风机投入退出状态等表征机组运行工况的参数,并对它们进行实时监测,用于对机组状态参数进行关联分析。

系统可通过传感器或通信方式从其他系统获取环境温度、湿度等参数,对它们进行实时监测,用于对机组状态参数进行关联分析。

13. 机组运行时间监测

系统可对机组开机运行时长及机组使用时间进行监测,具体包括:

系统可对机组的开机运行日期、开机时刻、停机时刻进行记录,方便查询开机过程数据;

系统可对机组的开机运行时间进行实时监测并自动统计,运行时间可按小时统计,也可统计机组每天、每周、每月、每年的运行时长;

系统可对机组的使用时间进行监测,设备安装并经试运行后投入使用时,开始计算其使用时间。

## 7.2.4　机组状态监测与诊断评估模块组成

### 7.2.4.1　系统组成

泵站机组全生命周期监测管理及健康诊断评估系统采用开放、分层、分布式系统结构,系统通过安装在机组上的各类传感器,将机组的数据采集并上传至监测服务器,通过软件的辅助诊断功能触发自动报警,第一时间发现隐患,并通过局域网或互联网及时通知现场和远程监测中心,通过分析来判断机组的形态,使设备管理人员及时、准确地掌握机组状态,提高设备管理水平。

针对泵站机组全生命周期监测管理及健康诊断评估系统的需求,结合"互联网+"技术,提出数据采集前端结合监测网络以及监测诊断平台应用的网络系统整体架构,整个系统由现地设备层、现地测控层、站控层组成,如图 7.2-2 所示。

(1) 现地设备层:主要包括转速、振动、摆度、轴向位移、压力脉动、噪声、空气间隙、磁通密度、局部放电、机组荷重、绝缘监测、压力、温度传感器和变送器等,及配套的信号电缆,实现对物理世界的智能感知。

(2) 现地测控层:主要包括现地监测柜及其内部的数据采集器、触摸显示器、传感器供电电源、网络设备等,负责对传感器信号的采集、数字信号的处理和信号特征的提取,并通过网络交换机将收集的机组信息传输到站控层,供站控层各服务器进一步处理。

(3) 站控层:主要包括状态数据服务器、Web 服务器,以及交换机、单向网络隔离装置等设备,负责对机组信息的收集、处理、诊断和展示,以及与其他系统之间的信息交互。站控层基于数据服务,具有机组状态数据汇聚、清洗、分析及接口的数据管理功能,以及显示、报警与系统自检功能。其中状态数据服务器位于生产管理区(安全 II 区),收集从现地测控层数据采集器发送的机组实时信息,同时可与位于控制区(安全 I 区)的泵站计算机监控系统进行双向数据通信,与泵站计算机监控系统交换机组实时工况信息、机组实时状态信息和报警信息。状态数据服务器可以通过单向网络隔离装置向位于管理信息区(安全 III 区)的状态 Web 服务器传输数据,状态 Web 服务器将信息进行进一步处理,以三维可视化方式展示机组状态监测结果,现场运行管理人员可在工程师工作站上登录系统进行机组实时状态的查看和检查,对机组状态的报警或软件诊断出的机组故障进行相应处理。状态 Web 服务器可以与同样位于管理信息区(安全 III 区)的泵站管理信息系统进行数据交互,做到互联互通,信息共享。

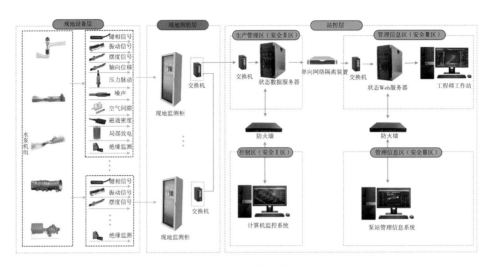

图 7.2-2　网络架构图

物联网是通信网和互联网的拓展和网络延伸,它利用感知技术对物理世界进行感知,通过网络传输,进行信息的计算、处理和知识挖掘,实现人与物、物与物的信息交互和连接,实现对物理世界实时控制、精确管理和科学决策的目的。泵站机组全生命周期监测管理及健康诊断评估系统基于物联网技术,利用感知技术对泵站机组设备的实时状态进行感知,分散监测、集中管理、协同服务、资源共享,不仅对机组设备的运行状态进行管理,也对机组相关的安装、验收、维修、拆换等过程进行管理,对机组设备的健康状态进行评估,真正做到对机组设备的全生命周期的管理。

#### 7.2.4.2　传感器及硬件设备

1. 传感器

1) 加速度传感器

加速度传感器是一种能够测量加速度的传感器,通常由质量块、阻尼器、弹性元件、敏感元件等部分组成。传感器在加速过程中,通过对质量块所受惯性力的测量,利用牛顿第二定律获得加速度值。根据传感器敏感元件的不同,常见的加速度传感器包括电容式、电感式、应变式、压阻式、压电式等。

加速度传感器防磁、安装方便、响应快,已经得到广泛应用。加速度传感器主要性能指标一般要求如下(表 7.2-16)。

表 7.2-16　加速度传感器性能指标

| 性能指标 | 要求 |
| --- | --- |
| 灵敏度 | 100 mV/g[①] |
| 工作频响范围 | 1～10 000 Hz |
| 共振频率 | 23 kHz |
| 动态范围 | ±50$g$,峰值 |
| 电压 | 18～30 V DC[②] |
| 工作温度 | −50～120 ℃ |
| 安装孔 | M6×1,深 8 mm[③] |

注:①$g$ 指重力加速度。②DC 指直流电。③安装孔为内螺纹,螺纹公称直径 6 mm,牙距 1 mm,深度 8 mm。

2) 低频加速度传感器

低频加速度传感器一般采用压电式传感器,其灵敏度较高,安装要求较低,广泛应用于低转速设备的振动数据采集。但这类传感器容易受到外界温度、本身的稳定性、抗过载能力的影响,使得测量的结果出现偏差。低频加速度传感器主要性能指标一般要求如下(表 7.2-17)。

表 7.2-17　低频加速度传感器性能指标

| 性能指标 | 要求 |
| --- | --- |
| 灵敏度 | $500 \ mV/g$ |
| 工作频响范围 | $0.3 \sim 4\,000 \ Hz$ |
| 共振频率 | $23 \ kHz$ |
| 动态范围 | $\pm 10g$,峰值 |
| 电压 | $18 \sim 30 \ V \ DC$ |
| 工作温度 | $-50 \sim 120℃$ |
| 安装孔 | $M6 \times 1$,深 $8 \ mm$ |

3) 电涡流传感器

电涡流传感器是一种非接触式的线性化测量器材,具有长期工作可靠性好、测量范围宽、灵敏度高、分辨率高、响应速度快、抗干扰能力强、不受油污等介质影响的特点,因此广泛应用于电力、机械、化工等行业,对汽轮机、水轮机、鼓风机、压缩机、齿轮箱、大型冷却泵等大型旋转机械设备进行动态和静态非接触式位移测量,可用来做轴的径向和轴向位移、胀差、轴偏心、轴振动、键相和转速的测量。电涡流传感器主要性能指标一般要求如表 7.2-18。

表 7.2-18　电涡流传感器性能指标

| 性能指标 | 要求 |
| --- | --- |
| 灵敏度 | $8 \ mV/\mu m$ |
| 量程 | $2 \ mm$ |
| 响应频率 | $0 \sim 10 \ kHz(-3 \ dB)$ |
| 平均灵敏度误差 | $\leqslant \pm 5\%$ |
| 互换性误差 | $\leqslant 5\%$ |
| 供电电压 | $-24 \ V \ DC$ |
| 探头温度范围 | $-50 \sim 175℃$ |
| 前置器温度范围 | $-25 \sim 85℃$ |
| 探头电缆长度 | $1 \ m$ |

4) 速度传感器

速度传感器是一种基于机械能转换成电能的一次元件。它的组成为:两个线圈被固定在支架上,中间一块磁钢通过弹簧片连在壳体内。磁钢在线圈内运动,切割磁力线,因此产生感应电动势,感应电动势的大小与被测物的振动速度成正比,适用于汽轮机、风机、水泵、磨煤机等机械振动的测量。速度传感器主要性能指标一般要求如下(表 7.2-19)。

表 7.2-19　速度传感器性能指标

| 性能指标 | 要求 |
|---|---|
| 频率范围 | 10～300 Hz |
| 灵敏度 | 30.0(mV・s)/mm |
| 最大加速度 | 8$g$ |
| 振动范围 | 2 mm(P-P)[①] |
| 使用环境 | －25～80℃ |
| 重量 | 0.25 kg |
| 测量方式 | 垂直或水平 |
| 安装固定螺纹孔 | M10×1.5,深度 10 mm |

注:①P-P 为振动的峰峰值。

5) 压力脉动传感器

压力脉动传感器选用高稳定性和高可靠性的压阻式压力传感器和高性能的变送器专用电路,整体性能稳定可靠,广泛适用于石油、化工、电力、水文、地质等行业流体压力的检测及控制。压力脉动传感器主要性能指标一般要求如下表(表 7.2-20)。

表 7.2-20　压力脉动传感器性能指标

| 性能指标 | 要求 |
|---|---|
| 测量范围 | －0.1～0.3 MPa |
| 过载 | 1.5 倍满量程压力 |
| 压力类型 | 表压 |
| 过程连接 | M20×1.5 外螺纹带水线密封 |
| 精确度 | 0.5％F. S. |
| 长期稳定性 | 最大±0.3％F. S. /年 |
| 零点温度漂移 | 0.1％F. S. /℃(≤100 kPa);0.05％F. S. /℃(>100 kPa) |
| 满度温度漂移 | 0.1％F. S. /℃(≤100 kPa);0.05％F. S. /℃(>100 kPa) |
| 补偿温度 | 0～50℃ |
| 工作温度 | －30～80℃ |
| 贮存温度 | －40～120℃ |
| 供电电源 | 10～28 V DC |
| 输出信号 | 4～20 mA DC(二线) |
| 负载电阻 | ≤$(U-10)/0.02$ Ω(二线) |
| 外壳防护 | IP65 |
| 电气连接 | M12 航空插头 |

6) 温度传感器

温度传感器选用 PT100 温度传感器,这是一种将温度变量转换为可传送的标准化输出信号的仪表,主要用于工业过程温度参数的测量和控制。带传感器的变送器通常由两部分组成:传感器和信号转换器。

传感器主要是热电偶或热电阻;信号转换器主要由测量单元、信号处理和转换单元组成。由于工业用热电阻和热电偶分度表是标准化的,因此信号转换器作为独立产品时也称为变送器,有些变送器增加了显示单元,有些还具有现场总线功能。温度传感器主要性能指标一般要求如下(表 7.2-21)。

表 7.2-21　PT100 温度传感器性能指标

| 性能指标 | 要求 |
| --- | --- |
| 保护等级 | IP65 |
| 环境温度 | $-40\sim85℃$ |
| 测量温度 | $-200\sim200℃$ |
| 储存条件 | $-40\sim85℃$(RH:5%~95%不结露) |
| 供电电源 | 7.5~30 V |
| 功耗 | 小于 0.1 W |
| 精确等级 | 0.2 级 |

7) 空气间隙传感器

空气间隙传感器由平板电容传感器、气隙前置器和延伸电缆组成。平板电容传感器和气隙前置器通过传感器延伸电缆连接,延伸电缆为同轴电缆。空气间隙传感器主要性能指标一般要求如下(表 7.2-22)。

表 7.2-22　空气间隙传感器性能指标

| 性能指标 | 要求 |
| --- | --- |
| 测量范围 | 0.5~1.5 倍设计气隙值 |
| 非线性度 | <2% |
| 频响范围 | 0~1 000 Hz |
| 温度漂移 | <0.05%/℃ |
| 工作温度 | 传感器:0~125℃;前置器:0~55℃ |
| 相对湿度 | <95% |
| 抗磁强度 | 1.5T |

8) 磁通密度传感器

磁通密度传感器一般采用基于霍尔效应的平板磁感应式传感器,并配以相应的专用电缆和前置器。磁通密度传感器主要性能指标一般要求如下(表 7.2-23)

表 7.2-23　磁通密度传感器性能指标

| 性能指标 | 要求 |
| --- | --- |
| 线性量程 | ≥1.5T |
| 非线性度 | <2% |
| 工作温度 | 传感器:0~125℃;前置器:0~55℃ |

9) 局部放电传感器

局部放电传感器宜采用电容耦合器,通常使用 80 pF 的环氧云母电容器,需满足不低于 2 倍电机工作电压加 1 000 V 的交流耐压试验的要求,且在该电压下其本身无局部放电。局部放电传感器(电容耦合器)主要性能指标要求如下(表 7.2-24)。

表 7.2-24　电容耦合器性能指标

| 性能指标 | 要求 |
| --- | --- |
| 测量频率范围 | 40~350 MHz |
| 标称电容值 | 80 pF(±4 pF) |
| 工作温度 | 0~125℃ |
| 电压等级 | 与电机电压相匹配 |

10) 推力轴承荷重传感器

推力轴承荷重传感器具有抗偏载、抗扭曲、精度高等特点,是测量轴承、滑轮等构件的径向载荷或钢丝绳张力的专用传感器。它可以代替滑轮销轴安装在结构中做径向力测量,既能替代原有轴的功能,又起到称重测力传感器的作用,从而使整个称重测力系统的机械部件大大简化。推力轴承荷重传感器的性能指标如下(表 7.2-25)。

表 7.2-25　荷重传感器性能指标

| 性能指标 | 要求 |
| --- | --- |
| 使用范围 | 250~100 000 kg |
| 安全范围 | 150%F. S. |
| 损坏范围 | 300%F. S. |
| 供电电压 | 24 V DC |
| 灵敏度 | 2 mV/V |
| 温度范围 | −20~70℃ |
| 防护等级 | IP68 |

11) 绝缘监测传感器

电机绝缘监测采用专门的高压绝缘在线监测仪,对高压不接地电网中的电动机转子实现实时在线对地绝缘电阻监测。在不接地电网与地之间注入一个直流电压信号,通过该直流电压信号,绝缘在线监测仪可实时监测电网对地的绝缘电阻值。绝缘监测传感器性能指标如下(表 7.2-26)。

表 7.2-26　绝缘监测传感器性能指标

| 性能指标 | 要求 |
| --- | --- |
| 电网电压 | 3 kV AC、6 kV AC、10 kV AC |
| 绝缘电阻测量范围 | 0~2 000 MΩ |
| 分辨率 | 1 MΩ |

2. 硬件

1) 机组监测单元

(1) 数据采集器

数据采集装置能支持键相转速、振动、摆度、压力脉动及工况数据的采集,支持多通道并行采样,每通道 A/D 分辨率为 24 位及以上,采样率可达 100 kHz 及以上;能支持全通道同步并行方式触发采样,高速实时采集数据后应进行异常特征数据判断、智能储存,避免数据冗余。数据采集装置内置数据分析软件,可以独立运行、也可联机其他设备及服务器组网运行。数据采集装置具有 RS485 串行通信接口和以太网通信接口,支持 Modbus 通信,可与计算机监控系统进行双向数据通信。数据采集器能通过通信方式或硬接线方式采集机组工况参数数据。数据采集装置采用容错设计,具有自诊断和抗干扰功能,能对传感器进行自检和故障报警。

数据采集装置能支持整周期和等时间间隔两种采样方式,支持对启停机和稳态工况的分别监测。装置不依赖上位机实现现地监测、分析和试验功能,以及能自动识别机组的运行工况,根据不同工况采取相应的采集方式,能对状态监测传感器信号、运行工况参数及过程量参数进行实时、并行、整周期采集、处理、分析、提取,并能以三维结构示意图、数据表格、曲线、波形、频谱、轨迹、轴线等方式进行显示,还能将上述数据以通信的方式传输至泵站中控室机组状态在线监测系统上位机单元。

数据采集装置具备工业级的采集控制软硬件技术及电磁抗干扰技术,采用容错、自诊断和抗干扰等措施达到高可靠性。为了提高系统病毒防护能力及稳定运行寿命,装置采用嵌入式实时操作系统及固态电子盘为其存储介质,电子存储盘具备较高可靠性和防震能力,能对监测数据进行缓存,存储盘容量应不小于 64 GB,以满足不低于 168 h 数据缓存需要。

数据采集装置各模块均能独立工作,其中某一通道或某一模块的故障不会影响其他通道或其他模块正常工作。某一模块发生故障时,用户仅需启用备用模块更换即可。采集装置内提供导轨以便于插拔,模块安装后可用紧固螺钉锁紧以防止误插拔。各模块具有安装、维护、更换方便,可靠性好的特点。

数据采集装置内各 I/O 模块是标准化的、积木式的,结构上是插入式的,且易替换。各数据采集模块可设置通道越限报警和模块运行状态指示灯、谱线数及分析频率,以便对信号进行整周期采样和定时采样。数据下位机采集软件可以实现自启动模式,当现地监测软件崩溃后,可通过守护进程完成监测软件的自启动。

(2) 现地控制柜

控制柜是在线监测系统现地数据采集层的主要设备,每个泵站按机组台数进行配置。现地控制柜内装有 15 英寸(1 英寸=25.4 mm)工业级触摸显示屏、数据采集器、交换机、开关电源模块和接线端子等。控制柜放置于现地机组旁。控制柜为防破坏的设计,所有设备为防尘、防水、防潮、阻燃设计,能承受由于机器启动引起的震动、电磁干扰、静电干扰,具有良好的屏蔽功能。柜体采用优质冷轧钢板,钢板采用内外热浸镀锌(镀锌层厚度不小于 500 g/m$^2$),表面进行喷塑处理。钢板的厚度不小于 2 mm,立柱钢板的厚度不小于 2.5 mm。控制柜的防护要满足 IP23 防护等级,需要具有良好的通风散热能力。

(3) 供电电源

供电电源是小体积导轨系列产品,效率可达极高的 94%。除正常可连续提供满载功率以外,电源在60℃环境温度下仅靠自然通风即可短时提供 3 s 的 50% 过载。薄型设计的电源节省了宝贵的导轨安装空间宽度,相比其他同性能电源较为节省空间。

传感器供电电源参数:

输出直流电压:24 V;输出额定电流:5 A;输出电流范围:0~5 A;输出额定功率:120 W;输出峰值电流:7.5 A;输出峰值功率:180 W;输入电压范围:88~264 V AC;输入频率范围:47~63 Hz。

2) 上位机单元

(1) 数据服务器

系统中配置一台高性能大容量的状态数据服务器,服务器采用 64 位实时多任务操作系统。配置可热插拔的冗余电源和可热插拔的冗余风扇,能支持多服务器结构或网络服务器结构,并采用容错或冗余配置方案,采用冗余配置的数据服务器能用集群或热备用工作方式进行故障自动切换,采用 RAID 5 独立磁盘冗余阵列存储技术。

参数配置不低于以下配置,推荐采用国产品牌服务器:

CPU:Intel Xeon Processor 四核≥2 GHz,64 位,1 333 MHz 前端总线,8 MB 二极高速缓存;

内存容量:32 GB,容量可扩展;

硬盘存储器:4 个 2 TB,可热插拔,15 000 r/min,Ultra320 SCSI;

磁盘阵列卡:集成 RAID,Ultra320 SCSI;

操作系统:符合开放系统标准、实时多任务多用户且成熟安全的操作系统;

网络支持:快速以太网 IEEE 802.3u,TCP/IP 或类似的最新网络支持,1 000 MB 以太网;

外置接口:2 个 100/1 000 MB 以太网卡,RJ45 口,USB2.0 端口。

(2) Web 服务器

用于泵站机组全生命周期监测管理及健康诊断评估系统与泵站局域网通信的服务器,通常以网页方式将监测管理与健康诊断评估信息发布至泵站局域网。

该服务器配置同数据服务器,要求可适当降低。在预算有限的情况下可以与数据服务器共用一台服务器。

(3) 工程师工作站

系统中配置一台高性能的工程师工作站。同样安装在中控室内,通过和服务器通信获取状态监测实时数据和历史数据,以供机组运行状态分析诊断使用。选用目前主流的商用电脑作为状态监测工程师工作站。

参数配置不低于以下配置,推荐采用国产品牌工作站:

内存:16 GB DDR3 1 600MHz,2 GB 独立显存;

CPU 型号:Core i5;

视频接口:HDMI、VGA;

音频接口:3 组音频插孔(支持 5.1 环绕立体声);

USB:2 个 USB3.0,2 个 USB2.0;

网络接口:RJ45(100/1 000 MB 以太网);

显示器:27 英寸,分辨率 1 920×1 080,具有抗电磁干扰能力(为了中控室统一和美观,可以根据要求采购统一品牌和尺寸的显示器)。

3) 触摸显示屏

控制柜上推荐采用 15 英寸的触摸显示屏进行监测与操作。15 英寸触摸显示屏具有三大优势:

(1) 环境耐受力强

从整体上来说,15 英寸的触摸显示屏的使用寿命要比同类产品更久,主要基于其环境条件耐受力强,操作温度、存储和运输温度较为宽泛,而且耐冲击性强,外壳防护等级高,有效地避免了因外力而导致的磨损。

(2) 功能强大

不仅支持实时时钟功能,支持数据和报警记录归档功能,还支持强大的配置管理趋势显示报警功能,可轻松实现项目的更新与维护。

(3) 集成和兼容性强

15 英寸触摸显示屏具有强大且丰富的通信能力。它集成以太网口、RS485 接口等,可同时使用多种设备进行连接;支持通过 U 盘进行数据归档和恢复备份;项目及数据可进行移植。

触摸显示屏参数配置:

屏幕尺寸:15 英寸 TFT;

端口类型:1 个 RJ45,2 个 USB2.0;

集成连接类型:喇叭,麦克风;

安装方式:嵌入式安装;

额定工作电压:24 V DC;

功耗:25 W 操作模式;

显示分辨率:1 024×768。

### 7.2.4.3 软件功能

泵站机组全生命周期监测管理及健康诊断评估系统贯穿机组设备使用寿命,即对设备从采购直到淘汰报废的全过程进行监测和管理,包括机组运行过程中各部位状态实时在线监测、分析与辅助诊断及健康评估,实现对机组设备部件的数据可查询、状态可管控、全程可追溯的管理。

具体而言,系统软件可对水泵机组运行过程中各部位的监测数据进行实时监测,能对监测数据进行长期存储、管理、综合分析,对机组运行状态进行分析和辅助诊断,并以数字、图形、表格、曲线和文字等形式进行显示和描述,能及时对机组异常状态进行预警和报警,并能提出故障或事故征兆的预报,软件功能架构如图 7.2-3 所示。

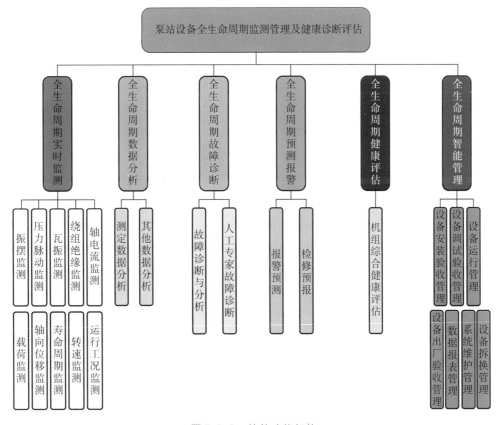

图 7.2-3  软件功能架构

泵站机组全生命周期监测管理及健康诊断评估系统大体可分为六个部分:全生命周期实时监测、全生命周期数据分析、全生命周期故障诊断、全生命周期预测报警、全生命周期健康评估和全生命周期智能管理。

第一部分的实时监测主要是针对泵站机组中布置测点的监测,监测设备的运行状态等,为后续的数据分析提供基础。

第二部分的数据分析主要是对测点数据的分析,提供完备振动分析体系,针对振动稳态信号分析的方法有波形图、频谱图、相位谱、功率谱等分析方法。

第三部分的故障诊断主要用于对机组的故障进行自动识别与诊断,当机组测点发生报警时,系统启动故障诊断分析模块,通过内置的故障诊断知识库规则对机组运行时的振动、摆度、转速数据进行筛选,并提取特征信息,将特征信息与规则进行匹配和模式识别,判断出最有可能的故障类型,给出结果和处理措施的建议。

第四部分预测报警包含了报警预测和检修预报两项内容。报警预测包含预报警、报警和事故停机功能。预报警是根据监测到的有关参数在同一工况下变化趋势或与同一工况下样本数据的比较结果,在报警之前提前发现机组缺陷或故障,给出预警指示。系统预测未来一段时间内的数据走向,显示预测出的预警状态有三种:绿色表示正常,黄色表示高报,红色表示高高报。系统通过对同一工况下的振动历史数据进行趋势分析和曲线拟合,建立数据的预测模型,通过预测模型对过去一段时间数据的未来走向进行趋势预测,一旦发现数据将在未来一段时间内达到报警值,即提前预警,为故障的早期识别提供有效手段。报警则是指当机组设备的数据达到警戒值时将会启动报警功能。事故停机是指依据各个具体数据给出停机建议。检修预报是利用相关智能算法,对泵站机组设备建立的预测模型进行分析、求解,得到相关特征量的变化趋势,预测机组设备近期是否会发生故障,从而做到提前检修维护。

第五部分的健康评估是根据机组振动、温度等参数建立综合健康状态评估模型,对采集的实时数据提取状态特征参数,计算当前的状态特征值,调用相应的健康状态评价模型,得出机组的健康状态评估结果。

第六部分的智能管理包含设备的出厂验收管理、安装验收管理、调试验收管理、运行管理、拆换管理及数据报表、系统维护管理等。树立"以设备一生为对象,寻求设备生命周期费用最优化"的理念,降低设备运行费用,提高创效能力。

1. 全生命周期监测分析诊断功能

1) 实时监测功能

(1) 完整的功能导航

泵站机组全生命周期监测管理及健康诊断评估系统页面大体上分为四个部分(见图7.2-4)。左上角

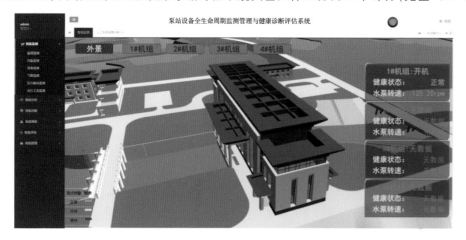

图 7.2-4　泵站机组全生命周期监测管理及健康诊断评估系统界面

当前登录用户信息展示,可直接看到当前登录的是哪位用户及其具有的权限等级。左侧主体为系统的功能导航,导航采用多级目录,整合了系统多个子模块,包括智能监测、智能分析、智能诊断、智能预警、智能评估、智能管理等等。而子模块下又包含多个子系统,如智能监测模块下包含振动摆度监测子系统和运行工况子系统,智能管理模块下包含设备出厂验收管理、设备安装验收管理、设备调试验收管理、设备运行管理、设备拆换管理和数据报表等子系统。导航大体上展示出了系统的主要功能,通过导航菜单,用户可进行系统功能的选择,来查看机组全生命周期的数据,并评估机组健康状态。

(2) 设备三维可视化展示

泵站机组全生命周期监测管理及健康诊断评估系统对水泵机组的状态监测量、过程量参数以及相应的工况参数进行实时采集和实时监测。本系统运用先进的三维显示技术,支持将实体工业中的各个模块转化成数据整合到一个虚拟的体系中,在这个体系中模拟实现工业作业中的每一项工作和流程,并与之实现各种交互。系统支持全景旋转、缩放查看场景内容,进行360度全景展示。针对不同的机组型式,进行机组三维建模,在软件中实时显示机组的运行和停止状态,并能直观显示机组各部位的测点数据,如振动、温度等,使用户对当前机组的运行状态一目了然。

设备三维可视管理具有以下功能:

①系统能在三维模型图各个部位实时显示机组各部位的运行数据,如振动、压力、温度、摆度等,使用户对机组当前的运行状态一目了然;

②能根据需要进行设备局部结构解剖,通过三维动画与文字、数据、影像等有机结合,可将常规培训的基础知识、专业知识,以及计算机平面仿真培训技术相结合,显示二维平面仿真技术中特有的系统原理图、布置图等;

③可将复杂设备结构进行局部解剖,动画演示零件的结构特点,演示相应组件之间的配合、连接关系,有利于检修维护人员了解设备型式、结构特点、特征参数,以及检修维护中注意的事项等;

④可根据需要进行专业深层次培训,具有直观形象、生动易于记忆、培训过程可重复等特点。

图7.2-5为三维模型图展示。

图7.2-5　机组三维模型图展示

(3) 完整的信息交换

为监测水泵机组运行状态,泵站机组全生命周期监测管理及健康诊断评估系统还监测了设备轴承温度、油温、油位、定子温度等参数,系统可与泵站计算机监控系统进行多种信息交换。系统兼容性强,支持

PLC、Modbus、TCP、串口等多种通信方式,可以把多种数据接入并集成显示在界面上。

机组的状态与机组运行参数息息相关,所以泵站机组全生命周期监测管理及健康诊断评估系统引入机组工况参数,如有功功率、无功功率、叶片角度、励磁电流、励磁电压等,这些参数的引入对机组的状态监测有很大作用。系统可以根据需要以通信方式或 4～20 mA 电流信号接入方式从现场其他监测仪表或装置获取相关参数,以更全面地监测机组各部件状态。

(4)系统通信

泵站机组全生命周期监测管理及健康诊断评估系统能与泵站计算机监控系统、站内信息管理系统进行双向数据通信,具有如下特点:

①泵站机组全生命周期监测管理及健康诊断评估系统的现地机组监测单元能通过通信读取其他系统的工况参数和过程量数据;

②其他系统也可以通过通信读取现地机组监测单元基于传感器采集的状态监测量数据以及报警状态;

③通信方式采用 RS485、TCP/IP 等方式,通过 Modbus 协议进行通信;

④泵站机组全生命周期监测管理及健康诊断评估系统具有泵站时钟同步功能,通过与泵站计算机监控系统的时钟服务器进行通信,实现泵站机组全生命周期监测管理及健康诊断评估系统内各节点的时钟同步。

(5)系统自诊断及自恢复

泵站机组全生命周期监测管理及健康诊断评估系统具有系统自诊断及自恢复功能,具有如下特点:

①现地机组监测单元能对传感器的短路、断路、损坏等状态进行自诊断,并将传感器状态显示在现地机组监测单元的触摸显示屏和上位机工程师工作站上,以提醒用户进行检修;

②现地数据采集器具有硬件及软件的监控定时器功能,在硬件及软件故障时能自动重启,从而自动恢复正常运行;

③上位机服务器和工程师工作站具有掉电保护功能。

2)全面分析功能

(1)机组报警分析

在软件的功能设置中,具有对数据的智能诊断和处理,所以该软件不仅有支持 ISO10816 标准的报警功能,还有支持智能自主学习式报警机制,能有效解决"误报警"和"漏报警"问题。其原理是通过对个体机组进行基础数据采集、分析、统计、自动生成报警的推荐值。由于这种报警机制不是机械地套用某个单一标准,而是充分考虑了单台机组的个体差异,更具针对性和实用价值。报警曲线一般会在系统成功连续运行两周左右稳定形成。软件的报警方式有声音、灯光两种,并且可以进行时间设置。

频谱图用于显示各振动分量的频率及其振动幅值。正常运转状态下的频谱图通常是,一倍频最大,二倍频次之、约小于一倍频的一半,三倍频、四倍频……X 倍频逐步参差递减,低频微量。分析频谱图一定要与历史和正常运转下的频谱图相比较,查找哪些频率成分发生了变化,变化的倍率有多大。

当出现故障时,波形图将会呈现如下特征:动不平衡时,在一个周期内为典型的正弦波;对中不良时,在一个周期内为波峰翻倍,波形光滑、稳定、重复性好;摩擦时,波峰多,波形毛糙、不稳定或有削波;自激振荡时,波形杂乱、重复性差、波动性大。

轴心轨迹图显示机组转轴端面的轴心运动轨迹,包括原始轨迹、各倍频轨迹、提纯轨迹以及平均轨迹,同时显示不同轨迹类型下相应的时域波形。轴心轨迹图有如下特点:显示转子轴心相对于轴承座涡动运动的轨迹;有原始、提纯、平均、一倍频、二倍频等轴心轨迹,主要看提纯轨迹。在正常的情况下,轴心轨迹为椭圆形;若轴心轨迹的形状、大小重复性好,则表明转子是稳定的。对中不良时,轨迹为香蕉状,严重时为 8 字形;摩擦时,多处出现锯齿尖角或小环;瓦块安装间隙相互偏差较大时,会出现明显的凸起状。

(2) 历史趋势分析

系统具有强大的历史趋势分析功能,可以按不同要求形成历史趋势的曲线,按需要形成不同时段和不同运行工况的历史曲线图。按时段进行的趋势分析可以了解机组振动随时间变化的情况,从而掌握机组部件的劣化趋势和机组稳定性的变化情况。按运行工况进行的趋势分析可以了解同种工况下的机组振动情况,并对比不同工况下的机组振动情况,从而了解机组的振动区。由此可以对机组进行特殊情况的分析,为诊断提供有力的依据。振动趋势图如图 7.2-6 所示。

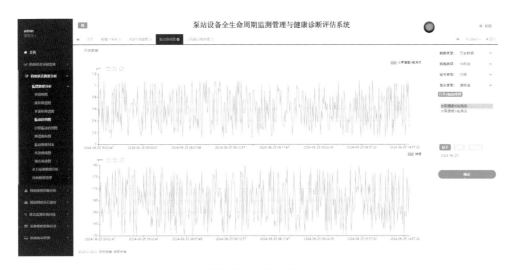

图 7.2-6 历史趋势

(3) 压力和压力脉动分析

振动是物体运动的一种常见现象。引起水泵装置振动的因素有多种,水力因素是其中一个主要因素。

有关文献均表明:水流通过叶轮转动获得能量,同时旋转的叶片使水流产生与转频有关的压力脉动,在叶轮出口、导叶进口处存在的动静干涉也会引起压力脉动。这些压力脉动对水泵部件及其流道均会产生不利影响,当水泵设备部件的固有频率与水压脉动频率相近时,就会产生谐振,从而破坏水泵部件。

在流道的不同部位进行压力和压力脉动监测。根据监测的部位和配置的传感器,可以将监测分为压力和压力脉动监测两大部分:对偏离水泵部件的进水和出水部位,以监测压力为主,主要看此数值大小的变化;在水泵部件附近的压力脉动,除监测压力变化数值外,还监测其含有的不同波动频率数值。

机组运行状态在线监测系统,设有专门的水力量测监测子系统,既可以实时进行信息监测,对获得数据进行显示、分析,也可与设备的振动监测数据进行多维图形的对比分析。通过分析,可以获知幅值关联性的重要信息,可以判断是否数值超标、是否具有谐振性质。由于这些情况与水泵的运转速度、运行扬程和流量均有一定的关系,所以结合水泵的运行工况,可以判断水泵在该运行工况是否稳定。在运行一段时间后,可以在水泵的综合特性曲线上绘制运行稳定、过渡、不稳定的区域,为泵站的调度、运行提供科学依据。

3) 故障诊断功能

系统可根据振动摆度监测、压力脉动监测、工况监测等监测子系统的数据对机组规律性的故障进行综合的分析处理,根据各频率分量,结合压力脉动和工况,智能给出诊断结果,并形成结论供运行管理单位参考。

用于诊断的各频率分量的含义:

①通频值:通频值即总振动值,为各频率下振动分量相互叠加后的总和;

②一倍频:又称基频、工频,为转子实际工作转速的频率,转子动不平衡、轴承工作不良、热态对中不良等均会引起一倍频增大,发生概率依次降低;

③二倍频:二倍工频,转子热态对中不良、裂纹、松动等都会引起二倍频增大,主要是对中不良;

④0.5 倍频:0.5 倍工频,油膜失稳会引起该段频率增大,轴承工作不良也会引起该段频率增大;

⑤残余量:剩余频率成分振动分量的总和,该部分振动值高时,转子有可能发生摩擦、气流脉动等。

正常运转状态下的多值棒图通常是,一倍频最大,二倍频小于一倍频的一半,0.5 倍频微量或无,残余量不大。

最终的诊断结果会以表格、文字说明、图形、颜色分级、PDF 文档等进行多样化的信息展示。当机组发生报警之后,软件可根据采集的数据进行智能诊断,生成案例及诊断报告的条文。为防止出现不常见的故障误判,还有专门的人工专家对故障进行诊断分析。人工专家对已监测到的数据进行诊断分析之后,会上传详细的分析报告,包含故障原因、分析频谱、分析结论。报告及时反馈给用户,那么用户也可以看到专家的分析结论,方便对水泵故障进行确认和维修。

4)预测报警功能

泵站机组全生命周期监测管理及健康诊断评估系统提供报警预测、检修预报功能。报警预测是根据监测到的有关参数在同一工况下的变化趋势或与同一工况下的样本数据的比较结果,在报警之前提前发现机组缺陷或故障,给出预警指示。报警分预报警和主报警两级报警,报警门限值可根据机组特性和运行工况设定。出现报警时,系统有明确的报警指示,并能发出报警声音,报警信号能通过通信接口输出,供其他设备使用。

泵站机组全生命周期监测管理及健康诊断评估系统还具备进行智能检修预报的功能。系统录入设备关键部件的维修更换周期,当某个关键零部件快要达到维修更换周期时,系统会自动给出维修更换提醒,建议用户对零部件进行维修更换,避免因某个部件的失效导致设备的故障停机。

2. 设备健康评估功能

机组健康评估是结合整个机组全生命周期的历史状态对当前运行状态进行的一个评价,根据评价结果显示当前各个机组健康状态。

根据机组安装验收数据及振动、摆度、温度、维护拆换数据等参数建立综合健康状态评价模型,对采集的实时数据提取状态特征参数,计算当前的状态特征值,调用相应的健康状态评价模型,得出机组的健康状态评估结果。

机组健康状态评估结果分为 5 类,分别为:良好(绿色)、需注意(黄色)、需检查(褐色)、需停机(红色)、无数据(灰色)。

3. 数据和信息管理功能

1)数据报表功能

传统的泵站数据管理,众多的数据信息往往是靠人工填写,需投入大量的人力、物力资源,而效果却难以令人满意。同时,大量的信息难以实现共享,项目管理者无法及时发现问题。

泵站机组全生命周期监测管理及健康诊断评估系统利用 MySQL 数据库管理系统对项目数据进行统一管理,并且利用办公自动化软件,实现了数据库数据与文档转换。数据报表、振动数据报表等均可打印存档,规范了管理过程,很大程度上避免了手工出错,保证了数据的安全性。

2)全生命周期数据管理功能

泵站机组全生命周期监测管理及健康诊断评估系统具备数据存储和数据管理的能力,数据服务器的数据库能对以下类型的数据进行存储。

(1) 配置数据:用于组建系统逻辑层次的配置信息,包含泵站的配置信息、机组的配置信息、数据采集器及测点的配置信息、与外部系统通信的配置信息、机组部件及特征频率等配置信息、传感器参数等。

(2) 状态监测量数据:数据采集器通过现场传感器直接采集的数据,如振动数据、摆度数据、轴向位移数据、压力脉动数据、气隙数据、荷重数据等。

(3) 工况参数数据:数据采集器通过通信接口从计算机监控或其他设备获取的与运行工况相关的参数,如机组扬程、流量、叶片角度、有功功率、无功功率、励磁电流、励磁电压、定子电流、定子电压等。

(4) 过程量参数数据:数据采集器通过通信接口或硬接线从计算机监控或其他设备获取的随工况参数或运行时间变化而改变的参数,如定子绕组温度、定子铁心温度、各部分轴承瓦温、油温、冷却水温度等。

(5) 报警数据:系统监测发生超过报警门限时存储的数据。

(6) 故障结果数据:系统经过分析判断得出的故障推理诊断结果数据。

(7) 状态评估数据:系统经过分析评估得出的设备健康评估数据。

(8) 其他数据:系统需要存储的其他数据,如系统授权数据、报警门限数据、轴承库数据、统计报表数据等。

状态监测量数据的存储保证完整性和同时性,每组数据存储不仅包含振动、摆度、压力脉动的分频特征值,也包含其全过程原始波形,做到完整保留机组振动动态特性数据,与此同时,还存储同一时刻的工况参数和过程量参数。

状态监测量数据的存储支持黑匣子记录功能,完整记录并保存机组出现异常前后的采样数据。

全生命周期监测能自动管理数据,存储数据前对数据的有效性、合法性进行检查。

存储数据时使用高效数据压缩技术,能存储至少两年的机组稳态、暂态过程数据和录波数据。

对超过规定存储时间的数据进行稀疏处理,去除不太重要的数据,对数据库的性能进行动态维护使其始终保持高效状态。

泵站机组全生命周期监测管理及健康诊断评估系统提供自动和手动进行数据的全备份、增量备份的功能;系统提供数据的导出、导入功能。

泵站机组全生命周期监测管理及健康诊断评估系统具备数据检索功能,用户可通过输入检索条件快速获得满足条件的数据。

泵站机组全生命周期监测管理及健康诊断评估系统具备权限认证功能,只有授权用户才能访问数据。

3) 工程师工作站的基本功能

工程师工作站的基本功能包括:

①泵站机组全生命周期监测管理及健康诊断评估系统的登录和使用;

②泵站机组全生命周期监测管理及健康诊断评估系统的监测画面及显示,实时监测、浏览和分析机组状态数据,查询和分析机组历史状态数据,查看机组故障诊断结果,查询机组健康评估状态;

③泵站机组全生命周期监测管理及健康诊断评估系统的访问权限、系统配置的维护管理;

④泵站机组全生命周期监测管理及健康诊断评估系统的报表、报告显示及打印等。

## 7.2.5　机组状态监测与诊断评估关键技术

### 7.2.5.1　机组健康诊断技术

1. 健康诊断概述

机组设备在工业生产和日常生活中扮演着重要角色,然而由于使用频繁和环境变化等原因,设备故障不可避免。及时而准确地诊断设备故障对于维护生产的连续性和提高设备利用率至关重要。

传统的机组设备健康诊断方法主要依赖于经验和直接的感知,例如:

(1) 运行参数观察法:通过设备的运行参数(如振动、温度、噪音等)变化来判断是否存在故障。

(2) 故障现象分析法:依据设备在故障状态下的表现和特征来推断可能的故障原因。

这些方法虽然简单易行,但通常依赖于操作人员的经验水平和主观判断,诊断结果的准确性和稳定性有限。

随着传感器技术的发展,基于传感器数据的故障诊断技术逐渐成为主流。这些技术包括:

(1) 振动分析:通过监测设备振动频谱和振动幅值,识别出设备内部的异常运行状态和故障。

(2) 温度和压力监测:通过监测设备的温度、压力等参数,诊断设备是否存在过热、过压等故障。

(3) 声音分析:利用声学传感器分析设备的声音特征,诊断设备的运行状态及是否存在异常。

这些技术能够实时监测设备运行状态,准确识别故障,有助于及时采取维修措施,降低故障对生产造成的影响。

近年来,随着人工智能和机器学习技术的发展,数据驱动的故障诊断方法逐渐流行起来。这些方法利用大数据和数据挖掘技术,从历史数据中学习设备运行的模式,并预测未来可能的故障:

(1) 机器学习算法:如支持向量机(SVM)、决策树、神经网络等,通过训练模型分析设备数据,识别出异常模式和故障预警。

(2) 深度学习技术:如卷积神经网络(CNN)、递归神经网络(RNN)等,适用于处理时间序列数据,提高对复杂故障模式的诊断能力。

这些技术不仅能够提高故障诊断的精度和效率,还能够实现设备运行状态的实时监测和预测。

尽管机组设备故障诊断技术取得了显著进展,但仍然面临一些挑战:

(1) 数据获取与处理:大规模数据的获取和有效处理仍然是一个挑战,特别是在复杂环境和高频率监测下。

(2) 模型可解释性:数据驱动方法中的模型可解释性不足,限制了操作人员对诊断结果的理解和信任。

(3) 算法的通用性和泛化能力:算法在不同设备和工作环境中的适用性和泛化能力需要进一步验证和改进。

未来,随着人工智能技术和物联网的发展,机组设备健康诊断技术将继续向着智能化、自动化和预测性方向发展,以更好地支持工业生产和设备维护的需求。

综上所述,机组设备健康诊断技术从传统的经验判断到基于传感器数据的监测和最新的数据驱动方法,不断演化和进步。未来的发展将依赖于技术创新和跨学科的合作,以应对复杂多变的工业环境和设备运行需求。有效的机组设备健康诊断技术不仅能提高设备的可靠性和安全性,还能显著降低维护成本和生产停机时间,对提升企业竞争力具有重要意义。

2. 主要原理

1) 集成学习简介

集成学习在机器学习中扮演着一个不可或缺的角色,通常是由多个相对较弱的学习器构成一个强学习器。弱学习器可以由神经网络、支持向量机、K-近邻等算法构成。弱学习器的组成既可以选择相同算法,也可以选择不同的算法。常运用的学习器组合策略方式有贝叶斯方法、简单投票法、平均法等。现阶段集成学习方法主要由两大类组成:第一种是每个个体学习器都存在相应的依赖关系,选用串行化方法;第二种是每个学习器个体间是相互独立的存在,选用并行方法,其代表为Bagging(自助投票)方法和随机森林法。Bagging算法在集成学习中扮演着重要的角色,其主要思想是运用多个弱学习器并行计算,对其结果进行相应组合。

由于结合多个模型进行决策的基本思想长期以来一直在使用,因此很难追溯集成方法的起点,但是有三方面的工作可以算是为集成算法的兴起与发展奠定了基础。

(1) 强学习器的组合。大多数模式识别领域的团体都在研究学习器的组合。该领域的研究员通常使用强学习器,并尝试设计强的组合规则以获得更强的组合学习器。因此,该方面的工作对设计和使用不同的组合规则有深刻的理解。

(2) 弱学习器的结合。弱学习器的结合主要在机组学习社区进行。机器学习研究员通常致力于弱学习器的研究,并尝试设计强大的算法,提升弱学习器的性能。这方面的工作主要促成了 Bagging、Boosting (自适应提升)等著名集成方法的诞生,并从理论上解释了为什么以及如何将弱学习器组合提升为强学习器。

(3) 混合专家方法。该方法主要是在神经网络领域使用。研究员通常使用一种分而治之的策略,尝试联合训练多个局部参数模型,并使用组合规则来获得一个全局解决方案。

2) 基于 BIM 技术的故障诊断与健康评估

全生命周期监测与健康诊断评估系统以泵站机组为单元,利用 BIM 技术对机组设备进行精细化建模 (图 7.2-7)。融合机组运行状态实时监测数据,将水泵机组静态基础信息和动态运行信息进行复刻,对机组进行全生命周期监测和管理的数字化映射、智慧化模拟,实现与泵站同步仿真运行,虚实交互,迭代优化。系统具有预报、预警、预诊、预案"四预"功能:当机组需要维护、维修或关键部件在使用寿命周期内需要更换时,系统采用基于决策树算法的预报方法进行提前预报,即运维有预报;当机组运行过程中某些状态参数出现异常,系统使用基于参数估计的残差序列方法进行提前预警,即风险有预警;在机组运行过程中,当机组故障初露苗头时,系统采用具备强弱分类器算法的故障诊断模型对故障信号进行分析和预诊断,在故障早期发现故障征兆,定位可能发生的故障部位和原因,即故障有预诊;当机组运行出现预警、故障报警、事故等异常情况时,系统有针对性提供故障诊断报告及应急预案,即故障事故处理措施有预案。

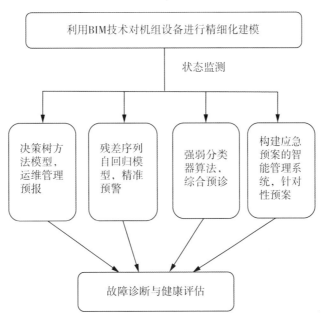

图 7.2-7 基于 BIM 技术的故障诊断与健康评估

3. 关键技术

1) 数据预处理

传感器在记录波形数据的过程中会受到各种外界因素的影响形成噪声,同时由于通信问题或设备故障等因素会造成波形信号中断,这些都会给后期的信号处理带来影响。因此,需要对采集到的原始振动波形进行预处理,去除断记、信噪比低的振动波形数据。

为了鉴别白噪声振动数据、故障振动数据、开机振动数据的波形差异和事件类型,提取白噪声振动数据、故障振动数据、开机振动数据波形的波形复杂度、谱比值、自相关系数、波形复杂度和自相关系数的综合比值作为波形特征来完成区分识别。

波形复杂度特征最早是由英国的一个隶属于原子武器组织的研究小组提出的。相关研究人员注意到,地下核爆炸所产生的 P 波波形相对简单——大振幅的 P 波持续一两个周期,紧随其后的是小振幅的尾波。与此相应的天然地震的波形通常比较复杂,有很多相似振幅的波至少持续 35 s 或更长时间。如果非天然震动事件源于复杂非均匀的环境中或是地震伴有大的应力降或者很快的破裂速度时,该判别方法较为显著。

从训练集进行子抽样组成每个基模型所需要的子训练集,对所有基模型预测的结果进行综合产生最终的预测结果(图 7.2-8)。

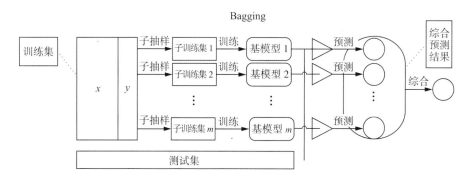

图 7.2-8　数据预处理流程

2) 集成算法在健康诊断中的实现流程

泵站机组故障诊断模型采用的强弱分类器融合算法,依托计算机的高性能运算能力,基于 Bagging 和 Boosting 机器学习算法的强弱分类器融合算法,运用了加权平均、连续预测学习、代价函数拟合残差等方法对机组运行状态数据进行连续学习,不断提高泵站机组故障诊断模型的精准度。通过该机组健康诊断模型对实时运行数据进行高密度运算分析,诊断出机组当前运行是否存在异常,如有异常则发出相应的预警或报警,并生成诊断结论和检修建议。

故障诊断流程如图 7.2-9 所示。

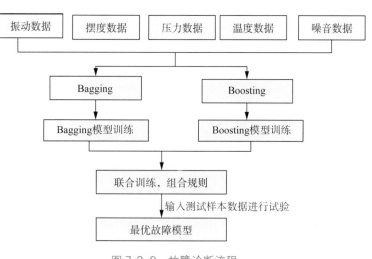

图 7.2-9　故障诊断流程

Bagging 模型训练流程见图 7.2-10。

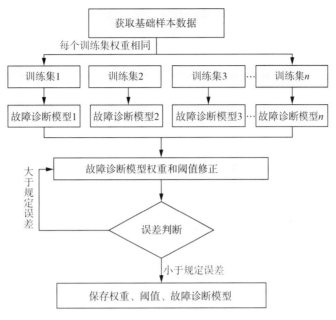

图 7.2-10　Bagging 模型训练流程

Boosting 模型训练流程见图 7.2-11。

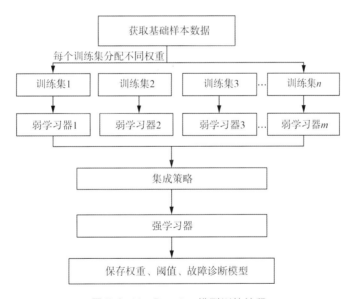

图 7.2-11　Boosting 模型训练流程

　　根据 Bagging 模型训练和 Boosting 模型训练,再结合混合专家方法,即联合训练多个局部参数模型,并使用组合规则来获得最优的故障诊断模型。当机组发生报警信号时,系统会根据故障诊断模型,识别出当前机组故障,并生成诊断报告通知客户。

　　流程如图 7.2-12 所示。

　　3）泵站机组振动波形分析

　　波形频谱图以时域图和频域图两种方式展现设备的实时和历史数据,通过机组、数据类型、图表类型、时间段、测点等多种筛选条件,可以全方位查询设备任意时刻的图谱(图7.2-13)。

波形频谱图一般用于设备具体的故障诊断,为了方便分析,系统提供了波形、频谱、波形+频谱、特征值四种形式。波形图上显示测点的特征值:有效值、峰值、峰峰值、峭度、波峰因数;频谱图上显示测点的特征值:通频值、一倍频幅值/相位、二倍频幅值/相位;另外,为了更深入分析波形和频谱数据,波形图或频谱图都可以放大缩小,可显示光标处数值。

通过波形频谱分析工具,可及时发现机组设备的潜在故障,避免设备潜在故障发现不及时,引发设备损坏型故障,造成安全隐患;同时,当设备已发生故障时,也可通过频谱分析,归纳分析设备发生故障前后一段时间内图谱的差异,纳入系统故障图谱库,当设备再次出现类似波形初期,及早发出报警,避免发生损坏型故障,形成自诊断、自学习的故障诊断机制。

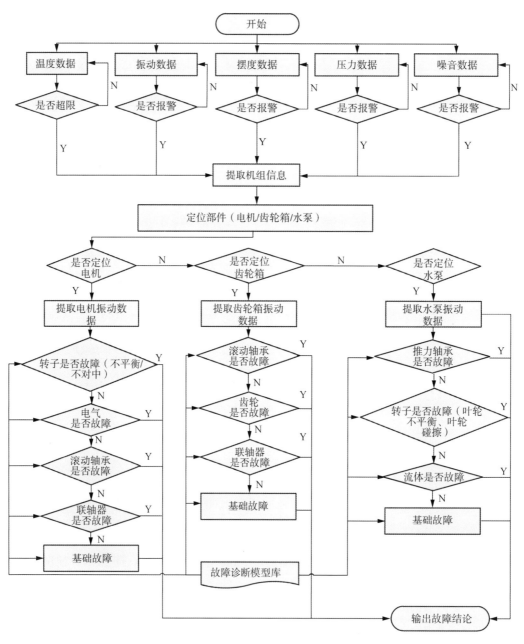

图 7.2-12  基于 Bagging 和 Boosting 机组学习算法的故障诊断流程

图 7.2-13　波形频谱图示例

### 7.2.5.2　机组健康评估技术

**1. 健康评估概述**

从实际应用来看,水泵机组的综合评价主要有以下方式:

(1) 采用定期检修方式处理机组运行过程中出现的故障或异常征兆,或者根据预定的设备检修周期需要进行检修,来判断机组运行状态的好坏。

(2) 对所有机组的关键设备采用扣分制或加分制进行分类评分,通过评分机制得出机组局部和整体的运行状态,通过水泵机组运行的数据(监测数据、巡检数据、试验数据等)统计分析来评价机组综合运行情况。

**2. 主要原理**

为了实现机组准确高效的综合状态评估,应科学合理地选择各项评估指标,建立可靠、有效的状态评估指标体系。可以从三个方面对水泵机组运行状态特性进行研究,包括机组的基本结构和运行原理、运行故障以及可监测的参数,建立符合工程实际的水泵机组运行状态多重指标体系,为水泵机组综合状态评估算法模型奠定指标基础和评估框架。

1) 状态指标选取原则

影响水泵机组运行状态的因素复杂繁多,这些因素可以从不同层次、不同方面和不同程度上影响水泵机组的运行状态。由于不同因素间存在复杂的关联关系以及受其他外部条件的限制,并不适合将所有因素简单地罗列上去,而是需要分析总结水泵机组的相关特性,选取适合的因素转换成指标来建立运行状态指标体系。状态指标的选取需遵循如下原则:

(1) 科学性原则。在尊重水泵机组客观规律的条件下,合理地选择状态评估指标。水泵机组是一个水机耦合的复杂设备,较多参数指标都可以反映它的运行状态,在这种情况下,需要科学地选择那些能够较准确反映水泵机组客观实际的状态指标,摒弃那些不够客观的状态指标。

(2) 可行性原则。水泵机组运行过程中的状态指标繁多,要考虑指标获取的可行性,在监测技术可以方便得到的情况下进行。例如,在浙江省某泵站的泵组在线状态监测系统中,已对水泵机组的各部位进行了振动监测、摆度监测、压力脉动监测、噪音监测等,这些数据可以方便地获取,并用来对机组进行实时在线评估。

（3）全面性原则。水泵机组评估体系必须具有全面性,能够囊括水泵机组运行状态的方方面面。水泵机组作为一个复杂的综合性系统,任意一个组成部分出现问题,都会对整个水泵机组系统造成伤害,所以需要建立一个各部件指标完善的系统,只有建立了全面完善的水泵机组运行状态多重指标分析体系,才能准确反映其实际运行状态,为状态检修提供合理建议。

（4）层次性原则。影响水泵机组运行状态的因素有很多,作为一个复杂的系统,需将其按照不同部件或不同方面划分成几个部分,从系统的观点出发,先通过不同部件的不同状态表现的指标参量进行评估,再对整个机组进行评估,突出其层次性。

2）水泵机组基本结构及运行原理

下面以两种典型的水泵机组型式为例对水泵机组的基本结构及状态监测进行分析,一种为竖井贯流泵,卧式机组,一种为立式轴流泵,立式机组,其他机组型式可参照进行。

（1）竖井贯流泵

竖井贯流泵是一种低扬程泵的结构型式,将电机、减速齿轮箱、泵体等置于平面近似呈纺锤形的钢筋混凝土竖井内,水流从竖井两侧流过,水力损失小,厂房低。

其主要由电机、齿轮箱、推力轴承、填料函、叶轮、导叶体、水导轴承等部件组成,水泵与电动机之间通过齿轮减速箱连接或通过变频电动机直接连接。水泵转动部分采用两支点双悬臂结构。该泵采用平直进出水流道,出水流道配置带小拍门的快速闸门配合水泵启动。

（2）立式轴流泵

立式轴流泵由叶轮（包括叶片、轮毂）、叶轮室、导叶体、主轴、水导轴承、水泵顶盖（包括顶盖座、主轴密封、悬挂导流弯管等）、水泵泵座（包括进口锥管、底座、基础环等）、电机等组成。

水泵与电动机直接连接,水泵采用叶片调节或变频调节,每台泵配置有一台叶片调节或变频器调节装置。出水流道配置快速闸门配合水泵启动,快速闸门上设置小拍门。

水泵正常断流采用出水流道的快速工作闸门,失电状态下的断流采用出水流道的快速事故闸门。

（3）水泵机组运行状态监测

水泵机组运行状态监测系统对机组振动、摆度、噪音测点数据进行了采集和监测,表 7.2-27 与表 7.2-28 中列出了常用测点位置、测点名称、单位,以及测点数据的报警值。

表 7.2-27  竖井贯流泵运行状态监测常用测点限值

| 序号 | 测点位置 | 测点名称 | 单位 | 报警值 |
|---|---|---|---|---|
| 1 | 电动机 | 电动机前轴承 X 振动位移 | $\mu$m | 76 |
| 2 | | 电动机前轴承 Y 振动位移 | $\mu$m | 76 |
| 3 | | 电动机后轴承 X 振动位移 | $\mu$m | 76 |
| 4 | | 电动机后轴承 Y 振动位移 | $\mu$m | 76 |
| 5 | 电机联轴器 | 电机联轴器 X 摆度 | $\mu$m | 100 |
| 6 | | 电机联轴器 Y 摆度 | $\mu$m | 100 |
| 7 | 齿轮箱 | 齿轮箱前轴承 X 振动位移 | $\mu$m | 76 |
| 8 | | 齿轮箱前轴承 Y 振动位移 | $\mu$m | 76 |
| 9 | | 齿轮箱后轴承 X 振动位移 | $\mu$m | 76 |
| 10 | | 齿轮箱后轴承 Y 振动位移 | $\mu$m | 76 |
| 11 | 电机和齿轮箱 | 竖井噪音 | dB（A） | 85 |

| 序号 | 测点位置 | 测点名称 | 单位 | 报警值 |
|---|---|---|---|---|
| 12 | 水泵联轴器 | 泵轴 X 摆度 | $\mu$m | 100 |
| 13 | | 泵轴 Y 摆度 | $\mu$m | 100 |
| 14 | 推力轴承 | 推力轴承 X 振动位移 | $\mu$m | 76 |
| 15 | | 推力轴承 Y 振动位移 | $\mu$m | 76 |
| 16 | 叶轮外壳 | 叶轮外壳 X 振动位移 | $\mu$m | 76 |
| 17 | | 叶轮外壳 Y 振动位移 | $\mu$m | 76 |
| 18 | 水导轴承 | 水导轴承 X 振动位移 | $\mu$m | 76 |
| 19 | | 水导轴承 Y 振动位移 | $\mu$m | 76 |
| 20 | 水泵 | 水泵噪音 | dB(A) | 85 |

表 7.2-28　立式轴流泵运行状态监测常用测点限值

| 序号 | 测点位置 | 测点名称 | 单位 | 报警值 |
|---|---|---|---|---|
| 1 | 电动机 | 电动机上机架 X 振动位移 | $\mu$m | 75 |
| 2 | | 电动机上机架 Y 振动位移 | $\mu$m | 75 |
| 3 | | 电动机下机架 X 振动位移 | $\mu$m | 75 |
| 4 | | 电动机下机架 Y 振动位移 | $\mu$m | 75 |
| 5 | | 电动机上导轴承 X 振动位移 | $\mu$m | 75 |
| 6 | | 电动机上导轴承 Y 振动位移 | $\mu$m | 75 |
| 7 | | 电动机下导轴承 X 振动位移 | $\mu$m | 75 |
| 8 | | 电动机下导轴承 Y 振动位移 | $\mu$m | 75 |
| 9 | | 电动机噪音 | dB(A) | 85 |
| 10 | 联轴器 | 联轴法兰 X 摆度 | $\mu$m | 100 |
| 11 | | 联轴法兰 Y 摆度 | $\mu$m | 100 |
| 12 | 水泵 | 水泵上水导轴承 X 振动位移 | $\mu$m | 76 |
| 13 | | 水泵上水导轴承 Y 振动位移 | $\mu$m | 76 |
| 14 | | 水泵下水导轴承 X 振动位移 | $\mu$m | 76 |
| 15 | | 水泵下水导轴承 Y 振动位移 | $\mu$m | 76 |
| 16 | | 叶轮外壳 X 振动位移 | $\mu$m | 76 |
| 17 | | 叶轮外壳 Y 振动位移 | $\mu$m | 76 |
| 18 | | 水泵噪音 | dB(A) | 85 |

除了以上振动、摆度、噪音测点数据的监测,系统也对压力脉动等水力量测测点进行了监测,如表 7.2-29 及表 7.2-30 所列。

表 7.2-29　竖井贯流泵水力量测测点

| 序号 | 测点名称 | 备注 |
|---|---|---|
| 1 | 叶轮进口压力脉动 | 压力脉动监测 |
| 2 | 叶轮出口压力脉动 | 压力脉动监测 |
| 3 | 导叶中压力脉动 | 压力脉动监测 |
| 4 | 导叶出口压力脉动 | 压力脉动监测 |

表 7.2-30  立式轴流泵水力量测测点

| 序号 | 测点名称 | 备注 |
|---|---|---|
| 1 | 叶轮进口压力脉动 | 压力脉动监测 |
| 2 | 叶轮出口压力脉动 | 压力脉动监测 |
| 3 | 导叶中压力脉动 | 压力脉动监测 |
| 4 | 导叶出口压力脉动 | 压力脉动监测 |
| 5 | 进水流道肘管压力脉动 | 压力脉动监测 |
| 6 | 水泵顶盖压力脉动 | 压力脉动监测 |
| 7 | 出水流道驼峰顶压力脉动 | 压力脉动监测 |
| 8 | 出水流道出口左侧压力脉动 | 压力脉动监测 |
| 9 | 出水流道出口右侧压力脉动 | 压力脉动监测 |

3. 关键技术

1）机组健康评估模型

对机组的基本结构和运行原理、运行故障以及可监测的参数进行研究,综合考虑指标体系的科学性、可行性、全面性和层次性原则,拟建立如下数字孪生水泵和电机机组运行状态多重指标分析体系,如图 7.2-14、图 7.2-15 所示。

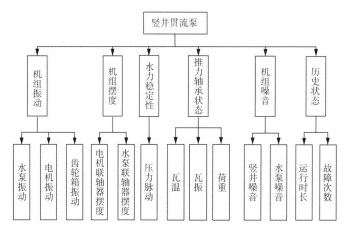

图 7.2-14  竖井贯流泵运行状态多重指标体系

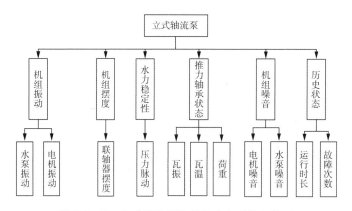

图 7.2-15  立式轴流泵运行状态多重指标体系

水泵和电机机组综合状态评估算法模型的流程是以模糊综合评估法流程为框架建立的。模糊综合评估是使用模糊数学原理的综合评估方法,根据模糊数学的隶属度理论通过一些方法把定性评价转化为定量评价,即用模糊数学对受到多种因素制约的事物或对象做出一个总体的评价。模型通过使用劣化度的概念,将各底层指标优劣程度量化,并结合隶属度函数,确定底层指标隶属度,建立模糊关系矩阵。将熵权法和层次分析法组合,得到可靠的权重向量,再与模糊关系矩阵结合,得到综合状态评估的结果。

基本步骤流程可以归纳为:

①确定评价对象的因素论域

可以设 $n$ 个评价指标 $X=\{X_1,X_2,\cdots,X_n\}$,评价指标来自引水泵站和排涝泵站运行状态多重指标体系的中间指标层和底层指标层。

②确定评语等级论域

确定评语等级论域 $V=\{良好,可用,异常,需停机\}$,用来描述评价指标劣化度所反映的严重程度。

③确定底层指标隶属度

在构造了评语等级论域之后,通过将劣化度模型和隶属度函数结合进行计算,逐个对被评事物从每个评语等级 $X_i(i=1,2,\cdots,n)$ 上进行量化计算,计算出该指标对应评语等级的隶属度 $R(Xi)$。

④建立模糊关系矩阵

得到底层指标隶属度 $R(X_i)$ 后,将其组成矩阵,进而得到模糊关系矩阵:

$$\boldsymbol{R}=\begin{bmatrix}R(X_1)\\R(X_2)\\\vdots\\R(X_n)\end{bmatrix}=\begin{bmatrix}r_{11}&r_{12}&\cdots&r_{1j}\\r_{21}&r_{22}&\cdots&r_{2j}\\\vdots&\vdots&&\vdots\\r_{i1}&r_{i2}&\cdots&r_{ij}\end{bmatrix}\tag{7.2-1}$$

其中,第 $i$ 行第 $j$ 列元素,表示某个被评指标 $X_i$ 从劣化度情况来看对 $V_j$ 评语的隶属度。

⑤确定指标之间的权向量

采用层次分析法和熵权法确定评价指标间的相对重要性次序,并且在合成之前归一化。确定评价因素的权重向量 $\boldsymbol{T}=(t_1,t_2,\cdots,t_n)$。

⑥合成模糊综合评价结果向量

在计算完成指标的隶属度和权重之后,利用合适的模糊算子将权重 $\boldsymbol{T}$ 与隶属度矩阵 $\boldsymbol{R}$ 进行合成,通过矩阵乘法,得到各被评事物的模糊综合评价结果 $\boldsymbol{B}$,即 $\boldsymbol{B}=\boldsymbol{TR}$。

通常,机组(例如竖井贯流泵和立式轴流泵)综合状态评估算法模型的数据是底层指标的模拟量值,为了将他们从数值转换为隶属度,将底层模拟量指标值代入劣化度公式变成描述指标优劣程度的劣化度值。

其中底层指标有两种类型:一种是越小越优型,越小越好,如振动、摆度、压力脉动、噪音等;另一种是中间最优型,大也不好,小也不好,中间最好,如温度等。

小则优型指标劣化度公式:

$$\overline{\gamma_i}=\begin{cases}0,\gamma_i\leqslant\gamma_0\\\dfrac{\gamma_i-\gamma_0}{\gamma_{\max}-\gamma_0},\gamma_0<\gamma_i<\gamma_{\max}\\1,\gamma_i\geqslant\gamma_{\max}\end{cases}\tag{7.2-2}$$

中间最优型指标劣化度公式:

$$\overline{\gamma_i} = \begin{cases} 1, \gamma_i \leqslant \gamma_{\min} \\ \dfrac{\gamma_1 - \gamma_i}{\gamma_1 - \gamma_{\min}}, \gamma_{\min} < \gamma_i < \gamma_1 \\ 0, \gamma_1 \leqslant \gamma_i \leqslant \gamma_2 \\ \dfrac{\gamma_i - \gamma_2}{\gamma_{\max} - \gamma_2}, \gamma_2 < \gamma_i < \gamma_{\max} \\ 1, \gamma_i \geqslant \gamma_{\max} \end{cases} \tag{7.2-3}$$

式中：$\gamma_i$ 是第 $i$ 个指标值；$\overline{\gamma_i}$ 是 $\gamma_i$ 归一化后的值；$\gamma_0$ 是良好值（允许值）；$\gamma_{\max}$ 或 $\gamma_{\min}$ 是该指标的极限值，即报警值。

对于历史状态指标中的运行时长和故障次数两种定性指标，可以认为属于越小越优型，按照最近一次大修至今的运行时间和最近一次大修至今已发生故障数进行指标归一化计算，运行时间报警值按泵组大修间隔时间 8 000 小时计算，故障次数报警值按 3 次计算，按式（7.2-2）确定劣化度。振动、摆度、温度、压力脉动等模拟量指标完成劣化度计算后，使用隶属度函数将不同底层指标的劣化度值转换为底层指标的隶属度。采用半梯形与三角形相结合的隶属度函数进行评判，如图 7.2-16 所示，将劣化度值代入公式得到每个底层指标关于评估等级的隶属度向量。

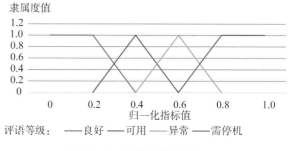

图 7.2-16　隶属度函数分布

对应四种评语等级（"良好""可用""异常""需停机"）的隶属度函数 $N$ 分别为：

$$N_1(\gamma) = \begin{cases} 1, \gamma \leqslant 0.2 \\ 2 - 5\gamma, 0.2 < \gamma < 0.4 \\ 0, \gamma \geqslant 0.4 \end{cases} \tag{7.2-4}$$

$$N_2(\gamma) = \begin{cases} 0, \gamma \leqslant 0.2 \\ 5\gamma - 1, 0.2 < \gamma < 0.4 \\ 3 - 5\gamma, 0.4 \leqslant \gamma < 0.6 \\ 0, \gamma \geqslant 0.6 \end{cases} \tag{7.2-5}$$

$$N_3(\gamma) = \begin{cases} 0, \gamma \leqslant 0.4 \\ 5\gamma - 2, 0.4 < \gamma < 0.6 \\ 4 - 5\gamma, 0.6 \leqslant \gamma < 0.8 \\ 0, \gamma \geqslant 0.8 \end{cases} \tag{7.2-6}$$

$$N_4(\gamma) = \begin{cases} 0, \gamma \leqslant 0.6 \\ 5\gamma - 3, 0.6 < \gamma < 0.8 \\ 1, \gamma \geqslant 0.8 \end{cases} \tag{7.2-7}$$

2）指标选取

如图 7.2-17 所示，通过分析确立的中间层指标为机组振动、机组摆度、水力稳定性、机组噪音和历史状态等，需要选取每种中间层指标的底层指标。

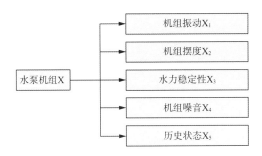

图 7.2-17 指标选取

对于竖井贯流泵来说,其主要部件为水泵、电动机和齿轮箱,机组振动选取最能代表水泵、电动机和齿轮箱的如图 7.2-18 所示 10 个测点数据作为底层指标。

对于立式轴流泵来说,其主要部件为水泵和电动机,机组振动选取最能代表水泵和电动机的如图 7.2-19 所示 10 个测点数据作为底层指标。

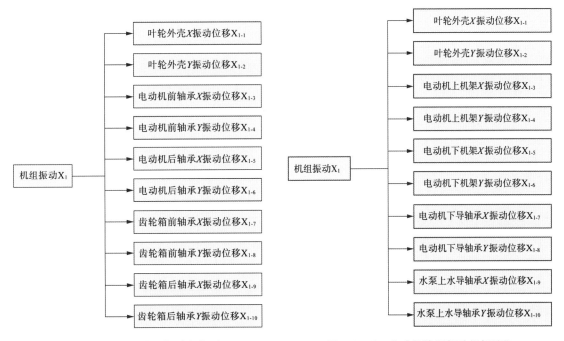

图 7.2-18 竖井贯流泵振动指标选取      图 7.2-19 立式轴流泵振动指标选取

对于竖井贯流泵来说,选取如图 7.2-20 所示 4 个测点数据作为机组摆度的底层指标。

对于立式轴流泵来说,选取如图 7.2-21 所示 2 个测点数据作为机组摆度的底层指标。

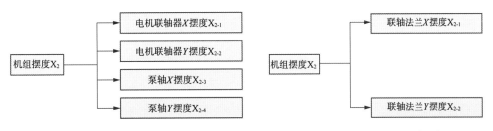

图 7.2-20 竖井贯流泵摆度指标选取      图 7.2-21 立式轴流泵摆度指标选取

对于竖井贯流泵来说,选取如图 7.2-22 所示 4 个测点数据作为机组水力稳定性的底层指标。

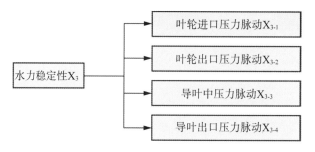

图 7.2-22　竖井贯流泵水力稳定性指标选取

对于立式轴流泵来说,选取如图 7.2-23 所示 9 个测点数据作为机组水力稳定性的底层指标。

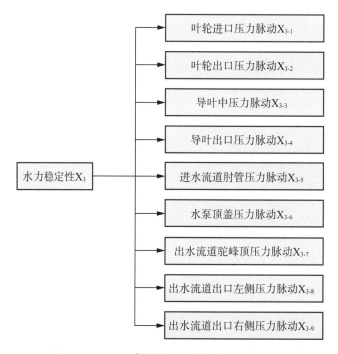

图 7.2-23　立式轴流泵水力稳定性指标选取

对于竖井贯流泵或立式轴流泵来说,选取如图 7.2-24 所示 2 个测点数据作为机组噪音的底层指标。

对于历史状态指标来说,选用如图 7.2-25 所示数据作为底层指标。

图 7.2-24　噪音指标选取　　　　　　　图 7.2-25　历史状态指标选取

3) 底层指标劣化度计算

指标劣化度是反映指标优劣程度的值,分为越小越优型和中间最优型,以如表 7.2-31 所示竖井贯流泵的机组摆度底层指标为例进行计算。

表7.2-31　竖井贯流泵的机组摆度底层指标

| 底层指标 | 类型 | 最优值 | 上限/$\mu$m | 运行值/$\mu$m |
|---|---|---|---|---|
| 电机联轴器 $X$ 摆度 | 越小越优型 | 0 | 100 | 36 |
| 电机联轴器 $Y$ 摆度 | 越小越优型 | 0 | 100 | 34 |
| 泵轴 $X$ 摆度 | 越小越优型 | 0 | 100 | 68 |
| 泵轴 $Y$ 摆度 | 越小越优型 | 0 | 100 | 70 |

由式(7.2-2)可计算得到竖式贯流泵的机组摆度4个底层指标劣化度分别为0.36、0.34、0.68、0.70。

4）底层指标隶属度计算

指标劣化度计算后,需要将劣化度转换成隶属度。将劣化度值代入隶属度函数(7.2-4)、(7.2-5)、(7.2-6)、(7.2-7)中,可求得各底层指标对应的各评估状态的概率。

如电机联轴器 $X$ 摆度 $X_{2-1}$ 的对应各状态的概率为:

$$\begin{cases} N_1(X_{2-1}) = 0.2 \\ N_2(X_{2-1}) = 0.8 \\ N_3(X_{2-1}) = 0 \\ N_4(X_{2-1}) = 0 \end{cases} \tag{7.2-8}$$

即电机联轴器 $X$ 摆度 $X_{2-1}$ 的隶属度集合为 $R(X_{2-1}) = (0.2, 0.8, 0, 0)$,同理可求出其他底层指标的隶属度集合。

得到所有底层指标的隶属度之后,接下来可构建对应的模糊关系矩阵,将各指标隶属度组成模糊关系矩阵,如:

$$机组摆度模糊关系矩阵\ \boldsymbol{R}(X_2) = \begin{bmatrix} 0.2 & 0.8 & 0 & 0 \\ 0.3 & 0.7 & 0 & 0 \\ 0 & 0 & 0.6 & 0.4 \\ 0 & 0 & 0.5 & 0.5 \end{bmatrix} \tag{7.2-9}$$

以此类推,可以计算出机组振动、水力稳定性、机组噪音、历史状态的模糊关系矩阵 $\boldsymbol{R}(X_1)$、$\boldsymbol{R}(X_3)$、$\boldsymbol{R}(X_4)$、$\boldsymbol{R}(X_5)$。

5）指标综合权重

在完成底层指标隶属度计算之后,需要进行中层指标之间权重的确定。

对于水泵机组中间准则层指标权重的确定,即在机组振动、机组摆度、水力稳定性、机组噪音、历史状态之间确定每个指标的重要性程度。

通过对多位泵站专业运行管理人员及专家的咨询,确定水泵各中间指标重要性程度,转换得到机组振动、机组摆度、水力稳定性、机组噪音、历史状态指标权重向量如下: $\boldsymbol{T} = \{0.27, 0.24, 0.17, 0.22, 0.10\}$。

同样对于机组振动、机组摆度、水力稳定性、机组噪音、历史状态等底层指标,需根据重要性程度确定每个底层指标的权重向量 $\boldsymbol{T}_1$、$\boldsymbol{T}_2$、$\boldsymbol{T}_3$、$\boldsymbol{T}_4$、$\boldsymbol{T}_5$。将各组指标的模糊关系矩阵和底层指标权重结合,按公式 $\boldsymbol{B}_i = \boldsymbol{T}_i \boldsymbol{R}_i$,可以计算出中间准则的得分 $\boldsymbol{B}_1$、$\boldsymbol{B}_2$、$\boldsymbol{B}_3$、$\boldsymbol{B}_4$、$\boldsymbol{B}_5$,组成中间指标层的模糊关系矩阵:

$$B = \begin{bmatrix} \boldsymbol{B}_1 \\ \boldsymbol{B}_2 \\ \boldsymbol{B}_3 \\ \boldsymbol{B}_4 \\ \boldsymbol{B}_5 \end{bmatrix} = \begin{bmatrix} B_{11} & B_{12} & B_{13} & B_{14} \\ B_{21} & B_{22} & B_{23} & B_{24} \\ B_{31} & B_{32} & B_{33} & B_{34} \\ B_{41} & B_{42} & B_{43} & B_{44} \\ B_{51} & B_{52} & B_{53} & B_{54} \end{bmatrix} \tag{7.2-10}$$

由上面确定的中间准则层的权重 $\boldsymbol{T}$，由公式 $\boldsymbol{B} = \boldsymbol{TR}$ 即可得到水泵机组的隶属度：$\boldsymbol{B} = \{b_1, b_2, b_3, b_4\}$。即水泵状态属于"良好"的概率为 $b_1$，属于"可用"的概率为 $b_2$，属于"异常"的概率为 $b_3$，属于"需停机"的概率为 $b_4$。

结合水泵机组评价表对水泵机组综合状态进行得分计算：

$$S = \boldsymbol{B} \cdot \boldsymbol{Y} = \begin{bmatrix} b_1 & b_2 & b_3 & b_4 \end{bmatrix} \begin{bmatrix} 100 \\ 80 \\ 65 \\ 30 \end{bmatrix} \tag{7.2-11}$$

水泵机组的总得分、水泵机组状态评价如表 7.2-32 所示。

表 7.2-32　水泵机组得分与状态评价

| 状态评分（$S$） | 评价结果 | 状态描述 |
| --- | --- | --- |
| $85 < S \leqslant 100$ | 良好 | 各状态量处于良好状态且远低于规程规定的标准限值 |
| $70 < S \leqslant 85$ | 可用 | 各状态量处于稳定状态且在规程规定的标准限值范围内，可以正常运行 |
| $60 < S \leqslant 70$ | 异常 | 部分状态量或总体评价结果已接近或略微超过标准限值，应监视运行，采取相应的处理措施 |
| $0 < S \leqslant 60$ | 需停机 | 部分状态量或总体评价结果严重超过标准限值，须尽快安排停机检修 |

**4. 总结**

水泵机组健康状态评估模型技术目前已经应用于国内某大型水利项目，该项目建有设计流量 $165 \text{ m}^3/\text{s}$ 的排涝泵站和设计流量 $40 \text{ m}^3/\text{s}$ 的引水泵站。

排涝泵站装有 5 台立式轴流泵机组，引水泵站具有双向运行要求，装有 2 台竖井贯流泵机组。排涝水泵的扬程高，年运行时间短，但可靠性要求高，采用变频调速的同步电机；引水运行的水泵扬程低，但年运行时间较长，引水功能对保证项目服务地区的供水很重要。排涝和引水虽是两个泵站，其水泵型式、运行扬程、抽水方向和目的要求都不相同，但是布置在同一泵房。由于排涝工况运行扬程变化幅度大，排涝泵站选用变频机组，通过改变电机的频率，改变转速，满足使水泵在不同扬程下稳定运行的需要。

目前该泵站的水泵机组运行状态监测系统对水泵机组的各个状态指标进行了监测，可以帮助判断各个指标是否在合理的波动区间内，为水泵机组的综合状态评估提供样本数据，结合系统设备典型故障的具体特征和状态评估算法模型对现阶段系统运行状态做出分析，判断其目前运行状况是否良好。

### 7.2.5.3　瓦温、瓦振、荷重"三位一体"监测技术

泵站机组设备的结构复杂，存在许多无法避免的影响因素，在使用的过程中，机组设备会出现各种故障现象，导致功能下降或丧失，甚至造成严重的事故。为保证机组设备安全、可靠地运行，要求及时、准确地对机组进行故障定位与诊断。由于诊断对象的复杂性，在诊断过程中传统的基于单一传感器的故障诊断方法很难保证诊断结果的正确性，难以完成故障诊断和定位的任务，必须运用多传感器协同工作来实现故障探测和定位。

　　传统的推力轴承监测方式是监测轴承温度、振动的变化,缺少对推力轴承荷重的监测。当水泵工况发生变化时,推力轴承的受力也会发生变化,通过监测推力轴承荷重变化,当荷重超出报警门限值时及时报警提醒用户进行检修。通过安装温度传感器、振动传感器、荷重传感器实时监测轴瓦的温度、振动和荷重数据,当数据出现异常时及时提醒用户进行检修,将问题消灭在萌芽状态从而延长设备使用寿命降低成本。

　　数字孪生泵站立式机组轴瓦温度、振动和荷重"三位一体"综合监测预警技术,即通过温度、振动、荷重传感器,实时监测轴瓦温度是否升高、机组是否出现振动异常以及机组所承受轴向力的变化情况,采用含有数据级、特征级和决策级的多源信息融合互补技术对机组进行综合预警。当水泵运行工况发生变化,如轴向水推力载荷过大、电机磁拉力不均衡或推力轴瓦受力不均导致机组出现动静部件间相互研磨、碰撞时,通过对轴瓦温度变化、振动频率变化、各部位荷重不均的现象进行实时监测和预警,并从综合指标上进行评判,实现泵站复杂工况运行机组故障隐患超前预警。

　　数字孪生泵站机组全生命周期监测与健康诊断评估技术将立式机组瓦温、瓦振、荷重信息进行合理利用,把信息在空间上或时间上的冗余或互补信息根据模糊集准则进行组合,建立立式机组轴承故障诊断模型。根据故障的先验知识,并且依据各诊断信息的重要程度,建立故障集合。通过利用振动、荷重、温度传感器采集瓦振信号、荷重信号、温度信号,采用含有数据级、特征级和决策级的多源信息融合互补技术将采集到的信号进行融合计算,同时运用模糊集理论用隶属函数表示各传感器信息的不确定性,再利用模糊变换进行数据处理。对于处理好的数据采用最大隶属度法,来判定瓦温、瓦振、荷重传感器模糊信息融合故障诊断决策的结果,即利用模糊多源技术融合将信息关联处理,在决策层融合判决,最终获得联合推断结果,从而进行故障诊断决策。

　　人机交互主要由 Web 在线监测软件完成,监测软件主要功能有:可以显示机组的振动、轴瓦的温度、载荷的状态,并在故障时报警,驱动继电器工作;可以对机组振动的各参数通过按键和液晶显示器进行控制与管理;还可以和远程监控(PC 机)之间进行通信,数据传输采用 ModBus TCP 协议、RS485 总线,依靠自主设计的通信协议来保证。软件还具有很好的安全冗余度和良好的人机界面,实现了更高的智能化水平。

　　数字孪生泵站立式机组轴瓦温度、振动和荷重"三位一体"综合监测框架如图 7.2-26 所示。

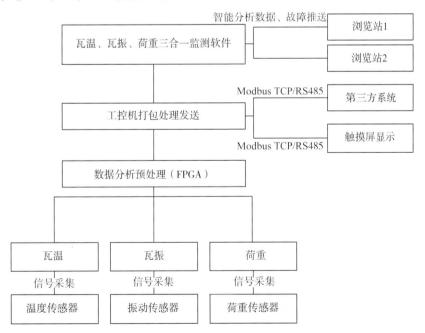

图 7.2-26　数字孪生泵站立式机组轴瓦温度、振动和荷重"三位一体"综合监测框架

### 7.2.5.4　机组监测与诊断评估"四预"技术

**1. 运维预报**

由于大多数泵站的机电设备都是季节性运行,在不同的时节,使用特点也不尽相同。因此,要保证机电设备全年健康安全运行,就需要科学合理的设备运维机制,并依托先进监测预报技术手段,对设备维护、维修及关键部件寿命周期内更换进行预报,实现泵站机电设备运维管理信息化。

系统内记录了机组各个零部件的使用寿命和更换维护周期,当某个零部件需要更换或维修时(如每隔3个月需要对电机添加润滑油脂、每隔2年或运行8 000小时需要对齿轮箱润滑油进行更换),系统自动根据设备零部件的设计使用寿命和更换周期提醒用户进行维修或更换,避免设备因维护不当导致设备故障。

**1) 设备运维机制**

针对泵站机电设备的运行维护管理,应当树立继承发扬、系统思考、开拓创新的管理思想,明确以绩效考核的方式来实现泵站机电设备的高效运行和维护管理,利用绩效管理来提升泵站机电设备管理的水平,构建规范科学的设备管理模式,并且制定相关制度将管理内容固化,明确管理责任,制定岗位工作要求与规程(如岗位标准化作业指导书、设备检修作业规范等等)。强化维保、运行等部门之间的沟通协调,采取联合运维方针,加强日常巡检,明确巡检重点,分清各机电设备的重要程度,由此确定设备等级,实施分级管理,进行检查定修,实施预防性养护。依托泵站全员,构建全员参与的机电设备管理体制,结合泵站机电设备实际情况设定管理标准,对设备进行必要的改造升级,构建数字孪生泵站机组全生命周期监测与健康诊断评估系统,通过提高信息化水平,支撑泵站机电设备运行和维护。

由系统执行专项检查,运行人员则按运维计划进行日常巡检,提交巡检结果,系统自动对设备情况进行分析,以便让运行人员对泵站机电设备进行全面掌控。系统还会对泵站机电设备系统设计阶段进行质量监控,从源头上控制机电设备可能存在的质量缺陷,确保机电设备使用寿命;会以统一的机电设备设计标准为基准,在保证设备造型不影响性能的前提下,采取统一型号不同编号的形式,方便对泵站机组进行集中管理维护。设备使用过程中,系统会检测分析运行历史数据,发出预防性检修策略,强化对设备的状态检测,以便运行人员有针对性地对设备状况进行检查分析,掌握设备情况。

**2) 运维管理决策树预报**

机组生命周期监测与健康诊断评估系统通过振动、电流、电压、噪声等可对机电设备的状态进行监控,利用传感器收集机电设备的状态信息,这些实时收集的信息数据存储于实时数据库当中,利用决策树预报模型,实现运维预报。

运维管理中的决策树预报方法,旨在通过系统化的数据采集、分析和决策流程,优化设备的维护管理,提高设备的运行效率和可靠性。随着工业设备和基础设施规模的扩大和复杂性的增加,设备的运维管理变得越来越重要。传统的定期维护模式已经不能满足设备高效、安全运行的需求,因此需要引入更为智能和预测性的管理方法。决策树预报方法作为一种基于数据驱动的先进管理手段,能够有效地识别潜在的设备问题,优化维护计划,提高设备的可用性和生产效率。

决策树预报方法是一种利用历史数据和算法模型来预测设备运行状态和潜在故障的技术。它基于数据采集、数据分析和模型训练,通过构建决策树或其他机器学习模型,实现对设备运行状况的实时监测和预测。

在工业生产和基础设施管理中,设备的故障往往会导致生产停滞和高额维修成本,因此提前预知设备可能出现的问题并及时采取措施显得尤为重要。决策树预报方法通过分析设备运行数据,识别出潜在的故障模式和趋势,帮助运维团队制定更加有效的维护策略和决策。

运维管理的决策树预报步骤如下：

首先，收集关于机组设备的历史运行数据、维护记录、故障信息等。这些数据是构建决策树模型的基础。对收集到的数据进行清洗，去除重复、错误或不完整的数据，确保数据的质量和准确性。

其次，根据机组设备的运行特性和维护需求，确定影响设备状态的关键特征。这些特征可能包括设备的运行时间、负载、温度、振动等。利用信息增益、信息增益比、基尼指数等指标来度量特征的重要性和纯度，选择最优的特征用于构建决策树模型。

然后，根据选定的最优特征，将数据集切分成多个子集。每个子集对应于特征的一个取值范围，包含了具有该取值范围的设备实例。对于每个子集，重复上述特征选择和切分数据集的过程，递归地构建子树。直到满足终止条件，如子集中所有实例属于同一类别、没有更多可用的特征或达到预定的树深度。

为了避免过拟合问题，需要对决策树进行剪枝操作，可以采用预剪枝和后剪枝两种策略。预剪枝在树构建过程中进行，通过设定阈值来提前停止树的生长；后剪枝则是在树构建完成后，对树进行修剪，去除不必要的分支。根据评估结果对决策树模型进行优化，如调整剪枝阈值、改变特征选择方式或调整算法参数等。

最后，用独立的测试数据集对决策树模型进行评估，计算准确率、召回率、F1 值等性能指标。根据评估结果验证模型在实际运维管理中的应用效果，如预测准确率、故障提前预警能力等。

将构建好的决策树模型集成到机组设备的运维管理系统中，实现设备状态的自动监测和预测。随着新数据的不断产生，定期更新决策树模型，保持其预测能力和准确性。

随着物联网、大数据和人工智能技术的发展，决策树预报方法在工业生产、能源领域以及基础设施管理中具有广阔的应用前景。未来，随着数据采集和处理技术的进步，预测模型的精度和实时性将进一步提升，为设备运维管理带来更大的效益和价值。

2. 风险预警

我国泵站信息监测预警系统的运用起步较晚。20 世纪初期我国才开始使用机械装置提水调水，并通过人工巡视的方式完成对泵站的日常管理、维护，这种方式不仅效率低而且成本较高。20 世纪 60 年代我国开始引进电子计算机技术，70 年代初开始将其运用在泵站工程中。80 年代初自动化监测预警技术不断提高与完善，陆续应用在各大泵站工程中，到 20 世纪 90 年代末，计算机技术在我国水利工程中得到广泛应用，一些闸门和泵站项目中才开始使用自动化监测预警系统。到了 21 世纪，随着我国经济发展，国内大型泵站工程不断建设，泵站综合信息监测预警系统也被广泛运用，大大改变了以往人工监测的方式。但是由于受到我国自动化发展水平的限制，以及泵站管理人员基本素质及技术水平的不足，目前我国泵站信息监测预警系统还存在诸多不足，最主要的是在机组运行过程中不能提前预警。因此，对机组故障预警进行研究具有重要意义。

数字孪生泵站立式机组轴瓦温度、振动和荷重"三位一体"综合监测预警技术，通过温度、振动、荷重传感器，实时监测轴瓦温度是否升高、机组是否出现振动异常以及机组所承受轴向力的变化情况，采用含有数据级、特征级和决策级的多源信息融合互补技术对机组进行综合风险预警。

此外，基于预先装设在水泵水导轴承上的加速度传感单元，获取水泵转轮当前时段的加速度波形数据和速度波形数据；基于预先装在泵轴附近的转速、摆度传感单元，获取水泵泵轴当前时段的转速数据和摆度波形数据。基于所述当前时段的加速度波形数据、速度波形数据和摆度波形数据，以及预先存储的水泵正常状态下的基准加速度波形数据、基准速度波形数据和基准摆度波形数据，结合实时转速数据，确定所述当前时段的水泵转轮稳定状态，对水泵转轮进行风险预警。

通过建立残差序列自回归模型，对机组故障进行分析，出现故障苗头开始预警。

残差序列自回归模型常用于有确定性趋势的时间序列数据,基本思想是先利用确定性因素分解法提取时间序列中的主要确定性信息。如果信息提取充分,则残差序列的自相关性不显著,可以利用确定性回归模型进行拟合;但如果残差序列的自相关性显著,则需要进一步对残差序列拟合自回归模型提取随机因素信息。残差自回归是一种分析非平稳时间序列的研究方法,其模型表达式有两种情况。以时间为自变量的情况下,表达式为:

$$
\begin{cases}
x_t = \beta_0 + \beta_1 t + \cdots + \beta_k t^k + \varepsilon_t \\
\varepsilon_t = \sum_i^p \varphi_i \varepsilon_{t-i} + \alpha_t
\end{cases}
\tag{7.2-12}
$$

以历史观察值为自变量的情况下,表达式为:

$$
\begin{cases}
x_t = \beta_0 + \beta_1 x_{t-1} + \cdots + \beta_k x_{k-1} + \varepsilon_t \\
\varepsilon_t = \sum_i^p \varphi_i \varepsilon_{t-i} + \alpha_t
\end{cases}
\tag{7.2-13}
$$

式中:$t$ 为机组运行时长;$x_t$ 为时序数据;$\alpha_t$ 为回归模型的残差做完 ARMA(自回归移动平均)模型之后的残差;$\beta$ 为常系数;$\varepsilon_t$ 为随机扰动项。

通过残差序列的自相关图和偏自相关图来确定自回归模型的阶数。

建立模型的重要意义就是通过模型来进行预测,并将预测结果和实际结果进行比较。模型预测效果的指标体系很多,一般使用平均相对误差这一相对指标,其定义条件一般认为 MAPE(平均绝对百分比误差)值小于 10%,则是预测精度较高的预测结果。计算方法为:

$$
相对误差 = \frac{|预测值 - 实际值|}{实际值} \times 100\%
$$
$$
MAPE = \frac{\sum 相对误差}{n}
\tag{7.2-14}
$$

通过残差序列自回归模型,综合智能一体化平台,物联网技术、云计算技术等,可对机组风险进行精准预警。

3. 故障预诊

大型泵站是各种水利枢纽或者调水工程的关键工程,随着运行时间越来越长,若因泵站机组故障或事故停机而导致供水中断,将造成重大的经济损失和严重的社会影响,严重的故障还将造成灾难性的人员伤亡等后果。由于泵站站址分散、机组型式多样,泵站的运行维护工作量大,对运行维修人员的素质要求高。研究应用先进技术、探索新的维护和管理模式是新形势下泵站运行管理的迫切工作。安全可靠性已逐步成为衡量大型水泵机组质量的重要指标。水泵机组是一个结构复杂的旋转机械,且大型水泵机组工况复杂,影响安全可靠运行的因素较多,因此水泵机组的运行数据较多,水泵机组状态参数的变化趋势是反映水泵机组运行状态十分重要的因素,对其进行监测可以减轻现场运行维护人员以及远程管理人员的工作量,是实现"无人值班,少人值守"运行管理模式的基础。

机组设备故障诊断旨在通过分析设备的运行状态和特征,确定可能存在的故障原因。

工程运行过程中,需要利用各种传感器和监测设备获取机组设备运行过程中的数据信号。这些数据信号可以包括但不限于振动、温度、压力、电流、电压、流量等参数。这些传感器安装在设备关键部位,实时或定期采集数据。

采集到的数据通过数据采集系统记录下来,并存储在数据库或历史数据存档中。这些数据可以是实时数据,也可以是历史数据,用于后续分析和比对。

在进入实际的故障诊断分析之前,通常需要对采集到的数据进行预处理和特征提取。这包括数据的清洗、滤波、去噪等预处理步骤,以及从原始数据中提取出能够反映设备运行状态的有效特征。

基于预处理后的数据,可以建立故障诊断模型。这些模型可以是基于经验规则的,也可以是基于数据驱动的机器学习模型。常见的模型包括:

①规则引擎:基于专家经验制定的规则库,通过逻辑判断来诊断可能的故障原因。

②统计分析:利用统计方法和数学模型分析设备数据,识别出异常或趋势。

③机器学习:包括监督学习(如分类、回归)、无监督学习(如聚类、异常检测)等方法,利用历史数据训练模型,预测当前设备状态是否正常或可能存在的故障。

在建立好的模型基础上,对实际数据进行分析和诊断。根据模型的输出,识别出可能的故障类型和位置。这通常需要结合设备的运行历史、厂家手册和操作经验,进行进一步确认和定位。

根据水泵机组主电机和主水泵运行状态参数以及实际运行情况,采用强弱分类器算法进行预测分析和诊断。

将机组不同因素(包括机械因素、水力因素、振动、摆度、气隙、温度、压力等)的数字特征作为训练强分类模型的输入,对强分类器进行多次迭代训练,得到完备的分类模型,对相关因素进行识别,实现机组运行故障趋势分析,诊断有预测、预判。

强弱分类器算法中包含弱学习和强学习,即通过构造预测函数序列,组织弱分类器成为强预测函数,并提升为强学习算法。基于神经网络的 BP-Adaboost(自适应增强)强分类算法,已被广泛证实比传统机器学习技术具有更好的分类识别能力和抗过拟合能力。

BP-Adaboost 强分类器模型是一个加性模型,能够通过合并多个弱分类器增强分类效果。记分类器结构为:

$$f(t) = \sum_{m=1}^{M} \alpha_m D_m(t) \tag{7.2-15}$$

式中:每一个 $D_m(t)$ 代表一个弱分类函数,即 BP 神经网络;$f$ 代表分类函数序列。采用前向分步算法时的二分类学习算法,得到第 $m$ 次迭代时的强分类函数:

$$f_m(t) = f_{m-1}(t) + \alpha_{m-1} D_{m-1}(t) \tag{7.2-16}$$

Adaboost 算法的期望是通过得到弱分类器权重 $\alpha_m$,使 $f_m(t)$ 在训练时,损失函数 $L[y, f(t)] = \exp[-yf(t)]$ 值最小。

利用 BP-Adaboost 算法构建机组故障诊断模型的强分类器步骤如下:

(1) 首先,初始化训练数据的权值分布。从特征数据样本中随机抽取 $m$ 组样本作为训练集,为各组训练样本设置初始权值,每一个训练样本最开始时都被赋予相同的权值 $1/m$,同时根据样本数据的结构确定每个弱分类器的网络结构,弱分类器采用 BP 神经网络。

$$D_1(i) = \left(\frac{1}{m}, \cdots, \frac{1}{m}\right) \tag{7.2-17}$$

(2) 然后,对 $m$ 组训练样本集进行 $T$ 次迭代,每次迭代步骤如下:

①第 $t$($t \in [1, T]$)次迭代时,选取一个当前误差率最低的弱分类器 BP 神经网络 $h$ 作为第 $t$ 个基本分类器 $H_t$,并计算弱分类器 $h_t: X \rightarrow \{-1, 1\}$,该弱分类器在分布 $D_t$ 上的误差为:

$$e_t = \sum_{i=1}^{m} D_t(i) \quad (H_t(x_i) \neq y_i) \tag{7.2-18}$$

式中：$H_t(x)$ 在训练数据集上的误差率 $e_t$ 就是被 $H_t^{(x)}$ 误分类样本的权值之和。

②计算该弱分类器在最终分类器中所占的权重（弱分类器权重用 $\alpha$ 表示）：

$$\alpha_t = \frac{1}{2} \ln\left(\frac{1-e_t}{e_t}\right) \tag{7.2-19}$$

式中：$e_t$ 为该弱分类器本次训练的误差率；$\alpha_t$ 为该弱分类器在本次训练中最终分类器中的权重。

③更新训练样本的权值分布 $D_{t+1}$：

$$D_{t+1}(i) = \frac{D_t(i)}{Z_t} \cdot e^{[-\alpha_t y_i H_t(x_i)]} \tag{7.2-20}$$

式中：$Z_t$ 为归一化常数 $Z_t = 2\sqrt{e_t(1-e_t)}$。

（3）最后，按弱分类器权重 $\alpha_t$ 组合各个弱分类器，即

$$f(x) = \sum_{t=1}^{T} \alpha_t H_t(x) \tag{7.2-21}$$

通过符号函数 sign 的作用，经过 $T$ 轮训练后得到一个强分类器为：

$$H_{final} = \mathrm{sign}(f(x)) = \mathrm{sign}\left(\sum_{t=1}^{T} \alpha_t H_t(x)\right) \tag{7.2-22}$$

通过以上步骤，即可实现对 BP 神经网络弱分类器反复迭代训练，迭代过程中不断更新权值，重新为分类结果较差的分类函数分配较大权值，经过多次迭代以后，得到一个由多个弱分类器 BP 神经网络组成的强分类器，其诊断误差已经大大降低，从而可以通过该强分类器进行故障预诊断。

4. 故障事故处理措施预案

突发事件应急预案是泵站应急管理的重要组成部分，关系着泵站管理体系的发展与完善，而应急预案的管理和应用问题则影响着预案在实际工作中的应用效果，进而影响社会利益和公共安全。泵站的预案的管理也是应急管理领域的一个研究热点和难点。构建突发事件应急预案的智能管理与应用系统，有助于有序高效地应对突发事件，指导应急救援快速化、高效化、有序化地开展，保障公共安全和处置突发事件的能力。

泵站应急预案系统的总体框架可以划分成为三大子系统，分别是用于科学管理预案的应急预案智能预报子系统、智能辅助决策子系统和智能诊断子系统。

1）应急预案智能预报子系统

应急预案智能预报子系统的功能是：在未发生突发事件前对应急预案进行预报；在发生突发事件时，能够以最快的速度提供应对计划，保证应急处置的最大化效用；在事件处置完毕之后，对应急预案进行有针对性的调整和修订。

应急预案智能预报子系统满足以下需求：

（1）预测预警。监测系统实现对机组的信息监测与报告，对机组出现的突发事件进行报警。

（2）应急响应、处置。监测系统实现应急的分类响应、先期处置、基本应急和扩大应急处置、应急结束。

（3）预案执行。在预案的基础上，自动形成处置流程和机构组成架构，并在 GIS 等调度平台支持下，基于在线监测软件进行直接调度。

（4）后期处置。提供应急后期处置的调查总结与评估，应急处置资料的归档管理。

（5）知识库管理。提供对应急预案标准规范、自定义模板、预案及资源的维护管理、检索调用、辅助决策支持等主要基本的访问接口。对预案内容的收集、整理和文字预案的制作可以通过专业工具制作，并依据平台的标准规范，通过统一标准的接口上传、管理、维护、检索等。

2）智能辅助决策子系统

智能辅助决策子系统是以残差序列拟合自回归模型提取随机因素信息，对机组故障进行分析，出现故障苗头开始预警。对突发事件进行全面分析，结合专家组的经验和知识提出应对策略。

3）智能诊断子系统

智能诊断子系统的主要功能是提供应急预案的智能诊断结果，采用强弱分类器算法进行预测分析，针对性提供故障诊断报告及应急预案。

对于"罕见故障""疑难故障"等样本少、原因复杂的故障，系统自动实现对异常数据的加密采集和存储，结合振动数据（加速度、速度、位移）以及压力、压力脉动、转速、流量、瓦振、荷重等数据，通过各类专业分析图谱，提供诊断服务和维修建议。

# 7.3  金属结构状态监测与诊断评估

## 7.3.1  金属结构状态监测与诊断评估技术概述

金属结构状态监测与诊断评估技术是指针对大型金属结构设备（如闸门及启闭机）的运行状态进行实时监测、异常诊断和评估的技术手段。这些设备通常用于水利工程等重要基础设施中，其安全性和可靠性对整个工程的运行至关重要。

闸门是水利工程的关键设备之一，它集成了机械、电气、液压，是一套复杂的综合机电系统。它的安全稳定运行对水利工程主体作用的发挥和下游人民的生命财产安全至关重要。闸门大多长期处于挡水工况中，具有结构复杂、故障监测难度大、故障特征信号较难处理、故障诊断难等特点，单一系统或关键部件的故障都会对系统整体产生较大影响。为了减少和避免突发事故造成的安全隐患，需要对闸门整体进行状态监测与故障诊断，及时有效识别关键部件的故障特征信号，分析其演化过程，制定维修策略，实现由"事后维修"到"全生命周期监测"的转变。因此，建立一套闸门实时在线监测和故障诊断系统，对闸门安全运行和功能的发挥具有重要意义。

启闭机是泵站金属结构工程的重要组成部分，启闭机的安全性、可靠性与水利工程的安全性、可靠性密切相关。若启闭机发生事故，轻者影响水利工程的经济效益，重者威胁水利工程的防洪安全性。随着时间的推移，我国相当数量的启闭机已进入老化阶段，性能严重退化，发生事故的可能性也极大地增加，面临着因安全性和耐久性过低而不得不退役的问题。为了保证安全生产的同时延长启闭机的使用寿命，充分发挥水利工程的经济效益，需要从安全运行和科学管理的角度出发，加强超期服役启闭机的检测和安全评价工作。

金属结构状态监测主要采用以下传感器进行状态感知：

①应变传感器：用于监测金属结构的应变变化，检测金属是否出现应力集中或者裂纹。

②加速度传感器：用于监测结构的振动情况，判断是否存在异常振动或共振现象。

③温度传感器：监测结构表面或关键部位的温度变化，可能指示材料疲劳或局部过热问题。

通过配置数据采集装置,对传感器获取的数据进行实时采集、存储和管理,并对原始数据进行滤波、去噪等处理,提高后续分析的准确性。

金属结构的诊断评估主要方法有基于规则的故障诊断和基于数据驱动的故障诊断。其中,基于规则的故障诊断主要是通过建立基于经验规则的诊断系统,根据监测数据和设定的规则进行故障判断。例如,基于应变传感器数据和预设的应力阈值判断结构是否存在过载或疲劳裂纹。基于数据驱动的故障诊断主要是利用历史数据训练机器学习模型,或者使用统计分析方法来识别结构运行中的异常模式和趋势。应用异常检测技术,如孤立森林、LOF(局部离群因子)等,识别出与正常运行模式差异显著的情况,作为潜在故障的预警信号。设计实时监测系统,当监测到金属结构存在异常或接近故障状态时,及时报警并发送通知。可通过声音、图像、文字或远程监测平台实现报警和通知功能,确保运维人员能够及时响应和处理。通过长期监测和分析,评估金属结构的健康状况、安全性和耐久性。根据数据分析结果,优化结构的维护计划和运行策略,延长设备的寿命和减少维护成本。

随着科技的进步,金属结构状态监测与诊断评估技术正朝着自动化、智能化和预测性方向发展。利用物联网技术实现结构的远程监控和实时数据传输,增强对结构运行状态的实时感知能力。通过大数据平台对多源数据进行深度挖掘和分析,提高故障预测的准确性和可靠性。应用深度学习算法进行结构健康监测和故障诊断,提高对复杂故障模式的识别能力和处理效率。金属结构状态监测与诊断评估技术的应用能够有效提升设备运行安全性和可靠性,减少因故障造成的损失,对工程建设和基础设施运营管理具有重要意义。

### 7.3.2　金属结构状态监测对象与监测内容

#### 7.3.2.1　闸门状态监测对象与监测内容

闸门在线监测系统实时自动监测、监控闸门的运行数据,并通过信息传输与处理,可实现对闸门结构静应力、动应力、振动响应、流激振动、轴承运行姿态、拐臂的实时在线监测和故障预警、报警。在决策系统支持下,优化调度并监控闸门的安全运行,确保泵站、水闸运行安全,水资源得到合理利用。

1. 振动监测

振动是转动设备较为常见的现象,较大的振动直接影响着闸门的安全运行,因此它是评定闸门运行性能的一个重要指标。

闸门产生振动的原因较多,有些因素之间既有联系又相互作用,闸门设备部件质量不平衡、制造缺陷、安装质量不良,以及零部件的机械强度和刚度较差、轴承磨损破坏,都会产生强烈的振动。

监测振动对预防性维修是很有价值的。可利用加速度传感器对闸门门体振动进行监测,并对其运行状态进行评估。利用振动数据来确定闸门运行状况,利用监测预测结果制订维护计划。

2. 应力应变监测

闸门在运行中,许多构件都会承受一定的应力。一旦应力超出允许范围,则必然会造成闸门的破坏与失效。比如:闸门的支臂、主梁、边梁、面板等部位,都是应力较大的区域,在设计监测系统时就需要对这些部位的应力实施有效的监测,从而评估这些构建的应力情况和结构强度。

通过对闸门门叶及支臂的应力和变形进行监测,与设计应力进行比较,从而判断设备运行情况,避免造成严重后果。

3. 运行姿态监测

对闸门运行姿态进行监测,监测闸门左右平衡倾斜度,实时掌握闸门运行情况,并对其进行运行安全性评估。

**4. 钢丝绳缺陷监测**

长期以来由于一直没有有效的监测手段,只能采取人工手摸、眼看、卡尺测量以及凭过往经验等简单手段对钢丝绳进行检查,但是由于钢丝绳长度长,人工检测不方便,且不能够实时对钢丝绳进行检测,存在着不可靠、不安全、不经济、低效率等四大难题,导致不能够及时发现或提前预判钢丝绳问题,从而影响生产。

利用在线系统监测钢丝绳的状况,满足了钢丝绳的长期实时监控的需要,有效保证了设备的安全运行,延长了设备的使用寿命,实现了设备钢丝绳的高效利用,为及时解决设备的安全隐患提供了可靠的保障。

**5. 开度监测**

闸门的开度是防洪排涝工程运行管理中最基本的控制指标之一,要想控制水流量,必须把握好闸门开度。因此,为了确保水利工程的正常运转,必须精准测算闸门开度。

通过监测平面闸门拍门的开度和弧形闸门的开度,可以计算出当前实际的水流量,根据实际计算出的水流量,进行闸门调节。

**6. 荷重监测**

由于水运杂物或机械故障造成的闸门启闭机超载,会导致断缆、启闭机损坏等重大事故。若该情况在汛期发生,会带来严重后果。因而闸门启闭机载荷监测是不可或缺的。

**7. 运行时间及寿命周期监测**

系统可以根据闸门启闭情况,自动统计出单次运行时间、累计运行时间、出厂至今的时间,系统会根据各个零部件的设计使用寿命和更换周期及时提醒用户进行更换。

**8. 设备外观监测**

设备外观监测包括外观形态检查和腐蚀状况监测两部分。主要内容包括:构件的折断、损伤及局部变形;保护涂层的变质和破坏情况;启闭机钢丝绳的锈蚀和断丝状况;焊缝及其热影响区表面的裂纹等危险性缺陷和异常变化状况;启闭机零部件,如吊耳、吊钩、吊杆、连接螺栓、侧反向支承装置、充水阀、止水装置、滑轮组、制动器、锁定等装置的表面裂纹、损伤、变形和脱落状况;行走支承系统的变形损坏和偏斜、啃轨、卡阻现象,滚轮的变形损坏、转动灵活程度;平面轨道(弧形轨板、铰座)、止水座板、钢衬砌等埋设件的磨蚀和变形等状况;启闭机机架的损伤、裂纹和局部变形;启闭机传动轴的裂纹、磨损及变形情况;卷扬式启闭机卷筒表面、卷筒幅板、轮缘的损伤和裂纹等。

### 7.3.2.2 启闭机状态监测对象与监测内容

**1. 卷扬式启闭机**

(1) 滚筒轴承振动监测。对滚筒两端轴承的振动情况进行监测,实时掌握启闭机滚筒轴承的运行状态,分析轴承潜在的故障及缺陷。

(2) 电机齿轮箱振动监测。对电机前后两端、齿轮箱高速低速端的振动情况进行监测,实时掌握电机、齿轮箱的运行状态,分析电机、齿轮箱潜在的故障及缺陷。

(3) 机架应力应变监测。对启闭机机架的应力应变情况进行监测,实时掌握启闭机机架的受力变形状态。

**2. 液压式启闭机**

(1) 油缸压力监测。对液压启闭机的启闭力进行监测,采用油压型或其他类型传感器实时监测启闭力的变化。

(2) 机架应力应变监测。对液压油缸的支撑机架的应力应变情况进行监测,实时掌握启闭机机架的受力变形状态。

(3) 电动机振动监测。对液压油站电动机的运行状态进行监测,实时掌握电动机的振动状态。

(4) 油泵振动监测。对液压油站油泵的运行状态进行监测,实时掌握油泵的振动状态。

### 7.3.3  金属结构状态监测测点布置

#### 7.3.3.1  闸门监测测点布置

如图 7.3-1、图 7.3-2 所示,针对弧形闸门、平面闸门的结构特点及监测项目,主要进行以下监测测点布置:

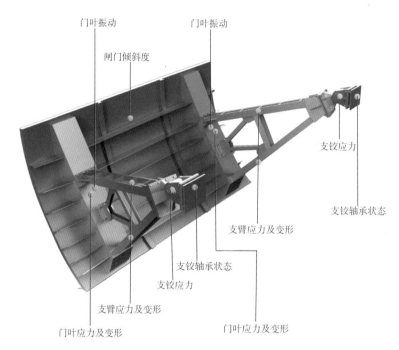

图 7.3-1  弧形闸门测点布置示意图

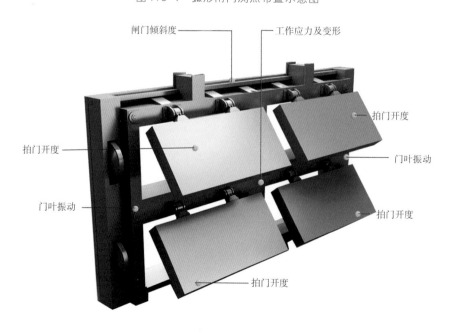

图 7.3-2  平面钢闸门测点布置示意图

（1）应力应变监测。对闸门的主梁、支臂、吊耳、面板等主要构件进行应力应变监测,并对闸门的结构强度进行评估。

（2）流激振动监测。对闸门的面板支臂等主要构件进行流激振动响应监测,实时进行时域和频域分析,并评估启闭过程中闸门流激振动的安全性。

（3）运行姿态监测。对闸门运行姿态进行监测,实时掌握弧形闸门运行情况。闸门运行姿态测点宜布置在距离门叶底缘 1/3 门叶高度的位置,并按实际布置高度计算允许偏斜量,测点的垂直轴宜位于门叶中心截面上。

（4）支铰轴监测。对弧形闸门支铰轴的运行状态进行监测,实时掌握弧形闸门支铰轴的运行状态。

（5）压力脉动监测。压力脉动监测点应根据闸门的类型布置,传感器应布置在门叶面板的背水面,宜采用小孔测压。测点布置应符合《水力机械(水轮机、蓄能泵和水泵水轮机)振动和脉动现场测试规程》(GB/T 17189—2017)的有关规定。

#### 7.3.3.2 启闭机监测测点布置

启闭机监测测点的布置应根据设备结构特征、特性参数以及结构计算和分析结果确定,对于受力复杂设备可采用数值分析结果作为辅助依据。测点布置示意图见图 7.3-3、图 7.3-4。

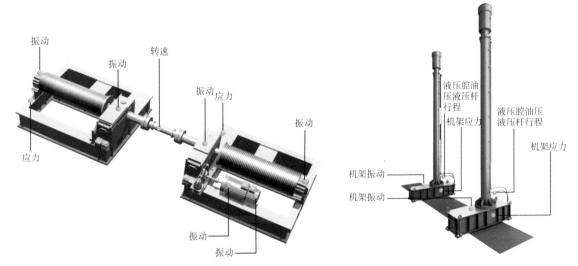

图 7.3-3　卷扬式启闭机测点布置示意图　　　　图 7.3-4　液压启闭机测点布置示意图

（1）应变监测。应变测点应布置在主要部件的最大应力分布区域,可根据结构分析的应力云图、计算书给出的最大应力位置、测试构件轴向的表面应变量等确定。对称结构应布置冗余测点,进行测试数据分析比对。

（2）振动监测。结构类振动测点应布置在梁、支臂、机架、平台等特征部位;机械类振动测点应布置在传动机构的支承座、齿轮箱轴承座等特征部位;管道类振动测点应按测试截面的圆周方向布置。振动测点应避开筋板、支撑、连接板、加筋环等结构的变化部位。测点布置应符合《机械振动与冲击 建筑物的振动 振动测量及其对建筑物影响的评价指南》(GB/T 14124—2009)、《机械振动与冲击 加速度计的机械安装》(GB/T 14412—2005)的有关规定。

（3）位移监测。位移监测点应根据位移特征设置绝对位移监测点和相对位移监测点,绝对位移监测点应安装在固定基准上,相对位移监测点应安装在移动基准上。

### 7.3.4 金属结构状态监测与诊断评估模块组成

#### 7.3.4.1 系统概述

以金属结构为基础,结合信息感知单元、数据采集仪、分析系统软件组成的金属结构状态监测与诊断评估系统,对被监测设备进行实时监测与健康诊断评估。系统由设备智能分析报警技术和智能诊断分析技术相结合,采用开放式体系结构,有效地解决了传统维护诊断中存在的问题,提高了诊断的准确性和及时性,减少了设备使用过程中因排除故障、进行维护带来的不必要的经济损失,同时还极大地提高了巡查的便利性。

#### 7.3.4.2 传感器及硬件设备

在闸门监测中常用的传感器、监测设备及其性能指标如下。

1) 应变传感器

应变传感器宜采用非接触式水下防护型传感器,并应符合《金属粘贴式电阻应变计》(GB/T 13992—2010)的有关规定,性能指标应符合表 7.3-1 的要求。

表 7.3-1 应变传感器性能指标

| 应变传感器 | ①灵敏度不宜低于 $500\mu\varepsilon/(mV/V)$;<br>②正应变量程不宜小于$-3.0\times10^{-3}\varepsilon\sim+3.0\times10^{-3}\varepsilon$;<br>③非线性误差不应大于$\pm2\%$F.S.;<br>④防护等级宜为 IP68;<br>⑤耐水压不应小于 1.0 MPa;<br>⑥使用温度范围宜为$-20\sim+80$℃ |
| --- | --- |

2) 三轴低频加速度传感器

三轴低频加速度传感器应采用低频、内置前置放大器、水下防护型振动加速度传感器,性能指标应符合表 7.3-2 的要求。

表 7.3-2 三轴低频加速度传感器性能指标

| 三轴低频加速度传感器 | ①灵敏度不宜低于 80 mV/$g$;<br>②量程不宜小于 5$g$;<br>③频率量程范围宜为 0.5~500 Hz;<br>④非线性误差不应大于$\pm5\%$ F.S.;<br>⑤谐振频率不应小于 5.5 kHz;<br>⑥防护等级宜为 IP68;<br>⑦耐水压不应小于 1 MPa;<br>⑧使用温度范围宜为$-20\sim+80$℃ |
| --- | --- |

3) 通频加速度传感器

通频加速度传感器应采用通频、压电式振动加速度传感器,性能指标应符合表 7.3-3 的要求。

表 7.3-3 通频加速度传感器性能指标

| 通频加速度传感器 | ①灵敏度不宜低于 100 mV/$g$;<br>②频响范围宜为 0.7 Hz~10 kHz;<br>③振频率不应小于 26 kHz;<br>④非线性误差不应大于$\pm2\%$ F.S.;<br>⑤量程范围宜为$(-80\sim+80)g$;<br>⑥防护等级宜为 IP68;<br>⑦温度范围宜为$-50\sim+120$℃ |
| --- | --- |

4）倾角传感器

倾角传感器应采用双轴、内置前置放大器、水下防护型倾角传感器,性能指标应符合表 7.3-4 的要求。

表 7.3-4　倾角传感器性能指标

| 倾角传感器 | ①测量范围宜为−90°～+90°；<br>②绝对精度宜为 0.003°；<br>③分辨率不宜小于 0.01°；<br>④零点温度漂移不应大于 0.5°；<br>⑤灵敏度温度误差不应大于 1%；<br>⑥测量线性度的线性范围宜为−1.0% F. S.～+1.0% F. S.,滞后性不应大于 1.0% F. S.；<br>⑦防护等级宜为 IP68 |
| --- | --- |

5）倾角开关

弧形闸门支铰轴监测的倾角开关应采用双轴、水下防护型、微控制器全数字化设计的倾角开关传感器,性能指标应符合表 7.3-5 的要求。

表 7.3-5　倾角开关性能指标

| 倾角开关 | ①测量范围宜为−10°～10°；<br>②准确度范围宜为−0.05°～+0.05°；<br>③分辨率不应大于 0.01°；<br>④零点温度漂移不应大于 0.008°/℃；<br>⑤防护等级宜为 IP68 |
| --- | --- |

6）钢丝绳缺陷监测传感器

钢丝绳缺陷监测应采用漏磁、弱磁或电磁检测原理的传感器,性能指标应符合表 7.3-6 的要求。

表 7.3-6　钢丝绳缺陷监测传感器性能指标

| 钢丝绳缺陷<br>监测传感器 | ①传感器与钢丝绳的相对速度不应大于 8 m/s；<br>②传感器导套与钢丝绳允许间隙应小于 3 mm；<br>③定性检测准确率不应小于 98%；<br>④断丝检测准确率不应小于 90%；<br>⑤截面检测示值允许误差范围宜为−0.5%～+0.5%；<br>⑥断丝检测应检出最外层不少于 2 根断丝；<br>⑦截面变化检测灵敏度不应低于 1%；<br>⑧防护等级宜为 IP65 |
| --- | --- |

7）钢丝绳拉力监测传感器

钢丝绳拉力监测应采用电磁检测原理的传感器,性能指标应符合表 7.3-7 的要求。

表 7.3-7　钢丝绳拉力监测传感器性能指标

| 钢丝绳拉力<br>监测传感器 | ①监测量程应为 0 MPa～屈服应力；<br>②监测内径规格范围宜为 15～300 mm；<br>③工作温度范围宜为−20～+80℃；<br>④温度漂移范围宜为−2% F. S. /℃～+2% F. S. /℃；<br>⑤非线性误差范围宜为−2% F. S.～+2% F. S.；<br>⑥防护等级宜为 IP68 |
| --- | --- |

8）挠度监测传感器

门机主梁挠度监测应采用光学远距传感器,性能指标应符合表 7.3-8 的要求。

表 7.3-8　挠度监测传感器性能指标

| 挠度监测<br>传感器 | ①监测量程不应小于 50 mm；<br>②工作温度范围宜为－20～＋80℃；<br>③非线性误差范围宜为－2％F. S.～＋2％F. S.；<br>④防护等级宜为 IP54 |
|---|---|

9）位移传感器

机构的位移量监测、结构的变形量监测等应采用电涡流位移传感器,性能指标应符合表 7.3-9 的要求。

表 7.3-9　位移传感器性能指标

| 位移传感器 | ①监测量程不宜小于 0～10 mm；<br>②监测精度不应低于 0.1 mm；<br>③防护等级宜为 IP65 |
|---|---|

10）压力脉动传感器

压力脉动应采用固定式、内置前置放大器、水下安装的压力脉动传感器,性能指标应符合表 7.3-10 的要求。

表 7.3-10　压力脉动传感器性能指标

| 压力脉动<br>传感器 | ①线性测量范围不应小于 0～1.5 倍工作压力；<br>②非线性误差范围宜为－2％F. S.～＋2％F. S.；<br>③频率响应范围宜为 0.5～1 000 Hz；<br>④工作温度范围宜为－10～＋60℃；<br>⑤防护等级宜为 IP68 |
|---|---|

11）压力传感器

监测压力钢管洞内埋管外水压力的压力传感器应采用内置前置放大器、水下安装类型的压力传感器,性能指标应符合表 7.3-11 的要求。

表 7.3-11　压力传感器性能指标

| 压力传感器 | ①线性测量范围不应小于 0～1.5 倍工作压力；<br>②非线性误差范围宜为－2％F. S.～＋2％F. S.；<br>③长期稳定性范围宜为－1％F. S. /年～＋1％F. S. /年；<br>④零点温度漂移范围宜为－0.05％F. S. /℃～＋0.05％F. S. /℃；<br>⑤响应时间应小于 2 ms；<br>⑥防护等级宜为 IP68 |
|---|---|

### 7.3.4.3　软件功能

1. 实时监测

该功能主要用于对金属结构的运行状态做实时监测。在软件中将监测画面切换到闸门及启闭机,可以查看到当前闸门及启闭机的运行状态以及健康状态。点击闸门或启闭机进入详情,可以查看闸门或启闭机的所有部件实时状态,并且可以通过状态颜色来实时反映当前部件的运行状态,再点击具体部件的监测点可查看此部件所有的测点值,如有需要,可对指定测点的数据进行详细分析。

2. 历史与趋势

该功能用来展示历史数据中的相关金属结构信息,可以让相关技术人员使用某一闸门及启闭机的数据进行综合分析判断。点击历史与趋势,进入功能页面,显示对应的过程量及通信过程量数据变化趋势图。趋势图可显示所选闸门及启闭机实时过程量数据图。

3. 健康状态评价

该功能可运用实时监测获得的数据来进行闸门及启闭机的健康状态评估,综合全面地展示闸门及启闭机的评价结果。选择闸门及启闭机后得到该闸门及启闭机所有测点的健康分数,得出每类测点的健康评价,根据测点分项评价再得出综合评价的分数,便可以得到当前闸门及启闭机的整体状态。

4. 数据报表

该功能可以选择不同时间的闸门及启闭机数据。选择对应的闸门及启闭机,再选择想要查看的日期,即可查看当前闸门及启闭机在选定时间内运行数据的最大值、最小值和平均值,并且可以将查到的数据导出到本地 Excel 表中查看。

5. 系统自检

该功能可以展示出传感器的工作状态,方便进行维护处理。选择闸门及启闭机后可以实时查看当前闸门及启闭机所有的监测传感器的状态,根据颜色来判定传感器的状态好坏,并且可以通过勾选只显示故障设备得到当前所有传感器中发生了故障的传感器。

### 7.3.5　金属结构状态监测与诊断评估关键技术

在线监测系统的数据分析应满足技术与安全性的评价要求。依据监测对象的技术标准要求或安全性要求,确定定性的规定与定量的指标,作为在线监测系统监测数据的评价依据。利用系统长期自动积累的不同工况下数据和系统试验数据,通过系统提供的各种分析工具,从设备型号、故障类别、发展趋势、历史报警报告等多个维度管理设备当前健康状况和历史发展趋势,动态评估设备的动、稳态性能,并对故障可能的原因、风险进行分析,对设备的检修、维护策略提出建议。

针对不同因素对闸门及启闭机总体状态具有不同影响程度的特点,应采用不同权值对闸门及启闭机进行总体评价,启用更加合理的评价准则,提高评价结果合理性和真实性。

通过对闸门及启闭机的状态评估,运行人员可制订合理的闸门设备检修排班计划。通过合理的检修计划,减少检修次数,同时最大限度地提升设备的使用寿命。

对闸门及启闭机的健康状态评价准则如下:

1. 结构应力

1) 静应力

在线监测系统静应力预警和报警的限值应根据金属结构设备工作性质、结构部位等确定,并应按下列要求设定:

宜以规范规定的设计许用应力值[$\sigma$]的 80% 为预警的限值,当静应力达到结构部位材料许用应力值的 80% 时,在线监测系统应给出预警提示信号;

宜以规范规定的设计许用应力值[$\sigma$]的 90% 为报警的限值,当静应力达到结构部位材料许用应力值的 90% 时,在线监测系统应给出报警提示信号。

2) 动应力

在线监测系统应监测金属结构设备振动动应力值,其预警和报警的限值应根据金属结构设备工作性质、结构部位等确定,并应按下列要求设定:

宜以规范规定的设计许用应力值 [$\sigma$]的 10% 为预警的限值,当动应力达到结构部位材料许用应力值[$\sigma$]的 10% 时,在线监测系统应给出预警提示信号;

宜以规范规定的设计许用应力值 [$\sigma$]的 20% 为报警的限值,当动应力达到结构部位材料许用应力值[$\sigma$]的 20% 时,在线监测系统应给出报警提示信号。

3）测试应力

在线监测系统检测的测试数据应取"均方根值"作为测试应力值，其预警和报警的限值应根据金属结构设备工作性质、结构部位等确定，并应符合下列要求：

宜以规范规定的设计许用应力值 $[\sigma]$ 的 110% 为预警的限值，当测试应力达到结构部位材料许用应力值 $[\sigma]$ 的 110% 时，在线监测系统应给出预警提示信号；

宜以规范规定的设计许用应力值 $[\sigma]$ 的 120% 为报警的限值，当测试应力达到结构部位材料许用应力值 $[\sigma]$ 的 120% 时，在线监测系统应给出报警提示信号。

2. 结构振动

1）定义

结构振动监测项目应包含振动位移、振动频率等值及其变化过程。

2）振动位移

水利工程金属结构的振动位移监测值应取测试振幅的平均值，根据不同振动位移值对应的振动危害程度可将振动分为四个级别，见表 7.3-12。

表 7.3-12　振动级别划分

| 振动级别 | 振动危害程度 | 描述 |
| --- | --- | --- |
| 一级 | 基本不振 | 振动位移值小于等于 0.05 mm；<br>可以忽略的振动量，在工程中较少存在 |
| 二级 | 微小振动 | 振动位移值大于 0.05 mm，小于等于 0.25 mm；<br>无危害性，工程中普遍存在 |
| 三级 | 中等振动 | 振动位移值大于 0.25 mm，小于等于 0.50 mm；<br>具有危害性，需要加强监测和采取措施 |
| 四级 | 严重振动 | 振动位移值大于 0.50 mm；<br>带来严重危害，不允许出现的振动现象 |

结构振动位移预警和报警的限值应按下列要求设定：

在线监测系统应在结构振动位移值大于 0.25 mm 时给出预警提示信号；

在线监测系统应在结构振动位移值大于 0.50 mm 时给出报警提示信号。

3）振动位移和频率

在线监测系统测得结构动态响应的振动振幅与频率的关系不满足公式（7.3-1）时，在线监测系统应给出报警提示信号。

$$\log A < 3.14 - 1.16 \log f \qquad (7.3-1)$$

式中：$A$ 为振动位移，$\mu m$；$f$ 为振动频率，$Hz$；

3. 倾角

闸门运行姿态的允许倾角值 $\beta_e$ 计算如式（7.3-2），当倾斜角度大于等于 $\beta_e$ 时，闸门倾斜超过安全界限，应给出报警信号。

闸门倾角及倾斜量示意如图 7.3-5 所示，倾角传感器的 $Y$ 轴与闸门垂直中心线在同一平面，$X$ 轴与水流方向平行且垂直于闸门面板表面。

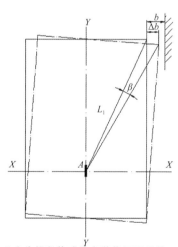

1. $A$ 点为倾角传感器安装位置及回转中心点。
2. $A$ 点应在闸门的垂直中心线所在的平面内，闸门垂直中心线作为 $Y$ 轴；
3. 过 $A$ 点的水平线平行于流道方向为 $X$ 轴。

图 7.3-5　闸门倾角及倾斜量

当闸门启闭过程发生左、右方向倾斜时,记录的数据为门体绕倾角传感器 $X$ 轴的倾斜角度 $\beta$。

$$\beta_e = \frac{\Delta b}{L_1} = \frac{b - L_2}{L_1} \tag{7.3-2}$$

式中:$L_1$ 为传感器监测点 $A$ 距闸门上、下角点距离的最大值,即 $A$ 点与最远角点的线段长度,mm;$\beta$ 为倾角传感器记录的相对于监测点的倾斜角度,与倾角传感器安装位置有关,rad;$\beta_e$ 为监测点处的允许临界倾斜角度,rad;$b$ 为闸门侧边距侧轨(设计边界)的初始距离,mm;$\Delta b$ 为闸门侧边倾斜量,当 $L_1$ 足够大时,$\Delta b$ 约等于 $L_1\beta$,mm;$L_2$ 为闸门距侧轨(设计边界)允许最小间隙值,mm。

4. 摩擦

当摩擦影响到运行稳定性和安全性能时,在线监测系统应给出预警、报警信号。

在线监测系统应在监测出断续性脉冲摩擦信号时给出预警提示信号。

在线监测系统应在监测出连续性摩擦信号时给出报警提示信号。

5. 卡阻

当卡阻现象发生时,在线监测系统应给出报警信号。

6. 机械振动

旋转机械的传动部件、运行机构应进行振动监测,振动烈度值应取振动烈度测试值的均方根值。无专用基础 15~75 kW(行走机构)、有专用刚性基础 300 kW(起升机构)以下的设备类型的机械振动危害程度分级应按表 7.3-13 执行。

表 7.3-13　机械振动危害程度分级

| 振动烈度值 $V$/(mm/s) | 级别 | 描述 |
| --- | --- | --- |
| $0 < V \leqslant 1.4$ | A | 良好 |
| $1.4 < V \leqslant 2.8$ | B | 允许 |
| $2.8 < V \leqslant 4.5$ | C | 可容忍 |
| $4.5 < V \leqslant 7.1$ | D | 不允许 |

机械振动烈度预警和报警的限值应按下列要求设定:

在线监测系统监测到振动烈度大于 2.8 mm/s 时应给出预警提示信号;

在线监测系统监测到振动烈度大于 4.5 mm/s 时应给出报警提示信号。

7. 缺陷扩展

在线监测系统监测结构声发射定位源强度分级应执行《金属压力容器声发射检测及结果评价方法》(GB/T 18182—2012)的相关规定:

在线监测系统监测到定位源等级的活性等级达到强活性的 Ⅳ 级时应给出预警提示信号;

在线监测系统监测到定位源等级的活性等级达到超强活性的 Ⅳ 级时应给出报警提示信号。

8. 钢丝绳缺陷

卷扬式启闭机提升设备钢丝绳的缺陷采取漏磁法检测,对钢丝绳产生的磨损、断丝、缩径及变形等能够识别的信号,在线监测系统应给出预警提示信号。

9. 钢丝绳拉力

卷扬启闭机钢丝绳的载荷应采取电磁法检测,监测钢丝绳的拉力变化并定量分析,监测到测试拉力超出限值时在线监测系统应给出预警提示信号。

## 7.4 变配电设备状态监测与诊断评估

### 7.4.1 变配电设备状态在线监测技术现状

自 20 世纪 80 年代以来,我国的在线监测技术得到了迅速的发展。国内在电力系统状态监测方面的科研工作和试点工作起步并不晚。各单位相继研制了不同类型的监测装置,特别是各省电力部门,都研制了监测装置,主要用于监测电力设备的介质损耗、电容值、三相不平衡电流。中国电力科学研究院有限公司、武汉高压研究所和大唐东北电力试验研究院等单位,除了研究电容性设备的监测外,还研制各种类型的局部放电监测系统。中国电力科学研究院有限公司和西安交通大学还结合油中气体分析,开展了用于绝缘诊断的专家系统的研究工作。电力企业也在积极开展试点工作,如国网辽宁省电力有限公司大连供电公司、山东省电力公司分别在 66 kV 及以下配电网、220 kV 主网条件下开展了不少试点工作,并取得了一定的成绩和经验。很多发电厂和变电站已经采用了在线监测技术,加强了对设备进行实时监测和管理的手段。

目前在线监测已大范围铺开,如湖北、广东、浙江、福建、甘肃、安徽等省都在积极推广在线监测。电力系统的有关部门也在现有的经验基础上积极制定在线监测导则,稳妥地推进输变电设备的检修工作。

国外在线监测工作的重点主要放在大型发电机和变压器上,因为这些设备价格昂贵、地位重要,一旦发生故障,将造成巨大经济损失和社会影响。我国在对发电机和变压器这类重要电气设备的在线监测技术进行研究的基础上,还对变电站中数量较多的电压互感器、电流互感器、变压器套管和氧化锌避雷器等进行了大量研究。当前这些设备的制造和运行维护质量都不高,有必要在它们完全停止运行前有计划地更换,但为了节省成本,不可能轻易地更换尚能运行的电力设备。因此,这些设备存在一定的事故隐患,迫切需要通过在线监测准确鉴别这些设备的运行状况,以保障系统的安全运行。目前,国外的在线监测已由原来的低水平、局部在线监测阶段,进入由计算机管理的具有监测、诊断、告警功能的专家系统的高级阶段,实现了对供电设备状态的适时、全面、准确的评价,实现了全面的状态检修。与国内相比,国外状态监测所采用的传感器在性能和可靠性上都达到了较高的水平,其产品监测范围覆盖了温度、压力、振动和绝缘状态等各种物理量,已应用的在线检测设备有大型电力变压器在线检测系统、GIS 局部放电 UHF(特高频)检测仪、超声检测仪、油中溶解气体分析仪、绝缘油的油温红外探测仪、高压 XLPE(交联聚乙烯)电缆在线检测仪等。

从以上国内外的发展情况总体来看,目前多数监测系统的功能还比较单一。大多仅对一种设备或多种设备的同类参数进行监测,一般仅限于超标报警,而且基本上要由工程技术员来完成分析诊断。因此,今后泵站专用变电站在线监测技术的发展趋势是:

(1) 对电气设备进行多功能的综合监测和诊断,即能同时反映设备绝缘状况的多个特征参数;

(2) 对变电站、泵站的所有电气设备进行集中监测和诊断,采用现场总线技术,形成真正开放的在线监测系统和完整的故障诊断专家系统;

(3) 在不断积累监测数据和诊断经验的基础上,发展人工智能技术,建立专家系统,真正实现绝缘诊断的自动化;

(4) 不断提高监测系统的灵敏度和可靠性,如提高采样装置的响应速度和灵敏度,使其具有可靠的识别功能、高稳定性的温度控制功能等;

(5) 系统数据处理功能的网络化、智能化、集成化。

### 7.4.2 变配电设备在线监测对象及内容

#### 7.4.2.1 在线监测对象

泵站工程中的电气设备在线监测对象主要包括:变压器、电抗器、电容型设备(电容型电流互感器、电容式电压互感器、耦合电容器、电容型套管等)、GIS设备、断路器、金属氧化物避雷器、开关柜及电力电缆等。

#### 7.4.2.2 在线监测内容

1. 变压器/电抗器

变压器/电抗器主要监测内容为局部放电、油中溶解气体、铁心接地电流、顶层油温、绕组温度、变压器振动波谱。

2. 电容型设备

电容型设备主要监测内容为绝缘监测。

3. 断路器/GIS设备

断路器/GIS设备主要监测内容为局部放电、分合闸线圈电流波形、负荷电流波形、$SF_6$气体压力、$SF_6$气体水分、储能电机工作状态。

4. 金属氧化物避雷器

金属氧化物避雷器主要监测内容为绝缘监测。

5. 开关柜

开关柜主要监测内容为局部放电、测温。

6. 电缆

电缆主要监测内容为局部放电、接地环流。

### 7.4.3 变配电设备在线监测系统组成

#### 7.4.3.1 系统框架

变电设备在线监测系统宜采用总线式的分层分布式结构,分为过程层、站控层和主控层。过程层中的在线监测装置未采用DL/T860通信标准的在线监测系统,应在过程层配置综合监测单元,实现一次设备状态监测数据汇聚,并将所接入的在线监测装置通信标准统一转换成DL/T860与站端监测单元通信,其系统结构见图7.4-1。

#### 7.4.3.2 过程层设备

在线监测系统过程层设备主要包括:变压器、电抗器、断路器、GIS、电容型设备、金属氧化物避雷器等设备的在线监测装置,能实现变电设备状态信息自动采集、测量、就地数字化等功能;变压器/电抗器、断路器/GIS、电容型设备/金属氧化物避雷器等综合监测单元,能实现被监测设备相关的监测数据汇集、标准化数据通信代理等功能。

1. 在线监测装置功能

在线监测装置应具备的功能如下:

(1) 能够自动、连续周期性采集设备状态信息,监测结果可根据需要定期发送至综合监测单元,也可现地读取;

(2) 能够接受上层单元传输的参数配置、数据召唤、对时、强制重启等控制命令;

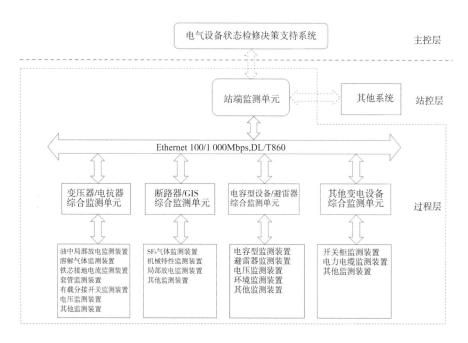

图 7.4-1　电气设备在线监测系统架构

（3）具备校验接口，便于运行中现场定期接收信息；

（4）具有自诊断和自恢复功能，能向上层单元发送自诊断结果、故障报警等信息；

（5）具有采集数据存储功能；

（6）具有运行指示功能。

2. 综合监测单元功能

综合监测单元应具备的功能如下：

（1）接入不同厂商、不同通信接口、不同通信协议的在线监测装置，能统一转换为 DL/T860 通信协议与站端监测单元通信；

（2）具备读取、设置在线监测装置配置信息和在线监测装置对时等管理功能；

（3）具备与站端监测单元的对时功能；

（4）具备自检和远程维护功能。

### 7.4.3.3　站控层设备

在线监测系统站控层设备主要指站端监测单元，能实现整个在线监测系统的运行控制，以及站内所有变电设备在线监测数据的汇集、综合分析、监测预警、故障诊断、展示、存储和格式化数据转发等功能，具体如下：

（1）对站内在线监测装置、综合监测单元以及所采集的状态监测数据进行全局监视管理；

（2）向上层传送格式化数据、分析诊断结果、预警信息以及根据上层需求定制的数据，并接受上层单元下传的下装分析模型、参数配置、数据召唤、对时、强制重启等控制命令；

（3）站端监测单元软件系统具有可扩展性和二次开发功能，可灵活定制接入的监测装置类型、监视画面、分析报表等功能，同时应用软件采用 SOA（面向服务的体系结构），支持状态监测数据分析算法的添加、删除、修改操作，能适应在线监测与运行管理的不断发展；

（4）具有跨区安全防护措施，通过 Web 方式实现各类信息的展示、查询和统计分析等功能；

（5）具备与泵站授时系统的校时功能；

(6) 具备自检和远程维护功能。

### 7.4.3.4 主控层平台

主控层平台由各种应用系统组成,其中电气设备状态监测应用系统为电气设备状态检修决策支持系统。

基于设备可靠性检修技术、设备全寿命周期资产管理思想,构筑设备状态主题数据中心,打造设备状态健康履历;搭建状态分析平台,构建灵活开放的状态量模型、专家规则库和算法模型库,充分运用大数据技术、机器学习、深度学习、人工智能算法、专家系统等实现设备的状态诊断、状态评估、故障诊断及状态预测;采用状态检修辅助决策模式,构筑闭环的状态监视、评估分析、预警和检修建议机制和体系。

状态检修决策支持系统由在线监测分析诊断模块、状态检修辅助决策支持系统模块和专家系统组成,旨在通过对监测数据的综合分析,判定设备的运行状态,对设备的运行状况进行诊断,提出相应的维护检修建议。系统利用电力设备故障诊断算法对设备故障进行诊断,对设备状态进行评估分析,并结合运行方式和检修计划,合理进行故障设备的检修管理。

1. 在线监测分析诊断模块

在线监测分析诊断模块利用平台的数据汇总及存储接口,通过一系列的图表、曲线等展现手段,实现对系统获取的状态监测信息进行多种形式的数据展示及状态分析。系统实现的主要功能包括:变压器局部放电、变压器油色谱、避雷器动作次数等变电设备运行特征参数的状态监测分析,以及设备状态报警与预警、设备瞬时过程状态分析、设备优化运行状态分析、性能评估与试验分析、历史趋势分析、状态报告及检修效果分析等。在此基础上利用统一平台实现主设备运行状态数据信息的实时监测及越限告警,并通过统一平台的数据汇总及存储接口,实现状态检修辅助决策应用功能。

2. 状态检修辅助决策支持系统模块

状态检修辅助决策支持系统模块可实现对设备健康状态的分析、评估、推理及诊断,其功能应包括:数据获取、数据处理、监测预警、状态分析、状态诊断、状态评价、状态预测、风险评估及决策建议等。实现并完成与监控系统、在线监测装置、生产管理系统等其他外部系统的有效信息互通互联,具备数据分类管理、预测评估、数据挖掘等功能,力求实现设备全寿命周期综合优化管理。

3. 专家系统

专家系统可根据对症状的观察与分析,推断故障所在,并给出排除故障的方案。其可利用大数据技术、机器学习、深度学习、人工智能算法等技术实现故障诊断。专家系统一般由自学习模块、诊断知识库、推理机等部分组成(图 7.4-2)。

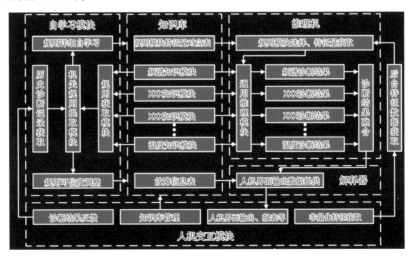

图 7.4-2 故障诊断专家系统功能

### 7.4.4 变配电设备健康诊断与评估

#### 7.4.4.1 变压器健康诊断与评估

1. 电力变压器内部故障与油中溶解气体含量的关系

变压器油中溶解的气体主要有 $N_2$、$O_2$、$H_2$、低分子烃类气体及 $CO$ 和 $CO_2$ 等气体。上述气体主要由以下几个途径产生：

1）空气的溶解

变压器油在炼制、运输和储存的过程中会与大气接触并吸收空气。对于强油循环变压器，因密封不严会导致空气混入，进而溶解在变压器油当中。

2）变压器正常运行老化产生的气体

变压器正常运行过程中，温度、水分和电场等因素的作用会使变压器油纸绝缘发生老化而产生气体。这些气体主要是 $CO$、$CO_2$ 及低分子烃类气体。

3）变压器发生故障时产生的气体

当变压器内部存在故障时，故障点附近的油或纸在热应力或者电应力的作用下会发生分解，产生大量气体。油纸等绝缘材料所产生的气体能溶解于油中，也能释放到油面上，每种气体在一定的温度压力下达到溶解和释放的油平衡即最终达到溶解的饱和或接近饱和状态。

当变压器内部存在潜伏性故障时，若产气速率很慢，则热分解产生的气体仍以气体分子形态扩散并溶解于周围油中，只要油中气体尚未达到饱和就不会有自有气体释放出来。若故障存在时间较长，油中气体已达到饱和，即会释放出自由气体进入气体继电器中。若产气速率很高，热分解的气体除一部分溶于油中外，还会有一部分成为气泡，气泡上浮过程中把溶于油中的氧、氮置换出来。置换过程和气泡上升速度有关。故障早期阶段产气量少、气泡小、上升慢，与油接触时间长，置换充分，特别对于尚未被气泡溶解饱和的油，气泡可能完全溶于油中，进入气体继电器内的就几乎只有空气成分和溶解度很低的气体，如 $H_2$、$CH_4$，而溶解度高的气体则在油中含量较高。

反之，若是突发性故障产气量大、气泡大、上升快，与油接触时间短，溶解和置换过程来不及充分进行，热分解的气体就以气泡形态进入气体继电器中，使气体继电器中积存的故障气体反比油中含量高得多，还可能引起报警。这就是通常采用色谱分析判断故障的一个较大的局限性，即捕捉不到突发性故障的征迹。在线监测可以观测到并非瞬间发生的故障先兆，如能在积累运行经验的基础上采取必要的措施，可以减少一部分事故的损失。当然对于有些突发性故障，如短路引起的故障，可以在几秒钟内导致严重的绝缘击穿事故，在线监测同样无能为力。

变压器的内部故障，主要有油热性故障、电性故障和机械故障。产生机械故障的原因有很多，机械故障最终也会以电性故障或者热性故障表现出来，因此，这里主要讨论热性故障和电性故障。根据相关文献不完全统计，在 359 台故障变压器中，过热性故障为 226 台，占故障总台数的 63.0%；高能量放电为 65 台，占故障总台数的 18.1%；过热兼高能放电故障为 36 台，占故障总台数的 10.0%；火花放电故障为 25 台，占故障总台数的 7.0%；其余 7 台为受潮或局部放电故障，占故障总台数的 1.9%。

在过热性故障中，属于分解开关接触不良引起的过热故障约占 50%；铁心多点接地造成环流所引起的过热故障约占 33%；导线过热、接触不良或紧固件松动引起的过热故障约占 14%；其余则为局部油道堵塞。

热性故障是有效热应力所造成的绝缘加速裂化，具有中等水平的能力密度。如果热应力值引起热源处绝缘油分解时，所产生的特征气体主要是甲烷和乙烯，二者之和一般占总烃的 80% 以上，而且随着故障点的温度升高,乙烯所占的比例将增加。一般来说,高、中温过热时,氢气占氢烃总量的比例小于25％;只有低温过热时,才可能超过25％,一般为30％左右。通常热性故障是不会产生乙炔的。一般温度低于500℃的过热,乙炔的含量不会超过总烃的2％,而严重过热时,乙烯的含量也不超过烃总量的6％。如果热应力引起的热源涉及固体绝缘(纸板),则主要气体除上述成分以外,还会产生一氧化碳和二氧化碳。

电性故障是在高电应力作用下造成的绝缘裂化,由于能力密度的不同而分为高能量放电、低能量放电(火花放电)和局部放电等不同的故障类型。高能放电将导致绝缘电弧击穿;低能量放电是一种间歇性放电;局部放电的能量密度低,并常常发生在气体和悬浮带电体的空间中。电弧放电的故障特征气体主要是乙炔和氢气,其次是乙烯和甲烷。火花放电由于故障能量较小,一般烃总量都不太高,气特征气体以乙炔和氢气为主。局部放电的产气特征主要因放电能量密度的不同而不同,一般烃总量不高,其主要成分是氢气,其次是甲烷,当能量密度增高时,可能会出现乙炔。以上各种放电,凡是涉及固体绝缘,都会产生一氧化碳和二氧化碳。

综上所述,变压器的不同故障类型产生的气体组分如表 7.4-1 所示。

表 7.4-1 变压器的不同故障类型产生的气体组分

| 故障类型 | 主要气体成分 | 次要气体成分 |
| --- | --- | --- |
| 油过热 | $CH_4$、$C_2H_4$ | $H_2$、$C_2H_6$ |
| 油和纸过热 | $CH_4$、$C_2H_4$、$CO$ | $H_2$、$C_2H_6$、$CO_2$ |
| 油纸绝缘中局部放电 | $H_2$、$CH_4$、$CO$ | $C_2H_4$、$C_2H_6$、$C_2H_2$ |
| 油中火花放电 | $C_2H_2$、$H_2$ | |
| 油中电弧 | $H_2$、$C_2H_2$、$C_2H_4$ | $CH_4$、$C_2H_6$ |
| 油和纸中电弧 | $H_2$、$C_2H_2$、$C_2H_4$、$CO$ | $CH_4$、$C_2H_6$、$CO_2$ |

2. 电力变压器故障诊断技术

油中溶解气体分析的目的是了解设备的现状,预测设备未来的状态,以便将设备维修方式由定期预防性检修改革为设备状态检测维修。因此,通过油中溶解气体分析来检测设备内部潜伏性故障,了解故障发生的原因,不断掌握故障的发展趋势,提供故障严重程度的信息,及时报警,是编制合理维护措施的重要依据,也是油中溶解气体分析的主要任务。

一般而言,判断变压器内部故障的步骤如下:

(1) 判定有误故障;

(2) 判断故障类型,如过热、电弧、火花放电和局部放电等等;

(3) 诊断故障的状况,如热点温度、故障功率、严重程度、发展趋势以及油中气体饱和水平和达到气体继电器报警所需要的时间等;

(4) 提出相应的反事故对策,如能否运行、继续运行期间的安全措施和监事手段、是否需要内部检查等。

变压器是否有故障可根据气体浓度、绝对产气速率和相对产气速率判断。

1) 根据气体浓度判断

正常运行情况下,充油电力变压器受到电和热的作用会产生一些氢气、低分子烃类气体及碳的化合物。当变压器发生故障时气体产生速度加快,所以根据气体的浓度可以在一定程度上判断变压器是否发生故障，一些研究总结的变压器运行过程中气体浓度的极限值如表 7.4-2 所示。

表 7.4-2　变压器投运前后气体浓度极限值　　　　　　　　　　　　　　单位：μL/L

| 投运时间 | 组分 | | | | | | | |
|---|---|---|---|---|---|---|---|---|
| | $H_2$ | $CH_4$ | $C_2H_4$ | $C_2H_6$ | $C_2H_2$ | 总烃 | CO | $CO_2$ |
| 投运前或 72 h 试运行期间内 | 50 | 10 | 5 | 10 | 痕（<0.5） | 20 | 200 | 1 500 |
| 运行半年内 | 100 | 15 | 5 | 10 | 痕（<0.5） | 25 | — | — |
| 运行较长时间后 | 150 | 60 | 40 | 70 | 10 | 150 | — | — |

2）根据产气速率判断

产气速率是与故障所消耗的能力大小、故障部位、故障性质和故障点温度等情况有直接关系的。因此，计算故障产气速率，既可以明确设备内部有无故障，又可以对故障的严重程度做出初步估计。

根据《变压器油中溶解气体分析和判断导则》(DL/T 722—2014)推荐两种方式来表示产气速率，即绝对产气速率和相对产气速率。

绝对产气速率是指每运行日产某种气体的平均值，气计算式为：

$$\gamma_a = \frac{C_{i2} - C_{i1}}{\Delta t} \times \frac{m}{\rho} \tag{7.4-1}$$

式中：$\gamma_a$ 为绝对产气速率，mL/d；$C_{i1}$ 为第一次取样测得油中组分 $i$ 气体浓度，μL/L；$C_{i2}$ 为第二次取样测得油中组分 $i$ 气体浓度，μL/L；$\Delta t$ 为两次取样时间间隔中的实际运行时间，d；$m$ 为设备总油量，t；$\rho$ 为油的密度，t/m$^3$。

相对产气率是指每个月某种气体含量增加值相对于原有值的百分数平均值，单位是%/月。这种表达方式也是 IEC 所推荐的，计算方法如下：

$$\gamma_a = \frac{C_{i2} - C_{i1}}{C_{i1}} \times \frac{1}{\Delta t} \times 100\% \tag{7.4-2}$$

式中：$\gamma_a$ 为相对产气速率，%/月；$C_{i1}$ 为第一次取样测得油中组分 $i$ 气体浓度，μL/L；$C_{i2}$ 为第二次取样测得油中组分 $i$ 气体浓度，μL/L；$\Delta t$ 为两次取样时间间隔中的实际运行时间，月。

考察产气速率需要注意：

①追踪分析时间间隔应适中，一般以间隔 1～3 个月为宜，且必须采用同一方行气体分析；

②考察产气速率期间，变压器不得停运，且负荷应保持稳定，如欲考察产气与负荷的相互关系，则可有计划地改变负荷；

③如果变压器油脱气处理或设备运行时间不长、油中含量低时，采用相对产气速率判断会带来较大误差，同时产气速率在很大程度上依赖于设备的类型、负荷情况、故障类型和所用材料的体积及老化程度，应结合这些情况进行综合分析。

根据许多实验室的热裂化和放电裂化模拟试验，以及确认油故障的变压器的内部检查结果验证，明确了油中溶解气体组分为焦点的判断变压器故障的各种方法，称为特征气体法。其中比较有代表性的有 IEC 三比值法、罗杰斯四比值法、改良电协研法。在这些判断方法中，改良电协研法的准确度最高。目前 DL/T 722—2000 导则已经推荐改良电协研法为设备内部故障诊断的主要方法，并正式命名为改良三比值法。改良三比值法的编码规则与故障类型诊断如表 7.4-3、表 7.4-4 所示。

表 7.4-3 改良三比值法编码规则

| 气体的比值范围 | 比值范围的编码 | | |
|---|---|---|---|
| | $C_2H_2/C_2H_4$ | $CH_4/H_2$ | $C_2H_4/C_2H_6$ |
| <0.1 | 0 | 1 | 0 |
| [0.1,1) | 1 | 0 | 0 |
| [1,3) | 1 | 2 | 1 |
| ≥3 | 2 | 2 | 2 |

表 7.4-4 故障类型诊断

| 编码组合 | | | 故障类型诊断 |
|---|---|---|---|
| $C_2H_2/C_2H_4$ | $CH_4/H_2$ | $C_2H_4/C_2H_6$ | |
| 0 | 1 | 0 | 局部放电 |
| | 0 | 0 | 低温过热(低于 150℃) |
| | 2 | 0 | 低温过热(150~300℃) |
| | 2 | 1 | 中温过热(300~700℃) |
| | 0,1,2 | 2 | 高温过热(高于 700℃) |
| 1 | 0,1 | 0,1,2 | 电弧放电 |
| | 2 | 0,1,2 | 电弧放电兼过热 |
| 2 | 0,1 | 0,1,2 | 低能放电 |
| | 2 | 0,1,2 | 低能放电兼过热 |

### 7.4.4.2 开关柜健康诊断与评估

1. 建立评估标准和权重系数

高压开关柜故障以绝缘、机构、温升为主,而这类故障前期都存在相应的特征量表征,需要选择最具代表性的状态量,建立合理、全面的高压开关柜状态评估体系或评估模型。

根据国家电网有限公司发布的《配网设备状态评价导则》(Q/GDW 645—2011)、《12(7.2) kV~40.5 kV 交流金属封闭开关设备状态评价导则》(DL/T 2276—2021)和相关研究成果,提取 3 种高压开关柜故障类型作为综合评价指标,如表 7.4-5 所示;选取 11 种高压开关柜的单项状态量建立高压开关柜状态指标评价体系,如表 7.4-6 所示。

依据国家电网有限公司、中国南方电网有限责任公司的设备状态检修规章和现场运维人员建议,把高压开关柜的运行状态分为 4 个等级:正常、注意、异常和严重。将上述 4 种运行状态作为评价体系,评价语集合表达为{正常,注意,异常,严重},对应得分集合{(85,100],(75,85],(60,75],(0,60]},根据评分结果制定检修策略,如表 7.4-7 所示。

表 7.4-5 高压开关柜故障类型

| 序号 | 综合状态量 |
|---|---|
| F1 | 绝缘故障 |
| F2 | 温升故障 |
| F3 | 机构故障 |

表 7.4-6　高压开关柜状态评估指标体系

| 综合指标 | 单项状态量 | 综合指标 | 单项状态量 |
|---|---|---|---|
| 机构机械性能 | 平均分闸速度<br>平均合闸速度<br>分闸时间<br>合闸时间 | 机构电气性能 | 分闸线圈电流<br>合闸线圈电流<br>储能电机电流<br>电动手车电机电流 |
| 绝缘性能 | TEV(暂态地电压)数据<br>超声波数据 | 温升性能 | 三相多点温升数据(至少9点) |

表 7.4-7　运行状态评分值与检修状态对照

| 得分 | 状态 | 检修 | 策略 |
|---|---|---|---|
| (85,100] | 正常 | 正常 | 运行 |
| (75,85] | 注意 | 计划 | 检修 |
| (60,75] | 异常 | 尽快 | 检修 |
| (0,60] | 严重 | 立即 | 检修 |

**2. 评估指标权重系数计算**

高压开关柜现场运行情况比较复杂,任何绝缘、机构、温升性能的降低都会直接影响开关柜健康程度,通过分析影响高压开关柜的故障类型和评估指标,此处采用关联规则和变权重系数来完成对高压开关柜运行状态的综合评估。

关联规则是大数据分析、挖掘的最佳方式之一,通过分析事务数据库中不同项之间的相关性,从而对高压开关柜的综合状态进行客观、正确的评估。根据关联规则的定义,置信度和支持度是衡量关联规则有效性可信度的重要表征。置信度越高,说明关联关系的可信度越强;支持度越大,表明关联程度越强。通常设定为一个定值,当超过该值则认为该关联规则有效。

高压开关柜出现故障则表明至少有一个评估指标发生了故障,出现超标。定义样本集为 $\Theta$,$|\Theta|$ 为样本总集,关联规则 $X_1 \Rightarrow Y_1$、$X_2 \Rightarrow Y_2$、$X_3 \Rightarrow Y_3$ 的前件和后件如下:

前件 $X_1 = \{$指标项 $I_{1i}$ 的量值 $X_{1i}$ 超标$\}$,$i = 1,2,3,\cdots,8$;

后件 $Y_1 = \{$机构发生故障$\}$;

前件 $X_2 = \{$指标项 $I_{2j}$ 的量值 $X_{2j}$ 超标$\}$;$j = 1,2$;

后件 $Y_2 = \{$绝缘发生故障$\}$;

前件 $X_3 = \{$指标项 $I_{3k}$ 的量值 $X_{3k}$ 超标$\}$,$k = 1,2,3,\cdots,9$;

后件 $Y_3 = \{$温升发生故障$\}$。

以机构故障为例,机构故障的支持度计算公式如下:

$$S_{1i} = \frac{P(I_{1i} \bigcup Y_1)}{|\theta|} \tag{7.4-3}$$

置信度计算公式如下:

$$C_{1i} = \frac{P(I_{1i} \bigcup Y_1)}{P(I_{1i})} \tag{7.4-4}$$

利用关联规则建立高压开关故障特征量与故障类型内在的联系,两者之间存在一定的关联性和独立

性,为确保评估系统的真实性,依据置信度完成权重系数的分配,常权重系数的计算公式如下:

$$\theta_{ui} = \frac{C_{ui}}{C_{u1} + C_{u2} + \cdots + C_{un}} \tag{7.4-5}$$

式中:$\theta_{ui}$ 为 $Y_u$ 中 $I_{ui}$ 的常权重系数;$C_{ui}$ 为 $Y_u$ 中 $I_{ui}$ 的置信度;$n$ 为 $Y_u$ 中 $I_{ui}$ 的总个数。

　　在高压开关柜故障诊断中,由于故障类型的独立性和不均衡情况,仅采用常权重系数无法保证评价体系的准确性,为此,需要通过变权重方法并引入均衡参数来表征高压开关柜的真实运行情况。引入均衡参数的变权重系数的计算公式如下:

$$\theta'_u = \theta_u v(x_u)^{a-1} / \sum_{y=1}^{3} \theta_y v(x_y)^{a-1} \tag{7.4-6}$$

式中:$\theta'_u$ 为 $Y_u$ 中的变权重系数;$\theta_u$ 为 $Y_u$ 中的常权重系数;$v(x_u)$ 为 $Y_u$ 的综合评分值;$a$ 为均衡参数($0 \leqslant a \leqslant 1$),其中 $a$ 值越小,表示该评价方法越强调故障的独立性和不均衡对高压开关柜状态评分值的影响;$y$ 为故障类型总个数。

　　3. 高压开关柜状态评估步骤

　　在状态评估因素和评分标准基础上搭建高压开关柜运行状态的评估体系,采用关联规则建立单项状态量和综合状态量之间内在的联系,运用引入均衡参数的变权重方法建立高压开关柜的综合状态评估系统,高压开关柜的状态评估系统流程如图 7.4-3 所示。

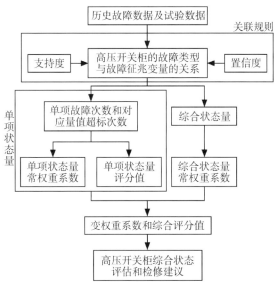

图 7.4-3　高压开关柜综合状态评估系统流程

　　(1) 通过售后运检、收集高压开关柜历史故障数据以及厂内试验数据,选取 3 种常见的故障类型和 11 种单项评估指标,并根据故障指标对应细分为 4 种故障类别。

　　(2) 依据关联规则和高压开关柜的现场运行情况,搭建综合指标与单项指标的内在联系,采用式(7.4-3)和式(7.4-4)计算单项指标的支持度和置信度,如表 7.4-8 所示。为确保单项指标故障特征的可靠性,要求单项指标的支持度要超过 50%。

　　(3) 根据步骤(2)的基础上,采用式(7.4-5)计算符合支持度限值的单项指标的常权重系数,如表 7.4-8 所示。

表 7.4-8　高压开关柜故障之间的关联和权重

| 综合性能 | 单项指标 | 样本数 | 故障次数 | 单项状态异常次数 | 支持度 | 置信度 | 常权重系数 |
|---|---|---|---|---|---|---|---|
| 机械性能 | 平均分闸速度 | 149 | 124 | 101 | 0.678 | 0.815 | 0.122 |
|  | 平均合闸速度 | 147 | 128 | 105 | 0.714 | 0.820 | 0.123 |
|  | 分闸时间 | 150 | 137 | 112 | 0.747 | 0.818 | 0.123 |
|  | 合闸时间 | 152 | 129 | 109 | 0.717 | 0.845 | 0.127 |
| 电气性能 | 分闸线圈电流（max） | 205 | 156 | 124 | 0.605 | 0.795 | 0.119 |
|  | 合闸线圈电流（max） | 207 | 152 | 131 | 0.633 | 0.862 | 0.129 |
|  | 储能电机电流（max） | 204 | 158 | 129 | 0.632 | 0.816 | 0.122 |
|  | 电动手车电机电流(max) | 143 | 109 | 98 | 0.685 | 0.899 | 0.135 |
| 绝缘性能 | TEV 数据 | 127 | 82 | 71 | 0.559 | 0.866 | 0.503 |
|  | 超声波数据 | 129 | 91 | 78 | 0.605 | 0.857 | 0.497 |
| 温升性能 | 断路器 A 相上触头 | 251 | 178 | 142 | 0.566 | 0.798 | 0.110 |
|  | 断路器 B 相上触头 | 255 | 169 | 138 | 0.541 | 0.817 | 0.113 |
|  | 断路器 C 相上触头 | 252 | 173 | 136 | 0.540 | 0.786 | 0.108 |
|  | 断路器 A 相下触头 | 250 | 179 | 141 | 0.564 | 0.788 | 0.109 |
|  | 断路器 B 相下触头 | 248 | 166 | 137 | 0.552 | 0.825 | 0.114 |
|  | 断路器 C 相下触头 | 246 | 180 | 146 | 0.593 | 0.811 | 0.112 |
|  | 电缆 A 相接头 | 258 | 173 | 144 | 0.558 | 0.832 | 0.115 |
|  | 电缆 B 相接头 | 254 | 169 | 139 | 0.547 | 0.822 | 0.113 |
|  | 电缆 C 相接头 | 255 | 184 | 141 | 0.553 | 0.766 | 0.106 |

（4）对表 7.4-6 中的单项指标进行评分计算，根据单项指标正常取值范围的不同，单项指标评分计算公式也有差别。若单项指标的正常取值范围为 $[b-\delta, b+\delta]$，则单项指标评分计算公式如下：

$$v(x_{uj})=\begin{cases} 80+20 \cdot [x_{uj}-(b-\delta)]/\delta, & b-\delta < x_{uj} \leqslant b \\ 80+20 \cdot [(b+\delta)-x_{uj}]/\delta, & b < x_{uj} \leqslant b+\delta \\ 80 \cdot (b_2-x_{uj})/[b_2-(b+\delta)], & b+\delta < x_{uj} \leqslant b_2 \\ 80 \cdot (x_{uj}-b_1)/[(b-\delta)-b_1], & b_1 \leqslant x_{uj} \leqslant b-\delta \\ 0 & x_{uj} < b_1 \text{ 或 } x_{uj} > b_2 \end{cases} \quad (7.4-7)$$

式中：$x_{uj}$ 为实测值；$b_1$ 为单项指标下限阈值；$b_2$ 为单项指标上限阈值。

若单项指标的正常取值范围为 $[0,b]$，则单项指标评分计算公式如下：

$$v(x_{uj})=\frac{x_{uj}-x_z}{x_c-x_z} \times 100 \quad (7.4-8)$$

式中：$x_z$ 为注意值；$x_c$ 为初始值或内控值；$x_{uj}$ 为实测值。评分范围为 $0 \sim 100$，若 $v(x_{uj}) < 0$，则令 $v(x_{uj})=0$；若 $v(x_{uj}) > 100$，则令 $v(x_{uj})=100$。

（5）确定均衡参数 $a$。对不同取值 $0,0.2,\cdots,1.0$，使用收集的故障样本分别计算不同均衡参数下的准确率；选择准确率最高的 $a$ 值作为最佳均衡参数。

（6）根据步骤（4）得出的单项指标评分值和常权重系数计算综合评分值，计算公式如下：

$$v(x_u) = \sum_{j=1}^{3} v(x_{uj})\theta_{uj} \tag{7.4-9}$$

式中：$v(x_u)$ 为 $Y_u$ 的综合评分值。

(7) 令 $\theta_u = 1/3, a = 0$，采用公式(7.4-6)计算变权重系数 $\theta'_u$。

(8) 根据步骤(6)计算的综合评分值和步骤(7)计算的变权重系数，计算高压开关柜的状态的综合评分值。

$$F = \sum_{u=1}^{3} v(x_u)\theta'_u \tag{7.4-10}$$

依据综合评分值和表 7.4-7 确定高压开关柜的运行状态、检修策略，并根据单项指标评分值判断故障类型及严重程度。

### 7.4.4.3 电缆健康诊断与评估

1. 电缆缺陷与故障类型分析

1) 电缆缺陷

对电缆缺陷的分类有很多种，按引起电缆绝缘老化的原因不同，可分为机械老化、热老化、电老化、化学老化和长期过负荷运行等。

(1) 机械老化

机械老化主要是电缆在制造、安装或是运行过程中受到机械应力的作用，电缆本体、电缆终端或中间接头处产生尖端、气隙或者导体扭曲。其直接后果是导致电缆运行时电场分布不均匀，引发局部放电，促使电缆绝缘老化。

(2) 热老化

热老化是引起电缆绝缘老化的最根本原因。长期运行的电缆在电流热效应的作用下，会引起电缆导体及周围介质发热，按照一般电力电缆设计标准，10 kV 交联聚乙烯电缆长期运行温度不能超过 90℃。交联聚乙烯绝缘介质有良好的耐热特性，正常运行情况下的温度不会引起绝缘损伤，但在接头或是终端部位，介质不均匀会引起局部温度升高，超过绝缘的耐受温度后，长期运行就会引起电缆的热老化，最终结果是导致电缆击穿。

(3) 电老化

电老化主要形式是电树枝老化。原因有很多种，包括尖端毛刺、气隙、杂质颗粒等电缆制造过程中产生的缺陷。对于直埋电缆或隧道电缆来说，受潮引发的水树枝在电场的作用下最终会发展成电树枝，引起电缆电老化。

(4) 化学老化

化学老化本质原因是电缆受热引起绝缘介质分子结构的不可逆变化，从而影响了介质的绝缘特性。

(5) 长期过负荷运行

电缆运行中，由于电流的热效应导致导体发热，周围的介质温度也升高。电缆长期超负荷运行会加速绝缘老化，尤其在炎热的夏季，用电量增加易引起电缆过负荷。

电缆缺陷按其发生的位置可分为本体缺陷和附件缺陷。电缆本体缺陷主要是在电缆制造生产过程中产生，包括绝缘层偏心率高、导体上存在毛刺等，这种缺陷在电缆型式试验时可以检测出来。附件缺陷是电缆附件生产制作不规范时引起的缺陷，一种情况是铜屏蔽层在切割过程中留下毛刺，安装过程中毛刺刺入绝缘层中，导致绝缘层的尖端缺陷；另一种是电缆接头制作时压接不紧，或是由于切割半导电层时误割伤绝缘层，使得绝缘层中存在气隙缺陷。

根据电缆在国内外长期运行经验来看,引起电缆绝缘老化最初的原因大部分是由于机械损伤,其中以电缆接头制作不规范引起的尖端缺陷和气隙缺陷为主,占电缆所有缺陷的75%,这两种缺陷是引发电缆机械故障最根本的原因。

2) 电缆故障

不论是电缆本体缺陷还是附件缺陷,都是电缆运行的故障隐患。在建立状态评估模型时,将电缆的故障信息(运行工况)作为一项指标,按照一定的规则参与到评估体系中,使评估结果与电缆实际运行状态更接近。这里对电缆故障类型做简单介绍,也作为评价时故障类型的参照。

电缆运行时的故障可以分为短路故障、开路故障、闪络故障和复合型故障。

(1) 短路故障

电缆的两相导体或者三相导体之间发生贯穿性故障,或者是电缆单相或多相导体发生接地故障,都属于电缆短路故障。短路故障按故障电阻的大小又可以分为高阻故障和低阻故障。高阻故障包括单相接地、短路故障和多相短路接地故障;低阻故障也包括单相接地、短路故障和多相短路接地故障。

最常见的短路故障是单相接地故障和两相短路接地故障,约占电缆短路故障的80%。短路故障也是电缆线路各类故障中危害最为严重的故障类型。

(2) 开路故障

开路故障是指电压不能通过电力电缆线路进行传输,电缆导体存在着明显的断开点。开路故障可能是由于电缆受到大的机械应力作用,或者是由于中间连接导体管压接不紧造成。与短路故障相比,电缆开路故障发生的概率不大,但其危害程度是很大的。

(3) 闪络故障

闪络故障是由于电缆表面电压高于周围介质耐受电压引起的。在高电压作用下,沿固体绝缘表面发生破坏性放电。发生闪络后,电极间的电压迅速下降到零或接近于零。闪络通道中的火花或电弧使绝缘表面局部过热造成碳化,损坏表面绝缘。与短路故障和开路故障相比,闪络故障对电缆状态的影响不是最直接的。

(4) 复合型故障

上述短路故障、开路故障和闪络故障以某两种或者三种形式同时发生,称为复合型故障。

根据故障的严重程度,以及发生的概率,将电缆的这些信息作为家族缺陷信息和运行工况信息反映到状态评估体系中,使其评价结果更可信。

2. 电缆健康状态评估指标体系的建立

因影响电缆运行的因素众多,为了多方面的检测电缆的运行状态,就要选择具有代表性的指标作为电缆状态评估的因素,根据《配网设备状态评价导则》(Q/GDW 645—2011)、《电力电缆及通道运维规程》(Q/GDW 1512—2014)、《电缆线路状态评价导则》(QGDW 456—2010)等标准,依据全面性和科学性原则,选取了7个状态量来构建电缆健康状态评估指标体系。

(1) 电缆在线检测信息,包括:局部放电、电缆温度、电压偏差。局部放电过程同时伴随着声、光、热等不良现象,会加速电缆的老化,是评估电缆状态最有效的方法。在电缆故障或者线路负载过重等情况下,电缆运行温度升高,电缆绝缘能力降低,从而对电缆的正常运行产生不良影响。电压过高容易导致电缆线路薄弱点发生击穿或闪络,从而破坏电缆的正常运行;而电压过低,则会增加线路的损耗。

(2) 电缆运行环境,包括环境温度和环境湿度。当环境温度过高时,不利于电缆运行的散热和绝缘;电缆运行环境湿度过高时,容易发生绝缘击穿。

(3) 电缆历史数据信息,包括运行年限和运行巡检。随着运行年限的增加,电缆的状态也在变差,电缆的寿命周期遵循"浴盆曲线",具体公式如下：

$$t_1 = A\exp(Bt_{op}) \tag{7.4-11}$$

式中：$t_1$ 为运行年限因数值；$A$ 为幅值系数,取值为 0.953 1；$B$ 为老化系数,取值为 0.0191 7；$t_{op}$ 为运行的年限。

根据电缆实验数据,依据上述标准,可得电缆指标的评判依据如表 7.4-9 所示。

表 7.4-9　在线监测信息评判依据

| 电缆状态 | 正常 | 注意 | 异常 | 严重 |
|---|---|---|---|---|
| 局部放电/dB | $<8$ | 8～12(不含) | 12～15 | $>15$ |
| 电缆温度/℃ | $<70$ | 70～80(不含) | 80～90 | $>90$ |
| 电压偏差/% | $<2$ | 2～5(不含) | 5～7 | $>7$ |

传统方法只是将所有状态量融合,最终的结果缺乏各特征量的差异,因此对上述指标进行分层划分,细化评估体系,将电缆的评估指标分为电缆在线监测信息、电缆环境运行信息、电缆历史数据信息三部分,第一层指标为 3 个,第二层指标为 7 个,如图 7.4-4 所示。

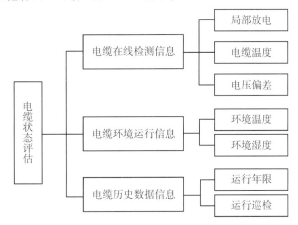

图 7.4-4　电缆健康状态评估指标体系

### 3. 基于修正证据理论的电缆状态评估方法

根据现有标准选取能反映电缆状态的特征量,建立了评估指标体系,利用选取的电缆状态指标体系来建立电缆状态评估模型,根据评估模型评估的结果制定科学的检修策略。首先对属于不同量纲的状态量进行劣化度处理,再利用模糊隶属度函数进行每个状态量的评价,并根据层次分析法来确定权重,以此来建立电缆状态评估模型,对电缆健康状态进行评估。

1965 年美国 Zadeh 对德国数学家 George Contor 的理论进行了改进,提出了模糊集的概念,从而可以对不确定信息进行描述,将人们决策的模糊性,以数学形式表达出来,形成了模糊综合评价法。电缆设备特征参量就存在着模糊性,也影响着电缆状态的不确定性,称为模糊不确定性。模糊数学的核心是隶属度函数,利用隶属度函数将电缆故障的定性分析转化为模糊数学对事件的定量分析,为了求得各特征量对电缆状态的隶属度,需要建立适合的隶属度函数,采用的是半梯和三角相结合的隶属度函数。

#### 1) 确定权重

层次分析法是通过专家的经验对所评价的特征量两两对比,以此来求得其相应的权重,主要步骤是建立判断矩阵,进行一致性校验,来验证判断矩阵是否有冲突,一致性校验公式如下：

$$\begin{cases} CI = \dfrac{\lambda_{\max} - n}{n - 1} \\ CR = \dfrac{CI}{RI} \end{cases} \qquad (7.4\text{-}12)$$

一致性校验通过后,进行权重的计算。公式如下:

$$AW = \lambda_{\max} W \qquad (7.4\text{-}13)$$

式中:$\lambda_{\max}$ 为最大特征根;$A$ 为判断矩阵;$W$ 为特征向量的矩阵。对特征向量 $W$ 归一化处理后,即得到所求各指标的权重。

根据一致性校验获得的判断矩阵,计算的权重如表 7.4-10 所示。

表 7.4-10 各状态权重

| 状态量 | 权重 |
| --- | --- |
| 局部放电、电缆温度、电压偏差 | 0.54、0.30、0.16 |
| 环境温度、环境湿度 | 0.67、0.33 |
| 运行年限、日常巡检 | 0.75、0.25 |

2) 劣化度处理

对上述评估指标,用标准化处理来统一反映指标劣化的程度,数值越小则表示电缆的状态越好,数值越大表示电缆的状态越差,对接近于 1 的指标,则认为该状态有所异常,应安排适当的检修以排除故障。对于越小越优型指标,劣化度处理表达式为:

$$y(x) = \begin{cases} 0, x < x_{\min} \\ \dfrac{x - x_{\min}}{x_{\max} - x_{\min}}, x_{\min} \leqslant x \leqslant x_{\max} \\ 1, x > x_{\max} \end{cases} \qquad (7.4\text{-}14)$$

对于中间型指标,劣化度处理表达式为:

$$y(x) = \begin{cases} 1, x < x_{\min} \\ \dfrac{\alpha - x}{\alpha - x_{\min}}, x_{\min} \leqslant x \leqslant \alpha \\ 0, \alpha \leqslant x \leqslant \beta \\ \dfrac{x - \beta}{x_{\max} - \beta}, \beta \leqslant x \leqslant x_{\max} \\ 1, x \geqslant x_{\max} \end{cases} \qquad (7.4\text{-}15)$$

式中:$x_{\max}$、$x_{\min}$ 表示特征量的上下限;$\beta$、$\alpha$ 为最适宜的上下边界值。

3) 改进的证据理论

1976 年 Dempster 等提出来的证据理论概念,用来量化命题的可信度,对于一个事件可以表达为"不确定"或者"不知道",与贝叶斯相比,能够用来处理不确定信息,而且更符合人们的逻辑习惯。DS 合成法则就是对两个或者多个基本概率分配函数进行正交的运算,如果证据不是完全冲突的,则根据 DS 法则可以形成一个新的信任函数,这个信任函数就是两个或多个证据联合作用产生的,用它来描述物体的一个综合的状态。

定义 $\Theta$ 是识别框架，$A$ 表示为 $\Theta$ 中的任一子集，记作 $A\subseteq\Theta$，若存在映射 $m:2^{\Theta}\to[0,1]$，并且满足：

$$\begin{cases} m(\varphi)=0 \\ \sum_{x\subseteq\Theta} m(X)=1 \end{cases} \tag{7.4-16}$$

使得 $m(X)>0$ 的 $X$ 称为焦元，称 $m$ 为 $\Theta$ 的基本概率分配(BPA)，$m(X)$ 称为 $X$ 的 mass 函数。

设 $\mathrm{Bel}_1,\mathrm{Bel}_2,\cdots,\mathrm{Bel}_n$ 是识别框架 $\Theta$ 上的 $n$ 个置信度函数；$m_1,m_2,\cdots,m_n$ 是对应的 mass 函数；$X_1,X_2,\cdots,X_n$ 为对应的焦元，合成后的 mass 函数为 $m(X)$，则：

$$m(X)=\begin{cases} \dfrac{\sum\limits_{A=X} m_1(x_2)\cdots m_n(x_n)}{1-\sum\limits_{A=\varnothing} m_1(x_1)m_2(x_2)\cdots m_n(x_n)},X\neq\varnothing \\ 0,X=\varnothing \end{cases} \tag{7.4-17}$$

式中：$A=X_1\bigcap X_2\cdots\bigcap X_n$。

实际电缆故障中，由于各个特征量是从多方面获得的结果，证据体存在高度冲突时，容易引起错误的结果，导致诊断决策失误，因此引入了证据的平均距离来降低证据体的冲突程度，给冲突证据重新分配不同的权重，从而使得诊断结果更加贴近实际。

对于 $x$ 种状态量和 $y$ 种状态，将得到的 BPA 函数进行修正，步骤如下：

(1) 计算 $x$ 组概率分配函数的均值：

$$M=\frac{1}{x}\sum_{i=1}^{x} m_{i,j}\,(i=1,2,\cdots,x;j=1,2,\cdots,y) \tag{7.4-18}$$

(2) 计算均值对应的每组证据的基本概率分配之间的距离：

$$D_i=\sum_{j=1}^{y} |m_{i,j}-M| \tag{7.4-19}$$

(3) 重新分配重要性系数。当证据源与均值相差较大时，分配低的重要性系数；反之则认为证据源可靠，应分配大的重要性系数，使得距离与重要性系数成反比。表示如下：

$$Q_i=\frac{1}{D_i} \tag{7.4-20}$$

(4) 归一化处理，得到各自的重要性系数：

$$B_i=\frac{Q_i}{Q_{\mathrm{MAX}}} \tag{7.4-21}$$

(5) 对证据理论重新修正，冲突高的证据较少分配，并增加未知程度。

$$\begin{cases} m_i^*(A)=B_i m_i(A) \\ m_i^*(\Theta)=1-\sum_{j=1}^{y} m_i^*(A) \end{cases} \tag{7.4-22}$$

4) 基于修正证据理论的电缆健康状态评估模型

综上所述，在分析配电缆状态量的基础上，根据状态量的一定属性综合多种因素建立了多层状态评估体系,以模糊数学为基础,结合修正的证据理论,建立了电缆运行状态的评估模型,以此来实现对电缆运行状态的评估。

(1) 首先进行评估指标的劣化度处理,对不同单位、不同量纲的数据归一化计算,进行初级评判。若该状态量劣化度超过0.9,则认为该状态存在严重异常,应检查该状态存在的问题;若没有异常,则进行下一步。

(2) 模糊隶属度函数则根据劣化度处理的结果,建立模糊关系矩阵,把电缆状态的不确定性和模糊性转化为定量评价,得到每一层的模糊关系矩阵。

(3) 根据层次分析法来确定权重,体现主观经验的重要性;根据对每一层的模糊评价,构造了基本概率分配函数,并利用修正证据理论来进行证据的修正,将冲突的证据进行重新分配,一定程度上解决了证据冲突的问题,最后通过证据理论来进行证据的融合,根据融合的结果进行电缆健康状态的评估。电缆健康状态的评估模型实现流程如图7.4-5所示。

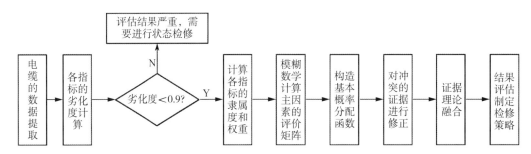

图7.4-5　电缆健康状态评估模型实现流程

# 7.5　泵站工程健康评估

泵站工程健康评估体系是多层次的,其层次结构中的上层指标受若干下层指标影响,而实际上这些下层指标对上层指标的健康状况影响是不尽相同的。权重表示在评估过程中,对被评估对象的不同侧面重要程度的定量分配,对各个评估指标在总体健康评估中的作用进行区别对待。事实上,在健康评估模型中,权重的确定是其核心问题。权重值确定得是否合理,直接影响到泵站工程健康评估的效果。

## 7.5.1　泵站工程健康评估的原则

对整个泵站工程的健康评估要遵循代表性、系统性、层次性、独立性以及可操作性的原则。

代表性是抽样的基本要求。样本与母体在主要特征上越相似,样本对母体越具代表性,由样本推论母体的结果便越可靠。代表性启发是概率判断策略的一种,借助证据和结果具有类似特征的程度进行概率判断,即所选指标要能够表征泵站健康的本质特征,且每个指标能从不同的方面表征泵站的健康特征。

系统性是指一个层次分明的整体,不同维度的指标处于不同层级,形成一定的秩序,同层级指标之间、指标层与指标层之间具有清晰的逻辑关系。即所选指标必须形成一个完整的体系。

层次性指各要素在系统结构中表现出的多层次状态的特征,即所选指标要由不同层次、不同要素构成。

独立性指所选指标要尽可能地避免信息上的重叠。

可操作性指所选指标要易于获取数据、方便统计和计算。

### 7.5.2　泵站工程健康评估的方法

#### 7.5.2.1　层次分析法

层次分析法的主要步骤如下:

(1) 确定层次结构:把泵站工程健康状态这一复杂问题分解出诊断指标体系,形成不同层次,从而建立递阶层次结构,把复杂问题系统化、条理化、层次化。

(2) 构造两两比较判断矩阵:判断以 $u_i$ 表示诊断指标,$u_i \in U(i=1,2,\cdots,m)$;标度值 $r_{ij}$ 表示 $u_i$ 对 $u_j$($j=1,2,\cdots,m$)的相对重要性数值,$r_{ij}$ 的取值按标度准则进行,其中,$r_{ij}$ 值越大,表明指标 $u_i$ 的重要性越强;指标 $u_j$ 跟 $u_i$ 比,其标度值 $r_{ji}=1/r_{ij}$。根据上述各符号的意义得判断矩阵 $\boldsymbol{R}$:

$$\boldsymbol{R}=(r_{ij})_{m\times m} \qquad (i,j=1,2,\cdots,m) \tag{7.5-1}$$

在泵站工程中,选用的各个诊断指标间的关系较多是"同等重要"、"稍微重要"以及"明显重要"等情况,一般不会出现"强烈重要"和"极端重要"这些情况。

(3) 得出权重系数:根据判断矩阵 $\boldsymbol{R}$,求出其最大特征值 $\lambda_{\max}$ 所对应的特征向量,该特征向量即为各诊断指标的重要性排序,也就是权重系数,这是关键性的一步。

(4) 检验:对于求得的权重系数是否合理,需要对判断矩阵进行一致性检验,按下列公式进行:

$$\begin{cases} CR=CI/RI \\ CI=\dfrac{\lambda_{\max}-m}{m-1} \end{cases} \tag{7.5-2}$$

式中:$CR$ 为判断矩阵的随机一致性比率;$CI$ 为判断矩阵的一般一致性指标;$RI$ 为判断矩阵的平均随机一致性指标。当 $CR<0.1$ 时,即认为判断矩阵有可接受的一致性,说明权重系数分配合理;否则就需要调整判断矩阵,直到取得满意的一致性为止。

#### 7.5.2.2　序关系分析法

层次分析法的结论及其计算方法都是建立在判断矩阵是一致矩阵基础上的,实际应用中,当泵站的指标数 $m \geq 3$ 时,所建立的判断矩阵往往不是一致矩阵,且当 $m$ 较大时,建立矩阵需要进行 $m(m-1)>2$ 次元素两两比较判断。因此,有必要对层次分析法进行优化改进。序关系分析法(G1 法)是一种无需一致性检验的确定权重的方法,具体步骤如下:

(1) 确定序关系:对于泵站健康诊断指标集$\{x_1,x_2,x_3,\cdots,x_m\}$,由参加健康诊断的专家在指标集中选出认为是最重要的一个指标,记为 $x_1^*$;再由专家在余下的 $m-1$ 个指标中,选出认为是最重要的一个指标,记为 $x_2^*$;依此类推,经过 $m-1$ 次挑选,剩下的最后一项指标记为 $x_m^*$,这样就确定了一个唯一的序关系,记为:$x_1^*>x_2^*>\cdots>x_m^*$。为书写方便且不失一般性,仍记作 $x_1>x_2>\cdots>x_m$。

(2) 给出 $x_{k-1}$ 与 $x_k$ 间相对重要程度的比较判断:设专家对诊断指标 $x_{k-1}$ 与 $x_k$ 的重要性程度之比 $\omega_{k-1}/\omega_k$ 的判断分别为:

$$\omega_{k-1}/\omega_k = r_k \quad (k=m,m-1,m-2,\cdots,3,2) \tag{7.5-3}$$

$r_k$ 赋值参考表 7.5-1。当 $m$ 较大时,由序关系式可取 $r_m=1$。若 $x_1,x_2,x_3,\cdots,x_m$ 满足序关系 $x_1 > x_2 > \cdots > x_m$,则 $r_{k-1}$ 与 $r_k$ 满足

$$r_{k-1}/r_k > 1 \quad (k=m,m-1,m-2,\cdots,3,2) \tag{7.5-4}$$

(3) 权重系数 $\omega_k$ 的计算:专家给出 $r_k$ 的理性赋值满足式,则

$$\omega_m = \left(1+\sum_{k=2}^{m}\prod_{i=k}^{m} r_i\right)^{-1} \tag{7.5-5}$$

权重系数为

$$\omega_{k-1} = r_k\omega_k \quad (k=m,m-1,m-2,\cdots,3,2) \tag{7.5-6}$$

表 7.5-1　$r_k$ 赋值参考表

| $r_k$ | 说明 |
| --- | --- |
| 1.0 | 指标 $x_{k-1}$ 与指标 $x_k$ 具有同样重要性 |
| 1.2 | 指标 $x_{k-1}$ 比指标 $x_k$ 稍微重要 |
| 1.4 | 指标 $x_{k-1}$ 比指标 $x_k$ 明显重要 |
| 1.6 | 指标 $x_{k-1}$ 比指标 $x_k$ 强烈重要 |
| 1.8 | 指标 $x_{k-1}$ 比指标 $x_k$ 极端重要 |

#### 7.5.2.3　基于最优化准则的权重融合

设采用 $K$ 种方法确定泵站健康诊断指标 $i$ 的权重,记对泵站健康诊断指标 $i$ 采用第 $k$ 种方法确定的权重为 $W_{ki}(k=1,2,\cdots,K)$。同时,假设融合权重中第 $k$ 种方法的加权系数为 $\omega_k(k=1,2,\cdots,K)$,并且满足归一化约束条件:

$$\sum_{k=1}^{K}\omega_k = 1 \tag{7.5-7}$$

记诊断指标 $i$ 的融合权重结果为 $W_i$,取最优化准则为

$$\min J_i = \sum_{k=1}^{K}\omega_k(W_i^p - W_{ki}^p)^2 (p \neq 0) \tag{7.5-8}$$

即

$$\frac{\partial J_i}{\partial W_i} = 0$$

$$\sum_{k=1}^{K} 2\omega_k(W_i^p - W_{ki}^p) \times pW_i^{p-1} = 0$$

$$W_i^p \sum_{k=1}^{K} W_k - \sum_{k=1}^{K} w_k W_{ki}^p = 0 \tag{7.5-9}$$

推出融合权重的模型为:

$$W_i = \left(\sum_{k=1}^{K}\omega_k W_{ki}^p\right)^{\frac{1}{p}} \tag{7.5-10}$$

式中:$K$ 为确定诊断指标的权重的方法数目;$W_{ki}$ 为健康诊断指标采用第 $k$ 种方法确定的权重;$\omega_k$ 为融合

权重中采用第 $k$ 种方法的加权系数；$p$ 为模型的可调参数，$p \neq 0$，不同 $p$ 值对应的权重融合方法和数学模型见表 7.5-2。

表 7.5-2　不同 $p$ 值对应的权重融合方法和数学模型

| $p$ 值 | 融合方法名称 | 数学模型 |
|--------|------------|---------|
| 1 | 简单加权算术平均法 | $W_i = \sum_{k=1}^{K} \omega_k W_{ki}$　(7.5-11) |
| 2 | 简单加权平方和平均法 | $W_i = \sqrt{\sum_{k=1}^{K} \omega_k W_{ki}^2}$　(7.5-12) |
| 1/2 | 简单加权平方根平均法 | $W_i = \left( \sum_{k=1}^{K} \omega_k \sqrt{W_{ki}} \right)^2$　(7.5-13) |
| −1 | 简单加权调和平均法 | $W_i = 1 / \sum_{k=1}^{K} \dfrac{\omega_k}{W_{ki}}$　(7.5-14) |

#### 7.5.2.4　综合集成赋权法

首先根据各项诊断指标相对于诊断目标的重要程度，由"功能驱动"原理给出各项指标 $x_j$ 的权重系数 $r_j (j=1,2,\cdots,m)$。在此基础上，对各项诊断指标进行权化处理，即令

$$x_{ij}^* = r_j x_{ij} \quad (j=1,2,\cdots,m；i=1,2,\cdots,n) \tag{7.5-15}$$

式中：$x_{ij}$ 为评测数据。显然，$x_{ij}^*$ 的平均值和均方差分别为 0 和 $r_j^2$。再针对权化数据 $\{x_{ij}^*\}$ 应用"最优化准则"法确定出各项诊断指标 $x_j$ 的权重系数 $\omega_j$。

这种赋权法从本质上是对评测数据都分别进行了两次加权综合。前一次加权，是针对各诊断指标相对于诊断目标的重要程度而进行的；后一次加权，是在尽量拉开各被诊断对象之间的差异而进行的。这两次加权的背景是截然不同的，前者的权重系数是由"功能驱动"原理生成的，后者是由"差异驱动"原理生成的。

### 7.5.3　泵站工程健康综合评估

#### 7.5.3.1　泵站工程安全监测健康评估

泵站工程安全评估主要是通过泵站安全评估各项指标的监测数据或资料等，采用定性和定量的分析方法，对泵站安全状态做出综合的分析和评估。通常情况下采用分析现场检测报告资料、工程复核报告资料等方法对泵站工作性态及安全状态进行分析和评估，但是由于泵站工程运行的复杂性及各种因素的不确定性，仅仅依靠资料及工程设计人员提供的设计值进行比较、评估是远远不够的，更深层次的因果分析及安全评估特别是定性指标的分析往往需要依靠专家的经验和智慧。为了能得到合理的指标重要值，有必要采用群决策的方法，从多个层次和角度综合分析，在各种计算结果中优化，得出最佳指标重要值。

(1) 采用熵权法构建泵站工程安全评估指标重要性分析模型，并结合工程实例，编写熵权模型的代码，计算出安全评估指标的重要值。

(2) 采用人工神经网络的学习算法，建立基于 BP 人工神经网络算法的泵站工程安全评估指标重要值计算分析模型，并结合工程实例，编写相应的人工神经网络学习算法的代码，计算出安全评估指标的重要值。

(3) 基于遗传算法优化的具体算法思路，分析投影寻踪法计算最佳投影方向的具体步骤，以及结合遗

传算法优化计算出最佳投影方向计算安全评估指标的重要值,最后结合工程实例,编写投影寻踪算法的代码,结合遗传算法工具箱,计算出最佳投影方向,得到相应指标的重要值。

(4) 对三种客观指标重要性计算方法计算出的指标重要值,用肯德尔和谐系数检验法进行一致性检验,在通过一致性检验后,将三种方法计算出的指标重要值用算术平均法进行融合,得出融合后的客观指标重要值。

#### 7.5.3.2 机组设备健康评估

正常运行工况时,要保证机组可靠安全地运行,振动幅值应该控制在一定的限值内,它与可接受的动态载荷和传动支承结构及基础的可接受的振动是协调的。一般说来,在尚未建立机组满意运行性能资料的情况下,对于这类机组(例如新的机组类型),这一准则可作为机组评估的基础。每个轴承座测得的最大振动幅值,根据下面规定的区域来评估:

区域 A:新交付使用的机组振动通常应在此区域内;

区域 B:通常认为振动在此区域内的机组可以无限制地长期运行;

区域 C:通常认为振动在此区域内的机组不宜长期持续运行,一般来说,在有适当机会采取补救措施时,机组在这种状态下可以运行有限的一段时间;

区域 D:通常认为在此区域的振动已经非常严重,足以导致机组损坏。

区域界限规定的数值不作为验收规范,验收规范由机组制造厂和用户商定。但是,区域的界限值提供的准则可避免严重的缺陷或不现实的要求。另外,对于特殊机组,可能需要使用不同的界限值(较高或较低),在这种情况下,机组制造厂有责任解释其理由,尤其要确保机组以较高的振动幅值运行时的安全。

1) 主机

主机检测与评估对象应包括:转轮、主轴、导水机构、轴承、蜗壳、尾水管、接力器及受油器、补气阀、排气阀等。其检查应包括各部件的裂纹、变形、漏水、漏油、锈蚀、磨蚀、振动、噪声等情况。

2) 主阀

主阀检测与评估对象应包括:阀本体、充水阀(旁通阀)、锁定装置、操作装置、油压装置等。

主阀检查应包括下列内容:

①主阀外观和腐蚀情况;

②主阀密封情况;

③管路渗漏情况。

3) 泵站辅助设备

泵站辅助设备应包括:油、气、水系统以及起重设备、压力容器、暖通与消防设备。

①油、气、水系统检测与评估对象应包括:

a. 油系统的油泵、滤油机、油罐、油管和阀门;

b. 气系统的空压机、储气罐、输气管和阀门;

c. 水系统的水源、水泵、水位传感和示流装置。

②油、气、水系统检查应包括下列内容:

a. 油、气、水系统管路渗漏情况,着色是否符合要求;

b. 测控元件工作是否正常;

c. 油处理室环境是否整洁,防火措施是否到位。

#### 7.5.3.3 水工金属结构健康评估

通过对水工金属结构故障状况的原因进行剖析可知,影响水工金属结构安全的主要因素包括:枢纽布置问题、设计问题、水力学问题、制造安装质量问题、材质问题、运行管理问题等,这些因素往往共同起作用。以上影响闸门安全的因素不一定在每一扇闸门上都反映出来,也会在某一工程上出现特殊问题,所以,对每一水工单项建筑物的闸门应根据其具体条件分析。

水工金属结构安全评估主要采用综合评估法,以影响金属结构安全的主要因素为主框架,以实际运行中容易出现的主要问题和安全监测的主要内容为评估项目,以结构的可靠性为评估总目标,建立评估体系对水工金属结构的安全进行综合评估。

通过对水工金属结构安全影响因素的分析以及评估体系的构造,可以设计出水工金属结构安全评估指标体系。评估指标分为一级指标、二级指标两个层次,以单一结构物的可靠性为评估总目标。可以将总目标分解为安全性和耐久性,安全性说明运行安全可靠程度,耐久性说明寿命情况。将评估指标分为两个层次的目的是便于评估,使一级指标有具体而明确的依据。耐久性中的年限指标单一,故一、二级指标相同,没有必要再分解。

金属结构安全检测与评估对象应包括闸门与启闭机。

金属结构安全检测应进行外观检查和腐蚀状况检测,仅凭外观检查和腐蚀状况检测不能满足安全评估要求时,可进行材料检测、无损探伤、应力测试、闸门启闭力测试等。根据检测与复核成果进行安全评估。

(1) 闸门外观检查应包括下列内容:

①闸门有无变形、裂纹、脱焊、锈蚀及损坏现象;

②门槽有无卡堵、空蚀等情况;

③开度指示器是否清晰、准确;

④止水设施是否完好,吊点结构是否牢固;

⑤拉杆、螺杆等有无锈蚀、裂缝、弯曲等现象;

⑥钢丝绳或节链有无锈蚀、断丝等现象。

(2) 启闭设备外观检查应包括下列内容:

①启闭机启闭是否灵活可靠;

②制动、限位设备是否准确有效;

③电源、传动、润滑等系统是否正常;

④备用电源及手动启闭是否可靠。

(3) 闸门、启闭设备腐蚀状况检测应包括下列内容:

①腐蚀部位及其分布状况,蚀坑(或蚀孔)的深度、大小、发生部位密度;

②严重腐蚀面积占金属结构或构件表面积的百分比;

③金属构件(包括闸门轨道)的蚀余截面尺寸。

### 7.5.3.4 电气设备健康评估

有别于一般的设备检查,电气设备健康评估对电气设备设施的自身、环境、使用、维护等各方面信息逐一进行评估并赋予相应的分值,以此来评估不同类型、不同时期、不同环境下设备的健康状态。

第一阶段评估对象按照类别表选取,可以是单台设备也可以是同期同区同类设备的组合。第一阶段评估对象因评估因子数量较少而导致总分失去可比性的,则以其中关键因子的得分情况作为主要判据。

第二阶段评估以第一阶段评估结果为基础。第一阶段评估中得分结果低于该类设备平均分且没有关键因子分值偏高(4～5分)的对象,可认为其当前的风险基本可以被接受(可以被接受,是指暂时无需采取整改措施,但并不等于排除其突发故障的可能);第一阶段评估中得分结果超出该类设备平均分的对象,或关键因子分值偏高的对象,分析其个性化的特征值,重新确定第二阶段的评估因子及其赋值标准,按此标准现场进行第二阶段的深入评估。

电气一次设备检测与评估对象应包括：主变压器、厂用变压器、断路器、隔离开关、互感器、电力电缆、母线及架构、防雷、避雷、接地装置及安全设施等。

电气一次设备检查应包括下列内容：

①设备与构架接地是否完好；

②充油设备的油位、油色、油温；

③充气设备的气压、密度；

④外包绝缘层或外壳、接头；

⑤设备安全距离；

⑥名称、相别、位置指示、安全标识。

电气二次设备检测与评估对象应包括：测量、控制和保护设备及其他辅助设备。

电气二次设备检查应包括下列内容：

①按钮、主令开关、测量表计；

②自动和手动控制设备、声光报警系统；

③电线、电缆；

④继电保护试验报告、保护投退记录、整定值变更通知文件及变更记录；

⑤上位机、LCU工作状态；

⑥监控系统站内通信状态；

⑦自动化元件工作状态。

#### 7.5.3.5  综合评估

泵站工程健康综合评估应依据各基本评估单元检测结果，进行综合评定。

(1) 泵站工程健康综合评估可分三层逐层评定：

①根据各基本评估单元的安全等级分类结果，综合评估其所属子评估单元的安全性；

②根据各子评估单元的安全等级分类结果，综合评估其所属评估单元的安全性；

③根据各评估单元的安全等级分类结果，综合评估该泵站的安全性。

各子评估单元的安全性级别，应根据下一级基本评估单元的安全性级别评估分类。各评估单元及泵站的安全性级别应逐级类推。

(2) 泵站健康安全分类应根据各评估单元安全性分类结果确定，分为三类：

①A类泵站：安全可靠；

②B类泵站：基本安全，存在缺陷；

③C类泵站：不安全。

# 8

# 智能运维

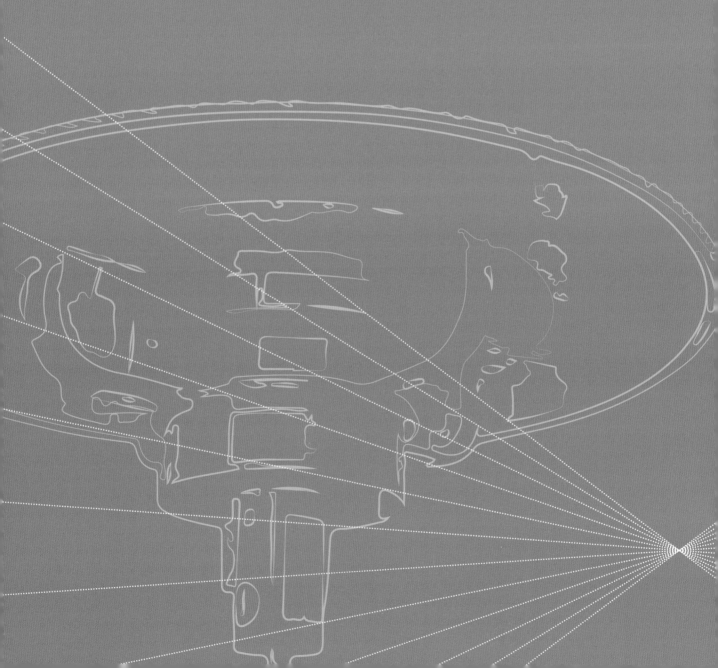

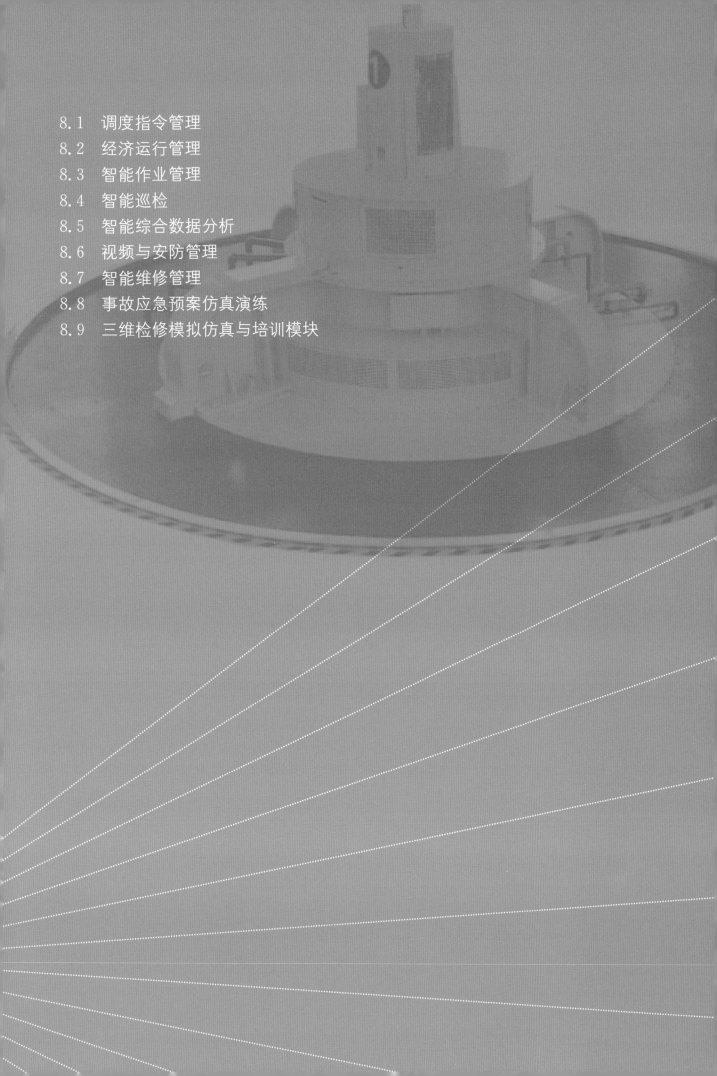

8.1 调度指令管理

8.2 经济运行管理

8.3 智能作业管理

8.4 智能巡检

8.5 智能综合数据分析

8.6 视频与安防管理

8.7 智能维修管理

8.8 事故应急预案仿真演练

8.9 三维检修模拟仿真与培训模块

# 8 智能运维

智能运维主要针对泵站的日常运行和维修养护等运维过程,按照标准运行、高效运行、智能运行的要求,从泵站设备到水工建筑物,从基本运行到优化运行,从标准化到智能化,针对性地从技术和功能方面开展建设,实现泵站健康运行的同时,实现运维有预报、风险有预警、故障有预诊、处置有预案的运维"四预"智能化建设。本章节从运行、维护和三维仿真培训等方面出发,介绍了调度指令管理模块、经济运行管理模块、智能作业管理模块、智能巡检模块、智能综合数据分析模块、视频与安防管理模块、智能维修管理模块、事故应急预案仿真演练模块及三维检修模拟仿真与培训模块等智能运维子系统的功能模块。

## 8.1 调度指令管理

### 8.1.1 概述

调度指令管理模块是泵站智能运维系统中的一个重要模块,主要负责调度泵站和管理运维指令,工程应合理利用泵站设备和其他工程设施,按供排水计划进行调度。泵站调度指令管理模块的主要目标是提高泵站的运行效率、安全性和稳定性,减少运维成本和人为错误,它是泵站智能运维系统中不可或缺的一部分,为泵站运维提供了强大的管理和调度能力。

若水泵发生汽蚀或振动超过规定要求,应按改善水泵装置汽蚀性能和降低振幅的要求进行调度。

当流域(区域)遭遇超标准的洪涝和旱灾时,在确保工程安全的前提下,管理单位应根据上级主管部门的要求进行调度。

(1) 单泵站运行调度的主要内容包括：

①机组的开机台数、顺序及其运行工况的调节；

②泵站与其他相关工程的联合调度；

③泵站运行与供排水计划的调配；

④在满足供排水计划前提下,通过站内机组运行调度和工况调节,改善进水池流态,减少水力冲刷和水力损失。

(2) 泵站群运行调度的主要内容包括：

①水源供水能力或来水情况与各泵站的提排水能力；

②水位组合及渠道沿程损失和区间用水或来水量；

③各泵站的开机台数、顺序及其运行工况的调节；

④地面水利用与地下水开采的水资源合理调度；

⑤与其他水利设施的联合调度；

⑥与灌溉、城镇供水、蓄水、调水相结合的水资源调度。

#### 8.1.1.1 设备运行

长期停用和大修后的机组投入运行前,应进行试运行。

机电设备启动过程中应监听设备的声音及振动,并注意其他异常情况。

机电设备运行过程中发生故障,应查明原因、及时处理,并及时填写事故及故障处理记录。当发生可能危及人身安全或导致设备故障的情况时,应立即停止运行并报告。

1. 运行要求

主水泵、主电动机、变压器等主要设备在投入运行前应按照《泵站技术管理规程》(GB/T 30948—2021)规定进行检查,确保设备符合投入运行条件。设备运行期间,运行人员应按规定程序操作。

高低压电器设备运行应按《电力安全工作规程 发电厂和变电站电气部分》(GB 26860—2011)的规定执行。

电容器运行应按《高压并联电容器使用技术条件》(DL/T 840—2016)的规定执行,互感器运行应按《互感器运行检修导则》(DL/T 727—2013)的规定执行。

泵站和变电所的防雷装置运行应按《电力系统通信站过电压防护规程》(DL/T 548—2012)的规定执行。

继电保护和自动装置运行应按《电力系统继电保护及安全自动装置运行评价规程》(DL/T 623—2010)的规定执行,微机保护装置运行应按《继电保护和安全自动装置运行管理规程》(DL/T 587—2016)的规定执行。

直流装置运行应按《电力系统用蓄电池直流电源装置运行与维护技术规程》(DL/T 724—2021)的规定执行。

高压断路器、高低压开关柜、高低压变频器、SF$_6$封闭式组合电器、电缆线路、励磁装置等其他电气设备,油、气、水等辅助设备以及金属结构的运行应按照 GB/T 30948—2021 的规定执行。

起重机的运行应按《起重机械安全规程 第 1 部分:总则》(GB/T 6067.1—2010)的规定执行。

2. 运行记录

设备运行期间,应每 1～2 h 巡视 1 次并记录运行参数,填写运行记录表,记录表格式见表 8.1-1 及表 8.1-2。记录应清晰准确且填写规范,管理人员应在记录表上签名。

表 8.1-1　闸门运行记录

| 日期 | 天气 | 引排情况 | | | | | | | | 开闸孔时长/h | 操作人 | 监护人 | 备注 |
|---|---|---|---|---|---|---|---|---|---|---|---|---|---|
| | | 开闸 | | | | | 关闸 | | | | | | |
| | | 时间 | 上游水位/m | 下游水位/m | 闸门及孔数 | 开启高度/m | 时间 | 上游水位/m | 下游水位/m | | | | |
| | | | | | | | | | | | | | |
| | | | | | | | | | | | | | |
| | | | | | | | | | | | | | |
| | | | | | | | | | | | | | |
| | | | | | | | | | | | | | |
| | | | | | | | | | | | | | |
| | | | | | | | | | | | | | |

表 8.1-2　机组运行记录

| 调度单位 | | | 联系人 | | 天气 | | 耗电 | 上期电度/(kW·h) | 本期电度/(kW·h) | 实用电度/(kW·h) |
|---|---|---|---|---|---|---|---|---|---|---|
| 开机日期 | | | | | 运行性质 | | | | | |

| 时间 | 水位/m | | 号机 | | | | | | | | | | | | | | | |
|---|---|---|---|---|---|---|---|---|---|---|---|---|---|---|---|---|---|---|
| | 上游 | 下游 | 运行时间 | | 定子均温/℃ | 上导均温/℃ | 下导均温/℃ | 推力均温/℃ | 油温/℃ | 励磁电流/A | 励磁电压/V | 机组转速/(r/min) | 定子电流 | 电压Uab/V | 电压Ubc/V | 电压Uca/V | 有功功率/kW |
| | | | 开机 | 停机 | | | | | | | | | | | | | |
| | | | | | | | | | | | | | | | | | |
| | | | | | | | | | | | | | | | | | |

| 工作时间 | 当班 | |
|---|---|---|
| | 累计 | |
| 值班人 | 运行情况 | |

### 8.1.1.2　调度准则

(1) 合理利用泵站设备和其他工程设施,按供水计划或排水预案进行调度。

(2) 排水泵站抢排涝(渍)水期间应按泵站最大排水流量进行调度。

(3) 灌溉、供水泵站运行期间应在保证安全运行和满足供水计划的前提下,实施优化调度。

(4) 扬程变幅大的泵站,宜充分利用装置效率高的扬程工况条件,按提水成本最低的原则进行调度。

(5) 梯级泵站或泵站群应按站(级)间流量、水位配合最优的原则进行调度。

(6) 当水泵发生汽蚀或振动超过规定要求时,应按改善水泵装置汽蚀性能或降低振幅的要求进行调度。

(7) 当流域(或区域)遭遇超标准的洪涝或旱灾时,在确保工程安全的前提下,泵站管理单位应根据上级主管部门的要求进行调度。泵站运行调度应与相关部门用电负荷及供电质量相协调。有条件的泵站,宜根据供排水需要实行电能峰谷调度。

(8) 当泵站设备或工程设施发生事故时应采取调整运行流量、预防事故扩大的应急调度。

(9) 圩垸闸站群调度宜按最高水位不超过安全水位、泵站能耗最小的原则进行。

(10) 运行中宜通过站内机组调配及工况调节,改善进出水池流态,减少水力冲刷和水力损失,防止泥沙淤积。

### 8.1.2 功能模块

#### 8.1.2.1 调度令管理
调度令管理主要展示调度令信息,内容包括:编号、调度令名称、调度令来源、调度令类型、发起人、接收对象、办理状态。支持按照发起人查询调度令。支持对调度令信息进行增、删、改、查操作。

#### 8.1.2.2 机组闸门运行命令票
机组闸门运行命令票主要展示机组闸门运行命令票信息,内容包括:关联调度令编号、命令票编号、命令票类型、发令人、发令时间、受令人、备注。支持按照调度令查询机组闸门运行命令票。支持对机组闸门运行命令票信息进行增、删、改、查操作。

#### 8.1.2.3 操作票管理
操作票管理主要以列表形式展示操作票信息,内容包括:操作票编号、操作票名称、操作票类型、受令人、操作开始时间、操作结束时间。支持增加、修改操作票内容。

#### 8.1.2.4 工作票管理
展示工作票内容,内容包括:工作内容、工作票编号、工作票类型、工作负责人、工作票签发人、工作许可人、工作开始时间、工作结束时间。支持查询、新增工作票。

#### 8.1.2.5 指令下发
该模块可以向泵站发送各种运维指令,如启动、停止、调速等。通过与泵站的通信接口,将指令传递给泵站控制系统。

#### 8.1.2.6 指令调度
该模块可以实现对指令的调度管理。可以根据泵站的运行状态和运维需求,合理安排指令的执行顺序和时间。比如,可以根据泵站的负荷情况,自动调整泵站的运行状态,以达到节能和稳定运行的目的。

#### 8.1.2.7 异常处理
该模块可以监测泵站的运行状态,及时发现异常情况并进行处理。比如,当泵站出现故障或运行异常时,可以发送相应的指令进行修复或调整。同时,还可以记录异常情况和处理过程,以便后续分析和改进。

#### 8.1.2.8 指令优化
该模块可以根据泵站的运行情况和运维需求,对指令进行优化。通过分析历史数据和运行状态,提出优化建议,如调整指令的执行顺序、优化指令参数等,以提高泵站的运行效率和节能性能。

## 8.2 经济运行管理

### 8.2.1 概述

泵站经济运行的研究就是树立系统的概念,应用系统的观点或系统的思想来解决泵站工程的运行管理问题。一个水泵装置是由水泵、电动机、传动装置、管路等部分组成的,其中任何一个部分的参数发生变化,都会引起其他部分的参数变化。例如,水泵的扬程、转速、叶片角度、阀门开度的变化,都会使水泵的工作点发生变化,从而引起水泵流量、动力机的输入功率以及整个装置效率的变化。因此,可以认为水泵装置的各部分是相互关联的、此动彼应的"环节",整个水泵装置也是一个"系统"。一座泵站是由若干台套的水泵装置组成的,各台水泵装置之间也存在一定的联系。当泵站总流量给定后,如果一部分装置的流量增大,另一部分则要减少。因此,可以说一座泵站是更大一些的"系统"。同样,一个泵站工程枢纽、一个多级提水的灌溉工程和调水工程、一个城市的自来水工程、一个电厂的供水系统,都可认为是一个更加复杂的"系统"。

系统工程就是用系统科学的观点,合理地结合控制论、信息论、经济管理科学、现代数学的优化方法,以及电子计算机和其他有关的工程技术,按照系统开发的程序和方法去研究和建造一个最优化系统的一门综合的管理工程技术。泵站工程在运行过程中必须及时获得水文、气象及用户的各种信息,同时还需要掌握当前的系统状态,如泵站枢纽中各节制闸的开度、各泵站的开机台数、每台水泵的转速或叶片角度等信息,根据经济管理学的原理确定泵站运行的最优目标;根据现代数学的最优化方法建立数学模型和求解方法,确定泵站运行的最优方案;同样,各种信息的处理、最优方案的求解和控制都离不开电子计算机。因此,泵站经济运行也是与各门学科密切相关的综合性管理技术。

#### 8.2.1.1 以水位为控制目标的智能运行

梯级泵站输水(运行)控制是指利用泵站、渠道、闸门及其他控制型水工建筑物,通过一系列的控制型操作,实现所需的梯级间水力运行状态,即一定的水位、流量目标,并将水源传送到目的地的过程,最终实现安全、适时、适量、经济的输水和配水。因此,运行控制是实现梯级泵站输水任务和目标的核心环节。

梯级泵站输水控制系统中的主要控制单元为泵站,相对于闸门输水控制系统,虽然泵站对流量调节的灵活度及时效性较高,但由于泵站调节能耗及机械损耗较大,必须考虑其调节频次的约束。此外,由于系统运行效率及费用与梯级间水位、流量密切相关,其对水位、流量控制的需求较大。因此,在实际运行及控制中,一方面要通过运行控制,满足沿线各分水口流量需求,应对分水口流量变化;另一方面,根据运行优化理论可知,为达到经济运行目标,需通过运行控制满足各时段内系统对指定水位、流量的要求。因此,梯级泵站输水控制工况较常规自流型渠道更为复杂,系统对输水运行模式灵活性的要求更高。结合梯级泵站输水控制系统自身特点及需求,选取控制蓄量运行作梯级泵站输水系统的运行方式,并据此确定相应的控制模式,建立合适的控制算法和模型,得出在不同输水工况下,各渠段内蓄水容量的改变规则,以及对应的一系列泵站、闸门控制过程方案。如图8.2-1所示,控制蓄量运行的实质是根据各用户的需水及其变化情况,利用各渠池中的调蓄容积,充分应对上、下游及局部流量变化,并可将某个渠道池中的流量、水位波动分散到周边或系统渠道,提高系统过渡时间,该模式的关键技术问题是"为应对不同调度工况需求,各渠段内蓄水容量变化的策略及规则"。因此,控制蓄量运行模式适用于渠道调蓄能力较大,输水工况复杂,运行时效性要求较高的大型输水系统。

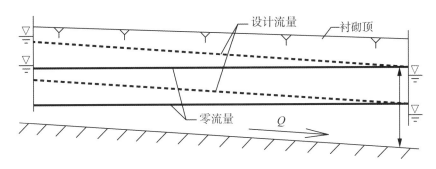

图 8.2-1　控制蓄量运行模式示意图

**1. 控制目标**

根据梯级泵站输水系统的运行需求,梯级泵站输水控制蓄量运行所需要实现的控制目标主要包括以下两点。

1) 实现目标水位、流量状态的控制

将对梯级间水位的控制转化为对梯级间蓄量和流量的控制。通过控制各渠段内的蓄量,使之达到目标蓄量,在此基础上进行流量平衡调节,使系统最终达到目标水位、流量状态,满足优化运行需求。

2) 应对流量变化工况

正常运行过程中,各级泵站保持流量稳定,系统处于平衡状态。当下游分水口流量发生短时间较大变化时,控制蓄量运行方式可以优先利用相关渠池内的调蓄容积,满足分水口需求,避免了全系统流量的频繁调节。即从时间、空间上对各渠段中的蓄水量进行集中优化控制,将下游流量的剧变转换为上游各渠池内流量缓变,从而减小相关局部渠池内的水位波动及对上游渠段的干扰。

**2. 控制变量**

控制算法中一般有三类变量,分别为被控变量(目标变量)、测量变量和控制作用变量。

1) 被控变量

被控变量是控制算法中所需控制的目标变量。例如:渠段上、下游端水位,渠段中部加权水位,建筑物过流量($Q$),渠段蓄水体积($V$)等。被控变量不一定能被直接测量。本研究中将渠池蓄量和水位同时作为被控变量。

(1) 水位。渠段中自由水面的水位很容易测得,而且水位直接影响到流量、蓄水量等变量,因此水位是最常见的被控变量。梯级泵站输水系统运行及控制目标为满足一定的流量和级间水位要求,因此其进水池水位可作为最终被控变量。但由于进水池水位在泵站流量调节过程中变化较为频繁和剧烈,短时内进水池水位并不能反映恒定后的最终水位,给控制带来了难题。为避免泵站的过频调节,将进水池水位作为间接(最终)被控变量。选取一种对干扰及控制作用更为敏感,且能够反映最终水位的变量作为直接控制变量,即梯级间蓄量。

(2) 蓄量。渠段蓄量可通过对渠段内多点水位进行测量后加权计算获得。因此,梯级渠段间的蓄量比进水池水位能更准确地感受来自干扰及控制作用的影响,且当梯级间蓄量达到目标蓄量及目标流量后,泵站进水池等水位可满足目标水面线要求。因此将蓄量作为直接被控因素。

2) 测量变量

测量变量,也可以称为控制算法的输入变量,是在系统中被测量的变量。根据已有工程设计资料,渠段上游水位、下游水位、中部水位、流量($Q$)等可以作为测量变量。本算法中选取渠段上、中、下游等多点水位和流量($Q$)作为测量变量。

3）控制作用变量

控制作用变量是控制算法最终得出的决策变量，并可以作为泵站、闸门等控制建筑物的动作调节器的输入值。控制作用变量可以为流量（$Q$）或闸门开度（$G$）等。它们可以是绝对值、相对值（相对于参考状态）或增量（相对于前一个时间的值）。对于泵站来说，特定的流量可由泵站通过调整泵站内的运行方案（叶片角、转速）获得。流量既是梯级泵站运行控制的目标，又是梯级间水位改变的主要控制作用变量。本研究中采用流量作为梯级泵站系统控制作用变量。

3. 控制形式

控制算法中通常有多种控制形式，如反馈控制、前馈控制及混合控制等，分别介绍如下。

（1）反馈控制。对被控变量进行量测，并与设定的目标值比较，将差值反馈给控制系统，控制器根据控制算法产生一系列的纠正动作，使被控变量逐渐达到设定目标值。

（2）前馈控制。前馈控制系统中，系统的被控变量对系统的控制作用无影响。

（3）混合控制。反馈控制和前馈控制各有优缺点，将两者相结合，取长补短，构成混合控制系统。

对于水位控制的运行方式，其主要控制方式为反馈控制，即根据水位信息来推导流量调节过程。其控制目标为控制水位，通过泵站流量调节来实现。

4. 实时监测

在实际输水过程由于未知扰动的影响（如未知分水，渗漏等情况），往往会导致渠池的水位波动情况。因此，为保证蓄量调节的准确性，必须对各渠段水位和蓄量进行实时监测，同时设定一定的采样和控制周期，进行相应的蓄量差反馈调节。

1）实时目标蓄量

在蓄量调节过程中，由于上、下级泵站间的流量差前馈调节，各渠段的蓄量值是一个变化量，并逐步向目标蓄量逼近。为掌握系统的实时状态，在调节过程中设置一定的采样周期，及时量测和计算系统及各渠段实时蓄量值，并将每个或特定采样周期末的现状蓄量值与目标蓄量值相比较，用于反馈调节。

根据各渠段前馈流量差，在一个采样周期内，渠池内的蓄量变化为：

$$\Delta V_i^j = (Q_{i+1}^j - Q_i^j) \times \mathrm{d}t \tag{8.2-1}$$

那么，在第 $j$ 个采样计算时间周期 $\mathrm{d}t(j)$ 末，各渠池的目标蓄量为：

$$V_i^j(t) = V_i^{j-1}(t) - (Q_{i+1}^j - Q_i^j) \times \mathrm{d}t \tag{8.2-2}$$

式中：$V_i^j(t)$ 为 $j$ 个采样周期末第 $i$ 渠段的目标蓄量；$V_i^{j-1}(t)$ 为 $j-1$ 个采样周期末渠段目标蓄量；$Q_{i+1}^j$、$Q_i^j$ 为第 $j$ 个时段内，第 $i+1$ 和 $i$ 级泵站在蓄量差调节过程中的流量。

2）实时监测蓄量

为实现对各渠段蓄量的实时精确量测，分别在各渠段的上、中、下游选取多点进行水位监测（图 8.2-2）。设定适宜的采样周期，结合各渠段断面情况计算得出各渠段及系统的实时蓄量值：第 $j$ 个采样周期末各渠段的实际蓄量值为 $V_i^j(a)$；系统第 $j$ 个采样周期末实际总蓄量为 $\sum_{i=1}^{n} V_i^j(a)$。

3）实时蓄量差反馈调节

第 $j-1$ 个采样周期末，各渠池蓄量与目标蓄量差值为：$V_i^{j-1}(a) - V_i^{j-1}(t)$；系统现状总蓄量与目标总蓄量的差值为：$\sum_{i=1}^{n} V_i^{j-1}(a) - \sum_{i=1}^{n} V_i^{j-1}(t)$；为消除蓄量差值，进行蓄量差反馈调节，则第 $j$ 采样（控制）周期内第 $i$ 渠段内的反馈流量差为：

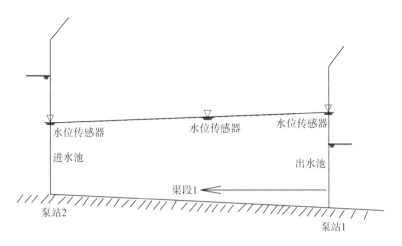

图 8.2-2　实时水位监测系统示意图

$$\Delta Q_i^{''}(j) = \frac{V_i^{j-1}(a) - V_i^{j-1}(t)}{\mathrm{d}t} \tag{8.2-3}$$

式中: $\Delta Q_i^{''}(j)$ 为第 $j$ 个时段内,第 $i$ 个渠段的反馈流量差。将 $\Delta Q_i^{''}(j)$ 作为蓄量反馈控制器的输出变量,并据此进行流量反馈控制。反馈调节中采样(控制)周期的选取对系统的动态响应有较大的影响。采样(控制)周期的选择应在渠段水力特性分析的基础上确定。

#### 8.2.1.2　以流量为控制目标的智能运行

水位控制一般是在渠池运行工况接近目标工况状态下的精细调控,而流量调控则属于从当前流量向目标流量转化过程中的调控,并且在转化过程中尽可能保证水位的波动较小。流量调控同样可以转化为蓄量调控方式。不同的是,流量调控不以水位作为控制输入值,而是根据目标流量和当前流量,制订流量调控方案,此即为前馈控制方式。

1. 目标蓄量及现状蓄量确定

根据系统优化运行方案可得出梯级间的目标水力状态,即一定输水流量下对应的梯级间目标水面线。该水面线下的蓄量即为各渠段的目标蓄量。各渠段目标蓄量可根据目标水面线,结合级间渠段特性计算得出。各渠段目标蓄量之和即为系统目标总蓄量。同理,结合实时水位、流量监测资料,可确定各渠段现状蓄量及系统现状总蓄量。

2. 目标蓄量与现状蓄量的差值

各个渠段的蓄量差为:

$$\Delta V_i = V_i(t) - V_i(s) \tag{8.2-4}$$

系统总蓄量差为:

$$\Delta V = \sum_{i=1}^{n} V_i(t) - \sum_{i=1}^{n} V_i(s) \tag{8.2-5}$$

式中: $i$ 为渠段号,代表第 $i$ 和 $i+1$ 级泵站间的渠段, $i=1,2,3,\cdots,n$ ; $V_i(t)$ 为第 $i$ 渠段的目标蓄量; $V_i(s)$ 为第 $i$ 渠段的现状蓄量; $\Delta V_i$ 为第 $i$ 渠段的蓄量差; $\Delta V$ 为系统总蓄量差。

3. 蓄量差前馈调节方式及范围确定

根据系统目标总蓄量和各渠段目标蓄量与现状蓄量的差值,确定蓄量调节的方式和范围。

(1) 如系统现状总蓄量小于目标总蓄量,即 $\sum_{i=1}^{n} V_i(t) - \sum_{i=1}^{n} V_i(s) > 0$ ,将需调整首级或末级泵站流量,形成一定的流量差,进行外部补水调节。

(2) 如果系统现状总蓄量大于目标蓄量,即 $\sum\limits_{i=1}^{n}V_i(t)-\sum\limits_{i=1}^{n}V_i(s)<0$,将需调整首级或末级泵站流量,形成一定的流量差,将进行外部耗水调节。

(3) 如梯级现状总蓄量等于或接近于目标蓄量,即 $\sum\limits_{i=1}^{n}V_i(t)-\sum\limits_{i=1}^{n}V_i(s)=0$,则梯级首级和末级泵站流量可保持不变,仅进行内部蓄量调节。

(4) 如系统中所有渠段的蓄量差均不等于 0,则进行全系统流量调节。如部分渠段蓄量差不同,则仅对这些渠段进行蓄量差调节,从其上游或下游开始逐级调整相应泵站,其余渠段及泵站维持现状运行状态,尽量减少参与调节的泵站及受干扰的渠段数。

4. 前馈调节时间及流量

假定系统将在 $\Delta t$ 内完成蓄量调节,则:

$$\Delta V = \sum_{i=1}^{n}V_i(t)-\sum_{i=1}^{n}V_i(s)=(Q_1-Q_n)\times\Delta t \tag{8.2-6}$$

式中:$\Delta t$ 为前馈(蓄量差)调节所需时间;$\Delta V$ 为系统全部渠段需要调节的总蓄量差;$V_i(s)$ 为第 $i$ 个渠段($i+1$ 和 $i$ 泵站间)的初始蓄量;$Q_1$、$Q_n$ 分别为首级泵站和末级泵站的在蓄量差调节过程中的流量,在前馈计算中,应首先确定首级和末级泵站的调节流量,然后依次确定其他泵站调节流量。

为使各个渠段同时达到目标蓄量,在前馈控制中相应的每个渠段所分配的流量差为:

$$\Delta Q'_i=Q_{i+1}-Q_i=\frac{\Delta V_i}{\Delta t'} \tag{8.2-7}$$

如将前馈调节时间 $\Delta t'$ 划分多个计算时段,当每个计算时段内前馈流量差均相同时:

$$\Delta t'=\sum_{i=1}^{n}\Delta t'(j)$$
$$\Delta Q'_i(j)=\Delta Q'_i(j+1) \tag{8.2-8}$$

式中:$\Delta Q'_i$ 为前馈控制中,第 $i$ 渠段所分配的调节流量差;$\Delta V_i$ 为第 $i$ 个渠段所需调节的蓄量差;$\Delta t'(j)$ 为 $\Delta t'$ 内所划分的第 $j$ 时段的长度,$j=1,2,3,\cdots,m$;$\Delta Q'_i(j)$、$\Delta Q'_i(j+1)$ 分别为前馈控制中,第 $j$ 和 $j+1$ 计算时段内,第 $i$ 渠段所分配的调节流量差;$Q_{i+1}$、$Q_i$ 为第 $i+1$ 和 $i$ 级泵站在蓄量差调节过程中的流量。

前馈算法中,$\Delta t'$ 的确定是整个算法的核心环节,直接决定了各泵站在各时段内的调节流量变化。为防止梯级间水位变幅超出允许值(特别是泵站进、出水池水位变幅),应严格控制各泵站的调节流量。

水位降落速度约束条件:

$$J_i^j=\frac{[h_i^{j-1}(c)-h_i^j(c)]}{\Delta t'}\leqslant J_1 \quad (i=1,2,\cdots,n;j=1,2,\cdots,m) \tag{8.2-9}$$

水位上升速度约束条件:

$$J_i^j=\frac{[h_i^j(c)-h_i^{j-1}(c)]}{\Delta t'}\leqslant J_2 \quad (i=1,2,\cdots,n;j=1,2,\cdots,m) \tag{8.2-10}$$

式中:$h_i^j(c)$、$h_i^{j-1}(c)$ 分别为第 $i$ 个渠段(中部)在第 $j$ 和 $j-1$ 时段末的水位值;$J_1$ 与 $J_2$ 分别为第 $i$ 个渠段在第 $j$ 时段的水位降落和上升变化的最大速率。

时段内各渠段内的调节流量差等于反馈控制环节、前馈控制环节的输出之和,即

$$\Delta Q_i(j) = \Delta Q_i'(j) + \Delta Q_i''(j) \tag{8.2-11}$$

式中：$\Delta Q_i(j)$ 为第 $j$ 时段内，第 $i$ 个渠段的调节流量差。根据各个渠段的流量差，分别确定各个泵站的流量过程。

如末级泵站要求流量保持恒定，则每个计算时段内上游各泵站的流量分别为：

$$Q_i(j) = Q_n(s) - \sum_i^{n-1} \Delta Q_i(j) \tag{8.2-12}$$

如首级泵站要求流量保持恒定，则每个计算时段内下游各泵站流量分别为：

$$Q_i(j) = Q_1(s) - \sum_1^i \Delta Q_i(j) \tag{8.2-13}$$

通过蓄量不平衡调节，各渠段均达到目标蓄量后，即 $V_i(a) = V_i(t)$，为实现目标水面线及流量要求，开始进行流量平衡调节。此时各泵站流量分别为：$Q_1(j), Q_2(j), Q_3(j), \cdots, Q_n(j)$。假定在时间 $\Delta t''$ 内，同步调节各泵站流量均至目标流量 $Q(t)$，系统达到流量平衡状态，从而达到目标水位、流量状态。

各泵站流量平衡调节需要一定的调节时间，可根据系统控制的稳定性要求进行合理选择。此外，由于各泵站进行流量平衡调节时的起始流量不同，在调节过程中渠段间仍可能存在一定的流量差，渠段内的蓄量也会有所变化，但是在水位控制精度允许的情况下可以忽略。

### 8.2.1.3　泵站效率最高的优化调度

梯级泵站的优化调度是一个多阶段、多重决策过程，各级泵站机组流量和梯级泵站扬程以及时段调水流量间需要相互协调。为了提高模型计算效率，避免整体优化可能产生的维数灾难问题，本研究采用系统分解协调思想，构建多层优化调度模型，并采用基于泛函分析思想的动态规划算法进行求解。

以系统效率最高为目标函数的优化调度技术主要包括单级泵站流量优化分配模型和梯级泵站扬程优化分配模型。同时，在扬程分配过程中还需要调用渠道水力损失计算模型。

1. 单级泵站流量优化分配模型

在调水流量和工作水头一定的工况下，通过机组间流量的优化分配，确定合理的开机组合，使单级泵站效率最高。泵站流量优化分配其实就是一个流量在泵站各机组之间分配的空间最优化问题，并人为地给泵站内可投入运行的机组按顺序进行编号，每台机组就是一个阶段，这样流量优化问题就变为一个多阶段决策过程的最优化问题，采用动态规划方法进行求解该层模型。求解过程如下。

阶段变量：每台机组为一个阶段，$j = 1, 2, \cdots, m$（$m$ 为机组台数）。

状态变量：选取第 $j$ 阶段至最末阶段 $m$ 的累计流量作为状态变量。

$$U_j = \sum_j^m q_j \tag{8.2-14}$$

决策变量：采用每台机组的流量 $q_j$ 作为决策变量。对决策变量离散化，离散的步长越小，计算精度则越高，但是计算量往往会显著增加。

状态转移方程：表示单个泵站中第 $j+1$ 阶段（即第 $j+1$ 号机组）的状态变量 $U_{j+1}$ 与第 $j$ 阶段（即第 $j$ 号机组）的状态变量 $U_j$ 和决策变量 $q_j$ 之间的关系。

$$U_{j+1} = U_j - q_j \tag{8.2-15}$$

式中：$U_1 = Q_k$（第 $k$ 时段的调水流量），$U_{m+1} = 0$。

目标函数：以单级泵站效率最高为目标函数，其表达式为：

$$\max \eta_{\text{st},i}(Q_k, H_i) = \max \frac{\rho g Q_k H_i}{\sum_{j=1}^{m} \rho g q_j H_i / \eta_{\text{p},j}(q_j, H_i)} \tag{8.2-16}$$

式中：$\rho$ 为水的密度，$1.0 \times 10^3 \text{ kg/m}^3$；$g$ 为重力加速度，$\text{m/s}^2$；$q_j$ 为第 $j$ 台机组的抽水流量，$\text{m}^3/\text{s}$；$H_i$ 为第 $i$ 级泵站的运行扬程，$\text{m}$，运行过程中认为泵站中各机组扬程相等；$\eta_{\text{p},j}(q_j, H_i)$ 为第 $j$ 台机组的效率。

约束条件：

泵站流量约束：$\sum_{j=1}^{m} q_j = Q_k$；

机组过流能力约束：$q_{j\min} \leqslant q_j \leqslant q_{j\max}$；

机组功率约束：$N_j(q_j, H_i) \leqslant N_{j\max}$。

上述约束中：$q_{j\min}$、$q_{j\max}$ 分别为第 $j$ 台机组的最小、最大抽水流量，$\text{m}^3/\text{s}$；$N_j(q_j, H_i)$ 为第 $j$ 台机组输入功率，$\text{kW}$；$N_{j\max}$ 为第 $j$ 台机组最大输入功率，$\text{kW}$。

求解方法：

动态规划法采取正向决策法计算，逆向递推。递推方程形式如下：

$$\begin{cases} N_{m+1}(U_{m+1}) = 0 \\ N_j(U_j) = \min\{L(U_j, q_j) + N_{j+1}(U_{j+1})\} \end{cases} \tag{8.2-17}$$

式中：$L(U_j, q_j)$ 为某阶段的输入功率函数；$N_j(U_j)$ 为某阶段的最小输入功率函数。需要说明的是，水泵机组在流量和扬程确定的情况下，其功率与效率成反比，故此处以功率作为递推过程的优化目标。最终通过该模型优化得到泵站扬程为 $H_i$、流量为 $Q_k$ 时使得泵站效率最高的机组流量分配方案。

**2. 梯级泵站扬程优化分配模型**

由第 1 级泵站站前水位和最后一级泵站站后水位（均认为一天内不变化）可知梯级泵站系统净扬程，在满足各渠段水力联系和各级泵站进、出水侧水位约束等多个条件的前提下，进行梯级泵站扬程分配，使梯级泵站系统总效率最高。因而梯级泵站扬程优化分配实质就是一个总扬程在梯级泵站之间分配的空间最优化问题，通过人为地给所研究的问题赋予时间特性，即将梯级泵站内运行的泵站按顺序编号，把每级泵站作为一个阶段，那么优化问题就成为一个多阶段决策过程的最优化问题，采用动态规划方法进行求解该层模型。求解步骤如下：

阶段变量：每级泵站为一个阶段，$i = 1, 2, \cdots, n$（$n$ 为投入运行的泵站数）。

状态变量：选取第 $i$ 阶段至最末阶段 $n$ 的累计扬程作为状态变量。

$$V_i = \sum_{i}^{n} H_i \tag{8.2-18}$$

决策变量：采用每级泵站的扬程 $H_i$ 作为决策变量。同样地对决策变量离散化，离散的步长越小，计算精度则越高，但是计算量显著增加。

状态转移方程：表示梯级泵站中第 $i+1$ 阶段（即第 $i+1$ 座泵站）的状态变量 $V_{i+1}$ 与第 $i$ 阶段（即第 $i$ 座泵站）的状态变量 $V_i$ 和决策变量 $H_i$ 之间的关系。

$$V_{i+1} = V_i - H_i + h_{\text{w},i} \tag{8.2-19}$$

式中：$V_1 = H$，$V_{n+1} = 0$；其中，$H$ 为梯级泵站净扬程，$\text{m}$，$H = Z_{n,\text{out}} - Z_{1,\text{in}}$；$h_{\text{w},i}$ 为第 $i$ 级泵站和第 $i+1$ 级泵站间渠段的水力损失值，$\text{m}$，该值需通过渠道水力损失计算模型获取。

目标函数：以单级泵站效率最高为目标函数，其表达式为：

$$\max \eta_s(Q_k, H) = \max \frac{\rho g Q_k H}{\sum_{i=1}^{n} \rho g Q_k H_i / [\max \eta_{st,i}(Q_k, H_i)]} \quad (8.2\text{-}20)$$

式中：$\rho$ 为水的密度，$1.0 \times 10^3 \text{ kg/m}^3$；$g$ 为重力加速度，$\text{m/s}^2$；$\max \eta_s(Q_k, H)$ 为梯级泵站系统的最高效率；$\max \eta_{st,i}(Q_k, H_i)$ 是泵站 $i$ 在输水流量为 $Q_k$、扬程为 $H_i$ 时的最高效率，通过调用单级泵站流量优化分配模型优化结果得到。

约束条件：

进水侧水位约束：$Z_{i,\text{inmin}} \leqslant Z_{i,\text{in}} \leqslant Z_{i,\text{inmax}}$；

出水侧水位约束：$Z_{i,\text{outmin}} \leqslant Z_{i,\text{out}} \leqslant Z_{i,\text{outmax}}$；

梯级泵站扬程约束：$\sum_{i=1}^{n} H_i = H + \sum_{i=1}^{n-1} h_{w,i}$。

上述约束中：$Z_{i,\text{in}}$ 为第 $i$ 级泵站进水侧水位，m；$Z_{i,\text{inmin}}$、$Z_{i,\text{inmax}}$ 分别为第 $i$ 级泵站进水侧最低、最高水位，m；$Z_{i,\text{out}}$ 为第 $i$ 级泵站出水侧水位，m；$Z_{i,\text{outmin}}$、$Z_{i,\text{outmax}}$ 分别为第 $i$ 级泵站出水侧最低、最高水位，m。

求解方法：

动态规划法采取正向决策法计算，逆向递推。递推方程形式如下：

$$\begin{cases} P_{n+1}(V_{n+1}) = 0 \\ P_i(V_i) = \min\{L(V_i, H_i) + P_{i+1}(V_{i+1})\} \end{cases} \quad (8.2\text{-}21)$$

式中：$L(V_i, H_i)$ 为某阶段的输入功率函数；$P_i(V_i)$ 为某阶段的最小输入功率函数。需要说明的是，泵站在流量和扬程确定的情况下，其功率与效率成反比，故此处同样采用功率作为递推过程的优化目标。最终通过该模型优化得到梯级泵站系统净扬程为 $H$、流量为 $Q_k$ 时使得系统效率最高的泵站扬程分配方案。

3. 渠道水力损失计算模型

梯级泵站间的渠道水力损失主要包括输水渠段的沿程水头损失和倒虹吸、拦污栅等建筑物引起的局部水力损失。该部分损失随渠道运行工况的变化而改变，需要构建水动力模型进行计算。

对于长期运行的大型引水工程，运行启动或工况调整的暂态运行阶段时间短，能耗相对较小，对工程经济效益影响较小。因此，该模型仅考虑恒定流工况下的渠道水力损失。

1）渠道

在恒定流计算模型中，将圣维南方程中各水力要素对时间的偏导项取为零，得到仅含空间项的微分方程组，见下式。

$$\begin{cases} \dfrac{\mathrm{d}Q}{\mathrm{d}x} + q = 0 \\ -\dfrac{\mathrm{d}Z}{\mathrm{d}x} = \dfrac{u^2}{C^2 R} + \dfrac{u}{g}\dfrac{\mathrm{d}u}{\mathrm{d}x} - \dfrac{2uq}{gA} \end{cases} \quad (8.2\text{-}22)$$

式中：$Q$ 为输水流量，$\text{m}^3/\text{s}$；$x$ 为断面的距离坐标，m；$q$ 为单位长度渠段上的分水流量，$\text{m}^3/\text{s}$，如果全线流量匹配，则取 $q=0$；$u$ 为断面平均流速，m/s；$Z$ 为水位，m；$C$ 为谢才系数，$\text{m}^{0.5}/\text{s}$；$R$ 为水力半径，m；$g$ 为重力加速度，$\text{m}^2/\text{s}$；$A$ 为过水面积，$\text{m}^2$。

2）倒虹吸

对于长度较短的倒虹吸，可以对水击波速进行计算，从而得出明渠水波在倒虹吸中的传播时间。以某输水工程中倒虹吸为例，采用 2 孔并联布置形式，单孔尺寸为 $5.0 \text{ m} \times 3.0 \text{ m}$（宽×高），设计流量为

$20.0 \ \mathrm{m^3/s}$。在倒虹吸中的水击波速计算公式如下：

$$c = \sqrt{\frac{K}{\sigma} \cdot \frac{1}{\sqrt{1 + \frac{K}{E} \cdot \frac{D}{e}}}} \tag{8.2-23}$$

式中：$c$ 为倒虹吸中的水击波速；$K$ 为水的体积弹性系数；$\sigma$ 为水在 20° 下的密度；$E$ 为倒虹吸壁的弹性系数；$D$ 为倒虹吸的等效半径；$e$ 为倒虹吸的厚度。其中，$K = 2.39 \times 10^9$；$\sigma = 1 \times 10^3$；$E$ 在本次研究中取混凝土的弹性系数，为 $30 \times 10^9$；$e$ 取 $0.5 \ \mathrm{m}$。计算得出：$c = 953.47 \ \mathrm{m/s}$。水波在倒虹吸中的传播时间约为 $0.31 \ \mathrm{s}$。由于明渠计算时间步长 $\Delta t$ 远远大于水波在倒虹吸中的传播时间，因此倒虹吸可当作局部水力损失处理。倒虹吸进出口间的水头差为进口渐变段 $h_1$、进口闸室 $h_2$、出口渐变段 $h_3$、出口闸室 $h_4$ 的局部损失以及洞身沿程水头损失之和。

(1) 进口渐变段

$$h_1 = \zeta_1 \left( \frac{v^2}{2g} - \frac{v_1^2}{2g} \right) \tag{8.2-24}$$

式中：$v_1$ 为进口渐变段的进口流速，可以采用上游明渠中的流速来代替；$\zeta$ 为水头损失系数，为经验值；$v$ 为进口渐变段的出口流速，可以采用倒虹吸直管段的流速，在已知倒虹吸过流量的条件下，可采用均匀流公式求得；$g$ 为重力加速度（$9.8 \ \mathrm{m/s^2}$）。

(2) 出口渐变段

$$h_3 = \zeta_3 \left( \frac{v^2}{2g} - \frac{v_2^2}{2g} \right) \tag{8.2-25}$$

式中：$v_2$ 为出口渐变段的出口流速，可以采用下游明渠中的流速来代替；$\zeta$ 为水头损失系数，为经验值；$v$ 为出口渐变段的进口流速，可以采用洞身的流速，在已知洞身过流量的条件下，可以采用均匀流公式求得；$g$ 为重力加速度（$9.8 \ \mathrm{m/s^2}$）。

(3) 进口闸室段

$$h_2 = \zeta_2 \frac{v^2}{2g} \tag{8.2-26}$$

式中：$\zeta$ 为水头损失系数，为经验值；$v$ 为进口闸室内的流速；$g$ 为重力加速度（$9.8 \ \mathrm{m/s^2}$）。

(4) 出口闸室段

$$h_4 = \zeta_4 \frac{v^2}{2g} \tag{8.2-27}$$

式中：$v$ 为闸室内的流速，可采用倒虹吸直管段的流速，在已知倒虹吸过流量的条件下，可以采用均匀流公式求得；$\zeta$ 为水头损失系数，为经验值；$g$ 为重力加速度（$9.8 \ \mathrm{m/s^2}$）。

结合各段水力损失计算公式，考虑连续性条件，倒虹吸控制方程见下式：

$$\begin{cases} Q_{in} = Q_{out} \\ h_1 + Z_{in} + h_2 + \dfrac{1}{2g} \left( \dfrac{Q_{in}}{A_{in}} \right)^2 = h_3 + Z_{out} + h_4 + \dfrac{1}{2g} \left( \dfrac{Q_{out}}{A_{out}} \right)^2 + \dfrac{Q_{in} Q_{out}}{K^2} L \end{cases} \tag{8.2-28}$$

式中：$K$ 为综合反映断面形状、尺寸和粗糙程度等对输水能力影响的流量模数；$L$ 为倒虹吸的长度。

3）渐变段

针对输水渠道中断面变宽或变窄的情况，都可以当作渐变段进行处理。通常渐变段长度较短，故可当作局部水力损失处理。过水断面增大或缩小的情况，有以下相容条件：

$$\begin{cases} Q_{in} = Q_{out} \\ h_{in} + Z_{in} + \dfrac{1}{2g}\left(\dfrac{Q_{in}}{A_{in}}\right)^2 = h_{out} + Z_{out} + \dfrac{1}{2g}\left(\dfrac{Q_{out}}{A_{out}}\right)^2 + \zeta \dfrac{1}{2g}\left|\left(\dfrac{Q_{in}}{A_{in}}\right)^2 - \left(\dfrac{Q_{out}}{A_{out}}\right)^2\right| \end{cases} \tag{8.2-29}$$

式中：$\zeta$ 为局部水力损失系数。

渠道中的其他建筑物布置形式均可以采用倒虹吸、渐变段的处理方法进行概化。将简化的渠段恒定流圣维南方程组和内部构筑物相容方程进行耦合，采用 Preissmann（普赖斯曼）格式对方程组进行离散，并采用双扫描法对水力损失计算模型进行求解。

对第 $i$ 个渠池（第 $i$ 和 $i+1$ 级泵站间的渠道），取第 $i$ 级泵站输水流量为上游边界，第 $i+1$ 级泵站进水侧水位为下游边界，通过上述模型求解得到第 $i$ 级泵站出水侧水位。泵站进、出水池流速一般很小，流速水头可忽略不计。则第 $i$ 个渠池的渠道水力损失可由下式表示。

$$h_{w,i} = Z_{i,out} - Z_{i+1,in} \tag{8.2-30}$$

#### 8.2.1.4 泵站运行费用最低的优化调度

使系统运行费用最低的优化调度主要包括三层优化模型：为确定泵站内部最优的开机组合及机组流量，需构建单级泵站流量优化模型（Ⅰ层模型）；为实现梯级泵站实际提升扬程在各级泵站的最优分配，在耦合渠道水力损失计算模型的基础上，构建梯级泵站扬程优化模型（Ⅱ层模型）；结合时间因素，同时需要考虑系统运行费用与电价结构、机组启停次数的紧密联系，构建基于分时电价的梯级泵站日优化调度模型（Ⅲ层模型）。见图 8.2-3。

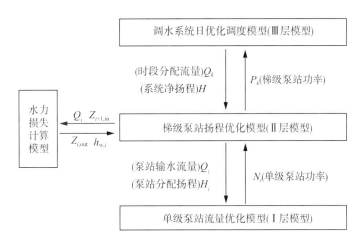

图 8.2-3 子系统相互关系及数据流

1. 单级泵站流量优化分配模型

系统费用最低的优化调度技术与系统效率最高的优化调度技术在单级泵站流量分配模型中的阶段变量、状态变量、决策变量、状态转移方程、约束条件、求解方法完全相同，目标函数修改为单级泵站功率最小，其表达式为：

$$\min N_i(Q_k, H_i) = \sum_{j=1}^{m} \frac{\rho g q_j \times H_i}{\eta_{p,j}(q_j, H_i)} \tag{8.2-31}$$

式中：$\rho$ 为水的密度，$1.0 \times 10^3 \, kg/m^3$；$g$ 为重力加速度，$m/s^2$；$q_j$ 为第 $j$ 台机组的抽水流量，$m^3/s$；$H_i$ 为第 $i$ 级泵站的运行扬程，m，运行过程中认为泵站中各机组扬程相等；$\eta_{p,j}(q_j, H_i)$ 为第 $j$ 台机组的效率。通过该模型优化得到泵站扬程为 $H_i$、流量为 $Q_k$ 时使得泵站运行费用最低的机组流量分配方案。

2. 梯级泵站扬程优化分配模型

系统费用最低的优化调度技术与系统效率最高的优化调度技术在梯级泵站扬程优化分配模型中的阶段变量、状态变量、决策变量、状态转移方程、约束条件、求解方法完全相同，目标函数修改为梯级泵站运行功率最小，其表达式为：

$$minP_k(Q_k, H) = \sum_{i=1}^{n} \left[ minN_i(Q_k, H_i) \right] \tag{8.2-32}$$

式中：$P_k(Q_k, H)$ 为第 $k$ 时段梯级泵站的总功率，kW；$minN_i(Q_k, H_i)$ 为第 $i$ 级泵站在输水流量为 $Q_k$、分配扬程为 $H_i$ 时的最小功率，由单级泵站流量优化分配模型计算得到。通过该模型优化得到梯级泵站系统净扬程为 $H$、流量为 $Q_k$ 时使得系统运行费用最低的泵站扬程分配方案。

3. 渠道水力损失计算模型

梯级泵站扬程优化是研究当首级泵站进水侧水位和末级泵站出水侧水位（即梯级净扬程）一定时，各级泵站间的扬程分配，要在满足各渠段水力联系和各级泵站进、出水侧水位约束等多个条件的前提下，得出各级扬程分配的最优解，使整个梯级输水系统运行功率最低。由于相邻泵站间水力关系紧密，因此梯级泵站扬程优化调度必须考虑渠道的水力损失。系统费用最低的优化调度技术和系统效率最高的优化调度技术采用完全相同的渠道水力损失计算模型。

4. 调水系统日优化调度模型

梯级泵站日优化调度研究是指：把日调水量约束作为选择性约束条件，在满足调蓄工程各约束条件下，考虑地区分时电价的影响，进行分时段调水流量优化分配，使得梯级泵站总电费最小。分时段调水流量优化分配也就是一个总水量在各时段之间分配的时间最优化问题，把每个时段作为一个阶段，此优化问题就成为一个多阶段决策过程的最优化问题，采用动态规划法进行求解。模型如下：

一天计划调水量为 $24 \times 3\,600 \times \overline{Q}$，$\overline{Q}$ 为日均输水流量。

阶段变量：每个时段为一个阶段，$k = 1, 2, \cdots, r$（$r$ 为每日的时段数，需要依据当地的分时电价政策进行分段）。

状态变量：选取第 $k$ 阶段至最末阶段 $r$ 的累计流量作为状态变量。

$$W_k = \sum_{k}^{r} Q_k \tag{8.2-33}$$

决策变量：采用每时段的调水流量 $Q_k$ 作为决策变量。对决策变量离散化，离散的步长越小，计算精度则越高，但是计算量显著增加。

状态转移方程：表示梯级泵站输水系统中第 $k+1$ 阶段（即第 $k+1$ 个时段）的状态变量 $W_{k+1}$ 与第 $k$ 阶段（即第 $k$ 个时段）的状态变量 $W_k$ 和决策变量 $Q_k$ 之间的关系。

$$W_{k+1} = W_k - Q_k \tag{8.2-34}$$

式中：$W_1 = r\overline{Q}$，$W_{k+1} = 0$。

目标函数：对于梯级泵站，只考虑各泵站各机组的日总电费，其目标函数的表达式为：

$$\min T(\bar{Q}, H) = \sum_{k=1}^{r} \{[\min P_k(Q_k, H)] \times t_k \times \Delta t\} + n \times s \tag{8.2-35}$$

式中：$T(\bar{Q},H)$ 为梯级泵站系统日运行费用，元；$\bar{Q}$ 为日均输水流量，根据调度计划确定，$\mathrm{m^3/s}$；$\min P_k(Q_k, H)$ 为第 $k$ 时段输水流量为 $Q_k$、梯级净扬程为 $H$ 时的系统最小功率，可由梯级泵站扬程优化模型计算得到；$t_k$ 为第 $k$ 时段的单位电价，元/$(\mathrm{kW \cdot h})$；$\Delta t$ 为时段时长，小时；$r$ 为时段数，由电价结构决定；$n$ 为机组启停次数；$s$ 为机组启停一次所需费用，元/次。

约束条件：

调水流量约束（调水量约束）：$\sum\limits_{k=1}^{r} Q_k = r \times \bar{Q}$。

求解方法：

动态规划法采取正向决策法计算，逆向递推。递推方程形式如下：

$$\begin{cases} T_{r+1}(W_{r+1}) = 0 \\ T_k(W_k) = \min\{L(W_k, Q_k) + T_{k+1}(W_{k+1})\} \end{cases} \tag{8.2-36}$$

式中：$L(W_k, Q_k)$ 为某阶段的费用函数；$T_k(W_k)$ 为某阶段的最小费用函数。通过该模型优化得到梯级泵站系统日均调水流量为 $Q$、总净扬程为 $H$ 时使得系统运行费用最低的泵站扬程分配方案。

5. 系统效率最高和系统费用最低优化调度技术的比较

系统运行效率最高的优化调度技术和系统运行费用最低的优化调度技术具有明显的共性和差异。

两种优化策略都具有多层优化子模型，求解过程中均采用基于泛函分析思想的动态规划算法对各模型进行分层优化。在梯级泵站扬程优化模型中均需要调用渠道水力损失计算模型。

系统效率最高的优化调度技术具有时间无关性，其优化结果只与运行工况相关。系统运行费用最低的优化调度技术主要受当地的分时电价结构影响，优化调度结果往往随不同时段的电价结构变化，常表现为低电价时大流量输水、高电价时小流量输水的特点。当区域电价结构波动不大时，两种策略的优化结果差异不大。当电价结构分段较多时，系统运行费用最低的优化结果往往会导致输水流量的动态调整，增加现地调控次数，故该策略往往还会引入机组开关次数的约束或优化目标。

#### 8.2.1.5 泵站群联合调度

泵站群的联合调度既要充分保证工程安全，又要降低运行费用和能耗。本研究考虑梯级泵站输水系统运行调度过程容易出现的输水流量不平衡、泵站站前或站后水位超出极值范围等情况，以智能运行方法为手段，得到了适用于现地调控的泵站群的联合调度方案。其中，为考虑实际调度过程中的节能降耗，对某一流量区间进行离散，获取各工况下梯级泵站的最优控制水位，并组合形成泵站优化水位控制区间，通过泵站群联合调度使得各泵站运行水位处于对应的优化水位控制区间内，可实现工程在实际运行调度中的经济效益。

方法总体思路如下：以构建的渠道一维水动力仿真模型为基础，计算渠段的水位（泵站站前或站后水位）-流量-蓄量关系，在实时工况下，根据调控方法制订调控方案。若各泵站站前和站后水位在极值范围内，预测泵站站前（站后）水位的时间变化规律，给出调控方案；若有泵站站前或站后水位超出极值范围，则立即采取调控措施。

1. 仿真模型构建

建立水力学仿真模型并计算渠段的水位-流量-蓄量关系，考虑输水系统状态变量的连续变化性，在获取了部分离散工况下的渠段蓄量后，其余工况下的渠段蓄量可由各渠段的水位（泵站站前或站后水位）-流量-蓄量关系线性插值得到。

假设当前某渠段的流量为 $Q$，下级泵站站前(或者上级泵站站后)水位为 $Z$。

若 $Q_i \leqslant Q < Q_{i+1}$，$H_j \leqslant H < H_{j+1}$，则：

$$V = \frac{Z - Z_j}{Z_{j+1} - Z_j} \times \left[ \frac{Q - Q_i}{Q_{i+1} - Q_i} \times (V_{i+1,j+1} - 2V_{i+1,j} + V_{i,j}) + V_{i+1,j} - V_{i,j} \right]$$
$$+ \frac{Q - Q_i}{Q_{i+1} - Q_i} \times (V_{i+1,j} - V_{i,j}) + V_{i,j} \tag{8.2-37}$$

同理，假设泵站运行一段时间后求出 $V$，已知 $Q$，则反算水位 $Z$ 的方法如下：

若 $Q_i \leqslant Q < Q_{i+1}$，$V_{i,j} \leqslant V < V_{i+1,j+1}$，则：

$$Z = \frac{(Z_{j+1} - Z_j) \times \left[ V - \dfrac{Q - Q_i}{Q_{i+1} - Q_i} \times (V_{i+1,j} - V_{i,j}) - V_{i,j} \right]}{\dfrac{Q - Q_i}{Q_{i+1} - Q_i} \times (V_{i+1,j+1} - 2V_{i+1,j} + V_{i,j}) + V_{i+1,j} - V_{i,j}} + Z_j \tag{8.2-38}$$

**2. 各泵站站前、站后水位在优化极值范围内的调控**

梯级泵站输水系统包含多个调控渠段，以某渠池上、下级泵站的调度为例(注：后文均以泵站站前水位为例，泵站站后水位的控制方法同理)。

1) 水位预测

假设初始状态泵站 $i-1$ 和泵站 $i$ 的抽水流量分别为 $Q_{i-1}$ 和 $Q_i$，泵站 $i$ 的站前水位为 $h_{i0}$。两级泵站间渠道初始蓄量为：

$$V_0 = V \left( \frac{Q_{i-1} + Q_i}{2}, h_{i0} \right) \tag{8.2-39}$$

运行一段时间 $T$ 后渠道蓄量为：

$$V_1 = V_0 + (Q_{i-1} - Q_i) \times T \tag{8.2-40}$$

则可反算运行一段时间 $T$ 后泵站 $i$ 站前水位为：

$$h_{i1} = H \left( \frac{Q_{i-1} + Q_i}{2}, V_1 \right) \tag{8.2-41}$$

判断是否需要控制：

若 $Q_{i-1} > Q_i$，那么

$$\begin{cases} \Delta V = V \left( \dfrac{Q_i + Q_{i-1}}{2}, h_{i\max} \right) - V \left( \dfrac{Q_i + Q_{i-1}}{2}, h_{i0} \right) \\ \Delta T = \Delta V / (Q_{i-1} - Q_i) \end{cases} \tag{8.2-42}$$

式中：$h_{i\max}$ 表示泵站 $i$ 的站前水位在 $\Delta T$ 时间后会达到最高控制水位。

若 $Q_{i-1} < Q_i$，那么

$$\begin{cases} \Delta V = V \left( \dfrac{Q_i + Q_{i-1}}{2}, h_{i0} \right) - V \left( \dfrac{Q_i + Q_{i-1}}{2}, h_{i\min} \right) \\ \Delta T = \Delta V / (Q_i - Q_{i-1}) \end{cases} \tag{8.2-43}$$

式中：$h_{i\min}$ 表示泵站 $i$ 的站前水位在 $\Delta T$ 时间后会达到最低控制水位。计算出 $m-1$ 级泵站的 $\Delta T$ 之后，

找出最小值 $\min(\Delta T)$ 及其对应泵站。

2) 调控提前时间的确定

泵站流量改变会导致渠段的水位波动,为使泵站在 $\min(\Delta T)$ 时稳定到控制水位范围内,需提前进行调控。理想的提前调控时间应大于移动波(以上级泵站调控为例)向下游传播的时间,计算方法如下:

$$\Delta t = \frac{L_i}{v + |c|} + K \frac{L_i}{v - |c|} \tag{8.2-44}$$

式中:$\Delta t$ 为提前调控时间;$L_i$ 为渠段长度;$K$ 为权重系数,一般取 $K \in (0, 0.5)$,具体值可通过仿真计算确定;$v$ 和 $c$ 分别为初始时刻渠道的平均流速和波速。

$$c = \pm \sqrt{gA/B} \tag{8.2-45}$$

式中:$A$ 为断面面积;$B$ 为水面宽度;其中"$+$"号表示波由上游向下游顺着流程传播,"$-$"号表示波由下游向上游逆着流程传播。因此,开始调控时间($T_k$)为:

$$T_k = \min(\Delta T) - \Delta t \tag{8.2-46}$$

3) 调控方法

以泵站 $i-1$(流量 $Q_{i-1}$)、泵站 $i$(流量 $Q_i$)和泵站 $i+1$(流量 $Q_{i+1}$)抽水流量的相互关系来决定调控方法,逐步使得梯级泵站流量达到平衡。

当 $Q_{i-1} > Q_i$ 时:

若 $Q_i \geqslant Q_{i+1}$,则调整泵站 $i-1$ 的流量,使得 $Q_{i-1} = Q_i$;

若 $Q_i < Q_{i+1}$,则调整泵站 $i$ 的流量,使得 $Q_i = Q_{i-1}$。

当 $Q_{i-1} < Q_i$ 时:

若 $Q_i > Q_{i+1}$,则调控泵站 $i$ 的流量,使得 $Q_i = Q_{i-1}$;

若 $Q_i \leqslant Q_{i+1}$,则调控泵站 $i-1$ 的流量,使得 $Q_{i-1} = Q_i$。

水位超出极值范围包括超过最高控制水位和低于最低水位两种情况,控制方法分别如下。

(1) 超过最高运行水位控制

当泵站站前水位超过其最高控制水位时,应立即采取控制措施,将水位降低至设计水位范围。

如图 8.2-4 所示,以某段渠池为例,假设初始状态泵站 $i-1$ 和泵站 $i$ 的流量分别为 $Q_{i-1}$ 和 $Q_i$;泵站 $i$ 站前水位为 $h_{i0}$(大于 $h_{i\max}$)。将泵站 i 的流量增大至 $Q_1$,同时将泵站 $i-1$ 的流量减小至 $Q_2$。当泵站 $i$ 站前水位回落至预设水位 $h_{i1}$(在控制范围内)时,将梯级泵站输水流量调至 $Q$,工程继续稳定运行。

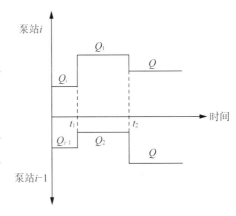

图 8.2-4 泵站流量调度过程

由初始状态水位和流量以及末状态水位和流量即可确定出蓄量变化值 $\Delta V$,从而可计算出调控过程的时间 $T$。

$$\begin{cases} \Delta V = V\left(\dfrac{Q_{i-1} + Q_i}{2}, h_{i0}\right) - V(Q, h_{i1}) \\ T = t_2 - t_1 = \dfrac{\Delta V}{Q_1 - Q_2} \end{cases} \tag{8.2-47}$$

为简化闸门操作,泵站 $i-1$ 上游泵站和泵站 $i$ 下游泵站在调控时间 $T$ 内,在原来抽水流量不变的基础上,若泵站站前水位在运行控制范围内,则其余泵站流量不进行调控;否则进行调控,调控方法与水位在极值范围内方法相同。

(2) 低于最低运行水位控制

当泵站站前水位低于其最低控制水位时,应立即采取控制措施,将水位提升至设计水位范围。

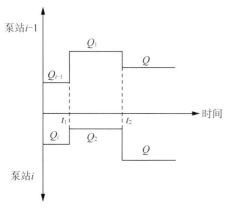

图 8.2-5　泵站流量调度过程

如图 8.2-5 所示,以某段渠池为例,假设初始状态泵站 $i-1$ 和泵站 $i$ 的流量分别为 $Q_{i-1}$ 和 $Q_i$;泵站 $i$ 站前水位为 $h_{i0}$(小于 $h_{imin}$)。

将泵站 $i-1$ 的流量增大至 $Q_1$,同时将泵站 $i$ 的流量减小至 $Q_2$。当泵站 $i$ 站前水位提升至预设水位 $h_{i1}$(在控制范围内)时,将梯级泵站输水流量调至 $Q$,工程继续稳定运行。

由初始状态水位和流量以及末状态水位和流量即可确定出蓄量变化值 $\Delta V$,从而可计算出调控过程的时间 $T$。

$$\begin{cases} \Delta V = V(Q, h_{i1}) - V\left(\dfrac{Q_{i-1}+Q_i}{2}, h_{i0}\right) \\ T = t_2 - t_1 = \dfrac{\Delta V}{Q_1 - Q_2} \end{cases} \tag{8.2-48}$$

为简化泵站操作,泵站 $i-1$ 上游泵站和泵站 $i$ 下游泵站在调控时间 $T$ 内,在原来抽水流量不变的基础上,若泵站站前水位在运行控制范围内,则其余泵站流量不进行调控;否则进行调控,调控方法与水位在极值范围内的方法相同。

#### 8.2.1.6　泵站优化运行

泵站智慧运行就是在泵站机组的设计功率、设计流量下,为了安全圆满地完成泵站的提水任务,结合计算机技术的运用,设定能耗最低或者费用最少或者控制水位为优化的目标,对泵站整体进行科学的管理,在完成需水计划的前提下,优化流量和泵站中各机组的开机组合状况。

为了使泵站在经济高效的状况下工作,泵站的优化调度应根据各泵站的实际需水量变化,实时调节泵站的优化流量和站内的开机组合方式。

1. 调度原则

1) 总量控制原则

泵站调水总量控制是指在一次调水周期内,为达到优化调度的目的,变换各泵站的开机组合,原则上调水总量不超过原定计划的总量。

2) 运行参数控制原则

运行参数控制是指为保证工程运行安全,必须按照工程的运行参数(如泵站控制水位、泵站抽水流量、渠道控制水位等)进行调度。

3) 滚动修正原则

为实现总量控制目标,在水量调度过程中,根据已调度时段的来水和取水情况,对余留期的调度方案(即开机组合)进行滚动修正。

2. 技术路线

泵站智慧运行的优化调度核心是根据需水计划,在满足需水前提下,根据各泵站目标水位、各级渠道当前蓄水状况、面临时段可供水量和面临时段可利用水资源量以及泵站实际工况等,通过水量平衡计算,得到每一级泵站的抽水流量,在此基础上制定出站内的最优开机组合,以达到节流和降低泵站能源损耗的目的。

泵站智慧运行优化调度模型的技术路线如图 8.2-6 所示。

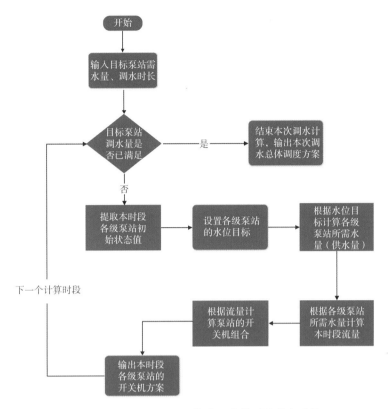

图 8.2-6　泵站智慧运行优化调度模型的技术路线

1）多站优化模型

以水位控制为目标,根据目标泵站的需水量以及各级泵站的水位目标,考虑渠道的用水、渠床渗漏、水面蒸发以及其他不可确定的损失(损失系数),根据各渠段当前蓄水状况、面临时段可供水量、面临时段可利用水资源量和渠段用水需求量等,通过槽蓄曲线和水量平衡计算,得出各级泵站的需水量,从而得到各泵站相应的流量。

2）站内优化模型

给定泵站的流量后,通过两种方式得到泵站机组开机情况。

(1)泵站机组叶片可调或泵站各机组型号不一致

根据泵站内机组的类型、台数、设计流量、设计功率等,在满足每级泵站所需流量的基础上,以效率最高为目标函数建立数学模型,得出最佳的开机组合。

(2)泵站各机组型号一致且机组叶片不可调

根据机组的设计流量直接计算出开机台数,并进行滚动修正,在整个调度周期内,模型根据指定的时段长度进行滚动计算,根据当前时段的实际工况进行调整计算并输出最新的开机方案,确保整个调度周期处于优化运行过程。

3. 多站优化模型

1）泵站需水量计算

(1)末级泵站的需水量直接取设置的需水量。

(2)当前泵站的需水量计算公式如下:

$$\begin{cases} PWS_i = PWN_{i+1} + CW_i \\ PWN_{i+1} = fn(ZIn_{i+1}) \\ CW_i = fn(ZOut_i) + CWU_i + CWD_i - CWIn_i - CWLoss_i \end{cases} \quad (8.2-49)$$

式中:$PWS_i$ 为当前泵站供水量(出水池水量);$PWN_{i+1}$ 为当前泵站的下级泵站的需水量(进水池水量);$CW_i$ 为当前泵站和下级泵站之间的渠道需水量;fn($ZIn_{i+1}$) 为根据目标水位应用水位蓄量曲线计算下级泵站进水池的需水量;fn($ZOut_i$) 为根据目标水位应用水位蓄量曲线计算当前泵站出水池的需水量;$CWU_i$ 为渠道用水量,可通过量测水设备测量而得;$CWD_i$ 为渠道分水量,即渠道中的水通过其他固定渠道分水;$CWIn_i$ 为渠道来水量,即渠道范围内降雨来水或其他来水;$CWLoss_i$ 为渠道损失量,渠道的水量损失包括渠道水面蒸发损失、渠床渗漏损失、闸门漏水损失和渠道退水等。水面蒸发损失一般不足渗漏损失水量的5%,在渠道流量损失计算中常忽略不计;闸门漏水损失和渠道退水取决于工程质量和用水管理水平,可以通过加强灌区管理工作以限制,在计算渠道流量时不予考虑。因此只把渠床渗漏损失水量近似地看作总输水损失水量。渗漏损失水量和渠床土壤性质、地下水埋藏深度和出流条件、渠道输水时间等因素有关。用以下经验公式计算:

$$Q_l = \sigma L Q_n = \frac{\beta A}{100} L Q_n^{1-m} \quad (8.2-50)$$

式中:$\sigma$ 为每公里渠道输水损失系数;$A$ 为渠床土壤透水系数,$A=3.4$;$m$ 为渠床土壤透水指数,$m=0.5$;$Q_n$ 为渠道净流量,$\mathrm{m^3/s}$;$Q_l$ 为渠道输水损失流量,$\mathrm{m^3/s}$;$L$ 为渠道长度,km;$\beta$ 为渗水量折减系数,浆砌石护面时取 0.15。

代入数据得:

$$Q_l = 0.005\,1\,L Q_n^{0.5} \quad (8.2-51)$$

2) 泵站流量计算

泵站流量计算公式如下:

$$Q_i = \frac{PWS_i}{T} \quad (8.2-52)$$

式中:$Q_i$ 为当前泵站的流量,$\mathrm{m^3/s}$;$PWS_i$ 为当前泵站供水量(出水池水量),$\mathrm{m^3}$;$T$ 为调水时间,s。

3) 约束条件

约束条件包括:

(1) 渠道的需水量不能超过渠道的最大蓄水量,避免造成水量大量流失

$$0 \leqslant CW(i,j) \leqslant V_{max}(i,j) \quad (8.2-53)$$

式中:$CW(i,j)$ 为第 $i$ 时段、第 $j$ 级泵站渠道的需水量;$V_{max}(i,j)$ 为 $i$ 时段、第 $j$ 级泵站渠道的最大蓄水量。

(2) 各级泵站提供的流量不能大于泵站的设计总流量并且各泵站提供的流量需大于等于零

$$0 \leqslant q(i,j) \leqslant Q_{sj}(i,j) \quad (8.2-54)$$

式中:$q(i,j)$ 为第 $i$ 时段、第 $j$ 级泵站应提供的流量;$Q_{sj}(i,j)$ 为第 $i$ 时段、第 $j$ 级泵站的设计流量。

4. 站内优化模型

在调水流量和工作水头一定的工况下,通过机组间流量的优化分配,确定合理开机组合,使单级泵站效率最高。泵站流量优化分配其实就是一个流量在泵站各机组之间分配的空间最优化问题,并人为地给泵站内可投入运行的机组按顺序进行编号,每台机组就是一个阶段,这样流量优化问题就变为一个多阶段

决策过程的最优化问题,采用动态规划方法求解该层模型。

1) 目标函数

$$\max \eta_{\mathrm{st},i}(Q_k,H_i) = \max \frac{\rho g Q_k H_i}{\sum\limits_{j=1}^{m}\left[\rho g q_j H_i / \eta_{\mathrm{p},j}(q_j,H_i)\right]} \qquad (8.2\text{-}55)$$

式中:$\rho$ 为水的密度,$1.0\times10^3$ kg/m³;$g$ 为重力加速度,m/s²;$q_j$ 为第 $j$ 台机组的抽水流量,m³/s;$H$ 为第 $i$ 级泵站的运行扬程,m,运行过程中认为泵站中各机组扬程相等;$\eta_{\mathrm{p},j}(q_j,H_i)$ 为第 $j$ 台机组的效率。

2) 约束条件

泵站流量约束:$\sum\limits_{j=1}^{m}q_j=Q_k$;

机组过流能力约束:$q_{j\min} \leqslant q_j \leqslant q_{j\max}$;

机组功率约束:$N_j(q_j,H_i) \leqslant N_{j\max}$。

上述约束中:$q_{j\min}$、$q_{j\max}$ 分别为第 $j$ 台机组的最小、最大抽水流量,m³/s;

$N_j(q_j,H_i)$ 为第 $j$ 台机组输入功率,kW;$N_{j\max}$ 为第 $j$ 台机组最大输入功率,kW。

3) 求解方法

采用动态规划法进行求解,过程如下:

(1) 阶段变量:每台机组为一个阶段,$j=1,2,\cdots,m$($m$ 为机组台数)。

(2) 状态变量:选取第 $j$ 阶段至最末阶段 $m$ 的累计流量作为状态变量。

$$U_j=\sum\limits_{j}^{m}q_j \qquad (8.2\text{-}56)$$

(3) 决策变量:采用每台机组的流量 $q_j$ 作为决策变量。对决策变量离散化,离散的步长越小,计算精度则越高,但是计算量往往会显著增加。

(4) 状态转移方程:表示单个泵站中第 $j+1$ 阶段(即第 $j+1$ 号机组)的状态变量 $U_{j+1}$ 与第 $j$ 阶段(即第 $j$ 号机组)的状态变量 $U_j$ 和决策变量 $q_j$ 之间的关系。

$$U_{j+1}=U_j-q_j \qquad (8.2\text{-}57)$$

式中:$U_1=Q_k$(第 $k$ 时段的调水流量),$U_{m+1}=0$。

(5) 动态规划法采取正向决策法计算,逆向递推。递推方程形式如下:

$$\begin{cases} N_{m+1}(U_{m+1})=0 \\ N_j(U_j)=\min\{L(U_j,q_j)+N_{j+1}(U_{j+1})\} \end{cases} \qquad (8.2\text{-}58)$$

式中:$L(U_j,q_j)$ 为某阶段的输入功率函数;$N_j(U_j)$ 为某阶段的最小输入功率函数。需要说明的是,水泵机组在流量和扬程确定的情况下,其功率与效率成反比,故此处以功率作为递推过程的优化目标。最终通过该模型优化得到泵站扬程为 $H_i$、流量为 $Q_k$ 时使得泵站效率最高的机组流量分配方案。

5. 渠道水位蓄量曲线模型

水位蓄量曲线为本研究重要的基础参数之一,但在实际调研过程中发现渠道缺少该基础曲线,所以有必要研究渠道水位蓄量曲线生成模型,根据已有资料拟合出一条曲线。

该模型的方法如下:

根据河道实测断面分布,将断面以上河道干、支流分为 $n$ 段,假设初始断面为 1 断面,上一断面为 2 断面,1、2 断面间的河段为第 1 河段;以此类推,则第 $n$ 河段为 $n$ 断面至 $n+1$ 断面之间的河段,如图 8.2-7 所示。

图 8.2-7　河道断面分布

现以第 1 河段为例,计算河道槽蓄量(图 8.2-8)。首先根据断面 1、断面 2 处的测绘资料,绘出它们的河道大断面图,再分别计算水位 $H_1$ 下的河道过水断面面积,可得水位 $H_1$ 下断面 1、断面 2 处的过水断面面积分别为 $S_{11}$、$S_{12}$,如下图所示。断面 1 与断面 2 间的距离 $L_1$ 可由实际测绘资料得到。

图 8.2-8　断面间距

由河道槽蓄量计算中的断面切割法可知,可将目标河段看成一个近似棱台,根据棱台体积计算公式,可计算出水位 $H_1$ 下第 1 河段的槽蓄量 $W_{11}$,即

$$W_{11} = (S_{11} + S_{12} + \sqrt{S_{11} \times S_{12}}) \times L_1/3 \qquad (8.2\text{-}59)$$

相应地,其他各河段在水位 $H_1$ 下的河段槽蓄量分别为 $W_{12}, W_{13}, \cdots, W_{1n}$,由此可得水位 $H_1$ 下,整个河道的槽蓄量 $W_1$,即

$$W_1 = W_{11} + W_{12} + \cdots + W_{1n} \qquad (8.2\text{-}60)$$

按此方法得到各级水位下 $(H_2, H_3, \cdots, H_n)$ 的河道槽蓄量 $W_2, W_3, \cdots, W_n$,通过插值和拟合得到河道水位-槽蓄量关系曲线。需要注意的是,在实际使用中需根据河道特征选择河段长度和水位,必要时可将河段二次分割,两河道断面间的河道形状不宜变化过大,可适当缩短河道断面间距,便于计算出更贴合实际的河道过水断面面积和槽蓄量。

6. 模型计算技术方法

1) 线性插值法

线性插值是一种较为简单的插值方法,其插值函数为一次多项式。线性插值在各插值节点上插值的误差为 0。

设函数 $y = f(x)$ 在两点 $x_0, x_1$ 上的值分别为 $y_0$、$y_1$。已知 $x$ 为 $x_0$ 和 $x_1$ 之间的一点,求 $y$ 值,公式如下:

$$y = y_0 + \frac{(y_1 - y_0)}{(x_1 - x_0)} \cdot (x - x_0) \qquad (8.2\text{-}61)$$

2) 动态规划法

动态规划算法是通过拆分问题,定义问题状态和状态之间的关系,使得问题能够以递推(或者说分治)的方式去解决。

动态规划算法的基本思想与分治法类似,也是将待求解的问题分解为若干个子问题(阶段),按顺序求解子阶段,前一子问题的解为后一子问题的求解提供了有用的信息。在求解任一子问题时,列出各种可能的局部解,通过决策保留那些有可能达到最优的局部解,丢弃其他局部解。依次解决各子问题,最后一个子问题就是初始问题的解。

动态规划所处理的问题是一个多阶段决策问题,一般由初始状态开始,通过对中间阶段决策的选择,达到结束状态。这些决策形成了一个决策序列,同时确定了完成整个过程的一条活动路线(通常是求最优的活动路线)。动态规划的设计都有着一定的模式:初始状态→│决策 1│→│决策 2│→…→│决策 $n$│→结束状态,一般要经历以下几个步骤。

(1) 划分阶段:按照问题的时间或空间特征,把问题分为若干个阶段。在划分阶段时,注意划分后的阶段一定要是有序的或者是可排序的,否则问题就无法求解。

(2) 确定状态和状态变量:将问题发展到各个阶段时所处于的各种客观情况用不同的状态表示出来。状态的选择要满足无后效性。

(3) 确定决策并写出状态转移方程:因为决策和状态转移有着天然的联系,状态转移就是根据上一阶段的状态和决策导出本阶段的状态。所以如果确定了决策,状态转移方程也就可写出。但事实上常常是反过来做,即根据相邻两个阶段的状态之间的关系来确定决策方法和状态转移方程。

(4) 寻找边界条件:给出的状态转移方程是一个递推式,需要一个递推的终止条件或边界条件。

一般,只要解决问题的阶段、状态和状态转移决策确定了,就可以写出状态转移方程(包括边界条件)。

实际应用中可以按以下几个简化的步骤进行设计,分别为:分析最优解的性质,并刻画其结构特征;递归的定义最优解;以自底向上或自顶向下的记忆化方式(备忘录法)计算出最优值;根据计算最优值时得到的信息,构造问题的最优解。

利用动态规划算法优化泵站运行的流程如图 8.2-9 所示。

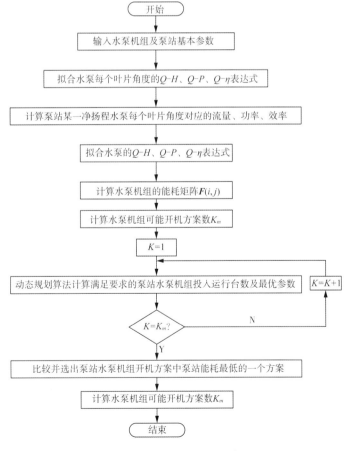

图 8.2-9 泵站优化运行流程

### 8.2.2 功能模块

泵站经济运行管理模块利用先进的信息技术和智能算法,对泵站运行过程中的各种数据进行采集、分析和处理,以实现泵站的经济运行管理。该模块主要包括数据采集、数据分析、优化运行、故障诊断、经济评估及决策支持等。

#### 8.2.2.1 数据采集

该模块通过传感器、监测设备等手段,实时采集泵站运行过程中的各种数据,包括压力、流量、温度、电流等指标。

#### 8.2.2.2 数据分析

该模块对采集到的数据进行分析和处理,提取有价值的信息,包括异常数据的检测、数据的趋势分析、故障预警等。

#### 8.2.2.3 优化运行

1. 基础信息

该模块可实现泵站优化运行调度管理,为系统提供支撑,包括泵站管理、机组管理、渠段管理等内容。

1) 泵站管理

泵站管理实现对泵站基础信息的管理,包括泵站编号、名称、进水侧低水位、进水侧设计水位、进水侧高水位、出水侧低水位、出水侧设计水位、出水侧高水位等(图8.2-10)。

图 8.2-10 泵站管理

2) 机组管理

机组管理可实现对泵站各机组基础信息的管理,包括所属泵站、机组编号、名称、叶片角度、设计流量、最大扬程等,并实现对机组各叶片角度特性曲线的管理(图8.2-11)。

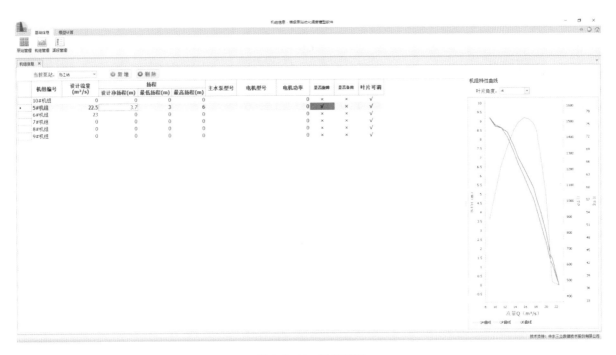

图 8.2-11 机组管理

3) 渠段管理

(1) 渠段管理可实现对渠段基础信息的管理,包括渠段编号、开始泵站、结束泵站、长度、渠段底宽、边坡系数等(图 8.2-12)。

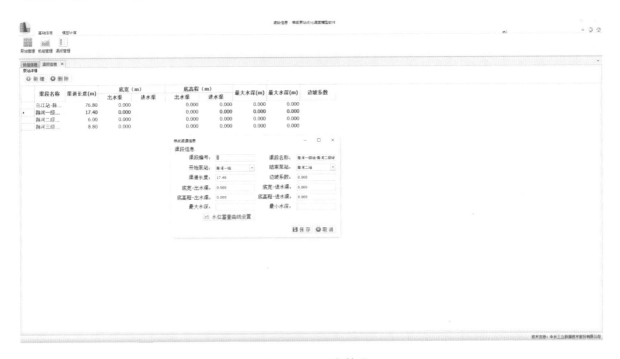

图 8.2-12 渠段管理

(2) 渠段管理还可以实现渠段进水口和出水口的水位蓄量曲线维护管理(图8.2-13)。

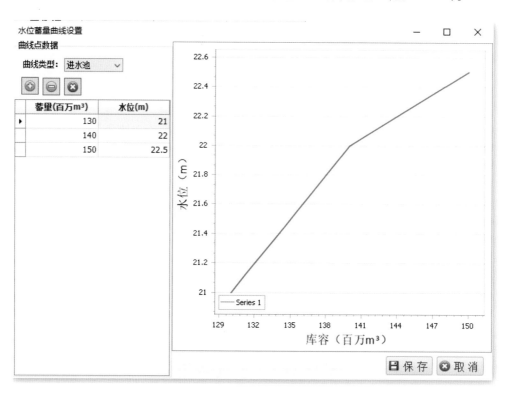

图8.2-13　水位蓄量曲线

2. 模型计算

通过输入目标调水量以及调水时长,设定调度的起止泵站,展示模型计算相关的参数信息、初始数值,调用梯级泵站优化调度模型,系统最终输出各级泵站的开关机组合,并保存本次调度方案(图8.2-14)。

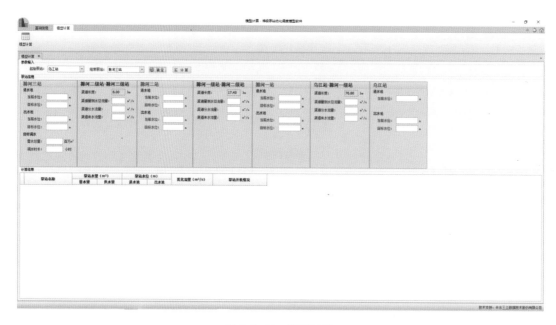

图8.2-14　模型计算

3. 方案管理

方案管理包括方案查询和方案对比等模块:方案查询主要查询已生成的调度方案;方案对比主要实现生成的调度方案和实际运行情况的对比。

#### 8.2.2.4　故障诊断

该模块根据数据分析的结果,对泵站运行中出现的故障进行诊断和定位,提供故障的原因分析和解决方案。

#### 8.2.2.5　经济评估

该模块根据泵站的运行数据和能耗数据,对泵站的经济运行状况进行包括能耗成本、维护成本等方面的评估和分析。

#### 8.2.2.6　决策支持

该模块基于经济评估结果和包括维修计划、设备更新等方面的运行优化建议,为泵站管理者提供决策支持。

## 8.3　智能作业管理

### 8.3.1　概述

泵站智能作业管理模块是一种基于智能技术的泵站作业管理系统。该模块利用人工智能、物联网、大数据等技术,对泵站的作业进行智能化管理和优化,提高泵站的运行效率和安全性。智能作业管理的一般规定如下。

(1) 排水泵站应根据水文气象资料和可供调蓄的湖泊、河道的运行资料,制订泵站、排水闸排水预案,其来水和排水过程线可通过调蓄演算确定。排水预案是根据受益区排水需要和水文、气象及电力供应等情况,确定泵站机组开停机的控制水位、开机台数及流量,以及排水闸启闭水位。

(2) 灌溉或供水泵站应根据用水计划编制供水计划。供水计划是根据受益区用水计划和水文、气象及电力供应等情况,确定泵站机组开停机的时间、顺序、台数及流量。

(3) 宜根据工程及水泵配套的实际情况,测定水泵装置特性曲线。没有条件测定时,可对照模型曲线换算。

(4) 宜通过泵站性能参数和水文气象分析,建立泵站与其他相关水利工程联合运行的水力特性关系。

(5) 扬程变化较大,且没有工况调节机组的排水泵站,宜增设工况调节设施。

(6) 沿线调节容积小的梯级泵站,各级站宜设置工况可调节机组。

(7) 宜利用泵站信息管理系统统计、分析运行资料,获得各机组的装置效率特性或能耗特性,建立泵站运行调度决策支持系统。

### 8.3.2　安全监测

应根据泵站设计要求进行变形、流量、水位等项目监测。观测方式分为自动观测和人工观测,采用自动观测时,应定期进行人工校验。当发现不正常现象,应及时分析原因,采取措施,防止发生事故,并改善运行方式,保证工程安全。应保证观测工作的连续性与系统性,按规定项目、频次和时间进行观测和记录。

1. 监测内容及要求

水位测量应以标准水准点为基准,在进水池、出水池进行测量;水位测量应按照《水位观测标准》(GB/T 50138—2010)、《泵站现场测试与安全检测规程》(SL 548—2012)的规定执行。

流量观测应根据水质、不确定度要求等内容,确定适合的测量方法;流量观测应按照 SL 548—2012 的规定执行。

建筑物变形观测应包括垂直位移和水平位移,垂直位移可采用水准法进行测量,水平位移可采用校准线、交会等方法进行观测;变形观测应按照《工程测量标准》(GB 50026—2020)的规定执行。

宜采用真空表、压力表、压力传感器、差压传感器等仪器,测量进水流道(管道)进口、出水流道(管道)出口和进出水流道(管道)中间等部位的压力;压力测量应按照 SL 548—2012 的规定执行。压力测量时,应保证引压管路畅通并可靠排除管路内空气。

当泵站建筑物发生可能影响结构安全的裂缝后,应进行裂缝观测。

采用自动化采集系统进行安全观测时,应准确将各项仪器参数输入系统。

如发现观测精度不符合要求,应立即重测;如发现异常情况应立即进行复测,同时加强观测,并采取必要的措施。

观测仪器应每年进行 1 次校测,确保观测数据的真实性和准确性。

2. 观测频次

频次应满足下列要求:

①流量、水位应每日观测 1 次;

②变形宜每季度观测 1 次;

③压力宜每月观测 1 次。

遇到以下情况,应增加观测频次:

①特殊时期(如洪水、地震、风暴潮等)和新建泵站;

②超设计标准运用;

③泵站地基条件差或泵站建筑物受力不均匀。

3. 观测记录

每次现场观测采集后的数据应清晰、准确、规范。

观测记录应采用规范表格,观测人员应在记录表上签名。

应及时对记录资料进行计算及整理,采用自动观测采集的数据,每月至少备份 1 次。

每年应对当年所有的观测数据进行汇编。

符号表示和精度应符合下列要求:

①水位以 m 表示,读数精确到 0.01 m;

②流量以 $m^3/s$ 表示,读数精确到 0.001 $m^3/s$;

③变形以 mm 表示,读数精确到 0.1 mm;

④压力以 MPa 表示,读数精确到 0.001 MPa。

### 8.3.3 事故处理

(1) 事故处理应遵循下列规定:

①迅速限制事故扩大,消除事故根源,解除对人身和设备的威胁;

②在不致事故扩大的原则下,确保未发生事故的设备安全运行;

③事故处理,现场优先;

④事故发生后值班人员应及时向调度或泵站负责人报告。

(2) 发生危及人身安全或严重的工程及设备事故时,工作人员可采取紧急措施,操作有关设备,事后当事人应及时向上级部门报告。

(3) 根据现场情况,若调度命令直接威胁人身和设备安全时,值班人员可拒绝执行,同时向主管部门报告。

(4) 若事故发生在交接班时,接班人员应协助交班人员进行处理,待处理完毕或告一时段后,再继续进行交接。

(5) 事故发生后,管理部门应积极组织力量进行抢救。无关人员不得进入事故现场。事故抢修工作可不用工作票,但应做好记录。

(6) 事故发生后应按下列规定处理:

①工程设施和机电设备发生一般事故,管理单位应查明原因并及时处理;

②工程设施和机电设备发生重大事故,管理单位应及时报告上级部门,并协同调查、处理。

(7) 发生人身伤亡事故时,应采取紧急救助措施,保护好现场,并及时报告上级主管部门和安全监督部门。

## 8.3.4 安全鉴定

(1) 新建泵站投入运行后 15~20 年或全面更新改造泵站投入运行后 10~15 年,应进行 1 次综合安全鉴定。之后每隔 5~10 年应进行 1 次安全鉴定。新建堤身式泵站投入运行后或全面更新改造投入运行后,安全鉴定年限可适当缩短。

(2) 泵站出现下列情况之一时,应进行综合安全鉴定或专项安全鉴定:

①建筑物发生较大险情;

②主机组及其他主要设备状态恶化;

③拟列入更新改造计划或需要扩建增容的;

④规划的水情、工情发生较大变化,影响泵站安全运行;

⑤泵站遭遇超标准设计洪水,强烈地震或运行中建筑物和设备发生重大事故。

(3) 泵站安全鉴定工作应执行《泵站安全鉴定规程》(SL 316—2015)的规定。

## 8.3.5 功能模块

泵站运维智能作业管理模块利用智能化技术和算法,对泵站运维过程中的作业任务进行管理和优化。智能作业管理模块主要包括作业计划、作业调度、作业执行、作业优化、作业报告及故障处理等。通过泵站运维智能作业管理模块,可以实现对泵站运维作业的智能化管理,提高作业效率和质量,降低运维成本,减少故障发生和停机时间,保证泵站的稳定运行。同时,还可以提供作业数据和报告,为泵站管理者提供决策支持,优化泵站的运维策略和管理措施。

### 8.3.5.1 作业计划

该模块根据泵站的实际情况和运维需求,制订泵站的作业计划,包括巡检、维护、保养等作业任务的安排和调度。

#### 8.3.5.2 作业调度

该模块根据作业计划和实时的泵站运行数据,对作业任务进行调度和分配,确保作业任务的及时完成和高效执行。

#### 8.3.5.3 作业执行

该模块通过智能化的手段,对泵站作业任务的执行过程进行监控和管理,包括作业人员的实时位置追踪、作业进度的监测等,确保作业任务完成的质量和效率。

#### 8.3.5.4 作业优化

该模块可根据泵站的运行数据和作业执行情况,对作业流程和作业方法进行优化和改进,提高作业效率和质量,减少作业时间和成本。

#### 8.3.5.5 作业报告

该模块可生成作业任务的报告和记录,包括作业时间、作业内容、作业人员等信息,便于后续的分析和评估。

#### 8.3.5.6 故障处理

该模块可对泵站运维过程中出现的故障进行处理和管理,包括故障的报修、故障的分析和处理方案的制订等。

# 8.4 智能巡检

## 8.4.1 概述

巡视检查一般包括日常巡查、汛前(后)检查和特别检查。日常巡视检查由巡查岗人员开展,汛前(后)检查由管理单位技术负责人组织开展,应按操作手册规定频次(时间)、线路、内容、方法进行检查。每次检查前应做好准备工作,配备必要的工具和安全防护用具。检查高压电器设备时,禁止移开或越过安全护栏,不应撑伞。雷雨天需检查室外高压设备时,应穿绝缘靴,不应靠近避雷器和避雷针。发现异常现象时,应做好记录。情况严重时,应及时报告。

#### 8.4.1.1 检查频次

日常巡视检查应符合下列要求:汛期需每天巡查 1 次;非汛期需每周巡查 1 次。

汛前检查应在每年 3 月底前完成。汛后检查宜在每年 10 月底前完成。

工程遭受超标准洪水、12 级及以上的台风、5 级及以上的地震,以及出现险情或发生较大工程事故时,应对工程重要部位和主要设施设备进行特别检查。

#### 8.4.1.2 检查范围和内容

1. 日常巡检

日常巡视检查需满足下列要求:

①巡查范围主要包括水工建筑物、机电设备、金属结构等;

②巡查内容主要包括主机组、开关柜门、高低压配电设备、配电室、闸门、启闭设备、清污机、拦污栅、管道、冷却水系统、消防设施、监测设施、进出水池、交通桥等。

2．汛前检查

汛前检查除日常巡查内容外，还应检查下列内容：

①防汛责任制落实情况；

②闸门与启闭设备、供电线路及备用电源的试运行情况；

③防汛应急预案编制与报批（备）；

④防汛物资和防汛抢险队伍的准备和落实情况；

⑤上一年度发现问题处理情况。

3．汛后检查

汛后检查除日常巡查内容外，还应检查下列内容：

①工程变化和损坏情况；

②险情处置情况；

③防洪调度合理性；

④防汛物资使用情况；

⑤信息化及监测系统运行情况。

4．特别检查

特别检查应根据具体情况确定检查内容。

### 8.4.1.3　检查记录

检查人员日常巡视应逐项填写检查记录，记录表格式见表 8.4-1。

表 8.4-1　泵站日常巡视检查记录表

日期：　年　月　日　　水位/m：　　天气：

| 检查部位 | 检查内容 | 是否正常 | 存在问题 |
|---|---|---|---|
| 泵站建筑物 | 1. 管理范围内有无新的违章建筑物、构筑物 | | |
| | 2. 管理范围内有无爆破、取土、倾倒和排放污染物 | | |
| | 3. 保护范围内有无船只停放 | | |
| | 4. 填土有无跌落、陷洞、积水 | | |
| | 5. 墙顶有无堆重物 | | |
| | 6. 堤身有无倾斜、错动或断裂，砌缝有无风化剥落 | | |
| | 7. 有无松动、塌陷、隆起、底部掏空、垫层散失及人为破坏 | | |
| | 8. 有无裂缝、麻面、腐蚀、露筋、混凝土剥落等表面缺陷 | | |
| | 9. 道路是否畅通，道面有无损毁和积水现象，桥面有无超载车辆通行 | | |
| | 10. 屋顶是否漏水 | | |
| | 11. 墙体是否破损、渗水、开裂，粉刷是否脱落 | | |
| 主机组及传动装置 | 1. 主机组运转是否正常，摆度、振动是否正常，温度指示是否正常 | | |
| | 2. 各类仪表、按钮是否完好，显示是否正常，标识是否齐全 | | |
| | 3. 前后轴承油封是否完好，有无渗漏 | | |
| | 4. 绝缘电阻是否符合要求，接地是否可靠 | | |
| | 5. 线路绝缘是否正常，连接是否可靠，有无漏电、短路现象 | | |
| | 6. 减速箱油位是否正常，油质有无浑浊，减速箱运行是否可靠 | | |

| 检查部位 | 检查内容 | 是否正常 | 存在问题 |
|---|---|---|---|
| 高压配电设备 | 1. 各类仪表指示是否正常 | | |
| | 2. 开关柜封闭是否良好,孔洞是否封堵,接地是否可靠 | | |
| | 3. 高压软件启动柜是否能正常运行 | | |
| | 4. 高压变频装置是否能正常运行 | | |
| | 5. 标识是否齐全 | | |
| 低压配电设备 | 1. 各类仪表指示是否正常 | | |
| | 2. 开关柜封闭是否良好,孔洞是否封堵,接地是否可靠 | | |
| | 3. 低压软件启动柜是否能正常运行 | | |
| | 4. 低压变频装置是否能正常运行 | | |
| | 5. 各绕组温度是否符合要求 | | |
| | 6. 标识是否齐全,外表是否清洁 | | |
| | 7. 避雷装置是否正常 | | |
| 其他电气设备 | 1. 各类仪表指示是否正常 | | |
| | 2. 线缆绝缘是否正常,连接是否可靠,有无漏电、短路现象 | | |
| 金属结构（闸门） | 1. 闸门表面是否清洁,有无表面涂层剥落 | | |
| | 2. 门体是否有变形、锈蚀、焊缝开裂或螺栓、铆钉松动等情况 | | |
| | 3. 止水橡皮是否老化、断裂、破损,止水装置止水效果是否良好 | | |
| | 4. 支承行走机构、起门梁、拉杆有无缺陷,是否运转灵活 | | |
| 金属结构（拍门） | 1. 有无裂纹及严重磨损、锈蚀现象 | | |
| | 2. 铰轴、铰座连接是否可靠,转动是否灵活 | | |
| | 3. 止水效果是否良好 | | |
| 金属结构（启闭机） | 1. 外观是否清洁,工作面有无油污、杂物 | | |
| | 2. 钢丝绳有无断丝、断股、磨损、锈蚀、接头不牢、变形 | | |
| | 3. 螺杆有无弯曲变形、锈蚀 | | |
| | 4. 开高及限位装置是否准确 | | |
| 金属结构(清污机及控制柜) | 1. 格栅片上的垃圾及污物,平台是否清洁 | | |
| | 2. 格栅片是否松动、变形与腐蚀 | | |
| | 3. 转动部件是否完好,运转是否正常 | | |
| 辅助设备 | 1. 冷却系统运行是否正常,有无渗漏 | | |
| | 2. 技术供水系统运行是否正常,有无渗漏,触摸屏、仪表、按钮是否完好,显示是否正常 | | |
| | 3. 消防供水系统运行是否正常,有无渗漏,触摸屏、仪表、按钮是否完好,显示是否正常 | | |
| 信息化系统 | 1. 计算机是否运行正常 | | |
| | 2. 网络运行是否正常 | | |
| | 3. 摄像头是否清洁无污物,画面是否清晰 | | |

巡查人员(签名):                                    技术负责人(签名):

汛前、汛后检查后应提出检查结论和建议,记录表格式见表 8.4-2 与表 8.4-3。

表 8.4-2 泵站汛前检查记录表

| 检查时间 | | 水位/m | | 天气 | |
|---|---|---|---|---|---|
| 检查基本情况 | | | | | |
| 检查部位 | | 检查记录 | | | |
| 泵站建筑物 | 进出水池 | | | | |
| | 挡土墙、护坡 | | | | |
| | 防冲槽、护底 | | | | |
| | 交通桥 | | | | |
| 机电设备 | 主水泵、主电机等主要设备 | | | | |
| | 高低压配电柜等主要配套设备 | | | | |
| | 油、气、水等辅助设备 | | | | |
| 金属结构 | 启闭设施 | | | | |
| | 闸门、拍门 | | | | |
| | 拦污栅 | | | | |
| | 清污机 | | | | |
| 管理设施 | 监测设施 | | | | |
| | 交通、通信设施 | | | | |
| | 消防设施 | | | | |
| | 信息化设施 | | | | |
| | 标识标牌 | | | | |
| | 管理房 | | | | |
| 管理范围内有无违章建筑或危害工程安全行为 | | | | | |
| 度汛准备情况 | | | | | |
| 防汛责任制落实情况 | | | | | |
| 防汛物资储备情况 | | | | | |
| 启闭设备、备用电源试运行情况 | | | | | |
| 应急预案编制、审批、演练情况 | | | | | |
| 维修养护项目完成情况 | | | | | |
| 上年度汛后检查问题处置情况 | | | | | |
| 汛前检查结论 | | | | | |
| 汛前检查存在问题 | | | | | |
| 存在问题的处理建议 | | | | | |

检查人员(签名):                                         负责人(签名):

表 8.4-3　泵站汛后检查记录表

| 检查时间 | | 水位/m | | 天气 | |
|---|---|---|---|---|---|
| 检查基本情况 | | | | | |
| 检查部位 | | 检查记录 | | | |
| 泵站建筑物 | 进出水池 | | | | |
| | 挡土墙、护坡 | | | | |
| | 防冲槽、护底 | | | | |
| | 交通桥 | | | | |
| 机电设备 | 主水泵、主电机等主要设备 | | | | |
| | 高低压配电柜等主要配套设备 | | | | |
| | 油、气、水等辅助设备 | | | | |
| | 叶轮、叶轮帽、导叶体部件 | | | | |
| 金属结构 | 启闭设施 | | | | |
| | 闸门、拍门 | | | | |
| | 拦污栅 | | | | |
| | 清污机 | | | | |
| 管理设施 | 监测设施 | | | | |
| | 交通、通信设施 | | | | |
| | 消防设施 | | | | |
| | 信息化设施 | | | | |
| | 标识标牌 | | | | |
| | 管理房 | | | | |
| 管理范围内有无违章建筑或危害工程安全行为 | | | | | |
| 工程运行情况 | | | | | |
| 防洪调度合理性 | | | | | |
| 险情处置情况 | | | | | |
| 工程损坏情况 | | | | | |
| 防汛物资使用情况 | | | | | |
| 汛后检查结论 | | | | | |
| 汛后检查存在问题 | | | | | |
| 存在问题的处理建议 | | | | | |
| 下年度维护养护建议 | | | | | |

检查人员(签名)：　　　　　　　　　　　　　　　　　　　负责人(签名)：

　　纸质巡查记录应当场签名,巡查记录应清晰、完整、准确、规范。

　　检查发现缺陷或异常情况时,应有详细的情况说明、部位描述和影像资料。

　　特别检查结束后,对发现的问题应进行分析,并制订应急处理方案和修复计划,现场检查记录、检查报告、问题或异常的处理与验收等资料应定期归档。

### 8.4.2　功能模块

泵站运维智能巡检管理模块利用智能化技术和设备对泵站进行巡检和管理,提高泵站运维管理能力,以及泵站巡检的效率和准确性,及时发现和处理设备故障,保障泵站的正常运行。该模块主要包括巡检计划管理、巡检任务分配、巡检数据采集、异常报警与处理、巡检数据分析、历史数据管理及虚拟化巡检。

#### 8.4.2.1　巡检计划管理

系统可以制订泵站巡检计划,包括巡检时间、巡检人员、巡检内容、巡检路线等信息,方便进行统一管理和安排。支持按照巡检类型、巡检标题查询巡检路线。支持对巡检路线进行配置,以及增、删、改、查操作。

#### 8.4.2.2　巡检任务分配

系统根据巡检计划自动分配巡检任务给相应的巡检人员,确保任务的及时完成。巡检人员按需填报巡检结果并上报,上报的信息展示在巡检台账信息中,内容包括:巡检记录名称、巡检日期、巡检开始时间、巡检结束时间等。支持以巡检名称、巡检开始日期、结束日期查看巡检记录详情(图8.4-1)。

图 8.4-1　巡检任务分配

#### 8.4.2.3　巡检数据采集

巡检人员可以通过智能设备(如智能手机、平板电脑等)采集泵站设备运行状态、水位、压力等数据,以及设备的故障信息等。故障包含移动端巡检过程中发现并上报的异常问题及直接问题,故障信息包括问题设备、问题描述、上报时间、巡检人姓名、问题状态等。

#### 8.4.2.4　异常报警与处理

系统可以实时监测泵站设备的运行状态,一旦发现异常情况(如设备故障、水位异常等),会自动发出报警,并及时通知相关人员进行处理。

#### 8.4.2.5　巡检数据分析

系统可以对巡检数据进行分析和统计,生成巡检报告和运维分析报告,帮助管理人员了解泵站的运行状况,及时发现问题并采取相应的措施。

#### 8.4.2.6　历史数据管理

系统可以对巡检数据进行存储和管理,方便后续查询和分析。

### 8.4.2.7　虚拟化巡检

虚拟化巡检是一般巡查工作的重要补充形式,是在节省人力、时间、成本的前提下高效完成巡查巡检工作的一种方式。虚拟化巡检通过结合3D模型、监控摄像头、巡查表单以及预设路线等,实现在三维虚拟模型中进行巡查巡检工作。工作人员通过操作虚拟人物在三维模型中移动,到达设定的巡查地点时,系统会直接调用此地的现地监控摄像头,对设备的现场实际运行状况进行查看,并填写相应的巡查表单(图8.4-2~图8.4-7)。虚拟化巡检包含以下功能:

1. 路径管理

虚拟化巡检应能够对虚拟化巡检路线进行设定,包含固定路线和自由路线两种。固定路线需要管理人员提前设定巡查巡检路线,自由路线是指工作人员可以自由选取一个或多个巡查点进行自由巡查。

2. 画面联动

虚拟化巡检应能够对设备现地监控摄像头进行调用,当虚拟化巡检到既定位置时,调用此地监控摄像头,以查看当前设备的实时情况,实现画面实时联动效果。

3. 巡查管理

虚拟化巡检应预设不同类型设备的巡查表单,当虚拟化巡检到达既定位置,并查看完监控视频后,表单应自动弹出,供巡查人员对巡查结果进行填写和上报。

图8.4-2　虚拟化巡检运行情况

图8.4-3　虚拟化巡检基础信息

图 8.4-4　虚拟化巡检视频监控

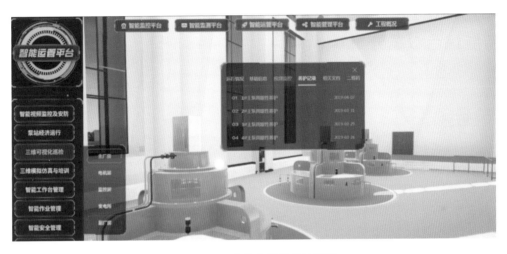

图 8.4-5　虚拟化巡检养护记录

图 8.4-6　虚拟化巡检相关文档

图 8.4-7　虚拟化巡检设备二维码

## 8.5　智能综合数据分析

### 8.5.1　概述

泵站智能综合数据分析模块是一种综合自动化系统,具备泵站计算机监控系统的数据采集与监视功能,负责各泵站生产运行数据的采集、处理,实现实时运行监视、操作控制和应用分析,实现站内设备运行监控、维护和管理,并与生产管理系统等其他功能模块交换和共享信息。

该系统可以通过调取流域或灌区水文、气象、水情、工情、视频、泵组电气运行数据、泵组状态监测数据等多源数据,基于"互联网+"理念,实现信息资源的共享,为后续进行大数据分析、建设智能管控平台提供数据源。同时,应用地理信息系统技术实现流域或灌区信息同一张图集中展示,可按专题图层查询、展示监测运行数据,可对各泵站的管理信息、设备信息、主要运管人员信息进行查询,并可通过补充视频监控实现可视化管理。

随着科技的不断发展,数据已经成为当今社会的重要资源。在泵站行业中,大量的数据被收集和分析,以便更好地了解泵站的运行状况、提高生产效率、降低能耗、减少设备故障率等。为了实现这些目标,智能综合数据分析模块应运而生。

### 8.5.2　功能模块

随着物联网、大数据、人工智能等技术的发展,泵站智能综合数据分析模块将在泵站行业得到广泛应用。通过实时监控和智能分析,泵站可以实现自动化、智能化运行,提高生产效率,降低能耗和维护成本。同时,通过对大量运行数据的分析,可以发现潜在的问题和风险,为泵站的设计、建设和运营提供有力支撑。泵站智能综合数据分析模块主要包括数据采集与存储、数据清洗与预处理、数据可视化、数据分析与建模、故障预警与预测及运维决策支持等模块。

#### 8.5.2.1 数据采集与存储

系统可以自动采集泵站的各项运维数据,包括设备运行状态、水位、压力、流量等数据,并将其存储到数据库中,以便后续的分析和查询。

#### 8.5.2.2 数据清洗与预处理

系统对采集到的数据进行清洗和预处理,去除异常值、缺失值等,确保数据的准确性和完整性。

#### 8.5.2.3 数据可视化

系统通过数据可视化技术,将泵站运维数据以图表、曲线等形式展示出来,直观地反映泵站的运行状况和趋势变化,方便管理人员进行观察和分析。

#### 8.5.2.4 数据分析与建模

系统对泵站运维数据进行统计分析和建模,运用数据挖掘和机器学习等方法,发现数据之间的关联和规律,提取有价值的信息和知识。

#### 8.5.2.5 故障预警与预测

基于历史数据和模型,系统可以进行故障预警和预测,提前发现泵站设备的潜在故障风险,及时采取维修和保养措施,减少故障造成的损失。

#### 8.5.2.6 运维决策支持

根据数据分析结果,系统可以生成运维决策报告和建议,帮助管理人员编制合理的运维策略和计划,优化泵站的运行效率和成本。

## 8.6 视频与安防管理

具体内容详见第 10 章"智能视频监视与安防"。

## 8.7 智能维修管理

### 8.7.1 概述

工作人员进入现场检修、安装和试验应执行工作票制度。对于进行设备和线路检修时需要将高压设备停电或设置安全措施的,应按规定填写相应工作票;对于带电作业的,应按规定填写相应工作票。

(1) 工作票签发人的主要职责如下:

①审查工作的必要性;

②审查现场工作条件是否安全;

③审查工作票上填写的安全措施是否正确完备;

④审查指派的工作负责人和工作班人员能否胜任工作,人数是否足够,精神状态是否良好。

(2) 工作负责人(监护人)的安全责任应包括下列内容:

①负责工作现场的安全组织工作;

②督促监护工作人员遵守安全规章制度;

③检查工作票所提出的安全措施是否正确完备和工作班人员所做的安全措施是否符合现场实际情况；

④对进入现场的工作人员交代安全注意事项；

⑤工作负责人(监护人)应始终在施工现场并及时纠正违反安全的操作,如因故临时离开工作现场应指定能胜任的人员代替并将工作现场情况交代清楚,只有工作票签发人有权更换工作负责人。

(3) 工作许可人(值班负责人)的安全责任应包括下列内容：

①审查工作票的规定并在施工现场实现各项安全措施；

②会同工作负责人到现场最后验证安全措施是否正确完备,并与工作负责人分别在工作票上签名；

③负责检查停电设备有无突然来电的危险；

④工作结束后,监督拆除遮拦、解除安全措施,结束工作票。

(4) 工作班成员的安全责任应包括下列内容：

①明确工作内容、工作流程、安全措施、工作中的危险点,并履行确认手续；

②严格遵守安全规章制度、技术规程和劳动纪律,正确使用安全工器具和劳动防护用品；

③相互关心工作安全,并监督安全操作规程的执行和现场安全措施的实施。

(5) 工作票签发人不得兼任该项工作的工作负责人。工作负责人只能担任一项工作的负责人。工作许可人不得签发工作票。

(6) 待检修电气设备应与电源完全断开,并有明显断开点。与停电检修设备有关的变压器和电压互感器应从高、低压两侧断开,防止向停电检修设备反送电。

(7) 对全部停电或部分停电的电气设备进行检修时,应停电、验电和装设接地线,并在相关刀闸和相关地点悬挂标示牌和装设临时遮拦,其操作应执行 GB 26860—2011 的规定。不得在工作中移动或拆除遮拦、接地线和标示牌。标示牌应用绝缘材料制作。

(8) 当验明设备确已无电压后,应在电源断开点处靠检修设备侧进行三相短路并接地,应按 GB 26860—2011 中的规定装设接地线。

(9) 设备检修时,应明确检修作业区域,安全警示标志齐全清晰,光照强度满足检修需要。作业人员进入作业现场应按规定佩戴安全防护用品,工作时应规范使用安全用具和工器具。高处工作传递物件时,不得上下抛掷。

(10) 在遇雷雨等异常天气时,不应在户外变电所或户内架空引入线上进行检修和试验。

(11) 电气绝缘工具和登高作业工具的安全管理应执行 GB 26860—2011 的规定。常用电气绝缘工具试验、登高安全工具试验应执行 GB/T 30948—2021 相关规定。

(12) 设备检修前,应对安全器具、检修及起吊工具进行全面检查,不得使用不符合安全要求的工器具。

(13) 设备维护检修时,应做好相应安全措施。当采取的措施不能满足泵站安全生产要求时,应停止设备维护检修工作。

## 8.7.2　功能模块

智能维修管理模块利用智能化技术和设备对泵站设备的维修和管理进行智能化管理,可以提高维修任务的及时性和准确性,优化维修策略,减少设备故障和停机时间,提高泵站设备的可靠性和稳定性。

### 8.7.2.1　设备维修养护

1. 维修计划管理

系统可以制订泵站设备的维修计划,包括维修时间、维修人员、维修内容等信息,方便进行统一管理和安排。

2. 维修任务分配

系统可以根据维修计划自动分配维修任务给相应的维修人员,确保任务的及时完成。

3. 维修记录管理

系统可以记录维修人员对泵站设备的维修记录,包括维修时间、维修内容、维修耗材等信息,方便后续查询和分析。

4. 异常报警与处理

系统可以实时监测泵站设备的运行状态,一旦发现异常情况(如设备故障、异常振动等),会自动发出报警,并及时通知相关人员进行处理。

5. 维修数据分析

系统可以对维修数据进行分析和统计,了解设备的维修情况、故障频率和维修耗材等信息,帮助管理人员优化维修策略和采购计划。

6. 维修知识库

系统可以建立维修知识库,将维修经验、维修手册、维修指导等资料整理和归档,方便维修人员查阅和使用。

7. 维修报告和评价

系统可以生成维修报告,记录维修过程和结果,评价维修人员的工作表现,为后续的维修工作提供参考。

### 8.7.2.2　建筑物维修养护

1. 维修计划管理

系统可以制订泵站建筑物的维修计划,包括维修时间、维修人员、维修内容等信息,方便进行统一管理和安排。

2. 维修任务分配

系统可以根据维修计划自动分配维修任务给相应的维修人员,确保任务的及时完成。

3. 维修记录管理

系统可以记录维修人员对泵站建筑物的维修记录,包括维修时间、维修内容、维修耗材等信息,方便后续查询和分析。

4. 异常报警与处理

系统可以实时监测泵站建筑物的状态,一旦发现异常情况,会自动发出报警,并及时通知相关人员进行处理。

5. 维修数据分析

系统可对维修数据进行分析和统计,了解建筑物的维修情况、维修耗材等信息,帮助管理人员优化维修策略和采购计划。

6. 维修知识库

建立维修知识库,将维修经验、维修手册、维修指导等资料整理和归档,方便维修人员查阅和使用。

7. 维修报告和评价

生成维修报告,记录维修过程和结果,评价维修人员的工作表现,为后续的维修工作提供参考。

#### 8.7.2.3 维修养护仿真

系统采用 UE4 虚拟现实技术,利用常规交互设备(鼠标键盘)对水泵机组运行过程中常见的事故及故障等科目进行仿真,形成用于训练及考试的两种实操模式。

此外还可以利用 UE4 技术进行虚拟检修,虚拟检修仿真开发流程如图 8.7-1 所示。

虚拟检修仿真模块内容具体包括:电动机下层线棒击穿更换处理、水泵叶片汽蚀处理、推力轴承油冷器渗漏故障仿真处理等(具体科目可根据水泵需求进行定制)。

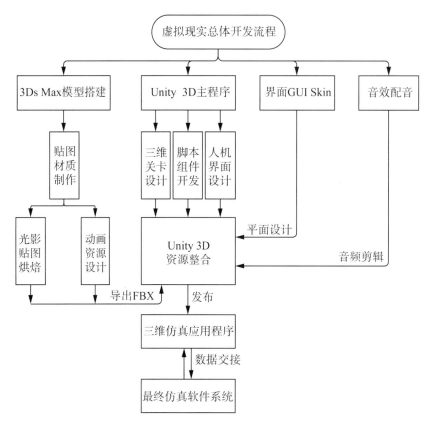

图 8.7-1　虚拟检修仿真开发流程

# 8.8　事故应急预案仿真演练

## 8.8.1　概述

事故应急预案仿真演练是确保水利工程安全运行的重要环节。水利工程泵站运行中在构(建)筑物、金属结构、设备设施、作业活动、管理和环境六个方面均存在不同的危险源。按照危险源的等级,各工程制定了相应的应急处置预案。目前,作为水利工程常态化工作的预案演练,不仅能检验、评价其应急处置能力,而且对降低事故损失、避免人身伤害等具有重要的现实意义。

桌面推演和实战模拟演练是水利工程常见的两种应急预案演练模式。桌面推演是针对事故情景,利用图纸、沙盘、流程图、计算机模拟、视频会议等辅助手段,进行交互式讨论和推演的一种应急演练。桌面推演一般在室内进行,通过模拟事件场景及处置过程,提高参演人员的风险感知能力、信息研判能力、指挥决策能力和协同配合能力,因具有成本低、风险小、形式灵活且不受时空限制等特点,而广泛应用于军事作战、应急管理和教育培训等领域。实战演练是针对事故情景,选择(或模拟)生产经营活动中的设备、设施或场所,利用各类应急器材、装备、物资,通过决策行动、实际操作,完成真实应急响应的演练。因缺少实际设备操作演练,难以体验事故的真实性,加之参演人员多、素质参差不齐,实战演练受安全风险大、组织不易等因素制约,实际培训效果有限。

桌面推演可追溯至 4 500 多年前的军事演习,也称为兵棋推演。我国古人用石块、木条等在地面上进行阵法对弈、研究战争。现代的兵棋推演是在 1811 年由普鲁士的冯·莱斯维茨发明的,由一幅地图、一套代表军队的硬方块、一本详细规则、一张概率表和一个骰子组成,可逼真地推演预测战场的实际作战活动。

自 20 世纪 90 年代开始,我国安全生产立法工作逐步展开。《中华人民共和国安全生产法》对编制事故应急救援预案及定期组织演练等做了明确规定,为事故应急处置、救援等工作走向正规化、系统化、常态化提供了法律依据。作为数字孪生泵站主要模块之一,事故应急预案仿真演练系统采用虚拟交互仿真技术,开发设计了针对事故应急预案仿真演练的具体操作内容,实现虚拟现实人机交互,为仿真演练提供更真实、高效的事故应急处理训练。

随着云技术、大数据、物联网、移动互联网、人工智能等先进技术的进步,未知风险的识别和评估、主动感知与预测预警智能联动、多元协同与系统化应急和全行业整合、高共享、深应用的智慧应急,也是水利工程智慧应急演练的重要发展方向。

### 8.8.2　仿真演练

仿真演练利用系统建模仿真方法,模拟事故及其处置过程,并对处置效果进行分析评价,发现问题、改进应对方案,以便提高应对突发事件的处置能力。通常,仿真演练主要在虚拟环境中进行。

经典建模软件主要有 SolidWorks、3ds Max、Maya、Pro-E、UG、CAD 等,通过设备(设施)和环境建模,将水利工程应急预案所涉及的设备(设施)和虚拟环境实景呈现。而实景模型为应急演练提供了孪生现场的背景信息,按照演练目标和要求,为复杂事件综合应对能力的仿真演练提供技术支撑。

以应急预案作为仿真演练脚本,按照事件所需场景、专业人员、专用及通用工器具与材料等信息,将预案进一步梳理,形成事故操作流程,对事故背景、警情获取来源、警情确认等前置条件予以说明,根据事故性质,确定事故应急处置权限,启动事故应急处理机制。一旦事故应急处置启动,由指挥长进行全程应急处置指挥,专业人员各司其职,按照预案规定的权限进行交互操作。事故处理完毕后,系统自动记录处置全过程,并按照设定的步骤分值,予以智能评判。利用大数据分析,形成智能评估报告,可对个人及所有参演人员的数据进行分析排名,给出仿真演练评分。与此同时,常见错误、典型错误等,通过错题练习子模块,可迅速得到纠正。

### 8.8.3　仿真演练系统架构

水利工程仿真演练系统架构如图 8.8-1 所示。

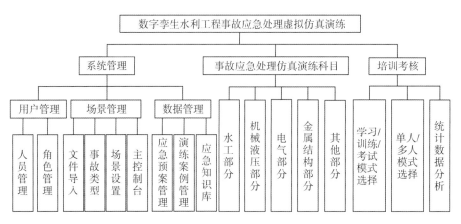

图 8.8-1　数字孪生水利工程事故应急处理虚拟仿真演练系统架构

### 8.8.3.1　用户管理

用户管理是针对水利工程具体事故应急处理科目而设定的人员及角色管理,演练角色包括值班员、值长、分场主任、泵站副总及总负责人等。根据应急预案演练科目需求,可对预案处理所涉及的角色进行添加。

### 8.8.3.2　场景管理

不同事故类型所需工作场景不同,为此,需根据应急预案事故类型、具体事故科目开发相应的事故处置场景,利用后台程序予以操控。通过控制台实现事故场景的切换操作,根据事故处理步骤,快速切换到对应的工作场景。

### 8.8.3.3　数据管理

针对水利工程六个类别危险源不同风险等级的众多预案,利用数据库技术对各类事故应急处置预案进行分类管理,实现预案修改、添加及删除等功能。与此同时,系统对用户学习、训练及考试模式下的沉积数据进行清洗,保证有效数据对系统仿真演练的支撑。

### 8.8.3.4　知识库

水利工程应急处置知识库涵盖各类事故应急处置所需的基础知识和专业知识,包括常用工器具(如验电棒等)、专用工器具(如液压拉伸器等)的使用方法,触电急救、高空作业、有限空间作业、动火作业、电气五防等专业知识,以选择题、问答题、简答题、计算题等多种题型,采用题库形式呈现,既可自动组卷智能评判,也可用于自测、技能鉴定和技术比武。

### 8.8.3.5　培训模式

事故应急处理仿真演练科目包括学习、训练及考试三种可选模式。其中学习模式为某事故应急处理交互过程的录屏,用于对该科目的全程浏览;训练模式下有对应操作步骤的信息提示;考试模式则无相应信息提示,一旦 2 次操作错误,系统会自动叠加该步骤,以便后续步骤的考试,对于某些关键步骤操作错误,也可由后台设定直接终止考试。

通过水利工程大型泵站事故应急处理演练平台,用户可自行创建事故科目所需的角色,利用不同角色在复杂多变的环境中进行各类事故应急处置演练,既可单人演练,也能多人协同演练。不同角色在其客户端只能看到自己演练的场景,只有总指挥能看到事故处置全景及全过程。针对已有演练案例的训练、考试数据沉积,系统自动统计同一事故应急处理案例的典型错误,利用大数据分析手段,可对此进行专项强化训练,以期迅速提高事故应急的综合能力。

### 8.8.4　关键技术研究

南水北调东线一期工程中的洪泽站是水利部首批数字孪生先行先试项目,其事故应急处理演练仿真系统,以数据库为基础,采用虚拟引擎和 C♯ 语言进行开发,项目成果在普通计算机上能流畅运行。进入客户端/服务端系统管理程序后,以科目管理页面作为演练入口,由数据层驱动演练操作界面的各子系统,实现任务信息的可视流转及更新。学员可在不同场景中进行角色切换,系统可追踪记录相应的任务操作,将训练或考试结果实时反馈给学员,实现事故应急处置演练的全程掌控。

#### 8.8.4.1　虚拟场景构建

**1. 三维建模**

洪泽站事故应急处理演练仿真场景是在全站三维模型数据基础上进行构建的,全站模型可以采用倾斜摄影自动建模及人工建模两种方式实施。

倾斜摄影技术包括倾斜影像数据获取技术和倾斜影像数据处理技术。利用无人机拍摄地面影像,使用专业处理软件 ContextCapture 进行数据处理,生成三维模型。

洪泽站工程水工建筑、主机组、油水风系统、辅助设备及金属结构、电气设备、室内外装饰物等多种需要精细化建模的设备设施,依据图纸或现场照片采用人工建模。此外,模型装配整合及轻量化处理均属于人工建模范畴。通过人工建模装配后的全站三维模型如图 8.8-2 所示。

图 8.8-2　洪泽站数字孪生全站模型

**2. 仿真场景构建**

根据应急预案,洪泽站三个不同事故应急处理演练场景有较大区别。其中,"防汛应急响应及措施演练模拟仿真"主要区域涉及调度闸、综合办公楼及泵站周围 2×4 km 范围内的河道、闸站等场景;"主机组电源突然停电"事故应急处理场景主要由 0.4 kV 开关室、35 kV 厂用电变电站、主厂房(电机层、水泵层、叶轮室层)、中控室等多个场景组成;"水淹厂房"事故应急演练主要场景包括中控室、排水廊道及物资仓库等。

"防汛应急响应及措施演练模拟仿真"科目中的户外暴雨、"水淹厂房"科目中的廊道水位上涨和"主机组电源突然停电"科目涉及人员操作电控柜按钮、阀门等多种动作特效的展示,有助于加强虚拟仿真的沉浸感。为此,利用 UE4 自带的粒子系统,根据不同演练科目进行虚拟仿真特效设计。其中户外暴雨采用雨淋窗户玻璃虚拟动态特效,以便呈现真实的事故场景。

洪泽站三个事故应急处理仿真演练科目均涉及物资与工具的配给、发放、使用及回收,物资与工器具的储备仓库也是主要场景之一。与事故应急处理相关联的设备设施、人物角色、粒子特效等交互对象,诸如测温计、对讲机、气体检测仪、正压呼吸器背负等演练动作,需要设置动态效果、构建相应动作并以角色背包的形式绑定到角色上,然后根据操作步骤激活相应的设备,通过有限状态机触发对应动作。演练场景中物资仓库三维模型如图 8.8-3 所示。

图 8.8-3  物资储备仓库场景

3. 仿真场景优化

采用倾斜摄影自动建模技术生成的水利工程宏观流域场景三维模型,借助 ContextCapture 强大的模型生成算法获取三角面,可获得厘米级的三维实景模型精度,由此也造成大量的三角面冗余。通过此技术生成的洪泽站全站模型的三角面达 49 670 723 个。而千万级以上三角面片数量或上百 G 的模型数据量,给实时渲染展示和未来应用造成了极大压力。考虑现有运行平台的支撑能力以及后续二次开发利用,模型轻量化处理及其优化技术是集群渲染算力、事故应急处理科目能否顺畅演示的重要保证。

倾斜摄影扫描无法覆盖镂空及暗角部位,由此导致模型细节缺失。为此,需对重要建筑物或机电设施进行模型人工重构,以确保展示模型的完整性。

洪泽站办公区域倾斜摄影模型如图 8.8-4 所示,依据倾斜摄影点云数据人工重建的模型如图 8.8-5 所示,对人工建模优化后的办公区域模型如图 8.8-6 所示。

图 8.8-4  办公区域倾斜摄影三维实景模型

图 8.8-5　人工重构的办公区域三维模型

图 8.8-6　办公区域优化后的三维模型

上下游河道及洪泽泵站倾斜摄影模型与重建模型相结合的渲染效果如图 8.8-7 所示。

图 8.8-7　倾斜摄影模型与重建模型相结合的渲染效果

### 8.8.4.2 交互程序开发

**1. 演练流程设计**

通常,水利工程应急预案因受成本高、多部门协调组织不易、实战演练安全问题等多因素影响,无法形成有效的协同操作,由此也难以评估预案措施的科学性、操作的合理性。通过分析梳理事故应急预案,形成正确规范的处理流程,将其作为用户与开发人员沟通的工具,能有效保障交互仿真程序开发的顺利进行。每一个演练科目需梳理出设计制作流程大纲,依据应急预案编制的演练脚本贯穿项目开发全过程。

**2. 架构设计**

本系统基于 UE4 开发,使用客户端/服务端架构,包含基础游戏框架设计、数据模型设计、网络协议设计。系统架构如图 8.8-8 所示。

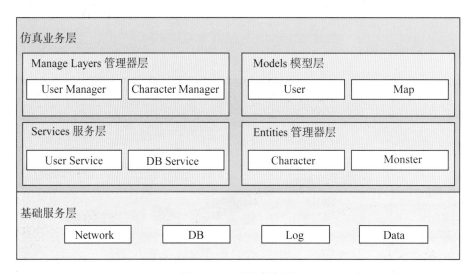

图 8.8-8　系统框架图

**1) 基础游戏框架设计**

采用经典的 MVC 框架设计模式设计基础游戏框架:管理数据层(manager),不继承 Unity 基类 MonoBehavior(后续简称 Mono),定义容器,实现增、删、改、查方法,广播数据变化;对象控制层(controller),继承 Mono,控制 Unity 所有游戏对象行为,定义行为方法,用于调用 manager、service 的接口;视图层(view),UI 界面,继承 Mono,调用控制层的方法执行相应操作,实现数据驱动动态 UI 数据变化,监听数据管理层的数值变化。

**2) 数据模型设计**

数据模型设计包含用户 user、场景 map。需接收仿真系统登录用户并存储于独立数据库,进而实现 Web 端管理系统与 Unity 客户端的数据同步。为用户表设计角色(character)子表,每个用户可创建多个不同角色进行仿真演练。

**3) 网络协议设计**

采用 Socket 协议实现网络通信,设置通信服务层(service),不继承 Mono,只提供与服务端通信接口方法,比如 login,也是调用封装好的 Socket、Http 等协议的接口 API。在客户端及服务端分别封装 Socket 连接类,实现会话管理。服务端服务层监听客户端服务层的请求,并广播消息给所有客户端服务层,如移动同步时,场景中所有客户端将接收到来自服务器的角色变化广播消息,每个客户端做出相应动作反馈;客户端服务层监听服务端服务层广播,并立即执行相应反馈。

依据架构设计实现基础支撑模块,包括日志系统、网络消息、场景管理、注册登录、角色创建与选择、角色控制、移动同步。

在完成上述功能的前提下,开发仿真演练操作模块。

3. 任务控制设计

仿真演练的科目由多个不同的任务组成,完成所有指定任务即完成科目的演练,因此,任务系统是仿真演练核心系统。通过完成任务达到训练或考试目的,训练时有任务提示,考核时无操作提示。任务控制流程见图8.8-9。

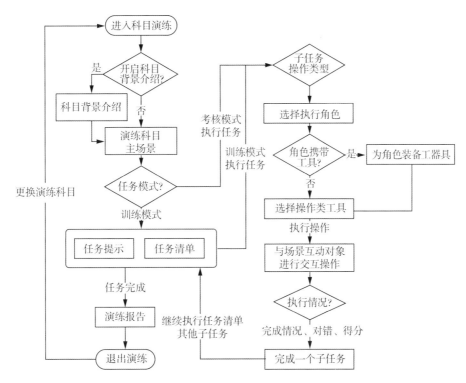

图 8.8-9 任务控制流程设计

将一个演练科目需要完成的任务分为若干组子任务清单,任务清单中的一个条目即为一个子任务,完成清单中的所有任务后自动跳转到下一组子任务清单。

一组任务清单包含若干平行任务和具有严格操作顺序的顺序任务。平行任务无先后顺序;顺序任务则需要判断前置任务是否完成才可执行,否则,将显示"前置任务未完成"的提醒。

任务模式设置有训练和考试两种模式:当科目处于训练模式时,操作提示和任务清单完全显示出来;当科目处于考试模式时,操作提示不显示,任务清单在完成任务后才会显示出对应任务的描述。

任务角色选择器功能,是任务的执行者通过任务选择器功能,选择场景中的虚拟角色去执行相应操作。

任务操作工具功能,是任务操作的执行工具。根据应急演练的特点,将交互操作的类型分为7类操作,分别为对话、通话、目标点、检查、广播、现地操作、操作票。选中的操作者通过7个操作工具,与场景中的其他角色、设备、表计、按钮或盘柜等进行交互操作。

任务装备库功能,是角色在执行某一任务时需要携带的工器具,在当前角色信息面板中会显示出角色持有工器具的列表,同时,可以在此面板上卸载角色持有的工器具。

涉及上述任务控制功能的交互控制区域见图 8.8-10。

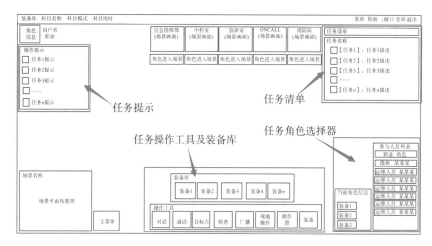

图 8.8-10　任务交互控制区域

4. 角色控制

漫游模式和宏观视角模式是常见的两种角色控制模式。

主场景漫游通常以第三人称视角展示,视图旋转、缩放通过 Unity 相机系统中的物理相机予以实现;利用 C♯和 Unity 有限状态机开发角色控制器脚本,用功能键控制角色的走、跑、跳以及加速跑等动画状态,以此控制角色移动。

事故应急处理演练科目则用宏观视角模式展示,相机控制器负责控制视角的目标点和旋转角度,通过鼠标点选虚拟角色或使用角色选择界面选中需控制的角色,以选中角色为视图目标点进行相机跟随,并设置跟随缓动,获得舒适的视觉感受。角色在场景中的移动是通过为虚拟角色添加导航组件 NavMesh A-gent,在导航网格 NavMesh 上以手动或自动方式进行移动,实现角色寻路至任何位置。

虚拟角色通过场景切换界面控制其所在场景。为每个场景设计固定入口按钮,在角色切换场景时选择激活与销毁虚拟角色预制体(Prefabs);演练工种通过不同特征的预制体进行确认,不同工种的角色特征通过工作服颜色、安全帽颜色及角色标签等几种方式进行区分,当场景加载时,根据角色配置表中的工种信息,将对应的预制体实例化,生成该场景演练的虚拟角色。

通过梳理洪泽站事故应急处理仿真演练系统功能需求,采用 UE4 自带的 UGUI 模块,设计系统基本界面,涵盖用户登录、角色选择、各典型事故演练场景等主要界面。此外,在场景的顶部、左边和底部放置演练导航组件,既保证了界面的美观,又能实现较好的交互性。系统软件集成后嵌入南水北调东线一期工程数字孪生洪泽站先行先试项目中运行。

5. 演练报告管理

演练报告管理包含演练报告生成、保存、查看、删除等功能。设计演练报告类(Drill Report),在进入科目训练时,立即生成演练报告类实例,实时更新和存储操作全过程的操作记录和数据,完成科目训练后,系统自动根据设定步骤分值,予以智能评判,形成演练报表,用户可自行决定是否存储当前演练报告。演练报告自动存储于客户端,可选择是否上传服务器。考试模式演练报告则自动保存至服务器,供教员和信息管理员查阅。演练报告设计原型如图 8.8-11 所示。

利用大数据分析,形成智能评估报告,可对个人及所有参演人员的数据进行分析排名,给出仿真演练评分。演练报告管理的流程如图 8.8-12 所示。

图 8.8-11 演练报告设计原型

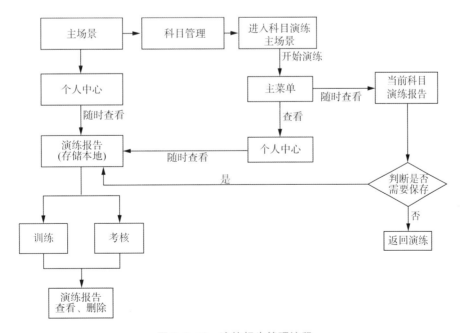

图 8.8-12 演练报告管理流程

### 8.8.5 仿真演练发展趋势

根据水利工程大型泵站事故应急处理仿真演练需求,通过对事故进行分类,按照应急机制、应急流程,利用虚拟现实技术,研发了事故应急处理仿真演练系统,将水利工程大型泵站事故应急处理演练过程中三维模型集成,"还原"了应急演练场景。该系统可不受时空限制地供用户学习,以及单人或多人在线实时交互协同演练和考核,演练过程简单、科学,有效地降低了培训成本,节约了培训时间。仿真数据分析可及时发现问题,为用户提供针对性的训练,提高其处理事故的能力以及多部门协同能力。

水利工程事故应急演练是针对可能发生的事故情景,依据应急预案而开展的模拟演练。大型水利工程中会遇到主机电源突然停电、水淹厂房、防汛应急响应等事件,应用虚拟现实技术"还原"事故处理场景,研究多部门、多工种协同处置,将事故预警、接警、事故确认、启动事故应急处理机制、事故处理及智能评判等环节真实呈现,是数字孪生水利工程事故应急智能处理业务模块的主要内容。利用数据库技术,构建具有理论培训与实训相结合的学习/训练/考试三种模式,以及分级权限管理、Web 浏览的数字孪生水利工程事故处理与应急演练仿真数据库三维信息管理系统,可提升运维人员的应急处置能力,实现防风险、除隐患、遏事故的目标。

## 8.9 三维检修模拟仿真与培训模块

具体内容详见第 13 章"仿真培训与考核"。

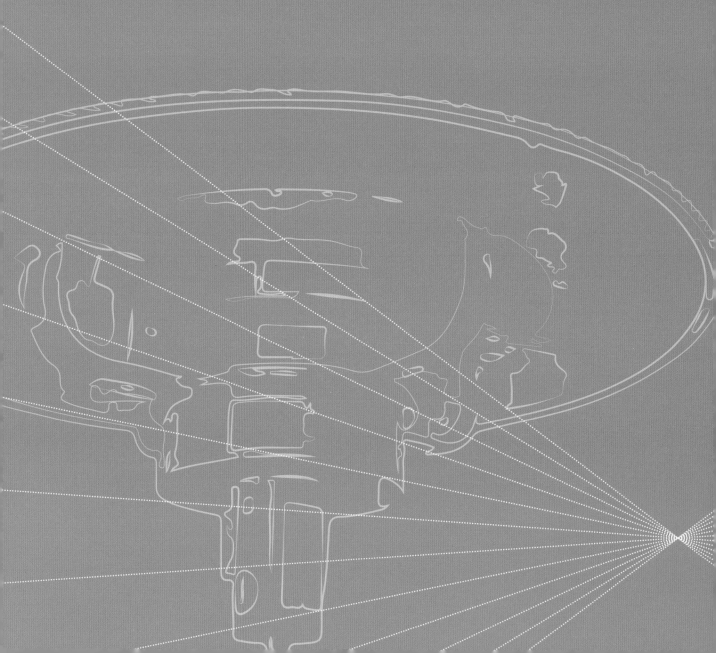

# 9

# 智能管理

9.1 管理目标和任务

9.2 综合管理

9.3 工程档案管理

9.4 设备管理

9.5 建筑物管理

9.6 信息管理

9.7 安全管理

9.8 岗位管理

9.9 制度管理

9.10 标准管理

9.11 考核管理

# 9 智能管理

泵站工程承担着防洪、除涝及灌溉等任务,是我国为工农业生产和人民生活水资源提供重要保障的公共管理设施。自1961年兴建江都一站以来,国家先后在全国范围内建设各类大中型泵站50余万座。新中国成立初期新建成的泵站工程,由于一时没有专门的管理机构和人员,往往由施工单位代管,后续管理单位建成后,无论是人员业务能力还是管理经验都很欠缺,同时也没有现成的管理技术标准,工程技术管理水平整体较低。泵站工程管理技术经过多年的探索和发展,经历了从无到有、从低到高,逐步完善、不断提高的过程。一方面,工程管理规范化在探索中前行,从工程规划、设计、施工、安装到运行管理,技术水平有了很大的提高;另一方面,基层水管单位结合工程实际和多年实践,逐步形成了较为完善的管理体系,管理的内容逐步拓展、要求逐步提高、行为逐步规范、投入逐步加大。特别是近十年,一大批泵站工程管理单位通过国家级、省级水利工程管理单位达标考核,围绕组织管理、安全管理、运行管理、经济管理四大方面,集中人力、物力、财力,全面提升工程管理水平,取得了十分显著的成效,成为水利工程规范化管理的示范。

对照水利现代化发展规划和加快推进"智能泵站"建设的目标,当前泵站工程管理仍然存在不少问题与不足,主要体现在工程管理意识还有待提高,工程管理创新意识和能力仍不强,泵站管理单位对如何适应新形势、提高工程管理水平的认识不足、思路不清、办法不多;工程管理方式还较为粗放,技术标准、工作流程还不够明确、具体,部分管理人员满足于现有的工作经验和习惯做法,对管理制度、技术要求的执行力度还需要不断加强;岗位管理还不够规范,相关岗位人员的工作职责、工作标准、工作任务还不够明确,部分管理人员业务素质有待进一步加强;管理手段还不够先进高效,技术管理手段还比较传统,工程管理信息化水平还较低,绝大多数泵站工程信息管理系统目前还是以监视控制、防汛防旱调度决策等系统为主,涉日常业务管理的应用系统的开发力度还不够,信息化技术对业务管理的促进作用还很有限;考核激励机制还不够完善,岗位设置还不尽合理,定员、定岗、定职责还不尽完善,现有考核办法实施成效不明显,对管理人员的约束和激励作用有限。

# 9.1 管理目标和任务

## 9.1.1 管理目标

泵站工程主要由主机泵,高、低压电气设备,输变电线路,油、气、水辅机设备,直流装置,保护装置,金属结构件,自动化监控系统,进出水建筑物等组成,涉及多门学科知识,组成结构复杂,运行操作繁琐,日常维护保养工作量较大,对工程管理人员业务素质和技术水平要求也较高。在当前从传统水利加快向现代水利转变的进程中,就要求我们必须将工程管理工作放在更加突出的位置,实现由过去的粗放型管理向集约化管理的转变,由传统经验管理向科学化管理的转变。

对泵站工程管理单位而言,引入精细化管理是必须和迫切的。在当前全面推进水利现代化建设的进程中,必须将工程管理工作放在更加突出的位置,把工程精细化、标准化管理作为解决当前存在的诸多问题、强化工程管理的突破口和切入点、发力点。

基于泵站工程管理性质和特点,根据单位的实际需求,重在贯彻精细化、标准化、规范化、智慧化管理的理念,借鉴其科学的方法,构建更加科学高效的管理体系。把精细化、智慧化管理作为水利工程规范化、标准化管理的"升级版"、水利工程安全运行的"总阀"、水利工程管理的更高目标追求。探索符合水利现代化要求的精细化、智慧化管理模式,构建更加科学高效的工程管理体系,促进水利工程管理由粗放到规范化、由规范化向标准化、由标准化向精细化,由传统经验型向现代科学型管理转变。

近年来,在"需求牵引、应用至上、数字赋能、提升能力"的要求下建设"智慧水利",以数字化、网络化、智能化为主线,以数字化场景、智慧化模拟、精准化决策为路径,全面推进算据、算法、算力建设,加快构建具有预报、预警、预演、预案功能的智慧水利体系。智慧水利的建设不仅是适应经济社会高质量发展的客观要求,也是推动新阶段水利现代化建设的现实需要。坚持以先进技术应用推动管理的精细化发展,在自动监控、优化调度、智能告警、移动巡检等方面进行了初步的探索实践,运用积累的运行管理经验,为泵站智能化建设、智慧化管理奠定了基础。新时代要致力于推进水利工程管理现代化,必须高度重视并大力推进泵站工程信息化、智慧化管理,按照国家战略和水利部"智慧水利"建设的总体要求,致力于工程监控智能化、技术管理信息化和办公自动化,以信息化、智能化提高管理效能,推动水利现代化建设。通过智慧赋能逐步实现泵站工程管理的精细化、标准化、规范化、智慧化"四化"管理目标。

## 9.1.2 管理任务

泵站智能管理的任务就是运用信息化手段、智能化技术做好综合管理、工程档案管理、设备管理、建筑物管理、信息管理、安全管理、岗位管理、制度管理、标准管理、考核管理。

# 9.2 综合管理

随着互联网、物联网、大数据、云计算等为代表的信息技术的迅猛发展,信息化、智能化建设已成为新时期水利工程管理的重要任务,管理单位要利用先进的信息化技术手段推进工程管理信息化、智能化,改变工程管理方式、提升管理效能,让管理工作落实更到位、调度控制更精准、过程管控更规范、信息掌握更及时、成效评价更便捷,提升现代化管理水平。

泵站管理单位应基于现代信息技术和水利工程管理发展新形势,结合泵站工程管理特点和实际需求,将信息化与精细化深度融合,重点围绕业务管理、工程监测监控两大核心板块,构建安全、先进、实用的信息化管理平台。平台建设要紧扣精细化管理的任务、标准、流程、制度、考核等重点环节,体现系统化、全过程、留痕迹、可追溯的思路,形成完整的工作链、信息流,实现管理任务清单化、工作要求标准化、作业流程闭环化、档案资料数字化、成效监管实时化,以工程管理信息化促进精细化更有效、更快捷地落地和推广。

## 9.2.1 综合管理系统

综合管理系统建设要紧密结合精细化管理的工作要求,满足工程控制运用、检查观测、设备设施管理、维修养护、项目管理、安全管理、档案资料管理、制度标准、水政管理、任务管理、效能考核等方面的业务管理需要,力求具备较完整的水利工程管理信息化功能,一般可设置综合事务、运行管理、检查观测、设备设施、安全管理、项目管理、水政管理等基本管理模块和移动客户端,具体模块和功能可视实际需求确定。

### 9.2.1.1 总体要求

(1)综合管理系统应符合网络安全分区分级防护的要求,一般将工程监测监控系统和业务管理系统布置在不同网络区域。

(2)综合管理系统采用当今运用成熟、先进的信息技术方案。功能设置和内容要素符合水利工程管理标准和规定,能适应当前和未来一段时期的使用需求。

(3)综合管理系统要紧密结合泵站工程业务管理特点,客户端符合业务操作习惯。系统具有清晰、简洁、友好的中文人机交互界面,操作简便、灵活、易学易用,便于管理和维护。

(4)综合管理系统各功能块以工作流程为主线,实现闭环式管理。不同的功能模块间相关数据应标准统一、互联共享,减少重复台账。

### 9.2.1.2 基本功能

1. 综合事务

该模块是除主要管理业务以外,以管理任务落实与绩效考核为主的综合性模块,重在保证各项业务工作能有效开展,可设置任务管理、教育培训、制度与标准、档案管理、绩效考核等功能项。

(1)任务管理功能项可将管理任务进行细化分解,落实到岗到人,并进行主动提醒管理、绩效考核。

(2)教育培训功能项可制订培训计划并上报,记录培训台账,对培训工作进行总结评价,也可为个人业绩考核提供参考。

(3)制度与标准功能项可录入、查询规章制度、工作标准、工作手册、作业指导书等,学习执行,也可反映制度与标准的修订、审批过程信息。

(4)档案管理功能项允许按照档案管理分类,对本系统形成的电子台账进行档案管理、查阅,与数字化档案系统对接;按照科技档案分类,对系统形成的电子台账进行管理,提供查询功能。对经审核合格的档案录入单位数字化档案管理系统。

(5)绩效考核功能项可进行单位(部门)效能考核和个人绩效考核,记录考核台账,可调取单位管理成效、个人工作业绩供系统其他模块评价参考。

2. 运行管理

运行管理的主要任务是根据上级下达的调度指令,进行分解细化和组织实施,并做好值班管理、两票管理等工作,保证工程正常运行,及时准确执行上级下达的调度指令。可设置调度管理、操作记录、值班管理、两票管理、运行日志等功能项。

(1) 调度管理功能可实现调度指令下发、执行,能够记录、跟踪调度指令的流转和执行过程,并能够与监控系统的调令执行操作进行关联与数据共享。

(2) 操作记录功能项可对调度指令下达、操作执行、结束反馈等全过程信息进行汇总统计与查询。在监测监控系统中执行操作流程,在业务管理系统中调取监测监控系统操作记录和运行数据,并与调度指令执行记录一并进行汇总、查询。

(3) 值班管理功能项可以自动对班组进行排班,实现班组管理、生成排班表、值班记事填报、值班提醒、交接班管理等功能。

(4) 两票管理功能项可实现工作票的自动开票和自动流转,用户可对工作票进行执行、作废、打印等操作,并自动对已执行和作废的工作票进行存根,便于统计分析,并可对操作票进行链接查询。

(5) 运行日志功能项可实现业务管理系统与监控系统主要运行参数自动链接录入,将工程各类数据录入运行日志及相关运行报表,便于系统查询与相关功能模块的链接引用。

3. 检查观测

通过工程移动巡检、观测成果自动整编等方式,及时掌握工程动态信息,发现并处理存在问题。工程检查按照重要性、不同阶段及不同工况分别确定相应的检查周期和内容,强调重点部位、汛期、运行期的工程检查。工程观测主要是对测量任务的明确落实和测量数据的自动整编、成果应用。可设置日常检查、定期检查、试验检测、专项检查、工程观测等功能项。

(1) 日常检查功能项根据日常巡查、经常检查不同的工作侧重点,主要采用移动巡检的方式进行,预设检查线路、内容、时间,任务可自动或手动下达给检查人员,对执行情况进行统计查询。将发现问题提交至相应处置模块。

(2) 定期检查功能项可编制任务并下达相应检查人员,检查人员定期检查要求执行交办的检查任务,并将检查结果录入系统、形成报告,对存在的问题进行处理,如需检修可链接相应功能模块。

(3) 试验检测功能项可录入、查看工程年度预防性试验、日常绝缘检测、防雷检测、特种设备检测等试验检测的统计情况,并对历年数据进行统计分析,对试验发现的问题可提交处理并查询处理结果。

(4) 专项检查功能项可根据所遭受灾害或事故的特点来确定检查内容,参照定期检查要求进行,重点部位应进行专门检查、检测或专项安全鉴定。对发现的问题应进行分析,制订应急处理方案和修复计划并上报。

(5) 工程观测功能项主要包括观测任务、仪器设备、观测成果和问题处置等,将垂直位移、河床断面、扬压力测量、伸缩缝测量等原始观测数据导入系统,由系统自动计算,生成各观测项目的成果表、成果图,并以可视化方式供查询展示。

4. 设备设施

机电设备和水工建筑物管理是工程业务管理的重点,将设备设施进行管理单元划分和编码,以编码作为识别线索,进行全生命周期管理,并设置对应二维码进行扫描查询。可设置基础信息、设备管理、缺陷管理、备品备件等功能项。

(1) 基础信息功能项主要包括设备设施编码、技术参数、二维码和工程概况、设计指标等。编码作为设备设施管理的唯一身份代码,设备设施全生命周期管理信息都可通过编码或对应的二维码进行录入查询。

(2)设备管理功能项重点是建立设备管理台账,记录和提供设备信息,反映设备维护的历史记录,为设备的日常维护和管理提供必要的信息,一般包括设备评级、设备检修历史、设备变化、备品备件、设备台账查询等内容。

(3)缺陷管理功能项可对工程发现的缺陷按流程进行规范处置,形成全过程台账资料,积累缺陷管理资料和信息,统计分析缺陷产生的原因,有利于采取预防和控制措施。

(4)备品备件功能项主要适用于备品备件的采购、领用及存放管理,制订备品备件合理的安全库存,对备品备件和材料的申请、采购、领用进行流程化管理。可以实时查询调用备品备件的所有信息。

5. 安全管理

安全管理遵循安全生产法规,结合安全生产标准化建设的要求,主要从目标职责、现场管理、隐患排查治理、应急管理、事故管理等方面设置功能项,部分内容可链接生产运行、检查观测、设备设施、教育培训等功能模块信息,形成全过程管理台账,对问题隐患进行统计查询、警示提醒和处置跟踪。

6. 项目管理

按照水利工程维修养护项目管理相关规定,注重实施的计划性、规范性、及时性。针对计划申报、批复实施、项目采购、合同管理、施工管理、方案变更、中间验收决算审核、档案专项验收、竣工验收、档案管理等方面工作,可设置项目下达、实施方案、实施准备、项目实施、验收准备、项目验收等功能项,实现全过程全方位的管理监督,可实时了解工程进度、经费完成情况和工作动态信息,实现网络审批,查询历史记录,提高项目管理效率。

7. 水政管理

水政管理主要包括队伍管理、划界确权、执法巡查、涉水监督和普法宣传等功能项,要形成日常工作记录台账,允许用户通过 GIS 地图查看工程管理范围线及桩(牌)矢量布置图,实地埋设的界桩、界牌、告示牌等已知点地理坐标信息,同时,允许对工程管理范围进行移动巡查,并保存违法违章事件处置全过程资料。

8. 移动客户端

为便于信息的及时发布查询,开发手机 App 移动客户端,提供工程运行信息推送、工作任务提醒、工作实时动态、异常情况预警等服务。

### 9.2.2 综合管理维护

#### 9.2.2.1 系统管理

(1)管理系统应由被授权人员进行操作、维护和管理,不得进行与运行管理无关的工作。

(2)加强管理系统的应用,发挥好管理系统的作用,及时录入台账资料,发现数据异常及时分析处理,保证信息的准确性。

(3)定期对电子台账和数据备份。

(4)根据运行管理条件和要求的变化,及时升级信息化管理系统。

#### 9.2.2.2 安全防护

(1)工程监控系统应实行专网封闭管理,与外部系统物理隔离。

(2)明确管理系统运维管理和网络安全责任主体,规范开展运维工作,保持系统安全稳定运行。

(3)按照网络安全等级保护的要求,开展等级测评和安全防护工作。

## 9.3 工程档案管理

### 9.3.1 工程档案管理总体要求

水利工程技术档案是指经过鉴定、整理、归档后的工程技术文件,产生于整个水利工程建设及建成后的管理运行的全过程,包括工程建设、管理运用全过程所形成的应归档的文字、图纸、图表、声像材料等以纸质、胶片、磁介、光介等不同形式与载体的各种历史记录,是工程管理的重要依据之一。

水利工程技术档案的收集、整理、归档应与工程建设、管理同步进行。各工程单位应明确专人负责档案的收集、整理、归档工作,以确保档案的完整、准确、系统、真实、安全。

工程技术档案的管理应符合国家档案管理的规范,并按要求进行档案的整理、排序、装订、编目、编号、归档,确定保管期限。按规定进行档案借阅管理和档案的鉴定销毁工作。

工程技术档案管理应由专人负责,有严格的档案管理制度,有符合要求的档案分类方案。按管理处各类档案资料归档范围或处理频次等有关分类规定,及时收集资料、统计技术数据,要求资料完整、准确、无遗漏。

按档案整理规范要求,及时整理、分类归档,档案号、案卷目录、卷内目录、档案装订等符合要求。档案室干净整洁,档案摆放整齐,温湿度记录、档案借阅记录齐全,防虫防霉、消防安全措施到位。

#### 9.3.1.1 档案收集

工程技术文件分为工程建设(包括工程兴建、扩建、加固、改造)技术文件和工程管理技术文件(包括运行管理、观测检查、维修养护等)。

1. 技术档案收集要求

(1) 工程建设技术文件,是指工程建设项目在立项审批、招投标、勘察、设计、施工、监理及竣工验收全过程中形成的全部文件。按工程档案资料管理规定的要求,从立项开始随工程进程同步进行收集整理。建设单位应在工程竣工验收后3个月内,向工程管理单位移交整个工程建设过程中形成的工程建设技术文件。

(2) 工程管理技术文件,是指工程建成后的工程运行、工程维修、工程管理全过程中形成的全部文件,应包括:工程管理必需的规程、规范;工程基本数据、工程运行统计、工程大事记等基本情况资料;设备随机资料、设备登记卡、设备普查卡、设备评级卡等设备基本资料;设备大修卡、设备维修养护卡、设备修试卡、设备试验卡等设备维修资料;工程运用资料;工程维修资料;工程检查资料;工程观测资料;以及工程管理相关资料(防洪、抗旱方面的文件、消防资料、水政资料、科技教育资料)等。

2. 工程管理技术档案收集内容

工程管理技术文件按要求与工程检查、运行、维修养护等同步收集。收集内容主要有:

(1) 工程基本情况登记资料:根据规划设计文件、工程实际情况、运行管理情况及大修加固情况编制,包括泵站工程平面、立面、剖面示意图,泵站基本情况登记表,水位流量关系曲线、垂直位移标点布置图、测压管布置图、伸缩缝测点位置结构图、上下游引河断面位置图及标准断面图等。

(2) 设备基本资料:其中设备登记卡、设备评级资料、消防资料按要求填写。

(3) 设备维修资料:设备修试卡内容应包括检修原因、检修部位、检修内容、更换零部件情况、检修结论、试验项目、试验数据、试运行情况、存在问题等。大修资料应包括实施计划、开工报告、解体记录及原始数据检测记录、大修记录、安装记录及安装数据、大修使用的人工、材料、机械记录、大修验收卡、大修总结。大修总结主要记载大修中发现和消除的重大缺陷及采取的主要措施，检修中采用的新技术、新材料情况，对设备的重要改进措施与效果，检修后尚存在的主要问题及准备采取的措施，检修后对设备的评估，对试验结果的分析以及结论。

（4）工程运用资料：包括运行记录、操作记录、工作票、巡视检查记录、工程运行时间统计等。填写用黑色水笔，内容要求真实、清晰，不得涂改原始数据，不得漏填，签名栏内应有相应人员的本人签字。

（5）工程维修资料：包括工程维修养护、防汛急办等项目的资料，具体内容应按水利工程维修养护项目管理有关规定执行。

（6）检查观测分检查、观测两部分，检查包括工程定期检查（汛前、汛后检查）、水下检查、特别检查、安全检测，观测包括垂直位移观测、测压管水位观测、伸缩缝观测、裂缝观测等。检查应有原始记录（内容包括检查项目、检测数据等），检查报告要求完整、详细、能明确反映工程状况；观测原始记录要求真实、完整、无不符合要求的涂改，观测报表及整编资料应正确，并对观测结果进行分析。

（7）其他资料按相关要求进行编制。

#### 9.3.1.2　档案整理归档

工程技术文件整理应按项目整理，要求材料完整、准确、系统，字迹清楚、图面整洁、签字手续完备，图片、照片等应附相关情况说明。

1. 工程技术文件组卷要求

（1）组卷要遵循项目文件的形成规律和成套性特点，保持卷内文件的有机联系；分类科学，组卷合理；法律性文件手续齐备，符合档案管理要求。

（2）工程建设项目按基本建设项目（工程）档案资料管理规定的要求组卷，施工文件按单项工程或装置、阶段、结构、专业组卷；设备文件按专业、台件等组卷；管理性文件按问题、时间或依据性、基础性、项目竣工验收文件组卷；设计变更文件、工程联系单、监理文件按文种组卷，原材料试验按单项工程组卷。

（3）工程管理相关文件按类别、年份、项目分别组卷，卷内文件按时间、重要性、工程部位、设施、设备排列。一般文字在前，图样在后；译文在前，原文在后；正件在前，附件在后；印件在前，定稿在后。

（4）案卷及卷内文件不重份，如同一卷内有不同保管期限的文件，该卷保管期限按最长的确定。

（5）工程技术文件的分类及档号：

工程技术文件分类以工程为基本单位，1级类目为工程代号，2级类目分为：01基本建设，02工程管理，03防洪、抗旱，04消防，05水政，06科技教育，07水利普查，08其他等。3级类目按各2级类目下包含的项目内容编制，"01基本建设"下分01原建，02（一次）加固、改造，03（二次）加固改造（包括江堤达标等附属工程）等；"02工程管理"下分01管理性文件、规程、规范，02工程基本资料，03设备基本资料，04设备维修，05设备修试卡，06设备试验，07工程运用，08工程维修，09工程检查，10工程观测等。

各工程单位可根据工程档案情况增设4级类目，但档号层次不宜过多。工程单位可根据工程档案情况增加2级类目、3级类目的内容。

2. 案卷编目

（1）案卷页号。有书写内容的页面均应编写页号；单面书写的文件页号编写在右上角；双面书写的文件，正面编写在右上角，背面编写在左上角；图纸的页号编写在右上角或标题栏外左上方；成套图纸或印刷成册的文件，不必重新编写页号；各卷之间不连续编页号；卷内目录、卷内备考表不编写目录。

（2）卷内目录。主要由序号、文件编号、责任者、文件材料题名、日期、页号和备注等组成。

(3) 卷内备考表。主要是对案卷的备注说明,用于注明卷内文件和立卷状况,其中包括卷内文件的件数、页数,不同载体文件的数量以及组卷情况,如立卷人、检查人、立卷时间等;反映同一内容而形式不同且另行保管的文件档号的互见号;卷内备考表排列在卷内文件之后。

(4) 案卷封面。主要内容有:案卷题名、立卷单位、起止日期,保管期限、密级、档案号等;在案卷脊背填写保管期限、档案号和案卷题名或关键词;保管期限可采用统一要求的色标,红色代表永久,黄色代表长期,绿色代表短期。对于需移送上级单位的档案,案卷封面及脊背的档案号暂用铅笔填写;移交后由接收单位统一正式填写。

3. 案卷装订要求

(1) 文字材料可采用整卷装订与单份文件装订两种形式,图纸可不装订。但同一项目所采用的装订形式应一致。文字材料卷幅面应采用 A4 型(210 mm×297 mm)纸,图纸应折叠成 A4 大小,折叠时标题栏露在右下角。原件不符合文件存档质量要求的可进行复印,装订时复印件在前,原件在后。

(2) 案卷内不应有金属物。应采用棉线装订,不得使用铁质订书钉装订。装订前应去除原文件中的铁质订书钉。

(3) 单份文件装订、图纸不装订时,应在卷内文件首页、每张图纸上方加盖、填写档号章。档号章内容有:档号、序号。

(4) 卷皮、卷内表格规格及制成材料应符合规范规定。

4. 档案目录及检索

档案整理装订后,应按要求编制案卷目录、全引目录。案卷目录内容有案卷号、案卷题名、起止日期、卷内文件张数、保管期限等。全引目录内容有案卷号、目录号、保管期限、案卷题名及卷内目录的内容。

(1) 案卷号:分档案室编和档案馆编,工程单位编写的案卷号填写在"档案室编"栏内。

(2) 案卷题名:填写案卷封面编写的题名。

(3) 起止日期:填写案卷内文件的起止日期,以起始日期最早的卷内文件为案卷起始日期,以终止日期最晚的卷内文件为案卷终止日期。起止日期应用 8 位编码方式填写。

(4) 卷内文件张数:卷内文件有书写内容的页面即编写页号的均应统计张数;卷内文件张数不含卷内目录和卷内备考表。

(5) 保管期限:以卷内文件保管期限最长的保管期限作为案卷保管期限。

5. 归档要求

(1) 泵站管理部门每年年底至第二年 1 月需将当年的工程技术资料档案进行整理、装订、归档。

(2) 工程运行资料每年年底,由各工程管理单位对一年的运行情况进行统计填表,由本单位、管理处科技档案室分别存档。

(3) 工程大事记要求每年年底进行汇总整编,由本单位、管理处科技档案室分别存档。

(4) 工程观测资料按要求每年年底在管理处进行整编,整编后各工程管理单位应及时将观测报表归档;次年年初参加过省厅组织的全省水闸泵站观测资料整编后,及时将观测资料、成果归档(工程观测原始记录由管理处科技档案室归档)。

(5) 工程检查资料按要求在汛前汛后检查之后及时整理装订。

(6) 工程维修养护资料在每次项目工程竣工验收后,进行整理、装订存档。

(7) 工程基本建设档案由工程建设管理单位相应的负责人进行审查。审查内容主要包括档案应完整,无缺项、漏项;内容正确;签字、盖章手续完备;档案编目应齐全等。

(8) 每年年底考评时应检查各工程单位工程资料归档情况,管理处汛前检查时,同时进行工程资料档案管理的检查。

### 9.3.1.3　档案验收移交

1. 档案验收

水利基建项目档案的验收在工程竣工验收之前按水利基本建设项目(工程)档案资料管理规定的要求执行。

(1) 工程基本资料、设备基本资料在工程兴建、加固、改造等通过工程竣工验收之后,由管理单位接收管理后进行整理,并填写相应的表格。整理完成后由工程管理单位负责人进行审查,待达到资料验收要求后,由管理处相关科室参加验收。只要工程、设备或填写的表格没有新的变化,就无需再进行年验收。

(2) 设备维修资料、试验资料、工程检查资料验收,由工程管理单位负责人(或技术负责人)进行审查,保证资料达到验收要求,每年年底由有关科室参加验收。

(3) 工程维修养护资料在每个项目工程竣工时,由管理所进行整理装订。在竣工验收前将资料交到管理处相关科室检查验收,对工程资料达不到验收要求的须限期整改,直至整改合格,方可进行工程竣工验收。凡工程资料不合格者,工程一律不得验收。工程竣工验收后,各管理所应及时将工程资料归档。每年年底由相关科室参加对当年所有工程维修养护资料及存档情况进行的全面验收。

(4) 工程运用资料每月由工程管理单位负责人(或技术负责人)进行审查,年底由有关科室进行验收。

(5) 对工程观测资料每年年底进行资料整编,整编后及时存档,由相关科室进行验收。

(6) 防洪、抗旱、消防、水政、科技教育及其他资料应及时存档,每年年底由相关科室进行验收。

(7) 所有工程技术档案经过年终检查验收后应及时按要求将相关资料上交管理处科技档案室。

2. 档案移交

工程管理技术档案在年终工程资料整编后向管理处科技档案室移交。由管理处科技档案室根据其编目要求进行整理、装订、存档。工程管理单位须向管理处科技档案室移交的工程资料主要有:

(1) 本工程的操作规程、管理制度等;基本建设项目文件;工程基本资料;设备登记卡、设备评级资料;设备大修资料;设备试验报告(电力试验报告由管理处电力试验室移交,下同);运行记录统计;工程维修资料;检查观测资料;防洪、抗旱资料;科学教育资料等。

(2) 档案交接时交接单位应填写好档案交接文据。填写方法:单位名称应填写全称或规范化通用简称,禁用曾用名称;交接性质栏应填写为"移交";档案所属年度栏应由档案移出单位据实填入所交各类档案形成的最早和最晚时间;档案类别栏按档案的不同门类、不同载体及档案与资料区分类别,一类一款顺序填入;档案数量一般应以卷为计量单位,声像档案可用张、盘为计量单位;检索及参考工具种类栏应填入按规定随档案一同移交的有关材料,并随档案移交案卷卷内目录和卷内目录的电子文档、资料目录、档案资料清单;移出说明由移出单位填写,填写内容包括档案有无损坏、虫蛀鼠咬、纸张变质、字迹模糊等情况;档案被使用时须申明限制使用和禁止使用的范围、内容,以及其他需要说明的事项;接收意见栏应由收进单位填写,应填入交接过程及验收意见,主要包括交接过程中有无需要记录的事项、移出方填写的各栏是否属实、对所接档案做出的评价;移出单位、接收单位领导人签字应由单位负责人签名;经办人签字应由对档案交接负有直接责任的人员签名;移出和收进日期应当相同;表格填写完毕后,应加盖单位印章。

### 9.3.1.4　档案保管

1. 档案室要求

(1) 对于档案室要求档案库房、阅览室、办公室三室分开。应配备专用电脑,实行电子化、信息化管理。应建立健全档案管理制度,档案管理制度、档案分类方案应上墙。

(2) 档案库房应配备温湿度计,安装空调设备,以控制室内的温度(14~24℃为宜,日温度变化不超过±2℃)、湿度(相对湿度控制在45%~60%)。室内温湿度宜定时测记,一般每天两次,并根据温湿度变化进行控制调节。

(3) 档案柜架应与墙壁保持一定距离(一般柜背与墙间距不小于10 cm,柜侧间距不小于60 cm),成行地垂直于有窗的墙面摆设,便于通风降湿。

(4) 新建房屋竣工后,经6~12个月干燥方可作为档案室,将档案入库。

(5) 档案库房不宜采用自然光源,有外窗时应有窗帘等遮阳措施。档案库房人工照明光源应选用白炽灯或白炽灯型节能灯,并罩以乳白色灯罩。

(6) 档案库房应配备适合档案用的消防器材,定期检查电器线路,严禁明火装置和使用电炉及存放易燃易爆物品。

2. 档案保管要求

(1) 档案保管要求防霉、防蛀,定期进行虫霉检查,如发现虫霉及时处理。档案柜中应放置档案用除虫驱虫药剂(樟脑),并定期检查药剂(樟脑)消耗情况,如发现药剂消耗殆尽应及时补充药剂,以保持驱虫效果。在档案室应选择干燥天气打开档案柜进行通风,定期进行档案除尘,以防止霉菌滋生。

(2) 对于档案室应建立健全档案借阅制度,设置专门的借阅登记簿。一般工程单位的档案不对外借阅,本单位工作人员借阅时应履行借阅手续。借阅时间一般不超过十天,若需逾期借阅的,应办理续借手续。档案管理者有责任督促借阅者及时归还借阅的档案资料。

(3) 在档案室及库房不应放置其他与档案无关的杂物。档案室及库房钥匙应由档案管理员保管。其他人员未经许可不得进入档案房间。需借阅档案资料时,应由档案管理者(或在档案管理员陪同下)查找档案资料,借阅者不得自行查找档案资料。

(4) 各工程管理单位每年年终应进行工程档案管理情况的检查,当年的资料应全部归档,编目;外借的资料应全部收回,对需要续借的应在管理处年终检查后,办理续借手续。对查出的问题应根据档案管理要求进行整改。

(5) 过了保管期的档案应当鉴定是否需要继续保存。若需保存应当重新确定保管期限;若不需保存可列为待销毁档案。

(6) 保管期限低于五年的工程档案资料,工程管理单位可自行销毁,销毁前应填写档案销毁清单,上报管理处工管科待批准后方可销毁。其他过期待销毁的工程技术档案应移交管理处工程技术档案室进行档案鉴定,确认需销毁的档案应填写档案销毁清册,交由领导和档案内容相关专业的专家组成的档案销毁专家鉴定组进行鉴定后集中销毁。

(7) 对已更换不用的旧设备的资料和更新改造后的工程,工程单位已不使用的工程技术资料应移交管理处工程科技档案室保存,对于旧设备资料的重复件,管理处工程科技档案室可将其列入待销毁档案,经鉴定后集中销毁。

## 9.3.2 数字化档案管理

### 9.3.2.1 档案门类管理

以国家或地方制定的标准、规范为基础,具有管理文书、声像(照片、录音、录像)、科技、专业等各门类电子档案和辅助管理实体档案资料的功能,且具备灵活的可扩展功能,包括档案资料门类的扩展管理、分类方案的扩展管理、适当的元数据方案扩展管理、电子档案移交数据包制作的扩展管理等。

1）电子档案门类的扩展管理

依据已经实施的元数据方案扩展管理新增电子档案门类,且具备新增门类归档电子文件及其元数据的捕获、登记以及电子档案的分类、编目、著录、存储、数字签名、检索、利用、鉴定、处置、统计、移交、审计、用户管理等一系列功能。

2）实体档案门类的扩展管理

能扩展管理新增的实体档案门类,具备新增实体档案门类的分类、编目、著录、检索、利用、鉴定、处置、统计、移交、审计、用户管理等一系列功能。

3）分类方案的扩展管理

能灵活配置各门类档案资料分类方案,支持对档案门类、年度、机构或问题、保管期限等著录项值域的扩展定义,尤其是多级机构或问题分类方案的扩展配置。

4）元数据方案的扩展管理

能适度扩展设置电子档案管理所需的元数据元素;能根据同级国家综合档案馆的要求,配置生成基于可扩展标记语言(XML)格式的电子档案及其元数据移交数据包。

### 9.3.2.2 接收采集

数字档案管理模块能以在线或离线方式自动或半自动接收、采集形成于不同环境的、经过系统整理的各门类电子文件及其元数据,登记归档电子文件,可分为工程建设(包括工程兴建、扩建、加固、改造)技术文件和工程管理技术文件(包括运行管理、观测检查、维修养护等),支持通过计算机文件名元数据等关键指针建立二者间的关联。档案接收采集流程(图9.3-1)如下:

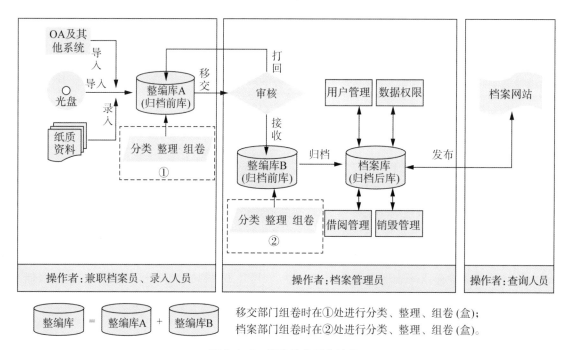

图9.3-1 档案接收采集流程

1）文书类电子文件的接收采集

能自动接收并登记形成于办公自动化等业务系统的文书类电子文件及其相对应的元数据,采集形成于各职能部门的电子文件,分类、有序地存储电子文件及其组件,保证关于同一事由的往来文件及其组件完整并相互关联。

2）声像类电子文件的采集

支持电子文件形成部门或档案部门上传或挂接照片、录音、录像等声像类电子文件，自动提取形成时间和背景、结构元数据，建立电子文件与元数据之间的关联。

3）科技和专业类电子文件的接收采集

各种科技、专业类电子文件的接收采集功能可参照"文书类电子文件的接收采集"执行。有其他专门规定的，从其规定。

### 9.3.2.3 分类编目

支持电子文件的分类、编目、命名和存储，完成电子文件的归档保存，辅助完成纸质等传统载体归档文件的分类、编目工作。

1. 分类组织

能以自动或半自动化方式为各门类电子文件或传统载体归档文件的年度、机构或问题、项目代号、案卷号、件号、保管期限等分类项赋值，调整其排列顺序，完成电子文件或辅助完成传统载体归档文件的分类组织，维护关于同一事由的往来文件、组件的完整性和相互间的有机关联。

电子文件分类方案根据需要设置 1 级到 $N$ 级类目，类目级别不宜超过 9 级。对于电子文件分类方案的设计，统筹考虑文件归档和电子档案管理要求与电子档案分类体系一体化设计，并保持一定的稳定性、连续性。

可对同一单元下的所有电子文件按顺序合并汇总，合并过程中系统将参照纸质档案"按件打码"的规则同步完成电子文件打码，同时提供用户调整单项文件排序的功能，用户选中单条记录，点击"升序"或"降序"，系统分别执行相应操作。

系统将根据电子文件元数据信息自动分析提取计算出单元工程的成文日期、责任者、页数、归档日期、题名属性。系统将根据预置命名规则生成电子文件名称，保证文件题名真实、完整，能准确反映文件主题，并能保持电子及其组件的内在有机联系。

2. 归档存储

能统筹电子文件和传统载体归档文件，根据分类结果自动赋予档号，电子档号章以"卷内文件-单元"的格式自动生成。卷内文件为多个单元文件材料，并按照要求，每个单元下的电子文件由系统合并汇总为 PDF 文件，通过在线归档方式进入档案管理系统中，完成归档过程。能依据档号各构成项自动、逐级建立并命名文件夹，分类存储电子档案，并采用档号自动为电子档案命名；使用第三方权威机构提供的技术手段，在适当时间生成电子档案原文的固化信息，提供验证途径。传统载体档案数字副本的上传、挂接和存储功能需求可参照执行。

3. 编目著录

以档号为基础，支持各门类电子档案题名、责任者、文件编号、时间、保管期限等元数据的著录，自动编制电子档案案卷级、文件级电子目录；能根据电子档案著录的不同要求，提供必要的著录窗口，为著录者提供下拉菜单、携带录入以及日历、时间轴等自动化著录工具，提升著录方式的自动化程度；能自动核验著录信息的完整性、规范性和有效性，并提示修改、校正，应支持在权限许可范围内的元数据或目录数据的增加、修改、删除等。

### 9.3.2.4 检索利用

以权限管理为基础，支持多途径、多角度且易用的检索和利用方式，满足用户各类查档需求。

提供多种类型的检索方式，包括不设定检索字段的简单检索、选定多项检索字段及其逻辑关系的高级检索、模糊检索和精确检索、跨档案门类检索、全文检索等。支持用户根据需要设定任意检索条件查找其权限许可范围内的数字档案资源,并能在检索结果中进行更精确查找。

支持用户在权限许可范围内在线查看、打印目录数据或原文,如有必要,限制用户对电子档案或传统载体数字副本组件或具体页面的可阅读范围;对数字档案资源的下载进行审批、添加数字水印和授权阅读时间等,支持实体档案借阅的申请、审批、登记、归还等。

支持用户开展档案编研工作,授权用户制订编研计划、分配工作任务、建立编研素材库、复制粘贴数字档案内容信息、审核编研文稿、发布或下载编研成果等。

1. 档案检索

本功能给不同用户提供各种档案检索手段,包括组合条件检索、分类检索、跨库检索、全文检索等,检索完成后用户可进行网上档案借阅预约、借阅流程的网上审批等。信息服务子系统中的档案检索与档案员使用的功能有所不同,它更强调档案操作简便,名目清晰易懂,注重检索内容准确,不涉及档案管理方面的专业知识。

1) 系统支持的检索类型

系统提供了条件组合检索、分类检索、跨类检索和全文检索等多种检索手段,同时提供了排序等结果数据整理的功能。保证查询准确、快捷。检索条件可单一,也可多项组合;既能模糊查询,也能精确查找。有权限的用户可以进行文件内容信息的查看,没有足够权限的用户可以提出申请,由管理员进行赋权。

2) 主要功能点

检索页面功能:打开检索页面速度快、检索界面简单明了,友好易用。检索首页有鼠标提示帮助功能,当鼠标移动到某种检索方式的链接上时,自动弹出显示该种检索方式的简要介绍。每一个检索页面都有检索帮助链接。检索首页有借阅流程图的链接。

检索方式:可以按档案著录项、档案分类检索,还可以进行高级组合检索、自定义检索、历史检索、二次检索及全文检索等。

检索结果显示功能:检索的结果可以只显示电子文件的题名信息,不显示具体的文件内容。系统支持缩略图、列表、详细信息等多种显示方式,有缩略图预览功能,方便照片和图纸的检索。用户在浏览检索时,系统具有数据保护功能,能够防止截屏,并且在没有足够权限的情况下不能下载和保存。照片档案有自动水印叠加功能,系统自动在照片档案上叠加显示设定的文字或图案。如果检索结果中有视频、音频档案,则点击图标可以直接播放视频、音频文件,实现在线流畅观看和收听音视频档案。系统默认调用操作系统本身自带的媒体播放器。用户可以同时在检索结果中点选借阅多份档案。管理员可以选择并导出检索结果的数据。支持打印和统计管理用户检索的结果。

2. 档案利用

1) 借阅预约

实体借阅,可通过在网上预约来实现。用户检索档案信息,了解该档案现在所处的管理阶段和所处的位置后,可填写借阅单对该档案提出借阅申请。借阅单可以自动生成,也可以手动编辑输入;借阅单上有查阅、下载、借实物等借阅类型可以选择;借阅单完成后就可以启动审批流程,也可以打印出来进行纸质审批流程。

2) 借阅申请

当本单位用户需要浏览、下载、借阅纸质档案超出自身权限范围时,系统立即启动赋权审批流程,当前用户可以填写借阅申请单,通过后由档案管理员对其进行临时赋权,使其在一段时间内可以浏览、下载该档案或者借阅纸质档案,审批人审批时可以直接查看电子原文,以确定是否通过审批。

3）审批提示

网上用户登录检索借阅模块时，系统会弹出审批是否通过页面，在这个页面中会显示当前用户预约审批的情况、赋权审批的情况、在借档案的情况以及相关档案的有关情况；这些信息都包括相关档案的档号、标题、是否在借、是否能继续借阅，在借档案情况还包括借阅时间、应归还时间，审批情况还包括是否通过审批、审批人、审批时间。

#### 9.3.2.5 鉴定统计

具备各门类档案资料的鉴定处置功能，具备对各种档案资料以及相关业务情况的统计管理功能。

1. 鉴定处置

支持各种类型的档案鉴定任务，包括档案密级或保管期限变更，档案续存、销毁、移交等。支持同步系统中的资料，用户可选择查看任一单元下的评定表及附件，支持查看 PDF、照片并调整文件顺序，支持对电子文件进行"通过"或"退回"操作。档案管理人员可依据书面鉴定报告，通过直接修改密级、保管期限等著录字段，执行销毁、移交功能，完成档案鉴定处置任务；或根据实际需求，具备鉴定处置工作流功能，能支持鉴定审批流程的配置、实施，包括发起鉴定任务、实施鉴定、审批鉴定意见、触发处置功能等；系统会自动留存销毁记录，包括销毁授权、销毁内容、销毁执行人、销毁时间等；能生成符合《电子档案移交与接收办法》及同级国家综合档案馆要求的电子档案移交数据包。

2. 统计报告

1）库藏统计

支持实体档案、数字档案资源室藏量的统计，能灵活设定统计条件，包括档案门类、保管期限、格式、大小、时间长度、类、卷、件、存储载体等。

2）利用统计

支持档案利用情况统计，包括利用档案的职能部门及人次、利用实体档案和数字档案门类及数量、数字档案下载浏览量等。

3）年报统计

支持按照国家档案局《档案室基本情况年报》格式，通过统计报表、柱图、饼图或曲线等各类方式显示、打印统计报告，实现年报表自动统计、分析功能。每年年初，以上一年度的年报表为基础制作新的统计年报并打印。

### 9.3.3 技术档案管理制度

1. 技术资料存档制度

（1）凡加固改造、重大岁修项目、维修工程的资料，工程结束后一个月内整理成册，交资料室两份存档，自存一份。有必要保存的原始数据记录整理后装订成册，原件交处资料室存档，复印件存于本单位。

（2）凡大修项目在工程完工后将施工时间、批准经费、完成经费、大宗材料、完成工程量等填写在"大修报告书"中，交资料室一份，自存一份。

（3）每年工程观测整编资料（含机组运行情况）交资料室一份，自存一份。各观测项目原始记录交资料室保存。

（4）设备技术资料为设备的随机资料、检修资料、试验资料、设备检修记录、蓄电池充放电记录等，应在工作结束后由技术人员认真整理，编写总结，及时归档。运行值班记录、交接班记录等必须在下月月初整理，装订成册。年底将本年度所有的试验记录、运行记录、检修记录等装订成册，保证资料的完整性、正确性、规范性。

2. 技术档案管理制度

(1) 技术资料应分类、装订成册，按规定编号，存放在专用的资料柜内；资料柜应置于通风干燥处，并做好防潮、防腐蚀、防霉、防虫和防污染，同时应有防火、防盗等设施。

(2) 工程基本资料永久保存；规程规范可保存现行的，其他资料应长期保存。

(3) 已过保管期的资料档案，必须经过主管部门领导、有关技术人员和本单位领导、档案管理员共同审查鉴定，确认可销毁的，造册签字，指定专人销毁。

(4) 技术档案应由专人管理，人员变动时应按目录移交资料，并在清单上签字，同时得到单位领导认可。不得随意带走或散失。

3. 技术档案查阅制度

(1) 单位技术档案资料一般不对外，外单位一律到管理处资料室查阅。

(2) 本单位、管理处有关人员需查阅时，须在本单位办公室内查阅。

(3) 查、借阅档案者，必须爱护档案，保证档案完好无损，严禁撕毁、拆卷、划线、画圈、涂改、剪页、水湿、烟烧等。

(4) 遵守保密规则，所查、借阅的档案材料，未经有关领导同意，不准复制和对外公布。

(5) 档案一般不外借，确需借出利用，应经主管领导同意，办理借阅手续后，方可借出，但必须按期如数归还。

(6) 凡查、借阅档案资料者，均应登记清楚，并把相关信息记录存档。

# 9.4  设备管理

## 9.4.1  设备运行管理

长期停用和大修后的机组投入运行前，应进行试运行。

机电设备启动过程中应监听设备的声音及振动，并注意是否存在其他异常情况。

机电设备运行过程中发生故障，应查明原因及时处理，并及时填写事故及故障处理记录。当发生可能危及人身安全或设备故障的事故时，应立即停止运行并报告。

1. 运行要求

主水泵、主电动机、变压器等主要设备在投入运行前应按照 GB/T 30948 规定进行检查，确保设备符合其投入运行条件。设备运行期间，运行人员应按规定程序操作。

高低压电器设备运行应按 GB 26860 的规定执行。

电容器运行应按 DL/T 840 的规定执行，互感器运行应按 DL/T 727 的规定执行。

泵站和变电所的防雷装置运行应按 DL/T 969 的规定执行。

继电保护和自动装置运行应按 DL/T 623 的规定执行，微机保护装置运行应按 DL/T 587 的规定执行。

直流装置运行应按 DL/T 724 的规定执行。

高压断路器、高低压开关柜、高低压变频器、SF₆ 封闭式组合电器、电缆线路、励磁装置等其他电气设备，油、气、水等辅助设备以及金属结构设备的运行应按照 GB/T 30948 的规定执行。

起重机的运行应按 GB 6067 的规定执行。

2. 运行记录

设备运行期间,应每1~2 h巡视1次并记录运行参数,填写运行记录表。记录应清晰准确,填写规范,管理人员应在记录表上签名。

(1) 设备及监控系统应按规定每年进行检查、维护、调试及预防性试验,其性能指标应符合相关规定。

(2) 机电设备及管路应分别有下列标识:

①设备铭牌;

②同类设备按顺序编号,其中电气设备标有名称,且编号、名称固定在明显位置;

③油、气、水管道、阀门和电气线排等有符合相关规定的颜色标识;

④旋转机械有旋转方向标识,辅机管道有介质流动方向标识;

⑤需要显示液位的有液位指示线;

⑥电力电缆有符合相关规定的起止位置和型号规格等标识;

⑦安全警示标识。

泵站管理单位应根据泵站具体情况,按有关规定完善机电设备及管路的标识。

(3) 电气设备外壳接地应明显、可靠,接地电阻应符合相关规定。

(4) 长期停用和大修或更新改造后的机组投入正式运行前,应进行相关检查和试验,再进行试运行。

(5) 更新改造期间,新旧设备需联合运行时,应制订安全运行方案。

(6) 设备和监控系统操作应符合规定程序,并记录。

(7) 设备启动、运行过程中应监视设备及系统的电气参数、温度、声音、振动以及摆度等情况。

(8) 设备运行参数,有自动监测系统的应每1 h保存一次;无自动监测系统的应每1~2 h记录1次。有特殊要求时,可缩短记录时间。

(9) 交接班时,交接班双方应共同检查运行设备,做好交接班记录。运行过程中设备或系统发生故障时不宜交接班。

(10) 对运行设备、备用设备应按规定内容和要求定期巡视检查。遇有下列情况之一时,应增加巡视次数:

①恶劣天气;

②新安装的、经过检修或更新改造的、长期停用的设备投入运行初期;

③设备缺陷有恶化的趋势;

④设备过负荷或负荷有显著变化;

⑤运行设备有异常迹象;

⑥有运行设备发生事故跳闸未查明原因,而工程仍在运行;

⑦有运行设备发生事故或故障,而发生事故或故障的同类设备正在运行;

⑧更新改造泵站新旧设备联合试运行;

⑨运行现场有施工、安装及检修等工作;

⑩其他需要增加巡视次数的情况。

(11) 设备运行过程中发生故障,应查明原因并进行处理。当可能发生危及人身安全或损坏设备事故时,应立即停止运行并报告。

(12) 设备的操作和故障、事故及处理等情况应及时记录并存档。

(13) 压力容器、起重设备等特种设备应按相关规定进行定期检测,未按规定检测或检测不合格的,不应投入运行。

(14) 在严寒季节,应对设备采取保温防冻措施。设备停用期间应排净设备及管道内积水。抽送含泥沙水质的设备应定期清除内部泥沙。电气设备和自动化装置等应在最低环境温度限值以上运行。

应编制管理手册、操作手册和关键岗位口袋本,并根据实际变化及时修订。管理手册主要内容包括工程概况、组织机构、规章制度、管理范围、管理设施、公共安全、档案管理、管理考核等。

操作手册主要内容包括运行调度、巡视检查、安全监测、设备器具操作、维修养护、信息化管理等。

口袋本主要内容包括岗位的工作职责、工作事项、操作流程、工作记录等。

### 9.4.1.1 主水泵

(1) 投入运行前应对主水泵检查确保符合运行条件。主要检查内容和要求如下:

①填料函填料压紧程度正常;

②技术供水正常;

③润滑油油位、油色正常;

④安全防护设施完好;

⑤工作闸门或工作阀与断路器联动正常;

⑥符合盘车条件的泵站投运前宜盘车检查水泵应转动灵活、无异常声音;

⑦潜水泵应进行绝缘和密封检查;

⑧检修门在开启位置;

⑨辅助设备工作正常;

⑩断流装置动作灵活可靠,动作信号反应准确。

(2) 润滑和冷却用油应符合设备制造厂的规定。

(3) 水泵的各种监测仪表应处于正常状态。

(4) 全调节水泵调节机构应灵活可靠,无卡滞、渗漏油现象,温度、声音正常,叶片角度指示准确。

(5) 运行中应采取防护措施,防止杂物进入泵内影响安全运行。

(6) 水泵汽蚀、振动、摆度和噪声应在允许范围内。

(7) 运行期间应定期巡视检查。不同类型的泵站,可根据实际情况确定水泵运行中的检查内容及要求。主要检查内容及要求如下:

①填料函处滴水情况正常,无偏磨、过热现象;

②水泵导轴承及填料密封润滑技术供水水压及示流信号正常;

③振动、摆度和噪音正常;

④润滑和冷却用油油位、油色、油温及轴承温度正常;

⑤油润滑导轴承密封装置正常;

(8) 运行机组数少于装机台数的泵站,运行期间宜轮换运行。

(9) 对水泵汽蚀、磨损等异常情况应分析其产生原因,采取避免或减轻其危害的措施。

### 9.4.1.2 主电动机

(1) 投入运行前应对主电动机进行检查并确保其符合运行条件。主要检查内容和要求如下:

①测量定子和转子回路的绝缘电阻值,绝缘电阻值及吸收比符合相关规定。绝缘电阻值不符合要求时,应查找原因并处理;

②电动机进出线连接正确、牢固、可靠,无短接线和接地线;

③各部的连接螺栓、止锁片等牢固、可靠;

④转动部件与固定部件之间的间隙符合要求,电动机转动部件和空气间隙内应无杂物;

⑤加热干燥装置退出;

⑥励磁装置工作正常；

⑦冷却技术供水水压及示流信号与冷却装置工作正常；

⑧润滑油油位、油色正常；

⑨顶车装置、制动器已复位；

⑩滑环及电刷符合相关规定；

⑪保护装置工作正常；

⑫调速、调节装置运行正常。

注：不同类型的泵站，可根据实际情况确定电动机投入运行前的检查内容及要求，测量电动机定子回路绝缘电阻，可包括连接在电动机定子回路上不能用隔离开关断开的各种电气设备。

（2）电动机在冷热状态下连续启动的次数及间隔时间应符合制造厂的规定。

（3）电动机的运行电压应在额定电压的 $95\%\sim110\%$ 范围内。

（4）正常运行时，电动机的电流不应超过铭牌规定的额定电流。过负荷运行时，其过负荷允许运行时间不应超过相应规定。

（5）电动机定子线圈的温升不应超过制造厂的规定。

（6）电动机三相电流不平衡之差与额定电流之比不应超过 $10\%$。

（7）同步电动机励磁电流不宜超过额定值。

（8）电动机的允许振幅不应超过相应规定。

（9）电动机轴承的允许最高温度不应超过制造厂的规定值。

（10）当电动机各部温度与正常值有较大偏差时，应检查电动机及冷却装置、润滑油系统和测温装置等是否工作正常。

（11）潜水泵电动机绝缘电阻应符合下列要求：

①测量绕组绝缘电阻应分别在冷状态（室温状况）和热状态（电动机运行温升基本稳定）下测量。试验检测时可在冷状态下进行。

②绕组绝缘电阻允许值应符合相应规定。

（12）潜水泵的保护传感器电阻值应符合相应规定，同时还应进行潜水泵密封性检查。

（13）潜水泵在冷、热状态下的 1 h 允许启动次数应按照制造厂的规定执行。

（14）运行期间应定期巡视检查。主要检查内容及要求如下：

①定子电流、转子电流、电压、功率等指示正常；

②定子线圈、铁芯及轴承温度正常；

③油箱（盆）内油位、油色及油温等正常，无渗油现象；

④技术供水压力、温度及示流信号正常；

⑤无异常振动和异常声音；

⑥电动机滑环与电刷间无电火花，无积垢，无卡滞现象，电刷压力适中，温度不超过 120℃；

⑦无异常气味；

⑧电动机冷却风机运行正常。

注：电动机运行检查内容及要求可根据泵站类型和实际情况确定。

### 9.4.1.3 变压器

（1）投入运行前应对变压器进行检查并确保其符合运行条件。主要检查内容和要求如下：

①分接开关位置正确；

②绝缘电阻值和吸收比符合相关规定;

③接地明显可靠,接地电阻满足要求;

④油位和油色正常,无渗漏现象;

⑤冷却装置运行正常;

⑥保护装置动作可靠;

⑦各电气连接部位紧固、无松动;

⑧气体继电器内部应无气体;

⑨压力释放阀、安全气道以及防爆系统应完好无损;

⑩呼吸器内硅胶无明显变色;

⑪事故放油阀处于工作位置。

(2) 变压器不宜在过负荷的情况下运行。过负荷情况下,允许持续运行时间应符合制造厂的规定。

(3) 变压器调压操作和中性点接地除应执行《电力变压器运行规程》(DL/T 572)的规定外,还应符合下列要求:

①变压器二次侧的运行电压一般不宜高于该运行分接额定电压的 105%。

②有载变压器在操作有载分接开关时,逐级调压,同时监视分接位置及电压、电流的变化,并做好记录。

③无载调压变压器调压应在停电后进行。变换分接时,应做多次转动,消除触头上的氧化膜和油污。确认变换分接挡位正确并锁紧后,测量绕组的直流电阻。分接变换情况应记录并存档。

④电压等级为 110 kV 及以上中性点直接接地系统投运或停运变压器操作时,中性点应先接地,投入后应按系统需要确定中性点是否断开。

(4) 油浸式变压器顶层油温的允许值应符合制造厂的规定。当冷却介质温度较低时,顶层油温也可相应降低。自然循环冷却变压器的顶层油温不宜经常超过 85℃。

(5) 站用变压器运行中,中性线最大允许电流不应超过额定电流的 25%;否则,应重新分配负荷。

(6) 干式变压器运行时,各部位允许温升值应符合制造厂的规定。

(7) 当变压器保护动作跳闸时,应查明原因。未查明原因的,不得投入运行。

(8) 变压器有下列情形之一者,应停止运行:

①出现异常声音,且不均匀,或有爆裂声;

②在正常冷却条件下,变压器温度异常,并连续升温;

③油枕、防爆管喷油或压力释放阀动作;

④油位低于下限;

⑤油色发生变化,且油内出现气泡或碳化现象;

⑥绝缘套管有破损和放电现象;

⑦主保护的微机保护装置失灵或发生故障,短时间不能排除。

(9) 变压器运行期间应定期巡视检查。主要检查内容及要求如下:

①油位、油色和油温正常,各部位无渗油现象;

②套管油位正常,套管外部无破损裂纹、无严重油污、无放电痕迹及其他异常现象;

③电缆、母线及引线接头无发热变色现象;

④声音、温度正常;

⑤吸湿器完好,吸附剂干燥;

⑥变压器的通风和散热正常;

⑦压力释放阀、气体继电器工作正常;

⑧冷却装置运行正常;

⑨有载分接开关的分接位置及电源指示应正常。

注:运行中检查内容及要求可根据变压器类型和实际情况确定。

#### 9.4.1.4 其他电气设备

(1) 电缆的负荷电流不应超过设计允许的最大负荷电流。长期允许工作温度应符合制造厂的规定。

(2) 对电缆线路应定期巡视检查。主要检查内容及要求如下:

①直埋电缆:电缆线路沿线地面应无挖掘,无重物堆放、腐蚀性物品及临时建筑;标示桩应完好;露出地面上的电缆的保护钢管或角钢无锈蚀、位移或脱落;引入室内的电缆穿墙处封堵严密;

②沟道电缆:沟道盖板应完好;电缆支架及接地线牢固、无锈蚀;沟道内无积水;电缆标示牌完好;

③电缆接头:接地线应牢固,无断股、脱落现象;引线连接处无过热、熔化、氧化、变色等现象。

(3) 母线及瓷瓶应清洁、完整、无裂纹以及无放电痕迹。母线及其连接点在通过允许电流时,温度不应超过70℃。

(4) 高低压开关柜应封闭良好、接地可靠,标识正确、齐全。

(5) 隔离开关、负荷开关本体应无变形;带灭弧装置的负荷开关的油箱油位或气体压力应符合要求,无渗漏;隔离开关触头接触应紧密,无变形、过热及烧损现象;瓷瓶应完好;传动机构应操作灵活、可靠。

注:变形包括破损、裂纹及放电痕迹,导电部分过热、变色、熔化等现象。

(6) $SF_6$ 封闭式组合电器(GIS)运行除应符合制造厂及相应设备的有关规定外,还应符合下列要求:

①GIS室内 $SF_6$ 气体浓度自动检查报警装置、通风装置可靠;

②GIS每年应进行定期检查。检查内容应包括操作机构、传动机构、断路器的机械特性及动作电压、压力表、气压、油位以及控制系统等;

③GIS运行期间,应按规定进行巡视检查,巡视前应提前15 min开启GIS室通风系统;

④GIS的巡视检查应由2人进行,每班1次,并记录断路器和避雷器的指示动作次数、液压弹簧操作机构油泵启动次数、$SF_6$ 气体压力表的指示值以及环境温度等。

(7) 高压断路器操作应符合下列要求:

①操作电源的电压、液压机构的压力符合有关规定;

②断路器合闸前,互锁装置可靠;

③断路器外壳接地良好;

④用控制开关远程操作高压断路器的分合。长期停运的高压断路器在正式执行操作前,通过控制开关方式进行试操作2～3次;

⑤正常情况下,不得手动操作分合高压断路器;在控制开关失灵的紧急情况下,可在操作机构箱处进行手动操作;

⑥手动操作时,不得进行慢合或慢分操作;

⑦拒分的断路器未经检查处理,不得投入运行。

(8) 高压断路器运行时应定期巡视检查。主要检查内容及要求如下:

①分、合闸位置指示正确,柜面仪器、仪表的信号及数据与实际相符,无异常声音;

②绝缘子、瓷套管外表清洁,无损坏、放电痕迹;

③绝缘拉杆和拉杆绝缘子应完好,无断裂痕迹和零件脱落现象;

④导线接头连接处无松动、过热以及熔化变色的现象;

⑤油断路器的油位、油色及油温正常,无渗漏;

⑥真空断路器灭弧室无异常现象;

⑦SF₆断路器的 SF₆ 气体压力、温度正常,无泄漏;

⑧电磁操作机构分、合闸线圈无过热、烧损现象;

⑨液压操作机构油箱油位、油压及油泵启动次数正常,无渗漏;

⑩弹簧操作机构、储能电机及行程开关接点的动作准确、无卡滞变形。

(9) 断路器出现下列状况之一时应立即断开操作电源,悬挂警示牌,采取减负荷,并由上一级断路器断开负荷后再退出故障断路器:

①严重漏油,油位计已无法指示;

②SF₆断路器气体严重泄漏,压力降至闭锁压力;

③真空断路器出现真空破坏等现象。

(10) 高压断路器事故跳闸后,应检查有无异味、异物以及放电痕迹,机械分合指示应正确。对油断路器还应检查油位、油色正常,无喷油现象。油断路器每发生 1 次短路跳闸后,应做内部检查,必要时更换绝缘油。

(11) 封闭母线及架空线应外形完整,连接紧固,接地可靠,绝缘符合相关规定。

(12) 高压软启动器投入运行前应进行检查,除应符合制造厂的规定外,还应符合下列规定:

①软启动柜内无杂物、灰尘,各连接螺栓紧固;

②主回路绝缘满足要求;

③控制电源可靠、通信信号正常;

④柜体接地可靠,接地电阻满足要求;

⑤真空断路器分闸和接地刀闸合闸(软启动装置电源侧高压进线柜)。

(13) 高压软启动器操作步骤及要求如下,并符合制造厂的规定:

①送高压电源,带电显示器指示灯亮;

②合控制电源开关、电压互感器开关;

③摇插真空断路器至工作位置,工作位置红灯亮;

④查看备妥指示灯、储能指示灯、准启指示灯以及停止指示灯是否亮;

⑤若在设定的时间内没有启动,应按下紧停按钮,软启动器停止工作,断开控制回路,使进线真空接触器分闸,软启动器退出工作模式;

⑥主机组软启动器投入全压运行时旁路真空接触器应吸合,软启动器退出,启动指示灯灭,运行指示灯亮;

⑦软启动器如出现不正常现象应立即停机。真空断路器故障时,应立即按下真空断路器面板分闸按钮,使断路器机械分闸;

⑧连续 2 次启动时间应间隔 10 min。如 10 min 内不能完成,应让可控硅充分冷却后再次启动;

⑨主机组启动运行后查看相关表计是否显示正常。

(14) 电容器运行应执行 DL/T 840—2016 的规定。

(15) 互感器运行应执行 SL/T 727—2013 的规定。

(16) 泵站和变电所的防雷装置运行应执行《变电站运行导则》(DL/T 969)的规定。

(17) 继电保护和自动装置运行应执行 DL/T 623 的规定。微机保护装置运行应执行 DL/T 587 的规定。

(18) 励磁装置的运行应符合下列要求:

①励磁装置的工作电源、操作电源等正常可靠;

②表计指示正常,信号显示与实际工况相符;

③励磁回路发生一点接地时,查明故障的原因,予以消除;

④各电磁部件无异常声音,各导电部件的接点、导线及元器件无过热现象;

⑤通风、散热系统工作正常,冷却系统工作正常;

⑥励磁变压器线圈、铁芯温度以及温升不超过规定值;声音正常,表面无积污;

⑦励磁装置在运行前,确认灭磁回路工作正常。

(19) 运行中发现励磁电流、励磁电压明显上升或下降,应检查原因并予以排除。如不能恢复正常应停机检修。

(20) 直流装置运行应执行 DL/T 724 的规定。

(21) 高压变频器启动除应符合制造厂的规定外,还应符合下列要求:

①检查变频器控制电源处于通电状态,变频器柜门关闭;

②变频器给出"高压合闸允许"信号时,方可启动变频器;

③变频器启动过程中,监视变频器输入输出电压与电流变化情况,是否存在异常振动与声音,观察散热风机是否正常转动,有无异常报警;

④变频器高压带电时,不得断开变频器控制电源。

(22) 高压变频器运行除应符合制造厂的规定外,还应符合下列要求:

①不应用高压兆欧表测量变频器的输出端绝缘。在测量电动机绝缘时,应将变频器和电动机脱开,避免损坏变频器的功率单元;

②变频器本体一次、二次接线应完整紧固,电缆无损伤;

③控制回路绝缘合格,各风机试转正常,无异常声响;

④变频器柜在设备运行状态下,非专业人员不得打开柜门,防止触电,停电 15 min 后方可打开柜门;

⑤不得用钥匙操作、带负荷拉动旁路柜的刀闸手柄;

⑥两次分合高压变频器的间隔应在 30 min 以上。

(23) 高压变频器运行期间除应符合制造厂的规定外,还应定期巡视检查,并符合下列要求:

①显示的输出电流、电压及频率等运行数据应正常,显示屏无故障报警信息;

②电抗器、变压器及冷却风扇等设备运行正常,无异常声音,无振动,温度在规定范围之内;

③变频器柜内无异味,电路元器件无变色、变形以及漏液等现象;

④运行中主电路电压和控制电路电压正常;

⑤柜门滤网无脏污情况。

注:运行中检查内容及要求可根据变频器类型和实际情况确定。

(24) 无功补偿装置运行除应符合制造厂的规定外,还应符合下列要求:

①断开后,应经充分放电 3~5 min 后方能再进行合闸。合闸操作不成功时,电容器组不得连续进行合闸操作;

②主变压器断电或母线失压后,应将电容器开关断开,待系统恢复正常后,再将电容器组投入运行;

③环境温度过高、三相电流相差过大或电压超过允许值时应停用电容器组;

④电容器开关发生跳闸,不准许强行试送,应根据保护动作情况进行分析判定,并检查电容器有无熔丝熔断、鼓胀、过热、爆裂或套管放电痕迹等;

⑤无功补偿装置的电气参数指标应正常。

(25) 无功补偿装置运行期间应定期巡视检查。巡视检查除应符合制造厂的规定外,还应符合下列要求:

①电容器外壳防腐层无脱落、变色及渗漏现象；

②电容器外壳膨胀量不应超过正常热胀冷缩的弹性许可度；

③套管清洁完整，无裂纹，无放电现象；

④引线、母线排、电缆的连接处无松动、脱落和断线，无发热变色；

⑤电容器运行中无异常声音；

⑥电流表和电压表指示正常，三相电流不平衡值不超过规定值，电压小于额定值。

(26) 不间断供电电源(UPS)供电系统应定期巡视检查。主要检查内容及要求如下：

①蓄电池组无发热、漏液现象；

②交、直流输入电压和输出电压、电流正常；

③各种信号显示正常，无报警；

④运行无异常噪声。

### 9.4.1.5 辅助设备

(1) 油、气、水系统中的安全装置、监测装置及仪表应定期检验，确保动作可靠，控制设定值应符合安全运行要求。

(2) 压力油系统和润滑油系统应符合下列要求：

①油质、油温、油压以及油量等符合要求，并定期检查；

②定期清洗油系统中的设备，保持油管畅通和密封良好，无渗漏油现象；

③油压管路上的阀件密封严密，在所有阀门全部关闭的情况下，液压装置、储气罐在额定压力下 8 h 内压力下降值不超过 0.15 MPa；

④安全阀、减压阀、电磁阀组以及过滤器等应定期检查。

(3) 供水系统和排水系统应符合下列要求：

①供排水泵运行正常；

②技术供水的水质、水温、水量以及水压等满足运行要求；

③电动阀门、电磁阀以及示流装置良好，供水管路畅通；

④报警装置工作正常、可靠；

⑤集水井和排水廊道无堵塞或淤积；

⑥过滤器运行正常。

(4) 压缩空气系统及其安全装置、继电器和各种表计等应可靠，其工作压力值应符合使用要求。

(5) 抽真空系统投入运行应按顺序进行下列操作和检查：

①开启抽真空系统内管道闸阀，检查气水分离器、放水闸阀是否关闭；

②开启冷却水进水闸阀，检查冷却水管路是否畅通；

③检查润滑油路是否正常，加油处是否加足润滑油；

④检查转动部分是否灵活；

⑤启动真空泵。

(6) 定期对水锤防护设施检查。经过检修或长期停用的机组，启动前应对安装在其出水管道上的阀门进行检验，按关阀规定调整阀门快、慢关的行程(角度)和时间。

### 9.4.1.6 闸门、拦污栅及启闭设备

(1) 拍门运行应符合下列要求：

①拍门附近无淤积、杂物；

②铰轴和铰座固定可靠、配合良好、转动灵活,无裂纹、严重磨损及锈蚀;

③拍门液压机构或其他控制装置工作正常;

④门体无裂纹、严重变形,止水良好。

(2)虹吸式出水流道的真空破坏阀的运行应符合下列要求:

①真空破坏阀在关闭状态下密封良好;

②阀盖弹簧压力应按水泵启动排气的要求调整;

③真空破坏阀吸气口附近无影响吸气的杂物,通风顺畅;

④保证破坏真空的控制设备或辅助应急措施处于能随时投入运行状态。

(3)采用快速闸门断流的泵站,在主机组启动前应全面检查快速闸门的控制系统,确认快速闸门能按规定启闭。运行中,闸门应保持在全开状态。

(4)采用阀门断流的泵站,泵阀应联动正常。

(5)启闭机运行应执行 SL/T 722 的规定。

(6)拦污栅、清污机运行应符合下列要求:

①拦污栅无严重锈蚀、变形和栅条缺失;

②定期清除拦污栅前污物,并按环保的要求进行处理;

③拦污栅上下游水位差符合设计要求;

④清污机及传输装置工作正常。

(7)阀门运行应符合下列要求:

①功能完好,密封可靠,无渗漏现象;

②运行、操作灵活,无卡阻现象;

③工作压力在允许范围内;

④操作及使用应符合设计要求。

### 9.4.1.7 管道及伸缩节

(1)泵站运行前应对进出水管道进行检查,主要检查内容及要求如下:

①管道标识应符合相关规定。管道及管道接头密封良好。管道外观无裂纹、变形及损伤情况。管道上的镇墩、支墩和管床处,不应有明显裂缝、沉陷和渗漏。

②出水管道的管坡应排水通畅,无滑坡、塌陷等危及管道安全的隐患。

③暗管埋土表部无积水、空洞,并设置标识。地面金属管道表面防锈层应完好;混凝土管道无剥蚀、裂缝和其他明显缺陷;非金属材料管道无变形、裂缝和老化现象。

④定期对管道壁厚及连接处(含焊缝)检测。

(2)管道在运行中应定期巡查,如发现故障应及时排除。

(3)管道附近不得爆破和取土。管道保护区内,不得种植和灌溉。

(4)严寒地区的泵站,管道防冻设施应完好。

(5)管道伸缩节活动部件不得被外部构件卡死或限制其活动范围。

(6)机组运行时,应检查管道伸缩节法兰调节螺栓工作状态,伸缩节法兰连接处应无渗漏现象。

(7)测流装置运行应符合下列要求:

①定期率定,保证其满足精度要求;

②工作电源电压应在正常范围;

③传感器绝缘应满足相关规定,接地应可靠。

### 9.4.2 巡视检查

巡视检查一般包括日常巡查、汛前(后)检查和特别检查。日常巡视检查由巡查岗人员开展,汛前(后)检查由管理单位技术负责人组织开展,应按操作手册规定频次(时间)、线路、内容、方法进行检查。每次检查前应做好准备工作,配备必要的工具和安全防护用具。检查高压电器设备时,禁止移开或越过安全护栏,不应撑伞。雷雨天,需检查室外高压设备时,应穿绝缘靴,不应靠近避雷器和避雷针。发现异常现象时,应做好记录。情况严重时,应及时报告。

1) 检查频次

日常巡视检查应符合下列要求:

①汛期需每天巡查 1 次;

②非汛期需每周巡查 1 次;

③汛前检查宜在每年 3 月底前完成;

④汛后检查宜在每年 10 月底前完成。

⑤工程遭受超标准洪水、12 级及以上的台风、5 级及以上的地震,以及出现险情或发生较大工程事故时,应对工程重要部位和主要设施设备进行特别检查。

2) 检查范围和内容

(1) 日常巡视检查需满足下列要求:

①巡查范围主要包括水工建筑物、机电设备、金属结构等;

②巡查内容主要包括主机组、开关柜门、高低压配电设备、配电室、闸门、启闭设备、清污机、拦污栅、管道、冷却水系统、消防设施、监测设施、进出水池、交通桥等。

(2) 汛前检查除日常巡查内容外,还应符合下列要求:

①防汛责任制落实情况;

②闸门与启闭设备、供电线路及备用电源的试运行情况;

③防汛应急预案编制与报批(备);

④防汛物资和防汛抢险队伍的准备和落实情况;

⑤上一年度发现问题处理情况。

(3) 汛后检查除日常巡查内容外,还应符合下列要求:

①工程变化和损坏情况;

②险情处置情况;

③防洪调度合理性;

④防汛物资使用情况;

⑤信息化及监测系统运行情况。

特别检查应根据具体情况确定检查内容。

3) 检查记录

检查人员应逐项填写检查记录,记录表格式见表 9.4-1。

表 9.4-1 泵站日常巡视检查记录表

日期：　年　月　日　　水位/m：　　天气：

| 检查部位 | 检查内容 | 是否正常 | 存在问题 |
|---|---|---|---|
| 泵站建筑物 | 1.管理范围内有无新的违章建筑物、构筑物 | | |
| | 2.管理范围内有无爆破、取土、倾倒和排放污染物 | | |
| | 3.保护范围内有无船只停放 | | |
| | 4.填土有无跌落、陷洞、积水 | | |
| | 5.墙顶有无堆重物 | | |
| | 6.堤身有无倾斜、错动或断裂,砌缝有无风化剥落 | | |
| | 7.有无松动、塌陷、隆起、底部掏空、垫层散失及人为破坏 | | |
| | 8.有无裂缝、麻面、腐蚀、露筋、混凝土剥落等表面缺陷 | | |
| | 9.道路是否畅通,道面有无损毁和积水现象,桥面有无超载车辆通行 | | |
| | 10.屋顶是否漏水 | | |
| | 11.墙体是否破损、渗水、开裂,粉刷是否脱落 | | |
| 主机组及传动装置 | 1.主机组运转是否正常,摆度、振动是否正常,温度指示是否正常 | | |
| | 2.各类仪表、按钮是否完好,显示是否正常,标识是否齐全 | | |
| | 3.前后轴承油封是否完好,有无渗漏 | | |
| | 4.绝缘电阻是否符合要求,接地是否可靠 | | |
| | 5.线路绝缘是否正常,连接是否可靠,有无漏电、短路现象 | | |
| | 6.减速箱油位是否正常,油质有无浑浊,减速箱运行是否可靠 | | |
| 高压配电设备 | 1.各类仪表指示是否正常 | | |
| | 2.开关柜封闭是否良好,孔洞是否封堵,接地是否可靠 | | |
| | 3.高压软件启动柜是否能正常运行 | | |
| | 4.高压变频装置是否能正常运行 | | |
| | 5.标识是否齐全 | | |
| 低压配电设备 | 1.各类仪表指示是否正常 | | |
| | 2.开关柜封闭是否良好,孔洞是否封堵,接地是否可靠 | | |
| | 3.低压软件启动柜是否能正常运行 | | |
| | 4.低压变频装置是否能正常运行 | | |
| | 5.各绕组温度是否符合要求 | | |
| | 6.标识是否齐全,外表是否清洁 | | |
| | 7.避雷装置是否正常 | | |
| 其他电气设备 | 1.各类仪表指示是否正常 | | |
| | 2.线缆绝缘是否正常,连接是否可靠,有无漏电、短路现象 | | |
| 金属结构（闸门） | 1.闸门表面是否清洁,有无表面涂层剥落 | | |
| | 2.门体是否有变形、锈蚀、焊缝开裂或螺栓、铆钉松动等情况 | | |
| | 3.止水橡皮是否老化、断裂、破损,止水装置止水效果是否良好 | | |
| | 4.支承行走机构(起门梁、拉杆)有无缺陷,是否运转灵活 | | |

| 检查部位 | 检查内容 | 是否正常 | 存在问题 |
|---|---|---|---|
| 金属结构（拍门） | 1. 有无裂纹及严重磨损、锈蚀现象 | | |
| | 2. 铰轴、铰座连接是否可靠,转动是否灵活 | | |
| | 3. 止水效果是否良好 | | |
| 金属结构（启闭机） | 1. 外观是否清洁,工作面有无油污、杂物 | | |
| | 2. 钢丝绳有无断丝、断股、磨损、锈蚀、接头不牢、变形 | | |
| | 3. 螺杆有无弯曲变形、锈蚀 | | |
| | 4. 开高及限位装置是否准确 | | |
| 金属结构（清污机及控制柜） | 1. 格栅片上有无垃圾及污物,平台是否清洁 | | |
| | 2. 格栅片是否松动、变形与腐蚀 | | |
| | 3. 转动部件是否完好,运转是否正常 | | |
| 辅助设备 | 1. 冷却系统运行是否正常,有无渗漏 | | |
| | 2. 技术供水系统运行是否正常,有无渗漏,触摸屏、仪表、按钮是否完好,显示是否正常 | | |
| | 3. 消防供水系统运行是否正常,有无渗漏,触摸屏、仪表、按钮是否完好,显示是否正常 | | |
| 信息化系统 | 1. 计算机运行是否正常 | | |
| | 2. 网络运行是否正常 | | |
| | 3. 摄像头是否清洁、无污物,画面是否清晰 | | |

巡查人员(签名):　　　　　　　　　　　　　　　技术负责人(签名):

汛前、汛后检查后应提出检查结论和建议,记录表格式分别见表9.4-2和表9.4-3。

表9.4-2　泵站汛前检查记录表

| 检查时间 | | 水位/m | | 天气 | |
|---|---|---|---|---|---|
| 检查基本情况 | | | | | |
| 检查部位 | | | 检查记录 | | |
| 泵站建筑物 | 进出水池 | | | | |
| | 挡土墙、护坡 | | | | |
| | 防冲槽、护底 | | | | |
| | 交通桥 | | | | |
| 机电设备 | 主水泵、主电机等主要设备 | | | | |
| | 高低压配电柜等主要配套设备 | | | | |
| | 油、气、水等辅助设备 | | | | |
| 金属结构 | 启闭设施 | | | | |
| | 闸门、拍门 | | | | |
| | 拦污栅 | | | | |
| | 清污机 | | | | |

| | 监测设施 | |
|---|---|---|
| 管理设施 | 交通、通信设施 | |
| | 消防设施 | |
| | 信息化设施 | |
| | 标识标牌 | |
| | 管理房 | |
| 管理范围内有无违章建筑或危害工程安全行为 | | |
| 度汛准备情况 | | |
| 防汛责任制落实情况 | | |
| 防汛物资储备情况 | | |
| 启闭设备、备用电源试运行情况 | | |
| 应急预案编制、审批、演练情况 | | |
| 维修养护项目完成情况 | | |
| 上年度汛后检查问题处置情况 | | |
| 汛前检查结论 | | |
| 汛前检查存在问题 | | |
| 存在问题的处理建议 | | |

检查人员(签名):　　　　　　　　　　　　　　　　负责人(签名):

表 9.4-3　泵站汛后检查记录表

| 检查时间 | | 水位/m | | 天气 | |
|---|---|---|---|---|---|
| 检查基本情况 | | | | | |
| 检查部位 | | | 检查记录 | | |
| 泵站建筑物 | 进出水池 | | | | |
| | 挡土墙、护坡 | | | | |
| | 防冲槽、护底 | | | | |
| | 交通桥 | | | | |
| 机电设备 | 主水泵、主电机等主要设备 | | | | |
| | 高低压配电柜等主要配套设备 | | | | |
| | 油、气、水等辅助设备 | | | | |
| | 叶轮、叶轮帽、导叶体部件 | | | | |
| 金属结构 | 启闭设施 | | | | |
| | 闸门、拍门 | | | | |
| | 拦污栅 | | | | |
| | 清污机 | | | | |
| 管理设施 | 监测设施 | | | | |
| | 交通、通信设施 | | | | |
| | 消防设施 | | | | |
| | 信息化设施 | | | | |
| | 标识标牌 | | | | |
| | 管理房 | | | | |

| 管理范围内有无违章建筑或危害工程安全行为 | |
|---|---|
| 工程运行情况 | |
| 防洪调度合理性 | |
| 险情处置情况 | |
| 工程损坏情况 | |
| 防汛物资使用情况 | |
| 汛后检查结论 | |
| 汛后检查存在问题 | |
| 存在问题的处理建议 | |
| 下年度维护养护建议 | |

检查人员(签名):　　　　　　　　　　　　　负责人(签名):

纸质巡查记录应当场签名,巡查记录应清晰、完整、准确、规范。

检查发现缺陷或异常等情况时,应有详细的情况说明、部位描述和影像资料。

特别检查结束后,对发现的问题应进行分析,并制订应急处理方案和修复计划,现场检查记录、检查报告、问题或异常的处理与验收等资料应定期归档。

### 9.4.3　管理设施设备

(1) 泵站管理设施设备配置应与当地社会经济发展水平相适应。设施设备应安全可靠、经济合理、技术先进、管理方便。

(2) 泵站管理设施设备应包括信息管理、安全监测、防汛、办公、交通、生活及文化娱乐等设施设备。对统一管理多级或多座泵站的管理单位,管理设施设备应统筹规划、合理设置。

(3) 泵站管理单位应建立管理设施设备台账,明确责任人,定期进行检查维护。

(4) 信息管理部门应定期检查机房环境、服务器、计算机、网络通信设备、后备电源、空调等设备,确保各硬件设备安全运行,维护各应用系统的正常工作。

(5) 安全监测设备的维护和检修应执行有关规定。

(6) 防汛设施的维护和检修应符合《防汛储备物资验收标准》(SL 297)的规定。

(7) 交通、生活及文化娱乐等设备应定期更新。

#### 9.4.3.1　工程观测设施

(1) 工程观测设施应根据泵站的规模和建筑物级别、水文及地质条件,有针对性地设置或完善。

(2) 工程观测设施配置除符合《泵站设计标准》(GB 50265)规定外,还应符合下列要求:

①反映泵站主要建筑物状态;

②观测方便、直观、易操作;

③有良好的交通和照明条件;

④观测数据便于上传、存档;

⑤有必要的保护措施。

(3) 泵站应配置必要的工程观测仪器设备。

### 9.4.3.2　交通设施

(1) 交通设施应根据泵站管理、抗洪抢险等需要合理配置。

(2) 内、外交通道路的等级应根据泵站的规模及重要性、最大运输件的重量或尺寸、当地经济发展水平等确定。

(3) 对外交通设施应符合下列规定:

①利用已有的交通条件;

②与内部交通衔接,并与就近的城镇连通;

③对外交通道路应满足全天候通行机动车辆要求;

④应视具体情况在道路两旁设置安全警示标志。

(4) 应根据泵站的规模和所处的地理位置配备交通工具。

### 9.4.3.3　通信设施

(1) 泵站管理单位应建立对内、对外通信系统,配备相应的通信设施和设备,并应与所属上级主管部门和防汛抗旱指挥中心的通信网连接。

(2) 泵站通信设施设置,应符合主管部门制定或批准的通信规划,并应符合《水利系统通信业务技术导则》(SL/T 292)和《水利水电工程通信设计规范》(SL 517)及相关的规定。

(3) 泵站通信系统应与社会通信网连接。根据需要还可配置专用通信设施。

(4) 泵站与上级防汛抗旱指挥部门之间的通信系统应稳定可靠,并可设置专用设备房。

### 9.4.3.4　生产保障设施

(1) 泵站管理单位应本着有利管理、方便生产以及经济适用的原则,合理确定各类生产保障设施规模和建筑标准。

(2) 泵站管理单位可设置下列生产保障用房及设施:

①管理办公用房及设施;

②工程维修养护设施;

③防汛抗旱及应急抢险设施;

④物资仓库;

⑤值班和文化用房及设施。

(3) 生产保障用房面积及设施数量,应根据相关规定及泵站实际情况确定。

(4) 办公、生产区应有良好的供排水设施和可靠的电源。

(5) 应根据泵站的规模、所处地理位置和工程维修养护需要配备工程维修养护设备。

## 9.4.4　设备维护与检修管理

(1) 泵站管理单位应根据设备的运行情况、技术状态以及相关技术要求,编报年度维护与检修计划,并按计划进行维护和检修。

(2) 对运行和检修中发现的设备缺陷应分析原因,并进行处理。

(3) 对于严寒地区的泵站,每年冬季应对机电设备及金属结构等进行防冻维护保养,并符合下列要求:

①冬季停泵时应及时排净泵体、叶轮及填料函的积水;

②如停泵时间较长,应向泵体空腔和叶轮叶槽内灌注密实的抗冻固态物质;

③对主阀门的主密封和轴部密封应进行保温;

④不得转动阀板,防止损坏阀门密封;

⑤冬季运行结束后,应做好管道排水和维护;

⑥潜水泵冬季不运行时应吊出水面。

(4)主要设备检修质量控制及验收工作应包括下列内容:

①制定设备检修方案,内容包括检修的设备及部件或部位、缺陷描述、检修工艺流程、作业指导书、检修工具及设备、更换的零配件及材料,以及质量控制措施等;

②按行业及各单位制定的检修规程及质量标准进行检修;

③填写检修记录、试验报告、质量检验报告以及试运行报告,编写检修总结报告;

④按规定程序及质量要求进行验收。

(5)检修设备需要试运行的,应在初步验收合格后进行,并在试运行合格后进行正式验收。

(6)设备检修记录、试验报告、质量检验报告、试运行报告和检修总结报告等技术资料,应及时整理归档。

(7)泵站管理单位应按《泵站技术管理规程》(GB/T 30948)相关规定,结合工程实际情况,制定相应的设备维护与检修实施细则。

### 9.4.4.1 主水泵

(1)主水泵检修周期应根据主机组的技术状况和零部件的磨蚀、老化程度以及运行维护条件确定,同时还应考虑水质、扬程、运行台时数及设备使用年限等因素,其检修周期按表9.4-4的规定执行。

表9.4-4 主水泵检修周期

| 设备名称 | 大修 | | 小修 | |
|---|---|---|---|---|
| | 日历时间/a | 运行台时数/h | 日历时间/a | 运行台时数/h |
| 主水泵 | 3~5 | 2 500~15 000 | 1 | 1 000 |

(2)宜采用设备状态监测及故障诊断技术对设备状况进行评估,实施状态检修。

(3)不同类型的水泵应根据实际情况确定定期维护项目。

(4)主水泵大修项目应及时做好主要技术参数记录,并编制总结报告。大修技术要求应执行《泵站安装及验收规范》(SL/T 317)的规定。

(5)主水泵定期维护项目应包括下列内容:

①轴承间隙测量、调整;

②止水装置的检查、清扫或换止水材料;

③水导轴承的检查、清扫或更换;

④主轴磨损的检查、处理;

⑤密封的检查、处理;

⑥除锈涂漆;

⑦叶轮和叶轮室汽蚀、磨损、裂纹的检查处理;

⑧检查导水锥;

⑨叶轮叶片与叶轮室的间隙测量。

(6)潜水泵定期维护除满足上述(5)外,还应符合下列要求:

①潜水泵应定期更换润滑油;

②电缆每年应至少检查1次,若破损且不符合运行要求,应予以更换;

③应定期对湿定子潜水泵电动机腔内进行维护保养；

④移动式潜水泵长期停用的，宜入库保养和保管；

⑤进行绝缘及接地检测。

#### 9.4.4.2 主电动机及传动装置

(1) 主电机及传动装置检修周期应根据机组的技术状况和零部件的磨损、腐蚀、老化程度以及运行维护条件确定，可按表9.4-5的规定取值，亦可根据具体情况提前或推后。

表9.4-5 主电动机及传送装置检修周期

| 设备名称 | 大修 | | 小修 | |
| --- | --- | --- | --- | --- |
| | 日历时间/a | 运行台时数/h | 日历时间/a | 运行台时数/h |
| 主电动机 | 3～8 | 2 500～20 000 | 1～2 | 2 000 |
| 传送装置 | 3～8 | 2 500～20 000 | 1～2 | 2 000 |

(2) 不同类型的主电动机，应根据实际情况确定维护项目和周期。

(3) 主电动机大修项目、主要技术参数记录表和总结报告内容及格式应按大修技术要求执行《泵站安装及验收规范》(SL/T 317)的规定，并做好记录。

(4) 主电动机定期维护项目应包括下列内容：

①定子清扫及各部位螺纹紧固件、垫木以及端部绕组绑线检修；

②定子绕组引线及套管的检修，定子端部线圈接头处理；

③电动机风洞盖板密封处理；

④转子各部位的清扫检查处理；

⑤碳刷、刷架、集电环及引线等的清扫、维修或更换；

⑥机架各部位检查清扫；

⑦润滑油(脂)的检查添加，润滑油的定期化验；

⑧电动机定、转子之间间隙测量。

#### 9.4.4.3 变压器

(1) 每年应对变压器至少进行1次检查和维护。变压器检修项目及要求、大修总结报告内容及格式见《泵站技术管理规程》(GB/T 30948)。

(2) 变压器的检修应符合下列规定：

①主变压器、站(所)用变压器在投入运行5年进行首次大修，其后每10年进行1次大修。若运行中发现异常状况或经试验判明有内部故障时，提前进行大修。小修每年1次。

②检修技术要求执行《电力变压器检修导则》(DL/T 573)的规定。

(3) 变压器电气设备预防性试验应执行《电力设备预防性试验规程》(DL/T 596)的规定，并符合下列要求：

①试验周期宜为：容量大于5 MV·A(含)，1～2年；容量小于5 MV·A，1～3年。

②试验的主要项目有油质试验、绕组绝缘分析、绕组直流电阻试验以及耐压试验等。

#### 9.4.4.4 其他电气设备

(1) 其他电气设备预防性试验应执行《电力设备预防性试验规程》(DL/T 596)的规定，试验结果应与历次试验结果比较，根据变化规律和趋势分析判断设备是否符合运行条件。

(2) 其他电气设备每年应检查、维护，检修的周期和项目见《泵站技术管理规程》(GB/T 30948)。

(3) 高压断路器检查、维护应符合设备技术文件的规定,未规定的,可根据设备技术状况按表9.4-6确定。

表9.4-6 高压断路器检修周期

| 电压等级/kV | 断路器检修周期/a | | | | |
| --- | --- | --- | --- | --- | --- |
| | $SF_6$ | 真空 | 空气 | 少油 | 多油 |
| 35~110 | 7~8 | 2~6 | 2~4 | 3~5 | 3~5 |
| 2~35 | 7~8 | 2~6 | 2~4 | 2~4 | 2~4 |

(4) 继电保护装置的检验按《继电保护和安全自动装置基本试验方法》(GB/T 7261)的要求进行,微机保护装置的检验应按制造厂提供的检验规程进行。两种装置的检验还应符合下列规定:

①检验可分为新安装设备的验收检验和运行中设备的定期检验及补充检验;

②对继电保护装置或微机保护装置及操作回路、信号回路等设备每年进行1次全面检验;

③对继电保护装置每年进行不少于1次的整组试验;

④检验项目按有关规定进行。

(5) 电气测量仪表的检验和校验周期应符合下列规定:

①电气测量仪表的检验和校验符合有关技术要求;

②主要设备及主要线路上的仪表每年校验1次,控制柜(盘)和配电柜(盘)上仪表的定期检验和校验与该仪表所连接的主要设备的大修周期一致,其他表盘上的仪表的校验每4年不少于1次;

③试验用标准仪表的校验每年不少于1次,对于便携式仪表的校验,常用的每半年1次,其余的每年1次。

(6) 变频器的维护和检修项目应符合下列规定:

①变频器的检修与主机组检修同步进行。若运行中发现异常,应提前进行大修。

②停用3个月及以上的高压变频器,应每月检查与维护1次,内容包括使用设备内部加热器通电干燥和设备通电检查。变频器停机后恢复运行,如果环境潮湿,应先排出变频器内部潮气,再接通高压电投入运行。

(7) 软启动装置的维护和检修项目应符合下列规定:

①软启动装置的检修与主机组检修期同步进行。若运行中发现异常,应提前进行大修。防汛软启动装置的检修应安排在汛前进行。产品更换应避开汛期进行。

②停用3个月及以上的软启动装置,应每月检查与维护1次,内容包括使用设备内部加热器通电干燥和设备通电检查。如果环境潮湿,应先排出软启动装置内部潮气,再通电投入运行。

(8) 无功补偿装置的维护和检修项目见《泵站技术管理规程》(GB/T 30948),检修周期宜为小修1~3年、大修3~6年。

(9) 防雷装置应定期检查,其中接地电阻每1~2年测量1次,并符合《建筑物防雷设计规范》(GB 50057)、《建筑物防雷工程施工与质量验收规范》(GB 50601)和《建筑物雷电防护装置检测技术规范》(GB/T 21431)的规定。

#### 9.4.4.5 辅助设备

(1) 应定期检查、维护和检修辅助设备。管道连接应密封良好,无渗漏。辅助设备大修项目及要求见相应规定。

(2) 应对水力监测系统设备及传感器定期检查、维护、校验或更换。

(3) 应对通风、采暖、空气调节系统定期检查、清洗或更换。

(4) 消防系统、起重设备及压力容器应由有相应资质的单位定期进行维护和检修,并符合下列规定:

①消防系统的维护和检修应执行《建筑消防设施的维护管理》(GB 25201)的规定;

②起重设备的维护和检修应执行《起重机械安全规程 第 1 部分:总则》(GB 6067.1)和《起重机 钢丝绳 保养、维护、检验和报废》(GB/T 5972)的规定;

③压力容器的维护和检修应执行《固定式压力容器安全技术监察规程》(TSG 21)的规定。

### 9.4.4.6 闸门、拦污栅及启闭机

(1) 闸门、拦污栅及启闭机应定期进行检查、维护和维修,定期防腐处理。闸门、拦污栅及启闭机大修项目及要求见《泵站技术管理规程》(GB/T 30948)。

(2) 闸门、拍门的止水以及缓冲橡皮应定期更换。

(3) 闸门及启闭机维护应执行《水闸技术管理规程》(SL 75)的规定。

(4) 断流装置应每年检查调试,保证其符合设计要求。

(5) 拦污栅、清污机应每年检查、维护,项目及要求见《泵站技术管理规程》(GB/T 30948)。

### 9.4.4.7 管道及伸缩节

(1) 压力管道及伸缩器(节)和支墩、镇墩应定期检查和处理,并符合下列要求:

①压力钢管无变形、位移、裂纹或渗漏水;

②支墩与镇墩出现开裂、破损、明显位移和沉降等现象时,及时检测并分析原因,采取相应措施;

③支承环与支墩混凝土之间无障碍物影响支承环移动;

④滚动型或摇摆型支座防护罩的密合情况正常;

⑤伸缩节无变形、渗漏水;

⑥钢管外壁保护涂料完整,应对表面定期防腐处理。

(2) 首次安全检测应在压力管道运行后 5~10 年进行。每隔 10~15 年应进行 1 次中期检测,检测项目执行《压力钢管安全检测技术规程》(NB/T 10349)的规定,并对腐蚀情况进行评估。

(3) 应通过定期检查和评价确定压力管道是否符合安全运行要求,通过检测尚不能确定其运行安全状况时,应验算强度和稳定性。明管振动时应采取钢管减振措施消除振源和改变管道的自振频率。

(4) 水锤防护设施应定期检查和保养。

(5) 测流装置应定期率定,使其满足精度要求。

(6) 阀门应定期维护和检修,主要项目如下:

①阀体及法兰的整体外观检查;

②阀板及阀体主密封检查、修复、更换;

③阀轴及轴部密封的检查处理;

④阀门油压装置滤油器清洗,自动化元件的校验或更换,油、气压系统检查调整。

### 9.4.4.8 监控系统与视频监视系统

(1) 应对监控系统的维护、硬件维修更换以及软件升级等工作做好记录。

(2) 监控系统维护时,应使用专用的便携计算机,软盘、移动硬盘、光盘、U 盘等移动存储介质。非专用的便携计算机、移动存储介质不得接入监控系统网络。与监控系统直接通信相连的专用设备应做好防病毒工作。监控系统的计算机不应移作他用和安装未经许可的软件。

(3) 对水泵机组振动、摆度等参数的在线实时监测系统的维护与检修,应符合下列要求:

①做好传感器日常维护与校对等工作;

②定期检查确保电源与信号接地电阻装置良好,连接电缆与接口无松动;

③做好维护备份在线监测系统数据库等工作;

④根据不同运行周期监测参数的变化,对机组状态变化趋势进行分析预测,提出机组性能评估与状态报告。

(4) 应定期做好应用软件及数据库文件等相关信息的备份与存档,包括可编程逻辑控制器(PLC)程序、上位机程序、交换机的配置程序、防火墙的配置程序、IP 地址以及密码设置等信息。

(5) 监控系统的维护人员应由专业人员培训合格后担任,其维护应由系统管理员负责,系统维护人员和操作人员的权限应由系统管理员授权。

(6) 监控系统维护项目应符合下列要求:

①系统设备定期维护,每季度不少于 1 次。软件无修改的,一年备份 1 次;软件有修改的,修改前后各备份 1 次。

②对监控系统程序流程、模拟量限值、模拟量量程以及保护定值的修改,应持技术管理部门审定下发的通知单。

③对监控系统软件的修改,应制订相应的技术方案,并经技术管理部门审定后执行。修改后的软件应经过模拟测试和现场试验,合格后方可投入正式运行。若软件改进涉及多台设备,且不能一次完成时,应做好记录。

④遇有硬件设备需要更换时,应使用经通电老化处理检验合格后的备件。更换时应采取防设备误动和防静电措施。

(7) 视频监视系统维护项目应符合下列要求:

①定期检查和维护系统设备、防雷装置和电源,并做好记录;

②定期整理和备份视频数据;

③每年检测传输线路的光纤损耗。

### 9.4.4.9　设备等级评定

(1) 每年应对泵站设备的主机组、电气设备、辅助设备、金属结构、监控系统和视频监视系统等进行等级评定,并对评级结果分析总结,评级资料应及时归档。

(2) 泵站设备等级分四类,其中三类和四类设备为不完好设备。主要设备的等级评定应符合下列规定:

①一类设备:主要参数满足设计要求,技术状态良好,能保证安全运行;

②二类设备:主要参数基本满足设计要求,技术状态基本完好,某些部件有一般性缺陷,仍能安全运行;

③三类设备:主要参数达不到设计要求,技术状态较差,主要部件有严重缺陷,不能保证安全运行;

④四类设备:达不到三类设备标准以及主要部件符合报废或淘汰标准的设备。

(3) 泵站各类设备评级的具体标准可执行《泵站技术管理规程》(GB/T 30948)的规定。

(4) 三、四类设备应列入更新改造计划,改造应符合《泵站设计标准》(GB 50265)等的要求。设备的报废,应按规定程序报批。

## 9.4.5　调度管理

(1) 排水泵站应根据水文气象资料和可供调蓄的湖泊、河道的运行资料,制订泵站、排水闸排水预案,其来水和排水过程线可通过调蓄演算确定。

注:排水预案是根据受益区排水需要和水文、气象及电力供应等情况,确定泵站机组开停机的控制水位、开机台数及流量,以及排水闸启闭水位。

(2) 灌溉或供水泵站应根据用水计划编制供水计划。

注:供水计划是根据受益区用水计划和水文、气象及电力供应等情况,确定泵站机组开停机的时间、顺序、台数及流量。

(3) 宜根据工程及水泵配套的实际情况,测定水泵装置特性曲线。没有条件测定时,可对照模型曲线换算。

(4) 宜通过泵站性能参数和水文气象分析,建立泵站与其他相关水利工程联合运行的水力特性关系。

(5) 对于扬程变化较大,且没有工况调节机组的排水泵站,宜增设工况调节设施。

(6) 对于沿线调节容积小的梯级泵站,各级站宜设置工况可调节机组。

(7) 宜利用泵站信息管理系统统计、分析运行资料,获得各机组的装置效率特性或能耗特性,建立泵站运行调度决策支持系统。

### 9.4.5.1 调度准则

(1) 应合理利用泵站设备和其他工程设施,按供水计划或排水预案进行调度。

(2) 排水泵站抢排涝(渍)水期间应按泵站最大排水流量进行调度。

(3) 灌溉、供水泵站运行期间应在保证安全运行和满足供水计划的前提下,实施优化调度。

(4) 扬程变幅大的泵站,宜充分利用装置效率高的扬程工况条件,按提水成本最低的原则进行调度。

(5) 梯级泵站或泵站群应按站(级)间流量、水位配合最优的原则进行调度。

(6) 当水泵发生汽蚀或振动超过规定要求时,应按改善水泵装置防汽蚀性能或降低振幅的要求进行调度。

(7) 当流域(或区域)遭遇超标准的洪涝或旱灾时,在确保工程安全的前提下,泵站管理单位应根据上级主管部门的要求进行调度。泵站运行调度应与相关部门用电负荷及供电质量相协调。有条件的泵站,宜根据供排水需要实行电能峰谷调度。

(8) 当泵站设备或工程设施发生事故时应采取调整运行流量,预防事故扩大的应急调度。

(9) 圩垸闸站群调度宜按最高水位不超过安全水位、泵站能耗最小的原则进行。

(10) 运行中宜通过站内机组调配及工况调节,改善进出水池流态,减少水力冲刷和水力损失,防止泥沙淤积。

### 9.4.5.2 运行调度

(1) 单泵站运行优化调度的主要内容应包括:

①优化确定机组的开机台数、顺序;

②进行各机组运行工况优化调节,对可调速的机组应确定最优转速,对叶片角度全调节机组应确定最优叶片角度,对于具有数个直径不同的离心泵,应优选最佳叶轮直径水泵;

③对数台并联运行的变压器,优化确定不同工况时运行的变压器台数;

④优化确定泵站与其他相关工程的联合调度;

⑤优化确定泵站运行与供水计划或排水预案的调配。

(2) 梯级泵站或泵站群运行优化调度的主要内容可包括:

①根据水源供水能力或来水情况优化分配各泵站的提排水能力或任务;

②优化梯级泵站或泵站群间的水位组合及区间用水或来水过程;

③通过对梯级泵站各级站内优化调度和机组工况调节,实现站间最优流量匹配;

④进行地面水利用与地下水开采的水资源合理调度;

⑤优化流域(区域)内泵站群与其他水利设施的联合调度;

⑥优化流域(区域)内或不同流域间排水与灌溉、城镇供水、蓄水、调水相结合的水资源调度。

## 9.4.6　生产及技术管理

所有机电设备按规定进行编号(主要开关有双重编号)、标色;设备、开关、阀门等有方向标志的均须标明。保证主机组编号及机械旋转方向标识清晰正确,外观整洁,表面涂漆完好。

## 9.4.7　泵站设备管理与维护

按规定对电气设备(包括避雷设施)、仪表、安全用具等进行各项试验、校验、油化验,试(校)验记录齐全,手续齐备,资料及时整理、分析、存档,如有问题及时处理。

执行设备评级制度,按照规定对设备进行评级,并报审。执行设备缺陷管理制度,及时掌握设备缺陷情况并认真填写设备缺陷登记表。应及时消除设备缺陷,不能及时消除的,应采取应对措施。

机电设备制作张贴设备二维码,二维码后台数据及时更新,记录设备维修情况及现状,并明确责任人。设备表面无油污、积尘及破损现象,油色、油位正常,设备养护完好。

特种设备按照质量技术监督部门的规定进行定期检测,确保检测合格并有检测报告,并在醒目位置张贴合格证或检测报告。

### 9.4.7.1　主机组设备管理及维护

主机组润滑、冷却系统运行可靠;上、下轴承油箱(油缸、油盆)以及稀油水导轴承密封良好,油位、油质符合要求;测温系统运行准确可靠,各部位测温表计、元件齐全完好、规格及数值符合要求,各部位温升符合相应规范要求;运行中振动、噪声等符合相应规范要求;运行监视数据准确,记录完整。

主电动机绝缘符合要求;接线盒内或接线穿墙套管等清洁,接线螺栓无松动现象。

主水泵叶片调节机构工作正常,无漏油现象;无明显的汽蚀、磨损现象;泵管与进出水流道(管道)结合面无漏水、漏气现象。

### 9.4.7.2　高低压电气设备管理及维护

变压器油位、油色正常;预防性试验各项指标符合国家现行相关标准的规定;主要零部件完好;保护装置可靠;冷却装置完好。

高压开关设备预防性试验结果符合国家现行相关标准的规定;主要零部件完好;保护装置可靠;操作机构灵活可靠;元器件运行温度符合规定;盘柜表计、指示灯等完好;柜内接线正确、规范,"五防"功能齐全、运行正常;运行噪声、温升等符合要求。

低压电器电气试验结果符合国家现行相关标准的规定;主要零部件完好;电气保护元器件动作可靠;开关按钮动作可靠,指示灯指示正确;元器件运行温度符合规定;盘柜表计、指示灯等完好;柜内接线正确、规范。

励磁装置风机及控制回路运行正常;保护及信号装置工作可靠;励磁变压器运行正常;微机励磁装置通信正常;盘柜表计、指示灯等完好;柜内接线正确、规范。

直流装置各项性能参数在额定范围内;绝缘性能符合要求;蓄电池按规定进行充放电且容量满足要

求;控制、保护、信号等回路控制器及开关按钮动作可靠,指示灯指示正确;盘柜表计、指示灯等完好;柜内接线正确、规范。

保护和自动装置动作灵敏、可靠;保护整定值符合要求,试验结果符合要求;自动装置机械性能、电气特性符合要求;开关按钮动作可靠且指示灯指示正确;通信正常;盘柜表计、指示灯等完好;柜内接线正确、规范。

高低压电缆布置规整,电缆标牌完好齐全;绝缘良好;运行中电缆头处温度正常;输电线路运用安全正常;杆塔无偏斜;金具完好;导线符合要求。

其他电气设备的各项参数满足实际运行需要;零部件完好;操作机构灵活;预防性试验符合国家现行相关标准的规定。

#### 9.4.7.3　辅助设备管理及维护

辅助设备外观整洁;标识清晰正确,表面涂漆完好,转动部分的防护罩完好;设备及管路无严重锈蚀、无"三漏"现象(漏水、漏油、漏气),零部件完好;各种控制阀启闭灵活;对压力继电器、压力容器和各种表计等定期校验。

油系统油位、油压正常,油质、油量、油温符合要求;气系统工作压力正常;技术供水系统工作压力正常;排水系统工作正常。

#### 9.4.7.4　金属结构管理及维护

检修闸门止水橡皮表面应光滑平直,止水橡皮接头胶合应紧密;检修闸门表面防护漆完好,无脱落、无锈迹现象。检修闸门门叶、承载构件无变形。拦污栅表面清洁,栅条平顺,无变形、卡阻、杂物、脱焊等。

### 9.4.8　备品备件

做好备件入库、备件保存、备件整理、备件数量盘点、备件发放等工作,做到账物一致。

## 9.5　建筑物管理

### 9.5.1　总体要求

(1) 应根据泵站的工程等别、地基条件、工程运用及设计要求,合理确定工程建筑物的检查和监测项目。泵站建筑物的检查、监测设施和仪器仪表应有专人负责检查和保养,并定期校验。对工程检查、监测资料应进行整理分析,并归档。

(2) 建筑物检查内容,可根据工程具体情况,分为经常检查和定期检查。检查宜包括下列内容:

①管理范围内有无爆破、取土、倾倒、排放等危害工程安全的活动;

②土工建筑物有无雨淋沟、塌陷、裂缝、渗漏、滑坡、冲刷、淤积和白蚁(蚁穴)、洞穴等,排水系统、导渗和减压设施有无损坏、失效等;

③砌体建筑物结构有无松动、塌陷、隆起、淘空、开裂、勾缝脱落、排水堵塞及整体结构位移情况等;

④混凝土建筑物有无裂缝、渗漏、磨损、剥蚀、露筋、钢筋锈蚀、伸缩缝止水损坏及整体结构位移情况等;

⑤水下工程有无淤积、冲刷、渗流,水流有无回流、漩涡等不良流态;

⑥上部建筑物有无粉刷层脱落、漏水,门窗及玻璃是否完好,室外排水是否通畅等;

⑦照明、通信、防护设施及信号、标志是否完好;

⑧寒冷天气对建筑物的影响等。

(3) 建筑物应设置位移、变形、渗流以及扬压力等监测项目,并宜设置应力应变、泥沙等监测项目。必要时还可设置振动、裂缝、伸缩缝和冰凌等监测项目。

(4) 泵站建筑物或设施的变形、渗流、扬压力、应力应变及温度等监测应符合《水利水电工程安全监测设计规范》(SL 725)的规定。

(5) 抽送多泥沙水的泵站,应监测进水池内泥沙淤积部位和高度。有需要时,可在前池、出水渠道上选择在一长度不小于 50 m 的平直段设置 3 个监测断面,对水流的含沙量、渠道输沙量和淤积情况进行监测。

(6) 泵站运行中发生结构变形或共振现象,宜通过理论计算分析,在泵房结构应力和振动位移最大值的部位埋设相应的监测设备。

### 9.5.1.1 泵房

(1) 泵站正常运行期间,每一工作班应对泵站主要结构部位进行巡查,并做好记录。在超设计标准运用或发生突然停机事故恢复运行时,应增加巡查次数。

(2) 应及时观测旋转机械或水力引起的泵房结构振动,不得在共振状态下运行。

(3) 应采取有效措施防止过大的冲击荷载直接作用于泵房。

(4) 应定期清除进出水流道内的杂物、附着壁面的水生物和沉积物。

(5) 应分析泵房主要结构部位产生裂缝和渗漏的原因,并及时处理。

(6) 每年应对泵房的墙体、门窗、屋顶及止水、内外装饰等进行 1 次全面检查,并修复损坏部位。

(7) 应定期对泵房变形观测资料进行分析,并对变形大于设计允许值的部位进行及时处理。

### 9.5.1.2 进出水建筑物

(1) 对长期未运行的泵站,开机前应检查进出水建筑物,保证进出水畅通。

(2) 应定期观测前池、进水池和出水池的底板、挡土墙、护坡稳定状况。如发现危及安全的变化,应及时采取确保建筑物稳定和堤防安全的措施。

(3) 泵站运行时,应巡查进水池流态。当发生涡流时,应增设防涡、消涡设施。当进出水池内泥沙淤积影响水流流态、增大水流阻力时,应及时清淤。

(4) 严寒地区泵站冬季运行时,应采取防止进出水池结冰的措施。

(5) 前池、进水池及出水池周边应设置安全防护设施。

(6) 应加强出水池水位和渗漏观测,及时检查处理出水池渗漏隐患,防止事故发生。

(7) 对靠近防洪堤及低洼地带的泵站,防汛期间应加强对进出水池的巡视检查。如发现管涌、流土或水流对堤岸和护砌物的冲刷,应采取保护措施,并上报主管部门。

### 9.5.1.3 其他建筑物

(1) 进出水涵闸的管理应执行《水闸技术管理规程》(SL 75)的规定。

(2) 泵站开机前应检查泵站退水设施及退水通道。泵站运行过程中,应保证退水设施完好,退水通道畅通。

(3) 与泵站直接相连或相关的其他建筑物的管理可按本书相关条款或其相应的技术管理规程的规定执行。

注:与泵站直接相连或相关的建筑物包括取水建筑物、拦沙建筑物、沉沙池、缆车式泵站的卷扬机房、

闸门库房等。

#### 9.5.1.4 建筑物等级评定

(1) 每1～2年宜对泵站的各类建筑物进行等级评定。

(2) 主要建筑物等级评定应符合下列规定:

①一类建筑物:运用指标能达到设计标准,无影响正常运行的缺陷,按常规养护即可保证正常运行;

②二类建筑物:运用指标基本达到设计标准,建筑物存在一定损坏,经维修后可达到正常运行标准;

③三类建筑物:运用指标达不到设计标准,建筑物存在严重损坏,经除险加固后才能达到正常运行标准;

④四类建筑物:运用指标无法达到设计标准,建筑物存在严重安全问题,需降低标准运用或拆除重建。

(3) 泵站各类建筑物评级标准可按《泵站技术管理规程》(GB/T 30948)的相应规定执行。

(4) 建筑物安全类别被评定为三类、四类的泵站应进行更新改造。

### 9.5.2 水工建筑物

砌石护坡、护底无松动、塌陷等缺陷;浆砌块石墙身无渗漏、倾斜或错动,墙基无冒水冒沙现象;防冲设施(防冲槽、海漫等)无冲刷破坏;反滤设施、排水设施等保持畅通。

### 9.5.3 混凝土建筑物

混凝土结构表面整洁,无脱壳、剥落、露筋、裂缝等现象;伸缩缝填料无流失。

### 9.5.4 厂房

外观整洁,结构完整,稳定可靠,满足抗震要求,无裂缝、漏水、沉陷等缺陷;梁、板等主要构件及门窗、排水等附件完好;通风、防潮、防水满足安全运行要求。

## 9.6 信息管理

### 9.6.1 硬件设备

微机监控、视频监视系统运行管理制度完善,设定操作权限安全等级;不间断电源装置逆变正常;监控系统及网络通信系统运行正常;现场控制单元运行正常;执行元件、信号器、传感器等工作可靠;自动控制安全可靠;自动控制、视频系统与调度系统通信正常;信号及数据显示正常、准确;开关、按钮、连接片、指示灯等完好可靠;音响、显示报警信号系统工作正常;历史数据定期转录并存档;视频监视系统、预警展播大屏工作正常,调节可靠,图像清晰。

(1) 硬件信息管理应包括下列内容:

①硬件的定期维护、维修、报废和随机资料保管等工作;

②部门使用计算机及外设的安装、测试与定期维护;

③部门网络的接入与维护,故障排除;

④制订计算机等硬件设备及外设基本操作规程和规定。

(2) 信息软件产品应包括操作系统、信息系统、应用软件、电子数据以及网络管理软件等,维护管理应包括下列内容:

①信息软件产品的安装、升级、维护、规划、购置以及一般自主开发等;

②信息软件产品的备份、归档和保管;

③信息系统等软件基本操作与培训;

④局域网和因特网资源的合理使用与访问权限。

(3) 信息化系统应定期维护更新。其中,泵站信息化系统包括办公自动化系统和工程管理系统。

办公自动化系统主要包括公文处理、档案、人事以及财务管理等;工程管理系统主要包括水文气象、地理信息、工程建设与管理、泵站自动化监控、视频监视、水资源调度、水费计收以及应急预案等。

泵站信息化系统连接外网时,应有可靠的网络安全防护措施。

### 9.6.2　软件资料

工程管理信息系统中各工程设备登记、设备状况、安全鉴定、标识标志、工程大事记、工程检查、工程观测、维修养护、运行管理记录、安全生产、水政执法应急管理等信息,材料需及时上传更新,调度管理系统中调度指令及时执行。

### 9.6.3　现代化建设及新技术应用

积极推进泵站管理现代化建设,依据泵站管理需求,制订管理现代化发展相关规划、实施计划,积极引进、推广应用管理新技术。

### 9.6.4　信息化平台建设

建立工程运行管理信息化平台,实现运行自动化、管理信息化和工程在线监测;工程及运行信息及时动态更新,并与地方水利部门相关平台实现信息融合共享、上下贯通。

(1) 泵站管理单位应设置信息管理机构,建立健全系统管理、运行维护、安全保障等信息管理制度,配备相应的专业技术人员。

(2) 信息管理应主要包括下列内容:

①技术信息管理,包括泵站监控信息、视频监视信息、调度信息及业务管理信息等各类电子数据的采集、存储、处理、应用与维护;

②技术档案管理,包括工程建设与管理文件、技术资料管理等。

(3) 信息管理应符合下列要求:

①指导泵站安全、高效、经济运行。

②数据信息采集及时、准确。

③保障数据存储安全,实行定期新增数据备份。定期查验备份数据,确保备份数据的可用性、真实性

和完整性。

④采取有效的防范病毒措施和防止非法入侵手段,具有完善的数据访问安全措施与系统控制的安全策略。不得擅自修改软件和使用任何未经批准的软件。

⑤严格遵守保密制度和网络管理规范,严格操作权限管理。

⑥做好设备日常维护与维修、系统运行状态、故障情况及排除等记录工作。

⑦技术档案管理应符合有关档案管理规定,建立技术档案管理制度。

#### 9.6.4.1 技术管理信息

(1) 设备监控信息管理应包括泵站设备运行状态、参数、报警和操作等信息的统计、分析与记录,并应符合下列规定:

①对运行参数进行统计分析,掌握设备的运行状况,发现或预测设备隐患,为优化调度提供支撑;

②对报警信息进行统计分析,指导设备的运行、维护、检修及改造;

③对设备事故进行故障录波分析,查找事故原因。

(2) 建筑物安全监测信息主要包括建筑物的水位、变形以及扬压力等参数,其管理应符合下列规定:

①对监测物理量随时间和空间变化规律进行分析,并评估建筑物的工作状态;

②对监测量的特征值和异常值进行分析,并与历年变化范围进行比较,评价建筑物的安全状态;

③定期对监测资料进行分析,提出主要建筑物安全运行监控指标及运行建议。

(3) 视频监视信息主要包括泵站重点部位、工程险工险段和主要设备操作与运行的视频信息,其管理应符合下列规定:

①对主要设备的操作及运行状态、参数、进出水建筑物状态及水位等进行辅助监视;

②发生事故时,通过监视视频信息进行辅助分析;

③值班人员要对视频监控图像内所发生的事故及其他紧急情况进行记录,未经授权不得调用视频监视图像资料;

④定期手动或自动对平台视频信息进行整理,清除失效或者过期信息;

⑤持续录像存储时间不少于30 d。

(4) 调度信息主要包括调度日志、调度指令、交接班信息以及历史数据,供排水计划、能源计划以及检修计划等,其管理应符合下列规定:

①对调度日志进行分析,查找责任事故原因;

②定期总结供排水、能源及检修等计划的执行情况;

③对调度计划进行分析,指导泵站经济运行。

(5) 宜对水情、雨情以及工情等信息进行分析,提供调度决策支持。

(6) 设备和建筑物管理信息主要包括设备和建筑物台账,运行分析报告,巡视、养护、维修记录,大修报告,预防性试验记录,故障缺陷记录,操作票和工作票的统计,备品备件分析等,其管理应符合下列规定:

①及时更新台账,掌握其动态;

②分析各种记录和报告,掌握规律,指导设备运行、维护和检修,指导建筑物维护和检修;

③分析备品备件消耗规律,优化库存。

(7) 其他信息应用管理应符合下列规定:

①按业务过程运行的需要合理配置系统资源;

②建立对信息业务运行过程反馈和协调方法,为后续系统更新与升级提供依据;

③定期对业务流程进行分析并更新;

④定期分析积累的文档,优化业务运行流程,指导信息化应用;

⑤门户网站信息及时更新与维护。

### 9.6.4.2　监控系统与视频监视系统

(1) 监控系统应满足下列要求:

①制订运行管理制度,编制运行事故应急预案;

②由被授权人员操作和管理;

③应安装正版防毒软件,定期进行防病毒软件升级和程序漏洞修补;

④与其他系统联网应采取物理隔离措施;

⑤电源应采用不间断电源或逆变电源供电;

⑥归档资料应包括上位机配置文件、变量表,现地控制单元(LCU)测点表,网络配置表,以及控制柜(箱)、配电柜等的图样。

(2) 监控系统运行期间应定期检查。主要检查内容及要求如下:

①计算机及网络运行正常;

②LCU 运行正常;

③检查监控数据记录的准确性并分析数据的合理性;

④执行元件、控制元件、智能仪表、测量仪表以及传感器等自动化元件运行正常。数据采集及时准确、操作控制稳定可靠。

(3) 监控系统运行异常或发生故障时,应按相关规定进行处理、汇报。

(4) 历史数据应按要求定期转录并存档。

(5) 视频监视系统运行管理应符合下列要求:

①定时观察各个摄像点的图像,发现异常及时上报并记录。

②监视的图像及其在显示器上的位置宜保持固定。每次完成特定操作后应恢复原设定位置。

③根据监控系统的报警信息,应将摄像机镜头对准事故或故障现场录像取证;操作被监控设备时,应将摄像机的镜头对准被操作设备现场,显示其画面。

(6) 视频监视系统运行期间应进行定期检查。主要检查内容及要求如下:

①摄像机运行正常,视频图像清晰;

②视频数据存储正常,回放正常;

③定期备份、转录视频数据。

(7) 检查视频显示、视频主机、网络交换机、视频服务器、视频摄像机、硬盘录像机以及磁盘阵列等以确保设备运行情况正常。

## 9.7　安全管理

管理单位应该按照《泵站技术管理规程》(GB/T 30948)以及各地方制定的有关泵站工程精细化管理评价标准、全生产标准化评审标准、大中型灌排泵站标准化管理评价标准等标准、规范中的有关安全的要求,明确目标职责,建立健全制度,加强教育培训,规范现场管理,持续安全风险管控及隐患排查治理,开展应急管理、事故管理,做好安全运行管理、安全设施管理、事故处理及应急管理、安全监测、安全生产管理、工程管理范围及保护范围管理、工程隐患排查和安全鉴定等工作。

### 9.7.1 一般规定

(1) 管理单位应明确管理目标的制定、分解、实施、检查、考核等内容。制定安全生产总目标和年度目标,应包括生产安全事故控制、生产安全事故隐患排查治理、职业健康、安全生产管理等目标。根据部门和所属单位在安全生产中的职能,分解安全生产总目标和年度目标。逐级签订安全生产责任书,并制定目标保证措施。定期对安全生产目标完成情况进行检查、评估。必要时,及时调整安全生产目标实施计划。定期对安全生产目标完成情况进行考核奖惩。

(2) 管理单位应依法建立健全安全生产责任制,成立安全生产组织机构,明确职责分工。成立由主要负责人、其他领导班子成员、有关部门负责人等组成的安全生产委员会(安全生产领导小组),人员变化时及时调整发布。按规定设置或明确安全生产管理机构。按规定配备专(兼)职安全生产管理人员,建立健全安全生产管理网络。安全生产责任制度应明确各级单位、部门及人员的安全生产职责、权限和考核奖惩等内容。主要负责人全面负责安全生产工作,并履行相应责任和义务;分管负责人应对各自职责范围内的安全生产工作负责;各级管理人员应按照安全生产责任制的相关要求,履行其安全生产职责。安全生产委员会(安全生产领导小组)每季度至少召开一次会议,跟踪落实上次会议要求,总结分析本单位的安全生产情况,评估本单位存在的风险,研究解决安全生产工作中的重大问题,并形成会议纪要。定期对部门、所属单位和从业人员的安全生产职责的适宜性、履职情况进行评估和监督考核。建立激励约束机制,鼓励从业人员积极建言献策,建言献策应给与回复。

(3) 管理单位应保障安全生产投入。安全生产费用保障制度应明确费用的提取、使用,管理的程序、职责及权限。按有关规定保证具备安全生产条件所必需的资金投入。根据安全生产需要,编制安全生产费用使用计划,并严格审批程序,建立安全生产费用使用台账。落实安全生产费用使用计划,并保证专款专用。每年对安全生产费用的落实情况进行检查、总结和考核,并以适当方式公开安全生产费用提取和使用情况。按照有关规定,为从业人员及时办理相关保险。

(4) 管理单位应加强安全文化建设,确立本单位安全生产和职业病危害防治理念及行为准则,并教育、引导全体人员贯彻执行。制定安全文化建设规划和计划,开展安全文化建设活动。根据实际情况,建立安全生产电子台账管理、重大危险源监控、职业病危害防治、应急管理、安全风险管控和隐患自查自报、安全生产预测预警等信息系统,利用信息化手段加强安全生产管理工作。

(5) 管理单位应定期进行法规标准识别。安全生产法律法规、标准规范管理制度应明确归口管理部门、识别、获取、评审、更新等内容。职能部门和所属单位应及时识别、获取适用的安全生产法律法规和其他要求,归口管理部门每年发布一次适用的清单,建立文本数据库。及时向员工传达并配备适用的安全生产法律法规和其他要求。及时将识别、获取的安全生产法律法规和其他要求转化为本单位规章制度,结合本单位实际,建立健全安全生产规章制度体系。及时将安全生产规章制度发放到相关工作岗位,并组织培训。

(6) 管理单位应严格执行操作规程。引用或编制安全操作规程,确保从业人员参与安全操作规程的编制和修订工作。新技术、新材料、新工艺、新设备设施投入使用前,组织编制或修订相应的安全操作规程,并确保其适宜性和有效性。安全操作规程应发放到相关作业人员。

(7) 管理单位应做好安全文档的管理。文件管理制度应明确文件的编制、审批、标识、收发、使用、评审、修订、保管、废止等内容,并严格执行。记录管理制度应明确记录管理职责及记录的填写、收集、标识、保管和处置等内容,并严格执行。档案管理制度应明确档案管理职责及档案的收集、整理、标识、保管、使用和处置等内容,并严格执行。每年至少评估一次安全生产法律法规、标准规范、规范性文件、规章制度、操作规程的适用性、有效性和执行情况。根据评估、检查、自评、评审、事故调查等发现的相关问题,及时修订安全生产规章制度、操作规程。

(8) 管理单位应做好安全教育培训管理。安全教育培训制度应明确归口管理部门、培训的对象与内容、组织与管理、检查和考核等要求。定期识别安全教育培训需求,编制培训计划,按计划进行培训,对培训效果进行评价,并根据评价结论进行改进,建立教育培训记录、档案。应对各级管理人员进行教育培训,确保其具备正确履行岗位安全生产职责的知识与能力,每年按规定进行再培训。按规定经有关部门考核合格。新员工上岗前应接受三级安全教育培训,教育培训时间满足规定学时要求;在新工艺、新技术、新材料、新设备设施投入使用前,应根据技术说明书、使用说明书、操作技术要求等,对有关管理、操作人员进行培训;作业人员转岗、离岗一年以上重新上岗前,应经部门(站、所)、班组安全教育培训,经考核合格后上岗。特种作业人员接受规定的安全作业培训,并取得特种作业操作资格证书后上岗作业;特种作业人员离岗6个月以上重新上岗,应经实际操作考核合格后上岗工作;建立健全特种作业人员档案。每年对在岗作业人员进行安全生产教育和培训,培训时间和内容应符合有关规定。督促检查相关方的作业人员进行安全生产教育培训及持证上岗情况。对外来人员进行安全教育,主要内容应包括安全规定、可能接触到的危险有害因素、职业病危害防护措施、应急知识等,并由专人带领做好相关监护工作。

(9) 管理单位应做安全运行管理各项工作。泵站主要设备的操作应按操作票制度执行。电气绝缘工具应在专用安全用具柜存放,能够随时使用。电气工票中各级人员应取得电力行业相应的作业许可资质。

(10) 管理单位应做好设备设施的管理。按规定进行注册、变更登记;按规定进行安全鉴定,评价安全状况,评定安全等级,并建立安全技术档案;其他工程设施工作状态应正常,在一定控制运用条件下能实现安全运行。确保水工建筑物、坝工建筑物、混凝土建筑物、泵房、金属结构、电气设备、水力机械及辅助设备、自动化操控系统、备用电源等完好、可靠。安全设施管理、检修管理、特种设备管理、设施设备安装、验收、拆除及报废规范、标准。

(11) 管理单位规范各类作业行为。

①做好安全监测,监测范围、监测项目设置、监测点布置等符合有关规定;监测设施设备齐全完好,满足监测要求;监测频次、精度等符合有关要求;监测资料整编、分析、报告等符合有关规定;及时评估工程运行状态并提出措施与建议。

②做好调度运行,建立通畅的水文气象信息渠道;有调度规程和调度制度;调度原则及调度权限清晰,严格执行调度方案和指令,并有记录;制订汛期调度运用计划,经上级主管部门审查批准后,报有管辖权的人民政府防汛指挥部备案,并严格执行。

③做好防汛度汛,组织机构健全,人员配置符合规定,岗位责任明确;按规定编制工程防洪度汛方案和应对超标准洪水应急预案;工程险工、隐患图表清晰,有度汛措施和预案;防洪度汛物资设备按规定备足,定期对抢险设备进行试车;开展防汛抢险队伍培训,汛前按规定组织险情的抢护演练;开展汛前、汛中和汛后检查,如发现问题及时处理;日常管理记录规范。

④做好工程范围管理,工程管理和保护范围内无法律、法规规定的禁止性行为;水法规等标语、标牌设置符合规定,在授权范围内对工程管理设施及水环境进行有效管理和保护。

⑤做好安全保卫,建立或明确安全保卫机构,制定安全保卫制度;重要设施和生产场所的保卫方式按规定设置;定期对防盗报警、监控等设备设施进行维护,确保运行正常;出入登记、巡逻检查、治安隐患排查处理等内部治安保卫措施完善;制定单位内部治安突发事件处置预案,并定期演练。

⑥做好现场临时用电管理,按有关规定编制临时用电专项方案或安全技术措施,并经验收合格后投入

使用;用电配电系统、配电箱、开关柜符合相关规定;自备电源与网供电源的连锁装置安全可靠,电气设备等按规范装设接地或接零保护;现场内起重机等起吊设备与相邻建筑物、供电线路等的距离符合规定;定期对施工用电设备设施进行检查。

⑦做好危险化学品管理,建立危险化学品的管理制度;购买、运输、验收、储存、使用、处置等管理环节符合规定,并按规定登记造册;警示性标签和警示性说明及其预防措施符合规定。

⑧做好交通安全管理,建立交通安全管理制度;定期对车船进行维护保养、检测,保证其状况良好;严格安全驾驶行为管理。

⑨做好消防安全管理,建立消防管理制度,建立健全消防安全组织机构,落实消防安全责任制;防火重点部位和场所配备足够的消防设施、器材,并完好有效;建立消防设施、器材台账;严格执行动火审批制度;开展消防培训和演练;建立防火重点部位或场所档案。

⑩做好仓库管理,仓库结构满足安全要求,安全管理制度齐全;按规定配备消防等安全设备设施,且灵敏可靠;消防通道畅通;物品储存符合有关规定;管理、维护记录规范。

⑪规范高处作业,高处作业人员须经体检合格后上岗作业,登高架设作业人员持证上岗;在坝顶、杆塔、吊桥等危险边沿处进行悬空高处作业时,在临空面搭设安全网或防护栏杆,且安全网的高度随着建筑物升高而提高;登高作业人员正确佩戴和使用合格的安全防护用品;对有坠落危险的物件应固定牢固,无法固定的应先行清除或放置在安全处;雨雪天高处作业,应采取可靠的防滑、防寒和防冻措施;遇有六级及以上大风或恶劣天气时,应停止露天高处作业;高处作业现场监护应符合相关规定。规范起重吊装作业,起重吊装作业前按规定对设备、工器具进行认真检查,确保满足安全要求;指挥和操作人员持证上岗、按章作业,信号传递畅通;吊装按规定办理审批手续,并有专人现场监护;不以运行的设备、管道等作为起吊重物的承力点,利用构筑物或设备的构件作为起吊重物的承力点时,应经核算;照明不足、恶劣天气或风力达到六级以上时,不进行吊装作业。规范水上水下作业,从事水上水下作业者须按规定取得作业许可;制定应急预案;安全防护措施齐全可靠;作业船舶安全可靠,作业人员按规定持证上岗,并严格遵守操作规程。规范焊接作业,焊接前对设备进行检查,确保性能良好,符合安全要求;焊接作业人员持证上岗,按规定正确佩戴个人防护用品,严格按操作规程作业;进行焊接、切割作业时,有防止触电、灼伤、爆炸和引起火灾的措施,并严格遵守消防安全管理规定;焊接作业结束后,作业人员清理场地、消除焊件余热、切断电源,仔细检查工作场所周围及防护设施,确认无起火危险后离开。规范其他危险作业,涉及临近带电体作业,作业前按有关规定办理安全施工作业票,安排专人监护;交叉作业应制定协调一致的安全措施,并进行充分的交底;应搭设严密、牢固的防护隔离措施;有(受)限空间作业等危险作业按有关规定执行。

(12) 管理单位应做好安全风险管理。明确风险辨识与评估的职责、范围、方法、准则和工作程序等内容。组织全员对安全风险进行全面、系统的辨识,对辨识资料进行统计、分析、整理和归档。做好重大危险源辨识和管理及隐患排查治理。做好预测预警、应急准备、应急处置、应急评估等工作。规范事故报告、事故调查、事故档案管理工作。运用水利安全生产监管信息系统,上报安全风险、隐患和事故信息及水行政主管部门监督检查信息,强化安全风险分析和监测预警。

### 9.7.2　安全运行管理

(1) 泵站设备、设施投运前应按有关规定,经试验、检测、评级合格,确认符合运行条件后,方可投入运行。

(2) 泵站运行现场应有主接线图、设备巡视路线图及有关运行、巡视、检修、试验、调试等各类记录。

（3）泵站运行期间，单人负责电气设备值班时不应单独从事修理工作。

### 9.7.2.1 高压设备巡视安全要求

（1）高压电气设备巡视检查应由具备一定运行经验并经泵站主管部门批准的人员进行，其他人员不应单独巡视检查。

（2）雷雨天气下需要巡视室外高压设备时，应穿绝缘靴，并不得靠近避雷器和避雷针。

（3）高压设备发生接地时，室内人员进入接地点 4 m 以内、室外人员进入接地点 8 m 以内，均应穿绝缘靴，接触设备的外壳和构架时，还应戴绝缘手套。

（4）旋转机械外露的旋转体应设安全护罩。

### 9.7.2.2 绝缘电阻测量

（1）测量高压设备绝缘时，操作人员不应少于 2 人。

（2）确认被测设备已断电，并验明无电压且无人在设备上工作后方可进行绝缘电阻测量。

（3）连接测量仪表与被测设备和测量仪表接地的导线，其端部应带有绝缘套。

（4）在测量结束后，使被测设备对地进行充分放电。

### 9.7.2.3 操作票执行管理要求

泵站主要设备的操作应按操作票制度执行，采用计算机监控的泵站，当监控系统故障需进行现场操作时，也应按操作票制度执行。操作票执行管理要求如下：

（1）运行过程中，下列操作应执行操作票制度：

①投入或退出高压主电源（联络通知单）；

②投入或退出主变及站用变压器；

③开停主机；

④高压母线带电情况下试合闸。

（2）电气设备操作时由两人执行，其中对设备较为熟悉的一人做监护。特别重要和复杂的操作，由熟练的值班员操作，值班长监护。如为单人值班时运行人员根据发令人用电话传达的操作指令填写操作票，并应复诵无误。实行单人操作设备的运行人员应经泵站运行管理单位批准，人员应通过专项考核。

（3）操作中产生疑问时，应立即停止操作并向值班调度员或值班负责人报告，问题弄清后，再进行操作，不应擅自更改操作票，不准随意解除闭锁装置。

（4）为防止误操作，高压电气设备都应安装完善的防误操作闭锁装置。该装置不应随意退出运行，停用防误操作闭锁装置应经泵站主管负责人批准。

（5）电气设备停电后，即使是事故停电，在未拉开有关隔离开关（刀闸）和做好安全措施以前，不应触及设备或进入遮拦，防止突然来电。

（6）发生人身触电事故时，为了解救触电人，可以不经许可，自行断开有关设备的电源，但事后应报告上级。

（7）下列各项工作可以不用操作票，但操作应记入操作记录簿内：

①事故应急处理；

②拉、合断路器（开关）的单一操作；

③拉开接地隔离开关（刀闸）或拆除仅有的一组接地线。

### 9.7.2.4 安全巡查

（1）在机械传动部位、电气设备等危险场所或防护设施的危险部位应设有安全警戒线，安全标志应齐全、规范；易燃、易爆、有毒物品的运输、贮存、使用按有关规定执行。应按照消防要求配备灭火器具，应急出口应保持通畅。

(2) 不论高压设备带电与否,值班人员不得单独移开或越过遮拦进行工作,若有必要移开遮拦时,必须有监护人在场,并与高压设备保持一定的安全距离。安全距离应符合表 9.7-1 的规定。

表 9.7-1　高压设备不停电时的安全距离

| 电压等级/kV | 安全距离/m |
| --- | --- |
| ≤10 | 0.7 |
| 20~35 | 1.0 |
| 60~110 | 1.5 |

(3) 室内电气设备、电力和通信线路应有防火、防鸟、防鼠等措施,并应经常巡查。巡查配电装置,离开高压开关室,必须随手将门锁好。

(4) 所有电流互感器和电压互感器的二次绕组应有永久性的、可靠的保护接地。

(5) 当运行设备出现故障时,应立即处置。如果短时无法恢复,及时报告管理单位负责人,并做好记录。

#### 9.7.2.5　安全检修管理

(1) 工程施工中应成立安全管理小组,并配备专(兼)职安全员。对相关方开展专项安全知识培训和安全技术交底,检查落实安全措施,规范作业行为。

(2) 检修工作过程中应严格执行工作票制度,工作许可制度,工作监护制度,工作间断、转移和终结制度。

(3) 带电作业应在良好天气下进行。如遇雷、雨、雪、雾不应进行带电作业,风力大于 5 级,不宜进行带电作业。

(4) 带电作业应设专人监护。监护人应由有带电作业实践经验的人员担任。监护人不应直接操作。监护的范围不应超过一个作业点。应为复杂的或高杆上的作业增设监护人。

(5) 在带电作业过程中如设备突然停电,作业人应视为仍然带电。工作负责人应尽快与调度工作人员联系,调度工作人员与工作负责人取得联系前不得强送电。

(6) 使用喷灯时,火焰与带电部分应保持一定距离。电压在 10 kV 及以下的,距离不应小于 1.5 m;电压在 10 kV 以上的,距离不应小于 3 m。不应在带电导线、带电设备、变压器、油开关附近喷灯点火。

(7) 雷电天气时,禁止在室外变电所或室内架空引入线上进行检修和试验。在保护盘上或附近进行打眼等振动较大的工作时,应采用防止运行中设备跳闸的措施,必要时经值班调度员或值班负责人同意,可将保护暂时停用。

(8) 在全部停电或部分停电情况下对机械及电气设备进行检修,应停电、验电、装设接地线,在相关刀闸和相关地点悬挂标示牌和装设临时遮拦,并符合下列要求:

①将检修设备停电,应把所有的电源完全断开。与停电设备有关的变压器和电压互感器,应从高、低压两侧断开,防止向停电检修设备反送电。

②当验明设备确已无电压后,将检修设备接地并三相短路。

③装设接地线必须由两人进行,接地线必须先接接地端,后接导体端。拆接地线的顺序相反。装、拆接地线均应使用绝缘棒或绝缘手套。

④标示牌的悬挂和拆除应按检修命令执行,严禁在工作中移动和拆除遮拦、接地线和标示牌。标示牌应用绝缘材料制作。

(9) 泵站工作人员进入现场检修、安装和试验应执行工作票制度。进行设备和线路检修时,停电并有可靠安全措施者,应填写第一种工作票;对于带电作业者应填写第二种工作票。

两种工作票的内容和格式如表 9.7-2 和表 9.7-3 所示。

表 9.7-2　第一种工作票

单位:_____　编号:_____

一、工作负责人(监护人):_____;班组:_____;工作班人员:_____
_____;现场安全员:_____　共_____人

二、工作内容和工作地点:_____

三、计划工作时间:自_____年_____月_____日_____时_____分
　　　　　　　　至_____年_____月_____日_____时_____分

四、安全措施

| 下列由工作许可人(值班员)填写 | 下列由工作票签发人填写 |
| --- | --- |
| 1. 应拉断路器(开关)和隔离开关(刀闸),包括填写前已拉断路器(开关)和隔离开关(刀闸):(注明编号) | 1. 已拉断路器(开关)和隔离开关(刀闸):(注明编号) |
| 2. 应装接地线、应合接地刀闸:(注明装设地点、名称及编号) | 2. 已装接地线,已合接地刀闸(注明装设地点、名称及编号) |
| 3. 应设遮拦、应挂标示牌:(注明地点及标示牌名称) | 3. 已设遮拦、已挂标示牌:(注明地点及标志牌名称) |
| 工作票签发人签名:_____ | 工作地点保留带电部分和补充安全措施:_____ |

收到工作票时间:_____年_____月_____日_____时_____分　　工作许可人签名:_____
值班负责人签名:_____　　　　　　　　　　　　　　　　　　　　　　值班负责人签名:_____

五、许可开始工作时间:_____年_____月_____日_____时_____分
　　工作许可人签名:_____工作负责人签名:_____

六、工作负责人变动:原工作负责人_____离去,变更_____为工作负责人。
　　变动时间:_____年_____月_____日_____时_____分
　　工作票签发人签名:_____

七、工作人员变动

| 增添人员姓名 | 时间 | 工作负责人 | 离去人员姓名 | 时间 | 工作负责人 |
| --- | --- | --- | --- | --- | --- |
|  |  |  |  |  |  |
|  |  |  |  |  |  |
|  |  |  |  |  |  |
|  |  |  |  |  |  |

八、工作票延期:有效期延长到_____年_____月_____日_____时_____分
　　工作负责人签名:_____工作许可人签名:_____

九、工作终结:全部工作已于_____年_____月_____日_____时_____分结束,设备及安全措施已恢复至开工前状态,工作人员全部撤离,材料、工具已清理完毕。
　　工作负责人签名:_____工作许可人签名:_____

十、工作票终结：

临时遮拦、标示牌已拆除，常设遮拦已恢复。接地线共_____组(_____)号已拆除，接地刀闸_____组(_____)号已拉开。

工作票于_____年_____月_____日_____时_____分终结。

工作许可人签名：_____

十一、备注：_____

十二、每日开工和收工时间

| 开工时间 | 工作许可人 | 工作负责人 | 收工时间 | 工作许可人 | 工作负责人 |
|---|---|---|---|---|---|
| 年　　月　　日<br>时　　　　分 | | | 年　　月　　日<br>时　　　　分 | | |
| 年　　月　　日<br>时　　　　分 | | | 年　　月　　日<br>时　　　　分 | | |
| 年　　月　　日<br>时　　　　分 | | | 年　　月　　日<br>时　　　　分 | | |
| 年　　月　　日<br>时　　　　分 | | | 年　　月　　日<br>时　　　　分 | | |

十三、执行工作票保证书

工作班人员签名：

| 开工前 | 收工后 |
|---|---|
| 1. 对工作负责人布置的工作任务已明确。<br>2. 监护人与被监护人互相清楚分配的工作地段、设备，包括带电部分等注意事项已清楚。<br>3. 安全措施齐全，确保工作人员在安全措施保护范围内工作。<br>4. 工作前保证认真检查设备的双重编号，确认无电后方可工作。工作期间保证遵章守纪，服从指挥，注意安全，保质保量完成任务。<br>5. 所有工具包括试验仪表等齐全、检查合格；开工前对有关工作进行检查确认可以开工。 | 1. 所布置的工作任务已按时保质保量完成。<br>2. 施工期间发现的缺陷已全部处理。<br>3. 对检修的设备项目自检合格，有关资料在当天交工作负责人。<br>4. 检查场地已打扫干净，工具(包括仪表)及多余材料已收回保管好。<br>5. 经工作负责人通知本工作班安全措施已拆除(经三级验收后确定)，检修设备可投运。<br>6. 对已拆线已全部恢复并接线正确。 |

| 姓名 | 时间 |
|---|---|
| | |
| | |
| | |
| | |
| | |
| | |

注：1. 工作班人员在开工会结束后签名，工作票交工作负责人保存。

2. 工作结束收工会后工作班人员在保证书上签名，并经工作负责人同意方可离开现场。

表 9.7-3　第二种工作票

单位:＿＿＿＿＿　编号:＿＿＿＿＿

一、工作负责人(监护人):＿＿＿＿＿＿班组:＿＿＿＿＿＿

工作班人员:＿＿＿＿＿＿共＿＿＿＿＿人

二、工作任务:＿＿＿＿＿＿＿＿＿＿＿＿＿＿＿＿＿＿＿＿＿＿＿

三、计划工作时间:自＿＿＿＿年＿＿＿＿月＿＿＿＿日＿＿＿＿时＿＿＿＿分

　　　　　　　　至＿＿＿＿年＿＿＿＿月＿＿＿＿日＿＿＿＿时＿＿＿＿分

四、工作条件(停电或不停电):

＿＿＿＿＿＿＿＿＿＿＿＿＿＿＿＿＿＿＿＿＿＿＿＿＿＿＿＿＿＿＿＿＿＿＿＿＿＿＿＿＿

＿＿＿＿＿＿＿＿＿＿＿＿＿＿＿＿＿＿＿＿＿＿＿＿＿＿＿＿＿＿＿＿＿＿＿＿＿＿＿＿＿

五、注意(安全措施):＿＿＿＿＿＿＿＿＿＿＿＿＿＿＿＿＿＿＿＿＿＿＿＿＿＿＿＿＿＿

＿＿＿＿＿＿＿＿＿＿＿＿＿＿＿＿＿＿＿＿＿＿＿＿＿＿＿＿＿＿＿＿＿＿＿＿＿＿＿＿＿

＿＿＿＿＿＿＿＿＿＿＿＿＿＿＿＿＿＿＿＿＿＿＿＿＿＿＿＿＿＿＿＿＿＿＿＿＿＿＿＿＿

工作票签发人(签名):＿＿＿＿＿＿签发日期:＿＿＿＿年＿＿＿＿月＿＿＿＿日＿＿＿＿时＿＿＿＿分

六、许可工作时间:＿＿＿＿＿年＿＿＿＿月＿＿＿＿日＿＿＿＿时＿＿＿＿分

工作许可人(值班员)签名:＿＿＿＿＿＿工作负责人签名:＿＿＿＿＿＿

七、工作票终结

全部工作于＿＿＿＿年＿＿＿＿月＿＿＿＿日＿＿＿＿时＿＿＿＿分结束,工作人员已全部撤离,材料、工具已清理完毕。

工作负责人签名:＿＿＿＿＿＿工作许可人(值班员)签名:＿＿＿＿＿＿＿＿＿＿＿＿

八、备注:＿＿＿＿＿＿＿＿＿＿＿＿＿＿＿＿＿＿＿＿＿＿＿＿＿＿＿＿＿＿＿＿＿＿＿

＿＿＿＿＿＿＿＿＿＿＿＿＿＿＿＿＿＿＿＿＿＿＿＿＿＿＿＿＿＿＿＿＿＿＿＿＿＿＿＿＿

＿＿＿＿＿＿＿＿＿＿＿＿＿＿＿＿＿＿＿＿＿＿＿＿＿＿＿＿＿＿＿＿＿＿＿＿＿＿＿＿＿

①泵站运行、检修中应根据现场实际情况,采取防触电、防高空坠落、防机械伤害和防起重伤害等措施。

②工程设备应按照规定进行涂色标识,见表9.7-4。

表 9.7-4　设备涂色规定

| 序号 | 设备名称 | 颜色 | 序号 | 设备名称 | 颜色 |
|---|---|---|---|---|---|
| 1 | 泵壳、叶轮、叶轮室、导叶等过水面 | 红 | 10 | 技术供水进水管 | 天蓝 |
| 2 | 水泵外壳、齿轮箱 | 蓝灰或果绿 | 11 | 技术供水排水管 | 绿 |
| 3 | 主电机轴和水泵轴 | 红 | 12 | 生活用水管 | 蓝 |
| 4 | 水泵、电动机脚踏板、回油箱 | 黑 | 13 | 污水管及一般下水道 | 黑 |
| 5 | 电动机定子外壳、上机架、下机架外表面 | 米黄或浅灰 | 14 | 低压压缩空气管 | 白 |
| 6 | 栏杆(不包括镀铬栏杆) | 银白 | 15 | 高、中压压缩空气管 | 白底红色环 |
| 7 | 附属设备、压油罐、储气罐 | 蓝灰或浅灰 | 16 | 抽气及负压管 | 白底绿色环 |
| 8 | 压力油管、进油管、净油管 | 红 | 17 | 消防水管及消火栓 | 橙黄 |
| 9 | 回油管、排油管、溢油管、污油管 | 黄 | 18 | 阀门及管道附件 | 黑 |

注:1. 设备涂色若与厂房装饰不相称时,除管道涂色外,可作适当变动。

　　2. 涂漆应均匀,无起泡、无皱纹现象。

　　3. 阀门手轮应涂红色,应标明开关方向,铜阀门不涂色,阀门应编号。

　　4. 管道应用白色箭头(气管用红色)表明介质流动方向。

③对旋转机械应标识旋转的开、关方向,管路应标识介质流动方向,外露的旋转体应设安全护罩。涉及安全的操作应放置警示标牌,标牌的要求见表9.7-5。

表 9.7-5 警示牌式样

| 序号 | 名称 | 悬挂位置 | 尺寸(mm×mm) | 颜色 | 字样 |
|---|---|---|---|---|---|
| 1 | 禁止合闸,有人工作! | 一经合闸即可送电到施工设备的断路器(开关)和隔离开关(刀闸)操作把手上 | 200×100 和 80×50 | 白底 | 红字 |
| 2 | 禁止合闸,线路有人工作! | 线路断路器(开关)和隔离开关(刀闸)把手上 | 200×100 和 80×50 | 红底 | 白字 |
| 3 | 在此工作! | 室外和室内工作地点或施工设备上 | 250×250 | 绿底,中有直径210 mm 白圆圈 | 黑字,写于白圆圈中 |
| 4 | 止步,高压危险! | 施工地点临近带电设备的遮拦上;室外工作地点的围墙;禁止通行的过道上;高压试验地点;室外构架上;工作地点临近带电设备的横梁上 | 250×200 | 白底红边 | 黑字,有红色箭头 |
| 5 | 从此上下! | 工作人员上下的铁架、梯子上 | 250×250 | 绿底,中有直径210 mm 白圆圈 | 黑字,写于白圆圈中 |
| 6 | 禁止攀登,高压危险! | 工作人员上下的铁架,临近可能上下的另外铁架上,运行变压器的梯子上 | 250×200 | 白底红边 | 黑字 |

④应对工程设备建档挂卡,应设有防潮、防小动物设施。

### 9.7.2.6 安全责任管理

(1) 工作票签发人的主要职责如下:

①审查工作的必要性;

②审查现场工作条件是否安全;

③工作票上所填的安全措施是否正确完备;

④指派工作负责人和工作班人员能否胜任工作,人数是否足够,精神状态是否良好。

(2) 工作负责人(监护人)的安全责任应包括以下方面:

①负责现场安全组织工作;

②督促监护工作人员遵守安全规章制度;

③检查工作票所提出的安全措施是否正确完备和工作班人员所做的安全措施是否符合现场实际情况;

④对进入现场的工作人员交代安全注意事项;

⑤工作负责人(监护人)应始终在施工现场,及时纠正违反安全的操作,如因故临时离开工作现场,应指定能胜任的人员代替,并将工作现场情况交代清楚。只有工作票签发人有权更换工作负责人。

(3) 工作许可人(值班负责人)的安全责任应包括以下方面:

①审查工作票的规定并在施工现场落实各项安全措施;

②会同工作负责人到现场最后验证安全措施是否正确完备,并与工作负责人分别在工作票上签名;

③负责检查停电设备有无突然来电的危险;

④工作结束后,监督拆除遮拦、解除安全措施,结束工作票。

### 9.7.2.7 高压设备工作管理

在高压设备上工作,应遵守下列规定:

①填写工作票或口头、电话命令;

②至少有两人一起工作;

③完成保证工作人员安全的组织措施和技术措施。

#### 9.7.2.8　机电设备检修管理

(1) 任何人进入维修作业现场(办公室、控制室、值班室除外)时应正确佩戴安全帽。登高作业人员应使用安全帽、安全带。在高处工作不得上下抛掷传递物件。

(2) 在潮湿或电动机、水泵、金属容器等周围均属金属导体的地方工作时,应使用不超过 36 V 的安全电压。行灯隔离变压器和行灯线应有良好的绝缘和接地装置。

(3) 在变电所户外和高压室内搬动梯子、管子等长条形物件,应平放搬运,并与带电部分保持足够的安全距离。在带电设备周围严禁使用钢卷尺、皮卷尺和线尺(夹有金属丝者)进行测量工作。

(4) 检修动力电源箱的支路开关时均应装漏电保护器,并对其定期检查和试验。

(5) 禁止在带有压力(液体压力或气体压力)的设备上或带电的设备上进行焊接,在特殊情况下需要在带压和带电的设备上进行焊接时,应采取安全措施,并经单位负责人批准。

(6) 检修用起重设备应经检验检测机构检验合格,并在特种设备安全监督管理部门登记。起重作业人员在作业中应严格执行起重设备的操作规程和有关的安全规章制度。

### 9.7.3　安全设施管理

#### 9.7.3.1　工程保护

(1) 管理单位对管理范围内的保护,应遵守以下规定:

①泵站工程应依法划定工程管理保护范围和安全警戒区,完善划界确权相关手续,领取土地使用证,设置明显界桩,并依法管理。

②按有关规定对泵站保护范围内的生产、生活活动进行安全管理,严禁在泵站管理范围内进行爆破、取土、埋葬、建窑、倾倒垃圾或排放有毒有害污染物等危害工程安全的活动。

③应在泵站上下游设立安全警戒标志,禁止在警戒区内停泊船只、捕鱼、游泳。

④泵站运行和维修中产生的废油、有毒化学品等应按有关规定处理,不得直接排入泵站进出水池。

⑤对处于居民区的泵站宜采取有效的降噪和隔噪措施。

⑥拦污栅前清理的污物等应堆放到专用场地,不得随意倾倒。

⑦宜绿化、美化站区环境,防止水土流失。

⑧应做好泵房及站区的环境卫生工作。

(2) 管理单位对工程设施的保护,应遵守以下规定:

①主、副厂房,控制楼应实行封闭式管理,非工作人员不得擅自进入主、副厂房等可能影响工程安全运行或影响人身安全的区域,在区域入口处设置明显的标志。

②公路桥两端应设立限载、限速标志,如确需通过超载车辆,应报请上级主管部门和有关部门会同协商,并进行验算复核,采取一定防护措施后,方能缓慢通过;禁止无铺垫的履带车、铁轮车直接通过桥面,如果确需过桥,应用钢板或木板等铺垫后方可通过。

③妥善保护机电设备、水文、通信、观测设施,防止人为毁坏。

④不得在翼墙后填土区上堆置超重物料,不宜种植高大树木。

⑤位于通航河道上的泵站,应设置拦船设施和助航设施。

#### 9.7.3.2　电气安全用具

电气绝缘工具应在专用房间存放,由专人管理,并按有关规定进行试验。

电气安全用具的要求和试验周期见表 9.7-6。

表 9.7-6　电气安全用具

| 序号 | 名称 | 要求 | 试验周期 |
|---|---|---|---|
| 1 | 绝缘手套 | 定期进行工频耐压试验,试验合格后将标签贴于手套上,在专用橱柜定点摆放,保持完好。 | 6 个月 |
| 2 | 绝缘靴 | 定期进行工频耐压试验,试验合格后将标签贴于绝缘靴上,在专用橱柜定点摆放,保持完好。 | 6 个月 |
| 3 | 绝缘杆 | 定期进行工频耐压试验,试验合格后将标签贴于绝缘杆上,在专用橱柜定点摆放,保持完好。 | 12 个月 |
| 4 | 验电器 | 定期进行工频耐压试验,试验合格后将标签贴于验电器上,在专用橱柜定点摆放,保持完好。 | 6 个月 |
| 5 | 接地线 | 定期进行直流电阻及工频耐压试验,试验合格后将标签贴于接地线上,在专用橱柜定点摆放,保持完好。 | 6 个月 |

### 9.7.3.3　劳动防护用品

(1) 安全帽:安全帽应具有产品合格证和安全鉴定合格证书,一年进行一次检查试验,不用时由管理所统一管理,摆放整齐、保持清洁。

(2) 安全带:安全带应具有产品合格证和安全鉴定合格证书,一年进行一次检查试验,不用时由管理所统一管理,保持完好。

开展工程安全设施设备(含消防器材)的日常巡查、定期检查,并定期检修、试验和更换,确保其齐备、完好。确保劳动保护用品配备满足安全生产要求。特种设备、计量装置应按国家有关规定管理和检定。

### 9.7.3.4　特种作业

(1) 特种作业人员在作业中应严格执行操作规程及有关安全规章制度。

(2) 桥式起重机操作规定:

①每年主机大修前,应对行车的机械和电气设备、钢丝绳、吊钩、制动器、限位器等进行检查,有条件时主钩应进行重物试吊。

②送电前,检查确保所有控制器的手柄都在零位。

③起吊重物时,必须明确指挥人员,并严格执行指挥信号,信号不清楚时严禁开车,开车前必须鸣铃示警。

④被起吊物应吊挂牢固,并进行试吊,指挥人员确认无误后方可起吊。

⑤一旦出现停车信号,必须立即停止运行。

⑥严格禁止吊物从工作人员和重要设备上方通过,严格禁止被吊物上站人。

⑦严禁被吊重物在空中长期停留。

⑧遇有故障时,必须立即停止工作,排除故障后方可再次投入运行。

⑨工作中突然断电时,应将所有的控制器手柄扳回零位。

⑩行车主、副钩不应同时开启,严禁同时升起或下降,严禁超负荷吊运。

⑪除特殊情况外,不得利用打反车进行制动。

⑫操作结束,行车应停在指定位置,主、副钩应升至上限,所有控制器手柄应置零位,并切断电源。

(3) 金属切割焊接操作规定:

①电焊工作要有专人负责。离焊接处 5 m 以内不得有易燃易爆物品,工作地点通道宽度不得小于 1 m。高空作业时,火星所达到的地面上下没有易燃易爆物。

②施焊地点应距离乙炔瓶和氧气瓶 10 m 以上。

③不得在油库内储有汽油、煤油、挥发性油脂等易燃易爆物的容器上进行焊接工作。

④不准直接在木板或木板地上进行焊接。

⑤焊接人员操作时,必须用面罩,戴防护手套,必须穿棉质工作服和皮鞋,以防灼伤。

⑥焊接工作停止后,应将火熄灭,待焊件冷却,并确认没有焦味和烟气后,操作人员方能离开工作场所。

(4) 起重设备及工具使用要求:

①桥式起重机

a. 确保管理资料齐全,经检测合格(两年一次)。桥式起重机应外观整洁、无积尘、无蛛网。驾驶舱内壁应设有操作规程,大梁上醒目处设有行车允许起吊重量及"安全第一"警示标牌。

b. 确保行车轨道平直、轨道上无异物;确保螺栓紧固,滑线平直、接线可靠,指示信号灯完好、急停开关可靠。

c. 确保齿轮箱及滑轮无明显渗漏油,钢丝绳符合规定要求。

d. 确保过载保护装置及起重限制器完好,限位开关齐全且动作可靠。

e. 设备停用时小车及吊钩置于规定位置。

②电动葫芦

a. 电动葫芦应定期检查合格,记录齐全;有足够的润滑油、有防护罩、外观清洁,电缆绝缘良好、控制器灵敏可靠。

b. 应确保行走机构完好、制动器无油污、动作可靠;制动距离在最大负荷时不得超过 80 mm。

c. 电动葫芦使用前应进行静负荷和动负荷试验,不工作时,禁止把重物悬于空中,以防零件产生永久变形。

d. 钢丝绳使用符合要求。

③手拉葫芦

a. 手拉葫芦操作前必须详细检查各个部件和零件,包括链条的每个链环,情况良好时方可使用,使用中不得超载。

b. 手拉葫芦起重链条要求垂直悬挂重物。链条各个链环间不得有错钮。

c. 手拉葫芦起重高度不得超过标准值,以防链条拉断销子,造成事故。

d. 应定期检查保养手拉葫芦,对不符合使用要求的及时报废更新。

④千斤顶

a. 千斤顶的起重能力,不得小于设备的质量。几台千斤顶联合使用时,每台的起重能力,不得小于其计算载荷的 1.2 倍,避免因不同步造成个别千斤顶因超负荷而损坏。

b. 使用千斤顶的基础,必须稳固可靠。

c. 载荷应与千斤顶轴线一致。在作业过程中,严防发生千斤顶偏歪的现象。

d. 千斤顶的顶头或底座,与设备的金属面或混凝土光滑接触时,应垫硬木块,防止滑动。

e. 千斤顶的顶升高度,不得超过有效顶程。

f. 几台千斤顶抬起一件大型设备时,无论起落均应细心谨慎,保持起、落平衡。

⑤钢丝绳

a. 钢丝绳无断股、打结、断丝,径向磨损应在规定范围内。

b. 钢丝绳应定期检查保养,摆放整齐,对不符合要求的应及时报废更新。

c. 钢丝绳应按照起重重量分类管理,钢丝绳上应有允许起重重量标识。

⑥登高器具

a. 梯子应检查完好,无破损、缺档现象,否则应及时报废更新。

b. 在光滑坚硬的地面上使用梯子时,梯脚上应套上防滑物。

c. 梯子应有足够的长度,最上两档不应站人工作,梯子不应接长或垫高使用。

d. 工作前应把梯子安放稳定。梯子与地面的夹角宜为60°,顶端应与建筑物靠牢。

e. 在梯子上工作时要注意身体的平稳,不应两人或数人同时站在一个梯子上工作。

f. 使用梯子宜避开机械转动部分以及起重、交通要道等危险场所。

⑦压力容器

a. 储气罐应注册建档,保持清洁。

b. 安全阀应每年检测,动作灵敏。

c. 压力表计应灵敏可靠,接口无漏气现象。

### 9.7.3.5 消防管理

泵站运行和维修中产生的废油、有毒化学品应按有关规定处理。对于可通过简单净化处理达到油质要求的,应通过净化处理并经油质化验合格后使用;对于通过净化处理仍然达不到油质要求的,应统一回收处理,不能随意倾倒。

消防设施应按照行业规定设置、建档挂牌、定期检查,限期报废。

(1) 灭火器:对灭火器配置合理、定点摆放、压力符合要求,表面无积尘。

(2) 消防栓箱

①消防箱:消防箱体无锈蚀、变形,箱内无杂物、积尘,玻璃完好、标识清晰,箱内设施齐全。

②水带及水枪:水带无老化及渗漏,水带及水枪在箱内按要求摆放整齐,不挪作他用。

(3) 消防机:消防机应定期试机,记录齐全,消防机室制度齐全、无其他杂物,进出通道畅通,油料充足、保存规范。

(4) 火灾报警装置:定期检查感应器、智能控制装置灵敏度,保持完好。

电气设备着火时,应立即将有关设备的电源切断,然后进行灭火。对带电设备应使用干式灭火器,不应使用泡沫灭火器灭火。对注油设备可使用泡沫灭火器或干沙等灭火。

建立、维护、管理智能消防系统,运用好泵站火灾自动报警系统和消防联动控制系统,保障泵站操作人员安全疏散,保护机电设备不受火灾损毁。泵站智能火灾自动报警系统和智能消防联动控制系统,利用综合探测手段,结合电气火灾的其他物理特性,并采用物联网、大数据云平台以及人工智能技术,在常规火灾自动报警技术的基础上,可以实现火灾报警、消防联动控制及运行维护的智能化,具有更早发出火灾警报、帮助人员更及时地扑救火灾和更易于管理维护的特点。

### 9.7.3.6 事故处理及应急管理

1. 事故处理

事故报告:事故报告、调查和处理制度应明确事故报告(包括程序、责任人、时限、内容等)、调查和处理内容(包括事故调查、原因分析、纠正和预防措施、责任追究、统计与分析等),应将造成人员伤亡(轻伤、重伤、死亡等人身伤害和急性中毒)、财产损失(含未遂事故)和较大涉险事故纳入事故调查和处理范畴。发生事故后按照有关规定及时、准确、完整地向有关部门报告,事故报告后出现新情况的,应当及时补报。

事故调查和处理:发生事故后,采取有效措施,防止事故扩大,并保护事故现场及有关证据。事故发生后按照有关规定,组织事故调查组对事故进行调查,查明事故发生的时间、经过、原因、波及范围、人员伤亡情况及直接经济损失等。事故调查组应根据有关证据、资料,分析事故的直接、间接原因和事故责任,提出应吸取的教训、整改措施和处理建议,编制事故调查报告。事故发生后,由有关人民政府组织事故调查的,应积极配合开展事故调查。按照"四不放过"的原则进行事故处理。妥善处理伤亡人员的善后工作,按规定办理工伤认定,并保存档案。

(1) 发生事故后管理单位应迅速采取有效措施,组织抢救,防止事故扩大,并及时向上级主管部门如实汇报。发生重大设备或伤亡事故,应立即报告上级主管部门,并协同调查处理,做好事故调查、分析、处理工作。

(2) 发生重大事故的现场应加强保护,任何人不得擅自移动或取走现场物件。因抢救人员、国家财产和防止事故扩大而移动现场部分物件,应作出标志。清理事故现场要经事故调查组同意方可进行。对可能涉及追究事故责任人刑事责任的事故,清理现场还应征得有关司法部门的同意。

(3) 管理单位应认真做好事故调查、分析、处理工作,并作出事故报告,内容包括:发生事故的单位、时间、地点、伤亡情况及事故原因分析等。

(4) 发生责任事故后,管理单位应按照"事故原因未查明不放过、责任人未处理不放过、整改措施未落实不放过、有关人员未受到教育不放过"的原则,认真调查处理并吸取教训,防止类似事故重复发生。

(5) 事故发生后,管理单位隐瞒不报、谎报、拖延报告,或者以任何方式阻碍、干涉事故调查,以及拒绝提供有关情况和资料的,按照有关规定,应给予责任人行政处分,情节严重的,追究刑事责任。

(6) 对及时发现重大隐患,积极排除故障和险情,保卫国家和人民生命财产安全,避免事故发生和扩大作出贡献的,应给予表彰和奖励;对不遵守岗位责任制、违反操作规程及有关安全制度所发生的各种人为责任事故,应给予责任人批评教育和处罚。

事故档案管理:建立完善的事故档案和事故管理台账,并定期按照有关规定对事故进行统计分析。

2. 应急管理

应急准备:按规定建立应急管理组织机构或指定专人负责应急管理工作。建立健全应急工作体系,明确应急工作职责。在开展安全风险评估和应急资源调查的基础上,建立健全生产安全事故应急预案体系,制定生产安全事故应急预案,针对安全风险较大的重点场所(设施)编制重点岗位、人员应急处置卡;按有关规定报备,并通报有关应急协作单位。建立与本单位安全生产特点相适应的专(兼)职应急救援队伍或指定专(兼)职应急救援人员。必要时可与邻近专业应急救援队伍签订应急救援服务协议。根据可能发生的事故种类特点,设置应急设施,配备应急装备,储备应急物资,建立管理台账,安排专人管理,并定期检查、维护、保养,确保其完好、可靠。根据本单位的事故风险特点,每年至少组织一次综合应急预案演练或者专项应急预案演练,每半年至少组织一次现场处置方案演练,做到一线从业人员参与应急演练全覆盖,掌握相关的应急知识。对演练进行总结和评估,根据评估结论和演练发现的问题,修订、完善应急预案,改进应急准备工作。定期评估应急预案,根据评估结果及时进行修订和完善,并按照有关规定将修订的应急预案报备。

应急处置:发生事故后,启动相关应急预案,采取应急处置措施,开展事故救援,必要时寻求社会支持。应急救援结束后,应尽快完成善后处理、环境清理、监测等工作。

应急评估:每年应进行一次应急准备工作的总结评估。完成险情或事故应急处置结束后,应对应急处置工作进行总结评估。

当省、市(城区)防汛抗旱指挥部启动防汛或防台应急响应时,应根据响应级别启动工作预案。

根据调度信息结束防汛或防台应急响应,当汛情影响结束后,应及时抢修水毁工程。

防汛防台应急响应状态结束后应及时做好工作总结。

(1) 应急抢险救生船管理,应符合下列规定:

①应对救生船定期检查,每季度水下运行一次,每年的全面检查应不少于一次;

②船上应备齐水上救生器材和设备,并定期检查可靠性;

③应急抢险救生船应配备 2 名专业人员,专业人员应定期接受相关使用培训;

④救生船存放于固定位置,方便紧急情况下,并确保周围无阻碍其运送的障碍物;

⑤救生船存放周围应设置明显的标识,便于紧急情况下分辨。

(2) 消防系统管理,应符合下列规定:

①消防供水系统及火灾自动报警、喷水灭火系统工作正常;

②消防安全出口、疏散通道畅通,防火门、防火卷帘等完好、开关灵活;

③消防安全标志、疏散指示标志、应急照明完好;

④灭火器配置合理、定点摆放、压力符合要求;

⑤防排烟系统工作可靠,风量风压符合要求。

(3) 防汛物资管理,应符合下列规定:

①每年 3 月底前应对防汛物资进行一次全面检查,做好防汛物资储备工作;

②物资储备仓库应配备安全防范措施,做好防火、防盗、防腐等工作,并配备应急电源;

③防汛物资应按产品特性分类存放,专人负责,专职保管,做到标物相符、账物相符。

发生事故时不准许无关人员进入事故现场。

管理单位应开展安全文化建设,设置宣传栏,组织开展多种形式的安全文化活动,促进安全生产工作。

在岗人员着装应整齐、规范,并佩戴工作铭牌,不从事与生产无关的活动;值班人员应统一着装,并佩戴值班标志。

设施设备保持整洁,机电设备、仪器仪表等没有积灰、油污、油漆掉块脱落等现象,各类资料、设备、办公用品摆放整齐。

管理单位应做好站区绿化、站房美化、道路硬化,确保排水通畅,护坡挡墙完好,采取必要措施防止水土流失。

工程区域内保持清洁,工程环境良好,工程范围内和管理区内不存在明显杂物和垃圾。门窗玻璃清洁明亮,房间四壁没有蛛网,地面清洁没有烟蒂、痰迹,卫生间清洁没有污迹、异味。

管护范围内无家禽、家畜饲养。

泵站工程管理单位应建立健全安全管理组织,明确安全生产岗位责任制,制定安全管理制度。

根据泵站设备状况制定反事故预案,运行、管理人员应熟练掌握预案内容。

根据泵站工程特点制定防洪预案;泵站工程所在的堤防地段,应按防汛的有关规定做好防汛抢险技术和物料准备。

从事泵站运行、检修、试验人员应熟悉《电力安全工作规程 发电厂和变电站电气部分》(GB 26860—2011),严格执行两票三制(即操作票制度、工作票制度、交接班制度、巡回检查制度、设备轮换修试制度)。

各类作业人员应定期接受相应的安全生产教育和岗位技能培训,经考核合格后方可上岗,每年不少于 1 次。特种作业人员应经专业技术培训,并经实际操作及有关安全规程考试合格,取得合格证后方可上岗作业。

消防设施按规范配置,应定期检查,保证消防设施完好。

泵站工程管理范围内应设置安全警示标志和必要的防护设施。

### 9.7.4　安全监测

观测设施:垂直位移、河床断面等观测设施应保持完好,编号齐全,发现损坏及时维修,并进行相关考证。

观测行为:管理所应按任务书及时开展观测,精密监测,并及时整理相关记录;由于观测工作具有较强的专业性和连续性,观测人员要相对固定,积极参加培训,并符合岗位业务需求。

观测资料:及时对观测成果整理分析,垂直位移、河床断面在观测后 2 周内完成,测压管水位、伸缩缝在每个月月底前完成;季度考核时应提供相应的观测资料;在年终资料审查前,管理所应完成资料的计算、一校、二校,并组织审核,主要负责人签字确认,未完成或经初审发现错误过多的,退回管理所,限期整改。

应根据泵站设计要求进行变形、流量、水位等项目监测。

观测方式分为自动观测和人工观测,采用自动观测时,应定期进行人工校验。

当发现不正常现象,应及时分析原因,采取措施,防止发生事故,并改善运行方式,保证工程安全。

应保证观测工作的连续性与系统性,按规定项目、频次和时间进行观测和记录。

1. 监测内容及要求

水位测量应以标准水准点为基准,在进水池、出水池进行测量,水位测量应按照《水位观测标准》(GB/T 50138)和《泵站现场测试与安全检测规程》(SL 548)的规定执行。

流量观测应根据水质、不确定度要求等内容,确定适合的测量方法,流量观测应按照 SL 548 的规定执行。

建筑物变形观测应包括垂直位移和水平位移,垂直位移可采用水准法进行测量,水平位移可采用校准线、交汇等方法进行观测,变形观测应按照《工程测量标准》(GB 50026)的规定执行。

宜采用真空表、压力表、压力传感器、差压传感器等仪器,测量进水流道(管道)进口、出水流道(管道)出口和进出水流道(管道)中间等部位的压力,压力测量应按照 SL 548 的规定执行。

压力测量时,应保证引压管路畅通并排除管路内空气。

当泵站建筑物产生可能影响结构安全的裂缝后,应进行裂缝观测。

采用自动化采集系统进行安全观测时,应准确将各项仪器参数输入系统。

如发现观测精度不符合要求,应立即重测。如发现异常情况应立即进行复测,同时加强观测,并采取必要的措施。

观测仪器应每年进行 1 次校测,确保观测数据的真实性和准确性。

2. 观测频次

频次应满足下列要求:

①流量、水位应每日观测 1 次;

②变形宜每季度观测 1 次;

③压力宜每月观测 1 次。

遇到以下情况,应增加观测频次:

①特殊时期(如洪水、地震、风暴潮等)和新建泵站;

②超设计标准运用;

③泵站地基条件差或泵站建筑物受力不均匀。

3. 观测记录

每次现场观测采集后的数据应清晰、准确、规范。

观测记录应采用规范表格,观测人员应在记录表上签名。

应及时对记录资料进行计算及整理,采用自动观测采集的数据,每月至少备份1次。

每年应对当年所有的观测数据进行汇编。

符号表示和精度应符合下列要求:

①水位以 m 表示,读数精确到 0.01 m;

②流量以 m³/s 表示,读数精确到 0.001 m³/s;

③变形以 mm 表示,读数精确到 0.1 mm;

④压力以 MPa 表示,读数精确到 0.001 MPa。

### 9.7.5　安全生产管理

建立健全安全生产管理体系,落实安全生产责任制。制定防汛抢险、事故救援、重大工程事故处理等应急预案,物资器材储备和人员配备满足应急救援、防汛抢险要求;按要求开展事故应急救援、防汛抢险等培训和演练。1 年内无较大及以上生产安全事故。

目标职责:安全组织网络健全,安全生产责任制严格落实;开展安全文化建设活动,及时学习贯彻有关安全生产方面的文件和规定。

制度化管理:及时识别、获取适用的安全生产法律法规和规章制度发放到相关工作岗位,并组织培训;结合安全作业任务特点,编制适用的岗位安全生产操作规程;按安全标准化管理要求,及时记录整理归档台账资料。

教育培训:定期开展安全教育培训;督促检查相关方的作业人员进行安全生产教育培训及持证上岗情况;对外来人员进行安全教育。

现场管理:按有关规定对设备设施进行规范化管理,建立管理台账;动火作业、高空作业、临近带电体作业等危险性较大的作业活动,实施作业许可管理。特种作业人员应持证上岗,并安排专人进行现场安全管理。作业许可包含安全风险分析、安全及职业病危害防护措施、应急处置等内容;交叉作业时,作业双方应签订安全管理协议,明确各自职责及有效措施,并指定专人进行检查和协调;对相关方进行规范管理,维修项目实施时,须与施工单位签订安全协议、对作业人员进行培训、对作业过程检查监督,按规定运存危险品。

隐患排查治理:严格按照隐患排查治理制度,定期开展安全检查;排查出的一般隐患,按照责任分工立即或限期组织整改;对于重大事故隐患,由主要负责人组织制定并实施事故隐患治理方案;按规定对治理情况进行评估、验收;如实记录隐患排查治理情况,每月进行统计分析,及时上报主管部门。

应急管理:建立应急管理组织机构;每季度至少开展一次事故应急演练,根据演练评估结论,修订、完善应急预案。

事故管理:建立事故报告程序,规范事故档案和管理台账;发生事故后及时、准确、完整地向有关部门报告,按有关规定对事故进行统计分析。

### 9.7.6　工程管理范围及保护范围的管理

工程管理范围按规定划界,明确工程保护范围及其保护要求,设置界桩、界碑和禁止事项告示牌、安全警示标志,依法依规对工程及管理范围、保护范围进行管理和巡查。

### 9.7.7　工程隐患排查和安全鉴定

建立健全工程安全检查、隐患排查和登记建档制度。建立事故报告和应急响应机制。开展危险源辨识和隐患排查治理,落实管控措施,建立台账。定期检查和落实防火、防爆、防暑等措施。按照《泵站安全鉴定规程》(SL 316)的规定开展泵站安全鉴定,工程安全隐患消除前,应落实相应的安全保障措施。

## 9.8　岗位管理

### 9.8.1　管理体制和运行机制

根据泵站职能和批复的泵站管理体制改革方案或机构编制调整(或设置)意见,健全组织机构,落实人员编制,合理设置岗位和配置人员。结合当地和泵站实际,确保泵站管理体制真正改革到位,推行事企分开、管养分离和政府购买服务等多种形式,建立职能清晰、权责明确的泵站管理体制。

### 9.8.2　制度建设及执行

制度管理模块应建立健全泵站管理制度并编印成册,落实岗位责任主体和管理人员工作职责,做到责任落实到位,制度执行有力。

### 9.8.3　人才队伍建设

加强人才队伍建设。优化泵站人员结构,创新人才激励机制;制订专业技术和职业技能培训计划并积极组织实施,确保泵站管理人员素质满足岗位需求。

### 9.8.4　精神文明与宣传教育

重视党建工作、党风廉政建设、精神文明创建、水文化建设。加强相关法律法规、工程保护和安全的宣传教育。

管理单位应明晰管理组织体系,明确工程管理的组织架构、岗位职责、人员配备等要求;委托运行时,应在管理组织体系图中予以明确。

管理单位应依据相关规定制订泵站运行管理手册并贯彻执行,做到事项-岗位-人员-制度相对应。

管理单位应编制部门-人员-岗位-事项对应图表,将各工作事项分类、梳理,并落实到相应人员。

管理单位应定期梳理管理事项,明确工作标准,完善工作流程,及时修订管理手册。

### 9.8.5　管理人员

管理单位应明确各岗位人员职责和任职条件,主要岗位职责参见表9.8-1。

表 9.8-1　泵站主要岗位职责

| 岗位名称 | 岗位职责 |
|---|---|
| 单位负责岗 | 1. 贯彻执行国家有关法律、法规、方针政策及上级主管部门的决定、指令；<br>2. 全面负责行政、业务工作，建立健全各项规章制度，保障工程安全，不断提高管理水平；<br>3. 组织制订、实施单位的发展规划及年度工作计划，组织泵站技术经济指标考核，充分发挥工程效益；<br>4. 推动科技进步和管理创新，加强职工教育，提高职工队伍素质；<br>5. 协调处理各种关系，完成上级交办的其他工作 |
| 技术负责岗 | 1. 贯彻执行国家有关法律、法规和相关技术标准；<br>2. 全面负责技术管理工作，掌握工程运行状况，保障工程安全和效益发挥；<br>3. 组织制订、实施科技发展规划与年度计划；<br>4. 组织制订工程调度运行方案、技术改造方案及养护修理计划；<br>5. 组织或参与工程验收工作，指导防洪抢险技术工作；<br>6. 组织开展有关工程管理的科技开发和成果的推广应用，指导职工技术培训、考核及科技档案管理工作；<br>7. 组织并参与工程设施事故的调查处理，提出有关技术报告 |
| 安全生产管理岗 | 1. 遵守国家有关安全生产方面的法律、法规和相关技术标准；<br>2. 负责本单位及所属工程的生产安全管理与监督工作；<br>3. 承办安全生产教育工作；<br>4. 参与制订、落实安全管理制度及技术措施；<br>5. 参与安全事故的调查处理及监督整改工作 |
| 工程技术管理岗 | 1. 贯彻执行国家有关法律、法规和相关技术标准；<br>2. 负责工程技术管理，掌握泵站安全运行状况，及时处理主要技术问题；<br>3. 组织编制并落实泵站工程发展规划、年度控制运用计划、经济运行方案、防汛抗旱预案和安全技术措施；<br>4. 负责工程养护修理质量监管并参与有关验收工作；<br>5. 负责工程续建配套、节能、节水等技术改造立项申报的相关工作；<br>6. 开展有关工程管理的科技开发和新技术的推广应用；<br>7. 负责技术资料的收集与整理 |
| 泵站运行负责岗 | 1. 贯彻执行国家有关法律、法规和相关技术标准与有关规章制度、安全操作规程；<br>2. 执行调度指令，组织实施泵站安全运行作业；<br>3. 负责指导、检查、监督泵站运行作业，保证各类设备和水工建筑物安全运行，发现问题及时组织处理，重大问题及时上报；<br>4. 负责泵站运行工作原始记录的检查、复核 |
| 主机组及辅助设备运行岗 | 1. 遵守有关规章制度及安全操作规程；<br>2. 严格按指令进行机组运行作业；<br>3. 承担主机组、辅助设备的运行监测、检查、巡视及日常养护工作，及时处理常见运行故障并报告；<br>4. 填报、整理运行值班记录 |
| 电气设备运行岗 | 1. 遵守有关规章制度及安全操作规程；<br>2. 承担各种电气设备的运行操作；<br>3. 承担电气设备及其线路的运行监测、检查、巡视及日常养护，发现问题及时处理并报告；<br>4. 填报、整理运行值班记录 |
| 闸门、启闭机及拦污清污设备运行岗 | 1. 遵守有关规章制度及安全操作规程；<br>2. 承担闸门、拍门、启闭机、拦污栅、清污机等设备的操作和安全运行；<br>3. 巡查设备的运行情况，发现隐患或故障及时处理并报告；<br>4. 填报、整理运行值班记录 |
| 监控系统运行岗 | 1. 遵守有关规章制度及安全操作规程；<br>2. 承担中控室设备及监控系统安全操作；<br>3. 巡查设备运行情况，发现故障及时处理并报告；<br>4. 填报、整理运行值班记录 |

| 岗位名称 | 岗位职责 |
|---|---|
| 通信设备运行岗 | 1. 遵守有关规章制度及安全操作规程；<br>2. 负责泵站通信设备系统安全运行；<br>3. 巡查设备运行情况,及时处理常见故障并报告；<br>4. 填报、整理运行值班记录 |
| 检修维护岗 | 1. 遵守规章制度和相关技术标准；<br>2. 制订泵站维修养护计划；<br>3. 协助完成泵站养护、岁修、大修 |
| 档案管理岗 | 1. 遵守国家有关文秘、档案方面的法律、法规及上级主管部门的有关规定；<br>2. 承担公文起草、文件流转等文秘工作；<br>3. 承担档案管理工作；<br>4. 承担收集信息、宣传报道,协助办理有关行政事务管理等具体工作 |

自动化信息化程度高的、采用集约化管理的泵站,可减少人员配备,但应满足工程安全运行要求。

管理单位应明确单位负责人和技术负责人。上岗人员应具有与岗位工作相适应的专业知识和业务技能;关键岗位实行持证上岗。

运行负责人(值班长)应严格执行上级下达的调度指令,负责当班期间安全运行工作,检查运行人员(值班员)对安全和运行规定的执行情况。

运行人员负责职责范围内的巡视检查、设备操作、值班记录工作,当班期间应做好防火、防盗等各项安全保卫工作。

### 9.8.6 管理制度

管理单位应根据工程实际情况和要求,建立健全各项管理制度,编制制度手册。

管理制度主要包括:工程检查、运行维护、检修检测、安全管理、档案管理及工程大事记等方面的制度。

各项制度应内容完整、要求明确,具有针对性和可操作性。

运行管理图表、操作流程及相关制度应醒目地悬挂在工作场所。

### 9.8.7 教育培训

管理单位应制订职工年度培训教育计划,并纳入年终考核。教育培训内容应包括法律法规、规程规范、安全生产、岗位技能等。

职工每年应进行不少于一次的安全生产培训。

新进人员、转岗人员、离岗半年以上重新上岗者,应进行安全生产培训教育,经考核合格后上岗。

职工培训证书(证明)应及时收集、整理、归类、存档。

### 9.8.8 岗位工作标准

#### 9.8.8.1 干部职工考核共性评价标准

干部职工考核共性指标包括政治素质、职业道德、工作作风、廉洁自律、出勤情况等方面。

政治素质:深入学习贯彻习近平新时代中国特色社会主义思想,严守党的政治纪律和政治规矩,增强"四个意识",坚定"四个自信",做到"两个维护",自觉在思想上政治上行动上同党中央保持高度一致。

职业道德:严格执行管理处各项制度规定和工作要求,维护集体利益和荣誉,服从并执行组织决定和工作安排,爱岗敬业,诚实守信,办事公道,服务群众,奉献社会。

工作作风:勤奋努力,积极进取,任劳任怨;勤于思考,善于学习,勇于创新,较好地完成本职工作和领导交办的任务;团结同志,顾全大局,集体观念强,团结协作开展工作。

廉洁自律:遵纪守法,自觉接受监督、抵制歪风邪气;坚决执行中央八项规定精神,公道正派、实事求是,自觉反对"四风",始终保持清正廉洁。

出勤情况:严格遵守考勤制度和请销假制度。

管理单位应明确岗位工作标准,以职工的岗位职责和所承担的工作任务为依据,及时了解职工"德、能、勤、绩、廉"日常表现,重点考核工作实绩,考核可分为平时考核、年度考核等,考核结果可以分为优秀、合格、基本合格和不合格等档次。

1) 好的标准

(1) 政治素质高,个人品德、职业道德、社会公德好;

(2) 圆满完成各项目标任务,工作实绩突出;

(3) 事业心、责任心、大局观强,工作作风优良;

(4) 清正廉洁,自觉遵守党纪国法和单位各项规章制度,无迟到、早退和旷工现象。

2) 较好的标准

(1) 政治素质高,个人品德、职业道德、社会公德好;

(2) 工作实绩较明显,质量较好,效率较高;

(3) 事业心、责任心、大局观较强,工作作风较好;

(4) 清正廉洁,自觉遵守党纪国法和单位各项规章制度,无故迟到、早退不超过 3 次/季度且无旷工现象。

3) 一般的标准

(1) 政治素质较高,个人品德、职业道德、社会公德较好;

(2) 能基本完成本职工作,但完成的数量不足,质量和效率不高;

(3) 事业心、责任心、大局观不强,工作作风存在明显不足;

(4) 遵守党纪国法和单位各项规章制度方面存在不足,无故迟到、早退不超过 6 次/季度或者旷工不超过 3 天/季度。

4) 较差的标准

(1) 政治素质一般或较差,个人品德、职业道德、社会公德方面存在不足;

(2) 不能完成工作任务,或在工作中因严重失误、失职造成重大损失或不良影响;

(3) 事业心、责任心缺失,无大局观,工作作风差;

(4) 存在不廉洁问题;

(5) 不服从单位和所在部门管理;

(6) 经核实参与赌博;

(7) 对安全生产事故有直接责任;

(8) 存在违法违纪违规行为的;

(9) 无故迟到、早退超过 6 次/季度或者累计旷工超过 3 天/季度。

### 9.8.8.2 岗位个性工作标准

工程管理单位要根据工作实际和岗位职责分工对各岗位人员提出具体的工作标准和要求。

岗位工作标准主要包括所长工作标准、副所长工作标准、技术管理岗位工作标准、泵站运行工班长工作标准、泵站运行工工作标准等。

泵站岗位工作标准参考示例如下。

1）所长工作标准

（1）做好工程运行管理工作，随时掌握工程运行情况，每周不定期对工程管理情况抽查不少于2次。

（2）建立健全管理制度和考核机制，单位管理制度完善、工作分工明确、奖惩措施到位。

（3）及时准确地传达上级有关会议精神，检查各岗位工作完成情况及规章制度执行情况。

（4）认真组织开展工程汛前、汛后检查及日常巡查工作，组织做好工程检查观测工作，制订完善的防洪预案及反事故预案，加强预案的演练。

（5）结合工程实际情况，组织制订切实可行的设备养护和维修计划，按上级批复意见组织实施，并按要求进行管理和验收。

（6）建立安全生产责任制，抓好职工安全教育培训，定期进行安全生产检查，组织建立安全生产档案，防止发生人为安全事故。

（7）注重科技创新，积极开展技术革新、科学研究，重视管理机制和内部管理体制创新，不断提高工程管理水平。

（8）组织做好安全保卫、环境管理、精神文明创建等工作。

（9）服从安排，保质、保量、按时完成上级交办的临时性工作。

2）副所长工作标准

（1）执行工程调度指令，及时组织完成操作任务。

（2）负责制定完善各项规章制度，并检查执行情况。

（3）负责做好工程汛前、汛后检查，检查日常巡查工作情况，组织开展工程检查观测工作。

（4）负责制定单位考核办法、评分标准，并协助所长具体抓好绩效考核工作。

（5）根据设备运行情况，提出工程维修意见，组织工程的维护、检修、抢修工作，制定相关工程预案。

（6）审核维修养护项目的预算、实施计划，并组织实施，协助组织做好验收和财务结算。

（7）根据单位实际情况，合理制订年度职工培训计划，并认真组织执行，确保培训信息反馈及时，档案资料齐全。

（8）制订技术革新科学研究计划，参与推进管理机制和内部管理体制创新。

（9）协助所长做好安全生产、环境管理、精神文明创建等工作。

（10）服从安排，保质、保量、按时完成所长交办的临时性工作。

3）技术管理岗工作标准

（1）按工程实际制定日常养护及维修工程项目初步计划、实施方案，编制开工报告及预算等，报至所领导审核后上报上级主管部门审批。

（2）按相关规定严格对设施设备养护维修工程的质量和实施情况进行检查和监督。

（3）协助所领导做好汛前、汛后及日常工程巡查检查工作，认真开展工程观测工作。

（4）及时编报检查报告、维修养护资料、各项报表等。

（5）做好工程技术资料的收集整理和档案保管工作。

（6）协助所领导制订技术革新、科学研究计划，参与推进管理机制和内部管理体制创新。

(7) 个人办公用品摆放整齐有序,办公环境整洁。

(8) 注重业务学习,服从安排,保质、保量、按时完成所领导交办的临时性工作。

4) 泵站运行工班长工作标准

(1) 检查本班人员完成设备日常维护保养和清洁工作情况。

(2) 接受所领导下达的操作指令,并组织实施。

(3) 不定时巡查工作现场,检查本班组规章制度执行情况,检查审阅各种记录填写情况以掌握设备运行情况。

(4) 组织进行设备检修保养,协助做好电气设备预防性试验;监督本班组检修保养过程中安全管理规程执行情况;协助组织突发设备事故抢险工作。

(5) 协助所领导按时做好月度、季度的绩效考核工作。

(6) 协助所领导开展职工业务培训工作。

(7) 个人办公用品摆放整齐有序,办公环境整洁。

(8) 服从安排,保质、保量、按时完成所领导交办的临时性工作。

5) 泵站运行工工作标准

(1) 严格按照操作规程和技术规程执行各项操作任务,正确完成上级主管部门下达的指令并及时上报。

(2) 按照专业管理规定,定期对设备设施进行检查、清洁、维护。

(3) 对所辖设施设备进行维修,达到管理标准要求;积极参加突发设备事故抢险。

(4) 按规定及时填写运行、检查、维护相关记录,以便技术人员汇总、整理。

(5) 注重学习业务知识,积极参加业务培训、"每月一试"和"每年一考"等。

(6) 值班室的办公用品摆放整齐,维护公共场所环境整洁。

(7) 服从安排,保质、保量、按时完成所领导交办的临时性工作。

# 9.9 制度管理

## 9.9.1 管理细则

(1) 制定完善的工程管理细则,并报批。

(2) 确保细则切合工程实际,针对性、可操作性强。

(3) 工程管理条件发生变化时,及时修订。

## 9.9.2 规章制度

(1) 建立健全各项规章制度,主要包括:控制运用、调度管理、运行操作、值班管理、检查观测、维修养护、设备管理、安全生产、水政管理、环境管理、档案管理、岗位管理、教育培训、考核管理、资金管理等。

(2) 确保制度内容和深度满足工程管理需要,可操作性强。

(3) 制度以正式文件印发,汇编成册。

(4) 管理条件发生变化时,及时修订完善。

### 9.9.3 执行措施

(1) 编制管理细则、规章制度学习培训计划。

(2) 主要制度在合适场所明示。

(3) 开展制度执行情况检查、监督、评估和总结,保证执行效果显著。

(4) 确保台账资料齐全。

### 9.9.4 泵站制度汇编

第一章　泵站管理制度

    第一节　所务会议制度

    第二节　汛期工作制度

    第三节　请示报告制度

    第四节　工作总结制度

    第五节　工程大事记制度

    第六节　非运行值班制度

    第七节　工程单位参观制度

    第八节　经营管理制度

    第九节　学习、培训、考勤、奖惩制度

    第十节　物资管理制度

    第十一节　环境卫生制度

第二章　运行管理制度

    第一节　工程运用调度管理制度

    第二节　运行期请假与临时外出制度

    第三节　运行值班制度

    第四节　运行现场管理制度

    第五节　巡视检查制度

    第六节　运行交接班制度

    第七节　操作票制度

    第八节　计算机监控系统管理制度

    第九节　直流装置管理制度

    第十节　事故应急处理制度

第三章　设备管理与检修制度

    第一节　设备检修制度

    第二节　设备检修质量验收制度

    第三节　设备缺陷管理制度

    第四节　工程监控系统维修制度

    第五节　检修现场管理制度

第六节　工作票制度

第四章　安全管理制度

第一节　安全工作制度

第二节　检修安全制度

第三节　危险品管理制度

第四节　事故处理制度

第五节　事故调查与报告制度

第六节　安全器具管理制度

第七节　消防器材管理制度

第八节　特种设备安全制度

第九节　学习、演练制度

第十节　防火安全制度

第十一节　安全保卫制度

第十二节　安全技术教育与考核制度

第五章　工程检查与观测制度

第一节　工程检查制度

第二节　工程观测制度

第六章　技术档案管理制度

第一节　技术资料存档制度

第二节　技术档案管理制度

第三节　技术档案查阅制度

第七章　工程管理规程、办法

第一节　泵站技术管理办法

第二节　泵站运行规程

第三节　抽水站安全工作规程

第四节　泵站主机组检修规程

第五节　安全生产管理办法

第六节　维修养护项目管理办法

第七节　泵站设备等级评定管理办法

第八节　工程技术档案管理办法

## 9.10　标准管理

### 9.10.1　管理标准

#### 9.10.1.1　设备标准管理

(1) 所有机电设备都应进行编号,并将序号固定在设备的明显位置。应在旋转机械上示出旋转方向。

(2)长期停用和大修后的设备投入正式作业前,应进行试运行。

(3)机电设备的操作应按规定的操作程序进行。

(4)机电设备运行过程中应监听设备的声音及振动,并注意是否出现其他异常情况。

(5)对运行设备应定期巡视检查。

(6)机电设备运行过程中发生故障,应查明原因及时处理。

(7)水闸管理单位应根据设备的使用情况和技术状态,编报年度检修计划。

(8)对运行中发生的设备缺陷应及时处理。应适时对易磨易损部件进行清洗检查、维护修理、更换调试等。

(9)每台机电设备应有下述内容的技术档案:

①设备登记卡;

②安装竣工后所移交的全部文件;

③检修后移交的文件;

④设备工程大事记;

⑤相关试验记录;

⑥相关油处理及加油记录;

⑦日常部件检查及设备管路等维护记录;

⑧设备运行事故及异常运行记录。

### 9.10.1.2　建筑物标准管理

(1)泵站管理单位应制定泵站建筑物管理制度,对管理范围内的建筑物进行管理。

(2)泵站建筑物应按设计标准运行。超标准运行时,应进行技术论证并制定预案,增加观测次数。运行结束后应及时进行检查。若发现安全隐患,应进行安全鉴定,并根据鉴定结果采取相应措施。

(3)建筑物周边不应兴建危及泵站安全的其他工程,或进行其他施工作业,以及堆放危及泵站安全的超重物料。

(4)针对泵站建筑物应有防汛、抢险等措施。应对严寒地区的泵站建筑物采取有效的防冻和防冰措施。

(5)除做好泵站建筑物正常维护外,应根据运行情况进行必要的岁修和大修。

### 9.10.1.3　工作场所标准管理

工作场所标准管理相关要求见表9.10-1~表9.10-12。

表9.10-1　通用管理标准

| 序号 | 部位/内容 | 要求 |
|---|---|---|
| 1 | 屋顶及墙面 | 各房屋建筑屋顶及墙体无渗漏、无裂缝、无破损;外表干净整洁、无蛛网、积尘及污渍 |
| 2 | 地面 | 地面平整,地面砖等无破损、无裂缝及油污等 |
| 3 | 门窗 | 门窗完好、开关灵活,玻璃洁净完好,符合采光及通风要求 |
| 4 | 照明 | 照明灯具安装牢固、布置合理,照度适中,开关室及巡视检查重点部位应无阴暗区,各类开关、插座面板齐全、清洁,使用可靠 |
| 5 | 防雷接地 | 防雷接地装置无破损、无锈蚀、连接可靠 |
| 6 | 落水管 | 无破损、无阻塞、固定可靠 |

表 9.10-2　控制室管理标准

| 序号 | 部位/内容 | 要求 |
|---|---|---|
| 1 | 清洁度 | 控制室无与运行无关的杂物,设备设施完好、清洁 |
| 2 | 座椅 | 座椅靠近控制台一侧定点摆放,排列整齐 |
| 3 | 制度规程 | 墙面设有值班管理制度及操作规程 |
| 4 | 台面物品 | 控制台面划定区域定点摆放鼠标、监视屏、打印机、电话机、对讲机及文件架,禁止摆放其他无关物品(如烟灰缸等) |
| 5 | 台内物品 | 控制台内物品分为电气设备及资料。电气设备包括工控机、不间断电源,禁止摆放无关物品(如烟灰缸等)。电源插座应保持完好、清洁,布线整齐合理、通风良好;临时资料以及办公用品包括各种记录空白表、签字笔、打印纸等,应摆放整齐,已填写的记录表存放不超过1周 |
| 6 | 资料 | 控制室应有电气运行记录、值班记录、闸门操作运行记录等资料 |
| 7 | 运行用具 | 控制室内应配备以下设施:钥匙箱、常用工具等 |
| 8 | 监视设备 | 置于墙面、悬挂于屋顶的监视电视机等应保持完好、清洁 |
| 9 | 空调、窗帘 | 室内窗帘保持洁净,安装可靠;空调设施完好 |

表 9.10-3　高低压开关室管理标准

| 序号 | 部位/内容 | 要求 |
|---|---|---|
| 1 | 绝缘垫 | 高、低压开关室开关柜前后作业区域均须设置绝缘垫,绝缘垫应无破损,符合相应的绝缘等级,颜色统一、铺设平直 |
| 2 | 照明及面板 | 开关室须设足够亮度的日常照明及应急照明,并处于完好状态。照明灯具安装牢固、布置合理、照度适中,开关室及巡视检查重点部位无阴暗区,各类开关、插座面板齐全、清洁、使用可靠 |
| 3 | 室内电缆沟 | 室内电缆沟完好、无渗水、无杂物,钢盖板无积尘、无锈迹、无破损,铺设平整、严密 |
| 4 | 制度规程 | 在室内墙面应设有电气操作规程及主接线路示意图 |
| 5 | 支架、桥架 | 室内电缆支架、桥架应无锈蚀,桥架连接牢固可靠,盖板及跨接线齐全,电缆排列整齐、绑扎牢固、标记齐全 |
| 6 | 接地测试点 | 试验接地点设置合理,涂色规范明显 |
| 7 | 消防及通风 | 室内灭火器定点摆放,定期检查,保持清洁 |

表 9.10-4　发电机房管理标准

| 序号 | 部位/内容 | 要求 |
|---|---|---|
| 1 | 清洁度 | 室内保持清洁、卫生、空气清新,与发电机无关的物品不得堆放在机房内,室内无漏油漏水现象 |
| 2 | 油料箱 | 各种可燃物品应储存在规定的地点,油量应符合要求,保持满足发电机带负荷运行8 h的用油量 |
| 3 | 制度规程 | 柴油发电机操作规程应上墙明示,内容清晰、无破损 |
| 4 | 绝缘垫 | 电气操作箱前应铺设绝缘垫 |
| 5 | 灭火器材 | 室内合理配备灭火器及沙箱等灭火器材 |
| 6 | 安全标识 | 应有"禁止烟火"和"小心触电"的标志 |

表 9.10-5　值班室管理标准

| 序号 | 部位/内容 | 要求 |
|------|----------|------|
| 1 | 清洁度 | 室内保持清洁、卫生、空气清新,无杂物,隔音良好 |
| 2 | 上墙制度 | 墙面上设有值班管理制度 |
| 3 | 台面物品 | 桌面电话机、对讲机、记录资料等应定点摆放,无其他杂物(如烟灰缸、烟头等) |
| 4 | 座椅 | 座椅摆放整齐,设衣柜摆放衣物,禁止随意放于桌面、椅背等处 |
| 5 | 空调、窗帘 | 室内窗帘保持洁净,安装可靠;空调设施完好 |

表 9.10-6　办公室管理标准

| 序号 | 部位/内容 | 要求 |
|------|----------|------|
| 1 | 清洁度 | 室内保持整洁、卫生、空气清新,无与办公无关的物品 |
| 2 | 上墙制度 | 墙面设有相关制度 |
| 3 | 办公桌、椅 | 办公桌、椅固定摆放,桌面桌内物品摆放整齐 |
| 4 | 书柜和资料柜 | 书柜及资料柜排列、摆放整齐,清洁无破损 |
| 5 | 空调、窗帘 | 室内窗帘保持洁净,安装可靠;空调设施完好 |

表 9.10-7　档案室管理标准

| 序号 | 部位/内容 | 要求 |
|------|----------|------|
| 1 | 清洁度 | 室内保持整洁、卫生、空气清新,不得存放无关物品 |
| 2 | 上墙制度 | 档案室墙面设有相关制度展示 |
| 3 | 档案柜及档案 | 档案柜及档案排列规范、摆放整齐、标识明晰 |
| 4 | 阅览桌、椅 | 桌、椅及桌面、桌内物品摆放整齐 |
| 5 | 照明 | 照明灯具及亮度符合档案室要求 |
| 6 | 空调、窗帘 | 室内窗帘保持洁净,安装可靠;空调设施完好 |
| 7 | 必备物品 | 温湿度计、碎纸机、除湿机配备齐全、完好 |

表 9.10-8　会议室管理标准

| 序号 | 部位/内容 | 要求 |
|------|----------|------|
| 1 | 清洁度 | 室内保持整洁、卫生、空气清新,不得存放无关物品 |
| 2 | 会议桌、椅 | 会议桌定点摆放,座椅及其他物品摆放整齐 |
| 3 | 投影设施 | 投影设施完好、清洁,能正常使用 |
| 4 | 空调、窗帘 | 室内窗帘保持洁净,安装可靠;空调设施完好 |
| 5 | 插座 | 各类插座完好,能正常使用 |

表 9.10-9　会计室管理标准

| 序号 | 部位/内容 | 要求 |
|---|---|---|
| 1 | 清洁度 | 室内保持整洁、卫生、空气清新,不得存放无关物品 |
| 2 | 上墙制度 | 墙面上设有相关制度 |
| 3 | 办公桌、椅 | 办公桌、椅固定摆放,桌面桌内物品摆放整齐 |
| 4 | 保险柜 | 按要求设置保险柜,确保其性能完好 |
| 5 | 防盗窗及报警装置 | 按照要求安装防盗窗及报警装置,确保其防护可靠、动作灵敏 |

表 9.10-10　仓库管理标准

| 序号 | 部位/内容 | 要求 |
|---|---|---|
| 1 | 清洁度 | 仓库应保持整洁、空气流通、无蜘蛛网,物品摆放整齐 |
| 2 | 上墙制度 | 指定专人管理仓库,管理制度在醒目位置上墙明示,清晰完好 |
| 3 | 货架 | 货架排列整齐有序,无破损,强度符合要求,编号齐全 |
| 4 | 物品分类 | 物品分类详细合理,有条件的利用电脑进行管理 |
| 5 | 物品摆放 | 物品按照分类划定区域摆放整齐合理、便于存取,有通风、防潮或特殊保护要求的应有相应措施 |
| 6 | 物品登记 | 物品存取时应进行登记管理,详细记录 |
| 7 | 危险品 | 危险品应单独存放,防范措施齐全,定期检查 |
| 8 | 其他 | 照明、灭火器材等设施齐全、完好 |

表 9.10-11　食堂管理标准

| 序号 | 部位/内容 | 要求 |
|---|---|---|
| 1 | 清洁度 | 食堂应随时保持整洁卫生,无积垢,地面无积水 |
| 2 | 炊具及排油烟设施 | 炊具保持清洁,应定期清理油污,排油烟设施能正常使用 |
| 3 | 液化气罐 | 专人管理液化气罐,不使用时及时关闭,防火、防爆、防中毒等安全措施到位 |
| 4 | 餐具消毒柜 | 食堂应配备消毒柜,确保餐具卫生 |
| 5 | 食品架 | 食品原料应在食品架上整齐摆放,保持清洁 |
| 6 | 安全用电 | 电器设备应有防潮装置,不超负荷使用,绝缘良好 |

表 9.10-12　卫生间管理标准

| 序号 | 部位/内容 | 要求 |
|---|---|---|
| 1 | 清洁度 | 随时保持清洁、空气清新、无蜘蛛网及其他杂物,地面无积水 |
| 2 | 洁具 | 洁具清洁,无破损、结垢及堵塞现象,冲水顺畅 |
| 3 | 挡板 | 挡板完好,安装牢固,标志齐全 |
| 4 | 清洁用具 | 拖把、抹布等清洁用具应定点整齐摆放,保持洁净 |

#### 9.10.1.4　标识及标志牌设置标准

标识及标志牌设置标准主要包括涂色、设备编号、方向指示、通用标志、电气警示标志、河道安全标志、警戒区外围框条标志、标志牌制作、上墙制度图表格式等标准。

### 9.10.1.5 环境绿化管理标准

1. 卫生管理标准

(1) 人人养成讲卫生的习惯,不随地吐痰,机房内严禁吸烟,不乱丢瓜皮、果壳、烟头、杂物等,保持室内外场所环境卫生。

(2) 加强包干区的绿化管理工作,不准在泵站管理区域内种植蔬菜等,保护绿化,美化环境。

(3) 每周至少清扫2遍。清扫人员同时负责地面明沟的清扫、冲洗以及清除绿地上的果皮、纸屑等垃圾,并负责清倒路边垃圾箱。

(4) 值班人员应将当班的垃圾装入垃圾袋内,并投入到指定的垃圾场所。

(5) 对易于滋生、聚集蚊蝇的垃圾桶、垃圾箱、厕所等,应当采取有效的防治措施,预防和消灭蚊蝇。

(6) 车辆要在指定区域停放,并排列整齐。

(7) 冬季雪停后,要及时清理包干区积雪。

2. 绿化管理标准

工程管理范围内宜绿化面积中绿化覆盖率应达95%以上。树木、花草种植合理,宜植防护林的地段要形成生物防护体系。堤坡草皮整齐,无高秆杂草。

(1) 不准随便砍伐、挖掘、搬移树木。

(2) 不准在树上钉钉子、拉铁丝、拉绳或直接在树上晒衣服。

(3) 不准在绿地上堆放物品、停放车辆和进行体育活动,更不准践踏草坪。

(4) 不准采摘花朵、果实,剪折枝叶。

(5) 不准向草坪、花坛和水池等绿化场地抛扔果皮、纸屑、吐痰、泼倒污水。

(6) 不准在草坪上、廊亭内、园林桌凳上吃饭、饮酒。

(7) 不准进入花坛及养护期间的封闭绿地。

(8) 不准污损园中绿化小品及建筑设施。

(9) 严禁其他有损管理区绿化、美化的行为。

外来施工单位在施工期间,应保护好树木、公共绿地及环境卫生设施等。严禁在生产区擅自修建工棚,堆放物料,倾倒垃圾及污水。施工中应采取有效措施,防止灰尘飞扬、污水溢流。

3. 站区、站房管理标准

(1) 站区的景点建设和整体规划,要与工程整体建设规划相协调,景点建设应突出当地历史、人文景观与治水特色。

(2) 站区建筑雅致,特色鲜明,整洁美观,无乱贴乱画。通道美观平整,无破损、坑洼和积水等。

(3) 站区绿化采用草地、花卉和林木间作,多彩搭配,错落有序,整齐美观。花卉和林木留枝均匀,疏密有序。草坪生长繁茂、平整,高度不大于10 cm,覆盖率100%。

(4) 站区内保持无杂草,无杂藤攀缘树木,无污物、垃圾等。

(5) 各种物品要放到指定位置,不得随意摆放、堆积,保持楼梯、走廊无废物,无污迹。站区内的厂房、厂房的固定物及其他设施应保持良好的卫生状况,并定期进行维护,防止垃圾堆积。

(6) 站区的排水沟应保持通畅,不得有淤泥、杂物蓄积,清扫人员应经常清理,并将杂物妥善处理。

(7) 公用卫生间必须每天清洁1次,清洁范围包括天花板、墙面、地板、门窗、便斗以及洗手池等,有污迹的地方可选用清洁剂进行清洁,直至无任何污迹为止。

(8) 站房的内外墙壁应保持清洁及其本色,禁止乱涂乱画。厂房内的灯具、灯罩、配管等外表应保持整洁,并定期进行清洁。

(9) 站房的地面应保持干净,无烟头,无油污,无纸屑,无杂物,出现脏乱时应及时进行清理。

(10) 办公室内卫生主要由办公人员自行负责。办公桌椅、办公用品必须摆放整齐,每天清洁 1 次。天花板、墙壁每月清洁 1 次,门窗每周清洁 1 次,地面每天清扫、拖洗 1 次。

(11) 泵站管理区域内应保证无露土地面,如有露土地方,必须及时种植地毯草或树木。厂区草、树应根据生长情况不定期进行必要的修剪,草地上插上"严禁踩踏"的字牌。

4. 美化管理标准

(1) 泵站管理所应委托有资质的规划设计单位,对本单位进行环境艺术设计规划。

(2) 根据环境艺术设计规划,制订年度实施计划。

(3) 逐步落实年度实施计划。

## 9.10.2 流程管理

### 9.10.2.1 控制运行流程

1. 工程运行调度流程

为更好地遵守泵站工程控制运行相关技术管理规定,明确工程调度运行工作流程,规范管理行为,严格执行工程运行各调度指令,确保工程安全运行,发挥防洪排涝及调水引流综合效益,需确定工程运行调度流程。

工程运行调度流程主要根据上级防汛调度指令确定调度运行方案,传达给相关工程单位,相关工程单位在接到运行指令后,及时组织执行,按照操作规程和相关管理要求,完成开关机操作,并密切关注水位、流量变化。调度指令执行过程中,要做好记录,并及时将执行情况反馈给处防办。

在泵站运行调度过程中,调度运行人员应做好下列记录:闸门启闭记录、值班记录、调度指令执行记录等。

2. 泵站运行操作流程

为指导管理处各节制闸启闭操作,规范运行操作行为,更好地执行操作规程,确保工程控制运用管理规范、有序,需规定闸门运行操作流程。包括:

(1) 管理人员操作电气设备时应穿上合格的绝缘鞋及绝缘手套。

(2) 操作时先合上闸刀开关,然后启动电动机,启动后当电流表指针开始下降及电动机声音接近正常时才能投入正式运行。

(3) 运行中应经常检查、监视电动机电压、电流、运行声音、温升和轴承温度,如发现不正常情况应停机检查。

(4) 注意水泵运转声音和轴承温度是否正常,出水量或出水管水压力是否正常,如发现不正常情况要停机检查。注意掌握内外水位的变化情况,清除进水口中的漂浮物。

(5) 检查、监视变压器声音是否正常,表面温度是否过高,油面有无异常变化和渗漏现象。如发现不正常情况也应及时处理。

(6) 停机时先按起动器的"停止"按钮,再断开空气开关,最后拉下闸刀开关。

### 9.10.2.2 防汛管理流程

为促进泵站防汛工作的有序开展,规范工作行为,明确工作流程和要求,提高工作水平,确保管理处水闸工程安全度汛和充分发挥效益,管理处特编制防汛工作流程。

1. 汛前准备工作流程

（1）每年汛前成立防汛组织，制订完善各项汛期工作制度、制订汛期工作计划；落实各项防汛责任制度；安排好防汛值班（人员、值班地点等）。

（2）汛前进行定期检查，全面完成设备保养工作。

（3）根据工情、水情、雨情变化情况，每年汛前完成本工程防洪预案的修订工作并报泵站有关部门，对可能发生的险情，拟定应急抢险方案。

（4）检查和补充机电设备备品备件、防汛抢险器材和物资。

（5）检查通信照明、备用电源、起重、运输设备等。

（6）清除管理范围内上下游河道的行洪障碍物，保证水流畅通。

（7）实施维修工程、度汛应急工程等。

（8）做好工程引水运行管理。

（9）开展工程观测。

2. 汛期工作流程

（1）防汛期间实行防汛值班制度。严格交接班制度，认真做好值班记录。

（2）加强汛期岗位责任制的执行，各项工作要定岗落实到人。

（3）密切注意水情，及时掌握水文、气象预报，准确及时地执行上级主管部门的指令。

（4）严格执行请示汇报制度，按上级主管部门的要求和规定执行。

（5）严格执行请假制度，汛期管理处、各管理所负责人未经上级领导批准不得离开工作岗位。

（6）进一步加强工程的检查观测，随时掌握工程状况，发现问题及时处理；遇有险情应立即组织力量抢险。

（7）泵站开启后，应加强对工程和水流情况的巡视检查，行洪时应有专人昼夜值班；泄洪后，应对工程进行检查，发现问题及时上报并进行处理。

（8）对影响安全运行的险情，应及时组织抢修，并向上级主管部门汇报。

3. 汛后工作流程

（1）开展汛后定期检查，做好设备保养工作。

（2）检查机电设备备品备件、防汛抢险器材和物资消耗情况，编制物资补充计划。

（3）根据汛后检查发现的问题，编制下一年度工程维修养护计划。

（4）按批准的维修水毁项目计划，按期完成工程施工。

（5）及时进行防汛工作总结，上报管理处工管科。

（6）开展工程观测。

（7）做好工程引水或配合抽水站送水运行管理。

4. 汛前、汛后应按泵站制定的定期检查流程进行自查

### 9.10.2.3 检查观测流程

1. 经常性检查流程

为指导和规范泵站工程经常性检查工作，及时掌握工程建筑物完整性与设备的技术状况，发现工程问题或隐患，以便采取必要的应对措施，保证工程安全运行，充分发挥工程的综合效益，故须规范经常性检查流程。

各泵站管理所应根据工程管理规程和具体的工程管理技术细则，确定检查内容与频次。经常性检查汛期由值班人员负责，非汛期由技术人员专人负责。

2. 定期检查流程

为了指导和规范泵站工程定期检查工作,以便全面地掌握工程建筑物完整性与设备的技术状况,评估度汛能力或汛期运行后工程状况,为制订维修养护计划提供依据,须编制定期检查流程。

各泵站管理所在汛前和汛后需要按照开展定期检查的有关要求,成立检查工作小组,分解工作任务、明确工作要求、落实工作责任,并加强检查考核;各单位应根据定期检查的内容和要求对本所工程进行全面检查,并根据检查情况制订维修养护工作计划;检查后,技术人员填写定期检查表,对汛前、汛后检查工作进行总结,并上报泵站管理部门审核、汇总、归档。

3. 特别检查流程

为指导和规范泵站工程在遭受特大洪水、风暴潮、强烈地震和发生重大工程事故时开展特别检查工作,以便较全面地掌握和评估工程建筑物完整性与设备的技术状况,为实施应急抢险和制订维修养护计划提供依据,特编制特别检查流程。

特别检查流程适用于泵站工程的特别检查,各泵站管理所按照开展特别检查的有关要求,成立检查工作小组,分解工作任务,明确工作要求,落实工作职责;各单位应参照定期检查的内容和要求对本所工程进行全面检查。

4. 工程观测流程

为指导工程观测工作规范有效地开展,以掌握所辖工程的状态和运用情况,及时发现工程隐患,防止事故的发生,充分发挥工程效益,延长工程使用寿命,并为工程维护与保养和改、扩建提供必要的资料,需编制工程观测流程。其适用于管理处所辖泵站工程的观测工作,泵站管理部门负责各项测量工作的业务指导,组织资料的整编和成果汇总。管理所负责所辖工程测量和观测设施的保护、资料的整理、成果分析;工程观测应明确专人负责,观测人员要加强业务学习,熟悉工程状况,掌握观测知识和操作技能;加强对观测设施的检查维护,保持观测设施完好,并做好对观测仪器的保管和维护。

### 9.10.2.4　维修养护流程

1. 设备维护流程

为规范管理处(所)机电设备的维护工作,保持设备完好,运行安全可靠,管理处(所)需编制设备维护流程,适用于管理处(所)水闸机电设备的维护,各工程管理单位应加强对所管工程机电设备的检查工作,根据发现的问题编制维修养护计划,报上级批准后组织实施;一旦发现机电设备有故障,应组织技术人员到现场排查,运用本单位的技术力量排除故障,若本所排除故障有困难,应上报处(所)职能科室或处(所)领导,研究处理措施和对策。

(1) 每年应结合汛前汛后检查集中开展设备维护工作,对平时发现的问题根据轻重缓急的顺序进行处理。

(2) 为保证汛前、汛后集中维护工作有效开展,工程单位应成立专门工作机构,负责维护工作的组织和实施。

(3) 每年汛前对电气设备进行 1 次试验和集中检修,对启闭机进行维护,对钢丝绳螺杆进行清洁、加油。平时,要加强对机电设备的维护,保持其完好、清洁,能正常运行。

(4) 维护项目实施应严格遵守泵站维修养护项目管理和财务管理的相关规定,履行管理程序和报批手续,加强质量、资金和安全管理。

(5) 设备维修、养护结束后,要将相关技术资料进行整理、归档,填写设备管理卡,应将存在的设备缺陷填入设备缺陷登记卡。

2. 维修项目实施流程

为了规范维修工程实施工作程序和步骤,明确工作职责和要求,强化过程控制和项目管理,确保维修工程按规定的要求实施,管理处(所)需编制维修项目实施流程,维修项目实施流程适用于管理处泵站维修工程项目管理。各泵站管理所根据经常检查、定期检查和特别检查等情况编制工程维修计划和预算,泵站管理部门负责审核、汇总后报上级有关部门,泵站根据上级有关部门下达的维修项目,进行项目分解,转发至相关单位实施,各单位根据项目管理和财务管理的相关要求组织实施,履行报批手续,并接受管理处工管科、财务科的督查指导。工程维修项目所在工程管理单位为项目管理责任单位,枢纽工程项目由管理处(所)指定项目管理单位管理。项目管理单位主要负责人为项目第一责任人,按工程维修养护管理办法全面负责项目实施的质量、安全、经费、工期、资料档案管理。

(1) 泵站的维修养护费用主要用于水工建筑物、机组、泵站、机电设备、附属设施、自动控制设施、自备发电机组的维修养护。物料动力消耗,白蚁防治,以及检测鉴定、勘测设计、质量监督检查和监理等,必须实行专款专用。

(2) 工程维修应按相关的规程规范实施和质量控制检验,实施过程应按要求进行记录,留下文字和影像资料。

(3) 工程维修经费实行报账制,管理处财务科负责项目的报账工作,按财务制度和工程维修养护管理办法进行支付。

(4) 工程单位应根据项目内容经费等制订实施计划,按管理处项目管理和财务管理规定选择采购、承包方式,经管理处审批后方可实施,其中 50 万元以上的项目还须报省水利厅职能部门审批。

(5) 工程开工前应向泵站管理部门提交开工报告,经领导批准方可开工。

(6) 各工程管理单位应成立专门的项目管理机构,对项目实施的进度、质量、安全、经费及资料档案进行管理,并填写项目管理卡。

(7) 工程竣工验收前应报管理处进行项目资料档案验收和财务决算审核,合格后方可进行工程竣工验收。凡项目经费超过 30 万元的项目,由管理处进行初步验收,由省水利厅进行竣工验收。

(8) 每月 28 日前,实施单位应将工程维修项目进展和经费完成情况上报泵站管理部门,汇总后上报上级有关部门。项目实施完成后,应认真总结,开展绩效自评工作,绩效考核的结果将作为下一年度安排经费的重要依据。

3. 养护项目实施流程

为了规范养护工程实施工作程序和步骤,明确工作职责和要求,强化过程控制和项目管理,确保养护工作按规定的要求实施,管理处特编制养护项目实施流程,养护项目实施流程适用于管理处(所)水闸养护工程项目管理。

各泵站管理所根据经常检查、定期检查和特别检查等情况编制工程养护计划和预算,管理处工管科负责审核、汇总后报上级有关部门,泵站把上级部门下达的养护项目,转发至相关单位实施,各单位根据项目管理和财务管理的相关要求组织实施,履行报批手续,并接受管理处工管科、管理处财务科的督查指导。

工程养护项目所在工程管理单位为项目管理责任单位,枢纽工程项目由管理处指定项目管理单位。项目管理单位主要负责人为项目第一责任人,按工程维修养护管理办法全面负责项目实施的质量、安全、经费、工期、资料档案管理。

(1) 养护经费由上级管理部门按管理定额下达。

(2) 工程养护计划按季度编制,各工程管理单位应按照相应考核办法的内容要求编制季度养护项目计划及预算,在每季度第三个月的 15 日将下一季度的养护计划、预算报管理处工管科初审、汇总,再由管理处分管主任审批后下达。

(3) 养护项目由管理所根据工程设备状况和养护要求编制养护项目及经费预算,经管理处工管科及管理处分管领导审批后,向管理处工管科报单项养护实施方案和预算,在开工前向泵站管理部门报开工申请,待批准后方可开工。

(4)由管理所成立专门管理小组,对养护项目的进度、质量、安全、经费及档案资料进行管理,按工程填写"工程养护管理卡",记载养护日志。按单项建立养护台账,填写质量检查表格,并留下影像资料。

(5)每季度的工程养护项目一般应在当季度完成,并进行完成情况总结和项目资料的整理。

(6)对养护项目实行分项报账制,各项首次支付应提交单项养护实施计划、预算、开工申请审批单。最后结账应提交养护情况表、费用明细表和单项工程养护竣工验收卡。养护项目经费使用按预算控制,管理所养护经费不得超支。单项预算费用在 1 万元以上的按工作维修管理程序进行管理。

(7)养护项目验收实行单项验收,每个单项完成后即由管理所、管理处工管科及相关部门进行验收。年度养护项目经费完成后,由管理处财务科进行养护内部审计,由管理处工管科进行养护资料验收后,最后由管理处进行年度养护项目验收。

### 9.10.2.5 安全管理流程

**1. 安全检查流程**

为加强管理处安全生产管理,落实安全生产措施,及时发现和消除安全隐患,避免发生安全生产责任事故,需编制安全检查流程,安全检查流程适用于对各泵站管理所的工程设施、消防、保卫、车辆、食堂、除险加固及施工工地的安全检查工作,各泵站管理所要建立健全安全生产组织机构,落实安全检查责任和要求,根据管理处安委会统一要求,组织开展汛前、汛后安全检查、重大节庆活动的检查以及专项安全检查等。工作要求:

(1)安全生产日常检查应每月开展 1 次,对检查中发现的不安全因素应及时解决。

(2)重大节假日及安全生产月期间要求各工程管理所组织开展安全生产大检查活动,重点检查工程安全运行、防火防盗、交通卫生等,确保职工过一个安定祥和的节日。

(3)在夏季及冬季应做好专项检查工作,夏季重点检查防汛工作、食堂卫生及防暑降温工作开展情况,易燃易爆物品的管理等;冬季重点做好防火防盗、防冻防凌及冰雪天气交通安全管理情况等。

(4)施工期间要加强安全管理,明确施工负责人的安全职责,在施工现场设安全员,做好对施工作业环境、设备、工具、安保措施及操作者身体状况的逐一检查。

(5)工程运行期间应重点加强工程设施的检查、"两票三制"执行情况的检查及值班管理制度执行情况的检查等。

**2. 突发事件应急处理流程**

为了落实各类突发事件的应急预案,指导及时有效地处置各类突发事件,特编制突发事件应急处理流程。突发事件应急处理流程适用于在泵站管理所所辖范围内发生的各种安全事故,包括设备事故、防汛事故、消防安全事故、灾害性天气及破坏性地震等应急处理。各工程管理单位要成立突发事件处理组织机构,建立应急抢险队伍,并加强单位、部门间的协作,有效处置各类突发事件。

(1)要求所领导及时了解工程存在的问题,熟练掌握反事故处置办法及特大事故应急处理方法,当好现场指挥员;要求技术人员掌握工程状况,对常见的故障能了解相应的处理对策;要求每一名职工了解工程存在的问题,听从现场指挥,有针对性地采取反事故应急处置措施。

(2)建立健全工作制度,如事故预防制度、事故报告制度、事故处理制度、特大事故处理制度等,并组织全体职工认真学习,提高反事故规范化的意识。

(3)事故发生后,值班人员应立即向所长报告,所长立即向职能部门汇报。如遇重大人身伤亡、设备事故,还应迅速向管理处分管领导汇报,并于 24 h 内书面报告管理处职能部门。

（4）值班人员处理事故时，必须沉着、冷静，措施正确、迅速。要注意保护现场，将已损坏的设备隔离。清理事故现场时，要经事故调查组同意方可进行。对可能涉及追究事故责任人刑事责任的事故，清理现场还应征得司法机关的同意。凡是不参加处理事故的人员，禁止进入事故现场。

（5）应急事故处理见各管理所防洪预案、反事故预案等。

#### 9.10.2.6　调度管理流程

为更好地遵守泵站工程控制制度，运用相关技术、管理规定，明确工程调度运行中工作流程的要求，规范工程管理行为，严格执行工程管理各项调度指令，确保工程安全运行，发挥抗旱、排涝及调水等综合效益，管理处特编制工程调度管理流程。工程调度管理流程主要适用于管理处范围内泵站工程的调度运用及相关配套节制闸的调度运用。处防办根据省防指的调度指令确定调度运行方案，传达给相关工程单位执行，相关工程单位在接到运行指令后，及时组织执行，按照操作规程和相关管理要求，完成变电所、泵站以及配套节制闸的投运、停运等操作，并密切关注工程设施、水位、流量等变化。调度指令执行过程中，要做好记录，并及时将执行情况反馈给处防办，调度人员应做好调度记录，做好泵站机组开停机记录、值班记录、调度指令执行。

1. 指令执行流程

指令执行流程如图 9.10-1 所示。

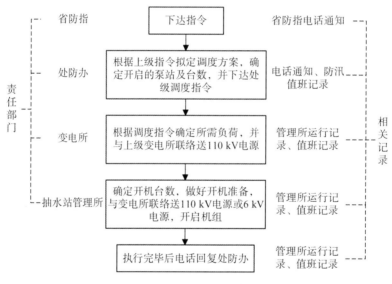

图 9.10-1　指令执行流程图

2. 调度管理流程

处防办根据省防指的调度指令，将任务分解到泵站工程管理所，各管理所根据指令要求，及时启动机组投入运行或调整开机台数，并将指令执行情况报处防办备案。

（1）处防办及调水工程的控制运行只接受省防指的调度指令，不接受其他任何部门或个人意见。

（2）紧急情况下，处领导直接向管理所下达指令后，相关记录、手续要补办。

（3）机电设备运行过程按照《泵站技术管理规程》(GB/T 30948)中相关操作规程操作。

3. 调度管理要求

（1）运行过程中，应密切注视水情变化，根据水泵装置特征曲线，调节机组的运行状态。

（2）若水泵发生汽蚀和振动，应按改善水泵装置汽蚀性能和降低振幅的要求进行调整。

（3）投运机组台数少于装机台数的泵站,运行期间宜轮换开机。

（4）泵站设备在运行过程中应加强巡视,密切观察并摘录运行的主要参数,发现异常及时排除,并报上级主管部门。

（5）当接到引水指令时,根据需水要求和水源情况,有计划地进行引水。应密切关注外河水位涨落趋势,防止出现工程超标准运行以及超量引水或水量倒流。

（6）各管理所每年底对工程运用情况进行统计,报管理处工管科汇总。

4. 泵站工程调度管理内容

（1）泵站与其他相关工程的联合运行调度。

（2）泵站运行与供排水计划的调配。

（3）合理安排泵站机组开机台数、顺序及其运行工况调节(包括主水泵的变角度调节)。

（4）在满足供排水计划的前提下,通过站内机组运行调度和工况调节,改善进、出水流态,减少水力冲刷和水头损失。

5. 调度管理流程

调度管理流程如图 9.10-2 所示。

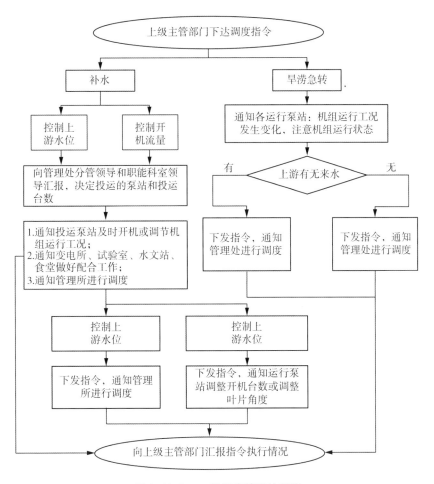

图 9.10-2　工程调度管理流程图

# 9.11　考核管理

## 9.11.1　单位效能考核

为全面推进泵站精细化管理工作,科学评价精细化管理水平,促进水利工程管理在规范化基础上提档升级,故对泵站提出考核管理的要求。对泵站工程管理单位的考核主要分为汛前检查、日常检查及年度考核,一般由上级主管部门组织。

### 9.11.1.1　考核内容

1. 汛前准备考核

(1) 汛前准备工作的组织、责任落实及总体开展情况。

(2) 规章制度建立修订情况以及执行情况。

(3) 各类工程图表标志标牌设置及明示情况。

(4) 检查观测、电气试验、养护维修、工程评级等各类资料的收集、分类、整理、归档情况。

(5) 建筑物及引河、主机泵、高低压电气设备、辅机设备、监控及网络通信系统等工程设施状况。

(6) 防汛应急及汛前影响、度汛项目的进度及完成情况;维修养护项目管理情况。

(7) 安全隐患排查及处理情况,预案编制修订及演练情况。

(8) 防汛抢险组织网络情况,防汛抢险物资落实、保管情况。

(9) 安全生产责任制组织网络及安全措施落实情况;安全工器具管理及定期试验情况;消防设施配备、调试、年检及维保情况;安全防护设施及警示信号、标志牌设置情况。

(10) 工程观测设施、防汛仓库和管理范围内场地、道路及设备区等环境卫生情况。

2. 工程管理日常考核

(1) 调度指令执行情况;操作过程管理、值班管理情况。

(2) 工程检查按规定开展情况,包括记录台账、成果上报、问题整改等。

(3) 设备现状以及维修养护、缺陷管理等情况。

(4) 设备编号、转动方向、涂色、警示牌等标志标牌管理。

(5) 维修养护项目实施方案、采购程序、过程管理、审计与验收、项目管理资料等。

(6) 工程观测开展、资料整编情况等。

(7) 技术档案收集、整理、归档、保管等情况。

(8) 安全生产组织网络、规章制度、安全标志牌、风险识别、隐患排查治理、事故处理等。

(9) 水法律法规宣传学习、水政巡查、涉水项目管理、水事案件处理等。

(10) 工作场所环境卫生、绿化维护等。

(11) 工作任务分解、岗位责任落实、考核开展情况等。

3. 单位年度综合考核

(1) 单位年度综合考核主要根据管理单位职能和年度重点工作任务按履职情况、党建工作、满意度评价等分类考核、综合评价,分出相应的考核等次。

(2) 履职情况主要考核工程管理、调度运行、防汛抗旱、安全生产、基本建设、河湖管理、水资源管理、水政管理、科技创新与信息化、预算绩效管理、水文工作、水文化建设等方面。

（3）党建工作主要考核政治建设、思想建设、组织建设、作风建设、党风廉政建设、精神文明建设和群团工作等。

（4）满意度评价主要包括：上级主管部门负责人对单位效能提升、作风改进、廉政勤政等方面的评价；相关单位之间的互评；职工代表、党风廉政监督员的评价等。

（5）具体考核内容和考核标准可结合实际情况制定。

4．工程管理考核

国家级水管单位依据水利部《水利工程管理考核办法》开展考核工作，省级水管单位依据省级考核制度开展考核工作。

#### 9.11.1.2　考核方式

（1）汛前准备专项考核重点考核汛前检查工作组织、设备设施状况、应急措施、检查观测与设备评级、档案资料、制度建设等情况，一般在每年 4 月底前进行。

（2）工程管理日常考核重点考核平时工作开展情况，主要考核运行管理、设备管理、标识管理、工程检查、工程维修养护、工程观测、工程技术档案、安全生产、水政管理、环境管理、岗位考核管理等方面工作，应根据不同阶段工作特点明确考核侧重点，一般按月或季度进行考核。

（3）单位年度综合考核重点考核单位年度综合性工作，主要包括履职情况、党建工作和满意度评价等方面，作为年度评优的主要依据，一般在年底进行，平时考核结果作为年度综合考核的重要参考。

（4）工程管理年度考核按照水利部、省工程管理考核办法及标准的要求，从组织管理、安全管理、运行管理、经济管理等四个方面开展年度自检、考核工作，并报上级主管部门，一般在年底进行。

#### 9.11.1.3　考核主要流程

考核流程一般为听取汇报、查看现场、查阅资料、部门质询、讨论评议、考核赋分、确定等次、通报结果等。

（1）听取汇报。详细听取管理单位情况存在的问题和自评分、汇报。

（2）查看现场。对照考核标准内容，分别对水闸土建工程机电设备、岗位责任制、仓库物资、水政管理、环境卫生、档案资料等进行实地察看，查找不足或问题。

（3）查阅资料。资料包括年度维修工程资料、日常管理资料、工程运行资料、各类学习记录、仓库台账等。

（4）部门质询。召集水闸管理单位的主要领导、有关技术人员和运管人员，对考核过程中发现的问题、存在的疑问等进行质疑。

（5）讨论评议。考核组成员将查看现场、查阅资料及部门质询等过程中发现的有关问题提交考核组进行讨论评议，分析讨论管理单位管理状况，汇总整改建议。

（6）考核赋分。根据讨论意见，对照考核标准逐项独自赋分，统计汇总赋分。

（7）确定等次。

（8）通报结果。

## 9.11.2　精细化管理考核标准

泵站精细化管理考核评价内容以某省精细化管理考核为例，主要包括管理任务、管理标准、管理流程、管理制度、内部考核、管理成效等方面，水利工程精细化管理按照分级管理原则进行评价验收，市（县）所属管理单位精细化管理工作由区市水行政主管部门组织评价验收,并接受省水利厅检查监督;省水利厅直属管理单位精细化管理工作由省水利厅或其委托单位组织考核评价验收。

某省泵站精细化管理考核实行 1 000 分制,其中:管理任务评价 150 分,管理标准评价 120 分,管理流程评价 180 分,管理制度评价 100 分,内部考核评价 100 分,管理成效评价 350 分。管理单位和各级水行政主管部门依据评价标准进行赋分。泵站工程总分达到 850 分,且其中各大类得分率不低于 80% 时,可通过验收。

### 9.11.2.1　管理任务(150分)

1. 任务清单(80分)

评价内容及要求:

(1) 制订切实可行的年度工作目标计划。

(2) 编制工作任务清单,内容包括:控制运用、检查观测、维修养护、安全生产、制度建设、档案管理、应急管理、管理与配套设施管理、水政管理以及汛前汛后检查、智慧运维等重点工作。

(3) 按阶段分解细化工作任务,内容齐全、切合实际。

(4) 工程和管理要求发生变化时及时修订工作任务。

赋分原则:

未制订年度工作目标计划或工作任务清单,此项不得分。

(1) 年度工作目标计划不具体、不切实可行,扣 5～20 分。

(2) 工作任务清单内容未涵盖工程管理主要内容,每缺 1 项扣 5 分。

(3) 未按年、月、周等时间段进行任务分解,每项扣 2 分。任务清单制定未针对本单位工程特性,操作性不强,每项扣 2 分。

(4) 工程和管理要求发生变化时,未对清单任务进行及时修订,每项扣 5 分。

2. 任务落实(70分)

评价内容及要求:

(1) 岗位设置合理,工作职责明确。

(2) 人员配备数量和能力满足管理要求。

(3) 工作任务清单确定的工作内容落实到相应的工作岗位和人员。

赋分原则:

(1) 岗位设置不合理或工作职责不明确,每项扣 1～5 分。

(2) 人员配置数量不足,每低 10% 扣 3 分;人员技术能力、技能水平不满足岗位要求,每 1 人扣 5 分;关键岗位人员配备不足,每少 1 人扣 5 分。

(3) 工作任务未落实到相应的工作岗位和人员,每项扣 5 分;工作任务执行不到位,每 1 人扣 1～5 分。

### 9.11.2.2　管理标准(120分)

1. 工程设施(70分)

评价内容及要求:

(1) 制订管理标准和要求,包括:水工建筑物、机电设备、管理及配套设施、信息化及智能化设备设施管理等。

(2) 管理标准内容全面、具体、准确,可操作性强。

(3) 管理标准汇编成册,及时修订。

(4) 组织学习管理标准。

赋分原则:

未制订工程设施管理标准和要求,此项不得分。

(1) 标准和要求不齐全,每缺 1 项扣 5 分;内容不具体、不准确或操作性不强,每项扣 2～5 分。

(2) 未汇编成册,扣 5 分;未及时修订,每项扣 3 分。

(3) 未按要求开展学习培训,每项扣 2～3 分;学习培训台账不规范,每项扣 1～2 分。

2．资料图纸(20 分)

评价内容及要求:

(1) 技术图表齐全,上墙明示。

(2) 技术资料内容完整,格式统一,填写规范。

(3) 档案资料及时收集、整理、归档,档案管理符合规定。

赋分原则:

(1) 技术图表不齐全,未按规定内容、格式上墙明示,每缺 1 项扣 2 分;明示位置不合理,每项扣 1 分。

(2) 技术资料内容不完整,每项扣 2 分;格式不统一或填写不规范,每项扣 1～2 分。

(3) 档案资料收集、整理、归档不符合档案资料管理规定,每项扣 1～2 分;档案存管设施不完善,扣 2～5 分。

3．标识标牌(30 分)

评价内容及要求:

(1) 设置必要的标识标牌,包括:水工建筑物、机电设备、管理及配套设施、管理范围等。

(2) 标识标牌符合有关规定和管理要求,规格和安装位置规范统一。

(3) 设置和检查维护台账齐全。

赋分原则:

(1) 标识标牌种类不齐全,每项扣 3 分。

(2) 标识标牌内容不准确、规格不统一、制作不规范,每处扣 2 分;设置位置不合理,每处扣 1 分。

(3) 标识标牌维护不到位、不醒目,每处扣 1 分;无设置统计台账或检查维护资料,扣 5 分;资料不齐全,扣 1～3 分。

#### 9.11.2.3　管理流程(180 分)

1．工作流程图(60 分)

评价内容及要求:

(1) 编制主要工作流程图,内容包括:控制运用、检查观测、维修养护、安全生产、档案管理、环境管理、水政管理、信息化智能化建设与管理等。

(2) 工作流程图结合实际,内容完整准确。

(3) 流程图汇编成册。

赋分原则:

未编制主要工作流程图,此项不得分。

(1) 工作流程图不齐全,每缺 1 项扣 3 分。

(2) 工作流程图针对性、操作性不强,每项扣 1～2 分;内容不完整、不准确,每项扣 2～3 分。

(3) 流程图未汇编成册,扣 5 分。

2．作业指导书(60 分)

评价内容及要求:

（1）以单座工程为单位编制作业指导书，主要包括：控制运用、工程检查及设备评级、工程观测、维修养护、信息化智能化建设与管理等专项工作。

（2）作业指导书包括工作任务、标准、方法、步骤、注意事项以及资料格式等内容，结合实际，内容完整、准确。

（3）作业条件发生变化时及时修订。

赋分原则：

未编制作业指导书，此项不得分。

（1）作业指导书未全部涵盖重点专项工作，每缺1项扣5分。

（2）作业指导书内容不完整、不准确，每项扣2～3分；针对性、操作性不强，每项扣1～2分。

（3）作业条件发生变化时，指导书未及时修订，每项扣2分。

3. 流程执行（60分）

评价内容及要求：

（1）工作流程图应在相关场所明示。

（2）操作人员应熟练掌握并严格执行。

（3）检查跟踪工作动态，形成过程台账资料。

（4）结合信息化系统建设，在工程监控和应用系统中固化流程管理要求。

赋分原则：

（1）重要工作流程图未明示，每项扣2分；明示位置不合理，每项扣1分。

（2）操作人员不熟悉流程和作业指导书，扣2～5分；现场操作未严格执行，每项扣2～4分。

（3）对流程执行过程未做检查跟踪，每项扣4分；作业过程管理相关台账资料未建立，每项扣2分；不完整或不规范，每项扣1～2分。

（4）未将精细化管理相关要求结合到工程监控系统中，扣5分；未结合到工程管理业务应用系统中，扣5～10分。

#### 9.11.2.4 管理制度（100分）

1. 管理细则（30分）

评价内容及要求：

（1）制订完善的工程管理细则，并报批。

（2）细则切合工程实际，针对性、可操作性强。

（3）工程管理条件发生变化及时修订。

赋分原则：

未制订工程管理细则，此项不得分。

（1）细则制订或修订未按规定报批，扣5分。

（2）管理细则内容不全面、不完整，或者针对性、操作性不强，扣2～5分；内容不准确，每处扣1分。

（3）工程条件和管理要求发生变化，对管理细则未及时修订完善，扣5分。

2. 规章制度（40分）

评价内容及要求：

（1）建立健全各项规章制度，主要包括：控制运用、调度管理、运行操作、值班管理、检查观测、维修养护、设备管理、安全生产、水政管理、环境管理、档案管理、岗位管理、教育培训、考核管理、资金管理等。

（2）制度内容和深度满足工程管理需要，可操作性强。

(3) 制度以正式文件印发,汇编成册。

(4) 管理条件发生变化时,及时修订完善。

赋分原则:

(1) 规章制度不健全,每缺 1 项扣 3 分。

(2) 制度内容不完整、不具体、不准确或者缺乏针对性、可操作性,每项扣 1～2 分。

(3) 规章制度未以正式文件印发,每项扣 1 分;未汇编成册,扣 5 分。

(4) 管理条件发生变化,规章制度未及时修订,每项扣 2 分。

**3. 执行措施**(30 分)

评价内容及要求:

(1) 编制管理细则、规章制度学习培训计划。

(2) 主要制度在合适场所明示。

(3) 开展制度执行情况检查、监督、评估和总结,执行效果显著。

(4) 制度执行台账资料齐全。

赋分原则:

因制度执行不力造成严重后果,此项不得分。

(1) 未组织管理细则宣贯或宣贯不力,扣 2～5 分;未组织规章制度学习培训,每项扣 1 分。无学习培训计划、记录,扣 3 分;计划、记录不完整,扣 1～2 分。

(2) 关键岗位制度未明示,每项扣 2 分;明示位置不恰当,每项扣 1 分。

(3) 未开展制度执行情况检查、监督与效果评估、总结,每项扣 2 分;制度执行不严、有违规现象,每次扣 1～3 分。

(4) 未建立制度执行情况检查、监督与效果评估、总结等相关台账,每项扣 2 分;台账不完整、不规范,每项扣 1～2 分。

#### 9.11.2.5　内部考核(100 分)

**1. 效能考核**(80 分)

评价内容及要求:

(1) 建立单位工作目标管理和个人绩效考核机制,制订考核办法和标准。

(2) 岗位工作标准和考核要求具体明确。

(3) 考评机制常态化,专项考核与全面考核、日常考核与年度考核、单位考核与个人考核相结合。

(4) 考核台账资料齐全。

赋分原则:

(1) 未建立单位工作效能考核、个人绩效考核、工程管理专项考核等制度,每项扣 10 分。

(2) 岗位工作标准和考核要求不具体、不明确、可操作性不强,每项扣 2～5 分。

(3) 考核机制不完善、方式不合理,每项扣 2～5 分;考核制度执行不到位或效果差,每项扣 2～5 分。

(4) 未建立考核台账资料,每项扣 5 分;台账资料不齐全、不规范,每项扣 1～2 分。

**2. 激励措施**(20 分)

评价内容及要求:

(1) 建立绩效考核奖惩激励机制,考核结果与评奖评优、收入分配及岗位聘用、职务晋升相挂钩。

(2) 奖惩激励措施落实到位,实施效果好。

赋分原则:

未建立奖惩激励措施,此项不得分。

（1）奖惩激励机制不完善、方式不合理,每项扣2～5分。

（2）考核奖惩激励措施落实不到位或效果差,每项扣2～5分。

### 9.11.2.6　管理成效（350分）

1. 工程状况（100分）

评价内容及要求:

（1）工程设施完好,外观整洁,安全可靠。

（2）机电设备、金属结构、监控设备、特种设备及消防设施、信息化智能化设备设施等完好,外观整洁;表面涂层保护完好;涂色完好清晰。

（3）管理及配套设施齐全、完好,使用正常。工程环境绿化整洁优美,物业管理到位。

赋分原则:

工程有重大安全隐患,达不到安全运行要求,此项不得分。

（1）建筑物、河道、大坝、附属设施有一般缺陷,每处扣1～2分;存在安全隐患,每处扣2～5分;外观不整洁,每处扣1～2分;水面有漂浮物,扣1～3分。

（2）机电设备、金属结构、监控设备、特种设备、消防设施等有一般缺陷,每处扣1～2分;存在安全隐患,每处扣2～5分;外观不整洁,每处扣1～2分;表面涂层保护缺损,每处扣1分;涂色不清晰或不正确,每处扣1分。

（3）管理及配套设施有缺陷、使用不正常,每处扣1～2分;保洁、安保等物业管理不到位,每处扣2～5分;工程管理范围内环境不整洁,水土保持、绿化养护不到位,每处扣1～2分。

2. 控制运用（30分）

评价内容及要求:

（1）按批准的控制运用方案、计划和上级调度指令进行控制运用。

（2）操作符合技术规定,运行值班管理规范。

（3）各项操作记录资料完整。

（4）工程安全运行,效益充分发挥。

赋分原则:

（1）未制订工程控制运用计划或调度方案,扣10分,制订不合理或操作性不强,扣2～5分;未按控制运用计划或上级指令组织实施,每项扣5分。

（2）操作运行不符合技术规定,每次扣2～3分;值班管理不规范,每次扣1～2分;

（3）相关记录资料不完整、不规范、不准确,每项扣1～2分。

（4）控制运用自动化程度不高,扣2～5分;效益发挥达不到预定要求,扣2～5分。

3. 工程检查（30分）

评价内容及要求:

（1）工程检查内容齐全,符合要求。

（2）电气试验项目齐全,试验周期和结果符合规范要求。

（3）检查和试验记录准确,填写规范,报告完整。

赋分原则:

（1）工程检查内容不全、频次不符合要求,每项扣2～5分。

（2）电气试验项目、周期和试验结果不符合要求,每项扣2～5分。

(3) 检查试验记录不规范、不准确每处扣 1～2 分;负责人未及时核实相关问题,每处扣 1 分;报告不完整,扣 2～5 分。

4. 工程观测(20 分)

评价内容及要求:

(1) 编制工程观测任务书。

(2) 观测项目、测次、方法和精度符合要求。

(3) 观测成果及时整编分析并汇编成册。

(4) 根据观测成果,及时提出有利于工程调度运行、技术管理、维修养护的合理化建议。

赋分原则:

未开展工程观测,此项不得分。

(1) 未编制工程观测任务书,扣 5 分;任务书未报上级主管部门批准,扣 5 分。

(2) 观测项目、频次、方法和精度不满足要求,每项扣 2 分;发生地震、超警戒水位以上或异常情况时未加测,每次扣 3 分。

(3) 观测记录不完整、成果不准确、资料不规范,每处扣 2 分;未进行观测成果整编分析,每项扣 3 分;未汇编成册,扣 3 分。

(4) 对观测发现的异常或问题,未结合工程技术管理、调度运行、维修养护提出有效的处理建议,每项扣 2～5 分。

5. 维修养护(30 分)

评价内容及要求:

(1) 及时编制维修养护计划并报批。

(2) 按批准项目组织实施,及时进行维修养护、运行调试。

(3) 维修养护项目管理符合规定,加强项目实施过程控制,规范经费使用,及时组织验收。

(4) 维修养护及项目管理资料齐全,维修养护项目管理卡填写规范。

赋分原则:

(1) 未编制、上报维修计划和实施方案,每项扣 3 分;

(2) 未按批复方案实施或未履行变更手续,每项扣 2 分;工程维修养护或设备运行调试不及时、不规范、质量不合格,每项扣 1～3 分。

(3) 维修养护项目管理不规范,项目实施过程控制不严格,每项扣 1～3 分;资金使用不规范,每项扣 2～5 分;有擅自挪用、违规行为,每项扣 5～10 分;未及时组织验收,每项扣 1～3 分。

(4) 维修养护记录不齐全、填写不准确,每项扣 1～2 分;项目管理资料不齐全、项目管理卡填写不规范,每项扣 1～3 分。

6. 评级与鉴定(20 分)

评价内容及要求:

(1) 按规定时间和程序开展工程评级、安全鉴定、注册登记。

(2) 落实存在问题和隐患处理措施。

(3) 台账资料齐全。

赋分原则:

工程安全鉴定为三类及以下,此项不得分。

(1) 未按规定及时开展工程评级、安全鉴定、注册登记等工作,每项扣 5 分;工作程序或成果不符合要求,每项扣 2～5 分;注册登记变更不及时,扣 3 分。

(2) 对存在问题和重要隐患未落实处理措施或编制预案,每项扣 1～3 分。

(3) 工程评级总结、安全鉴定报告及相关台账资料不符合要求,每项扣 1～3 分。

7. 水行政管理(40 分)

评价内容及要求:

(1) 按规定完成管理范围划界确权并设置界桩。

(2) 加强水法规宣传和水行政安全巡查,发现水事违法行为及时制止并查处、上报。

(3) 依法对管理范围内批准的涉河建设项目进行监督管理。

赋分原则:

未完成管理范围划界或近 3 年来有新增违法占用,此项不得分。

(1) 不动产权证领证率每低 10% 扣 3 分;界桩每少 1 处扣 2 分。

(2) 未开展水法规宣传、培训扣 5 分;水行政安全巡查频次不足扣 5 分;未及时制止水事违法行为,每起扣 5 分;未及时上报的,每起扣 5 分;管理范围内有违章建筑,每起扣 10 分。

(3) 对涉河建设项目监督管理不力的,扣 10 分。

8. 安全生产(50 分)

评价内容及要求:

(1) 安全生产组织体系健全,逐级签订安全生产责任书。定期开展活动。

(2) 开展安全定期检查和专项检查,规范作业行为。

(3) 开展危险源辨识和隐患排查治理,及时处理安全隐患,制订应急预案并开展演练。

(4) 特种作业人员持证上岗,特种设备定期检验,安全措施可靠安全;

(5) 建立健全安全台账,工程及生产过程持续安全稳定。

赋分原则:

发生较大安全责任事故,此项不得分。

(1) 安全生产组织网络、责任体系不健全,扣 2～5 分;责任书中目标保证措施不具体,不明确,每项扣 2 分;未开展安全生产宣传培训和相关活动,每项扣 2 分。活动不及时或效果差,每项扣 1～2 分。

(2) 未按规定开展安全定期检查和专项检查或监管不力,每项扣 2 分。发现问题未整改到位,每项扣 1～2 分。

(3) 未及时开展隐患排查,每次扣 3 分;对安全隐患未及时整改或制订治理措施,每处扣 2 分;未制订应急预案,每项扣 3 分。预案未及时修订或未按规定报备,每项扣 1～2 分。预案内容不完整、不准确或操作性不强,每项扣 1～2 分。未开展预案演练,每项扣 2 分。

(4) 特种作业人员未持证上岗,每人扣 1 分;特种设备未按规定定期检验,每项扣 2 分;安全用具配备不齐全,每缺 1 项扣 2 分。未定期检验,每项扣 2 分。

(5) 安全生产台账资料不齐全,扣 2～5 分。

9. 持续改进(30 分)

评价内容及要求:

(1) 结合工作实际和条件变化,总结精细化管理经验和不足,落实改进措施。

(2) 持续深入推进精细化管理,逐步向工程管理相关工作拓展延伸。

赋分原则:

(1) 未开展精细化管理经验总结,扣 10 分;对存在的问题未整改或整改效果差,每项扣 3～5 分。

(2) 精细化管理工作无持续深化,改进方案和措施,扣 3～5 分;没有将精细化管理的理念方法向其他相关工作拓展延伸或效果不好,扣 2～5 分。

### 9.11.3 标准化管理考核标准

水利部泵站精细化管理考核实行 1 000 分制,标准化评价分 6 类 26 项,每个单项扣分后最低得分为 0 分。根据标准化评价内容及要求采用千分制考核,总分达到 920 分(含)以上,且组织管理、安全管理、工程管理、运行维护管理、信息化管理、经济管理 6 个类别评价得分均不低于该类别总分 85% 的为合格。

#### 9.11.3.1 组织管理(130 分)

1. 管理体制和运行机制(30 分)

评价内容及要求:

根据泵站职能和批复的泵站管理体制改革方案或机构编制调整(或设置)意见,健全组织机构,落实人员编制,合理设置岗位和配置人员。结合当地和泵站实际,确保泵站管理体制真正改革到位,推行事企分开、管养分离和政府购买服务等多种形式,建立职能清晰、权责明确的泵站管理体制。

赋分原则:

(1) 管理体制改革不到位、事企不分,扣 6 分。

(2) 管理机构和人员不明确,扣 6 分。

(3) 岗位职责不清晰,扣 6 分。

(4) 运行管护机制不健全,扣 6 分。

(5) 未实现管养分离和政府购买服务,扣 6 分。

注:管养分离包括内部实行管养分离。

2. 制度建设及执行(35 分)

评价内容及要求:

建立健全泵站管理制度并编印成册,落实岗位责任主体和管理人员工作职责,做到责任落实到位,制度执行有力。

赋分原则:

(1) 泵站组织、安全、运行、信息化、经济等管理制度不健全,每缺 1 类制度扣 2 分;制度未编印成册,扣 4 分;最高扣 10 分。

(2) 岗位责任主体和管理人员工作职责不清晰,扣 5 分。

(3) 责任落实和制度执行的检查、考核等工作无计划,扣 10 分;计划不合理,扣 2 分;未按计划执行,每少 1 次扣 2 分(以记录为准);最高扣 10 分。

(4) 责任落实和制度执行不到位,每发现 1 起扣 2 分(以检查、考核资料为准,或现场抽查发现),最高扣 10 分。

3. 人才队伍建设(35 分)

评价内容及要求:

加强人才队伍建设。优化泵站人员结构,创新人才激励机制;制订专业技术和职业技能培训计划并积极组织实施,确保泵站管理人员素质满足岗位需求。

赋分原则:

(1) 对人才队伍建设不重视,泵站人员结构不合理,扣 5 分。

（2）无人才激励制度或办法，扣 8 分；制度或办法落实不到位，每发现 1 起扣 2 分；最高扣 8 分。

（3）无专业技术和职业技能培训计划，扣 8 分；计划不合理，扣 3 分；未按计划组织开展培训，每少 1 次扣 2 分（以培训通知、记录为准）。本项最高扣 8 分。

（4）职工年培训率（实际培训人次/计划培训人次×100%）低于 90%，每低 1% 扣 1 分，最高扣 8 分。

（5）管理人员素质不满足岗位需求，扣 6 分。

4. 精神文明与宣传教育（30 分）

评价内容及要求：

重视党建工作、党风廉政建设、精神文明创建、水文化建设。加强相关法律法规、工程保护和安全的宣传教育。

赋分原则：

（1）基层党建、党风廉政建设工作不扎实，领导班子不团结，扣 8 分。

（2）未开展精神文明单位创建，扣 8 分；未获得县级及以上精神文明单位，扣 4 分。本项最高扣 8 分。

（3）未开展水文化建设，扣 6 分；水文化建设不符合地方和单位特色，成效不佳，扣 3 分。本项最高扣 6 分。

（4）国家及地方相关法律法规和工程保护、安全等知识宣传教育不到位，扣 8 分。

### 9.11.3.2　安全管理（190 分）

1. 安全生产管理（60 分）

评价内容及要求：

建立健全安全生产管理体系，落实安全生产责任制。制定防汛抢险、事故救援、重大工程事故处理等应急预案，物资器材储备和人员配备满足应急救援、防汛抢险要求；按要求开展事故应急救援、防汛抢险等培训和演练。1 年内无较大及以上生产安全事故。

赋分原则：

（1）安全生产管理体系不健全，安全生产责任制不明确，扣 10 分。

（2）防汛组织机构不明确，防汛责任不清晰，扣 10 分。

（3）工程实际需要的防汛抢险、事故救援、重大工程事故处理等应急预案不全，每缺 1 项扣 5 分；应急预案不符合工程实际，每发现 1 处扣 2 分。本项最高扣 12 分。

（4）物资器材储备和人员配备不满足应急救援、防汛抢险要求，扣 8 分。

（5）未开展事故应急救援、防汛抢险等培训和演练，扣 10 分。

（6）1 年内发生一般性安全事故，扣 10 分（以事故调查、责任认定或处罚的有关文件、材料为依据，按事故损失大小、次数或影响程度扣分）。

注：1 年内发生造成人员死亡或重伤 3 人以上或直接经济损失超过 100 万元的生产安全事故，此项不得分。

2. 工程管理范围及保护范围管理（40 分）

评价内容及要求：

工程管理范围按规定划界，明确工程保护范围及其保护要求，设置界桩、界碑和禁止事项告示牌、安全警示标志，依法依规对工程及管理范围、保护范围进行管理和巡查。

赋分原则：

（1）未按规定完成工程管理范围划界，扣 10 分。

（2）工程保护范围及其保护要求不明确，扣 8 分。

（3）未设置界桩、界碑和禁止事项告示牌、安全警示标志，扣 12 分；设置不全、不合理、不规范，扣 8 分；无界桩、界碑设置分布图或台账，扣 4 分。本项最高扣 12 分。

（4）未按规定对工程及管理范围、保护范围进行管理和巡查，每少 1 次扣 2 分（以日志、记录为准），最高扣 10 分。

3. 工程隐患排查和安全鉴定（50 分）

评价内容及要求：

建立健全工程安全检查、隐患排查和登记建档制度。建立事故报告和应急响应机制。开展危险源辨识和隐患排查治理，落实管控措施，建立台账。定期检查和落实防火、防爆、防暑等措施。按照《泵站安全鉴定规程》(SL 316—2015)的规定开展泵站安全鉴定，工程安全隐患消除前，应落实相应的安全保障措施。

赋分原则：

（1）工程安全检查、隐患排查和登记建档制度不健全，每缺 1 项扣 3 分；制度不符合实际扣 2 分。本项最高扣 10 分。

（2）事故报告和应急响应机制不健全，扣 8 分。

（3）未开展危险源辨识和隐患排查治理，扣 8 分（以有关文件为准）；未落实管控措施，扣 4 分；安全隐患台账记录不全，每缺 1 处扣 2 分。本项最高扣 8 分。

（4）未定期检查和落实防火、防爆、防暑等措施（以检查和落实记录为准），扣 6 分。

（5）未按《泵站安全鉴定规程》的规定开展泵站安全鉴定，扣 10 分；安全鉴定不符合《泵站安全鉴定规程》的要求，扣 8 分。本项最高扣 10 分。

（6）安全生产隐患治理责任人未落实，每发现 1 处扣 2 分；工程安全隐患消除前未落实相应的安全保障措施，每发现 1 处扣 2 分。本项最高扣 8 分。

4. 安全设施设备管理（40 分）

评价内容及要求：

开展工程安全设施设备（含消防器材）的日常巡查、定期检查并定期进行检修、试验和更换，确保其齐备、完好。劳动保护用品配备满足安全生产要求。特种设备、计量装置应按国家有关规定管理和检定。

赋分原则：

（1）工程安全设施设备不齐备、不完好，每发现 1 处（台套）扣 2 分，最高扣 12 分。

（2）未对安全设施设备进行日常巡查和定期检查，每少 1 次扣 2 分；未定期对安全设施设备进行检修、试验和更换，每发现 1 处（台套）扣 2 分。本项最高扣 10 分。

（3）劳动保护用品配备不满足安全生产要求，扣 10 分。

（4）特种设备、计量装置未按国家有关规定管理和检定，每发现 1 台套扣 2 分，最高扣 8 分。

### 9.11.3.3　工程管理（270 分）

1. 调度及控制运用管理（55 分）

评价内容及要求：

制订泵站运行调度及控制运用方案（包括与其他水利工程联合调度），涉及防汛抗旱工作的有关内容应按规定报批或报备。严格执行运行调度指令及控制运用方案，记录完整。实现泵站安全、高效、经济运行。

赋分原则：

（1）未制订泵站运行调度及控制运用方案，扣 20 分；方案内容不符合泵站实际或有关规程规范要求，每发现 1 处扣 2 分；方案中涉及防汛抗旱工作的有关内容未按规定报批或报备，扣 5 分。本项最高扣

20 分。

(2) 未严格执行运行调度指令及控制运用方案,每发现 1 次扣 3 分,最高扣 15 分。

(3) 运行调度指令及控制运用记录不完整、不规范,每发现 1 次扣 2 分,最高扣 10 分。

(4) 泵站运行中存在不安全、不高效、不经济现象,每发现 1 次扣 3 分,最高扣 10 分。

2. 设备管理(45 分)

评价内容及要求:

制定泵站设备管理工作手册,管理责任明晰且落实到位。所有设备建档挂牌,记录责任人、设备评定等级、评定日期等情况;设备标志、标牌齐全,检查保养全面,技术状态良好,无漏油、漏水、漏气等现象,表面清洁且无锈蚀、破损等。按《泵站技术管理规程》(GB/T 30948)的要求对各类设备进行检查和维护。

赋分原则:

(1) 未制定泵站设备管理工作手册或运行管理工作手册中无专门的设备管理章节,扣 5 分;设备管理责任不明晰或落实不到位,扣 4 分。

(2) 设备建档挂牌不齐全、不规范,每发现 1 台套扣 1 分,最高扣 8 分。

(3) 设备标志、标牌不齐全,检查保养不全面,技术状态差,存在漏油、漏水、漏气等现象,表面不清洁且存在锈蚀、破损等,每 1 台套扣 1 分,最高扣 18 分。

(4) 未按要求对各类设备进行检查和维护(以记录为准),每 1 台套扣 1 分,最高扣 10 分。

3. 建筑物管理(40 分)

评价内容及要求:

制定泵站建筑物管理工作手册,管理责任明晰且落实到位。建筑物应完整无损,表面整洁,检查保养全面,及时消除安全隐患。必要的建筑物观测设施齐全、规范。按建筑物设计标准运用,当确需超标准运用时,应经过技术论证并有应急预案。

赋分原则:

(1) 未制定泵站建筑物管理工作手册或运行管理工作手册中无专门的建筑物管理章节,扣 4 分;建筑物管理责任不明晰或落实不到位,扣 4 分。

(2) 建筑物不完整、存在损坏,表面不整洁,检查和维护保养不全面,每发现 1 处扣 2 分,最高扣 16 分。

(3) 必要的建筑物观测设施不齐全、不规范,每发现 1 处扣 2 分,最高扣 8 分。

(4) 建筑物超设计标准运用时,未经过技术论证或无应急预案,扣 8 分(按可能产生的危害程度扣分)。

4. 泵房及周边环境管理(55 分)

评价内容及要求:

建设整洁优美的办公区、站区工作环境,明确环境管理责任。泵房内整洁卫生,地面无积水,房顶及墙壁无漏雨渗水,门窗完整、明亮,金属构件无锈蚀;工具、物件等摆放整齐;消防设施齐全,在有效期内;照明灯具齐全、完好;泵房周边场地清洁、整齐无杂草杂物,进出水池水面无漂浮物。

赋分原则:

(1) 泵站办公区、站区工作环境不整洁、不优美,扣 5 分。

(2) 泵站环境管理责任不明确,扣 3 分。

(3) 泵房内不整洁卫生,地面有积水,房顶及墙壁漏雨渗水,门窗不完整、不明亮,金属构件有锈蚀等,每发现 1 处扣 2 分,最高扣 18 分。

(4) 工具、物件等摆放不整齐,每发现 1 处扣 2 分,最高扣 8 分。

(5) 消防设施不齐全或不在有效期内,每发现 1 处扣 2 分,最高扣 10 分。

(6) 照明灯具不齐全、不完好,每发现 1 处扣 1 分,最高扣 3 分。

(7) 泵房周边场地不清洁、不整齐,有杂草杂物,进出水池水面有漂浮物,每发现 1 处扣 1 分,最高扣 8 分。

5. 建设项目管理(25 分)

评价内容及要求:

按照流域规划、地区国民经济与社会发展规划建设(改造)工程;泵站工程范围内建设项目主要技术指标要与实际运行情况相符;依法对管理范围内批准的建设项目进行监督管理;建设项目审查、审批及竣工验收资料齐全。

赋分原则:

(1) 未按照流域规划、地区国民经济与社会发展规划建设(改造)工程,扣 5 分。

(2) 泵站工程范围内建设项目主要技术指标与实际运行情况不相符,每发现 1 项扣 3 分,最高扣 6 分。

(3) 未依法对管理范围内批准的建设项目进行监督管理,每少 1 次扣 3 分,最高扣 6 分。

(4) 建设项目审查、审批及竣工验收资料不齐全,每缺 1 项扣 2 分,最高扣 8 分。

6. 技术档案(50 分)

评价内容及要求:

制订泵站工程技术档案管理工作手册,及时分析、总结、上报、归档有关运行、检查观测、维修检修、工程改造等技术文件及资料。技术文件及资料、工程大事记等技术档案齐全、清晰、规范,保管符合有关规定。技术文件和资料以纸质件及磁介质、光介质的形式存档,逐步实现档案管理数字化。

赋分原则:

(1) 未制订泵站工程技术档案管理手册,扣 8 分;手册内容不全,每缺 1 项扣 2 分。本项最高扣 8 分。

(2) 对有关运行、检查观测、维修检修、工程改造等技术文件及资料分析、总结、上报、归档不及时,每发现 1 项扣 2 分,最高扣 18 分。

(3) 技术文件及资料、工程大事记等技术档案不齐全、不清晰、不规范,每发现 1 项扣 1 分,最高扣 8 分。

(4) 技术档案保管无专门用房,扣 4 分;技术档案保管不符合有关规定,扣 4 分。

(5) 技术文件和资料未以磁介质、光介质的形式存档,每发现 1 项扣 1 分,最高扣 8 分。

#### 9.11.3.4　运行维护管理(220 分)

1. 规范运行(65 分)

评价内容及要求:

制订泵站安全操作规程、泵站运行规程和运行管理工作手册并严格执行。运行现场配备必需的管理制度、操作规程、技术图样、设备检修情况表等,并在适宜位置明示主要制度、规程和技术图表。按《泵站技术管理规程》(GB/T 30948)等有关规程规范的要求,做好泵站运行管理工作,严格执行"两票三制"(操作票、工作票,交接班制度、巡视检查制度、设备缺陷管理制度),设备检查、操作和运行巡视记录齐全、规范。每年(或灌季)应对泵站运行情况进行分析和总结。

赋分原则:

(1) 未制订泵站安全操作规程、泵站运行规程和运行管理工作手册,扣 10 分;规程和手册不符合泵站实际或有关规定,每发现 1 处扣 2 分。本项最高扣 10 分。

（2）运行中未按规程和手册执行（以检查记录为准），每发现 1 次扣 2 分，最高扣 15 分。

（3）运行现场必需的管理制度、操作规程，技术图样、设备检修情况表等不齐全，每缺 1 项扣 2 分，最高扣 10 分。

（4）未在适宜位置明示主要制度、规程和技术图表，每缺 1 项扣 2 分，最高扣 10 分。

（5）未执行"两票三制"，扣 10 分；"两票三制"执行不严，每发现 1 次扣 2 分。本项最高扣 10 分。

（6）设备检查、操作和运行巡视记录不齐全、不规范，每发现 1 次（处）扣 1 分，最高扣 5 分。

（7）泵站运行情况未进行年度（或灌季）分析和总结，扣 5 分；分析和总结不全面、不规范，扣 3 分。本项最高扣 5 分。

2. 工程检查、观测管理（55 分）

评价内容及要求：

制订工程检查、观测管理工作手册，按规定开展工程观测和经常性巡查、检查；每年汛期（或灌季）前、后，对泵站工程各部位进行全面检查；当泵站工程遭受特大洪水、地震等自然灾害或发生重大工程事故时，及时进行特别（专项）检查。检查和观测内容应全面，记录真实、详细，符合有关规定。观测工作应系统、连续并有分析成果，观测设施及仪器仪表的检查、保养、校验应符合有关规定。

赋分原则：

（1）未制订工程检查、观测管理工作手册或运行管理工作手册中无专门的工程检查、观测管理章节，扣 10 分；手册内容不全面或不符合泵站实际和有关规定，每发现 1 处扣 1 分。本项最高扣 10 分。

（2）未按规定开展工程经常性检查（巡查），每缺 1 次扣 2 分，最高扣 10 分。

（3）每年汛期（或灌季）前、后，未对泵站工程各部位进行全面检查，每缺 1 次扣 4 分，最高扣 8 分。

（4）当泵站工程遭受特大洪水、地震等自然灾害或发生重大工程事故时，未及时进行特别（专项）检查，扣 4 分。

（5）未按要求开展工程观测，每缺 1 次扣 4 分，最高扣 8 分。

（6）检查和观测内容不全面，记录不真实、不详细和不符合有关规定，每发现 1 处扣 1 分，最高扣 5 分。

（7）观测工作不系统、不连续、无分析成果，每发现 1 项 2 分；观测设施及仪器仪表的检查、保养、校验不符合有关规定，每发现 1 项扣 2 分。本项最高扣 10 分。

3. 维修检修管理（65 分）

评价内容及要求：

制订泵站工程维修检修管理工作手册，及时、全面编报工程维修检修计划，按批复预算落实维修检修经费；按时、保质、保量完成维修检修项目，严格控制项目经费，项目调整严格执行报批程序，及时上报维修检修项目进度；维修检修项目完工后及时办理验收手续，维修检修及验收资料及时归档。逐步实现设备状态检修。按《泵站技术管理规程》（GB/T 30948）的有关规定，组织对建筑物、设备进行评级。

赋分原则：

（1）未制订泵站工程维修检修管理工作手册或运行管理工作手册中无专门的工程维修检修管理章节，扣 8 分；手册内容不全面或不符合泵站实际和有关规定，每发现 1 处扣 1 分。本项最高扣 8 分。

（2）工程维修检修计划编报不及时、不全面，扣 4 分；未按批复预算落实维修检修经费，扣 4 分；项目立项（计划）、招标（合同）等环节程序及管理不规范，每发现 1 项扣 2 分。本项最高扣 12 分。

（3）维修检修项目未按时完成、工程量不足、质量不符合规定，每发现 1 项扣 5 分，最高扣 20 分。

（4）项目经费控制不严、项目调整未严格执行报批程序、维修检修项目进度上报不及时，每发现 1 项扣 5 分，最高扣 10 分。

（5）维修检修项目未办理验收手续，扣 10 分；验收不及时、不规范，扣 3 分；维修检修及验收资料未归档，扣 3 分。本项最高扣 10 分。

（6）未按规定对建筑物、设备进行评级，扣 5 分。

4．技术经济指标考核（35 分）

评价内容及要求：

加强泵站技术经济指标考核。建筑物完好率、设备完好率、泵站效率、能源单耗、安全运行率、供排水成本、供排水量、财务收支平衡率等八项技术经济指标符合《泵站技术管理规程》（GB/T 30948）的规定。

赋分原则：

（1）建筑物完好率达不到规定指标，每低 1% 扣 0.5 分，最高扣 5 分。

（2）设备完好率达不到规定指标，每低 1% 扣 0.5 分，最高扣 5 分。

（3）泵站效率达不到规定指标，每低 1% 扣 1 分，最高扣 10 分。

（4）能源单耗达不到规定指标，每高 0.1 (kW·h)/(kt·m) 扣 1 分，最高扣 6 分。

（5）安全运行率达不到规定指标，每低 1% 扣 1 分，最高扣 6 分。

（6）供排水成本、供排水量、财务收支平衡率指标未达到规定指标，每 1 项扣 1 分，最高扣 3 分。

注：未开展泵站技术经济指标考核，此项不得分。

### 9.11.3.5　信息化管理（100 分）

1．现代化建设及新技术应用（15 分）

评价内容及要求：

积极推进泵站管理现代化建设，依据泵站管理需求，制订管理现代化发展相关规划和实施计划，积极引进、推广应用管理新技术。

赋分原则：

（1）未制订管理现代化发展相关规划和实施计划，扣 10 分；规划和实施计划不符合有关规定或泵站实际，扣 5 分。本项最高扣 10 分。

（2）未按管理现代化发展相关规划和实施计划引进、推广应用管理新技术，扣 5 分。

2．信息化平台建设（30 分）

评价内容及要求：

建立工程运行管理信息化平台实现运行自动化、管理信息化和工程在线监测；工程及运行信息及时动态更新，并与地方水利部门相关平台实现信息融合共享、上下贯通。

赋分原则：

（1）未实现运行自动化，扣 5 分；未实现管理信息化，扣 4 分；未实现工程在线监测，扣 3 分。

（2）工程及运行信息不全面、不准确，或未及时更新，扣 8 分。

（3）工程及运行信息未与地方水利部门相关平台信息融合共享，扣 10 分。

注：大型泵站未建立或建立但未应用工程运行管理信息化平台的，此项不得分；中型泵站未建立工程运行信息平台，及时将工程及运行信息人工上传到地方水利部门建立的相关平台的，视同建立及应用工程运行管理信息化平台。

3．自动化监测预警（40 分）

评价内容及要求：

管理信息化平台运行可靠、设备完好，利用率高。工情、水雨情、运行监控、安全监测、视频监控等关键信息接入信息化平台，实现动态管理；监控监测数据异常时，能够自动识别险情，及时预报预警。

赋分原则:

(1) 管理信息平台运行不可靠、设备不完好,利用率不高,每发现 1 项扣 3 分,最高扣 9 分。

(2) 根据工程实际,工情、水雨情、运行监控、安全监测、视频监控等关键信息应接入信息化平台但未接入(或中型泵站未建立工程运行信息平台的,未人工上传),每少 1 项信息数据扣 3 分,最高扣 12 分。

(3) 数据异常无法自动识别险情或发生故障后未及时解决,每发生 1 次扣 5 分,最高扣 10 分。

(4) 工程及主要设备出现险情时无法及时预警预报,扣 9 分。

注:中型泵站未建立工程运行信息平台的,只评价第(2)项,评价实际得分按满分 40 分折算。

4. 网络安全管理(15 分)

评价内容及要求:

管理信息平台及网络安全管理制度健全且符合有关规定和实际,并严格执行;网络安全防护措施完善。

赋分原则:

(1) 未制订管理信息平台及网络安全管理制度,扣 10 分;制度不健全,每少 1 项扣 3 分;制度不符合有关规定和实际,每发现 1 处扣 1 分;制度执行不到位,每发现 1 次扣 3 分。本项最高扣 10 分。

(2) 网络安全防护措施存在漏洞,扣 5 分。

### 9.11.3.6 经济管理(90 分)

1. 财务和资产管理及经费保障(35 分)

评价内容及要求:

制定泵站管理单位财务管理和资产管理等制度。泵站人员经费、运行电费和维修养护等经费落实且使用符合相关规定,杜绝违规违纪行为。

赋分原则:

发生严重违规违纪行为(以稽查、审计等报告为准),此项不得分。

(1) 泵站管理单位财务管理与资产管理制度不健全,每缺 1 项制度扣 2 分,最高扣 5 分。

(2) 泵站人员经费、运行电费和维修养护等经费落实率低于 100%,每低 1% 扣 1 分,最高扣 20 分。

(3) 经费使用不符合相关规定,每发现 1 次扣 5 分(以检查、稽查、审计等报告为准),最高扣 10 分。

2. 职工待遇管理(20 分)

评价内容及要求:

人员工资符合国家及地方有关规定,福利待遇达到当地平均水平,按规定落实职工养老、失业、医疗等各种社会保险。

赋分原则:

(1) 人员工资不能按有关规定或按时发放,扣 6 分。

(2) 福利待遇低于管理所属地的平均水平,扣 4 分。

(3) 未按规定缴纳职工养老、失业、医疗等各种社会保险,每少缴 1 项扣 2 分,最高扣 10 分。

注:政策规定免缴、缓交的社会保险项不扣分。

3. 供水成本及水费管理(20 分)

评价内容及要求:

科学核算供水成本,配合主管部门做好水价调整工作。制订水费等费用计收使用办法,水费收取率达到 80% 及以上。

赋分原则：

(1) 未核算供水成本，扣 5 分；供水成本核算不科学、不合理，扣 3 分。本项最高扣 5 分。

(2) 未配合主管部门做好水价调整工作，扣 2 分。

(3) 未制订水费等费用计收使用办法，扣 5 分；水费等费用计收使用办法不符合实际或有关规定，扣 2 分。本项最高扣 5 分。

(4) 水费收取率低于 80%，扣 8 分；收取率低于 100%，每低 1% 扣 0.4 分。本项最高扣 8 分。

注：不征收水费的，此项可为合理缺项。

4. 防汛抗旱管理(15 分)

评价内容及要求：

在确保防洪安全、运行安全和生态安全的前提下，合理利用管理范围内的国有资源(水土资源、资产等)，保障国有资源保值增值。

赋分原则：

(1) 管理范围内的国有资源利用对工程防洪安全、运行安全和生态安全造成一定影响，扣 5 分。

(2) 管理范围内的国有资源未得到有效利用，扣 5 分。

(3) 管理范围内的国有资源未能保值增值，扣 5 分。

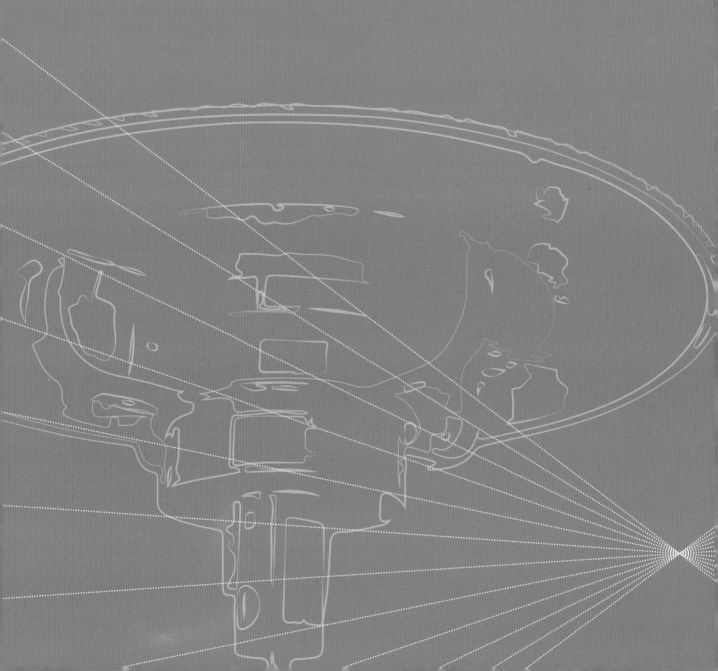

# 10

# 智能视频监视与安防

10.1　系统组成及技术路线

10.2　智能视频监控系统

10.3　智能安防监控系统

10.4　智能可视化监视中心

10.5　智能可视化协联

# 10 智能视频监视与安防

## 10.1 系统组成及技术路线

### 10.1.1 系统组成

泵站视频及安防管理系统由前端系统、传输网络、中心系统部分组成。

（1）前端系统。前端系统对站内的视频监控系统、出入口控制系统、入侵报警系统等进行整合，主要负责对泵站视音频、报警信息等信息进行采集、编码、存储及上传，并通过平台预置的规则进行自动化联动。

（2）传输网络。泵站安防管理系统承载于泵站内部网络，用于前端与监控中心之间的通信。前端系统的视音频、环境量、报警信息可上传至平台，分别供管理部门各用户调用查看。

（3）中心系统。中心系统可管理泵站内部的所有设备，接收由各区域上报的信息，满足中心系统用户视音频、报警信息查看的需求。

### 10.1.2 技术路线

随着信息技术的飞速发展，新技术不断涌现。水利工程可视化系统，必须是高性能、可扩展的计算机网络体系结构，以便支持今后不断更新和升级的需要，从而减少投资浪费。同时从满足实际应用出发，系统设计时主要遵循以下原则：

### 1. 可靠性

采用性能可靠、技术成熟、功能完善、体系先进的分布式结构,系统配置灵活、操作方便、布局合理,满足长时间稳定工作的要求。系统响应速度快,可靠性和可用率高,不会因任何前端设备发生故障而引起系统误操作或降低系统性能。系统能在各种可预见的环境下,例如夜晚、阴雨天、高低温天气下正常工作;系统具有良好的野外防雷措施。

### 2. 兼容性

已经建设的相关监控系统,如未达到使用年限,大规模更换并不现实。因此需要充分考虑对原系统的利旧,保护原有投资,最大限度地降低系统造价和安装成本。

本系统的建设提供开放的 SDK(Software Development Kit,软件开发工具包)软件接口,为水利工程的业务系统实现更丰富的业务功能提供支撑。

### 3. 先进性

采用先进的视音频编码解码技术、多媒体技术、视音频存储管理技术及网络通信技术,结合当前最新的大数据及人工智能技术,使系统具有强大的发展潜力,设备选型与技术发展相吻合,能保障系统的技术寿命及后期升级的可延续性。

### 4. 经济性

在满足监控要求的前提下,选择技术成熟的主流产品。同时在监测点上进行总体规划,尽可能做到一机多能,一个摄像机实现多种用途的监控。尽可能重复利用原有可视化建设成果,做到复用。

### 5. 扩展性

系统应充分考虑扩展性,采用标准化设计,严格遵循相关技术的国际、国内和行业标准,确保系统之间的透明性和互通互联,并充分考虑与其他系统的连接;在设计和设备选型时,科学预测未来扩容需求,进行余量设计,设备采用模块化结构,便于系统扩容、升级。系统软件具有二次开发和升级的能力,系统加入新建设备时,只需配置前端系统设备、建立和上级调度的连接,在管理平台做相应配置即可,对软硬件无需做大的改动。

### 6. 易管理性、易维护性

系统采用全中文、图形化软件实现整个监控系统管理与维护,人机对话界面清晰、简洁、友好,操控简便、灵活,便于监控和配置;采用稳定易用的硬件和软件,完全不需借助任何专用维护工具,既降低了对管理人员进行专业知识的培训费用,又节省了日常频繁的维护费用。

### 7. 安全性

综合考虑设备安全、网络安全和数据安全。在前端采用完善的安全措施以保障前端设备的物理安全和应用安全,在前端与控制中心之间必须保障通信安全,采取可靠手段杜绝对前端设备的非法访问、入侵或攻击行为。数据采取前端分布存储、控制中心集中存储管理相结合的方式,对数据的访问采用严格的用户权限控制,并做好异常快速应急响应和日志记录。

## 10.2  智能视频监控系统

视频监控系统主要负责对泵站重要区域进行全天候的常规视频监控,同时能与其他子模块进行报警联动,满足对安全管理的要求。除了常规视频监控外,系统还可采用智能视频监控设备,以提高系统的实用价值。

### 10.2.1　视频布置原则

#### 10.2.1.1　摄像机选型

前端摄像机的监控范围大小、视频采集质量将影响整个视频监控系统的质量,系统设计时应根据现场监控需求,选择合适的产品,保障视频监控的效果。选型基本原则如下:

(1) 大门监控可采用网络高清摄像机。

(2) 围墙监控可采用网络高清摄像机,便于看清可疑目标。

(3) 室外全景监控(主控楼顶)可采用网络高清球机或云台摄像机,实现大范围监控的需要。

(4) 小范围的室内监控可采用网络高清摄像机。

(5) 大范围的室内监控可采用网络高清球机,根据客户需求也可选用网络高清全景摄像机,实现大范围监控的需要,网络高清图像分辨率达 720 p 以上。

(6) 室外枪机需配置 IP66 等级室外护罩,室外球机需达到 IP66 防护等级。

(7) 对部分距离较远(超过 100 m)、周围高压设备干扰较大的网络监控点,建议采用光纤网络摄像机或通过网络光端机实现光电转换。

(8) 对于球机监控场景,若场景监控视角需水平或仰角监控时,推荐采用无透明护罩球机。带透明护罩的球机在水平或仰角监控时易产生重影现象。

(9) 具体分布以现场实际为准。

#### 10.2.1.2　监控辅助设备

1. 支架安装

泵站摄像机应根据所需监控的范围、角度、场景以及现场条件来选择安装方法。出于安全因素及施工条件考虑,以支架安装为主。支架安装应按以下原则:

(1) 泵站内运行有电气设备,安装时首先应考虑与高压设备的安全距离。

(2) 摄像机支架的选择必须满足荷重要求,同时具备防锈防腐功能。

(3) 安装应牢固,不得歪斜,制作要美观。

(4) 不具备条件可利用原有水泥杆配套 U 形抱箍安装摄像机。

2. 补光灯

对于采光条件比较差的场所,以及需要监控的夜晚低照度的环境,为了保障监控质量,需要在监控点配置补光灯,在监控现场环境及设备周围开启灯光。合理选择灯光设备安装位置,以防光源影响摄像机图像。

### 10.2.2　视频监视

#### 10.2.2.1　全景监控

对于泵站外围及大场景监控区域,须进行全景大视角监控,实时查看整体场景,并可以对重点区域放大抓拍。一体化球型鹰眼全景跟踪摄像机,既可覆盖全景,又可捕捉细节。同时,很好地解决了传统监控方案成本高、系统复杂、安装调试烦琐的问题。

#### 10.2.2.2　夜间全彩

普通视频监控夜间监控效果差,摄像机需要配置补光灯,才能勉强分辨出画面图像。采用最新的技术可以明显改善夜间监控效果。

黑光摄像机基于视网膜成像原理,结合人眼仿生的创新技术,采用双传感器架构,一路传感器负责采集色彩信息,一路传感器负责采集亮度信息,可见光和红外光同时被感知,感光能力大幅提升,通过搭载降噪引擎,提高色彩还原的准确性,有效提升图像清晰度。在极低照度下,呈现亮如白昼的彩色画质,很好地解决了在夜间无法看清监控画面的问题。

### 10.2.2.3 行为识别

传统视频监控的主要作用是事后调查回放,往往都是事故发生后,相应的视频才被查阅,仅仅作为事件的回顾,而无法防患于未然。

智能化是视频监控发展的必然趋势,智能视频分析技术的出现正是这一趋势的直接体现。如果把摄像机看作人的眼睛,而智能视频系统则可以看作人的大脑。智能视频监控系统能够识别不同的物体,发现监控画面中的异常情况,并能够以最快和最佳的方式发出警报和提供有用信息,提高报警处理的及时性,从而能够更加有效地协助工作人员预先发现危机,并最大限度地降低误报和漏报现象。

早期的视频移动探测技术(VMD)并不是真正意义上的智能视频分析技术,仅仅具备移动探测功能,在目标跟踪、分类、识别等方面功能较弱,还会产生大量误报。由于 VMD 技术的缺陷,就产生了基于背景建模和目标追踪技术的智能视频分析(IVS)技术,这里的 IVS 技术是个泛指,以示与 VMD 技术的区别。

与传统的监控系统相比,智能视频监控系统具有更优的有效性和持久性。传统视频监控的"被动监控"模式只适用于事后追溯,智能分析技术的应用,使行为识别变"被动"为"主动",可以对事件做到"早发现、早预防"。

由于泵站监控点位多、视频信息量大、无效视频信息多,通过智能视频分析过滤功能可减少无用视频信息,将大量无用信息过滤在前端,制定分析策略后将有价值的视频信息提取并存放到上级平台,能够有效降低工作人员的监控压力。通过智能视频监控系统可以主动发现泵站内的异常情况(比如非法闯入、设备运行异常),在事件发生时就能及时发现并进行控制,从而减少设备突发事故、预防人身伤亡事故。

### 10.2.2.4 水尺读取

通过智能摄像机对水尺进行监视,并对水尺的图像进行识别读取,直接获得水位的数值,数值可与泵站的电子水位计数据进行自动对比,提高水位监测的准确度,防止误报。当两者数据相差超过一定值时,提示工作人员查看相应的视频或图片进行人工确认。

可对摄像机设置预警值,当水位数据超出预警范围时,自动将预警值进行上报。当中心站平台接收到预警值时,在平台上通过声、光等手段实现报警。

### 10.2.2.5 温度识别

泵站中一些电气设备及电缆在长期的运行中难免会发生一些故障影响生产,绝大多数故障在发展和形成过程中与发热温升具有紧密关系。设备温度是检查设备是否处于正常运行状态的一个很重要的参考指标,过高或者过低的温度都在预示着设备处于异常状态,如不能及时处理,情况恶化,易形成事故,造成损失。因此,对这些设备进行温度监测是目前面临的一个很重要的问题。

将热成像摄像机运用于变电站设备的安全检修上,通过其对电气设备和线路的热缺陷进行探测,如泵站中主变、站变、励磁、电缆、高低压开关柜以及具有电流、电压致热效应或其他致热效应设备的二次回路等,这对于重大事故的及时发现、处理、预防可以起到非常关键而有效的作用。

热成像测温是通过非接触方式检测运行中的设备温度和运行状态,可以简捷、安全、直观、准确地查找、判断设备过热故障,迅速采取措施解决,防止电气事故的发生。结合热像仪在设备故障诊断中的一些实际应用,热成像测温为设备精细化点检和维修提供有力依据,及时将设备事故消灭在萌芽状态,有效避免由于设备异常而导致的事故。

热成像测温主要分为固定式在线测温和移动式手持测温。

**1. 固定式在线测温**

在各关键设备点位部署对应功能的测温型热成像摄像机完成视频采集和温度检测,采用以太网完成视频等数据的传输,通过红外热成像测温系统完成如巡检计划、测温配置、告警展示等功能。所有的监测设备可通过应用软件实现联网管理,操作简单,施工方便,并且可以扩展,如图10.2-1所示。

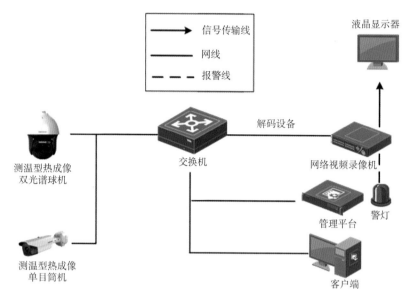

图 10.2-1　固定式在线测温系统拓扑图

**2. 移动式手持测温**

为了便于巡检人员机动灵活地对巡检区域设备进行实时检查,系统设计采用手持测温热像仪对待巡检设备和待巡检区域精确测温,通过触摸屏快速查看图像和数据。测温图片和录像还可轻松导出,采用红外热成像测温系统进行离线分析,如图10.2-2所示。

红外热成像测温系统

### 10.2.2.6　移动跟踪

依靠高清网络摄像机和"脸谱"系统来进行人脸分析,"脸谱"系统采用先进的深度学习技术,实现人脸建模、比对、检索等功能。结合行业大数据平台可实现人脸实时报警、身份验证、轨迹分析、检索等,构建人工智能、安防大数据解决方案。

系统能够对人脸图片识别并跟踪,对于园区内的人脸,系统会根据这些人脸图片采集的时间和地点,自动在地图上描绘出人员轨迹。

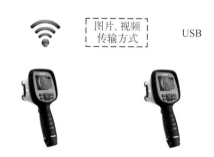

移动式手持测温器

图 10.2-2　移动式手持测温拓扑图

### 10.2.2.7　漂浮物识别

漂浮物识别利用机器视觉和数字图像处理技术,自动对视频图像信息进行分析识别,无需人工干预;对监控区域内的水面漂浮物进行识别,当发现异常情况时以最快的方式进行预警,真正做到事前预警、事中常态检测、事后规范管理,有效地协助管理人员处理,并最大限度地降低误报和漏报现象;同时还可以查看现场录像,方便事后管理查询。

漂浮物识别可及时发现异常事件并对事件进行实时监测和预警,对湖泊附近漂浮物进行实时的监测判断。同时,前端设备联动后台,第一时间对数据进行采集、传输、分析,为管理者提供更直观的数据支持,为指挥人员提供更快速、全面的决策依据。

# 10.3  智能安防监控系统

## 10.3.1  周界防范系统

泵站作为重要水利工程,可以采用多种周界防范技术手段对其周界进行防护。周界防范是泵站中最为基础的系统,是防止非法入侵和异常事件的第一道防线,也是非常重要的一道防线。常见的周界防范系统有电子围栏、智能视频周界防范和热成像周界方法。

### 10.3.1.1  电子围栏

脉冲电子围栏系统由前端采集、总线传输、后端处理分析输出警情三部分组成。后端控制部分选择总线制报警主机。通过 Modbus 总线前端防区扩展模块扩展防区采集前端围栏报警信号。

前端由脉冲电子围栏主机、脉冲电子围栏前端和报警信号管理设备三部分组成。脉冲电子围栏主机的作用是产生脉冲高压信号、探测入侵行为、发出报警信号。脉冲电子围栏前端指安装在外围防区的围栏部分,主要包括:受力柱、承力柱、中间柱、受力柱绝缘子、承力柱绝缘子、中间柱绝缘子、多股合金线、线对线连接器、紧线器、警示牌、避雷器、声光报警灯、高压绝缘线、万向底座等,电子围栏前端起到阻挡、安全电压电击和威慑等作用。

报警信号管理设备有:总线报警主机、防区扩展模块、声光报警装置、电脑管理软件(电子地图显示)等。电子围栏系统拓扑如图 10.3-1 所示。

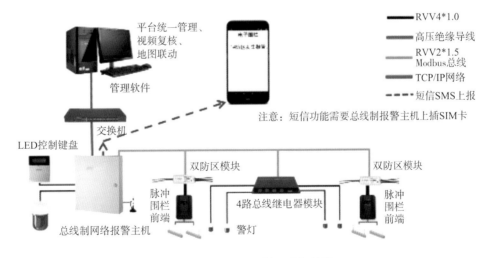

图 10.3-1  电子围栏系统拓扑图

### 10.3.1.2  智能视频周界防范

视频周界防范是建立在传统周界防范概念基础上的,通过应用智能视频分析技术,不但具备入侵报警作用,还能通过前端的视频监控设备实时了解监控区域的情况,一旦发生入侵行为,第一时间发出警示,并及时告知管理人员进行处理。然而,由于树叶摇晃、灯光照射、动物穿越等因素产生的大量误报大大影响了用户的使用积极性。

智能视频周界防范针对现有视频周界防范系统存在的问题,采用基于深度学习的智能算法,对触发报警的区域进行人体目标二次识别,从而最大限度地降低周界防范误报现象,切实提高监控区域的安全防范能力。

前端 Smart IPC(智能网络摄像机)接入超脑 NVR(网络视频录像机),由 Smart IPC 实现周界防范(越界侦测、区域入侵)报警抓图,超脑 NVR 可以对前端推送的报警图片进行人体目标二次识别,有效过滤绝大部分非人体触发的报警,提高周界防范报警准确率。智能视频周界防范系统如图 10.3-2 所示。

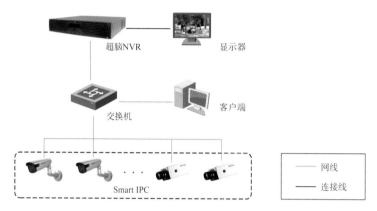

图 10.3-2　智能视频周界防范系统图

### 10.3.1.3　热成像周界防范

泵站不允许未经授权许可的人或车进入,泵站一般地处空旷,也没有很高的围墙进行防范,因此可采用技防手段弥补人防、物防的疏漏,当有人或车入侵时,工作站可发出报警信号提醒管理人员注意。许多泵站远离市区,在偏远地区,环境复杂,普通视频监控无法有效做出防范,因此可以考虑采用热成像周界防范技术。

热成像周界防范系统组成简单,主要由前端热成像摄像机、传输网络、中心管理组成。关于传输网络和中心管理的设计,根据需要选择不同的传输网络,在中心部署不同的产品,其中热成像占 2 Mbps 码流,可见光占 4 Mbps 码流。热成像周界防范系统如图 10.3-3 所示。

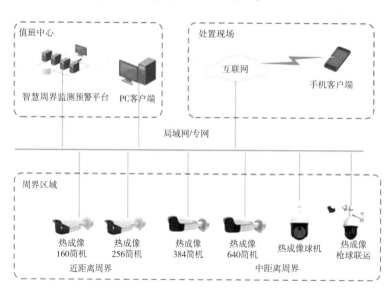

图 10.3-3　热成像周界防范系统图

### 10.3.2　移动巡查子系统

#### 10.3.2.1　无人机巡查

利用无人机对水利工程进行巡查,有如下优势:

1. 无死角

固定式视频监控只能监控范围内无阻挡的区域,而人员进行水利工程巡查的时候,视线受限。有些水利工程环境复杂,人员无法到达。无人机在空中不受地形和视线的限制,可以360度无死角对河道的任何区域进行监视。

2. 高效率

人工对水利工程进行巡查,受地形限制,多数情况下需要步行,并且在遇到支流或其他阻挡物时需要绕行,巡查效率低。无人机飞行速度高,不受任何地形限制,大大提高了巡查效率。

无人机系统由飞行器、挂载设备、地面站组成。飞行器和挂载设备实现现场拍摄,并将图像和数据信息通过无线传输链路传到地面站。地面站既可以现场观看实时视频,也可通过有线或网络把图像和飞行数据信息传送到中心平台,为指挥人员提供现场实时信息;同时可以与指挥车结合,将图像信息实时传回指挥车大屏,通过指挥车进行移动指挥。

飞行器可以通过地面站进行手动操控,也可以通过指挥官软件设置航迹路径和其他自动飞行任务。此外,飞行器支持多种挂载设备,通过灵活搭配满足各种应用场景的需要。

无人机巡查系统拓扑如图10.3-4所示。

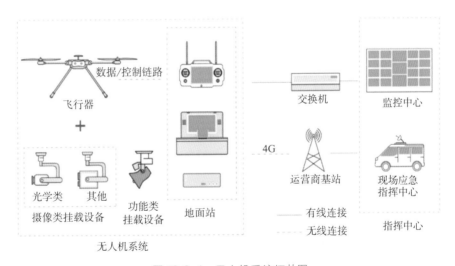

图10.3-4　无人机系统拓扑图

#### 10.3.2.2　单兵巡查

水利工程巡查过程中,对巡查发现的异常点通过单兵手持终端进行数据采集。采集信息实时传输到监控中心,并能在线与监控中心交流,及时准确获取水利工程及设施的状态,为水利工程的安全和可靠运行提供保障和信息支撑。

水利工程单兵巡查子系统具有如下功能。

(1) 全景高清视频记录:能够通过移动单兵手持终端完成对巡查作业全过程的全景高清视频画面记录。

(2) 巡查结果智能统计:能够通过移动单兵手持终端完成对巡查作业全过程的巡查结果记录,并以表单形式输出。

（3）巡查任务一键下发：巡查任务能够由后端实时管控中心下发到现场移动单兵手持终端,移动单兵手持终端具备任务提醒功能。

（4）无线传感精确感知：采用近场通信（NFC）或频射识别（RFID）定位方式,实现短距离精确感知,防止被多区域重复感知确定。

（5）巡查任务实时管理：后端实时管控中心可通过管理软件在添加的巡查地图上查看任务实时状态。

（6）数据传输双重保障：网络正常时,移动单兵手持终端可实时向后端实时管控中心传输视频、巡查信息等数据；网络中断时,视频、巡查信息可自动保存在手持终端本地存储单元内。

（7）实时指挥便捷沟通：系统支持后端实时管控中心与移动单兵手持终端的指挥、通话、视频交互等功能。

（8）巡查人员可视定位（扩展）：增加部署人员定位系统,实时定位巡查人员位置,并在地图界面中进行显示。

### 10.3.3　出入口管理子系统

#### 10.3.3.1　出入口车辆管理

部分水利工程作为重要的安全防护对象,须杜绝无关车辆进入,对进出车辆进行记录和识别；需要在日常管理中控制非管理人员的车辆进出,做到严进严出,有迹可查。

#### 10.3.3.2　系统结构

出入口管理系统架构如图 10.3-5 所示。

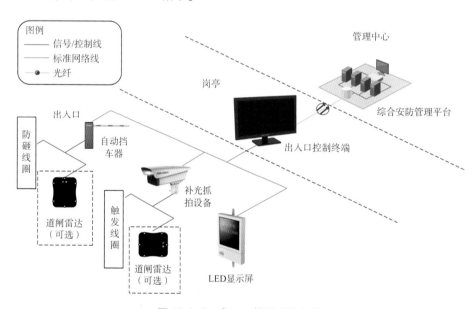

图 10.3-5　出入口管理系统架构

#### 10.3.3.3　系统组成

1. 出入口线圈触发检测

出入口系统支持蓝牙、IC 卡、射频卡、车牌识别等多种配置方式。适应各类出入口场景,实现了出入口控制管理高度智能化。另外,目前先进的高清车牌识别系统准确记录识别车牌号码,确保车辆的进出有据可查,进出可控,固定车辆快速通过电动挡车器,实现高效和安全管理。

前端子系统负责完成前端数据的采集、分析、处理、存储与上传,负责车辆进出控制,主要由出入口控制机、车牌识别模块等相关模块组件构成,主要设备如下:

1) 出入口控制机

用于临时车辆进入和开出,车主驾车至出入口控制机前,地感线圈、车辆检测器自动检测到有车辆,开闸放行。

2) 车牌识别模块

车牌识别模块主要设备为出入口补光抓拍单元。出入口补光抓拍单元是由防护罩、抓拍机及补光灯组成,包含 LED 高亮补光灯,采用高清晰逐行扫描 CMOS(Complementary Metal Oxide Semiconductor)传感器,具有清晰度高、照度低、帧率高、色彩还原度好等特点。

3) 车辆检测器

本系统采用线圈触发方式,由前端车辆检测器来检测来往通行车辆,可与防砸线圈车检器共用。

4) 出入口控制终端

出入口控制终端负责进行前端数据车辆信息采集、处理并上传后端平台,可实现抓拍图片显示、进出抓拍图片关联、系统日志显示、软件开关闸、高峰期锁闸、设备连接状态显示、报警联动等功能。

5) LED 显示屏

室外 LED 显示屏用于实时显示车牌号码等信息。

2. 出入口雷达触发检测

触发雷达用于触发抓拍机抓拍通行车辆,控制摄像机在合适的距离对车牌照进行抓拍采集。防砸雷达用于出入口自动栏杆的起落,可以有效防止"砸车、砸人"事故的发生,如图 10.3-6 所示。

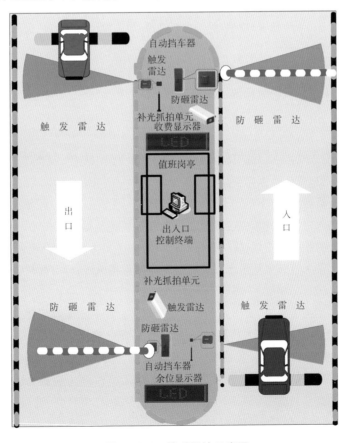

图 10.3-6  防砸雷达示意图

### 10.3.3.4 出入口车辆管理子系统特点

**1. 车辆快速通行**

系统采用具有极高的车牌识别率的高清车牌识别技术,可确保固定车辆准确识别、快速通行,提高出入口控制系统工作效率并提升用户体验感。

**2. 高清图像**

系统采用高分辨率抓拍摄像机,解决传统模拟车牌识别摄像机图像清晰度不高、监控视场太小的问题。

**3. 查找车辆记录更快捷**

系统可通过车辆信息(车牌号码、车辆类型等)快速查找进出车辆记录,可导出记录完整的报表。

**4. 无牌车管理**

对于异常无牌照车辆,系统提供异常车牌车辆扫微信二维码入场的功能来进行管理。当车主扫微信二维码入场时,系统自动将车主的微信号作为该车本次出入场的凭证。出场时车主亦可扫出口处微信二维码自行缴费后出场。

**5. 解决跟车不开闸问题**

系统支持排队模式,可以解决车辆跟车时,道闸无法正常开闸的问题。

**6. 道闸雷达去地感**

通过采用道闸雷达＋视频检测取代传统的地感线圈检测;采用防砸雷达来代替传统的防砸线圈,实现了出入口去地感的目标,既解决了道闸"砸人"的问题,也避免了地感易损坏的问题。

**7. 系统结构简单稳定**

系统前端主要设备全部采用标准化的 IP 接口,使用网线便能完成通信,同时也容易与其他设备连接。后端平台可对前端设备状态、使用情况,提供统一的管理,有利于整个系统维护保养。

**8. 集成度高、利旧性好**

系统可将电动挡车器、出入口控制机、RFID 读卡器、蓝牙读卡器、出入口补光抓拍单元、视频监控单元等紧密地集成在一起,利旧性好。同时预留了收费系统、停车诱导系统、一卡通系统、门禁系统、巡查等系统的对接接口。

**9. 支持缓存补录**

当网络出现故障时,出入口控制终端可以将此期间的过车记录、照片、收费记录等进行缓存,当网络恢复后数据将重新上传平台,以保证数据完整。

### 10.3.3.5 出入口人员通道

工作人员进出大门出入口、办公楼、主控楼通道作为安全防范区域的第一步,设置人员通道系统,通过网络与后端综合管理平台的数据库相连,确保通过认证的持卡人员才能进入,或是人脸识别成功的人员才可进入。这对防止社会闲杂人员随意进出水利工程以及内部重要区域,具有非常重要的意义。

**1. 系统架构**

人员通道子系统由人员通道闸机、工作站和发卡器等组成,对于安保管理要求严格的场景,还可以配置使用人证比对技术或是人脸识别技术。根据出入口通道管理需要,选用网络型门禁控制主机,通过 TCP/IP 通信方式与上层管理层通信,支持联机或脱机独立运行,并可联动附近视频监控设备进行抓拍存储。门禁控制主机接入综合安防管理平台可实现设备资源、人员权限与配置的统一管理,系统架构如图 10.3-7 所示。

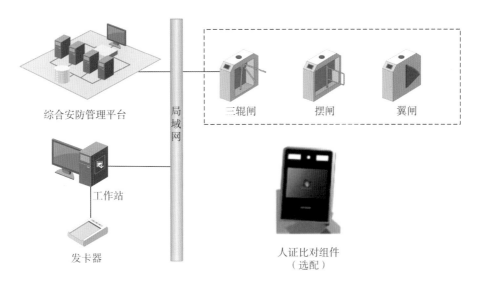

图 10.3-7　人员通道子系统架构示意图

对于需要人证合一实时进行身份比对验证的场所,人员通道闸机可以配置人证比对组件,能够确保实名实证,即时比对,一人一证,验证通过。人证比对设备抓拍人脸照片,进行 1∶1 或 1∶N 实时比对,比对通过后予以放行。

对于需要人脸识别的场所,人员通道闸机可以配置人脸识别组件,准确识别人脸,与照片库中的照片进行比对,识别成功予以放行,如图 10.3-8 所示。

图 10.3-8　人脸识别闸机

工作站主要用于对出入口控制操作进行记录,供出入口控制管理人员进行数据查询和管理。发卡器是对卡进行读写操作的工具,可以进行读卡、写卡、授权、格式化等操作。采用人证闸机时,需配置 USB 摄像机录入人脸照片。

2. 系统功能

系统能够支持刷卡、人脸、身份证、二维码、指纹等多种识别方式,对权限进行识别,对权限合格人员放行通过。

系统配置人证比对设备时,可读取身份证照片信息,并与抓拍人脸进行实时比对,在人证比对通过,并且具备进出权限的情况下予以放行。

具备紧急逃生功能,在发生紧急情况如火灾时,人员通道能够自动打开放行,不会阻碍人员的紧急疏散。需要与火灾报警系统对接。

上下班高峰期,为了保证人员快速通过,人员通道可保持常开,避免发生拥挤、滞留事件。

具备和摄像机联动功能,对每个进出的人员都可以进行人员图像抓拍,并在抓拍画面上叠加卡号和人员身份等信息。

设备具有加热功能,可在设备内配置恒温箱,以便在北方严寒地区也可以正常使用。

支持回收访客临时卡,访客拜访结束后,可以直接将临时卡塞入人员通道闸机中,完成访客流程,而无需人员回收,减少人力成本。

系统支持将人员通道闸机身份认证记录关联到考勤记录,自动完成考勤任务。

## 10.3.4 入侵报警子系统

对重点水利工程和设施可以采用多种周界防范技术手段对其周界进行防护。

入侵报警子系统,是利用各种传感器技术和电子信息技术,探测并指示非法进入设防区域的行为,接收紧急报警信息,将之统一传输到指定部门管理中心,从而达到快速准确预警的一套电子系统。

### 10.3.4.1 系统架构

报警子系统由前端、报警主机及辅助设备、传输网络和综合安防管理平台组成。整体的系统架构如图10.3-9所示。

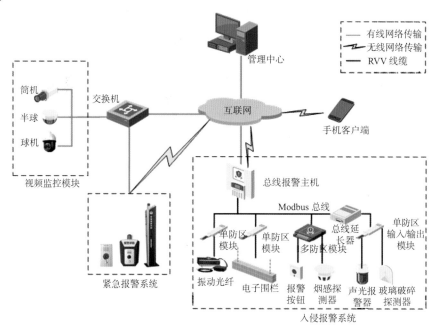

图 10.3-9　报警子系统架构示意图

整个报警系统分为两大部分,即入侵报警系统和紧急报警系统。

入侵报警系统指由传感器技术和电子信息技术探测并指示进入或试图进入防护范围的报警系统。入侵报警系统由前端探测器、报警主机、传输网络和中心管理平台组成。

紧急报警系统指由用户主动触发紧急报警装置的报警系统,由前端紧急报警设备、传输网络和中心管理平台组成。系统的组成如下:

1. 前端

报警前端设备主要包括各类探测传感器、报警主机及附件、紧急报警设备等。

2. 探测传感器

探测传感器分为两类。

第一类为入侵防盗类探测器,主要包括双鉴探测器、震动探测器、红外对射探测器、被动红外探测器、玻璃破碎探测器、紧急按钮、烟感探测器、燃气探测器和其他探测器等。

第二类为周界防范类探测器,主要包括红外对射探测器、电子围栏、振动光纤等。

3. 报警主机及辅助设备

报警主机一般包括总线制报警主机、网络报警主机和视频报警主机。报警主机接收防区的状态和报警信号,传输至中心管理平台。

报警主机辅助设备主要包括报警键盘、继电器、防区扩展模块、遥控器、打印机等,用于进行本地的布撤防管理、防区拓展等。

4. 紧急报警设备

主要包括紧急报警柱、紧急报警箱、紧急报警盒等设备,通过按下紧急按钮实现警情上报。设备的高清摄像头用于警情的视频复核和报警录像联动,语音对讲设备可实现中心接警人员与前端的实时通话,帮助了解前方状况并进行相应的联动处理。

5. 传输网络

传输网络是支撑整个系统运行的重要因素,负责前端报警主机、紧急报警产品与中心管理平台的通信及报警录像的传输等。采用的传输网络类型包括无线网络(GPRS/3G/4G)和互联网。

6. 中心管理平台

中心管理平台负责对区域内的报警主机、紧急报警产品的联网管理,可实现接警处理、报警设备配置管理、报警信息查询管理等功能,并能与视频监控系统、可视对讲系统以及智能门禁一卡通子系统集成,实现全面的安防联动。

## 10.3.5　门禁管理子系统

门禁管理子系统是针对水利工程各区域重要场所、主要物资仓库、发电机室、调度室、泵房、配电室、监控调度室等重要部位的通行门以及主要的通道口进行出入监视和控制。门禁管理系统采用 TCP/IP 网络化门禁系统,提高门禁系统信号的传输速度和传输质量,为门禁的安全管理提供安全性和稳定性保障。

### 10.3.5.1　拓扑结构

门禁管理系统拓扑结构如图 10.3-10 所示。

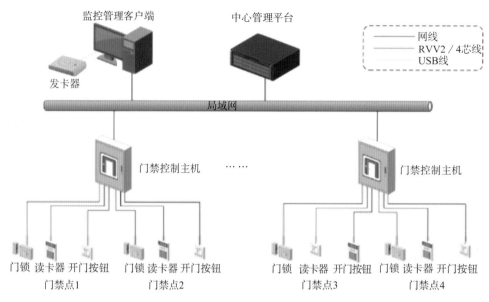

图 10.3-10　门禁管理系统拓扑结构图

#### 10.3.5.2　系统功能

设置门禁系统的主要目的是要对人员通行权限进行管制,通过读卡器或生物识别仪辨识,只有经过授权的人才能进入受控的区域门组。读卡器读取卡上的数据或生物识别仪读取信息并传送到门禁控制主机,如果允许出入,门禁控制主机中的继电器将操作电子锁开门。

门禁系统与消防系统联动,协同运作,当紧急情况发生时,消防通道的门能自动打开。

门禁系统中最大的安全隐患是非法人员盗用合法卡作案。为了防止有人盗用他人合法卡作案,保证刷卡记录的真实性,系统可要求每次刷卡时都能联动视频抓拍下刷卡人照片或保存下刷卡时的录像资料。

门禁管理系统可以采用多种门禁方式(单向门禁、双向门禁、刷卡+门锁双重门禁、生物识别+门锁双重门禁)。对使用者进行多级控制,并具有联网实时监控功能。

门禁管理系统可以有效保障人、财、物的安全以及内部工作人员免受不必要的打扰,为工作人员建立一个安全、高效、舒适、方便的环境。

### 10.3.6　动力环境监测子系统

动力环境监测系统实现了对机房、生活区、工作区等场景下的动力设备及环境变量进行集中监控,可与空调、电表、不间断电源(UPS)、开关电源组等动力设备通信,支持对温度、湿度、噪声、扬尘等传感器信号的数据采集,同时可采用开关量信号输出控制声光报警器、风机和灯光控制器等设备。

将重要场所的动力环境数据进行采集、存储,并能及时地对环境的变化、风险进行预警,可有效减轻机房维护人员负担,实现无人或者少人值守,提高系统的可靠性,满足"集中监控、集中维护、集中管理"的维护管理目标要求,为安防重点区域科学高效地管理和安全运营提供有力的保证。

#### 10.3.6.1　系统结构

动环监测系统的原理是传感设备将数据接入到动环监控报警主机(可与其他系统主机共用),报警主机通过网络统一汇聚到管理平台,通过平台集中进行管理、监控、预警等应用。动环监测系统架构示意如图 10.3-11 所示。

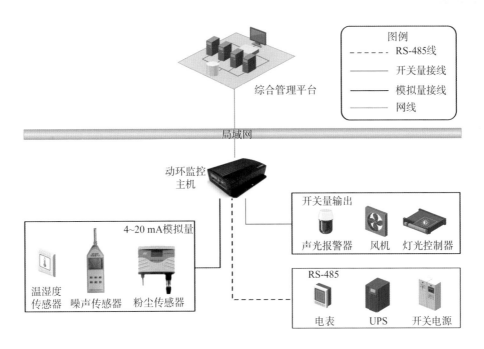

图 10.3-11　动环监测系统架构示意图

### 10.3.6.2　系统功能

1. 环境采集

系统支持接入对温度、湿度、噪音、扬尘等多种类型环境数据采集的传感设备,采集的环境数据可通过动环监控主机在指定摄像机画面上叠加显示,并传输到后台进行集中存储管理。

2. 监控报警

系统可以通过综合安防管理平台实时监测每个传感器,并支持对各种环境变量设定阈值,一旦超过这个值系统自动进行报警提示,以便用户及时进行确认处理。

3. 联动控制

系统支持通过信号联动控制,比如风机、空调、灯光、报警、监控等设备,同时也可以通过综合安防管理平台,实现跨平台、跨系统的联动控制,以便实现更大范围的数据信息共享。

4. 统计分析

系统采集的数据会持续存储在数据库中,用户可以通过综合安防管理平台访问这些数据,并对其进行查询、分析、统计,获取更多可用信息。

# 10.4　智能可视化监视中心

## 10.4.1　综合管理系统

综合管理软件采用模块化设计,部署方便,操作简便。"集成化""数字化""智能化"的平台,包含视频、报警、门禁、巡查、考勤、停车场、可视对讲、动环等多个子系统。在一个平台下即可实现多子系统的统一管理与互联互动,真正做到"一体化"的管理,提高用户的易用性和管理效率。基于面向服务架构(Service-Oriented Architecture,SOA)的集成多系统的联网平台,采用先进的软硬件开发技术,满足系统集中管理、多级联网、信息共享、互联互通、多业务融合等需求,还可根据行业自身管理要求和监控现状做进一步的定制开发,充分体现监控安防管理的效率。

平台采用组件架构,每个组件承担不同能力,包括基础环境组件、通用服务组件、共性业务组件和行业业务组件。

基础环境组件是平台运行的基础,通用服务组件提供各种前端设备的接入、存储等服务,共性业务组件提供视频监控、门禁管理、入侵报警、动环监控等综合安防类应用,行业业务组件提供水雨情监测、漂浮物监测等水利行业应用。

#### 10.4.1.1 泵站工程智能应用功能

1. 水雨情监测应用

水雨情监测信息在防洪、水利工程安全运行监测等方面具有重要意义。传统的水雨情监测系统由水位传感器、雨量传感器、监测终端等部分组成,存在成本高、故障率较高等缺点,同时由于水雨情监测系统只能将数据传回中心站,如果出现预警,难以确认是系统故障还是现场出现了险情,因此在水雨情监测系统之外,还需要在现场加上图像或视频监控设备,实时或定时查看安装于现场的水位尺和降雨情况,当出现预警时便于人工远程确认。

通过视频水位计对水尺进行监控,对水位尺进行读取,直接获得水位的数据,并可接入雨量计实现雨量监测,做到实时监测和预警,同时可自动保存和上传长期观测得到的数据。摄像机也可传输图像和视频,直观查看现场的水位情况和降雨情况,实现对监测数据和现场实际情况的多方复核。

水雨情监测模块支持对水位、雨量以及视频的关联展示,为防汛抗台、泵站运行安全监测等应用提供实时数据监测和预警服务。系统在站点中关联监控点和环境量数据,同时,可对监控点进行抓图及视频应用(如:切片管理),以及对于环境量数据进行数据应用(如:阈值告警/数据统计/实时数据/历史数据),并实现了水雨情与地图的综合应用,具备显示水利站点信息、展示水利站点实时数据以及实时预警、查看预警详情(包括预警站点关联监控点的实时预览、预警时的录像和截图以及站点关联环境量的数据趋势图)功能,支持天地图和高德地图两种地图类型并可以动态切换。

1) 站点切片

水利工程监测中,对数据的实时性要求较低,无需实时上报水雨情数据,按标准要求可按分钟级或小时级的时间间隔进行数据上报。站点切片指以监控视频资源为基础,以一定时间间隔抓拍后以图片形式进行存储、发布和应用。轮询抓拍切片通过程序设定,对所有监控点视频按一定的时间间隔、图片质量等参数进行切片抓拍,并在监控点窗口进行定时更新显示。轮询的图片将由系统进行统一处理,存储在云服务器上作为历史影像数据,供用户进行查询使用。可以按区域、流域、站类或站名过滤查询抓拍的图片,图片可以被放大、导出。

2) 地图监测

系统在地图上叠加水位站、水量站、视频站等多个图层信息,实现水雨情相关信息的集中统一呈现;在地图上显示泵站的位置以及信息,包括当前数据和关联的监控点视频。

3) 监测数据

平台可实时显示水雨情监测的实时数据,包括实时水位、1 h雨量等信息,并可通过实时预览功能直接从前端取流,观看站点的监控点视频。对监测的历史数据提供按区域、流域、监测时间的查询和统计功能。

4）汛情预警

在汛期,泵站的水位和一段时间内的降雨量会影响泵站的安全运行,需要关注水情和雨情的信息,对水情和雨情要及时预警,确保泵站安全稳定运行。平台根据站点的环境量数据和设置的阈值信息,对汛期的水情和雨情信息进行监测,超过设定值后,实时产生预警信息,并把预警信息通过短信或手机 APP 推送等方式发送到相关人员。预警信息内容包括最大超限值、超限时长、预警时间等。平台还提供查看告警对应的实时视频、预警录像、预警抓图及数据趋势图等内容的功能,用户可更清晰直观地了解预警的趋势变化和现场情况。

5）统计分析

支持以周、月、季、年和自定义时间为周期统计站点的数据,并可以将统计数据导出为 Excel 表格或是 PNG 格式的图片。

支持将雨量数据和水位数据显示在同一个趋势图中。

2. 漂浮物监测应用

汛期时,会有大量的枯枝、落叶、水草等垃圾大面积聚集在拦污栅前,直接影响泵站的高效和稳定运行,须要对泵站来水区域进行监测预警,提醒管理单位及时处理。

支持识别区域设定,设置监测关注区域。

支持漂浮物垃圾预警、人工确认,对报警图片进行实时短信推送。

支持漂浮物垃圾预警查询功能,按流域、时间等进行预警查询。

支持漂浮物分类监测,支持对绿色植物、垃圾、船只等的分类,可根据需要设置报警类别。

支持设置每个场景下的报警阈值(报警阈值为漂浮物面积在识别区域中所占的百分比)。

### 10.4.1.2　全景监控

在泵站等大范围场景监控下,普通设备的监控画面范围较小,无法覆盖全景,需要通过 AR 鹰眼设备实现对大场景范围的监控。可有效提升泵站监控的管理和使用效率,帮助用户快速、实时了解泵站的运行情况,实现视频监控的直观、可视化呈现。

基于 AR 鹰眼设备,将前端设备或业务系统采集到的多维信息进行汇聚和标签化展示。提供了高低点视频预览,云台控制、多画面轮巡,标签同步回放,标签管理、标签分层、数据可视化展示、联动、电子地图等功能。

支持球型鹰眼、全景摄像机以全景模式(全景画面和球机画面)进行观测。

支持球型鹰眼的观测模式(自动定位、手动定位)切换。

支持全景画面中抓图、紧急录像、电子放大功能。

支持球机画面中抓图、紧急录像、电子放大、3D 放大、云镜控制功能。

### 10.4.1.3　泵站工程基础应用功能

1. 视频监控

视频监控系统通过对前端编码设备、后端存储设备、中心传输显示设备、解码设备的集中管理和业务配置,实现对视频图像数据、业务应用数据、系统信息数据的共享需求等综合集中管理。实现视频安防设备接入管理、实时监控、录像存储、检索回放、智能分析、解码上墙控制等功能。通过开放的体系架构,全面、丰富的产品支持,满足用户多样的视频监控需求。

2. 实时预览

平台支持用户对监控点位的实时画面预览,包括基础视频预览、视频参数控制、视图模式的预览,支持与监控点所在的摄像机对讲通道进行实时对讲、批量广播以及对云台摄像机进行实时云台控制,按监控需求实时监控水利工程的运行状态。

基础视频预览:支持视频监控点目录上展示监控点的在线/离线状态,方便用户直观地了解各区域监控点的在线情况;支持视频播放窗口布局切换,包含 1、4、9、16、25 常规画面分割及 1+2、1+5、1+7、1+8、1+9、1+12 等个性化画面分割以及 1×2、1×4 的走廊分割模式,实现在同一屏幕上预览多点监控画面;支持在预览画面时进行抓图以及发现异常情况后,进行紧急录像,记录异常问题;支持监控点分组轮询,可设置轮询时间间隔、轮询分组的监控点顺序、默认窗口布局等对监控点视频画面进行轮询显示;支持轮询分组管理,满足用户按特定的需求进行轮询,如:防汛时轮询水位的监控点、日常巡查时轮询水利工程关键区域的监控点。

视图预览:视频预览支持以视图的形式保存监控点和播放窗口的对应关系及窗口布局格式,用户可用视图进行监控点分组管理及快速预览。支持以共有视图和私有视图两种模式进行视图管理。对视图中的监控点有预览权限的任何用户都可对公有视图进行预览、视图配置;私有视图只对本用户开放权限,其他用户登录后无法看到该视图。

云台及视频参数控制:支持对具有云台功能的监控点进行云台控制。在监控预览状态下,通过云台控制按钮对云台的上、下、左、右等 8 个方向进行控制,实现对监控画面的近距离、多方位观测。

3. 录像回放

录像回放用于对历史视频录像的查询、定位、播放、录像流控、片段下载等应用。

支持按录像类型(计划录像、报警录像、移动侦测)进行查询。

为了提升回放速率,支持对录像回放画面进行流控操作,包括正放、倒放、倍速播放、倍速倒放、慢放、慢速倒放、单帧步进、单帧步退等,可选倍速播放速率 1、2、4、8、16 倍速或慢速播放速率 1/2、1/4、1/8 倍速。

支持对重要的录像片段锁定和解锁,锁定的录像片段不能被覆盖或删除。

支持对录像添加标签和描述信息,并允许按标签类型、描述信息查找录像片段。

支持对录像回放中的人脸信息进行快速检索;录像回放时如发现可疑人员,可对当前画面中的人员直接进行"以脸搜脸",查询可疑人员的移动轨迹;无需用户手动截图到综合管控中进行人脸搜索,提升效率和易用性。

4. 电视墙应用

电视墙应用于监控中心,调度解码资源将前端编码设备的视频画面在电视墙上显示。电视墙提供了解码资源管理、视墙资源管理、电视墙/窗口的控制及内容上墙等功能。

5. 联网共享

平台提供视频联网共享功能,实现省、市、县多级平台的视频级联动,支持全网视频资源的汇聚和集中管理。实现上级对下级的视频查询调阅。

#### 10.4.1.4 泵站工程综合安防应用

1. 综合管控

提供丰富的业务联动和集成应用,用于事件的监控、检索、查看,支持基于电子地图的图上监控以及基于人脸识别技术的智能应用。

事件联动是以通用安防场景为基础,为解决"物物联动"开发的业务功能,以事件为驱动,支持通过开放的规则定义实现场景化的事件应用,实现在特定条件下执行特定动作,提供事件配置、分发、上报、联动等功能。

事件联动是平台的事件枢纽。主要通过对关键资源点配置事件规则及其联动动作,实现对一些异常情况的告警通知,方便管理人员快速地进行处置。支持按自定义或模板方式进行事件规则的配置,支持跨业务组件的联动,支持客户端、录像、抓图、语音、短信、邮件等多种联动方式。

支持查询历史事件,只能查看有事件接收权限的事件。

支持按事件类型、事件规则名称排列展示事件信息。

支持按所在区域、所属位置、事件源、事件等级、开始时间、结束时间、处理意见、处理状态进行过滤。

支持查看事件详情,包括查看预览、回放、事件图片等,对事件添加注释,支持在事件详情页面同时查看预览和回放画面。

中心应用客户端支持对报警事件的事件监控,可按照事件类型、事件规则名称、事件等级、未读事件、报警中事件对报警事件进行过滤展示,支持对报警事件进行单独、批量处理,支持对报警事件做"已处理"标记,支持对声音提醒、事件弹窗进行设置。支持紧急报警事件在客户端事件详情页面反控事件源特有的联动控制项(如:开箱控制、对讲控制、警灯开/关控制)。

2. 人脸监控

人脸监控是以人脸识别技术为核心,通过视频设备,对人脸特征进行识别和应用的系统。采用浏览器/服务器(Browser/Server,B/S)架构配置、客户机/服务器(Client/Server,C/S)架构控制结合的方式,实现视频中人脸的自动识别、抓拍及管理,并提供检索和名单布控功能。根据应用场景的不同,提供重点人员识别、陌生人识别和高频人员识别功能。

1) 重点人员识别

支持按分组或全局查看重点人员识别结果。

支持按开始时间、结束时间、抓拍点、相似度、年龄段、性别、姓名、证件号、是否佩戴眼镜对识别结果进行过滤。

支持按相似度进行排序。

支持对识别记录进行识别信息、抓拍原图、人员轨迹、录像回放的查询,人员轨迹中可按开始时间、结束时间、相似度过滤查询人员的轨迹;支持人员轨迹跨区域查询和展示。

2) 陌生人识别

平台支持对设定区域出现未授权人员(陌生人)的抓拍识别,支持按开始时间、结束时间、抓拍点、年龄段、性别、姓名、证件号、是否佩戴眼镜对陌生人识别结果进行过滤。

支持对识别记录进行识别信息、抓拍原图、人员轨迹、录像回放的查看,识别信息中可查看该人员近3天出现的次数统计,人员轨迹中可按开始时间、结束时间、相似度过滤查询人员的轨迹。支持人员轨迹跨区域查询和展示。

3) 以脸搜脸

支持通过上传目标人脸图片,搜索比对结果;上传的人脸照片支持单图或多图,多图模式时,一张多人脸的照片会分析形成多张单人脸照片,可在分析结果中选择要搜索的目标人脸。

支持按开始时间、结束时间、抓拍点、相似度过滤查询结果。

支持对识别记录中的人员进行人脸轨迹查询,支持人员轨迹跨区域查询和展示。

4) 高频人员识别

支持查看高频人员的识别结果。

支持按多种查询条件过滤,包括:开始时间、结束时间、抓拍点、出现次数。

支持查看高频人员识别详情,包括出现的次数、抓拍时间、抓拍点、人脸抓拍图、抓拍原图。

支持查看该高频人员轨迹,支持跨区域轨迹查看。

3. 车辆管控

在水利工程出入口位置,设置车辆抓拍识别设备,对进出的车辆进行管控,实现对车辆的测速、黑名单布控、白名单管理和卡口点轨迹查询。

支持普通抓拍事件的查询,查询条件包括车牌号码、车辆类型、事件源(卡口点)、车牌类型和时间;记录和抓拍图片可批量导出;支持列表和图标两种展现形式。

4. 报警监测(入侵报警、动环监控、紧急报警)

通过接入报警主机和动环主机,配合各种探测器和传感器,对区域进行布防和对环境量监控。平台采用 B/S 架构配置、C/S 架构控制结合的方式,通过报警设备和动环设备的接入,实现防区的入侵报警和机房的动环监控。

5. 一卡通

一卡通业务提供门禁管理、人员发卡、梯控、可视对讲、访客管理、考勤管理、巡更等功能,利用卡片、人脸、指纹等媒介,实现身份识别、出入管控、巡更、考勤等智能应用。采用 B/S 架构配置、C/S 架构控制结合的方式对资源、卡片、人员、权限等进行一体化管理,实现设备接入、业务配置和功能应用。以中心、区域为单位实现了物理概念与逻辑概念的巧妙融合,从而在满足用户对水利工程关键出入口安全需求的同时,给予统一、集中、系统化管理的解决方案。

6. 设备运维

为保证感知设备的稳定运行,平台提供设备运维功能,包括运维概况、一键运维内容。

1)运维概况

平台支持按区域以统计图方式展示监控点总数、监控点在线率、图像正常率、录像完整率,能一目了然地看到监控点的运行数据。

监控点总数统计图通过不同的颜色展现了监控点总数、高清数、标清数、未检测数,支持各项数据明细查看。

监控点在线率统计图通过不同的颜色展现了监控点在线数、离线数、未检测数,并计算出监控点在线率,支持各项数据明细查看。

支持以图形方式展示近 24 h、近一周、近一月的点位运行情况趋势,统计指标项包括监控点在线率、图像正常率。

支持近 24 h、近一周、近一月的视频异常问题统计,视频异常项包括取流异常、登录失败、解码失败、图像异常以及其他异常;图像异常项包括信号丢失、图像模糊、条纹干扰、视频遮挡以及其他异常。支持视频/图像异常项明细查看。

2)一键运维

一键运维是从数据库中读取运维数据,进行数据展示。

支持对监控点数量、解码设备数量、编码设备数量、存储设备数量、录像巡检、视频诊断数进行展现,支持以上各类型资源状态详情的查看和导出。

支持按区域对统计结果进行筛选。

支持根据监控点状态、录像状态、视频诊断状态、点播状态对系统运行情况进行评分。

支持对各区域的得分进行排名统计。

支持单独查看某个区域的得分情况。

3)视频监测

视频监测实现对监控点、编码设备、解码设备、存储设备的在线状态巡检及拓扑监控,保证设备的可用性和录像的完好性。

在线监测:平台支持通过统计图和列表方式分别展现监控点在线率、监控明细信息。支持监控点取流链路诊断,可快速定位判别取流异常时故障位置。

4)告警查询

系统按巡检计划对编码设备、监控点、存储设备、解码设备、门禁设备、门禁点、读卡器、梯控主机、梯控读卡器、可视对讲、消防设备、消防传感器、云存储进行巡检,记录告警。

支持以统计图、列表方式展现告警数据。统计图页面展现了今日新增告警数、告警总量、状态告警数、录像告警数、视频质量告警数、其他告警数;列表展现项包括告警源名称、告警源 IP、告警源类型、告警类型、等级、状态、触发时间、恢复时间、告警描述。

5)统计报表

系统可按运维类型分别显示统计信息,并进行统计分析。支持对监控点在线率、视频质量、录像完整情况的巡检结果进行统计、打分,生成统计报表,分别为区域运维统计表、视频质量统计表、录像情况统计表和取流情况统计表。

## 10.4.2　存储子系统

### 10.4.2.1　NVR 存储

小型视频系统的存储采用 NVR 模式,其中进程间通信(IPC)先接入 NVR,再通过 NVR 接入平台。IPC 与 NVR 之间实现了直接对接,而直接对接模式一般采用底层协议而非 SDK 方式,更有利于提高接入效率。NVR 直接获取 IPC 的音视频存在本机上,实现视频直存。

对于 NVR 台数和硬盘数量的设计,需要结合实际情况综合考虑,其中主要可参考"短板优先"的设计原则。"短板优先"是指在具体项目需求中,在部署 NVR 数量尽量少的前提下,首先分析接入路数(接入带宽)和存储容量哪个是主要限制项。假设接入路数为"短板",以接入路数来优先计算,假设接入带宽为短板,应以最大带宽所能容纳的最大接入路数来计算;对于存储需求很大,接入路数要求不高的情况,可先计算总的存储容量,再计算每台 NVR 最大存储容量,以此计算出需要的 NVR 台数。

### 10.4.2.2　CVR 存储

无论是采用直连式存储(DAS)或是存储区域网络(SAN),都需要配置存储服务器。数据流通过存储服务器再写入存储设备,点播回放的数据流也是需要通过存储服务器读出。

这样造成的问题有:

①服务器往往会成为存储系统的瓶颈;

②服务器增加了整体系统的单点故障;

③服务器也增加了成本开销。

把录像软件和播放软件嵌入存储设备中是整体上解决服务器存储模式的一种新的方法;编码器录像直接写入存储,平台和客户端可以直接从存储中点播;降低了客户使用成本,也提高了性能和可靠性。

为了解决以上问题,中心级视频网络存储设备(CVR)从根本上解决了上述模式带来的局限。

CVR 物理拓扑结构如图 10.4-1 所示。

这种通过流媒体协议写入存储的架构模式,使存储有更多的灵活性,可以做更多的工作,比如视频切割、文件压缩、文件加密等,同时也使得视频点播变得更加简单快捷。

采用 CVR 直接存储的优势:

(1)支持视频流经编码器直接写入存储设备,省去存储服务器成本,避免服务器形成单点故障和性能

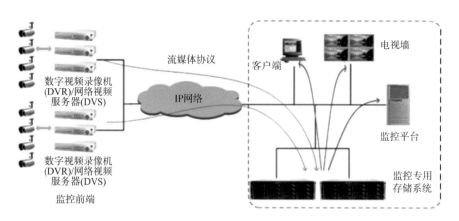

图 10.4-1　CVR 物理拓扑图

瓶颈,提高录像质量。

(2) 支持手动录像、自动定时录像、视频移动录像、报警联动录像、视频丢失报警录像、循环录像和报警预录像。

(3) 客户端、平台直接接入,可实现对监控数据的直接下载、检索、浏览和回放等。可获得极高的录像导出速度,提供更流畅的录像回放质量,且不占用 DVR/DVS 资源。

(4) 支持通过网络远程调用历史图像信息,回放时支持暂停、播放、停止、慢放、快放、拖动以及循环播放等操作,支持回放时图像抓拍功能。

(5) 支持 MJPEG/MPEG-2/MPEG-4/H.264/AVS 等多种图像格式视频流的实时存储及点播。

(6) 高可靠性,存储设备间各自独立,任何单磁盘阵列的故障不会影响其他盘阵的正常使用。

(7) 部署简单,易扩展,支持分布式存储与集中式管理的机制。

(8) 提供二次开发接口及控件,充分利用灵活对接的特点,兼容主流编码器及平台。

### 10.4.2.3　视频云存储

视频云存储系统基于云架构进行开发,融合了集群应用、负载均衡、虚拟化、云结构化、离散存储等技术,将网络中各种不同类型的存储设备,通过专业应用软件集合起来协同工作,共同对外提供视频、图片数据存储和业务访问服务。视频云存储架构如图 10.4-2 所示。

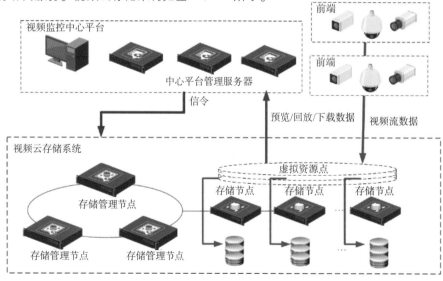

图 10.4-2　视频云存储架构图

视频监控平台根据业务需求向各前端摄像机下发录像计划,视频云存储系统根据当前系统内的业务负载情况分配具体的存储空间,前端摄像机推送视频数据流直写到分配的存储设备上。另外与 CVR 存储模式一样,视频云存储数据传输协议支持主流的流媒体协议(如:RTSP/ONVIF/PSIA 等)和《安全防范视频监控联网系统信息传输、交换、控制技术要求》(GB/T 28181—2022)规范;支持平台直接调取,结构简单,可独立组网。

云存储系统为用户提供了统一的存储服务,并提供高效的应用程序编程接口(Application Programming Interface,API)和熟悉的访问接口,应用系统可以把重心放在具体的业务开发上,这样可以促进监控系统的持续有序发展,发挥监控系统的最大效能。

1. 可扩展性和高性能

系统采用模块化结构设计,扩容非常方便,既可满足当前的需要又可实现今后系统平滑扩展。系统支持在不停止服务的情况下,动态地加入新的存储节点实现扩容,最大容量仅受元数据内存限制,默认10 PB。同时,云存储系统扩展时,对上层业务系统是透明的,业务系统可根据需要对配额进行调整,而不需要管理新增空间。

系统采用控制流与数据流分离的技术,数据的存储或读取实际上是在各个存储节点上并行读写,这样随着存储节点数目的增多,整个系统的吞吐量和输入输出性能将呈线性增长。同时,采用负载均衡技术,自动均衡各服务器负载,使得各存储节点的性能调节到最高,实现资源优化配置。系统的高性能可以很好地支持以后大规模的数据共享和高效的视频分析数据挖掘应用。

2. 数据的可靠性和服务的可用性

数据是业务系统核心应用的最终保障,其可靠性至关重要。云存储系统的核心是一个分布式文件系统,设计时假设任意机框、任意节点、任意硬盘都可能出现故障,通过分布式的数据冗余、数据操作日志、元数据主备冗余,数据自动恢复等多种机制来处理这些故障。

文件写入时,数据被分片冗余存储在不同的存储节点上,采用节点间冗余容错机制进行容错,可在组内任意损坏一个存储服务器节点的情况下实现数据完整可靠,降低硬件故障、网络异常等给系统造成的数据丢失风险。

云存储的管理节点采用了主备双机镜像热备的高可用机制,在主管理节点出现故障时,备管理节点自动接替主管理节点的工作,成为新的主管理节点,大幅提高了系统的稳定性,保障系统的 7×24 h 不间断服务,支持应用系统对数据的随时存取。

3. 智能运维,管理简单

系统提供基于 Web 的管理控制平台,所有的管理工作均由管理模块自动完成,使用人员无需任何专业知识便可以轻松管理整个系统。通过管理平台,可以对其中的所有节点实行实时监控,用户通过监控界面可以清楚地了解到每一个节点和磁盘的运行情况;同时也可以实现对文件级别的系统监控,支持损坏文件的查找和修复功能。

4. 分布式流媒体能力

视频云存储节点的流媒体服务具备分布式部署能力,实现了流媒体之间的动态负载均衡,区别于传统流媒体集群建设模式,传统流媒体集群出现故障时,接管需要 2~3 min,故障接管导致无法拉流。视频云存储流媒体服务具备动态负载均衡,弹性扩容,具备快速故障接管能力,充分保障了业务的高可靠性及稳定性。

5. 超融合

视频云存储围绕着视频、图像、结构化数据进行采集、存储、转发、分析,运用分布式的云架构,并结合对安防业务的深入理解,提供更为丰富的安防特性。利用超融合基础架构,整套视频云存储不仅仅具备计算、存储和流媒体资源和技术,而且还包括视频广场、视频直播回放、解码上墙、报警等视频基础业务元素,提供满足安防行业需求的一整套视频云解决方案。

#### 10.4.2.4 存储配置

根据水利视频监视系统技术规范要求,视频监视系统应对实时视频信息进行连续存储,存储时间不小于 7 d,存储图像信息分辨率不小于 $352\times288$,即标准化图像格式(Common Intermediate Format,CIF),重点实时视频信息存储时间不小于 15 d,且具有历史图像调用回放功能。

1. NVR、CVR 存储配置

1) 需求容量计算

需要考虑前端监控路数、单路视频图像码流、录像时间、录像保存时间。

视频图像存储空间计算公式:单个通道 24 小时存储的容量(GB)=[视频码流大小(Mb)$\times$60 s$\times$60 min$\times$24 h$\times$存储天数/8]/1024。

一路视频图像在 7 d、15 d、30 d 所需要的存储空间估算见表 10.4-1。

表 10.4-1　视频图像所需占用空间　　　　　　　　　　　　　　单位:GB

| 视频规格 | 存储天数 | | |
|---|---|---|---|
| | 7 d | 15 d | 30 d |
| 1 920×1 080(HD 1080P),8 Mb 码流(最佳图像效果) | 591 | 1 266 | 2 532 |
| 1 280×720(HD 720P),4 Mb 码流(最佳图像效果) | 296 | 633 | 1 266 |
| 720×576(D1),2 Mb 码流(最佳图像效果) | 148 | 317 | 633 |

2) 可用容量计算

磁盘容量损失:标称 2 TB 的硬盘由于进制关系,其实际可用容量为 2 000/1.024/1.024/1.024$\approx$1 862 GB。

格式化损失:如果一个裸硬盘空间要被某个文件系统识别,并且存储该文件系统的数据需要被该文件系统进行格式化,而这个过程有一定的空间损失(可以理解为毛坯房的装修,装修都会占用一定的空间,不同的装修风格占用的空间也不同)。CVR 格式化损失通常为 3%~5%,我们一般以 5% 计算。

独立冗余磁盘阵列(RAID)和热备盘损失:RAID 的主要特点是多硬盘冗余、并行工作,比起单盘模式性能高、可靠性强。RAID 5 中有 1 片盘的逻辑容量用于存储校验数据,热备盘用来做故障替换,不存储实际数据;经测试 8~12 块硬盘做一组 RAID 5 时读写性能最高,即使硬盘数量再往上增加,性能不会更好,增加到一定数量性能反而会有所下降。一台设备配置多组 RAID 可以分散磁盘坏掉时数据丢失的风险,如果多组 RAID 轮流工作还可以明显降低磁盘的故障率。根据项目经验,推荐 16 盘位配置 2 组 RAID 和 1 片热备盘(8+7+1),24 盘位配置 2 组 RAID 和 1 片热备盘(12+11+1),36 盘位配置 3 组 RAID 和 2 片热备盘(12+11+11+2),48 盘位配置 4 组 RAID 和 3 片热备盘(12+11+11+11+3),60 盘位配置 5 组 RAID 和 3 片热备盘(12+12+11+11+11+3),72 盘位配置 6 组 RAID 和 4 片热备盘(12+12+11+11+11+11+4)(具体配置可根据项目情况进行调整)。

3) 设备选择

选择设备时,首先要考虑设备提供的存储容量是否能够满足需求,其次再考虑提供这么大存储容量的设备性能是否能够满足项目中前端并发写入,如果不能满足需要考虑更换更高性能产品或是选择更小盘位产品来分担设备压力。不同系列产品对并发录像数支持不同,根据实际项目前端码流和并发路数进行选择。

4）应用实例

1 台视频存储磁盘阵列，配置 24 片 2 TB 企业级 SATA II 硬盘，设备配置 2 组 RAID 5，另配置 1 片热备盘，考虑到 RAID 5、热备盘和 5% 的空间格式化损失，本配置可以提供的有效容量为：$[24-(2+1)\times 1]\times 1\,862\times 0.95/1\,024\approx 36.28$ TB。

2. 云存储配置

视频录像数据包括：监控摄像机全天候定时录像、事件触发录像、手动录像。

视频监控系统一般采用 H. 264 编码算法：

(1) 设计码流为 1 080P@30 帧(1 920×1 080)3～4 Mbps，这样的算法和带宽可以确保图像清晰度、色彩还原及编解码延时等几个关键指标的综合最佳效果。

1 路 1 080P 摄像机按照这样的码流计算 30 天的存储空间：$4$ Mbps$\times 3\,600$ s$\times 24$ h$\times 30$ d$/1\,024/1\,024/8\approx 1.24$ TB。

(2) 设计码流为 720P@25 帧(1 280×720)1.5～2 Mbps。

1 路 720P 摄像机按照这样的码流计算 30 天的存储空间：$2$ Mbps$\times 3\,600$ s$\times 24$ h$\times 30$ d$/1\,024/1\,024/8\approx 0.62$ TB。

在项目设计时需提前规划适当的冗余容量。一般在需求容量的 10%～25%。

以 24 盘位网络存储设备为例，为了保证数据的可靠性，存储设备一般采用如下冗余措施：每台设备配置 1 片热备盘，剩余 23 片盘做两组 RAID 5。

(1) 采用 3 TB 企业级硬盘，标准 3 TB 硬盘由于十进制与二进制计数的不同，其实际容量为 3 000 GB/1.024/1.024/1.024≈2 794 GB。

(2) 考虑到 RIAD 5 冗余措施，每台设备可用的有效存储硬盘位 21 片，同时考虑 5% 的空间损失，则每台存储设备的净存储空间为两组 RAID 容量之和。

$2\,794$ GB$\times 11\times 0.95/1\,024+2\,794$ GB$\times 10\times 0.95/1\,024\approx 54.43$ TB

(3) 根据容量计算出所需要的存储设备数量和硬盘数量为：

存储设备台数 $M$＝系统总存储容量/每台设备的净存储空间

硬盘个数 $A$＝存储设备台数 $M\times 24$(盘位)

通过以上计算后得出了云存储系统的管理服务器和存储设备的硬件数量。每套云存储系统中仅需要一套云存储软件。

设备清单见表 10.4-2。

表 10.4-2　视频云存储设备清单

| 视频云存储系统硬件设备清单 | | | | |
|---|---|---|---|---|
| 硬件项目 | 数量 | 单位 | 参数说明 | 备注 |
| 视频云存储管理服务器 | $N$ | 台 | | 双机模式：2 台；集群模式：≥3 台，台数为奇数 |
| 视频云存储主机 | $M$ | 台 | | |
| 视频云存储系统软件清单 | | | | |
| 软件项目 | 数量 | 单位 | 参数说明 | 备注 |
| 视频云存储管理软件 | 1 | 套 | | |

### 10.4.3 解码拼接控制子系统

监控中心的上墙视频都是取自前端网传过来的压缩视频,需要将压缩视频流解码才能进行上墙显示。视频解码主要分为解码器解码和视频综合平台解码方式。

解码器的接口及性能是固定的,一般适用于拼接数量少、扩展性要求不高的项目场景中。

解码拼控子系统主要是采用系统级的、以解码、控制、拼控等功能集于一体的视频综合平台来进行设计,满足解码拼控等功能。

视频综合平台参考高级电信计算架构(Advanced Telecommunications Computing Architecture, ATCA)标准设计,支持模拟及数字视频的矩阵切换、视频图像行为分析、视音频编解码、集中存储管理、网络实时预览、视频拼接上墙等功能,是一款集图像处理、网络功能、日志管理、用户和权限管理、设备维护于一体的电信级视频综合处理交换平台,解码拼控子系统采用视频综合平台,性能强大,集成度高。

#### 10.4.3.1 视频综合平台

1. 一体化设计

可插入各类输出接口类型的增强型解码板,每个输出接口能输出多路高清视频,进行上墙显示;由于视频综合平台本身集成大屏拼控功能,能进行拼接、开窗、漫游等各类功能。

可插入各类信号输入板,可将电脑信号输入并切换上墙;除此之外,也可接入模拟、数字(HD-SDI)或光信号的信源。

空余部分槽位,为后期系统扩展等提供接口。

将平台软件模块以 X86 板插入的形式全部部署在视频综合平台内,无需购置各类服务器,平台各模块借助综合平台高性能的双交换总线技术,高效平稳地运行,无需考虑原先网络压力问题。

2. 链路汇聚(LACP)设计

由于视频综合平台是整个系统核心,包括流媒体服务器也部署在内,所以核心交换机到视频综合平台之间的网络承载的压力很大。为了保证整体系统稳定高效,设计采用链路汇聚(LACP)功能,在核心交换机和视频综合平台间用两条千兆网线连接,并进行设置。

链路汇聚设计实现以下两大功能:

①在带宽比较紧张的情况下,通过逻辑聚合可以扩展带宽到原链路的 2 倍;

②在需要对链路进行动态备份的情况下,可以通过配置链路聚合实现同一聚合组各个成员端口之间彼此动态备份,当一条链路出现故障,另一条自动承担故障链路工作,维持系统正常运行。

#### 10.4.3.2 视频综合平台主要功能

1. 多种输入/输出

支持网络编码视频输入、VGA 信号输入,数字矩阵交换和网络 IP 矩阵交换输出。

支持 DVI/HDMI/VGA 接口输出、整机最大支持 256 路 D1/128 路 720P/64 路 1 080P 解码输出。

2. 解码上墙

支持实时视频解码上墙,用户可以用鼠标直接拖拽树形资源上的监控点到解码窗口中,立刻进行该监控点实时视频的解码上墙处理。

支持历史录像回放视频解码上墙,用户可查询前端设备或中心存储录像,并将播放的录像视频直接拖拽到解码窗口中,立刻进行该监控点当前回放视频的解码上墙功能。

支持动态解码上墙云台控制功能,在监控点实时视频进行解码上墙时,用户对解码窗口进行选中后,点击云台控制操作盘进行云台控制操作。

支持多画面分割,解码窗口支持多画面分割,能够支持 1、4、9、16 等多种分割模式。

3. 拼控管理

支持大屏拼接功能,系统支持模数混合矩阵接入,能够实现模数混合矩阵解码板大屏拼控功能,通过鼠标框选的方式,快速地将多个独立的解码窗口拼接成一个大屏,适用于高清画面等需要重点监控的视频。

支持开窗漫游功能,大屏拼接后用户可以选择最多打开三个漫游窗体,漫游窗体图像可以叠加和自由调节位置和大小,满足更多用户个性化图像解码上墙的需要。

4. 报警上墙

支持单屏报警上墙,用户可以在独立的监视屏或拼接大屏中进行报警上大屏配置,当计划内的报警产生时能够在配置的大屏中进行报警上墙,整个配置可按监视屏配置多个报警,各个监视屏可独立配置。

支持报警场景切换,用户可以单独配置一个报警场景,当该报警场景上配置的报警触发时,电视墙自动切换到报警场景中,并进行相应的视频解码上墙显示。

5. 其他功能

视频综合平台集成了视频输入、输出,视频编码、解码,大屏拼接控制、视频开窗、漫游等功能,将原来需要多个设备才能实现的功能集中在一台设备上,从而降低了设备之间连接线缆的成本,减少了故障点和设备占用空间,为整个机房的美观创造了良好条件。

## 10.4.4　显示子系统

随着自动化和信息技术的飞速发展,监控中心对信息显示的要求越来越高,其中大屏幕显示系统作为集中信息显示的交流平台,可以将各种监控系统的计算机图文信息和视频信号等进行集中显示,在实时调度、会商、决策及信息反馈等方面都起到了重要作用。

目前市场主流大屏显示系统主要为 LCD 液晶拼接屏、DLP 大屏、LED 屏。其中 LCD 液晶拼接屏成本相对较低,但是有拼缝。DLP 价格高,维护不方便。LED 显示屏能真正做到无缝拼接,整个画面均匀一致,无分割,没有黑线。

## 10.4.5　服务器管理系统

### 10.4.5.1　服务器

平台服务器可以分布式部署、独立运行,各服务器都可以支持以应用集群的方式进行冗余配置和在线扩充,具备彼此的应用服务器接管能力。

服务器统一采用 PC 服务器;服务器应具备多 CPU 系统、高带宽系统总线、I/O 总线,具有高速运算和联机事务处理(OLTP)能力,具备集群技术和系统容错能力;服务器应支持双路独立电源输入,采用机架式安装。

平台主要有以下服务器:中心管理服务器、流媒体服务器、数据库服务器等。其他软件模块可安装在这些服务器上以实现功能。

### 10.4.5.2　管理服务器

管理服务器是综合辅助系统中心系统的核心单元,应实现前端设备、后端设备、各单元的信令转发控制处理,报警信息的接收和处理以及业务支撑和信息管理,同时也需要提供用户的认证、授权业务以及网络设备管理的应用支持,包括配置管理、安全管理、计费管理、故障管理、性能管理等。

### 10.4.5.3　流媒体服务器

流媒体服务器是综合辅助系统中心系统的媒体处理单元,实现客户端对音视频的请求、接受、分发,流媒体服务器仅接受本域管理服务器的管辖,在管理服务器的控制下为用户或其他域提供服务。

流媒体服务器可实现集群部署或分布式部署,既可向前端或其他流媒体服务器发起会话请求,也可以接受客户端设备或其他流媒体服务器的会话请求。

流媒体服务器能接收并缓存媒体流,进行媒体流分发,将一路音视频流复制成多路。

### 10.4.5.4　校时服务器

通过网络时间协议(Network Time Protocol,NTP)对网络内的所有设备的时间进行同步,能够持续跟踪时间的变化,并自动进行调节。同时,设备内置恒温晶振,在暂时失去外部信号的情况下,也可继续保持较高的时间精度,进行码分多址(CDMA)、GPS、北斗组合授时,授时精度到毫秒级(GPS、北斗授时精度为1 ms)。

## 10.4.6　其他关键服务技术

### 10.4.6.1　海量设备树加载

设备树的加载,一直是视频监控平台耗时最严重的地方,新一代的公共安全联网共享云平台,借助 redis 组件,优化设备树的组织形式,将树结构分段处理,分散保存,提升整体的存储能力;调整平台和客户端之间的交互流程,加快了交互次数,从而大大减少获取设备树的时间,以支持百万路甚至千万路以上设备树的获取和展示。

### 10.4.6.2　海量在线用户并发访问

平台架构使用分布式、去中心的微服务架构,可支持海量用户同时在线,对于正常的业务获取请求,使用分布式架构分摊请求压力,对于会改变服务状态的请求,通过统一入口的负载均衡调度后,保证业务流程的正确性。

### 10.4.6.3　电子地图海量点位加载

通常情况下电子地图上点位超过一万级别时,就会造成资源被占用、客户端操作非常卡顿的现象。

为解决这一难题,需要将资源消耗转移到后台,使用空间数据库、GIS 服务、缓存、抽稀等技术研制成海量点位加载服务,在前端展示时使用瓦片化请求的形式来快速获取点位展示,最终达到百万数量级别的点位能在秒级别时间内展示,并能流畅操作,地图无卡顿现象。

### 10.4.6.4　消息队列服务

分布式系统很重要的一个设计原则是松耦合,即尽量减少子系统间的依赖。这样各个子系统可以相互独立地进行演进、维护、重用等。消息队列则是一种很好的解耦手段。消息队列实现数据的开源发布及取用。

1. 可靠性

消息队列要实现从生产者(Producer)到消费者(Consumer)之间的可靠的消息传送和分发。传统的消息队列系统通常都是通过缓存代理(Broker)和 Consumer 间的确认(Ack)机制实现的,并在 Broker 保存消息分发的状态,但一致性难以保证。消息队列(Kafka)的做法是由 Consumer 保存状态,无需确认,可提升 Consumer 灵活性。Consumer 上任何原因导致需要重新处理消息,都可再次从 Broker 获得。

消息队列的 Producer 具备一种异步发送的操作,可提高性能。Producer 将消息放在内存后返回。调用者(应用程序)无需等网络传输结束即可继续。内存中的消息会在后台批量地发送到 Broker。

在最新的版本中,实现了 Broker 间的消息复制机制,去除了 Broker 的单点故障(SPOF)。

2. 扩展性

消息队列使用开源的分布式协调服务(ZooKeeper)来实现动态的集群扩展,不需要更改客户端(Pro-ducer 和 Consumer)的配置。

3. 负载均衡

负载均衡可以分为两个部分:Producer 发消息的负载均衡和 Consumer 读消息的负载均衡。

Producer 有一个到当前所有 Broker 的连接池,当一个消息需要发送时,需要决定发到哪个 Broker。

### 10.4.6.5  规则引擎服务

平台接入服务的数据越来越丰富,从最初单一的音视频数据到目前丰富的多维度数据(动检、过车记录、消防传感器信息等)。随着业界对"万物互联"越来越达成共识,公共安全联网共享云平台接入服务的结构化数据还会更加丰富。

对于构建在平台中的具体业务而言,它需要过滤/处理接入服务存放到消息队列中的多样化的、海量的数据。对消息队列中的数据进行过滤/处理有个共同的典型场景:即对消息队列中的消息选择性地订阅,经过筛选、变形,然后进行进一步的处理,比如存储到数据库、进行流式处理、进行机器学习等。

对于事件中心类似的业务,还有个典型场景:用户将规则和设备、应用与告警绑定,当绑定的消息满足条件时,规则可以自动执行响应动作。满足的条件有阈值超限、范围超限、位置跟踪等。这个场景与前一个场景不同之处在于规则变化更加频繁。

如果业务系统都自行完成对消息的选择性订阅、消息筛选变形、消息入库/转发、筛选变形规则的调整,一方面业务系统不能聚焦在自身核心业务上,会造成重复建设浪费人力;另一方面也造成业务系统和消息源强耦合。

鉴于上述现实存在的问题,平台引入了规则引擎服务。规则引擎服务提供了消息的选择性订阅、消息筛选变形、消息入库/转发、筛选变形规则调整的服务。业务系统通过规则引擎服务的使用,只需要建立相应规则,规则引擎服务就能帮助业务系统完成消息的订阅/筛选变形/入库转发。公共安全联网共享云平台业务系统将和消息源本身解耦,提高软件开发效率。

规则引擎(图 10.4-3)支持物联网接入、消息队列、第三方数据源等作为数据的实时输入源,在读取实时输入源数据,做一系列的处理逻辑之后,可以将处理得到的结果数据输出到平台的产品服务中。

规则引擎针对实时数据的处理可以分为几种:单个消息源的基于业务逻辑的匹配判断;单个消息的时间窗的处理,可以判断某个消息源是否有脉冲式事件、是否存在结束等业务逻辑判断;基于多个消息源的关联业务逻辑的匹配判断处理;加载外部表或者外部库等方式,实现实时业务的布控逻辑。

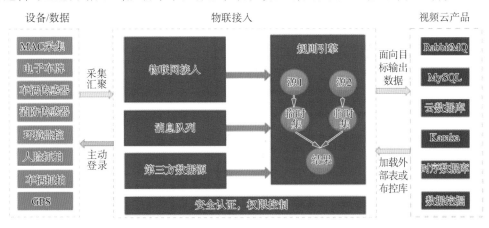

图 10.4-3  规则引擎图

规则引擎具有公共实时消息处理能力,对外提供统一的接口,可以供上层业务方便地进行使用,可以极大简化原有针对每种业务处理的固定逻辑处理,克服无法扩展、服务无法做到多样化、资源占用高、性能处理弱等缺点,结合业务展现可实现可编排的消息处理,灵活应对业务的多变性。

平台系统规则引擎服务在进行消息处理的过程中,考虑到消息重复读取的问题,会把同消息源的规则做集合统一处理,一方面减少了消息的重复读取,另一方面也减少了消息的低效处理。平台系统规则引擎服务是一个分布式集群,负载均衡算法考虑到消息处理的高效,一个消息源的消息只由一个节点负责处理。节点处理消息时也只会去匹配相关源的规则。

#### 10.4.6.6  统一用户体系

统一认证鉴权服务,其设计目的在于为应用系统提供一套统一、可靠、高效的用户角色认证体系,实现不同场景需求的模块复用,提供统一的交互接口。

(1) 统一认证鉴权服务可作为独立服务,减少和各业务的耦合度,仅负责用户和角色的维护。

(2) 权限管理,按服务拆分,不集中化管理,减少耦合度。

(3) 多系统的统一权限配置入口,需要规范各系统的提供统一权限列表获取和配置的接口。

#### 10.4.6.7  统一入口

微服务架构(图 10.4-4)导致后台的功能服务会非常多,如果直接给业务使用,那么业务程序需要保存众多的服务地址,加大业务程序的开发工作量。平台在后端微服务和业务程序之前,提供了统一的入口服务。

统一入口服务屏蔽客户端对后台众多的业务服务直接联系,外部访问时,只需要知道一个地址,根据协议请求不同的服务;对于后端服务,各种传输层上的安全检查和流量控制都不需要关心,只需要专注本身提供的业务功能;统一入口对于后端的微服务提供几种常用的负载均衡策略,方便服务扩展。

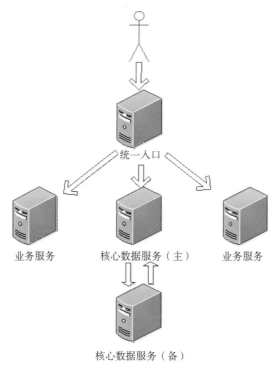

图 10.4-4  微服务架构图

### 10.4.6.8　客户端模块插件化

系统采用模块化接入框架(OSAS),它向开发者提供了模块化、插件化和动态扩展等功能,支持 windows、macOS 和 linux 等多种平台。

OSAS 提供了以下功能:

1. 模块化与插件化支持

基于 OSAS 开发的模块是一个物理隔离的、可单独部署的单元。只要将模块放到指定插件目录下,它就会向外提供服务,方便功能快速集成和高度复用。

2. 支持热插拔

所有符合规范的模块都可以被动态安装、启动、停止和卸载,而系统本身无需停止。

3. 自动化协作并行开发

以 OSAS 为基础发布插件仓库,实现以"搭积木"方式来开发软件,加速软件开发部署。同时基于 OSAS 基础框架,团队很容易形成并行开发模式。

### 10.4.6.9　浏览器无插件

在视频监控领域,由于受到视频播放的限制,在传统的 B/S 架构中,需要安装插件才能播放视频。而在目前主流的浏览器 IE、Chrome、Safari 等中,只有 IE 才支持安装插件,并且后续的 Edge 浏览器也不支持插件了,故浏览器无插件化趋势越来越明显。

目前行业需求中浏览器无插件化最大的影响是视频流的播放和其他一些应用需要读取外置设备信息,比如读卡器、U 盾等。

平台的直播支持实时流传输协议(RTSP)和直播流协议(HTTP-FLV),回放支持 RTSP 和基于 HTTP 的流媒体网络传输协议(HLS)。其中 RTSP 主要是在 C/S 模式下使用,具有延迟性好,协议易扩展,支持组播功能。HLS 和 HTTP-FLV 是在 B/S 模式下使用。HLS 支持 HTML5,无需任何插件;直播协议 HTTP-FLV 延迟低,易用性高,浏览器支持 Flash Player 就能播放。

1. FLV 直播

FLV(一种常用的多媒体文件格式)直播基于 RTSP 直播进行二次数据处理;基于服务器 Nginx 进行开发,Nginx 进程是寄存在转发集群的数据节点上。

除 Nginx 自带的各模块以外,与直播功能相关的模块包括前端请求处理模块、请求管理功能模块、本地域套接字功能模块、RESTClient 功能模块、RTSPClient 功能模块、云存储 SDK 功能模块。

(1) 前端请求处理模块:用于处理前端直播回放的请求,并异步将数据推送至前端。

(2) 请求管理功能模块:由于对同一直播源的多个 HTTP 请求,最终只会从转发集群拉取一路码流,因此该模块需要对同一直播源的多个 HTTP 请求进行分类管理,并维护每个请求的缓存空间。与此同时,调用本地域套接字模块创建/销毁本地域侦听套接字,或创建与本地侦听套接字的连接。

(3) 本地域套接字功能模块:由于 Nginx 是多进程模型,对于同一直播源的多个 HTTP 请求可能因负载均衡分配到不同的 Nginx 进程中进行处理,但是仍旧只能从转发集群拉一路码流,因此多个进程之间通过本地域套接字通信,完成多进程间码流数据的转发。

(4) RESTClient 功能模块:负责向统一认证集群请求鉴权结果。

(5) RTSPClient 功能模块:负责接收 RTSP 码流数据。

(6) 云存储 SDK 功能模块:负责从云存储读取文件属性以及文件的内容。

FLV 直播流程类似 RTSP 的流程。当接收到客户端的第二次直播请求时,判断当前是否有对同一直播源的请求,如果有则查找直播源请求对应的域侦听套接字,并建立连接;如果当前进程没有对该直播源请求则创建域侦听套接字,域侦听套接字创建失败表示已经处理过对该直播源的请求,直接建立与域侦听套接字的连接即可,创建成功则同样建立与域侦听套接字的连接,然后请求 RTSP 码流,返回给客户端。

2. HLS 回放

HLS 回放的内部模块和流程与 FLV 直播一致,唯一不同的是 FLV 直播是前端设备拉流,而 HLS 回放是从云存储读取视频流。所以在模块功能上,请求管理模块中,缓存数据有差别。

## 10.5 智能可视化协联

### 10.5.1 指令、报警、故障事故与视频协联

当泵站业务系统对某个设备发出远程控制指令或某个设备出现报警、故障事故信息时,系统自动显示该设备的所有现场图像信息,以及该设备所在区域的环境信息,管理人员可以对该设备的操作过程及实时状态进行全面分析和判断,保证远程操作的可靠性。主要包括闸门开启、关闭,主机组开启、关闭,清污机开启、关闭等。

### 10.5.2 与清污机的协联

污水进入泵站后,视频监视系统图片采集模块对泵站进水侧的水面情况进行监控,并将图像信号发送至上位机;上位机中污物尺寸识别模块对污物的尺寸进行智能识别;判断分析模块对污物的尺寸进行判断分析,判断是否满足开机条件;当污物的数量或覆盖面积达到边界值时,报警模块发出预警信号。通过视频监视图片采集模块实时监测的图像信号进行水面的监控,当泵站进水侧的漂浮物的数量或覆盖面积达到一定边界值,视频信号会触发设定好的预警信号,并将信号上传到计算机监控系统,通过控制程序进行清污机的远程自动启停,减少运行人员的投入和工作强度,确保工程安全运行。

### 10.5.3 与预警广播的协联

在危险区域或人员禁止进入的区域和时间段,当视频监控系统智能分析到人员时,可联动预警广播进行自动提醒和警告。

### 10.5.4 与火灾报警系统的协联

由于泵站为重点场景,一旦失火,会造成巨大的经济损失,严重的还会引起人员伤亡,危及该地区社会稳定,所以有必要做好防范措施。

当火灾报警系统接收到火灾报警信号时,报警系统向视频监控系统发送报警信号。视频监控系统接收到信号后,能准确定位报警位置,调用相应区域摄像机捕捉画面并投射到监控中心屏幕上,监控中心可以看到火灾现场的细节,相关人员根据火灾报警点的监控视频及时处理突发事件。

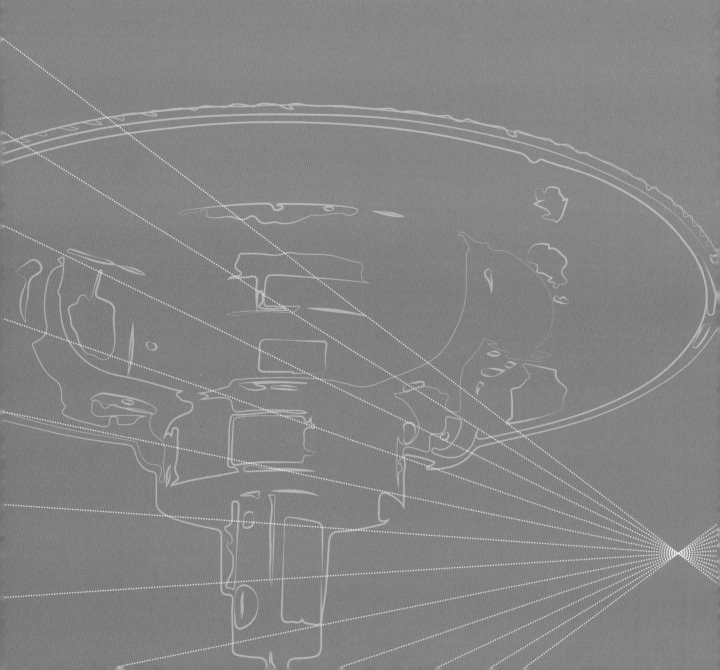

# 11

# 通信与计算机网络

11.1 概述

11.2 网络系统总体设计

11.3 控制专网数据通信

11.4 业务内网数据通信

11.5 业务外网数据通信

11.6 系统数据通信协议

# 11 通信与计算机网络

## 11.1 概述

### 11.1.1 计算机网络的定义

计算机网络是一个将分散的、具有独立功能的计算机系统,通过通信设备与线路连接起来,由功能完善的软件实现资源共享的系统。

对于这一说法,其中仍有一些不确定的地方,如完善的标准是什么? 资源共享的内容、方式、程度是什么? 资源共享是最终目标吗? 鉴于这些不确定性,对计算机网络的理解主要有三种观点:

(1) 广义观点。持此观点的人认为,只要是能实现远程信息处理的系统或进一步能达到资源共享的系统都可以成为计算机网络。

(2) 资源共享观点。持此观点的人认为,计算机网络必须是由具有独立功能的计算机组成的,能够实现资源共享的系统。

(3) 用户透明观点。持此观点的人认为,计算机网络就是一台超级计算机,资源丰富、功能强大,其使用方式对用户透明,用户使用网络就像使用单一计算机一样,无需了解网络的存在、资源的位置等信息。这是最高标准,目前还未实现,是网络未来发展追求的目标。

计算机网络的应用越来越广泛,深刻地影响着社会发展的进程。今天要列出哪里不需要计算机网络已经变得非常困难,在此我们只简单地说明计算机网络的几个应用方向。

（1）对分散的信息进行集中、实时处理。比如航空订票系统、工业控制系统、军事系统等众多的系统。

（2）共享资源。实现对各类资源的共享，包括信息资源、硬件资源、软件资源。网格是计算机网络的高级形态，将使资源共享变得更加方便、透明。

（3）电子化办公与服务。借助计算机网络，得以实现电子政务、电子商务、电子银行、电子海关等一系列的现代化办公、商务应用。当今社会，就连到商场购物、餐馆吃饭这样的日常事务都离不开计算机网络。利用计算机网络进行网上购物，更加方便。

（4）通信。电子邮件、即时通信系统等众多的通信功能，极大地方便了人与人之间的信息交流，既快速又廉价。

（5）远程教育。利用网络可以提供远程教育平台，借助内容丰富的知识管理系统，学生可以更加方便地自学，提高学习效率。

（6）娱乐。娱乐是人的天性，对于大多数人来说，工作之余都需要娱乐活动来丰富自己的生活。利用网络提供各种各样的娱乐内容，既满足了社会的需要，同时也带来巨大的经济效益。

## 11.1.2　计算机网络与通信网络的关系

通信（Communication）就是信息的传递，是指由一地向另一地进行信息的传输与交换，其目的是传输消息。实现通信功能的系统称为通信系统。

随着社会的发展，人们对传递消息的要求也越来越高。在各种各样的通信方式中，利用电来传递消息的通信方法称为电信（Telecommunication），这种通信具有迅速、准确、可靠等特点，且几乎不受时间、地点、空间、距离的限制，因而得到了飞速发展和广泛应用。

以语音通信为主要目的建立的通信系统统称为"电话网络"或"电信网络"，包括固话网络、移动网络等。

以发送电视信号为目的建立的通信系统称为电视网络。

以数据通信为目的建立的网络称为数据通信网络。

计算机网络是计算机技术、通信技术相结合的产物，可实现数据的传输、收集、分配、处理、存储、消费。数据通信网络是计算机网络的基础或初级形式。

现在所说的网络，泛指上述网络之一或全部或狭义地特指计算机网络。随着技术的进步和应用的相互渗透，电信网络、电视网络、计算机网络逐步实现三网融合，走向统一。

## 11.1.3　通信技术的现状

随着我国经济水平的逐渐提高，通信技术在人们生活中的应用越来越普遍，通信技术的广泛应用，不仅便捷了人们生活中的沟通，而且也促进了通信技术的逐步更新。现在常用的通信技术有光纤通信技术、量子通信技术；近距离的通信技术有蓝牙、Wi-Fi、ZigBee、5G 网络、WIMAX 等。

1. 光纤通信

光纤通信技术是以光信号作为信息载体、以光纤作为传输介质的通信技术。在光纤通信系统中，因光波频率极高以及光纤介质损耗极低，故而光纤通信的容量极大，要比微波等通信方式带宽大上几十倍。光纤主要由纤芯、包层和涂敷层构成。纤芯由高度透明的材料制成，一般为几十微米或几微米，比一根头发丝还细；外面层称为包层，它的折射率略小于纤芯，包层的作用就是确保光纤它是电气绝缘体，因而不需要担心接地回路问题;涂敷层的作用是保护光纤不受水汽侵蚀及机械擦伤,同时增加光纤的柔韧性;在涂敷层外,往往加有塑料外套。光纤的内芯非常细小,由多根纤芯组成光缆的直径也非常小,用光缆作为传输通道,可以使传输系统占极小空间,解决目前地下管道空间不够的问题。

我国从 1974 年开始研究光纤通信技术,因光纤体积小、重量轻、传输频带极宽、传输距离远、电磁干扰抗性强以及不易串音等优点,发展十分迅速。目前,光纤通信在邮电通信系统等诸多领域发展迅猛,光纤通信优越的性能及强大的竞争力,很快代替了电缆通信,成为电信网中重要的传输手段。从总体趋势看,光纤通信必将成为未来通信发展的主要方式。

2. 量子通信

在量子通信网络中,主要有量子空分交换技术、量子时分交换技术、量子波分交换技术等。量子空分交换是通过改变光量子信号的物理传输通道来实现光量子信号的交换;量子时分交换是在时间同步的基础上对光量子信号进行时分复用而进行的交换;量子波分交换是将光量子信号经过波分解复用器、波长变换器、波长滤波器、波分复用器而进行的交换。量子通信网络有三个功能层面:量子通信网络管理层、量子通信控制层和传输信道层。由量子通信控制层进行呼叫连接处理、信道资源管理和建立路由,进而控制光纤通道,建立端到端量子信道,管理层负责资源和链路等的管理,控制层和管理层的功能由经典通信链路完成。

2017 年,北京和上海之间建成了一条全长 2 000 余 km 的量子保密通信骨干线路"京沪干线",它是连接北京、上海的高可信、可扩展、军民融合的广域光纤量子通信网络,主要开展远距离、大尺度量子保密通信关键验证、应用和示范。此干线可以实现远程高清量子保密视频会议系统和其他多媒体跨越互联应用,也可以实现金融、政务领域的远程或同城数据灾备系统、金融机构数据采集系统等应用。2016 年 8 月,中国发射了全球首颗量子科学实验通信卫星,这标志着我国通信技术的突破性发展,标志着中国在军用通信领域站在了世界的最前列,之后会陆续发射更多量子通信卫星,促进建成全球性的量子通信网络。正如潘建伟院士所说,量子科学实验卫星的发射,表明中国正从经典信息技术的跟随者,转变成未来信息技术的并跑者乃至领跑者,量子通信将会很快走进每个人的生活,就像计算机曾经做到的一样,改变世界。量子通信卫星和"京沪干线"的成功意味着一个天地一体化的量子通信网络逐渐形成。

量子通信与传统的经典通信相比,具有极高的安全性和保密性,且时效性高、传输速度快,没有电磁辐射,它的这些优点决定了其无法估量的应用前景。通过光纤可以实现城域量子通信网络,通过中继器连接实现城际量子网络,通过卫星中转实现远距离量子通信,最终构成广域量子通信网络。未来数年内,量子通信将会实现大规模应用,经典通信的硬件设施并不会被完全取代,而是在现有设施的基础上进行融合。在通信发送端和接收端安装单光子探测器、量子网关等量子加密设备,即可在电话、传真、光纤网络等原有的通信网络中实现量子通信,这将大大地提升通信的安全性。量子通信有望在 10 到 15 年之后成为继电子和光电子之后的新一代通信技术,这种"无条件安全"的通信方式,将从根本上解决国防、金融、政务、商业等领域的信息安全问题。

3. 蓝牙技术

以近距离无线连接为基础,为固定与移动设备通信环境建立一个特别连接的短程无线电技术,要建立通用的无线电空中接口及其控制软件的公开标准,使通信和计算机进一步结合,在没有电缆或者是电缆通过 1 Mb/s 的速率进行数据相互传递的同时,还能够比较便捷地接入到互联网当中,这是一种能够实现语音以及数据无线传输的规范,是一种成本低廉、功耗较低、具备一定安全性的无线连接新技术。

4. Wi-Fi

这种技术的主要优势在于能够较完美地解决无线局域网当中的用户以及用户终端的无线接入,其覆盖的范围大约能够达到 100 m,而且传输的速度比较快,相对而言,成本也比较低,大大地节省了网络布线的费用,而且更加方便厂商的参与,尽管其数据的安全性会稍微逊色于蓝牙技术,但是其带宽以及电波的覆盖面积与蓝牙相比具有非常明显的优势,虽然其较好的带宽也是以非常高的功耗作为主要代价的,所以说,绝大部分的无线网络都需要具备较高的电能作为储备,这也在一定程度上限制了无线网络在工业场所的广泛使用。

5. ZigBee

ZigBee 是一种低速率、短距离的新兴无线组网通信技术。它主要用于近距离无线连接,是一种介于无线标记技术与蓝牙之间的技术提案。ZigBee 技术具备自身的无线标准,其主要借助于数以千计的微小传感器相互之间的协调来达到通信的目的,借助于无线电波,这些传感器用类似接力的方法实现数据由同一个传感器向另外一个传感器的传送,在此过程当中,所需要使用的能量极其微小,因此,这种通信的效率相对而言是比较高的。

6. 5G

5G 是一种具有高速率、低时延和大连接特点的新一代宽带移动通信技术,5G 通信设施是实现人机物互联的网络基础设施。5G 作为一种新型移动通信网络,不仅要解决人与人通信,为用户提供增强现实、虚拟现实、超高清视频等更加身临其境的极致业务体验,更要解决人与物、物与物通信问题,满足移动医疗、车联网、智能家居、工业控制、环境监测等物联网应用需求。最终,5G 将渗透到经济社会的各行业各领域,成为支撑经济社会数字化、网络化、智能化转型的关键新型基础设施。

7. WIMAX

对 4G/5G、无线局域网等宽带无线技术而言,它们之间虽然存在着局部竞争,但融合已是大势所趋。当前已经得到规模化商用的 4G/5G 网络,不仅在产业化和规模化方面拥有其他无线技术无法比拟的优势,而且它还具有广域覆盖、全球漫游、电信级安全性等优势,这使得 4G/5G 当仁不让地成为多元融合的公共无线通信平台。WIMAX 由于具有超高的数据传输速率,可以构建一个完全覆盖城域的宽带无线网络,无线局域网则在局域网领域大有用武之地。可以预见,将来在无线城市、电子政务、企业应用以及教育等领域,4G/5G 与 WIMAX、无线局域网的融合(移动+宽带),将使得人们在不同的网络环境中,享受到更加灵活的、丰富多彩的应用服务。

## 11.1.4 泵站的网络通信技术发展趋势

(1) 智能化:想要实现智能化的通信首要条件是必须建立起先进的通信智能网络。智能网是一种可以灵活方便地提供新业务的网络,可将这种网络看作是隐藏于现有通信网络当中的一个网,简单来讲,智能网并非是独立的网络,它只是在现有的通信网络中增添一些功能模块,使之形成新一代的智能通信网络。通信网络实现智能化后,当用户需要改变或是新增业务时,仅仅需要在系统当中增添一个或是几个相应的模块即可,这不但为用户节省了办理业务所需的时间,而且也提高了业务效率。

(2) 宽带化:宽带化就是指通信系统传输的频率范围越宽越好,这样便可以使每个单位时间内传输的信息变得更多。目前,大部分的通信干线都正在朝着数字化的方向转变,所以通信的宽带化也可以理解为是通信线路可以传输的数字信号的比特率的提高。据有关文献记载,人类所有的历史资料在一条单模的光纤当中仅仅需要 3~5 min 的时间便可以完成传输。由此可见,光纤是实现超宽频带信号传输的必然选择。光信号具有以下优点:通信容量超大、抗干扰能力强、保密性好、体积小、重量轻等。

(3) 数字化:数字化也被称为综合化,具体是指将各种业务或是各种网络综合到一起,并将它们数字化后,便于通信设备集成和大规模生产,也方便微处理器处理。自 20 世纪 80 年代开始,国际上就一致认为,网络在未来的发展趋势就是宽带综合业务数字网,人们也为了这一目标的实现在不断努力。

(4) 综合化:综合化指把各种业务和各种网络综合起来。业务种类繁多,有视频、语音和数据业务。把这些业务数字化后,通信设备易于集成化和大规模生产,在技术上便于由微处理器进行处理和用软件进行控制和管理。

(5) 个人化:人们每天都在通过电视、手机、互联网等日益普及的现代通信工具进行交流,个人化通信实现每个人在任何时间和任何地点能够与任何人通信。在未来,每个人将对应一个识别号,而不是每一个终端设备对应一个号码。现在的通信,如拨电话、发传真,只是拨向某一设备,而不是拨向某人,要达到个人化,需要有相应终端和高智能化的网络。

(6) 分布式通信系统的进一步推进:未来的移动通信系统需要在现有互联网(Internet)的开放性和传统电信网络的封闭性之间寻找一种平衡。从信息处理方式来看,需要的是分布式信息存储和分布式处理技术,用户管理和业务管理仍实现逻辑上的集中控制。

# 11.2 网络系统总体设计

## 11.2.1 网络需求

泵站工程通信网络系统是一个面向实际生产应用的传输网络,是整个信息化工程的基础设施。目前,我国泵站自动化结构大部分采用星形光纤网络结构和环形网络结构。系统采用分层分布式网络结构,分为上级调度层、监控层和现地层 3 层结构,现地层为第 1 级,控制权限最高;监控层为第 2 级,控制权限次之;上级调度层为第 3 级,控制权限最低。

计算机监控系统的数据通信分为 3 类:一是站内通信,即监控系统与其他智能测控设备之间的通信;二是监控系统与泵站内其他系统的通信、监测系统与机组在线监测系统的通信、监控系统与信息管理系统的通信等;三是监控系统与上级调度系统,即与泵站运行管理相关的上级调度管理系统之间的通信。

为适应智能泵站各信息化系统间的数据通信、各安全区的信息互通及网络安全,智能泵站网络建设的总体目标就是建立一个集中管理、安全规范、充分共享、全面服务、大容量、高速度的综合传输平台,为泵站信息系统中各类综合自动化监测、监控系统以及各类生产管理系统提供一个安全、共享、高速的信息传输通道。计算机网络建设的具体需求有:

1. 网络结构划分

通过总体规划、统一实施,力求用最经济、最安全、最稳定的方式将网络延伸到有业务需求的每个节点,便于接入各个业务系统。

2. 数据实时传输

满足各类实时监控业务、非实时监控业务、生产管理信息系统与外部网络间的数据传输要求。

3. 业务数据共享

智能泵站的网络系统结构,作为各应用系统通信的基础,需满足各业务数据的互通要求,并具有良好的可扩展性。

4. 安全可靠

智能泵站的网络系统需要确保安全可靠,在防止网络入侵、攻击及各区间的数据安全方面,要充分利用软、硬件技术手段进行规划设计。

5. 新技术应用

智能泵站的网络系统设计时,可考虑物联网、互联网协议第6版(Internet Protocol Version 6,IPv6)、5G等新技术应用。

### 11.2.2 系统总体结构

在进行计算机网络系统设计时,应遵循"需求牵引,应用至上"的原则,根据不同的应用承载需求,进行差异化处理,以最大程度地满足各应用系统对计算机网络系统的需求。

监控网、业务内网、业务外网彼此独立,但又需要交换部分信息。管理系统需向泵站监控系统发送相关信息,泵站监控系统根据排水需求,实现对泵机组开停控制管理。互联网站从外界获取气象信息、防洪信息、水质信息等,该类数据为调度管理系统提供参考依据。因此,监控网与业务内网之间通过物理隔离装置进行安全隔离,外网连接区与整个系统通过防火墙进行安全控制。

# 11.3 控制专网数据通信

### 11.3.1 信息流向和流量

1. 计算机监控系统的流量、流向

泵站的计算机监控系统主要通过控制网传输到监控中心上位机工作站和数据库服务器。

2. 视频监视系统的流量、流向

泵站的视频监视系统摄像机采集的视频信号经视频编码后,存储于泵站控制机房的视频服务器内,供泵站监控中心调用。每路视频信息实时带宽平均为 4 Mbit/s。

3. 办公类业务的流量、流向

日常办公类业务系统涵盖泵站及泵站管理处,根据管理机构人员配置,并考虑预留适当信息量,日常办公业务系统最多可以支持 15 个用户并发访问系统,单用户带宽分配 1 Mbit/s。

4. 语音类业务的流量、流向

语音通信类业务涵盖泵站及泵站管理处,语音类业务信息量小,占用带宽不大,带宽分配 2 Mbit/s 即可满足要求。

### 11.3.2 网络拓扑结构

1. 网络通信系统总体设计

泵站计算机监控系统划分为两张网络来承载不同的业务及应用系统,以满足实际管理和业务需求。网络纵向结构由核心层、汇聚层、接入层组成;横向上分为控制网和管理网。控制网与管理网分别与泵站管理处的控制网及管理网相连,不交叉。为统一管理,控制网交换机与管理网交换机采用同一品牌设备。

计算机监控系统通信介质采用光缆和屏蔽六类网线。

2. 控制网建设设计

1)拓扑结构

控制专网区,实时性和安全性要求高,对于特别重要的大型泵站或较重要的泵站应采用双星形网络结构或双环网络结构,对于一般泵站采用单星形网络结构或单环网络结构。同时,控制区须与外界网络物理隔离,按照专网专用方式建设一张独立的泵站计算机控制专网来承载相应应用。

2)主要设备配置

配备高性能双机冗余核心交换机,通过高速转发通信,汇聚所有传输流量,形成高效、可靠的控制区网络传输体系。配备接入交换机,分别连接现地控制系统、监测监控系统等。

3. 管理网建设设计

1)拓扑结构

管理网总体采用星形分级结构,主要用于智能辅助系统的信息传输,网络带宽需求大,网络安全性和实时性要求低于控制专网,严禁与控制网直接相连。

2)主要设备配置

与控制网相同,配备高性能核心交换机,承担所有传输流量的高速转发与交换。配备接入交换机数台用于数据分类汇聚,包括泵站视频监视系统、安防系统等智能辅助系统以及管理网服务器、计算机等。同时预留管理处管理网的网络端口。

4. 网络管理

能对整体网络进行管理,在网络运行出现异常时能及时发现并响应和排除故障,需做好如下工作:

(1)配置管理:对设备和系统进行各类网络参数的定义和设置。

(2)故障管理:查找并解决因硬件和软件问题而引起的网络故障。

(3)性能管理:使用特定的管理软件和设备对系统运行效率进行监测,监测数据的统计分析作为网络系统改进和升级的依据。

(4)安全管理:结合网络安全设备,做好数据私有性管理、授权管理、访问控制、加密管理、安全日志管理等方面的事项。

5. 泵站语音通信

泵站语音通信系统由 IP PBX 调度数字程控交换机(64 键按键式调度台＋ IPFXS 服务器＋录音系统)、光纤网络、接入网关和 IP 网络电话机组成。

泵站通信和计算机网络拓扑如图 11.3-1 所示。

### 11.3.3　路由协议

网络中开放最短路径优先(Open Shortest Path First,OSPF)协议仅用于传递网络设备 LoopBack(回环)地址的路由信息,OSPF 路由协议具体部署如下:

启用 OSPF 的设备有:核心层节点核心路由器、核心交换机、汇聚层交换机。

核心层节点核心路由器、核心交换机和汇聚层交换机均运行 OSPF 路由协议,只将设备互连接口和 LoopBack 接口运行 OSPF 路由协议。

所有运行 OSPF 路由协议的路由器和交换机都属于区域 0。

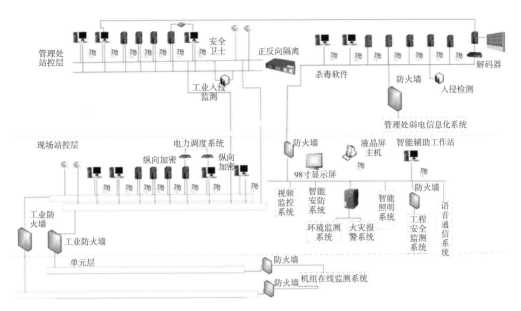

图 11.3-1  泵站通信和计算机网络拓扑图

## 11.3.4  MPLS VPN 部署方案

为实现部署三层多协议标签交换虚拟专用网（Multi-Protocol Label Switching Virtual Private Network，MPLS VPN），需要使用多协议边界网关协议（Multi-Protocol Border Gateway Protocol，MP-BGP）承载 VPN 路由，在所有运营商边缘路由器（Provider Edge，PE）设备上启用多协议内部网关协议（MP-IBGP），并相互建立 MP-IBGP 邻接关系。

采用 MPLS VPN 技术将各种应用系统进行逻辑隔离。

MPLS VPN 技术包括三层 MPLS VPN 和二层 MPLS VPN，但三层 MPLS VPN 技术更成熟，可管理性更强，互通性也更好，因而部署三层 MPLS VPN。

BGP/MPLS VPN 部署方案如下：

将整个网络配置成一个 MPLS 域，将核心层路由器配置成运营商骨干路由器（Provider，P）设备，汇聚层一级节点设备全部配置成 PE 设备，核心层和汇聚层设备之间运行标签分发协议（Multi-Protocol Label Switching Label Distribution Protocol，MPLS LDP），所有 PE 路由器之间运行 MP-IBGP 协议。

将汇聚层三层交换机作为用户边缘路由器（Customer Edge，CE），经二层链路采用静态路由连接到汇聚层 PE 设备；PE 设备为每个接入的 VPN 用户建立并维护独立的虚拟路由转发（Virtual Routing Forwarding，VRF），根据 CE 设备接入端口的不同，控制其进入相应的 VPN 中，实现与其他 VPN 应用系统和网管类流量的隔离。

MPLS VPN 中路由区分符（Route Distinguisher，RD）、路由目标（Route Target，RT）的命名和分配应在统一指导下进行分配。

1. 虚拟专用网划分

虚拟专用网划分为以下几个 VPN：

视频监控系统 VPN：属于视频类业务，实时性要求较高，需要保证带宽；

视频会议系统 VPN：相对独立系统，属于视频类业务，实时性要求较高；

调度执行管理系统 VPN:调度类数据具有保密性,需与其他业务流信息隔离。

2. 虚拟专用网间受控互访实现方案

在三层 MPLS VPN 网络中,不同 VPN 业务系统之间可能存在多种形式的互访需求,如:

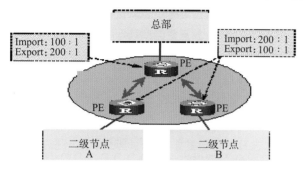

检测信息各级节点与上级节点间需要互访,而同级节点间不需要互访。

应用平台需要与视频监控 VPN 等其他 VPN 互访。

针对第一类需求,可以通过修改 VRF 的 RT 属性构建外部网(Extranet)拓扑,实现业务系统受控互访。Extranet 方案如图 11.3-2 所示。

针对第二类需求,可采用导入其他 VPN RT 的方式实现。

图 11.3-2　Extranet 方案

### 11.3.5　QoS 策略

1. 服务质量(QoS)属性分析

QoS 控制的几个主要元素包括时延(端到端延迟)、抖动、丢包率、吞吐率、可用率(包括物理链接的性能,如正常运行时间)等。一般情况下,IP 业务按 QoS 等级可分为监控/会话类、流媒体类、交互类和背景类。

各类 QoS 要求见表 11.3-1。

表 11.3-1　QoS 要求

| 业务类别 | | 监控/会话类 | 流媒体类 | 交互类 | 背景类 |
|---|---|---|---|---|---|
| 应用举例 | | 监控/测信号 | 视频流、音频流 | Web 浏览 | Email、FTP 下载 |
| 主要特征 | | 对时延和抖动要求较为严格 | 单向数据流,对时延和抖动要求较高 | 双向数据流,对数据的误码率要求较高,对时延要求不高 | 对误码率要求较高,对时延要求不高 |
| QoS 要求 | 时延 | 150 ms | 400 ms | 1 s | 无要求 |
| | 抖动 | 50 ms | 50 ms | 1 s | 无要求 |
| | 丢包率 | $1\times10^{-3}$ | $1\times10^{-3}$ | $1\times10^{-3}$ | 无要求 |
| | 误码率 | $1\times10^{-1}$ | $1\times10^{-1}$ | $1\times10^{-1}$ | $1\times10^{-1}$ |

2. 服务质量设计

为保证关键业务或用户的服务质量,充分考虑各应用业务分类和拥塞控制技术,从 IP 服务质量设计角度,网络结构主要有两个部分:网络骨干和网络边缘,网络骨干主要由核心路由器组成,它提供以下能力:大容量、高性能和高可靠性;分类排队、拥塞管理与避免。

核心路由器上支持加权循环调度算法(Weighted Round Robin,WRR)排队技术和随机早期检测(Random Early Detection,RED)拥塞控制与避免技术,它按照不同的 IP 优先级进行排队调度和在拥塞控制中有选择性地丢包,保证高优先级的业务,如视频类业务。

网络边缘路由器提供以下能力:业务分类标记(Marking);速率限制承诺访问速率(Committed Access Rate,CAR);流量统计网络监测功能(Netflow)。

利用 CAR 等技术来进行访问速率限制和利用 IP 优先级进行业务分类,并利用 Netflow 等来进行流量统计,采用 WRR、加权公平排队(Weighted Fair Queuing,WFQ)等进行排队调度。

3. 服务质量部署方案

在端到端沿途各种设备需要采用不同技术和手段来实施和保证端到端的 QoS。使用基于区分服务(DiffServ)的 QoS 处理机制,这需要在骨干路由器、业务接入路由器上对于不同的业务流按照 DiffServ 的方式进行分类。在建立一个端对端服务质量网络的过程中,要求网络核心层和汇聚层必须具备支持 IP QoS 的能力。

4. 在网络核心层进行 QoS 服务质量控制

计算机网络核心层的 QoS 是全网 QoS 的本质,核心层负责高速交换和传输以及实施拥塞控制和排队技术,应保持高带宽、低延迟、高可靠性,能依据 IP ToS 标记做快速包转发,避免在核心层拥塞。常采用的方式包括 WFQ,WFQ 机制将流量分离成多个流或类,然后调度输出流量,满足规定的带宽分配或延迟限制。WFQ 类可以由 IP 优先权、应用端口、IP 协议或边缘分类识别的入站接口分配。按流排队(Per Flow Queuing)、定制排队、优先权排队和加权循环以及速率调度与 WFQ 机制的目标相同,同时还提供可变的微调、抖动和网络管理员控制。

5. 在网络边缘进行 QoS 服务质量控制

QoS 的数据包分类和用户政策主要在接入层完成,接入层应具有智能的 IP 流量的标记、限制、整形等功能,应考虑到不同的接入技术对 QoS 有不同的支持能力。

数据包分类按报头信息将数据报分类为不同等级为后续动作应用。通过检查从第二层到第四层的报头,可将多种属性,如源地址、目的地、协议或应用等作为对数据报进行分类的依据。

QoS 部署方案如图 11.3-3 所示。

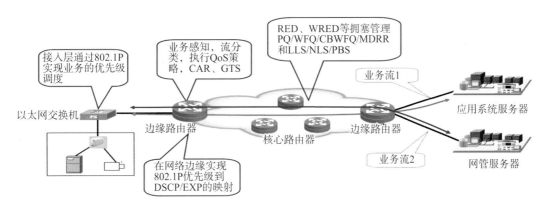

图 11.3-3　QoS 部署方案示意图

# 11.4　业务内网数据通信

## 11.4.1　信息流向和流量

业务内网用于承载泵站的监控信息和调度、管理、办公、视频、语音等信息。根据泵站监控系统的设计方案,监控信息分为控制信息和监测信息。

控制、调度等信息:调度中心可以根据需要将控制、调度等信息直接下发现现地泵站的中控室执行。

监测、视频等信息:现地泵站向调度中心上传泵机组、变配电设备、闸门开度、荷重、启闭机状态、供排水系统、水情监测信息等工情信息以及各站点的视频信息。

工程管理、办公、语音信息:此类信息的流向呈双向特点。

如若系统采用自建光缆,信道带宽基本不受制约,各节点间采用单模千兆以太网接口进行连接。

## 11.4.2　网络拓扑结构

根据工程的业务信息流程、目前的状况和今后发展需求,从最好的性价比出发,同时兼顾网络的可靠性、安全性,业务内网网络结构采用三层结构进行建设,即"核心层＋汇聚层＋接入层"。优势在于高性价比和可扩展性,并可提供稳定的核心和出口、高速的网络、安全可信的网络环境、轻松的网络管理。

## 11.4.3　路由协议

### 11.4.3.1　路由设计原则

(1) 网络的可靠性:通过路由协议的实施,在网络拓扑的配合下,避免网络中出现单故障点,提高网络的生存能力。

(2) 流量的负载分担:必须使网络的流量能够比较合理地分布在各条电路上。

(3) 网络的扩展性:使得网络的扩展可以在现有网络的基础上通过简单地增加设备和提高电路带宽的方法来解决。

(4) 对业务流量模型变化的适应性:未来网络的业务流量模型将会随业务的发展而不断发生变化,因此路由策略可以根据流量变化进行调整。

(5) 降低管理复杂程度:路由协议应使得故障定位、流量调整的难度和复杂性降低。

### 11.4.3.2　IGP 路由策略

内部网关协议(Interior Gateway Protocol,IGP)分为两种:一种是静态路由协议,一种是动态路由协议。静态路由是一种特殊的路由,它由网络管理员采用手工方法在路由器中配置而成。它的特点是网络故障发生(网络拓扑结构改变)时,数据传输路径不会自动进行相应变化,需要网络管理员的介入,存在一定的局限性。动态路由协议较静态路由来说具有扩展性强、易于管理、容易实现冗余备份、具有路由收敛能力等优势。

建议采用动态路由协议。

动态路由协议可以分为两大类:一类是距离矢量(Distance Vector)协议,如路由信息协议(Routing Information Protocol,RIP)和内部网关路由协议(Interior Gateway Routing Protocol,IGRP)。一类是链路状态(Link State)协议,OSPF 和集成中间系统到中间系统(Intermediate System to Intermediate System,IS-IS)。目前可用于大规模的 IP 网络同时又属于开放标准的域内路由协议主要是 OSPF 和 IS-IS,两种路由协议均是基于链路状态计算的最短路径路由协议,采用同一种最短路径算法(Dijkstra)。两种路由协议在实现方法和网络结构上十分相似,均在大型 ISP 网络中得到成功应用。

1. IS-IS 和 OSPF 路由协议

1) IS-IS

IS-IS 表示中间系统到中间系统,最初用于 ISO 无连接网络协议(Connection Less Network Prctocol,

CLNP)的网络中。为了简化路由器的设计和操作,IS 分为 L1 IS、L1/L2 IS 和 L2 IS。其中,L1 IS 只和同一区域(Area)中的 L1 IS、L1/L2 IS 相通信,L2 IS 只和同一 Area 中的 L2 IS、L1/L2 IS 相通信。

L2 IS 在 L1 Area 之间进行路由,并组成一域内路由选择的骨干网。分层路由选择简化了主干网的设计,因为 L1 IS 只需要知道如何到达最近的第二层 IS 即可。主干网路由选择协议可以在不影响 Area 内路由选择协议的情况下发生。

2) OSPF

OSPF 是一套链路状态路由协议,路由选择的变化基于网络中路由器物理连接的状态与速度,变化被立即广播到网络中的每一个路由器。每个路由器计算到网络的每一目标的一条路径,创建以它为根的路由拓扑结构树,其中包含了形成路由表基础的最短路径优先树(SPF 树)。OSPF 允许自治系统中的路由按照虚拟拓扑结构配置,而不需要按照物理互连结构配置。不同区域可以利用虚拟链路连接。

2. 路由协议选择

OSPF 是层次化的路由协议,具有灵活的可扩展性,OSPF 工作时通过划分不同的 Area 来合理处理网络路由,需建立主干 Area,其他子 Area 均要通过主干 Area 进行通信。OSPF 有两个主要特性:第一是它的开放性,其协议规范由 RFC 1247 定义;第二特性是它基于 SPF 算法,是一种基于链路状态的路由协议,因此它需要每个路由器向其他主干 Area 内的所有其他路由器发送链路状态广播(Link State Advertisement,LSA)。OSPF 主干负责在不同区域间发布路由信息,它是通过区域边界路由器来完成的。

OSPF 区域划分一般遵循下面的经验法则:

(1) OSPF Area 的划分和物理区域的划分尽量一致。

(2) 每个 Area 的路由器一般不超过 50 台。

(3) 一个区域边界路由器(Area Border Route,ABR)连接不超过 5 个 Area。

根据 OSPF 的特点和上述 Area 划分规则,将业务内网核心层路由器的 IP Interface 划分成 Backbone Area(称为 Area 0),今后网络扩展时如需增加核心层节点加入 Area 0。

考虑到业务内网络路由设备的总量较大,且设备种类较多,从目前主流厂商的设备支持情况来看,OSPF 的支持程度最高,而且 OSPF 的路由更新数据量相对较小,收敛速度快,因而建议采用 OSPF 路由协议。

### 11.4.3.3 BGP

BGP 主要用于与其他网络互联互通时,业务内网作为一个完全封闭的网络,不与其他网络实现网络层面的互通,因此,无需启用 BGP 路由协议。

## 11.4.4 MPLS VPN 部署方案

业务内网承载了多种应用系统和网管系统,为保障各应用系统的安全可靠,采用 MPLS VPN 技术将各种应用系统进行逻辑隔离,MPLS VPN 是一种基于 MPLS 技术的 VPN,是在路由和交换设备上应用 MPLS 技术,通过简化核心路由器的路由选择方式,采用标记交换技术实现的 VPN,可以用来构造宽带 Intranet,满足多种灵活的业务需求,目前已得到广泛应用,因此,工程可以利用 MPLS VPN 技术将业务内网分隔成逻辑上相隔离的多个网络,不但可以解决应用系统的隔离问题,而且还可以解决 QoS 问题。

MPLS VPN 技术包括三层 MPLS VPN 和二层 MPLS VPN,但三层 MPLS VPN 技术更成熟,可管理性更强,互通性也更好,因而下面将详细阐述如何在业务内网中部署三层 MPLS VPN。

### 11.4.4.1 三层 MPLS VPN 技术

基于 BGP 扩展实现的三层 MPLS VPN 包含以下基本组件:

(1) PE:骨干网边缘路由器,存储 VRF,处理 VPN-IPv4 路由,是 MPLS 三层 VPN 的主要实现者。

(2) CE:边缘路由器,分布用户网络路由。

(3) P:骨干网核心路由器,负责 MPLS 转发。

(4) VPN 用户站点(Site):是 VPN 中相对独立的 IP 网络,一般来说,不通过骨干网,不具有连通性。

BGP/MPLS VPN 的主要功能都在 PE 路由器上实现,对 P 路由器的要求是支持 MPLS 标记交换转发即可,而对 CE 路由器则无附加要求,可以是任意的传统路由器、局域网交换机或用户 PC、CE 与 PE 间可以采用多种路由协议,包括 EBGP、RIPv2、OSPF 和静态路由。MP-IBGP 协议用于在 PE 路由器之间传递 VPN 的路由表,VPN 路由表同专网 IGP 路由表隔离。利用 MP-IBGP 中多协议扩展和共有属性来定义 VPN 的连接性,即通过网络为每个 VPN 分配一个唯一路由标识符 RD 和用户的 IP 地址区分不同 VPN,在 PE 路由器上为每个 VPN 建立并维护独立 VRF,从而在一张物理网上构建出多个逻辑网络。

另外,MPLS VPN 中通过 BGP 的扩展属性 RT 来控制 VRF 中路由信息的导入导出,决定哪些 VRF (即哪些站点)将收到该路由信息。因此通过各 VPN 用户 RT 属性的配置,可实现不同 VPN 之间相互访问,可以产生较复杂的 VPN 拓扑。

### 11.4.4.2 三层 MPLS VPN 部署方案

业务内网的 BGP/MPLS VPN 部署方案如下:

(1) 将整个网络配置成一个 MPLS 域;将核心层路由器配置成 P 设备,接入层节点设备全部配置成 CE 设备;核心层、接入层设备之间运行 MPLS LDP 协议,所有 PE 路由器之间运行 MP-IBGP 协议。

(2) 将接入层路由作为 CE,经二层链路采用静态路由连接到接入层 PE 设备;PE 设备与为每个接入的 VPN 用户建立并维护独立的 VRF,根据 CE 设备接入端口的不同,控制其进入相应的 VPN 中,实现与其他 VPN 应用系统和网管类流量的隔离。

(3) 调度中心、管理处(所)、现地泵站的相关应用系统都通过专用的应用系统局域网交换机接入到业务内网,这些应用系统局域网交换机接入到部门网主交换机,再接入到业务内网,局域网主干交换机作为 CE,连接到业务内网接入层 PE 设备;PE 设备为每个应用系统建立并维护独立的 VRF,根据 CE 设备接入端口的不同,控制其进入相应的应用系统 VPN 中,实现与其他应用系统和网管类流量的隔离。

(4) MPLS VPN 中 RD、RT 的命名和分配应在统一指导下进行。

### 11.4.4.3 VPN 划分

VPN 划分需要结合各应用系统的流量特性,从智能泵站的实际需求来看,可划分以下几个 VPN:

(1) 视频监控系统 VPN:属于视频类业务,实时性要求较高,需要保证带宽;

(2) 视频会议系统 VPN:相对独立系统,属于视频类业务,实时性要求较高;

(3) 工情、水情信息监测管理系统 VPN:实时性要求较高,数据要求具有一定的保密性;

(4) 工程管理系统 VPN:实时性要求一般,数据要求具有一定的保密性;

(5) 计算机监控系统 VPN:实时性要求高,数据要求具有较高的保密性;

(6) 通用办公系统 VPN:实时性要求一般,数据要求具有一定的保密性。

## 11.4.5 QoS 策略

### 11.4.5.1 QoS 属性分析

各类 QoS 要求同表 11.3-1。

### 11.4.5.2　QoS 设计

QoS 设计与 11.3.5 中"服务质量设计"的思路一致。

例如,客户在 Λ 处的办公室要和在 B 处的办公室进行视频通信,那么用户数据流首先会经过接入服务器的筛选,一开始就被进行接入速率控制,然后被路由器或者四层交换机打上不同的服务差分标记(DSCP),进入骨干路由器时会根据优先级队列首先考虑,因为视频对时延要求比较高。

### 11.4.5.3　QoS 部署方案

QoS 部署方案与 11.3.5 中"服务质量部署方案"的思路一致,同样分为在网络核心和网络边缘进行QoS 服务质量控制。

## 11.4.6　视频监控网络传输设计

### 11.4.6.1　传输方式

**1. 有线传输**

水利工程可视化监控系统涉及的点位众多,且分布比较广,可自行拉光纤架设一套网络传输系统。也可以租用电信、联通、移动等运营商网络链路,根据实际需要租用 2 M、4 M、10 M、100 M、1 000 M 等不同网络带宽,形成水利监控专用网络。

网络租用方式施工量小,灵活性高,但后期成本较高。可根据实际数据传输需求(主要考虑视频传输)选择合适的带宽进行租用,保证数据的稳定流畅传输。并且采用 VPN 的方式构建水利监控专网,既保证了网络的安全性也达到了高效经济的目的。

**2. 3G/4G 无线传输**

对于移动巡查设备,以及不支持光纤网络传输的部分站点,可以借用运营商无线网络进行传输,通过运营商的信号基站进行信号放大,使前端系统能够直接接入网络中,运营商网络传输的主要是 3G/4G 网络通信方式。

基于长期演进(Long Term Evolution,LTE)技术的 4G 无线网络带宽完全可以与有线媲美,而无线技术固有的优势,如不用敷设线缆,能够快速部署和建网,支持移动监控,使得基于 4G 网络的无线视频监控会得到越来越广泛的应用,并能够快速传输数据、高质量音频和图像。

**3. 无线网桥传输**

对于部分站点不支持光纤网络传输的,也可采用无线网桥传输(图 11.4-1)。无线网桥最远可传输15 km,最大传输速率达到 300 Mbps,并且具有优异的远距离传输性能,可传输多路高清视频。它可以作为点对点和点对多点远程接入无线网桥,无线宽带最后 1 km 接入,实现远距离无线监控。

图 11.4-1　无线网桥传输

### 11.4.6.2　传输网络系统建设要求

**1.信息传输延迟时间**

当信息(包括视音频信息、控制信息及报警信息等)经由 IP 网络传输时,端到端的信息延迟时间(包括发送端信息采集、编码、网络传输、信息接收端解码、显示等过程所经历的时间)应满足下列要求:

(1) 前端设备与信号直接接入的监控中心相应设备间端到端的信息延迟时间不大于 2 s;

(2) 前端设备与用户终端设备间端到端的信息延迟时间不应大于 4 s。

**2.网络传输质量**

联网系统 IP 网络的传输质量(如:传输时延、包丢失率、包误差率、虚假包率等)应符合如下要求:

(1) 网络时延上限值为 400 ms;

(2) 时延抖动上限值为 50 ms;

(3) 丢包率上限值为 $1 \times 10^{-3}$;

(4) 包误差率上限值为 $1 \times 10^{-4}$。

**3.带宽要求**

摄影机像素与对应的带宽要求见表 11.4-1。

表 11.4-1　摄像机像素与带宽要求对应表

| 摄像机像素 | 传输带宽要求 |
| --- | --- |
| 1 920×1 080(200 万像素) | 不低于 2 Mbps/路(建议 4 Mbps/路) |
| 2 688×1 512(400 万像素) | 不低于 4 Mbps/路(建议 6 Mbps/路) |

注:其他分辨率可依据上述要求进行换算,例如 800 万像素全景鹰眼摄像机,约相当于 1 080P 像素的 4 倍,则不低于 8 Mbps/路。

热成像双光谱摄像机存在可见光和热成像两路,需要至少增加 1 Mbps 的带宽用于热成像视频的传输。

如果采用中心存储的方式,实时预览一般推荐从流媒体服务中取流。如果实时预览从前端取流,则传输带宽需要按实时预览的并发数增加对应带宽。

# 11.5　业务外网数据通信

## 11.5.1　网络结构

针对互联网服务类业务,由于这部分业务需要与互联网建立连接,会受到来自互联网的网络攻击,因而存在一定的安全攻击风险,所以不能与业务内网共用计算机网络系统,而且应与内网的计算机网络系统进行物理隔离。根据工程的运行机制以及信息安全要求,可采用以下方案来解决互联网服务类应用的网络承载问题:

利用自建通道传输数据,建设统一互联网出口。

外网出口设在调度中心,泵站利用自身传输资源,统一从调度中心出口接入互联网。在调度中心建设对外信息发布系统(即 Web 系统)。

在安全上,由于设置统一出口,可以对上网用户进行统一监管,设置终端接入控制系统对用户上网行为进行统一监控,便于统一管理,此外,只需要在网络出口设置 1 台防火墙,保障信息安全。由于采用集中出口,接入互联网费用可由调度中心统一规划,并与通信运营商协商,争取优惠,以节省运营成本。

## 11.5.2 出口带宽

由于业务外网主要承载各管理节点的互联网流量,包括 WWW、FTP、Email 等应用流量,但互联网流量属于突发性流量,因此,在计算互联网出口带宽时,应根据局域网上网用户数、用户平均带宽、忙时集中系数、用户传输数据的忙闲比进行综合计算。

## 11.5.3 路由协议

### 11.5.3.1 IGP 路由策略
业务外网 IGP 路由采用 OSPF 路由协议。

### 11.5.3.2 BGP 路由策略
BGP 路由协议主要用于与其他网络互联互通时,业务外网需要与互联网互通,因此,考虑采用 BGP-4 与外网(通信运营商 IP 网或 ISP 网络)互通,也可以采用静态路由方式与外网互通。

## 11.5.4 QoS 策略

由于业务外网为互联网访问网络,所有网络服务均为普通互联网业务,可以部署简化的 QoS 策略,实现 IP QoS 即可,即将互联网应用分为金银铜三类业务。

(1) 金类业务:实时性要求较高的语音和视频应用(如 MSN 等 IM 应用、VOIP 应用等);

(2) 银类业务:普通 HTTP 类互动式网络应用;

(3) 铜类业务:背景类下载应用,如 FTP、P2P 下载等。

## 11.5.4 QoS 部署策略

1. 流量分类和标记

流量分类是将数据报文划分为多个优先级或多个服务类,报文分类的策略可以包括 IP 报文的 IP 优先级或 DSCP 值、IEEE 802.1p 的 CoS 值等带内信令,还可以包括输入接口、源地址、目的地址、MAC 地址、IP 协议或应用程序的端口号等。

通常在网络边界处对报文进行分类时,同时标记 IP 优先级或 DSCP,在网络的内部就可以简单地使用 IP 优先级或 DSCP 作为分类的标准。

2. 拥塞管理

拥塞管理是指网络在发生拥塞时,进行管理和控制。处理的方法是使用队列技术。不同的队列算法用来解决不同的问题,并产生不同的效果。

拥塞管理的处理包括队列的创建、报文的分类、将报文送入不同的队列、队列调度等。在一个接口没有发生拥塞的时候,报文在到达接口后立即就被发送出去。在报文到达的速度超过接口发送报文的速度时,接口就发生了拥塞。拥塞管理就会将这些报文进行分类,送入不同的队列。而队列调度对不同优先级的报文进行分别处理,优先级高的报文会得到优先处理。对于拥塞的管理,一般采用队列技术,使得报文在路由器中按一定的策略暂时缓存到队列中,然后再按一定的调度策略把报文从队列中取出,在接口上发送出去。

### 3. 拥塞避免

由于网络设备的内存资源有限,按照传统的处理方法,当队列的长度达到规定的最大长度时,所有到来的报文都被丢弃。对 TCP 报文来说,如果大量的报文被丢弃,将造成 TCP 超时,引发 TCP 的慢启动和拥塞避免机制,从而减少报文的发送。这样多个 TCP 连接发向队列的报文将同时减少,使得发向队列的报文的量不及线路发送的速度,降低了线路带宽的利用率。并且发向队列的报文的流量总是忽大忽小,使线路上的流量总在极少和饱满之间波动。为了避免这种情况的发生,队列可以采用加权随机早期检测(Weighted Random Early Detection,WRED)报文丢弃策略,用户可以设定队列的阈值,当队列的长度小于低阈值时,不丢弃报文;当队列的长度在低阈值和高阈值之间时,WRED 开始随机丢弃报文;当队列的长度大于高阈值时,丢弃所有的报文。由于 WRED 随机地丢弃报文,将避免使多个 TCP 连接同时降低发送速度,从而避免了 TCP 的全局同步现象。当某个 TCP 连接的报文被丢弃,开始减速发送的时候,其他 TCP 连接仍然保持较高的发送速度。这样,无论什么时候,总有 TCP 连接在进行较快地发送,提高了线路带宽的利用率。

### 4. 流量监管和流量整形

流量监管的典型作用是限制进入某一网络的某一连接的流量与突发。在报文满足一定的条件时,如某个连接的报文流量过大,流量监管就可以对该报文采取不同的处理动作,例如,丢弃报文或重新设置报文的优先级等。通常的用法是使用 CAR 来限制某类报文的流量,例如限制 HTTP 报文不能占用超过 50% 的网络带宽。流量整形的典型作用是限制流出某一网络的某一连接的流量与突发,使这类报文以比较均匀的速度向外发送。流量整形通常使用缓冲区和令牌桶来完成,当报文的发送速度过快时,首先在缓冲区进行缓存,在令牌桶的控制下,再以均匀的速度发送这些被缓冲的报文。

## 11.6 系统数据通信协议

### 11.6.1 通信技术的分类

#### 1. 按照通信的业务和用途分类

根据通信的业务和用途分类,有常规通信、控制通信等。其中常规通信又分为话务通信和非话务通信。话务通信业务主要以电话服务为主,程控数字电话交换网络的主要目标就是为普通用户提供电话通信服务。非话务通信主要是分组数据业务、计算机通信、传真、视频通信等。在过去很长一段时期内,由于电话通信网最为发达,其他通信方式往往需要借助于公共电话网进行传输,但是随着互联网的迅速发展,这一状况已经发生了显著的变化。控制通信主要包括遥测、遥控等,如卫星测控、导弹测控、遥控指令通信等都是属于控制通信的范围。

话务通信和非话务通信有着各自的特点。话音业务传输具有三个特点,第一,人耳对传输时延十分敏感,如果传输时延超过 100 ms,通信双方会明显感觉到对方反应"迟钝",使人感到很不自然;第二,要求通信传输时延抖动尽可能小,因为时延的抖动可能会造成话音音调的变化,使得接听者感觉对方声音"变调"，甚至不能通过声音分辨出对方；第三，对传输过程中出现的偶然差错并不敏感，传输的偶然差错只会造成瞬间话音的失真和出错，但不会使接听者对讲话人语义的理解造成大的影响。

数据信息通常情况下更关注传输的准确性，有时要求实时传输，有时又可能对实时性要求不高。视频信息对传输时延的要求与话务通信相当，但是视频信息的数据量要比语音要大得多，如语音信号脉冲编码调制(Pulse Code Modulation，PCM)编码的信息速率为 64 kbps，而动态图像专家组(Moving Picture Experts Group，MPEG-2)压缩视频的信息速率则在 2～8 Mbps 之间。

2. 按调制方式分类

根据是否采用调制，可以将通信系统分为基带传输和调制传输。基带传输是将未经调制的信号直接传送，如市内音频电话(用户线上传输的信号)、以太网中传输的信号等。调制的目的是使载波携带要发送的信息，对于正弦载波调制，可以用要发送的信息去控制或改变载波的幅度、频率或相位。接收端通过解调就可以恢复出信息。在通信系统中，调制的目的主要有以下几个方面：

(1) 便于信息的传输。调制过程可以将信号频谱搬移到任何需要的频率范围，便于与信道传输特性相匹配。如无线传输时，必须要将信号调制到相应的射频上才能够进行无线电通信。

(2) 改变信号占据的带宽。调制后的信号频谱通常被搬移到某个载频附近的频带内，其有效带宽相对于载频而言是一个窄带信号，在此频带内引入的噪声就减小了，从而可以提高系统的抗干扰性。

(3) 改善系统的性能。由信息论可知，有可能通过增加带宽的方式来换取接收信噪比的提高，从而可以提高通信系统的可靠性，各种调制方式正是为了达到这些目的而发展起来的。

3. 按传输信号的特征分类

按照信道中所传输的信号是模拟信号还是数字信号，可以相应地把通信系统分成两类，即模拟通信系统和数字通信系统。数字通信系统在最近几十年获得了快速发展，数字通信系统也是目前商用通信系统的主流。

4. 按传送信号的复用和多址方式分类

复用是指多路信号利用同一个信道进行独立传输。传送多路信号目前有四种复用方式，即频分复用(Frequency Division Multiplexing，FDM)、时分复用(Time Division Multiplexing，TDM)、码分复用(Code Division Multiplexing，CDM)和波分复用(Wave Division Multiplexing，WDM)。

FDM 是采用频谱搬移的办法使不同信号分别占据不同的频带进行传输，TDM 是使不同信号分别占据不同的时间片段进行传输，CDM 则是采用一组正交的脉冲序列分别携带不同的信号，WDM 使用在光纤通信中，可以在一条光纤内同时传输多个波长的光信号，成倍提高光纤的传输容量。

多址是指在多用户通信系统中区分多个用户的方式。如在移动通信系统中，同时为多个移动用户提供通信服务，需要采取某种方式区分各个通信用户，多址方式主要有频分多址(Frequency Division Multiple Access，FDMA)、时分多址(Time Division Multiple Access，TDMA)和码分多址(Code Division Multiple Access，CDMA)三种方式。移动通信系统是各种多址技术应用的一个十分典型的例子。第一代移动通信系统，如 TACS(Total Access Communications System)、AMPS(Advanced Mobile Phone System)都是 FDMA 的模拟通信系统，即同一基站下的无线通话用户分别占据不同的频带传输信息。第二代(2G：2nd Generation)移动通信系统则多是 TDMA 的数字通信系统，全球移动通信系统(Global System for Mobile Communications，GSM)是目前全球市场占有率最高的 2G 移动通信系统，是典型的 TDMA 的通信系统。2G 移动通信标准中唯一的采用 CDMA 技术的是 IS-95 CDMA 通信系统。而第三代(3G：3rd Generation)移动通信系统的三种主流通信标准 W-CDMA、CDMA2000 和 TD-SCDMA 则全部是基于 CDMA 的通信系统。

5. 按传输媒介分类

通信系统可以分为有线(包括光纤)和无线通信两大类,有线信道包括架空明线、双绞线、同轴电缆、光缆等。使用架空明线作为传输媒介的通信系统主要有早期的载波电话系统,使用双绞线传输的通信系统有电话系统、计算机局域网等,同轴电缆在微波通信、程控交换等系统中以及设备内部和天线馈线中使用。无线通信依靠电磁波在空间传播达到传递消息的目的,如短波电离层传播、微波视距传输等。

6. 按工作波段分类

按照通信设备的工作频率或波长的不同,分为长波通信、中波通信、短波通信、微波通信等等。

## 11.6.2 研究目的

大型泵站的自动化系统众多,按功能可分为机组监控系统、辅机监控系统、闸门监控系统、变配电监控系统、机组状态监测系统、工程安全监测系统、水情监测系统、视频监控系统、消防报警系统等,其系统架构各不相同,有的属于可编程逻辑控制器(PLC)控制系统,有的属于数据通信子系统(DCS),有的属于传感器直接接入,也有的仅采用远程终端单元(RTU)进行数据采集。

目前,这些系统采用的通信协议没有统一的标准和规范,各厂商设计的产品使用的网络和通信协议互不兼容,通信介质和协议多样,如 RS485、RS232、CAN 网、以太网、IEC-101/103 规约、Modbus-TCP 、Modbus-RTU、Profinet、Ethernet/IP 协议等,还有直接跟 I/O 模块通信的,这样往往给系统间的数据通信和数据交互带来很大的局限性。为了使设备间可以互操作,需接入各种协议转换器,实现不同协议的数据信息交互,但是这样既增加了系统的复杂性、降低系统的可靠性,又增加了系统运维成本和运维难度;系统中同一个数据或同一种功能由于处在不同的应用中,往往需要多次重复配置,变相地增加了工作量。

为适应泵站各系统智能化、一体化应用的发展趋势,解决当前泵站系统的设备互操作、互换性问题,需规范数据描述及传输形式,针对泵站自动化系统多种信息交互,制定实时、非实时等信息的传输处理方式,以便泵站自动化系统准确、快速地收集、传送、处理各种采样值等实时信息,安全可靠地交互非实时信息如指令、文件等,同时提高系统管理控制维护的集成水平,提高泵站系统的可扩展性。借鉴 IEC 61850 标准中的核心思想,用来解决泵站监控系统的具体实际问题。建立一种新型泵站自动化系统模型及其通信实现方案,定义泵站系统智能设备数据分层模型,这样不仅规范了泵站智能设备间信息传输,同时提高电量、非电量(如温度、流量、压力等)采样值信息的传输实时性,管理、控制、维护子系统相关设备信息交互,有利于及时发现和排除故障,从而保障泵站安全运行。

## 11.6.3 智能泵站系统通信实现

1. 泵站结构组成及系统设备

泵站主要由进出水建筑物及其配套的控制涵闸、防洪闸、主副厂房、变配电设施、机电设备、暖通设备、消防设施、运行管理设施等组成。机电设备主要为水泵、电动机、变配电系统、闸门和一些辅助设备;水工建筑物主要有前池、进水池、出水池、泵房等。泵站监控系统一般以 RTU 或 PLC 为核心构建现地控制单元(LCU),对泵站设备进行监控。从控制对象的角度出发,泵站现地设备主要分为泵组 LCU、公用设备 LCU以及相关微机保护装置。机组 LCU 实现对机组主辅设备的监控;闸阀 LCU 实现对泵站系统中闸门、可控阀门等设备监控;公用 LCU 实现泵站主变、线路、所用电、直流系统及公用辅机系统如站内供排水系统、油系统、真空系统等监控;微机保护装置用于继电保护、主变压器保护、站用变压器保护及各机组的保护。

2. 泵站专用逻辑节点类

基于 IEC 61850 面向对象的建模方法,构建泵站监控系统中智能设备模型,在了解泵站监控系统结构和运行模式的基础上,泵站监控系统按功能划分为若干个核心功能逻辑节点,主要步骤如下。

第一步:确定逻辑节点。IEC 61850 标准中,定义了相关功能的逻辑节点组所使用的首字母,具体内容见表 11.6-1。

表 11.6-1　逻辑节点组表

| 名称 | 描述 |
|---|---|
| A | 自动控制 |
| B | 保留 |
| C | 控制 |
| D | 分布式能源专用 |
| E | 保留 |
| F | 功能模块 |
| G | 通用引用 |
| H | 泵站专用 |
| I | 接口和存档 |
| J | 保留 |
| K | 机械设备和装置 |
| L | 物理设备 |
| M | 计量和测量 |
| N | 保留 |
| O | 保留 |
| P | 电气保护 |
| Q | 电能质量 |
| R | 保护相关功能 |
| S | 监控 |
| T | 传感器和变压器(包括仪用互感器) |
| U | 保留 |
| V | 保留 |
| X | 开关设备 |
| Y | 电力变压器 |
| Z | 电力系统设备 |

在定义泵站监控系统逻辑节点时,遵循 IEC 61850 标准第 7-1 和 7-4 部分中逻辑节点和数据的扩展规则,具体流程见图 11.6-1。

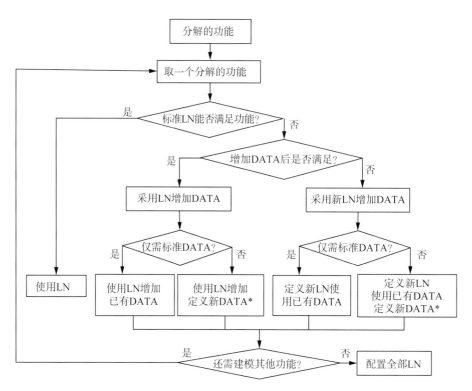

图 11.6-1　名字域扩展流程

参考 IEC 61850 标准中定义的变电站逻辑节点类以及第 2 版中第 7-410 部分的水力发电厂监视与控制用通信逻辑节点类,针对泵站实际情况,构建了泵站专用逻辑节点,并取字母"B"作为其首字母,如表 11.6-2 所示。

表 11.6-2　泵站专用逻辑节点表

| 逻辑节点类 | 描述 |
| --- | --- |
| BPMP | 水泵。该逻辑点标识泵站水泵数据信息 |
| BVLV | 阀门。该逻辑节点标识大型阀门,如压力管道阀门、球阀或蝶阀 |
| BSSP | 进水池。该逻辑节点标识泵站进水池相关信息 |
| BFBY | 前池。该逻辑节点标识泵站前池相关信息 |
| BDSY | 出水池。该逻辑节点标识泵站出水池相关信息 |
| BITG | 进水口闸门。该逻辑节点标识进水口闸门 |
| BMBG | 中隔墙闸门。该逻辑节点标识检修时备用闸门 |
| BGPI | 闸门位置指示器。该逻辑节点用于保存闸门信息 |
| BJCL | 泵站联合控制。在有一个以上闸门或多个泵组的泵站中,该逻辑节点用于标识监控总过流量或维持固定水位的联合控制功能 |
| BWTW | 水塔。水塔是泵站供水系统中的一个重要设备。该逻辑节点标识水塔中水位等信息 |
| BOPU | 油泵。油泵是泵站供油系统中一个重要设备。该逻辑节点标识油泵数据信息 |
| BASC | 供气配置。该逻辑节点标识泵站供气系统相关信息 |
| BWSC | 供水配置。该逻辑节点标识泵站供水系统相关信息 |

| 逻辑节点类 | 描述 |
|---|---|
| BOSC | 供油配置。该逻辑节点标识泵站供油系统相关信息 |
| BSEQ | 开停机流程。仅表示流程正在做什么(非激活—启动—停止),以及处于激活状态时的实际所处步骤的简单逻辑设备 |
| BWCL | 水位控制。该逻辑节点表示能够改变泵站出库流量的物理设备,即闸门或泵组。逻辑节点 BJCL 将提供流量设定值给 BWCL 使用 |
| BLKG | 渗漏监测。该逻辑节点监测泵站中的所有渗漏 |
| BTRK | 拦污栅。用于隔离漂浮物 |

第二步:确定各个逻辑节点的数据对象。首先判断标准中已有的数据对象是否满足需求,若满足,选用相关数据对象;若不满足,根据标准中数据对象的命名方法和命名规则增加新的数据对象。按照这种方式确定泵站系统专用逻辑节点类的数据对象信息。以水泵 BPMP 逻辑节点类为例,如表 11.6-3 所示。

表 11.6-3 水泵逻辑节点类表

| 数据对象名 | 公用数据类 | 说明 | | T | M/O |
|---|---|---|---|---|---|
| | | BPMP 类 | | | |
| 逻辑节点名 | | 名称应符合 DL/T 860.72—2013 中第 22 章的规定,由类名、LN 前缀以及逻辑设备实例 ID 共同组成 | | | |
| | | 数据对象 | | | |
| | | 描述 | | | |
| EEName | DPL | 外部设备铭牌 | | | O |
| | | 状态信息 | | | |
| LocKey | SPS | 现地/远方控制 | | | O |
| Loc | SPS | 现地控制 | | | O |
| OpMd | SPS | 水泵处于运行状态 | | | C[1] |
| EEHealth | ENS | 外部设备寿命 | | | O |
| StMd | SPS | 水泵处于停止状态 | | | C[1] |
| OpTmh | INS | 运行时间(h) | | | O |
| | | 定值 | | | |
| WaPuTyp | ENG | 水泵类型 | 值 | | O |
| | | 离心泵 | 1 | | |
| | | 轴流泵 | 2 | | |
| | | 混流泵 | 3 | | |
| | | 齿轮泵 | 4 | | |
| | | 其他 | 5 | | |
| PuHd | ASG | 水泵扬程 | | | M |
| MaxFlw | ASG | 最大流量($m^3/s$) | | | M |
| BdPpOlDm | ASG | 弯管出水口直径(mm) | | | M |
| MaPwr | ASG | 配用功率(kW) | | | M |
| PuSpd | ASG | 水泵转速(r/min) | | | M |

| 数据对象名 | 公用数据类 | 说明 | T | M/O |
|---|---|---|---|---|
| | | BPMP 类 | | |
| NuVne | ING | 叶片数 | | O |
| AdjRngVne | ASG | 叶片调节范围 | | O |
| MinOpTmm | ING | 最小操作时间(min) | | O |
| MaxOpTmm | ING | 最大操作时间(min) | | O |
| PuHdRng | ASG | 水泵扬程范围(m) | | M |
| VneAng | ING | 叶片角度(°) | | M |
| | | 测量值 | | |
| Spd | MV | 水泵转速(r/min) | | O |
| | | 控制 | | |
| OpCtl | SPC | 操作泵 | | C² |
| LocSta | SPC | 站级开关优先级 | | O |
| SpdSpt | APC | 速度设定点 | | C² |

注:条件 C¹ 下的数据属性可采用一个或两个,但至少采用其中一个;条件 C² 下的数据属性是可选的,且如选用,只能采用其中一个。

在表中,这些逻辑节点包含了泵组监测、控制、保护、异常报警、日志记录、接口存档等方面信息,详细描述了泵组的运行状况。

第三步:确定各数据对象的数据属性。根据 IEC 61850 标准中给出的一些公用数据类(CDC)和兼容数据类信息,定义描述数据对象的标准结构,IEC 61850 定义的 CDC 如表 11.6-4 所示。

表 11.6-4　IEC 61850 标准公用数据类表

| 名称 | | 定义 |
|---|---|---|
| 状态信息的公用数据类 | SPS | 单点状态信息 |
| | DPS | 双点状态信息 |
| | INS | 整数状态 |
| | ACT | 保护激活信息 |
| | ACD | 方向保护激活信息 |
| | SEC | 安全违例计数 |
| | BCR | 二进制计数器读数 |
| 测量值信息的公用数据类 | MV | 测量值 |
| | CMV | 复数测量值 |
| | SAV | 采样值 |
| | WYE | 三相系统中相对地相关测量值 |
| | DEL | 三相系统中相对相相关测量值 |
| | SEQ | 顺序值 |
| | HMV | 谐波值 |
| | HWYE | WYE 谐波值 |
| | HDEL | DEL 谐波值 |

| 名称 | | 定义 |
|---|---|---|
| 可控状态信息公用数据类 | SPC | 可控的单点 |
| | DPC | 可控的双点 |
| | INC | 可控的整数状态 |
| | BSC | 二进制受控步位置信息 |
| | ISC | 整数受控步位置信息 |
| 可控模拟信息公用数据类 | APC | 可控模拟设点信息 |
| 状态定值的公用数据类 | SPG | 单点定值 |
| | ING | 整数状态定值 |
| 模拟定值的公用数据类 | ASG | 模拟定值 |
| | CURVE | 定值曲线 |
| 描述信息的公用数据类 | DPL | 设备铭牌 |
| | LPL | 逻辑节点铭牌 |
| | CSD | 曲线形状描述 |

CDC 中包含多个数据属性,这些数据属性与某一功能相关,如控制、配置、测量等,引入了功能约束 FC 来表示数据的用途,IEC 61850 中定义的功能约束(FC)类如表 11.6-5 所示。

表 11.6-5　IEC61850 标准功能约束表

| 功能名 | 定义 |
|---|---|
| ST | 状态信息 |
| MX | 测量值 |
| CO | 控制 |
| SP | 设点 |
| SV | 替代 |
| CF | 配置 |
| DC | 描述 |
| SG | 定值组 |
| SE | 可编辑定值组 |
| EX | 扩展定义 |
| BR | 缓冲报告 |
| RP | 非缓冲报告 |
| LG | 日志 |
| GO | GOOSE 控制 |
| GS | GSSE 控制 |
| MS | 多播采样值 |
| US | 单播采样值 |

延用 IEC 61850 标准中定义的数据属性,如 CDC 表中的 SPS、ENS、SPC、INC、ASG、ING 等,其分别代表不同的公用数据类:"SPS"表示单点状态信息;"ENS"表示枚举状态信息;"SPC"表示可控的单点;"INC"表示可控的整数状态;"ASG"表示模拟定值;"ING"表示整数状态定值。标准中给出了这些数据类中的数据属性,只需根据实际需要选取其中的数据属性即可。SPS 单点状态信息类如表 11.6-6 所示。

表 11.6-6　单点状态信息类 SPS

| SPS 类 | | | | | |
| --- | --- | --- | --- | --- | --- |
| 属性名 | 属性类型 | 功能约束 | TrgOp | 值/值域 | M/O/C |
| 数据名 | 从数据类继承(见 IEC 61850-7-2) | | | | |
| 数据属性 | | | | | |
| 状态 | | | | | |
| stVal | BOOLEAN | ST | dchg | TRUE/FALSE | M |
| q | Quality | ST | qchg | | M |
| t | TimeStamp | ST | | | M |
| 取代 | | | | | |
| subEna | BOOLEAN | SV | | | PICS_SUBST |
| subVal | BOOLEAN | SV | | TRUE/FALSE | PICS_SUBST |
| subQ | Quality | SV | | | PICS_SUBST |
| subID | VISIBLE STRING64 | SV | | | PICS_SUBST |
| 配置,描述和扩展 | | | | | |
| d | VISIBLE STRING255 | DC | | Text | O |
| dU | UNICODE STRING255 | DC | | | O |
| cdcNs | VISIBLE STRING255 | EX | | | AC_DLNDA_M |
| cdcName | VISIBLE STRING255 | EX | | | AC_DLNDA_M |
| dataNs | VISIBLE STRING255 | EX | | | AC_DLN_M |

如表 11.6-6 所示,数据属性主要由属性名和属性类型来定义,功能约束表示只用于特定服务,触发条件 TrgOp、值/值域、M/O/C 是一些辅助信息。如"stVal"表示数据状态值,布尔型,功能约束为状态信息,触发条件为数据触发,布尔型数据值只有真、假两种情况。"M"表示必选(Mandatory),也就是说 SPS 类的数据对象必包含此数据属性。至于"O"表示可选(Optional),"C"表示有条件必选[Conditional Mandatory(X_X_M)]或是有条件可选[Conditional Mandatory(X_X_O)]。

泵站按系统功能划分主要分为:供排水系统、供配电系统、油系统、气系统、视频监控系统和消防照明系统等。供水系统主要提供水泵机组的冷却水、润滑水、辅机设备的用水以及机房和设备的消防、清洗和生活用水等;排水系统主要负责将泵站内的污水、废水及时排出泵房;供配电系统负责站内单元以及电气设备的可靠运行;油系统负责为泵站内的用油设备补充新油排出废油;气系统是压缩空气系统和抽真空系统的总称,主要用于机组制动、供气给真空破坏阀以及一些风动工具等。

基于对泵站系统的认识,根据 IEC 61850 建模思想,建立了泵站监控系统的智能电子设备(IED)组。如表 11.6-7 所示,主要分为泵组监控、闸门监控、供排水监控、供配电监控、油监控、气监控、消防照明监控和其他辅机监控等 8 类 IED 组。

表 11.6-7　泵站系统智能电子设备组

| 智能电子设备(IED)组 | |
| --- | --- |
| 泵站监控系统 | 泵组监控 IED 组 |
| | 闸门监控 IED 组 |
| | 供排水监控 IED 组 |
| | 供配电监控 IED 组 |
| | 油监控 IED 组 |
| | 气监控 IED 组 |
| | 消防照明监控 IED 组 |
| | 其他辅机监控 IED 组 |

泵组监控是泵站系统中非常重要的一环,现以泵组 LCU 的信息建模为例。按照 IEC 61850 建模标准,每个逻辑设备至少包含 2 个基本逻辑节点 LLN0 和 LPHD,用于描述对应设备的一般属性和物理装置信息。其他逻辑节点按功能集合。

第一步:了解泵组 LCU 功能。泵组 LCU 主要对主辅设备运行状态、安全运行进行监控、异常报警、越线检查等,接受和完成远方控制操作等。

第二步:划分泵组 LCU 的 LD 类。泵组 LCU 功能主要分为控制、监视、接口日志三个方面。因此分别定义为 LD1、LD2 和 LD3。

第三步:具体到每个 LD 中,定义所含功能 LN,详细信息见图 11.6-2 所示。确定各个 LD 包含的功能。

第四步:确定每个 LN 的数据对象(DO)和数据属性(DA)。IEC 61850 7—410 中定义了许多水电站公用数据信息和公用数据类(CDC),泵站系统与水电站系统类似,因此从参照标准中选取 LN 的 DO 和 DA。

LD1:控制 LD 模型。ACTM—控制模式选择;KMOT—电机信息;KPMP—水泵信息;KERD—接地装置信息;KEXF—排风机;KBRK—制动器。

LD2:监视 LD 模型。SPRS—压力监控;STMP—温度监控;SVBR—振动监控;SLEV—液位监控;SFLW—流量监控;SOPM—操作机械监控。

LD3:接口和日志 LD 模型。IHND—物理人机模型;ITCI—远方控制接口;GGIO—通用过程;GLOG—通用日志。

需要注意的是,图 11.6-2 中定义的 LN 均为逻辑节点类,在具体到某个设备时,需要进行实例化处理。例如标准中 GGIO 定义为通用输入输出逻辑节点,此处作为机组模拟量、开关量、温度量输入输出。系统温度采集的对象有许多,如机组水泵、电机轴承、电机铁芯、电机绕组、环境温度等,那么实例化时就需要用多个 GGIO(1-N)区分传输的是模拟量还是开关量又或是温度量。

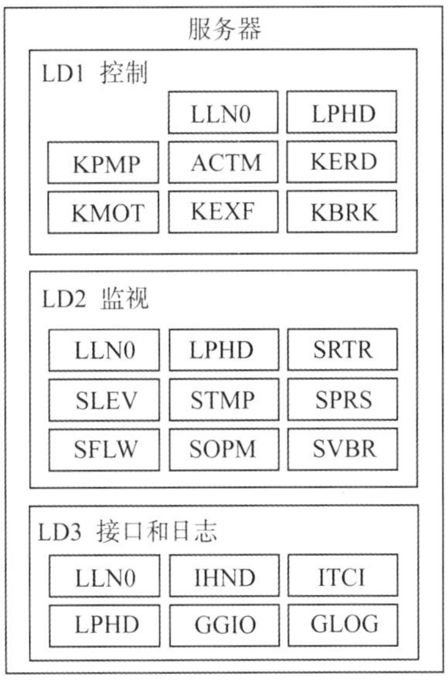

图 11.6-2　机组 LCU 模型

综上所述,泵站系统设备采用统一的数据描述和特定的通信方式,有利于提高不同厂商设备间的互操作,便于系统的集成与扩展,为优化泵站系统的信息交互提供了一种新的思路。IEC 61850 是一个复杂通信标准技术体系,在具体应用时,应结合泵站系统特点,不断探索和优化,逐步实现泵站系统的标准化、智能化。

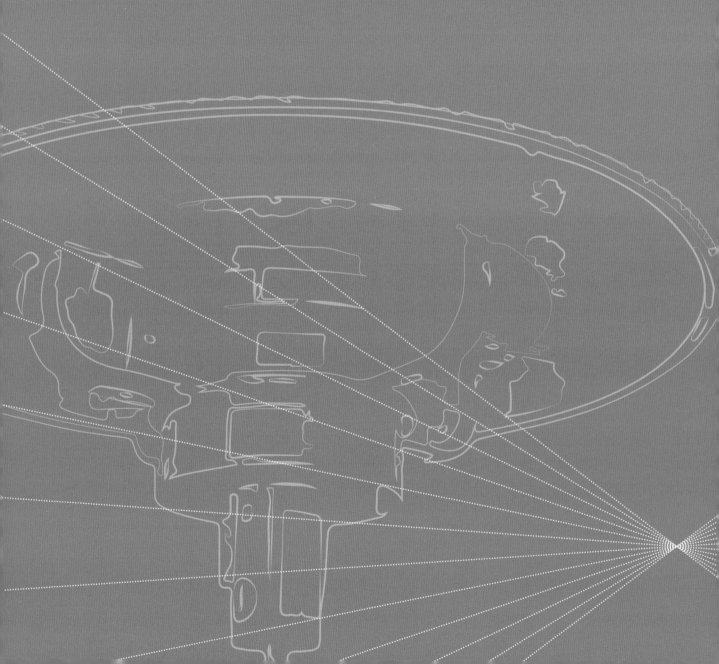

# 12

# 数据存储与管理

12.1　数据存储管理及处理系统架构

12.2　信息分类编码与标准化体系

12.3　系统数据模型

12.4　数据存储安全性与故障维护

12.5　跨安全区的数据同步技术

12.6　数据库性能优化

# 12 数据存储与管理

## 12.1 数据存储管理及处理系统架构

### 12.1.1 数据存储建设思路

为保证整个数字孪生智能泵站数字孪生平台的稳定运行,确保信息共享的高效和信息的安全,需要建立整个系统的数据存储与备份体系。为达到这一目标,数据存储平台的设计重点考虑以下几个方面。

#### 12.1.1.1 扩展性

由于智能泵站业务的存储数据量较大,而且增长速度较快,在建立存储系统时,应选用先进的存储网络结构,并选用模块化、易扩展的存储设备,以适应应用系统对存储系统容量扩展的要求。此外,随着业务系统的增加,服务器数量也会增加,存储数据量不断增长,势必会增加整个应用系统的访问量,这就需要将存储系统进一步升级。

#### 12.1.1.2 安全性

数据是数字孪生智能泵站数字孪生平台中最为宝贵的信息资源,通过建立安全的存储系统,并设计完善的备份恢复系统,以确保数据不会丢失。作为重要的应用系统,是否能够为用户提供 $7 \times 24$ h 的连续访问,也是评价服务质量高低的重要指标。鉴于计算机网络系统采用冗余设计,服务器采用高可用集群系统,因此存储系统建设不但要采用冗余的存储网络结构,同时要选用高安全性的存储设备,以支撑整个应用系统。

### 12.1.1.3　**高性能**

数字孪生智能泵站数字孪生平台由多个子模块组成,通过提高各子模块的性能,可提高应用系统的整体处理性能。由于系统中所有的重要数据均保存在存储系统中,每次的访问请求均要通过存储系统来读写数据,因此,存储系统要为系统提供高性能的数据访问支撑。

### 12.1.1.4　**易管理性**

由于应用系统部署较为分散,且存储系统设备多为高中端设备,各系统内部较为复杂,对系统的运行维护提出较高的要求,要有专门的维护人员进行维护。为降低维护成本,保证系统具备集中管理、图形化管理、自动化管理等管理方式,应采用先进的存储网络结构,实现数据的集中存储,以便于存储设备的集中管理维护,以及数据的集中保护。另外,在选择存储设备时,应选用存储设备管理简便、能提供图形化管理界面、方便维护人员维护操作的产品。同时,制定相应的备份恢复策略,实现数据自动备份,减少手工操作。

### 12.1.1.5　**费用核算**

存储系统的建设具有很高的扩展性和良好的开放性,存储系统可随着用户应用需求的改变而改变,不会造成系统投资的浪费。同时,可以根据应用系统特点,制定合理的存储解决方案,优化费用核算,提高系统利用率,降低投资成本。

## 12.1.2　数据中心总体框架

智能泵站的数据存储既要实现对海量数据的统一存储及管理,又要对整个系统的信息资源进行统筹规划和建设,同时采用多种备份和容灾技术手段,保证数据资源、计算资源的安全性。依托数据存储平台、数据管理平台、异地容灾和通用支撑平台的建设,为系统提供存储资源、计算资源、数据资源、安全资源、网络资源服务,满足各级用户需求。其总体架构如图 12.1-1 所示。

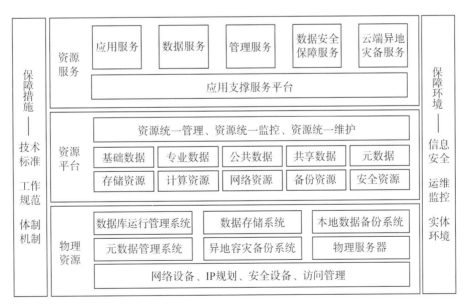

图 12.1-1　数据中心总体架构图

智能泵站数据中心体系由物理资源、资源平台、资源服务和保障措施、保障环境组成。

1. 物理资源

本层为 IT 基础设施层,由数据库运行管理系统、数据存储系统、本地数据备份系统、元数据管理系统、异地容灾备份系统、物理服务器,以及网络设备、安全设备等构成。

2. 资源平台

本层为资源集中建设和统一监管层,由数据资源、存储资源、备份资源、计算资源、网络资源、安全资源,以及资源统一监管平台构成。

3. 资源服务

本层为按需服务层,依托物理资源和通用支撑平台开发建设的资源服务,可为系统提供统一的集中服务,以及各类资源的按需服务。包括:应用服务、数据服务、管理服务、数据安全保障服务、云端异地灾备服务。

4. 保障措施

本系统的建立伴随系统整个建设期和运行期的技术标准、工作规范和体制机制,保障数据中心系统建设和运行的规范性、安全性和可靠性。

5. 保障环境

本系统的保障体系包括信息安全、运维监控、实体环境等建设内容,是数据中心系统安装部署、安全运行的保障。

## 12.1.3 数据存储管理系统架构

根据智能泵站业务工作流程的特点,各应用系统和数据库在物理上根据系统的特点进行分区部署,应用系统和数据库之间存在着相当复杂的访问关系,对数据的存储管理提出了很高的要求。采用成熟的数据库技术、元数据技术和数据存储技术,以数据中心作为集中数据存储的网络节点,建立网络数据存储管理体系,并通过通用支撑平台形成统一的数据存储、交换和共享访问机制,可以充分满足业务应用的需求。智能泵站数据库存储管理体系主要包括专业数据库、公用基础信息数据库和空间基础地理信息数据库等。数据存储管理系统总体架构如图 12.1-2 所示。

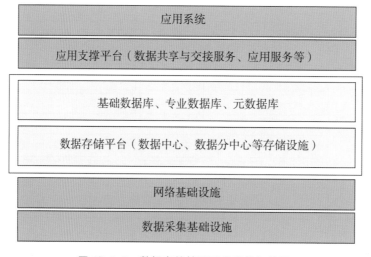

图 12.1-2 数据存储管理系统总体架构图

数据存储管理系统的总体架构包括数据存储平台、基础数据库、专业数据库、元数据库以及数据库管理等部分。数据存储管理主要是完成对数据存储平台的管理，对由数据中心的数据存储平台组成的数据存储体系进行统一管理，包括存储和备份设备、数据库服务器及相关网络基础设施，针对业务应用系统运行管理要求实现对数据的集中存储管理。

### 12.1.3.1　数据存储平台

智能泵站产生的大部分数据为非关系型数据，数据存储平台能对泵站日常运行管理过程中产生的数据进行很好的日常读写，具有很好的可用性、可扩展性，数据存储平台能够提供数据模型，具有可伸缩性，支持自动分片和自动复制，数据存储平台的存储设施为数据中心及数据分中心。

1. 数据中心

数据中心即一个组织或单位用以集中放置计算机系统和诸如通信和存储等相关设备的基础设施，也可能是以外包方式让许多其他公司存放它们的设备或数据的地方，是场地出租概念在因特网领域的延伸。只提供场地和机柜的数据中心，一般称为 DC（Data Center，数据中心），而同时提供带宽服务的，一般称为 IDC（互联网数据中心，Internet Data Center），两者有时不做严格区分。数据中心规模方面，按标准机架数量，可分为小型、大型和超大型。级别方面，常依据国际正常运行时间协会（Uptime Institute）的行业评判标准，按可用性分为 T1、T2、T3 和 T4。

1）常见故障

数据中心网络常见的通信故障主要集中在硬件故障、系统故障两个类别。

（1）硬件故障

数据中心是由无数计算机硬件组成的，硬件出现问题，就会导致部分功能无法正常发挥或运作。无论是设备、线路、端口，哪一部分出现故障，都会导致网络通信故障的出现。硬件方面的故障相对比较容易查找，例如线路故障，一般的成因就是线路明显的老化或者破损，而影响到了整体网络的运营；再比如，端口故障，计算机端口作为数据中心网络的重要环节，若出现接触不良、损坏等传输问题，就会影响到整体网络的运行。硬件故障只要进行逐一排查，就可以及时进行更换处理，相对比较好解决。

（2）系统故障

数据中心是计算机领域比较热门的研究之一，研究技术十分成熟。计算机网络构成主要包括 Tree、Fat-Tree、BCube、FiConn 等，主要采用模块化、层次化、扁平化的设计思路与虚拟化的分割管理技术，将成千上万台设备，以单元为单位进行划分，逐一进行管理。通过分层、递归的结构进行连接，尽可能地避免了所谓"关键节点"的存在。这样组合也形成了良好的冗余与容错性，如果其中出现故障的某一个或某几个单元没有被检测出来，也不至于影响数据中心的整体运行。但是如果超出一定比例，就会影响数据中心网络的高速运行，拉慢网络通信的速度，所以仍需要针对性地查找故障并对其进行处理。

2）故障处理

故障处理过程通常分为以下三个步骤：

（1）分析故障现象

一般来说，由于构成组件比较复杂，故障也呈现出不同的表现方式。因此想要对故障进行分析，就要先了解故障的现象。例如，应用方面出现了网页难以打开、速度慢等问题，那么就要逐一检查相关的故障点，有哪几个故障是上述表现，若出现线路故障、端口故障等，就要更换线路、端口等设备。因此，需要针对数据中心网络的几种常见的故障进行收集与整理，根据对应的现象，进行检索、查找。

（2）测试并确认故障范围，进行故障点定位

所有的应用业务是在这些物理硬件正常运行的基础上开展的，其中某些硬件出现问题就会导致故障。

根据故障的表现,需要针对各个部分进行筛选检查,例如,对服务器进行测试,检查网络设备等。针对问题表现,进行逐一排除,最终确定故障点所在位置。

如果以上硬件故障都已经排除,那么就是计算机系统的故障,这一故障需要建立故障模型进行诊断,根据政策一致性评价(PMC)模型进行定义。通过分层测试的方法,查找问题单元,即正常单元测试正常单元、正常单元测试故障单元、故障单元测试故障单元、故障单元测试正常单元四种。其中后三种的检测结果都是故障,因此就可以通过分层测试的方式,建立有限个单元,通过矩阵以及萤火虫算法(FA)对其他单元进行诊断,最终确定故障出现在哪个或者哪几个单元。当然也可以通过镜像、流量统计、抓包等其他手段确定故障所在的设备范围,进而缩小范围,集中处理某一个或者某几个设备。

(3) 收集重要的数据信息

在进行故障处理时,通过收集设备的日志、诊断、操作记录等信息资料,将这些数据资料进行汇总,条件允许的情况下,建立故障数据库,对于常见问题可以做到"出现即处理",对于没有出现过的故障,可以继续收集进数据库。总之,必要的信息收集,有利于日后更快地查找故障原因,确保数据中心网络健康、平稳运行。

3) 等级划分

数据中心之间也存在等级划分,数据中心分级是按照潜在基础设施性能(正常运行时间)排列数据中心的一种标准方法。数据中心由1至4分为四级,等级高的数据中心潜在正常运行时间高于等级低的数据中心。

(1) 1级(基础能力)

1级数据中心包括服务器位于大型设施中的独立办公室或大型隔间。1级DC需要专门的空间放置所有IT系统(服务器机房可以包括加锁的门,也可以不包括)、调节输入功率防止峰压损坏设备的不间断电源(UPS)、保证全天候不间断运行的空调设备,以及长时间断电期间维持设备运行的发电机。

(2) 2级(冗余能力)

2级数据中心包含1级数据中心的所有特征。同时,还包含部分局部冗余电源和制冷组件(电源和制冷系统非完全冗余)。2级数据中心的要求高于1级,提供一定程度的电源和制冷额外保障,避免处理中断。

(3) 3级(可并行维护)

3级数据中心包含1级和2级数据中心的所有特征。3级数据中心要求用于数据中心的任何电源和制冷设备都可以进行停机维护,不影响IT处理。所有IT设备必须配备连接不同UPS的双电源,这样,当一个UPS电源掉线时,不会损坏服务器或中断网络连接。还必须配置冗余制冷系统,以便当一个制冷系统发生故障时,可以切换到另一系统为房间制冷。3级数据中心不采用容错配置,因为它们可以共享不同的组件,如位于数据中心外部的供电公司电力线和外部制冷系统组件。

(4) 4级(维护)

4级数据中心包含1、2和3级数据中心的所有功能。此外,所有4级电源和制冷组件均采用2N完全冗余配置,也就是说,所有IT组件配有两个不同的市电电源、两个发电机、两个UPS系统、两个配电单元(PDU)和两个由不同电力公司供电(二次供电)的制冷系统。每路数据和制冷通道相互独立(完全冗余)。如果4级数据中心中的任何一个电源或制冷组件发生故障,处理可以继续,不会产生问题。只有当两个不同的电源或制冷通道都发生故障时,IT处理才会受到影响。

不同等级数据中心的正常运行时间也不同,以数据中心每年可用时间的百分比表示,数据中心每提高一级,运行时间百分比相应增加。

以下是每一级数据中心标准运行时间的百分比,以及预期数据中心最长停机时间。

①1 级数据中心每年运行时间的百分比为 99.671%。年最长总停机时间=1 729.2 min 或 28.817 h。

②2 级数据中心每年运行时间的百分比为 99.741%。年最长总停机时间=1 361.3 min 或 22.688 h。

③3 级数据中心每年运行时间的百分比为 99.982%。年最长总停机时间=94.6 min 或 1.577 h。

④4 级数据中心每年运行时间的百分比为 99.995%。年最长总停机时间=26.3 min 或 0.438 h。

请注意,使用其中任何一级 DC 模型,实际结果都可能会有所不同。由于高度冗余,3 级和 4 级运行时间百分比更加准确和一致,而 1 级和 2 级 DC 处理中断的时间可能更长,取决于造成停机的原因。

2. 数据分中心

数据分中心是对应于数据中心而言的,在泵站日常运行管理中,存在调度中心及分调度中心,就会存在数据分中心。

### 12.1.3.2　数据库

1. 基础数据库

基础数据库是对泵站基础信息进行分析,根据泵站管理的实际需要和信息技术的发展趋势建立存储泵站基础信息的数据库。根据对泵站的剖析,泵站基础数据应该包括泵站基础特征信息、工程设施信息、水情信息、机构人员信息、电子地图、行政资源信息六大部分。

1) 分类

泵站的基础信息可以按照不同的标准进行分类,如:按照是否与地理位置相关可以分为属性信息和空间信息;按照信息更新的频率不同可以分为实时信息和非实时信息;按照信息存储和处理方式的不同可以分为数字信息、文本信息、多媒体信息和超文本信息等。综合以上分类方法,可以将泵站基础信息分为 5 类,即基本信息、实时信息、多媒体信息、超文本信息和空间信息。泵站基础信息分类图如图 12.1-3 所示。

(1) 基本信息:包括泵站基本人员、组织架构关系等。

(2) 实时信息:包括气象信息、水位信息、流量信息、实时工情、实时险情等信息。

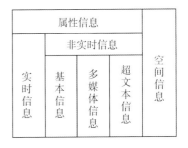

图 12.1-3　基础信息分类图

(3) 多媒体信息:包括泵站管理所需的不同种类的数字视频、数字音频等数据,以不同格式的文件形式存在,如 AVI、RM、MPEG、MP3 等。

(4) 超文本信息:包括表现、展示泵站管理运行现状的各种超文本数据,如与泵站管理有关的法律法规、业务规范规程规定、主要工程的调度规则和调度方案、泵站通报简报等新闻发布内容、经验总结和来往文件等数据。

(5) 空间信息:指与泵站空间位置有关的基础地图类信息。泵站多数信息都具有空间属性,但不是所有这些数据都称为空间基础信息。只有当有较多其他的空间信息需要依赖某一空间数据进行定义时,该空间数据才被称为空间基础信息,这些数据包括航空航天遥感图、泵站基础电子地图和各种基础专题图等。航空航天遥感图主要是各种资源卫星影像图,如 TM 影像、MSS 影像、HRV 影像、SAR 影像和 CCD 影像等;泵站基础电子地图包括泵站行政区划图、泵站工程设施分布图、泵站管理机构分布图、河流水系分布图、泵站河系分布图和泵站地形图等;基础专题图包括水位评价专题图、水质评价专题图等。

2) 建设内容

根据对泵站基础信息的分析,结合当前数字孪生智能泵站建设现状和泵站的要求,泵站基础数据库的建设内容可包括以下部分。

（1）基础特征信息

该类信息主要反映泵站的基本特征和总体情况以及年度重要的经营管理指标,具体可分为泵站简介、静态信息(即没有时间属性的信息)、动态信息(即按年进行记录的信息,类似统计年鉴)、图片信息等泵站基础特征信息。它为泵站自身记录重要的特征信息,同时也考虑行业管理所需信息的要求。

（2）工程设施信息

该类信息主要反映泵站闸门、机组、配水设施、各类建筑物等工程设施的基本特征。闸门、机组等各种工程设施是泵站赖以存在的基础,其相互关系及特征参数是泵站基础数据库中的重要数据。基础数据库存储各种工程设施的"档案卡片",信息应得到及时更新。

（3）水情信息

在泵站基础信息中,泵站管理所需的实时信息包括气象、水情、工情、险情等。根据泵站目前的管理水平,与泵站工程管理、运行调度等直接相关的是闸门、机组处的水情、工情信息。

（4）机构人员信息

机构人员是指泵站的管理人员,该类信息主要记录和存储泵站组织机构信息及其岗位设置情况和人员配置情况等信息。基础数据库存储的机构人员信息,不同于人事管理系统,是"基础"信息。

（5）电子地图

地图具有很强的表现力,经常被用于各种汇报和书面报告中,是泵站重要的基础空间信息。传统的纸质地图与电子地图相比,具有不易分发、不能分层展示、不能更改、不能随意缩放等缺点,因此应尽快建设泵站基础电子地图资源,以满足泵站管理多方面的需要。电子地图可为二维、三维模式。

（6）行政信息资源

泵站管理机构日常管理所形成的文档、照片和录像等行政信息,包括有关的法律法规、工程调度规则和调度方案、经验总结、重要活动(如领导视察)的照片和录像等,也是泵站重要的基础信息资源,应当存储在泵站基础数据库中。为确保信息的安全,行政信息资源也应该同工程信息、水情信息、电子地图等一样直接存储在数据库中,以便信息的备份和移植。

2. 专业数据库

专业数据库包含泵站运行管理中产生的数据,主要有日常运行管理数据、调度数据、机组健康诊断数据等。

日常运行管理数据包括对智能泵站机电设备和枢纽建筑物的日常管理维护,检查其是否出现故障等。机电设备包括水泵机组(主机组)、电气设备、辅助设备。水泵机组包括水泵、电动机和传动装置;电气设备包括变电、配电和用电设备,分为一次设备和二次设备;辅助设备包括供油、供气、供水、排水、抽真空、断流以及起重、安装、检修、通风、除湿、采光、清污、检测等设备。枢纽建筑物由进水建筑物、泵房、出水建筑物等主体工程及附属建筑物组成。上述设备和构筑物的管理维护数据是专业数据库的重要组成部分。

调度数据是当需要泵站发挥其引调水作用时,调度过程所需要的及产生的数据,该类数据主要包括调度方案和调度规则等数据,每一次的调度过程都被存储在专业数据库中。

机组健康诊断数据是指对泵站运行设备进行状态在线监测,对设备的运行状态、磨损程度、性能、安全性、环境影响、维护保养等提出评估和建议,是判断泵站运行、停止、检修的基础。一般来说,无论是排涝泵站还是引水泵站,监测对象主要为电动机、变频器、软启动装置、励磁装置、变压器及开关柜,监测评价内容主要涉及电压、电流、功率、频率、电度、温度、压力、流量及电气等内容。根据监测对象和诊断评价指标,对泵站的健康因素进行分级,包括金属结构、建筑物健康状态和机电设备健康状态等。

3. 元数据库

元数据又被称为中介数据或中继数据,是描述数据的数据,其主要描述数据属性的信息,用来支持如指示存储位置、历史数据、资源查找、文件记录等功能。元数据库是按照数据结构来组织、存储和管理数据的数据仓库,用于提供某种资源有关信息的结构数据。元数据是描述信息资源或数据等对象的数据,其使用目的在于:识别资源;评价资源;追踪资源在使用过程中的变化;实现简单高效地管理大量网络化数据;实现信息资源的有效发现、查找、一体化组织和对使用资源的有效管理。

数据库可视为电子化的文件柜——存储电子文件的处所,用户可以对文件中的数据进行新增、截取、更新、删除等操作,它是将数据以一定方式储存在一起、能被多个用户共享、具有尽可能小的冗余度、与应用程序彼此独立的数据集合。元数据库是按照数据结构来组织、存储和管理数据的数据仓库。在元数据库中,一般是通过数据表来描述其他表信息。元数据库还与数据用途有关,例如在数据仓库领域中,元数据按用途分成技术元数据和业务元数据。

1) 基础结构

元数据库基础结构与数据库差不多,数据库的基本结构分为三个层次,反映了观察数据库的三种不同角度。以内模式为框架所组成的数据库叫作物理数据层;以概念模式为框架所组成的数据库叫作概念数据层;以外模式为框架所组成的数据库叫作用户数据层。

(1) 物理数据层

它是数据库的最内层,是物理存储设备上实际存储的数据的集合。这些数据是原始数据,是用户加工的对象,由内部模式描述的指令操作处理的位串、字符和字组成。

(2) 概念数据层

它是数据库的中间一层,是数据库的整体逻辑表示,指出了每个数据的逻辑定义及数据间的逻辑联系,是存储记录的集合。它所涉及的是数据库所有对象的逻辑关系,而不是它们的物理情况,是数据库管理员概念下的数据库。

(3) 用户数据层

它是用户所看到和使用的数据库,表示了一个或一些特定用户使用的数据集合,即逻辑记录的集合。

数据库不同层次之间的联系是通过映射进行转换的。

2) 元数据特点

(1) 元数据是关于数据结构化的数据,它不一定是数字形式的,可来自不同的资源。

(2) 元数据是与对象相关的数据,此数据使其潜在的用户不必先具备对这些对象的存在和特征的完整认识。

(3) 元数据是对信息包裹(Information Package)的编码的描述。

(4) 元数据包含用于描述信息对象的内容和位置的数据元素集,促进了网络环境中信息对象的发现和检索。

(5) 元数据不仅对信息对象进行描述,还能够描述资源的使用环境、管理、加工、保存和使用等方面的情况。

(6) 在信息对象或系统的生命周期中自然增加元数据。

(7) 元数据常规定义中的"数据"是表示事务性质的符号,是进行各种统计、计算、科学研究、技术设计所依据的数值,或是数字化、公式化、代码化、图表化的信息。

3）元数据库功能

（1）元数据导入

把各个系统的元数据以及数据模型、数据提取、转换和加载工具等产生的元数据导入元数据管理平台，为后续的依赖分析和影响分析打下基础。

（2）元数据编辑

应用元数据管理客户端，通过注册用户/管理用户登录系统，可以对需要展现的元数据进行相应的修改。元数据编辑包括元数据存储和元数据更新两部分。

①元数据存储

只有对汇交的元数据进行有效存储，才能确保其安全性、长效性和易用性。元数据的存储是基于关系数据库的集中存储模式。

②元数据更新

元数据的更新包括元数据内容在元数据服务器中的更新和与之相对应的数据对象在数据库服务器上的更新。元数据的更新首先进行元数据内容的获取操作，在元数据内容变更完成后，可以根据需要进行数据内容的更新，进而进行元数据和数据的注册工作。由于更新前的元数据内容项和数据的存储位置信息已经存在，更新的结果存储在相应的元数据服务器和数据库服务器中。整个流程始终保持元数据内容变化和数据内容变化的同步性。

（3）元数据查询

可按元数据管理部门、元数据来源系统、元数据发布时间以及所有元数据等选项要求进行元数据浏览。用户选择浏览所有元数据或元数据细分角度后，系统显示所有符合条件的元数据主要信息（包括元数据名称、定义、来源系统、发布时间、详细时间等）。

用户可以根据元数据的某一项信息查询元数据的所有信息，包括按元数据主要信息或按信息类别进行查询。

（4）目录服务

随着智能泵站的运行，会产生大量可用的数据资源，为了充分发挥现有数据的作用，提高其利用效率，使更多的数据生成者和数据使用者节省成本，在元数据查询方面就需要一种框架机制来有效地实现数据的查询检索。

目录服务体系是数据资源共享基础建设中的一个重要部分，是实现数据资源共享的第一步，是不可缺少的一个重要环节，也是数据提供者和数据使用者的纽带。它首先提供信息资源的查找、浏览、定位功能，通过目录服务体系的信息定位功能，可以为数据共享、交换及获取信息资源提供获取位置和方式。

目录服务是以元数据为核心的目录查询，它通过符合元数据标准的核心元素将信息以动态分类的形式展现给用户。用户通过浏览门户网站提供的元数据搜索功能来快速确定自己所需的信息范围。

（5）元数据分析

元数据分析包括依赖性分析和影响分析。依赖性分析指通过元数据工具进行数据项之间自动关系分析或手动关系分析，同时对指标的业务逻辑加工进行回溯分析，用图形化展现指标之间的关系及数据口径说明；影响分析指对某一数据项的更改，可以分析到对全局的影响，能使业务或开发人员通过系统和应用的单一全局视图，积极地评估更改的影响，确定实施更改所需的工作量。

（6）元数据汇交

数据共享是以丰富的数据为基础的。元数据汇交是实现数据共享的前提，也是数据共享建设过程中的关键技术之一。元数据汇交的最终方式是以网络的形式进行，为此必须要建立一个基于网络的元数据汇交体系。目前数据库技术、网络技术、中间件技术以及其他相关信息技术的发展,为元数据汇交的建设提供了技术基础。

按照相关的数据质量标准或者数据的具体用途等要求,利用基于工业标准的关系型数据库、分布式数据库技术、网络技术和安全技术,主要采用集中式管理模式,设计合理的数据组织结构,合理分布各数据库的负载,开发基于网络的元数据汇交体系,规范元数据汇交的流程,确保数据的一致性、完整性和正确性,为元数据汇交及数据共享建立先进的技术平台。

在元数据汇交体系中,各数据生产单位通过网络将各自的数据与元数据通过相应的数据分中心统一汇交到调度中心;数据汇交可分为两个部分,即数据汇交管理支撑部分和数据汇交技术支撑部分。通过汇交可以为数据共享提供数据基础。

(7) 元数据发布

元数据发布应用于元数据管理客户端,通过客户化的定制,可以对需要展现的元数据进行分类,有些元数据只显示部分,有些元数据显示全部,如名称、状态、版本、属性、关系等内容。系统可以依次显示待发布元数据的一些信息,如名称、提交时间等,同时结合元数据的用户管理功能,管理用户可将一次性标识的一个或多个元数据进行发布或删除。

4. 地理空间数据库

1) 分类

地理空间数据主要是在全国水利一张图地理空间数据的基础上,采用卫星遥感、无人机倾斜摄像、激光雷达倾斜摄影、BIM等技术,细化数字高程模型(DEM,Digital Elevation Model)、正射影像图(DOM,Digital Orthophoto Map)、倾斜摄影模型、水下地形、BIM模型等,构建工程多时态、全要素地理空间数字化映射,地理空间数据精度和更新频次按照相关要求进行更新。

空间基础信息指与泵站空间位置有关的基础地图类信息,泵站多数信息都具有空间属性,但不是所有这些数据都称为空间基础信息。只有当有较多其他的空间信息需要依赖某一空间数据定义时,该空间数据才被称为空间基础信息,这些数据包括航空航天遥感图、泵站基础电子地图和各种基础专题图等。航空航天遥感图主要是各种资源卫星影像图,如TM影像、MSS影像、HRV影像、SAR影像和CCD影像等;泵站基础电子地图包括泵站行政区划图、泵站工程设施分布图、泵站管理机构分布图、河流水系分布图、泵站河系分布图和泵站地形图等;基础专题图包括水位评价专题图、水质评价专题图等。

2) 建设内容

(1) DEM数据

DEM数据主要包括泵站工程管理和保护范围DEM数据及泵站工程水工建(构)筑物DEM数据。泵站工程管理和保护范围DEM数据基础版要求格网大小优于15 m,提高版要求格网大小优于5 m。泵站工程水工建(构)筑物DEM数据要求格网大小优于2 m。

泵站工程管理和保护范围DEM数据一般要求3~5年更新一次,在地形出现较大变化时需及时更新,提高版要求根据泵站工程运行管理需要提高更新频率。泵站工程水工建(构)筑物DEM数据要求每年更新1次。

(2) DOM数据

DOM数据主要包括泵站工程管理和保护范围DOM数据、泵站工程水工建(构)筑物DOM数据。泵站工程管理和保护范围DOM数据优于1 m分辨率,泵站工程水工建(构)筑物DOM数据要求优于10 cm分辨率。

泵站工程管理和保护范围DOM数据一般要求每年更新1~2次,泵站工程水工建(构)筑物DOM数据根据工程运行管理需要确定。

（3）倾斜摄影数据

倾斜摄影数据主要包括泵站工程管理和保护范围倾斜摄影模型数据、泵站工程水工建（构）筑物倾斜摄影模型数据。泵站工程管理和保护范围倾斜摄影模型数据需优于 8 cm 分辨率,泵站工程水工建（构）筑物倾斜摄影模型数据要求优于 3 cm 分辨率。

倾斜摄影模型数据要求每年更新 1 次。

（4）BIM 模型数据

BIM 模型数据主要包括泵站工程土建、综合管网、机电设备等 BIM 模型数据及泵站闸门、电动机、水泵等关键机电设备的 BIM 模型数据等,泵站工程土建、综合管网、机电设备等 BIM 模型数据要求为 LOD 2.0 级别,泵站闸门、电动机、水泵等关键机电设备 BIM 模型数据要求为 LOD 3.0 级别。

泵站工程土建、综合管网、机电设备等 BIM 模型数据要求在重要部位发生较大变化后及时更新;泵站闸门、电动机、水泵等关键机电设备 BIM 模型数据要求在机电设备发生较大变化后及时更新。

# 12.2　信息分类编码与标准化体系

## 12.2.1　引用标准

《中华人民共和国行政区划代码》(GB/T 2260—2007)

《分类与编码通用术语》(GB/T 10113—2003 )

《标准化工作导则 第 1 部分:标准的结构和编写》(GB 1.1—2009)

《标准编写规则 第 3 部分:分类标准》(GB/T 20001.3—2015)

《信息分类和编码的基本原则与方法》(GB/T 7027—2002)

《水情信息编码》(SL 330—2011)

《水利工程代码编制规范》(SL 213—2012)

《水利政务信息编码规则与代码(一)》(SL/T 200—2013)

《水利水电工程等级划分及洪水标准》(SL 252—2017)

《水文测站代码编制导则》(SL 502—2010)

## 12.2.2　泵站信息编码

### 12.2.2.1　信息分类

1. 信息分类原则

1) 科学性和系统性

以适合现代计算机和数据库技术应用和管理为目标,按泵站基础信息的属性或特征进行严密的科学分类,形成系统的分类体系。

2) 相对稳定性

分类体系以各要素最稳定的属性或特征为基础,能在较长时间里不发生重大变更。

3）完整性和可扩展性

分类既要反映要素的属性，又反映要素间的相互关系，具有完整性。代码结构留有适当的扩充余地。

4）适用性

分类名称尽量沿用习惯名称，避免发生概念混淆。代码尽可能简短和便于记忆。

5）不受地形图比例尺的限制

分类不受比例尺限制，信息的分类代码应当包含各级比例尺所涉及的全部要素。在不同比例尺中，分类的详尽程度可以有差异，但同一要素应具有一致的分类代码，以保证分类代码的一致性。

2．信息分类方法

(1) 对图形信息采用线分类法，即层级分类法，将数据逐次分成有层级的类目，类目间构成并列和隶属关系，分类结果形成树形结构分类目录。

(2) 对属性信息采用面分类法，分类结果形成互不相关、互不从属的面，每一个面是一个属性项。

### 12.2.2.2 信息编码

1．信息编码原则

(1) 唯一性原则。代码唯一表示某一类、某一级或某一特定的要素，同时某一类、某一级或某一特定的要素有专一的代码，建立代码与数据项之间一一对应的关系。

(2) 兼容性原则。在分类编码时，凡已经颁布实施的有关国家标准应尽量直接应用，还应充分引用有关行业标准和已在实施的有关标准。

(3) 完整性和可扩充性原则。分类既要反映泵站设施要素的属性，又要反映它们间的相互关系，具有完整性。同时，分类的容量和数据的类别应留有适当的余地和给出扩充办法，以便随着泵站行业的需求发展而扩充新的类别的代码，且不影响已有的分类和代码。

(4) 规范性原则。代码的结构、类型以及编写的格式应统一，便于系统的检索和调用。

(5) 实用性原则。分类编码方案要便于使用，代码应尽可能简短和便于记忆。

2．信息编码对象

与泵站行业管理相关的设施和其他管理对象。

3．信息编码目的

唯一标识与泵站行业管理相关的设施和其他管理对象。

4．信息编码方式

采用组合码形式，由分类码＋标识码组成。

(1) 分类码

分类码共8位，结构如下：

①××(主题类代码，取值范围为01～99，两位数字)。

②××(一级分类代码，取值范围为01～99，两位数字)。

③××(二级分类代码，取值范围为01～99，两位数字)。

④××(三级分类代码，取值范围为01～99，两位数字，若无取值为00)。

(2) 标识码

标识码共5位，由要素实体码组成，结构如下：

×××××(要素实体代码，自然序号，取值范围00001～99999)。

### 12.2.2.3 分类编码表

泵站信息编码应参考《水利对象代码编制规范》(DB 32/T 4294—2022)中的行政区划型编码规则,其适用于水利枢纽、水库大坝、水电站等按行政区划管理的对象,代码由 2 个代码段构成,包括 7 位所属行政区划代码和 5 位顺序码,代码结构如图 12.1-1 所示。

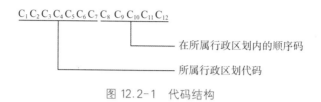

图 12.2-1　代码结构

(1) $C_1C_2C_3C_4C_5C_6C_7$——水利对象空间位置所在的乡(镇、街道)级行政区划代码,并应遵循下列规则:

①水利对象空间位置跨行政区划的采用上一级行政区划代码,$C_1C_2C_3C_4$ 按《中华人民共和国行政区划代码》(GB/T 2260—2007)中第 3 部分的规定执行,其中 $C_1C_2$ 采用省级行政区划代码,$C_3C_4$ 采用市(地区、自治州、盟)行政区划代码;$C_5C_6C_7$ 采用县级行政区划代码,按国家统计局统计用区划代码执行。

②水利对象空间位置跨省级行政区划的约定使用"0000000"。

(2) $C_8C_9C_{10}C_{11}C_{12}$——水利对象在所属行政区划的顺序码,取值范围为 00001~99999。

(3) 在现行水文测站代码空间够用时,水文测站代码采用流域水系型,其中 $C_1C_2C_3C_4C_5C_6C_7C_8$ 采用现行编号;$C_9C_{10}C_{11}C_{12}$ 固定填列"0000"。

以南京市鼓楼区清凉门泵站为例,按照《水利对象代码编制规范》相关规定,其代码为 HP0100106007000014。

泵站设备分类编码表如表 12.2-1 所示。

表 12.2-1　分类编码表

| 主题类 | 一级子类 | 二级子类 | 三级子类 |
|---|---|---|---|
| 泵站 01 | 引水泵 0101 | 水泵 010101 | 推力轴承 01010101 |
|  |  |  | 高速轴承 01010102 |
|  |  |  | 非轴伸端轴承 01010103 |
|  |  |  | 叶轮外壳 01010104 |
|  |  |  | 水泵轴 01010105 |
|  |  |  | 导叶 01010106 |
|  |  |  | 水导 01010107 |
|  |  | 电动机 010102 | 定子线圈 01010201 |
|  |  |  | 推力油槽 01010202 |
|  |  |  | 导轴承轴 01010203 |
|  |  |  | 电机轴 01010204 |
|  |  |  | 电机 01010205 |
|  |  |  | 电机非驱动端 01010206 |
|  |  | 齿轮箱 010103 | 齿轮箱高速端 01010301 |
|  |  |  | 齿轮箱低速端 01010302 |

续表

| 主题类 | 一级子类 | 二级子类 | 三级子类 |
|---|---|---|---|
| 泵站 01 | 排水泵 0102 | 水泵 010201 | 定子线圈 01020101 |
| | | | 上导轴瓦 01020102 |
| | | | 下导轴瓦 01020103 |
| | | | 上导油槽 01020104 |
| | | | 下导油槽 01020105 |
| | | | 空冷器 01020106 |
| | | | 励磁 01020107 |
| | | | 变频器 01020108 |
| | | | 叶轮外壳 01020109 |
| | | | 联轴法兰 01020110 |
| | | 电动机 010202 | 定子线圈 01020201 |
| | | | 导轴承轴 01020202 |
| | | | 电动机上机架 01020203 |
| | | | 电动机下机架 01020204 |

泵站水情编码要素及其标识符共 55 个(表 12.2-2),跟其他水文要素标识符一样,一般也是由主代码、副代码、时段码与属性码四部分组成。

①主代码:Z(水位)、Q(流量)、W(水量)、T(时间或历时)等。

②副代码:U(站上出口)、B(站下进口)等。

③时段码:D(日)、X(旬)、M(月)、Y(年)等。

④属性码:M(最大/高)、N(最小/低)等。

泵站各要素标识符是通过以上不同的代码组合而成的。

表 12.2-2　泵站水情编码要素及其标识符

| 序号 | 编码要素 | 标识符 |
|---|---|---|
| 1 | 站上水位 | ZU |
| 2 | 站上日平均水位 | ZUD |
| 3 | 站上旬平均水位 | ZUX |
| 4 | 站上月平均水位 | ZUM |
| 5 | 站上年平均水位 | ZUY |
| 6 | 站上日最高水位 | ZUDM |
| 7 | 站上旬最高水位 | ZUXM |
| 8 | 站上月最高水位 | ZUMM |
| 9 | 站上年最高水位 | ZUYM |
| 10 | 站上日最低水位 | ZUDN |
| 11 | 站上旬最低水位 | ZUXN |
| 12 | 站上月最低水位 | ZUMN |

| 序号 | 编码要素 | 标识符 |
|---|---|---|
| 13 | 站上年最低水位 | ZUYN |
| 14 | 站下水位 | ZB |
| 15 | 站下日平均水位 | ZBD |
| 16 | 站下旬平均水位 | ZBX |
| 17 | 站下月平均水位 | ZBM |
| 18 | 站下年平均水位 | ZBY |
| 19 | 站下日最高水位 | ZBDM |
| 20 | 站下旬最高水位 | ZBXM |
| 21 | 站下月最高水位 | ZBMM |
| 22 | 站下年最高水位 | ZBYM |
| 23 | 站下日最低水位 | ZBDN |
| 24 | 站下旬最低水位 | ZBXN |
| 25 | 站下月最低水位 | ZBMN |
| 26 | 站下年最低水位 | ZBYN |
| 27 | 瞬时抽水流量 | Q |
| 28 | 日平均抽水流量 | QD |
| 29 | 旬平均抽水流量 | QX |
| 30 | 月平均抽水流量 | QM |
| 31 | 年平均抽水流量 | QY |
| 32 | 日最大抽水流量 | QDM |
| 33 | 旬最大抽水流量 | QXM |
| 34 | 月最大抽水流量 | QMM |
| 35 | 年最大抽水流量 | QYM |
| 36 | 日最小抽水流量 | QDN |
| 37 | 旬最小抽水流量 | QXN |
| 38 | 月最小抽水流量 | QMN |
| 39 | 年最小抽水流量 | QYN |
| 40 | 时段平均抽水流量 | QK |
| 41 | 抽水历时 | DT |
| 42 | 日累计抽水时间 | DTD |
| 43 | 旬累计抽水时间 | DTX |
| 44 | 月累计抽水时间 | DTM |
| 45 | 年累计抽水时间 | DTY |

| 序号 | 编码要素 | 标识符 |
|:---:|:---:|:---:|
| 46 | 抽水量 | W |
| 47 | 日抽水量 | WD |
| 48 | 旬抽水量 | WX |
| 49 | 月抽水量 | WM |
| 50 | 年抽水量 | WY |
| 51 | 开机功率 | NW |
| 52 | 开机台数 | NS |
| 53 | 极值发生时间 | TM |
| 54 | 抽水流量测法 | QS |
| 55 | 水流特征 | HS |

#### 12.2.2.4　标识码

要素实体代码,自然序号,取值范围为 00001~99999。

### 12.2.3　泵站制图符号

#### 12.2.3.1　范围

泵站系统的各种制图图例适用于手工和计算机绘制的泵站平面图,在计算机绘图时亦可作为符号使用。

#### 12.2.3.2　图例尺寸

图例说明中标志的尺寸单位为毫米(mm),其尺寸大小为 1∶500 图形的推荐尺寸。

#### 12.2.3.3　图例定位点和定位线

图例是简单的几何图形或几何图形的组合。当信息类型是以点信息的图例作为符号时,若两边是连接线信息的符号,其符号定位点在图例的几何中心;若只一边是连接线信息的符号,其符号定位点在与线信息的连接点上。当信息类型是以线信息的图例作为符号时,其符号的定位线在图例的中心线。泵站制图图例如表 12.2-3 所示。

表 12.2-3　泵站制图图例

| 说明 | 名称 | 图例 | 信息类型 |
|:---:|:---:|:---:|:---:|
| 1 | 泵房 | | 点信息 |
| 2 | 阀门 | | 点信息 |

### 12.2.4　数据接口规范

制定标准的数据接口规范可以实现各个不同子系统之间的数据共享,更好地实现各子系统之间的集成。

### 12.2.4.1 Web Service 技术规范

总体交换方法为：由数据供方提供 Web Service 接口发布数据，数据需方调用 Web Service 接口获得数据。

Web Service 使用的一些关键信息统一如下：

1. 字符集

使用的字符集应符合《信息变换用汉字编码字符集 基本集》(GB/T 2312—1980)规定。

2. XML

可扩展标记语言，用于定义、传输、存储和现实结构化数据，XML 文档由元素组成，元素通过标签定义。

3. WSDL

网络服务描述语言使用万维网联盟(W3C)推荐的 WSDL2.0，它是基于 XML 的语言，用于描述 Web Service 及其函数、参数及返回值。

4. SOAP

简单对象访问协议使用 SOAP1.2/W3C，其是一种轻量的、简单的、基于 XML 的协议，它被设计成在 Web 上交换结构化和固化的信息。

5. GZIP

数据压缩格式采用 GZIP 格式。

6. Base64 编码

用于传输 8 Bit 字节代码的编码方式。

7. 错误原因编码

错误原因编码如表 12.2-4 所示。

表 12.2-4　错误原因编码

| 编码 | 原因 |
| --- | --- |
| 001 | 服务不存在 |
| 002 | 数据不存在 |
| 003 | 数据信息过期 |
| 004 | 数据容量过大 |
| 005 | 数据格式错误 |
| 006 | 权限超限 |
| 007 | 数据库错误 |
| 008 | 网络连接错误 |
| 009 | 数字证书过期 |
| 999 | 其他错误 |

8. 接口参数要求

接口参数要求如表 12.2-5 所示。

表 12.2-5　接口参数要求

| 数据要求 | 说明 | 摘要信息 |
| --- | --- | --- |
| 字符串 | 包含字符串型、整型、浮点型等 | 1. 对于空字符串使用"　"传输，不使用 null；<br>2. 字符串的说明解释中，要包含具体的数据类型、长度等信息，例如浮点型、保留小数点后多少位等 |
| 对象类型 | 一般以 JSON 格式进行传输 | 按照标准 JSON 格式约束 |
| 错误信息 | 按照上表中的错误标识来进行区分 | 返回的信息中除表明错误类别外，还需要进行错误信息的反馈，以文本的形式反馈 |
| 时间 | 所有输入、输出的时间格式 | 1. 时间为字符串格式；<br>2. 默认格式要求为"2018 - 5 - 23 12:12:12" |
| 特殊字符 | 禁止传入参数中带有 SQL 或其他敏感的字符 | 敏感字符如："'"(单引号)；"\"(斜线)等 |
| 命名规范 | 变量名、方法名首字母小写，如果名称由多个单词组成，每个单词的首字母都要大写 | 1. 名称只能由字母、数字、下划线、符号组成；<br>2. 不能以数字开头；<br>3. 名称不能使用 JAVA 中的关键字；<br>4. 不允许使用中文及拼音命名 |

### 12.2.4.2　RESTful 技术规范

1. 定义

简单来说，RESTful(REST 是 Representational State Transfer 的简称)是一种系统架构设计风格(而非标准)，一种分布式系统的应用层解决方案。

2. 目的

Client 和 Server 端进一步解耦。

3. 域名

应该尽量将 API 部署在专用域名之下，如：https://api.example.com。

4. API 版本控制

应该将 API 的版本号放入 URL，如：https://api.example.com/v{n}/。

采用多版本并存、增量发布的方式：v{n}，其中 n 代表版本号，分为整型和浮点型。

整型为大版本号，代表大功能的升级，具有当前版本状态下的所有 API 接口，例如：v1，v2。

浮点型为小版本号，只具备补充 API 的功能，其他 API 都默认调用对应大版本号的 API，例如：v1.1，v2.2。

5. API 路径规则

路径又称"终点"(endpoint)，表示 API 的具体网址。

在 RESTful 架构中，每个网址代表一种资源(resource)，所以网址中不能有动词，只能有名词，而且所用的名词往往与数据库的表格名对应。一般来说，数据库中的表都是同种记录的"集合"(collection)，所以 API 中的名词也应该使用复数。

6. HTTP 请求方式

对于资源的具体操作类型，由 HTTP 动词表示。

常用的 HTTP 动词有下面四个(括号里是对应的 SQL 命令)。

GET(SELECT)：从服务器取出资源(一项或多项)。

POST(CREATE)：在服务器新建一个资源。

PUT(UPDATE)：在服务器更新资源(客户端提供改变后的完整资源)。

DELETE(DELETE):从服务器删除资源。

下面是一些例子。

GET /product:列出所有商品。

POST /product:新建一个商品。

GET /product/ID:获取某个指定商品的信息。

PUT /product/ID:更新某个指定商品的信息。

DELETE /product/ID:删除某个商品。

GET /product/ID/purchase :列出某个指定商品的所有投资者。

GET /product/ID/purchase/ID:获取某个指定商品的指定投资者信息。

7. 过滤信息

如果记录数量很多,服务器不可能都将它们返回给用户。API 应该提供参数,过滤返回结果。

下面是一些常见的参数。

limit=10:指定返回记录的数量。

offset=10:指定返回记录的开始位置。

page=2&pagesize=100:指定第几页,以及每页的记录数。

sortby=name&order=asc:指定返回结果按照哪个属性排序,以及排序顺序。

producttype=1:指定筛选条件。

8. API 传入参数

传入参数分为 4 种类型:

1) 地址栏参数

①RESTful 地址栏参数 /api/v1/product/122,其中 122 为资源编号,获取资源为 122 的信息。

②GET 方式的查询字串,见"7. 过滤信息"。

2) 请求 body 数据

3) cookie

4) request header

cookie 和 header 一般是用于 OAuth 认证的两种途径。

9. 返回数据

只要 API 接口成功接到请求,就不能返回 200 以外的 HTTP 状态。

为了保障前后端数据交互的顺畅,建议规范数据的返回,并采用固定的数据格式封装。

接口返回模板:

{

status:0,

data:{}||[],

msg:''

}

1) status 接口的执行的状态

=0 表示成功;

<0 表示有异常。

2）data 接口的主数据

可以根据实际返回数组或 JSON 对象。

3）msg

当 status！＝0，都应该有错误信息。

4）JSON 对象数据格式

标准 JSON 的合法符号：

｛（左大括号）；

｝（右大括号）；

"（双引号）；

:（冒号）；

,（逗号）；

［（左中括号）；

］（右中括号）。

JSON 举例：

（1）JSON 字符串：｛"name"："jobs"｝；

（2）JSON 布尔：必须为小写的 true 和 false；

（3）JSON 空：必须为小写的 null；

（4）JSON 对象：｛"starcraft"："INC"："Blizzard"，"price"：60｝；

（5）JSON 数组：｛"person"：［"jobs"，60］｝；

（6）JSON 对象数组：参考（5）。

接口错误原因状态码及描述如表 12.2-6 所示。

表 12.2-6　错误原因编码

| 状态码 | 描述 |
| --- | --- |
| 2XX | 请求正常处理并返回 |
| 3XX | 重定向，请求的资源位置发生变化 |
| 4XX | 客户端发送的请求有误 |
| 5XX | 服务器端的错误 |

## 12.3　系统数据模型

1. 数据模型的概念

数据模型是抽象描述现实世界的一种工具和方法，是以抽象的实体及实体之间的联系作为现实世界中事物的相互关系的一种映射。在这里，数据模型表现的是抽象的实体和实体之间的关系，通过对实体和实体之间关系的定义和描述，来表达实际的业务关系。

2. 数据模型的设计原则

1）扩展性原则

数据模型的设计既要满足现有的业务需求，同时要充分考虑未来业务发展的需要，数据模型应具有较强的扩展性。

2）效率性原则

数据模型的设计应充分考虑最终用户的查询/分析速度和数据抽取、转换、加载的时间，满足软件需求分析说明书规定的性能需求，保证系统具有较高的运行效率。

3）先进性原则

数据模型的设计应充分考虑当今数据库技术和数据建模技术的发展动态，保证数据模型的设计方法、设计过程、设计结果的科学性和先进性。

4）可维护原则

数据模型的设计应具有较强的可读性，数据模型应便于项目业务人员和技术人员理解，项目投入运行后，数据模型便于技术人员维护。

3. 数据模型的设计方法

主要有两种数据模型的设计方法：实体关系建模法和多维建模法。实体关系建模法通过实体、属性和关系来表示数据结构及其相互关系；多维建模法使用事实、指标和维度三个基本概念来构建多维数据模型，主要包括星型模型、雪花型模型等种类。

实体关系建模法是操作性应用系统数据建模的事实标准，它注重数据库范式理论，强调一个事实仅在一个位置上表现，这里的事实是指属性（字段）、位置是指实体（表），其设计结果是数据的冗余较小，较易发现隐藏的实体和关系，具有较好的整合性，适用于构建企业级数据仓库或中央数据仓库。同时，能够满足"任何时间、任何方式回答最终用户的任何需求"的要求，模型易于扩展，具有较强的灵活性。但是，实体关系建模的结果是有较多的实体和关系，且关系较为复杂，最终用户难以理解，"易懂性"较差，为了完成某查询或分析往往需要多表连接，"效率性"较差。

多维建模法是一种支持分析环境的建模方法，它是目前为止针对最终用户各种信息分析活动的最直接的一种表示方法，容易被最终用户理解，具有较强的"易懂性"，适用于用户需求的分析和验证。同时，现有的各类多维分析工具支持采用多维建模法构建的数据集市，系统运行的效率较高，为了完成某一查询或分析一般不需要多表连接，效率性较好。但是，多维建模法是对大多数最终用户需求的一种反映，主要适用于最终用户经常重复的查询/分析、汇总分析，基本上是反映泵站的固定查询或分析需求，对于最终用户可能提出的各类随机查询分析需求或细节数据查询需求，适应性较差，用户提出新的查询或分析要求，一般需要建立新多维模型，"整合性"和"灵活性"较差。

基于以上分析，建议泵站在建立数据仓库时可混合采用上述两种方法，即"双层数据建模法"，应用实体关系建模法构建中央数据仓库，搭建泵站数据平台。另外，应用多维建模法收集和验证业务需求，建立面向泵站的数据集市。

# 12.4 数据存储安全性与故障维护

数据是数字孪生智能泵站数字孪生平台中最为宝贵的信息资源，确保数据存储的安全性是数字孪生平台安全稳定运行的前提。数据存储的安全目标主要包括：

（1）保护机密的数据。

（2）确保数据的安全性。

（3）防止数据被破坏或丢失。

（4）一旦数据丢失或被破坏，能够通过有效的机制还原数据。

目前造成数据破坏的原因主要有以下几个方面：

（1）自然灾害，如水灾、火灾、雷击、地震等造成计算机系统的破坏，导致存储数据被破坏或丢失，这属于客观因素。

（2）计算机设备故障，其中包括存储介质的老化、失效，这也属于客观因素，但可以提前预防，只需做到经常维护，就可以及时发现问题，避免灾难的发生。

（3）系统管理员及维护人员的误操作，这属于主观因素，虽然不能完全避免，但至少可以尽量减少其发生。

（4）病毒感染造成的数据破坏和网络存储安全上的"黑客"攻击，这也属于客观因素，但可以做好预防，减少甚至避免这类灾难的发生。

数据存储的安全性可通过多种方式方法实现，具体如下：

1. 存储平台安全

（1）存储系统的操作系统（微码）是一种封闭的、独特的专用操作系统，很难被黑客攻击。

（2）各业务服务器通过光纤通道主机总线适配器（HBA）连接到光纤交换机，访问和完全控制是通过物理通道分离加上逻辑控制技术完成的，区分各服务器连接到不同的存储系统的前端物理端口。

（3）不同的存储端口（如光纤端口 FC）访问不同的物理磁盘（RAID 组），在资源上保持分立。

（4）在做磁盘 RAID 保护的同时，再通过数据快照在不同存储分区"克隆"一套可用数据，为数据提供双重保护。

（5）两台核心存储之前通过双活架构，确保存储的冗余可靠性，任何一台存储宕机，不会影响业务系统的正常运行。

2. 网络安全

智能泵站系统设计了安全Ⅰ、Ⅱ、Ⅲ、Ⅳ区，通过防火墙、隔离装置等网络安全设备阻止来自网络的安全攻击。

3. 数据访问安全

1）数据库权限控制

通过数据库提供的系统权限、对象权限（查询、修改、删除、插入等）来进行控制，并且利用权限角色将相应的权限分类，使得权限管理更加灵活。

2）数据库加密

对一些敏感的表进行加密，只有校验通过后，才能对这些表进行读写的操作，以免对这些表进行误操作或恶意的修改。

3）数据库日志

利用数据库提供的归档日志分析工具，可以分析数据库数据操作的全部过程，从中发现安全隐患，及时解决。

4）数据一致性维护

对数据进行严格的合理性校验，提高原始数据的可靠性。通过数据库本身的机制以及程序中的控制来保证数据的完整性和一致性。

5）数据库审计

通过安全审计记录和跟踪用户对数据库的操作，防止用户否认其对数据库的安全责任。

6）数据传输安全

对传输的数据采用对称和非对称的加密技术，对实时的数据交换采用安全交易的方式保证数据的安全性和完整性，对非实时的数据交换采用队列的方式传输，保证数据的完整性。在重要数据的传输中还可以采用数据签名技术，防止系统数据的被窃取及篡改，保证信息传输的安全。上述两种数据交换方式都没有对外将数据库放开，保证了业务经办机构中心数据的安全性。

7）防止 SQL 注入

SQL 注入式攻击是指将额外的(恶意的)SQL 代码传递到某个应用程序中的行为，该代码通常被附加到该应用程序内包含的合法 SQL 代码中。所有 SQL 数据库都容易受到不同程度的 SQL 注入式攻击。

当处理作为 SQL 命令组成部分的用户输入时，应特别注意可能发生的 SQL 注入式攻击。如果身份验证方案用于为 SQL 数据库验证用户身份，则必须防范 SQL 注入式攻击。如果使用未筛选的输入来生成 SQL 字符串，则应用程序可能会遭受恶意用户输入的攻击。其中的危险在于，当将用户输入插入一个将要成为可执行语句的字符串中时，恶意用户可以利用转义符将 SQL 命令附加到想用的 SQL 语句中。

下面是用于减少安全漏洞以及用于将可能造成的破坏限制在一定范围内的一些措施：

(1) 通过限制输入的大小和类型，在入口(前端应用程序)防止无效输入。通过限制输入的大小和类型，可大大降低破坏的可能性。例如，如果数据库查找字段的长度为 11 个字符并且全部由数字字符组成，则强制执行该规则。

(2) 用具有最少权限的账户运行 SQL 代码，可以大大减轻可能造成的损害。

(3) 在 SQL 代码中出现异常时，不要向最终用户暴露数据库引起的 SQL 错误。记录错误信息，但只显示用户友好信息。这样可以避免泄露可能对攻击者有帮助的不必要的详细信息。

4. 本地数据备份

定期进行数据备份，可以在数据发生意外损失的情况下进行灾难恢复，最大限度地避免损失，并且实时将备份传送到备份系统，备份系统则根据日志对磁盘进行更新。

## 12.5  跨安全区的数据同步技术

智能泵站横跨安全Ⅰ、Ⅱ、Ⅲ、Ⅳ区，各安全区都有独立的生产数据库，如何保证在不同安全区内海量实时数据的实时性和历史数据的一致性，是智能泵站数据同步方案关注的重点和需要解决的技术难点。

1. 海量实时数据同步策略

智能泵站安全Ⅰ区部署着泵站监控系统，该系统承担了监视和控制泵站现地生产设备运行状态的任务。监控系统对实时性要求极高，数据传输频度达到秒级，甚至毫秒级，且数据传输量巨大，想要安全、稳定地传输海量实时数据到安全Ⅲ、Ⅳ区，保证相关应用的数据实时性并非易事。

传统的数据同步方式是将海量实时数据先写入关系数据库后，再通过关系数据库的相关技术捕获数据变化，将这些变化数据形成文件，由隔离设备进行传输，实现数据同步到安全Ⅲ、Ⅳ区。采用这种方式既无法保证数据传输的实时性，还会增大隔离设备或防火墙的数据传输压力。因此，海量实时数据的同步方法和策略应该单独考虑和设计。

智能泵站软件设计考虑到海量实时数据的高效存取和访问，在每个安全区都有实时数据总线。首先，安全Ⅰ区实时数据服务器采集到最新测点数据后送入该区的实时数据总线,该区的其他设备可以通过实时数据总线获取各类实时数据。同时,实时数据总线将接收到的实时数据以组播方式通过位于安全Ⅱ、Ⅲ区之间的防火墙的特定安全端口到达安全Ⅲ区。采用组播方式转发数据可以有效降低防火墙压力,在有限时间内提升数据的传输能力。

安全Ⅲ区实时数据总线接收安全Ⅰ区的实时数据和本区其他实时数据,同时将这些数据通过安全Ⅲ、Ⅳ区物理隔离设备的安全端口,以组播方式传输到安全Ⅳ区的实时数据总线支持各类实时应用。这种设计方式有效提高了物理隔离设备的实时数据传输能力,传输速度快,网络设备工作压力较小。通过组播方式进行数据跨区传输的过程如图 12.5-1 所示。

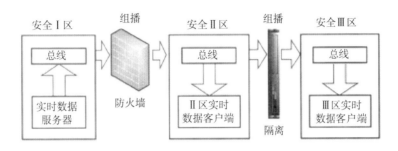

图 12.5-1　数据跨区传输示意图

2. 基于关系数据库的历史数据同步策略

除了海量实时数据的传输以外,智能泵站安全Ⅰ、Ⅱ区到安全Ⅲ区之间还存在大量的数据传输频率相对较低、数据一致性要求极高的历史数据和各种统计数据、特征值数据的传输同步。Ⅲ区的综合业务对这部分历史数据极为敏感,一致性要求极高,对数据丢失零容忍,因此需要使用比实时数据总线更为可靠的数据传输方式。

1) 安全Ⅰ、Ⅱ区到Ⅲ区历史数据同步

智能泵站安全Ⅰ、Ⅱ区之间设有防火墙,通过防火墙的配置可打通安全Ⅰ、Ⅱ区的历史数据库服务器节点,Ⅱ区到Ⅲ区之间设置正反向隔离装置。这样就可以采用基础的数据库同步软件实现安全Ⅰ、Ⅱ区历史数据库到安全Ⅲ区历史数据库的单向数据同步,构成更为稳定、可靠的数据传输。

2) 安全Ⅲ、Ⅳ区的历史数据同步

安全Ⅲ、Ⅳ区历史数据库物理上完全隔断,采用数据库触发器方式能够有效地捕获数据表中记录的全部变化,将这些变化数据定时同步到其他安全区。通过这种同步方式,不仅可以提高其数据的可靠性,而且由于定时传输变化数据,数据量完全可控,对网络设备的运行不会造成任何压力。

## 12.6　数据库性能优化

数据库性能优化是通过有目的地调整组件以改善性能,使得数据库的吞吐量最大限度地增加,相应的响应时间达到最小化。它是一项非常复杂的工作,需要很多数据库的相关知识和实践经验。数据库系统性能是由硬件和软件两方面决定的,硬件因素包括处理器速度、内存、网络、磁盘、磁盘控制器等,软件因素包括操作系统、应用系统等。性能问题最终表现在系统的运行阶段,而引起性能问题的原因则可能发生在应用系统生命周期的任何阶段,包括系统设计阶段、开发阶段、调试阶段和生产阶段。

数据库性能优化的基本原则就是：通过尽可能少的磁盘访问获得所需要的数据。优化的内容覆盖操作系统、数据库以及应用程序，从数据库设计、应用程序、操作系统、系统硬件等方面着手。

## 12.6.1　数据库设计优化

数据库的设计包括逻辑设计和物理设计两部分。通常要采用两步法进行数据库设计，即首先进行逻辑设计而后进行物理设计。数据库逻辑设计去除了所有冗余数据，提高了数据吞吐速度，保证了数据的完整性，清楚地表达了数据元素之间的关系。数据库逻辑设计包括使用数据库组件（如表和约束）为业务需求和数据建模，而无需考虑如何或在哪里物理存储这些数据。数据库物理设计包括将逻辑设计映射到物理媒体上，利用可用的硬件和软件功能实现尽可能快地对数据进行物理访问和维护，还包括生成索引。

1. 适度规范化的逻辑设计

一般地，数据库逻辑设计应该满足规范化的前 3 级标准：①第一范式，没有重复的组或多值的列；②第二范式，每个非关键字段必须依赖于主关键字，不能依赖于一个组合式主关键字的某些组成部分；③第三范式，一个非关键字段不能依赖于另一个非关键字段。遵守这些规则的设计会产生较少的列和更多的表，因而也就减少了数据冗余，也减少了用于存储数据的页。冗余数据的减少，也就减少了数据库中的总数据量，这相应地提高了系统的查询性能。此外，通过避免更新多个位置的相同数据，规范化提高了应用程序的效率并降低了因数据不一致引起错误的可能性。

然而，规范化并不总能提高性能，因为规范化处理涉及把表分成相关列中最少的表，所以对一些查询来说，可能要完成复杂的连接才能实现，这种连接将导致性能下降和复杂度增大。因此，必须对规范化进行必要的平衡，适当的时候要采用非规范的形式来提高检索速度，以便最大限度地提高应用程序的性能。以下方法经实践验证往往能提高性能：

(1) 如果规范化设计产生了许多 4 路或更多路合并关系，就可以考虑在数据库实体（表）中加入重复属性（列）。

(2) 常用的计算字段（如总计、均值、极值等）可以考虑存储到数据库实体中。

(3) 重新定义实体以减少外部属性数据或行数据的开支。

相应的非规范化类型有：①把一个实体（表）分割成两个表（把所有的属性分成两组），这样就把频繁被访问的数据同较少被访问的数据分开了，这种方法要求在每个表中复制首要关键字，这样产生的设计有利于并行处理，并将产生列数较少的表；②把一个实体（表）分割成两个表（把所有的行分成两组），这种方法适用于那些将包含大量数据的实体（表）。在应用中常要保留历史记录，但是历史记录很少用到，因此可以把频繁被访问的数据同较少被访问的历史数据分开。

2. 合理必要的索引

索引是数据库中重要的数据结构，它的根本目的就是为了提高查询效率。在数据表上建立索引，可以使数据库用较少的 I/O 来存取数据，并且查询优化器也非常依赖索引的分配和密度。没有索引优化器，就只能选择表扫描，这将产生大量的 I/O。从另一方面来说，尽管索引可以快速获取数据，但它们也减慢了数据的修改操作速度，并且需要更多的空间。因此，必须设计出合适的索引来平衡这两者。一般来说，建立索引应注意以下几点：

(1) 主键时常作为 WHERE 子句的条件，应在表的主键列上建立索引，尤其当经常用它作为连接的时候。

(2) 在查询经常用到的所有列上创建非聚集索引。

（3）在经常进行连接,但没有指定为外键的列上建立索引,而不经常连接的字段则由优化器自动生成索引。

（4）在频繁进行范围查询、排序或分组的列上建立索引。

（5）比较窄的索引具有比较高的效率。对于比较窄的索引来说,每页上能存放较多的索引行,而且索引的级别也较少。所以,缓存中能放置更多的索引页,这样也减少了 I/O 操作。

（6）在条件表达式中经常用到的不同值较多的列上建立索引,在不同值少的列上不建立索引。

（7）经常同时存取多列,且每列都含有重复值,可以考虑建立复合索引来覆盖一个或一组查询,并把查询引用最频繁的列作为前导列,如果可能,尽量使关键查询形成覆盖查询。

（8）当数据库表更新大量数据后,删除并重建索引可以提高查询速度。

（9）频繁进行插入、删除操作的表,不要建立过多索引。

（10）当 UPDATE 性能远远大于 SELECT 性能时,不应该创建索引。这是因为 UPDATE 的性能跟 SELECT 的性能是互相矛盾的。

3. 数据库分区

将数据库分区可提高其性能并易于维护。通过将一个大表拆分成更小的单个表,可提高查询速度,更快地执行维护任务。

但有时实现分区操作时可不拆分表,而是将表物理地放置在个别的磁盘驱动器上。将表放在某个物理驱动器上并将相关的表放在与之分离的驱动器上可提高查询性能,因为当执行涉及表之间连接的查询时,多个磁头同时读取数据。

## 12.6.2 应用程序设计优化

应用程序设计在使用关系数据的系统的性能方面起关键作用。客户端通常被视为控制实体,而非数据库服务器。客户端确定查询类型、何时提交查询以及如何处理查询结果等,这将对服务器上的锁类型和持续时间、I/O 活动量以及处理器负荷等产生主要影响,并由此影响总体性能的优劣。因此,在应用程序的设计阶段做出正确决策十分重要。

①字段提取要按照"需多少、提多少"的原则。

②避免对大型表进行全表顺序扫描。

③避免使用通配符匹配。

④增加查询范围限制,减少运算量。

⑤WHERE 子句。

尽量在 WHERE 子句中少用"OR"或"IN",因为"OR"或"IN"常常会令索引失效。必要的时候可以考虑使用 Union 将其分成几个子查询。

避免在 WHERE 子句中使用"NOT""<>"等运算符,因为这样会引起全表扫描。

## 12.6.3 操作系统及相关硬件优化

操作系统对数据库性能的影响也很大,文件系统的选择、网络协议、开启的服务等选项也不同程度上影响了数据库的性能。另外,在硬件方面,最有可能影响数据库性能的是处理器、内存、磁盘子系统和网络 I/O。我们可以采取以下解决办法:

①把数据库服务器上的不必要服务关闭。

②把数据库服务器和主域服务器分开。

③把数据库服务器的网络 I/O 调至最大。

④在具有一个以上处理器的机器上运行数据库服务器。

⑤扩大内存和虚拟内存，并保证有足够可以扩充的空间。

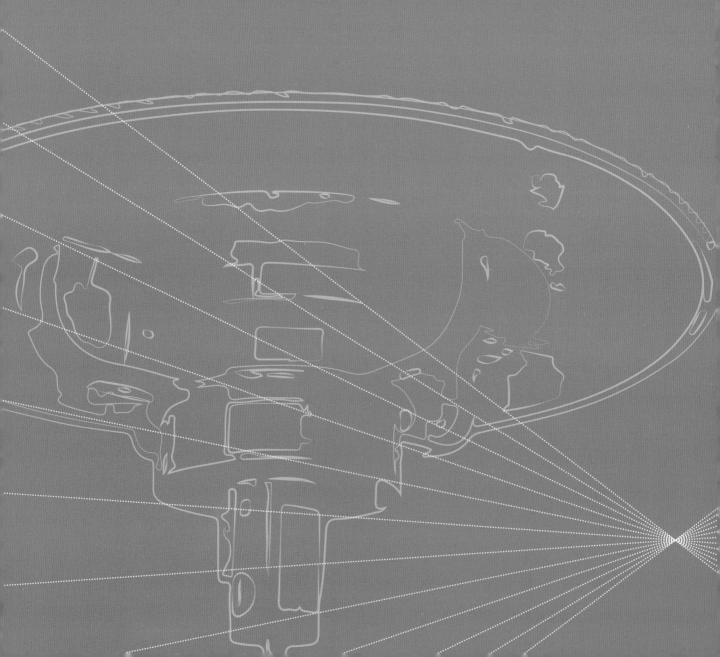

# 13

## 仿真培训与考核

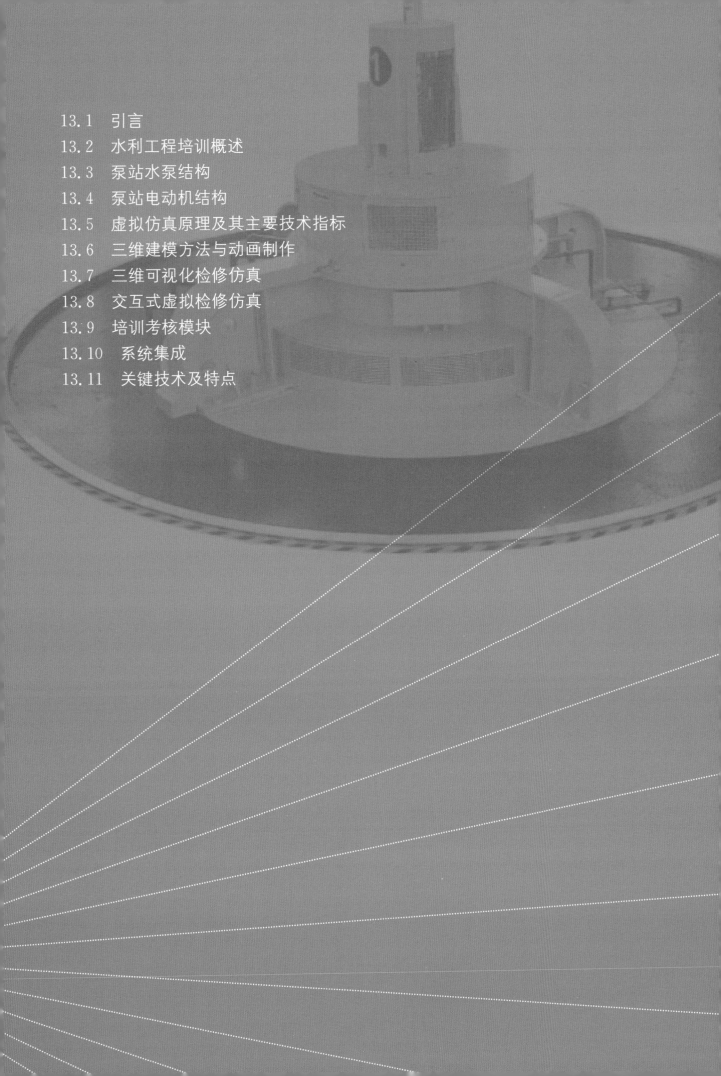

13.1　引言

13.2　水利工程培训概述

13.3　泵站水泵结构

13.4　泵站电动机结构

13.5　虚拟仿真原理及其主要技术指标

13.6　三维建模方法与动画制作

13.7　三维可视化检修仿真

13.8　交互式虚拟检修仿真

13.9　培训考核模块

13.10　系统集成

13.11　关键技术及特点

# 13 仿真培训与考核

## 13.1 引言

　　水利是国民经济的命脉,水利关乎战略全局、长远发展和人民福祉。习近平总书记指出:"保障水安全,关键要转变治水思路,按照'节水优先、空间均衡、系统治理、两手发力'的方针治水,统筹做好水灾害防治、水资源节约、水生态保护修复、水环境治理。"在水灾害防治、水资源节约、水生态保护修复、水环境治理等方面,通过顶层设计、全面统筹,从水安全保障规划、国家水网工程规划纲要等方面入手,加快水利工程补短板,实现水利行业强监管,是整个"十四五"时期水利改革发展的重点任务。

　　继引江济淮、引江补汉等工程相继开工建设以来,水利部门正在谋划推进一批大江大河大湖治理的基础性、战略性重大水利工程,其中南水北调东线二期、中线在线调蓄以及西线一期工程前期工作正抓紧进行,黄河古贤等150项重大水利工程也正加快建设。随着我国大中型水利工程建设的快速发展,新建水利工程尤其是智能泵站工程,对泵站的人才需求也呈快速增长的态势,对泵站员工在运行、检修及管理方面的素质要求也越来越高。当务之急是创新培训体制,将现代计算机仿真技术手段与水利工程智能泵站设备相结合,建造数字孪生智能泵站机电设备,利用三维可视化技术、交互式虚拟仿真技术,针对性开发大型智能泵站三维可视化、交互式虚拟仿真检修培训和事故应急处理等有关内容,满足员工培训的迫切需求,创新高效低成本且可无限次重复使用的培训模式,以符合现代水利工程智能泵站培训发展的趋势。

## 13.2　水利工程培训概述

目前,我国水利工程员工培训方式主要有以下几种。

### 13.2.1　常规培训

这是目前最为常用的一种培训方式,主要以授课为主。常规培训分为理论讲解培训模式和师傅带徒弟实训模式。

1. 理论讲解培训模式

泵站检修运行人员培训大多先从基础理论培训开始,再到专业知识讲授,最后结合具体泵站进行系统讲解。这种培训模式有利于员工对基础和专业知识的系统性学习,适用于水利工程泵站检修、运行及管理人员的培训。

理论讲解培训过程费用低,周期较长。由于缺乏直观的工具连接,难以弥补抽象理论与具体工程实践之间的鸿沟,受训对象的基本技术素养对培训效果影响很大。为此,常辅之以现场实习,以弥补理论培训的不足。由于受设备运行状态等限制,培训效果一般,有时需多次培训或实施针对性培训。该培训模式授课中使用到的媒体通常为图纸、教科书、讲义等教学用资料。

2. 师傅带徒弟实训模式

基础理论和专业知识系统培训后,学员对水泵机组检修运维知识及有关情况有了初步认识,必须经过实训环节动手能力培养,而师傅带徒弟的培训模式是最常见的实训形式。师傅把实践环节中所涉及的工艺要求、工器具使用方法、安全常识、常见故障及事故应急处理等内容,通过手把手教、现场示范、指导徒弟动手等开展实际操作训练,以期快速提高学员的动手能力、临场故障及事故处置能力。

这种师傅带徒弟的实训模式存在以下问题:

(1) 师傅自身水平限制了职业技能人才的培养。

(2) 师傅理解水平和学习能力限制了人才队伍的成长扩大。

(3) 智能泵站设备种类繁多,涉及机械、液压、电气(一次与二次)、通信、物联网、传感技术、大数据、人工智能等多学科知识,因而使得运维、检修人员技术技能培训工作受到了一定的限制。

(4) 学员水平参差不齐,实训操作有可能引发安全事故。

### 13.2.2　计算机平面仿真培训

利用现代计算机技术,将智能泵站工程中的机电设备、电气主接线、油系统、技术供排水系统、消防水系统、气系统、恒温恒湿系统等,通过专用的编程语言,进行组网或单机演示,有些工程还设立了相应的操作控制台,即采用软、硬件相结合的形式,以增加学员操控的真实感。这是针对具体工程而实施的专用培训,可在常规培训的基础上进行,适用于运行专业强化培训。

由于设立了计算机专用培训网络,平时需相应的管理维护人员,所有系统多为平面显示。运行仿真侧重于运行系统原理性培训,系统的直观性较差,对培训人员的知识结构要求高,培训效果并不理想,通用性不强。

以上两种培训模式均有各自特点,一般情况下,大型智能泵站机组结构复杂,体积庞大,造价高昂,多数泵站工程很难给学员提供实地动手操作的条件和充足的培训资源,再加上泵站存在多种故障模式,以及新技术、新材料、新工艺的不断应用,使得学员采用被动听课方式难以做到全面、系统地掌握运行和检修知识。另外,泵站只有在大修期间才有可能提供现场实习的机会,实习时间和场地有限,学员很难有机会现场实际操作设备。即使条件允许,学员也不能根据自身特点及需求无限制、无限次地进行学习和训练。种种不足催生了更先进、更完善的培训方式——基于三维可视化检修运行培训模式的迅速发展。

### 13.2.3　计算机三维可视化仿真培训

三维可视化仿真是将可视化提高到三维层次,是在计算机上显示虚拟的现实世界以及模拟外部表象下的内部世界、过程及细节等信息。三维可视化仿真培训通过多感官互动,可以增强学员身临其境的真实感,与传统常规培训相比,培训效果成倍提高。

如何提高学习效率一直是人们关注的热点。美国实验心理学家 Treichler 所做过的两个著名实验表明:人们通过听觉和视觉获得的信息占其所获得总信息的 94%;视觉、听觉并用,同样的材料获取信息的记忆效果比单用视觉提高 87.5%,比单用听觉提高 400%。三维可视化运维仿真培训系统不仅能充分调动学员的视觉和听觉等多器官参与感知活动,将对知识的被动接受转变为对知识的主动发现、探索,还能激发学习兴趣,使其产生学习欲望,形成学习动机,更积极、有效地接受知识,从而有助于对泵站系统知识的理解和接受。

## 13.3　泵站水泵结构

智能泵站是以现代信息技术、通信技术、计算机技术、自动化技术、数字技术及智能终端设备为基础,以信息数字化、通信网络化、集成标准化、设备可视化为基本特征,具有调节智联化、运管一体化、业务互动化、应用可视化、运行最优化、决策智能化等特征,采用智能电子装置及智能设备,具备自动完成采集、测量、控制、保护等基本功能,配备基于智能一体化平台的经济运行、设备全生命周期监测管理与健康评估、安全防护多系统联动、数据联动的三维展示、三维仿真培训及考核等智能应用组件,实现生产运行安全可靠、经济高效、友好互动和绿色环保目标的泵站。

以引江济淮工程安徽朱集水利工程泵站水泵机组为例,对轴流式水泵机组典型结构进行详细叙述,以便更好地了解水泵机组典型结构三维仿真内容。

### 13.3.1　水泵主要技术参数

引江济淮工程安徽朱集水利工程整体布置模型如图 13.3-1 所示。

朱集泵站大型水泵机组为立式全调节轴流式水泵,型号为:2350ZCQ18.3-4.2。

水泵主要参数:

(1) 叶轮直径: $D = 2\,350$ mm。

(2) 泵转速: $n = 166.7$ r/min。

(3) 在设计安放角(约 $-2°$)时的性能参数:

设计点净扬程: $H_r = 3.53$ m;对应流量: $Q_r = 19.1$ m³/s。

最大净扬程: $H_{max} = 4.95$ m;对应流量: $Q_{max} = 16.06$ m³/s。

最小净扬程:$H_{min}=1.93$ m;对应流量:$Q_{min}=21.88$ m³/s。

(4) 水泵叶片调节角度范围为$-8°\sim+4°$,平均每2°行程为12.2 mm。

(5) 旋转方向:俯视为顺时针方向旋转。

(6) 水泵轴向力:运行最大轴向力为85 t(质量)。

(7) 最大反向水推力:不超过20 t(质量)。

(8) 叶片所需最大调节力:约30 t(质量)。

图 13.3-1  朱集水利枢纽工程整体布置模型

## 13.3.2  水泵结构型式

### 13.3.2.1  水泵整体结构

朱集泵站水泵为竖井筒体式结构,肘形流道进水,平直管流道出水。水泵和电机通过法兰刚性连接。采用液压调节装置调节叶片角度,受油器放在电动机顶部,接力器位于水泵轴与叶轮轮毂之间。整体布置如图 13.3-2 所示。

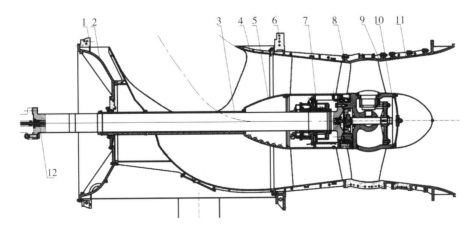

1—上座;2—顶盖;3—泵轴;4—出水弯管;5—导叶帽;6—泵座;7—水导轴承;8—导叶体;9—转轮室;10—叶轮本体;11—进水底座;12—操作油管。

图 13.3-2  水泵整体结构

水泵主要由叶轮部件、泵轴、导轴承及其密封部件、泵体部件、填料函部件、叶片调节机构等组成。

### 13.3.2.2　水泵主要部件

**1. 叶轮部件**

主要由叶片、轮毂体、调节叶片角度的连杆拐臂机构及接力器等组成。

叶片数量为 4 片/台，采用 ZG0Cr13Ni4Mo 不锈钢单片整铸，具有较好的抗锈蚀和抗汽蚀性能。叶片轴密封采用"λ"型耐油橡胶密封圈密封，保证水泵长期运行水不进入轮毂体内，轮毂体内的油也不会泄漏到外面。

轮毂体为整体铸造，材料为 ZG310－570。轮毂的外球面与叶片内球面间隙均匀，在叶片安放角为＋4°（最大正角度）时间隙为 1～2 mm。轮毂体内有上、下两个腔，上腔为接力器的油缸，下腔内装有叶片调角操作机构。

叶片调角操作机构由转臂、连杆、耳柄、操作架、活塞杆及连接件等组成，活塞杆与接力器的活塞连接在一起。活塞在油压的作用下上下移动，通过操作架传给连杆拐臂机构，从而带动叶片转动，达到调节叶片角度的目的。

叶轮本体模型如图 13.3-3 所示，叶片"λ"型密封结构如图 13.3-4 所示。

 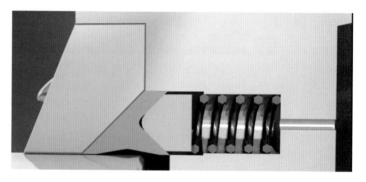

图 13.3-3　叶轮本体模型　　　　　　　　图 13.3-4　叶片"λ"型密封结构

**2. 泵轴部件**

泵轴是水泵的关键受力件，要承受扭矩、轴向力和径向力及叶片调节机构的压力等，因此，泵轴要保证具有足够的强度和刚度。泵轴采用 35♯优质中碳结构钢整体锻造，锻后正火，在精加工前做无损探伤检查。泵轴的导轴承部位堆焊不锈钢层，提高轴的表面硬度，从而有效地提高抗锈蚀能力和耐磨性。主轴中间打通孔以输油和安装调节系统的操作油管。

泵轴与电机轴通过法兰刚性连接，现场安装时铰孔后用铰制螺栓连接牢固。

**3. 导轴承及其密封**

水泵导轴承采用巴氏合金稀油润滑，导轴承为分半结构。导轴承安装在导叶体轮毂内，作为泵轴的径向支承，其能承受任何工况下的水泵径向荷载以避免有害的振动。在导轴承下端设机械密封，导叶体轮毂与顶盖之间设护轴套管，由护轴套管、导叶体轮毂、机械密封构成无水的内腔，保证导轴承在干燥的环境下运行。

水泵导轴承采用机械密封，不锈钢动环用螺栓紧固在轮毂体上端面上，与叶轮同步运转。静环座套在导叶体轮毂下端的密封座上，静环座与密封座之间在水泵运行过程中处于浮动状态。在静环座上端装弹簧，弹簧力保证动、静环密封面紧密接触并实现密封面磨损后的自动补偿。

水导轴承及其密封结构模型如图 13.3-5 所示。

4. 泵体部件

泵体即泵的壳体,主要包括进水底座、进水伸缩节、转轮室、导叶体、出水弯管、顶盖等。

5. 导叶体和转轮室

转轮室为整铸分半结构,内球面镶焊不锈钢抗空蚀涂层。

转轮室内球面与叶片外圆之间的间隙均匀,最大间隙控制在叶轮直径的 1/1 000 之内。

导叶体采用铸焊结构,导叶片材料为 ZG270 - 500 铸钢件,其余为 Q235 - A;导叶体内导叶片数量为 7 片/台,导叶片内铸入钢管供导轴承监测和运行维护用。

导叶体需要保证上法兰与不动的泵座衔接,能从泵座孔通过。导叶体模型如图 13.3-6 所示。

图 13.3-5　水导轴承及其密封模型

6. 出水弯管

出水弯管为出水流道在水泵井筒中的部分,设进人孔,整体挂于顶盖下端,在其下端设径向和轴向止动装置。出水弯管模型如图 13.3-7 所示。

图 13.3-6　导叶体模型

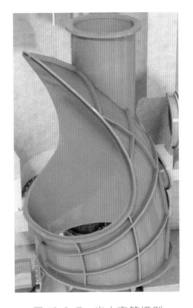

图 13.3-7　出水弯管模型

7. 主轴密封

主轴密封由导轴承密封、护轴套管及导叶体轮毂构成,在护轴套管出顶盖处用压盖式填料密封(属静密封)。

8. 叶片调节机构

水泵的叶片调节采用双向液压活塞型全调节方式。水泵叶片调节系统由受油器、接力器、油压装置、控制柜等组成。受油器、接力器组成了叶片调节机构,受油器装于电机顶部,接力器活塞装于转轮体内,受油器通过主轴内操作油管将来自液压装置的压力油输送到接力器油缸,推动活塞上下移动,从而带动叶片操作机构,实现调节叶片角度的目的。

受油器结构如图 13.3-8 所示。

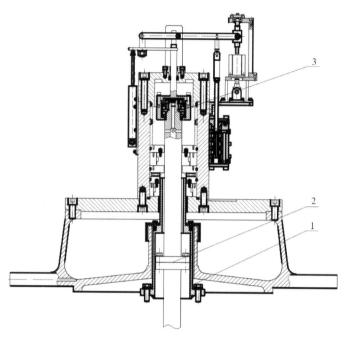

1—密封套;2—操作油管;3—轴承装配。

图 13.3-8 受油器

## 13.4 泵站电动机结构

引江济淮工程朱集泵站大型立式同步电动机主要结构示意图如图 13.4-1 所示。

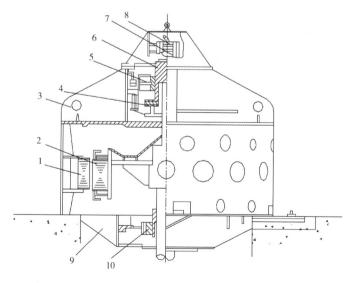

1—定子;2—转子;3—上机架;4—推力瓦;5—上导轴承;6—推力头;7—碳刷架;8—集电环;9—下机架;10—下导轴承。

图 13.4-1 大型立式同步电动机结构

朱集泵站大型水泵机组的电动机主要由定子、转子、推力轴承、上导轴承、下导轴承、上机架及下机架等组成。

### 13.4.1 电动机主要技术参数

电动机主要技术参数如下:

结构型式:大型凸极同步立式电动机;

型号:TL1500-36;

功率:1 500 kW;

电压:10 000 V;

电流:102 A;

频率:50 Hz;

转速:166.7 r/min;

励磁电压:91 V;

励磁电流:234 A;

相数:3;

额定功率:因数为0.9(超前),效率为94%;

防护等级:IP21。

### 13.4.2 主要部件

1. 定子

定子主要由机座、铁芯和线圈等部件组成。定子机座用钢板焊接而成,机座的上法兰面支承着上机架传来的全部重量和作用力;下法兰面是整个电机的基础;四周筒壁是定子铁芯等部件的支承部分,筒壁上开有八个出风口,与上、下机架的进风口形成通风循环系统,以便电机散热。定子模型如图13.4-2所示。

2. 转子

转子由电机轴、轮辐、磁轭、磁极等部件组成,转子模型如图13.4-3所示。

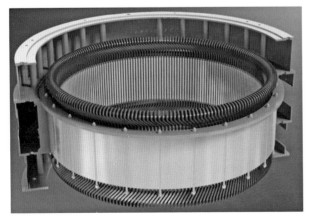

图 13.4-2 定子模型

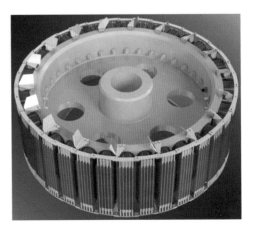

图 13.4-3 转子模型

电机轴为空心轴结构,用来传递转矩并承受转子部分的轴向力,以便安装全调节叶轮操作油管。

轮辐是固定磁轭并传递扭矩的部件,为铸钢件。

磁轭用于产生转动惯量和固定磁极,同时也是磁路的一部分。采用热套的方法将其套在主轴上,磁轭外缘上设有螺孔,供固定磁极用。

磁极是产生磁场的主要部件,由磁极铁芯、励磁线圈及阻尼条三部分组成,用螺杆式接头固定在磁轭上,通过改变磁极与磁轭之间木垫板厚度调整磁极外缘的不圆度。

磁极铁芯由 1.5 mm 厚的矽钢片经冲压成形后叠压而成,上下加极靴压板,并用双头螺栓拉紧,铁芯励磁线圈用扁铜条匝在磁极铁芯上,匝层间用粘贴石棉纸(玻璃丝布)作为绝缘隔层。

3. 上机架

上机架为辐射式十字形荷重机架,安装在定子的上端面,用来承受电动机转子、水泵转动部分的重量以及叶片上的水压力。

上机架模型如图 13.4-4 所示。

4. 推力轴承

推力轴承是上油槽内的止推部件,由卡环、推力头、绝缘垫、镜板、推力瓦、抗重螺栓、锁板、紫铜垫板及推力轴承座等精密部件组成,用于支承转动部分的重量。

推力头为铸钢件,轴向用卡环,径向用平键,固定在轴上随轴旋转,推力头底部放两副分半式绝缘垫,用带有绝缘套的沉头螺丝与镜板连接,以阻止轴电流的形成。镜板为锻钢件,其材质和加工要求是电动机中要求最高的零件。机组转动部件通过镜板与推力瓦构成动压油膜润滑,互相摩擦所产生的热量被油吸收,再经通以冷却水的油冷却器冷却,将热量由水带走。

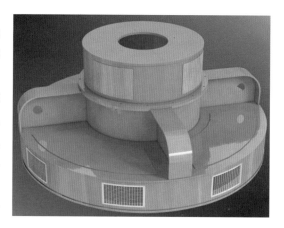

图 13.4-4 上机架模型

推力瓦为锻钢件,在扇形分块面上,铸有一层厚 5 mm 的锡基轴承合金,轴瓦底部开有放抗重螺丝的圆孔,为防止磨损,在孔与螺丝头之间放有一块紫铜垫板,瓦及抗重螺丝为静止部件,并用细纹螺丝支承在上油槽底的瓦架上。

推力轴承模型如图 13.4-5 所示。

图 13.4-5 推力轴承模型

5. 上导轴承

上导轴承设置在上机架内,用来控制主轴的径向位移,由 8 块上导轴瓦、上导瓦架、抗重螺丝等部件组成。上导轴瓦采用锻钢制成的圆弧形径向轴瓦,钢坯上铸有 5 mm 厚的锡基轴承合金,用抗重螺丝及托板横向固定在瓦架上,控制着主轴的径向位移,瓦的反面以及上下面均有绝缘垫板,以防轴电流引出。

上导轴承模型如图 13.4-6 所示。

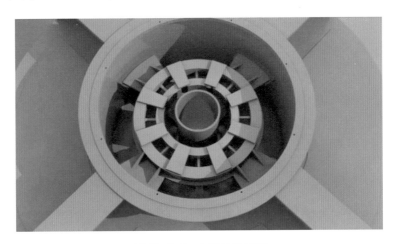

图 13.4-6　上导轴承模型

6. 下机架

下机架为辐射式十字形结构,中间为下油槽,上法兰与油槽盖连接,槽内布置了下导轴承,下导轴瓦与电机轴上的滑转子接触。油槽底部布置有圆环、油冷却器、挡油筒等部件。

下机架主要作用是将机组转动部分重量以及水泵的水推力通过本机架传递给混凝土基础,同时下导轴承布置在其内部。

7. 下导轴承

下导轴承设置在下机架内,用来控制主轴的径向位移。下导轴承包含有 8 块下导轴瓦,与电机轴上的滑转子接触,导轴瓦由瓦架上的抗重螺丝及垫铁支承。下导轴瓦的背面及上下面均有绝缘衬垫承托,以防轴电流引出。

下机架与下导轴承模型如图 13.4-7 所示。

图 13.4-7　下机架与下导轴承模型

## 13.5 虚拟仿真原理及其主要技术指标

### 13.5.1 虚拟仿真技术国内外发展情况

(1) 综述

虚拟仿真技术又称虚拟现实技术或模拟技术。虚拟现实技术(Virtual Reality, VR)是一种新型的综合了计算机图形、人机接口、多媒体、传感器、并行计算、机器视觉以及人工智能等多方面技术的信息技术。它利用计算机技术生成一种人为的虚拟环境,这种环境可以通过视觉甚至听觉、触觉来感知,用户通过自己的视点直接地、多角度地对环境进行观察,发生"交互"作用,产生一种"身临其境"的感觉。虚拟现实技术能再现三维世界中的物体,并能展示三维物体的复杂信息,使其具有交互能力,是对现实世界的真实再现。虚拟现实技术的应用领域已经非常广泛,如飞机、船舶、车辆虚拟现实驾驶训练,虚拟现实建筑物,虚拟现实游戏,虚拟现实影视艺术,等等。

虚拟现实概念雏形源自 1965 年 Sutherland 提出的"最终显示"(The Ultimate Display)的大胆设想。Myron Krueger 在 20 世纪 70 年代中期提出了"人工现实"(Artificial Reality)的概念。1983 年 William Gibson 定义了一个"通过图形方式显示各个用户系统的计算机数据,通过日常合理操作的交感幻想经历"的概念,命名为赛博空间(Cyberspace)。Lanier 于 1989 年提出用"虚拟现实"一词统一表述新的人机交互技术,并组建了以开发面向虚拟现实商业产品为主要营业手段的 VPL 公司。美国海军研究生院 NPS 于 1990 年开发的分布式虚拟环境平台 NPSNET 实现了实验性分布式虚拟现实系统(Distributed Virtual Reality)。Bajura 等人在 1992 提出了"组建一个进一步丰富而不是纯粹替代真实世界的虚拟世界"的目标,也就是增强现实(Augmented Reality, AR)。

增强现实,也称为混合现实。它通过电脑技术,将虚拟的信息应用到真实世界,真实的环境和虚拟的物体实时地叠加到了同一个画面或空间中。

VR 看到的场景与人物等全是假的,而 AR 则是一部分虚的、一部分真的,是把虚拟信息带入到现实世界中。这是 AR 与 VR 的主要区别。

自 20 世纪 80 年代起,虚拟现实在工程、医学、军事、生物、教育等诸多领域得到了广泛的应用。1998 年 Frank Diamiano 医生在 ZEUS 机器人手术系统的帮助下完成了美国第一个输卵管手术。1991 年,美国为海湾战争"东 73"战役的实施提供了一套供 M1A1 主战坦克使用的战场环境仿真系统,将伊拉克的沙漠环境用三幅大屏幕展现在参战者面前,进行身临其境的战场研究,为最终取胜打下了关键的基础。

常州凯悦科技有限公司(以下简称凯悦科技)与河海大学密切合作,先后完成了"十一五"国家科技支撑计划重大项目子课题"大型贯流泵关键技术与泵站联合调度优化"(编号:2006BAB04A03)分专题、"十二五"国家科技支撑计划项目专题"泵站(群)优化调度的相关支撑技术研究"(编号 2015BAB07B01-06)等纵向项目的关键技术研究,与扬州大学合作完成了财政部项目——数字运河与南水北调创新多媒体软件及数据库研究工作。凯悦科技与中水淮河规划设计研究有限公司、江苏航天水力设备有限公司、上海电气集团上海电机厂有限公司、中水三立数据技术股份有限公司、欣皓创展信息技术有限公司和北京前锋科技有限公司等技术联盟合作,以引江济淮工程某大型泵站为原型,采用三维可视化技术制作了泵站起源、智慧蓝图、智领未来的"智能泵站 创领未来"宣传视频,获得了业内高度好评。此外,凯悦科技先后完成了江苏宿迁刘老涧泵站、江苏扬州瓜洲泵站以及南水北调东线一期工程洪泽站的大型轴流式水泵机组全拆、全装可视化检修仿真项目。作为水利部推进数字孪生流域建设的 94 项先行先试任务之一、2022 年智慧江苏重点工程——数字孪生南水北调洪泽泵站建设先行先试项目，首期开发了"主机电源突然停电演练"、"水淹厂房模拟演练"和"防汛应急响应及措施演练模拟仿真"三个典型事故应急演练仿真科目，系统为可扩展架构，未来可自主添加新增的事故应急演练仿真科目。

随着数字孪生技术的加速应用，以智能泵站为代表的水泵机组运行检修可视化仿真已成常态化内容，而以水利工程事故应急预案为基础的多模态应急演练仿真，正在逐步推进中。

（2）国内外研究水平的现状和发展趋势

虚拟仿真是利用计算机技术，再现三维世界中的物体，表达三维物体的复杂信息，使其具有实时交互能力的一种可视化技术。三维可视化技术已渗透到各个学科，如地理学、资源环境学、测绘学、海洋学、建筑学、生物医学等。其关键是建模，平台软件多以模型为基础，实现漫游、观察、分析、决策等基本操作。而建模软件应用较多的是 Autodesk 公司的 3ds Max 和 Maya、Multigen-Pardigm 公司的 Creator、Google 公司的 SketchUp、Microsoft 旗下的 Galigari TrueSpace 等，DirectX 和 OpenGL 是最常用的可视化工具。目前，比较专业的三维可视化系统软件或平台主要有：美国 ERDAS IMAGINE 软件的 Virtual GIS 模块、美国 Skyline 系列软件，国内武汉适普软件有限公司的 IMAGIS Classic 和北京灵图软件技术有限公司的 VRMap 等。

由 Facebook VR/AR 团队的首席科学家迈克尔·亚伯拉什（Michael Alrash）在 2017 年提出，VR/AR 是计算机历史上的第二次大浪潮，最能体现 VR/AR 的颠覆性革命力量的标语。

2014 年 7 月，以 Facebook 斥资 20 亿美元收购 VR 设备公司 Oculus 为标志，VR 技术真正意义上走入了普罗大众的视野。2016 年被称为 VR 技术的元年，随着计算机技术的发展，VR 技术逐渐从科幻走进现实，广泛应用于诸如城市规划、室内设计、工业仿真、古迹复原、桥梁道路设计、房地产销售、旅游教学、水利电力、地质灾害等众多领域，并为这些领域提供切实可行的解决方案，VR 产业在这一年井喷式出现并迅速在全球市场产生巨大反响。2010 年前后，VR 头盔极其昂贵，价格从几万美元到几十万美元不等。如今甚至不到 100 元人民币就可以买到最简单的 VR 眼镜"纸盒"，虽然功能单一，但 VR 技术已经确实具有了普及的可能。

2021 年 3 月 26 日美国陆军授予 Microsoft 公司价值最高可达 218.8 亿美元且期限为 10 年的集成视觉增强系统（Integrated Visual Augmentation System，IVAS）合同。据一位 Microsoft 公司发言人称，10 年供货数量超过 12 万台。

IVAS 主要集成了下一代的 24/7 态势感知工具和高分辨率仿真显示，通过一个单一的平台来增强士兵感知、决策、目标捕获和目标交战能力，从而提升其杀伤力和机动性。

2023 年苹果公司发布的首款混合现实头戴式显示器，支持 VR/AR 技术，拥有两个高分辨率 4K 微型有机发光二极管（Organic Light-Emitting Diode，OLED）显示屏、十多个摄像头和传感器，具备虹膜扫描功能，能够捕捉面部表情，并将其转换为虚拟形象进行面部表情跟踪，可用手势、语音控制，这些给高度沉浸式交互体验带来了极大的便利。未来，VR/AR 的 3D 眼镜及便捷的操控方式，将大大拓展 VR/AR 技术在智能泵站中的应用场景。

随着北京字节跳动科技有限公司（2022 年 5 月 7 日更名为北京抖音信息服务有限公司）Pico 4 Pro、北京凌宇智控科技有限公司 NOLO Sonic VR 一体机、北京爱奇艺科技有限公司奇遇 3VR 一体机等国产品牌强势崛起，未来交互式虚拟仿真软硬件设备有了更多选择空间。

### 13.5.2　虚拟仿真技术原理

以下结合引江济淮工程朱集泵站大型轴流式水泵机组、辅助设备及油水风系统等检修仿真内容对虚拟仿真技术原理展开描述。

仿真技术是以相似原理、系统技术、信息技术以及仿真应用领域的有关专业技术为基础,以计算机系统、与应用有关的物理效应设备及仿真器为工具,利用模型对系统(已有的或设想的)进行研究的一门多学科综合性技术。

大型水泵机组虚拟仿真技术包括以可视化形式展示主要部件的结构,拆卸、装配流程,以及检修要点等内容的三维可视化仿真技术。

利用外设进行交互的虚拟仿真技术,外设包括常规的鼠标、键盘,以及3D头戴式显示器(以下简称头显)和操纵柄。交互式虚拟仿真技术大多用于实训操作。

虚拟仿真技术涉及的原理主要有:从技术符号到虚拟实物的映射原理和系统集成原理。以引江济淮工程大型泵站轴流式机组图纸、检修规程为基础,将检修文件包有关内容进行分解,以最小动画单元为基础,利用三维软件对物理实体建模,结合 Fusion、After Effects 软件调、校色,完成零部件动画后,再运用 C♯ 语言和 Dreamweaver 等软件,对虚拟设备部件等进行集成,形成完整的大型泵站轴流式水泵机组虚拟检修仿真培训系统。

三维建模原理框图如图 13.5-1 所示。

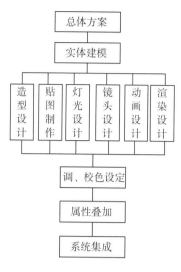

图 13.5-1　三维建模原理框图

### 13.5.3　研究方法

采用原型设备三维建模,依据检修规程、检修文件包、检修作业指导书等有关要求,进行单个动画设计制作,再进行设备局部或整体装配调试检修仿真的研究方法,从设备结构特点、工作原理、拆卸及装配顺序、检修要点等方面,构建三维检修仿真动画和虚拟检修仿真内容。辅以培训考核模块内容,研究成果将视频、图片、动画、文字配音及培训考核数据库等素材集成,形成 B/S 架构的 Web 浏览模式的三维检修仿真培训系统。

### 13.5.4　研究技术路线

按照市场调研、技术方案设计、用户需求确认、方案修改完善、开发平台及开发软件选择、三维建模、三维可视化检修仿真系统安装调试及试运行、完善投用及验收等流程进行研究。

具体技术路线如图 13.5-2 所示。

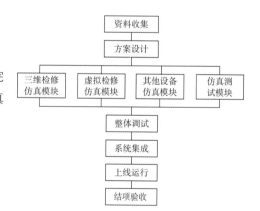

图 13.5-2　虚拟检修仿真开发技术路线

### 13.5.5　主要技术指标

主要技术指标涉及三维建模技术要求、三维可视化检修仿真和交互式虚拟仿真三部分内容。

#### 13.5.5.1　三维建模技术要求

1. 三维模型数据标准

三维模型应包括下列组件:

(1) FBX 或 OBJ 格式的 3D 模型文件。

（2）JPG、PNG、TGA 等格式的纹理贴图文件。

**2．三维模型数据命名标准**

模型名称可以包含字母或数字字符(不得使用中文)，不允许有空格和特殊字符。模型名称必须清晰、唯一地描述建模单元，贴图名须严格按照规范命名(贴图名＝模型名＋贴图序号)。

**3．三维模型制作的坐标要求**

（1）三维构筑物模型间的相对位置要保持精确无误。

（2）三维模型文件中每一个构筑物的轴心要求归到其模型的最底部中心位置。

（3）三维模型文件中构筑物模型的坐标 $Z$ 值，要能跟地形的 DEM 高程值匹配。

**4．三维模型的单位和精度标准**

（1）模型比例尺必须以米(m)为单位。

（2）精度精确到小数点后 3 位，如 26.263 m。

**5．三维模型的三角面数量标准**

（1）精细建筑物模型(最大 1 000 个三角面)。

（2）标准建筑物模型(最大 500 个三角面)。

（3）基础建筑物模型(最大 200 个三角面)，少数模型细节程度要求较高的情况可以超过该限制。一个区域的所有模型中，最多不超过 10％的模型超过三角面数的标准限值。

（4）单个模型的平面长和宽以不超过 300 m 为佳(主要针对路面和草地等模型)，面积太大的情况，需切分为相同面积的小模块拼接，以便使用低像素贴图。

（5）单个小部件(例如:公共设施类)的面片数不超过 200 个，其他较复杂的部件面片数不超 500 个。

（6）单个建筑或部件尽可能独立为一个对象，便于满足模型单独查询的定位需求。

**6．三维模型的材质贴图标准**

（1）格式:JPG、PNG 格式。

（2）色阶:24bit(或者 32bit，由表达要素的 Alpha 纹理需要而定)。

（3）纹理图片分辨率:宽高应为 2 的 $N$ 次幂，最大不能超过 2 048×2 048 像素分辨率。

（4）要求把多张小纹理图片拼接成一张大图片使用，以达到最佳性能。

（5）应使用建模软件默认材质类型，不要使用透明材质和半透明材质，以及其他交互程序不支持的材质类型;不能使用凹凸贴图、V-Ray 贴图、多重纹理贴图等交互引擎不支持的程序生成贴图类型。

**7．三维模型数据的其他标准**

（1）法线:所有模型面的法线朝向必须正确地定向，以便从模型的外面可以看到。

（2）UVW 贴图坐标:所有模型应展平 UVW 坐标，避免 UV 重叠;贴图通道和 UV 修改器通道要统一为 1。

（3）平滑组:曲面结构要正确设置平滑组(Smoothing Groups)以减少多边形的数量。

（4）平均模型(包括地名、植被、建筑、部件、小品等)的三角面数不宜超过 50 万面/km²。

#### 13.5.5.2　三维可视化检修仿真

所制作的大型水泵机组三维可视化检修仿真培训系统动画，应能在计算机上流畅播放，并符合以下技术指标。

（1）音频:双通道环绕立体声;编码:AAC;比特率:固定比特率;码流:192 kb/s;采样率:48 000;位深:16 位。

（2）视频:真实环境，3D 视角;光影、纹理仿真效果;格式:MP4;编解码器:H264。

(3) 分辨率:HDTV 1080p 及以上。

(4) 帧速率:25 fps 及以上。

(5) 渲染:光线追踪、灯光辐射或其他物理光线算法全局光渲染。

### 13.5.5.3 交互式虚拟检修仿真

所制作的大型水泵机组交互式虚拟检修仿真科目应满足以下技术指标。

(1) 分辨率:1 920×1 080 及以上。

(2) 帧速率:60 Hz 及以上。

(3) 视场角:110°及以上。

(4) 渲染:全局光照实时渲染管线。

# 13.6  三维建模方法与动画制作

虚拟仿真是在对仿真对象——泵站水泵机组设备进行全面分析的基础上,按照图纸、实物照片,利用经典建模软件建立水泵、电动机各零部件三维模型,装配后形成主要部件模型,以便可视化仿真、交互虚拟仿真或其他应用模块调用。通过信息关联技术将三维实体模型与设备数字化信息关联起来,使计算机能自动识别仿真对象的物理结构,监视设备运行状态,进行健康评估,以此反映仿真对象设备故障。

## 13.6.1  建模软件

当下,经典的三维建模软件主要有:SolidWorks、3ds Max、AutoCAD、Pro/ENGINEER 以及 Maya 等。

其中,AutoCAD 软件是由 Autodesk 出品的一款自动计算机辅助设计软件,可以用于二维制图和基本三维设计,主要应用于土木建筑、装饰装潢、工业制图、服装加工等多个领域。Pro/ENGINEER(2010 年正式更名为 Creo)是美国参数技术(PTC)公司研发的一款 CAD/CAM/CAE 一体化的机械自动化软件,广泛应用于模具、玩具、汽车、机械制造和航空航天等领域。Maya 是 Autodesk 公司出品的世界顶级的三维动画软件,应用对象是专业的影视广告、角色动画、电影特技等。Maya 功能完善、工作灵活、制作效率极高、渲染真实感极强,是电影级别的高端制作软件。

下面主要介绍 SolidWorks 和 3ds Max。

### 13.6.1.1  SolidWorks 建模软件

SolidWorks 是常用的经典建模软件之一,主要用于工程建模,它不仅为设计师提供较大便利,而且提高了设计的精确性。该软件还是世界上第一款基于 Windows 系统开发的三维 CAD 软件,功能强大,组件多样。

1. SolidWorks 主要特点

(1) SolidWorks 是一个在 Windows 环境下运行,以设计功能为主的 CAD/CAM/CAE 机械设计软件,其操作界面完全使用 Windows 风格,系统适配,容易上手。

(2) SolidWorks 功能强大,能够提供不同的设计方案、减少设计过程中的错误以及提高产品质量。

目前,SolidWorks 实际应用较多。

2. SolidWorks 主要建模步骤

1）建模主要操作

（1）拉伸

拉伸是通过将 3D 对象从 2D 草图进行拉伸,由此添加了第三维而生成特征。拉伸特征可以是基体(这种情形总是添加材料)、凸台(此情形添加材料,通常是在另一拉伸上)或切除(移除材料)。

（2）旋转

旋转是通过围绕一条中心线旋转一个或多个草图轮廓来生成一个增加或移除材料的特征。旋转特征可以是实体、薄壁或曲面。

（3）放样

放样是通过在轮廓之间进行过渡生成特征。放样特征可以是基体、凸台、切除或曲面。

（4）扫描

扫描是通过沿某一路径移动一个轮廓(剖面)来生成基体、凸台、切除或曲面。

（5）边界

边界能生成非常高品质的准确特征,有助于创建复杂形状,适用于消费产品设计、医疗、航天以及模具等领域。边界特征可以是基体、凸台、切除或曲面。

2）具体建模过程

（1）选择作图基准面

通常有正面(Front)、侧面(Right)和顶面(Top)。有时由于零件结构或加工手段问题,还需要建立辅助基准面。选择起始的基准面很重要,涉及零件的加工工艺、工程图出图的表达效果以及 3D 建模的效率问题。

（2）建草图

有直线、圆/圆弧、曲线、多边形等基本绘图命令,辅助命令有倒角/圆角(Chamfer/Fillet)、阵列/镜面(Pattern/Mirror)、字符(Text)等命令。依据零件结构做出成型所需的轮廓线条。注意有个约束问题,即尽量将绘出的图元处于完全约束或完全定义状态。

（3）利用造型特征功能如拉伸(Extruded)、扫描(Swept)、放样(Lofted)、旋转(Revolved),即可建立初步的实体轮廓,其间可能还会用到一些必要的辅助功能,如倒角/圆角(Chamfer/Fillet)、阵列/镜面(Pattern/Mirror)、抽壳/拔模(Shell/Draft)等命令。

### 13.6.1.2　3ds Max 建模软件

1. 3ds Max 建模软件特点

3ds Max(或 3DS Max)是 3D Studio Max 的简称。它是由 Discreet 公司开发的应用于计算机的三维建模及动画制作软件。因其具有较强的功能性,能满足多种建模要求,应用领域十分广泛。

3ds Max 建模软件主要特点如下:

（1）操作界面简洁直观,各项功能完备,可通过挤出、车削、切片、推力、晶格等多种修改器直接对模型进行建立、修改工作。

（2）3ds Max 软件进行建模时可以留下过程文件,便于使用者找出制作过程中的错误。在建模的同时可以对模型的各个参数进行实时的修改,以保证模型各方面数据的准确性。

（3）3ds Max 软件在建模时可以自由选择布局方式,可以根据模型的具体情况选择建模界面的视口数量,默认情况是四视口,分别为顶、前、左、透视图,在合适的情况下也可以调整为双视口、三视口或更多视口。方便使用者以最适合自己的制作界面进行建模。

（4）3ds Max 具有非常强大的功能性及价格优势，3ds Max 对设备的硬性要求低，人们常用的电脑都可以安装使用，适用性较好。

（5）3ds Max 建模特点侧重于建模效果，所以其在建模效果方面有着独有的优势，即使初学者也可以制作出效果较好的模型。

2. 3ds Max 软件的应用

3ds Max 是目前室内设计行业应用比较普遍的三维制作类软件，其具有功能性强、性价比高、创作自由度大等优势，可达到较为真实的仿真效果，三维图形和动画会使人们印象更加深刻，达到更好的学习记忆效果。如今 3ds Max 广泛应用于许多领域，取得了良好的效果。

### 13.6.2 动画制作

动画制作软件较多，相对而言，3ds Max 软件制作动画在效果展示等方面具有独到的优势，也是业内使用较多的一款动画制作工具。

1. 3ds Max 动画特点

3ds Max 制作动画的特点是具有较强的渲染效果，利用 3ds Max 根据设计好的剧本或动画对模型进行渲染、附加材质、打灯光等操作。经过一系列的操作，使模型与实际效果更加贴近，给人以较好的真实感。

2. 3ds Max 动画应用

三维动画应用范围，从简单的产品、艺术品到较为复杂的人物模型、风景地貌，从简单的模型到复杂的动态场景、角色动画等，人们需要的场景都可以通过 3ds Max 的强大功能制作出来。

三维动画制作分为三个阶段：前期处理、动画制作和后期处理。

#### 13.6.2.1 前期处理

前期处理主要包括资料收集整理、技术方案设计、脚本编写、分镜头脚本设计、造型设计和场景设计等具体工作。脚本是动画制作的基础工作，可用文字、图片等多种形式描述。分镜头脚本是具体文字视觉化的一个重要步骤，是根据总体方案的细化创作，反映动画的创作设想和艺术呈现方式等，通常为图画加文字的表现形式，表达的内容包括镜头的类别和运动、构图和光影、运动方式和时间、音乐与音效等。场景设计是整个动画片中景物和环境的来源。

#### 13.6.2.2 动画制作

动画制作系根据前期处理，在计算机中通过相关制作软件制作出的动画片段。其流程主要为建模、材质、贴图、灯光、摄影机控制、动画和渲染等。

1. 建模

根据前期的造型设计，通过三维建模软件在计算机中绘制出角色模型。这是三维动画中很繁重的一项工作，出场的角色和场景中出现的物体都要进行建模。

2. 材质

材质即材料的质地，就是给模型赋予生动的表面特性，具体体现在物体的颜色、透明度、反光度、反光强度、自发光及粗糙程度等特性上。

3. 贴图

把二维图片通过软件的计算贴到三维模型上，形成表面细节和结构。

4. 灯光

目的是最大限度地模拟自然界的光线类型和人工光线类型。三维软件中的灯光一般有泛光灯(如太阳、蜡烛等四面发射光线的光源)和方向灯(如探照灯、电筒等有照明方向的光源)。灯光起着照明场景、投射阴影及增添氛围的作用。通常采用三光源设置法:一个主灯、一个补灯和一个背灯。主灯是基本光源,其亮度最高,主灯决定光线的方向,角色的阴影主要由主灯产生,通常放在正面的 3/4 处,即角色正面左边或右面 45°处。补灯的作用是柔和主灯产生的阴影,特别是面部区域,常放置在靠近摄影机的位置。背灯的作用是加强主体角色及显现其轮廓,使主体角色从背景中突显出来,背景灯通常放置在背面的 3/4 处。

5. 摄影机控制

依照摄影原理在三维动画软件中使用摄影机工具,实现分镜头剧本设计的镜头效果。画面的稳定、流畅是使用摄影机的第一要素。摄影机功能只有情节需要才使用,不是任何时候都使用。摄像机的位置变化也能使画面产生动态效果。

6. 动画

根据分镜头剧本与动作设计,运用已设计的造型在三维动画制作软件中制作出一个个动画片段。动作与画面的变化通过关键帧来实现,设定动画的主要画面为关键帧,关键帧之间的过渡由计算机来完成。

7. 渲染

根据场景的设置、赋予物体的材质和贴图、灯光等,由程序绘出一幅完整的画面或一段动画。三维动画必须渲染才能输出,最终目的是得到静态或动画效果图,而这些都需要渲染才能完成。渲染是由渲染器完成,渲染器有线扫描(Line-scan,如 3ds Max 内建渲染器)、光线跟踪(Ray-tracing)以及辐射度(Radiosity)等渲染方式。

### 13.6.2.3  后期处理

利用专业软件对渲染输出的动画进行后期处理是必不可少的一个重要环节,其主要包括视频剪辑、特效制作、音频制作和音视频合成等内容。

1. 视频剪辑

按照前期预设的脚本对动画进行拼接与调整,裁剪掉多余的镜头,控制好整个动画的时长;对某些需要调整播放速度的镜头进行延长或加速。

2. 特效制作

对渲染出来的动画画布大小及画面的色调、饱和度、亮度等进行调整,处理各个场景的转场效果,制作开场文字特效和场景标识。

3. 音频制作

根据脚本设定,提炼配音文字,利用软件或专业播音设备进行配音,对旁白和背景音乐进行录制和剪辑,并对这些音频文件进行降噪、淡化、消音等细节处理。

4. 音视频合成

将最终优化完成的音频和视频文件进行合成,为动画添加字幕以及标注,最后渲染出成片。

## 13.7  三维可视化检修仿真

3ds Max 广泛应用于工业设计、多媒体制作、游戏开发、辅助教学以及工程研究等领域。软件仿真性强、对硬件要求不高、操作灵活高效,能够较好地完成复杂曲面建模,其专业的自动关键帧动画技术完全可以胜任大型水泵机组设备可视化检修动画的制作。

### 13.7.1 三维建模

建立水泵、电动机主要部件的三维模型,是三维可视化、虚拟检修仿真工作的基础。利用 SolidWorks、3ds Max 等经典建模软件,建立水泵、电动机及虚拟工作环境等三维模型,并形成装配体,以便动画制作、交互式虚拟仿真等调用。

#### 13.7.1.1 电动机部分模型

包括定子、转子、上机架、上导轴承、推力轴承、下机架、下导轴承、电动机轴、集电环装置、罩壳等模型。

#### 13.7.1.2 水泵部分模型

包括叶轮、主轴、水导轴承、机械密封、叶片调角装置(受油器、操作油管、接力器等)、泵体(顶盖、填料密封、出水弯管、导叶体、叶轮室、出水伸缩节、出水接管及出水底座等)等模型。

#### 13.7.1.3 虚拟工作环境模型

泵站水泵主机组检修仿真涉及主厂房装配间及电动机层虚拟工作环境。对主厂房装配间及电动机层分别建模,并按要求形成装配体。其中,电动机层包括该层设备、建筑结构布置、电动机上部结构、装配间布置、厂房内部结构(包括桥式起重机及轨道)、叶片调角装置等,根据工程现场实际情况和图纸进行调整。

主厂房电动机层模型如图 13.7-1 所示,主厂房装配间模型如图 13.7-2 所示。

图 13.7-1　主厂房电动机层模型　　　　　　图 13.7-2　主厂房装配间模型

### 13.7.2 三维可视化检修仿真内容

三维可视化检修仿真设计流程如图 13.7-3 所示。

#### 13.7.2.1 检修通识模块

检修通识模块以水泵、电动机检修所涉及的机械、电气检修通用常识为主,主要包括经过提炼开发的常用检修工艺、工器具使用方法等三维可视化内容。

检修通识模块三维可视化仿真如图 13.7-4 所示。

#### 13.7.2.2 主要部件检修仿真模块

按照水泵本体、电动机两大部分所涉及的主要部件进行三维可视化仿真设计制作,包括主要部件的工作原理及结构特点、拆卸及装配顺序以及检修要点等内容。

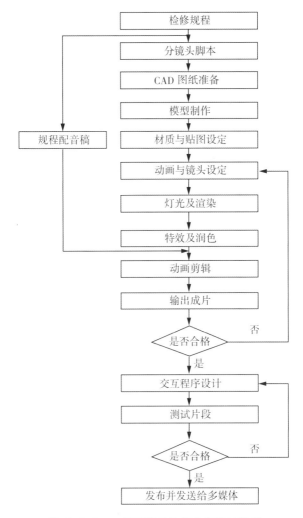

图 13.7-3　三维可视化检修仿真设计流程

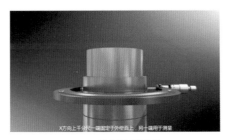

(a)常规外径测量

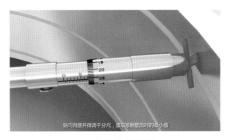

(b)常规内径测量

(c)镜板水平测量

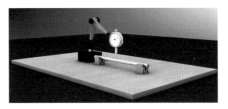

(d)百分表使用方法

图 13.7-4　检修通识模块

1. 电动机

(1) 电动机工作原理及结构特点。

(2) 电动机拆卸步骤。

(3) 电动机安装步骤。

(4) 检修要点:电动机磁场中心/高程测量、定转子空气间隙测量、推力头及转子起吊专用工具使用方法等。

1) 推力轴承

(1) 推力轴承工作原理及结构特点。

(2) 推力轴承拆卸步骤。

(3) 推力轴承装配步骤。

(4) 检修要点:推力瓦修刮、推力轴承受力调整、高程调整、油冷器耐压试验等。

2) 上导轴承

(1) 上导轴承工作原理及结构特点。

(2) 上导轴承拆卸步骤。

(3) 上导轴承装配步骤。

(4) 检修要点:导瓦修刮、上导轴承定位等。

3) 下导轴承

(1) 下导轴承工作原理及结构特点。

(2) 下导轴承拆卸步骤。

(3) 下导轴承装配步骤。

(4) 检修要点:导瓦修刮、下导轴承定位等。

4) 上机架

(1) 上机架工作原理及结构特点。

(2) 上机架拆卸步骤。

(3) 上机架装配步骤。

(4) 检修要点:机架中心、高程调整。

5) 下机架

(1) 下机架工作原理及结构特点。

(2) 下机架拆卸步骤。

(3) 下机架装配步骤。

(4) 检修要点:机架中心、高程调整。

2. 水泵

(1) 水泵工作原理及结构特点。

(2) 水泵拆卸步骤。

(3) 水泵安装步骤。

(4) 检修要点:叶片枢轴外径测量及检修、轴瓦更换、叶片裂纹修理、叶片汽蚀处理、叶片与转轮室间隙测量、叶片操作机构检修、整体装配后耐压及动作试验等。

1) 水导轴承

(1) 水导轴承工作原理及结构特点。

（2）水导轴承拆卸步骤。

（3）水导轴承装配步骤。

（4）检修要点：轴瓦修刮、间隙调整、油冷器耐压试验、油槽渗漏试验、轴承定位等。

2）受油器

（1）受油器工作原理及结构特点。

（2）受油器拆卸步骤。

（3）受油器装配步骤。

（4）检修要点：浮动瓦间隙调整，上/下操作油管（杆）检修等。

3. 机组整体调试

（1）电动机轴与水泵轴连接。

（2）机组轴线调整。

（3）机组受力调整。

（4）检修要点：机组盘车方法、工艺及其质量标准，机组受力调整方法、工艺及其质量标准等。

4. 大件起吊、专用工器具使用方法

（1）集电环、推力头拆卸专用工具使用方法。

（2）转子起吊专用工具使用方法。

（3）叶轮本体固定专用工具使用方法。

（4）盘车工具使用方法。

## 13.7.3　三维可视化检修仿真动画制作

### 13.7.3.1　主要部件动画

本部分动画主要包括前述的水泵、电动机主要部件的结构特点与工作原理可视化展示。在主机组主要部件的结构特点及工作原理仿真培训中，应使用主机组 1∶1 无差别模型数据进行制作，并标注相应的技术参数，如水泵型号、电动机型号、主要部件的材质和重量等。

通过对大型轴流式水泵、电动机主要部件的厂家资料进行梳理，形成相应部件的结构特点与工作原理动画脚本，包括字幕内容、镜头调度及预计时长等。

表 13.7-1 为上导轴承油冷器耐压试验动画脚本。

表 13.7-1　上导轴承油冷器耐压试验动画脚本

| 科目内容 | 字幕内容 | 镜头调度 | 预计时长 |
|---|---|---|---|
| 上导轴承油冷器耐压试验 | 将上导轴承油冷器进口接试压泵高压油管，出口加法兰后接管路通过手阀控制 | 镜头聚焦油冷器，逐渐显示连接后的管路、手阀等 | 5 s |
| | 打开油冷器出口管路手阀，试压泵缓慢加压，出口管路排气 | 用箭头指示排气过程；镜头聚焦试压泵加压过程，包括压力表指针指示值增加 | 5 s |
| | 确认排气完毕后，关闭手阀，试压泵加压至所需压力，保压 30 min | 字幕显示：排气完毕；演示手阀关闭动作；试压泵缓慢加压，字幕讲解试验标准；屏幕用计时表显示保压 30 min | 20 s |
| | 查看油冷器泄漏情况 | 镜头全景展示油冷器，字幕显示无泄漏 | 3 s |

其他部件的动画脚本按照相应的表达内容予以呈现,在此不再赘述。

### 13.7.3.2 水泵、电动机设备检修动画

根据泵站水泵、电动机等设备检修规程,在前述建立的水泵、电动机三维模型基础上,利用 3ds Max 软件技术,制作设备检修动画,其制作流程与水泵、电动机主要部件的动画制作相似,通过对水泵或电动机设备的拆卸、装配具体步骤的理解,将检修工序、工艺及其质量标准等用可视化形式予以展示。

### 13.7.3.3 水泵全分解及全安装、电动机全分解及全安装检修动画

水泵全分解是指自水泵与电机轴法兰分解后水泵本体吊出机坑的拆卸全过程,水泵全安装是指自装配后的水泵本体吊入机坑到水泵主轴就位的安装全过程。

电动机全分解是指电动机自电机轴与水泵轴连接法兰分解后到下机架全部吊出机坑的拆卸全过程,电动机全安装是指自下机架吊入机坑到电动机所有部件全部安装完毕、具备水泵轴与电机轴连轴的全过程。

在水泵全分解及全安装、电动机全分解及全安装的检修仿真中,通过标注相应的检修技术质量标准,如定子与转子的空气间隙值、水泵叶轮与转轮室的间隙值、操作油管耐压值等内容,有助于进一步了解水泵机组检修过程中的主要质量及关键工艺控制要求。

此外,动态特效的应用对于提升动画效果,具有较好的示范效应。为此,在主机组全部安装充水启动时,通过加入进出水流道内水流流态的动态演示,以期获得较好的水泵转动后水流流动真实感。

泵站大型轴流式水泵机组三维可视化检修仿真部分截图如 13.7-5 所示。

(a)机组盘车校摆度　　　　　　　　　　　(b)上机架吊装

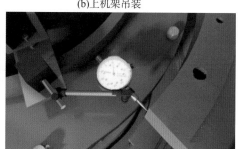

(c)转子吊装　　　　　　　　　　　　(d)机组中心调整

(e)水泵安装前准备工作　　　　　　　　　　(f)联轴

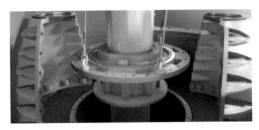

(g)安装导轴承　　　　　　　　　　(h)泵轴吊装

图 13.7-5　水泵机组三维可视化检修仿真部分截图

## 13.8　交互式虚拟检修仿真

### 13.8.1　概述

　　虚拟仿真侧重于人机交互,系典型的实操仿真训练内容,目前主要有两种交互外设,即利用键盘、鼠标等常规交互设备,以及利用 3D 眼镜、3D 头盔(头显)、数据手套、数据衣等可穿戴交互设备,对仿真内容进行交互,以增加交互科目仿真工艺流程的真实感、参与感。

　　作为研发虚拟现实最广泛的游戏开发引擎 Unreal Engine 等应用开发软件,类似于 Director、Blender Game Engine、Virtools 或 Torque Game Builder 等以交互的图形化开发环境为首要方式的软件,其编辑器运行在 Windows 和 macOS 下,可发布游戏至 Windows 电脑、Mac、Wii(任天堂公司的家用游戏机)、iPhone、WebGL(需要 HTML5)和 Android 手机等平台,也可以利用网页播放插件发布网页游戏,支持 macOS 和 Windows 的网页浏览。

### 13.8.2　开发工具

　　目前,国内外经典的虚拟现实开发软件主要有 Unreal Engine、Unity 和 UNIGINE。

　　Unreal Engine 是由 Epic Games 公司推出的一款游戏开发引擎,目前更新至第五代(下文简称 UE5),开发语言为 C++,渲染画质和性能首屈一指,是国内外 3A 游戏产品研发的首选游戏引擎,其独特的渲染算法,可轻松应对上千万三角面片数虚拟场景的实时渲染,特别适合应用于工业领域大型三维虚拟仿真应用的开发。

　　UNIGINE 的三维渲染和物理模块是其最大特色,能够开发超大场景。但它并未开源,而且开发内容偏向于工业、军事等领域,有一定的局限性,再加上扩展资源还不够丰富,对开发者会造成一定的不便,使用不多。

### 13.8.3　开发流程

　　虚拟现实开发流程如图 13.8-1 所示。

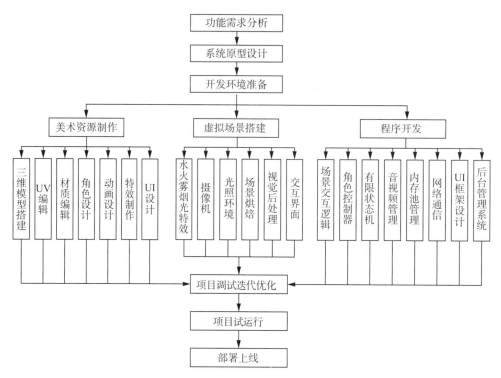

图 13.8-1　虚拟现实开发流程

## 13.8.4　交互式虚拟检修仿真应用

利用外设进行交互,是交互式虚拟仿真开发常用的方式,其中鼠标、键盘为常用的交互外设,3D 头显和操纵柄是网络游戏最常见的交互外设。用鼠标、键盘交互外设开发的交互式虚拟仿真软件系统,统称为 PC 版;而用 3D 头显和操纵柄交互外设开发的交互式虚拟仿真系统,统称 VR 版。3D 头显三维场景效果好,具有高度沉浸感,是交互式虚拟仿真系统发展的主要方向之一。

图 13.8-2　头显＋操纵柄

交互式虚拟仿真在水利工程中的应用包括大型水泵机组典型故障及事故运维检修仿真,以及水利工程诸如全站停电、主要用于枢纽工程沉浸式漫游、主变压器着火、水淹厂房等事故科目的应急仿真演练。其中水利工程事故应急仿真科目正朝多人、多工种协同演练方向发展。

典型的头显＋操纵柄交互外设如图 13.8-2 所示。

## 13.8.5　交互式虚拟仿真开发

### 13.8.5.1　泵站漫游认知

以泵站的设计图纸以及实景为基础,采用三维软件对工程主、副厂房,开关站及变电站等主要建筑物、机电设备等进行三维建模,按照自动行走和自由浏览两种漫游模式,以 UE5 虚拟现实软件技术为基础,构建水利工程虚拟漫游。其中,自由浏览漫游模式提供由导航缩略图或主要场景地点所构成的状态栏,以便正确引导或实现快速漫游。提供 PC 版和 VR 版两个版本漫游,其中 PC 版使用鼠标、键盘作为交互外设,而 VR 版本使用 3D 头显和操纵柄作为交互外设。

自动行走虚拟漫游:按照事先设定好的巡视漫游路线,由计算机进行自行漫游。行走路线:上游河道—主厂房大门—装配间—电动机层—水泵层—中控室—开关站。

自由浏览漫游:通常在进行细化教学时,更多选择自由浏览漫游模式。通过交互设备才能执行角色场景漫游动作,以工程虚拟场景中几个特殊固定点(上游交通桥、主厂房、电动机层、水泵层、开关站)为漫游起点,用户可通过漫游起点列表选择想要的漫游起点。

提供小地图功能:让用户了解当前所处的虚拟场景具体位置。无论自动行走还是自由浏览漫游模式,均提供虚拟箭头指向,以便调整漫游方向。

#### 13.8.5.2 典型事故及故障交互式虚拟仿真科目

对智能泵站水泵机组等主、辅设备运行中遇到的典型事故及故障进行仿真。智能泵站典型事故及故障处理主要包括:

(1) 电动机线棒击穿更换处理。

(2) 水泵叶片汽蚀处理。

(3) 推力瓦烧损更换处理。

(4) 推力轴承油冷器渗漏故障处理。

(5) 上导油冷器渗漏故障处理。

(6) 技术供水压力过低故障处理。

(7) 受油器渗漏故障处理。

具体科目可根据水泵机组实际需求进行制定。

#### 13.8.5.3 水泵全分解及全安装、电动机全分解及全安装虚拟仿真

为进一步熟悉并掌握水泵、电动机安装及分解过程的工序,主要工艺及质量标准,须开发水泵全分解及全安装、电动机全分解及全安装虚拟仿真实训操作科目。

通过梳理具体检修操作步骤,涵盖检修功能、检测工艺及质量标准,支持检测工艺步骤以字幕、配音、背景音乐及标注等多种方式进行培训。

具体要求应包括:

(1) 支持用户对当前拆装部件进行手动或自动操作,手动操作根据系统提示的指引线,完成设备部件的拆装。

(2) 支持对三维场景进行 360°旋转、部件选择、透明度调整、三维场景视角重置等交互操作功能。

(3) 支持工具库功能,可对拆装及检修过程中用到的主要工器具(工装)以视频方式展示。

(4) 建立部件库,支持查看所有构成部件的名称。

#### 13.8.5.4 事故应急演练仿真

利用虚拟现实技术,围绕泵站水利工程的事故应急处理预警机制、处置方法等关键科学和技术问题开展研究。

建立事故科目所需设备、建筑物与周围环境、工器具与材料等三维模型;以泵站具体事故应急预案为基础,建立虚拟环境,搭建事故处理所需的装备库(工器具、材料、防护装备等),以 3D 头显和操纵柄作为交互外设,运用虚拟现实仿真技术开发事故处理虚拟仿真模块;重点研究具体事故应急处理流程、具体操作步骤;利用数据库技术,搭设 B/S 架构,构建具有理论培训与实训相结合的学习/训练/考试三种模式,开发

分级权限管理、Web 浏览的泵站事故处理与应急演练仿真数据库三维信息管理系统,提升运维人员的应急处置能力,实现防风险、除隐患、遏事故的目标。

应急演练需对触发应急机制的各种事故或突发事件进行分类,利用信息化技术手段,对应急机制、应急处理流程等进行信息化管理。通过建立水利工程事故处理与应急演练平台,采用数据库技术及信息化技术进行开发。

应急处理流程包括:

(1) 预防与预警:风险监测、预警分析、预警发布、预警行动、预警调整与解除。

(2) 应急响应:响应分级、先期处置、响应启动、响应行动、响应调整、应急响应结束。

(3) 信息报告披露:报告内容、报告要求、信息披露。

(4) 后期处置:事故调查、总结与改进、恢复与重建。

(5) 预案管理:预案培训/演练/评审和备案/修订、制定与解释、预案实施等过程环节的控制。

事故应急演练仿真科目有:

(1) 全站停电。

(2) 主变压器着火。

(3) 水淹厂房。

(4) 全站防洪演练等。

具体科目可根据泵站事故应急预案进行确定。

### 13.8.6　大型水泵机组交互式虚拟仿真开发

按照泵站水泵、电动机主设备有关交互操作步骤,利用 UE5 虚拟现实软件技术,对水泵机组典型事故及故障、水泵全分解及全安装、电动机全分解及全安装等科目的具体操作内容进行开发设计,其成果既可用于仿真培训,也可用于职业技能鉴定考试。

具体开发流程如下:

(1) 确定虚拟交互仿真具体科目,并进行技术方案设计。

(2) 采用 UE5 虚拟现实技术,开发具体交互科目的相应操作步骤,有些步骤需用小视频方式呈现,以便更清晰地了解动作过程。

(3) 搭建交互仿真操作主界面:包括个人信息、操作任务日志、信息提示、装备库等。

(4) 现有模式下有对应操作步骤的提示信息(包括操作所需工器具及材料、工作场景、专业技术人员数量及工种、行走路线等),主要用于受训人员对某一具体交互科目仿真的学习;考试结束后系统能自动判卷,每个步骤分值能在后台设置;同时自动生成本交互仿真科目的考卷,包括成绩、考生信息(姓名、工号)、考试开始及结束时间、仿真处理操作的全部步骤,其中错误步骤用红色字体醒目标出。

(5) 操作任务日志开发:操作过程的每个步骤体现在操作任务日志中,既可查阅,也能用于考试模式下的试卷储存、打印。

(6) 任务列表开发:列出具体交互仿真科目所有操作步骤,根据需要既可选择所有步骤从头到尾完整操作,也可对其中部分步骤进行交互操作,以便有针对性地练习。

(7) 每个操作步骤与动画等链接。

(8) 具体交互操作仿真科目调试发布。

## 13.9　培训考核模块

采用 Java、C 语言等进行编程,开发基于数据库软件、大数据分析且题库可自行扩展的培训考核模块内容,以及用于检验受训效果的理论及实操考试试卷,系统根据设定能自动出卷、自动判卷。具有员工培训档案管理、在线教学、自学、考核鉴定、技能竞赛的功能,具备多人同时开展技能比武等综合功能。

### 13.9.1　理论考试

知识库是指从静态、动态知识的维度,学员维度和社会维度进行归纳总结提炼而成的基础与专业知识数据库,既有水利工程通用类知识汇集,又有具体工程特定设备等专用知识归纳。它是根据社会和个体发展需要,为实现职业教育目的而规定的适合各级各类学员学习的教学科目及其目的、内容、范围、分量的总和,包括为学员个性的全面发展而营造的教学环境等全部内容。

理论考试是以试题数据库的形式呈现,主要包括设备基础知识库、专业检修知识库以及故障维修知识库等内容,知识库类型根据用户需求可进一步细分,自行扩展。理论题型有单选、多选、简答及计算题等多种形式。

员工注册登录后,进入理论考试系统有关知识库,可进行专项练习、随机练习、错题练习和模拟考试。

(1) 专项练习:针对某一专项(如工程图学、计算机基础知识、水泵机械常识等)开展的试卷练习。

(2) 随机练习:由系统按随机方式,抽取相应知识库试题组卷而开展的练习。

(3) 错题练习:针对学员历次练习出现的错题进行练习,以此强化有关知识点。

(4) 模拟考试:按选定的知识库类题型,由系统自动选择题目组建 100 分试卷,用以检验学员培训效果。

#### 13.9.1.1　设计方案

先采用 Access 软件创建题库表、考试参数表、考试库表以及考生信息表等数据库。再通过 Dreamweaver 软件设计考试界面,同时在该软件中编写代码,借助编程语言访问并调用数据库内容,以达到从试题库中随机抽样题目以及测后评分的目的。最终形成网页化形式的培训考核试卷。

#### 13.9.1.2　使用流程

培训考核模块的使用流程如图 13.9-1 所示。

#### 13.9.1.3　数据库

(1) 数据库采用 Microsoft Access 软件创建。

(2) 测试系统采用 Dreamweaver 软件编辑测试界面,包括设定交互式功能按钮、插入图片等操作。

(3) 在 Dreamweaver 中编写程序(C 语言),选用 ASP 开发方式,实现与 Access 数据库连接。通过自定义代码查找数据库中的试题、选项、题解及答案等相关内容,并显示于网页界面中。

(4) 培训考核数据库为可扩充形式。

通过自主开发的标准题库、考试参数、考试库、考生信息等内容,形成可扩充的培训考核专用数据库。用户只需按照相应的题型,输入题目及其标准答案即可,系统会自动生成培训考核试卷,学员答题结束后,对于判断题、选择题以及简单明了的计算题和简答题能自行判卷,复杂的计算题和问答题则由系统送至评审员进行人工评分,评审员将两类题型的分值输入系统,最终生成测试评分。

培训考核数据库详细的开发方案,在此不再赘述。

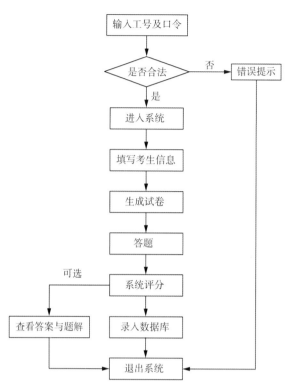

图 13.9-1　培训考核模块使用流程

题库表见表 13.9-1,考试参数表见表 13.9-2,考试库表见表 13.9-3,考生信息表见表 13.9-4。
培训考核模块页面示意如图 13.9-2 至图 13.9-4 所示。

表 13.9-1　题库表

| 内容 | 说明 | 代码标记 |
|---|---|---|
| 试题类型 | 判断、单选、多选、计算与简答,<br>不同类型试题在数据库中以不同代码标记 | 单选(1)、多选(2)、<br>判断(P)、计算(J)、<br>简答(Q) |
| 题目 | 所有测试训练题存放于相应题表中 | 单选(1.1)、多选(2.1)、判断(P.1)…… |
| 选项 | 选择题选项代码与试题关联 | 1.1.A、1.1.B、1.1.C、1.1.D、<br>2.1.A~2.1.F…… |
| 题解 | 测试题详解 | 1.1.TJ、Q.1.TJ…… |
| 标准答案 | 不同类型试题答案在数据库中以不同代码标记 | P.1.Answer…… |

表 13.9-2　考试参数表

| 内容 | 说明 |
|---|---|
| 试题类型 | 判断、单选、多选、计算、简答(不可更改) |
| 试题数量 | 题目数量(可更改) |
| 分值 | 每题分值(可更改) |
| 生成试卷时系统根据此表要求从题库中抽题 | |

表 13.9-3　考试库表

| 内容 | 说明 |
|---|---|
| 序号 | 卷面上各题题号 |
| 题目索引 | 根据随机代码从题库中查找对应试题 |
| 选项索引 | 根据题目代号查找相关选项 |
| 答题区 | 存放在该区域中的参数与标准答案对比 |

表 13.9-4　考生信息表

| 内容 | 说明 |
|---|---|
| 账号、口令 | 测试系统适用于有权限的员工 |
| 工号 | |
| 姓名 | 测试完成后录入数据库 |
| 考试日期 | |
| 成绩 | |

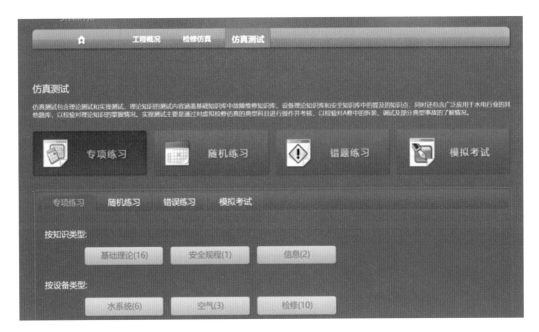

图 13.9-2　培训页面 1(专项练习)

图 13.9-3　培训页面2(随机练习)

图 13.9-4　培训页面3(模拟考试)

### 13.9.1.4　培训考核评价要求

1. 学员管理

系统登录前,学员应先完成注册、基本信息管理等操作。学员的学习内容、操作过程、考试成绩等应记录并可查询。

2. 试题库管理

试题库包括理论考试题和实操考核题。试题库具有便捷的试题生成、修改和维护管理功能。试题类型可包括:选择题(单选和多选)、填空题、判断题、简答题、计算题、论述题等理论题和实操技能考试题。试题编辑具备难易等级设置、按试题步骤设置分值的功能。理论知识考试题库应涵盖水利基础知识和泵站各专业知识,操作考试题库应涵盖正常操作、事故故障处理操作和应急演练操作。

3. 试卷管理

由教员在后台操作,设置试卷的题型、题量、分值等,系统具备自动与手动生成试卷功能。试卷可修改、输出(Word 文件)和打印。

4. 学员上机考试

系统具有学员上机考试功能,考试可分为理论考试和实操考试。

5. 教员监视

教员能给学员下发任务、设置故障并监视所有学员在仿真系统上的操作。

6. 试卷评分

系统提供人工和自动两种评分方式,自动评分根据制定的评分策略智能评分。学员考试及考核的答题内容、操作步骤、试题完成情况等能自动记录存档,以文本、表格、视频等形式输出,且具有查询功能。

7. 技能考核鉴定

按照水利工程技能考核鉴定等级要求,提供不同等级的考核试题,并具有技能水平评判功能。

8. 技术比武竞赛

系统具有分组比武功能,组内信息应同步,组间信息应隔离。

9. 远程仿真培训

考虑学员能随时随地利用本系统学习,系统能满足远距离、异地培训的要求。

## 13.9.2 实操考试

实操考试是通过外设交互形成的考试,即模仿学员对具体科目动手操作的过程。常用鼠标、键盘作为交互外设,针对特定开发的具体科目,也可利用 3D 头显、操纵柄外设进行沉浸式交互操作。采用鼠标、键盘外设交互的科目是通用类型;不同生产商提供的 3D 头显、操纵柄等交互外设,要根据选定的设备进行开发,即实操科目为指定外设的配套专用系统。

实操考试主要对系统单独开发的虚拟仿真检修科目内容进行操作考试。教员能在后台对具体科目的每步操作单独赋分。评分系统能对学员考试进行自动评分,显示完整的操作步骤,出错步骤一目了然,有利于增强培训效果。如关键步骤出错时,系统也可终止考试。

通过对试题库有关试题及答案的不断扩充与完善,本模块也可作为日常培训及专业工种技能鉴定考试之用;考试信息(考生信息、考生试卷、成绩等)均可存档备查。

## 13.9.3 智能泵站培训考核试题

按题型列举部分智能泵站培训考核试题如下。

(一) 判断题(共 20 小题,对的画"√",错的画"×")

1. 贯流式水泵与电动机的连接方式有直连或经齿轮箱连接两种。 ( )
2. 推力轴承是承受水泵与电动机转动部分重量的主要部件。 ( )
3. 盘车是调整机组轴线的常用方法。 ( )
4. 如果使用弹性塑料推力瓦,其受力调整无关紧要。 ( )

5. 受油器是将液压油传递给水泵叶片调节机构,用来操作叶片的主要部件。 (　　)

6. 叶片角度调节的目的是减少汽蚀产生。 (　　)

7. 叶片采用不锈钢材质后,不会发生汽蚀。 (　　)

8. 电动机线棒的绝缘等级可根据实际运行工况进行调整。 (　　)

9. 集电环装置是将电动机所需电能引出的关键部件。 (　　)

10. 电动机转子起吊时,可直接吊起放入机坑,无需试吊。 (　　)

11. 锡基合金的导轴瓦运行报警温度为 50℃。 (　　)

12. 机组修前测量的目的主要是为修后做对比分析。 (　　)

13. 阀门的公称直径是指阀门与管道接口处的有效直径。 (　　)

14. 受油器是轴流泵叶片操作系统的重要组成部分之一。 (　　)

15. 水泵是把机械能转换成水的势能的一种设备。 (　　)

16. 推力头与主轴多采用基轴制配合。 (　　)

17. 静水压强方向必然是水平指向作用面的。 (　　)

18. 泵站工程中所使用的油,大体上可归纳为润滑油和绝缘油。 (　　)

19. 分块导轴瓦的进油边应按图纸规定修刮。 (　　)

20. 起重钢丝绳磨损部分超过 40% 即要报废,磨损部分在 40% 以下还可以正常使用。 (　　)

(二)单项选择题(共 20 题,把正确答案选项字母填写在括号内)

1. 10 m 水柱压力与(　　)值相等。

A. 1 MPa          B. 10 kg/cm²          C. 0.1 MPa          D. 10 Pa

2. 1 个标准大气压等于(　　)。

A. $1 \times 10^{-6}$ Pa          B. 1 kg/cm²          C. 0.1 MPa          D. 100 m(15℃水柱)

3. 流道的水力损失可简化为(　　)类型。

A. 局部阻力损失

B. 沿程阻力损失

C. 压力损失

D. 局部阻力损失和沿程阻力损失

4. 流体的水力损失与(　　)有关。

A. 流速

B. 雷诺数

C. 流道尺寸

D. 流速、雷诺数和流道尺寸

5. 水泵是将原动机的(　　)的机械。

A. 机械能转换成流体能量

B. 热能转换成流体能量

C. 机械能转换成流体内能

D. 机械能转换成流体动能

6. 若对轴流式泵采用出口端节流调节方式,则在节流调节中,随着流量的不断减小,其消耗的轴功率将(　　)。

A. 不断增大

B. 不断减小

C. 基本不变

D. 增大、减小或不变均有可能

7. 轴流式水泵属于(　　)的泵。

A. 低比转数

B. 中比转数

C. 高比转数

D. 与比转数无关

8. 某水泵转速不变,当输送的水温增加时,泵最高效率点的扬程值(　　)。

A. 增加          B. 降低          C. 先增加后降低          D. 不变

9. 原动机功率 $P_M$ 的计算公式为（　　）。（$k$ 为电动机容量富余系数）

A. $k \dfrac{q_v p}{1\,000\eta}$

B. $k \dfrac{q_v p}{1\,000\eta\eta_{tm}}$

C. $k \dfrac{q_v p}{1\,000\eta\eta_{tm}\eta_g}$

D. $\dfrac{q_v p}{1\,000\eta\eta_{tm}\eta_g}$

10. 降低水泵叶轮入口处的部分流速,有助于提高水泵的抗汽蚀性能。（　　）

A. 不能　　　　　　　　　　　　B. 能

C. 有一定作用　　　　　　　　　D. 没有任何关系

11. 两台性能相同的水泵串联运行,有助于提高水泵的（　　）。

A. 流量　　　　　　　　　　　　B. 扬程

C. 流量和扬程　　　　　　　　　D. 无实际意义

12. 出口端节流调节是中小功率泵常用的流量调节方法。（　　）

A. 正确　　　　B. 错误　　　　C. 无实用价值　　　　D. 视具体情况而定

13. 变频调节能使水泵工作性能参数发生变化。（　　）

A. 正确　　　　B. 错误　　　　C. 没有关系　　　　D. 无实用意义

14. 水泵的有效功率是指轴功率减去（　　）。

A. 机械损失功率 $\Delta P_m$　　　　　　B. 容积损失功率 $\Delta P_v$

C. 流动损失功率 $\Delta P_h$　　　　　　D. 三者之和

15. 1 J 的功等于（　　）。

A. 1 N·m　　　B. 1 kgf/cm²[①]　　　C. 1 erg(尔格)[②]　　　D. 10 Pa

16. 1 kW 功率等于（　　）。

A. 1 MPa　　　B. 101.972 kgf·m/s　　C. 0.875 PS(马力)[③]　　D. 10 J

17. 理想流体与实际流体的主要区别在于（　　）。

A. 是否考虑黏滞性　　　　　　　B. 是否考虑易流动性

C. 是否考虑重力特性　　　　　　D. 是否考虑惯性

18. 水泵转速升高,其扬程会发生（　　）。

A. 增大　　　　B. 减小　　　　C. 不变　　　　D. 可能变化也可能不变

19. 大型轴流式水泵常用动叶调节,通过调节来改变（　　）。

A. 叶片的安装角度　　　　　　　B. 水泵的转速

C. 水泵的功率　　　　　　　　　D. 水泵的安装高度

20. 水泵叶轮叶片外径的切割,会导致水泵的扬程、流量及功率发生（　　）变化。

A. 增大　　　　　　　　　　　　B. 减小

C. 扬程增大,流量减小,功率不变　　　D. 不变

（三）多项选择题（共 20 题,将正确选项字母填入括号内）

1. 大型电动机主要由（　　）部件组成。

A. 转子　　　　B. 定子　　　　C. 推力轴承　　　　D. 上导轴承

---

① 1 kgf(千克力)≈9.8 N(牛)。

② 1 erg(尔格)=$10^{-7}$ J(焦)。

③ 1 PS(马力)≈0.735 kW(千瓦)。

2. 推力轴承主要由(    )部件组成。

A. 推力瓦　　　　　B. 上导轴承座　　　C. 镜板　　　　　D. 推力头

3. 水导轴承主要由(    )部件组成。

A. 导轴瓦　　　　　B. 轴承座　　　　　C. 油槽　　　　　D. 下机架

4. 水泵主轴主要起(    )作用。

A. 连接叶轮　　　　B. 连接电动机轴　　C. 承受水泵动水推力　D. 安放上操作油管

5. 水利工程用大型水泵主要有(    )。

A. 混流式　　　　　B. 贯流式　　　　　C. 冲击式　　　　D. 轴流式

6. 大型电动机转子主要由(    )部件组成。

A. 定子　　　　　　B. 磁极　　　　　　C. 电动机主轴　　D. 推拉杆

7. 大型电动机定子主要由(    )部件组成。

A. 定子机座　　　　B. 磁极　　　　　　C. 电动机主轴　　D. 线圈

8. 电动机上机架主要起(    )作用。

A. 安装水导轴承　　　　　　　　　　　B. 安装推力轴承

C. 承受电动机及水泵转动部分质量　　　D. 传递水泵主轴扭矩

9. 电动机下机架主要起(    )作用。

A. 安装上导轴承　　　　　　　　　　　B. 安装下导轴承

C. 承受电动机及水泵转动部分质量　　　D. 传递水泵主轴扭矩

10. 引起叶轮汽蚀的原因有(    )。

A. 运行工况　　　　B. 叶轮设计不合理　C. 叶片形状　　　D. 叶片安装质量

11. 水导轴承主要由(    )部件组成。

A. 导轴瓦　　　　　B. 上导轴承座　　　C. 油槽　　　　　D. 润滑油

12. 水利工程中水泵及电气设备常用的润滑油类主要有(    )。

A. 柴油　　　　　　B. 透平油　　　　　C. 机油　　　　　D. 绝缘油

13. 水泵检修密封主要起(    )作用。

A. 运行中防止漏水　　　　　　　　　　B. 水导轴承检修时封水

C. 推力轴承检修时封水　　　　　　　　D. 没用

14. 水泵工作密封主要起(    )作用。

A. 水导轴承检修时封水　　　　　　　　B. 运行中防止漏水过大

C. 推力轴承检修时封水　　　　　　　　D. 没用

15. 水泵机组主要由(    )部分组成。

A. 转动部分　　　　B. 透平油　　　　　C. 固定部分　　　D. 进水流道

16. 叶片调节装置起(    )作用。

A. 调整固定部分　　　　　　　　　　　B. 调节叶片角度

C. 保证水泵高效率运行　　　　　　　　D. 调节水泵转速

17. 机组检修必须做的工作有(    )。

A. 镜板研磨　　　　B. 机组轴线调整　　C. 机组受力调整　D. 电动机绝缘测量

18. 水泵与电动机轴连接螺栓一般常用(    )方式进行拆装。

A. 螺栓松动剂　　　B. 液压拉伸器　　　C. 切割　　　　　D. 专用扳手＋锤击

19. 机组盘车常见的方式有( )。

A. 人工盘车      B. 液压拉伸器      C. 电动盘车      D. 专用扳手＋锤击

20. 钳工的基本操作有( )。

A. 划线      B. 錾削      C. 锯割      D. 锉削

(四) 简答、计算题(共 10 题)

1. 节制闸在水利枢纽工程中所起的作用是什么?

2. 水工钢闸门的作用及其主要组成部分是什么?

3. 对某一台水泵而言,要提高扬程有哪些方法?

4. 离心式水泵启动前,应做哪些检查工作?

5. 水泵的性能特性曲线有哪些?

6. 轴流式水泵的特点是什么?

7. 简述单级单室船闸从上游侧到下游侧过闸的顺序。

8. 离心式水泵出口管路阀门长期关闭运行有何危害?

9. 有一离心式水泵,转速为 480 r/min,当扬程为 136 m、流量为 5.7 $m^3/s$、轴功率为 9 860 kW 时,容积效率、机械效率均为 92%,求流动效率。

10. 今有一台单级单吸离心泵,其设计参数为:转速 $n=1\,800$ r/min、流量 $q_v=570$ $m^3/h$、扬程 $H=60$ m,现欲设计一台与该泵相似,但流量为 1 680 $m^3/h$、扬程为 30 m 的泵,该泵的转速应为多少?

# 13.10 系统集成

多媒体技术(Multimedia Technology)是利用计算机对文字、声音、图形、图像、影像等多种素材进行综合处理、建立逻辑关系和人机交互特性的技术。

本仿真培训系统是集动画、视频、图片、语音、文字等多媒体形式与素材为一体的数字化软件集成系统。数据信息的有机组合与分类索引能够为用户的便捷操作、愉悦体验提供保障。因此,将各种类型的培训素材进行编辑处理,使之实现菜单式分布、图形化管理、交互式行为以及分级权限管理的功能,是用户客户端/服务端管理程序设计的重要内容。客户端/服务端管理程序采用 Java、C 语言等进行编程,利用主界面实现登录、学习培训分级权限管理、Web 浏览,以 B/S 架构的网页模式进行无障碍浏览。

## 13.10.1 仿真培训系统架构

智能泵站大型轴流式水泵机组虚拟检修培训系统架构涵盖客户端和服务端系统管理程序,将智能工程概况、虚拟检修仿真培训系统、培训考核等模块集成在网页进行展示,其中虚拟检修仿真培训系统又包括了三维可视化检修仿真和交互式虚拟检修仿真两个子模块。

智能泵站大型轴流式水泵机组虚拟检修仿真培训系统架构如图 13.10-1 所示。

## 13.10.2 客户端/服务端系统管理程序

以引江济淮工程安徽某智能泵站中的大型轴流式水泵、立式同步电动机设备为仿真对象,建立水泵叶

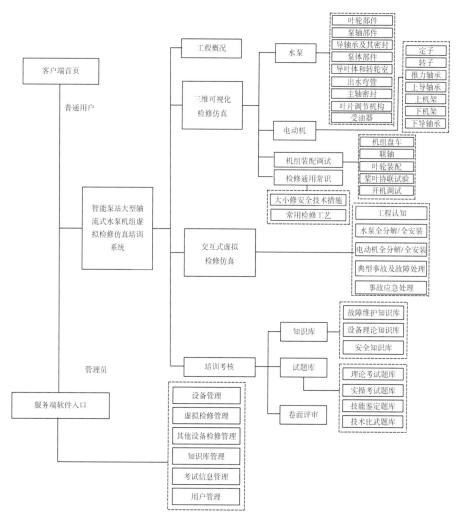

图 13.10-1　智能泵站大型轴流式水泵机组虚拟检修培训系统架构

轮本体、主轴、水导轴承、顶盖、进出水流道以及电动机的定子、转子、推力轴承、上导轴承、下导轴承、上下机架、集电环装置、制动器、电机主轴等主要部件的三维模型;利用三维可视化仿真技术制作涉及主要部件的结构特点及工作原理的动画,大修所涉及的电动机全分解及全安装、水泵全分解及全安装的动画;利用交互式虚拟仿真技术开发具有实操培训特征的水泵全分解及全安装、电动机全分解及全安装,以及诸如定子线棒击穿更换处理等典型事故、水泵异常振动等故障处理科目;辅之具有自行组卷、自动判卷功能的培训考核模块以检验培训效果。

　　智能泵站水泵机组虚拟仿真中涉及动画、视频、图片、语音、文字等大量多媒体素材,按照培训要求和网页设计原则进行有机融合,将这些素材进行数字化集成,利用专业编程语言,通过客户端/服务端系统管理程序即主界面予以呈现。将培训素材编辑处理,实现菜单式分布、图形化管理以及交互式行为的功能,是用户主界面(User Interface)设计的重要内容。

　　主界面的页面元素主要由背景色彩、框架菜单按钮及 Flash 影片剪辑、文本与图片等形式的多媒体素材,包括 Logo 演绎、虚拟检修仿真、数据、文字、动画及图片信息等构成。

　　仿真培训系统登录界面如图 13.10-2 所示,系统主界面如图 13.10-3 所示,智能泵站概况界面如图 13.10-4 所示,系统检修仿真界面如图 13.10-5 所示。

图 13.10-2　仿真培训系统登录界面

图 13.10-3　系统主界面

图 13.10-4　智能泵站工程概况界面

（a）检修仿真

（b）水泵检修仿真

（c）常用检修工艺

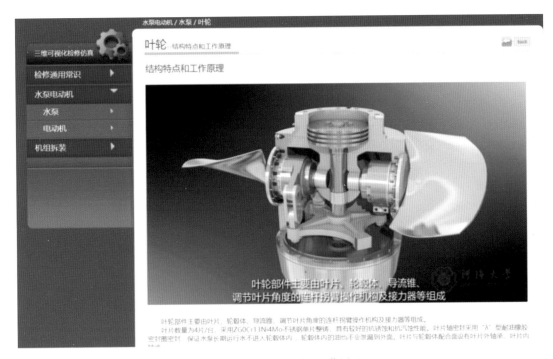

(d) 主要部件结构特点和工作原理

图 13.10-5　检修仿真界面

### 13.10.2.1　站点创建

在 Dreamweaver 软件中创建仿真培训系统的站点,创建各栏目文件夹和文件以存放网页数据。根据培训内容和方案,新建并设置网页文档,针对每个网页文档设置不同的属性,主要包括页面标题、背景图像、颜色、文本和边距等的相关属性。

培训系统站点设计完成后需进行本地测试,以保证页面的外观效果、网页链接准确性以及页面下载速度等指标符合要求,避免网站上传后出错,给网站管理和维护带来不便。

### 13.10.2.2　网页编辑

表格是网页的重要元素,也是网页排版的主要手段,表格能高效、准确地将网页信息定位分布,直观、鲜明地表达设计意图,向浏览者提供条理清晰的多样化信息。借助于表格工具功能,可充分利用其在 HTML 页面上排版文本和图形等素材。同时,利用 Flash、Photoshop 等平面设计软件编辑图片、线框、阴影等元素,结合表格属性以及在表格中插入嵌套表格等手段,创建多种内容丰富、拓展性强的网页界面。

将制作完成的文本、图片、动画等多种形式的培训素材按照先前规划的网页布局导入界面中,同时创建导航、超链接、行为按钮等辅助浏览工具,构成完整的网页访问体系。

在培训系统的使用过程中,根据用户需求对培训内容、界面布局、讲解方式等进行修改操作。为便于具有系统管理权限的后台操作人员进行编辑管理,本系统设计有培训信息动态编辑功能。

仿真培训系统能充分利用文本、图片、动画等多媒体素材的优势,全方位可视化讲解水利工程泵站机电设备的结构特点、工作原理、检修要点及运行注意事项等内容。在网页形式的培训界面中,用户可通过选择各功能模块的标题菜单进行仿真培训。

利用专用数据库,在培训系统的后台建立培训信息数据库,以存储自主编辑的培训数据。利用 JavaScript 编程工具在集成开发环境(IDE)下编写动态编辑命令,最终实现"用户管理"和"设备管理"两大功能模块。

"用户管理"用于设定新用户的账号、用户类型及说明,也可以对已有用户账号信息进行修改操作。因此,只有经过管理员许可并给予账号和密码的用户方能使用此培训系统,从而保障了本系统的享有权,避免了他人私用资源、盗版出售等情况的发生。

图 13.10-6 所示为用户信息的编辑对话框。管理员可以在此新增用户或修改用户信息,包括用户账号、账号类型(一般用户/管理员)以及账号说明。

图 13.10-6 用户管理界面

"设备管理"包括"设备列表""设备编辑""首页编辑""导航编辑"四项内容。系统管理员通过在各项模块中设定链接,并根据用户要求进行编辑培训的界面布置、修改培训内容及显示方式、增设或删除培训科目(包含子级)菜单以及设备模块信息的快捷调度等操作,从而全方位自主化实现培训系统的动态编辑。图 13.10-7 为设备列表的编辑对话框。

图 13.10-7 设备列表编辑对话框

此外,针对智能泵站水泵机组设备及其零部件的培训要求,仿真系统提供了为每一个设备培训科目进行自主编辑的后台功能。其操作包括栏目排序、图片插入与动画链接、文本编辑、新增与删除科目等,使得系统管理人员能够按照用户意愿,方便快捷地对此系统进行后期维护与更新。

管理员点击"新增"按钮,弹出窗口如图 13.10-8 所示。在此窗口中,管理员可根据新增培训科目的要求添加培训动画的链接路径,通过排序码确定该培训科目在页面中的分布位置。同时,在窗口内的文本编辑区域输入相关动画说明,实现理论知识的辅助讲解功能。

(a) 新增视频

(b) 新增视频文件编辑

图 13.10-8　新增条目编辑窗口

将此培训系统上传到 Internet 上的 Web 服务器后,根据用户后期需求和站点实际情况对该系统进行管理和控制,实现本地站点和远程端口的结构更新。

### 13.10.2.3　事故应急处理功能模块设计实例

**1. 系统管理**

部门管理:部门的增加、修改、作废。部门体系为树状层次结构,从上至下存在从属关系。

工号管理:工号的增加、修改、作废。

权限维护:工号权限的授权,事故处理权限信息(包括应急指挥结构及事故处理指挥、命令发布,不同权限人员只能利用已有权限进行某事故的处理)及人员权限变更等信息维护。

密码更改:员工修改自己工号对应的登录密码。

手机绑定:员工修改自己工号绑定的手机号码和工作邮箱。

帮助管理:管理员修改帮助模块内容。

**2. 事故信息维护**

事故信息:事故名称信息的增加、改写和删除。

事故类别体系结构:事故体系为树状层次结构,从上至下存在从属关系。分Ⅰ级事故、Ⅱ级事故和Ⅲ级事故三种类型。

事故响应级别信息:事故响应级别为树状层次结构,分一级响应、二级响应、三级响应和四级响应。

**3. 事故预警信息管理**

预警分级信息:具体事故预警分一、二、三、四级,分别用红色、橙色、黄色和蓝色标示,红色为最高级别。

预警发布信息:①红色、橙色预警信息经应急领导小组批准后,发布相应级别预警通知并报上级单位应急管理办公室备案,黄色、蓝色预警信息通过网络或短信形式进行预警通知;②日常巡检等发现的异常情况,立即报应急管理办公室,经应急领导小组批准后由公司应急管理办公室负责发布。

预警通知内容信息:包括预警来源、险情类别、预警级别、预警范围、影响时间、事件概要、有关措施等。

预警行动:行动流程管理(信息收集、跟踪—分析评估—确定预警级别—核查应急物资、人员、通信、交通及后勤保卫等具体工作,应急小组成员到位—应急队伍待命—启动应急值班,按红色、橙色、黄色、蓝色预警级别分别做出具体应对措施)。

4. 具体事故信息管理

添加事故名称:某事故名称的添加维护。

添加详细信息:定义事故类别与事故处理的层级关系。树状结构设计,Ⅲ级事故名称为顶层—Ⅱ级事故名称为二层—Ⅰ级事故名称为三层(或由用户确定事故分级)。

组合数据:将事故名称、地点、类型、响应级别、三维模型、虚拟场景等组合成完整的事故信息。

事故日志:显示系统中的某事故以往的处理记录。

工器具及材料信息:事故处理中所需工器具及材料档案(名称、规格、主要技术参数、完好状态、存放地点)等信息的维护。

5. 应急响应管理

应急响应结束条件:某事故结束响应满足,条件增加或删除维护。

应急响应结束流程:可对应急响应结束发布部门权限进行修改。

6. 事故处理报表

事故处理步骤:某个事故处理完整过程的统计查询。

大数据分析:既有某员工不同事故处理应急演练过程的统计查询,也有同一事故不同员工相同错误的统计分析查询。

错题练习:针对常见事故处理中类似问题的强化练习。

专项练习:针对某事故开展的专项训练、考试。

## 13.10.3 基于工业互联网平台应用

工业互联网平台是面向行业数字化、网络化、智能化需求,构建基于海量数据采集、汇聚、分析的服务体系,支撑具体应用资源泛在连接、弹性供给、高效配置的工业云平台。

工业互联网平台是新工业体系的"操作系统",通常分为现场层、边缘层、基础设施即服务(IaaS)层、工业平台即服务(PaaS)层、应用层。边缘层是平台的基础,承担着接入现场层设备、协议解析、边缘数据处理等任务。PaaS层提供应用开发平台、工业微服务组件等功能。应用层包含面向企业传统需求的软件优化、面向特定场景的应用创新,是工业互联网平台价值的集中体现。

智能泵站大型轴流式水泵机组虚拟检修仿真培训系统为纯集成软件,根据工程需要,可将设备模型、虚拟漫游等内容放在对应的模块内,各模块间有明确的通信协议,以便数据互联互通,避免了在现有体制下成为孤立的信息系统,最大限度地利用研究成果,实现异地远程培训的目标。

随着现代云平台、大数据分析、物联网、移动通信、人工智能等技术应用日渐成熟,智能泵站是未来水利工程建设的必然趋势,各地都在做有益探索。大中型水泵机组虚拟检修仿真培训系统,以现代计算机仿真技术最新成果为基础,融合大数据分析应用,实现高效、低成本的水泵培训新模式,而泵站工程管理考核体系的建立,对智能泵站安全管理、运行管理有了制度保障。这些工程应用措施创新,为智能泵站及其机组安全、稳定、高效运行提供了坚实的技术基础,必将引领智能泵站行业的快速发展。

# 13.11　关键技术及特点

## 13.11.1　关键技术

利用现行主流建模软件,根据设备图纸、实物照片资料进行建模,统一数据格式进行渲染输出,建立虚拟现实模型后,通过加入事件关联,实现移动、旋转、视点变换等操作,从而构建虚拟环境。

### 13.11.1.1　面向水泵机组全模式检修、全流程再现的虚拟现实技术

以引江济淮工程某大型泵站中的轴流泵、电动机设备为仿真对象,以泵组大修/小修全模式检修的检修规程、检修文件包、检修作业指导书等为基础,构建水泵和电动机主设备核心部件的工作原理,结构特点,拆卸、装配顺序,重点突出以电动机全分解及全安装、水泵的全分解及全安装以及检修要点等内容为主的检修再现全流程虚拟仿真技术。要真实再现全流程检修,必须熟悉水泵机组检修流程、工艺要求,再进行仿真还原。现有大中型水泵机组的检修规程、检修文件包等基础资料缺失,各泵站检修缺乏统一的行业规范,由此导致检修仿真还原具有较大的技术难度。

### 13.11.1.2　面向可调目标、成本控制目标的自学习智能评价技术

涵盖水泵、电动机等主设备的检修虚拟仿真,均由各自单列的动画构成。研究成果既可用于集中培训,又可便于员工利用空余时间自行学习,且可根据自身需要,有针对性地选择部分科目进行学习。培训考核模块涵盖可自行扩充的、多种类型的试题库,具备自行组卷、自动判卷的学习效果检验功能。利用大数据分析,可进行专项练习、常见错误练习以及模拟测试,进一步增强培训效果。基于UE5虚拟交互技术的典型事故、典型故障仿真处理等科目内容,既可用于实操培训,也可用于技能鉴定考试。所有开发的检修仿真科目,既要有行业典型水泵共性特征,又要结合具体泵站图纸进行针对性研判,同时还要分析不同人员的培训基础及其需求,构建优化算法,以期建立智能化培训评价体系。

### 13.11.1.3　设备及零部件复杂曲面建模与特征化技术

转轮叶片是典型的空间扭曲形状,属于复杂曲面,轴流泵的转轮室几何形状包含球面与平面过渡形成的圆角,转轮轮毂也是由球面与圆柱面所形成的相关体。而导叶几何形状包含两种过渡圆角:一种为由两个弧面过渡形成的圆角,另一种为弧面与平面过渡形成的特殊圆角。诸如螺杆泵等类似的复杂曲面的成型与渲染会给计算机运算带来巨大的负担。利用细节层次(Level of Detail, LOD)、圆角特征(Fillet Feature)等优化技术,在复杂曲面不失真的前提下,能有效减轻计算机成型与渲染所带来的计算负担。这些复杂曲面优化建模技术的研究是业内公认的技术难点。

特征化技术就是虚拟模型与真实物体特性的匹配,针对设备需重现的特性特征,在虚拟环境下匹配复现。如操作架活塞等运行过程中存在的锈斑,转轮叶片、导叶等存在的汽蚀,利用法线贴图技术可真实还原锈斑和汽蚀的具体部位、面积、深度等细节,为积累三维检修技术资料提供技术支持。

### 13.11.1.4　碰撞检测、干涉校验及关联运动

在机组设备虚拟装配、虚拟环境构建中,碰撞检测和干涉校验显得尤为重要。准确、快速的碰撞检测是正确表现虚拟场景中物体运动规律和相互关系的前提与关键所在,对于增强虚拟场景的真实感和沉浸感至关重要。所谓碰撞检测是检测虚拟场景中不同对象之间是否发生了碰撞,如水泵、电动机全分解及全安装虚拟仿真中所涉及的设备及零部件数量众多,不同对象之间也需要有不同的检测深度,既要精确检测

碰撞,又要粗略检测碰撞,且均需动态跟踪。目前尚无解决碰撞检测的完全性和唯一性问题的高效算法,为此,采用混合包围盒的碰撞检测算法解决复杂虚拟场景的碰撞检测问题,这些需要做深层次技术研究。

而诸如机组整体盘车调试虚拟检修仿真中,盘车工具的运动会带动机组转动部分随动,类似的关联运动在本研究中比比皆是,为此,需要在对研究所涉及的设备检修流程清楚、熟悉的基础上才能应对。

#### 13.11.1.5　虚拟场景关卡设置技术

实现虚拟仿真最重要的一个环节是对虚拟场景进行关卡设置,也是业内公认的技术难点。

研究所涉及的虚拟检修仿真内容中,场景切换是人机交互的核心,应根据场景切换的需要和空间限制,逐一设置关卡。只有在熟练掌握轴流式泵组检修流程、检修工艺要求、检修质量标准的基础上,才能进行关卡设置。

由于研究涉及大量机电设备三维数据以及贴图数据,三维场景树和内存资源分配的有效管理是保证系统稳定运行的关键。

### 13.11.2　主要技术创新点

1. 水泵机组的全模态数字化建模,面向智能泵站水泵机组全模式检修/全流程再现/全生命周期管理的虚拟现实技术创新

以大型水泵机组水泵、电动机、主变压器、开关等主设备为仿真对象,通过对主设备零部件进行三维建模,加载技术特征参数等静态属性,将设备模型、数据关系、网络平台、底层大数据进行集成,构建以主设备核心部件的工作原理,结构特点,拆卸、装配顺序以及检修要点等内容为主的大修/小修全模式检修,以及电动机全分解及全安装、水泵全分解及全安装检修全流程的再现虚拟仿真技术,实现主要部件生命周期内重要时域节点的性能控制及其检修管理。

2. 水泵机组组-分耦合关系设计及系统故障大数据分析方法创新

按照大修流程,设计主要部件组-分耦合关系,构建由电动机到水泵本体的全分解以及由水泵本体到电动机的全安装;针对典型事故(如定子线棒击穿等)及典型故障(推力油冷器渗漏等),构造典型故障数据集,在系统构成部件的全边界、系统运行的全时域完成数据沉积,构造数据仓库,实现数据算法支撑的数据聚类分析和数据清洗,成为支撑末端应用的有效数据。

3. 智能泵站主、辅设备三维可视化检修仿真的全面再现,现代水利工程高效培训模式的创新,以及水泵机组检修培训在"互联网+"技术的经典示范应用

以大型轴流式水泵机组典型结构三维可视化检修仿真技术为基础,后续可进一步将贯流式及混流式水泵机组典型结构进行三维可视化检修仿真融合,利用三维可视化仿真技术在传统水利工程培训中进行有益探索,构建高效、无限次重复、低成本培训新模式,在横向构建可组合的柔性系统软件架构,纵向实现可拓展的分层结构,满足不同类型的典型工程应用需求,形成水泵培训新业态的工程经典示范应用。

### 13.11.3　仿真培训研究成果意义

研究成果对保障大型水泵工程安全稳定运行具有十分重要的现实意义,具体体现在以下方面。

#### 13.11.3.1　保障大型水利工程泵组检修仿真培训之急需

我国现有大中型泵站5 000多座,水泵机组主要有轴流式(轴流定桨/轴流转桨)、混流式和贯流式三大类型。每个水利工程泵站有着自身独特的布置方式、结构型式,这使得水泵机组员工的检修培训工作具有

各自的特异性。本研究成果作为现代计算机仿真技术与传统水泵设备培训的有机结合,将有助于加快大中型泵站机组检修技术人员的培训,满足水利行业水泵机组检修之急需。

### 13.11.3.2　现代水泵高效培训的全新模式

本研究系利用现代三维仿真技术,将机组检修规程、检修文件包及检修作业指导书等内容进行三维全方位多层次展示,形象直观清晰。与传统培训方式相比,不仅突破了设备检修受时空的限制,学员可根据自身基础进行选择性学习,而且可大幅度缩短培训周期,提高培训效率,大大节省培训成本。通过大数据分析,可开展专项学习、常见错误练习以及模拟测试。此外,交互式虚拟检修仿真科目可作为实操培训和技能鉴定考试之用,由此使得培训效率成倍提高,是现代水泵高效培训模式的创新。

### 13.11.3.3　"互联网＋"在水泵培训领域的经典应用

利用现代"互联网＋"技术,将水泵机组虚拟仿真培训所涉及的动画、视频、图片、文字、配音以及培训考核数据库等多种素材进行集成,以 Web 方式予以呈现。研究成果放置在云平台进行浏览,与其他水利工程仿真培训系统形成可拓展结构,该研究成果不仅具有良好的复制性、通用性,而且也是"互联网＋"技术在水泵培训领域的经典应用。

### 13.11.3.4　虚拟现实技术与现有泵站机组仿真培训技术的融合创新,具有良好的可拓展性

通过实际设备虚拟化,使设备无限次重现,可实现多任务并发,既可模拟机组检修过程中拆卸、安装以及静态检修要点(如机组协联关系试验、机组盘车等),也可模拟机组检修整体动态试验(如抽水试验)。根据需求,后续也可以利用虚拟现实技术开发虚拟仿真,既可将实际设备传感器信号经计算机监控系统采集,实时驱动虚拟设备,由此构成机组实时动态仿真;也可利用可穿戴的虚拟交互设备(如数据头盔、数据衣、数据手套、操纵柄等),通过 3D 工程投影系统,形成交互式虚拟检修仿真培训系统,进一步增强虚拟检修仿真场景的真实感,大幅度增强培训效果。

此外,根据需要可对三维设备模型进行语义标注,形成三维设备模型数据库,为设备全生命周期监管提供技术支撑;与现代物联网技术、互联网技术、无线定位技术等有机融合,三维设备模型数据库与目前泵站企业资源计划(ERP)管理系统设备相结合;基于 3D 技术的生产虚拟场景,既可为运行倒闸操作提供场景识别,也可为事故演习提供支撑。因此,研究成果是虚拟技术与现有泵站水泵仿真培训技术的有机融合,可拓展性强,符合现代水利工程水泵机组虚拟仿真的发展趋势。

本研究成果为专用集成软件,是包括客户端/服务端系统管理程序、机组三维可视化检修仿真模块、交互式虚拟检修仿真模块以及培训考核模块等内容的各软件子系统所构成的培训系统软件集成,以 B/S 架构的网页浏览方式呈现。

根据需要也可建立计算机仿真培训教室,形成软、硬件一体化的综合培训系统。多媒体教室所需的台式计算机、服务器、智慧大屏、桌椅等由用户自备。

# 14

# 技术标准与网络安全

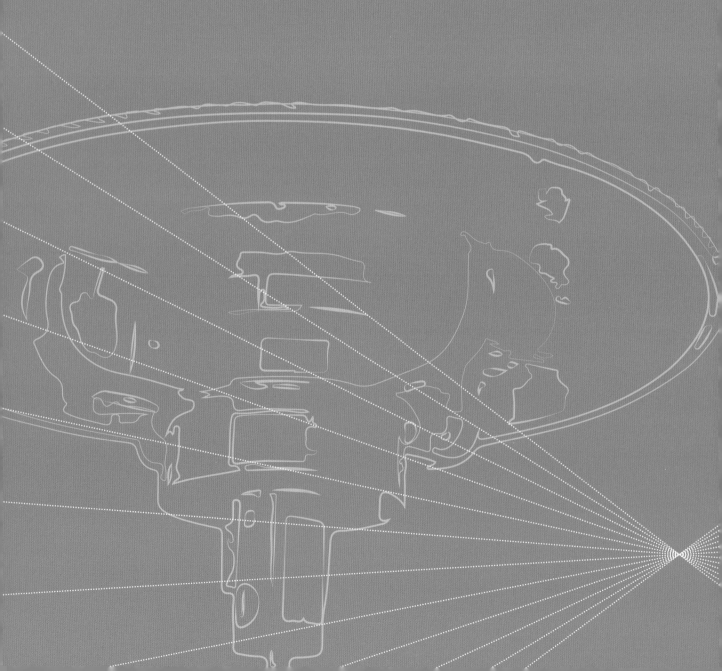

14.1 技术标准

14.2 网络安全

# 14 技术标准与网络安全

## 14.1 技术标准

### 14.1.1 技术标准体系

本部分为本系统涉及的基础数据的有关标准与规范,对各项业务应用到的相关数据进行定义,并对这些数据进行分类编码。需要对本系统各模块应用到的各类数据进行定义,包括:数据资源分析、规划、整体架构设计、详细设计和系统实施过程中制定与本研究有关的业务数据标准;数据分类、内容、表现形式、精度要求、存储方式等各个方面;编写系统数据字典,说明系统整体数据架构,每个数据库表的结构、用途,主要数据字段的名称、内容、取值范围、数据格式、字段长度等内容。

1. 信息采集规范

本系统各模块信息采集技术标准是根据现行有效的国家或行业有关标准规范制定的,旨在使信息的采集标准化、规范化,以利于信息的传输、存储、共享和应用。

该标准涉及各类信息采集监测技术、处理要求、观测方法等内容。主要包括工程编码、控制节点编码、远程监控技术规程、工程安全监测技术规范及数据编码、交叉建筑物编码、水情信息编码等内容。这些技术标准确定了信息采集的任务、范围、原则,规定了信息采集的内容和参数、采集方法和流程、采集设备设施的布设原则及其主要技术指标,提出了信息采集的质量要求和质量控制指标。

2. 信息传输与交换

在参照国家或国际相关标准的基础上,结合数字孪生智能泵站的特点和实际需要,制定本系统水利信息传输与交换技术标准,目的是使本系统涉水信息的传输与交换规范化和标准化,实现网络的互联互通和信息的大规模集成。

标准主要包括通信业务导则、信息交换平台技术要求、通信自动交换网技术规范、通信运行规程、域名系统、网络管理协议、局域网标准、电子计算机场地通用规范、综合布线规范等内容。该标准适用于本系统的通信和计算机网络基础设施建设,为各种数据的互联和互通提供技术支撑。

3. 信息存储

根据国家或行业有关数据库表结构的规定,如国家水文数据库、实时水情数据库、工情数据库等,并结合本系统信息特点,编制本系统信息存储技术标准,构建标准化、规范化信息的存储结构,以利于信息的存储、管理、共享和应用。

标准制定了数据库的数据字典和表结构编制规则及要求。每个数据字典主要包括数据项名、英文标识符、数据类型、取值范围、物理意义说明等编制规范;每个表结构主要包括表名、表主题、表标识、表编号以及字段名、字段标识符、数据类型及长度、单位、关键字、索引序号、相关说明等编制规范。

4. 信息处理

信息处理涉及基础数据的加工方式,以及各类业务专项数据的加工方式等。包括数学模型开发工作导则、计算机软件开发规范、计算机软件配置管理计划规范、计算机软件维护指南、计算机软件测试规范、计算机软件质量保证计划规范、程序流程图和系统流程图编制约定等内容,大部分引用国家标准。

5. 信息分类和编码

根据已有的水利信息分类和编码规则,结合数字孪生智能泵站的实际情况,编制本系统信息分类与编码标准,旨在使本系统信息的名称统一化、规范化,并确立信息之间的一一对应关系,以保证信息的可靠性、可比性和适用性,保证信息存储及交换的一致性与唯一性。

该标准是参照《水利对象分类与编码总则》(SL/T 213—2020)的原则、方法,并在参照水利部已发布的河流、水库、涵闸等代码的基础上,进行扩充编制。水文测站编码是参照水利部水文局《水文测站代码编制导则》(SL 502—2010)有关规定。该标准采用拉丁字母和阿拉伯数字混合编码,编码方式统一采用组合码。主要包括水利信息的分类和信息编码标准,适用于各种应用系统的开发、数据库系统的建设和信息交换,保证信息的唯一性及共享和交换。

6. 地理信息

根据国家或行业有关地理信息标准,充分考虑泵站这一水利工程的特点,制定符合本系统实际情况和满足管理工作需要的地理信息技术标准,统一水利电子地图图式、产品模式、数据交换格式和空间元数据,以便于地理信息的存储、交换、使用和共享。

标准主要包括电子地图图式标准、基础电子地图产品模式标准、空间数据交换格式标准、地理空间数据元数据标准等内容,还要参照《地理信息 术语》(GB/T 17694—2023)、《基础地理信息要素分类与代码》(GB/T 13923—2022)等内容。

其中,电子地图图式标准规定了本系统电子地图编制过程中地理目标符号化分类、分层次处理的基本原则,建立了地理目标与地图符号之间的指代关系,规定了符号体系表的结构;基础电子地图产品模式标准对数据体、产品手册、演示软件、存储、包装、维护等方面做出了规定;空间数据交换格式标准规定了矢量数据、影像数据、格网 GIS 数据、数字高程模型等空间数据的交换格式;地理空间数据元数据标准规定了矢量数据和栅格数据等空间数据的元数据。

7. 信息共享

1）资源目录标准规范

信息资源目录标准规范描述信息资源目录的建立、管理、更新维护等，用于对信息资源的分类、描述和管理，达到管理数据、了解数据和获取数据的目的，从而使信息共享。

2）共享信息指标体系及其解释

围绕本系统的建设目标，构筑科学的共享信息指标体系，是一项重要的基础工作。对本系统运行管理中所涉及的各类信息，按照主体分类进行科学合理的定义和分割，组合产生各类主体的数据项，形成管理与决策工作的完整指标体系。通过对指标体系的解释，对共享信息的采集和整合，提出规范化的要求，以保障本系统指标体系的整体性、开放性、权威性、完整性和科学性。

3）交换与应用服务模式规范

基于目前可扩展标记语言（XML），根据针对应用系统集成建设任务的信息和信息交换、服务的功能需求，提出信息交换的模式、信息共享服务协议、数据转换格式与规则、连续快速传输标准，开发数据转换软件。

4）交换与共享管理办法

交换与共享管理办法描述应用系统的所有层级、所有子系统之间数据交换与信息共享的规定，主要包括共享数据的共享方式、权限控制机制和数据同步等方面的标准与规范。本规范主要描述信息共享须遵循的共享机制和管理办法，旨在服务于统计建设信息资源目录体系和共享数据库等。

5）操作规范

针对系统建设任务的信息，参考 OGC 数据互操作模型，在此基础上提出基于 Java 的互操作实现规范、基于 Web 服务技术的信息互操作规范。

6）内容及代码规范

在相关国家标准的基础上，针对建设任务的信息提出可操作的元数据内容专用规范。

7）设计技术要求和接口规范

本规范主要包括数据库的格式、存放规则、存取方法的统一规定以及数据库设计时需要为专门的查询和访问服务设计的接口，便于信息的采集、处理和发布。具体包括：

（1）数据库规范作为设计数据库时的开发规范。从数据库的设计原则、设计文档等方面明确数据库设计的规范思想及命名规则、代码书写规则。

（2）数据库应用结构，根据对一般业务系统的分析，将数据库和程序系统统一进行整体描述，展示数据库的表之间以及与程序模块间的关系。

（3）数据库结构原则，规定除数据库设计所遵循的范式外的一些适用原则，在遵循数据库设计范式的基础上，合理地划分表，添加状态和控制字段等，并明确数据库设计中的注释规范。

## 14.1.2  技术标准构建

为适应数字孪生智能泵站各系统智能化、一体化应用的发展趋势，解决当前泵站系统的设备互操作、互换性问题，规范数据描述及传输形式，针对智能泵站自动化系统多种信息交互，制定实时、非实时等信息的传输处理方式，以便泵站自动化系统准确、快速地收集、传送、处理各种采样值等实时信息，安全可靠地交互非实时信息如指令、文件等，同时提高系统管理、控制、维护的集成水平，提高泵站系统的可扩展性。借鉴 IEC 61850 标准中的核心思想，用来解决泵站监控系统的具体实际问题。建立一种新型泵站自动化系统模型及其通信实现方案,定义泵站系统智能设备数据分层模型,以此规范泵站智能设备间信息传输,同时提高电量,以及非电量如温度、流量、压力等采样信息的传输实时性,管理、控制、维护子系统相关设备信息交互,有利于及时发现和排除故障,从而保障泵站安全运行。

1. IEC 61850 标准介绍

IEC 61850 标准是基于通用网络通信平台的变电站自动化系统的唯一国际标准,它是由国际电工委员会第 57 技术委员会(IEC TC57)的 3 个工作组 10、11、12(WG10/11/12)负责制定的。IEC 61850 是一种公共的通信标准,其通过对设备的一系列规范化,使设备形成一个规范的输出,实现系统的无缝连接。

此标准参考和吸收了已有的许多相关标准,其中主要有:IEC 60870-5-101 基本遥控任务的配套标准;IEC 60870-5-103 保护设备信息接口的配套标准; UCA 2.0(Utility Communication Architecture 2.0)(由美国电力研究院制定的变电站和馈线设备通信协议体系);ISO 9506 制造报文规范(Manufacturing Message Specification,MMS)。

IEC 61850 标准通过对自动化系统中的对象统一建模,采用面向对象技术和独立于网络结构的抽象通信服务接口,增强了设备之间的互操作性,可以在不同厂家的设备之间实现无缝连接,从而大大提高自动化技术水平和安全稳定运行水平,实现完全互操作。

IEC 61850 系列标准共 12 大类、25 个标准,具体名称不在这里赘述,以下主要介绍 IEC 61850 的特点。

1) 定义了变电站的信息分层结构

变电站通信网络和系统协议 IEC 61850 标准草案提出了变电站内信息分层的概念,将变电站的通信体系分为 3 个层次,即变电站层、间隔层和过程层,并且定义了层和层之间的通信接口。

2) 采用了面向对象的数据建模技术

IEC 61850 标准采用面向对象的数据建模技术,定义了基于 C/S 结构的数据模型。每个智能电子设备(Intelligent Electronic Device, IED)包含一个或多个服务器,每个服务器本身又包含一个或多个逻辑设备。逻辑设备包含逻辑节点,逻辑节点包含数据对象。数据对象则是由数据属性构成的公用数据类的命名实例。从通信角度而言,IED 同时也扮演客户的角色,任何一个客户可通过抽象通信服务接口(ACSI)和服务器通信访问数据对象。

3) 数据自描述

该标准定义了采用设备名、逻辑节点名、实例编号和数据类名建立对象名的命名规则;采用面向对象的方法,定义了对象之间的通信服务,比如,获取和设定对象值的通信服务,取得对象名列表的通信服务,获得数据对象值列表的服务等。面向对象的数据在数据源就对数据本身进行自我描述,传输到接收方的数据都带有自我说明,不需要再对数据进行工程物理量对应、标度转换等工作。由于数据本身带有说明,所以传输时可以不受预先定义限制,简化了对数据的管理和维护工作。

4) 网络独立性

IEC 61850 标准总结了变电站内信息传输所必需的通信服务,设计了独立于所采用网络和应用层协议的 ACSI。在 IEC 61850-7-2 中,建立了标准兼容服务器所必须提供的通信服务的模型,包括服务器模型、逻辑设备模型、逻辑节点模型、数据模型和数据集模型。客户通过 ACSI,由特定通信服务映射(SCSM)映射到所采用的具体协议栈,例如 MMS 等。IEC 61850 标准使用 ACSI 和 SCSM 技术,解决了标准的稳定性与未来网络技术发展之间的矛盾,即当网络技术发展时只要改动 SCSM,而不需要修改 ACSI。

2. IEC 61850 标准核心思想

1) 分层逻辑结构

在 IEC 61850 第 1 部分中,变电站自动化系统(SAS)的逻辑功能被划分到三个层中,即变电站层、间隔层/单元层以及过程层,层内和层间均通过网络和接口交互信息。变电站层功能大致分为有关过程和接口两类;间隔/单元层功能主要是间隔/单元层内一次设备的控制和保护;过程层功能主要是一些基本状态量或模拟量的输入、输出功能等。详细划分见图 14.1-1。

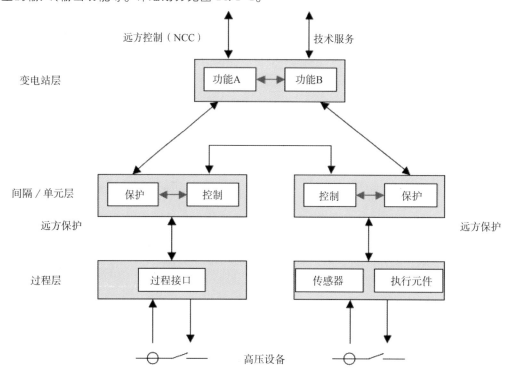

图 14.1-1　变电站自动化系统功能层和逻辑接口

　　SAS 装置分布在这三个功能层上。站级计算机、远方通信接口等装置属于变电站层;间隔/单元层装置主要是一些控制、保护和监视单元;过程层装置是一些与过程总线连接的 I/O 接口、智能传感器、控制器等。

　　显然,泵站监视控制系统的结构与电站自动化系统结构十分相似。即站级控制层对应于变电站层,现地控制层或过程控制层对应于间隔/单元层,现地设备层对应于过程层。主要区别在系统监控的对象上,泵站监控的是机组、辅机、闸阀等设备,电站监控的是发电机组、高低压配电设备等。

　　2) 面向对象的数据建模技术

　　面向对象的数据建模技术就是以实际物体为对象,通过其特性、功能等分析建立该物体的数据模型。对变电站自动化系统来说,就是建立所接入的 IED 数据模型。IED 由一个或多个处理器构成,并能够接收外部资源或向外部资源发送数据和控制命令,如电子多功能仪表、控制器等。实际上,系统中信息交互就是 IED 间信息的交互。应用功能被分解为交换信息的最小实体,每个实体有着相应的数据属性,将这些实体以一定的方式分配给 IED。通过这种方式对各类 IED 信息统一建模,规范其间交互的数据描述形式,既能解决不同 IED 的互操作性问题,又能够避免同种数据或功能的多次配置,减少了工作量。

　　3) 信息分层模型

　　在介绍信息分层模型前,有必要先了解 IEC 61850 标准建模中涉及的几个重要概念。

　　(1) 功能(Function,F)和服务器(Server,S)

　　功能就是系统所需要完成的工作。对于变电站系统和泵站系统而言,就是监视、控制、保护等工作任务。服务器可以提供通信数据,允许其他节点访问,并且还包括通信系统提供一些其他的通用组件,如应用的关联提供了用于建立和保持设备间的连接并实现访问控制等机制。

（2）逻辑节点（Logical Node，LN）

逻辑节点实际上对应于设备内部的功能，作为交换信息功能的最小部分，系统内数据的交换都是通过其实现。因此，功能间交换数据时，至少应涉及一个逻辑节点。

（3）逻辑设备（Logical Device，LD）和物理设备（Physical Device，PD）

逻辑设备本质上是一个虚拟设备，物理设备则是连接到实际通信网络上的设备。物理设备包含许多零部件，可以完成指定的一组功能或子功能，也可以认为逻辑设备就是为了通信而定义的。

（4）逻辑连接（Logical Connection，LC）和物理连接（Physical Connection，PC）

逻辑节点间的连接称作逻辑连接，它是一种虚拟的通信连接，仅表示逻辑节点间的数据交换关系；物理连接则是物理设备之间的实际通信连接。从图 14.1-2 中可知，两者之间的关系为一个物理连接包含着多个逻辑连接。一种功能可能由一个或多个物理设备实现，一个物理设备又包含多个逻辑节点，逻辑节点通过逻辑连接互联，物理设备则通过物理连接实现互联。图中 LN0 描述的是物理设备本身的信息，不涉及任何一个功能，故 LN0 与其他逻辑节点间没有逻辑连接。

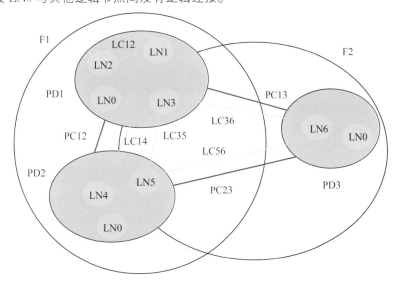

图 14.1-2　逻辑连接和物理连接关系图

（5）数据对象（Data Object，DO）和数据属性（Data Attribute，DA）

数据对象表示逻辑节点某一特定信息，例如状态或者测量值的逻辑节点对象的一部分。通常来说，数据对象代表系统某一特定属性。数据属性描述的是系统特定属性的主要信息，且有着特定的用途，如控制、状态、取代、配置、描述和扩展等。由此可看出，每个逻辑节点可以包含多个数据对象，每个数据对象又具有多个数据属性，用来描述逻辑节点不同属性的特定信息。

图 14.1-3 是 IEC 61850 的分层信息模型。该模型通过这种抽象的方式描述一个实际功能或设备的特征信息，这些功能就变成了可视、可访问的。分层模型中上一层的类模型均是由 $1\sim n$ 个下一层类模型组成。

在 IEC 61850 标准中，除了规定了信息分层描述，还给出了相关服务。图 14.1-4 为 LN 基本组成部件。LN 作为数据交换的最小单元，通过控制（Control）、取代（Substitution）、读/写（Get/Set）、目录/定义（Dir/Definition）以及报告（Report）这些服务对数据进行操作。控制和报告组成逻辑节点的接口；取代服务：固定值代替数据值；读/写服务：读取数据或数据集以及设置数据或数据集；目录/定义服务：检索数据实例的目录信息、定义信息。

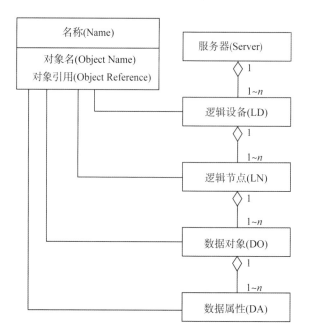

图 14.1-3　IEC 61850 的分层信息模型图

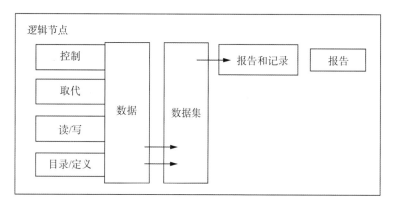

图 14.1-4　逻辑节点基本组成部件

在对 IED 建模时,将其功能类型分解成一个或多个逻辑设备,每个逻辑设备主要由逻辑节点和附加服务两部分组成,其详细结构如图 14.1-5 所示。

定值组服务指的是设定逻辑节点数据中的相关参数值。通过附加的 GOOSE/GSSE 或采样值 SMV 服务传输 LN 数据和数据集。这些传输方式将在后面章节给予详细描述。

综上,从名称类集成对象名和对象引用中选择的逻辑设备 LD、逻辑节点 LN、数据对象 DO、数据属性 DA 的对象名在特定范围内唯一。通过这种分层描述,实现了设备的自描述。

4) 抽象通信服务接口

抽象通信服务接口(ACSI)是一种抽象的服务过程和相关数据类的描述,其独立于通信协议、具体实现以及操作系统。ACSI 类模型和相关服务主要包括:服务器(Server)、逻辑设备(LD)、逻辑节点(LN)、数据(Data)、数据集(Data Set)、定值组控制块(Setting Group Control Block)、报告控制块(Report Control Block)、通用变电站状态事件(GSSE)控制块、采样值传输控制块、时间和时间同步、文件传输、日志控制等。IEC 61850-7-1 部分提出了 ACSI 的两种通信方法。在图 14.1-6 中,图上半部分的模型通信基于 C/S 模

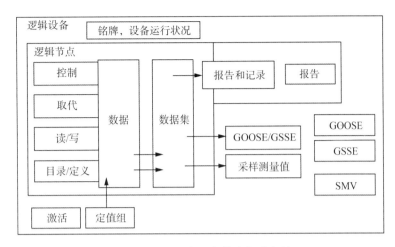

图 14.1-5　逻辑设备基本组成部件

型,客户端发出请求到服务器中,并接收经服务器处理后的响应。客户也可以从服务器接收报告,全部服务请求和响应由协议栈进行通信。另一种使用对等(Peer-to-Peer)通信模式以组播形式向对等设备传送信息。ACSI 没有定义特定的 ACSI 数据包,ACSI 服务经过特定通信服务映射(SCSM),映射到一个或多个应用层报文,数据和服务的格式对通信栈底层的传输、网络和介质协议等没有影响,也就是说适用于不同类型物理介质的网络以及多种应用层协议。

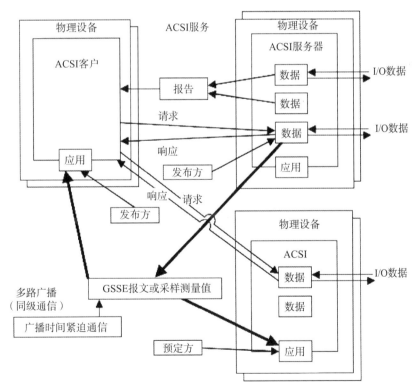

图 14.1-6　ACSI 服务

5) 特定通信服务映射

特定通信服务映射(SCSM)将 ACSI 服务和模型映射到一个具体的通信栈。IEC 61850 标准给出了一些站控层和过程层网络通信的特定通信服务映射方式,如 MMS、GOOSE、SMV 等。

IEC 61850 映射到 MMS 的方式:ACSI 所描述的对象和服务映射为 MMS 所对应的对象和服务。当前,泵站站控层交换的信息多是文件读取、参数设置、控制信息和指令等实时性要求不高的信息,因此层间的以太网通信基于 C/S 模式,通信协议采用 MMS 协议。过程层传输的数据信息实时性要求高,信息量大,过程层以太网通信多为发布/订阅模式,通信协议采用 GOOSE/SMV 协议,从图 14.1-7 中也可看到,GOOSE/SMV 协议不经过 TCP/IP 层,由应用层直接映射到 ISO/IEC/IEEE 8802-3 以太网类型,这样的方式减少了 TCP/IP 层数据打包和解析的时间,提高了数据传输实时性。

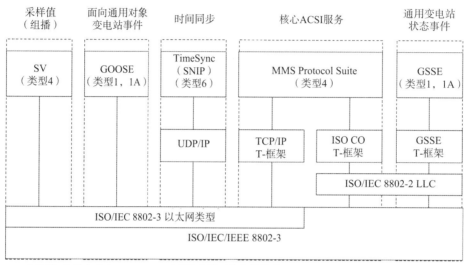

（类型X）是定义在IEC 61850-5中的报文类型和特性分类

图 14.1-7　功能与框架概述

IEC 61850-8-1 详细描述了 SCSM 到 MMS 的映射,IEC 61850-9-2 描述了 GOOSE 和采样值 SMV 通信的 SCSM。通过特定通信服务映射将 ACSI 描述的数据类信息映射到具体的协议栈中,构建了系统网络通信架构,实现了设备间数据共享,提高了互操作性。

6) 配置描述语言

标准中,变电站内智能电子设备 IED 的配置和通信系统采用变电站配置描述语言(Substation Configuration Language,SCL)进行描述。SCL 基于可扩展标记(XML)语言编写,其主要是为了方便不同厂家的配置工具和系统配置工具间交换通信系统配置数据。IEC 61850-6 给出了 SCL 规范。SCL 描述主要分为 IED 能力描述和系统描述两部分,IED 能力描述的是 IED 的分层数据模型及相关服务;系统描述的是通信系统模型、应用层通信模型、一次系统结构模型等。

3. IEC 61850 的智能一体化的泵站通信系统

由上述内容可知,IEC 61850 标准的建模思想和相关的通信服务能够很好地解决智能泵站系统的通信实现问题。IEC 61850 标准采用分层数据建模,信息量丰富,为智能诊断决策系统提供了大量信息源;设备统一建模,模型数据取自规定的数据类中,规范了不同厂家设备数据描述,不同厂家设备间能够互操作,易于系统的数据集成、管理和维护。

IEC 61850 标准提供了多种通信服务模型,如采样值(SMV)服务模型、面向通用对象的变电站事件(GOOSE)服务模型以及制造报文规范(MMS)服务模型等。SMV 报文以固定时间间隔传输采样值信息;GOOSE 报文在无事件触发情况下以固定时间间隔传输报文信息,当事件触发时,快速发送当前状态信息。

SMV 和 GOOSE 通信都是直接从开放系统互联(OSI)七层通信模型中的应用层开始,经表示层编码后映射到第二层数据链路层,减少了中间层间协议解析时间,传输的实时性更高,可组播通信。而 MMS 传输需要经过应用层、表示层、TCP/IP 层再到数据链路层间,实时性相对较低。

针对泵站系统交互信息的特点,提出泵站系统信息交互模型,见图 14.1-8。应用层内与管维层间主要交互一些控制信息、指令、文件等,通信实时性要求不高,采用 MMS 传输即可满足要求;管维层内、现控层内以及两层间信息交互大多是一些设备运行状态、开关量信息,采用 GOOSE 传输事件驱动的开入、开出信号,事故信号及告警等服务,从而保证实时性和可靠性;智能采集 Agent 交互信息多是温度量、转速、振动等周期性的采集值,采用 SMV 通信规约即可保证传输的实时性和快速性。

为此,基于 IEC 61850 的多智能体(MAS)泵站系统分层结构已经确定。应用层与管维层间、管维层与现控层间采用工业以太网网络连接。应用层与管维层信息交互基于 MMS 网,管维层与现控层信息交互基于 GOOSE/SMV 网。每个智能 Agent 设备相当于 IED,因此可参照 IED 数据建模方法建立泵站设备信息模型。

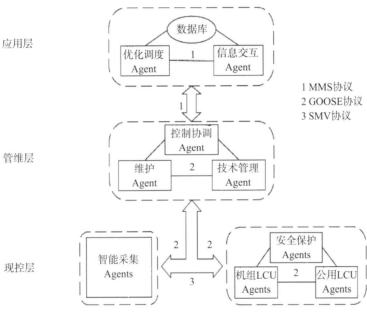

图 14.1-8 多智能体泵站系统通信方式图

# 14.2 网络安全

## 14.2.1 网络安全保护等级

根据等级保护对象在国家安全、经济建设、社会生活中的重要程度,以及一旦遭到破坏、丧失功能,或者数据被篡改、泄露、丢失、损毁后,对国家安全、社会秩序、公共利益以及公民、法人和其他组织的合法权益等受侵害的客体的侵害程度等因素,等级保护对象的安全保护等级分为以下五级:

第一级:等级保护对象受到破坏后,会对相关公民、法人和其他组织的合法权益造成一般损害,但不危害国家安全、社会秩序和公共利益。

第二级:等级保护对象受到破坏后,会对相关公民、法人和其他组织的合法权益造成严重损害或特别严重损害,或者对社会秩序和公共利益造成危害,但不危害国家安全。

第三级:等级保护对象受到破坏后,会对社会秩序和公共利益造成严重危害,或者对国家安全造成危害。

第四级:等级保护对象受到破坏后,会对社会秩序和公共利益造成特别严重危害,或者对国家安全造成严重危害。

第五级:等级保护对象受到破坏后,会对国家安全造成特别严重危害。

对客体的侵害程度由客观方面的不同外在表现综合决定。由于对客体的侵害是通过对等级保护对象的破坏实现的,因此对客体的侵害外在表现为对等级保护对象的破坏,通过侵害方式、侵害后果和侵害程度加以描述。

安全保护等级和等级保护对象受到破坏时对客体的侵害程度的关系详见表 14.2-1。

表 14.2-1　网络安全保护等级划分

| 受侵害的客体 | 对客体的侵害程度 | | |
| --- | --- | --- | --- |
| | 一般损害 | 严重损害 | 特别严重损害 |
| 公民、法人和其他组织的合法权益 | 第一级 | 第二级 | 第二级 |
| 社会秩序、公共利益 | 第二级 | 第三级 | 第四级 |
| 国家安全 | 第三级 | 第四级 | 第五级 |

针对不同级别的等级保护对象应具备的基本安全保护能力如下:

第一级安全保护能力:应能够防护免受来自个人的、拥有很少资源的威胁源发起的恶意攻击、一般的自然灾难,以及其他相当危害程度的威胁所造成的关键资源损害,在自身遭到损害后,能够恢复部分功能。

第二级安全保护能力:应能够防护免受来自外部小型组织的、拥有少量资源的威胁源发起的恶意攻击、一般的自然灾难,以及其他相当危害程度的威胁所造成的重要资源损害,能够发现重要的安全漏洞和处置安全事件,在自身遭到损害后,能够在一段时间内恢复部分功能。

第三级安全保护能力:应能够在统一安全策略下防护免受来自外部有组织的团体、拥有较为丰富资源的威胁源发起的恶意攻击、较为严重的自然灾难,以及其他相当危害程度的威胁所造成的主要资源损害,能够及时发现、监测攻击行为和处置安全事件,在自身遭到损害后,能够较快恢复绝大部分功能。

第四级安全保护能力:应能够在统一安全策略下防护免受来自国家级别的、敌对组织的、拥有丰富资源的威胁源发起的恶意攻击、严重的自然灾难,以及其他相当危害程度的威胁所造成的资源损害,能够及时发现、监测发现攻击行为和处置安全事件,在自身遭到损害后,能够迅速恢复所有功能。

第五级安全保护能力(略)。

## 14.2.2　等级保护对象及定级

水利网络安全保护对象是由计算机及相关设备组成的,按照一定的规则和程序对信息进行收集、存储、传输、交换、处理的系统,主要包括水利基础信息网络、云计算平台/系统、大数据应用/平台/资源、物联网、水利工程控制系统和水利业务应用系统(含采用移动互联技术的系统)等。

信息系统作为常见的等级保护对象,定级划分时应遵循"具有唯一确定的安全责任单位""承担相对独立的业务应用""具有信息系统的基本要素"3 个原则。在数字孪生智能泵站工程中等级保护对象分为监控网以及业务内网,对于监控网可参照工业控制系统进行防护设计,对于业务内网可参照物联网系统进行防护设计。对于物联网、工业控制系统等业务处理类定级对象,其安全保护等级由其业务信息安全保护等级和系统服务安全保护等级决定,可通过分析业务信息或系统服务受到破坏时影响的客体以及对客体的侵害程度得出。

依据国家等级保护制度监管的要求,按自主定级、专家评审、主管部门审批和公安机关监督的定级流程,定级工作主要环节包括:

(1) 确定定级对象。对等级保护对象进行科学、合理的划分,并确定最终的定级对象。

(2) 初步确定等级。通过综合分析定级对象的业务信息安全和系统服务安全,初步确定整体安全保护等级。

(3) 专家评审。初步定级完成后,定级对象的运营、使用单位或主管单位可组织网络安全专家和行业业务专家对初步定级结果的合理性进行评审,并出具评审意见。

(4) 主管部门审核。专家评审完成后,定级对象的运营、使用单位应将初步定级结果上报行业主管部门或上级主管部门进行审核。

(5) 公安机关备案审查。定级对象的运营、使用单位应按照相关管理规定将初步定级结果提交公安机关进行备案审查。

对特别重要的数字孪生智能泵站工程,其监控网的网络安全保护等级可确定为第三级,各现地控制系统安全保护等级应根据系统遭破坏或信息泄露后的后果确定。其他大中型数字孪生智能泵站工程可参照第二级设计。

对特别重要的数字孪生智能泵站工程的业务内网中,服务于生产管理和管理信息类的应用参照第二级设计。

对参与联合调度的数字孪生智能泵站工程,其移动互联网安全设计参照《信息安全技术 网络安全等级保护基本要求》(GB/T 22239—2019)和《水利网络安全保护技术规范》(SL/T 803—2020)。

## 14.2.3  数字孪生智能泵站网络安全建设目标及策略

### 14.2.3.1  网络安全建设目标

数字孪生智能泵站网络安全建设的目标是确保泵站系统在数字化、联网化的环境下能够安全、稳定地运行,防范网络威胁对数字孪生智能泵站的影响。以下是数字孪生智能泵站网络安全建设的主要目标:

(1) 保障泵站运行稳定性。确保泵站在网络环境中的稳定运行,防范网络攻击对泵站的影响,避免因网络问题导致泵站失效或运行异常。

(2) 维护泵站数据的完整性。防止未经授权的访问、修改或破坏对泵站数据的完整性造成影响,确保数据的可靠性和准确性。

(3) 确保对泵站控制的可靠性。通过网络安全建设,保障泵站控制系统的可靠性,防范网络攻击对泵站控制系统的破坏,确保远程和自动控制的正常运行。

(4) 防范物理设备的网络攻击。加强对泵站物理设备的网络安全防护,避免攻击者通过网络手段对泵站设备进行破坏或干扰。

(5) 提高网络威胁应对能力。建设完善的网络威胁监测、检测和应对体系,及时发现和应对各类网络攻击,保证泵站工程的正常运行。

(6) 加密敏感数据。对泵站工程中的敏感数据采用合适的加密措施,确保数据在传输和存储过程中的机密性,防止数据泄露。

通过设立以上目标,数字孪生智能泵站工程可以有效应对网络威胁,确保系统的安全性和可靠性,维护泵站工程的正常运行。

### 14.2.3.2 网络安全建设原则

数字孪生智能泵站网络安全建设应遵循以下基本原则:

(1) 全面完整原则。在进行网络安全建设时,应遵循相关文件规定,结合实际,进行完整的网络安全体系架构设计,全面覆盖所有安全要素。

(2) 等级保护原则。应按照《信息安全技术 网络安全等级保护定级指南》(GB/T 22240—2020)的相关规定,确定各类网络安全保护对象的保护等级。

(3) 同步要求原则。水利信息化项目在规划建设运行时,应将网络安全保护措施同步规划、同步建设、同步使用。

(4) 适当调整原则。在进行网络安全建设时,可根据网络安全保护对象的具体情况和特点,适当调整部分安全要素的建设标准。

(5) 持续改进原则。应依据 GB/T 22239—2019 和 SL/T 803—2020 等国家、行业标准规范的要求持续完善网络安全体系。

### 14.2.3.3 网络安全建设策略

数字孪生智能泵站网络安全保护等级主要分为第二级和第三级。

第二级网络安全保护的设计策略是以身份鉴别为基础,提供单个用户和(或)用户组对共享文件、数据库表等的自主访问控制功能。采用包过滤手段提供区域边界保护,采用数据校验和恶意代码防范等手段,同时通过增加系统安全审计、客体安全重用等功能,使用户对自己的行为负责。提供用户数据保密性和完整性保护功能,以增强系统的安全保护能力。第二级网络安全保护在使用密码技术设计时,应支持国家密码管理部门批准使用的密码算法。使用国家密码管理部门认证核准的密码产品,遵循相关密码国家标准和行业标准。

第二级网络安全保护的设计通过第二级的安全物理环境、安全计算环境、安全区域边界、安全通信网络以及安全管理中心的设计得以实现。计算节点都应基于可信根实现开机到操作系统启动,再到应用程序启动的可信验证,并将验证结果形成审计记录。

第三级网络安全保护的设计策略是在第二级系统安全保护环境的基础上,构造非形式化的安全策略模型,对主、客体进行安全标记,表明主、客体的级别分类和非级别分类的组合,以此为基础,按照强制访问控制规则实现对主体及其客体的访问控制。第三级网络安全保护在使用密码技术设计时,应支持国家密码管理部门批准使用的密码算法,使用国家密码管理部门认证核准的密码产品,遵循相关密码的国家标准和行业标准。

第三级网络安全保护的设计通过第三级的安全物理环境、安全计算环境、安全区域边界、安全通信网络以及安全管理中心的设计加以实现。计算节点都应基于可信根实现开机到操作系统启动,再到应用程序启动的可信验证,并在应用程序的关键执行环节对其执行环境进行可信验证,主动抵御病毒入侵行为,并将验证结果形成审计记录,送至管理中心。

## 14.2.4 第二级安全防护

### 14.2.4.1 安全物理环境

安全物理环境应包括物理位置选择、物理访问控制、防盗窃、防破坏、防雷击、防静电、防火、防水和防潮,温湿度控制、电力供应和电磁防护等方面。

1. 监控网

第二级网络安全保护监控网安全物理环境应符合以下设计技术要求:

1) 物理位置选择

机房应选择在具有防震、防风和防雨等能力的建筑内;应避免设在建筑物的顶层或地下室,否则应加强防水和防潮措施。

2) 物理访问控制

机房出入口应安排专人值守或配置电子门禁系统,控制、鉴别和记录进入的人员。

3) 防盗窃和防破坏

应将设备或主要部件进行固定,并设置明显的不易除去的标识;应将通信线缆铺设在隐蔽安全处。

4) 防雷击

应将各类机柜、设施和设备等通过接地系统安全接地。核心交换、核心路由器一类的大型设备等具有防雷模块,将其与机柜的端点连接,机柜防雷引线接到地板下的金属支架。一些常用设备、二层交换机、普通防火墙、入侵防御系统(IPS)等设备没有防雷模块,可以固定在机柜上,也可实现基础的防雷保护。具体设计技术要求参照《建筑物电子信息系统防雷技术规范》(GB 50343—2012)。

5) 防火

机房应设置火灾自动消防系统,能够自动检测火情、自动报警,并自动灭火。机房及相关的工作房间和辅助房应采用具有耐火等级的建筑材料,相关设计可参照《建筑防火通用规范》(GB 55037—2022)、《水利工程设计防火规范》(GB 50987—2014)、《火灾自动报警系统设计规范》(GB 50116—2013)和《建筑设计防火规范》[GB 50016—2014(2018 版)]。

6) 防水和防潮

应采取措施防止雨水通过机房窗户、屋顶和墙壁渗透;应采取措施防止机房内水蒸气结露和地下积水的转移与渗透。

7) 防静电

应采用防静电地板或地面并采用必要的接地防静电措施。

8) 温湿度控制

应设置温湿度自动调节设施,使机房温湿度的变化在设备运行所允许的范围之内。

9) 电力供应

应在机房供电线路上配置稳压器和过电压防护设备;应提供短期的备用电力供应,至少满足设备在断电情况下的正常运行要求。可采用具有过载保护和防雷模块的 UPS,且 UPS 至少要有 2 路供电,能够维持机房重要设备断电后至少 2 小时的供电。

10) 电磁防护

电源线和通信线缆应隔离铺设,避免相互干扰。

11) 室外控制设备防护

室外控制设备应放置于采用铁板或其他防火材料制作的箱体或装置中并紧固;箱体或装置具有良好的透风、散热、防盗、防雨和防火能力等;室外控制设备放置应远离强电磁干扰、强热源等环境,如无法避免,应及时做好应急处置及检修,保证设备正常运行。

同时第二级网络安全防护安全物理环境还应符合《数据中心设计规范》(GB 50174—2017)的 C 级标准。

2. 业务内网

第二级网络安全保护业务内网安全物理环境除应符合监控网的1~10条要求外，还应符合以下设计技术要求：

感知节点设备所处的物理环境应不对感知节点设备造成物理破坏，如挤压、强振动；感知节点设备在工作状态所处物理环境应能正确反映环境状态，如温湿度传感器不能安装在阳光直射区域。

### 14.2.4.2 安全通信网络

安全通信网络应包括网络架构、通信传输、可信验证等方面。

1. 监控网

第二级网络安全保护监控网安全通信网络应符合以下设计技术要求：

1）网络架构

监控网与业务内网之间应划分为两个区域，监控网与业务内网区域间应采用技术隔离手段，通常采用单向网闸隔离；涉及实时控制和数据传输的监控网，应使用独立的网络设备组网，接入监控网的非实时监控或其他状态在线监测与诊断评估等，应与监控网进行逻辑隔离。

2）通信传输

应采用校验技术保证通信过程中数据的完整性；在监控网内使用广域网进行控制指令或相关数据交换的，应采用加密认证技术手段实现身份认证、访问控制和数据加密传输。

3）可信验证

可基于可信根对通信设备的系统引导程序、系统程序、重要配置参数和通信应用程序等进行可信验证，并在检测到其可信性受到破坏后进行报警，并将验证结果形成审计记录送至安全管理中心。

2. 业务内网

第二级网络安全保护业务内网安全通信网络应符合以下设计技术要求：

1）网络架构

应划分不同的网络区域，并按照方便管理和控制的原则为各网络区域分配地址，应避免将重要网络区域部署在边界处，重要网络区域与其他网络区域之间应采取可靠的技术隔离手段，如网闸、防火墙和设备访问控制列表（ACL）等。

2）通信传输

应采用校验技术保证通信过程中数据的完整性。

3）可信验证

可基于可信根对通信设备的系统引导程序、系统程序、重要配置参数和通信应用程序等进行可信验证，并在检测到其可信性受到破坏后进行报警，并将验证结果形成审计记录送至安全管理中心。

### 14.2.4.3 安全区域边界

安全区域边界是指在网络或信息系统中划定的一个逻辑或物理的边界，用于隔离不同安全级别的区域，以限制信息的流动和访问权限，提高系统的安全性。在安全区域边界内，通常会实施一系列安全控制措施，以确保敏感信息得到适当的保护。

安全区域边界可以是逻辑的，例如通过网络安全设备（如防火墙、路由器）设置访问控制列表，限制数据包的传输。同时，它也可以是物理的，例如通过建立独立的网络区域，将敏感系统和数据隔离在物理上，防止未经授权的物理访问。

1. 监控网

第二级网络安全保护监控网安全区域边界应符合以下设计技术要求：

1) 边界防护

应保证跨越边界的访问和数据流通过网闸、防火墙、路由器、交换机等边界设备提供的受控接口进行通信,指定端口要配置和启用安全策略。也可采用带外管理的方式(如堡垒机)来实现。

2) 访问控制

应在网络边界或区域之间根据访问控制策略设置进出双向的访问控制规则,默认情况下除允许通信外受控接口拒绝所有通信,应删除多余或无效的访问控制规则,优化访问控制列表,并保证访问控制规则数量最小化;应对源地址、目的地址、源端口、目的端口和协议等进行检查,以允许/拒绝数据包进出;应能根据会话状态信息为进出数据流提供明确的允许/拒绝访问的能力。可在网络区域边界部署专业的访问控制设备(如下一代防火墙、统一威胁网关等)实现对区域边界信息内容的过滤和访问控制。

3) 入侵防范

应在关键网络节点处监视网络攻击行为,并进行告警。应配置抗高级持续性威胁(APT)攻击系统、网络回溯系统、威胁情报检测系统、抗分布式拒绝服务(DDoS)攻击和入侵保护系统或相关组件。

4) 恶意代码防范

应在关键网络节点处配置恶意代码防护措施,对恶意代码进行检测和清除,并维护恶意代码防护机制的升级和更新。应配置防病毒网关和统一威胁管理(UTM)等提供防恶意代码功能的系统或相关组件。

5) 安全审计

应在网络边界、重要网络节点进行安全审计,审计覆盖到每个用户,对重要的用户行为和重要安全事件进行审计,应对存放集中访问控制权限或集中进行安全管理类设备或系统、认证类系统以及数据库系统边界进行网络安全审计;审计记录应包括事件的日期和时间、用户、事件类型、事件是否成功及其他与审计相关的信息,审计记录产生的时间应由系统范围内唯一的时钟确定(如部署 NTP 服务器),以确保审计分析的正确性;应对审计记录进行保护,定期备份,避免受到未预期的删除、修改或覆盖等。

6) 可信验证

可基于可信根对边界设备的系统引导程序、系统程序重要配置参数和边界防护应用程序等进行可信验证,在检测到其可信性受到破坏后进行报警,并将验证结果形成审计记录送至安全管理中心。

7) 访问控制

应在监控网与业务内网之间部署访问控制设备,配置访问控制策略,禁止任何穿越区域边界的 E-mail、Web、远程登录(Telnet、Rlogin)、FTP 等通用网络服务;应在监控网内安全域和安全域之间的边界防护机制失效时,及时进行报警。

8) 拨号使用控制

监控网确需使用拨号访问服务的,应限制具有拨号访问权限的用户数量,并采取用户身份鉴别和访问控制等措施。

9) 无线使用控制

应对所有参与无线通信的用户(人员、软件进程或者设备)提供唯一性标识和鉴别;应对所有参与无线通信的用户(人员、软件进程或者设备)进行授权以及执行使用限制。

2. 业务内网

第二级网络安全保护业务内网安全区域边界除应符合监控网安全区域边界的 1~6 条要求外,还应符合以下设计技术要求:

1) 接入控制

应保证只有授权的感知节点可以接入。

2) 入侵防范

应能够限制与感知节点通信的目标地址,以避免对陌生地址的攻击行为;应能够限制与网关节点通信的目标地址,以避免对陌生地址的攻击行为。

#### 14.2.4.4　安全计算环境

安全计算环境防护手段应包括身份鉴别、访问控制、安全审计、入侵防范、恶意代码防范、可信验证、数据完整性、数据保密性、数据备份恢复、剩余信息保护、个人信息保护等方面。

1. 监控网

第二级网络安全保护监控网安全计算环境应符合以下设计技术要求:

1) 身份鉴别

应对登录的用户进行身份标识和鉴别,身份标识具有唯一性,身份鉴别信息具有复杂度要求并定期更换;应具有登录失败处理功能,应配置并启用结束会话、限制非法登录次数和当登录连接超时自动退出等相关措施;当进行远程管理时,通过将 VPN 安全系统与安全堡垒机系统相互关联和联动,能够实现网络设备、主机系统、数据库等重要设备的远程安全管理,防止鉴别信息在网络传输过程中被恶意窃听。

2) 访问控制

应对登录的用户分配账户和权限;应重命名或删除默认账户,修改默认账户的默认口令;应及时删除或停用多余的、过期的账户,避免共享账户的存在;应授予管理用户所需的最小权限,实现管理用户的权限分离。身份鉴别与权限授权是对网络设备、主机系统、数据库系统、业务应用系统等实现双因素身份认证及操作权限分配管理。如采用公钥基础设施(PKI/CA)系统、安全堡垒机、统一安全管理(4A)平台系统等。

3) 安全审计

应启用安全审计功能,审计覆盖到每个用户,对重要的用户行为和重要安全事件进行审计;审计记录应包括事件的日期和时间、用户、事件类型、事件是否成功及其他与审计相关的信息;应对审计记录进行保护,定期备份,避免受到未预期的删除、修改或覆盖等。

4) 入侵防范

应遵循最小安装的原则,仅安装需要的组件和应用程序;应关闭不需要的系统服务、默认共享和高危端口;应通过设定终端接入方式或网络地址范围对通过网络进行管理的管理终端进行限制;应提供数据有效性检验功能,保证通过人机接口输入或通过通信接口输入的内容符合系统设定要求,应能发现可能存在的已知漏洞,并在经过充分测试评估后,及时修补漏洞。

5) 恶意代码防范

应安装防恶意代码软件或配置具有相应功能的软件,并定期进行升级和更新防恶意代码库。

6) 可信验证

可基于可信根对计算设备的系统引导程序、系统程序、重要配置参数和应用程序等进行可信验证,并在检测到其可信性受到破坏后进行报警,并将验证结果形成审计记录送至安全管理中心。

7) 数据完整性

应采用校验技术保证重要数据在传输过程中的完整性。

8) 数据备份恢复

应提供重要数据的本地数据备份与恢复功能;应提供异地数据备份功能,利用通信网络将重要数据定时批量传送至备用场地。

9) 剩余信息保护

应保证鉴别信息所在的存储空间被释放或重新分配前得到完全清除。

10）个人信息保护

应仅采集和保存业务必需的用户个人信息；应禁止未授权访问和非法使用用户个人信息。

11）其他

应采用集中统一管理方式，对终端计算机进行管理，统一软件下发、安装系统补丁、实施病毒库升级和病毒查杀；应定期开展针对终端的弱口令检查、病毒查杀、漏洞修补、操作行为管理和安全审计等工作；应避免网站系统后台管理页面和信息暴露在互联网，应严格管控门户网站信息的发布；应控制邮件系统用户注册审批和员工账户注销管理，不应将工作邮件自动转发至私人或境外邮箱；应避免系统存在弱口令，避免访问钓鱼邮件；应对 3 个月及以上在线且未使用的水利网络安全保护对象采取断电、断网等下线措施；再次上线使用前，应先进行漏洞修补、病毒库更新等安全加固措施。

2. 业务内网

第二级网络安全保护业务内网安全计算环境应符合监控网相关要求。

#### 14.2.4.5　安全管理中心

第二级网络安全保护安全管理中心应符合以下设计技术要求：

1. 系统管理

应对系统管理员进行身份鉴别，只允许其通过特定的命令或操作界面进行系统管理操作，并对这些操作进行审计；应通过系统管理员对系统的资源和运行进行配置、控制和管理，包括用户身份、系统资源配置、系统加载和启动、系统运行的异常处理、数据和设备的备份与恢复等。

2. 审计管理

应对审计管理员进行身份鉴别，只允许其通过特定的命令或操作界面进行安全审计操作，并对这些操作进行审计；应通过审计管理员对审计记录进行分析，并根据分析结果进行处理，包括根据安全审计策略对审计记录进行存储、管理和查询等。

## 14.2.5　第三级安全防护

在数字孪生智能泵站工程中，仅特别重要的数字孪生智能泵站的监控网的安全防护等级被定为第三级。

#### 14.2.5.1　安全物理环境

第三级安全防护等级的数字孪生智能泵站工程监控网安全物理环境除应符合第二级安全防护中的相关要求外，还应符合下列要求：

1. 物理访问控制

应在机房和设备间配置电子门禁系统，控制、鉴别和记录进入的人员。部署安全监控措施，进行安全巡检。

2. 防盗窃和防破坏

应设置机房防盗报警系统或设置有专人值守的视频监控系统。应对专用移动存储介质进行统一管理，记录介质领用、接入使用、交回、维修、报废、销毁等情况。

3. 防雷击

应采取措施防止感应雷，例如设置防雷保安器或过压保护装置等。

4. 防火

应对机房划分区域进行管理，区域和区域之间采取隔离防火措施。

## 5. 防水和防潮

应安装对水敏感的检测仪表或元件,对机房进行防水检测和报警。

## 6. 防静电

应采取措施防止静电的产生,例如采用静电消除器、佩戴防静电手环等。

## 7. 电力供应

应设置冗余或并行的电力电缆线路为计算机系统供电。

## 8. 电磁防护

应对关键设备实施电磁屏蔽。

### 14.2.5.2 安全通信网络

第三级安全防护等级的数字孪生智能泵站工程监控网安全通信网络除应符合第二级安全防护中的相关要求外,还应符合下列要求:

## 1. 网络架构

应保证网络设备(如核心交换机、核心路由器、关键节点安全设备等)的业务处理能力满足业务高峰期需要;应保证网络各个部分的带宽满足业务高峰期需要;应提供通信线路、关键网络设备和关键计算设备的硬件冗余,保证系统的可用性。

## 2. 通信传输

应采用密码技术保证通信过程中数据的保密性,应使用符合国家要求的密码技术;应提供通信线路、关键网络设备、安全设备的硬件冗余;应基于硬件设备,对重要通信过程进行加密、解密运算和密钥管理。

## 3. 可信验证

可基于可信根对通信设备的系统引导程序、系统程序、重要配置参数和通信应用程序等进行可信验证,并在应用程序的关键执行环节进行动态可信验证,在检测到其可信性受到破坏后进行报警,并将验证结果形成审计记录送至安全管理中心;应对攻击监测数据和审计数据进行统一分析。

### 14.2.5.3 安全区域边界

第三级安全防护等级的数字孪生智能泵站工程监控网安全区域边界除应符合第二级安全防护中的相关要求外,还应符合下列要求:

## 1. 边界防护

应能够对非授权设备私自连接到内部网络的行为进行检查或限制;应能够对内部用户非授权连接到外部网络的行为进行检查或限制;应限制无线网络的使用,保证无线网络通过受控的边界设备接入内部网络。

## 2. 访问控制

应对进出网络的数据流实现基于应用协议和应用内容的访问控制。

## 3. 入侵防范

应在关键网络节点处检测、防止或限制从外部发起的网络攻击行为;应在关键网络节点处检测、防止或限制从内部发起的网络攻击行为;应采取技术措施对网络攻击行为进行分析,实现对网络攻击特别是新型网络攻击行为的分析;当检测到攻击行为时,记录攻击源 IP、攻击类型、攻击目标、攻击时间,在发生严重入侵事件时,应提供报警。

## 4. 恶意代码和垃圾邮件防范

应在关键网络节点处对垃圾邮件进行检测和防护,并维护垃圾邮件防护机制的升级和更新。应配置防垃圾邮件网关等提供防垃圾邮件功能的系统或相关组件。

5. 可信验证

可基于可信根对边界设备的系统引导程序、系统程序、重要配置参数和边界防护应用程序等进行可信验证,并在应用程序的关键执行环节进行动态可信验证,在检测到其可信性受到破坏后进行报警,并将验证结果形成审计记录送至安全管理中心。

6. 拨号使用控制

拨号服务器和客户端均应使用经安全加固的操作系统,并采取数字证书认证、传输加密和访问控制等措施。

7. 无线使用控制

应对无线通信采取传输加密的安全措施,实现传输报文的机密性保护,对采用无线通信技术进行控制的监控网,应能识别其物理环境中发射的未经授权的无线设备,报告未经授权试图接入或干扰控制系统的行为。

#### 14.2.5.4　安全计算环境

第三级安全防护等级的数字孪生智能泵站工程监控网安全计算环境除应符合第二级安全防护中的相关要求外,还应符合下列要求:

1. 身份鉴别

应采用口令、密码技术、生物技术等两种或两种以上组合的鉴别技术对用户进行身份鉴别,且其中一种鉴别技术至少应使用密码技术来实现。

2. 访问控制

应由授权主体配置访问控制策略,访问控制策略规定主体对客体的访问规则;访问控制的粒度达到主体为用户级或进程级,客体为文件、数据库表级;应对重要主体和客体设置安全标记,并控制主体对有安全标记信息资源的访问。应设置并启用管理终端外联控制策略,对管理终端未经授权的外联行为进行监测和处置,未经授权,不应通过任何形式连接外部网络;不应使用 USB 接口,为手机等外部设备充电。

3. 安全审计

应对审计进程进行保护,防止未经授权的中断。应对网站系统进行安全审计,包括前台用户的注册、登录、关键业务操作等行为日志记录,后台内容管理用户的登录、网站内容编辑、审核及发布等行为日志记录,系统管理用户的登录、账号及权限管理等系统管理操作日志记录;宜指定独立的审计管理员,负责管理审计日志。

4. 入侵防范

应能够检测到对重要节点进行入侵的行为,并在发生严重入侵事件时提供报警和阻断;报警和审计记录,应发送至安全威胁感知预警平台。

5. 恶意代码防范

应采用免受恶意代码攻击的技术措施或主动免疫可信验证机制及时识别入侵和病毒行为,并将其有效阻断。

6. 可信验证

可基于可信根对计算设备的系统引导程序、系统程序、重要配置参数和应用程序等进行可信验证,并在应用程序的关键执行环节进行动态可信验证,在检测到其可信性受到破坏后进行报警,并将验证结果形成审计记录送至安全管理中心。

7. 数据完整性

应采用密码技术保证重要数据在传输过程中的完整性,包括但不限于鉴别数据、重要业务数据、重要审计数据、重要配置数据、重要视频数据、重要个人信息和水利工程技术数据等;应采用密码技术保证重要数据在存储过程中的完整性,包括但不限于鉴别数据、重要业务数据、重要审计数据、重要配置数据、重要视频数据、重要个人信息和水利工程技术数据等。通过 VPN 技术能够在管理终端与主机设备之间创建加密传输通道,实现远程接入数据安全传输服务,保证数据传输的完整性。

8. 数据保密性

应采用密码技术保证重要数据在传输过程中的保密性,包括但不限于鉴别数据、重要业务数据、重要个人信息和水利工程技术数据等;应采用密码技术保证重要数据在存储过程中的保密性,包括但不限于鉴别数据、重要业务数据、重要个人信息和水利工程技术数据等。通过 VPN 技术能够在管理终端与主机设备之间创建加密传输通道,实现远程接入数据安全传输服务,保证数据传输的保密性。

9. 数据备份恢复

应提供重要数据的本地数据备份与恢复功能;应提供异地实时备份功能,利用通信网络将重要数据实时备份至备份场地;应提供重要数据处理系统的热冗余,保证系统的高可用性;应提供重要数据处理系统的软硬件冗余。

10. 剩余信息保护

应保证存有敏感数据的存储空间被释放或重新分配前得到完全清除。

11. 控制设备

应关闭或拆除控制设备的软盘驱动、光盘驱动、USB 接口或多余网口等,确需保留的应通过相关的技术措施实施严格的监控管理,应使用专用设备和专用软件对控制设备进行更新;应保证控制设备在上线前经过安全性检测,避免控制设备固件中存在恶意代码程序。

12. 其他

在中华人民共和国境内运营中收集和产生的个人信息和重要数据,应在中国境内存储。

### 14.2.5.5 安全管理中心

第三级安全防护等级的数字孪生智能泵站工程监控网安全管理中心除应符合第二级安全防护中的相关要求外,还应符合下列要求:

1. 安全管理

应对安全管理员进行身份鉴别,只允许其通过特定的命令或操作界面进行安全管理操作,并对这些操作进行审计;应通过安全管理员对系统中的安全策略进行配置,包括安全参数的设置,主体、客体进行统一安全标记,对主体进行授权,配置可信验证策略等。

2. 集中管控

应划分出特定的管理区域,对分布在网络中的安全设备或安全组件进行管控;应能够建立一条安全的信息传输路径,对网络中的安全设备或安全组件进行管理;应对网络链路安全设备、网络设备和服务器等的运行状况进行集中监测;应对分散在各个设备上的审计数据进行收集汇总和集中分析,并保证审计记录的留存时间符合法律法规要求;应对安全策略、恶意代码、补丁升级等安全相关事项进行集中管理,应能对网络中发生的各类安全事件进行识别、报警和分析。

## 14.2.6 网络安全部署

对监控网与业务内网进行物理隔离,通常采用单向网闸隔离。涉及实时控制和数据传输的监控网,应使用独立的网络设备组网,接入监控网的非实时监控或其他状态在线监测与诊断评估等,应与监控网进行逻辑隔离。对工程核心系统设置独立的逻辑或物理区域,并根据业务功能、设备类型等划分子区域。对核心交换机进行冗余配置,符合业务系统持续正常运行的要求。监控网具备安全审计措施,记录包括监测、记录系统运行状态,日常操作,故障维护,远程维护等。在网络边界部署访问控制、入侵防范、恶意代码、安全审计和可信验证等防护措施。监控网服务器和客户端均应使用安全加固的操作系统,并采取进程白名单、数字证书认证、传输加密和访问控制等措施。监控网与业务内网边界,可部署网络入侵检测系统,合理设置检测规则。检测规则应包含监控网专有攻击特征库,检测发现隐藏于流经网络边界正常信息流中的入侵行为,分析潜在威胁并进行安全审计。业务内网网络安全设计安全区域边界应具备边界防护、访问控制、可信验证等功能,安全计算环境应具备身份鉴别、访问控制、入侵防范、恶意代码防范、可信验证等功能。

根据以上原则,部署工业防火墙和工业网闸进行隔离过滤,并配置堡垒机、漏洞扫描系统、主机防护系统、日志审计、工业审计、数据库审计、态势感知系统等安全设备。

### 1. 工业防火墙

工业防火墙是用于监控网络安全的串行防护,用于解析、识别与控制所有通过监控网络的数据流量,以抵御来自内、外网对工控机的攻击。工业防火墙不但继承了传统防火墙的包过滤、状态检测、代理检测、代理服务等主要特性,而且能够结合监控网络的特点,对监控数据包进行过滤,对协议进行深度解析和指令控制。

### 2. 工业网闸

工业网闸将外网传输过来的 TCP/IP 协议全部剥离,将原始数据通过存储介质,以"摆渡"的方式导入内部主机系统,实现信息的交换。

### 3. 堡垒机

堡垒机是集用户管理、授权管理、认证管理和综合审计于一体的集中运维管理系统。该系统能够为工程提供集中的管理平台,减少系统维护工作;为工程提供全面的用户和资源管理,减少工程的维护成本;帮助管理单位制定严格的资源访问策略,并且采用强身份认证手段,全面保障系统资源的安全;详细记录用户对资源的访问及操作行为,满足用户对运维行为审计的需要。

### 4. 漏洞扫描系统

漏洞扫描系统涵盖系统漏洞扫描、工控漏洞扫描等功能,能够全面、精准地检测信息系统中存在的各种脆弱性问题,包括各种安全漏洞、安全配置问题、不合规行为等,在信息系统受到危害之前为管理员提供专业、有效的漏洞分析和修补建议,并结合可信的漏洞管理流程对漏洞进行预警、扫描、修复、审计。

### 5. 主机防护系统

通过在工业主机上部署主机防护系统,确保主机只有白名单规则内的程序、进程才允许运行,防止已知和未知恶意程序的侵入,进而防止操作系统被恶意破坏。另外,主机防护系统还具有外设及 USB 存储设备管控、USB 端口控制、安全审计、数据保护、终端加固等功能。

### 6. 日志审计

日志审计能够实时采集网络中各种不同厂商的安全设备、网络设备、主机、操作系统,以及各种应用系统产生的日志、事件、报警等信息,并将数据信息汇集到展示平台,进行集中存储、展现、查询和审计。

### 7. 工业审计

通过采集监控网络中的数据流量,对监控网络进行实时监测,对工控协议进行深度解析,对网络入侵、异常设备接入、异常操作等安全事件进行告警,并形成审计记录。

### 8. 数据库审计

通过对业务人员访问系统的行为进行解析、分析、记录、汇报,用来帮助用户事前规划预防,事中实时监控、违规行为响应,事后合规报告、事故追踪溯源,促进核心资产的正常运营,实时监控数据库服务器的操作流量,智能解析出各种操作,并提供日志报表系统分析,为进行事后的分析、取证提供证据。

9. 态势感知系统

态势感知平台提供集检测、可视、响应于一体的大数据分析平台和安全运营中心,利用大数据并行计算框架支撑关联分析、流量检测、机器学习等计算检测模块,实现海量数据分析协同的全方位检测服务,并提供全局安全风险可视化能力,高效处置安全问题,全面感知安全态势,实现安全架构从被动防御到主动防御的升级,保障业务的安全。

# 15

# 智能泵站系统集成

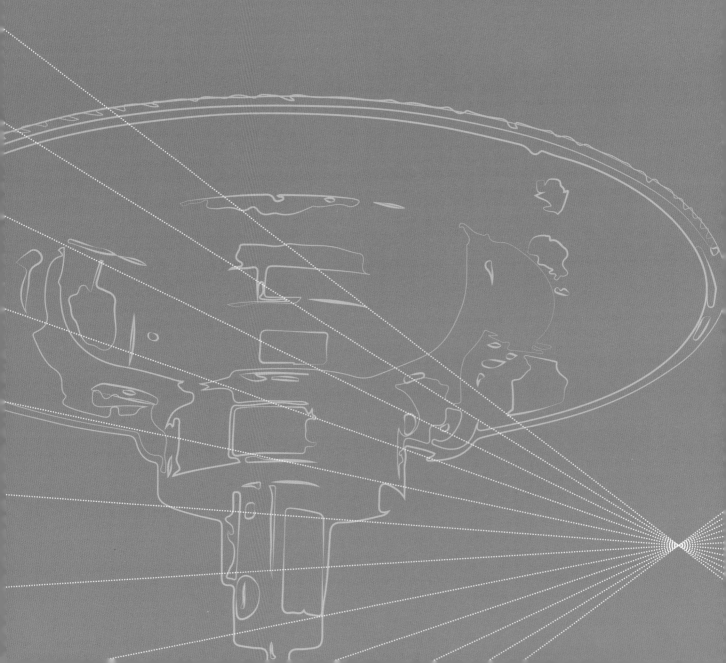

15.1 集成架构

15.2 应用集成

15.3 数据集成

15.4 网络集成

15.5 信息安全集成

15.6 设备集成

15.7 集成设计

# 15    智能泵站系统集成

## 15.1    集成架构

智能泵站系统的集成不是单一网络关系的集成，是通过对智能泵站的多学科、跨行业、多技术的系统的综合与优化，将计算机技术、通信技术、信息技术、控制技术与被集成对象进行有机结合，在全面满足功能需求的基础上，集各种优秀产品与技术之长，追求最合理的投资和最大的灵活性，以取得长期最大限度地满足经济、管理与环境效益的总目标。

按照"资源整合，信息共享"原则，从各个层次之间、各个应用系统之间、上下级应用系统之间、与外部系统之间等方面完成系统整体集成。建立起一套完整的系统建设与管理规范，实现数字孪生智能泵站智能一体化平台的多专业之间、内部与外部、已建与新建、不同业务系统之间的信息互通、业务协同融合，发挥其一体化管控的整体效益目标。

智能泵站系统总体架构(如图15.1-1所示)给出了智能泵站系统的组成及相互之间的关系，可用于智能泵站系统建设规划，也可用于任务的分解。

在智能泵站系统总体架构中，业务应用系统的建设遵从标准规范体系，依托智能泵站安全保障体系和运行管理体系，在基础设施平台之上，利用应用支持来进行新应用系统的构建和已有系统的集成，借助信息资源共享平台实现信息资源的共享，通过信息资源服务平台提供各项信息服务。

在信息系统建设中按照信息系统总体架构进行系统的规划与建设，有利于规范环境总系统的建设，避免和减少新的"信息孤岛"出现。从而减少集成的难度和投入，提升智能泵站整体效益。

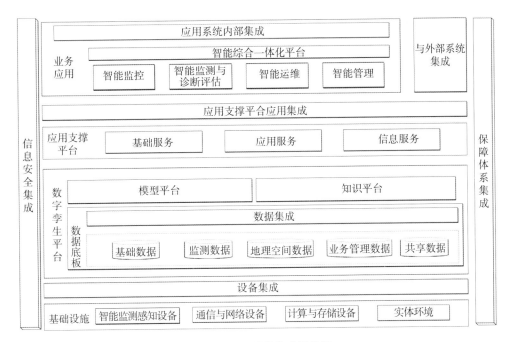

图 15.1-1　系统集成架构图

# 15.2　应用集成

## 15.2.1　新建应用系统集成

智能泵站系统建设应减少异构系统的出现,降低集成的难度,新建应用系统在设计时应按照本书要求,做到新建应用系统在体系结构上保持统一,具有良好的开放性和可扩展性。

应用系统建设时应参考智能泵站系统总体架构,按照多层结构,设计可扩展、开放、"柔性"的系统体系结构。在信息资源共享平台和通用支撑平台的基础上建设新的应用系统,分别从数据应用和业务应用两个方面进行考虑。

分层设计结构示意图如图 15.2-1 所示。

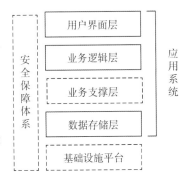

图 15.2-1　分层设计结构示意图

对应用系统体系结构设计的基本要求:

(1) 应按照多层体系结构进行设计,至少包括用户界面层、业务逻辑层、数据存储层。

(2) 可根据实际需要增加业务支撑层。

(3) 安全保障体系中与应用安全相关的信任和授权管理,应遵循国家信息安全相关标准和技术实现要求。

对新建应用系统技术实现的基本要求:

(1) 设计和开发时展现逻辑与业务逻辑相分离。

（2）采用组件模式,保持业务逻辑层或业务支撑层功能组件的松耦合,且具有被封装为不同粒度"服务"的可能。

（3）对涉及业务流程的应用系统,采用工作流技术开发,确保具有灵活的业务流程管理功能。

（4）采用数据持久化技术,且能够支持多种类型的数据库管理系统。

（5）在数据存储层的环境数据库建设时,要遵循《环境数据库设计与运行管理规范》(HJ/T 419—2007)的要求。

## 15.2.2 已有应用系统集成

### 1. 集成层次

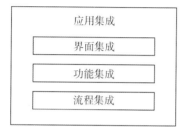

图 15.2-2 应用集成框架

已有应用系统的应用集成归纳为三个层次:界面集成、功能集成和流程集成。如图 15.2-2 所示。

### 2. 界面集成

界面集成针对被集成对象(应用系统、来源不同的信息内容)展现的逻辑关系完成集成工作,为最终用户提供一个与智能泵站系统进行交互的统一视图和访问入口,使用户能够与人、内容、应用和流程进行个性化的、安全的、单点式的互动交流。

界面集成的要求:

（1）界面集成采用门户技术实现。

（2）至少应具备灵活的个性化定制功能,用户可自定义用户界面的特定部分。

（3）至少应具备单点登录功能,用户无需进行多次身份验证。

### 3. 功能集成

功能集成是在业务逻辑层面上进行集成。通过对功能进行不同粒度的封装,提供标准化的功能组件或服务,部署到网络环境中,可作为不同应用系统间的标准接口,用于所有接受这个标准的应用的调用请求。

功能集成的要求:

（1）进行功能组件化封装,对外提供良好的接口。

（2）接口的定义要具有硬件平台、操作系统和编程语言无关性。

（3）接口的粒度:重用性较高的组件或服务,封装的粒度较细;提供一项特定的业务功能;重用性较低的组件或服务,封装的粒度较粗。

（4）被封装的功能组件或服务以统一和通用的方式进行交互。

（5）一个组件或服务中产生变化,不会导致所链接的组件或服务也发生变化。

### 4. 流程集成

为满足复杂多变的业务流程活动的要求,需要将应用系统的业务逻辑与业务流程逻辑分离,使业务流程的改变不会引起应用系统的改变,实现松耦合的应用集成。

业务流程集成要求:

（1）涉及集成的业务流程较简单且稳定,可使用静态的工作流程集成,即业务流程的活动是固定的。

（2）如果要求更高的灵活性,则需要使用动态工作流技术,灵活定制业务流程。

（3）选用至少提供工作流引擎、流程设计器,并且提供良好的定制开发接口的工作流管理工具。

### 15.2.3　集成架构模式

#### 15.2.3.1　集成架构模型类型

应用系统集成时,应根据应用系统的特点,采用适宜的集成模式来规范应用集成,避免低效率的集成或造成集成后信息系统间复杂的关系。可以选择下面四种成熟和常用的模式。

采用任何一种模式都可以减小应用间的耦合度。不同的模式,在不同的层次上进行解耦的工作:

(1) 集成适配器模式:集成适配器是在接口层。

(2) 集成中介器模式:集成中介器是在应用层。

(3) 集成消息器模式:集成消息器是在通信层。

(4) 流程控制器模式:流程控制器是在业务逻辑层。

在架构层面适当地解耦,是柔性而灵活的应用集成方案的本质。通过在复杂的环境下灵活地使用架构模式,搭建起稳固的架构,可以将繁杂而纷乱的分散应用系统进行整合,为整个项目切割奠定基础。

#### 15.2.3.2　集成适配器模式

集成适配器模式是一种较传统的集成模式,通过对拟集成的已有应用系统进行接口改造,使已有的应用接口为其他多个应用提供服务,如图 15.2-3 所示。

1. 相关方

一个或多个客户端应用、集成适配器和一个服务端应用。

图 15.2-3　集成适配器模式

为了使一个拟被集成的应用(服务端应用)与一个或多个应用(应用 A、应用 B)实现集成,需针对服务端应用的接口开发通用的集成适配器,通过适配器实现应用间的集成。

2. 特点

集成适配器模式提供一种导出可重用应用服务的方法,集成适配器模式的另一个目的是为多个客户端应用提供可重用的接口。客户端应用通过集成适配器来调用服务端应用,集成适配器转换被导出的公用 API 为服务器端 API,适配器不需要知道客户端应用的存在。

3. 适用

集成适配器模式适用于解决新、老系统通过接口实现协作整合的情况。

集成适配器模式是一种"点对点"集成模式,若集成的应用系统较多时,需要开发、部署和管理繁多的集成适配器,就会使集成效率降低。

#### 15.2.3.3　集成中介器模式

集成中介器模式通过封装应用的交互逻辑,最小化应用关联性,如图 15.2-4 所示。

1. 相关方

集成中介器参与的应用。

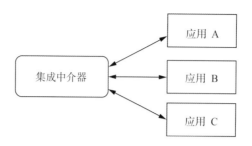

图 15.2-4　集成中介器模式

为了适应多个应用间的集成,避免出现大量"点对点"集成造成的复杂和混乱状况,可以选择集成中间件(集成中介),支持多个应用(应用 A、应用 B、应用 C 等)实现集成。

2. 特点

集成中介器模式是封装应用交互逻辑与降低应用间耦合的应用集成架构方法。主要优点有:

(1) 最小化应用间的依赖性和已有系统的影响。

(2) 通过集中式的应用交互逻辑,简化了分布式交互的复杂度与维护工作量。

(3) 在封装的应用交互逻辑的基础上,易于建立可重用的服务。

集成中介器为实施者提供了更为灵活的集成方法,并改善了敏捷性。与集成消息器模式相比,集成中介器知道有哪些应用的存在。集成中介器包含了应用交互逻辑,负责控制和协调应用间的交互,应用程序直接与集成中介器交互,不需要面对不同的应用程序。各应用间通过与集成中介器的直接交互,降低了应用间相互调用所存在的复杂度,达到最小化应用关联的目的。

3. 适用

适于集成较多应用的情况。国家级、省级单位通用支撑平台需要具备实现和支持集成中介器模式的能力。

#### 15.2.3.4　集成消息器模式

集成消息器模式是一种传统和常用的集成模式,采用消息技术减少应用间通信关联性,如图 15.2-5 所示。

图 15.2-5　集成消息器模式

应用 A 和应用 B 之间的数据,可以通过独立于应用的消息中间件来实现集成服务。

1. 相关方

相关方是指待集成的应用、集成消息服务器。

2. 特点

集成消息服务器是一个物理层上的分布式逻辑实体。集成消息器模式可以降低应用间的通信依存性,建立更为灵活的集成机制,在应用之间传递消息并提供位置透明的服务。集成消息器模式可支持的通信方式有:

(1) 一对一同步(请求/应答)。由一个客户端应用和一个服务端应用构成,客户端在阻塞模式下等待服务端对请求进行处理。

(2) 一对一异步(消息队列)。由一个客户端应用和一个服务端应用构成,客户端在非阻塞模式下等待服务端对请求进行处理。

(3) 一对多异步(发布和预定)。由一个客户端和一个或多个服务端组成,可由多个预订者订阅同一个发布事件。

在应用间进行交互,应用交互模型包括以下三种模式:

(1) 消息代理器(Message Broker)。

(2) 消息队列(Message Queue)。

(3) 发布和订阅(Publish /Subscribe)。

基于消息的集成方式有较高的效率。

异步模式对比同步模式的优点在于,异步模式可以确保数据被安全可靠地发送和接收,而不必担心因为网络或其他异常而导致的数据丢失;缺点则是异步模式会导致将同步消息处理事务拆分成了消息发送/入队,消息接收/出队两个分段事务,实时性与交互体验比同步模式差。

多种通信方式都可以最小化应用间的通信依赖性。通过消息代理机制还可实现诸如数据转换、消息分发、路由、缓冲、存储等特定功能。

3. 适用

集成消息器模式可支持"多对多"集成模式,是基于消息传递的松耦合技术,消息在发送方和接收方的平台、应用间,易于实现跨平台系统的集成。

国家级、省级的通用支撑平台可以选择成熟的消息中间件,要求具备实现和支持此模式的能力。

4. 改进

建议有条件的可选择消息总线的模式。如企业服务总线(Enterprise Service Bus, ESB)作为消息代理架构,提供消息队列系统,使用简单对象访问协议 SOAP[支持 Java 的 JMS, NET 的微软消息队列(MSMQ)]等标准技术来实现。集成消息的改进模式如图 15.2-6 所示。

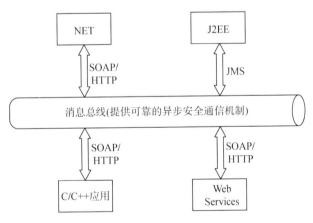

图 15.2-6  集成消息改进模式

### 15.2.3.5  流程控制器模式

采用流程控制器模式实现工作流集成,减小流程自动化逻辑与应用的关联性,如图 15.2-7 所示。

1. 相关方活动服务、流程控制器和应用

选择成熟的工作流引擎和流程模型设计工具(流程控制器),将需要进行业务流程集成的应用系统(应用 A、应用 B)中的活动封装改造成活动服务供流程控制器管理,通过流程模型设计工具进行编排,实现灵活的流程定制和集成。

2. 特点

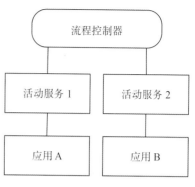

图 15.2-7　流程控制器集成模式

流程控制器模式是描述最小化流程控制逻辑与应用系统依存关系的架构方法,所有的系统交互及人的交互都由活动抽象在流程控制器中得以隐藏。主要优点如下:

(1) 可以经济地实现流程自动化解决方案。

(2) 可获得业务流程分析能力(如流程瓶颈、统计信息、错误信息和资源利用等)。

(3) 可获得重定义和快速部署流程自动化应用的灵活性。

(4) 应用集成逻辑是封装并且可共享的。

(5) 流程模式设计工具贴近管理者角度,最小化业务需要解决方案转换过程中发生错误的可能。

流程控制器模式可以改善交易的灵活性,缩短业务周期,降低处理成本。相同的流程每天都被重复地执行无数次,流程控制器可以自动地为这些流程建立活动的排序机制,流程控制器的核心是流程的排序和控制(自动或手动)。以流程控制器模式为基础,在分布式体系下易于实现业务流程管理和业务流程自动化。

注:在流程管理中,几个(或所有的)活动都完成了,称为一个交易。

3. 适用

集成控制器模式适用于业务流程的集成和整合。

国家级、省级的通用支撑平台可以选择或开发工作流引擎作为基础服务组件,要求具备实现和支持此模式的能力。

### 15.2.4　集成步骤

步骤一:简单的点对点集成

简单的点对点集成流程如图 15.2-8 所示。

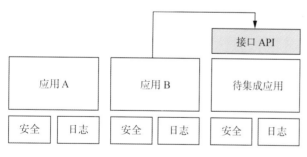

图 15.2-8　简单的点对点集成

如果待集成的应用较少,而且待集成应用系统接口非常明确。可以采用集成适配器模式封装应用系统的对外接口,直接供应用 B 等其他系统调用以实现集成。

步骤二:标准化接口多对多集成

标准化接口多对多集成流程如图 15.2-9 所示。

如果待集成应用提供的功能是通用的,在步骤一的基础上可以采用集成中介器模式或集成消息器模式标准化应用系统的对外接口,利用集成中间件或消息中间件为更多的应用实现集成,提供服务。可根据需要建设综合门户,实现对最终用户界面展现方面的集成。

步骤三:提取并封装公共服务

提取并封装公共服务流程如图 15.2-10 所示。

步骤四:支持流程和基于服务的集成

支持流程和基于服务的集成流程如图 15.2-11 所示。

根据业务需要实现业务流程的集成可以进行基于面向服务架构(SOA)的集成。新建应用系统采用 SOA 进行设计和实现,对需要集成的已有系统进行服务封装。根据集成的复杂程度和集成的深度不同,各地可根据实际情况参照实施。

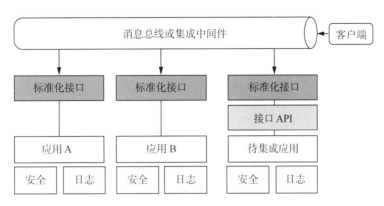

图 15.2-9　标准化接口多对多集成

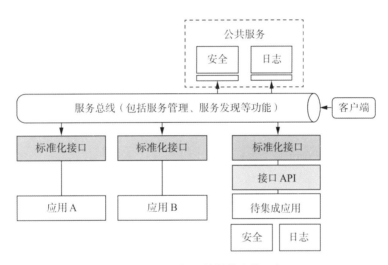

图 15.2-10　提取并封装公共服务

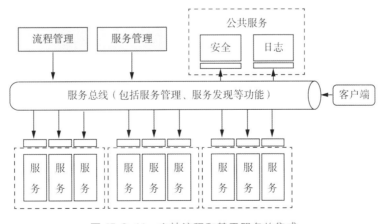

图 15.2-11　支持流程和基于服务的集成

## 15.3 数据集成

### 15.3.1 集成框架

如图 15.3-1 所示,分别从数据内容、数据组织和数据交换三个维度提出对数据集成的规范要求。

(1) 规范智能泵站语义的"数据内容"维度,包括数据模式、数据元和智能泵站代码的相关规范。

(2) 规范多源、异构、海量环境数据管理的"数据组织"维度,包括信息分类和数据描述的相关规范。

(3) 规范智能泵站的"数据交换"维度,包括数据交换格式、数据交换模式和数据交换技术的相关规范。

图 15.3-1 数据集成框架

从数据物理分布视角来看,是将分布在不同物理地点的数据进行集成:

(1) 纵向是实现现地控制中心、管理处和调度分中心、主(备)调度中心间数据的上报和下达。

(2) 横向是实现每一级数据从各分散数据源到共享数据库的数据集中和共享。

注:不同应用系统间可以通过应用集成手段实现智能泵站系统间的数据交换,不在本部分提出要求。

### 15.3.2 集成内容

#### 15.3.2.1 数据内容

数据内容规范主要用于智能泵站系统集成过程中为实现共享的数据库建设提供依据。

智能泵站数据内容采集对象包括泵闸控制、水量调度指令管理、智能巡检、设备管理、安全管理、制度管理、考核管理等业务信息。

数据集成对数据内容的要求:

(1) 实现数据集成需要统一的数据模式作为数据内容集成的基础。保证集成的相关人员对统一的数据模型有准确的、无歧义的理解。

要求符合数据集模式标准、数据元标准和泵站信息代码标准。

(2) 数据元用于确立某种类别的数据在其名称、含义、表示格式、标识等方面的特征,用数据的分类与编码形式确立对某种类别的数据做进一步的分类,并对分类结果赋予特定代码,以实现对该种数据类别或其分类结果在语义上的无歧义理解。

要求符合已有的泵站管理运行等标准,并按照《科学数据共享工程质量规范》(SDS/T 2133—2004)制定数据集模式标准、按照《电子政务数据元 第 1 部分:设计和管理规范》(GB/T 19488.1—2004)制定相应的元标准。

(3) 信息代码是将具有某种共同特征的有关数据归并在一起,使之与不具有共性的数据区分开来,然后设定某种符号体系进行编码,使之能够进行计算机或人工识别和处理,保证数据得到有效的管理,并能支持高效率的查询服务。通过编码准确地识别数据,对数据实施有效管理,并能按类别开发利用数据,规范各种环境数据的集成与共享。

#### 15.3.2.2　数据组织

数据组织规范用于数据资源的分类和管理,如建立资源管理目录等。

智能泵站数据组织包括信息分类与数据描述。

(1) 信息分类,是根据信息的属性或特征,将其按照一定的原则和方法进行区分和归类,并建立起一定的分类体系和排列顺序,以便更好地管理和使用信息。

环境数据的采集、管理、利用等过程,可根据现有的信息分类标准分别进行信息的分类。要求符合《环境信息分类与代码》(HJ/T 417—2007)。

(2) 数据描述,是采用元数据实现对数据的描述。元数据是从外部对数据的规范化描述,是按照一定标准,从信息资源中抽取出相应的特征,组成的一个特征元素集合。这种规范化描述可以准确和完备地说明信息资源的各项特征。

智能泵站元数据用以描述智能泵站相关数据的标识、内容、分发、限制、管理和维护等信息,为泵站信息资源的发现和获取提供一种实际而简便的方法。

智能泵站元数据用于智能泵站系统开发和运行中元数据的采集、元数据库建库等。

#### 15.3.2.3　**数据交换**

数据交换格式是数据的一种特定编排格式,是数据格式不同的多个源数据系统进行数据交换的中介标准格式,以满足水利数据共享活动中对某类业务交换数据的共享要求,保证在双边或多边的数据交换中各方对所交换数据的无歧义理解和自动处理。

1. 数据交换要求

(1) 应采用数据交换格式标准,以满足异构智能泵站系统间数据交换的需求。

(2) 数据交换格式标准应在数据集模式标准、数据元标准和智能泵站代码标准的基础上制定。

(3) 数据交换格式规范化应包括规范化抽象的数据交换格式和基于具体技术的数据交换格式两部分内容,具体内容如下:

①可按照 ISO/IEC 14977 的要求制定抽象数据交换格式标准。扩展巴氏范式的编码规则用以说明数据集模型中实体和属性间的关系和结构。扩展巴氏范式的简单性和精确性,可以确保其定义的数据集模型的实体、属性结构的稳定性,并独立于任何一种编码语言,即可以用任何一种编码来实现扩展巴氏范式所定义的数据结构。

②可基于抽象数据交换格式制定基于 XML 的数据交换格式标准。其中,数据交换格式的 XML 编码模式应符合 W3C XML 标准的要求,包括《W3C XML 模式　第 0 部分:简介》《W3C XML 模式　第 1 部分:结构》《W3C XML 模式　第 2 部分:数据类型》《W3C XML 命名空间》。

2. 数据交换技术

数据交换技术包括两大类:

(1) 将待集成的数据移植到新系统的数据库中,可以通过以下两种方式实现:

①同构的数据之间,可以通过数据库复制技术实现数据的交换。

②异构的数据之间,可以通过数据的抽取、转换、加载过程来实现数据的整合、共享。

(2) 不进行数据的物理移动实现数据的交换和共享,可以通过以下两种方式实现:

①通过应用之间或者应用与数据库之间的数据访问接口实现(具体数据源需要具体分析)。

②通过中间件进行交换,利用应用中间件访问异构的数据源;利用消息中间件实现不同应用间的数据交换。

③采用数据联邦的方法,通过建立一个虚拟层,在后台真实数据库和访问之间建立一个映射,将多数据库集成为统一数据视图。这种方式可通过单一的预定义的接口访问各类应用数据库,而无须改变源数据和应用。进行数据交换时,应遵循已颁布的相关技术规范。

### 15.3.3 集成方法

#### 15.3.3.1 点对点数据交换方式

点对点数据交换方式是传统的集成模式。实现应用系统之间或应用系统与其他数据源之间的数据访问。

1. 相关方

外部相关单位数据资源及其他外部数据资源。

请求数据的应用系统、提供数据共享的应用系统及数据库、数据访问接口,如图 15.3-2 所示。

图 15.3-2　数据集成点对点交换方式

2. 实现方法

采用应用接口或数据库访问接口实现。

3. 适用

用于集成要求明确、集成关系简单的系统间的交换。

集成相关的应用系统属于相同等级的安全域。

#### 15.3.3.2 集中集成方式

数据集中集成方式是用来实现对需要共享的多个异构数据源进行整合和数据的集中管理,供多个系统共享和使用。共享数据库可以采用独立于任何具体应用系统的共享信息库,即将需要共享的信息从每个应用的数据库中复制到一个共享的公共数据库中。

1. 相关方

多种异构数据源、独立的数据库(多种数据存储形式)、数据整合工具、数据访问渠道,如图 15.3-3 所示。

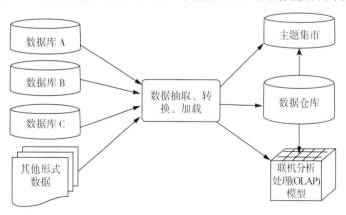

图 15.3-3　数据集中集成方式

2. 实现方法

采用 ETL 等整合工具；

采用存储过程开发实现等手段。

3. 适用

适用于对可共享数据的集中管理。

数据中心可参考此模式进行数据资源整理。

4. 要求

按照"15.3.2.1 数据内容"的要求进行数据内容的整理。

按照"15.3.2.2 数据组织"的要求进行数据组织和管理。

按照"15.3.2.3 数据交换"的格式和交换技术的要求实现数据整合。

5. 特点

实现多种异构数据源之间的数据集成。

可对共享数据资源进行综合的管理。

为多种形式数据利用提供基础。

数据共享的实时性较差。

### 15.3.3.3  汇集数据集成方式

汇集数据集成方式可以实现汇总数据库与各项数据库之间需共享
数据的传输和交换，如图 15.3-4 所示。

1. 相关方

各级水利部门报送的数据资源、数据提交/接收工具，数据传输
渠道。

2. 实现方法

可采用消息中间件进行数据的提交和接收。

可以开发专用的提交/接收工具。

可以利用 ETL 工具实现。

3. 适用

用于各级数据中心进行数据报送和接收的过程。

4. 要求

建立数据分中心到数据中心的数据传输渠道，实现数据的提交和接收。

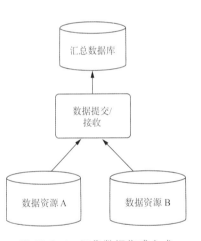

图 15.3-4  汇集数据集成方式

### 15.3.3.4  与外部数据交换方式

与外部数据交换方式可以实现智能泵站系统与外部相关单位进行数据交换，如图 15.3-5 所示。

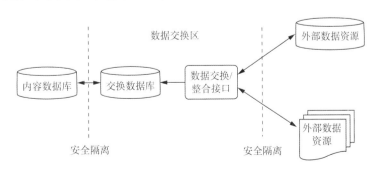

图 15.3-5  与外部数据交换方式

泵站内部不同安全级别网络间的数据交换也可参照此模式,隔离方式依据相关信息安全标准要求来确定。

1. 相关方

外部相关单位数据资源及其他外部数据资源。

2. 实现方法

按数据交换技术要求,与外部单位进行数据交换。

3. 适用

适用于泵站的数据与外部数据交换的过程。

4. 要求

建立数据交换区,按照安全相关规定,实现与内部数据库之间、与外部之间的安全隔离。

具备支持多种异构数据的接收和整合能力。

对外提供数据时按照数据交换格式的要求准备数据。

# 15.4　网络集成

## 15.4.1　网络建设基础程序

### 15.4.1.1　智能泵站业务网主干网网际的互联阶段

(1) 需求调研:了解现状及需求,研究必要性和可行性,编制需求分析报告。

(2) 初步方案设计:根据需求分析报告进行网络互联规划,编制设计方案。设计方案应该包括网络互联现状,网络互联的目标和任务,系统总体结构和组成,网络管理和安全,人员安排和实施计划等内容。

(3) 安全防护方案设计:根据网络类型、应用系统、用户的不同安全级别与需求,划分不同的安全域,根据不同的安全域制定相应的安全策略、部署相应安全产品,保证信息安全体系建设有据可循、全面统一、保障有效。安全防护方案应当包括安全体系架构、必须采用的安全产品的技术指标、采购方案等内容。

(4) 详细方案设计:详细方案是对初步方案的进一步细化,以详细方案为基础,应能实施网络互联。

详细方案应当包括网络技术架构、设备选型、设备安装、系统配置、公共 IP 地址规划、域名系统规划、网络管理配置、安全策略制定和网络互联集成进度安排等内容。

(5) 网络互联集成:安装网络接入设备、网络交换设备、安全防护设备、网络管理和安全管理服务器系统以及相关软件系统等,编写系统集成文档。

(6) 系统验收:测试、联调、试运行、验收,编写网络互联测试及验收文档。

(7) 系统运行:系统验收后,智能泵站业务网主干网系统正式投入运行。

### 15.4.1.2　局域网建设阶段

局域网建设应该按照以下阶段实施:

(1) 需求调研:了解现状和需求,研究必要性和可行性,编制需求分析报告。

(2) 初步方案设计:根据需求分析报告进行网络规划,编制设计方案。设计方案应该包括本机构的现状,局域网建设的目标和任务,系统总体结构和组成,网络管理和安全,人员安排和实施计划等内容。

(3) 安全防护方案设计:根据网络类型、应用系统、用户的不同安全级别与需求,划分不同的安全域,根据不同的安全域制定相应的安全策略、部署相应安全产品,保证信息安全体系建设有据可循、全面统一、保障有效。安全防护方案应当包括安全体系架构、必须采用的安全产品的技术指标、采购方案等内容。

(4)详细方案设计:详细方案是对初步方案的进一步细化,以详细方案为基础,应能进行局域网施工。详细方案内容应当包括网络技术架构、设备选型、设备安装、系统配置、IP地址及域名规划、网络管理配置、安全策略制定和系统集成进度安排等内容。

(5)系统集成:综合布线系统施工,安装网络交换设备、安全防护设备、网络管理和安全管理服务器系统以及相关软件系统等,编写系统集成文档。

(6)系统验收:测试、联调、试运行、验收,编写网络系统集成测试及验收文档。

(7)系统运行:系统验收后,网络系统正式投入运行。

## 15.4.2　智能泵站业务网主干网网际互联

### 15.4.2.1　网络结构

针对互联网服务类业务,由于这部分业务需要与 Internet 建立连接,会受到来自 Internet 的网络攻击,存在一定的安全风险,所以不能与业务内网共用计算机网络系统,而且应与内网的计算机网络系统进行物理隔离。根据工程的运行机制以及信息安全要求,可采用以下方案来解决互联网服务类应用的网络承载问题:

(1)利用自建通道传输数据,建设统一互联网出口。

(2)外网出口设在泵站管理处(所)调度中心,泵站利用自身传输资源,统一在泵站管理处(所)调度中心出口接入互联网。在调度中心建设业务应用系统。

(3)在安全上,由于设置统一出口,可以对上网用户进行统一监管,设置终端接入控制系统对用户上网行为进行统一监控,便于统一管理。此外,只需要在网络出口设置一台防火墙,保障信息安全。由于采用集中出口,接入互联网费用可由调度中心统一规划,并与电信运营商协商,以节省运营成本。

### 15.4.2.2　链路及带宽

业务外网主要承载各管理节点的 Internet 流量,包括 WWW、FTP、E-mail 等应用流量。Internet 流量属于突发性流量,因此,在计算 Internet 出口带宽时,应根据局域网上网用户数、用户平均带宽、忙时集中系数、用户传输数据的忙闲比进行综合计算。

### 15.4.2.3　安全与保密

1. 网络接入和安全防护

智能泵站业务网主干网每个接入节点的出口处必须同时安装网络接入设备和安全防护设备。

(1)接入设备主要指路由器,安全防护设备主要指防火墙等。所选安全防护设备必须同时具备公安部的生产许可证、国家保密局的推荐证书和国家网络与信息系统安全产品质量检验检测中心的认证证书。

(2)路由器应性能稳定,易于管理。支持或扩展后支持文本、图像、图形、音频和视频等多媒体信息的传输。

(3)防火墙应能提供地址过滤、安全代理和数据状态检测等安全机制,支持地址转换协议。

2. 数字认证体系

采用全国统一的数字认证中心,进行统一的安全策略制定,为智能泵站系统用户和系统提供数字证书签名、分发、管理和注销以及数据加密和身份认证等服务。

### 15.4.2.4　互联协议

智能泵站业务网主干网和局域网的互联协议选择 TCP/IP 协议。

TCP/IP(Transmission Control Protocol/Internet Protocol,传输控制协议/网际协议)是指能够在多个不同网络间实现信息传输的协议簇。TCP/IP 协议不仅仅指的是 TCP 和 IP 两个协议,而是指一个由 FTP、简单邮件传输协议(SMTP)、TCP、用户数据报协议(UDP)、IP 等协议构成的协议簇,只是因为在 TCP/IP 协议中 TCP 协议和 IP 协议最具代表性,所以被称为 TCP/IP 协议。

TCP/IP 是在网络的使用中最基本的通信协议。TCP/IP 传输协议对互联网中各部分通信的标准和方法进行了规定。并且,TCP/IP 传输协议是保证网络数据信息及时、完整传输的两个重要的协议。TCP/IP 传输协议严格来说是一个四层的体系结构,应用层、传输层、网络层和网络访问层都包含其中。

其中,应用层的主要协议有 Telnet、FTP、SMTP 等,用来接收来自传输层的数据或者按不同应用要求与方式将数据传输至传输层;传输层的主要协议有 UDP、TCP,是使用者使用平台和计算机信息网内部数据结合的通道,可以实现数据传输与数据共享;网络层的主要协议有因特网控制报文协议(ICMP)、IP、网际组管理协议(IGMP),主要负责网络中数据包的传送等;网络访问层,也叫网络接口层或数据链路层,主要协议有地址解析协议(ARP)、反向地址转换协议(RARP),主要功能是提供链路管理错误检测、对不同通信媒介有关信息细节问题进行有效处理等。

### 15.4.2.5 IP 地址规划

接入智能泵站业务网的各局域网所需的公共 IP 地址由泵站管理中心统一规划、统一分配。

分配原则如下:

(1)连续性原则。充分考虑了网络层次和路由协议的规划,连续地址在层次结构网络中易于进行路由聚合,大大缩减路由表,提高路由算法的效率。通过聚合网络减少网络中路由的数目和地址维护的数量,充分体现了分层管理的思想。

(2)可持续发展原则。由于网络用户数持续高速增长,用户不断增加,供水工程所要承载的业务量和业务种类越来越多,使得网络需要频频进行升级、改造和扩容。所以,在进行地址分配时考虑这些因素,为网络的每个部分留有部分地址冗余,这样才能保证网络的可持续发展。

(3)静态分配与动态分配相结合原则。既然地址有限,为了节约地址和减少网络维护管理的工作量,在地址分配时需要采用静态分配与动态分配相结合的方法。如果某些设备和用户必须要有固定的地址,可以分配给它们固定的地址;如果没有必要使用固定地址,则可以使用动态分配的方法。对电话拨号用户、VPN 用户以及窄带非对称数字用户线路(ADSL)用户一律使用动态 IP 分配。

(4)高效率原则。IP 地址的分配采用可变长度子网掩码(VLSM)技术,保证 IP 地址的利用效率。并采用无类别域间路由选择(CIDR)技术,这样可以减小路由器路由表的大小,加快路由器路由的收敛速度,也可以减小网络中广播的路由信息的大小。

智能泵站未来广域网网络与其他泵站之间的广域网互联必须统一规划全网的 IP 地址。需要对网络节点的 IP 地址进行统一规划,对各个功能子网段做明确划分,通常以"满足目前需求,保留一定的扩展性"为原则,在网段大小的规划上避免过大导致安全性存在隐患,同时也避免过小导致网络结构过于复杂、效率低下等问题。

智能泵站网络系统 IP 地址统一规划和分配采用 IPv4 技术,同时规划中应考虑到与 IPv6 的平滑过渡。

计算机技术和通信技术的发展与融合使 Internet 的应用和规模飞速发展,IPv4 技术因其简捷有效而取得了巨大成功,但 IPv4 的最大问题在于 IP 地址资源紧缺。随着移动和宽带技术的发展,IP 地址的需求还将更大。例如,大量终端的 IP 接入需要更多的 IP 地址,面对下一代网络对 IP 地址的庞大需求,IPv4 显然无法满足。除了 IP 地址问题,IPv4 还存在路由表庞大、QoS 和兼容性等一系列问题。

IPv6 的技术优势明显,但是 IPv6 应用所面临的一个重要问题就是如何部署 IPv6 网络。目前的 Internet 网络以 IPv4 为主导,不可能一次性地将网络的所有设备升级为 IPv6,为此 IPv6 必须提供多种过渡技术来解决部署问题。

所有路由器和交换机,均支持丰富的 IPv6 路由协议和丰富的 IPv6 隧道、双栈实现方式,可为网络未来升级至 IPv6 网络提供高性能的处理平台。

具体规划如下:

(1) 整体地址规划设计

全网络整体 IP 地址段采用 1 个 B 类地址段:X. Y. 0.0/16。

设备互联地址分配 2 个 C 类 IP 地址网段,预留 2 个 IP 地址段。

设备管理地址分配 2 个 C 类 IP 地址网段,预留 2 个 IP 地址段。

(2) 设备互联 IP 地址设计

设备互联 IP 地址也就是泵站网络的边界路由器接口互联 IP 地址。根据泵站网络拓扑可知网络为树型结构,根据网络结构编码 IP 地址,尽量减少网络汇集点向上层节点传递的 IP 路由数量。

IP 地址采用 VLSM 技术。

调度中心站路由器到其他中心站路由器的接口 IP 地址需要 1 对,子网掩码位数为 30 位。

主要网络设备各规划 1 个 LoopBack 地址,用作设备管理。

为避免接入网络时 IP 地址重叠和冲突,可考虑使用网络地址转换(NAT)技术解决。

(1) NAT 技术的提出

为了弥补 IP 地址的不足,大多数网络的 IP 地址分为两部分:一是具有全球连通性的 IP 地址——公网地址;二是只能在企业内部用的 IP 地址——私有地址。具有公网 IP 地址的主机或路由器可以和 Internet 网上的任何节点相连,其地址是全球唯一的。具有私有 IP 地址的主机和路由器只能在企业内部通信,其地址仅在企业内部是唯一的,用这种地址是不可以访问 Internet 的。

业界提出了一种技术,使企业可以从私有地址迁移到全球地址空间,这种技术就是网络地址转换(NAT)。

(2) NAT 的作用

一是通过使用公网上分配的有效 Internet 地址来代替其私有地址,从而达到隐藏内部网络的目的;二是可以节约公网地址。

(3) NAT 技术在泵站网络中的使用

外部接入单位已建成各自的局域网,并已具备各自的 IP 地址分配方案,因此可能无法应用新规划的 IP 地址分配方案或与其他节点现有 IP 地址存在 IP 地址冲突。在具体的网络建设实施中,可利用 NAT 技术有效解决 IP 地址冲突。

#### 15.4.2.6　域名规划

各级部门的域名规划应符合泵站管理中心统一的技术要求。

### 15.4.3　局域网建设

#### 15.4.3.1　网络平台

网络平台应优先考虑网络选型。网络平台应包括网络传输设备、交换设备、网络服务器、存储设备、综合布线系统等。各单位可根据需求和应用自行选用相应设备及相关技术,所选设备和技术要经济、实用,方便升级。

1. 网络选型要求

(1) 网络结构选用星型拓扑结构,支持或扩展后能够支持三层交换技术。

(2) 局域网采用 TCP/IP 协议,所需 IP 地址要使用私有内部地址,内部 IP 地址须由各单位、各部门统一规划,统一配置。

(3) 局域网采用以太网协议,主干网络的传输速率不低于 1 000 Mbit/s,到桌面的传输速率不低于 100 Mbit/s。

2. 网络传输设备要求

(1) 服务器端均应配备速率不低于 1 000 Mbit/s 的网络接口卡。

(2) 客户端应尽量选用兼容性强的网卡,并且传输速率不低于 100 Mbit/s,总线类型应能适应网络整体性能。

3. 网络交换设备要求

(1) 网络交换设备应能支持或扩展后支持文字、图形、图像、音频、视频等多媒体数据的传输。

(2) 网络交换设备应具备或扩展后具备三层交换功能和 VLAN 划分功能。

网络服务器可在充分考虑用户数、并发用户数、应用系统的重要性及使用率等指标的基础上,灵活选用 PC 服务器、工作站或小型机,中小型网络可选择 PC 服务器,大型网络可选择小型机。

4. 存储技术和设备要求

可根据实际需求选用合适的存储技术和设备,如大容量硬盘、磁盘阵列、磁带库等。国家级和省级应采用 SAN 存储结构。

5. 综合布线系统要求

(1) 综合布线系统应在充分考虑信息点分布和数量的基础上,统筹规划,合理设计,精心施工。信息点分布和数量应能至少满足未来 2~3 年内的应用和用户需求,避免短期内重复施工。

(2) 主干网络宜选用光纤,水平线应符合五类线或五类线以上标准。

(3) 光纤、水平线接口模块和面板需符合国家标准《综合布线系统工程设计规范》(GB 50311—2016)标准。

(4) 选用的电缆、光缆、各种连接器、跳线和配线等所有配件,均应符合《信息技术 用户建筑群通用布缆 第 1 部分:通用要求》(GB/T 18233.1—2022)标准。

(5) 布线后应进行相应测试。

### 15.4.3.2　安全平台

安全平台要求如下:

(1) 安全平台由安全产品以及相应的安全技术和安全策略等构成。安全产品主要指防火墙、代理服务器等设备。安全技术包括数据包过滤、数据加密及身份认证、入侵检测、病毒防治、内部地址转换和数据备份等多种技术。各单位和部门应该根据实际情况确定安全域划分和安全等级,选择相应的安全产品,应用合适的安全技术,设置必需的安全策略。

(2) 安全产品的选择和购买必须符合规定。

(3) 应配备高性能防病毒软件,防病毒软件应选用可实时升级的网络版;也可采用单机版,但应定期升级。

(4) 安装入侵检测系统,对网络攻击和非法扫描适时检测,及时报警。

(5) 加强数据审计,结合身份验证系统,审计用户对重要数据的增、删、改、查等操作,做到有据可查。

(6) 保证网络中各应用系统和环境数据的安全。系统安全可以采用双机热备或系统备份的方法;数据安全可以采用定期进行增量备份或完全备份的方法,重要数据要异地备份。

### 15.4.3.3　网管平台

网管平台包括物理级网管和应用级网管两部分。各单位应根据网络规模和实际需求选择网管平台。

### 15.4.3.4　网络测试

网络测试包括测试程序、测试范围、测试方法、测试条件、测试项目、测试设备、测试标准和测试报告等内容,网络测试是网络新建、扩建、改建和工程验收的重要依据之一。

1. 测试程序

网络测试可以由单位或部门自行组织实施,也可以委托第三方专业公司或机构实施。

网络测试应该按照下述程序进行:

(1) 提出网络测试需求,说明网络测试的目的和要求,为测试单位提供综合布线系统的竣工报告、网络分布图、网络拓扑图以及与系统相关的其他资料。

(2) 根据需求和相关的资料,研究编写测试方案。

(3) 现场实测,采集网络测试数据。

(4) 分析网络测试数据,根据分析结果,确定是否重测或补测部分数据。

(5) 根据数据分析结果,编写正式测试报告,测试报告中应当包括今后改善网络状况的建议等内容。

2. 测试范围

测试范围包括链路测试、综合布线系统测试、网络设备测试等。

1) 链路测试

链路测试应该符合《金属线缆用户环路开放数据业务的技术要求及测试方法》的规定。

2) 综合布线系统测试

综合布线系统测试应包括工程电气特性测试和光纤特性测试两部分。工程电气特性测试主要包括电缆、接插头组合件、传输距离、阻抗匹配、干扰和噪音以及电力系统等测试。光纤特性测试主要包括衰减、长度等测试。

3) 网络设备测试

网络设备测试应分别对网络服务器、路由器、网络交换机、集线器和网卡等进行功能和质量方面的测试。测试内容包括设备的可靠性、稳定性和安全性,网络设备互联的参数和端口设置,协议的一致性以及传输速率、带宽、时延等。

3. 测试方法

测试方法可根据测试设备和测试内容选择明箱测试、静态加动态测试、现场测试、实况测试(准备阶段,必要时有模拟测试)、部分认证(布线系统)测试以及部分验证测试等其中的一种或几种。

4. 测试条件

综合布线系统:测试现场应无产生严重电火花的电钻、电焊和产生强磁干扰的设备作业,被测综合布线系统必须是无源网络,测试时应断开与之相连的有源和通信设备。测试现场的温度应保持在 20～30℃,湿度应在 30%～80%。

网络设备:测试现场应具备符合设备制造商在设备使用手册中所规定的运行环境,具体应该包括电源、湿度、压力、温度等方面的要求。

5. 测试项目

1) 综合布线系统

五类电缆应测试接线图(Wire Map)、长度(Length)、衰减(Attenuation)、近端串音(NEXT)、衰减串扰比(ACR)等项目。

超五类电缆应测试接线图、长度、衰减、近端串音、传播时延(Propagation Delay)、时延差(Delay Skew)、综合近端串音(PS NEXT)、回波损耗(Return Loss)等项目。光缆应测试光功率、衰减、散射和长度等项目。应对网络系统进行防辐射(或屏蔽功能)测试。

2) 网络设备

网络服务器、路由器、网络交换机、集线器和网卡等设备均应测试吞吐量,时延和帧丢失率等通用项目。

网络服务器、路由器、网络交换机、集线器和网卡等设备还应测试下列分类项目。

(1) 服务器：IP 地址、MAC 地址、缺省网关、发送帧的数量、利用率、广播、错误、碰撞、长帧与短帧数量。

(2) 路由器：类型、厂商、端口状态、IP 地址、MAC 地址、使用的路由协议、最大传输单元(MTU)和插槽或接口号,以及每个端口或子端口的利用率、吞吐量等。

(3) 网络交换机：类型、制造商、接口、端口连通性和使用状态、速度、IP 地址、网络流量、协议、利用率、广播、错误、碰撞等。

(4) 集线器和网卡：整个共享网段的利用率、广播、错误、碰撞,以及连接到这台设备的站点的 IP 地址、MAC 地址、利用率、广播、错误和碰撞等的分布状况。

6. 测试标准

综合布线系统的测试标准应当符合《综合布线系统工程验收规范》(GB/T 50312—2016)的规定。网络设备测试标准应当符合请求评论(RFC)文档 RFC 1242 定义的网络互联设备测试标准和 RFC 2285 定义的局域网交换机测试标准以及网络服务器、路由器、网络交换机、集线器和网卡等设备的技术资料中规定的技术要求。

7. 测试报告

测试报告应包括测试的时间、地点、人员、单位介绍、网络现状、测试目的、测试要求、测试方案和测试结果等内容。测试报告应由测试单位盖章,测试人员签名。

测试报告应该作为重要的技术资料存档。

# 15.5  信息安全集成

建设统一的智能泵站一体化平台,建立科学的信息管理体系,关键的一环就是必须对其信息技术设备和服务进行全面的、整体的网络运行监控和安全管理。这其中既涉及网络管理,也有安全管理。技术支撑体系充分利用技术手段,建立高效、协同的信息安全管理平台,将网络监控与安全监控有机地结合在一起,能够及时定位故障。

技术支撑体系应该包括三个层次：展示层、流程及业务信息安全管理层、集中控制层。

(1) 展示层。提供面向信息安全层面和信息安全管理决策层面的展示视角,在信息安全管理界面上实现集中运维的统一管理功能和信息展示与交互功能。

(2) 流程及业务信息安全管理层。在集中信息安全管理模式下实现流程执行和管理控制功能、业务安全管理功能。

(3) 集中控制层。通过监控工具实现对不同服务对象和 IT 资源的实时监控,对包括主机、数据库、中间件、存储备份、网络、安全、机房、业务应用和客户端等技术支持管理子系统进行综合处理和集中管理。

信息安全的设计主要从以下几个方面考虑：

1. 机房设计

(1) 机房需按照国家标准进行设置,具有防震、防风和防雨等能力。

(2) 机房应考虑访问控制,机房出入口应安排专人值守,控制、鉴别和记录进入人员,人员来访需经过申请和审批流程,并限制和监控其活动范围。

(3) 机房设计应考虑防盗窃和防破坏、防雷击、防火、防水和防潮、防静电等。

(4) 机房设置温湿度自动调节设施,使机房温湿度的变化在设备运行所允许的范围之内。

(5) 机房设计应充分保证电力供应。

(6) 机房设计应考虑电磁防护,避免电源线和通信线的相互干扰。

2. 网络设计

1) 结构设计

采用适合的网络结构、内外网隔离等方式进行设计。网络中设备、电路均应安全可靠,关键设备、电路均有冗余备份,并采用先进的容错技术和故障处理技术,保证数据传输的安全可靠,保证网络可用性达到使用要求。

2) 访问控制

在网络边界部署访问控制设备,启用访问控制功能。

根据会话状态信息为数据流提供明确的允许/拒绝访问的能力,控制粒度为网段级。

按用户和系统之间的允许访问规则,决定允许或拒绝用户对受控系统进行资源访问,控制粒度为单个用户。

限制具有拨号访问权限的用户数量。

3) 安全审计

对网络系统中的网络设备运行状况、网络流量、用户行为等进行日志记录。

审计记录应包括事件的日期和时间、用户、事件类型、事件是否成功及其他与审计相关的信息。

4) 边界完整性检查

能够对内部网络中出现的内部用户未通过准许私自连接到外部网络的行为进行检查。

5) 入侵检测

在网络边界处监视以下攻击行为:端口扫描、强力攻击、木马后门攻击、拒绝服务攻击、缓冲区溢出攻击、IP 碎片攻击和网络蠕虫攻击等。

6) 网络设备防护

对登录网络设备的用户进行身份鉴别。

对网络设备的管理员登录地址进行限制。

网络设备用户的标识应唯一。

身份鉴别信息应具有不易被冒用的特点,口令应有复杂度要求并定期更换。

具有登录失败处理功能,可采取结束会话、限制非法登录次数和当网络登录连接超时自动退出等措施。

当对网络设备进行远程管理时,应采取必要措施防止鉴别信息在网络传输过程中被窃听。

3. 主机安全

1) 身份鉴别

应对登录操作系统和数据库系统的用户进行身份标识和鉴别。

操作系统和数据库系统管理用户身份标识应具有不易被冒用的特点,口令应有复杂度要求并定期更换。

应启用登录失败处理功能,可采取结束会话、限制非法登录次数和自动退出等措施。

当对服务器进行远程管理时,应采取必要措施,防止鉴别信息在网络传输过程中被窃听。

应为操作系统和数据库系统的不同用户分配不同的用户名,确保用户名具有唯一性。

2) 访问控制

应启用访问控制功能,依据安全策略控制用户对资源的访问。

应实现操作系统和数据库系统特权用户的权限分离。

应限制默认账户的访问权限,重命名系统默认账户,修改这些账户的默认口令。

应及时删除多余的、过期的账户,避免共享账户的存在。

3) 安全审计

审计范围应覆盖到服务器上的每个操作系统用户和数据库用户。

审计内容应包括重要用户行为、系统资源的异常使用和重要系统命令的使用等系统内重要的安全相关事件。

审计记录应包括事件的日期、时间、类型、主体标识、客体标识和结果等。

应保护审计记录,避免受到未预期的删除、修改或覆盖等。

4) 入侵防范

操作系统应遵循最小安装的原则,仅安装需要的组件和应用程序,并通过设置升级服务器等方式保证系统补丁及时得到更新。

5) 恶意代码防范

应安装防恶意代码软件,并及时更新防恶意代码软件版本和恶意代码库。

应支持防恶意代码软件的统一管理。

6) 资源控制

应通过设定终端接入方式、网络地址范围等条件限制终端登录。

应根据安全策略设置登录终端的操作超时锁定。

应限制单个用户对系统资源的最大或最小使用限度。

4. 应用安全

1) 身份鉴别

应提供专用的登录控制模块对登录用户进行身份标识和鉴别。

应提供用户身份标识唯一和鉴别信息复杂度检查功能,保证应用系统中不存在重复用户身份标识,身份鉴别信息不易被冒用。

应提供登录失败处理功能,可采取结束会话、限制非法登录次数和自动退出等措施。

应启用身份鉴别、用户身份标识唯一性检查、用户身份鉴别信息复杂度检查以及登录失败处理功能,并根据安全策略配置相关参数。

2) 访问控制

应提供访问控制功能,依据安全策略控制用户对文件、数据库表等客体的访问。

访问控制的覆盖范围应包括与资源访问相关的主体、客体及它们之间的操作。

应由授权主体配置访问控制策略,并严格限制默认账户的访问权限。

应授予不同账户为完成各自承担任务所需的最小权限,并在它们之间形成相互制约的关系。

3) 安全审计

应提供覆盖到每个用户的安全审计功能,对应用系统重要安全事件进行审计。

应保证无法删除、修改或覆盖审计记录。

审计记录的内容至少应包括事件日期、时间、发起者信息、类型、描述和结果等。

4）通信完整性

应采用校验码技术保证通信过程中数据的完整性。

5）通信保密性

在通信双方建立连接之前，应用系统应利用密码技术进行会话初始化验证。

应对通信过程中的敏感信息字段进行加密。

6）软件容错

应提供数据有效性检验功能，保证通过人机接口输入或通过通信接口输入的数据格式或长度符合系统设定要求。

在故障发生时，应用系统应能够继续提供一部分功能，确保能够实施必要的措施。

7）资源控制

当应用系统的通信双方中的一方在一段时间内未做任何响应，另一方应能够自动结束会话。

应能够对应用系统的最大并发会话连接数进行限制。

应能够对单个账户的多重并发会话进行限制。

5.数据安全及备份恢复

1）数据完整性

应能够检测到鉴别信息和重要业务数据在传输过程中完整性受到破坏。系统提供完整的日志功能，对所有的业务数据进行日志记录，以备待查。

2）数据保密性

应采用加密或其他保护措施实现鉴别信息的存储保密性。

3）备份和恢复

制定详细的数据库备份与灾难恢复策略，并通过模拟故障对每种可能的情况进行严格测试，保证数据的高可用性。

# 15.6  设备集成

## 15.6.1  智能清污装置的集成

智能清污装置的集成主要包括智能清污装置实施过程中自身系统集成以及与其他系统的集成。

自身系统集成：为智能清污装置配置PLC，通过PLC对智能清污装置的前端设备进行采集；对智能清污装置的执行单元进行控制。PLC配有工业以太网接口，用于与计算机网络系统连接。

与其他系统集成：主要是与计算机网络系统的集成。

智能清污装置利用计算机网络的控制区网络组网，对计算机网络系统提出节点间的带宽和接口要求，计算机监控系统为其提供组网电路及接口，各个子系统利用计算机网络系统将数据信息传送至智能泵站一体化平台，通过通用支撑平台实现应用系统的集成。

### 15.6.2 采暖通风及除湿装置的集成

采暖通风及除湿装置的集成主要关注本系统与其他系统的集成,与其他系统集成主要是与计算机网络系统的集成。采暖通风及除湿装置利用计算机网络的控制区网络组网,对计算机网络系统提出节点间的带宽和接口要求,计算机监控系统为其提供组网电路及接口,各个子系统利用计算机网络系统将数据信息传送至智能泵站一体化平台,通过通用支撑平台实现应用系统的集成。

### 15.6.3 测温制动及自动顶转子装置的集成

测温制动及自动顶转子装置的集成主要包括测温制动及自动顶转子装置实施过程中自身系统集成以及与其他系统的集成。

自身系统集成:前端传感器接入测温制动及自动顶转子装置智能终端,测温制动及自动顶转子装置智能终端配有工业以太网接口,用于与计算机网络系统连接。

与其他系统集成:主要是与计算机网络系统的集成。

测温制动及自动顶转子装置智能终端利用计算机网络的控制区网络组网,对计算机网络系统提出节点间的带宽和接口要求,计算机监控系统为其提供组网电路及接口,各个子系统利用计算机网络系统将数据信息传送至智能泵站一体化平台,通过通用支撑平台实现应用系统的集成。

### 15.6.4 油、气、水辅助设备的集成

油、气、水辅助设备集成主要包括油、气、水辅助设备实施过程中自身系统集成以及与其他系统的集成。

自身系统集成:为油、气、水辅助设备设立辅机公用柜,辅机公用柜配置 PLC,通过 PLC 对油、气、水辅助设备的前端设备进行采集;对油、气、水辅助设备的执行单元进行控制。PLC 配有工业以太网接口,用于与计算机网络系统连接。

与其他系统集成:主要是与计算机网络系统的集成。

油、气、水辅助设备的辅机公用柜利用计算机网络的控制区网络组网,对计算机网络系统提出节点间的带宽和接口要求,计算机监控系统为其提供组网电路及接口,各个子系统利用计算机网络系统将数据信息传送至智能泵站一体化平台,通过通用支撑平台实现应用系统的集成。

## 15.7 集成设计

### 15.7.1 泵站前端数据采集的集成

泵站前端数据采集的集成主要分为 3 种。

1. 通过 PLC 对前端数据进行采集

通过 PLC 可以对前端大部分的数据进行采集,PLC 配有工业以太网接口,用于与计算机网络系统连接。

利用计算机网络系统将数据信息传送至智能泵站一体化平台,通过通用支撑平台实现应用系统的集成。

2. 通过通信管理机对前端数据进行采集

前端的智能仪表等设备可以通过现场总线的方式连接到通信管理机,通信管理机配有工业以太网接口,用于与计算机网络系统连接。利用计算机网络系统将数据信息传送至智能泵站一体化平台,通过通用支撑平台实现应用系统的集成。

3. 通过配有工业以太网接口的智能终端对前端数据进行采集

部分前端的智能终端配有工业以太网接口,可以直接接入计算机网络系统。利用计算机网络系统将数据信息传送至智能泵站一体化平台,通过通用支撑平台实现应用系统的集成。

## 15.7.2　通信系统的集成

通信传输系统集成主要包括通信系统实施过程中自身系统集成以及与其他系统的集成。通信系统内部主要有语音电话系统、通信传输系统、时钟同步及通信综合网管系统、通信电源系统、通信管道、通信光缆等,通信系统内部集成主要是利用光缆组建光纤传输网,为泵站智能系统的运行提供数据传输、语音调度的平台。

系统总集成工作主要关注通信系统与其他系统的集成,主要包括:

(1) 语音电话系统利用计算机网络系统(管理网)组建 IP 行政电话系统和 IP 语音调度系统。将其设备所需的线缆引至计算机网络系统中业务内网的设备接口上。计算机网络系统根据语音电话系统的接口要求和带宽要求为其提供设备连接接口,设置中继链路带宽。

(2) 通信传输系统根据计算机网络系统提出节点间带宽需求和接口需求,为其提供相应的设备连接接口。计算机网络系统将其设备所需的线缆引至传输系统的配线架上。

(3) 通信光缆不仅为传输系统提供组网光纤,也为计算机网络系统提供接入层组网光纤。传输系统、计算机网络系统将设备的光纤接口引到光纤配线架上实现与光缆的对接。

(4) 通信电源系统为各机房通信设备提供电力保障,按照各系统提出的用电要求提供电力供应。以通信电源的电源分配柜内接线排的保险为界,各系统设备从接线排的保险引接所需要的电源。

## 15.7.3　泵站计算机网络系统的集成

计算机网络系统为现地设备层、现地控制层设备提供联网电路,各系统设备接口引至计算机网络设备接口,由计算机网络系统统一提供数据交换服务。

计算机网络系统集成包括:计算机网络系统与通信系统的集成,计算机网络系统设计、建设过程中的自身系统集成,计算机网络系统与其他系统的集成。

自身系统集成:

计算机网络系统由功能独立的控制专网、业务内网和业务外网三个网络组成,三个网络之间用网闸隔离。控制专网的安全性要求最高,需要做到物理隔离,通过物理网闸实现与业务内网隔离。

与其他系统集成:

(1) 计算机网络系统与通信系统的集成在前面已经描述,这里不再重述。

(2) 计算机网络系统为现地设备层、现地控制层设备提供联网电路,各系统设备接口引至计算机网络设备接口。

### 15.7.4　监视控制系统的集成

监视控制系统即视频智能监控及安防系统,是泵站智能化系统的重要组成部分。

视频智能监控及安防系统可对视频图像中人、车、水尺、温度等目标进行智能化分析,并具有视频图像的采集、存储、查看、回放等功能,有效帮助管理人员实时掌握各个设备的运行情况。结合周界报警、门禁、出入口车辆管理、人员通道管理等非视频安防手段,以为安防事件的事前防范、事中处理、事后分析提供有效的技术支持为基本要求,建立集管理、防范、控制于一体的安全保障体系,对各类事件做到预知、预判、预防、预警和有效处置,切实加强安全保障能力和应急响应能力,实现智能化泵站建成后无人值班、少人值守的目标。

监视控制系统集成包括:监视控制系统与计算机网络系统的集成,监视控制系统设计、建设过程中的自身系统集成,监视控制系统与其他系统的集成。

自身系统集成:监视控制系统内部各个设备通过计算机网络系统相连,所以监视控制系统与计算机网络系统的集成是自身系统集成。

与其他系统集成:主要是与计算机网络系统的集成。

监视控制系统利用计算机网络的控制区网络组网,对计算机网络系统提出节点间的带宽和接口要求,计算机网络系统为其提供组网电路及接口,各个子系统利用计算机网络系统将数据信息传送至智能泵站智能一体化平台,通过通用支撑平台实现应用系统的集成。

### 15.7.5　数据资源的集成

数据中心是各种数据集成与交换的中心,采用面向服务的架构体系,是集基础与应用为一体的综合应用平台。数据中心可实现多源异构数据的统一、层次化管理,能够在统一的框架下实现空间数据与非空间数据的协调工作,支持应用方案的集成搭建,为应用系统提供基础支撑。

数据中心采用中间件技术实现对各类数据的集成管理。数据中间件包括 GIS 中间件、数据库中间件、文件驱动三类,基本上涵盖了所有可访问数据的驱动。基于中间件方式,系统屏蔽了各个数据源的异构性,通过使用数据中心统一数据访问接口,用户无需关心数据的位置、格式、驱动,可以统一、透明、一致地访问各类数据,做到了数据的无缝集成,更能实现多源异构数据的混合分析,是数据中心集成模式最核心的地方。集成数据资源主要包括基础数据、监测数据、业务数据、地理空间数据和共享数据,如泵站基本信息、水雨情、泵组设备运行状态、应力及变形监测、门叶振动监测、拍门开度监测、闸门左右倾斜度监测、液压系统监测、视频监控、优化运行、计算机监控数据、工程管理记录等信息。

### 15.7.6　与其他系统的集成

以智能一体化平台为基础,集成各业务子系统。应用集成主要是通过数据库共享访问、功能调用、服务接口调用等方式实现各业务应用系统间的整合。主要包括以下三方面的集成。

1. 界面集成

通过集成各系统界面,实现统一访问入口、统一用户管理和身份认证,减少系统账号和访问密码,实现单点登录。门户作为用户统一业务操作平台,将各信息系统、数据仓库、网络信息和协同服务集成在统一界面上,支撑企业内外业务流程流转,消除传统信息壁垒。

2. 流程集成

流程管理应用(BPM)通过统一的流程引擎、业务应用和流程监控服务,实现业务流程集中部署、管理和监控。将业务审批前移至用户平台,实现跨系统流程监控,实现流程可视化跟踪。流程管理应用功能架构主要包括流程设计、建模、开发、运行、监控、绩效等。流程开发实现流程设计建模及表单定制开发;流程运行完成流程引擎、业务规则引擎和待办,实现流程实例运行操作;流程监控对流程实例异常活动监控、对用户任务进行人工预警;流程绩效提供流程执行效率等关键绩效指标信息。流程管理平台可以解决审批型、协同型两大类业务流程问题。审批型工作流:在流程发起后的流转过程中,针对审批表单内容完成审批,流程流转完成后将表单内容更新到系统中。协同型工作流:流程表单内容由多个流程步骤录入和补充完成,在每个流程步骤执行完成后将数据更新到业务系统中,流程流转完成后将全部字段更新到系统中。

3. 数据集成

为各系统定义唯一数据源,数据"一次录入,全程共享",实现系统间数据共享、组织间数据贯通。

企业服务总线是实现数据集成的主要方法,包括企业服务总线(ESB)、企业服务库(EER)及监控平台。其中,单业务领域系统数据集成通过 ESB 进行交互,跨业务领域数据集成通过 ESB 级联实现。ESB 客户端接入方式根据接入协议类型进行处理,接入协议包括 HTTP 协议、Java 加密体系结构(JCA)协议、JMS 协议等,支持 Web Service、JMS、JCA 等方式接入。

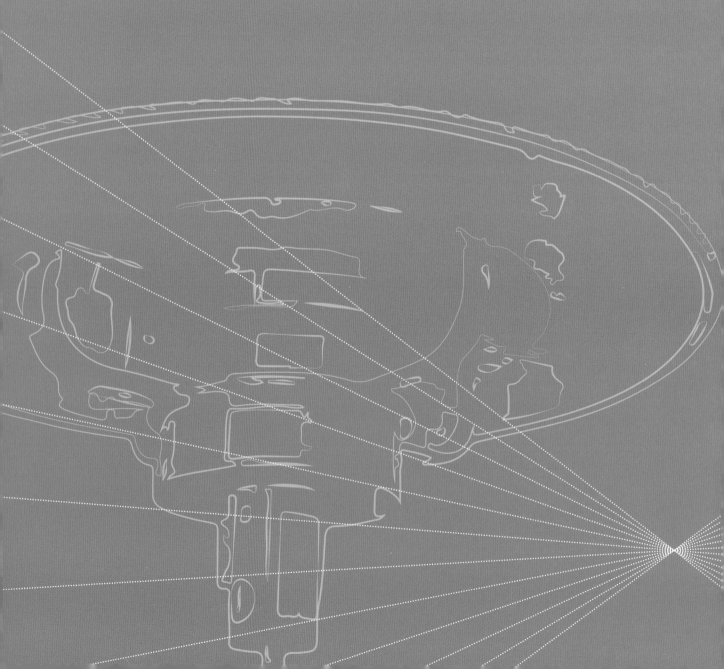

# 16

# 数字孪生智能泵站应用案例

16.1　引江济淮工程西淝河北站智能泵站实施案例

16.2　浙江姚江西排泵站枢纽实施案例

# 16    数字孪生智能泵站应用案例

## 16.1    引江济淮工程西淝河北站智能泵站实施案例

### 16.1.1    工程概况

1. 工程简介

西淝河北站为引江济淮工程江水北送段的西淝河线第三级泵站,工程位于安徽省利辛县境内的西淝河下段与茨淮新河交口处。西淝河北站工程主要由泵站工程和防洪闸工程组成。泵站工程设计流量为 80 m³/s,设 4 台立式轴流泵(其中 1 台备用),水泵配立式同步电动机,电动机额定功率为 2 500 kW,额定电压为 10 kV,额定功率因数为 0.9(超前),效率为 94%。

泵站厂房分为主厂房和副厂房。主厂房分五层,即进水流道层、水泵层、出水流道层、联轴器层和电机层。副厂房布置在主厂房出水方向的右侧,共分四层,地下二层布置消防水池和消防设备,地下一层为电缆夹层,一层主要布置有 10 kV 及 0.4 kV 开关柜室、站用变室、LCU 及直流室等;二层主要布置有中控室、通信机房及值班室等。

2. 设计参数

设计参数见表 16.1-1~表 16.1-3。

表 16.1-1 西淝河北站设计参数

| 项目 | | 参数 |
|---|---|---|
| 设计流量(m³/s) | | 80.0 |
| 进水池 | 设计水位(m) | 21.50 |
| | 最高水位(m) | 22.10 |
| | 最低运行水位(m) | 20.10 |
| 出水池 | 设计水位(m) | 24.93 |
| | 最高水位(m) | 25.93 |
| | 最低运行水位(m) | 23.93 |
| 扬程 | 设计净扬程(m) | 3.43 |
| | 最高净扬程(m) | 5.83 |
| | 最低净扬程(m) | 1.83 |

表 16.1-2 西淝河北站主机组参数

| 项目 | | 参数 |
|---|---|---|
| 水泵参数 | 水力模型 | ZM55 |
| | 叶轮直径(mm) | 2 850 |
| | 额定转速(r/min) | 136.4 |
| | 调节方式 | 液压叶片全调节 |
| 电机参数 | 配套电机功率(kW) | 2 500 |
| | 电机转速(r/min) | 136.4 |
| | 额定电压(kV) | 10 |

表 16.1-3 西淝河北站水泵主要性能参数

| 项目 | | 参数 |
|---|---|---|
| 水泵参数 | 叶轮直径(mm) | 2 850 |
| | 转速(r/min) | 136.4 |
| | 叶片角度(°) | -2 |
| 设计扬程工况 | 流量(m³/s) | 27.5 |
| | 扬程(m) | 3.43 |
| | 装置效率(%) | 75.0 |
| | 轴功率(kW) | 1 233 |
| 最高扬程工况 | 流量(m³/s) | 20.9 |
| | 扬程(m) | 5.83 |
| | 装置效率(%) | 71.5 |
| | 轴功率(kW) | 1 670 |
| 最低扬程工况 | 流量(m³/s) | 30.7 |
| | 扬程(m) | 1.83 |
| | 装置效率(%) | 60.0 |
| | 轴功率(kW) | 918 |

3. 工况调节方式

根据本站的扬程变化范围,为保证泵站高效、稳定运行,以及灵活地进行流量的调节,叶片调节采用液压全调节方式。

4. 电气设计

西淝河北站工程用电负荷等级为二级。泵站工程配置 TL2500-44 型立式同步电机 4 台(其中 1 台备用),单机功率 2 500 kW,额定电压 10 kV,总装机功率 10 000 kW。

泵站配置 S11-10000/35±3×2.5%/10 kV 型主变压器和 SCB11-630/10±5%/0.4 kV 型站变压器各 2 台。变电所 35 kV 配电装置选用 KYN61-40.5 型金属封闭手车式开关柜,共 10 台;10 kV 配电装置选用 KYN28A-12 铠装中置式金属封闭开关柜,共 15 台;0.4 kV 配电装置选用 MNS 型抽屉式开关柜,共 18 台。

## 16.1.2 建设目标

结合西淝河北站日常运行、管理的业务需求,以自动化、数字化、信息化为基础,充分应用云计算、大数据、物联网、移动互联、人工智能等新兴信息技术和现代工业技术,以智能感知、智能运行、智能可视、智能调节、智能交互、智能协联、智能诊断、智能预报、智能预警、智能评估、智能决策等应用为目标,将泵站各应用系统高度融合,为集中管控奠定基础,保证设备运行稳定可靠,减少专业系统间的界限,实现泵站的数据采集与分析、调度与控制、故障诊断与评估、检修指导与培训、科学分析与决策等综合应用,最终建成信息高度融合、业务友好互动、智能决策运行、高效工程管控的智能泵站。

## 16.1.3 建设内容

本项目主要建设西淝河北站三维可视化智能一体化平台,该平台包括三维智能一体化平台、智能监测系统、智能监控系统、智能运行管理系统、智能综合管理系统。其中,三维智能一体化平台提供轻量化三维引擎、三维模型制作、数据资源管理、数据库建设、统一用户体系与权限管理、报表及图形管理与服务等基础支撑功能,集成机组运行、设备监测、视频监控等业务数据,实现智能监测、智能监控、智能运行管理等系统的业务融合,并提供面向工程、运行、设备的不同专题数据可视化。智能监测系统实现与泵站各监测子系统的数据集成并对相关数据进行统计分析,包括与计算机监控系统、水力量测系统、主机组全生命周期状态在线监测系统、闸门在线监测系统、工程安全监测系统的数据和功能进行对接。智能监控系统与计算机监控系统充分集成,实现主机组一键开、停机功能和全流程三维可视化,通过三维建模和可视化人机界面实时查看泵站主要系统的运行状态,包括泵站主机组、叶片调节机构、工作闸门、技术供水、励磁系统、变配电系统、排水系统等设备的操作流程,运行参数,事故、故障报警信号及有关参数和画面。智能运行管理系统实现机器人巡检、可视化三维作业指导、可视化三维检修培训与考核、语音交互业务融合等创新应用,以提高运维管理的工作水平和效率。智能综合管理系统包括通用办公管理、制度管理、标准管理、流程管理、考核管理、信息发布与移动 APP 管理等子系统,实现标准化和精细化管理工作目标。

## 16.1.4 西淝河北站智能泵站框架体系

智能泵站总体的框架划分为三层三区,如图 16.1-1 所示。

纵向上,分为三层:由低到高分别为现地设备层、现地控制层、站控层。现地设备层主要包括:合并单元、智能终端、温度传感器、测速传感器、水位传感器、开度传感器、摆度传感器、振动传感器、土压计、渗透计、沉降计、位错计、测斜管、摄像头等。现地控制层包括：主水泵、主电机、闸门系统、变压器、供配电、励磁系统、辅机系统、清污机、直流系统、继电保护装置、闸门状态在线监测、机组状态在线监测、变配电在线监测、工程安全监测、智能暖通、消防与照明、巡检机器人、视频、门禁等。站控层主要包括各类计算机、网络通信设备、安全防护设备、数据库系统、智能监控平台和智能应用平台的集中。

横向上，可分为安全Ⅰ区、安全Ⅱ区、管理信息区。安全Ⅰ区与安全Ⅱ区之间通过防火墙进行安全隔离，安全Ⅱ区与管理信息区之间通过物理隔离进行安全隔离。

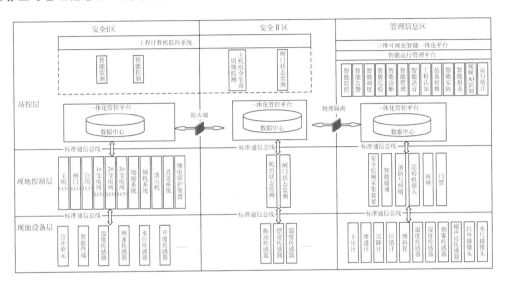

图 16.1-1　框架体系

### 16.1.4.1　系统架构

根据西泧河北站智能泵站建设内容，从现地数据采集到业务应用按照不同安全要求，分层分区设计西泧河北站智能泵站整体框架结构。智能泵站的整体框架是泵站各个子系统的有机组成，在设计智能泵站的总体框架结构时需保证各子系统间的独立，也要满足系统间的相互集成。智能泵站总体的系统架构划分为三层三区。

1. 智能泵站的层结构

在纵向上，可按照数据的流向与应用进行分层，整个系统在纵向上由低到高分别为现地设备层、现地控制层、站控层，如图 16.1-2 所示。

2. 智能泵站的区结构

在横向上，按照不同的管理区域进行安全分区，构建一个合理、全面、安全、统一的系统结构，具体如图 16.1-3 所示。横向上分为安全Ⅰ区、安全Ⅱ区、管理信息区。整个系统在横向上按安全等级的不同分为控制内网和管理网两个独立的网络，通过物理

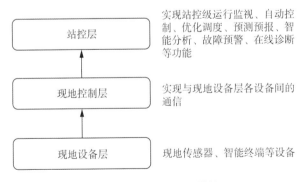

图 16.1-2　泵站纵向分层结构图

隔离装置进行内、外网间的隔离和数据通信。根据不同的业务应用将内网进一步划分为安全Ⅰ区和安全Ⅱ区，内网安全区内分布的是泵站测控类的相关应用系统，安全Ⅱ区内分布的是主机组全生命周期监测及其应用、闸门状态监测及其应用，前者的安全级别高于后者。因此，安全Ⅰ区与安全Ⅱ区间通过防火墙进

行访问控制。管理信息网内分布的是大坝工程安全监测及其应用、安防系统及其应用、暖通系统及其应用、巡检机器人及其应用,安全Ⅱ区与管理信息区之间配备物理隔离装置。

图 16.1-3　泵站横向分区结构图

### 16.1.4.2　部署架构

根据软件系统结构,安全Ⅰ区实现泵站自动化监视和控制,安全Ⅱ区实现主机组全生命周期监测、闸门状态监测,管理信息区实现智能监控、智能告警、智能调度、智能巡检、智能诊断、智能管理、智能语音、工程认知、检修仿真、智能安防、视频 AI 识别、智能报表、运行统计等功能,部署架构和硬件情况如图 16.1-4、图 16.1-5 所示。

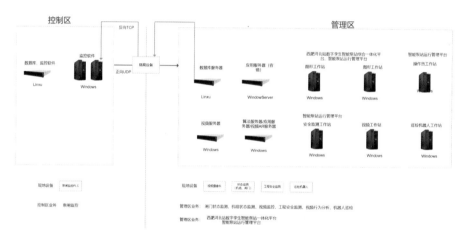

图 16.1-4　站控层设备部署架构

|  | 序号 | 计算机 | 操作系统类型 | 用途 |
|---|---|---|---|---|
| 控制区 | 1 | 数据库服务器 (1台) | linux | 控制区数据库 |
| | 2 | 操作员兼通信工作站 (2台) | linux | 控制区操作使用 |
| 管理区 | 3 | 数据库服务器 (1台) | linux | 管理区数据库 |
| | 4 | 应用服务器 (1台) | windows | 三维BIM可视服务、语音服务、巡检服务、仿真培训服务等各类应用服务 |
| | 5 | 图形工作站 (1台) | windows | 西肥河北站数字孪生智能泵站综合一体化平台、智能运行管理平台 |
| | 6 | 培训工作站 (1台) | windows | 西肥河北站数字孪生智能泵站综合一体化平台、智能运行管理平台 |
| | 7 | 操作员站 (1台) | windows | 智能运行管理平台·工程安全监测 |
| | 8 | 工程师站 (1台) | windows | 系统维护使用 |
| | 9 | 视频工作站 (1台) | windows | 视频监控软件 |
| | 10 | 视频管理服务器 (1台) | 海康操作系统 | 视频监控流媒体服务 |
| | 11 | 算法服务器 (1台) | windows | 视频算法、机器巡检三维渲染服务 |

图 16.1-5　站控层设备硬件情况

### 16.1.5 智能一体化平台的组成、内容及功能

西溉河北站三维可视化智能一体化平台包括智能监测、智能监控、智能运行管理、智能综合管理四大系统。

#### 16.1.5.1 智能监测系统

智能监测系统包括智能主机组装置效率实时监测子系统、智能主机组全生命周期监测与健康评估子系统、智能工程安全监测子系统、智能变配电监测子系统、智能闸门及启闭机监测子系统、智能技术供水监测子系统、智能渗漏排水监测子系统、智能通风和温湿度监测子系统。

1. 智能主机组装置效率实时监测子系统

智能主机组装置效率实时监测系统应能通过采集的泵站流量、水位、功率等参数对主机组装置效率进行实时监测计算,并根据实际的流道形状进行 CFD 模拟。

基于西溉河北站泵站装置设计成果,利用 CFD 技术建立数值计算模型,进行泵站装置整体多工况三维湍流仿真计算,计算 $-4°$、$-2°$、$-1°$、$0°$、$+2°$、$+4°$ 共 6 个叶片安放角度下的泵站装置内流场流动状态,每个叶片角度下,按 $4\sim6$ cm 的间距,计算不同净扬程(水位组合)工况下的泵站装置内流场流动状态。获取不同叶片角度、扬程工况下的机组流量、流速数据,为三维流场展示提供数据源。

系统根据计算结果,在泵站流道三维模型上实时对不同工况下的机组流量、流速进行展示,流道内的流速应用不同的颜色表示。分为实时工况仿真和历史工况仿真,实时工况仿真为当前工况下的机组流量和流速展示,历史工况仿真提供多种工况下对应的机组流量和流速情况查询。如图 16.1-6 和图 16.1-7 所示。

2. 智能主机组全生命周期监测与健康评估子系统

对泵站主机组设备的状态监测量、过程量参数以及相应的工况参数进行实时监测,并对监测数据进行存储、管理、综合分析、诊断,能反映机组长期运行状态的变化趋势,以数值、图形、表格、曲线、文字和三维可视化的形式进行显示和描述,并对机组设备异常状态进行预警和报警。

1) 实时监测

实时监测(图 16.1-8)提供对机组当前的运行状态进行同步监视和显示的功能,以数值、曲线、图表、三维可视化等各种形式,将机组的各种状态分析数据展现给用户。系统同时会将各通道的报警状态在监测终端同步显示,泵站运行人员可以根据这些状态判定是否需要检修维护人员参与机组检查调整。监测内容包括机组振动、摆度、转速、轴向位移、压力脉动等。

2) 智能分析

智能分析(图 16.1-9)用于对机组各测点采集的振动、摆度数据以图形、图像、表格的形式显示出来,便于专业的诊断分析人员进行各种数据分析、趋势分析、频谱分析等。分析工具应包括:单值棒图、波形频谱图、振动趋势图、频谱瀑布图、振动数据列表、轴心轨迹图等。

3) 智能诊断

智能诊断(图 16.1-10)用于对机组的故障进行自动识别与诊断,当机组测点发生报警时,系统启动故障诊断分析模块,根据内置的故障诊断知识库规则对机组运行时的振动、摆度、转速数据进行筛选,并提取特征信息,将特征信息与规则进行匹配和模式识别,判断出最有可能的故障类型,给出结果和建议的处理措施。最终的诊断结果以表格、文字说明等形式进行多样化的信息展示,显示故障发生的时间、机组、部件、故障类型、处理措施等。

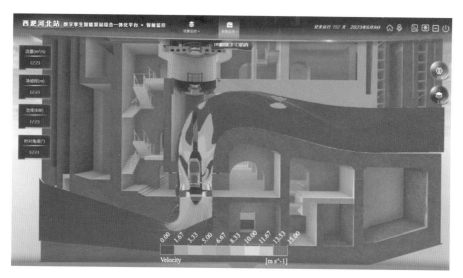

图 16.1-6　CFD 模拟仿真实时工况

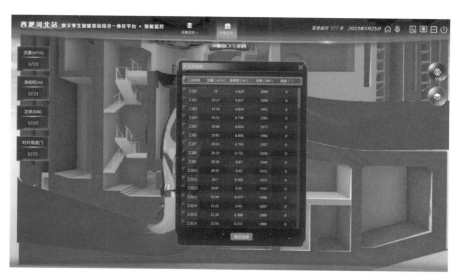

图 16.1-7　CFD 模拟仿真历史工况

图 16.1-8　实时监测

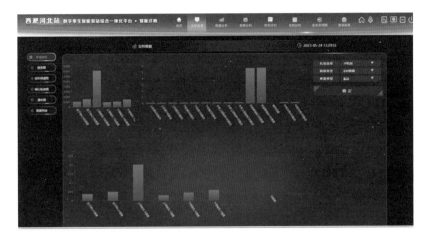

图 16.1-9 智能分析

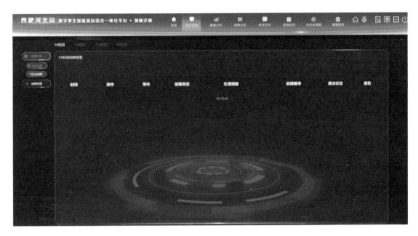

图 16.1-10 智能诊断

4) 智能预警

智能预警(图 16.1-11)主要是用来对机组的各个测点进行数据预测,对未来可能发生的故障进行预警,在故障发生前预测到可能发生的危险,从而使用户进行检查和维修,避免出现重大事故。

图 16.1-11 智能预警

预报内容包括机组轴线弯曲故障预警、转动部件和固定部件碰磨故障预警、机组质量不平衡故障预警、推力轴承镜板主轴故障预警等。系统具备支持多点组合、不同工况判断与选择、保护输出延时等多种报警保护模式和策略。系统能自动采集、记录报警前后 20 min 的原始数据，分辨率小于 2 ms，并可以通过分析诊断软件调出报警保护发生前后 20 min 之内的连续数据以供事后分析。

5) 智能评估

智能评估(图 16.1-12)是结合当前运行状态对整个机组的历史状态进行的一个评价，根据评价结果显示当前各个机组健康状态。系统根据机组振动、摆度、压力、温度等参数建立综合健康状态评价模型，对采集的实时数据提取状态特征参数，计算当前的状态特征值，调用相应的健康状态评价模型，得出机组的健康状态评估结果，并生成评估报告。

图 16.1-12　智能评估

6) 全生命周期管理

全生命周期管理(图 16.1-13)是采用智能电子装置及智能设备对机组规划、采购、仓储、安装、调试、运行、维护、改造直到报废的整个过程，自动完成数据实时采集、测量、报警、自诊断等，具备机组从"生"到"死"的数据查询、数据实时在线监测、机组故障自诊断、机组故障预报警等应用组件，保证生产运行安全可靠、经济高效，最终实现最大限度地降低企业生产成本。

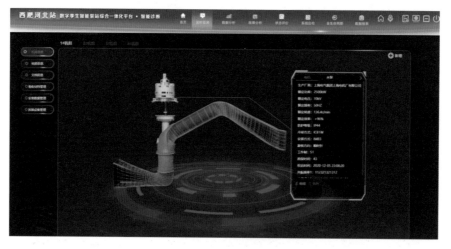

图 16.1-13　全生命周期管理

7）系统自检

系统自检（图 16.1-14）是对系统进行在线自诊断及系统错误排查。根据所选机组显示所有的传感器状态，根据颜色的不同表示该状态（绿色表示正常，黄色表示高报，红色表示高高报），可以根据需求只显示有故障的传感器。

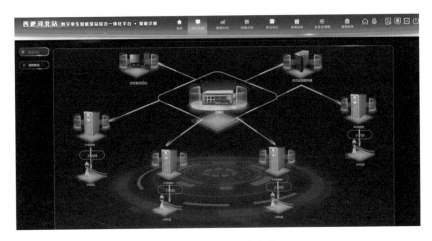

图 16.1-14　系统自检

8）数据报表

数据报表（图 16.1-15）具备状态监测运行报表（日报、月报等）定制化编辑及按时间自动生成的功能。根据所选择的时间，显示各个开机时间段内测点数据的平均值、最大值、最小值、变化率以及此次开机的时长，在最大值和最小值数据后显示发生的日期或时间。

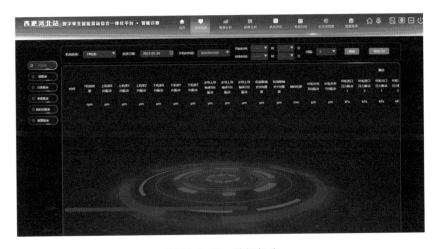

图 16.1-15　数据报表

3. 智能工程安全监测子系统

智能工程安全监测子系统根据工程等别、地基条件、工程运用及设计要求，设置变形、渗流、水位、应力等常规监测项目。通过对泵站进行安全分析评估，实时分析泵站工程安全性态，全方位掌握工程的运行状况，对异常情况进行智能预警，对未来安全状况做出预测，以便采取相应的预防和补救措施来确保泵站工程安全运行，从而实现对泵站全方位、全过程、全生命周期的智能监控、分析评估及辅助决策，提升智能化管理水平。

1）实时监测功能

系统应实时监测管理所接入的各类安全传感器的数据,并结合泵站建筑物三维模型进行展示,如图16.1-16所示。

图 16.1-16　实时监测功能

2）数据转换功能

系统对各传感器原始数据进行自动计算,并转换为观测的位移、开度、渗压等物理量,将成果存放在成果数据库内,同一测点计算支持多套不同时段的应用公式,计算公式包括固定换算公式、自定义公式、查表计算、相关点计算等。

计算过程提供自动计算和手动计算两种方式。自动计算根据设定的时间周期,自动对未计算的数据进行计算处理;手动计算可以选取任意时段、测点范围或数据类型的测值进行计算。

3）数据管理功能

数据管理功能包括数据查询、修改、删除和新增功能,同时可以根据数据评判规则(上限、下限、变幅等),对数据进行评判分析和粗差异常分析。

4）报表功能

报表组件可以定制各种不同类型的报表,除年报、月报、日报等,也可以制作时段报表,进行实时数据报表展示等,如图16.1-17所示。

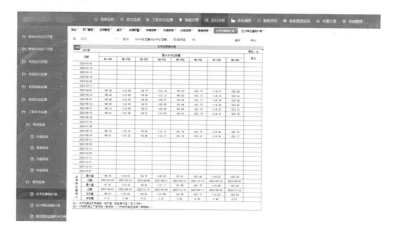

图 16.1-17　报表功能

5）图形功能

图形功能可以定制并生成各种需要的图形，包括多测点过程线图、布置图、分布图、等值线图、相关图等，如图 16.1-18 所示。

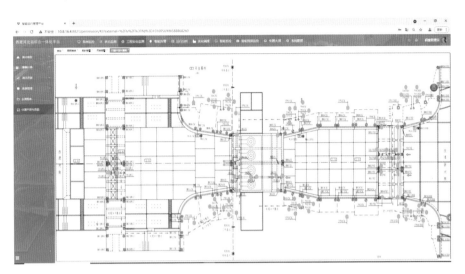

图 16.1-18　图形功能

6）报警功能

报警功能是根据用户自定义的报警源和报警策略，提供超量程、超变幅、NDA 异常状态、缺数据等内容的报警服务。各项报警信息按照用户的报警策略进行解析，按照指定方式发送给指定的报警接收者，报警方式有语音报警、短信报警、邮件报警、短信查询等。如图 16.1-19 所示。

图 16.1-19　报警功能

7）安全分析评估及辅助决策功能

构建泵站安全分析评估及辅助决策系统，以水工理论知识和专家实践经验为依据，以准则评判为工具，以综合分析推理为手段，获得对被测结构物的历史运行性态的基本认识，进而对结构物安全状态做出评估，对未来的安全状况做出预测，并将上述认识、评估和预测结果予以反馈，为工程运行调度和维护管理提供决策支持。

4. 智能变配电监测子系统

将视频、环境监测、在线监测等各种子系统的数据进行有机融合,对泵站变配电系统设备状态进行监测分析,使变配电设备监测数据展示和系统管理更具直观性,实现了设备状态的评估分析、报警,并提出设备维修、更换建议,从而确保泵站工程中变配电设备的运行维护安全、高效。

1) 实时监测

智能变配电监测子系统应能对变压器状态、高压开关设备、二次设备等进行实时监测信息的展示,监测的内容应包含油色谱、变压器油温、绕组温度、铁芯接地电流、变压器局放、装置温度、电源电压、断路器、隔离开关、接地开关、重合器、分断器、负荷开关、接触器、熔断器、隔离负荷开关、熔断器式开关、敞开式组合电器等,并具有历史数据查询、历史曲线分析和变化趋势预警、越限告警等功能。图16.1-20和图16.1-21为变压器状态实时监测界面。

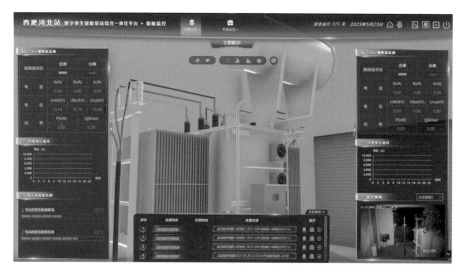

图 16.1-20　主变压器室

图 16.1-21　干变室

2）图形展示与管理

图形展示与管理功能应能实现变化图元形式直观反映实时数据变化，实时跟踪一次设备状态，动态展示实时量测值。能够提供棒图、曲线、报表、饼图等丰富的可视化展示手段。

3）故障信息综合分析

故障信息综合分析决策功能应自动为值班运行人员提供一个事故分析报告并给出事故处理预案，便于迅速确定事故原因和应采取的措施，而且可以为事后进一步分析事故原因提供相关数据信息。

4）变压器状态评估预测分析

系统具有分析并评估预测变压器铁芯类故障、绕组类故障、套管类故障等功能。

系统具有分析变压器老化速率及变压器寿命损耗的功能。

系统具备变压器故障诊断评估多种趋势分析、大数据中各非关联数据的关联性分析、原始谱图人工智能失真判断识别、人工智能机器学习的功能。

5）断路器/GIS状态评估预测分析

系统具有分析评估预测GIS内部绝缘故障、外部液压故障、套管类故障、雷电故障等功能。

系统具有提供断路器及绝缘的故障诊断评估多种趋势分析、大数据中各非关联数据的关联性分析、原始谱图人工智能失真判断识别、人工智能机器学习的功能。

系统能够根据各种不同的监测类别，通过人工智能的方式对断路器/GIS进行综合的诊断，给出正确的诊断结果，避免误诊误判。

6）电容型设备状态评估预测分析

系统能通过各类监测数据综合分析电容型设备的绝缘状态。

系统能够根据负荷电流、环境、检修记录、红外温度等，通过人工智能的方式进行综合的诊断，给出正确的诊断结果，避免误诊误判。

7）金属氧化物避雷器状态评估预测分析

系统能通过监测金属氧化物避雷器的全电流、阻性电流、放电次数及谐波电压等工况参数，实时评估预测金属氧化物避雷器的绝缘状态。

系统能够根据负荷电流、环境、检修记录、红外温度等，通过人工智能的方式进行综合的诊断，给出正确的诊断结果，避免误诊误判。

8）智能预测报警

系统能提供报警功能，报警定值可根据设备特性和运行工况设定。出现报警时，系统推出报警画面。系统能通过人工智能进行自学习，不断提高报警的准确度和精准度，降低误报的可能性。能实现泵站正常及事故情况下告警信息的分类，并基于信号重要性进行分级。智能告警采用不同颜色、不同页面的方式对告警信息进行自动分级筛选过滤，并分类存放，便于运行人员快速调用，提高了运行值班的异常处理效率。

9）评估预测运行状态报告

系统能提供设备运行状态报告，显示稳态、暂态过程中各运行状态的数值和设备故障发展变化趋势，对设备运行状态做出评价，并附有相关的图形和图表。报告可根据需求进行功能定制，采用与Excel、Word等兼容的文件格式。

5. 智能闸门及启闭机监测子系统

系统支持与泵站自控系统有关运行工况信息的双向交流，从而将闸门的运行工况、运行参数和启闭设备等自带传感器相关的行程、荷载、超载保护等参数，与金属结构设备专设传感器的相关信息结合，综合各种因素进行泵站设备运行稳定性分析，得出设备的"健康"状态，定期出具设备状态报告，统计故障发生情况,形成报表和结论。

系统具备良好的开放性、可扩展性、智能诊断与处理能力,以及大规模数据管理和深层数据挖掘的能力。具有强大的系统整合和数据接入能力,能实现设备管理分层可视化,具有高度的开放性,可实现与信息管理系统、自动化管理系统等工程运行管理相关系统的无缝对接。监测内容包括:门叶振动、启闭机振动、闸门应力及变形、机架应力及变形、闸门左右倾斜度、闸门开度等。

数据库存储分析和故障诊断部分能定期接收和保存所有监测点的幅值、频谱、时域波形等数据;数据库能按不同的需求、不同的方式,调取各种信息、数据,采用多种方式的趋势分析、频谱分析、波形分析等手段,进行振动分析和故障诊断。

1) 实时监测模块

如图 16.1-22 所示,实时监测模块结合闸门结构三维模型,依次按照布设测点来实时显示监测结果,在数据显示方面,除了实时显示监测数据外,并可显示数据状态,使数据对于设备安全的意义更加直白,减少了管理人员分析数据的时间,在一定程度上更加便于对设备结构安全的把握。

实时监测模块还可以展示数据的实时时域图、频域图、瀑布图,用户可以通过时域图、频域图、瀑布图直观地看出设备在不同时间段内频谱变化的趋势,为故障判断提供依据。

图 16.1-22　闸门监测

2) 历史与趋势模块

历史与趋势模块用于对监测数据的存储及管理,目的在于使所有用户能够利用该模块了解实时在线监测的金属结构设备的历史运行参数,避免因为隐患引发事故,从而使得设备得到更加完善的管理。

3) 健康状态评价模块

健康状态评价模块能够对设备各测点的数据进行等级评价,判断设备运行状态是否良好,并且根据数据对各测点的状态进行打分,便于用户直观地了解设备的运行状态。评估结果直接、简洁,能够有效指导管理人员现场操作维护,显著减少管理人员的工作量。

4) 故障诊断分析模块

故障诊断分析模块能根据不正常数据,具体分析设备的故障类型、故障位置等,并且为用户提供处理建议,方便用户及时处理设备故障。

6. 智能技术供水监测子系统

如图 16.1-23 所示,智能技术供水监测子系统能够根据机组开机台数、机组温度自动调节技术供水的流量。供给主机组和辅助设备冷却润滑水,如电动机冷却器冷却水、推力轴承和上下导轴承的油冷却用水、水泵油导轴承的密封润滑水和水泵导轴承润滑用水,以及真空泵工作用水和水冷式空气压缩机冷却用水等,从而使机组运行过程中工作温度稳定,并实现技术供水的循环使用。

图 16.1-23  技术供水

系统具有以下功能:

1) 实时监测模块

能提供对技术供水泵运行状态、供水管路压力、水箱水位、水温信息的实时监测,并结合三维模型进行展示,以可视化界面展示水泵运行状态、管道流量状态、技术供水量不足及中断等故障的告警信息,以及水泵运行记录(包括启停时间及运行时长等)。同时还可通过查看视频监控掌握现场实际情况。

2) 预警报警模块

能在线监测技术供水管路的水流状态,实现技术供水量不足及中断等故障的报警。

3) 信息查询模块

可对技术供水系统监测的所有数据进行记录,以便查询历史数据。

7. 智能渗漏排水监测子系统

如图 16.1-24 所示,智能渗漏排水监测子系统与西淝河北站排水系统进行数据和功能集成,可以自动识别泵站机组运行使用的冷却水、过水部件的渗漏水等监测点的水位,用于实现排水系统自动运行。将渗漏排水与三维系统融合,以可视化界面展示水泵运行状态、水位超限和水泵故障等告警信息,查看水泵运行记录(包括启停时间及运行时长等)。同时还可通过查看视频监控掌握现场实际情况。

系统具有以下功能:

1) 实时监测模块

能够对排水泵运行状态、集水井水位、电量数据进行实时监测,并结合三维模型进行展示。

2) 预警报警模块

实现水位超限和水泵故障的预警报警。

图 16.1-24　渗漏排水

3）信息查询模块

能对渗漏排水系统监测的所有数据进行记录，以便查询历史数据。

8. 智能通风和温湿度监测子系统

智能通风和温湿度监测子系统与西淝河北站采暖通风与空气调节系统进行数据和功能集成，通过对各暖通设备运行参数、运行状态的自动监测、自动测量，保证暖通设备和除湿设备按设定的模式运行，发挥设备最高效率，延长设备的使用寿命并降低运营成本，以达到最大限度节约能源的目的。

如图 16.1-25 所示，将风机系统与三维系统融合，以可视化界面展示风机运行状态，查看风机运行记录（包括启停时间及运行时长等）。同时可实现风机设备的自动控制。

图 16.1-25　通风和温湿度

系统具有以下功能：

1) 实时监测模块

能够对泵站各层风机运行状态、除湿机运行状态、环境湿度、温度等信息进行实时监测，并结合三维模型进行展示。

2) 预警报警模块

实现温度超限、湿度超限、风机和除湿设备故障的预警报警。

3) 信息查询模块

可以查询设备的历史运行记录（图表或运行曲线）、历史能耗、操作记录等。

#### 16.1.5.2 智能监控系统

智能监控系统通过三维可视化的界面风格，对泵站主机组、辅机设备、公用设备进行控制操作，并实现机组自动一键开机、一键停机功能。系统包括智能主机组监控、智能叶片角度调节、智能闸门控制、智能变配电控制、智能排水控制、智能技术供水控制、智能清污机控制、智能通风控制、智能空气压缩机控制等子系统。

1. 智能主机组监控子系统

智能主机组监控子系统能与西淝河北站计算机监控系统进行数据交换。系统具有一键启停功能，能够自动或根据运行人员命令实现对泵站机电设备的控制，包括对主机组、调节机构、技术供水、闸门、励磁系统、变配电系统、排水系统等进行联合控制，通过设定好的控制逻辑和流程，实现机组自动一键开机、停机功能，并结合泵站机组三维模型进行开、停机过程的展示。系统具有以下功能。

1) 控制对象和内容

对水泵主机组、调节机构、技术供水、闸门、励磁系统、变配电系统、排水系统等进行联合控制。

2) 一键开机功能

系统在开机过程中需按照以下流程进行：

(1) 开机条件检查

包括进出水池水位、主水泵、主电动机、叶片调节装置、工作闸门、辅机系统、电气控制与保护系统等信号，系统能自动判断出每个开机条件的满足情况并实时显示。开机条件都满足要求时，将执行技术供水运行流程，若开机条件不满足，系统会产生报警信号，并将故障原因反馈到监控系统界面，显示机组启动失败。

(2) 技术供水运行

当满足开机的条件时，系统将开机指令下发到技术供水控制单元，并启动技术供水装置。技术供水泵启动正常后，将开启进出水工作闸门，并启动主机组。若技术供水设备运行不正常或者失败，系统会产生故障报警信息，并将故障原因反馈到监控系统界面，显示机组启动失败。

(3) 开启工作闸门

当技术供水系统运行后，控制系统将自动开启相应的进出水工作闸门，做好开机准备。若闸门开启失败或不满足开机条件，系统会产生故障报警信息，并将故障原因反馈到监控系统界面，显示机组启动失败。

(4) 启动主机组

当进出水工作闸门开启并满足水泵主机组启动的条件后，控制系统将执行主机组启动的控制程序，启动主机组。机组启动正常后，系统进入水泵智能优化调节过程。若机组启动失败或故障，系统会产生故障报警信息，并将故障原因反馈到监控系统界面，显示机组启动失败。

（5）水泵智能调节

当机组启动并运行正常后，系统将进入智能优化调节过程，根据上下游水位、压力、闸门开度、机组流量、叶片角度、扬程、机组运行状态等信号，并依照智能控制系统的机组运行模型来进行水泵的优化调节，机组运行稳定后，系统提示机组启动成功。

（6）开机流程结束

上述开机流程执行完成并成功后，机组进入自动运行状态，开机过程结束。

3）一键停机功能

（1）调节叶片角度

当需要停止水泵运行时，系统将自动调节叶轮的叶片角度至叶片与水流的最小角度。

（2）主电机断路器分闸

停机继电器动作并自保持，由继电器接点引出，跳电动机断路器，联动励磁装置逆变灭磁。

（3）停机过程

当上述工作完成后，并且机组转速下降到规定范围内（一般为额定转速的35%），制动装置自动投入工作进行制动。同时根据系统自动程序内的正常停机数学模型，关闭供水闸门至全关、停止风机系统运行、停止供水系统运行、停止叶片调节系统运行。

（4）停机结束

机组停止运行完成后，及时放空水泵及管路中的余水。

4）过程三维可视化

系统基于主机组、辅机组等设备的三维模型对开、停机过程和设备运行状态进行实时展示。

从泵站全站角度，关注全站重要运行数据、统计数据和告警数据。包括机组的运行状态、进/出水口水位和流量曲线、安全监测重点数据及曲线、机组状态评分、近三年运行效益统计、全站告警数据统计、进/出水口水位监控视频等内容。实现在虚拟环境中及时掌控全站运行状况。如图16.1-26所示。

图16.1-26　全场景主机监控

以单台机组为对象，可以查看机组的实时运行信息，包括：温度、电气参数、状态监测参数、效率曲线、实时报警信息等；也可以查看单台机组的运行记录及运行效益统计。可以通过语音实现对机组开、停机叶片角度调节等控制操作，也可以在设备操作时查看相应的监控视频。如图16.1-27所示。

图 16.1-27　主机监控

2. 智能叶片角度调节子系统

智能叶片角度调节子系统与叶片调节机构 PLC 联动,能远程控制叶片调节机构并能根据模型算法自动调节叶片角度,从而使水泵在各种扬程下能在高效区运行。如图 16.1-28 所示。

图 16.1-28　叶片角度控制

系统具有以下功能:

1) 控制对象和内容

叶片调节机构。

2) 实时调度过程优化

根据泵站运行情况,包括实时工况所需扬程、流量,利用所建立的函数关系进行过程优化和调节。

3) 过程三维可视化

系统通过三维可视化的方式展示叶片调节的过程。

## 3. 智能闸门控制子系统

智能闸门控制子系统与计算机监控系统进行数据交换,将控制命令信号发送到闸门电气控制柜 PLC,控制闸门启闭。可远程对闸门进行启门(上升)、闭门(下降)、停止、紧急停机控制,可设置闸门开度,自动控制闸门运行到设定开度。如图 16.1-29 与图 16.1-30 所示。闸门监控子系统在具备传统上升、下降、停止等基本功能的基础上,为提高其智能化性能,还具备以下功能:

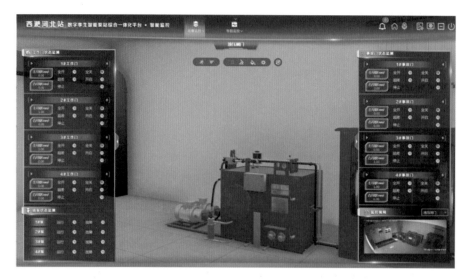

图 16.1-29　工作闸门控制

图 16.1-30　防洪闸门控制

(1) 运动过程中开度不变化时报警或停止。

(2) 静态纠偏(液压启闭机)。

(3) 下滑复位。

(4) 过程统计参数的计算(运行时间、启闭次数等)。

(5) 过程三维可视化。

4.　智能变配电控制子系统

智能变配电控制子系统可与变配电控制单元进行交互,能对高压开关柜、低压开关柜、保护装置等进行远程控制。如图 16.1-31 与图 16.1-32 所示。

系统具有以下功能:

1) 控制对象和内容

高压开关柜、低压开关柜、保护装置。

2) 人机界面操作控制功能

人机交互界面为操作人员对设备的选择、控制、取消、监护、修改、置数等控制操作提供界面。控制操作界面一般依附于变电站图形界面,简洁、直观、便于操作。

图 16.1-31　变配电设备控制

图 16.1-32　站用电设备控制

3) 防误闭锁功能

防误闭锁功能在监控系统误操作时发生作用,防止造成损失和人员伤害,一般也称之为"五防"功能。闭锁功能在误操作时生效,禁止遥控操作。防误闭锁功能实现全站性逻辑闭锁,除了站控层设备满足全站性逻辑闭锁外,还有间隔测控装置的本间隔闭锁、间隔间闭锁。

5. 智能排水控制子系统

智能排水控制子系统与排水控制系统进行数据交换,实现排水系统的自动控制。系统能够自动识别泵站机组运行使用的冷却水、过水部件的渗漏水等监测点的水位,当水位达到起排水位时,控制系统自动启动排水工作泵进行抽排,直到监测点水位下降至停泵水位时,控制系统自动停止排水工作泵。如图 16.1-33 所示。

图 16.1-33　排水控制

6. 智能技术供水控制子系统

智能技术供水控制子系统与技术供水控制单元进行数据交换,实现技术供水系统的自动控制。技术供水泵与滤水器能自动运行和停止,应具有现地手动/自动控制方式,水泵设置"手动/自动/切除"切换开关,当水泵切换开关置于"手动"位置时,运行人员可通过手动启/停开关跨越 PLC,实现对泵的启停。滤水器应与泵站自动化连接,实现在线运行远程控制和监测。运用三维图形直观展现技术供水管道管路结构,以及重要位置的监视参数,如阀门开度、水位、水温、水压等,及时反映技术供水运行状况。如图 16.1-34 所示。

图 16.1-34　技术供水控制

7. 智能清污机控制子系统

智能清污机控制子系统与清污机控制系统进行数据交换,实现对清污机工况的实时控制、监测和保护管理。系统根据前、后水位压差与水面漂浮物堆积情况,能智能控制系统清污,保证水面过流能力,避免泵站因过流能力不足而停机,即通过拦污栅水位差、智能视频监视实现远程智能自动清污。如图 16.1-35 所示。

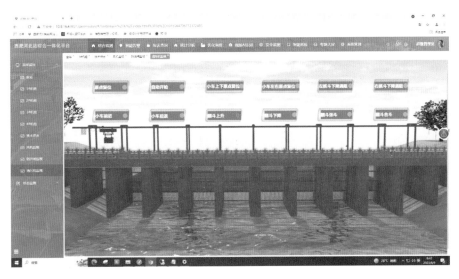

图 16.1-35 清污机监控

8. 智能通风控制子系统

智能通风控制子系统应能与暖通控制系统进行数据交换,可以实现对通风设备的控制。如图 16.1-36 所示。系统具有以下功能:

(1) 控制对象和内容:油浸式变压器室、液压油泵室、油罐及油处理室、大型电缆室等设备间通风系统;消防水泵房、空压机室、机组供排水泵室等设备间的通风系统;主厂房水泵层、电机层、联轴层、检修层等各层的通风系统。

(2) 系统具有实时控制、联动控制、负荷控制、运行时间控制等功能。

图 16.1-36 通风控制

9. 智能空气压缩机控制子系统

智能空气压缩机控制子系统能与相关系统进行数据交换,对泵站各空气压缩机启、停进行控制。能够监测泵站各空气压缩机的运行、故障以及手、自动等信号。如图 16.1-37 所示。

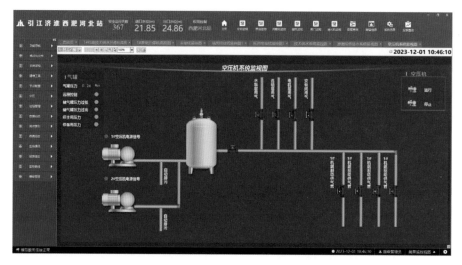

图 16.1-37　空气压缩机控制

### 16.1.5.3　智能运行管理系统

根据实际需求,在传统泵站运行管理基础上,开发智能运行维护管理子系统、三维模拟仿真与检修培训子系统、泵站经济运行子系统、智能视频安防系统和智能巡检机器人系统。

1. 智能运行维护管理子系统

系统主要包括:工作台管理、作业管理、维修管理、安全管理、设备管理、综合数据分析、综合告警管理、虚拟化巡检、外业应用(移动应用)等功能模块,实现泵站运行维护的标准化、规范化、智慧化管理。

1)工作台管理

该模块用于个人工作查看、处理及管理。模块需包括待办审批、已办审批、待办工作、已办工作、我的消息功能。如图 16.1-38 所示。

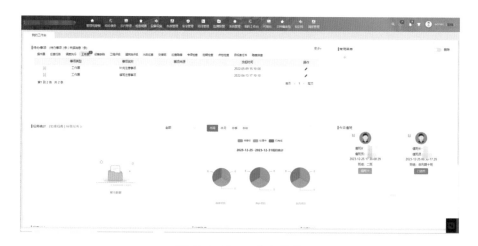

图 16.1-38　工作台管理

2) 作业管理

作业管理包括对值班排班(图16.1-39)、交接班、巡检、工程检查、工程观测、问题上报、调度令、应急响应、工作票、操作票等进行管理,以及相关设施的使用和问题上报的流程管理,从传统的线下管理转变为线上管理。

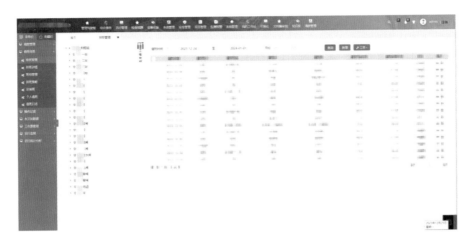

图 16.1-39  值排班管理

3) 维修管理

系统包括设备维修记录、工程维修项目卡管理。如图16.1-40所示。

设备维修记录:系统根据设备定期检修实现对检修内容的管理,同时通过对设备单元、检修日期的查询,以列表方式显示设备定期检修登记情况,通过选择某一维修记录可以查看到维修登记、审核的详细信息。

工程维修项目卡:工作人员在维修项目完成后需及时在系统上登记项目管理卡,并对每个维修项目的具体实施情况做详细描述,系统将通过列表形式对历年的维修项目进行统计、展示。

图 16.1-40  维修管理

4) 安全管理

如图16.1-41所示,安全管理模块需包含以下功能。

目标管理:形成安全生产管理目标制定、各执行单位签订目标责任书、目标执行工作总结以及执行结果考核的完整记录。

安全教育训练:按工程单位安全教育训练相关的培训计划以及相应的培训记录,保存特种作业人员信息等档案资料。

生产设施:记录管理的各类设施设备的基本情况、运行情况以及特种设备审核检测情况。

作业安全:按照工程管理单位与作业安全有关的规章制度要求,根据现场实际情况填写提交检查记录,检查内容项包含现场作业检查、标志标识检查等。

隐患管理:将排查出的隐患记录在案,并对隐患治理过程中的整改情况进行登记,形成隐患处理档案;针对工作过程中发现的可能存在的灾害风险、应采取的措施进行记录及审核,并且跟踪发布情况。隐患发现处理与工程检查、维修养护相关子功能关联。

危险源监测:对已识别的危险源进行定期或不定期监测,按危险编号记录每次监测的情况,包括定义风险等级、记录采取的监控防控措施、采取的预案、评估备案以及危险源警示标志的设置情况等。

应急救援:形成应急救援相关的物资和器械设备台账,记录历次应急演练的执行情况以及应急事件的处置结果。

事故管理:以安全生产事故为主体,记录事故的上报、抢救、调查、结案及善后工作的执行情况。

图 16.1-41　安全管理

5）设备管理

运用二维码技术实现设备的信息化管理。每个机电设备设置唯一的二维码,二维码张贴于设备揭示图或设备本体上,通过手机或者平板扫描即可实现各机电设备的型号参数、出厂日期、维修时间、试验时间、评级时间等的实时查询与调阅。如图 16.1-42 所示。

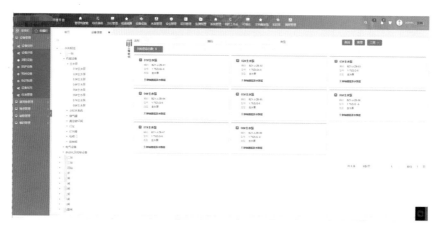

图 16.1-42　设备管理

6) 综合数据分析

综合数据分析模块需包含以下功能：

综合数据分析提供泵站运行自动化监控数据及基础水情数据等的图形、表格和实时动态信息框等形式的展示功能，并提供监测预警告警管理及提醒。具体功能包括数据接收、数据处理、数据入库、数据管理。

7) 综合告警管理

综合告警管理连接泵站监测设备，实时分析评估泵站工程安全状态，对异常情况进行智能预警。综合告警管理模块需具备设备安全警示告知功能：与泵站的主厂房、副厂房、开关室、主变压器室、站变压器室、联轴器层、水泵层等工程管理区域内的安全监测设备进行联动，如传感器、语音系统、声光电报警装置信号接入，实现安全警示告知。如图 16.1-43 所示。

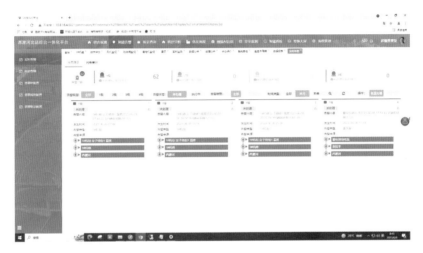

图 16.1-43　综合告警

8) 虚拟化巡检

虚拟化巡检可以根据设定的巡检路线，提供所到范围内的设备运行数据、视频监视信息的三维巡检展示及查看功能，并根据设定的参数阈值实现报警及故障提示。结合 3D 模型、监控摄像头、巡查表单以及预设路线等，实现在三维虚拟模型中进行巡查巡检工作。工作人员通过操作虚拟人物在三维模型中进行移动，到达设定的巡查地点时，能直接调用此地的现地监控摄像头，对设备的现场实际运行状况进行查看，并填写相应的巡查表单。如图 16.1-44 所示。

图 16.1-44　虚拟化巡检

9) 外业应用(移动应用)

泵站运行过程中,系统应能提供在移动端上填报巡查记录表、巡查问题上报、巡查任务查看、巡查计划查看、巡查历史记录查询等功能,巡查人员对主机、辅机等进行巡检时,可查看主、辅机内部细节以及相关参数信息(实时监测数据、基础数据)。图 16.1-45 所示为其中的巡检记录功能。

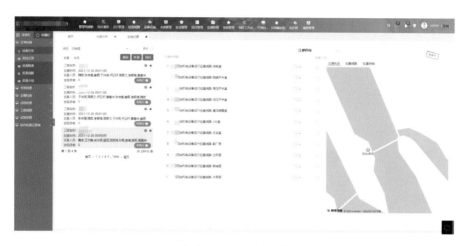

图 16.1-45　巡检记录

2. 三维模拟仿真与检修培训子系统

综合运用三维建模、三维仿真等技术,建立三维可视化智能培训系统。将常规水泵站主要设备(水泵、电动机、主变压器、高压断路器、隔离开关等)、辅助设备(检修排水泵、渗漏排水泵、高低压空气压缩机、滤水器、厂用变压器、压油槽、高低压储气罐等)、启闭设备及金属结构(进水口工作及检修闸门、拦污栅、固定式卷扬机,闸门液压启闭机、进出水闸门、移动式门机、检修闸门等)以及电气主接线、油水风系统用三维可视化技术进行建模,以文字、声音、灯光、色彩等配合,渲染合成,具有与实物一致的全景三维立体外形,并能根据需要进行局部结构解剖。三维模拟仿真与检修培训子系统包括泵站整体结构和各子系统的三维建模、三维可视化检修培训、仿真测试等功能。

系统按照检修规程中规定的检修项目、检修步骤以及检修要点等检修要素,进行动画设计制作,并辅以字幕、配音及背景音乐,对检修规程进行全方位、多层次的展现。充分利用虚拟现实软件交互性能强的特点,进行编程设计,形成针对某一检修项目而开展的具体操作步骤,每个科目有训练和考试两种模式。其中训练模式为该检修项目正确的操作步骤,考试模式为学员通过鼠标等交互设备自行完成该检修项目的考试操作,考试结果能回溯,有利于纠正错误。为泵站检修人员、运行人员以及管理人员提供全方位、多层次的仿真培训,使用户能够更加直观地了解泵站信息和泵站运行的各项技术细节。图 16.1-46 所示为仿真检修总览界面。

1) 建模内容

(1) 主厂房内部

水泵主机组检修仿真涉及主厂房装配间及电动机层。主厂房装配间及电动机层建模包括以下部分:电动机层布置、电动机上部结构、装配间布置、厂房内部结构(包括桥式起重机及轨道)、叶片调角装置等。

(2) 水泵电动机主机组

电动机:定子、转子、上机架、上导轴承、推力轴承、下机架、下导轴承、电动机轴、集电环装置、罩壳等;

水泵:叶轮、主轴、水导轴承、机械密封、叶片调角装置(受油器、操作油管等)、泵体(顶盖、填料密封、出水弯管、导叶体、叶轮室、出水伸缩节、出水接管及出水底座等)等。

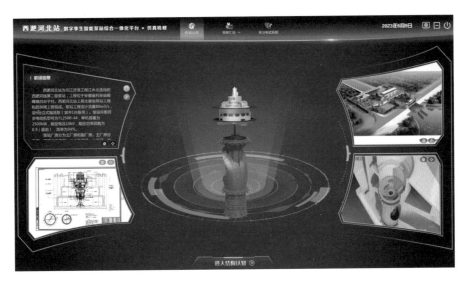

图 16.1-46　仿真检修总览

2) 三维可视化检修培训

提供水泵、电动机主设备三维可视化检修仿真培训系统,其可以为工作人员提供浸入式、高效率的培训体验,达到传统培训无法达到的效果与目的,是泵站培训的综合平台。

(1) 水泵电动机主要部件结构特点及工作原理

水泵主要部件包括:叶轮、主轴、水导轴承、机械密封、叶片调角装置、水泵本体;

电动机主要部件包括:定子、转子、上机架、上导轴承、推力轴承、下机架、下导轴承、电动机轴、集电环装置;

在主机组主要部件的结构特点及工作原理演示动画中,使用主机组1∶1无差别模型数据进行制作,并标注相应的技术参数,如水泵型号、电动机型号、主要部件的材质重量等。如图 16.1-47 与图 16.1-48 所示。

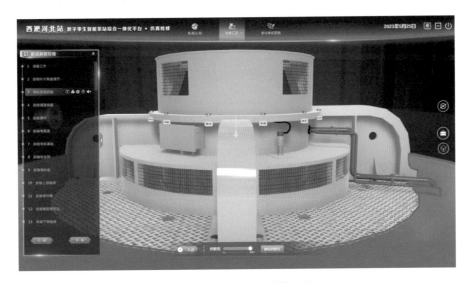

图 16.1-47　主机组建模示例

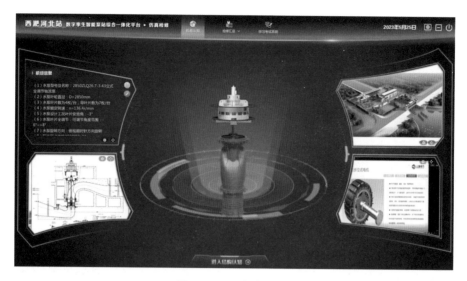

图 16.1-48　机组认知

（2）水泵全分解及全安装检修仿真

利用三维可视化技术,构建水泵与电机轴法兰分解后水泵本体吊出机坑的拆卸全过程,以及装配后的水泵本体吊入机坑到水泵主轴就位的安装全过程的仿真演示。如图 16.1-49 所示。

图 16.1-49　水泵拆装

（3）电动机全分解及全安装检修仿真

利用三维可视化技术,构建电动机轴与水泵轴连接法兰分解后到下机架全部吊出机坑的拆卸全过程,以及下机架吊入机坑到电动机所有部件全部安装完毕的全过程仿真演示。如图 16.1-50 所示。

3）仿真测试

仿真测试模块中的试题库涵盖试题及标准答案,试题题型包括单项选择题、多项选择题、问答题、计算题等多种形式,用户可自行扩充、修改其试题库及题型。仿真测试模块能在后台自主操控,能对试卷进行自主设置(包括题型、数量及每题的分数等);能自动出卷、自动判卷,其中较为复杂的计算题需人工单独判卷,给出成绩后,系统能自动保存考试试卷(包括考生信息、考试时间、地点、成绩等),以便存档。针对考生自测及技能鉴定考试后形成的考试数据,利用数据清洗算法,可有选择地对某个工种或错题等做单独练习,达到事半功倍的效果。如图 16.1-51 所示。

图 16.1-50　电动机拆装

图 16.1-51　仿真测试

### 3. 泵站经济运行子系统

泵站经济运行子系统为结合控制论、信息论、经济管理科学、现代数学的优化方法、电子计算机和其他有关的工程技术,以泵站整体配合的运行效率最优为目标,根据水泵、电动机的性能,进出水池和管理的运行情况,遵循泵站效率最高准则、泵站耗电量最少准则、泵站运行费用最少准则、泵站抽水流量最大准则,建立泵站经济运行模型,开发指导泵站运行的智能系统。

结合效率、成本、流量等相关约束条件,根据目标函数实施优化控制、科学调度,通过对数学模型求解选择最优的机组联合运行模式,确定不同时段、不同流量下的最优运行状态,在最大程度上保证泵站的扬程和流量,降低泵房运行成本,提高泵房运行设备的工作效率,实现泵站的高效、经济运行。建立优化调度模型,根据实时扬程、流量、功率等信息,计算机组最优运行方案,指导泵站实现经济运行。在三维可视化系统中可完成泵站优化调度计算操作,并展示方案结果。如图16.1-52所示。

图16.1-52 经济运行子系统

4. 智能视频安防系统(视频智能监控及安防系统集成)

智能运行管理系统需与视频智能监控及安防系统进行功能集成,并与一体化平台功能进行联动,实现智能分析技术的应用,变"被动"为"主动",可以对事件做到"早发现、早预防"。

系统需结合视频智能监控及安防系统功能,对泵站进行全景监控以及对视频图像中人、物等目标进行智能化分析,帮助管理人员实时掌握各个泵站运行情况,为泵站的安全运行、应急处置提供辅助工具。结合周界报警、门禁、出入口车辆管理、人员通道管理等非视频安防手段,以为安防事件的事前防范、事中处理、事后分析提供有效的技术支持为基本要求,建立集管理、防范、控制于一体的安全保障体系,对各类事件做到预知、预判、预防、预警和有效处置,切实加强安全保障能力和应急响应能力,实现智能化泵站建成后无人值班、少人值守的目标。系统应具备以下功能:

1) 全景监控

通过SDK开发组件集成全景监控的影像数据,可在监控画面上鸟瞰整个西淝河北站水道、主副厂房、堤防、生产配套设施、管理办公区域等场景。可以在工程三维模型与GIS地图上添加对应的监控标签,将模型与全景监控紧密关联起来,通过模型能真实展示现场的实际情况,使管理运行人员更加直观、全面地了解工程建设、运行情况。如果发现异常情况或者突发自然灾害,能够宏观上把握辖区整体事件发展态势,也可以在视频画面上通过视频联动的方式查看低点发生事件的细节,协助现场指挥调度,做到把握全局、控制局部。如图16.1-53所示。

2) 实现视频实景地图展示

系统能够对西淝河北站的厂房、引水渠道、进出水池、堤防、生产配套设施、管理办公区域等重点目标进行标签标注。标签支持全文搜索、模糊查询。如图16.1-54所示。

图 16.1-53　全景监控

图 16.1-54　视频 AR

3）实现全体系数据可视化

系统能够与信息监测进行融合对接，能够将前端采集到的监测终端实时数据在实景视频画面中进行展示，在一套系统中完成所有业务系统的调用，实现全方位动态监测。水位监测器、水量采集器、泵站监控设施等终端采集的数据能够在系统中一览无遗，可提高监控管理员的日常工作效率，为处理应急事件争取时间，并能够做到监控与指挥两不误，为临场决策提供帮助。

4）实现设备监控联动

可依据监控系统的有关信息，完成操作顺序的自动随动、事故/故障报警及视频录像等任务。在操作被监视设备时，镜头可对准该设备，监视显示器上可自动切换至该设备运行画面，并录制专门的视频日志。在设备故障或事故的情况下，及时、自动地将摄像机镜头对准故障或事故现场，在中控室内给出画面显示并报警，同时将现场情况录像保存，以备事后分析。如图 16.1-55 所示。

图 16.1-55　设备监控联动

5）实现水尺读取

对泵站上游、下游、进水池、出水池的水位尺进行监视，并实现水位自动读取和数据、图像及视频的同步上传。通过智能摄像机对水尺进行监控，并对水尺的图像进行识别读取，直接获得水位的数值，数值可与泵站的电子水位计数据进行自动对比，提高水位监测的准确度，防止误报。如图 16.1-56 所示。

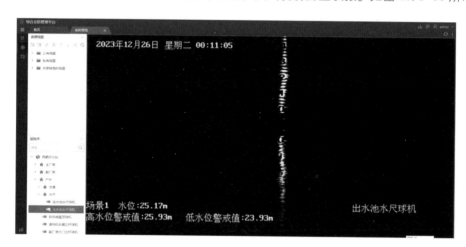

图 16.1-56　水尺读取

6）实现智能行为分析

智能行为分析借助安装的各种视频监视系统，增加具有目标检测、运动分析、行为识别等视频分析功能，可以对作业行为进行 $7 \times 24$ h 的监控，及时反映安全隐患，提升全员安全意识，对于促进安全生产、杜绝违章作业至关重要。如图 16.1-57 所示。

7）实现二维码门禁管理

二维码门禁管理模块是对控制闸内工作人员的出入状况、活动范围等各种活动进行规范和管理的综合应用系统。该系统能维护项目所有工作人员的基本资料、日常工作的出入等相关信息，可以给项目提供最真实、最详细的统计资料，可以为调查安全事件提供直接依据。如图 16.1-58 所示。

门禁应用功能应采用二维码扫描方式，对不同的区域和特定的门及通道进行进出管制。门禁系统能够实现远程管理、实时数据修改、安全密钥验证等功能。

图 16.1-57 视频行为分析

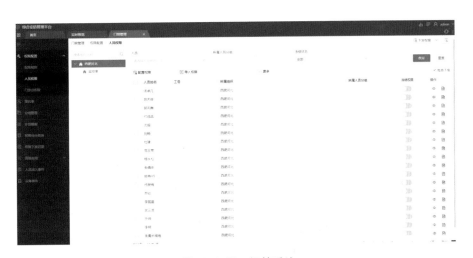

图 16.1-58 门禁系统

8) 实现人脸识别功能

在西苕河北站重点防范区域进行人脸识别认证,如机房、控制室等。人脸识别主要应用于门禁系统,就是将人脸识别和门禁系统结合,并且将人脸识别作为门禁开启的要素之一。通过将工作人员脸部信息录入数据库,配合人脸识别软件,实现人脸识别准入。

9) 实现入侵报警管理

入侵报警系统用于对泵站重点部位和出入口的防范,完成对防区的自动或人工设防、撤防,实现对布防点进行成组管理,能够将报警信号上传至一体化平台,并可以通过手机进行监控和查看。如图 16.1-59所示。

5. 智能巡检机器人系统

智能巡检机器人(图 16.1-60)是一种面向巡检任务的智能方式,融合人工智能、神经网络、生物识别、物联网等一系列高科技手段,实现多维度数据采集、融合、分析和决策,具备环境感知、自主导航与定位、路径规划、智能控制、智能交互等一系列智慧能力的新型机器人。智能巡检机器人系统由智能巡检装置和软件管理系统两大部分组成,二者之间采用无线通信的方式进行交互。

图 16.1-59　入侵识别

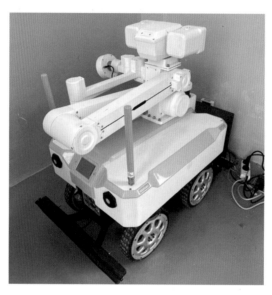

图 16.1-60　智能巡检机器人

1）智能巡检装置

智能巡检装置结构采用模块化设计，从结构上可分为外壳、骨架、底盘三大部分，外壳采用阻燃 ABS 材料。装置设置有睡眠、停机和待机模式，停机充电电压在我国规定的安全电压额定值范围以内，保证充电安全性。按照激光雷达扫描构建出的地图进行巡检，本体集成激光雷达或红外避障传感器。行进方式为轮式设计，操作方式为手动自动一体化。其主要功能如下。

精确定位热源，对集电环以及油缸的热源进行热成像扫描定位。设备支持无轨自动巡航，智能巡检装置根据事先预设好的轨迹进行无轨自动巡航。远程手动操控，PC 与智能巡检装置通过无线模块连接后对智能巡检装置进行上下左右控制。指定位置查看，服务器可对智能巡检装置 20 个以上的位置信息进行指定，智能巡检装置按照信息走到相应的位置并反馈到位信号。预警报警，将智能巡检装置所采集到的所有报警信号传至上位机并对报警信息进行记录。支持无线传输，双向无线传输模块满足 IEC 标准。

2）软件管理系统

　　巡检点位设置：机器人要巡检的点位、信息都在页面中，可根据页面上方提示进行筛选、删除、查看等操作。如图 16.1-61 所示。

　　任务管理：包含全面巡检、例行巡检、自定义任务、任务展示等功能，通过预先设定站内设备的表计、状态指示、接头温度、外观及辅助设施外观、变电站运行环境等巡检点，快速生成抄录任务。根据工程需求编辑生成不同巡检任务，也可以根据需要查询巡检任务。如图 16.1-62 所示。

图 16.1-61　巡检点位设置

图 16.1-62　任务管理

　　实时监控二维地图：主要包含机器人切换、视频监控及电子地图、实时信息、设备告警信息、系统告警信息等相关信息展示。如图 16.1-63 所示。

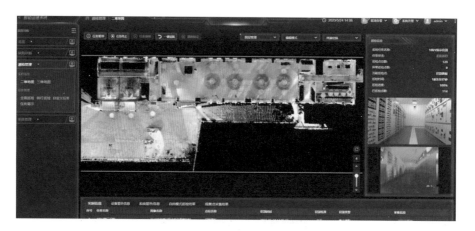

图 16.1-63　二维监控

实时监控三维地图:以三维监控视角实现机器人巡检监控。如图 16.1-64 所示。

图 16.1-64　三维监控

巡检告警:包含温度告警、缺陷告警、终端告警等不同类型告警。如图 16.1-65 所示。

图 16.1-65　巡检告警

巡检结果展示：主要以设备树的形式浏览巡检结果。每个巡检点位展示内容包含巡检任务名称、对象名称、点位名称、识别时间、识别结果、识别类型、采集信息等内容。采集的图片可通过弹窗查看详细信息，弹窗大小可根据需要进行移动、放大、缩小等操作，用户可通过采集的图片对识别结果进行研判，识别结果包括"识别正常""识别异常"两项。如图16.1-66所示。

图16.1-66　巡检结果展示

#### 16.1.5.4　智能综合管理系统

根据用户实际需求，开发西泖河北站智能管理系统，从档案管理、财务管理、工作标准、规章制度、考核办法以及典型工作流程等方面进行专业管理，以此来指导和强化泵站工程管理的过程控制，规范管理行为准则，执行管理规章制度，创新岗位管理与绩效考核机制，实现标准化和精细化管理工作目标。包括通用办公管理子系统、制度管理子系统、标准管理子系统、流程管理子系统、信息发布子系统与移动APP管理子系统等。

1. 通用办公管理子系统

开发通用办公管理子系统，覆盖泵站多级组织，包括领导办公、公文管理、业务流转的一体化协同办公系统，实现各部门间办公信息互联互通、资源共享、协同办公。

系统应包含公文管理、综合事务管理、个人办公、安全文件和电子印章、信息服务、系统管理、电子邮件等模块。

2. 制度管理子系统

制度管理子系统应包括泵站管理制度、运行管理制度、设备管理与检修制度、安全管理制度、工程检查与观测制度、技术档案管理制度和相关工程管理规程及办法管理。

1）泵站管理制度

主要包括所务会议制度，汛期工作制度，请示报告制度，工作总结制度，工程大事记制度，非运行值班制度，工程单位参观制度，经营管理制度，学习、培训、考勤、奖惩制度，物资管理制度，环境卫生制度等。

2）运行管理制度

主要包括工程运用调度管理制度、运行期请假与临时外出制度、运行值班制度、运行现场管理制度、巡视检查制度、运行交接班制度、操作票制度、计算机监控系统管理制度、直流装置管理制度、事故应急处理制度等。

3）设备管理与检修制度

主要包括设备检修制度、设备检修质量验收制度、设备缺陷管理制度、工程监控系统维修制度、检修现场管理制度、工作票制度等。

4）安全管理制度

主要包括安全工作制度，检修安全制度，危险品管理制度，事故处理制度，事故调查与报告制度，安全器具管理制度，消防器材管理制度，特种设备安全制度，学习、演练制度，防火安全制度，安全保卫制度，安全技术教育与考核制度等。

5）工程检查与观测制度

主要包括工程检查制度、工程观测制度等。

6）技术档案管理制度

主要包括技术资料存档制度、技术档案管理制度、技术档案查阅制度等。

7）相关工程管理规程及办法

主要包括泵站技术管理办法、泵站运行规程、泵站安全工作规程、泵站主机组检修规程、安全生产管理办法、维修养护项目管理办法、泵站设备等级评定管理办法、工程技术档案管理办法等。

3．标准管理子系统

标准管理子系统应包括设备管理标准、泵站建筑物管理标准、工作场所管理标准、设备标识和标牌制作标准、环境绿化管理标准等模块。

1）设备管理标准

主要包括主电动机、主水泵管理标准，电气设备管理标准，辅机设备、金属结构管理标准，微机监控设备管理标准等。

2）泵站建筑物管理标准

主要包括泵房管理标准、进出水池及引河管理标准、堤防及其他建筑物管理标准、观测设施及水文管理标准等。

3）工作场所管理标准

主要包括通用管理标准、控制室管理标准、高低压开关室管理标准、发电机房管理标准、值班室管理标准、办公室管理标准、档案室管理标准等。

4）设备标识和标牌制作标准

主要包括设备标识管理标准、标牌制作安装管理标准、安全标志管理标准等。

5）环境绿化管理标准

主要包括卫生管理标准，绿化管理标准，站区、站房管理标准，美化管理标准等。

4．流程管理子系统

流程管理子系统应包括工程调度管理流程，工程控制运用流程，工程检查观测流程，工程维修养护流程，工程安全管理流程的管理、跟踪和确认。

1）工程调度管理流程

包括调度指令执行流程和调度管理流程管理。

2）工程控制运用流程

主要包括运行管理流程、变电所控制运用流程和泵站控制运用流程管理。

3）工程检查观测流程

主要包括经常性检查流程、定期检查流程、特别检查流程和工程观测流程管理。

4）工程维修养护流程

主要包括设备维修养护组织实施流程,主电动机、主水泵维修养护流程,辅机设备维修养护流程,组合开关维护养护流程,高、低压设备维护养护流程,主机泵大修作业流程,主变压器大修作业流程管理。

5）工程安全管理流程

主要包括安全检查流程、安全生产教育培训流程和突发事件应急处理流程管理。

5. 信息发布子系统

信息发布子系统的建设能够对泵站各业务系统进行有效的整合,提高工作的便利性。同时,能够将泵站的"风采"及公开事务对外进行发布,与公众建立起良好的沟通渠道。

信息发布子系统由内网门户和外网门户组成。

1）内网门户

内网门户应向泵站内部工作人员提供服务,是应用系统的统一门户,同时应提供内部信息的发布。包括门户定制、信息展示、信息发布、信息检索、通信录管理、单点登录几个部分。

(1) 门户定制

实现信息展示的门户主页,而且能够为门户主页以后的调整和维护提供方便的管理机制,对各部门的用户,定制各自所需的功能,利用门户(Portal)定制符合特定需求的主页。

(2) 信息展示

对业务应用系统运行过程中产生的数据进行统计分析,分析结果以列表、柱状图、饼状图、折线图、概化图等多种方式进行展示。

(3) 信息发布

将业务、通知等相关信息进行集中、整合、发布,通过内网门户对信息进行查询、浏览。

(4) 信息检索

提供多种检索方式,包括全文检索、高级检索、关键字检索,通过对检索条件进行分析,可分析出检索条件中频繁出现的检索词。

(5) 通信录管理

基于单位、部门、人员的办公电话、家庭电话、手机、传真、电子邮件、QQ等联系方式的管理。主要功能应包括:查询、统计、增加、删除、修改、导入、导出、审核、统计。

2）外网门户

外网门户向公众提供服务,同时提供外部信息发布的功能。包括信息展示、信息检索、信息发布和公众互动几个部分。

6. 移动APP管理子系统

建设移动终端和APP,发挥"互联网+"随时随地、方便快捷的特点,能够为管理提供日常信息交流、沟通、发布的移动平台,实现泵站管理人员的信息查询与报送;能够为用户提供查询服务,实现运行状况公开。系统应提供以下功能:

1）综合信息查询

包括泵站主要生产设备运行情况、调水情况、实时水雨情、气象信息、工程安全监测信息、能耗信息等数据查询,以及系统业务数据的统计分析,包括水量调度业务数据、工程运行业务数据、工程维护业务数据等,并提供调度预案、调度方案、法律法规等文件的浏览与下载功能。

2）通信录

基于单位、部门、人员的办公电话、家庭电话、手机、传真、电子邮件、QQ等联系方式的管理。主要功能包括:查询、统计、增加、删除、修改、导出、审核、统计。

授权用户均可查询通信录,个人用户可管理(不含删除)个人通信录,单位通信录管理人员可以管理本级及下级所有人员通信录,可对所管单位通信录进行审核,并统计所有单位的审核情况。所有操作均形成详细日志,记录操作人员、操作时间、操作对象、操作内容。

3) 信息提醒

(1) 预警信息提醒

预警信息提醒用于当综合展示交互平台中预先定义的预警条件被触发时,系统后台自动发送预警信息至手机端,手机端会以声音、振动的方式进行提醒,以便及时做出响应和处理。

(2) 通知信息提醒

通知信息提醒用于当接收信息发布模块发布通知时,手机端接收通知,并以振动、铃声的方式提醒用户,通知的内容包括文字和图片。

(3) 审核信息提醒

审核信息提醒用于当用户有需要审核的信息时,以手机振动、铃声的方式提醒用户。

4) 数据录入

主要录入信息内容有水量调度类信息、工程运行信息、工程维护类信息。按照类型可分为结构化数据和非结构化数据。

结构化数据:对录入的数据进行校验,删除异常数据,数据格式有问题、数据超出范围时提醒用户重新录入。

非结构化数据:对于图片、视频等数据,提供上传和下载功能,用户能看到上传、下载的进度,上传、下载完成后提醒用户。

5) 移动办公

实现综合办公系统常用的业务流程,如公文管理、任务管理等功能,让移动端人员可以通过网络访问办公系统。

## 16.1.6 应用亮点

### 16.1.6.1 具有"四预"功能的一体化管控平台

如图 16.1-67 所示,一体化管控平台提供数据资源管理、数据库建设、统一用户体系与权限管理、报表及图形管理与服务、工作流管理和消息服务等基础支撑功能,集成泵站机组运行、设备监测、视频监控等全要素数据,实现综合监测、智能工程监控、智能检修交互等系统的业务融合,提供满足泵站业务的全景监控、生产运行、优化调度、智能巡检、语音交互、培训仿真等业务应用,以数字化场景、智慧化模拟、精准化决策为路径,实现泵站运维有预报、风险有预警、故障有预诊、处置有预案的"四预"功能。

### 16.1.6.2 基于 BIM 技术的机组全生命周期管理

对水泵机组运行过程中的振动、摆度、压力脉动等参数进行长期连续的实时采集、分析和自动记录,并对监测数据进行存储、管理、综合分析、诊断,能反映机组长期运行状态的变化趋势。结合 BIM 技术,在机组三维模型中以数值、图形、表格、曲线、文字和三维可视化的形式进行展示,并对机组设备异常状态进行预警和报警,对故障原因、严重程度及发展趋势做出判断,显示故障发生的时间、机组、部件、故障类型、处理措施等,及时消除机组故障隐患,减少破坏性事故的发生,从而做到基于三维可视化的智能监测、智能分析、智能诊断、智能预报、智能评估和智能管理等,提供对机组进行智能预测维护和健康评价的功能,实现

图 16.1-67　主厂房

机组全生命周期管理,指导机组安全、可靠、经济运行。

### 16.1.6.3　三维检修仿真培训提升运维能力

如图 16.1-68 所示,以西淝河北站大型轴流式水泵机组为对象,通过三维建模、三维仿真等技术的综合运用,将主要设备(水泵、电动机、主变压器、高压断路器、隔离开关等)、电气主接线、油水风系统、检修所需工器具、材料、虚拟环境等用三维可视化技术进行建模,以文字、声音、灯光、色彩等配合,渲染合成用于仿真的设备模型,在此基础上将各模型动态属性关联,构建主设备可视化检修仿真模型,涵盖主要部件的结构特点与工作原理,建立水泵全分解及全安装、电动机全分解及全安装三维仿真科目,重点突出检修工艺流程及质量标准。建立培训数据清洗算法,将基于大数据支撑的、可扩展的理论仿真测试,与设备模型、数据关系、网络平台等进行集成,满足优化培训需求。系统为泵站检修人员、运行人员以及管理人员提供全方位和多层次的仿真培训,使用户能够更加直观地了解泵站信息和泵站运行的各项技术细节。

图 16.1-68　三维检修培训仿真

### 16.1.6.4 多系统智能联动辅助高效运行

**1. 三维场景中与机器人实际位置联动**

如图 16.1-69 所示,三维场景中实时读取机器人坐标位置,并进行同步展示。运维人员坐在中控室即可知晓机器人本体运行情况和位置情况。

图 16.1-69　与机器人实际位置联动

**2. 设备控制操作与视频联动**

如图 16.1-70 与图 16.1-71 所示,在被监视设备操作的同时,镜头可对准该设备,监视显示器上可自动切换至该设备运行画面。

图 16.1-70　视频监控

图 16.1-71　设备控制操作与视频联动

### 3. 告警与视频联动

如图 16.1-72 所示,发生告警后,能及时、自动地将摄像机镜头对准故障或事故现场,在中控室内给出画面显示并报警。

图 16.1-72　告警与视频联动

### 4. 机组开停机、告警与机器人联动

机组在开停机时或发生重大告警时能触发机器人进行巡检。

#### 16.1.6.5　智能化巡检支撑少人值守

传统泵站巡检靠人工定时到现场实地巡检,本项目有虚拟自动化巡检、机器人巡检,是将计算机监控系统远程监控与智能巡检系统自动巡检相结合的泵站工程运行值班方式,能够提升巡检效益、提高设备可靠性、优化人员配置。运维人员使用智能巡检功能可适当地缩短巡视周期,及时发现存在的缺陷,更有效地消除事故隐患,减少因运维人员疏忽未发现缺陷而导致设备损坏的风险,提高泵站的运行质量,保证泵站安全、稳定地运行。而且可以减少泵站运维人员投入,降低人员成本。

如图 16.1-73 所示,智能机器人具备环境感知、自主导航与定位、路径规划、智能控制、三维实景智能交互等一系列智慧能力,远程系统下发控制、巡视任务等指令后,由机器人开展室内设备巡视作业,将巡视数据、采集文件等上传到系统,系统对采集的数据进行智能分析,形成巡视结果和巡视报告,及时发送告警。巡检内容包括室内设备的外观、室内设备本体温度、开关的分合状态、电压、电流等表计指示等。通常为保障泵站运行安全,需要每天定时或不定时巡检,采用巡检机器人后,可设定路线和定时巡检时间,能实现定时自动巡检、远程触发巡检、告警巡检,自动巡检时发现问题,及时推送告警提醒中控室运行人员,运行人员发现问题能远程触发机器人去某特定位置巡检,系统产生重要告警后也可自动触发机器人巡检,可全方位保障泵站运行安全,大大减轻泵站运行人员工作量,提高工作效率。

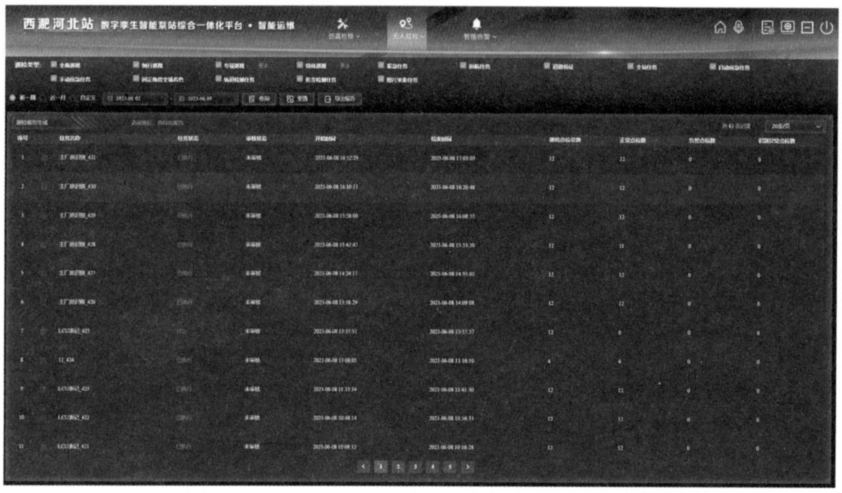

图 16.1-73　智能化巡检

### 16.1.6.6　语音 AI 识别赋能业务管理

如图 16.1-74 所示,智能语音识别控制系统以语音识别引擎为核心,流转于外接设备和业务系统之间,在接收到语音命令后,解析后发送给业务系统。当语音输入通过语音识别接口进入语音识别引擎,先行进行语音信号解析,再通过语义理解模型解析为语义分词单元,从而成为业务系统可执行的指令。核心引擎以包含语言模型、各类词典以及智能分析模型构成的知识库为支撑。

系统实现了全流程语音控制机组开、停机,叶片调节,闸门上升、下降、停止、开度等功能,实现了通过语音进入三维场景、定位具体设备、打开系统软件画面、打开视频监控画面、查询运行参数、操作三维地图,实现了告警后自动播报功能,不再需要使用鼠标操作,大大提高操作便捷性。

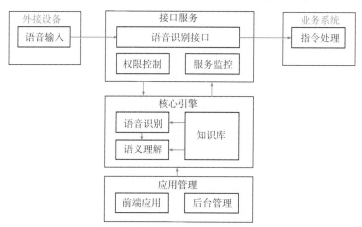

图 16.1-74　智能语音识别技术架构

　　语音交互技术流程为用户发出语音命令,语音命令通过麦克风输入,经过智能语音识别控制系统中语音识别、语义理解等核心引擎处理,语音命令转换为文字指令,再通过接口协议的对接,传输到业务系统。业务系统对指令做出处理,并对目标信息进行展示。关键模型集中体现在声学模型、语言模型以及语义解析模型,如图 16.1-75 所示。

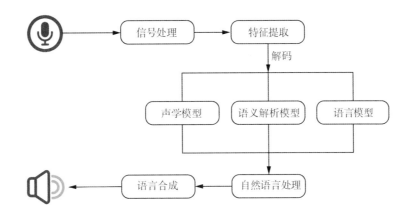

图 16.1-75　智能语音识别关键模型

### 1. 声学模型

　　声学模型将声学和发音学的知识进行整合,以特征提取模块提取的特征为输入,计算音频对应音素之间的概率。简单理解就是把从声音中提取出来的特征,通过声学模型,计算出相应的音素。声学模型目前的主流算法是"高斯混合模型-隐马尔可夫模型"(GMM-HMM),HMM 模型对时序信息进行建模,在给定 HMM 的一个状态后,GMM 对属于该状态的语音特征向量的概率分布进行建模,如图 16.1-76 所示。

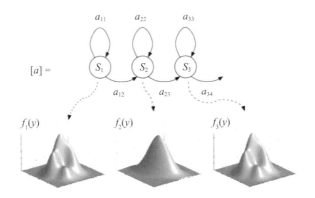

图 16.1-76　基于 GMM-HMM 的声学模型

### 2. 语言模型

　　语言模型是将语法和字词的知识进行整合,计算文字在这句话下出现的概率。一般自然语言的统计单位是句子,所以也可以看作句子的概率模型。本项目采用基于长短期记忆(LSTM)的语言模型,如图 16.1-77 所示。在 LSTM 中,重复模块具有不同的结构。相较于 RNN,LSTM 有四个神经网络层,以一种非常特殊的方式相互作用。因此,LSTM 在设计上明确地避免了长期依赖的问题,相比于 RNN,LSTM 在任务完成效果上表现更好。

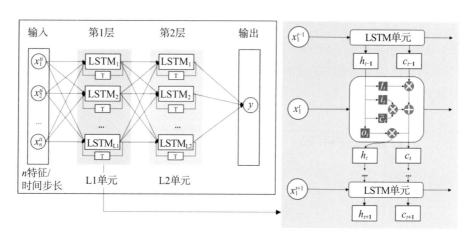

图 16.1-77　基于 LSTM 的语言模型

### 3. 语义解析模型

基于自然语言的语义解析属于自然语言理解技术(NLU),利用计算机对自然语言进行智能化处理。基础的自然语言处理技术主要围绕语言的不同层级展开,包括音位(语言的发音模式)、形态(字及字母如何构成单词、单词的形态变化)、词汇(单词之间的关系)、句法(单词如何形成句子)、语义(语言表述对应的意思)、语用(不同语境中的语义解释)、篇章(句子如何组合成段落)7 个层级。

实际运行时,机组开机语音使用流程如图 16.1-78 和图 16.1-79 所示。

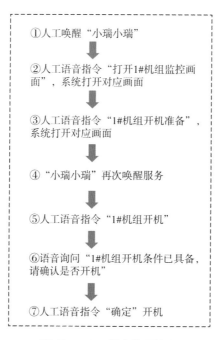

图 16.1-78　语音使用流程

图 16.1-79　语音控制流程

### 16.1.7　推广价值

本项目在国家智慧水利发展战略的指导下,按照智慧水利总体架构以及透彻感知、全面互联、深度挖掘、智能应用和泛在服务等方面要求,开展先行先试工作,结合我国泵站自动化、信息化系统建设现状和西沤河北泵站的实际业务应用需求,充分利用现代工业技术和新兴信息技术,通过开展关键技术攻关和工程应用,实现新技术与水利业务深度融合。在促进业务协同、创新工作模式、提升服务效能方面取得突破,构建既具备普遍推广价值,又兼顾西沤河北站特点的智能泵站技术体系,开发具有智能感知、智能运行、智能可视、智能调节、智能交互、智能协联、智能诊断、智能预报、智能预警、智能评估、智能决策等智能化特征的泵站系统,显著提高西沤河北站的自动化水平和管理信息化水平,进一步提升西沤河北站的运行调度和工程维护水平。同时,作为智能化建设试点工程,探索并找到引江济淮工程智能化发展的可行方案和最优路径,形成一批可在引江济淮泵站群推广应用的可复制智能化建设成果,通过以点带面、示范引领作用,推动引江济淮智能化建设水平快速提高,促进国家智慧水利发展战略落地。

## 16.2　浙江姚江西排泵站枢纽实施案例

### 16.2.1　工程概况

浙东地区位于杭州湾南岸,富春江以东,天台山脉以北,境内有曹娥江、甬江水系,并有杭甬运河贯穿其间。浙江姚江西排泵站枢纽位于浙东地区的绍兴市上虞区,其中,梁湖枢纽位于梁湖街道古里巷村,大库船闸南侧约 200 m 处,通明闸位于通明船闸的南侧,现状通明闸闸址处,距离丰惠镇镇区约 3.0 km。工程涉及区域为浙江省经济发达地区之一,地理位置优越,水、陆、空交通便利。

姚江上游的四明山区是浙江省台风主要的暴雨中心,姚江流域是浙江省的重度涝区之一。姚江上游四十里河区地势西高东低,历史上其洪涝水主要通过通明闸东排入姚江干流,2007年杭甬运河改建完成后,通明闸下泄流量加大、下泄流速加快,增加了上、下游的水利矛盾,为尽可能减少洪水期通明闸下泄量,在减轻姚江干流、余姚城区的防洪压力的同时,解决上游四十里河两岸平原的洪水出路问题,急需提出以姚江上游西排工程为洪水出路的治理方案。

根据浙江省人民政府相关专题会议的精神,要求抓紧研究落实在四十里河西段设立泵站、向曹娥江方向排水的工程措施(简称"西排工程"),作为姚江流域洪水的新增出路,减轻绍兴市上虞区四十里河沿岸和姚江干流、余姚城区的防洪压力,并与浙东引水南线工程(曹娥江至宁波)结合实现引水功能。

### 16.2.2 建设目标

以保障姚江上游西排工程安全可靠运行、现代化综合管理等综合需求为出发点,整合无线技术、手持终端技术、3S技术(遥感技术、地理信息系统、全球定位系统)和数字仿真分析等技术,对水利工程运行过程中的数据进行全方位的实时采集和多维分析。应用三维可视化技术和二维图形及动态查询表格等技术,实现三维视景交互漫游与动态搜索。定义各类安全指标,实现对项目运行的关键效应指标的综合评价与动态展现监测结果与分析成果的综合比对,实时掌握水利工程的运行状态,对其进行快速反馈与实时控制。构建集工程信息采集、传输、处理、存储、管理、服务、智慧应用、优化运行、决策支持和远程监控等信息展现流程为一体的姚江上游西排工程数字化平台,与工程运行管理方案紧密结合,获取和综合分析处理相关信息,提高工程管理水平,以便及时、全面掌握整个工程的运行状况,实现设备安全稳定地运行,保证工程安全高效地运行,充分发挥工程效益。

### 16.2.3 建设内容

结合浙江省标准化管理要求,充分融合GIS、BIM、AR、三维仿真等新一代技术,建设一套避免数据孤岛、内容不完整、信息需求与应用不匹配等传统系统弊端的数字化平台,打造出能够给运行人员带来基于工程应用需求的"真正意义智慧互联"的"测、算、控一体化大平台"。

工程数字化平台包括数字化应用、党建专题系统、档案管理系统、标准化系统、三维融合系统、智慧监测系统、AR融合系统、优化运行系统。

### 16.2.4 姚江西排智能泵站框架体系

#### 16.2.4.1 系统架构

姚江上游西排工程数字化平台主要以从监测数据的采集、网络传输、数据管理到数据应用、数据展示整个流程为基础进行开发设计,其中监测信息的采集和上传已在其他项目开展,本项目是利用专网、公网和GPRS等方式,获取已采集的数据信息,并通过数据资源管理平台的建设、通用支撑平台的建设,定制性地开发姚江上游西排工程的应用,形成标准化平台、智慧监测平台、融合平台、移动APP及决策可视化数字大屏,实时掌握水利工程的运行状态,获取和综合分析处理相关信息,提高工程管理水平,及时、全面掌握整个工程的运行状况,实现设备安全稳定地运行,保证工程安全高效地运行,充分发挥工程效益,并为"浙政钉"用户提供数据接口,共享系统数据,总体结构如图16.2-1所示。

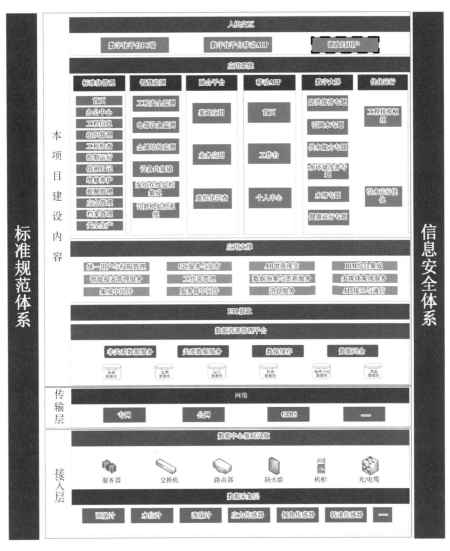

图 16.2-1　姚江上游西排工程数字化平台系统架构图

姚江上游西排工程数字化平台标准规范体系主要根据国家相关标准,统一规范应用系统建设和运行的信息及其管理术语,体系的建设应遵循国际、国家、行业等已经颁布执行的标准,以及企业标准、业务规范。同时密切跟踪有关标准的编制和修订情况,保持与国际、国家、行业标准的一致性和兼容性,要结合工程业务和信息化技术,做好调查研究,在国际、国内范围内摸清标准的现状和发展趋向,保证标准的先进性。

姚江上游西排工程数字化平台信息安全体系分为网络安全、数据安全和应用安全。系统利用 VLAN 技术来实现对内部子网的物理隔离,从而保证平台的网络安全;通过存储备份系统,定时进行关键数据和系统的备份,保证平台的数据安全;通过系统的权限管理实现应用安全。

#### 16.2.4.2　部署架构

1. 网络拓扑

姚江上游西排数字化平台现场网络部署情况如图 16.2-2 所示。

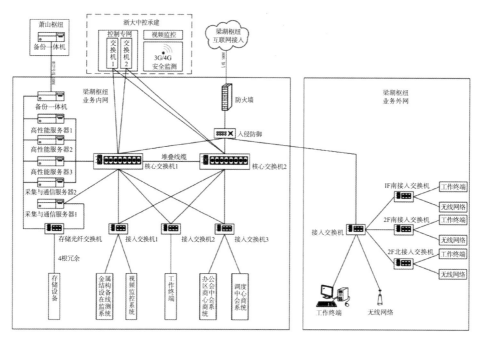

图 16.2-2　网络拓扑

本项目服务器主要通过核心交换机 1 与其他项目服务器网络通信,通过核心交换机 2 与外部网络通信。

微控单元、计算机监控、视频设备数据通过核心交换机 1 与本系统服务器相连。

视频及金属结构监测数据通过接入交换机 1 和核心交换机 1 与本系统服务器相连。

其他水文数据与本系统通过外网相连。

2. 软硬件匹配

姚江上游西排数字化平台软硬件匹配情况如图 16.2-3 所示。

本系统采购服务器为五台:

高性能服务器 1:服务器环境为 Windows 系统、主要负责部署依赖 Windows 环境的相关服务,包含 SQL Server、ETL 等。

采集与通信服务器 1:服务器环境为 Linux 系统,主要负责部署 MySQL,MySQL 主要负责存储姚江西排标准化平台和融合平台相关数据。

高性能服务器 2:服务器环境为 Linux 系统,主要负责部署标准化管理、智慧监测系统的前后台服务。

高性能服务器 3:服务器环境为 Linux 系统,主要负责部署 BIM+GIS 服务。

采集与通信服务器:服务器环境为 Linux 系统,主要负责部署中间件等相关应用,包括 Kafka、Redis、Consul 等。

## 16.2.5　工程数字化平台的组成、内容及功能

### 16.2.5.1　数字化应用

1. 工程概览

1) 工程概况

工程概览界面主要展示工程简介、天气、工程介绍视频、运行效益、建设风采、荣誉墙、新闻媒体,其中

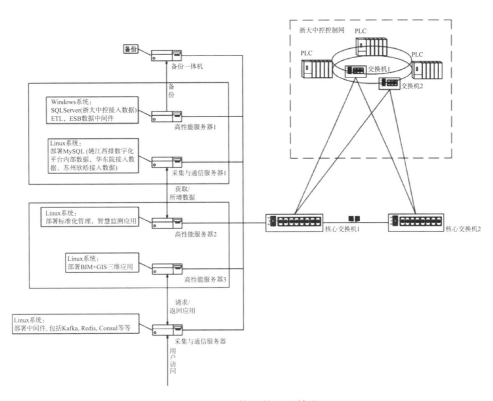

图 16.2-3　软硬件匹配情况

运行效益包括年度引水计划、年累计引水量、年累计排涝量,以及近期遇到台风时所排涝量。如图16.2-4 所示。

2) 工程介绍视频

在工程概览界面正中间展示工程介绍视频,可对视频进行播放、暂停、播放声音调节、倍速切换、视频全屏显示等操作。

图 16.2-4　数字化应用——工程概况

## 2. 主界面功能

### 1) 主界面

系统主界面展示泵闸状况、实时应急响应情况、最新数据、运行效益、运行值班、巡查统计、月度问题处理、实时水位、引水专题、排涝专题,其中实时水位可点击查看水位趋势图。如图 16.2-5 所示。

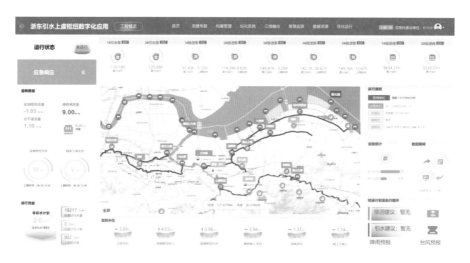

图 16.2-5　数字化应用——主界面

### 2) 地图

点击地图下方全屏按钮,地图及相关信息可全屏显示在界面中。地图全屏界面中包括两个卡片,卡片包括引水专题和排涝专题,左上角为测量类型卡片,右上角为测站卡片,两个卡片均可点击进行展开或隐藏。

### 3) 引水专题

地图默认为引水专题,引水专题测量类型包括泵闸站、流量、水位、雨量、水质、视频,默认泵闸站。

（1）泵闸站

点击泵闸站,地图中联动出现相应的测量站点,鼠标悬浮或点击测量站点出现站点具体信息。在右上角测站卡片中点击其中之一的测站,地图将出现动画定位提示测点位置。点击任意泵闸站,显示对应泵闸站详情。

（2）流量

地图默认为引水专题,测点卡片点击流量,地图中联动出现相应的流量测量站点,鼠标悬浮或点击测量站点出现站点具体信息。在右上角测站卡片中,点击其中之一的测站,地图将出现动画定位提示测点位置。点击任意流量站点,显示对应流量站点详情。

（3）水位

地图默认为引水专题,测点卡片点击水位,地图中联动出现相应的水位测量站点,鼠标悬浮或点击测量站点出现站点具体信息。在右上角测站卡片中,点击其中之一的测站,地图将出现动画定位提示测点位置。点击任意水位站点,显示对应水位站点详情。

（4）雨量

地图默认为引水专题,测点卡片点击雨量,地图中联动出现相应的雨量测量站点,鼠标悬浮或点击测量站点出现站点具体信息。在右上角测站卡片中,点击其中之一的测站,地图将出现动画定位提示测点位置。点击任意雨量站点,显示对应雨量站点详情。

（5）水质

地图默认为引水专题,测点卡片点击水质,地图中联动出现相应的水质测量站点,鼠标悬浮或点击测量站点出现站点具体信息。在右上角测站卡片中,点击其中之一的测站,地图将出现动画定位提示测点位置。点击任意水质站点,显示对应水质站点详情。

（6）视频

地图默认为引水专题,测点卡片点击视频,地图中联动出现相应的视频监控点,鼠标悬浮或点击测量站点出现站点具体信息。在右上角测站卡片中,点击其中之一的监控站,地图将出现动画定位提示站点位置。点击任意视频站点,显示对应视频站点详情。

4）排涝专题

点击测量类型卡片上方的切换按钮,可切换成排涝专题,排涝专题测量类型包括泵闸站、流量、水位、雨量、水质、视频,默认泵闸站。

（1）泵闸站

点击泵闸站,地图中联动出现相应的测量站点,鼠标悬浮或点击测量站点出现站点具体信息。在右上角测站卡片中,点击其中之一的测站,地图将出现动画定位提示测点位置。点击任意泵闸站,显示对应泵闸站详情。

（2）流量

地图切换为排涝专题,测点卡片点击流量,地图中联动出现相应的流量测量站点,鼠标悬浮或点击测量站点出现站点具体信息。在右上角测站卡片中,点击其中之一的测站,地图将出现动画定位提示测点位置。点击任意流量站点,显示对应流量站点详情。

（3）水位

地图切换为排涝专题,测点卡片点击水位,地图中联动出现相应的水位测量站点,鼠标悬浮或点击测量站点出现站点具体信息。在右上角测站卡片中,点击其中之一的测站,地图将出现动画定位提示测点位置。点击任意水位站点,显示对应水位站点详情。

（4）雨量

地图切换为排涝专题,测点卡片点击雨量,地图中联动出现相应的雨量测量站点,鼠标悬浮或点击测量站点出现站点具体信息。在右上角测站卡片中,点击其中之一的测站,地图将出现动画定位提示测点位置。点击任意雨量站点,显示对应雨量站点详情。

（5）水质

地图切换为排涝专题,测点卡片点击水质,地图中联动出现相应的水质测量站点,鼠标悬浮或点击测量站点出现站点具体信息。在右上角测站卡片中,点击其中之一的测站,地图将出现动画定位提示测点位置。点击任意水质站点,显示对应水质站点详情。

（6）视频

地图切换为排涝专题,测点卡片点击视频,地图中联动出现相应的视频监控点,鼠标悬浮或点击测量站点出现站点具体信息。在右上角测站卡片中,点击其中之一的监控站,地图将出现动画定位提示站点位置。点击任意视频站点,显示对应视频站点详情。

### 16.2.5.2 党建专题系统

1. 党建概览

党建概览是将组织机构、管理站职责、党建活动、人员考勤模块统放于一个界面,在各模块可查看相应的详细信息。

2. 组织机构

党建专题中的组织结构,主要是对管理站中党员的组织架构进行展示,并展示各党员信息。

3. 管理站职责

党建专题中的管理站职责,主要展示管理站名称、办公地址、邮编、职责等信息。

4. 党建活动

党建专题中的党建活动,主要包括党建的最新动态、重点工作、学习园地等内容。

5. 人员考勤

党建专题中的人员考勤,主要包括实时人数、管理人数、服务单位人数等内容。

### 16.2.5.3 档案管理系统

1. 控制运行档案

控制运行档案,主要对梁湖枢纽引水、排涝运行档案进行记录,分为引水专题、排涝专题。

其中,引水专题根据年度进行汇总,包括计划及完成引水量,可查看月度引水对应的运行通知、引水记录及操作票记录。

排涝专题统计记录梁湖枢纽建成以来台风期间排涝情况,包括预排、闸排、泵排情况,可查看详细的运行通知、排涝记录及操作票记录。

2. 维修养护档案

维修养护档案,主要对梁湖枢纽日常养护及专项维修进行记录,包括展示下发次数、完成次数、完成率,并展示每个维修养护项目的状态(发现、审批、处理、完成),根据实时处理情况更新状态。如图 16.2-6 所示。

3. 工程检查档案

工程检查档案,主要对梁湖枢纽工程检查情况进行汇总展示,包括:巡检次数、完成率以及工程问题处理率。

4. 知识档案台账

知识档案台账,主要对梁湖枢纽工程建设期及运维期所有的文档资料进行归档管理,可对过程资料进行上传归档。

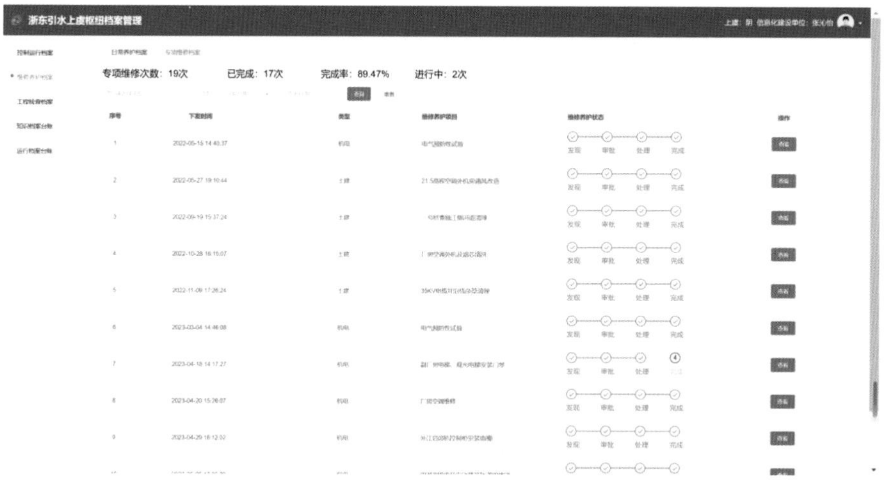

图 16.2-6 档案管理系统——维修养护档案

5. 运行档案台账

运行档案台账,主要记录梁湖枢纽闸门开度、泵组运行状态、水位信息,用户可以通过时间进行筛选,查看指定时间段内各时间节点下梁湖闸开度信息、总干渠上层开度信息、通明闸开度信息、引水泵运行状态、排涝泵运行状态、各站点水位信息。

### 16.2.5.4　标准化系统

1. 工作台

工作台,主要是对运行管理任务安排、通知公告等内容的直观了解和浏览,将包括所有待办、已办、抄送消息、抄送已读等任务,以及发送的通知公告、个人账号等信息,在同一个界面进行展示。如图 16.2-7 所示。

1) 工作待办

工作待办是工作台中一块组成部分,提供方便的查询和统计信息功能,支持根据待办、已办、抄送消息、抄送已读等任务进行区分展示;其中待办任务信息包括待办类别、当前节点、发起人、下一节点、接收日期等信息,并可直接对待办内容点击进行办理。

2) 通知公告

工作台中的通知公告,主要是对已发布的通知公告进行展示,可查看简要内容或直接点击进行详情查看。

3) 个人信息

工作台中个人信息,主要是显示登录账号的信息,包括账号内容、用户昵称、手机号码、用户邮箱、所属部门,并可对登录账号的密码进行修改。

图 16.2-7　标准化系统——工作台

2. 组织机构

1) 管理单位

提供平台管理单位基本信息、单位简介、机构形象、主要职责等综合展示的功能。

2) 物业单位

以列表形式显示项目的物业单位信息,包括公司名称、单位类型、所在地、公司性质、公司代码、注册资本(万元)、公司规模(人)、经费文件,可通过公司名称关键字搜索物业单位,同时用户可以进行添加、修改操作。

3. 应急管理

1）应急预案

列表显示存储在系统中的应急预案内容,提供管理单位或工程应急预案的统一管理功能,直接在平台上展示,方便用户在特定时期查阅与使用。列表中不存在的应急预案可以通过点击"新增"按钮进行新增。可点击列表中每一列应急预案后方的"编辑"按钮,对已存在的应急预案信息进行修改。

2）应急响应

对应急响应情况进行记录和管理,分为应急响应和响应事件。列表中不存在的应急响应可以通过点击"新增"按钮进行添加,对已添加的应急响应可以进行编辑修改。

3）应急演练

对梁湖枢纽应急演练情况进行记录和管理,包括工程名称、演练时间、演练地点、演练目的、演练内容、参演人员、添加的附件等。列表中不存在的应急演练可以通过点击"新增"按钮进行添加,对已存在的应急演练信息进行修改。

4）险情上报

提供险情上报和管理的功能,可按险情类型、险情时间进行查询,险情上报信息包括险情类型、险情发生地点、险情发生时间、险情描述及说明、险情照片、总值长审批人员等具体信息,险情管理以列表的形式进行展示,可对险情进行详情查看操作,并提供新增、编辑和删除操作。

5）防汛物资

（1）防汛物资列表

对管理单位相关的防汛物资等信息进行统一管理。提供防汛物资的展示和管理功能,通过图片直观展示物品分类,也可按照物品名称进行查询操作,并提供新增、编辑和删除操作。

（2）防汛物资的入库

对防汛物资进行登记入库,从而帮助工作人员实现防汛物资的在线登记和管理。

（3）防汛物资的出库

对防汛物资进行登记出库,从而帮助工作人员实现防汛物资的在线登记和管理。

6）备用电源试运行

主要是对工程中的备用电源进行试运行结果的记录、存储和统一管理,记录工程类型、工程名称、备用电源、备用电源编号、安装时间、试运行开始时间、试运行结束时间、试运行整体结论以及试运行过程中的图片和视频等文件。

7）工程保护

提供对工程管理过程中违法违纪行为的记录和统一管理功能,包括记录地点、上报时间、违法违纪描述、上报人、处理办法、处理时间、处理结果等。

4. 控制运行

1）年度控制运行计划

提供对年度控制运行计划的管理功能,支持在线预览和文件下载,让用户在关键时刻有据可查。

2）年度引水计划

系统能够对年度引水计划历史数据进行调取和查看。同时可以添加新的计划、编辑历史计划。

3）运行通知单

提供对运行通知单的生成、下达和管理功能,运行通知单的内容包括工程名称、运行通知单编号、计划开始执行时间、运行模式、所属工程、流量、调度文件、审批人等，提供运行通知单中调度令的预览功能，以及运行通知单的审核流程管理和新增操作指令功能。

4）操作指令

根据运行通知单，生成和下达操作指令，并实现对操作指令详情和执行情况的管理功能。生成的操作指令以列表形式展示在界面中。其主要包含对应的运行通知、计划操作时间、操作类型、操作设备、操作人（值班长）等。

5）操作票

操作指令经过值班长确认后，系统会自动生成对应操作机组的操作票，值班长按照操作票进行相关的操作准备确认，完成后将操作票中对应的设备相关操作记录填报完善并完成提交。操作票列表对操作票的相关信息进行展示和管理，包括操作执行时间、名称、设备、操作开始时间及结束时间等，并且提供新增、搜索、修改、删除的功能。

6）放水预警方案

提供对工程放水、蓄水方案的管理功能，为用户提供便捷的操作体验。

5. 工程检查

1）巡检路线

主要是对巡检路线进行统一查看和管理，包括路线名称、检查类型、巡查点位、巡查部位、巡查项记录。在巡查点位中显示点位及点位专属标志"NFC"，巡查部位是点位中涉及的部位，包括部位名称和设备，巡查项是每一个部位所涉及的检查项目。巡检路线的点位、部位及巡检项在后台管理中的巡检配置中进行配置。如图 16.2-8 所示。

图 16.2-8 标准化系统——巡检路线

2）日常检查计划

主要是对日常检查计划的内容进行记录和审核审批，包括计划名称、计划路线、计划有效时间、计划状态、审批状态。

3）日常检查

（1）日常检查列表

日常检查主要是泵闸站日常运行管理中进行的相关巡查，实现与移动巡查端的对接，检查人员在移动端查看检查路线并上传结果,检查结果可在详情中查看。列表提供各个工程日常巡查相关信息,包括巡查路线、巡查次数、巡查天数、最近一次巡查时间、隐患总数、待处理隐患等相关信息。

（2）检查台账详情

以新界面的形式显示检查日历界面,在检查日历中选择具体检查日期中的检查项目,选择后以新界面显示检查详情,包括检查人员、联系方式、开始时间、结束时间、确认状态、检查次数,以及巡检点位。鼠标悬浮在点位上,出现检查的具体部位。可以通过"打印"按钮打印检查详情。

（3）检查问题详情

在检查台账详情旁切换至检查问题详情界面,界面显示检查人员、点位名称、部位名称、巡检项、发现问题时间、问题描述、处理状态以及操作等。

（4）检查轨迹详情

在检查问题详情旁切换至检查轨迹详情界面,界面显示检查人员巡查的轨迹地图。点击界面"详情"跳转至巡查日历界面,点击日历具体日期,跳转至当前巡查人员的检查轨迹。

4）开机前检查

（1）开机前检查列表

开机前检查主要是对泵闸开机运行前进行的相关巡查,根据检查类型进行引水或排涝,对开机前检查进行分类,对设备开机前检查的检查路线、巡检开始与结束时间、巡检时长等信息进行显示,并且对检查问题数量、待处理问题数量进行统计。

（2）开机前检查台账详情

以新界面的形式显示开机前检查台账详情,包括检查人员、联系方式、开始时间、结束时间、确认状态、检查次数,以及巡检点位。鼠标悬浮在点位上,出现检查的具体部位。可以通过"打印"按钮打印检查详情。

5）运行中检查

运行中检查主要是对泵闸开机运行状态进行的相关巡查,实现与移动巡查端的对接,提供各个工程日常巡查相关信息,包括路线名称、巡查次数、巡查天数、最近一次巡查时间、隐患总数、待处理隐患、路线备注等相关信息。并根据检查类型进行引水或排涝,对运行中检查进行分类,以便根据不同类型进行快速筛选。点击界面"详情"跳转至当前巡查人员的具体检查台账和隐患。

6）定期检查

排涝泵站定期检查分为汛前检查、汛中检查、汛后检查以及年度检查,定期检查在移动端进行操作,巡查后的问题上报至管理系统,形成定期巡检记录。

7）特别检查

特别检查主要是一些需要特别注意内容的相关巡查,实现与移动巡查端的对接,提供各个工程日常巡查相关信息,包括路线名称、巡查次数、巡查天数、最近一次巡查时间、隐患总数、待处理隐患、路线备注等相关信息。

8）专项检查

专项检查主要是为发生地震、风暴潮、台风或其他自然灾害,泵站、水闸超过设计标准运行,或者发生重大工程事故后,以及威胁工程建筑正常运行的虫害(如白蚁)等而进行的检查。专项检查应编制专项检查方案,经论证后组织实施,系统支持配置相关方案编制,提供专项检查的检查过程、结果等的记录功能,设置检查任务时间段,记录任务派发人员和任务完成情况。形成的相关检查记录和检验报告,系统支持上传、记录,同时可以对历年的特别专项检查的记录进行查看。

9) 设备试运行检查

设备试运行检查主要是设备在正式运行前后的检查,实现与移动巡查端的对接,提供各个工程日常巡查相关信息,包括路线名称、巡查次数、巡查天数、最近一次巡查时间、隐患总数、待处理隐患、路线备注等相关信息。

6. 维修养护

1) 年度资金

提供对上级下达的年度维修养护资金、单位自筹的年度维修养护资金、实际完成的维修养护资金、已支付的维修养护资金等年度资金从申报到下发过程中涉及文件、资金额度的记录功能。

2) 日常养护计划

提供对梁湖枢纽物业日常养护的全过程记录和管理功能,分为日常养护计划和养护线路列表,包括对计划名称、计划开始时间、计划完成时间、计划状态、养护周期、审批状态等信息的管理。日常养护计划根据流程流转审核后,实现和移动端的关联,将日常养护计划下发至养护人员移动端,可在移动端上传养护结果,以使结果有据可查。

3) 日常养护

日常养护主要是针对日常养护计划中的养护结果进行记录和管理,可按计划名称,检查开始、结束时间进行查询。

4) 专项维修

专项维修主要是针对机电、土建、信息化、物业等特定的维修,用户添加专项维修计划,计划根据流程流转审核后,实现和移动端的关联,将专项维修计划下发至维修人员移动端,可在移动端上传维修结果。

5) 日常维修检查

日常维修主要是针对常用设备的维修,用户添加维修计划,可以选择是否关联维修设备,计划添加完成、待流程流转审核后,实现和移动端的关联,将日常维修下发至维修人员移动端,可在移动端上传维修结果。

7. 设备管理

1) 设备管理

对设备进行管理和记录,包括设备分类、设备图、设备编号、设备类型、安装位置、设备投运时间、运维责任人、设备监管人等信息。如图 16.2-9 所示。

图 16.2-9 标准化系统——设备管理

2）备品备件

（1）备品备件列表

备品备件列表提供对管理单位相关的备份物品进行出入库登记、展示和管理的功能,包括编码、名称、规格、品牌、备品备件类型、总数量、单位、库存数量、单价、保存地点等,从而对备机备件进行规范的流程化管理。可按照物资名称、备品备件类型进行查询操作。

（2）备品备件的入库

主要是对备品备件进行登记入库,从而帮助工作人员实现备品备件的在线登记和管理。

（3）备品备件的出库

主要是对备品备件进行登记出库,从而帮助工作人员实现备品备件的在线登记和管理。

3）工器具物资

（1）工器具物资列表

工器具物资列表提供对相关的工器具物品进行出入库登记、展示和管理的功能,包括工器具编码、名称、规格、品牌、工器具类型、总数量、库存数量、单价、保存地点等,从而对工器具进行规范的流程化管理。可按照物资名称、物资类型进行查询操作。

（2）工器具物资的入库

主要是对工器具进行登记入库,从而帮助工作人员实现工器具物资的在线登记和管理。

（3）工器具物资的出库

主要是对工器具物资进行登记出库,从而帮助工作人员实现工器具的在线登记和管理。

4）设备试运行检查

设备试运行检查主要是设备在正式运行前的检查,实现与移动巡查端的对接,提供各个工程日常巡查相关信息,包括路线名称、巡查次数、巡查天数、最近一次巡查时间、隐患总数、待处理隐患、路线备注等相关信息。

8. 值班管理

1）值班计划

根据值班要求,对每月需值班的项目进行记录和管理,以日历形式展示每日值班项目,实现与移动巡查端的对接,值班人员在移动端查看值班项目并上传结果,检查结果可在详情中查看。

2）值班日志

对值班内容进行管理和记录,包括值班日期、值班类型、值班长、值班人员、值班日志、值班附件等信息。

3）值班交接

对值班交接信息进行记录和管理,包括值班日期、值班类型、值班长、值班人员、交接班日志、交接班附件。

9. 重大事项

1）安全鉴定记录

对水利工程安全鉴定全过程进行详细记录,包括正在进行中的鉴定以及历史鉴定信息的保存。

2）注册备案记录

对水利工程注册备案或注册登记详细信息进行记录。

3）除险加固

对水利工程除险加固全过程进行详细记录。

4）工程降等报废

对水利工程降等报废全过程进行详细记录。

**10. 图像监控**

图像监控展示当前建设的所有监控点位,可以通过点位名称、监控在线状态进行筛选,点击监控点位播放点位对应的时间监控视频。

**11. 移动 APP**

1）值班信息

首页用于展示系统功能菜单。主要包含工程检查、养护计划、维修任务、运行通知、操作指令等,除此之外,还可以查看天气、台风信息、值班管理情况、消息通知,支持二维码扫描功能。

2）移动巡查

配合 PC 端进行工程巡查检查的综合管理,通过应用移动设备开展巡查检查工作,具体如下:

巡查人员自主发起或 PC 端系统发布任务后,巡查人员可在其移动巡查设备上指定任务,并开始巡查任务。

任务开始后,巡查人员沿既定巡查路线开展巡查工作,确保每项巡查指标均未遗漏,发现问题后,进入对应巡查指标子菜单进行详细问题描述,并拍摄照片作为凭证。

巡查工作结束后,在移动巡查设备上结束巡查任务,并提交巡查结果记录,移动设备通过网络将检查记录提交至服务端,供相关人员审核并做出相应处理措施。

此外,巡查人员可在其移动巡查设备上查看其负责的所有工程,以及巡查任务完成率、总里程、总时长、发现隐患数和过往巡查记录统计等基本信息。

3）设备巡检

配合 PC 端系统进行设备巡检的综合管理,通过应用移动设备开展设备巡检工作,具体如下:

服务端设备登记后,为每个设备设置指定的二维码和特定的巡检指标,指定巡查人员可通过其移动巡查设备扫描设备上的二维码开始巡查任务,针对巡检指标进行逐项排查,描述发现的问题,并拍照进行上报,继续后续流程。

4）维修养护

配合 PC 端进行维修养护任务的综合管理,通过应用移动设备开展维修养护现场工作,具体如下:

相关人员可对相关工程隐患进行维修养护任务发布,维修养护人员在接受维修养护任务后进行维修养护任务处理,记录维修养护的整个过程,并将维修养护结果提交审核,由相关负责人完成结果审核工作,实现任务处置的闭环化操作。

5）调度操作

配合 PC 端进行调度运行的综合管理,通过应用移动设备开展调度现场操作工作,具体如下:

调度人员可根据具体情况,在移动端发起调度指令,指派具体操作人员,操作人员在接收操作指令后执行具体操作,并在调度过程中执行巡查任务,实现整个调度过程的操作和记录。

### 16.2.5.5　三维融合系统

**1. 基础应用**

1）360°全方位展示

通过点选、缩放、拖拽等鼠标操作,查看总体工程布局、具体设备单元等不同空间尺度的三维形态。

2）空间量算

三维场景的量算分析包括三维空间地物的点位坐标量算、地物间的距离量算、地物占地面积量算、地物高度量算等。

3）空间漫游

在建成的精细、逼真的模型中，以第一人称视角进行三维场景漫游，让用户置身其中，感受一个"真实"的虚拟世界。

4）一键复位

设置一键复位按钮，即"HOME"键，让用户在进行空间漫游时，无论处于何处，都能够瞬间回到初始状态。

5）工程切换

由于本工程的特殊性，梁湖枢纽距离通明闸较远，设置"工程切换"按钮，实现工程间的快速定位切换。

6）精准联动

当出现监测报警时，系统页面会弹出报警窗口，点击报警图标或报警弹窗中的定位按钮，系统能自动定位到三维模型中对应的报警设备的位置。精准联动对象根据本工程各类监测项目的设置而定。

7）实景监控

可通过三维模型查看具体设备的运行状态、健康状态及异常预警记录，同时可链接至对应专业业务分析子系统查看详细情况。

2. 业务应用

1）全局状态总览

全局状态总览是在三维 GIS 大场景下，将与本工程运行管理相关的监测监控、运行状态、预警报警、健康状态等信息按照实际的点位布置到三维场景中，目的是使工程运管人员能通过三维大场景对工程的运行状况有一个整体把控。如图 16.2-10 所示。

图 16.2-10　三维全景

2）多源全景预警

在三维场景中，对集成的各类监测信息进行实时监控，出现异常状况时能够发出预警报警等提醒。

3) 目录资源检索

提供给用户多种导航方式,即空间检索和目录检索。空间检索:用户通过在多层三维场景空间中自由操控,实现从大场景到具体设备的全景漫游,实现收放自如的360°沉浸式体验,在所有场景下自由定位查看对象单元;目录检索:通过资源目录树的检索和查询,用户可直接定位到具体单元,同时三维场景同步实现无极跳转。

4) 调度过程仿真模拟

调度过程仿真模拟是利用系统三维模型对本工程主要建筑物的调度运行过程进行实时在线模拟。

5) 单体模型交互

将某一单体模型从整体中单独抽离出来,可对其进行缩放、旋转等空间操作,实现单体模型的360°查看。同时,单体模型可以将设备本身的基本属性信息、监测状态信息以及运维管理信息等进行集成,用户通过单体模型可以对这些信息进行查看。

6) 模型剖切分析

模型剖切是在系统三维融合页面中 BIM 模型层级实现的,剖切方式为三维立面剖切,即点击模型剖切按钮,系统会出现 $x$、$y$、$z$ 方向的三个剖切平面,通过拖动剖切平面的位置可以实现对三维模型正面、侧面、平面多个角度的连续剖切。图 16.2-11 所示为平面剖切。

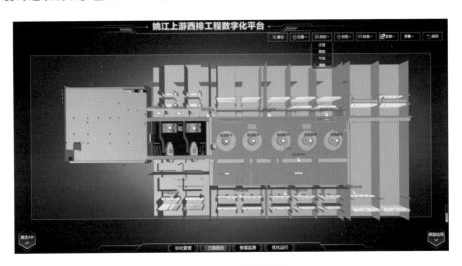

图 16.2-11　平面剖切

7) 专题模型分析

专题模型分为引水专题、排水专题和梁湖闸专题,每个专题由本专题的主要设备和配套设施构成,通过点击专题模型按钮选择一个专题,三维融合平台能够自动将本专题下对应的设备提取出来,通过虚拟逻辑线将各个设备相连接。设备之间的虚拟逻辑线可以通过动画效果模拟设备实际运行过程中电流或信号在设备间的传送方向。

8) 工单模型元素化操作

链接标准化运行管理台账功能,将工单与模型元素化衔接,实现工单模型元素化操作。

9) 三维培训

三维培训是根据泵组的实际安装和拆卸过程,通过对泵组各个部件的 BIM 模型添加一定的动画效果,实现对实际拆装过程的模拟。如图 16.2-12 所示。

图 16.2-12　拆装模拟

### 16.2.5.6　智慧监测系统

1. 一张图

1）专题切换

用于展示/隐藏一张图引水专题和排涝专题标签。

2）引水专题

（1）泵闸站

通过勾选引水专题栏中的泵闸站标签,结合泵闸站的经纬度,在地图上显示所有的站点图标,并以图标颜色展示泵闸站的开关状态。再次点击泵闸站标签则取消显示图标。鼠标悬浮或点击地图中泵闸站的图标,以气泡框或弹窗的形式展示该站点上下游水位,流量,1 h/3 h/24 h 雨量,闸门、泵组开启状态和启闭过程线等信息,并提供时间选择和泵闸站选择等筛选条件。

（2）流量

通过勾选引水专题栏中的流量标签,结合流量测站的经纬度,在地图上显示所有的站点图标,再次点击专题栏中流量标签,在地图中取消站点显示。鼠标悬浮或点击地图中流量站点图标,以气泡框或弹窗的形式展示该流量站的当前流量、时间、流量过程曲线和报表,并具备查询功能。

（3）水位

通过勾选引水专题栏中的水位标签,结合水位测站的经纬度,在地图上显示所有的站点图标,再次点击专题栏中水位标签,则在地图中取消站点显示。鼠标悬浮或点击地图中水位站的图标,以气泡框或弹窗形式展示该流量站实时上下游水位、监测时间、警戒水位、保证水位、最高水位、最低水位以及水位过程线等信息,设置查询功能,提供过程线和报表两种水位信息的展示方式。

（4）雨量

通过勾选引水专题栏中的雨量标签,结合雨量测站的经纬度,在地图上显示所有的站点图标,再次点击专题栏中雨量标签,则在地图中取消站点显示。鼠标悬浮至地图中雨量站图标上,以气泡框的样式展示该雨量站的 1 h/3 h/24 h 累计雨量及雨量柱状图信息;鼠标点击地图中雨量站图标,以弹窗的形式展示站点名称、1 h/3 h/24 h 累计雨量和雨量柱状图信息,设置时间查询条件,提供柱状图和报表两种雨量信息的展示方式。

(5) 水质

通过勾选引水专题栏中的水质标签,结合水质测站的经纬度,在地图上显示所有的站点图标,再次点击专题栏中水质标签,则在地图中取消站点显示。鼠标悬浮或点击地图水质图标,以气泡框或弹窗的形式展示该水质站的站点名称、当前水质、昨日水质、水质等级、总氮、溶解氧、氨氮、总磷、pH、水温、电导率、浊度、高锰酸盐指数等数据,以及水质各指数的近 24h 的过程曲线图等信息,设置查询功能,提供柱状图和报表两种水质信息的展示方式。

(6) 视频

通过勾选引水专题栏中的视频标签,结合视频站点的经纬度,在地图上显示所有的站点图标,再次点击专题栏中视频标签,则在地图中取消站点显示。鼠标移至地图视频图标上,以气泡框的样式展示该视频站点名称;鼠标点击地图中视频站点图标,以弹窗的形式播放实时监控视频,并可切换监控机位。

3) 排涝专题

(1) 泵闸站

通过勾选排涝专题栏中的泵闸站标签,结合泵闸站的经纬度,在地图上显示所有的站点图标,并以图标颜色展示泵闸站的开关状态,再次点击泵闸站标签则取消显示图标。鼠标悬浮或点击地图中泵闸站的图标,以气泡框或弹窗的形式展示该站点上下游水位,流量,1 h/3 h/24 h 雨量,闸门、泵组开启状态和启闭过程线等信息,并提供时间选择和泵闸站选择等筛选条件。

(2) 流量

通过勾选排涝专题栏中的流量标签,结合流量测站的经纬度,在地图上显示所有的站点图标,再次点击专题栏中流量标签,在地图中取消站点显示。鼠标悬浮或点击地图中流量站点图标,以气泡框或弹窗的形式展示该流量站的当前流量、时间、流量过程曲线和报表,并具备查询功能。

(3) 水位

通过勾选排涝专题栏中的水位标签,结合水位测站的经纬度,在地图上显示所有的站点图标,再次点击专题栏中水位标签,则在地图中取消站点显示。鼠标悬停至地图中水位站的图标上,以气泡框的形式展示该水位站的当前水位信息及水位过程曲线图;鼠标点击地图中水位站图标,以弹窗的形式展示实时上下游水位、监测时间、警戒水位、保证水位、最高水位、最低水位以及水位过程线等信息,设置时间查询条件,提供过程线和报表两种水位信息的展示方式。

(4) 雨量

通过勾选排涝专题栏中的雨量标签,结合雨量测站的经纬度,在地图上显示所有的站点图标,再次点击专题栏中雨量标签,则在地图中取消站点显示。鼠标悬浮至地图雨量图标上,以气泡框的样式展示该雨量站的 1 h/3 h/24 h 累计雨量及雨量柱状图信息;鼠标点击地图中雨量站图标,以弹窗的形式展示站点名称、1 h/3 h/24 h 累计雨量和雨量柱状图信息,设置时间查询条件,提供柱状图和报表两种雨量信息的展示方式。

(5) 水质

通过勾选排涝专题栏中的水质标签,结合水质测站的经、纬度,在地图上显示所有的站点图标,再次点击专题栏中水质标签,则在地图中取消图标显示;鼠标悬停或点击地图水质图标,以气泡框或弹窗的形式展示该水质测站的名称、当前水质、昨日水质、水质等级、总氮、溶解氧、氨氮、总磷、pH、水温、电导率、浊度、高锰酸盐指数等数据,以及水质各指数的近 24 h 的过程曲线图等信息,设置查询功能,提供柱状图和报表两种水质信息的展示方式。

（6）视频

对姚江上游西排工程所有工程的实时监控视频进行查看，通过勾选排涝专题栏中的视频标签，结合视频站点的经纬度，在地图上显示所有的站点图标，再次点击专题栏中视频标签，则在地图中取消站点显示。鼠标移至地图视频图标上，以气泡框的形式展示该视频站点名称；鼠标点击地图中视频站点图标，以弹窗的形式播放实时监控视频，并可切换监控机位。

智慧监测一张图如图16.2-13所示。

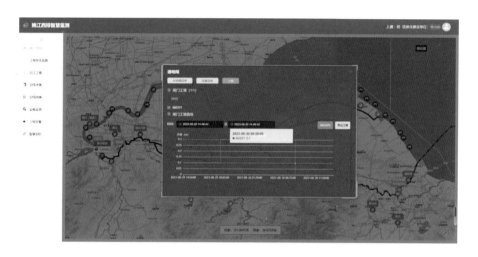

图16.2-13　智慧监测系统——一张图

2. 工程安全监测

工程安全监测子系统通过对应力、应变、渗流等相关物理量的监测来评估本工程建筑物是否安全。如图16.2-14所示。

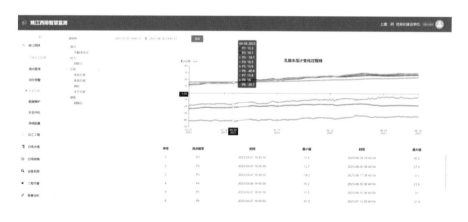

图16.2-14　智慧监测系统——安全监测

1）在线监测

系统应能够对传感器监测数据进行查看，包括传感器实时监测值和任意时段监测过程线等的查看。根据测点点位的布局，展示该点位的监测实时数据。点击选择监控点位，可展示该点位的历史数据。对异常数据在点位和历史记录中用不同颜色进行详细展现。

2）自动点位观测记录

系统应能够对本工程布设的工程安全监测传感器观测信息进行统一查看和配置,包含传感器点位、监测类型、实时监测值、数据更新时间、单位、阈值等信息,以及传感器观测数据过程曲线图。

3）手动点位观测记录

系统应能够对本工程手动点位观测记录进行统一查看和管理,包含点位、监测类型、最近一次监测值、监测时间和监测单位等信息,以及传感器观测数据过程曲线图。

3. 沿江工情

以列表的形式展示姚江上游西排工程沿线的水利工程的实时工情,包括工程所在区域、站点、运行模式、工情、水位、更新时间。可通过点击查看详情,查看各工程工情曲线图。

4. 沿线水情

1）流量实时数据

以列表的形式展示姚江上游西排工程沿线的水利工程的实时流量,包括工程所在区域、站点、流量、监测时间。可通过点击查看详情,查看各工程流量曲线图,支持按时间段查询。

2）水质实时数据

以列表的形式展示姚江上游西排工程沿线的水利工程的实时水质,包括工程所在区域、站点、水质等级、pH、溶解氧、氨氮、总磷、高锰酸盐指数、总氮、水温、电导率、浊度以及监测时间。可通过点击查看详情,查看各工程水质及各类指数曲线图,支持按时间段查询。

3）水位实时数据

以列表的形式展示姚江上游西排工程沿线的水利工程的实时水位,包括工程所在区域、站点、上下游水位、最高水位、最低水位、监测时间等信息。可点击查看详情,查看各工程水位曲线图,并提供查询和导出功能。

5. 沿线雨情

以列表的形式展示姚江上游西排工程沿线的水利工程的实时雨情数据,包括工程所在区域、站点、1 h/3 h/24 h 雨量以及更新时间。通过点击详情,以图标的形式展示各工程雨量信息,提供 1 天/3 天/1 周/2 周的雨情信息展示,支持查询和导出功能。

6. 工程告警

工程告警主要是用于查看计算机监控和泵组的告警信息,以表单的方式展示包括告警点位、告警信息、告警级别、告警时间、处理状态、类型与来源等告警信息。

#### 16.2.5.7　AR 融合系统

1. 枢纽工程综合的 AR 界面

依据高点防控单元进行全局监控,可在监控画面上鸟瞰整个梁湖枢纽的闸站、水道、堤坝、生产配套设施、管理办公区域等。高精度云台支持 360°无死角视频捕捉。

可以在视频画面上通过视频联动的方式查看低点发生事件的细节,协助现场指挥调度,做到把握全局、控制局部。

2. 视频实景地图展示

1）建筑物标签

展示主要建筑物标签点位,点击标签展示建筑竣工时间、设计单位、施工单位等基本信息。

2）视频标签

展示所有的视频点位并标注,点击标签展示实时监控画面。

**3. 增强现实信息聚合**

展示梁湖枢纽所有的雨量、水质、水位、流量点位并标注,点击标签,展示实时监测数据以及近 24 h 监测数据变化曲线。

**4. 全体系数据可视化**

**1) 水位数据标签**

展示梁湖枢纽内河、外江水位实时数据和历史数据。

**2) 流量数据标签**

展示梁湖枢纽流量实时数据和历史数据曲线图。

**3) 闸门开度标签**

展示梁湖枢纽和总干渠闸门开度实时数据。

### 16.2.5.8 优化运行系统

**1. 预报调度**

**1) 综合地图**

以图表形式展示水位预警、水位预报、实时降雨和预报降雨信息,选择水文监测站点可联动地图展示实时监测数据。如图 16.2-15 所示。

图 16.2-15 优化运行系统——综合地图

**2) 预泄期预报**

预报与调度功能统计姚江西排工程预报预警系统的预测预报数据,按照预报类型分类,以列表形式展示预泄期预报数据。

**3) 泄洪期预报**

预报与调度功能统计姚江西排工程预报预警系统的预测预报数据,按照预报类型分类,以列表形式展示泄洪期预报数据。

**4) 洪末期预报**

预报与调度功能统计姚江西排工程预报预警系统的预测预报数据,按照预报类型分类,以列表形式展示洪末期预报数据。

**5) 成果管理**

列表展示方案成果,默认展示首个方案对应的详情信息。方案展示内容包括预报结果、预报水位变化趋势、逐时水位以及开泵指示。如图16.2-16所示。

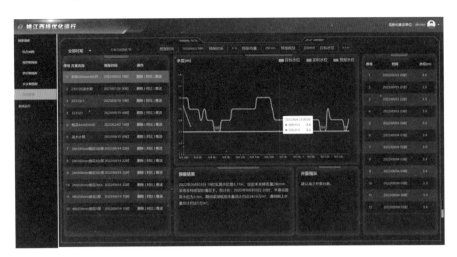

图16.2-16　优化运行系统——成果管理

2. 优化运行

1) 健康总览

通过对排涝泵、引水泵、梁湖枢纽的各泵组、闸门进行打分,判断展示各泵组、闸门的健康状态,同时展示各泵组、闸门当前运行的时长。

2) 排涝泵组

基于在线监测的设备指标数据,展示排涝泵组1♯、2♯、3♯、4♯、5♯水泵的实时健康评价及实时监测数据并展示机组的运行状态,提醒现场工程师及时采取有效的运行措施,降低机组的损坏和影响,延长机组的运行寿命,减少机组的停机时间。如图16.2-17所示。

图16.2-17　优化运行系统——排涝泵组

3) 引水泵组

基于在线监测的设备指标数据,展示引水泵组1♯、2♯水泵的实时健康评价及实时监测数据并展示机组的运行状态,提醒现场工程师及时采取有效的运行措施,降低机组的损坏和影响,延长机组的运行寿命,减少机组的停机时间。

4）技术供水

展示闸门及启闭机的应力及变形、震动、钢丝绳的实时监测数据，并依据逻辑对健康状态进行展示。

5）变频优化

通过实时监测内河水位、外江水位等环境信息，当前扬程、实测总流量、排涝台数，以及每台泵组的转速、频率等信息，获取展示各机组运行频率设置的建议。同时可以根据机组变频参数，展示对应变频下水泵原型装置综合特征曲线。

6）权重分数配置

通过权重分数配置展示、编辑各机组类型的指标权重配置和分数界值配置。

### 16.2.6　应用亮点

#### 16.2.6.1　AR 融合

融合平台通过全景监控系统 SDK 开发接口，应用 AR＋GIS＋BIM 平台，结合当前先进的 IT 技术，基于 SOA 架构实现与 AR 全景监控系统无缝集成，实现数据和视频的有机结合。

#### 16.2.6.2　振动监测分析技术

提供时域波形分析、频域分析、瀑布图、极坐标图、级联图、趋势分析、启停机曲线等分析水泵机组在稳态运行和暂态运行时的振动摆度数据，以评价机组的动态与稳态特性。

#### 16.2.6.3　智能状态评价技术

对设备累计运行时间、振动、应力、工况等参数建立综合健康状态评价模型，对采集的实时数据提取状态特征参数，计算当前的状态特征值，调用相应的健康状态评价模型，得出机组的健康状态评估结果（良好、可用、需检查、需停机）。

#### 16.2.6.4　多维并列分析技术

针对繁多的指标与维度，按主题、成体系地进行多维度的实时交互分析，系统提供上卷、下钻、切片、切块、旋转等数据观察方式，呈现复杂数据背后的联系。

### 16.2.7　推广价值

本项目着力建设基于大数据的信息化综合管理平台，形成全周期、全融合的管控体系，以工程安全监测、泵组设备在线监测、金属结构在线监测、设备内窥镜、视频监控、计算机监控等子系统为支撑，按照业务应用场景进行系统整合，以数字大屏的展现形式，建立"一个空间、五大中心"的姚江上游西排工程数字化平台。具有多元全景监控、健康评价体系、智能决策、全链条资源整合、一体化系统设计等核心特色，覆盖工程运行管理业务需求，实现工程全覆盖、全过程的智慧管控，贯彻智慧管理理念，为工程安全运行、效益发挥等提供保障。

本项目是姚江流域防洪排涝治理和浙东引水工程的重要组成部分，是解决姚江流域洪涝灾害和宁波、舟山地区水资源短缺问题的关键性工程，已建成集工程信息采集、传输、处理、存储、管理、服务、智慧应用、优化运行、决策支持和远程监控等信息展现流程为一体的姚江上游西排工程数字化平台。目前，经系统实际运行检验，本项目具有可复制、可推广的条件，可为推动全国大型泵站数字化、智能化水平不断提升，为我国水利实现高质量发展提供强有力的支撑。

# 参考文献

［1］中国水利水电勘测设计协会. 水利水电工程信息模型设计应用标准:T/CWHIDA 005—2019［S］. 北京:中国水利水电出版社,2019.

［2］中国水利水电勘测设计协会. 水利水电工程信息模型:分类和编码标准:T/CWHIDA 0007—2020［S］. 北京:中国水利水电出版社,2020.

［3］河北省水利厅. 水利水电工程信息模型交付规范:DB13/T 5398—2021［S］. 石家庄:河北省市场监督管理局,2021.

［4］中国信息通信研究院. 数字孪生城市白皮书(2020 年)［R］. 北京:中国信息通信研究院,2020.

［5］全国信标委智慧城市标准工作组. 城市数字孪生标准化白皮书(2022 版)［R］. 北京:中国电子技术标准化研究院,2022.

［6］谌军. 电力变压器状态评估方法的研究［D］. 北京:华北电力大学,2011.

［7］吴小钊,冯英,兰剑,等. 基于关联规则与变权重系数的高压开关柜状态综合评估［J］. 电工电气,2021(7):12-16.

［8］张伟霞. 10 kV 电力电缆状态评估方法的研究［D］. 北京:华北电力大学,2013.

［9］金宗浩,王涛,臧家义,等. 基于修正证据理论的配电电缆健康状态评估［J］. 齐鲁工业大学学报,2022,36(6):9-15.

［10］中华人民共和国住房和城乡建设部. 泵站设计标准:GB 50265—2022［S］. 北京:中国计划出版社,2010.

［11］全国安全防范报警系统标准化技术委员会. 视频安防监控系统工程设计规范:GB 50395—2007［S］. 北京:中国计划出版社,2007.

［12］中国电力企业联合会. 智能水电厂技术导则:GB/T 40222—2021［S］. 北京:中国标准出版社,2021.

［13］刘观标,徐洁,芮钧. 智能水电厂技术及应用［M］. 北京:中国电力出版社,2018.

［14］辛华荣,魏强林,雍成林,等. 江都水利枢纽泵站精细化管理［M］. 南京:河海大学出版社,2014.

［15］江西省水利厅. 水利工程标准化管理规程 第 3 部分:大中型泵站:DB36/T 1442.3—2021［S］. 南昌:江西省市场监督管理局,2021.

［16］中国灌溉排水发展中心. 泵站安全鉴定规程:SL 316—2015［S］. 北京:中国水利水电出版社,2015.

［17］中华人民共和国水利部. 泵站技术管理规程:GB/T 30948—2021［S］. 北京:中国标准出版社,2021.

［18］江苏省水利厅. 水利对象代码编制规范:DB32/T 4294—2022［S］. 南京:江苏省市场监督管理局,2022.

［19］浙江省水利厅. 泵站运行管理章程:DB33/T 2248—2020［S］. 杭州:浙江省市场监督管理局,2022.

［20］王永潭,路振刚,姚贵宇. 智能水电厂研究与实践［M］. 北京:中国电力出版社,2018.

［21］马金明. 基于物联网的设备生命周期管理的研究与实现［D］. 北京:北京邮电大学,2014.

[22] 韩崇昭,朱洪艳,段战胜,等.多源信息融合(第2版)[M].北京:清华大学出版社,2010.

[23] 潘罗平,安学利,周叶.基于大数据的多维度水电机组健康评估与诊断[J].水利学报,2018,49(9):1178-1186.

[24] 朱谨,王馥莉,石春华.物联网架构下城市排水泵站设备健康状态诊断方法研究[J].治淮,2017(4):25-27.

[25] 袁志波.江都水利枢纽设备管理系统的构建思路[J].水利技术监督,2020(6):127-129+172.

[26] 郭健,万伟.泵站自动化研究现状与技术分析[J].科技创新与应用,2017,7(9):228-228.

[27] 仪荣.智能变电站SCD文件解析及标准化管理探究[J].机电信息,2014(33):170-171.

[28] 潘熙和,周颖,黄业华.水电机组控制设备远程运营维护系统研究与实践[J].长江科学院院报,2017,34(1):145-150.

[29] 毛晓青,尉云峰,朱永明.面向全局管理的高校设备管理信息系统的设计与开发[J].中国现代教育装备,2008(5):8-11.

[30] 雷肖.机电设备全生命周期信息管理系统的研究与设计[J].水电与新能源,2017,31(2):51-55.

[31] 彭永刚,吴江生,杨华伦,等.关于设备生命周期管理的思考[J].机械制造,2011,49(8):59-61.

[32] 宋长松,彭恒义,王齐领,等.阜阳泵站机组状态智能在线监测系统的设计与应用[J].现代制造技术与装备,2022,58(10):53-57.

[33] 沈雪梅,张磊,朱晨亮.泵站机组运行状态监测系统在通吕运河水利枢纽水泵机组中的应用[J].治淮,2021(1):35-38.

[34] 赵晓明,孙希德.基于大数据的风电设备远程故障监测与诊断系统研究[J].电力大数据,2019,22(4):22-29.

[35] 王昕,李龙华.水利工程液压启闭机交互式虚拟检修培训系统的开发与应用[J].大坝与安全,2019(3):61-64.

[36] 余泳.派河口泵站机组状态在线监测系统设计与应用探讨[J].江淮水利科技,2019(1):35-37.

[37] 樊锦川,黄蔚,冯宛露,等.基于工业互联网操作系统的泵站一体化运维平台建设[J].江苏水利,2022(8):40-44.

[38] 任涛,林梦楠,陈宏峰,等.基于Bagging集成学习算法的地震事件性质识别分类[J].地球物理学报,2019,62(1):383-392.

[39] 武星,王瑜,殷晓刚,等.电力设备状态评价系统的开发与应用[J].高压电器,2020,56(6):7-12.

[40] 张睿智.基于BP-Adaboost强分类器的声音环境识别[J].电子设计工程,2021,29(9):146-150.

[41] 李林.水工金属结构设备实时在线监测系统运用及智能管控研究[J].水力发电,2019,45(3):95-99.

[42] 卢剑华.实时在线监测系统在水利水电工程金属结构设备的应用[J].红水河,2020,39(5):41-43+47.

[43] 张兵,汤秀丽,熊荣刚.实时在线监测技术在水工金属结构设备的应用[J].起重运输机械,2017(12):136-139.

[44] 国家能源局.水电工程金属结构设备状态在线监测系统技术条件:NB/T 10859—2021[S].北京:中国水利水电出版社,2021.